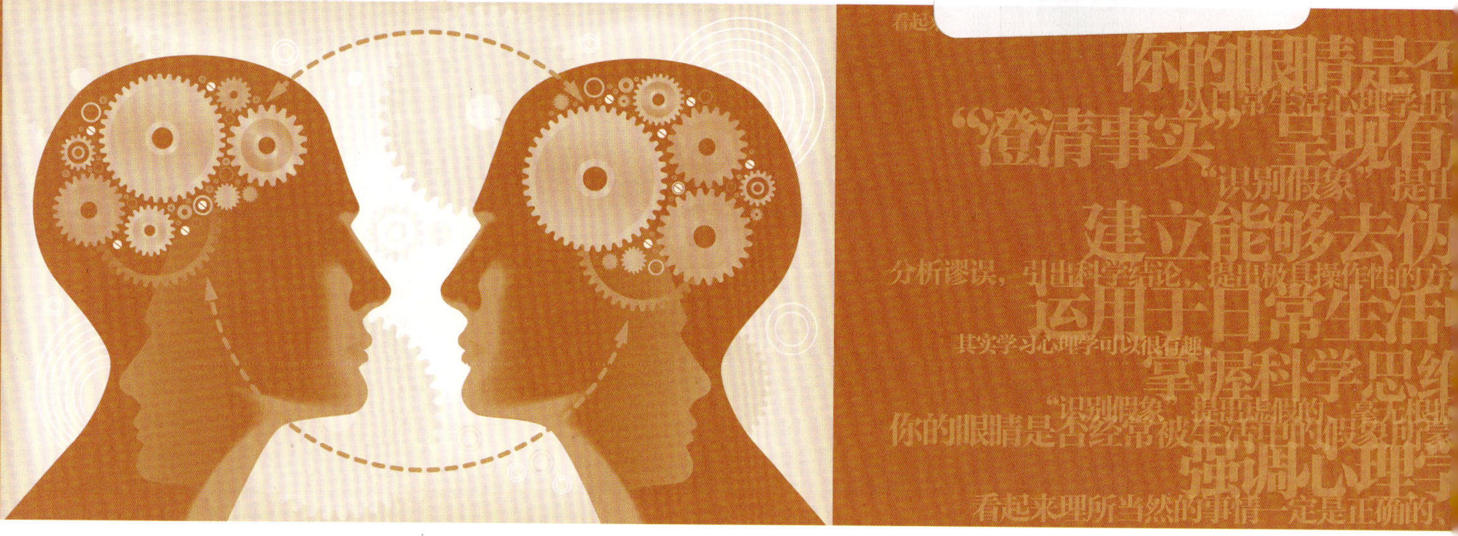

PSYCHOLOGY
A FRAMEWORK FOR EVERYDAY THINKING

心理学改变思维

[美] 斯科特·O·利林菲尔德　史蒂文·杰伊·林恩
劳拉·L·娜米　南希·J·伍尔夫　著

方双虎　等　译

中国人民大学出版社
·北京·

科学思维六原则

科学思维六原则，可以帮助你评估在日常生活中和研究中见到的各种观点。

我们应该使用哪种原则？	我们可能在什么时候使用？	怎样使用？	
排除其他假设的可能性 对于这一研究结论，还有更好的解释吗？	当你看报纸时看到这么一个标题：“研究表明已经接受某种新药物治疗的抑郁症人群，比没有接受此种药物治疗的人群症状有了明显的改善。”	这个研究结果可能是因为这样一个事实：那些接受药物治疗的人们期望得到改善。	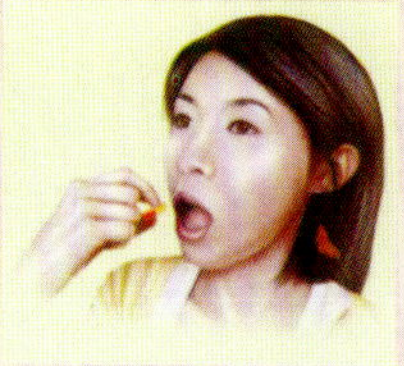
相关还是因果 我们能确信A是B的原因吗？	一个研究结果表明犯罪行为频发的时候人们吃的冰激凌也更多，这说明：吃冰激凌可以导致犯罪。	吃冰激凌（A）或许并不会导致犯罪（B），很有可能二者都是因为第三个因素（C），例如：高温。	
可证伪性 这种观点能被反驳吗？	一本自助书籍称所有人周围都有一种能影响他们情绪和表现的无形的能量场。	我们不能设计一个实验去证明这种说法。	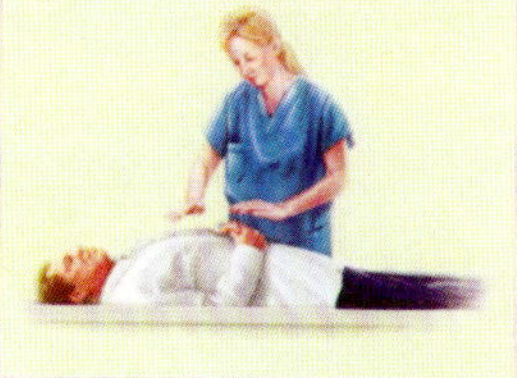
可重复性 其他人的研究也会得出类似的结论吗？	一篇论文强调，某研究表明如果人们练习冥想，那么他们在智力测验中会比那些没有练习冥想的人高出50个点。	如果没有其他科学研究报告过相同的研究，我们应该对此表示怀疑。	
特别声明 这类证据可信吗？	你浏览网页时看见一个声明：一个怪物，像大脚兽，已经居住在美国西北部数十年都没有被研究人员发现。	跟人们在单词表的开始部分记住的单词比在后面部分记住的多这种观点相比，这个特殊的观点要求更严密的证据。	
奥卡姆剃刀原理 这种简单的解释符合事实吗？	你的一个视力不好的朋友，声称他在一次飞盘比赛中巧遇不明飞行物。	你朋友的报告是不是更有可能因为这样一个简单的解释：他把其中的一个飞盘误认为不明飞行物，而不是外星人真的访问了地球？	

常见的伪科学标志

以下标志可以帮助你从伪科学中识别出科学，成为一个更加见多识广的消费者。

<table>
<tr><th>伪科学标志</th><th>解释</th><th>例证</th></tr>
<tr><td>夸大其词</td><td>伪科学倾向于向消费者保证一些显著的或激动人心的治疗效果，但是很少讲清楚是什么商品。记住——不同寻常的观点需要非同一般的证据。</td><td>
</td></tr>
<tr><td>过分依赖传闻</td><td>伪科学经常严重依赖传闻证据（例如经常说“我知道有这样一个人认为……”）。传闻有三个主要缺陷：从不讲清楚原因和结果，从不讲清楚这些故事的代表性，很难被证实。</td><td>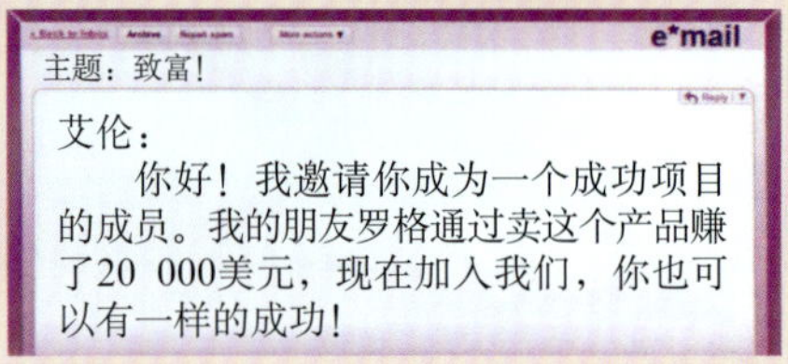
</td></tr>
<tr><td>缺乏相关研究的支持</td><td>大部分科学都是累积的：新的研究结果都是建立在之前的研究结果上或跟之前的研究结果有关系。相反，伪科学忽视了之前的研究，意图创造一些伟大的新发现。</td><td>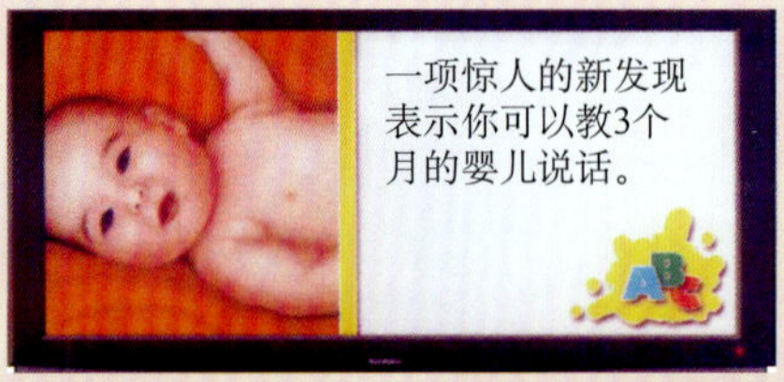
</td></tr>
<tr><td>缺乏其他学者重复研究（同行检验）或实验证据的支持</td><td>许多伪科学依靠传闻并且绕过同行互审，或者进行一些永远不会发表在科学期刊上的非正式的研究。许多这类研究都是“关起门来”进行的，所以根本没有办法检验研究过程是否合理。</td><td>
</td></tr>
<tr><td>在出现相反证据时缺乏自我纠正</td><td>在科学里，错误观点最终会被舍弃掉。与科学不同，在伪科学里，似乎永远没法抛弃错误观点，因为这些观点的支持者全然不顾相反证据，依然固执地支持这些错误观点。</td><td>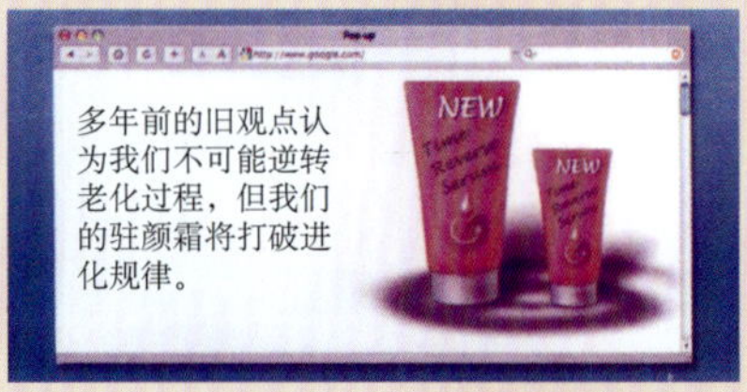
</td></tr>
<tr><td>使用无意义的“心理学术语”，即看似有科学道理，其实没有意义</td><td>伪科学试图通过用一些毫无意义的科学术语来粉饰他们的广告从而诱导消费者接受他们的观点。</td><td>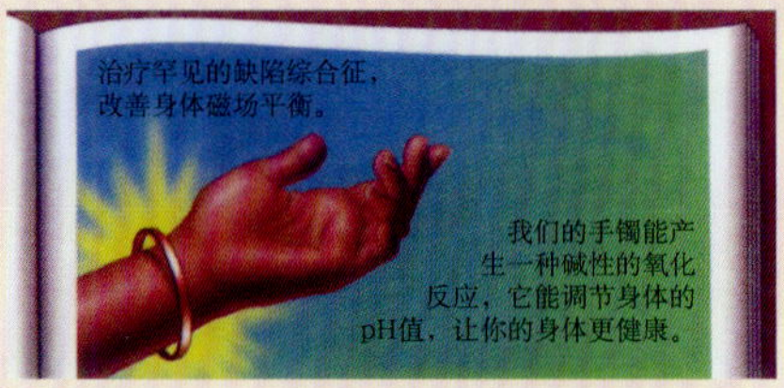
</td></tr>
<tr><td>只说“证明”，不提“证据”</td><td>科学的知识是很稀少的，如果有，那一定是权威令人信服的。相反，伪科学倾向于承诺那些产品或者治疗已经“证实”的效果。</td><td>
</td></tr>
</table>

彩图 1

有研究（Chua，Boland，& Nisbett，2005）发现，欧裔美国人往往更关注照片中间的信息，比如老虎本身（左图）；而亚裔美国人更倾向于关注周围的细节，例如老虎周围的岩石和树叶（右图）。

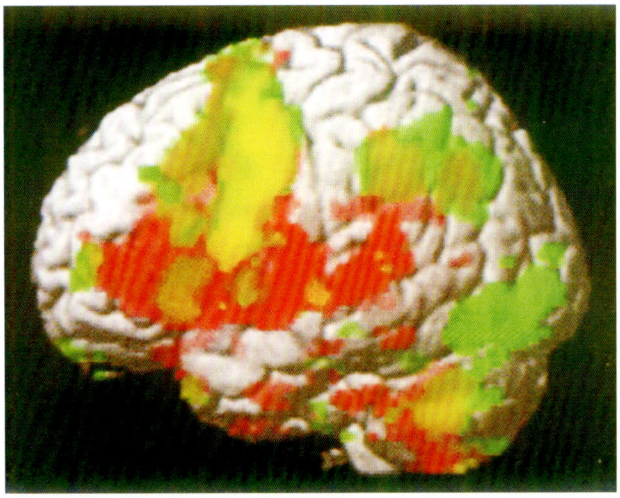

彩图 2

一个大脑的 fMRI 图像显示了当个体记住他们看见的（绿）、听到的（红），或者两者都有（黄）时，大脑哪些区域是活跃的。(Source: M.Krischen/Stanford University）

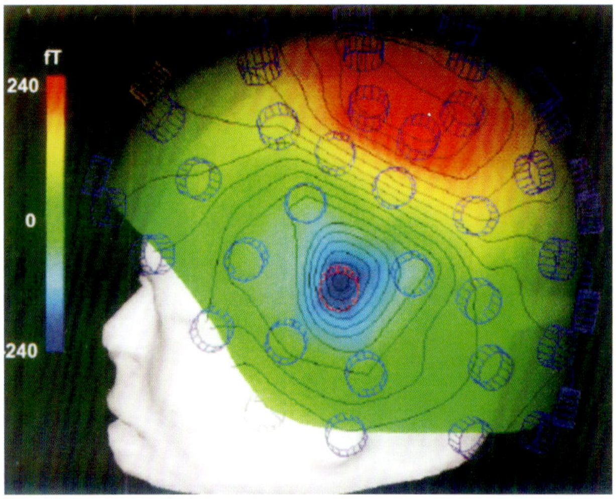

彩图 3

一个脑磁图 (MEG) 的例子，描绘出了大脑皮层表面的磁场分布情况。（Source：Arye Nehorai /Washington University，St. Louis)

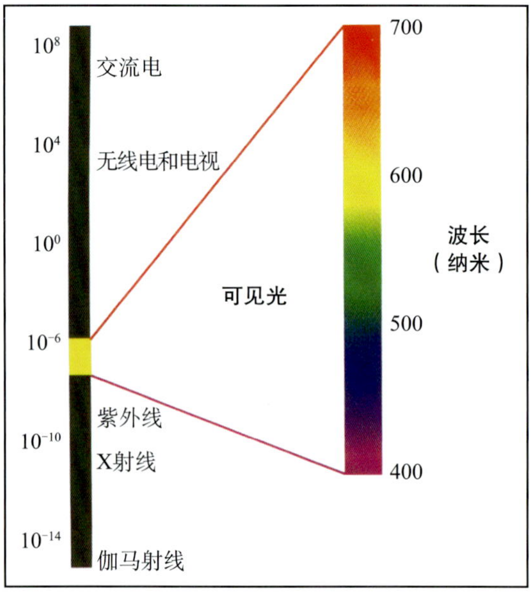

彩图 4

可见光是一种处在紫外线和红外光之间的电磁能量。人类可以觉察到波长在 400 纳米（紫色）到 700 纳米（红色）之间的光。

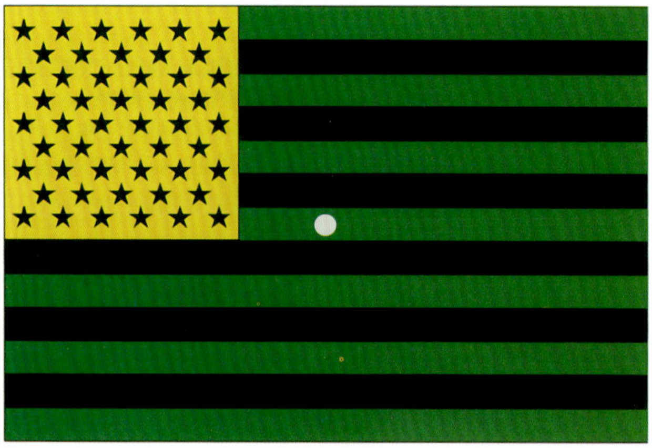

彩图 7

在你开始之前，找到一面白墙，或者在附近放一张空白的薄纸。然后放松你的眼睛，将你的视线集中在上图中白点上至少 30 秒，不能看周围或转移视线。之后，注视白墙或者白纸几秒钟。你看到了什么？

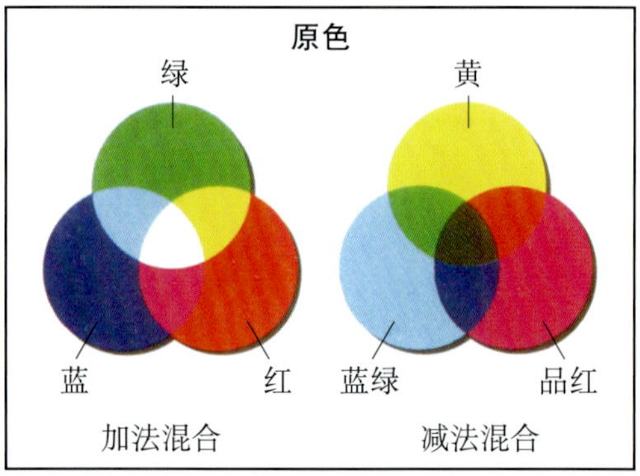

彩图 5

色光的加法混合不同于颜料的减法混合。

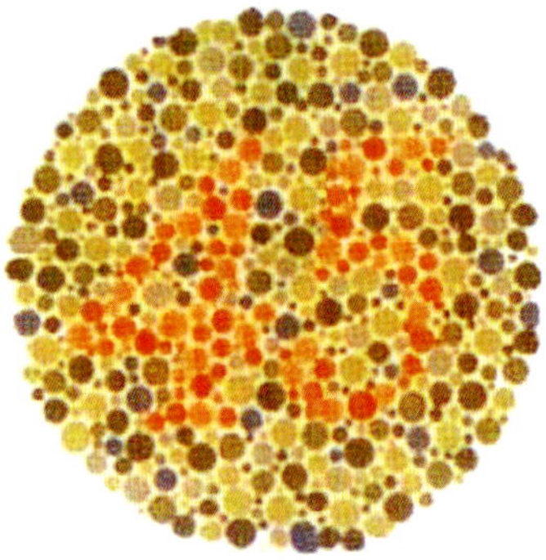

彩图 6

如果你不能看到那个两位数，你可能就是红绿色盲，这种情况很普遍，尤其是在男性中。

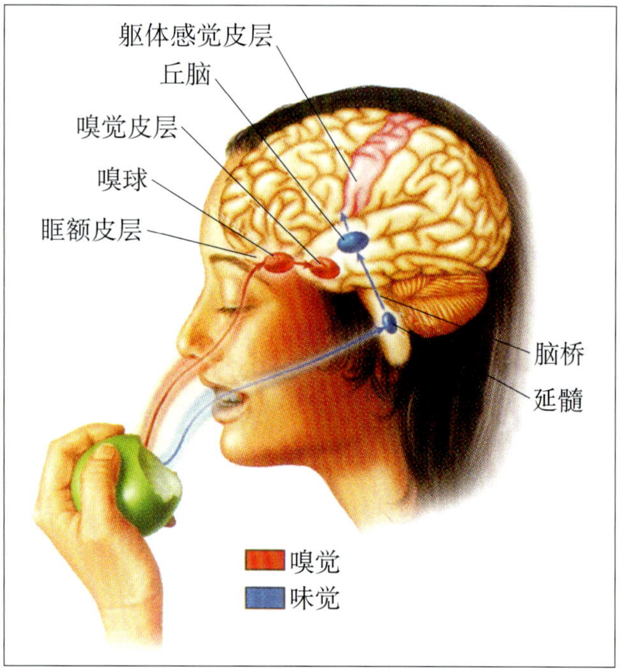

彩图 8

我们的嗅觉和味觉沿着不同的神经通路进入大脑，并在眶额皮层处交汇。

作者简介

斯科特·O·利林菲尔德（Scott O. Lilienfeld）于1982年获康奈尔大学心理学学士学位，1990年获明尼苏达大学临床心理学博士学位。1986—1987年，他在宾夕法尼亚匹兹堡的西方精神病临床研究所完成了实习。1990—1994年在纽约州立大学奥尔巴尼分校心理学系担任助理教授。现在是亚特兰大埃默里大学的心理学教授。他最近被任命为心理科学协会高级会员，由于在职业生涯早期对临床心理学的贡献，他于1998年获得由美国心理学会第12分会（临床心理学分会）颁发的戴维·沙科奖。利林菲尔德教授曾是第12分会中临床心理社会科学委员会的主席。他是《精神卫生实践科学评论》（*Scientific Review of Mental Health Practice*）的发起者和主编、《应用和预防心理学》（*Applied and Preventive Psychology*）的副主编，同时还是《科学美国人心灵》（*Scientific American Mind*）杂志的定期专栏作家。他撰写或合撰了6本书、200多篇期刊论文。利林菲尔德是埃默里大学的“伟大教师”讲师堂的参与者，还是美国心理学会和中西部心理学会的国家心理学荣誉社团（Psi Chi Honor Society）的杰出发言人。

史蒂文·杰伊·林恩（Steven Jay Lynn）获密歇根大学心理学学士学位，印第安纳大学临床心理学博士学位。他于1976年在密歇根州底特律的拉斐特诊所完成了美国国立精神卫生研究所（NIMH）博士后研究，现在是宾汉姆顿大学（纽约州立大学）的心理学教授，并担任心理诊所的主任。林恩博士是许多专业机构的高级会员，包括美国心理学会和美国心理协会；因其学术成就和创造性的活动，曾荣获纽约州立大学校长奖。林恩博士撰写或主编了17本书，发表过230多篇期刊论文。他是美国心理学会系列书籍的编辑，在11家编辑部任职，包括《变态心理学杂志》（*Journal of Abnormal Psychology*）。他的研究得到NIMH以及俄亥俄州精神卫生机构的资助。

劳拉·L·娜米（Laura L. Namy）于1993年获印第安纳大学哲学和心理学学士学位，1998年获西北大学认知心理学博士学位。她现在是埃默里大学的心理学助理教授，以及语言学的核心教师。娜米博士是《认知与发展杂志》（*Journal of Cognition and Development*）的编辑，而且是认知发展协会的财务主管。在埃默里大学，她是心理学和语言学研究室主任、儿童研究中心主任，同时又是思维、大脑、文化中心的副主任。她的研究主要集中于儿童语言和非语言符号使用的起源和发展、自然语言中的声音特征，以及概念发展中比较的作用。

南希·J·伍尔夫（Nancy J. Woolf）于1978年获加州大学洛杉矶分校（UCLA）心理学学士学位，1983年获加州大学洛杉矶分校医学院神经科学博士学位。她是洛杉矶分校心理学系的兼职教授，专长是行为神经科学，研究涉及乙酰胆碱系统的组织、神经可塑性、记忆、神经变性、阿尔茨海默症，以及意识。1990年她获得了西格玛·卡帕基金会颁发的科尔比奖，奖励其在阿尔茨海默症科学研究方面取得的成就。2002年获学校发展计划的教师认可奖，还获得过2008年由加州大学洛杉矶分校心理学会颁发的卓越教学奖。伍尔夫博士现在《科学与意识评论》（*Science and Consciousness Review*）和《微神经科学杂志》（*Journal of Nanoneuroscience*）编辑部任职。

谨以此书献给伟大的学者和尊贵的朋友巴里·莱恩·拜尔斯坦（Barry Lane Beyerstein，1947—2007）。

我要深深地感谢大卫·利科恩（David Lykken）、保罗·弥尔（Paul Meehl）、汤姆·布沙尔（Tom Bouchard）和奥克·特勒根（Auke Tellegen），我还将永远珍惜我的研究生导师送给我的无价之宝——科学思维。

——斯科特·利林菲尔德

献给费恩•普里蒂金•林恩（Fern Pritikin Lynn），是他赋予了我思想和灵魂。

——史蒂文·杰伊·林恩

献给我的朋友史丹妮和罗登一家人。

——劳拉·L·娜米

献给拉里、劳森和阿什莉。

——南希·J·伍尔夫

前　言

"婴儿最初的记忆是什么？""观看暴力电视节目真的会使儿童变得暴力吗？""人类智力与脑的大小有关吗？""叫醒梦游者很危险吗？""基因会导致肥胖吗？""测谎仪真的有效吗？""我们该相信大部分的自助书籍吗？"

每天，我们的学生都会遇到一堆问题，这些问题挑战着他们对自己以及别人的理解。这些问题可能来自于互联网、电视节目、广播热线节目、电影、自助书籍或朋友的建议，学生们的日常生活就是一个关于智力测试、亲子关系、恋爱、心理疾病、药物滥用、心理治疗以及许多其他话题的稳定的信息流，而且经常是错误信息。

对任何人来说，如果没有评估论据的基本原则，理解这些相互矛盾的结果就是令人困惑的事情。所以，未经训练的学生很难评估一些观点的真假，例如，关于记忆或情绪提高药物、兴奋剂过量使用、百忧解的效用、精神疾病的遗传根据等的观点。而且，对于那些没有学过如何科学思考的人来说，很难避免被那些科学知识边缘的超心理学观点所迷惑，例如，超感官知觉、阈下说服、占星术、外星人绑架、测谎、催眠、笔迹分析、墨迹测验等。在缺乏区分好坏论据的指导时，我们的学生在评估这些观点时常常束手无策。

由于媒体经常性的错误报道，大部分学生对许多日常心理学观点有很多误解，这使得他们很难评估真正的心理学知识。例如，由于许多学生错误地认为记忆过程就像磁带或录像机一样，他们发现要接受一些关于儿童虐待的回复记忆是假的这一观点很难。而且由于大众心理学很少提供可以用来评估关于日常生活的自然和超自然观点的工具，很多学生在区分真假上花了很多时间。

日常生活中科学思维的原则

因此，我们撰写此书的目的在于，使读者能够将科学思维运用到日常生活的心理学中去。通过运用科学思维——一种能使我们不犯错误的思维——我们能更好地评估实验室研究和日常生活中的观点。通过鼓励学生去评估某种观点的根据，他们可以开始理解怎样思考，而不是仅仅理解思考什么。事实和数据是基本着手点，但是远远不够。我们同样需要评估证据的技能，这本书教的正是这些技能。通过这种方式，我们希望能培养学生用批判的眼光去理解他们周围的心理学世界，以及他们在这个世界中所处的位置。

科学思维

在第 1 章中我们为读者介绍了六种关键的科学思维的原则，我们会在后面的章节中反复提到这些原则。通过这种方式，我们在读者大脑中反复强化这些科学思维的原则并以此作为评估科学研究以及日常生活观点的关键技能。这六个“科学思维的原则”为心理学的终生学习提供了框架。其中，每个原则都伴随着一个简短的问题，这些问题提醒学生们注意在评估观点时应该考虑的关键问题。

我们应该使用哪种原则？	我们可能在什么时候使用？	怎样使用？	
排除其他假设的可能性 对于这一研究结论，还有更好的解释吗？	当你看报纸时看到这么一个标题：“研究表明已经接受某种新药物治疗的抑郁症人群，比没有接受此种药物治疗的人群症状有了明显的改善。”	这个研究结果可能是因为这样一个事实：那些接受药物治疗的人们期望得到改善。	
相关还是因果 我们能确信 A 是 B 的原因吗？	一个研究结果表明犯罪行为频发的时候人们吃的冰激凌也更多，这说明：吃冰激凌可以导致犯罪。	吃冰激凌（A）或许并不会导致犯罪（B），很有可能二者都是因为第三个因素（C），例如：高温。	
可证伪性 这种观点能被反驳吗？	一本自助书籍称所有人周围都有一种能影响他们情绪和表现的无形的能量场。	我们不能设计一个实验去证明这种说法。	
可重复性 其他人的研究也会得出类似的结论吗？	一篇论文强调，某研究表明如果人们练习冥想，那么他们在智力测验中会比那些没有练习冥想的人高出 50 个点。	如果没有其他科学研究报告过相同的研究，我们应该对此表示怀疑。	
特别声明 这类证据可信吗？	你浏览网页时看见一个声明：一个怪物，像大脚兽，已经居住在美国西北部数十年都没有被研究人员发现。	跟人们在单词表的开始部分记住的单词比在后面部分记住的多这种观点相比，这个特殊的观点要求更严密的证据。	
奥卡姆剃刀原理 这种简单的解释符合事实吗？	你的一个视力不好的朋友，声称他在一次飞盘比赛中巧遇不明飞行物。	你朋友的报告是不是更有可能因为这样一个简单的解释：他把其中的一个飞盘误认为不明飞行物，而不是外星人真的访问了地球？	

关注大众心理学

纵观全书，我们从大众心理学中选取了很多例子。这样，学生就能增长一些辨别媒体、网络以及与朋友交谈的内容的真假的经验。我们同样提供了一些评估大众心理学观点的科学思维工具。

我们会在每章编排几个**澄清事实**和**识别假象**的栏目，**澄清事实**呈现了一些有趣和令人惊讶的事实，而**识别假象**则呈现了一些虚假的或毫无根据的但被普遍认同的观点。在这两种情况中，学生会发现，他们的心理学概念受到了挑战，他们的心理学视野得到了拓展。这些特点同样提示了另一个重要的事实，即：心理学也可以很有趣！

澄清事实

有些人体验过一种叫做“不相识症”的现象，它的法语意思是“从未见过”，这种现象在本质上和既视感相反。有不相识症的人会突然对熟悉的东西感到陌生。不相识症有时会发生在有神经障碍的人身上，比如遗忘症（见第 6 章）和癫痫（Brown，2004a，b）。

识别假象

假象：食用冰激凌或其他的冷食过快会产生脑部疼痛。
事实：“大脑冷冻”（有时会被这样称呼）根本影响不到大脑，这只是由于冷食导致了口腔上腭血管的收缩，紧接着血管又产生扩张而产生类似头痛的感觉。

强调校正谬误

更加广泛的是，在整本书中我们都会提供很多心理学入门学生存在的误解。同样重要的是，我们用许多这样的误解作为讨论真正科学知识的着手点。我们同样提供一些跟常识相反的但是确实是科学的心理学知识。

每一章都包含一个**批判性思考**框格，用于深入探讨被广泛传播的心理学谬误。通过这种方式，学生会认识到，他们对心理学世界的常识和直觉并不总是正确的，而且，在区分正确和错误观点时，科学的方法很重要。

批判性思考：双胞胎有他们自己的语言吗？

大众心理学告诉我们双胞胎有时会产生他们自己的语言。这是事实，还是假象？

这个想法对于双胞胎来说无疑是有吸引力和诱惑力的。双胞胎们在胎儿时期共住母亲的子宫，一起进行如厕训练然后一起上学。我们很自然地认为双胞胎之间拥有独特的连接形式。普遍认为，双胞胎能创造自己的秘密语言，一种只有他们能理解的语言。这一现象被称为**秘密语**。

双胞胎间的秘密语被证明是音系障碍及其他语言延迟模式的结果（Bishop & Bishop，1998；Dodd & McEvoy，1994），这一现象在双胞胎中比单个孩子（一次一个出生的孩子）更明显。据说，只有在企图运用语言却遭到发音贫乏及严重的发音错误时，双胞胎们才发展他们的秘密语。这些困难严重得足以使他们的话语基本上不被理解。双胞胎间更倾向于发生相同的音韵错误，因此相对于他们的父母及其他无关联的孩子来说，他们之间的话语更容易被相互理解（Dodd & McEvoy，1994；Thorpe，Greenwood，Eivers，et al.，2001）。

关于儿童发明他们自己的交流系统的案例是有趣而稀少的。有一个例子是关于失聪但父母听力正常的儿童的：在没有教授他们手势语言时，有时他们会发明出自己的手势语。这种现象被称为**家庭手势语**，显示出这部分儿童令人钦佩的独创力（和交流的积极性），因为他们在没有成人引导的情况下发明了自己的手势语言（Goldin-Meadow & Mylander，1998）。

然而在家庭手势语的案例中，儿童并未发明出一套成熟的手势语言。家庭手势语者获得的是基本的符号组合而不是完整的语法结构，语言是逐渐从个体演变发展到群体的，而不是独自存在于一小部分人之间。

日常生活中的应用

为了跟本书科学思维的主题保持一致，我们特别注意科学思维技能在学生日常生活中的应用。

你怎么认为？

你是一个正在调查一起袭击案的侦探警察。为增加受害人指证罪犯的正确率，你会怎么做？

在每一个重要章节里，**你怎么认为**这一专题都会给学生提供将本章内容应用到各种各样现实生活情景中的机会。这些专题同样可以用于激发课堂讨论。

结合文化背景

只要有机会，我们都会凸显一些值得注意的具有文化和种族差异的研究发现。这样做的目的是让学生了解到许多心理学原理具有限制条件，而且许多科学心理学不仅关注共同点，同样关注差异之处。

最后，我们希望学生们能学会辨别心理学真假信息所需要的“心理学小聪明”或者“开放思维的怀疑论”。我们始终坚持学生应该对新观点持开放态度，但应该根据事实说话。实际上，我们最重要的座右铭正如空间科学家詹姆斯·奥伯格（James Oberg）所说（又称奥伯格格言）：“保持开放的态度是一种美德，只是别开放到连脑子都没有了。”

让教育更有意义：帮助学生在心理学上取得成功

我们的目标是将科学思维应用到日常生活的心理学中，这一目标充分反映在整本书的教学计划上。这个计划的每一方面都有机地与章前背景、章末复习结合在一起，以保证其有效性、价值以及概念应用。最重要的是，这些专题都是为了帮助学生掌握这门学科，在课程上取得成功而设计的。

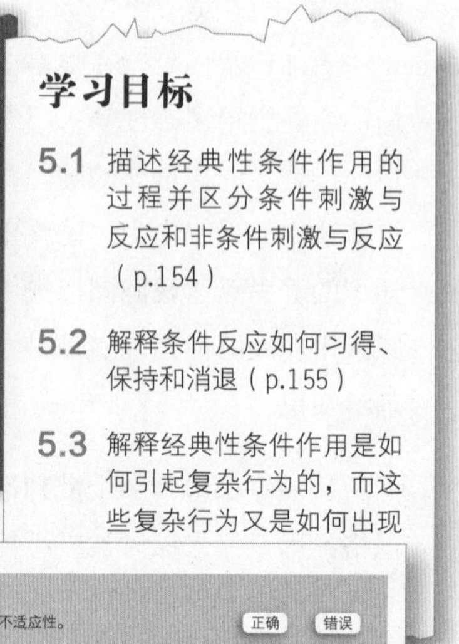

该书怎样帮助学生识记心理学中的关键概念？

每章前的思考题突出了一些学生常常会有的关于心理学的问题，而且给出了该问题的答案在本书中的页码。结合内容提要，他们可以预习本章中将会讨论的主要议题。每一章都是围绕几个**学习目标**来设计的，这些学习目标按照它们出现的先后顺序排列。**全面的复习体系**和**小测试**同样是围绕这些目标而设计的。

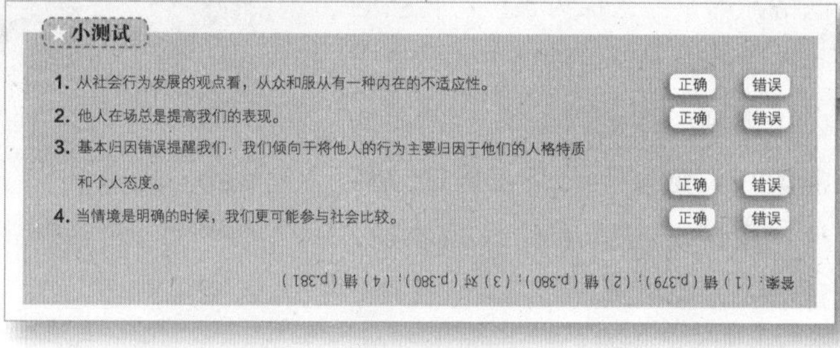

该书怎样指导学生理解概念？

我们设计了综合学习的工具图来提高理解能力，促进学习。为了跟这本书的主题“我们怎样时不时地被愚弄”保持一致，每一章都会以一张描绘错觉的图片开头，以提醒读者：他们的大脑有时会欺骗他们。当学生在学习整本书以及区分概念之间的联系的时候，我们都会用解析图来从最低和最高的水平上给学生指明方向。其他图片则以一种清晰的吸引人的方式，被用来明确地强调一些心理学概念，以帮助学生更好地理解它们。学生对一些重要概念的理解还可以借助页下摘要的术语来巩固。

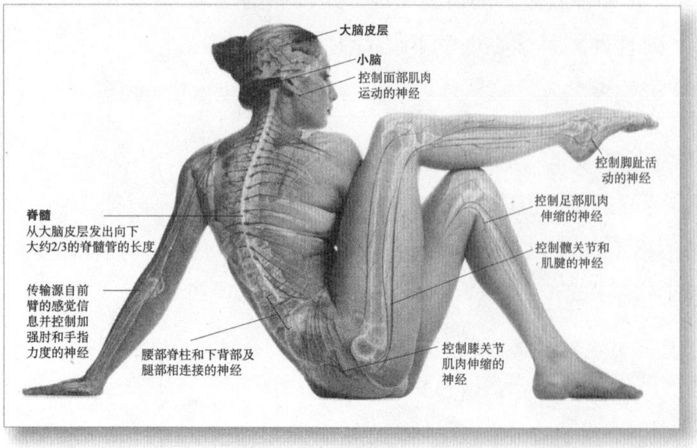

目 录

第 1 章　心理学与科学思维　/2

心理学是什么？常识还是科学？　5

心理学及其在不同层面上的解释

是什么使心理学充满挑战和趣味性

为什么我们不能总是相信常识

作为一门科学的心理学

批判性思考：什么是科学理论？

伪心理学：披着科学的外衣　11

迅速发展的大众心理学

什么是伪科学？

伪科学的警告标志

为什么我们会被伪科学吸引？

形而上学的观点：科学的边界

伪科学的危害：我们为什么会关心伪科学？

科学思维：辨别真伪　15

科学怀疑论

科学思维的基本原则

心理学的过去和现在：一个漫长而奇特的旅程　22

心理学的主要理论框架

多元化的现代心理学

心理学的两大争议

心理学应用：科学探索每一天　31

心理学怎样影响我们

科学思维：一种生活方式

第 2 章　研究方法　/38

良好研究设计的合理性和必要性　41

为什么我们需要研究设计

启发式：我们是怎样被愚弄的

认知偏差

科学的方法：技能的工具箱　46

自然观察：在自然状态下研究人类

个案研究：开始了解你

相关设计

实验设计

自我报告法

批判性思考：实验室研究不适用于现实世界，对吗？

研究设计中的伦理问题 59
人类研究中的伦理准则
动物研究中的伦理问题
统计：心理学研究的货币 61
描述统计：它是什么？
推断统计：假设检验
人们怎样利用数据作假
成为心理学研究的同行评审员 67
尝试同行评审
大多数记者并不是科学家：评价媒体中的心理学

第 3 章　生理心理学　/74

神经细胞：大脑通信渠道 76
神经元：大脑的信息传播者
胶质细胞：支持者的角色
化学通信：神经传递
带电的思维
神经可塑性：大脑如何以及何时发生改变
大脑—行为网络 83
中枢神经系统：控制中心
边缘系统
脑干
躯体神经系统
自主神经系统
内分泌系统
脑定位：大脑的活动 94
脑图定位探索的方法
我们大脑的使用率有多高
大脑每个部分的功能是什么
左脑和右脑的功能是什么

批判性思考：存在左脑人和右脑人吗？
先天与后天：是先天遗传还是后天教育使你这样做？ 101
我们是怎样成为现在的我们的
行为遗传学：怎样研究遗传率

第 4 章　感觉与知觉　/110

硬币的两面：感觉与知觉 112
感觉：作为侦探的意识
知觉：感觉与思维的融合
阈下信息加工
看：视觉系统 117
光：生命的能量
眼睛：我们如何表征视觉领域
视觉
听：听觉系统 126
声音：机械振动
耳的工作机制
听觉
嗅觉、味觉和触觉 129
嗅觉与味觉携手同行
嗅觉和味觉的感知
触觉和痛觉

身体方位与平衡
感觉与知觉的变化 134
超感官知觉：是事实还是虚构？
幻觉：体验不存在的东西
灵魂出窍和濒死体验
既视感体验
催眠
批判性思考：催眠可以让我们体验到年龄退行和前世吗？

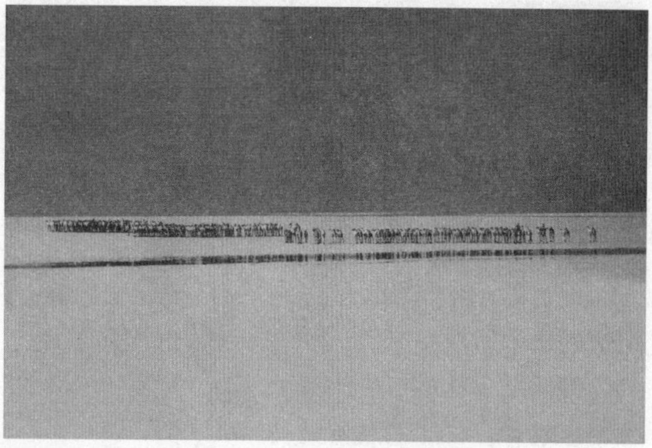

第5章 学习 /148

经典性条件作用 152
巴甫洛夫的发现
经典性条件作用的现象
经典性条件作用的习得、消退与自然恢复
刺激的泛化与分化
高级条件作用
经典性条件作用在日常生活中的应用
批判性思考：吃啥补啥？
操作性条件作用 158
操作性条件作用：它是什么，以及怎样区别它与经典性条件作用？
效果律
斯金纳与操作性条件作用
强化原则
操作性条件作用的应用
双过程理论：将经典性条件作用和操作性条件作用结合起来
学习的认知模型 169
华生、斯金纳与思维
S-O-R心理学：综合思考
潜伏学习
观察学习
影响学习的生物学因素 173
条件性味觉厌恶
准备学习与恐惧症
本能漂移
时尚的学习策略：它们有用吗？ 177
睡眠辅助学习
发现学习
学习风格

第6章 记忆 /184

记忆是怎样工作的：记忆流程 187
记忆的悖论
记忆的易误性
记忆的重构性
记忆的三个系统
记忆的三个阶段 197
编码：记忆的“图书编号”
批判性思考：记忆药物有效吗？
储存：将记忆存档
提取：前往“书库”
记忆的生物学基础 204
记忆储存的神经基础
记忆储存在哪儿？
记忆退化的生物机理
记忆的发展 208
随时间流逝的记忆
婴儿的内隐记忆：利用踢腿来交流

婴儿期遗忘
记忆由好变坏：错误记忆 211
错误记忆
记忆的七宗罪

第7章 语言、思维与智力 /222

语言是如何工作的？ 225
语言的特征
儿童是怎样学习语言的？
批判性思考：双胞胎有他们自己的语言吗？
语言学习的特殊案例
非人类动物间的交流
我们用语言思考吗？语言与思维之间的关系
思维和推理 232
认知经济——使世界规则化
问题解决：更多的思维障碍
科学方法来之不易
什么是智力？概念混乱 236
智力的定义
智力的其他维度
智力的生理基础
智力测验：超常、中常和低常 242

两个饱受争议的字母：IQ
优生学运动：智力测验的误用和滥用
当代智力测验
智商分数的信度：智商永远不变吗？
智商分数的效度：预测行为结果
智商分数的两端：从智力发育迟缓到天才

个体和群体的智力差异　248
探索遗传和环境对智商的影响
智商的群体差异：科学家和政治家

第 8 章　人类发展　/260

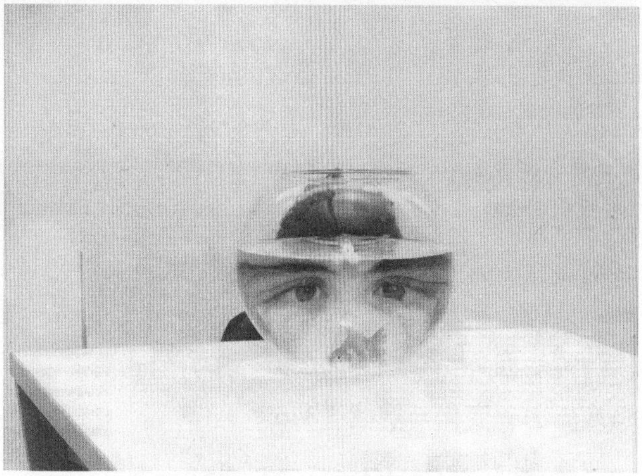

人类发展的特殊观点　263
事后归因谬误
双向影响
关注组群效应
早期经验的影响
先天和后天的区别
出生前后的发展：身体和动作的发展　266
产前的发展：从受精卵到婴儿
婴儿动作的发展：婴儿如何学会行走
认知发展：儿童如何认识世界　270
皮亚杰：儿童如何建构他们的世界
维果斯基：社会和文化因素对学习的影响
当代认知发展理论
批判性思考：听莫扎特的音乐能创造出“超级宝宝”吗？
早期认知发展的标志
社会性和道德发展：儿童与他人的关系　277
陌生人焦虑：8个月时的突然变化
依恋：建立联结
气质和社会性发展：我们情绪的天赋
家庭教养方式：什么是正确和什么是错误的？
道德发展：辨别是非
性别认同
发展不会停止：青少年期和成年期的转变　286
青少年期：巨大转变的时期
成年期的成长和衰退
谁是老年人？关于老年阶段的不同认识

第 9 章　情绪与动机　/298

情绪理论：什么引起了我们的情绪？　301
情绪分化理论：情绪表达的演变
情绪认知理论：先思考，后感受
情绪的无意识影响
批判性思考：测谎仪会说谎吗？
通过肢体语言表达情绪
幸福感和自尊：科学VS大众心理学　310
积极心理学：心理学的未来还是心理学的时尚？
幸福感有什么益处

什么使我们幸福：假象
什么使我们幸福：事实
预测幸福
自尊：重要性是否言过其实？
动机：我们的意愿和需求 317
动机：新手指南
我们的需要：生理和心理的欲望
饥饿、饮食和饮食障碍
性驱力
吸引力、爱和恨：它们的奥秘 327
人际吸引的社会影响因素
爱情：科学面临的难题
仇恨：一个被忽视的主题

第 10 章 压力、健康与睡眠 /338

什么是压力？ 341
客观地看待压力：三种取向
没有两种完全相等的压力：压力的测量
适应压力：变化与挑战 345
压力的结构：塞利的一般适应综合征
压力反应的种类
批判性思考：我们遭遇令人特别厌恶的事件时都会受到创伤吗？
大脑与身体的压力反应
应对压力 352
社会支持
加强控制
应对的个体差异：态度、信念和人格
提高健康水平——减少压力 356
达到健康的体重
药物的使用与滥用
积极改变的策略
健康心理学和行为医学
替代疗法和补充医疗
睡眠和梦 365
昼夜节律：日常生活周期
睡眠和梦的阶段
梦的理论与心理学原理
睡眠障碍

第 11 章 社会心理学 /376

什么是社会心理学？ 379
人类是社会物种
社会心理学的重要教训
社会比较：人之所见，人之所为
社会影响：从众和服从 383
从众：阿希范式
去个性化：丧失我们的独特个性
群体思维
服从：顺从命令的心理
帮助他人和伤害他人：亲社会行为和侵犯 393
在人群中是安全的还是危险的？旁观者效应
社会惰化：朋友的帮助很少

批判性思考：人群中的头脑风暴是提出创意的一种有效途径吗？
亲社会行为和利他行为
侵犯：为什么我们会伤害他人
态度和说服：改变观念　400
态度和行为
态度的来源
认知失调和态度改变
说服：人人都是推销员
偏见和歧视　406
偏见的本质
歧视
刻板印象
偏见的根源：一张错综复杂的网
防止偏见：一些补救方法

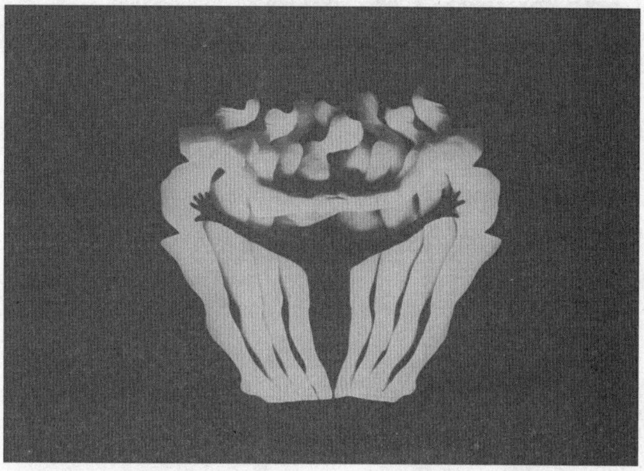

第 12 章　人格　/416

人格：它是什么，以及我们如何研究它？　419
人格成因的研究：双生子研究和收养研究概览
行为—遗传研究：重要提示
精神分析理论：弗洛伊德的争议性传奇和他的追随者们　422
人格的精神分析理论
性心理的发展阶段
对精神分析理论的批判性评价
弗洛伊德的追随者：新弗洛伊德主义者
行为主义、社会学习和人本主义的人格理论　430
行为主义关于人格形成的观点
人格的社会学习理论：思维的动因作用
人格的人本主义模型：第三势力
人格的特质模型：行为的一致性　434
特质模型：关键挑战
处于围攻中的人格特质：沃尔特·米歇尔的批判
人格结构模型：大五人格
文化因素对人格的影响
对特质模型的批判性评价
人格测量：测量及心理测量的误区　438
结构化人格测验
投射测验
人格测量中易犯的错误
批判性思考：犯罪侧写有效吗？

第 13 章 心理障碍 /450

精神疾病的概念：过去与现在 453

什么是精神疾病？一个看似复杂的问题

精神疾病的历史观点：驱除体内的恶魔

跨文化的精神病诊断：文化因素主导的症状

精神病分类和诊断的特殊因素

批判性思考：自闭症是流行病吗？

现行的精神病诊断标准：DSM-IV

焦虑障碍：忧虑和恐惧的不同方面 460

惊恐障碍：突如其来的恐惧

广泛性焦虑障碍：持久的忧虑

恐惧症：非理性的害怕

创伤后应激障碍：恐怖经历的持久影响

强迫症：陷到思维中无法自拔

焦虑障碍的解释：病态忧虑和恐惧的根源

心境障碍 465

重度抑郁症：常见，但并不是“普通感冒”

重度抑郁症的主要解释：错综复杂

双相障碍：当情绪走向极端

自杀：事实与假象

人格障碍和分离性障碍：混乱和分裂的自我 471

人格障碍

分离性障碍

精神分裂症之谜 477

精神分裂症的症状：破碎的精神世界

精神分裂症的解释：支离破碎的心理根源

第 14 章 心理和生物治疗 /486

心理治疗：来访者和治疗师 488

谁会寻求心理治疗并从中受益？

谁来实施心理治疗？

怎样成为一名合格的心理治疗师

不同“风味”的治疗方法：治疗方法的回顾 492

顿悟疗法：获得理解

行为疗法：改变适应不良的行为

团体和家庭系统疗法：越多越好

心理治疗有效吗？ 505

渡渡鸟论断：生存还是灭亡

实证支持疗法

为什么一些无效的治疗方法看似有用？我们是怎样被欺骗的？

批判性思考：自助书籍总是有用的吗？

生物治疗：药物、物理刺激与外科手术 511

药物疗法：调整大脑中的化学物质

电刺激：正确的观念和误解

精神外科手术：最后的选择

心理学改变思维

第 1 章
心理学与科学思维

心理学仅仅是常识吗？（p.6）

我们该相信大部分的自助书籍吗？（p.12）

心理学是真正的科学吗？（p.8）

所有无法证伪的观点都是科学的吗？（p.21）

所有的临床心理学家都是心理治疗师吗？（p.31）

心理学是什么？常识还是科学？

- 心理学及其在不同层面上的解释
- 是什么使心理学充满挑战和趣味性
- 为什么我们不能总是相信常识
- 作为一门科学的心理学

批判性思考：什么是科学理论？

伪心理学：披着科学的外衣

- 迅速发展的大众心理学
- 什么是伪科学？
- 伪科学的警告标志
- 为什么我们会被伪科学吸引？
- 形而上学的观点：科学的边界
- 伪科学的危害：我们为什么会关心伪科学？

科学思维：辨别真伪

- 科学怀疑论
- 科学思维的基本原则

心理学的过去和现在：一个漫长而奇特的旅程

- 心理学的主要理论框架
- 多元化的现代心理学
- 心理学的两大争议

心理学应用：科学探索每一天

- 心理学怎样影响我们
- 科学思维：一种生活方式

4

学习目标

1.1 解释心理学为什么不只是常识（p.6①）

1.2 了解科学作为抵抗偏见堡垒的重要性（p.8）

1.3 了解伪心理学并将其与心理科学区分开来（p.13）

1.4 描述伪科学的危害（p.17）

1.5 识别科学怀疑论的重要特征（p.18）

1.6 学习并理解整本书都会用到的科学思维的六大原则（p.18）

1.7 掌握心理学的主要理论框架（p.24）

1.8 了解多元化的心理学家（p.29）

1.9 描述影响心理学发展的两大争议（p.30）

1.10 了解心理学研究如何影响我们的日常生活（p.33）

★大众心理学知识小测试

1. 许多人只用到了他们大脑能力的 10%。 正确 错误
2. 新生儿几乎是看不到、听不见的。 正确 错误
3. 催眠状态能够增强我们记忆的准确性。 正确 错误
4. 所有有阅读障碍的人看单词中的字母的顺序都是倒着的（例如把 cat 看成是 tac）。 正确 错误
5. 一般来说人们更容易发泄愤怒，而不是持续那种愤怒的状态。 正确 错误
6. 谎言测试器（测谎仪）探测谎言的准确率达到 90% 到 95%。 正确 错误
7. 人们更容易吸引那些在个性和态度上与他们相反的人。 正确 错误
8. 处在危险情境中的人数越多，其中至少有一人提供帮助的可能性就越大。 正确 错误
9. 精神分裂症的患者具有多重人格。 正确 错误
10. 所有有效的精神疗法都需要收集来访者的童年创伤依据。 正确 错误

对大多数读这本书的人来说，这可能是第一堂心理学课。但可以肯定的是，读过此书的人已经掌握了许多心理学相关的知识。那么，请停下来一会儿，问问你自己："我是在哪儿学的心理学？关于心理学我又知道些什么？"

你是否像其他刚学心理学的学生一样，通过看电视和电影、听互动的广播节目、读自助书籍和大众杂志、上网或跟朋友聊天，学到了许多关于心理学的知识？换句话说，你大多数心理学的知识来自于大众心理学领域：一个关于人类日常行为信息源的广阔网络。

花点时间看看上面的 10 道测试题。许多学生以为他们知道大部分上述问题的答案，他们带着这样的心态来上心理学的第一节课。这些一点都不意外，因为它们都是大众心理学知识的一部分。但是在得知以上 10 个描述都是错误的时候，他们都感到很惊讶。上面的这个小测试说明了一个实用的信息，也是我们在这本书中自始至终着重强调的问题：虽然常识对于一些事的判断起着巨大的作用，但有时它可能是完全错误的。这一规律尤其适用于心理学。

① 此类标注（包括章前导引处的标注）均为原书页码，即本书边码。——译者注

5 心理学是什么？常识还是科学？

威廉·詹姆斯（William James，1842—1910）被公认为美国心理学的奠基人，他曾经把心理学描述为一门“讨厌的小课题”。正如詹姆斯所说，心理学很难去研究，简洁的理论很少，而且各种理论间相差甚远。在阅读这本书时，你的许多关于心理学的先入之见都会受到挑战；你会找到新的方法去思考每天的想法、感受和行为产生的原因；然后用这些思考方法去评估你生活中的心理学观点。

心理学及其在不同层面上的解释

在入门级的心理学课本里，提出的第一个问题几乎都比较简单，即：“什么是心理学？”虽然心理学的许多问题至今都没有统一的结论，但是有一种看法大家都认同，即很难给心理学下定义（Henriques，2004）。鉴于本书的目的，我们将**心理学**简单的定义为对思维、大脑和行为的科学研究。正如我们接下来将发现的，许多现代心理学家从“思维”和“大脑”两个不同的方面解释同一现象。不管心理学家表面上有多不同，他们都为了一个共同的责任——解释人类和动物行为的原因——而联系在一起。

心理学是一个涵盖许多**解释层面**的学科。我们可以把不同的解释看成是在阶梯上绕圈。在这个阶梯上，底部的圈更接近于受生物因素的影响，高层的圈更接近于受社会因素的影响（Ilardi & Feldman，2001）。心理学的解释层面有很多，从分子到大脑结构、思维、感觉、情绪、社会和文化的影响，不同层面交汇在一起（Cacioppo，Berntson，Sheridan，et al.，2000）（见图 1.1）。

在接下来的章节中我们将涉及对这些层面的解释。在此过程中，我们必须注意一个至关重要的指导原则，即我们不能够仅通过一种层面上的解释来理解心理学。那是因为每一层面都能告诉我们一些新的东西，并且在不同的层面学到不同的知识。一些心理学家相信生物因素，例如大脑的运作和它成千上万的神经细胞，对于理解行为的原因至关重要。而另一些人相信社会因素，例如父母的习惯、同龄人的影响、文化对理解行为的原因也是非常重要的（Meehl，1972）。在本书中，我们将避开这两个极端观点，因为对于全面理解心理学，不论是生物因素还是社会因素都很重要（Kendler，2005）。

是什么使心理学充满挑战和趣味性

源源不断的挑战使心理学变得复杂；然而也正是这些挑战使心理学更加引人入胜，因为每个挑战都对心理学家尚未解决的问题作出了贡献。在本书中，我们将简要的讲述三个挑战，这些挑战在后面还会不断提到。

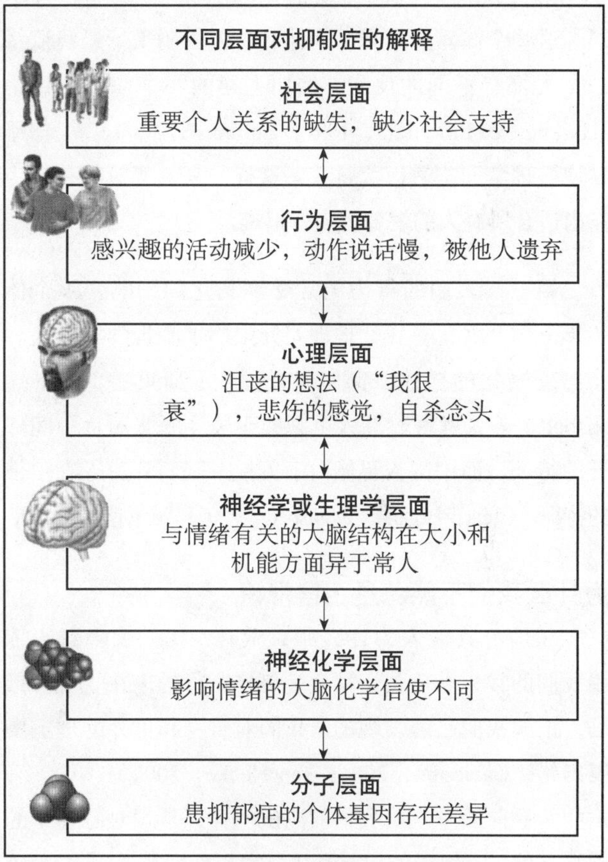

图 1.1　抑郁症在不同层面上的解释

我们可以在不同层面上研究心理现象，例如抑郁症。低水平层面的更接近生物因素，而高水平层面的更接近社会因素。每一个层面都能为心理现象提供一种独特的信息和一种有效的视角。（Source: Adapted from Ilardi，Rand，& Karwoski，2007）

心理学（psychology）
对思维、大脑以及行为的科学研究。

解释层面（levels of explanation）
这种解释类似于在阶梯上绕圈，底部的更容易受生物因素的影响，顶部的更容易受社会因素的影响。

6 第一，人们的行为难以预测，部分原因是几乎所有行为都是**多重决定**的，即由多种因素引起的。这就是为什么我们需要对行为的**单一变量解释**持怀疑态度，就像在大众心理学中广泛流传的那些。通常，我们喜欢用一种因素，既可能是贫困也可能是遗传来解释某一复杂的人类行为（如暴力）。但我们几乎可以确定这种解释是错误的，因为这样的行为，多半是一系列因素相互作用的结果。

第二，人们的思维、情绪、人格和行为各有不同。这些**个体差异**解释了为什么对同一刺激情景我们每一个人都有不同的反应，例如上司的一个侮辱性评论（Harkness & Lilienfeld，1997；Lubinksi，2000）。个体差异使心理学面临着巨大挑战，这样一来，要对某一行为作出适合所有人的解释就变得很难。

第三，人们的行为经常受到文化的影响。跟个体差异一样，文化差异、地理差异限制了心理学家对人性作出普遍化的描述。例如理查德·尼斯贝特（Richard Nisbett）等人发现欧洲人更倾向于关注一张照片中间部分的特征，而中国人更倾向于关注一张照片边缘和附带的特征（Chua，Boland，& Nisbett，2005；见书前彩图 1）。

为什么我们不能总是相信常识

在理解其他人为什么那么做时，我们大多数人依赖我们的常识——关于社会是怎样工作的内在直觉。但是，正如我们已经发现的，我们对自身和世界的理解屡屡出错（Cacioppo，2004；Van Hecke，2007）。事实上，正如本章前面呈现给我们的测试一样，常识对心理学的理解不仅仅是错误的，有时甚至完全反过来了。**【学习目标 1.1】**例如，有许多人相信“人多势众”这句古老的格言，但是心理学家的研究已经证实很多人同时面对一个紧急情况时，“至少有一个人会站出来帮忙”是不大可能的（Darley & Latané，1968a；Latané & Nida，1981；见第 11 章）。

关于为什么我们不能总是相信我们的常识，还有另外一个例子。读读下面常见的谚语，许多都是跟人们行为有关的，看看你自己是否也同意：

（1）人以群分，物以类聚。（6）不是冤家，不聚头。 7
（2）距离产生美。 （7）眼不见，心不烦。
（3）小心驶得万年船。 （8）不入虎穴，焉得虎子。
（4）人多力量大。 （9）厨子太多煮坏汤。
（5）行动比言辞更响亮。 （10）笔比剑更有威力。

这些谚语是完全正确的吗？然而，左边的谚语与右边相对的谚语意思却是相互矛盾的！所以我们的常识可以指引我们相信两件事情，这两件事不可能同时是对的，或者它们在某种程度上是不一致的。说来也怪，在大多数事件上，我们从来没注意到自相矛盾的说法，除非别人将这些告诉我们，例如入门级心理学教材的作者。

朴素现实主义 我们很大程度上相信我们的常识，是因为我们倾向于**朴素现实主义**：认为我们看到的就是世界本身（Ross & Ward，1996）。我们相信“眼见为实”，并且相信我们关于世界和我们自己的感知。在日常生活中，朴素现实主义对我们有很大帮助。如果我们在单行道看到一个卡车司机正以每小时 85 英里（1 英里约合 1.6 千米）的

玛丽·马塔林（Mary Matalin，著名的保守党代表）与詹姆斯·卡维尔（James Carville，著名的自由党代表）的结合或许可以解释为不是冤家，不聚头。但是心理学研究表明，这种结合只是个别情况：人们更喜欢跟自己有相同信念和价值观的人在一起。

多重决定（multiply determined）
由多种因素引起。

单一变量解释（single-variable explanations）
试图通过某一单一因素对复杂行为进行的解释。

个体差异（individual differences）
个体在思维、情绪、行为方面的差异。

朴素现实主义（naive realism）
相信我们看到的就是世界本身。

速度向我们冲来，最好的做法就是让开这条马路。许多时候我们应该相信我们的感知。

有时很多现象也可以欺骗我们。地球看起来是平坦的。太阳看起来是围绕地球转的（见图 1.2 中另一个骗人的现象）。在这两件事上，我们的直觉都是错的。同样地，朴素现实主义在我们评估自己和他人时也会束缚我们。我们的常识让我们觉得，那些政治观念跟我们不一样的人都存在偏见，只有我们自己是很客观的。心理学的研究证明我们总是带着偏见去评价政治事件（Pronin，Gilovich，& Ross，2004）。所以朴素现实主义的态度会让我们在人性方面得出许多错误结论。在许多情况下都是“所信为所见”，而不是“我们的信念塑造了世界在我们眼中的样子”（Gilovich，1991）。

8 **我们的常识什么时候是正确的**　并不是说我们的常识总是错的。我们的直觉来源于身边的环境，有时候它可以指引我们找到事实（Gigerenzer，2007；Gladwell，2005；Myers，2002）。例如，我们在瞬间（5 秒）判断那些影片中的人是否值得信任时，常识比随机做出选择的正确率要高（Fowler，Lilienfeld，& Patrick，2009）。常识通常对判断假设也很有帮助，尤其是那些需要科学家经过严格调查的假设（Redding，1998）。此外，日常生活中某些心理学观点也都是很正确的。例如，许多人相信，相对于那些不快乐的员工，快乐的员工在工作中能生产更多的产品，并且一些调查也证实这个观点是正确的（Kluger & Tikochinsky，2001）。

但为了更加科学地思考，我们要知道什么时候相信我们的常识，什么时候不能相信。这么做将会帮助我们更好地接受大众心理学，并且能做出更加符合实际的决定。这本书的一个主要学习目的就是提供一种区分这些的思维工具。这些思维工具可以帮助你在日常生活中更好地评估心理学观点。

作为一门科学的心理学

几年前，一个同事的学生想学习一些关于职业规划的心理学课程。出于好奇，他问这个学生：“为什么你决定学习心理学？”他回答：“好吧，因为我学了许多科学课，并且意识到我不喜欢它们，所以，我选择了学习心理学。”

我们将会让你知道那个学生是错误的——不是因为选择了心理学，而是认为心理学不是科学。这本书的中心主题是现代心理学，或者至少其中的某些部分是科学的。但是“科学”的意义到底是什么呢？

许多学生认为“科学”仅仅是代表他们从生物课、

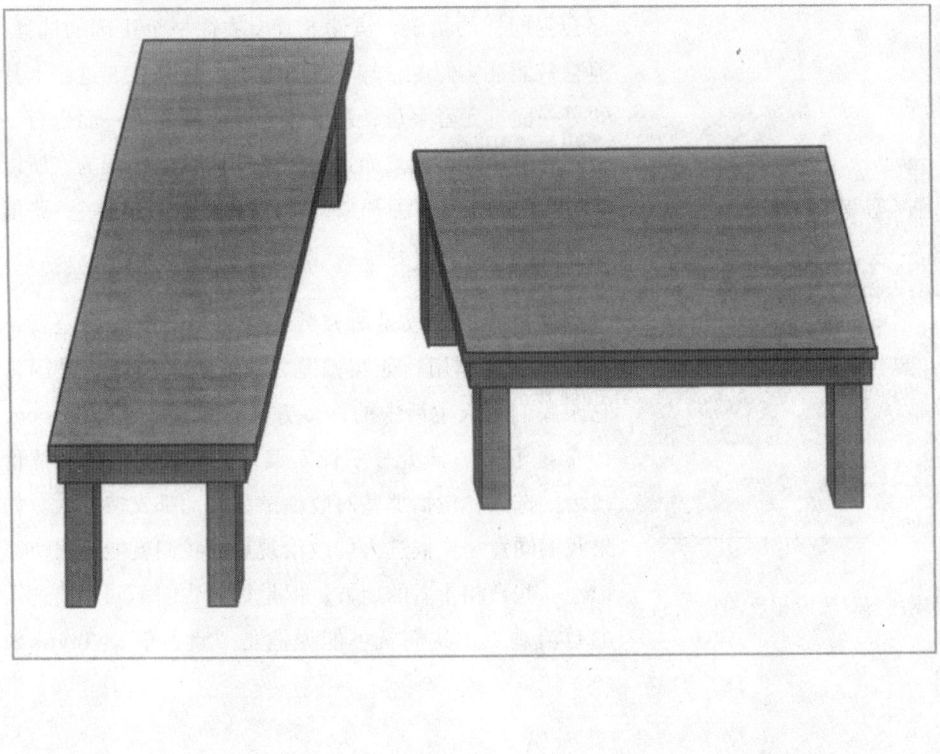

图 1.2　朴素现实主义也会愚弄我们　尽管很多时候我们的感觉是对的，但是我们不能总是相信它给我们提供的世界是无差错的。以谢巴德桌为例。不管你信不信，桌面面积大小相同：一张桌子可以直接叠加在另一张上（不信的话你可以拿尺子量一量）。（Source：Shepard，1990）

化学课和物理课上所学到的复杂知识的一个词。但是科学并不是知识的一部分，相反，它是发现证据的途径（Bunge，1998）。更是为了防止我们被自己愚弄而设计的一种工具。

科学可以预防偏见：避免被自己所伤 最好的科学家能够意识到他们的偏见或是了解到他们存在偏见。**【学习目标 1.2】**这个原则适用于所有的科学家，包括心理学家——那些研究思维、大脑和行为的人。而且，最好的科学家希望让他们的理论能被证明是正确的。毕竟，他们用了几个月甚至几年的时间来设计、研究检测某个理论（也包括他们自己提出的理论）。如果最后的研究结果是错误的，他们就会极度失望。他们也知道，这种深层的个人研究可能会在无意中产生他们想要的结果偏见。科学家跟其他人一样，也会自欺欺人。科学家会掉进几个陷阱，或者他们应该小心几个陷阱，这里我们介绍两个重要的陷阱。

证实偏差。为了防止偏见，避免错误，优秀的科学家会采用程序保障，尤其是针对那些对他们有利的错误（见第 2 章）。换句话说，科学是一系列能克服**证实偏差**的工具：寻找那些支持我们信念的证据，忽略或曲解那些跟我们信念相反的证据（Nickerson，1998；Risen & Gilovich，2007）。我们可以用几个词来总结证实偏差：寻找并且你总会找到。

识别假象

假象：物理学家和其他学科的科学家比心理学家更加怀疑那些离奇的观点，比如超感觉。
事实：与传统科学的科学家相比，学术型心理学家对那些相反的观点更加重视。例如，与物理学家、化学家、生物学家相比，心理学家不怎么相信超感觉是科学事实（Wagner & Monnet，1979）。

证实偏差（confirmation bias）
一种寻找支持假设的证据而忽视或曲解跟假设相反的证据的倾向。

由于证实偏差，我们的无意识经常指引我们关注那 9
些支持我们信念的证据，最后形成心理学的视野隧道。最简单的能论证证实偏差的例子是沃森的选择任务研究（Wason，1996；见图 1.3）。你可以看到 4 张卡片，每一张都是一面是数字，另一面是字母。你的任务是去判断下面的假设是否正确：所有一面是元音字母的卡片另一面都是奇数。要验证这个假设，你需要翻看两张卡片。你会翻开哪两张卡片？在继续读下去之前决定你要翻开的卡片。

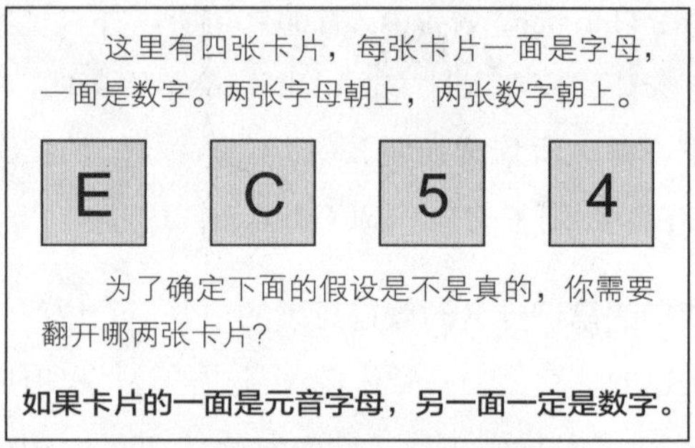

图 1.3 沃森选择任务图片
在这个任务中，你需要选择两张卡片去验证所有一面有元音字母的卡片，另一面都是奇数这个假设。你会选择哪两张？

许多人都翻看了 E 和 5，如果你选 E，你就对了，在这儿给你自己记上一分。如果你选了 5，虽然是一个很好的组合，但你已经落入证实偏差这一陷阱，许多人都会犯同样的错误。虽然 5 看上去像一个正确的选择，但它只能证实假说，却不能推翻它：如果在 5 这张卡片的另一面有元音字母，那并不能排除 4 的另一面也有一个元音字母的可能。而这足以说明假设是错误的。所以 4 才是真正需要去翻开来检验的，而且它是唯一一张能证明假设是错误的卡片。

如果我们仅仅是研究数字和字母，证实偏差就不会有那么大作用。证实偏差之所以如此重要，是因为它跟我们每天生活中的许多方面息息相关（Nickerson，1998）。例如，研究显示证实偏差能影响我们如何评价政治候选人，包括那些对政治谱系两面都支持的人。如果我们同意一位候选人的政治观点，我们就能够很快原谅他一些自相矛盾的地方，但是如果我们不同意候选人的政治观点，我们就可能说他是“墙头草”（Tavris &

Aronson，2007；Westen，Kilts，Blagov，et al.，2006）。

在这本书中，我们将遇见许多偏见，但是我们可以把证实偏差看做是“偏见之母”。那是因为这个偏见可以很容易地愚弄我们，使我们看到我们想要看到的。因此，它是心理学家需要去预防的最重要的偏见。能够区分心理学家和伪心理学家的是，心理学家会采用系统的方法去防止证实偏差，而伪心理学家则不会。我们将会在第 2 章学习这些方法。

你怎么认为？

你的邻居每月出差好几次，觉得飞机总是从离终点最远的那个候机楼起飞。你怎样运用证实偏差去解释她飞机起飞模式的观点？

信念固着：这是我的事，我要坚持到底。证实偏差会使我们倾向于另一种缺陷：**信念固着**。信念固着是指一种即使知道有相反证据存在仍坚持自己信念的倾向。在口语中，信念固着就是“别想拿事实来忽悠我”。因为没有人认为自己是错误的，我们经常不愿放弃自己珍爱的想法。

认识到我们可能是错的　好的心理学家能敏锐地察觉自己可能会犯错（Sagan，1995）。事实上，早期的科
10 学结论经常出错或者有些是没有依据的。医学发现就是最好的例子。自我检查乳房可以降低患乳腺癌的风险，实际上这是假的。时不时地喝一些红酒对于身体健康有好处，事实上这样做反而有害处。这样的事太多了。毫无疑问许多人已经绝望了，他们不再阅读医学报道。科学知识几乎总是暂时性的，并且可能随时被修正。科学不断被修正，知识不断升级，这个事实使得科学成为一种新的探究方法。但是这就意味着，我们经常以缓慢的速度，零碎地积累着知识。

亚瑟·达比肖（Arthur Darbishire，1879—1915），英国遗传学家、数学家。他最著名的观点是：科学家的态度应该是“对自己连续的、主动的怀疑”。

信念固着（belief perseverance）
一种即使知道有相反证据存在仍坚持自己信念的倾向。

科学理论（scientific theory）
对自然界一系列现象的解释。

假设（hypothesis）
从科学理论得出的预言。

批判性思考：什么是科学理论？

科学术语里，很少有哪个词像理论——这个简单却令人迷惑的术语——那样令人困惑。其中一些让人们对科学是怎样工作的产生了严重的误解。我们首先解释什么是科学理论，然后再列举两个普遍的误解——关于科学的误解并不是我们所想的那样。

科学理论是关于自然界各种现象的解释，包括心理学世界。科学理论还是一种综合，将各种各样的发现完美地结合在一起。

但是好的科学理论并不仅仅是对当前数据的综合，它们可以得出我们没有观察到的新数据。对于一个科学理论来说，它必须能提出新颖的预言，并且这些预言能被科学家检验。科学家把可测的预言称作**假设**。换句话说，理论是一般的解释，而假设是来自于这些解释的特殊预言（Bolles，1962；Meehl，1967）。

大多数人相信应该客观地评价政治观点。心理学研究表明，当我们喜欢的总统候选人出错时，我们总是很快原谅他而且为他的出错寻找理由；当我们不喜欢的候选人出错时，我们总是给予严厉的批评（Westen et al.，2006）。

误解1：理论解释某个具体的事件。第一个误解就是，理论是一个关于某个具体事件的解释。大众传媒很多时候将这种区别理解错了。例如，我们经常听到电视台记者说："关于在市区银行的抢劫案，最可能的理论是，两个银行的前雇员乔装成警卫而作案。"但是，这不是一个有关抢劫的"理论"。首先，它试图解释的只是一件事而不是一系列不同的可观察事件。再者，它没有产生可测的预言。相反，研究犯罪行为原因和治疗的司法心理学家们提出有关抢劫的理论，用来解释为什么某些特定人群会偷窃，并且对什么时候人最有可能偷窃做出了预测（Katz，1988）。

误解2：理论仅仅是一个有根据的猜测。第二个误解是认为理论只是关于世界怎样运转的猜测。在某些场合，人们经常忽略理论性解释的存在，还争论说它"仅仅是一个理论"。

这些用词错误地暗示了一些关于自然界的解释"仅仅只是一个理论"。事实上，所有关于世界是怎样运作的一般科学解释都是理论。只是存在很少的有大量证据支持的理论，例如天文学中的宇宙大爆炸论，它提出宇宙始于140亿年前的一次巨大的爆炸，帮助科学家解释了一系列不同的现象，主要发现有：（a）群星各自以特定的速度运转；（b）宇宙中存在着大爆炸后残留的隐蔽的微波辐射；（c）强大的望远镜显示最老的星系产生于140亿年前，跟宇宙大爆炸论预言的时间大约是一致的。正如所有的科学理论一样，宇宙大爆炸论永远不能被"证实"。因为人们总是希望有一天可以得到一种更好的解释。但是，因为许多不同的证据都支持这一理论，绝大多数科学家认为这是一个好的理论而接受它。达尔文的进化论、宇宙大爆炸的理论和其他得到证实的理论都不仅仅是关于世界是怎样运作的猜想，因为它们已经被独立的研究者一遍又一遍地证实了。相反，还有大量理论只从某种程度上得到证实，还有的理论有疑问，或者完全不足以相信。可见，并不是所有的理论都是完全正确的。 11

这本书包含了和进化有关的内容。进化是一个关于生命起源的理论，不是一个事实。只有结合发散的思维、细心的研究和辩证的思考才能发现这一理论。

（由科布县教育委员会证实。2002年3月28日，周三）

许多人争论说进化"仅仅是一个理论"，佐治亚的科布县要求在高中教材中声明这一点（Pinker，2002）。

所以，当我们听到某个科学的解释"仅仅是一个理论"时，我们应该记住理论不仅仅是猜想。一些理论克服了种种能反驳它们的错误，形成了一个很好的关于世界是怎样运转的模型。

★小测试

1. 心理学是对心理某一特定层面解释的研究。　正确　错误
2. 科学是一种包含科学家已经发现的知识的整体。　正确　错误
3. 好的科学家可以确定他们自己是正确的，所以他们不需要担心犯证实偏差。　正确　错误
4. 科学理论是一般的解释，假设是来自这些解释的特殊预言。　正确　错误

答案：（1）错（p.5）；（2）错（p.8）；（3）错（p.9）；（4）对（p.10）

伪心理学：披着科学的外衣

当然，你可能是为了了解你自己、你的朋友或者男女朋友才学这门课程。如果是这样，你可能会这样想：其实我并不想成为科学家，我对研究一点兴趣都没有，只是想了解别人。

实际上，我们也不是想劝你成为科学家（如果你愿意成为科学家，我们会很高兴）。相反，我们的目标是让你能科学地思考问题，摒弃偏见，利用科学工具去克服偏见。正如我们在第 2 章中将介绍的，科学方法是防止我们被愚弄的工具书。获得这些技能后，在你的日常生活中你能做出有经验的选择，例如该制定怎样的减肥计划，该向朋友推荐什么样的心理疗法，甚至是该选择怎样的伴侣相伴一生。你还可以学到怎样避免被虚假的
12 说法欺骗。不是每个人都必须成为科学家，至少每个人都应该学会像科学家那样思考。

迅速发展的大众心理学

在错误的观点中辨别真假至关重要，因为大众心理学这个领域是宽泛且迅速发展的。从积极方面看，这个事实意味美国普通大众时刻都在接受心理学知识。从消极方面看，大众心理学异乎寻常的发展不仅带来了信息大爆炸，同时也引发了错误信息的传递，因为对于这个行业所带来的东西缺乏质量控制。

举个例子，每年大约有 3 500 本自助式书籍出版（Arkowitz & Lilienfeld，2006）。有些书可以有效地治疗抑郁症、焦虑症和其他心理问题，但 95% 的自助式书籍未经科学测试（Gould & Clum，1993；Gregory，Canning，Lee，et al.，2004；Rosen，1993）。

与大众心理学一样迅速扩展的，是那些声称几乎能治愈所有疾病的治疗和产品。如今有超过 500 个心理治疗的商标（Esiner，2000），同时每年还在不断增加。幸运的是，我们在第 14 章将了解到，研究表明一些治疗确实对大部分心理问题有帮助。但还有许多心理治疗的方法未被证实。所以我们并不知道哪些心理治疗有效，哪些不仅没效果甚至还是有害的（Lilienfeld，2007）。

在大多数书店里，自助书籍比心理学书籍还要多，尽管研究表明，许多自助书籍有一定的作用，但是只有少量的经过科学测试。

一些自助式书籍依赖于对心理问题及其治疗的实证研究。我们通常可以在《纽约时报》、《科学美国人》、《发现》等杂志和其他媒体上，找到最新的关于心理学的高质优秀的文章信息。此外，很多网站还提供了许多关于心理学的有用的信息和建议，像记忆、人格测试、心理障碍及其治疗（见表 1.1）。然而有些自助式书籍反而会让人变得更糟（Rosen，1993），因此我们需要用正确的知识武装自己从而鉴别它们。

表 1.1　　一些有价值的科学心理学网站

美国心理学会 www.apa.org	儿童发展研究协会 www.srcd.org
心理科学协会 www.psychologicalscience.org	人格和社会心理学协会 www.spsp.org
加拿大心理学会 www.cpa.ca	精神病理学研究协会 www.psychopathology.org
美国精神病学协会 www.psych.org	临床心理科学协会 www.bsos.umd.edu/sscp/
普通心理学协会 www.apa.org/divisions/div1/div1homepage.html	精神卫生实践科学评论 www.srmhp.org
行为和认知疗法协会 www.aabt.org	实证精神卫生中心 http://cebmh.warne.ox.ac.uk/cebmh
心理计量协会 www.psychonomic.org	心理障碍实证支持治疗 www.apa.org/divisions/div12/rev_est
国际行为分析联合会 www.abainternational.org	国家精神卫生研究所 www.nimh.nih.gov

13 什么是伪科学?

以上事实强调了一个重要的观点：我们需要从科学骗术中辨别出科学的观点。**伪科学**就是科学的顶替者：一系列看起来是科学其实不科学的观点。而且伪科学没法区分证实偏差和信念固着这两种偏见，可这正是科学的特点。**【学习目标 1.3】**

伪科学的和其他有问题的信念得到了广泛的传播。思考下面这些来自针对美国大众进行调查研究的结果（Musella，2005）：

41% 的人相信超感官知觉的存在

37% 的人相信鬼屋的存在

37% 的人相信通灵术（读心术）

32% 的人相信鬼魂的存在

25% 的人相信占星术

24% 的人相信外星人来访地球

21% 的人相信可与死人交流

21% 的人相信巫术

（Source:Musella，2005）

许多美国人接受这些观点，这个事实本身并不会令人烦恼，因为一定的开放思维是科学思维所必需的。相反，真正麻烦的是，很多美国人在缺少科学证据支持这些观点或根本没有证据时，仍然相信这些观点是正确的，比如超感官知觉。

通过这本书，我们会发现很多大众心理学的观点都 14
是伪科学的。这些观点包括许多内容，比如占星术、第六感、超自然体验、测谎、童年受虐记忆的再现、通过笔迹来判断人的人格特质、多重人格障碍、某些有问题的精神疗法。并不是说所有这些观点都是完全错误的。事实上，至少其中一些观点是有事实根据的，其他的仍有可能在将来的研究中被证实。不过，我们将会发现，这些观点的支持者没有很好地“按照规则”来玩科学游戏。

科学与伪科学的区别划分得并不是很清楚。一些心理学的产物和治疗方法大部分基于科学，但是也有一部分是基于伪科学，反之亦然。虽然科学与伪科学之间的界限边缘变得模糊，但我们仍能找到一些存在于它们之间有用的区别（Leahey & Leahey，1983；Lindeman，1998）。

伪科学的警告标志

一些警告标志可以帮助我们区分科学与伪科学；我们将其列入表 1.2 中，它们都是十分有用的经验法则，以至于我们将在后面的章节中利用它们中的一些来帮助我们成为更敏锐的心理学理论的消费者。我们可以甚至应该在日常生活中用到它们。没有任何标志能单独成为铁证，而是用一系列的标志来证明伪科学。不过，存在的标志越多，带来的怀疑也就越多。

为什么我们会被伪科学吸引?

有很多原因使我们会被伪科学吸引。古话说“希望孕育永恒”：我们之所以相信，是因为我们想要相信。很多伪科学的观点，比如占星术，使我们安心，因为在变化无常的世界中，它们似乎给我们提供了一种控制（Shermer，2002）。

但伪科学流行的根本原因可能是我们大脑的工作方式。我们的大脑倾向于从无规律中寻找规律，从荒谬中
寻找意义。这种倾向通常是具有适应性的，因为它帮助 15
我们简化了我们居住的、常常令人迷惑的世界（Alcock，1995；Pinker，1997）。没有这种倾向，我们将会被那些

伪科学（pseudoscience）
一系列看起来是科学其实不科学的观点。

表 1.2　　**一些帮助我们识别伪科学的标志**

标志	例证
夸大其词	三个简单的步骤将会永远改变你的爱情!
过分信赖传闻	在上了三个星期的瑜伽课程后这位妇女摆脱了抑郁。
缺乏相关研究的支持	一项令人惊奇的创新研究显示眼部按摩使阅读速度比平均水平快 9 倍!
缺乏其他学者的重复研究（同行检验）或实验证据的支持	由公司领导的 50 项研究全都取得了极大的成功!
在出现相反证据时缺乏自我纠正	尽管许多科学家说我们几乎将大脑开发完了，但是我们仍然发现了一种之前没有发现的大脑开发方法。
使用无意义的“心理学术语”，即看似有科学道理，其实没有意义	正弦波过滤了听觉刺激，被用来促进前额树突发展。
只说“证明”，不提“证据”	我们的新方案被证实可减少至少一半的社会焦虑!

我们没有时间或者能力去处理的信息流所淹没。然而这种适应性的倾向有时会使我们步入歧途，因为它会让我们看到一些有意义的模式，即便这些模式客观上不存在（Shermer，2002）。

我们寻找模式的倾向有时候会偏离得太远，它引导我们去体验幻象性错觉：在没有关系的甚至随机现象之间寻找有意义的联系。我们会经常陷入**幻象性错觉**中。如果我们想起一个几个月都没联系的朋友，然后突然接到她的电话，我们可能会惊跳起来，断定这两个事件同时发生的概率源于超感官知觉。当然，这种可能性是存在的。

但是，这两个事件只是碰巧在同一时间发生也是有可能的。这个时候，想想你记起一个老朋友的次数，然后想想你每个月接到电话的次数。你就会意识到在接下来的几年中，将至少遇到一次这种事件，即你会在想一个老朋友的同时接到她的电话。

你怎么认为?

有一天你在清理拥挤的柜子时，偶然发现一些你以前男 / 女朋友的老照片，你已经几年没联系或者想起他 / 她了。第二天，没想到那个人发短信给你了。你要怎么解释这种巧合呢?

另一个幻象性错觉的表现是我们倾向于关注人和事之间怪异的巧合。举个例子，想想在亚伯拉罕·林肯和约翰·F·肯尼迪之间不可思议的相似点，这两位著名的总统都是暗杀的受害者，列举见表 1.3。

非常令人惊讶，不是吗？这使得一些作家认为林肯和肯尼迪被超灵力以某种方式联系起来了（Leavy，1992）

事实上，巧合到处都是：只要我们努力去寻找，就会发现它们其实很容易被发现。由于幻象性错觉，我们可能将机遇引起的巧合归因于超常的意义。再者，我们经常受到证实偏差的影响并且忽视不支持我们假设的证据。因为发现巧合的事远比非巧合的事有趣，我们渐渐忘记了林肯是一个共和党人，相反肯

“然而，这是真正的伪科学。”
（© ScienceCartoonsPlus.com）

我们的大脑经常在无关事件之间创造出某种联系，例如你正在想念某位朋友，然后真的接到了她的电话。

幻象性错觉（apophenia）
在没有关系的甚至随机现象之间寻找有意义的联系。

表 1.3 林肯与肯尼迪之间一些不可思议的相同点

亚伯拉罕·林肯	约翰·F·肯尼迪

1846 年被选举到国会	1946 年被选举到国会
1860 年被选上总统	1960 年被选上总统
名字“Lincoln”包含七个字母	名字“Kennedy”包含七个字母
在周五被暗杀	在周五被暗杀
林肯的秘书叫肯尼迪，警告他不要去戏院，林肯在那儿被杀	肯尼迪的秘书叫林肯，警告他不要去达拉斯，肯尼迪在那儿被杀
林肯中枪时他的妻子坐在边上	肯尼迪中枪时他的妻子坐在边上
约翰·威尔克斯·布斯（John Wilkes Booth，林肯的暗杀者）出生于 1839 年	李·哈维·奥斯瓦尔德（Lee Harvey Oswald，肯尼迪的暗杀者）出生于 1939 年
被一个叫约翰逊的总统继任	被一个叫约翰逊的总统继任
继任林肯的安德鲁·约翰逊出生于 1808 年	继任肯尼迪的林登·约翰逊出生于 1908 年
布斯从剧院逃到仓库	奥斯瓦尔德从仓库逃到剧院
布斯在审讯前被杀	奥斯瓦尔德在审讯前被杀

尼迪是一个民主党人；林肯在华盛顿哥伦比亚特区被枪杀，而肯尼迪是在达拉斯；而且林肯有胡须，但是肯尼迪没有。

记住科学思维就是为防止证实偏差而设的。为了抵制偏见，我们必须找出证据来反驳我们的想法，而不仅仅是证实它们。

形而上学的观点：科学的边界

区别伪科学论与**形而上学论**是很有必要的：形而上学主张世界是不可预测的（Popper，1965）。形而上学论的观点涉及上帝、灵魂以及来世的存在。这些主张与伪科学论不同，因为我们不可能用科学方法来检验形而上学论。（我们怎样来设计一个科学的测试来证明或者来反驳上帝是存在的呢？） 16

这一点并不意味着形而上学论是错误的，更别说不重要了。相反，很多有思想的学者认为研究关于上帝的存在比研究科学问题更有意义、更深奥。再者，抛开我们的宗教信仰，我们都需要带着他们应得的尊重来对待这些问题。但是去了解哪些问题是可以用科学解释的，哪些是不可以的也很关键。科学也有它的局限。所以我们需要尊重宗教以及其他形而上学领域。可检验的理论就在科学的范围内，不可检验的则不在。

伪科学的危害：我们为什么会关心伪科学？

我们已经认识到伪科学是危险的。但是我们为什么还会关心伪科学呢？不是还有很多伪科学（像占星术）

形而上学论（metaphysical claims）
关于世界是不可预测的言论。

是无害的吗？事实上，伪科学是危险的，甚至是致命
17 的。这一点适用于我们每天生活中遇到的各种可疑的主张。有三个主要原因使得我们应该关心伪科学。【学习目标 1.4】

- **机会成本：我们所放弃的。**治疗心理障碍的伪科学疗法会导致人们放弃寻找有效治疗方法的机会。结果是，就算这种疗法本身无害，也会通过使人们丧失获得有效治疗方法的机会而引起间接的伤害。
- **直接伤害。**伪科学治疗有时会对接受治疗的人造成可怕的伤害：心理或身体上的伤害，甚至死亡。
- **人们缺乏科学思维。**正如我们将会看到的，科学思考技能不仅对评价心理学观点很重要，我们生活的各个方面都要用到它们。在科学化和技术化越来越复杂的社会中，我们需要科学的思考技能对全球变暖、遗传工程、干细胞研究、新型医学治疗和教育实践做出有价值的决策。

坎迪斯·纽麦克（Candace Newmaker）是重生这一伪科学的悲惨受害者。她 10 岁时，在治疗师将她裹在法兰绒毯子里挤压她以模仿分娩的收缩时，死于窒息。

由此而得的启示很清楚：伪科学确实重要。这也使得科学思维变得如此具有批判性：尽管不是绝对安全，但是是对抗人类错误最好的护卫者。

★小测试

1. 大部分自助书籍和心理学书籍都经过实证。　正确　错误
2. 人类喜欢在随机事件中寻找规律完全是因为适应不良。　正确　错误
3. 形而上学论是未经证实的。　正确　错误
4. 伪科学治疗不仅会带来直接伤害也会带来间接伤害。　正确　错误

答案：（1）错（p.12）；（2）错（pp.14-15）；（3）对（pp.15）；（4）对（p.17）

科学思维：辨别真伪

在得知大众心理学充满了一些值得注意的观点后，我们该怎样区别心理学事实与心理学谎言呢？

科学怀疑论

在这本书中我们要强调的方法是**科学怀疑论**。对于很多人，怀疑意味着思想封闭，结果是除了远离真理外
18 没什么好处。术语“skepticism”（怀疑论）事实上起源于希腊单词“skeptikos”，意思是“仔细考虑”（Shermer，2002），科学的怀疑论者都以一种开放的心态评估所有的观点，但是在接受这些观点之前坚持强调要有有说服力的证据。【学习目标 1.5】

天文学家卡尔·萨根（Carl Sagan，1995）提出，要成为一个科学的怀疑论者，我们必须采取两种态度，这两种态度看起来矛盾，但其实不然：首先，自发的保持一种开放的态度去接受所有的观点。其次，研究者只有在细心地检验过这些观点之后才会心甘情愿地去接受它们。面对那些挑战他们预想的证据时，科学怀疑论者会自发地改变他们的心态。与此同时，只有在证据具有足够的说服力时，他们才会改变自己的心态。科学怀疑

科学怀疑论（scientific skepticism）
用开放的思想评估所有观点，但是在没有实质性证据前不接受任何观点。

“……当你进入社会，你将一定会在不知不觉中忘掉所有你在大学学过的知识。”

你可能会忘了你大学所学的大部分知识，但是你一生都可以用科学怀疑论的方法去评估所有观点。

（© ScienceCartoonsPlus.com）

论者的座右铭是密苏里州原则（the Missouri principle）：我们可以在密苏里州牌照上发现这个原则“证明给我看”（Dawes，1994）。

科学怀疑论者的另外一个关键特点是：当观点只是基于一种权威时，不接受它。科学的怀疑论者在他们自身基础上评估观点，但是他们不会接受它们，除非有更高水平的证据。当然，在日常生活中，我们经常被强制地去关注那些权威性的话语，因为我们没有那些专业知识、时间、资源去评估我们自己的每一个观点。大多数的时候我们只会去接受那些观点，例如我们当地政府让我们去喝安全的水，而那些水却没有经过我们自己的化学检测。当读到这一章时，你也许会信任我们这些作者，因为我们给你提供准确的心理学信息。但是，这并不意味着你应该接受我们在书中所阐述的一切。用开放的心态去反思我们所写的，并谨慎地评估它们。如果你不认同我们所写的某些，一定要去问你的导师以获得另外一种观点。

科学思维的基本原则

科学怀疑论者的特点是**批判性思维**。许多人误解“批判性思维”中的“批判性”这个词，将它理解为攻击所有观点。事实上，批判性思维是一系列技能，一种用开放性的思维和严谨的态度去评价所有观点的技能，我们也可以将心理学中的批判性思维理解为科学思维，它可以作为我们评价所有科学观点的思维方式，这不仅可以用于实验室里，也可用于日常生活中（Willingham，2007）。

同样，科学思维也是一系列克服我们偏见的技巧，特别是证实偏差，因为我们学过的知识会让我们对证明熟视无睹，我们更倾向于去忽略它（Alcock，1995）。在本书中，我们尤其要强调科学思维的六个原则（Bartz，2002；Lett，1990）。当评价所有的心理学观点时，我们应该在头脑中出现这六个原则，包括来自媒体、自助书籍、网络、初级心理学课程的观点，甚至还包括这本书中的观点。

这六个科学思维原则非常关键。每一个科学思维原则都会出现在我们的讨论中，我们将会在页边显示这些标示，以提示你这些原则一直伴随着你（见图 1.4）。**【学习目标 1.6】**

科学思维原则 1：排除其他假设的可能性 许多我们在电视上听到或从网上看到的心理学发现有很多解释。但更多的时候，媒体报道的只是其中的一种解释。我们不应该自然而然地相信它们是正确的。相反，我们应该自问：这是不是对这个发现最好的解释？我们已经排除其他假设的可能性了吗（Platt，1964）？

让我们来看一个比较流行的焦虑障碍疗法——眼动 20
脱敏再加工（EMDR；在第 14 章也有介绍），最早由弗朗辛·夏皮罗（Francine Shapiro，1989）提出。EMDR 要求来访者用眼睛看着治疗专家反复运动的手，同时想象那些引起焦虑的痛苦记忆，例如看见某人被杀的记忆。EMDR 的拥护者一致认为这个疗法比其他治疗焦虑障碍的疗法更有效、更积极。一些人指出，这种眼睛运动是以某种方式使大脑两个半球同步或者刺激大脑机制，从而加速情感记忆的处理。

但是仍然存在问题，一个严格控制的研究表明，EMDR 中眼睛的运动没有对它的有效性做出贡献。当人们直盯着某一固定点并想象着他们的焦虑来源时，EMDR也起作用（Davidson & Parker，2001；Lohr，Tolin，& Lilienfeld，1998）。大多数的 EMDR 支持者忽略了 EMDR 成功的另一个可能的假设：EMDR 要求病人进行自我探索，从而找出唤醒焦虑的意象。研究者和治

批判性思维（critical thinking）
用开放的态度和细心的方式评估所有观点的价值。

我们应该使用哪种原则?	我们可能在什么时候使用?	怎样使用?
排除其他假设的可能性 对于这一研究结论，还有更好的解释吗?	当你看报纸时看到这么一个标题:"研究表明已经接受某种新药物治疗的抑郁症人群，比没有接受此种药物治疗的人群症状有了明显的改善。"	这个研究结果可能是因为这样一个事实：那些接受药物治疗的人们期望得到改善。 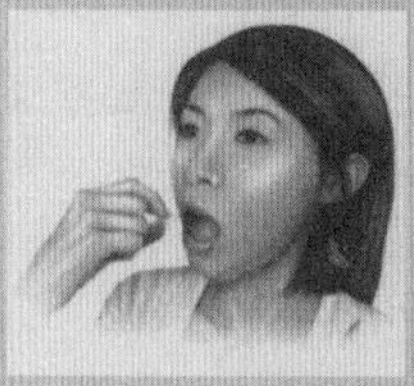
相关还是因果 我们能确信 A 是 B 的原因吗?	一个研究结果表明犯罪行为频发的时候人们吃的冰激凌也更多，这说明：吃冰激凌可以导致犯罪。	吃冰激凌（A）或许并不会导致犯罪（B），很有可能二者都是因为第三个因素（C），例如：高温。 
可证伪性 这种观点能被反驳吗?	一本自助书籍称所有人周围都有一种能影响他们情绪和表现的无形的能量场。	我们不能设计一个实验去证明这种说法。 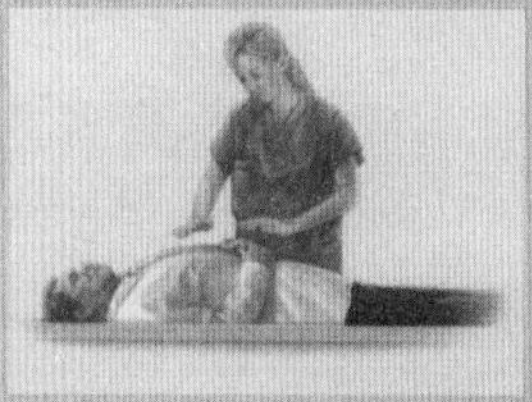
可重复性 其他人的研究也会得出类似的结论吗?	一篇论文强调，某研究表明如果人们练习冥想，那么他们在智力测验中会比那些没有练习冥想的人高出 50 个点。	如果没有其他科学研究报告过相同的研究，我们应该对此表示怀疑。 
特别声明 这类证据可信吗?	你浏览网页时看见一个声明：一个怪物，像大脚兽，已经居住在美国西北部数十年都没有被研究人员发现。	跟人们在单词表的开始部分记住的单词比在后面部分记住的多这种观点相比，这个特殊的观点要求更严密的证据。 
奥卡姆剃刀原理 这种简单的解释符合事实吗?	你的一个视力不好的朋友，声称他在一次飞盘比赛中巧遇不明飞行物。	你朋友的报告是不是更有可能因为这样一个简单的解释：他把其中的一个飞盘误认为不明飞行物，而不是外星人真的访问了地球? 

图 1.4　整本书都会用到的六种科学思维原则

疗师似乎早就知道，延长暴露本身就是有疗效的（Lohr，Hooke，Gist，et al.，2003；见第 14 章）。但是并不能排除其他可能的假设：EMDR 的有效性更多地取决于自我探索而不是眼动，它的支持者在数据处理好之前就已经得出了结论。

要点回顾：

每当我们评价一个心理学的观点时，我们都应该问问自己，是不是排除了所有似是而非的假设。

排除其他假设的可能性

对于这一研究结论，还有更好的解释吗？

家庭马戏团 作者：比尔·肯尼

"提示那么明显，我希望他们不要松开安全带。每次气流不稳时，他们都按要求这样做了。"

相关关系并不是一直都是因果关系。

（Family Circus © Bil Keane，Inc.King Features Syndicate）

科学思维原则 2：相关还是因果 心理学学生容易出现的一个共同的问题是，当一项研究的结论是两个事物彼此相联系，或者是心理学家说存在"相关性"时，他们就会做出这样的解释：一个事物一定由另一事物引起。这就是我们所说的一个关键原则：相关性的设计不准许有因果推理，换句话说，相关不是因果。当我们错误地认为相关意味着因果时，我们就陷入了**相关—因果谬论**中。这个结论是一个谬论，因为事实上这两个变量是相关的，但是并不意味着其中一个一定引起另外一个（见第 2 章）。顺便提一句，**变量**是任何可以变化的事物，像重量、智商或者是外向性。下面让我们一起来看一下为什么相关关系不等同于因果关系。

相关—因果谬论（correlation-causation fallacy）
错误地认为一件事情跟另一件有联系，它们就互为因果。

变量（variable）
所有可变化的事物。

如果我们以变量 A 和变量 B 为例，它们是相关的，对于这个相关性下面有三个主要的解释。

（1）$A \to B$，这可能是变量 A 引起了变量 B。

（2）$B \to A$，这可能是变量 B 引起了变量 A。

到目前为止，一切都还好，但是肯定有很大一部分人忘掉了第三种情况，即：

（3）$C \begin{smallmatrix} \nearrow A \\ \searrow B \end{smallmatrix}$

在这第三种情况中，有了第三个变量 C，它是引起变量 A 和 B 的原因，这就是著名的第三变项问题。之所以称为"问题"，是因为它可以导致我们错误地认为，即使当 A 和 B 之间不是因果关系的时候，我们依然认为它们存在因果关系。例如，研究人员发现，那些听含有色情内容音乐的青少年比听节奏平缓音乐的青少年更容易发生性交行为（Martino et al.，2006）。听含有色情内容的音乐与性行为呈相关关系。一些报纸总结这类研究并登出一个显眼醒目的标题：色情内容的音乐激起青少年的性行为（Tanner，2006）。类似这样的标 21
题还有很多，这些标题明显与数据不符。这可能是含有色情内容的音乐（A）引起了性行为（B），但是也有可能是有性行为的青少年（A）去听那些含有色情内容的音乐，或者是有第三种可能，例如是冲动（C），共同引起青少年去听那些含有色情内容的音乐，从而导致了性行为的发生。仅仅通过作者给出的这些数据，我们没有办法确定是哪一种情况。相关关系不等同于因果关系。这一点非常重要，我们将会在第 2 章中回过头来深入探究。

要点回顾：

我们应该记住：两个事物之间的相关关系不表明两者之间有必然的因果关系。

相关还是因果

我们能确信 A 是 B 的原因吗？

科学思维原则 3：可证伪性　自然哲学家卡尔·波普尔（Karl Popper，1965）认为，一个有意义的观点必须是能被检验的，也就是说，具有**可证伪性**。一些学生误解了这一点，混淆了理论能否被检验跟是不是错误之间的关系。这个证伪的原则并不是说理论只有被证明是错误的才是有意义的，而是说一个理论要有意义，必须在有相反证据出现时能证明它是错误的。如果一个观点是可以检验的，那么他的支持者必须在提出这个观点之前，而不是提出观点之后，就清晰地表明有哪些发现可以支持这个观点，哪些发现是跟这个观点不一致的。

证伪原则一个关键的含义是，这个原则可以解释一切，即一个理论可以解释任何令人信服的结果，换句话说，什么都解释不了。这是因为一个好的科学理论只能预测某些特定的事情，而不是所有的事情。如果一个朋友告诉你，他曾是一个熟练的“超能力运动预测专家”，而且很自信地说“明天所有参赛的棒球队要么输要么赢”，你可能就会笑了。实际上，他所谓的预测到所有可能的结果，其实等于什么都没有预测。

一些电视剧，例如《灵媒缉凶》上说心理侦探——那些拥有特殊能力的人，能帮助警察找到失踪的人。但是心理侦探的语言都很模糊——“我看到水边有尸体”，“尸体在树木附近”等等，这些都是不可能被检验的。

相反，作为超能力运动预测专家，如果你的朋友说“纽约扬基队和纽约大都会队明天都会赢三分，但是波士顿红袜队和洛杉矶道奇队会输掉一分”，这个预测可能是正确的也可能是错误的。所以，他的预言可能出错，即这个预测是可以被证伪的。

要点回顾：

每当我们评价一个心理学的观点时，我们都应该问问自己，这个观点能不能从原则上被证伪，或者有没有可信的证据来证明它。

可证伪性

这种观点能被反驳吗？

你怎么认为？

你应邀在附近一所高中做一个关于科学方法的介绍，这里的学生在理解可证伪性时遇到了困难。为了帮助他们，你让他们辨别下面的说法哪些是可以检验，哪些是不可以检验的。（1）共和党人比民主党人的智商高。（2）心理治疗是有效的。（3）所有的人都被无形的、检测不到的光环包围着。（4）你的心理学入门老师前世是埃及艳后。你将告诉他们什么？

科学思维原则 4：可重复性　一周过去了，我们没有在晚间新闻上听说其他惊人的心理学发现：“纸杯蛋糕州立大学的研究人员发现了一个新的跟过度购物有关的基因”；“南极洲大学雪屋分校的调查人员发现，酗酒跟谋杀自己配偶的概率的提高有关”；“纸杯蛋糕州立大学某教授——诺贝尔奖的获得者分离了那些负责对爆米 22
花产生愉快感觉的脑部区域”。上述结论的主要问题在于，除了他们的研究成果之外，媒体从来没告诉我们研究是根据什么设计的，就是说结果不可能得到重复。**可重复性**是指研究能被不断重做。如果它们不能得到重复，就增加了原始结果归因于偶然的概率。在某个心理学发现没有被重复之前，我们不应该在它身上花费太多精力。

我们应该牢记，媒体更喜欢报道最初的结果而不报道重复实验时的失败。因为最初的结果可能是特别迷人、特

可证伪性（falsifiable）
观点能被反驳。

可重复性（replicability）
研究的结果能被其他的研究人员重复。

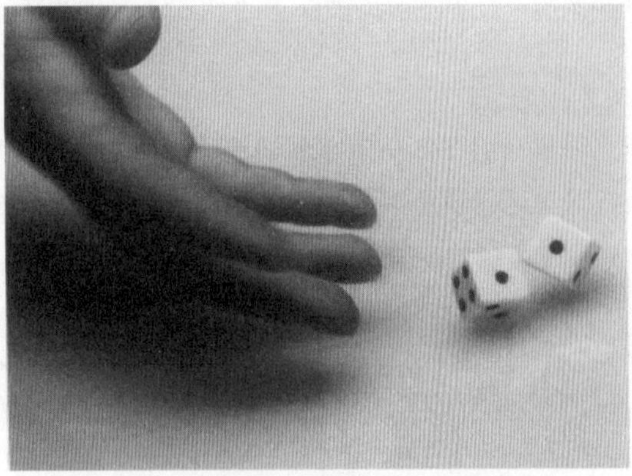

超感官知觉研究者常常让受试者预测随机事件的结果，但是超感官知觉发现已经被证明是很难重复的。

别轰动的，但重复实验的失败往往让人十分失望。

更重要的是，重复实验的研究者不能是原始实验的研究者，因为这样才会增加我们对他们的信任。如果我告诉你我发明了能做出世界上最美味的牛肉的秘方，但结果是其他厨师按照我的菜谱做出来的牛肉尝起来就像一块旧的硬纸板，你就会怀疑秘方的合理性。这可能是因为我竭尽全力地谎报我的菜谱，也可能是因为我在实际操作中没完全按照菜谱做而是放了菜谱上没有的材料，还可能是因为我太优秀了，别的厨师无法复制我神奇的烹饪技艺。无论是哪种情况，除非有人能重复它，否则你都有权利怀疑我的菜谱。这对于心理学研究也同样适用。

为什么可重复性如此重要？有关超感官知觉的著作就是一个极好的例子（见第4章）。偶然间，研究人员报告说有似乎能证明超感官知觉存在的惊人发现。但随着时间的推移，这些所谓的惊人结果并不能被其他独立的研究人员重复得到（Gilovich，1991；Hyman，1989；Lilienfeld，1999c）。

要点回顾：

每当我们评价一个心理学的观点时，我们都应该问问自己，其他的研究人员有没有重复支持这一观点的发现；否则，这个发现可能只是一次侥幸。

可重复性

其他人的研究也会得出类似的结论吗？

科学思维原则5：特殊的观点需要特殊的证据 这个原则（本书中我们将其缩写为“特别声明”）是从18世纪的哲学家大卫·休谟的观点中引申而来的，但又稍有不同（Sagan，1995；Truzzi，1978）。根据休谟的观点，如果一个观点与我们已知道的相矛盾，那么我们在接受它之前必须要找出更有说服力的证据。

例如，有些研究人员相信，每夜有成百上千的美国人从床上被神奇地举起，坐上飞碟，被外星人用来做实验，然后在几个小时后安全地回到他们的床上（Clancy，2005）。根据一些支持外星人绑架说的人的说法，外星人从人类男性中提取的精子使女性外星人受孕，从而创造外星人和人类的混合种族。

有些研究者发现，成千上万的美国人被外星人绑架并带到外太空进行实验。这是真的吗？我们又怎么知道呢？

当然，外星人绑架说的支持者的说法可能是正确的，而且我们不能完全否定他们的说法。但他们的观点相当离奇。首先是因为他们解释不清楚为什么成千上万的人侵飞碟能从太阳系逃走而不被天文学家发现，当然更不要说空军和雷达了。外星人绑架说的支持者不能提供任何具体的证据来证明被绑架者曾遇见过外星人，甚至连一个外星人的照片、一个很小的外星人制造的金属探针，或者外星人绑架者的一缕头发、一小部分皮肤都没有。现在，所有这些外星人绑架说的支持者都在论述其主张的正确性，但提供的都是绝对普通的证据—— 23
那些所谓的被绑架者的口述。

要点回顾：

每当我们评价一个心理学的观点时，我们都应该问问自己，这个观点是否与我们已知的许多事情背道而驰；如果是，那么提供的证据能否跟观点一致。

特别声明

这类证据可信吗？

科学思维原则 6：奥卡姆剃刀原理　以 14 世纪英国哲学家和修道士奥卡姆命名，也被称作“精简原则”。根据奥卡姆剃刀原理，如果一个现象有两个一样准确的解释，我们一般选择简单的那个。好的研究者用这个原则去排除不必要的、复杂的解释，力求最简洁的解释，以此完成一个对证据的解释工作。一个浪漫主义科学家把奥卡姆剃刀原理比作 KISS 原则：保持简单、乏味。奥卡姆剃刀原理只是一个指导方向，并不是固定规则（Uttal，2003）。有些情况下，对某一现象最好的解释是最复杂的那个，而不是最简单的那个。但奥卡姆剃刀原理是一个有用的原则，它正确的时候远多于错误的时候。

20 世纪七八十年代年期间，在英国的麦田里出现了数以百计的神秘图案，被称作麦田怪圈。这些图案多数错综复杂。我们该如何解释这些图案？一些人相信超自然的推论，即这些图案不是发源于地球，而是遥远的外星球。他们推论，这些麦田里的怪圈是外星人来到地球的证明。

有两种关于麦田怪圈的解释：超自然的和自然的。我们应该相信哪一种？

麦田怪圈的刺激从 1991 年开始突然倒台，两个英国人戴夫和道格承认，是因为在酒吧间里打赌而制造了麦田怪圈，目的是为了取笑相信外星人的人。他们用相机记录下了他们是如何用木板和绳子在高高的麦田里制造出复杂图案的全过程。奥卡姆剃刀原理提醒我们，当面对两个同时跟证据相吻合的解释时，我们一般应该选择简单的那个。在这个例子里是人类的恶作剧。

要点回顾：

每当我们评价一个心理学的观点时，我们都应该问问自己，这个解释是不是所有解释中跟数据最吻合的、最简单的一个，或者有没有更简单的跟数据吻合的解释。

奥卡姆剃刀原理

这种简单的解释符合事实吗？

★小测试

1. 科学怀疑论需要你对所有的观点持开放态度。　正确　错误
2. 当评价一个心理学观点时，我们应考虑其他可能的解释。　正确　错误
3. 两个相互关联的事情并不意味着一个直接影响另一个。　正确　错误
4. 可证伪性意味着一个理论必须被证明是假的才是有意义的。　正确　错误
5. 当心理学发现被重复时，是不是由原来那些研究人员进行的很重要。　正确　错误

答案：（1）对（p.18）；（2）对（p.18）；（3）对（p.20）；（4）错（p.21）；（5）错（p.22）

24 心理学的过去和现在：一个漫长而奇特的旅程

心理学是怎样作为一门学科出现的，它是否经常被伪科学所烦扰？研究思维和行为的科学方法发展得很缓慢。心理学领域中一些最初的常识也显示出了很多今天伪科学所具有的弱点。研究和解释我们大脑是怎样工作的非正式的尝试已经存在几千年了。但是心理学作为一门科学的存在只有大约 130 年，其中的许多年都用来改进技术，来发展使其脱离偏见的研究方法。在其整个历史中，心理学家在论证心理学的研究时，也遇到我们今天面临的许多挑战。因此，理解心理学是怎样发展成为一门科学的学科——依靠系统的研究方法来避免错误的学科——是很重要的。

我们将从心理学由非科学转为科学的坎坷历程的内容提要来开始我们的旅程（科学心理学进化的大事时间表见图 1.5）。

冯特（右）在世界上第一个心理学实验室。冯特被公认为在 1879 年创立了作为实验科学的心理学。

内省（introspection）
训练有素的观察员仔细地反映和报告他们的心理体验的方法。

构造主义（structuralism）
心理学的一个分支，致力于探索心理经验的基本元素。

许多个世纪以来，心理学领域都很难从哲学中分离出来。大多数的心理学家在哲学系担任职位（心理学系当年还不存在），也没有进行实验研究。反而，他们坐在扶手椅上设想人的心灵。在本质上，他们依靠的是常识。

从 19 世纪末开始，心理学的前景发生了戏剧性的变化。1879 年，冯特（Wilhelm Wundt，1832—1920）在德国莱比锡建立了第一个独立的心理学实验室。冯特和他学生的大部分研究关注的都是我们心理体验的基本问题：两种颜色要怎样不同我们才能加以区分？我们对声音的反应时间有多长？我们解决一个数学问题时想到的是什么？冯特使用了实验方法的结合，包括反应时仪器和一种称为**内省**的技术，这要求训练有素的观察员仔细地反映和报告出他们的心理体验。在许多方面，冯特的先驱工作标志着心理学作为一门独立学科的开始。不久世界各地的心理学家跟随冯特的领导，在心理学系开设实验室。

心理学的主要理论框架

几乎从一开始，科学心理学就面临一个棘手的问题：什么样的统一理论能最好地解释行为？

五个主要理论视角——构造主义、机能主义、行为主义、精神分析和认知主义——在当代的心理学思想中扮演关键的角色。**【学习目标 1.7】**许多初学心理学的学生问：“这些理论视角中哪一个是正确的？”答案不是完全清晰的。每一个理论的观点对科学心理学都是有价值的，但每一个都有它的局限（见表 1.4）。通过浏览这五个框架，我们将会发现行为研究的科学方法由什么构成，这一心理学观点是随时间而不断变化的。的确，它每天都在持续地变化。

构造主义：心理的元素 E.B. 铁钦纳（Edward Bradford Titchener，1867—1927），冯特的英国学生，移民美国后，创立了构造主义。**构造主义**致力于寻找心理经验的基本元素或“构造”。在冯特内省法的基础上，构造主义者期望创造出意识基本元素的详尽“地图”。他们认为感觉、知觉、意象和激情状态就像在化学实验室随处可见的元素周期表（Evans，1972）。

25

1649 年：笛卡儿写了一篇关于身心问题的文章。

18 世纪后期：麦斯麦发现了催眠的法则。

19 世纪早期：在加尔和史普汉的努力下，颅相学在欧洲和美国逐渐流行起来。

1850 年：费希纳体验了将外在世界的生理变化跟知觉的主观改变联系在一起的内在洞察力，从而创立了心理物理学。

1859 年：达尔文写了《物种起源》。

1875 年：威廉 · 詹姆斯在哈佛大学创建了小的心理学实验室。

1879 年：冯特创建了第一个正规的心理学实验室，开创了心理学作为一门实验学科的纪元。

1881 年：冯特创办了第一本心理学杂志。

1883 年：冯特的一个学生霍尔在美国的约翰 · 霍普金斯大学创办了一个重要的心理学实验室。

1888 年：卡特尔成为美国第一位心理学教授。

1889 年：高尔顿介绍了相关的概念，使心理学家可以去量化变量之间的关系。

1890 年：威廉 · 詹姆斯写了《心理学原理》。

1892 年：美国心理学会（APA）成立。

1896 年：韦特默在宾夕法尼亚大学创立了第一个心理诊所，开创了心理治疗的新天地。

1900 年：弗洛伊德写了《梦的解析》，它是心理学史上最畅销的一本书。

1904 年：玛丽 · 卡尔金斯成为美国心理学会第一位女性主席。

1967 年：奈瑟尔写了《认知心理学》，为认知心理学领域的发展做出了贡献。

1963 年：米尔格兰姆发表了经典的服从实验研究。

1958 年：沃尔普写了《交互抑制心理治疗》，开辟了行为治疗的领域。

1954 年：保罗 · 弥尔写了《临床与统计预测》，这是介绍临床诊断优缺点的第一本主要书籍。

1953 年：睡眠时的快速眼动阶段（REM）被发现。

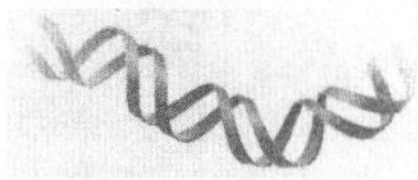

1953 年：克里克和沃森发现了 DNA 的结构，引发了基因革命。

1952 年：抗精神病药在法国进行了测试，开创了现代心理药理学。

1949 年：在科罗拉多大学波尔得分校召开了一个会议，总结了科学临床心理学的原理，创建了临床培训的波尔得模式。

1938 年：斯金纳写了《有机体的行为》。

1935 年：考夫卡写了《格式塔心理学原理》。

20 世纪 20 年代：戈登 · 奥尔波特为人格特质心理学领域做出了杰出的贡献。

1920 年：皮亚杰写了《儿童关于世界的概念》。

1913 年：华生写了《作为行为的心理学》，开创了行为主义领域。

1911 年：桑代克发现了工具性（或操作性）条件作用。

1910 年：巴甫洛夫发现了经典性条件作用。

1907 年：奥斯卡 · 芬格斯特证明了会数数的马——聪明的汉斯，会对观察者提供的线索作出反应，证明了暗示的力量。

1905 年：比奈和西蒙编制了第一个智力测验。

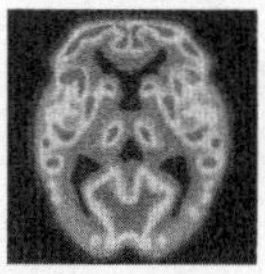

1974 年：PET 被引入，开创了功能性脑成像的新领域。

1974 年：伊丽莎白 · 洛夫特斯和罗伯特 · 帕尔默发表了一篇关于人类记忆的经典文章，展示了记忆比以前认为的更具有重构性。

1976 年：超自然现象科学调查委员会成立，它是第一个对超自然观点持科学怀疑态度的组织。

1977 年：第一次使用元分析的数据处理技术，系统结合了多个研究的结果，证明了心理治疗的有效性。

1980 年：《精神疾病诊断与统计手册（第三版）》（DSM. Ⅲ）出版，规范了重大精神疾病的诊断。

20 世纪 80 年代：记忆恢复研究风靡美国，学术研究者跟临床医生之间出现分歧。

1988 年：许多最初的科学心理学家脱离美国心理学会，创立了美国心理协会（APS）。

1990 年：托马斯 · 布沙尔和他的同事们发表了关于将双胞胎分开抚养长大的结果，证明了基因对智力、性格和其他人格特质的影响。

1995 年：美国心理学会第 12 分会（临床心理学会）出版了实证支持心理治疗的清单和标准。

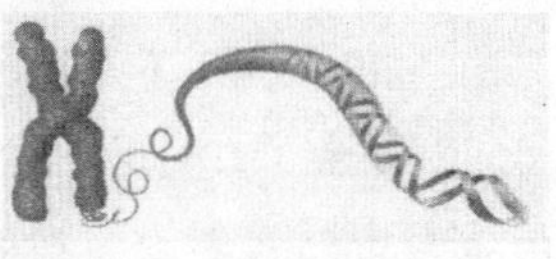

2000 年：开始人类基因组测试。

2002 年：丹尼尔 · 卡尼曼因他在启发式和偏好研究方面的壮举成为第一个获得诺贝尔奖的心理博士。

2004 年：APS 的成员们投票将美国心理协会改名为心理科学协会。

图 1.5　科学心理学主要事件时间轴

26 **表 1.4** 影响心理学的理论视角

理论视角	主要代表人物	目标	持续性影响
 构造主义 ◀ E.B. 铁钦纳	由 E.B. 铁钦纳建立	用内省的方法去确定经验的基本元素或者“构造”	强调系统观察在研究意识经验时的重要性
 机能主义 ◀ 威廉・詹姆斯	由威廉・詹姆斯建立，受达尔文影响	了解我们的思维、感觉以及行为的功能和适应性	已经被心理学吸收并间接持续地在不同方面对其产生影响
 行为主义 ◀ B.F. 斯金纳	华生、B.F. 斯金纳	揭示能解释所有行为的基本学习原理；主要集中于可观察的行为	影响了人类和动物的学习模型，前者主要集中于客观研究的需要
 认知主义 ◀ 皮亚杰	皮亚杰、奈瑟尔	检验心理活动在行为中扮演的角色	在许多方面都有影响，例如语言、问题解决、概念形成、智力、记忆，以及心理治疗
 精神分析 ◀ 弗洛伊德	弗洛伊德	揭示无意识心理活动和早期生活经历在行为中扮演的角色	理解了我们大部分精神活动都是在无意识状态下进行

构造主义最终还是退出了历史舞台。至少有两个主要问题导致了其衰败。首先，即便是经过高强度训练的内省者也经常不同意他们的个人报告。其次，德国心理学家奥斯瓦尔德・屈尔佩（Oswald Kulpe，1862—1915）展示了在无意象思维状态下个体被要求解决特定心理问题，即在没有意识经验的参与下思考。如果我们要求内省的个体将 10 与 5 相加，她能很快地回答“15”，但是通常情况下她无法报告计算过程中的思维过程（Hergenhahn，2000）。无意象思维现象将一系列的身体反应和构造主义联系在一起，因为它强调了人类心理某些重要的方面存在于意识之外。

构造主义肯定了系统观察在研究意识经验过程中的重要性。然而，构造主义者却误认为，只靠内省法这种 27
简单有残缺的方法，就能提供心理学这一完整学科所需的全部信息。

机能主义：当心理学遇见达尔文 **机能主义**拥护者希望理解心理特征的适应性，或者说机能，例如思维、感觉、行为（Hunt，1993）。构造主义者关心的是“是什么”，如“意识是什么”，而机能主义者关心的是“为什么”，如“为什么有时候我们记不住事情”。机能主义的创立者——威廉・詹姆斯，摒弃了构造主义者的研究途径和方法，他认为详细的内部观察并不能确定一系列

机能主义（functionalism）
致力于理解心理特征适应性的心理学派。

静止的意识元素，相反，它确定的是不断变化的“意识流”（他创造的一个著名术语）。

19 世纪末的机能主义者很大程度上被生物学家达尔文（1809—1882）尚未成熟的自然进化论所影响，这一理论强调许多身体特征之所以进化，是因为它们对有机体有利。机能主义者认为，达尔文的进化论同样适用于心理特征。正如大象的鼻子能为生存提供有用的功能（如获取远距离的食物和水）一样，人类的记忆系统肯定也能提供类似的作用。机能主义者宣称，心理学家的职责就是作为一个“侦探”，去发现心理特征为有机体提供机能。

跟构造主义一样，机能主义没有延续至今。但是，机能主义的思想逐渐被主流的科学心理学所吸收，并从不同方面间接地影响着心理学的发展。

行为主义：学习的法则　20 世纪早期，许多美国心理学家对学科中过于感情化的特征越来越不满。特别是，他们认为铁钦纳和其他内省主义者使心理学误入歧途。对他们而言，研究意识是在浪费时间。因为研究者永远都不可能最终证实心理经验基本元素的存在。他们强调，心理学应该是客观的，而不是主观的。

华生是这些批判者中最重要的，也是最为耀眼的一个美国心理学家。华生（1878—1958）是**行为主义**的创始人之一。这个学科至今仍有影响，它致力于揭示人类和动物行为中潜在的普遍学习规则。华生（1913）认为，心理学的研究内容应该是可观测的行为，不应该使用意识经验的主观报告法。华生曾说，如果有他英明的领导，心理学将发展成为像物理、化学或其他主流学科一样的学科。

华生还认为，心理学应该致力于揭示能解释所有行为的普遍学习法则，不管这行为是骑自行车、吃三明治还是变得多愁善感。华生认为，所有这些行为都是一定数量的基本学习法则的产物（见第 5 章）。而且，根据华生的观点，我们不需要通过聚焦有机体“内在”来获得这些法则。我们可以通过只观察有机体的外在来理解行为，从环境中得到奖赏或惩罚。对于传统行为科学家来说，人类大脑就是一个“黑箱”：我们知道什么东西进去了，什么东西出来了。但是我们不需要担心在输入和输出之间发生了什么。从这个角度来说，心理学家有时候称行为主义为黑箱心理学。

达尔文的自然选择的进化论对机能主义产生了重大影响，有助于理解心理特征的适应性。

华生是行为主义创始人之一。他坚定地坚持科学的严密性，其主张在得到广泛支持的同时，也受到了一些人的质疑。

行为主义（behaviorism）
心理学的一个流派，致力于通过观察行为来揭示学习的一般法则。

28 行为主义对科学心理学的影响延续至今。行为主义通过探索基本行为法则来解释人类和动物的行为，使心理学的科学印记更加牢固。尽管早期的行为主义者并不相信对意识经验的主观观察会有所发展，但至少他们从某种程度上警告了我们，过度依赖那些我们不能从客观上确认的报告具有危险性。

认知主义：打开黑箱 从20世纪50年代到60年代，越来越多的心理学家开始认识到行为主义对认知的忽视，**认知**这一术语是心理学家用来描述在各种思维中所涉及的心理过程。虽然有些行为主义者认识到人类以及一些高级动物都能思维，但他们将思维视为行为的另一种方式。相反，认知主义者认为我们的思维方式在很大程度上影响我们的行为。例如，瑞士心理学家皮亚杰（Jean Piaget，1896—1980）认为儿童比成人更能将世界以显著不同的方式概念化（见第8章）。随后，在奈瑟尔（Ulric Neisser，1928— ）的领导下，认知主义者认为思维在心理学中处于中心部位，它应该成为一门独立的学科（Neisser，1967；见第7章）。

根据认知主义者的观点，心理学理论只基于在环境中得到奖惩是远远不够的，因为我们对奖惩的理解是决定我们行为的关键。例如，一个学生在一次心理学测试中得到了B+。对于一个在考试中习惯拿F的学生来说，B+对他来说就是一个奖励；相反，对于一个习惯拿A的学生来说，B+对他来说就是一种惩罚。认知主义者强调，在没有理解人们怎样评估获取的信息时，我们永远不能完全理解他们的行为。而且，根据认知主义者的观点，我们不仅仅通过奖惩来学习，还通过顿悟来学习，即通过理解问题的本质来学习（见第5章）。

认知心理学在今天日益繁盛，它的影响已经触及诸如语言、问题解决、概念形成、智力、记忆、心理治疗

弗洛伊德接待病人用的长椅，现在陈列于英国伦敦的弗洛伊德博物馆。与传统观念相反，许多心理学家不是精神分析者，许多精神分析者也不是心理治疗师。现在的治疗师也不会要求病人躺在长椅上。

等不同领域。认知心理学不仅关注奖惩机制，更关注有机体对这种机制的解释。它鼓励心理学家探索黑箱里的内容，并检验输入跟输出之间的关系。

精神分析：无意识的深度 当行为主义在美国占据主导地位的时候，欧洲也正在聚集一场运动。精神分析这片领域，最初由维也纳神经医学家弗洛伊德（Sigmund Freud，1856—1939）创立。跟行为主义截然相反的是，**精神分析**关注的是内部心理过程，特别是欲望、思维以及无意识状态下的记忆。根据弗洛伊德（1990）和其他精神分析者的观点，对行为产生基本影响的不是有机体外在的力量（如奖惩）而是无意识的控制，尤其是性欲和攻击欲。

精神分析者认为，我们日常心理活动的大部分都充满象征——用一些事情来代替其他事情（Loevinger，1987；Moore & Fine，1995）。你突然将你的一位女教师称为"妈妈"，弗洛伊德学说的支持者可不会把这尴尬的口误当做一个独立的错误来看待。相反，他们将很快告诉你，你的老师可能让你想起了你的母亲，这可能是"移情"的一种合理的对象转移。精神分析的目标是解读舌尖现象（就是我们常说的"无意间泄露的心事"）、梦、心理特征的象征和意义。精神分析者称，他们可以通过这些找到我们内心深处心理冲突的根源。精神分析 29
者比其他学派更加强调早期经历的作用。对于弗洛伊德

认知（cognition）
思维中所涉及的心理过程。

精神分析（psychoanalysis）
由弗洛伊德创立的心理学派，主要关注我们无法意识到的内部心理过程。

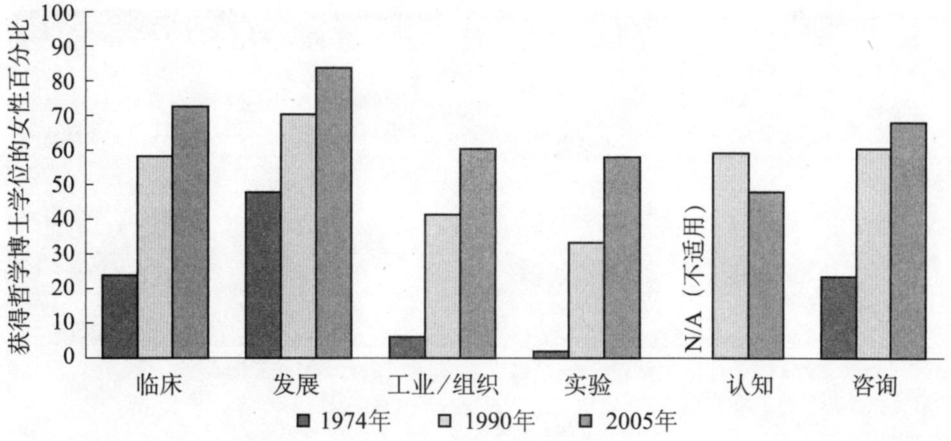

图 1.6　在过去 30 年中，心理学发生了巨大变化

在所有领域中，女性获得博士学位的人数有所增加。在临床和发展心理学领域，获得哲学博士学位的女性占四分之三甚至五分之四。（Source：www.apa.org/monitor/jun07/changing.html）

和其他精神分析者来说，我们人格的核心在生命的前几年就已经定型。

弗洛伊德和精神分析对科学心理学的影响一直存在争议。一方面，一些反对者认为，精神分析耽误了科学心理学的进程，因为他们太过关注无意识这种很难甚至不能核实的心理过程。我们在第 12 章将会看到这些有一定影响的批评（Crews，2005；Esterson，1993）。另一方面，一部分精神分析者宣称，诸如"大部分心理过程都是在无意识状态下进行的"这种主张，对科学心理学的帮助很大（Westen，1998；Wilson，2002）。然而，相较于当代其他关于无意识加工的理论，弗洛伊德关于无意识的观点是否还包含了除与它们相同的内容外更多的内容，这一点尚不清楚（Kihlstrom，1987；见第 12 章）。

多元化的现代心理学

心理学不仅仅是一门学科，更是多种分支学科的综合。通过这些心理学分支，我们可以发现研究者的研究范围十分广泛，例如视觉的脑部基础、记忆的机制、偏见的成因、抑郁的治疗。

一个领域的发展　今天，在世界范围内大约有 500 000 名心理学家（Kassin，2004），仅仅在美国就有 100 000 名（McFall，2006）。1892 年成立的美国心理学会（APA）如今已成为世界上最大的心理学家协会，包含了 150 000 名会员（1900 年仅有 150 名会员，可见发展之快）。APA 中女性和少数族群的比例也持续稳定增长（见图 1.6），这些人关注的主题多种多样，例如成瘾、艺术心理学、临床心理学、催眠、心理学和法律、传媒心理学、智力迟钝、神经科学、心理学和宗教、运动心理学、还有与女性、女同性恋、双性人以及变性人有关的心理学。【学习目标 1.8】

心理学家的类型：事实与假象　图 1.7 列出了心理 30
学家不同的工作领域。正如我们看到的，一部分在研究机构工作，其他的则在应用机构工作。表 1.5 描述了我们在本书中将会提到的一部分心理学家的主要类型。同时也可以消除关于不同类型的心理学家工作内容的误解。

正如我们看到的，作为主要的职业类型，心理学

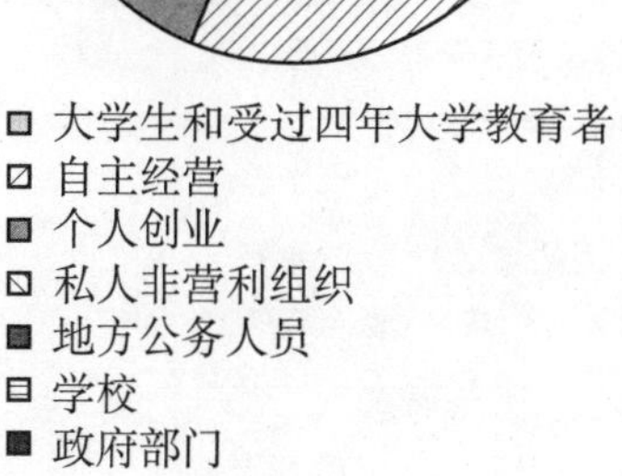

图 1.7　不同机构的心理学家的大致分布

心理学家受雇于不同的机构。（Data from National Science Foundation，2003）

31 **表 1.5** **心理学家的类型和他们的工作内容**

类型	工作内容	常见的假象与事实
临床心理学家 	1. 对心理障碍进行评估、诊断、治疗 2. 对有心理障碍的人进行研究 3. 在学院或大学、心理治疗中心或私人诊所工作	假象：成为治疗专家必须有哲学博士学位。 事实：大多数临床心理学家的哲学博士项目都以研究为导向，治疗师的其他选择是 Psy.D.（即心理学博士，他们更倾向于训练治疗师而不是自己搞研究）或是 MSW（社会工作的硕士学位，也同样倾向于训练治疗师）。
咨询心理学家 	1. 帮助那些正在经受短暂的或相对独立的生活问题的人，例如婚姻冲突、性生活问题、职业压力或者事业不稳定 2. 在咨询中心、医院和私人诊所工作；也有的在学院或研究机构工作	假象：咨询心理学家跟临床心理学家是完全一样的。 事实：临床心理学家帮助那些有严重心理障碍如抑郁症的人，而咨询心理学家则不会。
学校心理学家 	帮助教师、家长及儿童纠正、治疗学生的行为、情绪及学习困难	假象：学校心理学家是教育心理学家的另一种表达。 事实：教育心理学是一门重要的但不同的学科，它关注的是帮助教育工作者找到更好的教学方法并对学习进行评估。
发展心理学家 	1. 研究人们如何以及为什么随时间改变而改变 2. 对婴儿、儿童、成人及老人的情绪、生理、认知过程进行研究，包括它们如何随年龄变化而变化	假象：发展心理学家将大部分时间用于陪伴孩子们玩耍。 事实：大部分发展心理学家将时间花在实验室，对数据进行收集和分析。
实验心理学家 	1. 用实验的方法研究人类的记忆、语言、思维以及社会行为 2. 基本上在研究机构工作	假象：实验心理学家的工作大部分在实验室进行。 事实：许多实验是在日常生活中的真实环境中进行的，以检测人们怎样获得语言，记住事情，将心理学概念或类似概念应用于日常生活。
生物心理学家 	1. 研究人类和动物行为的生理基础 2. 基本上在研究机构工作	假象：所有的生物心理学家在研究中用的都是伤害性方法。 事实：尽管许多生物心理学家在研究动物的脑对它们行为的影响时，会给脑带来伤害，但还有一部分生物心理学家则使用脑成像方法，这种方法不会对有机体造成伤害。
司法心理学家 	1. 在监狱、拘留所等机构工作，对里面的犯人进行评估和诊断，帮助他们治疗、康复。 2. 其他的对目击证人的证明或陪审团的决定进行评估 3. 大部分拥有临床心理学或咨询心理学学位	假象：大部分司法心理学家都是犯罪侧写师，就像为联邦调查局（FBI）工作的那些人那样。 事实：犯罪侧写只是司法心理学的一个小的有争论的分支（在第 11 章将会学到）。
工业 / 组织心理学家 	1. 在公司或企业工作，帮助选拔员工，评估绩效，研究不同工作或生活条件对人们行为的影响（称为环境心理学家）。 2. 设计能将员工绩效最大化、事故最小化的设备（称为人类因素心理学家或机械心理学家）。	假象：大多数工业 / 组织心理学家跟员工进行一对一的对话以提高他们的激情和生产效率。 事实：大部分工业 / 组织心理学家将时间花在编制测验以及选拔程序，或实现组织性的改变，以提高工人生产效率和满意度。

的领域着实多种多样。而且，心理学领域里的面孔也在改变，更多的女性和少数族群进入心理学的分支领域。抛开内容上的不同，这些心理学的领域有一点是相同的，即大部分专注于自己领域的心理学家都很依赖科学方法（见第 2 章）。特别是，他们用科学的方法去寻找人类和动物行为中的新发现，并且利用已知的发现提高人类福利。正如我们讨论过的，也有许多伪科学者试图让我们相信他们所使用的才是真正的科学方法。通过本书，我们将会对那些已经渗入大众生活的关于心理学的伪科学方法以及对抗伪科学的方法给予特别关注。

你怎么认为？

你在某校园职业中心担任职业顾问，一个学生前来咨询，她说她计划申请临床心理学的前五个毕业生项目。因为她很喜欢帮助别人，尽管她自己也认为研究是一件很无聊的事。你会推荐她去哪种类型的毕业生项目，为什么？

心理学的两大争议

现在我们已经了解了一些心理学的过去与现在，我们得为那些将来的事做准备。心理学从开始就被两种观点所影响，并且看起来还会影响下去。**【学习目标 1.9】**由于这些争议仍然存在，本节我们将通过事实对它们进行阐释。

先天—后天之争　先天和后天的争论提出了这样的问题：我们的行为究竟是由基因（先天）还是由环境（后天）决定的？

我们在后面将会发现，先天—后天之争在智力、人格和精神病理学（精神疾病）领域尤其激烈。像其他主要争论一样，这种争论也持续了很长时间。许多早期思想家，例如英国哲学家洛克（John Locke，1632—1704）将刚出生的人的大脑比作一张未书写的白纸。后续的人则把大脑比作白板。对于洛克等研究者来说，我们来到这个世界时，没有带遗传的偏见或预先的想法，即我们完全通过环境来塑造自我（Pinker，2002）。

识别假象

假象：如果你想成为心理学家，你不需要学习怎么研究。
事实："科学家与实践者模式"，也叫波尔得模式（因为它是半个世纪前在波尔得的一次会议上正式提出的），对于临床心理学博士来说，这种训练是必不可少的。它要求毕业生，甚至那些打算成为治疗师的学生，都必须接受怎样诠释心理学研究的拓展训练。

20 世纪的大部分时期，许多心理学家认为，所有的人类行为都是学习的产物。行为遗传学家用复杂的研究，如双生子研究和收养儿童研究（见第 3 章）证实了许多重要的心理学特性，如智力、兴趣、人格以及许多心理疾病，主要受基因影响。越来越多的现代心理学家渐
渐认识到，人类行为不仅取决于后天环境，也取决于先 32
天基因（Bouchard，2004；Harris，2002；Pinker，2002）。

先天—后天之争的现状。一些人认为先天—后天之争已经不存在了（Ferris，1996），因为现在每个人都同意基因和环境在大多数的人类行为中起同样重要的作用。但是，这种争论远没有消失。因为关于基因和环境对不同行为到底有什么作用，它们又是怎样同时发挥作用的，我们还有很多东西要学习。实际上，在后面的章节中，我们会发现，之前的二分法并没有将基因和环境完全分清，它比我们想象的更有趣。基因和环境有时候以一种复杂和惊奇的方式交互作用着（见第 5 章、第 8 章和第 13 章）。

进化心理学。心理学领域中给先天—后天之争带来光明的是**进化心理学**，又叫社会生物学，一门将达尔文的自然选择进化论应用到人类和动物行为中的学科（Barkow，Cosmides，& Tooby，1992；Dennett，1995；Tooby & Cosmides，1989）。威廉·詹姆斯等机能主义者最早提出了一种假设：许多人类心理上的特性，如记忆、情绪、人格等，提供了一种关键的适应功能，即它

进化心理学（evolutionary psychology）
将达尔文的进化论应用于人类和动物行为的学科。

们帮助有机体生存、繁衍。达尔文和他的追随者认为，自然选择对心理特质就像对生理特质（如手、肝脏、心脏）一样有这种适应功能。

生物学家用“适应性”来表示一种特性，跟那些缺少这一特性的有机体相比，拥有这种特性的有机体的生存和繁衍机会将会大大增加（见第 3 章）。值得注意的是，适应性跟有机体的强壮或强大没有关系。相比其他有机体，有适应性的有机体具有更强的生存能力和更高繁殖率，它们能顺利地将自己的基因传给下一代。例如，那些有一些焦虑的人比没有焦虑的人存活率更高，因为焦虑提供了一种必要的功能：它能警告我们危险的存在（Barlow，2000）。

然而，进化心理学也受到了许多批评（Kitcher，1985；Panksepp & Panksepp，2000）。进化心理学的许多预想根本无法证伪。一部分原因是行为并不像恐龙的骨头、早期人类或其他动物那样，没有留下化石。这就导致了跟研究鸟的翅膀的作用相比，研究焦虑或者抑郁的进化作用更难。例如，两个研究者假设，男性秃顶是一种进化功能，因为女人将倒退的发际线看做成熟的标志（Muscarella & Cunningham，1996）。但是如果结果证明，女性更喜欢男性有很多头发来美化他们，那么要解释这个发现也很简单（“女性认为拥有满头头发的男性更强大和健壮”）。对两种结果，心理学都能解释。虽然进化心理学的发展将能促进心理学形成一个统一的重要框架（Buss，1995），但是我们要留意那些进化论的解释，因为它们几乎能解释每一个事实后面的证据（de Waal，2002）。

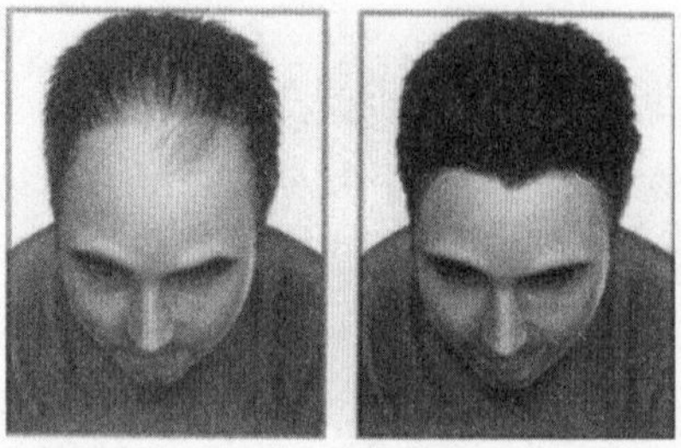

美国男性每年花费数亿美元在植发治疗上的事实，跟进化心理学的关于女性喜欢秃顶男人的假设不符合。

可证伪性
这种观点能被反驳吗？

主动—被动之争 主动—被动之争针对的是这样一个问题：我们的行为是我们自主选择的还是由外界无法控制的因素引起的？

大多数人倾向于相信我们有选择的自由。但是很少有相关的事实表明我们在任何时候都能自由地做想做的事。例如，你应该会相信，在这个时候，你可以决定是继续阅读直到这个章节结束还是休息一下看会儿电视。事实上，我们法律系统的前提就是我们有选择的自
由。我们之所以惩罚罪犯，是因为他们本来可以选择服 33
从法律，在法律允许的框架下获得自由的行为，但他们却没有遵守法律。当然，有一种例外就是精神障碍。法律系统一般认为严重的精神疾病会干扰人们的意志自由（Hoffman & Morse，2006；Stone，1982）。

★小测试

1. 机能主义受到了达尔文的自然进化论的影响。 正确 错误
2. 行为主义是通过观察可以看到的行为来揭示学习基本法则的。 正确 错误
3. 要成为治疗师必须有哲学博士学位。 正确 错误
4. 增强适应性的人格特点增加了一个人生存和繁衍的可能性。 正确 错误

答案：（1）对（p.27）；（2）对（p.27）；（3）错（p.31）；（4）对（p.32）

但是，许多心理学家认为，意志自由本质上是种幻觉（Wegner，2002）。这种幻觉如此强烈，以至于我们很难想象它是种幻觉。一些心理学家（如行为主义者斯金纳）争辩说，我们的自由意志起源于我们无法随时随地对那些成千上万的能影响我们行为的细微环境保持警觉。就像戏剧中的木偶，它们没有意识到演员在操纵它们的绳子。同样的道理，我们之所以得出我们是自由的这个错误结论，是因为我们没有意识到那些作用于我们行为的不同的影响。对于斯金纳和其他行为主义者来说，我们的行为完全是被动的，都是由之前的影响引起的。

心理学应用：科学探索每一天

心理学家通常将心理学区分为**基础研究**和**应用研究**。基础研究是研究大脑怎样工作，而应用研究则研究怎样将基础研究的结果用来解决实际问题。在一些大的心理学系里，有的人进行基础研究，如研究人员研究学习的基本法则；有的人进行应用研究，例如研究人员研究怎样帮助人们应对抗癌带来的压力。两类研究人员有序地组织在一起。

在整本书中都可以发现，心理学在日常生活的方方面面都有重要的作用。**【学习目标 1.10】**心理学也比我们想象中的更能融入当今社会（Salzinger，2002；Zimbardo，2004a）。

心理学怎样影响我们

让我们一起看看下面的应用例子。我们能在美国心理学会的网站上找到更多类似的或其他的例子。网址是 www.psychologymatters.apa.org。

34
- 如果你住在大城市或离大城市很近，你会发现消防车的颜色发生了很大变化。尽管过去的消防车是明亮的红色，但是现在新的消防车却是一种古怪的颜色——柠檬黄。原因在于，研究知觉的心理学研究者发现，柠檬黄在黑夜里更容易被发现。实际上，柠檬黄消防车发生事故的频率只有过去红色消防车的一半（American Psychological Association, 2003；Solomon & King，1995：www.psychologymatters. apa.org/solomon.html）。
- 作为一名司机，你有没有过为了避免撞上前面突然停下来的车而突然刹车的经历？如果有，并且你想避免发生严重交通事故的话，你最好感谢约翰·弗沃特斯基（John Voevodsky）。几十年来，汽车一直只有两个刹车灯，20 世纪 70 年代早期，弗沃特斯基灵光一闪，想在汽车挡风玻璃的底部装上第三个刹车灯。他解释说这种增加的视觉信息可以减少突然碰撞的危险。他花了 10 个月时间，对装有新刹车灯的出租车和没有装新刹车灯的出租车进行研究，结果发现，前者发生突发事故的概率比后者小 61%（Voevodsky，1974）。正是因为他的研究成果，所有的美国新汽车都有了第三个刹车灯（http://www.psychologymatters.apa.org/voevodsky.html）。

基础研究（basic research）
研究大脑怎样工作。

应用研究（applied research）
研究怎样将基础研究的结果应用到真实世界。

- 如果你是一个普通的美国民众，你每天都会收到100多条商业信息。这种概率很大，因为它们每一个都是心理学家精心设计的结果。J.B. 华生，行为主义的创始人之一，在20世纪二三十年代最早将心理学应用于广告。今天，那些研究者对某些公司成功的市场营销仍有不可磨灭的贡献。例如，那些研究杂志广告的心理学家发现，人的面部在左边出现比在右边出现更能吸引读者注意。相反，在教科书上，放在右边比左边更能吸引读者注意（Clay，2002）。
- 为了进入大学，你可能得参加一个或几个测试，例如SAT（学业能力评估测试）或AUT（美国大学入学测试）。如果是的话，那么你应该感谢（或责怪）那些专门测量学业成绩和知识的心理学家，他们编制了这些测试（Zimbardo，2004a）。尽管测试远不能完全预测学校成绩，但是它们在预测学生在学校的表现方面有重要意义（Geiser & Studley，2002）。
- 警察经常让暴力犯罪的受害人从一排人里面选出一个疑犯。这么做的时候，警察使用的就是同时队列：将一个或几个嫌疑人跟几个“无辜者”站成一排，通常是5到8个人（见第6章）。这是我们在犯罪电视节目中经常看到的队列。心理学家研究表明，连续队列——受害者每次只看到一个人，然后决定他或她是不是罪犯，比同时队列更加准确（Steblay et al.，2003；Wells，Memon，& Penrod，2006；Wells & Olson，2003）。根据这个研究结果，美国的警察部门开始越来越多地使用连续队列而不是同时队列。
- 很多年以来，许多美国公立学校可以合法地进行种族隔离。1954年以前，美国大陆的法律规定“分开但平等”是为了充分保证种族平等。但是心理学家克拉克夫妇（Kenneth Clark & Mamie Clark, 1950）开创式的研究表明，非裔美国小孩更喜欢白色布娃娃，而不是黑色。1954年布朗诉堪萨斯州托皮卡市教育委员会案发生后，美国最高法院表示学校实行种族隔离的做法对黑人小孩的自尊产生了负面影响。

心理学的研究成果随处可见，远不止我们已经意识到的，心理学无时无刻不在影响着我们每一天的生活。

科学思维：一种生活方式 35

在你继续探索心理学的其他领域时，有一点我们必须告诉你：学会科学地思考，不仅有助于你在这门课程以及其他心理学课程上做出更好的决定，还有助于你在日常生活中做出更好的决定。**【学习目标 1.10】**每一天我们都被新闻或娱乐媒体中那些关于不同主题的、令人困惑的、自相矛盾的说法包围着。比如减肥计划、养育方法、失眠治疗、快速阅读课程、政治阴谋说、不明飞行物、精神疾病的突然治愈……这些说法中至少有一些是真的，其他的完全是伪造的。对于怎样区分哪些说法是科学的，哪些是伪科学的，或者二者兼有，媒体很少提供指导意见。所以我们经常绝望地举起双手问自己：“我到底该相信谁?”而且这也已经不再是什么稀奇事了。

幸运的是，在本章中你已经学会了科学思维的方法，在后面的章节中你还可以了解更多，而且我们希望你喜欢这种方法。它能帮助你在这充斥着大众心理学和大众文化的令人迷惑的世界里找到方向。在这本书甚至日常生活中，关键在于始终记住这四个字：拿出证据。在认识到常识并不能给我们评价各种不同说法带来什么的时候，我们应该清楚：只有科学证据才能避免我们被愚弄，同时避免我们愚弄自己。但是我们应该怎样收集科学的证据，又该怎样使用它们呢？我们将在后面的章节中谈到。

★小测试

1. 在实验室研究颜色区分是基础研究，而将研究结果放在少数交通事故中进行测试是应用研究。　正确　错误
2. 行为主义的创始人华生最早将心理学应用于广告领域。　正确　错误
3. 学业测试，如 SAT，并不比随机预测学生在学校的表现好。　正确　错误
4. 克拉克夫妇的研究结果对 1954 年布朗诉堪萨斯州托皮卡市教育委员会案产生了影响。　正确　错误
5. 在心理学中，科学思维只能用于评估证据。　正确　错误

答案：（1）对（p.33）；（2）对（p.34）；（3）错（p.34）；（4）对（p.34）；（5）错（p.35）

36 全面的复习体系

心理学是什么？常识还是科学？（pp.5–11）

1.1 解释心理学为什么不只是常识

心理学是对意识、大脑以及行为的科学研究。尽管我们很多时候靠自己的常识来理解世界，但是这种常识的理解有时候是错误的。朴素现实主义就是一种认为我们看到的世界就是它本来面目的错误理论。它会导致我们对自己、对世界产生错误的信念。例如，认为我们的直觉和记忆总是准确的。

1. 哪一种是对朴素现实主义的最好评价？是“眼见为实”还是“所信为所见”？（p.7）
2. 关于相信自己的直觉和经历，谢巴德桌错觉告诉了我们什么？（p.7）

3. 我们的常识（会 / 不会）经常出现错误。（p.8）

1.2 了解科学作为抵抗偏见堡垒的重要性

证实偏差是指一种寻找支持假设的证据而忽视或曲解与假设相反的证据的倾向。信念固着是指即使有相反的证据也坚持自己的想法。而科学的方法是一系列排除这两种偏见的有效途径。

4. 科学是发现证据的______。（p.8）
5. 当我们的研究假设出现了支持和反对两种不同的证据时，对待相反的证据我们倾向于______。（p.8）
6. 当面对质疑我们信念的证据时，我们却不愿意承认我们的信念是错误的，我们的______就会出现。（p.9）
7. 最开始的科学结论（经常 / 很少）是错误的。（pp.9–10）
8. 像宇宙大爆炸理论那样解释各种自然现象的科学模式，被称为______。（p.10）
9. 在科学研究中，______是一般性解释，而______是来自于这些解释的特殊预言。（p.10）
10. 阅读下表，判断它们是理论还是假设。（p.10）

理论 / 假设	解释
（1）______	莎拉作弊的动机是怕考不好
（2）______	达尔文的进化论解释了物种变化
（3）______	宇宙形成于 140 亿年前的巨大爆炸
（4）______	我们帮助其他人是受周围人的影响
（5）______	纳什维尔犯罪率上升跟气温有关

伪心理学：披着科学的外衣（pp.11–17）

1.3 了解伪心理学并将其与心理科学区分开来

伪科学经常以科学的形式出现，但是它并不遵循科学的原则。伪科学没有对证实偏差和信念固着予以区分，而这正是科学的特点。相反，伪科学经不起推敲只能走在科学的边缘。我们之所以会被伪科学吸引，是因为人类大脑倾向于察觉无意识中的意识，发现无规律中的规律。虽然有一定的适应作用，但是有时候导致我们看到并不存在的形式。

11. 心理学的流行导致了______的爆炸。（p.12）
12. 大约______ % 的自助书籍没有经过证实。（p.12）
13. 有超过 500 个______的“商标”，同时每年还在不断增加。（p.12）
14. 一次针对美国大众的调查显示，伪科学及其他有问题的信念（很少 / 广泛）存在。（p.13）
15. 将下列对伪科学的警告跟例证对应在一起。（p.14） 37

参考答案在本书的结尾处

例证	伪科学的标志
（1）____ 三个简单的步骤将会永远改变你的爱情！	a. 使用无意义的“心理学术语”，即看似有科学道理，其实没有意义
（2）____ 在上了三个星期的瑜伽课程后，这个妇女摆脱了抑郁。	b. 夸大其词
（3）____ 一项令人惊讶的研究显示眼部按摩使阅读速度比平均水平快 9 倍！	c. 过分依赖传闻
（4）____ 由公司领导的 50 项研究全都取得了极大的成功！	d. 在出现相反证据时缺乏自我纠正
（5）____ 尽管许多科学家说我们几乎将大脑开发完了，但是我们仍然发现了一种之前没有发现的大脑开发方法。	e. 缺少相关研究的支持
（6）____ 正弦波过滤了听觉刺激，被用来促进前额树突发展。	f. 只说“证明”，不提“证据”
（7）____ 我们的新方案被证实可以减少至少一半的社会焦虑！	g. 缺乏其他学者的重复研究（同行检验）或实验证据的支持

16. 幻象性错觉是指我们喜欢将（有关 / 无关）的现象结合起来。（p.15）
17. 我们可能将________引起的巧合归因于超常的意义。（p.15）
18. 关于上帝、灵魂以及来生，形而上学的观点不同于伪科学的观点，因为它们是________。（p.15）

1.4　描述伪科学的危害

伪科学的说法会导致机会的浪费，甚至由于危险的治疗带来直接伤害。它们还会使我们在其他的生活领域中缺少科学思维。

19. 坎迪斯 · 纽麦克事件告诉了我们什么？（p.17）

20. 治疗心理障碍的伪科学疗法会导致人们放弃寻找________的机会。（p.17）

科学思维：辨别真伪（pp.17–23）

1.5　识别科学怀疑论的重要特征

科学怀疑论需要我们用开放的态度去评估所有的说法，但是在没有令人信服的证据之前不接受任何观点。科学怀疑论在每种观点的价值基础上去评估它们，并不是靠其权威性就接受它们。

21. ________思想开放，但在没有证据之前坚持自己的观点。（p.18）

1.6　学习并理解整本书都会用到的科学思维的六大原则

科学思维的六大原则是排除其他假设的可能性、相关还是因果、可证伪性、可重复性、特别声明、奥卡姆剃刀原理。

22. 不论是在教室或实验室里面和外面，对各种观点大胆猜测，小心求证，这种方法是________。（p.18）
23. 科学思维除了应用于心理学实验室中，还（能 / 不能）应用于媒体、网络、自助手册等。（p.18）
24. 在评估某个观点时，我们应该扪心自问：我们有没有排除其他看似合理的________。（p.20）
25. 由于事物之间都是相互联系的，所以一件事情肯定能引起另一件事，这叫做________。（p.20）
26. 如果某个观点能在原则上被反驳，那么它被认为具有 38
________。（p.21）
27. 其他人能不断重复得到某个实验的结果，称为________。（p.22）

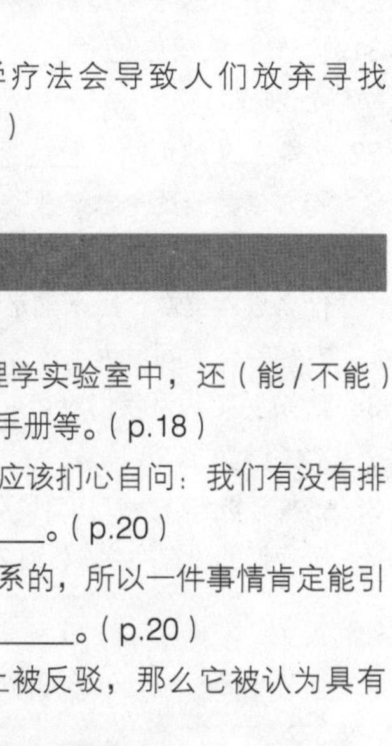

28. 奥卡姆剃刀原理也被称为________。（p.23）
29. 你怎样利用排除其他假设的可能性这个原则从不同角度解释麦田

怪圈？（p.23）

30. 将科学思维的原则跟具体描述对应起来。（p.18–23）

原则	描述
（1）____ 特别声明	a. 观点必须能被证伪
（2）____ 可证伪性	b. 如果一个观点有两种解释，选择简单的那个
（3）____ 奥卡姆剃刀原理	c. 两个事物之间有联系并不代表其中一个引起了另一个

续表

原则	描述
（4）____ 可重复性	d. 某个观点跟我们已知的相反时，需要更多的令人信服的证据来让我们接受它
（5）____ 排除其他假设的可能性	e. 研究结果必须能被独立机构的研究者在相同的步骤下重复
（6）____ 相关还是因果	f. 某个发现含有很多假设时，必须进一步研究以减少假设

心理学的过去和现在：一个漫长而奇特的旅程（pp.24–33）

1.7 掌握心理学的主要理论框架

在心理学的历史上，有五个主要的理论在心理学的发展中起着重要作用。构造主义通过内省的方法探索经验的基本元素；机能主义试图了解行为的适应功能；行为主义认为心理科学必须是客观的；认知主义则强调心理过程在理解行为时的重要性；精神分析则关注无意识行为和欲望，它曾被指责耽误了心理科学的进程，因为它缺少严密性。

31. 构造主义旨在通过________确认思维的主要元素。（p.26）
32. 机能主义的创始人________，摒弃了构造主义的途径和方法，他觉得思维是源源不断的意识流。（p.27）
33. 对传统行为主义来说，人类思维是________：我们知道什么进入里面，出来的是什么，但是我们没必要担心输入和输出之间发生了什么。（p.27）
34. 认知主义认为我们对奖惩的________是决定我们行为的关键。（p.28）
35. 精神分析者认为梦和口误可以称为________，它们反映了我们的内在冲突。（pp.28–29）

1.8 了解多元化的心理学家

心理学家有多种类型，临床和咨询心理学家经常进行治疗工作；学校心理学家为学校机构的儿童开展干预项目；工业/组织心理学家经常在公司或企业工作，旨在最大化员工绩效；许多司法心理学家在监狱或法庭工作，还有许多进行研究工作；发展心理学家研究心理在时间变化基础上的系统改变；实验心理学家研究学习和思维；生物心理学家研究行为的生物学基础。

36. 如果想成为治疗师，你（需要/不需要）哲学博士学位。（p.31）
37. 教育心理学家跟学校心理学家是（相同的/不同的）（p.31）
38. 发展心理学家怎样度过他们的大部分时间？（p.31）

1.9 描述影响心理学发展的两大争议

这两种争议是：先天—后天之争，即我们的行为是受 39
基因影响大还是受周围环境的影响大；主动—被动论，即我们的行为是自主决定的，还是受外界因素所控制。这两种争议将继续影响心理学的发展。

39. ________是一门将达尔文的自然选择进化论应用到人类和动物行为中的学科。（p.32）
40. 许多心理学家，例如斯金纳，认为自由意志是________。（p.33）

心理学应用：科学探索每一天（pp.33–35）

1.10　了解心理学研究如何影响我们的日常生活

心理学的研究已经显示心理学是怎样运用于不同领域的，如广告、公共安全、犯罪系统以及教育领域。

41. ________观察我们的思维怎样工作，而________则关注我们怎样将研究结果应用到现实生活。（p.33）
42. 对知觉的心理学研究导致消防车上的颜色由红色变为________。（p.34）
43. 作为约翰·弗沃特斯基的研究成果，所有的美国汽车都有________个刹车灯。（p.34）
44. 根据近 10 个月的研究，装有新刹车灯的出租车比没有装新刹车灯的出租车发生追尾事故的概率少了________%。（p.34）
45. ________在 20 世纪二三十年代最早将心理学应用于广告领域。（p.34）
46. 在怎样更好地吸引读者注意方面，研究杂志广告的心理学家有什么发现？（p.34）

47. 研究测量学校成绩和知识的心理学家编制了________和________。（p.34）
48. 警察部门一直使用传统的________队列，即让一个或多个犯罪嫌疑人跟“无辜者”站成一排。（p.34）
49. 根据心理学的研究成果，现在警察部门更多地使用________队列站法。（p.34）
50. 克拉克夫妇的研究怎样影响了美国的公共教育？（p.34）

思维技能训练

问题与总结

1. 你的朋友打算尝试一种完全由蔬菜和水果组成的食物，她认为这个很有用，因为某个员工在一周内减掉了 10 磅（1 磅约合 0.45 千克）。你怎样说服她更加慎重地评估这种食物？
2. 如果研究者发现，父母使用复杂的词汇，孩子也会使用复杂词汇，那么能不能得到这样的结论：父母对词汇的使用会导致孩子使用高级词汇。为什么？

排除其他假设的可能性
p.20

相关还是因果
p.21

可证伪性
pp.21，32

可重复性
p.22

特别声明
p.23

奥卡姆剃刀原理
p.23

第2章 研究方法

我们真的需要研究设计去找出心理问题的答案吗？（p.43）

我们的直觉有时是怎样欺骗我们的？（p.52）

评估实验时有哪些常见的陷阱需要注意？（pp.55-58）

我们是怎样被数据愚弄的？（pp.67-69）

自我报告法的利弊各是什么？（pp.58-59）

良好研究设计的合理性和必要性

- 为什么我们需要研究设计
- 启发式：我们是怎样被愚弄的
- 认知偏差

科学的方法：技能的工具箱

- 自然观察：在自然状态下研究人类
- 个案研究：开始了解你
- 相关设计
- 实验设计
- 自我报告法

批判性思考：实验室研究不适用于现实世界，对吗？

研究设计中的伦理问题

- 人类研究中的伦理准则
- 动物研究中的伦理问题

统计：心理学研究的货币

- 描述统计：它是什么？
- 推断统计：假设检验
- 人们怎样利用数据作假

成为心理学研究的同行评审员

- 尝试同行评审
- 大多数记者并不是科学家：评价媒体中的心理学

42

学习目标

2.1 了解哪些研究设计实现了我们仅凭直觉完成不了的事情（p.44）

2.2 识别心理学中阻碍我们科学思维的启发式和偏见（p.45）

2.3 区分研究设计的类型和从每个研究设计中得出的结论（p.48）

2.4 识别每种研究设计中可能导致错误结论的潜在缺陷（p.48）

2.5 解释研究者对被试的伦理义务（p.61）

2.6 描述以动物作被试的争议（p.63）

2.7 解释如何去度量集中趋势（p.64）

2.8 了解集中趋势和离散趋势的应用（p.65）

2.9 了解为了达到预期的目的，数据是怎样被误用的（p.67）

2.10 识别研究设计中的缺陷（p.70）

2.11 了解大众媒体中评估心理学言论的技术（p.72）

珍妮·斯托奇（Jenny Storch）是个14岁女孩，但她并不是个普通的14岁女孩。她患有婴儿自闭症。如同所有患有婴儿自闭症（一种严重的、从儿童早期开始形成的心理问题；见第13章）的人们一样，珍妮的语言能力以及与外界沟通的技能受到了严重的损害。同时，与四分之三的婴儿自闭症患者一样（American Psychiatric Association，2000），珍妮还存在智力发育迟缓的问题。同所有患有自闭症儿童的父母一样，珍妮的父母马克和劳拉不顾一切地寻找各种与他们的孩子建立情感联系的方法。

1991年的秋天，马克和劳拉让珍妮进入德弗洛（Devereux）学校学习，那是一个远离纽约城的学校，乐于为珍妮尝试新的治疗方法。仅在一年以前，道格拉斯·拜克伦（Douglas Biklen），一位教育学的教授，发表了一篇文章，介绍了一种名为辅助沟通训练的自闭症疗法的发展。该疗法兴起于澳大利亚，在自闭症治疗中取得了令人震惊的突破，至少看起来是这样的。

的确，辅助沟通训练非常简便，这似乎是真的。以下是它工作的原理：自闭症儿童坐在电脑键盘或信纸前，辅助人员坐在靠近自闭症儿童的位置上。根据拜克伦所说，辅助人员被告知需到场，因为自闭症实际上是运动障碍，而非如同科学家长期猜想的精神障碍。拜克伦（1990）大胆地挑战传统观念，宣称自闭症患儿智力与其他孩子是同等的。但是他们患有非常严重的运动障碍，从而阻止了他们说话或打字。辅助人员温柔地牵引患儿的手抚过信件，鼓励患儿通过打字来交流。不仅仅写单独的单词，比如Mommy，还写完整的句子，比如：Mommy，I want you to know that I love you even though I can't speak。辅助沟通训练，是自闭症患儿那被隔离的无望世界与正常人的社交世界相互沟通的桥梁，这正是患者梦寐以求的。

德弗洛学校的精神治疗师们，已经对辅助沟通训练有所耳闻。辅助沟通训练长期被成千上万的美国精神健康和教育专家使用，并产生了惊人的效果。德弗洛学校的精神治疗师，在对珍妮尝试进行辅助沟通训练后，很快便得出了同样令人震惊的结果。珍妮第一次接受治疗，就作出了动人的陈述，描述了她最深处的想法和感受，包括她对她父母深深的爱。这种与珍妮的情感联结，马克和劳拉已经梦想了14年之久，而今终于成为了现实。

然而，斯托奇一家的欢乐是短暂的。在1991年的11月，马克收到了一则惊人的消息，并从此改变了他的一生。在辅助人员的帮助下，珍妮已经开始打出对于他父亲的野蛮性侵犯的指控。当一切被回忆起来，珍妮打出200次可怕的关于强奸的指控，并全部被推测是她父亲的犯罪行为。另一个听说了这些指控的辅助人员，在协助珍妮进行键盘操作时，报告了相似的发现。

尽管并没有物证指向马克，社会服务部门仍将珍妮从斯托奇家里带走了。由于不断上诉，珍妮最终回到了她父母的身边，但是在此之后，马克的声誉却永远无法挽回了。

辅助沟通训练的支持者们的主张似乎是卓越的。然而，支持这些主张的论据是否也一样卓越呢？

特别声明
这类证据可信吗？

自从道格拉斯·拜克伦向美国众多精神健康专业人
43 员介绍了辅助沟通训练，很多的研究人员便开始在严格控制的实验条件下检验该训练的过程。在一个典型的实验中，辅助人员和自闭症患者坐在邻近的小房间里，中间有一面墙将他们分开，但是辅助人员可以通过一个窗口在键盘上与患者进行手与手的接触（见图 2.1）。然后，研究者在临近的屏幕上闪现两幅不同的画面，一幅只被辅助人员看见，另一幅只被自闭症患者看见。举个例子，辅助人员可能看见一幅狗的图片，但是呈现给患者的是一幅猫的图片。因此，一个关键的问题是：患者打出的单词是呈现给辅助人员的“狗”，还是呈现给患者的“猫”？

这些研究的结果惊人地一致。在几乎所有的试验中，打出的单词与呈现给辅助人员的图片一致，而不是与患儿的一致（Jacobson, Mulick, & Schwartz, 1995; Romanczyk, Arnstein, Soorya, et al., 2003; Smith, 2008）。看起来难以置信的是，辅助沟通训练完全依赖于辅助人员的思想。辅助人员用手轻松地引导自闭症儿童的手指在键盘上敲击，而产生的单词是来自于他们的思想而不是儿童的，但辅助人员对此并不知情。早在辅助沟通训练出现的数十年前，那些对于同该现象甚为类似的现象较为了解的科学家将其称为意动效应，因为辅助人员的想法不自觉地影响了他们的行为（Wegner,2002）。辅助沟通训练中的键盘只不过是一种现代版的通灵板，即一

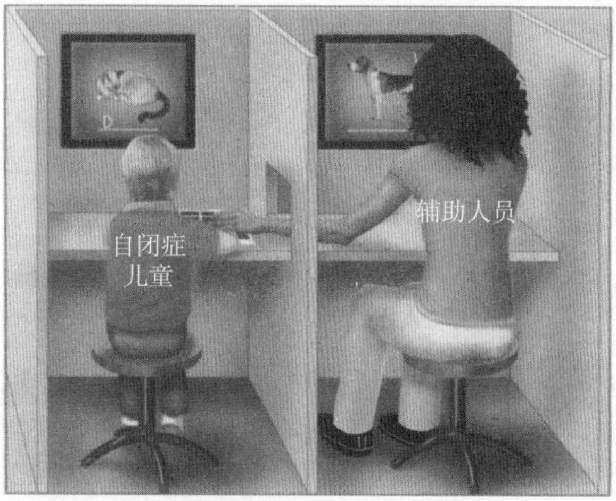

图 2.1 辅助沟通训练是怎样起效的
通过将患儿和辅助人员放置在相邻的小房间，并且向他们呈现不同的图片，研究者证实辅助沟通训练完全依赖于辅助人员的想法，而不是患儿的。

种被巫师用以同死者交流的流行装置。令人遗憾的是，辅助沟通训练的支持者却忽视了考虑这种对立假说显而易见的影响。

排除其他假设的可能性
对于这一研究结论，还有更好的解释吗？

良好研究设计的合理性和必要性

辅助沟通训练的故事给我们上了宝贵的一课，这也正是我们将要在全书中强调的：研究设计的重要性。这个故事也是科学成功战胜伪科学的强有力的证明。

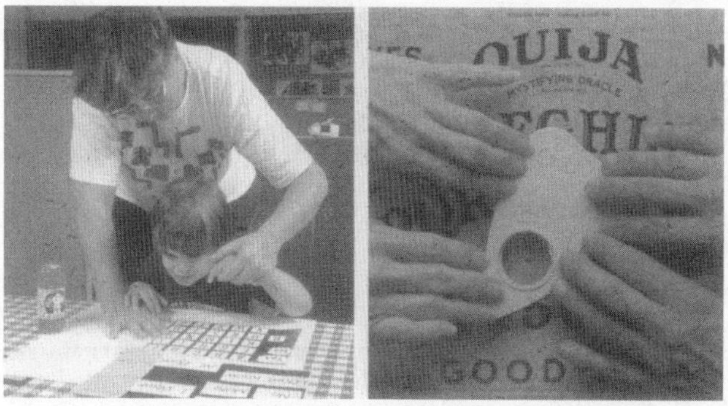

辅助沟通训练中的键盘只不过是一种现代版的通灵板，它在灵异圈中被广泛地用以同死者联系。两者都是基于意动效应。

为什么我们需要研究设计

很多心理学的初学者会有疑问，为什么他们需要学习研究设计。实际上你们当中的一些人可能也会对这个问题感到疑惑：我学这门课程是研究人类的，为什么我需要学习怎样设计研究呢？

辅助沟通训练的故事告诉了我们答案。没有研究设计，即使是天资聪颖并受过良好教育的人也可能被愚弄。我们将要在这一章讨论一些研究设计，如果辅助沟通训练的支持者用到这些研究设计，可能他们就不会被愚弄了。正如我们在第1章学到的，科学的方法可以帮助我们避免被自己的偏见所蒙蔽。在这一章，我们将要学到，这些科学的方法是什么以及我们怎样使用它们去评价心理学的某些观点，并且不仅仅局限于心理学课程中，还包括在日常生活当中。

44 如果执意追究，我们可能会问：我真的需要用研究方法来避免被蒙蔽吗？我不能仅仅靠我的经验和常识吗？尽管经验和常识对于提出假设有很大的帮助，但对检验假设的作用却是非常有限（见第1章）。毕竟，德弗洛的辅助人员，也就是和珍妮·斯托奇合作治疗的辅助人员，"知道"辅助沟通训练是怎样工作的：他们亲自见证了珍妮滥用指控。像众多伪科学的辩护者一样，他们是谬误的受害者。他们的验证性偏差让他们只看见他们想要看见的。由于依赖"眼见为实"错误的臆想，这些辅助人员都被愚弄了。

人类是认知的吝啬鬼。我们设法使用较少的大脑能量去理解环境并有效地解决问题。

启发式（heuristic）
帮助我们，从而使我们的想法与对世界的感知一体化的心理捷径。

如果说心理学的历史教会了我们一样东西，那就是我们应该深度怀疑一些断言，如："相信我，我知道它是怎样工作的。"我们需要严密的研究方法去检验一项技术是否真的起作用了。首先，在初期，经验可以对此有所帮助，但是它一直都不够充分，因为它无法保证我们的思想不受固有的证实偏差（见第1章）和人类错误中其他来源的影响。**【学习目标 2.1】**

启发式：我们是怎样被愚弄的

在这一点上，你可能感到有点排斥。乍看之下，这本书的作者可能暗指很多人，或许包括你在内，都是愚人。但是我们不应该对号入座，因为此书的中心主题之一是我们都可能被愚弄，包括此书的作者。这并不是说你或我们是愚人，而是意味着我们仅仅是人。

我们是怎样如此轻易地被愚弄的？过去的几十年的研究中形成了一个关键的发现，就是在大多数情况下运转良好的心理过程，同样会使我们产生思想上的错误，换个说法就是，大多数的错误想法都是从我们最有效的想法中产生的（Pinker，1997）。

启发式：双刃剑　心理学家已经核实了几种能够帮助我们简捷地思考和认识世界的**启发式**——心理捷径或拇指规则。这些启发式也许在进化上具有生存的价值，因为没有它们我们很快会被每天数以万计的信息片段所淹没。根据认知心理学家（研究思维的心理学家；见第7章）的观点，我们都是认知的吝啬鬼（Fiske & Taylor，1991）。也就是说，我们心理上很懒惰，并且尝试通过简化世界来节省我们的心理能量。就像每一个吝啬鬼不愿意花很多的钱一样，一个认知的吝啬鬼不愿意花费很多的精力在思考上，尽管这很必要。

虽然我们的启发式在很多时候发挥了很好的作用（Gigerenzer，2007；Krueger & Funder，2004；Shepperd &

Koch，2005），但它们偶尔也会让我们陷入困境。比较典型的是，当我们过多地或者在不合适的情境下应用启发式时会产生一些问题。在这些情况下，它们会引导我们将事情过分简化，而不仅仅是简捷地考虑问题。总的说来，虽然很多启发式可能是有用的，但是现代世界有时呈现给我们的信息是相当复杂的，并没有捷径可供选择。好消息是研究设计可以帮助我们避免那些因为误用启发式而造成的陷阱。

为了了解启发式的概念，可以尝试回答下列问题。想象你在内华达州的里诺。如果你想要去加利福尼亚州的圣迭戈你会走什么方向？闭上你的眼睛，然后画出你要怎样到达那里的地图（Piatelli-Palmarini，1994）。

那么，我们当然需要向西南方走才能从里诺到达圣迭戈，因为加利福尼亚州在内华达州的西边，是吗？错了！
45 实际上，从里诺到达圣迭戈需要向东南方走，而不是西南方。如果你不相信我们，可以看图 2.2。

如果这个问题你回答错了（如果你错了，不用感觉糟糕，因为你们的作者也做错了！），几乎可以肯定你是基于启发式来做出判断的。你可能是这样使用这种心理捷径的：加利福尼亚州在内华达州西部，圣迭戈在加利福尼亚州南部，而里诺的南部在靠近墨西哥的地方有较多的土地。你遗忘或者不知道的是，加利福尼亚州的一大块（差不多南部的三分之一）实际上位于内华达州和加利福尼亚州交界的东部。当然，对于大多数的地理问题（比如，圣路易斯在洛杉矶的东部还是西部），这种心理捷径会起到很好的作用。但是，在这个例子中启发式却让我们陷入困境。

代表性启发式：因为相似而喜欢　两个后来移居美国的以色列心理学家丹尼尔·卡尼曼（Daniel Kahneman）和阿莫斯·特沃斯基（Amos Tversky）开辟了启发式的研究。他们的研究从根本上改变了心理学家对人类思维的看法。卡尼曼和特沃斯基关注了几种启发式，我们将会讨论其中的两种。他们把第一种启发式叫做代表性启发式（Kahneman，Slovic，& Tversky，1982；Tversky & Kahneman，1974）。当我们使用**代表性启发式**的时候，我们通过一个事件与我们原型的表面相似性来判断其发生的可能性。根据这种启发式，得出“因为相似而喜欢”。假设在你上心理学导论课的第一天，你坐在罗杰·戴维斯的旁边，但你从未见过他。在第一节课上课之前的几分钟，你尝试和他开始一段谈话。尽管你尽了最大努力，但是罗杰几乎没有说一句话。他表现得异常害羞，当你问他问题时他总是将目光转向别处，最后结结巴巴地说了一些与他是大学象棋社的成员和当地星际迷航迷社团的出纳员有关的蹩脚的话语。

普林斯顿大学的丹尼尔·卡尼曼（左）是第一位被授予诺贝尔奖的心理学博士。诺贝尔委员会认为他在人类非理性的认知来源上作出了开创性的贡献。

根据你和他简单的互动，你会认为罗杰更可能成为沟通中的强者还是计算机科学的强者？比起前者，你更可能选择后者而不是前者，并且你很可能是对的。你运用了代表性启发式来回答这个问题，因为罗杰与你脑中关于计算机科学强者的刻板印象更加匹配，而不是关于沟通的强者（见第 11 章）。根据代表性启发式，我们评判两个事物之间的相似性，是通过估计他们表面的相似程度来判断的。

现在来看一个稍有不同的例子。想象在课程的第二天你坐在了艾米·张旁边。艾米很有礼貌，说话轻声细语，也很友好，她说自己是在旧金山的唐人街长大的。在回答关于兴趣的话题时，艾米提到她是中国一所大学

代表性启发式（representativeness）
依据与原型的表面相似性来判断事件发生的可能性的启发式。

学生会的副主席。

根据你和艾米的简短的互动，你认为她是更可能成为一个心理学家还是亚裔美国人的研究者？比起前者，你可能更会选择后者。但是在这个例子中，你可能是错误的。为什么？

尽管比起关于心理学的很多刻板印象，艾米更符合你关于亚裔美国研究者的很多刻板印象，但你可能忘记了关键的一点事实：在学校，比起亚裔美国人研究的课程，心理学的课程要更多一些。你把焦点过多地关注在了艾米与你脑中的亚裔美国研究者刻板印象的表面相似性上，即因为过多依赖代表性启发式，而忽略考虑心理学家所称的该专业的极低基础比率。**【学习目标 2.2】**

图 2.2　为了从内华达州的里诺到达加利福尼亚州的圣迭戈，你将朝哪个方向出发？

如果你猜的不是东南方向（正确答案），那你不是唯一这样猜的。依据启发式，即一种心理捷径，我们很有可能会被蒙蔽。

基础比率（base rate）
特征或行为的相同程度。

可得性启发式（availability）
在放松状态下出现在我们脑中的，来估计事件发生的可能性的一种启发式。

认知偏差（cognitive bias）
思维中的逻辑错误。

基础比率是一个关于行为或者特征有多少共同点的专业术语（Finn & Kamphuis，1995；Meehl & Rosen，1955）。当估计一个人（比如艾米）可能属于哪一类别（比如亚裔美国人研究者）时，我们需要考虑的不仅仅是一个人与这个类别中的其他成员的相似性，还有这个类别的基础比率。

可得性启发式：“灵光一闪……” 卡尼曼和特沃斯 46
基将第二种启发式称为**可得性启发式**。利用可得性启发式，我们通过在放松状态下出现在我们脑中的可用的记忆，来估计事件发生的可能性（Kahneman et al.，1982）。就像代表性启发式一样，可得性启发式也很有用。

试着回答这个问题：在英文单词中是首字母为“k”，还是“k”出现在第三个字母位置上的情况更多些？如果你像大多数人那样，你就会回答有更多的英文单词以“k”开头而不是出现在第三个字母位置上。实际上，“k”在第三个字母位置上的单词的数量是在开头的两倍还要多。为什么我们中的大多数都错了呢？我们依靠可得性启发式：你的头脑是这样分类单词的——我们发现想象“k”在开头（就像 kite 和 kill）比想象“k”在第三位（就像 bike 和 cake）更容易。

我们应该记住代表性启发式和可得性启发式，因为我们很快就会学到很多研究方法，来帮助我们避免因滥用这些启发式而产生的错误。然而，正如卡尼曼和特沃斯基提到的，把我们引入歧途的不仅仅是启发式。我们也会成为各种认知偏差的牺牲品，**认知偏差**即思维中的逻辑错误。

认知偏差

我们将再次提起第 1 章，证实偏差是我们的本能倾向，是一种自然地寻找支持我们假设的证据并且忽视或歪曲那些相悖的证据的倾向。正如我们所见，科学方法的一个关键作用是帮助我们弥补自己的证实偏差。通过强迫我们采用保护措施，来对抗我们那幼稚的臆想，这些科学方法让我们尽可能少地被自己的偏见愚弄。

目前证实偏差是唯一一个导致我们做出错误结论的偏差。证实偏差包括后视偏差和过度自信。

你怎么认为？

你是一个国际滑雪组织的顾问（这个组织掌控着所有的职业滑雪比赛）。你被雇用去设计一个评判系统，尽可能减少评委小组（来自不同的国家）对他们自己国家的滑雪者的偏见。你将会怎样设计？

后视偏差　**后视偏差**，也就是有时人们会说“我早就知道是这样的效果了”，指的是我们过高地估计了我们能够成功预测结果的趋向（Fischoff，1975；Kunda，1999）。就像俗语所说的“事后诸葛亮”。下面是一个众所周知的看似正确的例子。体育评论员在分析体育赛事时经常会有后视偏差，当赛事结束并且证明战败队采取不同的战略更有效时，这一偏差便会表现出来。“马后炮”能够准确地描述这种偏差，即在比赛结束后认为我们在星期天晚上的球赛中可以表现得更好。在事后的建议中可能有一些真实的东西，但是他们都忽略了一个关
47 键：一旦一件事情发生了，很容易在回溯这件事时“预测”它的结果，并提出阻止不良结果发生的途径。

如果你的两个朋友开始约会，不久他们幸福地结婚了，你会说“我从一开始就知道他们就是为彼此而生的”吗？如果你这样说的话，你可能正陷入后视偏差。

过度自信　与后视偏差有关的是**过度自信**：我们倾向于过高地估计我们能作出正确预测的能力。在各种各样的任务中，我们中的大多数人对于自己的预测能力的自信都超过其应有的水平（Hoffrage，2004；Smith & Dumont，2002）。

我们在生活中的很多方面都表现得过度自信。一项对有将近 100 万高中生的全国性的调查显示，100% 的（是的，所有的人！）都相信他们与他人交往的能力是高于平均水平的。25% 的人相信他们在前 1% 的行列中（College Board，1976–1977）。一项

过度自信有时指“乌比冈湖效应”（Lake Wobegone effect）。“乌比冈湖”位于系列广播《一个家在草原的伙伴》中的一个虚构的小镇。播音员盖瑞森·凯勒（Garrison Keillor）说：“在那个小镇里，所有的女人都强壮有力，所有的男人都美丽动人，所有的孩子都在平均水平以上。”

后视偏差（hindsight bias）
过高估计我们可以成功预测结果的趋向。

过度自信（overconfidence）
过高估计我们能做出正确预测的能力的趋向。

★小测试

1. 心理学研究显示我们都有可能被我们自己的启发式思维蒙蔽。　正确　错误
2. 引起启发式的心理过程一般不是良性的。　正确　错误
3. 代表性启发式经常引导我们过分关注基础比率。　正确　错误
4. 大多数人在预言未来时，往往不太自信。　正确　错误

答案：（1）对（p.44）；（2）错（p.44）；（3）错（p.45）；（4）错（p.46）

对于大学教授的调查显示，94% 的人相信他们比起他们的同事是更好的学者。

这些我们讨论到的启发式和偏差，会让我们更加确信我们是正确的，即使我们不是。结果是，我们不只是得到错误的结论，而且非常确信它们。不要担心：使用科学的方法就能拯救你。

科学的方法：技能的工具箱

正如我们在第 1 章发现的，科学方法是一个技能的工具箱，可以避免我们被自己的心理定势所蒙蔽。所有的这些工具都有一个主要的共同特点：允许我们去检验假设，正如我们在第 1 章提到的特殊的预言。心理学家常常从更广泛的理论中获得这些假设。如果这些假设可以被证实，我们关于理论的自信就会被加强，尽管我们应该记住该理论其实从未被真正"证实"。如果这些假设无法证实，科学家们就会修改这个理论或者将它全部否定。运用科学方法的工具箱可以把我们的偏差降到最低，然后再去检验假设。当然，并不是说在各个方面都使用工具箱就是万无一失的，这只是防止偏差最好的保障。现在让我们来打开这个工具箱，看看里面有什么。

调查者简·古达尔（Jane Goodall）花了她事业的大部分时间用自然观察法在肯尼亚的贡贝（Gombe）观察黑猩猩。正如我们将在第 11 章所提到的，她的研究明显地显示出战争并不是只有人类社会才有的。

自然观察（naturalistic observation）
在自然环境中观察人们的行为。

外部效度（external validity）
可以将结论推广于实际情景的程度。

内部效度（internal validity）
我们从一个研究中得出因果推断程度。

自然观察：在自然状态下研究人类 48

我们想进行一项观察人们笑的调查研究。人们在日常生活中多久笑一次？什么样的东西能让人发笑？男人比女人笑的频率更高吗？在什么环境下人们更容易笑？我们可以把人带到实验室，观察他们在各种情况下的笑来回答这些问题。但是我们不可能重现所有使人发笑的场景。而且，如果人们知道自己正在被观察，可能会影响他们真实的笑。

解决这些问题的一种方法就是**自然观察**：在自然环境中观察人们的行为。我们可以运用摄像机或者录音机来进行自然观察，如果希望更简单一点，一张纸一支笔就够了。很多研究动物自然习性的心理学家，比如研究猩猩或者长臂猿，都运用自然观察，研究人类的心理学家有时也会用到它。通过自然观察，我们可以更好地理解真实世界中的人们表现出的行为，以及他们表现出这种行为的情境。**【学习目标 2.3】**

自然设计的一个主要的优点就是它具有较高的**外部效度**，即我们可以将结论推广于实际情景的程度（Neisser & Hyman，1999）。因为心理学家在人们日常生活中进行这些实验设计，所以他们的发现有时就可以直接地运用到真实的世界中。

然而，自然观察也有一个主要的缺点。它们的**内部效度**，即我们能得出因果关系的程度很低。正如我们所知，良好的实验设计具有较高的内部效度，因为我们能自由操控关键变量。相比较而言，在自然观察中我们对这些关键变量不能加以控制，需要等待行为呈现在我们眼前。自然观察提供了一个描述行为的机会，但是却没有提供对该行为的解释。**【学习目标 2.4】**

罗伯特·布诺温（Robert Provine，1996，2000）借助于自然观察研究人们的笑。他和他的研究助手们偷听了 1 200 个在社会情境下的人们的笑声，包括在商场、饭店和大街上，并且记录了参与者的总数、笑之前的标志和他人对笑的反应。他发现在社会情境中女人要比男人笑得更多。令人惊奇的是，他发现只有不到 20% 的笑是由那些很幽默的语言引起的。大多数的笑是由没有幽默感的、相当普通常见的话语引起的（比如客套话“我也非常高兴见到你”）。布诺温还发现说话者比听者笑得更多。他的研究提出了新的有关人们笑的原因和结果方面的观点，但是很难在实验室里进行验证。

个案研究：开始了解你

在心理学家的“工具箱”中最简单的设计之一是个案研究。在**个案研究**中，研究者研究一个或几个人，一般都持续一定的时间（Davison & Lazarus，2007）。一个调查者可能花费 10 年甚至 20 年的时间研究一个精神分裂症患者，小心地记录他的童年经历、学业状况、工作表现、家庭生活、友谊、心理治疗状况和他的心理问题
49 的起伏。进行个案研究是没有什么秘诀的。一些研究者可能会长期地观察一个人，而另一些研究者可能会用调查问卷，还有一些可能会进行重复的访谈。个案研究可以提供丰富的细节资料，这些细节资料常常能给研究者丰富研究假设提供一些有价值的资源。个案研究在提供**存在性证明**方面很有帮助，即证明某一特定的心理现象可以发生。举例来说，虽然科学家声称人类不可能记住自己的出生，但是这需要一个清晰的有关出生记忆的案例来推翻人类能够记住自己的出生这一假设。此外，个案研究可以提供一些研究者能够在后来通过系统的调查研究进行检验的有益的见解（Davsion & Lazarus, 2007）。例如，对于那些患有恐惧症（极度的并且不合理的恐惧）的人在极度放松的情况下并未表现出焦虑的观察，引起了针对恐惧症治疗的系统研究（我们会在第 14 章进行详细讨论），这种治疗被称为系统脱敏疗法。然而，如果我们不谨慎的话，个案研究可能会误导我们，甚至导致灾难性的错误结论，就像我们在辅助沟通训练中看到的那样。

可证伪性
这种观点能被反驳吗？

排除其他假设的可能性
对于这一研究结论，还有更好的解释吗？

由于个案研究的局限性，心理学家们在使用个案研究的结论时是非常谨慎的。最终，他们转向更系统的研究设计，从而得到更严谨的结论。我们会发现一些研究设计可以允许我们得到更确切的结论。

相关设计

相关设计是我们要讨论的首要的系统研究方法。当用到**相关设计**时，心理学家们首先要仔细考虑两个变量相联系的程度。回顾第 1 章，我们知道变量是一些因人而异的因素，如动机、创造力、大脑容量和宗教信仰。当我们想到相关这个词，我们应该将它分解为两个部分：统计相关和人际相关。如果两者相关，那么他们彼此存在联系，但仅仅是统计层面的，而非人际层面的。

鉴别相关设计　一开始鉴别一个相关设计可能会比较棘手，因为使用这种设计的研究者以及描述它的新闻记者们，并不是在他们对于结果的描述中使用相关这个词的。他们经常使用关联、联系、联结或者共同变化来加以代替。任何时候，研究者进行一个关于两个变量共同变化的程度的研究，他们的设计就是相关设计，即便他们并没有以准确的方式对它加以描述。

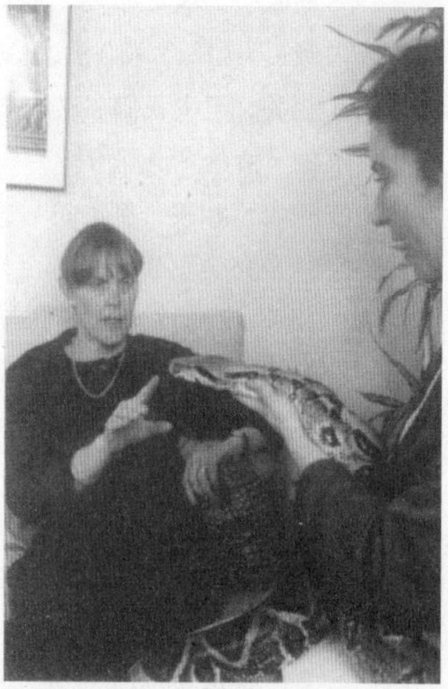

个案研究为恐惧症疗法提供了一种科学性的支持，该方法被称为系统脱敏疗法，即在肌肉极度放松的情况下，逐渐呈现能唤起焦虑的事物或场景。

个案研究（case study）
用来深入观察一个人或者一小部分人的研究设计，常常持续一段时间。

存在性证明（existence proof）
某一特定的心理现象可以发生的证明。

相关设计（correlation design）
检验两个变量相关程度的研究设计。

相关的入门指南 在我们深入了解之前，让我们先来了解一下关于相关的两个基本要素。

（1）相关可以是正相关、零相关或负相关。正相关是指一个变量的值增大，随之引起另一个变量的值也增大。如果孩子们拥有的朋友的数量与他们外出的频率成正相关，那么孩子们出去的次数越多，他们的朋友也就越多，同理较少出去的孩子朋友也较少。零相关意味着变量间不存在共同变化。如果数学能力和歌唱能力之间是零相关，那么知道某个人擅长数学并不能帮助我们判断这个人的歌唱能力是好，是坏，还是一般。最后，负相关是指当一个变量的值增大时，另一个变量的值降低。如果社会焦虑与自身的吸引力成负相关，那么社会焦虑感越高的人吸引力越低，社会焦虑感较低的人吸引力较高。

（2）相关，至少我们在这本书中讨论到的相关，它的 r 值的变化范围在 –1.0 至 1.0 之间（r 是用来表示相关程度的符号）。相关系数是 –1.0 也就是完全负相关，而相关系数 1.0 就是完全正相关。我们暂不讨论怎样计算相关，因为数理
50 统计有很高的技巧性。低于 1.0 的相关（不管是正相关还是负相关），比如：0.23 或 –0.69，都称为不完全相关。要找出相关程度有多高，我们需要观察它的绝对值。也就是，在相关系数的数值前没有 +、–（见图 2.3）。因此，+0.27 的绝对值是 0.27，–0.27 的绝对值也是 0.27。有趣的是，相关程度为同一数值，但是它们却在相反的方向上。

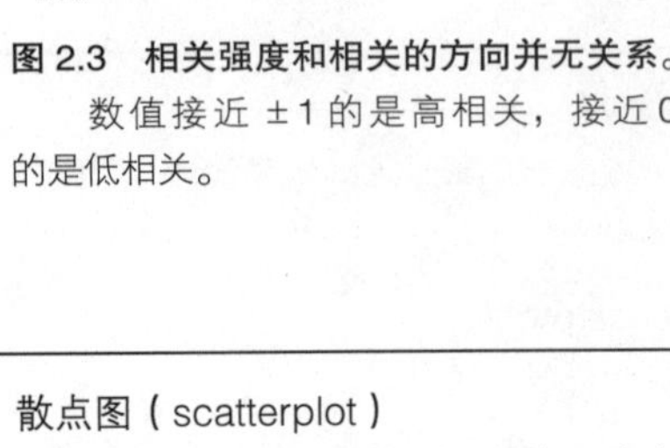

图 2.3 相关强度和相关的方向并无关系。 数值接近 ±1 的是高相关，接近 0 的是低相关。

散点图 图 2.4 呈现了三幅描述三种不同相关的面板图。每一幅图都是**散点图**：在二维平面上用一组点来表示关系的图。散点图中的每个点代表一个被试。正如我们所看到的那样，散点图上呈现的每个人在一个变量或者两个变量上的数据都与其他人不同。

左边第一幅虚拟散点图反映的是中度（r=–0.5）负相关。这个相关呈现了学生在他们第一次的心理学测试前一晚喝啤酒数量的平均值与他们在测试中的分数的联系。我们可以知道这个相关是负相关，因为图中的点由左边高的地方向右边低的地方发展。负相关，这就意味着学生喝的酒越多，他们在心理学测试中的成绩就越糟。注意这个负相关不是完全相关（因为 r 不等于 -1.0）。这就意味着有些学生可能喝了很多酒，但是仍然在他们的测试中做得很好；有些学生可能几乎不喝酒，但是在测试中仍然很糟糕。

在中间的虚拟散点图中相关系数为零（r=0），这个相关显示了学生的鞋码与其第一次的心理学测试成绩的关系。最简单的证明零相关的办法就是散点图呈现出一堆杂乱的点，没有向上或向下的趋势。这个零相关表明，
无论怎样，学生的鞋码与他们首次的心理学测试成绩之 51
间没有任何关系。表明其中一个变量与另一个变量完全无关（这或许对我们中的一些脚小的人是不错的消息）。

图 2.4 中右边的虚拟散点图反映的是相关系数为 0.5 的正相关。这个相关说明学生的心理学课程的出勤率与他们的首次心理学测试成绩的关系。也就是，这些点从图中左边较低的位置发展到右边较高的位置。这个正相关表明学生的心理学课程的出勤率越高，他们越可能在测试中获得高分。另外，由于这个相关不是完全相关，（它的相关系数不是 1.0），也就是说，不可避免地，一些顽皮的不经常上课的学生也有可能考得很高；而另一些学生参加了所有的课，却成绩很差。

记住，除非一个相关是完全相关，也就是相关系数是 –1.0 或 1.0，否则总会有背离整体趋势的例外。因为，实际上，心理学中所有的相关的绝对值都小于 1，所以心理学又是一门关于例外的科学。为了反对某一相关的存在，会有人提出“我知道一个人……”的论据（见第

散点图（scatterplot）
在一个二维平面上的点群，其中一个点代表一个被测对象的数据。

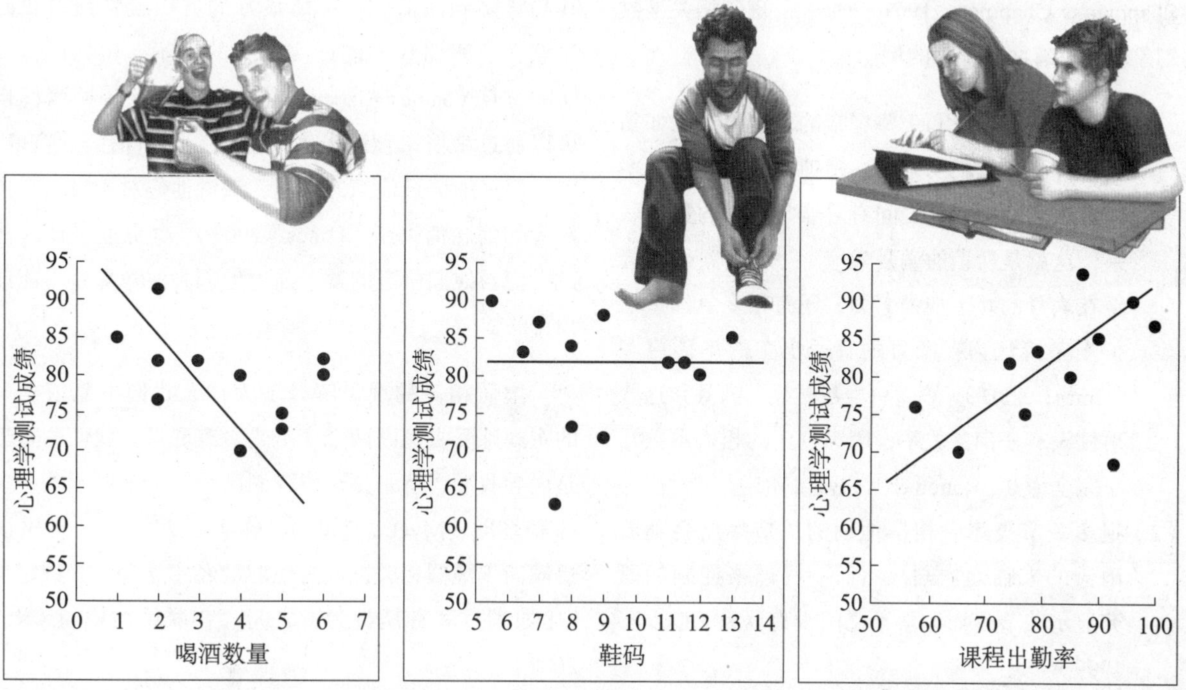

图 2.4　三种散点图

左边的散点图表示的是中等程度的负相关（r=–0.5）；中间的散点图代表的是零相关；右边的代表的是中等程度的正相关（r=+0.5）。

1 章）。我们会记住那些例外，还有它们激起的好奇心，但不要驳倒相关的存在。如果一个相关系数的值低于 1.0，这些例外就可以被充分地期待，事实上，它们在数理上而言，是被要求存在的。

虚假相关　为什么我们需要计算相关呢？难道我们不能只是用眼睛去观察数据然后估计两个变量之间的关系吗？

不行，我们不能，因为心理学研究证实我们在准确估计相关程度的大小时是非常差的。事实上，我们经常很容易将一个非常特别的现象理解为**虚假相关**，即认为两个不存在统计相关关系的变量存在相关关系的认知倾

仅仅知道一个有着终生吸烟习惯的人活到了很老，并不能代表在吸烟和严重疾病（比如肺癌和心脏病）之间没有相关。

识别假象

假象：一些多年都未有孩子的人，更可能在收养一个孩子之后，成功地、更快地生育自己的小孩。
事实：研究显示，这个相关完全是虚构的（Gilovich, 1991）。我们更容易记得这些例子，是因为他们是出乎意料的。

虚假相关（illusory correlation）
认为两个不存在统计相关关系的变量存在相关关系的认知倾向。

向（Chapman & Chapman，1967，1969）。虚假相关是数理的幻象。这里有两个显著的例子：

（1）很多人相信满月和一些怪事的发生率（比如暴力事件和自杀的发生率、精神病医院的入院率以及人的出生率）之间有着非常密切的数理联系，这就是所谓的满月效应。一些警察部门甚至在满月的晚上加强警力，还有很多急诊室的护士坚持认为在满月的日子出生的小孩更多（Hines，2003）。然而一堆数据显示满月和这些事件没有任何的关系，因为真正的相关系数几乎完全为0（Rotton & Kelly，1985）。

（2）很多关节炎患者相信他们的关节疼痛会随着雨天的来临而加剧，然而一些严格控制的研究显示关节疼痛和雨天之间没有联系（Quick，1999）。

为什么人们对虚假相关这么过敏呢？首要的原因就是证实偏差（见第1章）。我们都倾向于关注那些可以证实我们期望的例子而忽视那些质疑它们的例子。比如在满月效应的例子中，满月和犯罪同时出现的事例特别会让人产生兴趣并且印象深刻（“看，就像我总说的那样，奇怪的事情都发生在满月的晚上”）。

不幸的是，我们的大脑并不擅长发觉和记住那些无关的事件，也就是没有发生的事件。我们不可能兴奋地跑回家并且告诉我们的朋友：“哇，你不会相信这个。在今天满月的晚上，你猜发生了什么？什么也没有！”我们对事件有差异的注意会导致我们去关注虚假相关。

52 我们怎样避免我们对虚假相关的认同倾向或者将其趋势降到最低呢？可能最好的方法就是强迫我们去注意、了解那些不能证实相关的例子。比如说，詹姆斯·奥克（James Alcock）和他的学生让一些声称自己可以通过梦境来预测未来的被试——所谓的预言梦者，用日记仔细记录他们的梦境，最终他们对于自己是预言梦者的信念消失了（Hines，2003）。奥克通过让这些被试去记录他们所有的梦，强迫他们去注意那些不能证实预言的梦境事件。

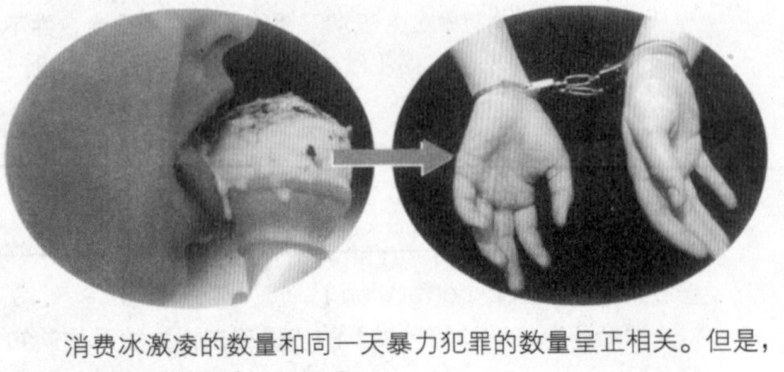

消费冰激凌的数量和同一天暴力犯罪的数量呈正相关。但是，是不是吃冰激凌导致了犯罪呢？

虚假相关的现象解释了为什么我们不能依靠我们的主观感受去判断两个变量是否有联系。我们的直觉总是误导我们，特别是，当我们已经学会去期望两个事物的联系时（Myers，2002）。确实，成年人可能比孩子更倾向于虚假相关，因为他们已经建立起对于特定事件（比如满月和奇怪行为）之间存在联系的期望（Kuhn，2007）。

相关还是因果：操之过急 相关设计对于判断两个或多个变量之间是否有联系是极其有用的。但是，这却严重地限制了我们从中获得结论。正如我们在第1章学到的，我们在解释相关设计时会犯的最常见的错误就是操之过急，并从这些相关设计中得出因果关系的结论。相关关系并不必然意味着因果关系。尽管一个相关关系有时是因为一个因果关系造成的，但是我们不能仅仅依靠一个相关关系的研究就推断出这个关系是因果关系。

相关还是因果

我们能确信A是B的原因吗？

顺便说一下，我们不能将相关关系等同于因果关系时所犯的错误（见第1章）和虚假相关相混淆。虚假相关指的是发现的这个相关关系，实际上是不存在的。对于相关关系和因果关系的误解来说，一个相关关系存在，但我们不能错误地将它解释为暗指了一个因果关系。我们现在来看一个例子，它能够说明*A*变量和*B*变量的相关关系是怎样归因于第三个变量*C*，而不是直接由*A*、*B*变量之间的因果关系引起的。

人们某一天吃的冰激凌数量与这一天发生暴力犯罪的数量之间存在大致上的正相关关系。认为吃冰激凌

（*A*）导致了暴力犯罪（*B*），或者暴力犯罪（*B*）导致人们去吃冰激凌（*A*），这都是不可能的。而是，这更可能是存在一个变量 *C*，能够解释这个相关关系。这会是什么呢？最有可能的候选者应该是气温。当气温较高的时候，更多的人会去买冰激凌，同样地，气温高的时候更多的人也有可能投入暴力犯罪（Anderson，Bushman，& Groom，1997）。

观察研究和个案研究让我们可以描述心理学世界的状况，但是很少能让我们对未来进行大致的预测。相比之下，相关设计通常可以让我们作出预测。比如说，如果 SAT 的分数与大学年级相关，那么知道人们的 SAT 分数就可以推断他们在大学哪个年级，尽管可能不那么完全准确。然而，我们由相关研究得到的结论总是受到限制的，因为我们不能确定为什么这些被预测到的关系是存在的。如果一个事件的原因是由一个相关研究推断出的，那么我们就应该时刻保持警惕。就像图 2.5 中的例子表明的那样，新闻媒体特别容易犯这种错误。

要点回顾：

我们还要注意那些阐述两个变量间的因果关系的新闻头条或者新闻故事。如果该新闻的研究仅仅是建立在相关数据的基础上，我们就可以知道他们将研究结论过度延伸了。

53 **你怎么认为？**

你在指导一群孩子的父母。其中一个母亲说，她在某处了解到那些更严格监督孩子的父母，他们的孩子可能会更少地发生性或吸毒行为。你会怎样帮助这些父母去判断这个发现是否意味着他们应该改变他们的教育方法呢？

实验设计

如果一个相关设计不能让我们得出因果关系的结论，那么什么设计可以呢？答案就是实验设计，它通常被简称为“实验法”。实验设计区分于相关设计的一个关键点是：它们能够得出因果结论。这就是为什么在相关设计中研究者测量被试的先前存在的差异是非常重要的，比如年龄、性别、智商和外倾性。相比之下，在实验设计中，研究者通过控制变量来弄清这些处理是否能够引起被试行为的差异。换句话说，在相关设计中被试间的差异是被测量的，而在实验设计中它们是被创造出来的。

什么使研究成为实验：两个要素　尽管新闻记者频繁地使用“实验”一词，甚至非常宽泛到用它指代任何一种研究，但是“实验”实际上在心理学中有特殊的意义。准确地说，作为一个**实验**，需要有两个特殊的组成成分：

（1）按照条件对被试随机分配。
（2）对自变量的操控。

这两点对于实验都很重要。一个研究如果不能兼具这两个条件，那就不是一个实验。下面我们来详细介绍这两个要素。

随机分配。关于**随机分配**，我们指的是实验者将被试随机地分成两组。其中一个组称为**实验组**，这个组接受实验处理。另一组称为**控制组**，这一组不接受实验

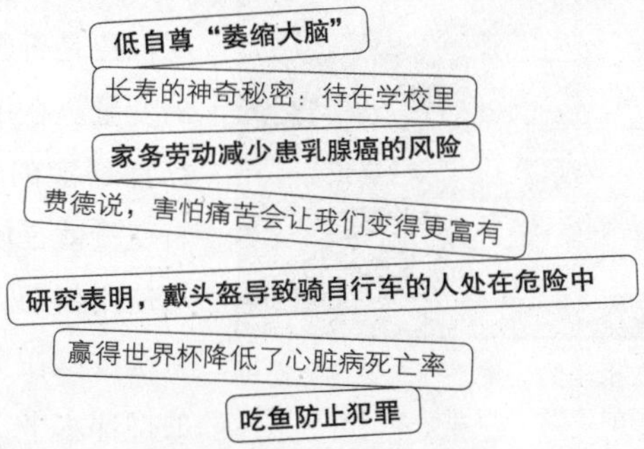

图 2.5　新闻头条混淆相关关系和因果关系的例子
这些是表明两个事件间的因果关系的真实的新闻头条。你能想出每一个标题中报道的发现有哪些替代解释吗？

实验（experiment）
随机将被试按条件和自变量的操控进行分配的研究设计。

随机分配（random assignment）
随机地将被试分成两组。

实验组（experimental group）
在实验中，接受实验处理的一组被试。

控制组（control group）
在实验中，未接受实验处理的一组被试。

处理。正如我们在第 1 章学到的，人类并非生来就有科学思维。当考虑到这一点，可能就不会对控制组的概念直到 20 世纪才清晰地出现在心理学中而感到惊奇了（Coover & Angell，1907；Dehue，2000）。

我们来看一个随机分配的实例。假设我们想要知道新药——神秘果蛋白是否对治疗抑郁有效。我们首先要从一个大的抑郁者样本入手。然后随机地抽取（比如，通过掷硬币）被试中的一半让其成为实验组，接受新药的治疗，而另外一半为控制组，接受的药物则替换成阿司匹林。通过随机分配将样本分为实验组和控制组，可以帮助我们抵消两组之间的所有先前存在的差异。

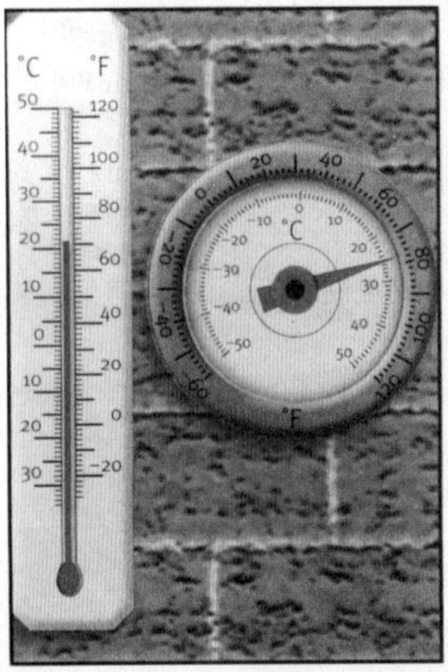

54 在相同的环境下两个温度计提供了不同的读数。心理学家可能会说这些温度计表现出了不完美的评分者信度。

操控自变量。实验的第二个要素就是操控自变量。**自变量**就是指能够由实验者操控或改变的处理或干预。**因变量**是指实验者能够测量的可表明操控是否已经有效的变量。在用新药治疗抑郁症的实验中，自变量就是使用或者不使用新药。因变量就是被试在实验过后的抑郁水平。当我们为了研究目的来定义自变量和因变量时，我们就是在进行**操作化**。操作一个变量就是怎样具体化我们感兴趣的变量。这很重要，因为不同的研究者对相同的变量的操作化往往不同，从而得出不同的结论。例如，假设两个研究者使用的是不同剂量的神秘果蛋白并且测量抑郁值用的也是两个不同的量表，那么他们可能会得出关于新药是否有效的不同结论，因为他们的测量是不同的。

评价手段 当评价由测量得出的结果时，我们需要考虑两个关键问题：这个结果可靠吗？它有效吗？

信度。信度是指测量的一致性。比如，一份可靠的问卷对于一群人进行反复施测可以得出前后相近的分数。这种信度称为重测信度。要评价重测量信度，我们可以在今天对一大群人做一份个人问卷，然后在两个月之后再对他们做一次测量。如果这个问卷是可靠的，这些分数的相关程度肯定不低于 0.8，这是高水平的相关。信度也可以运用到访谈和观察的数据中。评分者信度是指不同的人在进行一个访谈、行为观察时，在一些特征上会表现出一致性，就像他们测量的抑郁值。

效度。效度是指一个测量的结果反映出所要测量的特质的程度。我们将效度视为“广告内容的真实性”。我们在之前讨论过两种类型的效度。如果我们去百货商店，买了带有“芭芭拉阿姨烘豆”标签的罐头，打开之后发现是洋蓟心的，我们可能会要回我们的钱（除非我们喜欢洋蓟心的），而那个标签也不再有效。与此类似，如果我们拿到一份声称是对内倾性进行有效测量的问卷，但是研究表明它实际上是测量焦虑的，那么以这份问卷去测量内倾性就是无效的。

信度和效度：不同点。信度和效度是不同的概念，尽管人们经常混淆它们。在法庭上，我们经常会听到关于生物反馈仪（或称所谓的测谎仪）是否可靠的辩论。但是就如我们将在第 9 章中提到的，测谎仪的中心问题不是它的信度，因为它每次测出的分数都是相近的。相反，它的中心问题是效度，因为很多罪犯坚持测谎仪并不能作为测试谎言的工具。他们主张，测谎仪只能测试情绪的变化，这有可能不是由说谎，而是由紧张、生气、惊讶或者其他情绪引起的（Lykken，1998）。

自变量（independent variable）
实验者操控的或改变的处理或干预。

因变量（dependent variable）
实验者测量的可表明操控是否有效的变量。

操作化（operationalization）
关于如何基于某一特定研究的目的来测量一个变量的说明。

信度（reliability）
测量的一致性。

效度（validity）
一个测验能测量出它旨在测量的特质的程度。

信度对效度来说很必要。也就是说，我们在能很好地测量某个东西之前，需要确定测量的一致性。想象去用一把尺子测量我们的房间的地板和墙，如果尺子的长度每天都在变，我们为精确测量做的努力就会白费。在用人格问卷进行测量时也是如此，因为我们不能指望一份每次测量都得出不同分数的问卷能很好地测出我们想要的东西。

然而，仅有信度对于效度而言却是不足够的。尽管一个测验可能因为有效而可靠，但是一个可靠的测验却可能完全没有有效性。假设我们发展了一种测量智力的新方法——“食指—中指宽度差智力测验”（DIMWIT），即计算我们中指宽度的平均数以及食指宽度的平均数，然后用它们中较小的减去较大的。DIMWIT 对于智力的测量可能具有较高的可靠性，因为我们的中指和食指的宽度并不会随着时间产生太大的变化。但是 DIMWIT 对于智力的测量可能完全无效，因为手指的宽度与智力没有任何关系。

55 **混淆：错误结论的来源**　如果一个实验是有效的，它的自变量水平一定是实验组和控制组的唯一的区别。如果两个组之间还有其他区别，那就不可能确定自变量是否能对因变量有作用。心理学家用术语**混淆变量**，去指代在实验组和控制组中除了自变量之外的其他变量。在我们对于抑郁症治疗的早期案例中，假如病人接受了神秘果蛋白药物的同时也接受了一些其他的心理治疗。这个心理治疗就有可能是一个混淆，因为在实验组和控制组中又多了一个变量。这个让我们无法确定这个控制组的因变量（抑郁水平）的不同到底是由于药物还是心理治疗，或者二者皆有。

允许因果关系的推断　实验的两个主要特征，即被试的随机分配和自变量的操控，允许我们在正确实施实验的条件下进行因果关系的推断。

在深入探究之前，让我们确保掌握与实验设计相关的一些要点。看看下面这个研究，然后回答紧随其后的四个问题（答案在这一页的右下角）。

一个研究假说声称中国的一种医疗方法——针灸疗法，通过在身体的特殊部位插进小针（见第 10 章），就可以降低那些压力过大的心理学学生的焦虑水平。按照随机抽取的方法将被试分成两组，一组接受针灸，另一组什么都不处理。两个月之后，研究者测试被试的焦虑水平，发现接受了针灸治疗的被试的焦虑水平比没有接受治疗的被试焦虑水平低。

（1）这是一个相关设计还是实验设计？

（2）实验中的自变量和因变量分别是什么？

（3）这个设计中有混淆吗？如果有，是什么？

（4）我们可以从这个研究中得到因果关系吗？为什么可以或不可以？

实验设计误差　就像相关设计一样，实验设计也会被曲解，因为在评价实验中有很多的误差。我们将要关注这些误差中最重要的部分。

安慰剂效应。为了理解实验中的第一个主要误差，想象我们研发了一种新的神奇药物可以治疗孩子们的多动症（现在称为注意缺陷多动障碍；见第 13 章）。我们随机将符合这种条件的被试分为两组，一组服用这种药物，另一组不做处理。作为我们的研究结论，我们发现服用了药物的孩子们比起没有服用药物的孩子显得不活跃了。这是一个好消息，如果可以相信的话，但是它是

混淆变量（confounding variable or confound）
实验组和控制组除了自变量以外的其他变量。

评估你的知识的答案

（1）这是一个实验设计。因为对被试进行了随机分组，并且实验者对被试是否接受治疗进行了分配。

（2）自变量是是否接受针灸治疗，因变量是焦虑水平。

（3）有一个潜在的混淆点是接受针灸的被试知道自己接受了治疗，他们的低焦虑水平可能是对治疗的期待造成的。

（4）是的。因为混淆的存在我们不知道实验组为什么出现低焦虑水平。但是我们可以得出一些关于这个治疗可以减轻焦虑的事实。

否就意味着我们现在就可以公布这个结果并且庆祝这种药物是有效的呢？不幸的是，不是。

“了解清楚是谁在操作这个实验。看起来一半被试使用了一种安慰剂，另一半使用的是另一种安慰剂。”
（© ScienceCartoonsPlus.com）

原因是我们没能控制实验中的安慰剂效应。安慰剂这个词来源于拉丁语中的“I will please”（我希望如此）。**安慰剂效应**是仅仅源于被试对于改善的期望而产生的情况改善（Kirsch，1999）。接受了药物的被试情况会转好，仅仅是因为他们知道了他们在接受治疗。对于自己在接受治疗的认识能够增强自信或者起到安抚的作用。安慰剂效应是对于期望能够成为现实的强有力的暗示。

56 在医药学研究中，研究者们控制安慰剂效应典型的方法就是对控制组提供糖片，它本身就被称作安慰剂。通过这种方法，实验组和控制组的病人都不知道他们是服用了真正的药物还是安慰剂，所以他们对药效的预期几乎一样。

为了避免安慰剂效应，还要让被试不知道自己是服用了药物还是安慰剂。也就是说必须保证病人**盲**，即不知晓情况，包括他们在哪一组、叫什么名字、属于实验组还是控制组。如果病人知道了这些情况，实验就彻底毁了，因为病人会按照他们不同的期望改进自己的表现。在安慰剂那一组的被试会显示出没有明显变化，不会显示出病情转好或者意识到情况转好，即使他们真的有所好转。

一些研究者将安慰剂效应看作是完全无趣的人工制品。然而安慰剂效应就像真实的药物一样存在着，并且在心理调查中有重要价值（见第 10 章和第 14 章）。安慰剂呈现了很多真正药物才能引起的特征，比如越高的用量就会有越好的效果（Buckalew & Ross，1981；Rickels，Hesbacher，Weise，et al.，1970）。而且，一些研究者认为接近 80% 的药物的积极效应都应归功于安慰剂效应（Kirsch & Sapirstein，1998），尽管另一些学者怀疑并没有这么高的比率（Dawes，1998；Klein，1998）。

实验者效应。显然，在控制条件下提供安慰剂治疗是非常重要的，即保持让被试对自己的处理一无所知。然而，实验设计中还有一个更有可能出现的误差。在一些实例中，被试不知道自己的处理条件，但是实验者知道。

当处于这样的情况时，一个问题就出现了，那就是**实验者效应**或称为罗森塔尔效应。当实验者的假设引导他们对研究的结果产生了无意识的偏见时，实验者效应就发生了。这个效应不是指故意地篡改或者编造数据（幸运的是这很少发生在科学的研究中）。然而，在实验者效应中，实验者的偏见微妙地影响着结果。在一些案例中，即使实验者的假设是错误的，实验者也能证实他们的假设。

因为这个效应，实验者也需要被控制，**双盲**是必要的。双盲，我们指的是不论是实验者还是被试都不知道谁在实验组，谁在控制组。通过自觉掩藏哪一类被试在哪一分组的情况，研究者们再次防止自己受到偏见的干扰。

实验者效应最古老、最著名的实例之一，是一个人和他的马的故事。在 1900 年，一个叫维尔海姆·范·奥斯坦（Wilhem van Osten）的人买了一匹英俊的雄马，也就是现在心理学文献中很著名的聪明的汉斯，这匹马似乎有惊人的数学能力。通过敲打他的蹄子，聪明的汉斯可以准确地回答它的主人提出的数学问题（比如 8 加 3

安慰剂效应（placebo effect）
仅仅由于想要改善的期待而产生的改善。

盲（blind）
无法获知一个被试属于实验组还是在控制组。

实验者效应（experimenter bias effect）
研究者的假设会无意识地引导他们得出偏向假设的结果的现象。

双盲（double-blind）
研究者和被试都不知道谁在实验组，谁在控制组。

聪明的汉斯在当众表演。如果一个观察者可以发现实验者效应在动物身上同样奏效，那么在人身上将会有多大的影响呢？

等于几）。它甚至可以计算平方根，还可以告诉你现在的时间。可以理解，它的主人非常引以为傲，所以他开始将汉斯带到公众场合表演。最终，聪明的汉斯的表演吸引了很多人。

你可能会怀疑汉斯的技艺是不是欺骗人的。一个由 13 个心理学家组成的小组研究了聪明的汉斯，没有发现能够证明它主人作假的证据，并判断汉斯拥有和 14 岁的人一样的数学能力。

然而，心理学家奥斯卡·芬格斯特（Oscar Pfungst）对汉斯究竟多聪明的真实性表示怀疑。1904 年他开始了一系列仔细的观察。在这个情况下，他做了一些之前的心理
57 学家没有想到的事。他没有关注那匹马，而是关注问它问题的人。改变关注点后，他发现范·奥斯坦和其他人总是在无意间给马暗示正确的答案。特别是，芬格斯特发现，聪明的汉斯的提问者在汉斯给出正确答案之前总是绷紧肌肉。当芬格斯特阻止汉斯看到提问者或是其他知道答案的人时，汉斯就没那么幸运了。疑问得以解决：汉斯能够敏锐地观察到提问者无意给出的身体暗示。

聪明汉斯的故事是第一个证实存在实验者效应的实例。这个故事说明人们，甚至毫无知识的人可以无意间给出提示来影响被试的行为，即使被试是匹马。这个故事还提醒我们不同常理的结论需要有特别的证据，比如这个事例中马具有数学能力。范·奥斯坦的结论很奇特，但证据却很平庸。

特别声明

这类证据可信吗？

实验者效应也被称为罗森塔尔效应，因为 20 世纪 60 年代心理学家罗伯特·罗森塔尔（Robert Rosenthal）做过一系列很精彩的实验，向心理学界证实了实验者效应的真实存在。罗森塔尔及其同事以证实学者著称，因为他们擅长证实实验的真实性。

在其中的一个实验中，罗森塔尔和福德（Rosenthal & Fode，1963）随机分给一些心理学学生五只所谓的聪明的老鼠——经过多代训练后能够迅速地走出迷宫的老鼠，而另一些学生则分到五只所谓的迟钝的老鼠——即使经过多代训练仍不能迅速走出迷宫的老鼠。注意这是一个实验，因为罗森塔尔和福德随机将学生分成两组并且控制学生分到何种老鼠。他们随后让学生指导老鼠走迷宫并记录每只老鼠所用时间。但是他们设置了个陷阱：对学生撒了谎。他们随机地给学生分配老鼠，而没有采用其他分配方法，只是编造了聪明老鼠和迟钝老鼠的说法。然而，当罗森塔尔和福德询问学生们的结果时，他们发现"聪明"老鼠的一组走迷宫的速度比另一组高出了 29%。由于一些不知道的原因，学生们影响了老鼠的速度。

需要特征。最后一个可能影响心理学实验研究的潜在陷阱是很难避免的。被试可以获得线索，因为实验允许被试对主试的假设作出猜测，即**需要特征**（Orne，1962；Rosnow，2002）。在一些案例中，也许被试对实验者所要研究的内容的猜想是正确的，而在另一些案例中，猜测并不准确。这就存在问题了：当被试认为他们知道实验者想要他们做出何种反应时，他们会相应地改变行为。不管他

即使使用老鼠做实验，仍然会产生实验者效应。相较于实验者认为迟钝的老鼠来说，实验者认为聪明的老鼠走出迷宫更快。

需要特征（demand characteristics）

被试从实验中所获取的线索，这些线索能够使得被试对实验者的假设作出猜测。

们猜对与否，这种信念都会影响实验者获得被试真实无偏见的想法和行为。为了克服需要特征的干扰，研究者们会增加误导作业或者空白项目——不涉及个人兴趣的题目。这可以防止被试以他们认为实验者所希望的方式来改变对实验的反应。

自我报告法

设想一下你被一家研究机构聘用，去研究人们对于推出的新款牙膏即亮齿（Brightooth）的态度，据推测它可以预防 99.9% 的蛀牙。我们该怎样设计实验？我们可以在街上拦下一些人，付给他们钱让他们用亮齿刷牙，通过量表来评定他们对亮齿的反应。这个方法好吗？

58 这不是好的方法，因为临街的人们也许通常并不具有典型性。而且，有些人几乎肯定会拒绝参加实验，而他们可能有异于那些同意接受实验的人。比如，那些牙齿特别不健康的人可能拒绝尝试亮齿，但也许他们正是亮齿公司主管们最理想的市场对象。

随机抽样：普遍性的关键 一个比较好的方法就是确定总体的一个代表性样本，然后对从样本中选取的被试进行调查研究。例如，我们可以查看美国人口普查的数据，然后在这个数据清单中每隔 10 000 个人选择一个人进行接触。这种问卷调查中经常使用的方法就是**随机抽样**。在随机抽样中，总体中的每个个体都有相同的概率被选中作为被试。如果我们想要我们的结果能推广到更大的人群中，随机抽样十分关键，因为我们更倾向于选择一个能精确反映总体真实特征的样本。政治的民意测验者通常十分关注随机抽样。如果他们非随机地选取问卷被试（即存在偏差），那么对选举的预测可能完全被歪曲。

> **识别假象**
>
> **假象：**在进行调查时，大容量的样本总是较好。
>
> **事实：**如果不是随机的，那么一个超过 100 000 人的民意测验仍然无效。事实上，一个随机抽样的 100 人的民意测验比非随机抽样的 1 亿人的民意测验要好得多。在大样本中，偏差也扩大了。

随机抽样（random selection）
确保总体中的每个人有相等的被选择参与的机会。

另外，我们不能把随机抽样和随机分配混淆。随机分配，正如我们之前所讨论的，是一个实验中的两个成分之一。它们之间的区别值得注意：随机抽样所解决的问题是最初我们如何选择被试，然而随机分配处理的问题是在我们已经选择好被试后如何对其进行分配。

一个非随机抽样导致了重大错误的结论的例子是臭名昭著的海蒂报告（*Hite Report*，1987）。20 世纪 80 年代中期，性研究者雪儿·海蒂（Shere Hite）给美国妇女发出 10 000 份问卷用来调查她们与丈夫间的亲密关系和性关系。她从女性杂志订户名单中挑选出了那些可能的问卷被试。海蒂的调查结果是如此惊人以至于《时代》和其他的著名出版物把这些发现作为杂志封面故事。下面是海蒂的一些研究结果。

- 70% 的有 5 年或 5 年以上婚史的妇女承认她们发生过婚外情。
- 87% 的已婚妇女承认她们最亲密的感情伴侣并非丈夫而是另有其人。
- 95% 的妇女认为她们情感和心理上的困扰源于伴侣。
- 98% 的妇女承认她们对现在的爱情关系总体上不满意。

毫不夸张地说，这则报告很令人失望。然而导致海蒂研究结论产生致命缺陷的一点是只有 4.5% 的样本被试回应了她的调查。而且，海蒂不知道这 4.5% 的人能否代表整个样本。有趣的是，哈里斯（Harris）调查差不多在同一阶段采用随机抽样法所做的民意测验报道的结果和海蒂的结果完全相反。在这个组织更完善的调查中，89% 的妇女说总体上对她们现在的亲密关系感到满意，只有一小部分人说有婚外情。很有可能海蒂的高百分比是非随机抽样的结果：4.5% 对调查作出回应的参与者更可能是那些亲密关系开始出现问题的妇女，因此她们也是最积极参加实验的人。

自我报告法和调查法 心理学家经常使用自我报告的方法，也经常被叫做问卷法，来评定一系列的特征，比如人格特征、心理疾病和兴趣爱好等。与自我报告的方法密切相关的是调查法。调查法是心理学家采用的测量人们的观点和态度的典型方法（比如，他们对亮齿和其他品牌的牙膏的反响）。然而并不是所有的自我报告
59 法和调查法都是有效的；有些具有高信度和高效度，有些则没有。

当解释自我报告法和调查法的结果时，我们需要铭记：对问题的组织表达方式不同，我们可能得到不同的答案（Schwarz，1999）。一个研究者对 300 个家庭主妇做了调查。在一些调查中，妇女回答的问题表述为："如果可能，你想工作吗？" 而另一些人回答的问题表述为："你是更愿意工作还是只想做个家庭主妇？" 这两个问题非常相似。然而 81% 的人对第一个问题回答"是"，而只有 32% 的人对第二个问题回答 "是"（Noelle-Neumann，1970；Walonick，1994）。虽然第一个问题中使用的词语 "如果可能" 也许鼓励被试思考平时不会发生在他们身上的就业选择问题，但是我们还是不确定造成两个问题明显差异的原因。而且，我们不能假定问卷答题者清楚他们所给出的答案代表什么。在一个调查研究中，研究者问被试关于 "1978 年农业贸易行为" 的看法，大约有 30% 的被试表达了自己对这种做法的看法，尽管根本就不存在这种 "农业贸易行为"（Bishop，Oldendick，& Tuchfarber，1986；Schwarz，1999）。

自我报告法有一个明显的优势：实施简单。我们所需要的就是一支铅笔和一张纸或者一份网络调查表，以及一个自愿的参与者，然后我们就可以开始。自我报告法报告的人格特征和行为经常相当准确（见第 12 章）。比如，人们的外倾性和内倾性的报告可能和别人了解他们的程度存在适度的相关（通常相关系数大约为 0.5）。那些更加易于观察的特征，如外倾性，与那些像焦虑这样的不易观察的特征相比，这种相关可能会高一点（Kenrick & Funder，1988）。

然而，自我报告法也有缺点。首先，报告通常假设被试对自己的人格特征达到足够的认知水平，能对实验做出精确的回答。对于某些人来说这个假设存在问题。比如，一些人的人格特征中有着较高的自恋水平，像自我中心和自信膨胀［"自恋" 这个词来自希腊神话中的那喀索斯（Narcissus），他爱上了自己水中的倒影］，倾向于比其他人对自己作出较高、较积极的评价（John & Robins，1994）。

民主党人哈里·杜鲁门（Harry Truman）曾高举一份错误宣称共和党人托马斯·杜威（Thomas Dewey）是 1948 年总统选举赢家的《芝加哥每日论坛报》。实际上，杜鲁门在那次选举中比对手的选票多了 5%。这些民意测验者之所以会犯如此大的错误是因为他们的问卷结果是通过使用电话的被试得出的。在 1948 年的时候，使用电话的共和党人（他们较为富有）多于民主党人，因此导致了一个错误预测结果的产生。

其次，自我报告的问卷通常假设参与者能够真实地回答问题。但是，一些被试回答问题的时候会陷入**反应定势**——歪曲问题的答案使其比实际情况显得更为积极的倾向。

澄清事实

1992 年，一个由鲁普（Roper）调查进行的得到广泛宣传的民意测验对美国人提出一个具有混淆性的包含两个负面影响的问题："你认为纳粹对犹太人采取的种族灭绝行为是可信的还是不可信的？" 大约有 22% 的被试认为灭种也许没有发生。然而在后来的一个民意测验中，问题表述得更清晰，这个总数降到了 1%。问卷的表述会对结果产生影响。

反应定势（response sets）
被试歪曲地回答问卷题目的倾向。

批判性思考：实验室研究不适用于现实世界，对吗？

人们很容易认为实验室研究不能推广到现实世界。乍看之下，这种假设似乎是合理的，因为在人为的实验室的有限范围中呈现的行为不总是能反映现实中的行为。而且，心理学家给大学生做了大量实验。大学生倾向于比非大学生智商较高，较专注，较少自我中心，能得到社会上更可靠的支持。比如，已发表的研究中大约有 75% 是以大学生为被试的（Sears，1986）。然而并不明确，这些结论对于其他人的适用性又如何（Peterson，2000）。

60 实验室研究的外部效度真的很低吗？道格拉斯·穆克（Douglas Mook，1983）指出，高的内部效度能导致高的外部效度。这是因为严格控制条件的实验，与松散控制的相比，能得出更可信、更可能适用于现实世界的结论。此外，严格控制条件的实验研究所得出的结论可重复性更高。

可重复性

其他人的研究也会得出类似的结论吗？

克雷格·安德森、詹姆斯·林赛和布拉德·布什曼（Craig Anderson，James Lindsay, & Brad Bushman，1999）决定对这个问题进行系统研究。他们检验了实验室研究中各种心理现象之间的一致性，包括攻击、亲社会行为、领导力、自我感觉、考试时的表现和消极情绪的原因，并且在实验室和现实世界都进行了测量。安德森和他的同事们对实验室研究和现实研究的效度都进行了计算，然后检验了两者之间的相关。比如，在研究观看攻击性的电视节目与攻击行为之间的关系时，他们检验实验室研究和现实研究结果之间的一致性——在控制条件的实验室研究中，调查者随机分配被试分别观看暴力性质的电视节目或者非暴力性质的电视节目，然后测量他们的攻击性；在现实研究中，调查者观察人们日常生活中观看电视节目的习惯和攻击性行为。

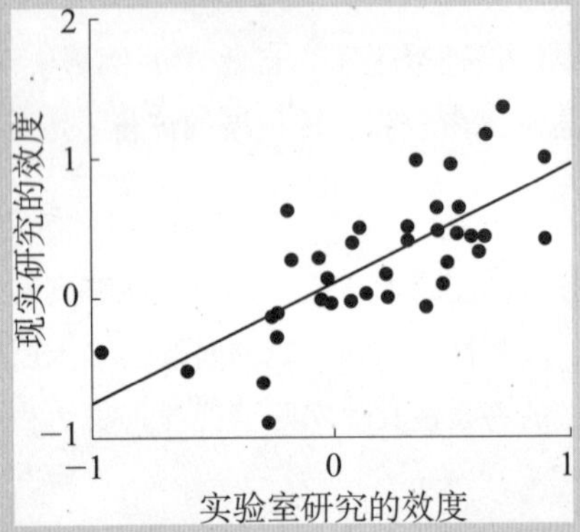

图 2.6 实验室研究和现实世界相关吗？

这个散点图呈现了实验室中研究的结果与现实世界中研究的结果相对比的数据。

（Source：Anderson，Lindsay，& Bushman，1999）

安德森和他的合作者们发现实验室研究的效度和现实研究的效度之间的相关系数是 0.73，是高度相关（见图 2.6）。也就是说，实验室研究的结果出乎意料地能很好地推广到现实世界。

即使如此，我们不能简单地假定实验室研究有很高的外部效度。最好的方法就是同时使用严格控制的实验室实验与自然观察研究来确定来自各个研究的结论。如果这样做，我们对我们的结论就会更有信心（Shadish，Cook，& Campbell，2002），如果不这样做，我们就只好抓耳挠腮，努力去想是什么导致了这些区别。

★小测试

1. 个案研究有时候能提供心理现象的存在性证明。 正确 错误
2. −0.8 和 +0.8 的相关性在大小上是一样的。 正确 错误
3. 实验能且只能被定义为两种特征。 正确 错误
4. 为了控制研究者的偏见影响，在实验中，需要被试不清楚谁在实验组和谁在控制组。 正确 错误
5. 自我报告的方法比其他大多数方法更需要被试的诚实。 正确 错误

答案：（1）对（p.49）；（2）对（p.50）；（3）对（p.53）；（4）错（p.56）；（5）对（p.59）

61 ## 研究设计中的伦理问题

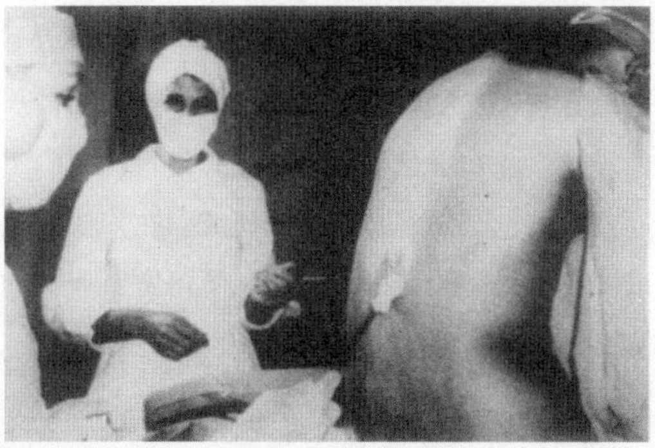

从 1932 到 1972 年，美国健康服务组织进行了塔斯基吉梅毒研究，研究了 399 名感染梅毒的非裔美国人。令人难以置信的是，研究者隐瞒这项课题的诊断结果和治疗方式的可用信息长达 30 年。

当设计和执行研究时，除了科学价值，心理学家还要考虑很多问题。研究的伦理性也很重要。虽然心理学和其他科学一样坚持着相同的基本科学原则，但是我们知道，化学家不必担心伤害到矿物质的感觉，物理学家不必考虑一个中子长期的情感幸福。关于人类及其行为的科学研究就需要考虑许多独特的因素了。

许多哲学家以及本文的作者都相信科学本身是价值中立的。之所以这样说，是因为在一些科学研究中，科学是对真理的探求，不存在本质上的好与坏。真理就是真理。这个事实并不意味着科学研究，包括心理学研究的价值也是中立的。寻求真理的方法既有伦理性的，也有非伦理性的。况且，我们可能并不同意所有寻求真理的方法都是伦理的。我们很可能都会同意通过观察脑损伤的人在实验室进行学习的实验任务来了解脑损伤，只要这些任务不会给被试带来很大的压力。但是通过用棒球棍击打人的头部，然后测量他们从一段楼梯上掉下来的频率，以检查他们的运动协调性，我们都会认为（我们希望）这一做法是不可取的。然而，通过给猫制造严重的脑损伤来研究脑损伤的猫在面对可怕的刺激物（比如凶猛的狗）时的反应，也许并不是我们所有人都认为是不可取的。在许多情况下，研究是否符合伦理，这一问题并没有清晰的界限。

人类研究中的伦理准则

从整个心理学历史来看，有许多带有伦理问题的研究，这些研究有潜在的给被试造成严重的心理伤害的可能。为了探究存在伦理性问题的研究，也为了阻止研究者在无意中伤害被试，严格的伦理指导是很必要的。**【学习目标 2.5】**例如，美国心理学会制定了一系列心理学研究者都应该遵守的伦理准则（见表 2.1）。

表 2.1　　**美国心理学会制定的人类研究的伦理准则**

心理学研究者必须仔细衡量研究潜在的科学价值和可能给被试带来的危险。2002 年，美国心理学会颁布了一整套伦理准则来规范所有以人为被试的研究。下面是对主要的伦理准则的总结。

知情同意

- 研究的被试必须对研究的目的、持续时间以及所有可能的风险、不适应和相关的负面影响有完全的了解。
- 被试应该是自愿加入研究，而且要告诉他们有权利在任何时候退出。
- 应该提供一个联系方式，可以解答有关研究的问题，及告知被试所拥有的权利。

避免被试受到伤害

- 心理学家必须采取有效合理的措施来避免被试受到伤害。

隐瞒和任务报告

- 当在研究中使用隐瞒技术时，当隐瞒结束之后就应该马上告诉被试关于隐瞒的事。
- 不能向被试隐瞒所有可能引起被试身体疼痛和情感伤害的研究环节。
- 一旦研究结束，不仅要告知被试隐瞒的东西，还要告诉被试研究的本质和结果。

62 此外，美国每一个主要的研究学院和大学都至少有一个机构审查委员会，来仔细考察每一个研究以保护被试不被虐待和折磨。机构审查委员会由学院或大学内不同部门的教师和一个或者更多学校外面的人组成，比如来自学院或大学附近的社区人员。

知情同意 机构审查委员会坚持要求一个称为**知情同意**的步骤：在请被试参加研究前必须告诉他们要做什么，而且被试也必须是自愿参加研究。在知情同意过程中，被试可以提有关研究的问题，了解所要涉及的更多内容。

不过，机构审查委员会有时候也允许研究者放弃对某些因素的知情同意。尤其是在一些必须隐瞒的心理学研究中。当研究者使用隐瞒时，他们故意使被试误解有关研究的目的。在心理学史上最著名也是最具争议的研究中（在机构审查委员会存在之前），斯坦利·米尔格兰姆（Stanley Milgram，1963）邀请志愿者来参加一个实验（见第 11 章）。在这个研究中，被试相信他们在使用控制疼痛强烈程度的电棒来电击另外的被试。事实上，没有电击产生，同时另外的“被试”实际上是研究者的同盟（由研究者的助手扮演）。米尔格兰姆对权威者（比如实验者）对顺从者所产生的影响很感兴趣。实际上，很多被试对于他们原以为给予了一个无辜者具有强烈痛感的电击这一事实感到十分痛苦。

米尔格兰姆精心策划的欺骗是有正当理由的吗？米尔格兰姆（1964）辩解说为了推动这个研究欺骗是必需的，因为知道研究真实目的的被试已经形成了明显的需要特征。他进一步指出后来他也向被试解释了研究真实的目的。

关于米尔格兰姆的研究伦理性的争论在研究结束之后仍然持续了很长时间（Blass，2004）。经过这些年，机构审查委员会——在米尔格兰姆的时代还不存在——对知情同意这一原则的需要感到更加迫切。今天大概美国任何学院或者大学的机构审查委员会都不会赞同米尔格兰姆的研究。

任务报告：教育被试 机构审查委员会也要求在得出研究结论时需要写一个完整的任务报告。通过任务报告，研究者告诉被试研究是关于什么内容的。在一些案例中，研究者甚至在任务报告中用非技术性的语言来解释他们的假设。在这些实验中，研究不仅对研究者是一个学习的体验，对被试也是。

你怎么认为？

你是一个实验的被试。在研究者告诉你这个实验的目的之后，你对实验涉及的内容仍然很迷惑。作为被试，在同意之前，你如何获得更多的信息来维护你的权利？

动物研究中的伦理问题

几乎没有什么主题像动物研究一样产生这么多愤怒和不快。尤其是在侵入性研究中，研究者给动物造成了身体伤害。在心理学中，侵入性研究经常通过手术的方法给动物的脑造成伤害，然后通过观察动物的行为来探究这一损伤的影响（见第 3 章）。大约有 7% 至 63
8% 已发表的心理学研究以动物为研究被试（American Psychological Association，2008），而绝大多数研究都是以啮齿类动物（尤其是老鼠）和鸟为被试的。这种研究的目的是为了在不给人造成伤害的前提下弄明白人类大脑和行为有怎样的相关性。

许多动物权利保护者都十分关心对待动物的伦理问题，强调给动物提供充足的居住和饲养条件的重要性（Ott，1995）。相比之下，一些极端的动物权利保护者认为这些都是非伦理的。【学习目标 2.6】甚至一些人洗劫了实验室并且放生了那里的动物。1999 年，动物解放阵线袭击了明尼苏达大学的一些心理学实验室，释放了老鼠和鸽子，造成了大约 2 000 万美元的损失（Azar，1999；Hunt，1999）。对于动物权利的争论，持不同观点的绝大多数人都认为释放动物是一个很可怕的想法，因为绝大多数动物在释放不久后由于缺少充分的照顾和喂养都死去了。

且不谈这些极端的方式，研究的伦理问题不是那么容易解决的。一些评论者坚持说每年大约 2 000 万只（Cunningham，1993；Regan，2004）实验室动物的死是不值得的。他们辩论说通过研究动物的攻击性、恐

知情同意（informed consent）
在请被试参加研究前告诉研究涉及的内容。

惧、学习、记忆等相关的主题而得到的知识推广到人类，其外部效度是值得怀疑的，因此是没有利用价值的（Ulrich，1991）。

然而，一些动物研究不仅给人类带来了直接的利益，也使人类对于自身的权利有了很好的认识。比如，许多心理治疗，尤其是那些基于学习原理的（见第 5 章），都来源于动物研究。如果没有动物研究，我们就几乎不会了解脑的生理特征（Domjan & Purdy，1995）。而且，为了回答许多批判性的心理学问题，没有比使用动物更好、更简单的选择了（Baldwin，1993；Gallup & Suarez，1985）。例如，如果没有动物，我们就没办法检验许多药品的安全性和有效性。

在研究中，没有人告诉我们什么时候应该使用动物，什么时候不应该用。然而，我们知道动物研究已经给我们带来了大量关于大脑和行为的重要领悟，并且心理学家可以依靠这些研究来得到更为重要的结论。显然，动物研究者必须仔细衡量他们研究的潜在科学价值和由此产生的死亡和痛苦的代价。因为理性的人将会不可避免地反对动物研究，不论怎样权衡该研究的利弊，因此，关于动物研究的强烈的争执在短期内不可能减少。

大量的动物研究仍然有很大的争议性，它涉及的复杂的伦理问题可能永远存在。

★ 小测试

1. 机构审查委员会在批准研究者进行研究之前，对研究步骤进行评估来确保研究是具有伦理性的。　正确　错误
2. 米尔格兰姆的研究在今天看来是非伦理性的，因为电击棒会导致被试受伤或死亡。　正确　错误
3. 在任务报告中，在请被试参加研究前，研究者会告诉被试将会发生什么。　正确　错误
4. 在给动物进行侵入性研究之前，研究者必须仔细衡量其研究潜在的科学价值和由此产生的死亡以及痛苦的代价。　正确　错误

答案：（1）对（p.62）；（2）错（p.62）；（3）错（p.62）；（4）对（p.63）

64 ## 统计：心理学研究的货币

直到本章的这一节，我们几乎已经省去了心理研究中所有的数学细节。除了相关系数，我们对心理学家如何分析他们的发现没做什么介绍。但是，为了理解心理研究以及更好地解释它，我们需要对**统计**有一些了解：应用数学来描述和分析数据。统计被认为是研究的货币，因为它帮助我们决定某一假说的价值。不必对数学感到恐惧，也没有理由去惊慌。我们保证一切都是很简单的。

心理学家使用两种统计方法。第一种是**描述统计**，正如名称暗示的那样：描述数据。除了描述统计，心理

统计（statistics）
应用数学来描述和分析数据。

描述统计（descriptive statistics）
用数字的特征描述数据。

学家还使用**推断统计**，允许我们判断我们是否能把结论从样本推广到全部个体。

描述统计：它是什么？

描述统计使得我们可以概括我们所获得的数据的性质。例如，对基于自我报告法评估友善水平的一个由 100 名男性和 100 名女性构成的样本进行描述统计，我们可能会问以下问题：

- 这个样本友善水平的平均数是多少？
- 男性友善水平的平均数是多少，女性友善水平的平均数是多少？
- 我们被试的总数是多少？男性有多少被试，女性有多少被试？男性和女性的友善水平是否存在差异？

为了使问题简单化，我们只讨论两种主要的描述统计类型：集中趋势和离散趋势。

集中趋势：3 个 M　第一种是**集中趋势**，即向我们呈现一系列数据的中间数或大量数据向某个方向集中的程度。这里有三个集中量数，即均数、中数和众数（被称做“3 个 M”），如表 2.2a 所示。**【学习目标 2.7】**

均数，也被称作平均数，就是分数的总和除以人的个数。如果我们的例子包括 5 个人，正如表 2.2 所示，IQ 的均数仅仅是 5 个数据的总和除以 5，恰巧是 102。

推断统计（inferential statistics）
允许我们判断我们是否能把结论从样本推广到全部个体的数学方法。

集中趋势（central tendency）
描述一系列数据的中间数的方法或大量数据向某个方向集中的程度。

均数（mean）
平均数，一种集中趋势的度量方式。

中数（median）
一系列数据的中间数，集中变量的一种。

众数（mode）
数列中出现次数最多的那个数，集中变量的一种。

离散趋势（dispersion）
对数据分布松或紧的测量。

表 2.2　　3 个 M：均数、中数和众数

（a）	（b）
样本 IQ 分数：100，90，80，120，120	**样本 IQ 分数**：80，85，95，95，220
均数：（100+90+80+120+120）/5=102	**均数**：（80+85+95+95+220）/5=116
中数：数据从低向高依次排列为 80，90，100，120，120；中间数是 100	**中数**：95
众数：只有 120 在数列中出现两次，所以它是最常出现的数	**众数**：95
	注意：均数受极端数据的影响，而众数和中数则不会

中数，即一系列数据的中间数，就像我们不会对高速公路中间的绿化带感到迷惑一样。我们获取中数时，首先要将数据排序，然后找出中间的那个数。因此，我们把 5 个 IQ 分数从低到高排序后就能找出中数 100，因为 100 在这列数据的中间。 65

众数是一列数据中出现次数最多的那个数。因此，上面例子的众数是 120，因为在例子中有两个人 IQ 分数为 120，其他任何一个人的得分都是单个的数。

正如我们所看到的，这三个 M 有时是完全不同的集中量数。在这个例子中，均数和中数更接近，但众数比其他两个数大。在正态分布中，均数是最好的报告数据，正如我们在图 2.7 最上方中所看到的一样。但当数据分散呈偏态时会发生什么呢？这种情况下，顶部就会偏向于一边或另一边。正如图 2.7 下方所示，这里的均数作为集中量数会给我们带来误导，所以这里最好用中数或众数代替。**【学习目标 2.8】**

为了强调这一点，让我们通过表 2.2b 来看一个集中量数的变化。该分布的均数是 116，但是有 4 个数比 116 低很多，均数过高是由于有一个人得了 220 分（专业术语上，我们称之为异常值，因为他或她的分数远偏于其他值）。相反，中数和众数都是 95，正好描述了分布的集中趋势。

离散趋势：数据如何散布　第二种描述统计的类型是**离散趋势**，呈现给我们一种数据分布松或紧的感觉，

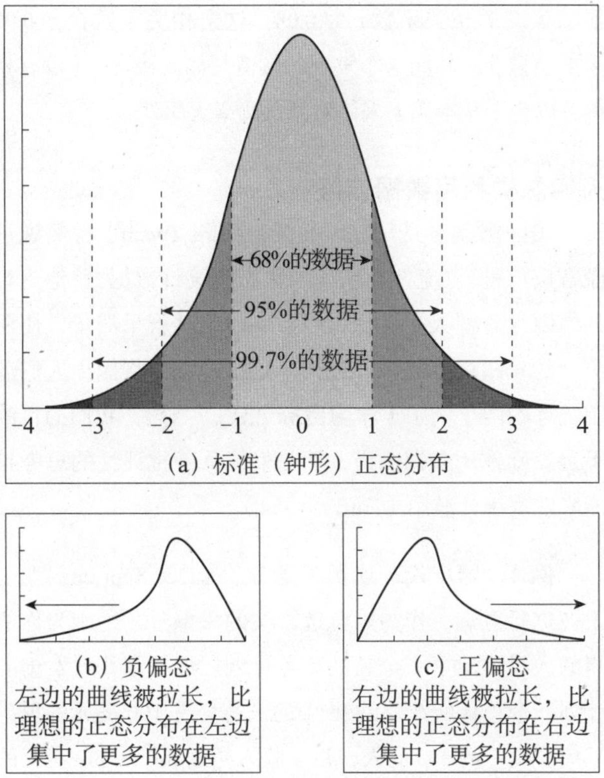

图 2.7　分布曲线

图（a）是正态分布，图（b）是负偏态分布，图（c）是正偏态分布。

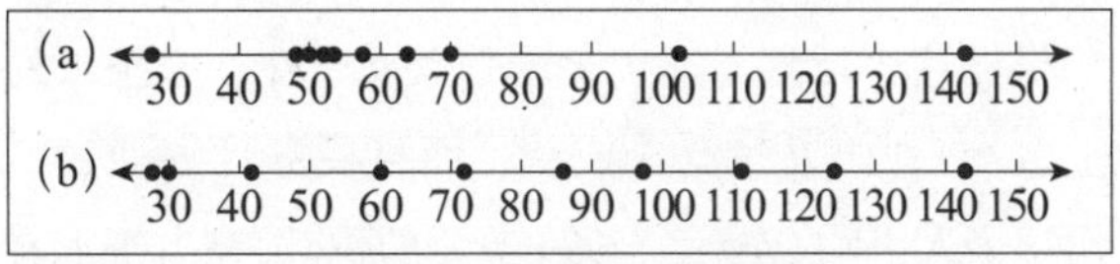

图 2.8　全距和标准差的比较

这两组数据有相同的全距，不同的标准差。（a）中的数据比（b）中要紧凑，所以（a）数据的标准差要比（b）的小。

看下面 5 个人的两组 IQ 分数：

（1）80，85，85，90，95

（2）25，65，70，125，150

这两个数列中，均数都是 87。但是第二组分数比第一组更加分散（离散）。所以我们需要用某些量数去描述两列数据的不同离散趋势。

虽然有许多描述离散趋势的量数，但最简单的是**全距**。全距是最高分和最低分数的差距。在第一列数据中，全距仅仅是 15，但在第二列数据中全距是 125。所以全距告诉我们，即使两列数据有相同的集中量数，但是它们的离散趋势可能是非常不同的。即使全距是预测离散趋势最简单的方式，它也可能是有误导的，正如图 2.8 所显示的，两个全距相同的数列可以在分散的全距范围内有个非常不同的分布。为了抵消这种现象，心理学家经常用另外称为**标准差**的量数去描述数据的离散趋
势。虽然没有深入分析数据细节，但这种处理数据的方 66
法比全距的准确性更高，因为它考虑了每个数据和平均数的差异，而不是只是简单地考虑极端数据之间的差距。

推断统计：假设检验

心理学家使用的第二种统计类型是推断统计。当使用推断统计时，我们会问自己是否能把通过观察样本得出的推论应用于相似的样本。之前，我们提到过一个研究，100 名男性和女性用自我报告的方法来测量友善水平。在这个研究中，推断统计使我们能够回答下列问题：研究中发现的男性和女性友善水平的差别是真实存在的，还只是样本中偶然出现的？想象我们计算了男性和女性的平均分数（我们首先证实了男性和女性分数的分布接近钟形曲线）。这样做以后，我们发现在友善水平上男性得分为 10.4（分数变化范围 0 ～ 15），女性得分为 9.9。所以，在我们的样本中，男性报告出比女性更高的友善水平。我们可以得出一般情况下男性比女性更友善的结论吗？我们如何排除小样本内偶然因素造成差异的可能性呢？这就是推断统计的作用。

统计显著性　为了弄清楚我们在样本中观察到的差异是否可信，我们需要进行统计检验，以确定我们的结果是否可以推广到更广泛的群体中。要做到这一点，基于我们的研究设计，我们可以使用各种各样的统计手段。但是不论我们使用的是哪一种检验，通常使用 0.05 水平的置信区间来检验结论是否可信。这意味着我们不会承认一个结果是可信的，除非它基于偶然性发生的概率小于 5%，或者我们每进行 20 次研究，这一结果由于偶然

全距（range）
最高分和最低分的差距，离散趋势的一种描述方法。

标准差（standard deviation）
一种离散量数，考虑到每个数据与平均值的差距。

一个大的样本可能产生统计显著的结果，但是这一结果可能很少或者根本没有实际意义。

性而出现的次数小于 1。当一个发现满足 0.05 的置信水平，我们认为这个发现在统计上是显著的，统计显著意味着很可能是真实的差别。在心理学期刊中，我们经常看到的“$p<0.05$”（小写 p 代表概率），这代表结论是偶然的可能性小于 1/20。

实际意义 作家格特鲁德·斯泰因（Gertrude Stein）说过“差异是差异所产生的差异”。斯泰因的格言提醒我们不要把统计显著性和实际意义混淆。也就是说，一个具有统计显著性的结论对于真实世界的预测可能毫无意义。为了理解这一点，我们需要明白一个统计显著性上的主要决定因素是样本大小。样本容量越大，具有统计显著性的可能性就越大（其他的都是相等的）。只要样本容量足够大，几乎所有发现，甚至很小的发现，都是具有统计显著性的。

如果我们发现在一个 500 000 人的样本中，智商和鼻

“谎言、该死的谎言和统计数据，我们找的是可以利用以上三者为我们服务的人。”
（© www.CartoonStock.com）

子的长度的相关系数 r 为 0.06，这个相关系数在 $p<0.05$ 水平上显著。然而这个发现的数值是如此接近 0（没有相 67
关）以至于从本质上来讲对于预测毫无用处。

人们怎样利用数据作假

美国幽默作家马克·吐温（Mark Twain）曾经说过谎言有三种：“谎言、该死的谎言和统计数据。”他是对的，因为有些人在看到一堆数字时眼睛就呆滞了，使用统计的花招很容易愚弄他们。这里，我们将提出人们滥用统计的两个例子【学习目标 2.9】。当然，我们的目的不是鼓励你用数据撒谎，而是使你具备批评性的思考技能来发现统计滥用（Huff，1954）。

例 1 国会代表迪伊·瑟普欣（Dee Seption）女士正在进行竞选。作为她竞选方案的一部分，她刚为你的州的人民提出了一个新的税务计划。根据瑟普欣女士的计划，今年你所在州的 99% 的人将会有 100 美元的税务减免。剩下的 1% 的人，每年收入超过 3 000 000 美元的人，将会得到 500 000 美元的税务减免（根据瑟普欣女士的说法，给 1% 的社会上层人士大笔的税务减免是有必要的，因为她的竞选经费多数来源于他们）。

根据这个计划，迪伊·瑟普欣女士在一家报纸的头版上宣布：“如果我竞选成功，而且税务计划通过，我们州每个人平均会减免 5 099 美元的税。”在电视上看到这个新闻发布会，你会想：“哇，成交！毫无疑问，我会选迪伊·瑟普欣。如果她赢了，我的银行账户会有超过 5 000 美元的额外收入。”

问题：你为什么应该怀疑迪伊·瑟普欣的讲话？

答案：迪伊·瑟普欣使用了一个狡猾的骗术。她给我们保证在她的计划中，她所在州的“平均每个人”会得到 5 099 美元的税务减免。从某一方面她是正确的，因为平均务税减免确实是 5 099 美元。但这个例子中，这个平均数存在着误导作用，因为在瑟普欣的计划中，事实上，她所在州的每个人只有 100 美元的税务减免。只有最富的人有 500 000 美元的税务减免，使平均数很大程度上对集中倾向的反映不具有代表性。迪伊·瑟普欣应该用中数或众数代替平均数，二者都是 100 美元。

心理学家

2010–04–09

新闻专线

50% 的美国人的智商低于平均水平

路特社：今天，一组心理学家在美国心理学和伪科学的年会上报告了一个令人吃惊的研究：50% 的美国人的智商低于平均值。这些研究者给一个样本（含有 6 000 个美国人）做了智力测验，发现有一半人的分数低于他们的平均值。

为了评估新闻和互联网上公布的数据，我们必须用理智的工具来武装自己，以对抗其中的错误。

例 2 一名研究者，佛德·坎卡鲁因博士（Fault Conclusion），实施了一项关于超觉静坐（TM）的研究，这是一种源自东亚的可以使犯罪率下降的放松方式。根据佛德·坎卡鲁因博士的观点，那些居民被传授体验超觉静坐的城镇被逮捕的人数戏剧性地降低了。他找了一个位于艾奥瓦州的小镇潘凯克（人口 300），并教镇上所有居民都练习超觉静坐。作为控制组，他也考察了艾奥瓦州的另一个与其相邻的小镇，叫沃夫（人口也是 300），这里的人不知道超觉静坐。根据坎卡鲁因博士的观点，沃夫是潘凯克的一个很好的控制组，因为它们有相同的人口数、民族构成、收入和初始逮捕率。

在向潘凯克介绍超觉静坐两个月后，坎卡鲁因博士统计了潘凯克和沃夫的逮捕率。在一个学术会议上，他自豪地宣布虽然沃夫的逮捕率不变，但是潘凯克的逮捕率下降很多。为了证明超觉静坐在潘凯克惊人的效
69 果，他让听众们看一幅图（见图 2.9）。“正如你能从图中看到的，”坎卡鲁因表明，“潘凯克的逮捕率起初很高。但是在我教潘凯克的居民超觉静坐之后，其逮捕率变得非常非常低。”坎卡鲁因博士胜利地得出结论：“我们的研究结果毫无疑问地表明超觉静坐可以降低犯罪率。”

问题：坎卡鲁因博士的结论有什么问题？

答案：坎卡鲁因博士的图 2.9 内的数字的确看起来令人印象深刻，不是吗？从研究开始到结束，逮捕率确实下降了。但是请再仔细地看一下这个图的刻度。我们是不是能发现一些令人疑惑的地方？

坎卡鲁因博士戏弄了我们，或者也许他戏弄了他自己。*y* 轴（纵 轴）的每月逮捕率从 15.5 这个数值开始最高到 16。事实上，坎卡鲁因博士仅仅表明潘凯克的逮捕率从每月的 15.9 降到每月的 15.6，每月总共减少 0.3。这几乎没有价值，让超觉静坐见鬼去吧。

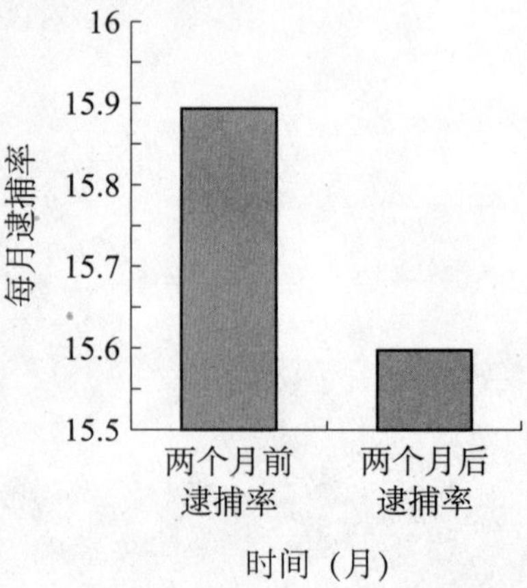

图 2.9 在实施超觉静坐前后逮捕率
潘凯克在体验超觉静坐之前的逮捕率（左）和在体验超觉静坐之后的逮捕率（右）。

坎卡鲁因博士使用的是一个被称为“截线图”的东西。在统计上，虽然研究者总是使用它，但是这种图是一个真正的“禁忌”（Huff，1954；Smith，2001）。在一个截线图中，*y* 轴不是从理应最低的可能性分数开始（在这个例子中，应该从 0 开始，因为最低的每月可能逮捕率是 0），而是从接近最高的可能性分数开始。但是通过使用截线图，坎卡鲁因博士使超觉静坐的影响看起来明显巨大。事实上，它们小得可怜。

你怎么认为？

你被一个研究与发展公司雇来做一项研究，这项研究是探讨当地一个公司的产品对学习的益处。研究结果不能支持公司的声明：产品能提高学习效果。你会如何向公司报告你发现的结果？你会如何在你的结论里体现这一结果？

小测试

1. 均数并不总是衡量集中趋势的最好量数。 正确 错误
2. 众数和标准差都是衡量离散趋势的量数。 正确 错误
3. 所有具有统计显著性的发现都是重要的，尤其是在大样本研究中。 正确 错误
4. 研究者能轻易地使用统计来证实假设。 正确 错误

答案：（1）对（p.65）；（2）错（pp.65–66）；（3）错（p.66）；（4）对（p.67）

70 成为心理学研究的同行评审员

几乎所有的心理学期刊都把投稿的文章寄给外面的评审员来仔细判定文章的质量。这个过程叫**同行评审**。这些人的一个关键任务是找出可以推翻一个研究的发现和结论的点。目前，我们已经了解了一个心理实验的关键要素和会使实验出错的陷阱，让我们努力成为一个同行评审员吧。

尝试同行评审

我们将呈现三项研究的具体过程，每项研究里隐藏了至少一处错误。阅读每项研究并尝试指出错误的地方。【**学习目标 2.10**】你完成后，再阅读每项研究下面的段落，看看你与正确答案的接近程度。

准备好了吗？开始吧。

研究 1 一位调查者，萨多·塞–恩特（Sudo Sigh-Ents）博士，准备验证“阈下自助磁带（见第4章）在提高自尊方面很有效”这一假设。她从目标被试中随机抽取了50名大一新生。新生得到了可用的阈下自助磁带。她叫他们每晚在睡觉前听一个小时的磁带，持续两个月（和磁带上的标准使用说明一致）。萨多·塞–恩特博士在研究开始的时候测量了被试的自尊水平，两个月后再次测量。她发现两个月之后他们的自尊水平有了显著的提高。基于这项研究，萨多·塞–恩特博士得出结论：阈下自助磁带能够提高自尊。

问题：这个实验存在什么问题？

答案：这个实验的“错误”在于它甚至不算是一个实验。对控制组和实验组的被试没有进行随机分配，实际上根本就没有控制组，也没有对自变量进行操控。不要忘记其中变量是多重的。在这个实验中没有自变量，因为所有的被试都得到了相同的处理，也就是每晚听阈下自助磁带。因此，我们无法判断自尊的提高是否真的是听磁带导致的。它也可能是因为其他任何因素，比如安慰剂效应，或者自尊的提高也可能随着新生度过一学年而发生。

研究 2 一名研究者，阿特·E·菲科特（Art E. Fact）博士对一个新的治疗方法（愤怒表达疗法）在治疗焦虑上是否有效感兴趣。他随机把100名有焦虑症状的人分成两组。实验组接受愤怒表达疗法（由菲科特博士自己操作），而控制组安排在等待名单上，不接受任何治疗。在这个研究的6个月中，菲科特博士发现相比于控制组，实验组有焦虑症状的比例明显降低。他得出结论：愤怒表达疗法在治疗焦虑上有明显效果。

“那是什么？那是同行评审？”

（© ScienceCartoonsPlus.com）

问题：这个实验存在什么问题？ 71

答案：从表面上看，这个实验看起来似乎没问题。实验中将被试随机分配到实验组和控制组，也有对自变量的操控，也就是使用或者不使用愤怒表达疗法。但是菲科特博士没有控制两个关键的问题。第一，他没有控制安慰剂效应，因为接受愤怒表达疗法的人知道他接受这一疗法，而控制组的人知道他们没有得到治疗。为了解决这一问题，菲科特博士应该建立一个能够控制安慰剂效应的条件：辅导者也对那些在控制组中没有接受正式的心理治疗的被试给予一种关注（比如辅导者只是简单地和他或她的病人一周谈一次话，而不是使用真正的愤怒表达疗法）。第二，菲科特博士没有控制实验者效应。他知道病人所在的组别，可能因此会微妙地影响接受愤怒表达疗法的病人改善或者报告更好的结果。

研究 3 E·鲁尼·阿斯博士（Dr. E. Roney Us）想探究听摇滚乐是否会影响大学生在心理测验中的成绩。她随机安排50名大学生在心理学101实验室每天听两个

同行评审（peer review）
领域中的专家认真筛选其同行成果的一种机制。

在能够控制安慰剂效应条件下，心理咨询师只是与病人闲聊，并不提供正式的治疗。

小时摇滚乐（从晚上 7 点到晚上 9 点），持续一周。阿斯博士请她的助手随机安排另外 50 名大学生在 101 实验室用相同的两个小时做除了听摇滚乐之外的任何他们想做的事情。在这一周中，她没有和任何一组的被试接触过，也不知道哪个被试在哪一组。在一周结束后，她查阅了学生在 101 实验室中进行的心理测验的成绩（她并不认识 101 实验室实施测验的指导者，也没有和他接触）。阿斯博士得出结论："听摇滚乐会对学生在心理测

新闻媒体对科学论断的报道并不总是可信的。

试中的表现产生负面影响。"

问题：这个实验存在什么问题？

答案：这个实验乍看起来相当好。有随机分配的被试，也有对自变量的操控——听摇滚乐或者不听。此外，阿斯博士也确保她对控制组和实验组的被试一无所知，在实验期间，她既没有和任何被试联系，也没有和其指导者有任何联系。但是阿斯博士忽略了一个关键的混淆点：控制组的被试可能利用额外的时间来研究他们的测验。因为这个混淆点，我们就不能肯定是摇滚乐使成绩变差还是被试在其余时间的练习使测验成绩变好。当然，两个可能都对，但是我们尚不能确定。

大多数记者并不是科学家：评价媒体中的心理学

很少有大型的美国报社雇有通过正规心理学培训的记者——《纽约时报》是一个著名的例外——所以我们不能认为写心理学新闻故事的人都接受过把心理学的事实与假说分辨开来的训练。其实绝大多数都没接受过。这意味着新闻故事很可能是错误的结论，因为记者依据的是和我们一样的启发式和偏差。

当我们评价媒体中的心理学报道的合理性时，有一 72
些忠告需要牢记。【学习目标 2.11】第一，我们要考虑出处（Gilovich，1991）。我们应该更多地信任一份著名的科学杂志上（像《科学美国人》或《发现》）报道的发现而不是一个超级市场的小报上（像《国家询问者》）或畅销杂志上（像《人物》或者《时尚》）的新闻。"考虑出处"这一原则也同样适用于网络。我们应该更多地信任一些由很好的心理学组织创建的网站里的报道，比如美国心理学会（www.apa.org）或者心理科学协会（www.psychological science.org），而不是那些非正规组织建立的网站。而且，我们应该更多地信任来自于第一手资料中的发现，比如原始期刊中的文章（如果我们能在图书馆或者互联网上查到的话），而不是第二手的资料，比如那些仅仅报告原始资料成果的报纸、杂志或网站。

第二，我们需要警惕锐化和过度平衡化（Gilovich，

1991）。锐化是指夸大研究中的要点或者主要信息的倾向，平衡化是指把研究中不太重要的细节减到最少的倾向。锐化和平衡化经常会得到一个“好故事”，因为它们最后可以将一个研究中最重要的事实引入尖锐的关注焦点中。但是太多的锐化和过度的平衡化会导致误解。如果一个研究员发现一种新药，对 35% 的焦虑症患者有效，而安慰剂对 33% 的焦虑症患者有效，报纸的编辑可能以这样显眼的标题来作为故事的头版——“突破：新药在治疗焦虑症方面胜过其他药物”。从字面意思看，这个标题没错，但是它夸大了研究者的结论。

你怎么认为?

你是学校辩论队的一员。当在网上搜索与即将到来的辩论题目相关的文章时，你如何检查出作者的锐化和平衡化问题来确保信息没有被曲解?

第三，我们很容易会被一个看似平衡的故事报道所误导。真正的科学争论与这种由新闻记者创造的平衡之间有一个关键性的区别，即新闻记者确保文章争论双方的代表都有相同的自由空间。当报道一个心理学故事时，新闻媒体通常努力使故事中出现对一个问题持对立观点的“专家”（把专家打上引号是因为通常他们不是真正的专家）的意见。通过这种办法，媒体使他们的报道看起来似乎更加平衡。有时也能引起更多读者的兴趣，因为几乎所有的读者都享受做争论的评审员。

问题是“平衡的报道”有时会导致伪对称（Park，2000），即一个根本不存在的科学争论的出现。例如，一份报纸或许特载了一个关于某个研究提供了反对超感官知觉（ESP）的科学证据的故事。他们可能用前四段来描述这个研究，

73

而后四段则是 ESP 支持者对该证据的一些慷慨激昂的批判。这种新闻报道以一半的研究支持 ESP，一半的研究反对 ESP，给人留下了关于 ESP 的科学证据仍然存在很大争议的印象。这就使人们很容易忽视后四段其实并没有什么科学证据，而只是对于反对 ESP 证据的批判这一事实。

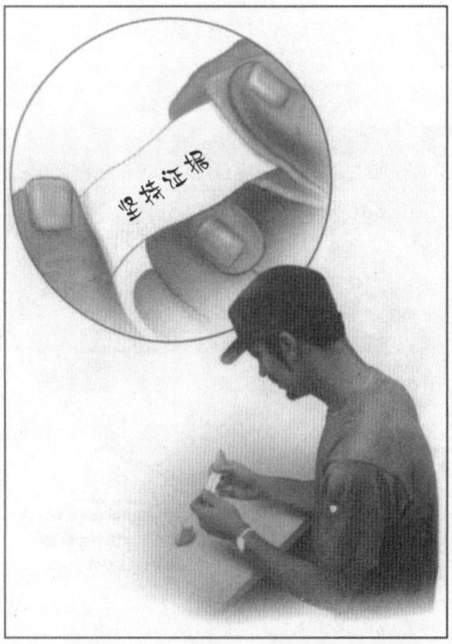

当需要对新闻或者娱乐媒体中的心理学论断进行评价时，需要有一个基本的底线：我们应该时刻强调严密的研究证据。

我们大部分人难以对科学证据进行批判思考的原因之一在于我们不断地受到媒体报道（无意识地）提供给我们的用以对研究进行解释的那些粗劣的作用模型的轰炸（Lilienfeld，Ruscio，& Lynn，2008；Stanovich，2006）。幸运的是，记住这些小窍门能使我们在日常生活中变成心理科学的更好的拥护者。

★ 小测试

1. 几乎没有心理学期刊使用同行评审。 正确 错误
2. 当评估一个研究的价值时，我们必须警惕潜在的混淆、期望的影响和实验组与控制组的不随机分配。 正确 错误
3. 绝大多数新闻记者写的关于心理学的故事有很高的心理学水平。 正确 错误
4. 有时关于心理学故事的一个“平衡”报道是不精确的。 正确 错误

答案：（1）错（p.70）；（2）对（pp.70–71）；（3）错（p.71）；（4）对（p.72）

74

全面的复习体系

良好研究设计的合理性和必要性（pp.43–47）

2.1 了解哪些研究设计实现了我们仅凭直觉完成不了的事情

大量过去和现在的例子表明，我们所直觉到的突然出现的一个特殊现象很可能是错的。只有客观的、一致的、可重复测量的设计可以确认我们的主观直觉。

1. 偏见会阻碍我们对结果的评估，除非我们使用可信赖的_________。（p.43）
2. 用你有关研究设计方面的知识，解释拜克伦关于辅助沟通训练的研究缺陷。（p.43）

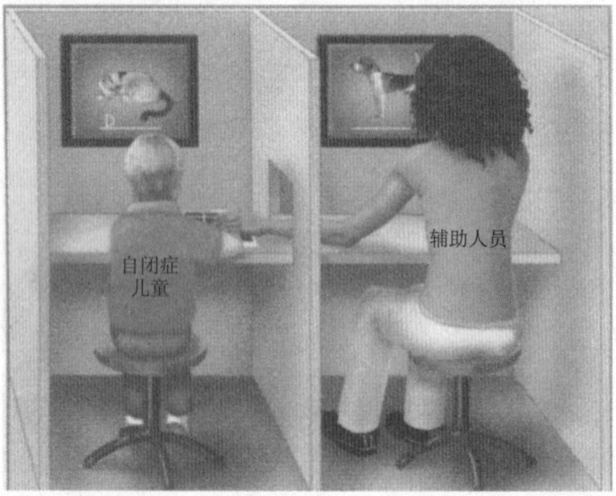

2.2 识别心理学中阻碍我们科学思维的启发式和偏见

启发式很有用，但有时会使我们出错。启发式会导致我们过分依赖于对事件可能性的不准确测量。像后视偏差和过度自信这些偏见使我们高估自己能准确预测结果的能力。

3. 卡尼曼和特沃斯基提倡_________研究，是帮助我们认识这个世界的心理捷径。（p.45）
4. 当使用_________启发式时，我们实际相当于是在根据封面来判断一本书。（p.45）
5. _________是一种关于行为或特征有多少共同点的专业术语。（p.45）
6. _________启发式包括根据某件事出现在我们大脑中的容易程度来估计其发生的可能性。（p.46）
7. 如何解释很多人认为他们从里诺到圣迭戈不得不从西南方绕一下？（p.46）

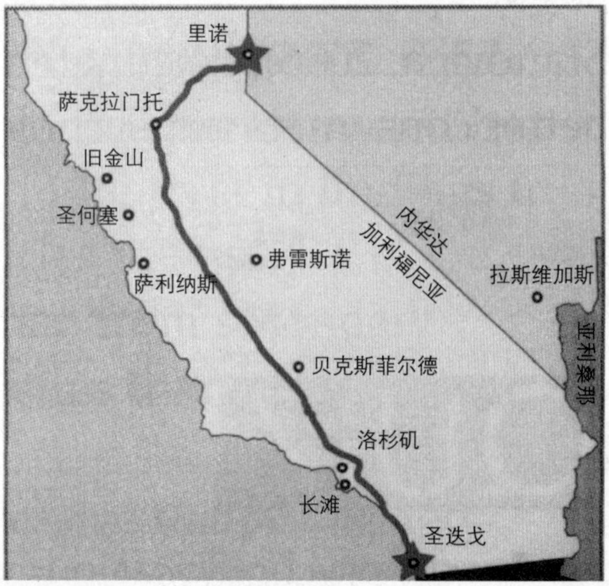

8. 除了启发式，我们也可能陷入大量的_________——思维中的逻辑错误。（p.46）
9. 当一件事发生时，如果你说“我就知道这会发生”，你可能陷入_________。（p.46）
10. 在我们高估自己做出正确预测的能力时，大多数人倾向于陷入_________。（p.47）

科学的方法：技能的工具箱（pp.47–60）

2.3 区分研究设计的类型和从每个研究设计中得出的结论

四种主要的研究设计分别是自然观察、个案研究、相关设计和实验设计。自然观察记录现实世界情景下的行为，但是通常不能很好地控制。个案研究是在很长一段时间内观察一个或几个个体，这些设计在形成假说时很有用，但是在严格检验时就受到限制。相关研究可以在两个或者更多的测量中建立关系但是不能得到因果结论。实验设计包括被试的随机分配和对自变量的操控，允许从一个特殊行为中得出因果关系。

11. _________检验个人或者一个小群体，_________检验两个变量相关的程度。（p.48–49）

参考答案在本书的结尾处

12. 正相关是指一个变量因另一个变量的增大而（增大/减小）。（p.49）
13. 在讨论相关系数存在时，我们为什么不能使用特例?（p.51）

14. _________是由以下两个部分组成的研究设计：
（1）按照条件对被试随机分配。
（2）对自变量的操控。（p.53）
15. 如果一项研究是一个实验研究，我们（可以/不可以）推断因果关系；如果一项研究是相关研究，我们（可以/不可以）推断因果关系。（p.53）
16. 在研究中没有接受实验处理的那组被试是_________组。（p.53）

2.4 识别每种研究设计中可能导致错误结论的潜在缺陷 75

在研究中会导致错误结论的例子有安慰剂效应、实验者效应和反应定势。

17. 当评估结果时，我们要能够评估测量的一致性，也叫_________，以及测量得到它所要测量的事物的程度，也叫_________。（p.54）
18. 为了避免_________效应，被试要对自己是否被分配到了实验组保持_________。（p.56）
19. 聪明的汉斯的例子表明_________如何影响一个研究的结果。（p.57）
20. 根据随机抽样的知识，说明为什么民意调查机构关于1948年总统选举结果的报道是错误的。（p.59）

研究设计中的伦理问题（pp.61–63）

2.5 解释研究者对被试的伦理义务

鉴于研究中的伦理问题，研究机构已经建立了制度来规范研究的实施，并通过签订知情同意书来保障被试权益。在一些研究中，还需要在研究的总结阶段提交完整的任务报告。

21. 心理学家需要考虑他们研究的科学价值，同时也要考虑这些研究的操控_________。（p.61）
22. 如今，每个美国主流的研究学院和大学都有一个_________，确保所有的研究中的被试受到保护，不受虐待。（p.62）
23. 研究者告诉被试研究中所包含的内容，这一环节叫_________。（p.62）
24. 米尔格兰姆的一项依靠_________的研究备受争议，因为他故意使被试误解研究的目的。（p.62）
25. 米尔格兰姆的研究可能（被/不被）美国今天的学院和大学的机构审查委员会接受。（p.62）
26. 在研究步骤中，美国做了哪些重大改变来确保像塔斯基吉梅毒研究中的伦理灾难不会再发生?（p.61–63）

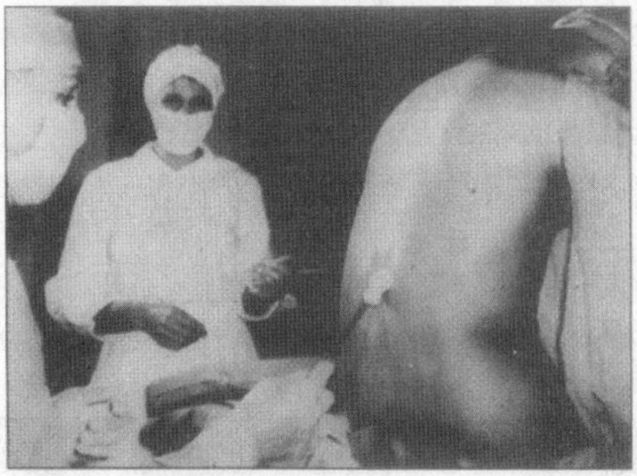

2.6 描述以动物作被试的争议

动物实验可以很好地帮助我们理解人类的学习行为、人脑的生理机能，以及心理治疗。在解决许多有争议的心理学问题时，没有比动物实验更好的选择了。质疑动物实验伦理问题的人在对待动物上提出了许多有建设性的问题，并强调充足的居住空间和饮食条件的必要性。许多人抗议每年有大量的动物被用于实验，质疑这些动物实验能否提供足够的外部效度。

27. 对动物的________研究的目的是为了在不伤害人的情况下了解大脑和人的行为的关系。(p.62–63)
76 28. 大约百分之________的心理学研究依赖于动物。(p.63)
29. 支持和反对动物实验的伦理争论有哪些？(p.63)
30. 动物研究者必须仔细权衡潜在的________及他们所带来死亡和痛苦的代价。(p.63)

统计：心理学研究的货币 (pp.64–69)

2.7 解释如何去度量集中趋势

度量集中趋势的三个量数是均数、中数、众数。均数是所有分数的平均值。中数是所有分数的中间值。众数是出现频率最高的分数。

31. 运用数学来描述和分析数据被称为________。(p.64)
32. 在________统计中，________提供了一组数据里的集中分数，或这组数据趋向于在何处集中。(p.64)
33. 把以下这些量数和解释匹配起来。(pp.64–65)

______众数	1. 一个数据的中间分数
______均数	2. 一个数据中出现频率最高的分数
______中数	3. 一个数据中的平均分数

2.8 了解集中趋势和离散趋势的应用

在这三个度量集中趋势的量数中，均数是应用最广泛的，也是对极端分数最敏感的。两种度量离散趋势的量数是全距和标准差。全距是对变量更直观的表达方式，但可能无法反映个体分数是如何分散或集中的。标准差是一个对离散趋势更好的度量方式，但计算比较复杂。

34. 衡量一组呈钟形或者正态分布数据的集中趋势的量数是________。(p.65)
35. 最高分和最低分之间的差是________。(p.65)
36. 另外一种能够了解数据分布是集中还是分散的描述统计是________。(p.65)
37. 运用你的曲线分布知识，标记这两种不同类型的曲线。(p.65)

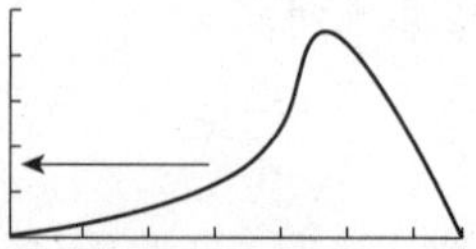

(a) ____________
左边的曲线被拉长，比理想的正态分布在右边集中了更多的数据

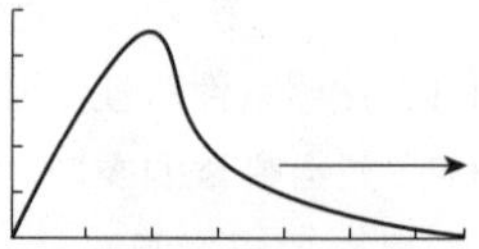

(b) ____________
右边的曲线被拉长，比理想的正态分布在左边集中了更多的数据

38. ________用于考量每个数据点偏离平均数的程度。(p.66)
39. 通过使用________统计，心理学家可以决定他们是否可以从一个样本中总结出总体的结果。(p.66)

2.9 了解为了达到预期的目的，数据是怎样被误用的

报告中的集中量数并不代表大多数被试的情况，利用夸大效果的视觉呈现方式，不把基数考虑在内，以上三种是常见的统计操作，以达到预期的目的。

40. 在一个________中，y 轴从靠近某个可能的最高分数处开始，而不是从最低的理应开始的分数处开始。(p.69)

77

成为心理学研究的同行评审员 (pp.70–73)

2.10 识别研究设计中的缺陷

好的研究设计不仅仅要求随机分配和操控自变量，还包括通过适当的控制来消除安慰剂效应。最重要的是，它要求重视对观察到的反应做出另一种解释的可能性。

41. 识别可能推翻研究结果的缺陷是________的关键任务。(p.70)
42. 根据定义，如果一个实验没有包括________的操控，那么它是存在缺陷的。(p.70)
43. 在研究 1 中，研究者把所有的被试都放入一个单独的组中，这就缺少一个必要的________组。(p.70)

44. 在研究 2 中，研究者不能够控制________效应，因为被试能够意识到他们是否接受了处理。(p.71)

45. 在研究 2 中，研究者知道哪个被试在哪一个组中，所以他们可以制造________效应。(p.71)
46. 在研究 3 中，研究者的设计有一个潜在的________，它让我们无法推断出组别的不同在于是否听摇滚乐。(p.71)

2.11　了解大众媒体中评估心理学言论的技术

评估在新闻或是任何一个媒体中出现的心理学主张，我们都要考虑到只有少数的心理学记者接受过心理学的专业培训。当提及媒体观点时，我们应该考虑它们的来源，小心过度锐化和平衡化以及伪对称问题。

47. 新闻故事中关于心理学的内容通常（是 / 不是）经过专业心理学培训的人写的。(p.71)
48. 当评估媒体中的心理学报道是否合理时，我们应当考虑________。(p.72)

49. 报纸、杂志、网络都倾向于________和________来编造一个好的故事。(p.72)
50. 当一则新闻故事错误地表明，专家们对一个话题产生了同样的分歧时，它将造成________。(p.72)

思维技能训练

问题与总结

1. 有一个非常荒谬的说法：糖类会导致孩子过度活跃。尽管许多人认为他们观察到孩子对于糖类食品的消耗与孩子高水平的活动存在因果关系，但客观研究表明糖类同其他碳水化合物所产生的热量水平是相同的。并且没人听说过“蹦蹦跳跳的大米”和“嗡嗡作响的土豆”。那么什么认知偏差导致了这种错误认识呢?
2.《美国儿科杂志》称看电视与肥胖是存在着一定联系的，这种关联暗含着因果关系吗？你能想出什么替代解释吗?

排除其他假设的可能性
pp.43，49

相关还是因果
p.52

可证伪性
p.49

可重复性
p.60

特别声明
pp.42，57

第3章
生理心理学

大脑皮层上的特定区域与不同的人格特质有关吗？（pp.97-98）

我们只用了大脑容量的10%吗？（p.100）

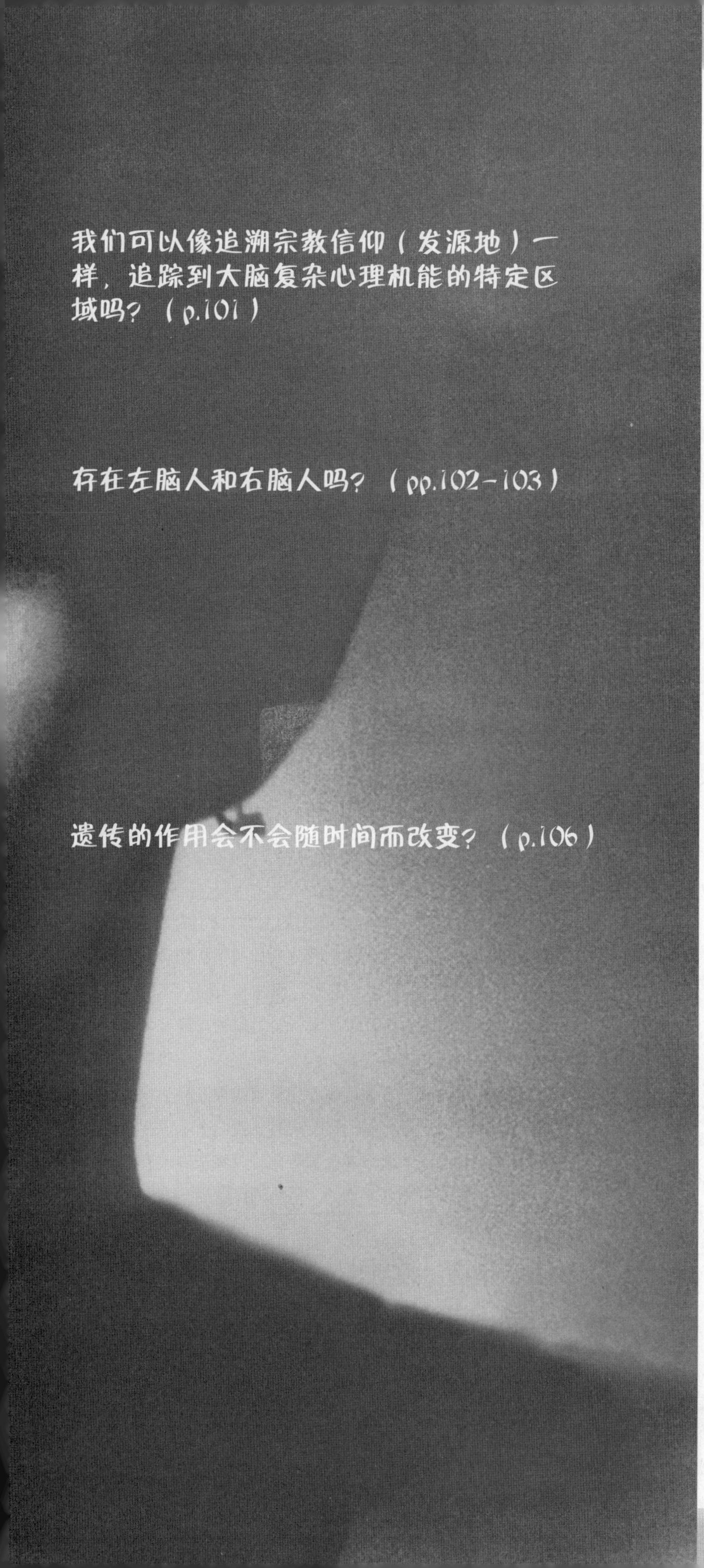

我们可以像追溯宗教信仰（发源地）一样，追踪到大脑复杂心理机能的特定区域吗？（p.101）

存在左脑人和右脑人吗？（pp.102-103）

遗传的作用会不会随时间而改变？（p.106）

神经细胞：大脑通信渠道

- 神经元：大脑的信息传播者
- 胶质细胞：支持者的角色
- 化学通信：神经传递
- 带电的思维
- 神经可塑性：大脑如何以及何时发生改变

大脑—行为网络

- 中枢神经系统：控制中心
- 边缘系统
- 脑干
- 躯体神经系统
- 自主神经系统
- 内分泌系统

脑定位：大脑的活动

- 脑图定位探索的方法
- 我们大脑的使用率有多高
- 大脑每个部分的功能是什么
- 左脑和右脑的功能是什么

批判性思考：存在左脑人和右脑人吗？

先天与后天：是先天遗传还是后天教育使你这样做？

- 我们是怎样成为现在的我们的
- 行为遗传学：怎样研究遗传率

80

学习目标

3.1 区分神经元的各个部分以及它们的功能(p.82)

3.2 解释神经元之间是如何通过神经递质相互作用的(p.83)

3.3 描述神经元的电反应及产生原因(p.85)

3.4 了解大脑的最大变化和最小变化出现的时间(p.86)

3.5 识别中枢神经系统的不同部分在行为中所起的作用(p.88)

3.6 阐述自主神经系统在紧急情境和日常情境中的作用(p.95)

3.7 了解什么是激素以及它们是如何影响行为的(p.95)

3.8 分辨不同的脑部刺激、脑部记录、脑部成像技术(p.98)

3.9 评估一些证明大脑机能定位说的证据(p.101)

3.10 描述什么是基因以及它们怎样影响外显特征(p.104)

3.11 解释遗传率的概念以及有关它的认识误区(p.105)

21 世纪初期，我们理所当然地认为人脑是产生心理活动的器官。当我们求解一道难题时，我们会说“我很头疼”，当我们在解决难题时征求朋友的意见，则被称为“征求他们的大脑的意见”，当我们侮辱别人的智商时，我们会骂他们“没脑子”。然而审视整个人类历史，我们似乎很长时间里都认为大脑不是我们进行思维、记忆和情绪情感的主要位置。

例如，古埃及人认为人的灵魂源于心脏，大脑与人的精神生活无关（Finger，2000；Raulin，2003）。埃及人通常在准备把尸体做成木乃伊的时候，先用铁钩把大脑从鼻孔里掏出来（很高兴这样的习俗没有被延续到今天）（Leek，1969）。尽管古希腊人明确指出大脑是心灵的源泉，但有些人，如伟大的哲学家亚里士多德却认为大脑的功能仅仅是一个散热器，当心变得太热的时候帮它冷却下来。甚至到现在，我们语言习惯中仍然保留了这样的认知，当我们记住一些东西时，我们称之为用心记住（Finger，2000）。当我们失恋时，我们会感到“心碎”。

为什么有那么多的古人认为我们心理活动的场所是心而不是大脑呢？因为他们更愿意相信“常识”，然而正如我们所知道的，“常识”是缺乏科学性的。他们注意到当人们变得兴奋、生气或恐惧时，他们的心跳得很快，而他们的大脑好像什么也没做，因此他们推论，一定是心脏引起了这些情绪反应。古人的直觉混淆了因果关系，误导了他们。

相关还是因果

我们能确信 A 是 B 的原因吗？

现在，我们已知道在我们的两耳之间糊状的器官是宇宙中最复杂的结构。我们大脑就如同胶状物质，它只有 3 磅重。尽管它的外表不起眼，但却有人们所不理解的复杂和惊人的容量。近几十年来，科学家在神经技术领域实现了许多突破，告诉我们大脑是如何工作的。我们称研究大脑和行为的研究者为生物心理学家或神经科学家。当我们讨论科学家关于大脑的新发现时，我们会拿现在最新的科学结论与以往的错误观念进行比较。甚至专家有时也认同关于大脑、行为和思维的不恰当的说法。

神经细胞：大脑通信渠道

为了了解大脑如何工作，我们首先要了解它是由哪些部分组成的。正如确定一根链条的力量，我们需要知道每个链接点的力量。同样地，为了了解大脑的功能，我们需要了解单个脑细胞的功能。

神经元：大脑的信息传播者

大脑的工作依赖于**神经元**，即神经细胞（见图 3.1）。我们的大脑包括大约 1 000 亿个神经元。人脑中神经元的数目是地球人数的 15 倍。更具体地说，1 000 亿神经元一个个排列起来可以绕纽约到加利福尼亚五个来回，这些可以给你一个直观的感觉，这些数目有多么巨大。另外，许多神经元与其他神经元形成数以万计的连接。总计，人脑中大约有 160 万亿个连接（Tang，Nyengaard，De Groot，et al.，2001）。 82

81

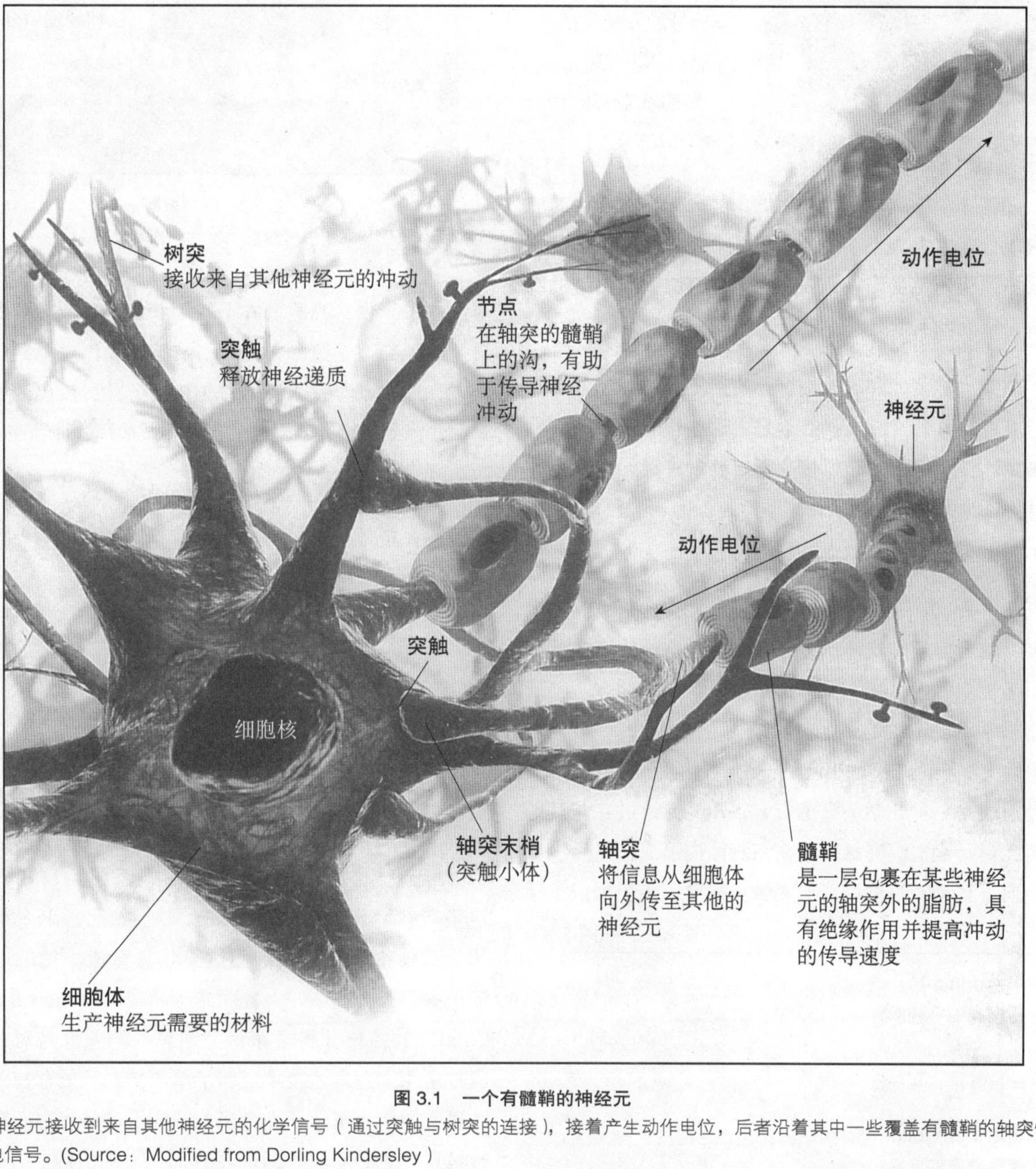

图 3.1　一个有髓鞘的神经元

神经元接收到来自其他神经元的化学信号（通过突触与树突的连接），接着产生动作电位，后者沿着其中一些覆盖有髓鞘的轴突快速传导电信号。(Source：Modified from Dorling Kindersley）

神经元（neuron）
神经细胞。

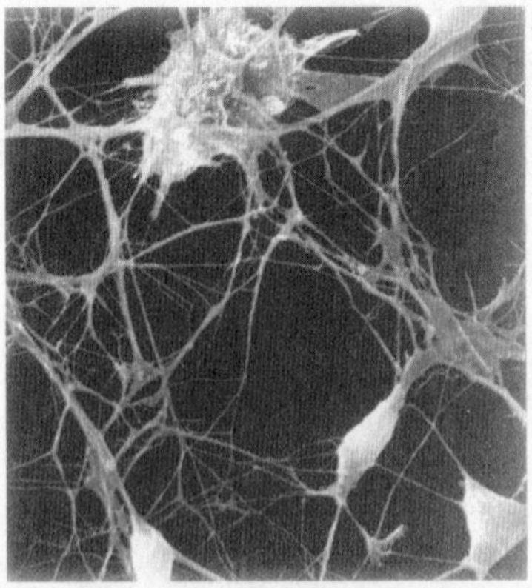

神经元与它们的树突以及它们的核。

尽管很多细胞有简单和规则的形状，但神经元却不一样。神经元有很长的分支，这些分支帮助他们对刺激做出反应，并与其他神经元交换信息。细胞的几个关键部分，一起构成脑的功能。**【学习目标 3.1】**

细胞体　细胞体是神经元的中心区域，它产生新的细胞成分，由大大小小的分子组成（见图 3.1）。神经元可以使细胞体免受伤害，因为它包含有制造蛋白质的细胞核并且提供不断更新的细胞成分。

树突　神经元和其他细胞体有所不同，神经元有触角，可以从其他神经元接收信息。这些接收信息的部分叫**树突**。树突广泛分布以接收来自临近神经元的信息并将其传送到细胞核（见图 3.1）。

轴突和轴突末梢　**轴突**是从神经元的细胞体伸出的尾巴状的分支，专门负责向其他神经元传递信息。不像树突，轴突靠近细胞体的地方非常薄，这个狭窄的部分产生了一个触发区域，是一个很容易活跃的地方。轴突末梢是轴突的末端的一个节状结构（见图 3.2）。轴突末梢包含突触小泡。**突触小泡**是一个包含**神经递质**的球体，神经递质是一种化学信息携带者，神经元通过它与其他神经元进行交流。突触小泡在细胞体内形成，然后沿着轴突向下移动。我们可以把突触小泡看成一个类似于感冒胶囊的东西：当我们吞下一个胶囊，它被传到消化系统，这就类似于突触小泡如何从轴突顺流直下到达突触末端，这个胶囊在我们的胃中被溶解并释放出药物，当突触小泡到达轴突末梢也会与此相似地释放神经递质。

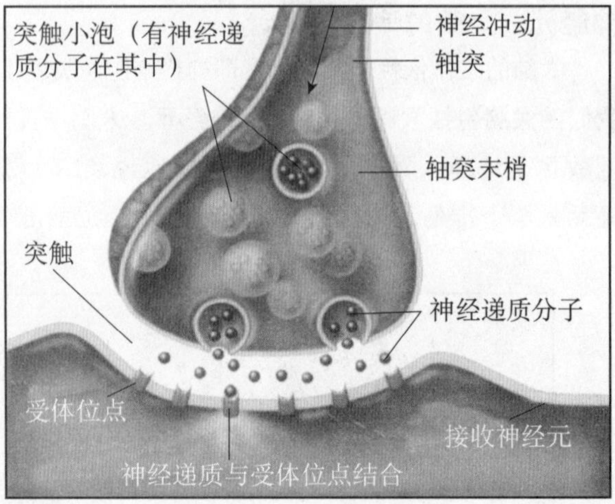

图 3.2　轴突末梢

轴突末梢包含带有神经递质分子的突触小泡。

突触　**突触**是两个神经元的间隙，通过它神经递质被传送。当神经递质被释放到突触中，它们被神经元附近的树突接收。

查尔斯·谢灵顿（Charles Sherrington）爵士是最先假设突触存在的人之一。他测量神经刺激使肌肉兴奋所需的时间，从测量得到的数据中，他通过分析推测出神经元之间以及神经元与肌肉细胞之间存在微小的物理空间（Pearce，2004）。当时显微镜还不能观察到细胞之间的这些空间，因此一些科学家认为所有的神经元结合成一张很大的网。但谢灵顿 (1906) 强烈地坚持神经元是相互分开的。尽管如此，单个细胞仍然与其他细胞和肌肉细胞进行信息交流。他的假设被证明是正确的，一个名叫卡哈尔（Santiago Ramóny Cajal）的西班牙科学家认为谢灵顿的假设是对的，他通过运用细胞染色技术证明了单个神经元的存在。后来的研究中使用了电子显微镜，证实了神经元之间存在进行信息交流的间隙，即现在我们所说的突触。

可证伪性
这种观点能被反驳吗?

树突（dendrite）
神经元接收信号的部分。

轴突（axon）
神经元传递信号的部分。

突触小泡（synaptic vesicle）
包含神经递质的球囊。

神经递质（neurotransmitter）
神经元之间专门用于传递信息的化学信使。

突触（synapse）
可以传递化学信号的两个神经元连接的间隙。

83 ## 胶质细胞：支持者的角色

胶质细胞在神经系统中是起着支持作用的角色；它们在神经系统中保护着神经元。胶质细胞的体积大概是神经元细胞的 10 倍，但它们也相当小；不同类型的胶质细胞有着不同的供养角色。特定的胶质细胞通过释放起愈合作用的化学物质作用于伤口。胶质细胞中也发现了一个很厚的外套，即**血脑屏障**，它包裹在很小的血管外。因此，大分子物质、高度带电离子，以及那些溶于水但不溶于油脂的分子就被阻止进入大脑。血脑屏障是大脑保护自己避免受到细菌感染的保护层。

其他包裹在轴突之外的胶质细胞使轴突绝缘，防止受到外部环境干扰，加快了在神经元内的电流信息的传导速度，这个外包装物就叫**髓鞘**。髓鞘沿着神经元有很多间隙，被称做节点，它帮助神经元更加有效地传导电冲动（见图 3.1）。在自动免疫疾病多发性硬化症中，包裹着神经元的髓鞘被腐蚀，导致神经元内的电流信息与外界的隔离逐步失去。结果就使得这些信息变得十分混乱，最后导致出现身体上和情绪上的多种症状。另外胶质细胞作为大脑细胞垃圾的处理者也清除掉一些垃圾。

化学通信：神经传递

神经递质使神经元之间的交流成为可能。在这些分子被释放到突触后，它们沿着相邻神经元的树突与特定**受体位点**相互连接。不同的受体位点识别不同种类的神经递质。【**学习目标 3.2**】心理学家常用锁和钥匙分析法来形象描述这种特殊性（见图 3.3）。我们可以想象每一个神经递质就是一把只适合它们自己受体类型的钥匙或者锁。

神经递质的传递也可以通过神经递质被**再摄入**轴突的终端而停止——突触再摄入神经递质的过程。我们可以把释放和再摄入看成类似于把一些液体流到瓶子底部再把它吸上来，这是一种自然循环机制。

神经递质　不同的神经递质像是拥有不同信息的传递者。其中有些是为了刺激和唤醒神经系统，有些是为了阻止和减少神经活动。一些在流动中起作用，另一些在痛知觉中起作用。我们这里介绍一些最主要的神经递质（见表 3.1）。

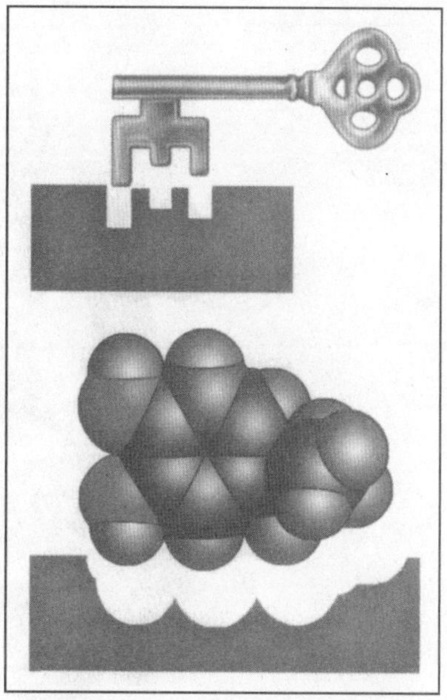

图 3.3　神经递质与受体位点结合的锁和钥匙模型

不同的受体位点只识别特定的神经递质。

谷氨酸和 γ-氨基丁酸。谷氨酸和 γ-氨基丁酸（GABA）是脑内最普遍的神经递质。实际上大脑每个区域都通过它们与其他神经元交流（Fagg & Foster，1983）。谷氨酸刺激神经元活动，增加了与其他神经元交流的可能性。相反地，GABA 抑制、麻痹神经元，这就是为什么大部分抗焦虑的药物需要激活 GABA 受体位点。

乙酰胆碱。乙酸胆碱在唤醒、选择性注意、记忆中起作用（McKinney & Jacksonville，2005；Woolf，1991）。直接连接肌肉细胞的神经元也释放乙酸胆碱，在运动中起重要作用。

胶质细胞（glial cell）
神经系统中的支持细胞，在髓鞘和血脑屏障的形成中起作用。

血脑屏障（blood-brain barrier）
胶质细胞形成脂肪的外衣，可以阻止特定物质进入脑中。

髓鞘（myelin sheath）
包裹在轴突外以隔离神经元信号的胶质细胞。

受体位点（receptor site）
只识别一种神经递质的位置。

再摄入（reuptake）
循环神经递质的方式。

运动员，例如自行车手，经常依靠他们体内的内啡肽以使自己忍受强烈的疼痛。

单胺类神经递质。单胺类神经递质包括去肾上腺素、多巴胺和血清素。多巴胺在运动中以及当我们完成任务获得奖励、体验快乐时起作用。去甲肾上腺素和血清素提高或降低大脑不同部分的活动来控制唤醒或者准备反应（Jones，2003）。

84 **神经肽。**神经肽是神经系统中连成一短串的氨基酸。它们的作用类似于神经递质，不同的是它们的角色更富于典型化。**内啡呔**是在减少疼痛方面有突出作用的一种神经肽（Holden，Jeong，& Forrest，2005）。我们的大脑里存在着许多神经肽，其中一些调节饥饿和饱腹状态。

神经递质和精神活性药物 致力于产生或消灭一些特定神经递质的特制药，已经被研制出来了（见表 3.1）。与神经递质系统相互作用的药叫精神活性药物，意味着它们可以以某种方式影响心境、唤醒或行为（见第 10 章）。实际上在高剂量情况下，几乎所有的精神活性药物都是有毒性的。有一部分，即使是剂量很低的情况下还是会有毒性。例如整容机构中常见的肉毒杆菌素，通过阻碍乙酰胆碱在肌肉上的作用引起麻痹。这些麻痹通过放松暂时减少小皱纹，就像在前额上的或在眼睛周围的那种小细纹。然而它只需要 1 ～ 2 茶匙就可以杀死一个人，即使微小剂量的肉毒杆菌也足以致命（Kamrin，1988）。

弄清楚精神活性药物如何与神经递质相互作用，可以使我们清楚地了解它们如何影响人的精神状态、心境或行为。阿片类药剂，例如可卡因和吗啡，有类似兴奋剂的提高受体位点活性的功能，具体而言，他们通过和阿片受体及拟内啡肽结合，减少疼痛和对疼痛刺激的情绪反应（Evans，2004）。像阿普唑仑类型的镇静剂可以使有高水平焦虑的人放松，刺激 GABA 受体位点，因而减少神经元活性（Roy-Byrne，2005）。还有一些药物阻碍神经递质再摄入轴突末梢。许多抗抑郁的药，如百忧解
可以阻止血清的再摄入。来自突触的多巴胺或去甲肾上 85
腺素（Schatzberg，1998）允许这些神经递质在神经元中作用的时间比以往更长，增强它们对受体位点活动的效果。

一些药物以相反的方式起作用，作为受体拮抗物，同时也意味着它们降低了受体位点的活性。这些药物也被用于治疗精神分裂——我们将在第 13 章详细介绍复杂的精神分裂症。这些药物通过与之结合降低受体位点活性，进而阻断多巴胺与受体自身的结合（Bennett，1998）。

带电的思维

神经元通过产生电活动对神经递质作出反应（见图 3.4）。我们知道这些是因为科学家通过微小的电极传导已经记录了来自神经元的电位变化，这种微小的电极是一种由电线或细玻璃管组成的装置。这些电极可以测量在神经元内外的电荷中的电子的电位差。在神经元中，所有电反应的基础取决于带电粒子在神经元周围膜上的不平均分布（见图 3.4）。一些粒子是带正电的，一些是带负电的，当没有神经递质作用在神经元上时，细胞膜处

内啡肽（endorphin）
在脑中能够减少疼痛的化学物质。

表 3.1 **神经递质以及它们的主要功能**

神经递质	功能	与神经递质系统相互作用的药
谷氨酸	神经系统中的主要兴奋神经递质，参与感觉信息的传递和识别	酒精和记忆增强剂与 N- 甲基 -D- 天冬氨酸受体（NMDA，一种特殊类型的谷氨酸受体）相互作用。
γ- 氨基丁酸（GABA）	神经系统中的主要抑制神经递质	酒精和抗焦虑药物增强 GABA 活性。
乙酰胆碱（ACh）	肌肉收缩（外周神经系统） 皮层唤醒（中枢神经系统）	尼古丁刺激 ACh 受体。 记忆增强剂增加 ACh。 杀虫剂阻碍 ACh 的分解。 肉毒杆菌素通过阻碍 ACh 引起麻痹。
去甲肾上腺素（NE）	大脑唤醒和调节其他功能，如心境、饥饿和睡眠	苯丙胺和甲基苯丙胺增加 NE。
多巴胺	激活功能和回馈信息	可以增加多巴胺的左旋多巴，能用于治疗帕金森症。 安定药可以阻滞多巴胺的活动，被用来治疗精神分裂症。
血清素	调节心情和体温以及睡眠循环	五羟色胺再摄取抑制剂（SSRI）被用来治疗抑郁症。
内啡肽	减少疼痛	麻痹剂——可卡因、吗啡可减少疼痛，增加愉悦感。
内源性大麻素	减少疼痛，增加食欲	四氢大麻酚（THC）源自大麻，可以产生短暂的极度兴奋的情绪。

（Source：Adapted from Carlson et al.，2007）

在**静息电位**。此时，神经元内部带负电的粒子多于外部。在一些大的神经元上，静息电位的电压大约是闪光弹电池的 1/20，或大约 60 毫伏（内部较外部而言更多的是负电压）。当处于静息电位时，两种粒子进出细胞膜。当神经元内部的电压相对外面达到足够高的水平，这种情况下叫做**阈限**，此时动作电位就产生了。**【学习目标 3.3】**

动作电位 **动作电位**是在轴突内部，由电势能改变引起的突然放电。当这发生时，我们可以描述神经元是“发动的”，就相当于开枪。动作电位开始于细胞体附近的激发区域，然后一直向下沿着轴突到轴突末端。在动作电位的产生过程中，带正电粒子迅速流入轴突内部，然后又迅速流出，由于电压的突然降低，引起正电势增强，伴随着内部电压的逐渐消失并且出现比最初静息时更低的负电压（见图 3.4 和图 3.5）。这些电压的突然变化导致电流的释放。当电流到达轴突末端时，它就引起神经递质释放入突触中。

神经元放电特别快，每秒达到 100 到 1 000 次，能量以每小时 220 英里沿着轴突传导。每一次的动作电位后，会产生一个**绝对不应期**，在这个短暂的时间里，其他动作电位不会产生。绝对不应期限制了最大放电速率，即一个神经元放电的最大速率。这样一来，动作电位在长距离轴突上的传播速率就成为一个问题，比如从脊髓传到大腿部的坐骨神经。不管是否相信，在人体中每 3 英寸（1 英寸约合 2.54 厘米）就有一个这样的轴突。

神经可塑性：大脑如何以及何时发生改变 86

我们通过观察神经系统改变的能力得出了研究结论。科学家用专业术语“可塑性”来描述神经系统发生改变的能力。虽然我们都说大脑回路是不太发生变化的

静息电位（resting potential）
当神经元没受刺激或抑制时跨膜的电位差。

阈限（threshold）
引起动作电位的膜电位。

动作电位（action potential）
沿着轴突引起神经递质释放的电冲动。

绝对不应期（absolute refractory period）
另一个动作电位不可能产生的时期，限制最大放电率。

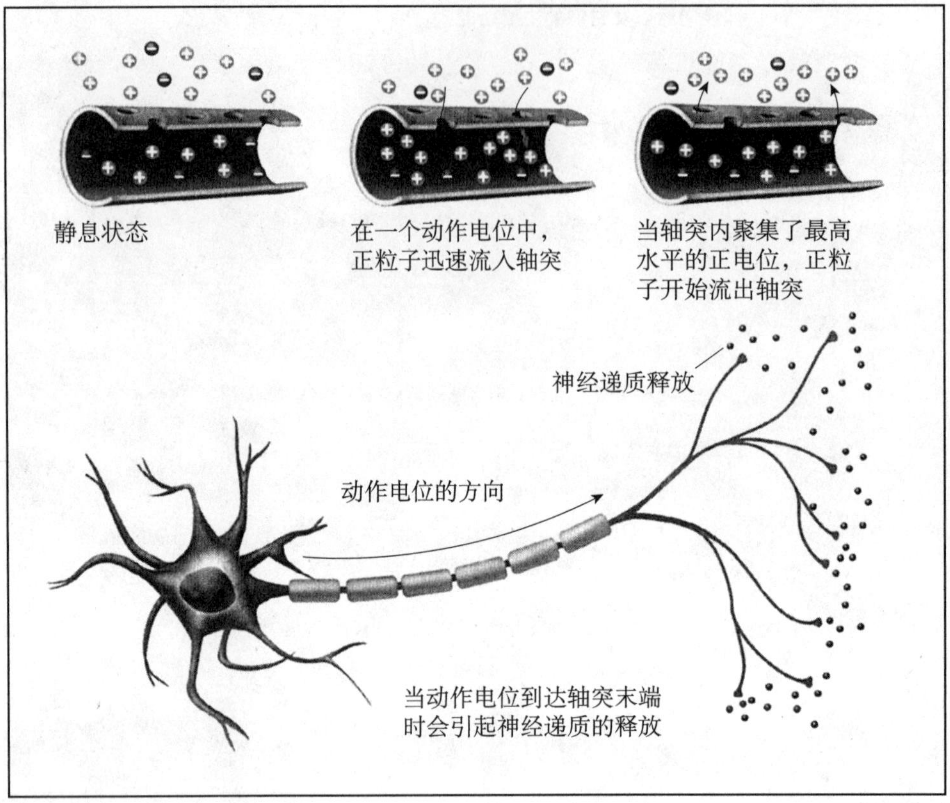

图 3.4 动作电位

当一个轴突处于静息状态时在细胞膜两边各有正负带电粒子，在一个动作电位中，正粒子流入然后流出轴突。这个过程重复发生。沿着轴突直到到达轴突末端，释放神经递质。（Source：Adapted from Sternberg，2004a）

"固定路线"，但事实并非如此。由于成熟和经验，神经系统发生持续的跳跃性改变。

发展过程中的神经可塑性 在早期发展过程中，神经系统具有较强的**可塑性**。但直到青春期晚期或成年早期，我们的大脑才成熟，这意味着，大脑高度塑造性的时间是长期的，一些部分比其他部分成熟得更快。**【学习目标 3.4】**

在发展的过程中，大脑中的神经元网络以如下四种方式改变：

（1）树突和轴突的生长。

（2）突触发生，或新突触的形成。

（3）修剪，包括特定神经元的死亡和轴突的撤销来移除无用的连接。

（4）髓鞘化或轴突绝缘化。

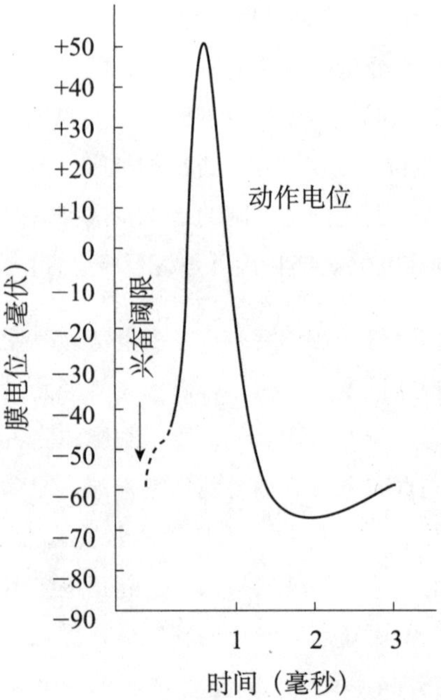

图 3.5 在动作电位中细胞膜的电压

一个需要引发动作电位的细胞膜电势称为阈值。许多神经元有一个 −55 毫伏的阈值，意味着引发动作电位需要高于静息电位（−60 毫伏）5 毫伏的电流。（Source：Adapted from Sternberg，2004a）

可塑性（plasticity）
神经系统改变的能力。

这四个步骤，修剪过程可能是最令人惊奇的一个。在修剪过程中，多达 70% 的神经元消失了。然而这个过程是有益的，因为它使神经元组织流水线化，提高脑结构之间的交流（Oppenheim，1991）。

你怎么认为?

你将要被邀请到一个高中生物课上，讲一堂关于大脑发展的课，你担心修剪这个概念可能会使人困惑，你怎样用一种分析方法去让别人更容易了解?

神经元受损后的修复和退化　在成年期，大脑的修复能力明显地降低了，就像学习，修复只小规模地发生。人类的大脑和脊髓，在受损之后只呈现部分的再生。事实上，科学家正致力于找到方法去解决受损后，阻止大脑和脊髓恢复的障碍（Maier & Schwab，2006）。采用某些治疗，一些病人和实验动物恢复了知觉和运动功能，但恢复的程度却参差不齐（Bradbury & McMahon，2006；Jones，Oudega，Bunge，et al.，2001）。因为退化的失调，像阿尔茨海默症和帕金森症，都对社会提出了巨大的挑战，科学家正积极研究能预防大脑损伤或让其自愈的方法。沉淀物，即众所周知的老年斑和神经元纤维缠结，聚集在帕金森症患者的大脑中。很多科学家相信，通过更好地认识神经元的可塑性，某一天我们或许可以部分逆转神经元的退化或至少阻止其发生。

研究者还有另一种可以尝试的方法来应对受损之后再生能力的欠缺和神经元退化的问题。**神经发生**是成年人脑中新神经元的出现。不到 20 年之前，科学家认为我们出生时就拥有我们将拥有的所有神经元。然而弗雷德·盖奇 (Fred Gage)、伊丽莎白·古尔德（Elizabeth Gould）以及他们的同事发现大脑的一些区域存在神经发生的现象（Gage，2002；Gould & Gross，2002）。

87 神经发生是令人兴奋的，因为它预示着新的可能性。为什么神经发生发生在成人身上? 一种可能性是它在学习中起着重要作用（Aimone，Wiles，& Gage，2006）。另一个作用可能是帮助受损的大脑恢复。通过神经发生，科学家也许能够帮助成人实现神经系统的自愈（Kozorovitskiy & Gould，2003；Lie，Song，Colamarino，et al.，2004）。

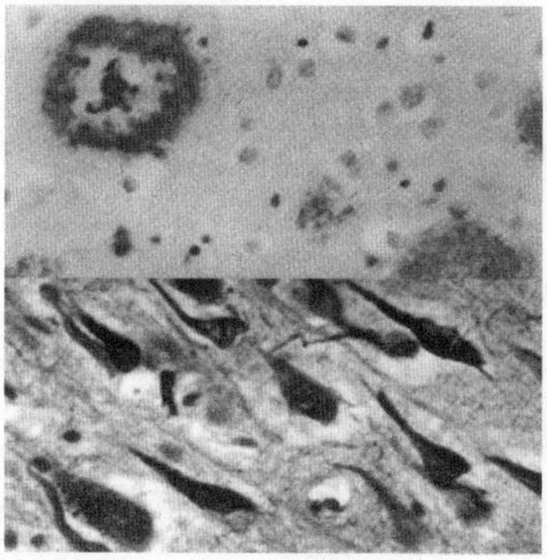

阿尔茨海默症患者大脑中的老年斑（上）和神经元纤维缠结（下）。这种在海马体和联合皮层的退化，可能会造成记忆力丧失和智力下降等一些相关疾病（见第 6 章）。

今天我们对神经元的了解比以前多得多。当谈到神经元交流的电和化学过程，我们已经有充分的认识了。我们还未充分理解怎样治疗神经系统，但是随着这一重要领域研究的快速发展，一切都指日可待。

大脑—行为网络

神经元之间的连接决定了我们所有的思想和行为。因此，当我们以一种特定的方式作出行为，或者仔细斟酌某种想法，我们应当感谢我们的神经元。但是当我们做一张期末试卷或者唱一首歌时，我们如何从电荷和神经递质的释放中得到如此复杂的行为? 例如，我们决定走到自助售货机去买一瓶苏打水。我们的大脑——神经元的集合，是怎么完成的呢? 第一步我们的大脑做出一个有意识的决定去这样做——或者看起来会这样，第二步，由脑、脊髓和神经构成的神经系统，驱使我们去行动，然后我们需要确定售货机的位置再操作它。我们在售货机的外形和给人什么样的感觉的基础上可以准确定位售货机的位置，放上足够的正确数量的钱，最后我们取回我们的苏打水，然后喝上一口。神经元在我们称为大脑的巨大网络中交流使我们能完成如此复杂的活动成为理所当然的事。

神经发生（neurogenesis）
在成人脑中出现新的神经元。

★ 小测试

1. 树突是神经元中发送信息的部分。	正确	错误
2. 神经递质在神经元之间传递信息。	正确	错误
3. 一些抗抑郁物质阻止血清素进入轴突末梢。	正确	错误
4. 进入神经元的正粒子抑制了其活动。	正确	错误
5. 神经发生就像修剪。	正确	错误

答案：（1）错（p.82）；（2）对（p.83）；（3）对（pp.84–85）；（4）错（p.85）；（5）错（p.86）

我们把神经系统中的一组连接看成双车道的高速公路。感觉信息进入——或者决定离开——由大脑和脊髓组成的**中枢神经系统**（CNS）来决定。科学家把所有中枢神经的展神经称作**外周神经系统**（PNS）（见图 3.6）。外周神经系统可以进一步分为控制有意行为的躯体神经系统和控制自主或无意身体功能的自主神经系统（见第 9 章）。**【学习目标 3.5】**

88 **中枢神经系统：控制中心**

当代的科学家对大脑有哪些了解，那些知识提供了什么样的发现？首先，科学家将中枢神经系统划分为几个不同的部分或系统（见表 3.2）。我们将跟随着对大脑研究最广泛的心理学家们开始我们的大脑之旅。

大脑皮层　前脑是人脑中高度发达的区域，我们的前脑赐予我们高级的智力能力——这点也充分说明了为何心理学家对它如此感兴趣。

大脑最大的部分是**大脑皮层**，它包含 120 亿～ 200 亿个神经元，这个皮层是前脑最外层的部分并因此命名，因为皮层意味着“边缘”。大脑皮层处理感觉信息，执行复杂的大脑功能，包括思考、说话及推理的功能。

大脑皮层被分为两个不同的**大脑半球**（见图 3.7），它们虽然看起来相似，却执行着不同功能。然而，两半球必须紧密联系来配合完成各自的功能。连接两半球的纤维带称为**胼胝体**（见图 3.7）。皮层包括的四个区域称为叶，每一个区域都有不同的功能（见图 3.8）。每个大脑半球都有着相同的四个叶。

额叶。额叶位于大脑皮层的前部，如果你现在触摸你的前额，你的手指离你的额叶不足 1 英寸。额叶负责组织并监督运动机能、语言和记忆，其他大部分的心理功能也由其组织，这个过程就叫执行功能。就像美国总统控制它的内阁人员那样，大脑的执行功能提供了对其他更简单的认知功能的高水平控制。

在大多数人的脑中有一个深沟，叫中央沟，它将额叶同其他的皮层分开。**运动皮层**是位于中央沟旁边的额叶的一部分。潘菲尔德（Wilder Penfield）的研究让

中枢神经系统 (central nervous system, CNS)
神经系统的一部分，包含脑和脊髓，控制思想和行为。

外周神经系统（peripheral nervous system, PNS）
身体中从中枢神经系统中延伸出来的神经。

前脑（forebrain, cerebrum）
大脑的前面部分，赋予我们高级智力能力。

大脑皮层（cerebral cortex）
前脑最外层，负责分析感知过程、增强大脑功能。

大脑半球（cerebral hemispheres）
大脑皮层的两个不同功能的半球，每一部分分工明确，又紧密联系，相互协调。

胼胝体（corpus callosum ）
连接左右两侧大脑半球的横行神经纤维束，是大脑半球中最大的联合纤维。

额叶（frontal lobe）
大脑皮层的前面部分，负责运动机能、语言、记忆和计划。

运动皮层（motor cortex）
负责控制躯体运动，是额叶的一部分。

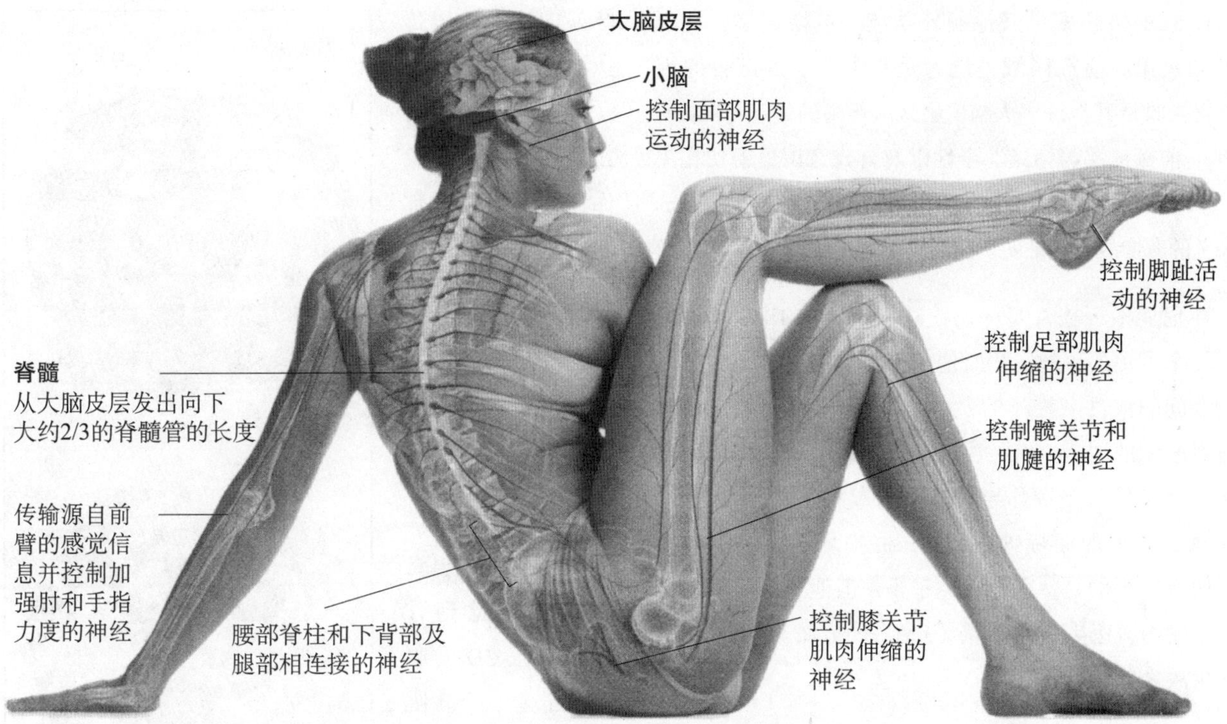

图 3.6　控制整个身体的神经系统

（Source：Modified from Dorling Kmdersely）

我们知道很多关于运动皮层的功能。潘菲尔德（1958）用微弱的电极刺激在手术中保持清醒的癫痫病人，其产生的运动从很小的肌肉扭曲到大的和复杂的身体运动。

89 **表 3.2**　　中枢神经系统的组成

中枢神经系统	
皮层	额叶：协调其他大脑区域的动作计划、语言和记忆 顶叶：处理触觉信息，整合视觉和触觉 颞叶：处理听觉信息、语言和自传式记忆 枕叶：处理视觉信息
基底神经节	控制运动和动作计划
边缘系统	丘脑：为皮层提供感觉信息 下丘脑：控制内分泌和自主神经系统 杏仁核：调节唤醒和恐惧 海马体：处理空间记忆
小脑	控制平衡，协调运动
脑干	中脑：传递视觉刺激和由声音引起的反射 脑桥：在皮层与小脑之间传递信息 延脑：调节呼吸和心跳
脊髓	在大脑和身体之间传递信息

潘菲尔德发现运动皮层的每个区域控制身体特定部位（见图 3.9）。

每个大脑半球的运动皮层前部，都有一片宽阔的额叶，被称作**前额皮层**，这部分负责思维、计划和语言（见图 3.10）。前额皮层的一个区域，即**布洛卡区**以法国医生布洛卡命名，因为他发现大脑该部位在语言产生的过程中起着重要作用（Broca，1861）。布洛卡发现许多有语言障碍的病人这个地方都受到损伤。他和其他人没花多长时间就发现这些病人的大脑损伤几乎都位于左半球，许多研究者也验证了这一发现。

可重复性
其他人的研究也会得出类似的结论吗？

前额皮层（prefrontal cortex）
额叶的一部分，负责思维计划和语言。

布洛卡区（Broca's area）
前额皮层中控制言语产生的语言区。

前额皮层还提供其他额外功能，包括记忆、抽象
90 思维和决策。前额区域被认为是高级功能的部分原因是，它接收从其他许多大脑皮层区域传来的信息（Fuster，2000）。前额皮层与情绪、个性以及自我意识也密切相关（Chayer & Freedman，2001）。菲尼亚斯·盖奇（Phineas Gage）的悲惨故事就证明了前额皮层对个性有多么重要。

菲尼亚斯·盖奇是一位铁路领班，在1848年他经历了一个可怕的事故。当时他的工作是修建一条穿过佛蒙特乡间的铁轨。盖奇经常做的工作是往洞里填火药粉来炸毁坚硬的岩石。有一次，他正准备用捣铁将药粉放入洞中，突然一个爆炸导致捣铁刺入并穿过了他的头。这块捣铁从他的面颊骨下刺入，并损坏了他的前额皮层。值得一提的是，盖奇幸免于难，但他和从前不一样了。他的内科医生J.M.哈洛（J.M. Harlow，1848）这样描述事故之后盖奇的个性：

> 他变得很反常、不尊敬别人，有时使用很粗暴的语言（以前的他不是这样的）。他的思想发生了根本的变化，他的朋友和亲人也认为他不再是曾经的盖奇了。

诚然，我们确实不知道盖奇在事故之前是什么样子，一些学者认为他的个性不像人们所宣称的那样，发生了那么大的改变（Macmillan，2000）。然而，我们的确知道他的大脑损伤的具体位置。汉娜·达马西奥（Hanna Damasio，1994）等研究者用现代的脑成像技术检查菲尼亚斯·盖奇，确认他的左右半脑的前额皮层都受到严重损伤。

顶叶。顶叶是大脑皮层的上中部分，位于额叶之后（见图3.8）。位于中央沟之后靠近运动皮层的顶叶部分是躯体感觉皮层，它主要负责触觉（见图3.9）。它对压力、温度和疼痛都很敏感。顶叶起的作用是一个感知目标的方位、形状和方向（Nachev & Husain，2006；Shomstein & Yantis，2006）。它也帮助我们处理其他活动和表征数字（Gobel & Rushworth，2004）。每次我们伸出手，顶叶就向运动皮层传达视觉和触觉信息（Culham & Valyear，2006）。例如，想象你让你的室友在你的皮夹口袋中放一张空白CD，因为你想拷贝作业给他。你抓起你的夹克，去上学，全忘了，直到你坐在图书馆电脑的终端，然后你将手伸进口袋里，你期望感觉到什么？一张CD或唱片，还是一个软唱片套子呢？你甚至可能不确定你的室友如何将CD放进去，但你可以想象它看起来是怎样的。所以，当你的手从口袋里拿出来时，你可以把手指所感觉到的转换成它将看起来的样子。那就是顶叶的功能。

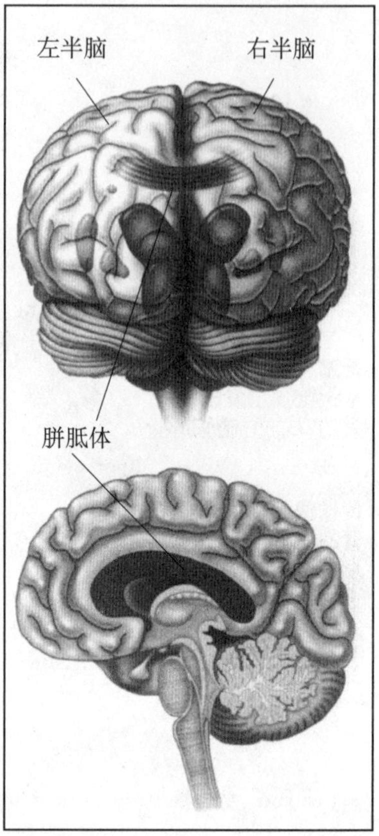

图 3.7 左右脑半球和胼胝体

胼胝体连接两半球。

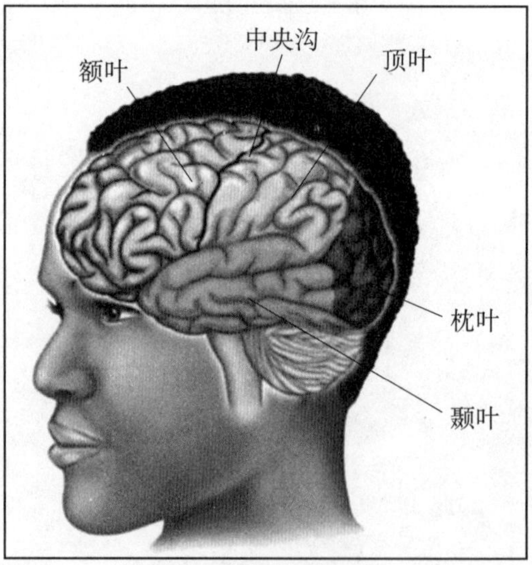

图 3.8 大脑皮层的四个叶

大脑皮层由四个相互作用的叶组成，即额叶、顶叶、颞叶和枕叶。

顶叶（parietal lobe）
位于中央沟之后靠近运动皮层的专门负责躯体感觉的皮层。

91 **颞叶。颞叶**是听觉区，也是理解语言和储存自传式记忆的地方（见图 3.8）。这个区域被一个叫外侧裂的水平凹槽与大脑皮层的其他部分区分开。

颞叶的顶部包含有听觉皮层（见第 4 章），而颞叶的语言区叫**威尔尼克区**，同时这个区域也包含顶叶的较低部分（见图 3.10）。威尔尼克区的损伤将导致语言理解上的困难。

颞叶的较低部分对储存自传式记忆起关键作用（见第 6 章）。潘菲尔德（1958）发现用电流探测器刺激这个区域会产生记忆，例如对某一首熟悉的歌曲或童年栩栩如生的回忆。对这些回忆的描述看起来很令人吃惊，但现在心理学家不能确定刺激大脑所产生的是对过去事件的真实回忆，还是类似幻觉的被修改的知觉（Schacter，1996）。

排除其他假设的可能性
对于这一研究结论，还有更好的解释吗？

枕叶。枕叶位于大脑的最后方，它包含视觉皮层。

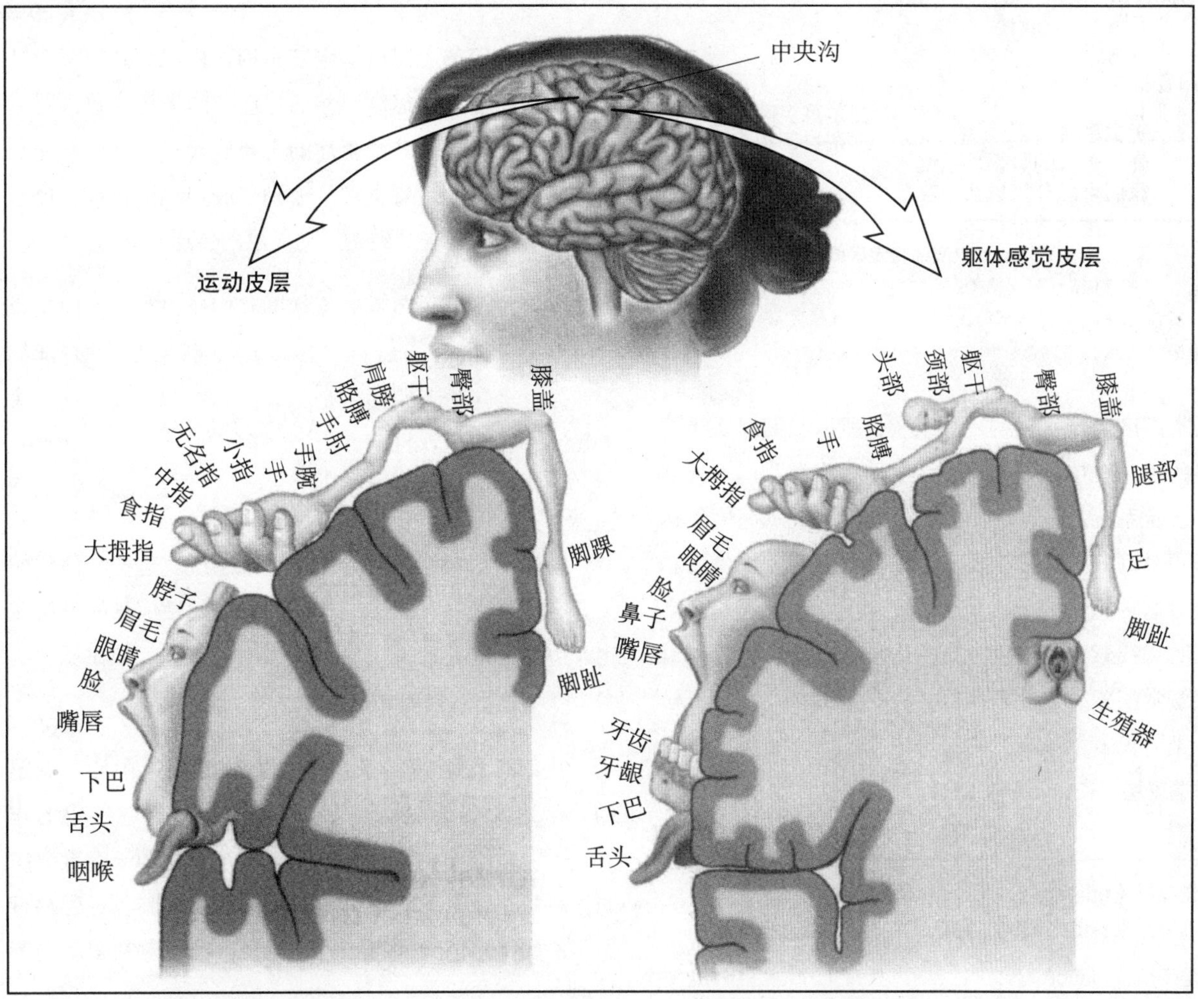

图 3.9　大脑皮层的运动感觉区的身体位置匹配图

大脑网络和身体共用一个系统，运动和躯体感觉皮层都映射在身体具体的区域上面。（Source : Adapted from Marieb & Hoehn，2007）

颞叶（temporal lobe）
在听觉、语言理解和记忆中起作用的大脑皮层的较低部分。

威尔尼克区（Wernicke's area）
与语言理解相关的颞叶部分。

枕叶（occipital lobe）
大脑皮层的后面部分，负责视觉。

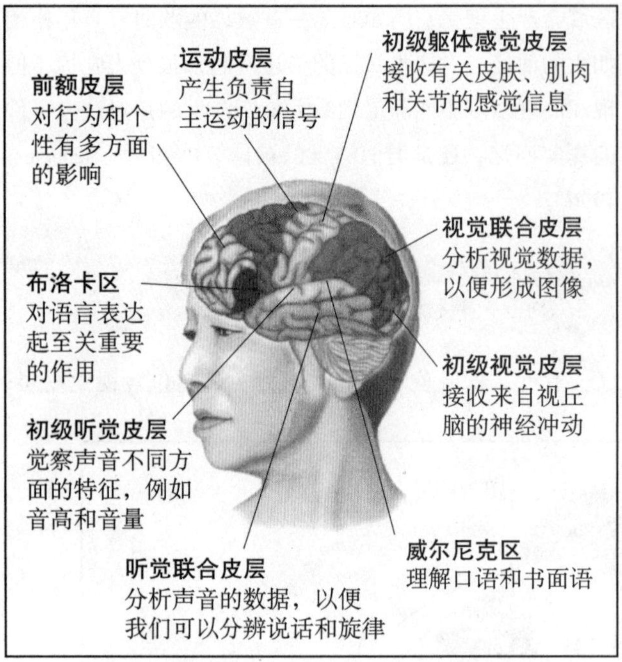

图 3.10 大脑皮层的特定区域

前额皮层控制行为和人格的各个方面。布洛卡区对语言信息很重要，威尔尼克区负责理解口语和书面语。其他区域包括运动皮层、初级感觉皮层和联合区。

我们人类高度依赖我们的视觉系统，所以我们理所当然有很多的视觉皮层。并不是所有的动物都像我们一样高度依赖视觉系统，但同时我们也不是唯一视觉高度发达的生物。对每一种物种来说，每种类型的感觉皮层的总数是与对这种感觉的依赖程度成比例的。例如蝙蝠会高度依赖听觉线索，相应就有更多的听觉皮层；鸭嘴兽更多依赖触觉线索，因此鸭嘴兽会有更多的触觉皮层；松鼠像人类，更多依赖视觉的信息输入，所以相应就有更多的视觉皮层（Krubitzer & Kaas，2005）。

皮质层级。来自外部世界的信息通过一种特定的感觉（视觉、听觉、触觉）被传输至那些专门对应特定感觉的**初级感觉皮层**（见图 3.10）。这些信息从眼睛、耳朵和皮肤被传到初级感觉皮层后，又被传到一个叫**联合皮层**的地方。联合皮层整合信息去执行更复杂的功能，例如将大小、形状、颜色和位置等信息放在一起去识别一个物体。这些区域在知觉、记忆、注意和意识的觉醒方面起关键的作用。这个完整的皮层组织就叫做“层级”，因为随着信息在神经网络上的传递，处理就会变得愈发复杂。

基底神经节 **基底神经节**是埋在皮层深处的两个结构装置，用于控制运动。基底神经节的损伤导致人对运动失去控制，这是帕金森症的主要病因。感觉信息在到达初级和联合区之后，被传输到基底神经节，它反过来又会评估运动过程及到达运动皮层的传递计划。

基底神经节也负责确保帮助我们获得奖赏，即愉悦性的活动（Graybiel et al.，1994）。当我们期待回报时，例如品尝美味的三明治或是与心仪对象约会时，这取决于我们基底神经节的活动。

边缘系统 92

大脑感知情绪的部分位于**边缘系统**。这些专门化的大脑区域是高度互联的。与处理外部刺激信息的皮层相比，边缘系统处理关于内部状态的信息，例如血压、心率、呼吸速率，还有情绪状态。

我们可以把边缘系统当做大脑的情绪中心（见图 3.11）。边缘系统在嗅觉、动机和记忆中也起一定的作用。边缘系统结构从最初的嗅觉系统（有助于嗅觉）中进化而来，这个系统在早期哺乳动物中控制各种生存行为。正如许多遛狗的人知道的那样，嗅觉对很多动物都很重要。

接下来，我们探索边缘系统的四个区域：丘脑、下丘脑、杏仁核和海马体。尽管不同的区域在很多方面都不是单独发挥作用，但每一个区域都有特定的功能。

丘脑这一术语源于希腊语“卧室”或“会客厅”，但实际上丘脑并非仅有一个“房间”。它包含很多区域，

初级感觉皮层（primary sensory cortex）
初步处理感觉信息的大脑皮层区域。

联合皮层（association cortex）
把较简单的功能联合起来以完成较复杂功能的大脑皮层区域。

基底神经节（basal ganglia）
位于前脑帮助控制运动的结构。

边缘系统（limbic system）
大脑的情绪中心，在嗅觉、动机和记忆中也起作用。

丘脑（thalamus）
从感觉器官到初级感觉皮层的通道。

每一个都与大脑皮层的特定区域相连，我们想象一下把丘脑看做通向感觉区的大门。大量的感觉信息通过这个门而来（见图 3.11）。

下丘脑调节和维持持久的内部身体状态。下丘脑位于大脑的底层。下丘脑的不同区域在情绪和动机上起不同作用。下丘脑的一些部分在调节饥饿、渴、体温、性冲动和其他的情绪行为上起作用（见第 9 章）。

杏仁核因它的形状而得名。兴奋、唤醒和恐惧都是杏仁核工作的内容。例如，当青少年在玩激烈的暴力游戏时，杏仁核就会达到高度运转状态 (Mathews, Gump, Harris, et al., 2006)。杏仁核在恐惧情境中起着作用，当可怕的事情将要发生时，动物（包括人类）能通过它学会预测（LeDoux, 2000）。

拉尔夫·阿道尔夫斯（Ralph Adolphs）和他的同事们对一名 30 岁的女士进行了研究，结果显示她的左右杏
93 仁核几乎全被疾病破坏了。尽管她在面孔识别方面是没有问题的，但在识别面孔的恐惧表情方面的能力明显受损（Adophs et al., 1994）。

海马体承担几种记忆功能，特别是保持空间记忆。当我们在头脑中制作一个如何从一个地方到另一个地方的大脑思维地图时，就是在使用我们的海马体。这就解释了为什么伦敦出租车司机的海马体在大脑中所占的比例比普通人更大一些，尤其是经验丰富的司机（Maguire et al., 2000）。这种相关就可能意味着，要么人们在复杂的环境中经过大量经验的引导从而发展出了更大的海马体，要么人们伴随着空间定位搜寻工作的重复而发展出了更大的海马体，例如出租车司机。

相关还是因果
我们能确信 A 是 B 的原因吗?

海马体的损坏会导致对新记忆产生障碍，但以往的记忆是完好无损的。一种假设是海马体暂时储存记忆然后把它们转到其他位置，例如转到皮层作永久的储存（Sańchez-Andres, Olds, & Alkon, 1993）。多通道理论是记忆储存在海马体的一个假说（Moscovitch et al., 2005）。根据这个理论，记忆最初储存在多个位置。随着时间的推移，一些地方的储存加强，另一些地方减弱。多通道理论避免了记忆从海马体转移到皮层的必要。记忆已经储存在皮层中，仅仅是随时间而加强。

排除其他假设的可能性
对于这一研究结论，还有更好的解释吗?

蛇通过激活动物的杏仁核，包括松鼠等，来唤醒它们的恐惧。

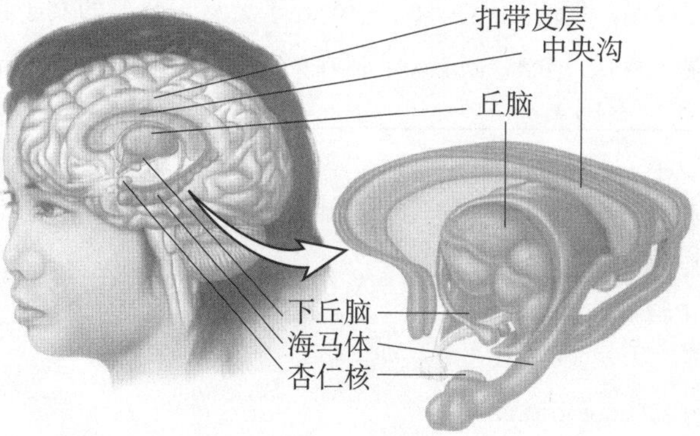

图 3.11　边缘系统
边缘系统主要包括丘脑、下丘脑、杏仁核和海马体。
（Source: Modified from Dorling Kindersley; Kalat, 2007）

下丘脑（hypothalamus）
负责保持一种持续的内部状态的大脑区域。

杏仁核（amygdala）
边缘系统的一部分，主要控制恐惧、兴奋和觉醒。

海马体（hippocampus）
在空间记忆中起作用的大脑区域。

脑干

脑干位于皮层内部，包括中脑、小脑、脑桥和延脑（见图 3.12）。脑干执行一些基本的身体功能，它保证我们的生存，而且在皮层和其他的神经系统中充当供应站的角色。

中脑在运动中起重要作用。它控制视觉刺激的传输路径和由声音引起的反射。在中脑下面是**小脑**、**脑桥**和**延脑**。在许多方面，小脑是皮层的缩小版。小脑对我们的平衡感起绝对的首要作用，使我们协调运动和学习运动技能。在其他方面，它防止我们跌倒。另外，小脑有助于执行、空间和言语能力（Schmahmann，2004）。脑桥连接皮层和小脑。

延脑调节呼吸、心跳和其他重要功能。延脑的损坏会引起脑死亡，被定义为是不可逆转的昏迷。脑死亡的人完全不能意识到他们周围的环境而且没有任何反应，甚至对非常疼痛的刺激也没有反应，他们没有显示任何有关自发运动、呼吸、反射动作的迹象。

人们经常将持续植物状态的大脑皮层死亡与脑死亡相混淆，但它们不一样。一个处于无意识状态的女子特瑞·夏沃（Terri Schiavo）躺在病床上 15 年，创造了历史。在 1990 年，夏沃倒在她佛罗里达州的家里，伴随暂时的心脏停搏，她的心跳停止的时间长到足以剥夺脑中对她生命起至关重要作用的氧，以至当她的心重新跳动时，她遭受的脑损伤使她处于持续的植物状态。她脑干中的深层结构——控制呼吸、心跳、消化和某种反射反应——仍在运行，因此夏沃没有脑死亡，许多新闻媒体错误地报道了这个事件。不过，她的更高级的皮层结构，即对自我和周围环境的意识起重要作用的部位遭到了永久损伤。她的医生知道，她的大部分皮层已经萎缩了，稍后的一个检查表明她已经失去了半个大脑（皮层）。

一些认为对意识和行为很重要的高级脑中心的死亡就是相当于实际死亡的人，认为夏沃实际上 15 年前就死了。不过，夏沃的死亡引发了许多有难度的和麻烦的，甚至连科学家不能完全解决的问题：真正的死亡是以大脑死亡为标准，还是以意识的永久丧失为标准？ 94

脊髓 **脊髓**随背中部而下，在大脑和身体之间来回传递信息，神经从神经元向身体延伸，沿着两个不同的方向。感觉信息通过感觉神经元从身体传向大脑。运动指令通过运动神经元从大脑传到身体。脊髓也包括联系**中间神经元**的感觉神经元，中间神经元将信息传递至附近的神经元。在脊髓中，中间神经元连接运动神经元和感觉神经元，不需要向大脑报告。中间神经元说明了**反射**，即由感觉刺激引起的自主运动是如何发生的。

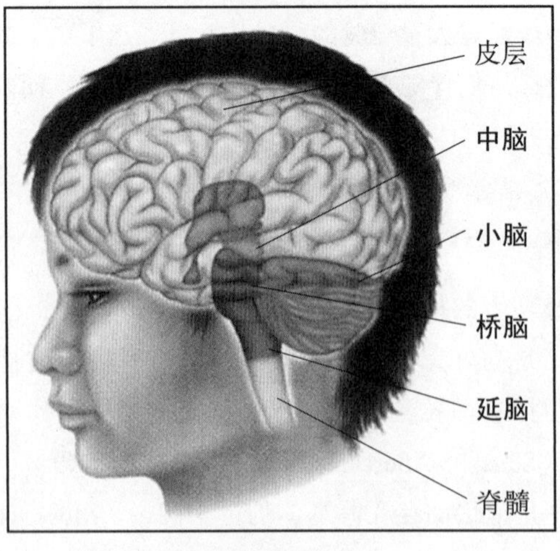

图 3.12 脑干
脑干位于脊髓的顶部、皮层的底部。

脑干（brain stem）
在脊髓和大脑皮层之间，包括延脑、中脑、脑桥和小脑的部分大脑。

中脑（midbrain）
脑干的一部分，作用于运动、视觉刺激追踪和声音反馈。

小脑（cerebellum）
负责平衡感的脑结构。

脑桥（pons）
连接皮层和小脑的部分脑干。

延脑（medulla）
控制如心跳、呼吸等基本生命活动的部分脑干。

脊髓（spinal cord）
在大脑和身体之间传递信息的浓密的神经束。

中间神经元（interneuron）
传递信息给附近神经元的神经束。

反射（reflex）
一个感觉刺激引起的自主运动。

例如一种叫牵张反射的自主行为，它只依赖脊髓。我们把书夹在手臂上，但是随着时间的推移我们的抓握变松了，但我们却没有意识到。这是因为我们的感觉神经发现了肌肉的牵张，并把信息传到脊髓。中间神经元的介入和运动神经元自主地传递信息，引起我们胳膊肌肉收缩。以前我们从不知道，一个简单的反射会引起我们胳膊肌肉紧张，以至于我们手臂间的书掉不下来（见图 3.13）。

脑室　**脑室**是中枢神经系统的口袋，中枢神经系统延伸到整个大脑和脊髓。一种清澈的液体，即脑脊液（CSF），流过脑室，沐浴着大脑和脊髓，提供营养与避免外部的伤害。

躯体神经系统

既然我们完成了对中枢神经系统了解之旅，接下来我们看一看中枢神经系统如何通过躯体神经系统和身体建立起联系。**躯体神经系统**将信息从中枢神经系统传到肌肉，控制运动（见图 3.6）。无论什么时候我们固定和移动我们的关节时，中枢神经系统和躯体神经系统都一起调节我们的姿势和身体运动。

让我们回想一下，当我们走到自动售货机那里买一罐苏打水时发生了什么。各种类型的感觉输入大脑皮层。然后皮层的各个部分将信息传到基底神经节。基底神经节有助于我们做出关于做什么的决定，然后将信息传到运动皮层。接下来运动皮层将指令传到脊髓，激活特定的运动神经元。这些运动神经元传送信息到达遍布全身的肌肉，触发肌肉收缩。我们走到售货机面前，触碰售货机和握住苏打水这些动作，都是由大脑触发的。但我们的躯体神经系统执行这些活动。在我们喝过酒之后，自主神经系统仍在工作，让我们能走到最近的垃圾桶。

自主神经系统

大脑和脊髓与躯体神经系统相互作用引起感觉和行为。在很多相同的行为中，大脑，特别是边缘系统与**自主神经系统**相互作用来调节情绪和内脏状态。

95 自主神经系统有两个分支：**交感神经**和**副交感神经**。这两个分支在两个相反的方向上工作，一个活跃时，另一个则是抑制的。在情绪唤醒时期，特别是处于危险中时，交感神经系统是兴奋的。而副交感神经系统则是在消化和睡眠时才兴奋。交感神经系统调动或战或逃反应，它由沃尔顿·坎农 (Walton Cannon) 在 1929 年首次提出（见第 10 章）。坎农发现当动物处于危险时，

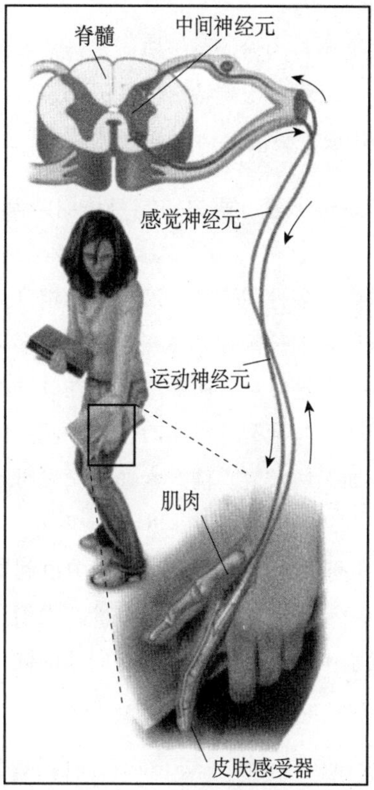

图 3.13　脊髓反射

我们发现肌肉的小幅拉伸和收缩产生的力可以相互抵消，这样我们就能避免失去重心从而保持平衡。

脑室（cerebral ventricles）
包含脑脊液的大脑容器，是为大脑提供营养并防止其受损的口袋。

躯体神经系统（somatic nervous system）
在中枢神经系统和躯体之间传递信息的部分神经系统，控制和协调自主运动。

自主神经系统（autonomic nervous system）
神经系统的一部分，控制着我们内脏器官和腺体的非自主行为，（与边缘系统一起）参与情绪调节。

交感神经（sympathetic division）
自主神经系统的一部分，在危机行动中要求战斗或逃跑。

副交感神经（parasympathetic division）
自主神经系统的一部分，控制休息和消化。

交感神经系统就变得兴奋，使动物准备要么战斗，要么逃跑。交感神经系统的活动引起大量的身体反应，包括心率加快、呼吸急促和大量排汗。通达心脏、膈和汗腺的自主神经控制这些反应。**【学习目标 3.6】**

内分泌系统

边缘系统还与**内分泌系统**协同参与情绪的调节。内分泌系统由可以释放影响特定器官的分子，即**激素**进入血液的腺体构成（见图 3.14）。

垂体和垂体激素　**垂体**控制身体内的其他的腺体，由于这个原因，它被称为“主腺”。垂体受到海马体的控制。垂体释放多种激素到血液中，承担许多不同的功能，从调节身体生长到控制血压再到决定多少水分留在肾脏中。有一种垂体激素叫催产素，在分娩期间担任许多重要的功能，包括婴儿出生时子宫和阴道的拉伸，以及帮助哺育期妈妈催乳。催产素还在激发母爱和浪漫的爱情方面起着关键作用（Esch & Stefano，2005）。**【学习目标 3.7】**催产素可能在人际信任中也起着十分关键的作用。一项研究表明，使用含有催产素喷鼻剂的人在风险投资竞争中比其他人更有可能向他的同伴提供资助（Kosfeld，Heinrichs，Zaks，et al.，2005）。

肾上腺和肾上腺素　心理学家有时称**肾上腺**为身体的紧急中心。它们位于肾脏的顶部。它们产生肾上腺素和皮质醇，肾上腺素加快肌肉细胞中的能量释放，促进它们行动，同时在肌肉细胞外保存尽可能多的能量。自主神经系统的神经向肾上腺发信号，释放肾上腺素。肾上腺素可引发各种行为，包括：（1）心肌和血管的收缩为人体提供更多的血液；（2）通过肺的细支气管（很小的气道）的开放以吸入更多的空气；（3）脂肪分解成脂肪酸，提供更多的燃料；（4）糖原（碳水化合物）分解成葡萄糖（一种糖）给肌肉提供能量；（5）放大眼睛的瞳孔，使个体在光线微弱的紧急情况下能够看得清晰。同时肾上腺素也能抑制胃肠道分泌物。这能帮我们解释为什么当我们准备一个测试或者是参加一个期盼已久的约会，我们感到紧张时食欲会下降。

肾上腺素使得人们在危机中表现出惊人的技艺，尽管这些行为被认为是受到我们的身体极限所限制的。比
如，一个绝望中的妈妈激发出了能量从而举起很重的汽 96
车去救被困的婴儿（Solomon，2002）。为什么威胁性的或压力性的情境会激活交感神经系统？进化可能提前赋予这一系统以发现危险刺激使我们能更好地为反攻和

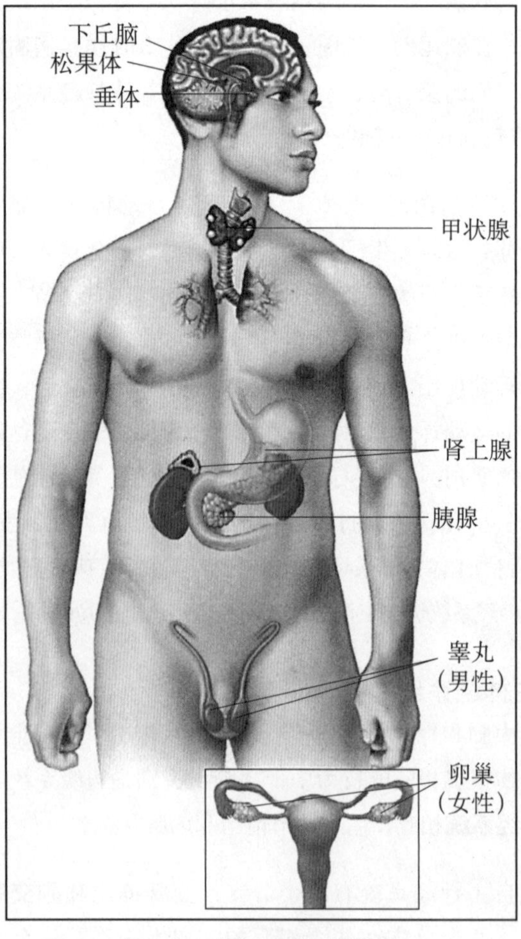

图 3.14　人体主要的内分泌腺

内分泌腺在全身起特定的作用。

内分泌系统（endocrine system）
腺体和激素的分泌系统，控制血源性化学信使的分泌。

激素（hormone）
一种化学物质，释放到血液中影响特定器官和腺体。

垂体（pituitary gland）
主管腺体，在下丘脑的控制下，指示身体的其他腺体。

肾上腺（adrenal gland）
位于肾脏的上方，在情绪激发时会释放肾上腺素和皮质醇。

逃跑作准备。我们才可以很好地面对像威胁那样的突然和强烈的刺激（Graham et al.，2005）。但是，肾上腺素并不只是在有威胁的情况下起作用。愉悦的、兴奋的活动，像赛车或跳伞时也会产生肾上腺素。

当处于被威胁和攻击的情境下时，交感神经系统就工作起来，包括准备战斗或逃跑。

像肾上腺素那样，在遇到心理的和身体的压力时，皮质醇也会增加，皮质醇有调节血压以及心血管的功能，也调节体内蛋白质、碳水化合物和脂肪。皮质醇调节体内养分的方法启发了一些研究者，这或许可以调节体重，从而使得皮质醇饮食法流行和发展开来。这种方法的反对者认为压力引起的高水平的皮质醇会引起体重再次增加（Talbott，2002）。解决办法是：减少压力，增加运动和注意营养——对于那些想减肥的人的合理的建议——也不需要找其他的方法。一些希望能快速瘦身的人会因此变得很沮丧，然而，相对于那些添加皮质醇阻剂和类似的所谓食物瘦身法来说，这种健康的食物疗法真的是大家喜闻乐见的。不幸的是，没有科学的证据能够证明这些补品比自然节食方法更有用。

性生殖腺和性激素 男性的性生殖器是睾丸，女性的性生殖器是卵巢（见图3.14）。通常情况下我们认为性激素是雌性激素或雄性激素。毕竟，睾丸产生男性性激素，即睾酮，卵巢产生女性性激素，即雌激素。尽管男性和女性拥有较多的各自类型的性激素，但两种性别也会产生与其性别相反的激素。例如，女性体内会产生相当于男性体内睾酮总量1/20的男性激素。这是因为卵巢也产生睾酮，两种性别的肾上腺也会产生少量的睾酮。相反，睾丸产生的雌激素较少（Hess，2003）。

科学家已长期讨论了性激素和性驱力之间的关系（Bancroft，2005）。大多数科学家认为睾酮增加男性的性驱力，也增加女性的性驱力，只是程度相对较低些。澳大利亚研究人员进行了一项关于18 ~ 75岁的女性性唤起和性高潮的频率的调查（Davis et al.，2005）。在开展这项调查之前，他们从女性体内提取血样并且测量她们的睾酮含量。研究者并没有发现女性血样中睾酮含量与女性的性驱力之间有任何关系。然而，这个研究依赖于自身的报告，并且这个研究没有按照要求控制特征需求（见第2章）。因而大多数研究者们仍然认为睾酮影响女性性驱力这一说法。尽管出现了多种研究结果，但在下定结论之前，我们必须要进行严格的实验室实验。

可重复性
其他人的研究也会得出类似的结论吗？

你怎么认为？

如果你想设计一个关于激素与友善水平的关系的研究，你会假设哪种激素是最相关的，为什么？

小测试

1. 皮层被分为额叶、顶叶、颞叶和海马体。 正确 错误
2. 基底神经节控制感觉。 正确 错误
3. 杏仁核在恐惧中起重要作用。 正确 错误
4. 小脑只调节平衡感。 正确 错误
5. 自主神经系统有两个分支。 正确 错误

答案：（1）错（p.88）；（2）错（p.91）；（3）对（p.92）；（4）错（p.93）；（5）对（p.95）

97 ## 脑定位：大脑的活动

尽管很多问题仍未解决，但是我们现在了解的有关大脑和思维的知识比我们在 200 年前甚至在 20 年前还是多得多。为此，我们应该感谢那些发明许多方法来探索大脑和检验关于它的功能假设的心理学家和相关科学家们。那么关于大脑，我们如何知道自己了解了多少？

脑图定位探索的方法

在过去两个世纪许多先进和重大的突破让科学家能够测量大脑的活动。现在我们知道了很多关于大脑和行为的真相，因为我们的方法已被反复地仔细检查和证实。但是大脑研究工具并非一直可靠和有效。一些最早期的方法被证明有一些根本的漏洞，但是它们为我们今天使用的更精深的方法铺平了道路。

颅相学：一个令人质疑的脑定位图 颅相学是最早把心灵和头脑联系在一起的尝试之一。颅相学在 19 世纪 80 年代很流行，这个时期，颅相学家预测了在头盖骨特定脑区的隆起和某些特质及能力之间的正相关关系。颅相学家推测头上的隆起与大脑扩张有关。从 19 世纪 20 年代到 19 世纪 40 年代，成千上万的颅相学门诊在欧洲和北美迅速出现。任何一个人都可以去颅相学门诊去发现自己的心理构造。这样一种流行的活动来源于一句老话："检查一下你的脑子是否正常。"

颅相学的建立者，维也纳外科医生弗朗兹·约瑟夫·加尔（Franz Joseph Gall, 1758—1828）开始提出了一些关于大脑的合理假设。他正确预测了在特定脑区的扩大和某些特质及能力之间的正相关关系，例如像语言
98 这种东西。加尔假定大脑区域构成了人的特性，颅骨的形状与大脑这些 区域内的形状是相关的。然而，这种假定是错误的。而且，颅相学家描述的 37 种不同的特质——好胜心、虚荣、友好、高兴，与今天科学家研究脑的功能进行的大脑分区有很大的不同。

颅相学虽然不是科学的测评方法，但是它有个优点：它是可被检验的。讽刺的是，这唯一的一个优点也被证明是伪科学。最终，科学家发现大脑特定部位有损伤的病人，没有像颅相学家预测的那样有心理机能缺陷。更具批判性的是，头盖骨的外表形状，并不是与大脑深层紧密匹配的，颅相学家甚至没有像他们相信的那样，测量大脑上的隆起。这些发现使得颅相学的被推翻成为一种进步的契机。

可证伪性
这种观点能被反驳吗？

脑损伤：通过它来研究大脑活动 新的方法迅速出现并填补颅相学留下的空白。这些方法包括当脑损伤后对脑功能的研究。我们已经提到例如布洛卡和其他一些人的研究将皮层的特定区域和特定的功能联系在一起。最近，科学家在实验动物的身上利用立体定位的方法创建了**病变体**，也就是特定的损伤区域，这种技术允许他

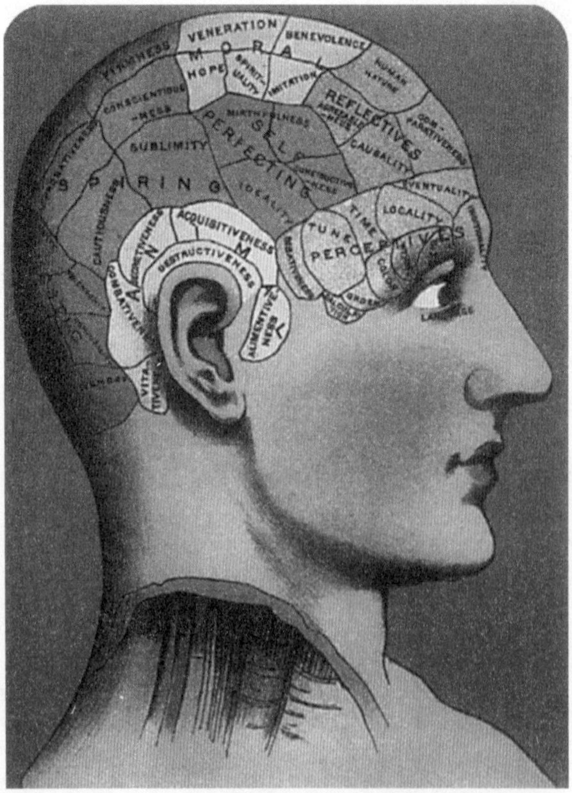

一个颅相图显示特定的心理特征应该与头盖骨上的隆起有关。

病变体（lesions）
由于手术、受伤或疾病引起的损伤部位。

们使用坐标来指出特定脑区域的位置，就像航海家使用地图一样。现在，神经心理学家依赖复杂的心理测验，比如推理、注意力、口语和空间能力的测验，依次来推断病人大脑损伤的位置。

电刺激和神经系统活动的记录　尽管早期的对脑损伤功能的研究提供了有价值的参考，比如大脑的哪个分区对哪种行为负责，但是许多关于神经元工作的问题仍然存在着。弗里茨希（Gustav Fritsch）和希兹格（Eduard Hitzig）首次指出了刺激实验动物特定的大脑皮层会引起特定的动作。将近 90 年以后，潘菲尔德（1958）选择刺激那些正在进行脑部手术的病人的部分运动皮层，发现这些病人产生了一些特殊的动作。这些实验和类似的其他实验显示神经元能够对电刺激作出反应，因此得出了这样的假设：神经元自身可以运用电刺激传递信息。为了验证假设，科学家需要记录来自神经系统的电位活动。

于是，另一种使科学家能够探测脑电活动的方法出现了。在 20 世纪 20 年代晚期，汉斯·伯格（Hans Berger，1929）发展出了**脑电图（EEG）**技术，一种能测量大脑电活动的方法（见图 3.15）。EEG 的模式和时序使科学家能推断一个人是醒着或睡着，做梦与否，并且辨别在特定的活动中大脑哪些区域是活动的。为了得到 EEG 记录，研究者记录来自安放在头皮表面的电极的电活动。**【学习目标 3.8】**

因为它是没有损伤性的，所以研究者将它用于动物和人的实验上。这种方法有很高的瞬时清晰度，意味着它可以发现人脑中发生在 1 000 毫秒以内的转瞬即逝的脑电活动。尽管 EEG 是很老的方法，但现在科学家仍可用它来研究普通人的大脑和患癫痫病以及神经逻辑混乱的个体的大脑。然而，EEG 也有许多缺点。它在向我们展示能到达头皮表面的一般的电位活动时，关于神经元内部发生了什么却反映得很少。而且，EEG 有很低的空间分辨率，意味着它不能特别好地判断活动发生在大脑中的哪个部分。

99 **大脑扫描**　虽然电刺激和记录技术为区域脑图定位提供了研究途径，但随着大脑扫描的普及，关于大脑实质的研究探索，即神经成像技术也出现了。神经成像法满足了其他临床应用和学术研究的需要。把这些成像法聚集起来，作为一组，就能够让我们看到人体和大脑的内部构造。让我们首先看一看提供大脑结构的成像方法。

识别假象

假象：运用脑成像的研究比其他研究更科学。

事实：脑成像研究是非常有用的，但也像所有的研究一样会被错用、滥用。正因为它看起来科学，我们会比平时更容易被说服（McCabe & Castel，2008; Weisberg et al.，2008）。

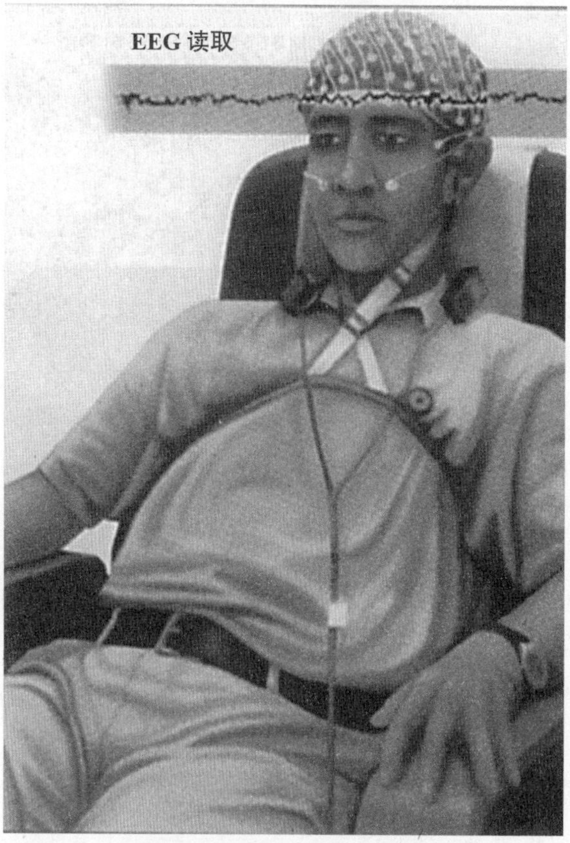

图 3.15　脑电图（EEG）实验画面

清醒状态下的一次 EEG 读取。

脑电图（electroencephalograph，EEG）
对头盖骨表面大脑电活动的记录。

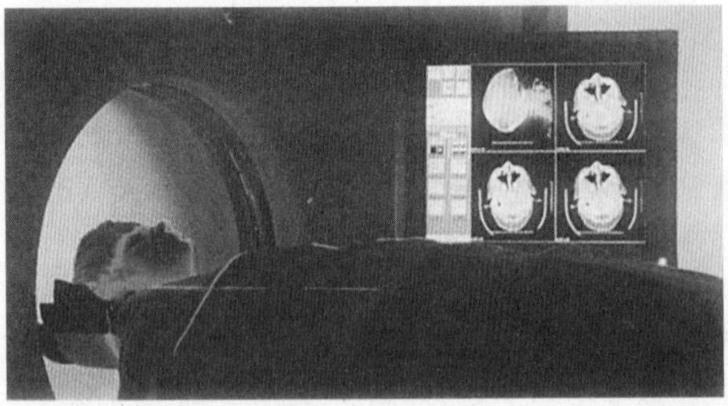

磁共振成像（MRI）能够在非干扰性的过程中显示出高分辨率的软组织的图像，如大脑。

CT 和 MRI。在 20 世纪 70 年代中期，独立的研究小组发展出了**计算机断层扫描（CT）**和**磁共振成像（MRI）**（Hounsfield，1973；Lauterbur，1973）。CT 让它的发明者获得了诺贝尔奖，它是使用 X 光穿透一部分身体从而建立三维图像的一种技术，例如大脑。它比单个 X 射线显示更多的细节。MRI 运用完全不同的方法显示结构的细节。在生物组织接触一个有磁性的区域之后，MRI 扫描仪通过探索磁场来测量生命体组织中水释放的能量。MRI 比 CT 在测量一些软组织，如脑瘤上表现得更具优势。然而，除了定位脑损伤，神经科学家对不能用 CT 或 MRI 扫描的思维和情绪更感兴趣，因为这些扫描只显示脑的结构而不是活动。因此，他们发展出了功能性成像技术。

PET。马丁·莱维奇（Martin Reivich）和同事（1979）发明了**正电子发射断层扫描（PET）**技术，这是一种功能成像技术，可以测量身体和心理活动时，大脑活动的变化结果，PET 基于神经元这样一个事实，像其他身体的细胞一样，当它们激活时会增加葡萄糖的消耗。我们把葡萄糖看做是脑的汽油。PET 需要向病人注射放射性的类似葡萄糖分子的东西。尽管它们是有放射性的，但是它们寿命短，因此它们是无害的。扫描仪测定在大脑中哪个区域中葡萄糖分子被消耗得最多，使得神经科学家了解在特定的任务中哪一部分大脑最活跃。临床医生也可应用 PET 去观察当病人服用药物后，大脑活动是如何被改变的。因为 PET 是摄入性的，研究者还需要继续工作以发展不需要放射性分子注射的功能成像方法。

BOLD 反应和 fMRI。小川诚二（Seiji Ogawa）和他的同事在 1990 年首先报告了血氧水平依赖（BOLD）反应。这个关于 BOLD 反应的发现成就了**功能性磁共振成像（fMRI）**的发展。当神经活动加快速度的时候，相应地，血氧的需求也会增加。fMRI 测量的血氧水平的变化，与神经活动间接相关。神经科学家经常用 fMRI 去反映大脑活动（如书前彩图 2）。fMRI 像 MIR 一样依赖磁场。而 MRI 有很高的分辨率，fMRI 的分辨率很低，以便科学家在短时间里可执行许多扫描。单个 fMRI 图像不是很清晰，但这种方法可以产生一系列图像来显示大脑活动随时间推移的改变。

磁刺激和记录　为了提供进入大脑表面结构的方法和提高分辨率，研究者发展了像 MRI 和 fMRI 需要磁场的方法。安东尼·巴克（Anthony Barker）和同事 (1985) 首先公布了称为**经颅磁刺激（TMS）**的方法：通过对头颅施加很强的快速的磁场变化来创造脑中的电场。根据刺激水平，TMS 可以增强或中断大脑特定区域的功能。一些研究报告声称 TMS 可以缓解抑郁症状，减少幻听（Saba，Schurhoff，& Leboyer，2006）。尤其是，重复性的 TMS（rTMS）有治疗抑郁症的希望（Rachid & Bertschy，2006）。然而，TMS 也为研究者提供了一些线索来尝试了解大脑的哪些区域参与了不同的心理过程。例如，如果 TMS 中断了颞叶的功能，被试就会暂时性地表现出语言功能的损伤（暂时性的！）。我们可以得出颞叶对语言处理很重要的结论。这是唯一对大脑没有损

计算机断层扫描（computed tomography, CT）
使用很多 X 光线建立三维图像的扫描技术。

磁共振成像（magnetic resonance imaging, MRI）
用磁场来间接呈现大脑结构的技术。

正电子发射断层扫描（positron emission tomography, PET）
一种影像技术，通过测量大脑不同区域葡萄糖分子的消耗以产生一个不同大脑区域神经元活动的图像。

功能性磁共振成像（functional MRI, fMRI）
利用磁振造影来测量神经元活动所引发的血液动力的改变。

经颅磁刺激（transcranial magnetic stimulation, TMS）
将很强很快速的变化的磁场作用于头盖骨的表面，可以提高或者中断大脑功能的技术。

害并可以允许我们推断原因的技术——所有其他的技术只能将脑活动和心理过程联系起来。

相关还是因果

我们能确信 A 是 B 的原因吗?

另一个运用磁场的技术是**脑磁图描记**（MEG），它测量大脑中微弱的磁场，通过这种方法，记录脑中的电活动和神经系统的静息状态。MEG 产生的结果图像显示出头盖骨表面磁场的格局（如书前彩图 3）。MEG 有很好的空间和时间分辨率，可以测量 1 毫秒接 1 毫秒的活动的变化。而 PET 和 MRI 只能测量 1 秒接 1 秒的活动改变。

100 我们大脑的使用率有多高

尽管现在关于大脑和行为的关系有许多可利用的信息，但关于大脑仍存在着错误的概念，一个被广泛支持的说法是多数人只利用了大脑的 10%（Beyerstein，1999）。如果我们能运用那没被开发使用的 90%，我们可以做什么？我们能发现治愈癌症的方法吗，获得难以置信的财富吗，或者写我们自己的心理学书吗？

那个 10% 的说法大约和颅相学是在相同的时间（19 世纪 80 年代晚期）获得了它的立足点。美国现代心理学之父（见第 1 章）威廉·詹姆斯（William James, 1824—1910）写到大多数人只发挥了他们智慧潜能的一小部分。一些人曲解了这句话，把它理解为我们只运用了大脑的 10%。10% 的说法一传十，十传百，渐渐成为了一个都市传言。

早期在鉴别大脑哪一区域控制哪一功能方面的困难可能强化了这个错误概念。在 1929 年，卡尔·拉什利（Karl Lashley）的研究表明在大脑中没有单独的负责记忆的区域（见第 6 章）。他在实验鼠的大脑上制出许多切口，用一系列迷宫测试它们。结果显示没有特定的皮质区域比其他区域对迷宫学习产生更关键的影响。不幸的是，拉什利的结果被误解，为大脑皮层“沉默”区域提供了证据。

沉浸在激发我们大脑的全部潜能的想法多么吸引人，毫无疑问，当代心理作家、媒体人物和所谓自我提高的专家的宗旨就是使我们相信他们知道如何利用大脑的全部潜能。一些自助书籍的作者，尤其喜欢科学家说的 10% 的说法，频繁地引用并错误解释为 90% 的大脑没起任何作用。超自然想象的信奉者开始广泛传播这个说法，因为科学家不知道那 90% 的大脑做了什么，因此它必定为一个超自然的目的服务，如超感官知觉 (Clark，1997)。

我们现在已充分了解大脑各部分，我们可以肯定地说大脑的每个部分都有其特定的功能。在临床神经生理和神经心理方面专门处理脑损伤的专家，已有研究表明，虽然这些大脑的损伤有时没有引起严重的缺陷，只是引起一些行为上细微的改变（Sacks，1985），但脑部特定区域经常性的小范围损伤将引起大脑永久性和灾难 101
性的后果。

对 10% 说法致命的一击来自于神经成像和脑刺激的研究。没有任何人发现存在着任何永远沉默的区域，或者当大脑受到刺激时 90% 的大脑没有产生心理反应。在我们思考、感受和知觉时，在大脑扫描仪下所有的大脑区域都兴奋了（Beyerstein，1999）。

大脑每个部分的功能是什么

一些科学家发现当大脑执行某一特定的心理任务并且高于正常心理活动基线时，大脑的一些特定区域就会相应地激活，因此提出了“功能定位说”。但是，我们应该谨记不要过分强调“功能定位说”，并且我们对于神经成像结果的解释也应该特别谨慎。威廉·尤塔（William Uttal，2001) 警告说研究者太急躁了以至于不能仔细地将特定的功能指派到特定的大脑区域。他认为我们并不是总能把更高级的大脑功能解剖成更小的组成部分。以视觉为例，我们可以像大脑皮层功能定位所说的那样把它分为处理颜色、形状和运动的不同部分吗？又或者视知觉是多个区域所支持的统一的经验？

遗憾的是，很多主流媒体没把尤塔的有益的告诫放在心上。例如，当科学家发现了在个体思考上帝时大脑额

脑磁图描记（magnetoencephalography, MEG）
通过检测大脑产生的小的磁场来测量大脑活动。

叶区会兴奋，一些报纸便宣称在大脑中发现了“上帝点”。然而之后的大脑成像的研究表明宗教的经验激活了大脑很大一片区域，而不是只有一处（Beauregard & Paquette，2006）。正如尤塔提醒我们的，如果有也是很少复杂的心理功能局限于单个大脑区域。

大脑包含一个“上帝点”这个概念是指在人们祈祷和思考上帝时这个包含“上帝点”的区域会兴奋，这个现象引起了公众的注意，但是大脑绝不会那样简单。

就像许多脑区都会对某一种心理功能共同起作用，单个不同的大脑区域也会影响多个心理功能。众所周知，布洛卡区对口语表达起重要作用，但是当我们注意到一个音乐乐符走调的时候它也会兴奋 (Limb，2006)。当我们听到振奋人心的音乐，在像杏仁核等情绪中心的活动兴奋也会提高，尽管这些区域不是传统所认为的“音乐区”（Blood & Zatorre，2001）。根据大拇指规则，每个脑区都有许多功能，一些是已知的，一些是未知的，因此，大脑区域的相互合作共同影响着每一个心理功能。

左脑和右脑的功能是什么

就像我们把特定的功能与大脑特定的区域联系在一起，我们也可以将特定功能定位于我们大脑的左半球或右半球。罗杰·斯佩里（Roger Sperry, 1974）因为发现两大脑半球拥有不同的功能而获得诺贝尔奖，特别是发现了语言能力的不同水平。这些研究测的是那些医生用药物无法控制他们的癫痫因而进行**裂脑手术**的病人。在这罕见的手术中，神经外科医生通过切割胼胝体分开大脑的两半球。一般裂脑手术可让病人从疾病中解脱，他们在大部分的情况下行为表现都正常。**【学习目标 3.9】**

然而，精心设计的实验揭示了，我们通常认为是相互融合不可分割的整体的认知功能会有不寻常的分裂片断。裂脑被试的两大脑半球有不同的能力甚至是不同的“人格”。但是裂脑的被试经常认为自己是个独立的、统一的人。

左右半球：分开的世界　裂脑手术显示很多认知功 102
能更依赖两半球中的一个而不是另一个；科学家称这种现象为**单侧化**。大脑左半球或右半球证明各种认知功能的定位化（见表 3.3）。许多单侧化功能涉及特殊的语言和言语能力。

表 3.3　　单侧化功能

左半球
精细的语言技术
•言语理解
•言语产生
•语音
•语法
•读
•写
行动
•面部识别
•运动觉察
右半球
粗略的语言技术
•简单说话
•简单书写
•语调
视觉空间技术
•知觉组织
•面部识别
（Source：Adapted from Gazzaniga，2000）

裂脑手术（split-brain surgery）
为了减少癫痫的发作而切割胼胝体的过程。

单侧化（lateralization）
更依赖一侧大脑的认知功能。

对研究者来说，研究裂脑被试的经典方法就是，给他们的左半视野或右半视野呈现刺激，如书面文字。进入右半视野的是信息的右半部分，进入左半视野的是信息的左半部分。为了了解为什么研究者只向一个视觉区呈现刺激，我们需要知道视觉信息从哪儿进入大脑。在正常的大脑中，来自左视觉区或右视觉区的大部分信息，最后进入视觉皮层的相反区域。同时，运动控制也是交互的。左脑控制右手，右脑控制左手。

胼胝体在两半球皮层之间传递信息。于是，切断了胼胝体阻止了在每个视觉区域的大多数视觉信息到达同侧的视觉皮层。当胼胝体被切割，就有明显的功能分离。在一个极端的例子中，一个裂脑被试抱怨他的左手不能和右手协调合作，他的左手常做出不当的行为；当他在看电视节目的中间，他会关掉电视，并且经常违背自己的意愿而袭击家人（Joseph，1998）。

裂脑被试常常体验到整合来自不同半脑的信息的时候有困难，但他们经常找到一种方式来使他们令人费解的行为合理化。在一项实验中，研究者给一位裂脑被试的左脑快速显示一个鸡爪，同时给右脑呈现雪景（见图3.16）。当被要求将她所看到的事物和一系列刺激匹配时，她用左手（被他的右脑控制）指一把铲子，说的却是“小鸡”（因为语言被左脑控制），当被要求解释这些

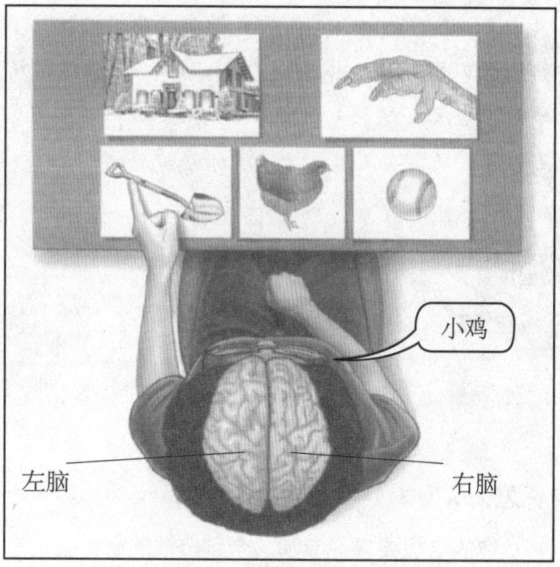

图 3.16　裂脑人

这位女士的右脑识别了雪景以及指导她指向铲子，但她左脑识别了爪子并用语言表明小鸡是匹配客体。

批判性思考：存在左脑人和右脑人吗？

尽管割裂脑研究有极大的科学贡献，但大众的看法即正常人是“左脑人”或“右脑人”的说法还只是个谜。根据这个构想，左脑人是学者式的，富有逻辑，善于分析；而右脑人是有艺术气息的，富有创造性和感性。一位网络博客博主试图根据左右脑的差异来解释一个人政治信仰的差异，他宣称，保守党趋于使用左脑，而自由党趋于使用右脑（Block，2006）。但是，这些观点过分简单化了（Hines，1987）。在查阅了大量研究资料后，迈克尔·科尔巴利斯（Michael Corballis，1999）得出我们用一种互补的方式使用我们左右大脑的结论。而且，胼胝体和其他的连接物保证大脑的左右半脑持续地交流。如果左脑和右脑是完全对立的，艺术家就不可能有语言天赋。事实上，现实中存在许多多才多艺的人。想一下，有的演员同时也是电影剧作家（如肖恩·潘或蒂娜·菲）。 103

我们可以将过分夸大左右脑差异的言论追溯到对科学家报道的误解。吸收了这个观点的自助书籍变得非常畅销。罗伯特·E·奥恩斯坦（Robert E. Ornstein）就是推崇用不同方法开发与智慧左脑相对的创造性右脑的人之一，这在他 1997 年出版的《正确的观念：理解我们的两个半脑》中有提及。针对儿童的右脑定向教育计划旨在降低分数的重要性，支持发展创造性能力。如“应用创造性思维工作坊”，它训练公司的领导者使用他们的右脑（Herrmann，1996）。仅需 195 美元，“全脑开发”据称用一种新的、只能被左脑或者右脑听见的“无意识信息”方法来扩展思维（Corballis，1999）。尽管，通过不同的方法运用我们的大脑，试图让我们变得更具创造性是没有错误的，不过将右脑和左脑协调运用才是更好的。

据称，左脑、右脑的不同也可用来应对心境障碍和愤怒，甚至，可转动的太阳镜被设计出来去选择性地给左脑或右脑增加光亮。然而，“眼动疗法”获得的支持是很小的，甚至几乎没有科学支持（Lilienfeld，1999a）。《消费者报告》杂志（2006）并不能肯定地得出结论说哪种太阳镜能减少愤怒或降低其他消极情绪，因为多于 7/12 的被试报告没有效果。确实，在我们把这一不同寻常的观点看做科学观点之前，还需要更多的证据。

特别声明

这类证据可信吗?

设计出的用以改善心理状态的左右上翻式太阳镜。

你怎么认为?

你的老板要求你参加一个创造性的研讨会，在这个研讨会上，公司致力于帮助加强右脑的练习。你的上司认为这将有助于帮助员工想出更多的关于改革和解决问题的方法。你认为这是否值得去做?

行为时，她说：“我看见鸡爪，然后选择了小鸡，而你必须用铲子清理鸡舍。”

我们应当避免处于过分强调功能偏侧化并且进入一种极端的境地。很明显，只有大脑的一半，也就是说，只有一个大脑半球，是有可能活下来的。确实，一些人通过手术移除一半大脑来摆脱疾病。结果显示，患者手术在童年进行的，结果将会是最好的，这就给剩下的半脑更好的机会去承担失去的半脑的功能（Kenneally，2006）。经历这种手术的儿童发展基本正常的事实证明功能定位说并不是预料之中的必然结果。

★ 小测试

1. PET 扫描发现大脑血液流动变化伴随神经活动。 正确 错误
2. 大多数人只用了大脑的 10%。 正确 错误
3. 心理功能严格定位于大脑皮层的特定位置。 正确 错误
4. 裂脑被试理解来自两个视觉区域的信息的能力受损。 正确 错误

答案：（1）错（p.99）；（2）错（p.100）；（3）错（p.101）；（4）对（p.102）

104 先天与后天：是先天遗传还是后天教育使你这样做？

在本章的要点中，我们已经学习了大量关于脑和神经系统的知识以及它们如何作用于行为。现在，我们准备解决一个同样复杂的问题。相对于在我们生活中的其他事件，我们从父母那里所获得的遗传因素在多大程度上影响到我们的行为和心理活动？

我们是怎样成为现在的我们的

至少 150 年以前，即使最聪明的科学家对于我们人类是如何形成的也几乎一无所知。今天，拥有平均受教育水平的人都比达尔文知道更多关于人类生活与脑的起源的知识。很明显，我们十分幸运地运用关于遗传、适应、进化的科学原理来武装自己，这将使我们能够理解心理特征的起源。

遗传的生物基础　1866 年，格雷戈尔·孟德尔（Gregor Mendel）发表了关于豌豆研究的经典论文。我们现在知道，人类有 46 条**染色体**（见图 3.17）。染色体是细胞核中携带基因（即遗传物质）的丝状物。**基因**由脱氧核糖核酸（DNA）组成，这种物质储存了细胞进行自我复制所需的全部材料。【**学习目标 3.10**】基因组是我们所称的一套染色体以及与其相关的遗传特征。人类基因组工程在 2001 年完成了，它的目的在于描绘所有人类基因的特征。

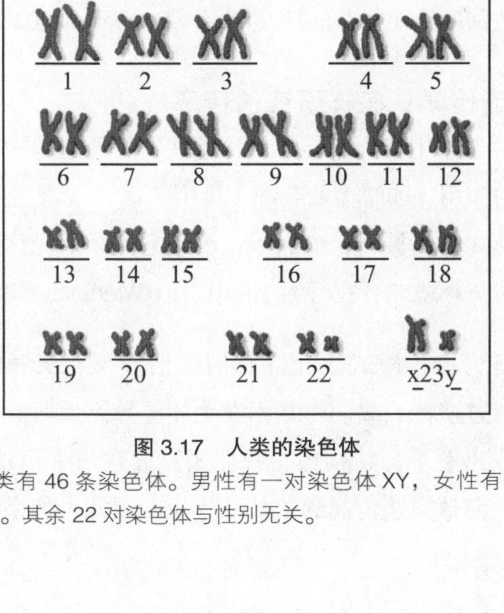

图 3.17　人类的染色体

人类有 46 条染色体。男性有一对染色体 XY，女性有一对染色体 XX。其余 22 对染色体与性别无关。

基因型和表现型　人们的遗传组成是他们的**基因型**，即一组由父母遗传给后代的基因。**表现型**则是一组他们表现出的能看到的特征。我们不能通过观察一部分人们的表现型来判断他们的基因型，因为一些基因是显性的——它们掩蔽了其他基因的影响，而有些基因是隐性的——只有在显性基因“缺席”时它们才被表达。

眼睛的颜色、头发的颜色甚至皮肤的颜色都是由**显性基因**和**隐性基因**共同决定的。例如，两个棕色眼睛的父母可以有一个蓝眼睛的孩子，因为这个孩子继承了来自父母的关于蓝眼睛的隐性基因。

行为适应　达尔文（Charles Darwin）的经典著作《物种起源》（1859）介绍了**自然选择**的概念和影响巨大的进化论。达尔文假设通过优势个体的选择性繁殖，有机体的数量随时间的改变而改变。根据这一原理，一些有机体遗传了可以使它们更好适应周围环境的属性。这些个体有更高的存活率和繁殖率。一些有优势的适应是遵守自然法则的变化，这些变化使动物能更好地应对周边的环境。例如，一根与其他手指相区别的拇指（可以和其他手指分开活动的那根手指），极大地增强了我们手的功能。

其他的适应条件是行为性的。根据大部分的进化心理学家的观点，攻击性是一种适应行为，因为它让有机

染色体（chromosome）
细胞核中携带基因的丝状物。

基因（gene）
由 DNA 组成的遗传物质。

基因型（genotype）
遗传的组成。

表现型（phenotype）
我们表现出的外显特征。

显性基因（dominant gene）
掩蔽其他基因效果的基因。

隐性基因（recessive gene）
只有在显性基因不发挥作用时才被表达的基因。

自然选择（natural selection）
对于生存和繁殖有更好的适应性，个体有更高的生存和繁殖概率的原则。

体获得更多的资源。然而，攻击性过高却是一种不良适应，它意味着有机体失去提高生存和繁殖的机会，更可
105 能在斗争中被消灭或因为它们的进攻吓跑潜在的同伴。有许多适应环境成功经验的有机体都有高水平的**适应度**，意味着它们更有可能把基因传给后代。

大脑的进化

在几百万年的进化过程中，人类的神经系统与行为已经可以很好地协调（Cartwright，2000）。有复杂功能的脑区域，例如皮层，已经最大限度地进化（Karlen & Krubitzer，2006）。因此，我们的行为比其他动物更复杂且灵活，使我们能够运用不同的方式对某一特定的情境做出反应。

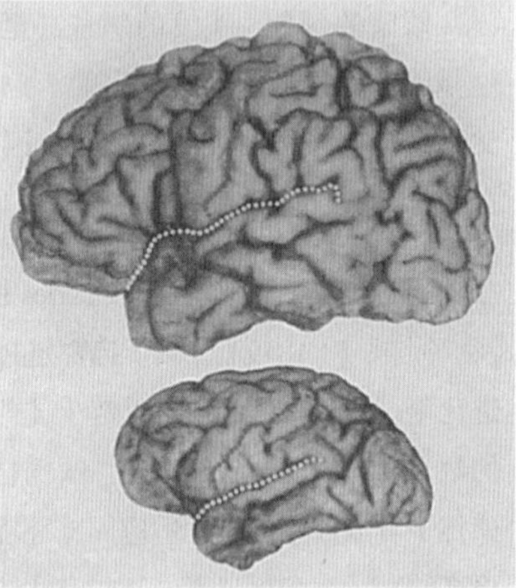

人类的大脑（上）和黑猩猩的大脑（下）。人类大脑大约是黑猩猩大脑的三倍大，尽管人类只有黑猩猩的两倍大。

是什么使我们在动物王国里那么与众不同？化石和基因的证据表明，大约在六七百万年前，人类和类人猿从同一祖先中分裂。在至关重要的二选一的进化道路上，我们走了不同的路。人类路线最终产生了人这一物种，即现在的人，而类人猿逐渐进化成黑猩猩、大猩猩和大型类人猿。我们大多不知道现代人类在整个人类历史进程中只占了1%的时间段（Calvin，2004）。

我们与类人猿分开进化的起初，我们的大脑并不比它们的大多少。大约在三四百万年前，一些巨大的变化产生，尽管我们不知道为什么。我们只知道仅在几百万年里——相对地球45亿年的历史而言不过是一次眨眼——人类基因组中的一小部分比其他部分变化得快70倍，最终导致脑皮层具有非凡意义的进化（Pollard et al.，2006）。人类大脑的尺寸迅速增大，从不到400克发展到如今的1 300克（Holloway，1983）。而现在大型类人猿的脑重是300至500克，尽管它们的身体形态与人类没有明显差别（Bradbury，2005）。

在动物王国中，大脑重量的最大差别在15 ~ 20磅之间。不过，这个现实没有让抹香鲸成为地球上脑最大的生物，因为我们必须考虑到它巨大的身体决定了它大脑的相对尺寸。

相较于我们的身体比例，我们或许是现今存在的动物里，大脑最发达的（我们应该正确考虑到身体的大小，因为那些大型的动物，如鲸鱼和大象，它们的脑很大，部分原因在于它们的身躯也很庞大）。然后是海豚（Marino，McShea，& Uhen，2004），再接着是黑猩猩和大型类人猿。跨物种研究表明，比例恰当的脑的大小——脑的大小和躯体大小相符——与我们通常认为的智力行为有关（Jerison，1983）。例如，脑大的动物倾向于有特别广泛而复杂的社交网络（Dunbar，2003）。

行为遗传学：怎样研究遗传率

科学家用行为遗传学来检验在特征的起源中自然和环境的作用，如智力的起源（见第7章）。事实上，行为遗传模式其实被错误命名了，因为它实际上允许我们观察基因与环境二者在行为上的作用（Waldman，2005）。

行为遗传模式也允许我们评估特征和疾病的**遗传率**。通过遗传，我们对基因在个体差异方面所起作用的大小作出解释。特别地，我们用百分数来表示遗传率。一般我们认为遗传起到了部分作用。因此，如果我们说

适应度（fitness）
有机体传递基因的能力。

遗传率（heritability）
由基因引起的一个特征在跨个体间的变化率。

一个特征的遗传率为 60%，我们的意思是指在他们特征的水平上超过一半的个体差异是由于他们的基因造成的。也就是说，其他 40% 的差异来源于环境。一些特征，像身高，是高度遗传的；成人身高的遗传率在 70% 至 80% 之间（Silventoinen et al.，2003）。相反，其他的特征，像讲话的口音，几乎全部取决于环境；口音的遗传率只有零。这是因为我们的口音完全是我们父母的方言或我们成长的社区环境的产物。【学习目标 3.11】

106 **三种关于遗传率的错误观点**　遗传率并不只是一个概念看起来那么简单，它仍然困扰着一些心理学家。因此在讨论心理学家如何在不同种类的实验中使用它之前，我们首先说明三种常见的错误看法。

- *错误观点 1：遗传率适用于单独的个体而不适用于个体间的差异。*遗传率仅仅适用于群体。如果有人问你，"你的 IQ 的遗传率是多少"，你应该立即给那个人复述这章的内容。遗传率告诉了我们人与人之间的而不是个体内部的差异的原因。
- *错误观点 2：遗传率告诉我们一个特征是否可以被改变。*许多人认为如果一个特征是高遗传率的，那么，根据这样的解释，我们不能改变它。然而从逻辑上讲，遗传率很低或许根本不能决定某一特征是不是可以改变的。事实上，在原则上，一个特征即使有 100% 的遗传率也完全可以改变。这有一个例子。设想有 10 棵高度明显不同的植物，其中一些只有 2 或 3 英尺（1 英尺约合 0.3 米）高，其他的是 5 或 6 英尺高。设想一下它们只有几天的年龄，从萌芽开始，我们就让它们生长在相同的环境下：等量的水分、同样的土壤和光照条件。这些植物的遗传率是多少呢？是 100%：引起它们高度上的差异的一定是基因，因为我们控制的所有的环境影响都是一致的。现在想象一下，我们突然决定停止浇水，也不为它们提供光照。所有的植物不久就死了，它们的高度都会变成 0。因此，尽管这些植物的遗传率是 100%，我们还是可以通过改变环境而轻易改变其高度。
- *错误观点 3：遗传率是一个固定的值。*遗传率在不同的时期和种群中可以显著不同。记住，遗传率是指人们之间某一特征的差异受基因影响的程度。因此，如果我们想减少某一种群的某一特征受环境的影响，遗传率会增加，因为那个特征的差异更多是由基因因素导致的。反之，如果我们加强环境对某一种群的某一特征的影响，遗传率会降低，因为那个特征的差异更少地源于基因的因素。

尽管植物间高度的不同可能大部分源自遗传，但一项环境操纵研究发现，浇灌这些植物可能可以大幅提高高度。这说明遗传不是不可改变的。

你怎么认为?

你的侄子被诊断有苯丙酮尿症（PKU），一种会阻止人脑正常发展的高遗传率病，但它可以通过特定的饮食加以治疗。你将怎样向你的家人解释高遗传率的病并不意味着不可以治疗?

行为遗传学设计　科学家通过三种行为遗传学设计来估计遗传率：家庭研究、双生子研究和收养研究。在这样的研究中，科学家在不同的关系中，追溯出现的或缺乏的特征。这些研究帮助他们，决定基因和环境对哪种特征分别有多少影响。

家庭研究。在**家庭研究**中，研究者检验一个特征对一个完整家庭——所有成员在同一环境里成长的家庭——的作用程度。在这些研究中，有一个非常关键的控制条件：亲属们不仅有共同的环境，也有相同的基因物质。研究结果显示，家庭研究不能让我们把生物因素和环境因素分开。研究者因此致力于其他更有效的研究设计用以分离这种影响。

排除其他假设的可能性
对于这一研究结论，还有更好的解释吗？

双生子研究。为了了解**双生子研究**，我们首先要说一下基本的性知识。当精子使卵子受精的时候，会发生两件不同的事情。首先一个精子只能使一个卵细胞受精从而形成一个合子，即受精卵（见第 8 章）。科学家现在仍不清楚，为何受精卵有时会分裂成两个（在大约 250
107 次受孕中就出现一次），产生两个同卵的基因复本。研究者把这些双胞胎称作是同卵双生子（MZ），因为它们起源于一个受精卵。同卵双生子实质上是彼此基因的克隆，因为它们有 100% 相同的基因。在其他情况下，两个精子可能使两个卵细胞受精，形成两个受精卵。这种双胞胎是两个合子发育而成的，简单来说，是异卵双生子（DZ）。和同卵双生子相比，异卵双生子一般只有 50% 的基因相同，而且并不比普通的兄弟姐妹更相像。异卵双生子（或者多胞胎）更可能形成于女性进行促使卵细胞形成和释放的受精治疗过程中，但受精治疗不会影响同卵双生子的出现频率，因为它不会影响到一个受精卵是否分裂成两个。

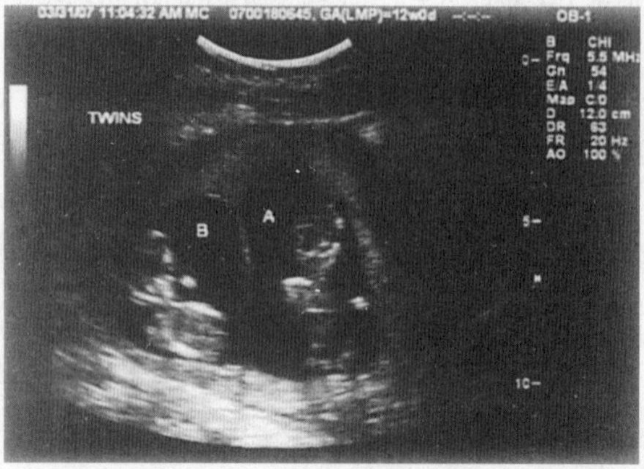

子宫里生长的同卵双生子。行为遗传学家比较了同卵与异卵双生子，并评估了遗传和环境在心理特征上的影响。

双生子研究的原理是基于同卵双生子比异卵双生子基因更相似这一事实上的。因此，如果同卵双生子在同一个心理特征上比异卵双生子更为相似，如智力或外向的性格，并假定环境对我们研究的特征的影响在同卵双生子和异卵双生子身上是一样的，我们就可以推断出这个特征是受基因影响的。

收养研究。正如我们已经叙述过的，完整家庭的研究是受到限制的，因为它不能将遗传从环境的影响中分离出来。为了避免这个缺点，心理学家开始转向于**收养研究**：被收养的孩子和他们亲生父母有遗传关系，但所处的环境不同，即研究被新家庭收养的孩子在多大程度上与他们养父母的相似性更甚于亲生父母。结果就是，收养的孩子如果与亲生父母在心理特征上相似，我们就可以假定这部分的心理特征是受遗传的影响。

影响收养研究的一个因素就是“选择性安置”：收养机构经常将孩子安置在类似于他们亲生父母家庭的地方（DeFries & Plomin，1978）。这个影响研究结果的因素，致使研究者错误地认为被收养的孩子和他们亲生父母的相似是由于基因的影响。在收养研究中，研究者试图通过在统计学上抵消养父母和亲生父母的相关性来控制“选择性安置”的影响。

家庭研究 (family study)
分析特征在家庭中是如何分布的方法。

双生子研究 (twin study)
分析特征在双生子之间是怎样不同的方法。

收养研究（adoption study）
通过比较收养儿童与其亲生父母和养父母在心理或行为特征上的相似程度来说明遗传和环境因素对这种发展特征的影响。

★小测试

1. 人类的高级能力是由脑进化而来的。　正确　错误
2. 人脑比大象的脑袋要小，说明大脑的大小与智力无关。　正确　错误
3. 遗传率不会随着时间改变。　正确　错误
4. 同卵双生子有相同的表现型（可观察的特征），但可能有不同的基因型（基因序列）。　正确　错误
5. 收养研究有助于将遗传的影响和环境的影响区分开来。　正确　错误

答案：（1）对（p.105）；（2）错（p.105）；（3）错（p.106）；（4）错（p.107）；（5）对（p.107）

全面的复习体系

神经细胞：大脑通信渠道（pp.80–87）

3.1 区分神经元的各个部分以及它们的功能

神经元有一个细胞体，其细胞核中含有脱氧核糖核酸（DNA），DNA 负责制造组成细胞的蛋白质。神经元有很多树突（接收来自神经元的信息的长分支）和一个从每个细胞体延伸出来的轴突，轴突负责传送信息。

1. ________位于神经元中心区域并制造新的细胞的成分。（p.82）
2. 从神经元的细胞体延伸出来的尾巴状的分支的接收末端叫________。(p.82)
3. 两个连接的神经元之间的间隙，即神经递质被释放的地方叫________。（p.82）
4. 神经元一端的长分支是________，它将信息从一个神经元________到另一个神经元。（p.82）
5. 自身免疫疾病多发性硬化症与包裹轴突的神经胶质细胞，即________的被腐蚀有关。（p.83）

3.2 解释神经元之间是如何通过神经递质相互作用的？

神经递质是神经元用来相互交流的或引起肌肉收缩的化学信使。轴突末端，在突触处释放神经递质，使受体神经元产生兴奋或抑制。

6. 大脑产生的什么样的“天然的麻醉药”可以帮助运动员忍耐剧烈运动或疼痛？（p.84）

3.3 描述神经元的电反应及产生原因

神经元对来自其他神经元的输入刺激作出兴奋或抑制的反应。当兴奋足够强时，神经元产生一个动作电位，这个动作电位沿着轴突一直到轴突末端。神经元的细胞膜上的带电粒子负责这些事件。

7. 神经元的细胞膜上的电位差，当没受到刺激时叫________。（p.85）
8. 动作电位是________的突然波动，它引起神经元的相互交流。（p.85）
9. 下图呈现了动作电位在神经元中的传播过程，请标注：（a）突触；（b）动作电位的方向；（c）神经递质。（p.85）

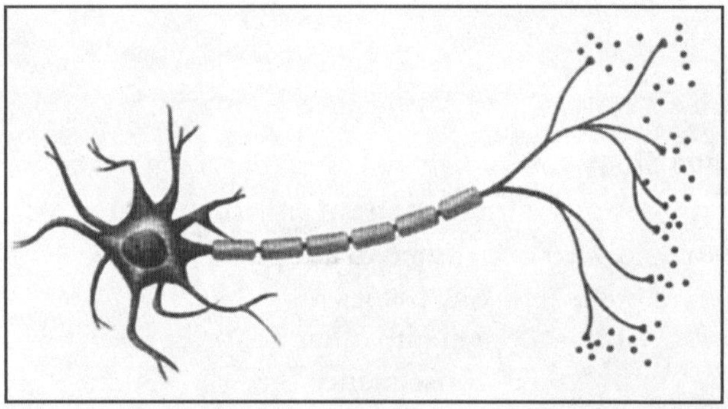

3.4 了解大脑的最大变化和最小变化出现的时间

大脑在个体出生之前即早期发展过程中变化最大。纵观一生，大脑有一定程度的可塑性，从而有利于我们的学习和记忆。生命晚期，健康大脑的可塑性降低，而且神经元有退化的迹象。

10. 科学家正积极研究能让受损的成年人大脑制造新________，即神经发生的能力。（p.86）

参考答案在本书的结尾处

大脑—行为网络（pp.87–97）

3.5　识别中枢神经系统的不同部分在行为中所起的作用

大脑皮层由额叶、顶叶、颞叶和枕叶组成。与视觉有关的皮层位于枕叶，与听觉有关的在颞叶，与触觉有关的在顶叶。大脑皮层的联合区分析和再分析感觉输入的信息来建立起我们的知觉。在额叶的运动皮层，基底神经节和脊髓以及躯体神经系统协同合作产生运动和动作。躯体神经系统有感觉和运动的成分，从而能够使来自肌肉的触觉和反馈指导我们的行动。

11. 大脑和脊髓相结合组成的“超级高速公路”被称作________。（p.87）
12. 在中枢神经系统的外围，________系统帮助我们控制行为和表达情绪。（pp.87–88）
13. 负责分析感觉信息及我们思考说话和推理能力的大脑结构叫________。（p.88）
14. 把大脑中枢神经系统的各部分分别归类。（p.89）

中枢神经系统	
________	额叶：协调其他脑区域的动作计划、语言和记忆 顶叶：处理触觉信息，整合视觉和触觉 颞叶：处理听觉信息、语言和自传式记忆 枕叶：处理视觉信息
________	控制运动和动作计划
________	丘脑：为皮层提供感觉信息 下丘脑：控制内分泌和自主神经系统 杏仁核：调节唤醒和恐惧 海马体：处理空间记忆
________	控制平衡，协调运动
________	中脑：传递视觉刺激和由声音引起的反射 脑桥：在皮层与小脑之间传递信息 延脑：调节呼吸和心跳
________	在大脑和身体之间传递信息

15. 在下图中填上每个大脑结构的功能。（p.91）
16. 帕金森症是由在自主运动中起重要作用的________受损所引起的。(p.91)

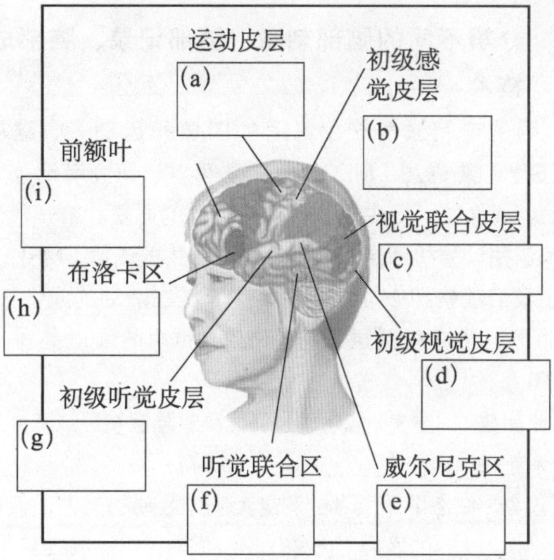

3.6　阐述自主神经系统在紧急情境和日常情境中的作用

自主神经系统由副交感神经和交感神经两部分组成。副交感神经系统在我们休息和消化时是活跃的；交感神经驱使个体在一个紧急事件或危机中采取行动。在应对每天的压力时交感神经也会唤醒。

17. 我们对一个觉察到的潜在威胁做出身体反应的能力依赖于自主神经系统的________分支。（p.95）
18. 交感神经的兴奋会引发许多生理反应，包括心率加快、________和________。（p.95）

3.7　了解什么是激素以及它们是如何影响行为的

激素是释放到血液中的化学物质，并会对身体产生特殊影响。交感神经系统的兴奋引发肾上腺释放肾上腺素和皮质醇，这会使我们的身体精力充沛。性激素控制性反应。

19. 下丘脑的控制下，指导其他腺体的身体“主腺”是________。（p.95）
20. 男性和女性（都会 / 并不都会）产生雌激素和睾酮。（p.96）

110 脑定位：大脑的活动（pp.97–103）

3.8 分辨不同的脑部刺激、脑部记录、脑部成像技术

脑的电刺激能产生鲜明的图像和运动。像脑电图（EEG）和脑磁图（MEG）等方法可以让研究者记录大脑活动。成像技术提供了一种观察大脑的方法。第一代成像技术包括计算机断层扫描（CT）、磁共振成像（MRI）。可以让我们观察到心理功能中哪些区域在活动的成像技术，包括正电子发射断层扫描（PET）和功能性磁共振成像（fMRI）。

21. 弗朗兹·约瑟夫·加尔通过测量头骨隆起将思维和大脑联系起来，这称作__________。(p.97)
22. 汉斯·伯格早期所做的测量大脑电活动的努力，促进了__________的发展。(p.98)
23. 对测量思维和情绪感兴趣的神经科学家（会 / 不会）应用 MRI 扫描。（p.99）
24. fMRI 实际测量的是什么？(p.99)

3.9 评估一些证明大脑机能定位说的证据

刺激、记录和成像技术已经显示特定的大脑区域与特定的功能有关。尽管这些结果提供了关于我们的大脑如何分配我们的很多操作任务的深入洞见，但是对于每一个特殊任务，我们大脑的很多部分都是相互协作的。因为大脑的许多区域参与多个心理机能，许多认知功能不能定位化。

25. 神经科学家已经证实（存在 / 不存在）完全不活跃的或未被利用的大脑的某些部分。（p.101）
26. 为了减少癫痫病的发病率而进行的胼胝体切除手术，被称为__________手术。（p.101）
27. __________现象解释了许多认知功能更依赖一个大脑半球而不是另一个。（p.102）
28. 在以下这个实验中，研究者向一个裂脑病人的左脑迅速呈现一只鸡爪，向他的右脑快速呈现一幅雪景。我们如何解释他的反应？（p.102）

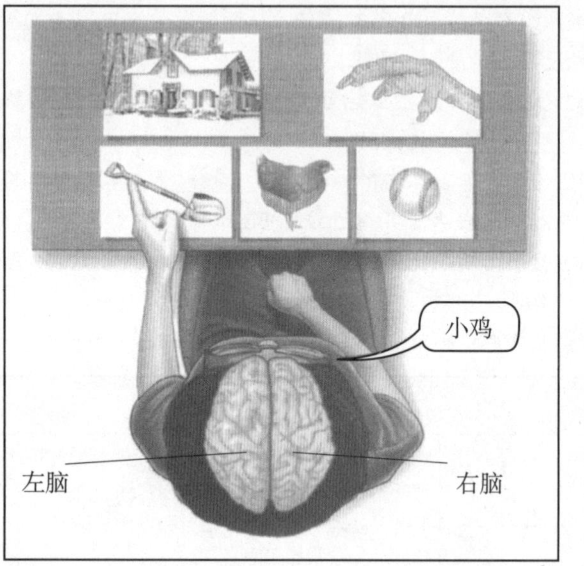

29. 大脑__________半球与粗略的语言技术和视觉空间技术有关，而__________半球与精细的语言技术与行为有关。（p.102）
30. 艺术家和其他创造性的思考者（是 / 不是）只利用他们的右脑。（p.103）

111 先天和后天：是先天遗传还是后天教育使你这样做？(pp.104–107)

3.10 描述什么是基因以及它们怎样影响外显特征

基因由脱氧核糖核酸（DNA）组成，它们排列在染色体上。我们从父母那里继承这一遗传特质。每个基因都带有一个密码来制造一种特殊的蛋白质。这些蛋白质决定了我们的外显特征。

31. __________是在含有基因的细胞核中的丝状物。（p.104）
32. __________是由 DNA 组成的，它含有细胞繁殖所需的所有物质。（p.104）
33. 我们的__________是外显特征的模式，我们的遗传组成是我们的__________。（p.104）
34. （显性 / 隐性）基因掩蔽了其他基因的作用。（p.104）
35. 人类有多少条染色体？性染色体呢？（p.104）

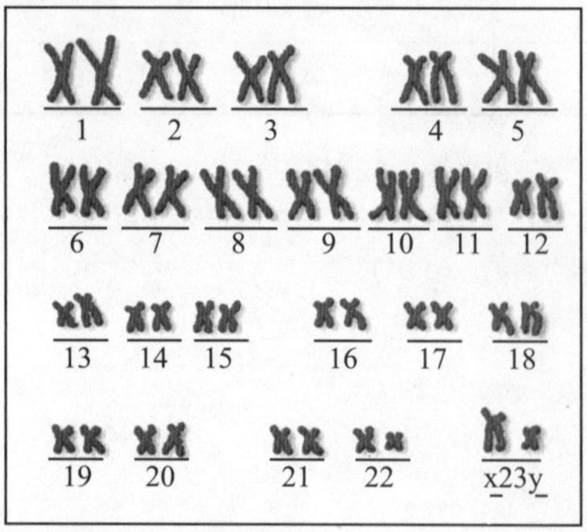

36. 具有适应性的有机体得以生存并且比其他有机体具有更高繁殖率的原则是_________。（p.104）

3.11 解释遗传率的概念以及有关它的认识误区

遗传率指人与人之间，在一特征上的不同如何受与环境因素相对立的基因因素的影响。具有高遗传率的特征有时会改变，一个特征的遗传率也会随时间而改变。

37. 科学家用_________检测在特征（例如，智力）的起源上生物因素和环境因素所起的作用。（p.105）
38. 遗传率适用于个体还是群体？（p.106）
39. 高遗传率意味着缺乏适应能力吗？为什么是或为什么不是？（p.106）

40. 对个体离开亲生父母后其人格特征是如何变化的分析叫做_________。（p.107）

思维技能训练

问题与总结

1. 动作电位与厕所冲洗经常被进行类比。请思考它们之间的共同点，并确保考虑到神经元传输信息的所有方面。
2. 当你看电视的时候，你打算吃点小吃，但你等到了广告之后再去厨房。描述躯体神经系统在帮助你起来，到厨房吃小吃，然后回来看电视时的活动。

排除其他假设的可能性
pp.91，93，106

相关还是因果
pp.80，93，100

可证伪性
pp.82，98

可重复性
pp.89，96

特别声明
p.103

第4章
感觉与知觉

是什么导致了既视感？（p.142）

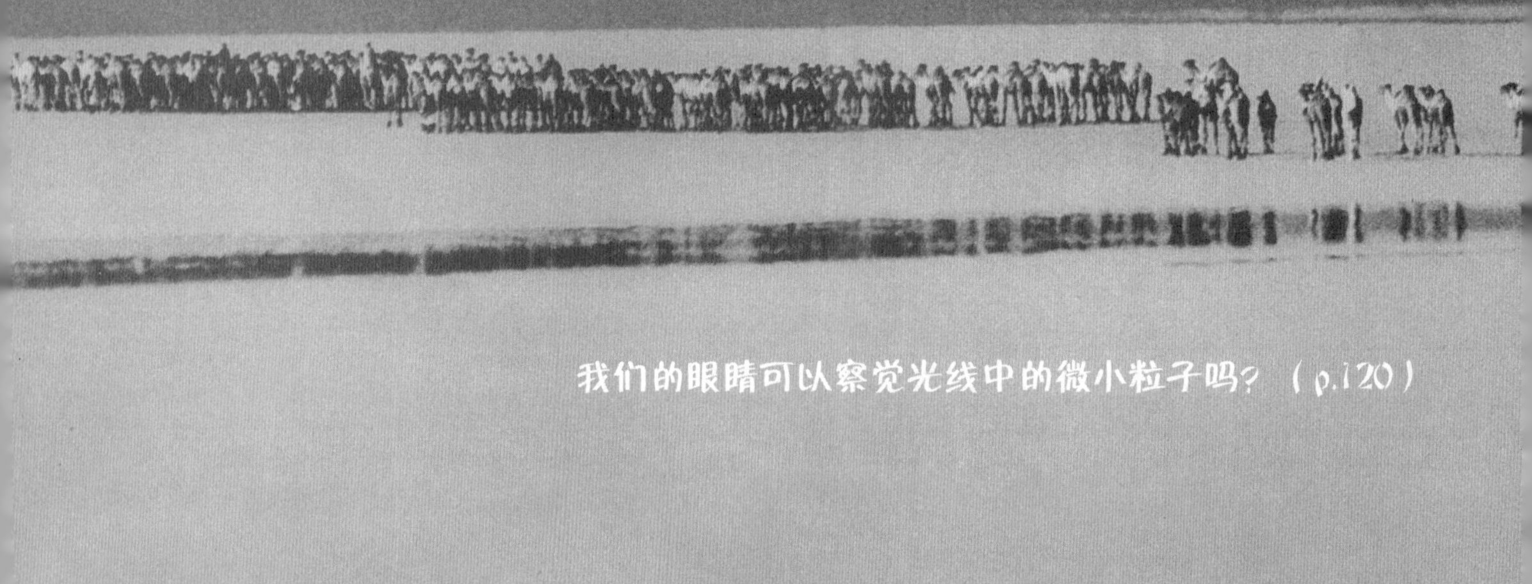

我们的眼睛可以察觉光线中的微小粒子吗？（p.120）

有些盲人是不是仍能“看”到他们身边的事物？（p.123）

有人能“尝出”形状和“听见”颜色吗？（p.117）

为什么我们患重感冒时无法品尝出食物的味道？（p.133）

硬币的两面：感觉与知觉

- 感觉：作为侦探的意识
- 知觉：感觉与思维的融合
- 阈下信息加工

看：视觉系统

- 光：生命的能量
- 眼睛：我们如何表征视觉领域
- 视觉

听：听觉系统

- 声音：机械振动
- 耳的工作机制
- 听觉

嗅觉、味觉和触觉

- 嗅觉与味觉携手同行
- 嗅觉和味觉的感知
- 触觉和痛觉
- 身体方位与平衡

感觉与知觉的变化

- 超感官知觉：是事实还是虚构？
- 幻觉：体验不存在的东西
- 灵魂出窍和濒死体验
- 既视感体验
- 催眠

批判性思考：催眠可以让我们体验到年龄退行和前世吗？

114

学习目标

4.1 了解所有感觉的基本原则（p.115）
4.2 探索大脑如何形成知觉（p.117）
4.3 阐释眼睛是怎样进行视觉加工的（p.120）
4.4 了解不同类型的视知觉（p.123）
4.5 阐释耳朵是怎样进行听觉加工的（p.130）
4.6 了解不同类型的听知觉（p.132）
4.7 了解我们如何感知味道和气味（p.134）
4.8 描述痛觉和触觉的区别（p.135）
4.9 描述不同的躯体感觉（p.136）
4.10 分析支持与反对超感官知觉的科学依据（p.138）
4.11 科学家如何解释感知觉近乎神秘的变化（p.139）
4.12 辨别有关催眠的真假（p.143）

图 4.1　从知觉中分离出感觉

将这一页放在你面前约十英寸的地方，闭上你的右眼，左眼盯着白色的圆圈。你能看见白色的 X 吗？现在慢慢地将书靠近你的脸然后再拿远；在某一时刻白色的 X 将会消失然后再重新出现。令人惊奇的是你的大脑用一个虚幻的背景图案填充了 x 所占据的白色空间。（Source：Glynn，1999）.

在你进一步阅读之前，先尝试图 4.1 中的练习。你是否会惊讶于白色的 X 从视野中消失？你是否会更加惊讶于你用完全跟复杂的背景图案一致的心理图像填满了 X 占据的空白空间？

感觉和知觉是视错觉的基本操作过程；之所以称为错觉，是因为即使图形缺失了一部分，大脑仍会感知到一个完整的图形。**感觉**是通过眼、耳、皮肤、鼻和舌这样的感觉器官觉知物理能量，然后将信息传送至大脑的过程（见第 3 章）。**知觉**是大脑对输入的原始感觉信息的解释。我们通过感觉获得生活环境中的信号，通过知觉赋予这些信号以意义。

我们常常假定我们的感觉系统是准确无误的，我们的知觉可以完美地反映我们周围的世界。正如我们在第 1 章中学到的，我们将这些观点称为朴素现实主义。而在这一章里我们将会发现朴素现实主义是错误的；世界并不是像我们所见的那样。我们在大脑的某个地方重新建构了图像中的那个复杂图案，并将它直接放在了一个空洞的空间的中央；这个知觉的过程叫做填补。大部分时间，填补是合适的，因为它帮助我们认识混乱的知觉世界。但是有时候它会欺骗我们，比如错觉。我们常常将现实与想象混合在一起来填补我们接收的信息。这样我们就简化了这个世界，但在这一过程中我们又更加清晰地认识了这个世界。

硬币的两面：感觉与知觉

信号是怎样由我们的感觉器官——眼、耳和舌——转化为我们的大脑能够解释和利用的信息的呢？原始的感觉信息又是怎样传递到我们的大脑，并与我们原有经验相结合，引导我们去识别事物，避免意外，并且（我们希望）找到我们每天出门的路的呢？

感觉（sensation）
感觉器官对物理能量的觉察并将信息发送到大脑。

知觉（perception）
大脑对输入的原始感觉信息的解释。

以下就是答案。大脑在各种感觉信息中挑选有用的
115 信息，通常是依靠期望和先前经验来填补信息空当和简化过程。然而最后的结果通常是超过它各部分之和，甚至在某些情况下这个结果是完全错误的！知觉错误（如图 4.1 中的错觉），和其他我们将在本章中提到的概念常常提供了很多信息。它们向我们展示了我们的感觉体验中哪些部分是准确的，哪些部分是大脑为我们填补的。我们将首先回顾一下我们的感觉系统能完成什么操作，它们是怎样将外部世界的物理信号转化为大脑内部的神经活动的，然后探索我们的大脑如何以及何时进一步完善细节，使得原始感觉信息能够为我们所用。

感觉：作为侦探的意识

我们的感觉让我们可以看得到、听得见、感受到触摸、确定身体方位、保持平衡、闻到气味和尝出不同的味道。尽管它们各有差异，但这些感觉都仅仅依靠着几个基本原则。**【学习目标 4.1】**

（© ScienceCartoonsPlus.com）

换能：内化外部世界　感觉的第一步是将外部能量或者物质转换为神经系统可以识别的语言。通过神经系统将外部的能量或物质转化为大脑内神经的抑制或兴奋的过程称为**换能**。相应类型的**感觉感受器**和特殊细胞可以转换一种对应的刺激。比如，眼睛内部的特殊细胞可以转换光能，耳蜗中的细胞可以转换声音。

对于所有的感觉而言，我们首次觉察到一个刺激时的反应强度是最大的。在此之后，反应的强度不断变小，这一现象就叫做**感觉适应**。一个很好的例子就是，当我们刚坐上某一把椅子时我们能感觉到它的存在。若干秒后又会怎么样？我们不再能感觉到这把椅子，除非它本身就是一个极其坚硬的椅子，或者更糟糕的是上面有一个钉子。这种适应性取决于感受器的水平。感受器开始时反应很强随后会减弱。我们的神经系统通过这种途径去节约能量和注意力。如果我们不进行感觉适应，我们将不断觉察我们周围的刺激而不能将注意力集中在重要事情上。

心理物理学：测量可觉察的刺激　心理物理学是最早的心理学研究领域之一，研究我们如何依据物理特征来认识感官刺激。

绝对阈限。想象一下研究人员给我们戴上一副耳机并置身于安静的房间。她反复地询问我们是否能听到一些很微弱的声音。察觉不是一种全或无的反应状态，因为当刺激变得微弱时人们的错误就会增加。心理物理学家们研究诸如刺激的**绝对阈限**这样的现象——当刺激出现，我们有 50% 的可能性察觉到刺激的最低强度，这种阈限是在没有其他刺激的影响下得到的。绝对阈限表明了我们感觉系统的感受性有多敏锐。在晴朗的夜晚我们的视觉系统可以直接察觉到 30 英里外的一支烛光。我们能从多达 50 种气味分子中分辨出一种气味，而蝾螈只能在一种气味分子中分辨气味（Menini，Picco，& Firestein，1995）。

最小可觉差。与绝对阈限相关的是**最小可觉差**

换能（transduction）
将外部能量或者物质转化为神经活动的过程。

感觉感受器（sense receptor）
感觉系统中负责将外部刺激转化为神经活动的特殊细胞。

感觉适应（sensory adaption）
初次反应后反应强度下降的现象。

绝对阈限（absolute threshold）
感觉系统有 50% 的可能性觉察到某个刺激的最低强度。

最小可觉差（just noticeable difference, JND）
我们能察觉到的刺激强度变化的最小值。

（JND）。最小可觉差是我们能察觉到的刺激强度变化的
116 最小值。最小可觉差是有关我们从一个弱刺激中辨别出强刺激的能力，比如从一个微弱的声音中分离出一个较大的声音。

韦伯定律认为最小可觉差与最初的刺激强度成正比（见图 4.2）。说得通俗一点，一个强刺激需要一个更大的强度变化才能被觉察到。试想一下，与黑暗的房间相比，我们需要增加多少光亮，才能使得原本明亮的厨房在明度上感觉起来有所变化。在明亮的厨房中，我们需要很强的光，而在黑暗的情境中，只需要一点点。

信号检测论。大卫·格林和约翰·斯韦茨 (David Green & John Swets，1966) 创立的信号检测论，帮助心理学家明确了怎么在一个不确定的环境中去觉察刺激，比如当我们驱车行驶在一个浓雾的夜晚，怎样判断前方是否有一只小动物。试想当信号受到静电干扰时，我们用手机通信是多么困难；那是相当大的背景噪声。我们需要通过大声叫喊来增强信号以抵消静电干扰的影响，否则电话的另一端就无法了解我们的意思。如果信号传输不受干扰，那么另外一端可以很容易地理解我们的意思，当然我们也无需叫喊。这就阐明了信号噪声比的概念：当背景噪声增大时，我们觉察信号会变得困难。低信号噪声比可能会导致我们漏报刺激。它们也可能使我们报告我们觉察到了并不存在的刺激。格林和斯韦茨将这种行为称为“虚报”。不同的个体和不同的动机导致了被试察觉到刺激的“阈限”或信号水平不同。比如说，你在一个周六的清晨，懒洋洋地躺在公园里，当时你注意到附近树叶沙沙作响的可能性，远低于你作为一个鸟类观察者，期待看见一种稀有的鹰出现在这个区域的可能性。

你怎么认为?

如果你正在等待一个重要的电话，准备在听到铃声后就跳起来接，怎么用信号检测论来给你的行为分类?

感觉系统只能对一种感觉做出反应，还是多种?

回答这个问题首先要弄清楚不同的感觉系统在大脑中是不是完全独立运行的。特定的神经能量是沿着特定的通道传输到大脑皮层的，对吗？因此，我们不可能期待跨通道加工，即各种感觉在脑区的混合。

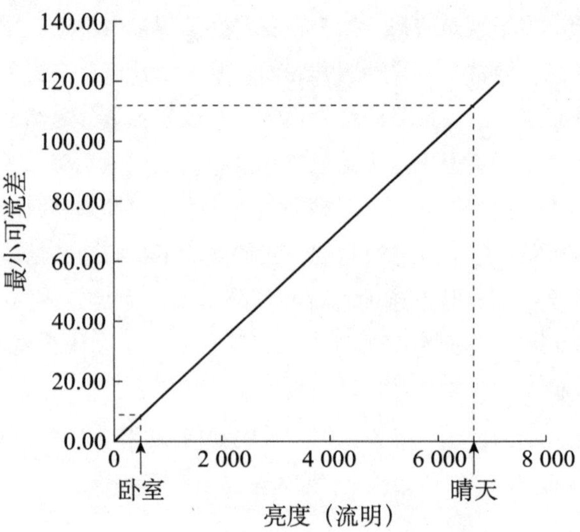

图 4.2 依据韦伯定律的最小可觉差（JNDs）

在这个例子中，光刺激的大小变化使用流明来衡量，一流明相当于一英尺外一个烛光的强弱。依据韦伯定律，光越强，我们能察觉亮度变化所需要的光差越大。

然而这个猜想被证明是错误的。科学家发现许多例子可以说明跨通道加工与任何单独通道产生的知觉经验是不同的。麦格克效应（McGurk & MacDonald, 1976）就是一个很好的例子。这个效应证明了我们会在说话过程中整合视听觉的信息，我们的大脑会自动计算两个信息来源所包含的最有可能的声音信息。在麦格克效应
中，当我们听见一串重复的音节（如“ba”），而看到的 117
是另外一种音节的嘴形（如“ga”），就会产生第三种声音的知觉经验（如“da”）。这第三种声音是大脑整合两种信息冲突来源的最佳解释。

弗朗西斯·高尔顿爵士（Sir Francis Galton，1880）首次描述了另外一种跨通道加工的例子——联觉，一种人们体验到跨通道的感觉的现象，如看到颜色时会引起相应的听觉（有时称为“色—听”联觉），有时候甚至能尝出颜色的味道（Cytowic，1993）。就像我们之前介绍的，联觉可能是我们偶尔经历的跨通道反应的一种极端表现（Rader & Tellegen，1987）。芬兰著名作曲家让·西贝柳斯（Jean Sibelius）把曲谱看成了颜色甚至还宣称可以闻到它们的味道。有一次，他让工人将厨房的

柜子重新漆成了 F 大调。没有人知道联觉出现的概率有多大，但是一些证据显示 2 500 个人中不超过 1 个人会有这种体验（Baron-Cohen et al.，1993）。图 4.3 是一个巧妙地测查联觉的测试。

图 4.3　你有联觉吗？

尽管大多数人看左边的那幅图是一堆杂乱的数字，但是一些联觉者知觉到左图和右图一样。联觉者更容易发现混在 5 当中的 2。（Source：Adapted from Ramachandran & Hubbard，2001）

这些跨通道效应可能反映了不同脑区之间的交流。比如说视觉区域可能正好与听觉区域联结。但是另外一种解释是：在一些情况下，单一的脑区可能有双重职责，促进多重感觉的发生。比如听觉中枢的神经元既负责听力也负责轻微的触觉（Fu et al.，2003）。

排除其他假设的可能性

对于这一研究结论，还有更好的解释吗？

知觉：感觉与思维的融合

既然我们已经了解到控制我们如何加工感觉信息的基本原则，我们将开始一次令人兴奋的旅程，去了解我们的大脑怎么将极少的感觉数据碎片转换成更有意义的信息。什么使我们的大脑拥有整合如此之多的数据的卓越能力？这个答案是大脑不仅仅依靠感觉区域的输出，它将感觉区域中的信息与刚才的真实信息，以及记忆中的过去经验融合在一起。【学习目标 4.2】因为我们的大脑更多地依靠我们的知识储备和经验，我们经常节省感觉加工，更多地依靠过去经验去猜测感觉信息的内容。另外，利用更少的神经元进行有效的猜测比利用大量神经元获得更多准确的答案更有效率。根据认知经济的原则（见第 2 章），我们试图尽量少地动用神经能量。

并行加工　我们可以同时注意到多种感觉通道，这种现象叫做并行加工（Rumelhart & McClelland，1986）。有两个与并行加工息息相关的重要概念，分别是**自下而上的加工**和**自上而下的加工**。在自下而上的加工中，我们通过刺激的各个部分构建整个刺激。例如，根据物体的边缘来认识物体。这种加工是刺激驱动加工，是初级视觉皮层的活动的结果（见第 3 章），接着是联合皮层的加工。与之相对，自上而下的加工过程是概念驱动加工，而且受我们的信念和期望的影响。

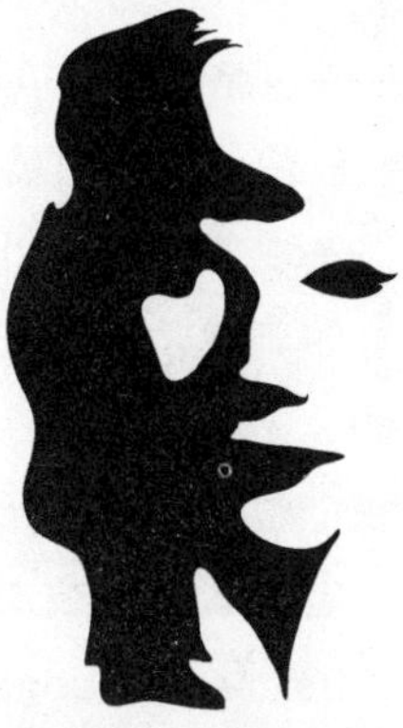

图 4.4　你看到的是什么？

因为自上而下的加工的影响，这个“萨克斯演奏者”的图像因为模棱两可而易被知觉成一位“女子”的正面。

一些知觉主要是自下而上的加工（Koch，1993），另外一些是自上而下的加工（McClelland & Plaut，1993）。但是在多数情况下，自下而上的加工和自上而下的加工共同起作用（Patel & Sathian，2000）。我们可以通过加工歧义图片来证明。根据我们不同的期望，我们会觉察到不同的图片。图 4.4 中，有关爵士音乐家的自上而下的思维方式，使我们对图像的自下而上加工发生了偏差，导致我们看到的更像一个萨克斯演奏者。与此相对，如果自上而下加工期望出现的是女子的脸，我们感觉依据的自下而上加工也会 118
相应地发生改变。（你可以看到两个图形吗？）这种预期对知觉的影响叫**知觉定势**。

选择性注意：我们怎样注意特定的信息输入　就像打开电视机就启动了所有电视频道一样，我们的大

自下而上的加工（bottom-up processing）
将初级感觉信息整合成一个整体，形成对一个刺激的心理认识。

自上而下的加工（top-down processing）
利用原有的知识和期望形成对一个刺激的心理认识。

知觉定势（perceptual set）
预期对于知觉的影响。

选择性注意（selective attention）
选择一个感觉通道并忽视或减少其他感觉通道影响的过程。

脑在不断地接收来自于所有感觉通道的信息。我们如何避免变得无助和困惑？**选择性注意**使我们可以选择一个通道并关掉其他通道或者至少降低它们带来的影响。唐纳德·布罗德本特（Donald Broadbent，1957）的注意过滤器理论，把注意看成是一个信息通过的瓶颈。这个狭窄的通道仅允许那些最重要的信息通过——也是我们能在同一时间加工的最大信息量，并从我们的注意中过滤掉不重要的刺激。这个理论解释了很多现象，即关于我们怎样从其他刺激中选择需要注意的刺激。然而安妮·特瑞斯曼（Anne Treisman，1960）提出了另一种解释，指出那些滤去的信息没有被完全抛弃。那些已经被我们假设过滤掉的信息仍然在一定的水平上被加工——甚至在我们没有注意到它时（Beaman，Bridges，& Scott，2007）。鸡尾酒会效应阐明了这个现象。这个现象是指我们能觉察某些重要的信息，例如，在一个喧闹的饭店或一个拥挤的聚会上，即便在没有我们参与的对话中，我们仍然听到自己的名字。这个发现告诉我们：我们的大脑中决定我们的注意接受或不接受刺激的过滤器比简单的开关更复杂（见图 4.5），毕竟我们的大脑监控到了一些没有注意到的刺激。

排除其他假设的可能性

对于这一研究结论，还有更好的解释吗？

图 4.5　鸡尾酒会效应

鸡尾酒会效应有助于我们解释：当一些与我们有关的刺激（如我们的名字）出现在我们当前的注意之外时，我们如何意识到它们。

捆绑问题：整合各部分信息　捆绑问题是心理学中最神秘的问题之一。它是指我们的大脑怎么把多种单一信息联合起来去表征具体的事物，比如苹果。苹果看起来是又红又圆的，摸起来很光滑，尝起来甜甜的、酸酸的，闻起来很香有苹果味。这些特征任意一个孤立起来都不是一个苹果甚至不是苹果的一部分。我们的大脑怎样从各个部分中整合所有的信息来识别一个物体？我们不知道确切的原因，但是有一种解释是：多个皮层区域的快速、协调的活动（Engel & Singer，2001）。捆绑可以解释许多知觉和注意的问题。我们依赖形状、运动、颜色和深度线索来看这个世界，每一个都需要花大量时间进行个别觉察（Bartels & Zeki，2006）。然而我们的思维准确无误地将这些视觉线索转换成单个统一的知觉形象。这就是捆绑。

阈下信息加工

一个周日的下午，你蜷缩在自家沙发上看电视里的电影。在很短的时间内，你在屏幕上看到三四次的快速闪光。只在几分钟之后，你就产生一种不可抗拒的欲望——想吃汉堡。难道广告者偷偷地、极其快速地在电影中播放若干张关于汉堡的照片，快到以至于我们没有觉察到它？如果我们能在不知道的情况下觉察刺激，这会影响到我们的行为吗？

阈下知觉　美国公众长期被阈下知觉的可能性所吸引，这种感觉信息加工发生在意识水平之下（Cheesman & Merikle，1986；Rogers & Smith，1993）。为了研究阈下知觉，研究者通常快速呈现一个单词或一张图片，如50 毫秒（1/20 秒）。他们一般在这个刺激之后马上接着 119
呈现一个掩蔽刺激，即另外一个阻碍阈下刺激的心理加工过程的刺激（如点图或线图）。当被试不能在机会水平之上正确识别刺激的内容时，研究者就认为它们是阈下的。

阈下知觉的主张是离奇的，但是支持它的证据是很有说服力的（Seitz & Watanabe，2003）。当调查者通过呈现一些引起被试愤怒的单词来引导他们的阈下情绪时，这些被试更可能认为别人充满敌意（Bargh & Pietromonaco，1982）。类似地，给一些心理学毕业生阈下地呈现一个实验室博士后研究助理的笑脸比呈现导师反对的表情使他们对实验计划的评价更为积极（Baldwin，Carrell，& Lopez，1990）。

可证伪性

这种观点能被反驳吗？

识别假象

假象：20 世纪 50 年代末，在一家新泽西州电影院里，广告商连续几个星期在电影放映过程中阈下地闪现单词“吃爆米花”和“喝可乐”。结果电影院里爆米花和可口可乐的消费量剧增。

事实：这一说法的提出者，广告专家詹姆斯·维卡里（James Vicary）后来承认那只是一个为了挽救他失败生意而制造的吸引公众的骗局（Pratkanis，1992）。

阈下说服 尽管我们常常受阈下知觉的支配，但是那并不意味着我们麻木地屈服于阈下说服。换句话说，阈下信息不一定会影响我们选择产品、选举投票以及生活抉择。最近几十年来，美国人设想了一个情境，在这个情境中，广告者通过在电影和电视节目中闪现阈下信息，引导他们去购买一些违背他们意愿的物品（Key，1973）。然而，研究证明阈下说服，尽管不是不可能（Epley，Savitsky，& Kachelski，1999；Weinberger & Hardaway，1990），但是在绝大多数情况下是不成立的。那是因为我们不能深入加工阈下刺激的意义（Rosen，Glasgow，& Moore，2003）。结论是，这些刺激不能使我们的态度发生巨大的或持久的改变，更不用说会改变我们每一天的决定了。

但是，阈下自助录音带和录像带仅在美国一年就有百万美元的产量。据称它们包含了用来影响我们行为和情绪的重复的阈下信息（例如自我感觉良好）。在实体店里和网络上，我们能发现关于自尊、记忆、性别角色以及减肥的阈下磁带（Rosen et al.，2003）。然而大量的研究结果表明那些阈下自助磁带是没有用的（Eich & Hyman，1991；Moore，1992）。

★ 小测试

1. 知觉是将我们的感觉体验变为神经活动的一种精确的转化。 正确 错误
2. 跨通道激活帮助我们加工信息。 正确 错误
3. 鸡尾酒会效应向我们说明了重要信息在我们不能注意到的时候无法进入我们的意识中。 正确 错误
4. 阈下知觉通常会影响我们的行为。 正确 错误

答案：（1）错（p.114）；（2）对（p.116）；（3）错（p.118）；（4）错（p.119）

120 ## 看：视觉系统

视觉是研究得最多的感觉——可能是因为它在人们的日常生活中扮演着十分重要的角色。你是否尝试过闭着眼睛或在黑暗中，穿行于一个熟悉的空间，如你的房间或邻近的街道？无论你曾多少次经过它们，你都很可能被绊倒或者迷失方向。我们高度依赖着我们的视觉。

光：生命的能量

光是我们视知觉世界中的核心角色之一，它是由电磁波构成的电磁能量的一种形式。可见光的波长是几百纳米。

如书前彩图 4 所示，人类只能分辨有限波长范围内的光；而这个范围即是人类的可见光谱。每一种动物都能分辨一种特定波长范围的光，比人类的可见光谱稍微大一点或者小一点。例如，蝴蝶可以感知到我们能感知到的所有波长除了紫外线，紫外线的波长稍短于紫色光。

当光投到一个物体上，光的一部分被物体反射，一部分被吸收。**明度**是指进入人眼中的反射光的强度。纯白的物体能够反射投射来的所有光线，几乎不吸收任何光线，而黑色物体正好相反。心理学家将光的颜色称为**色调**。我们对三种基本的光的颜色很敏感：红、绿和蓝。这三种基本的光的颜色以不同的量相混合——加法混合——可以形成任何一种颜色（见书前彩图 5）。等量的红、绿、蓝三色混合形成白光。这个过程与画板上有色颜料的混合及墨汁的混合有所不同，后者为减法混合。我们可以在许多打印机的颜色墨水盒中看到，颜料的三基色是黄色、蓝绿色和品红色，三者相互混合后形成了黑色（见书前彩图 5）。

眼睛：我们如何表征视觉领域

除了它产生的热量，没有双眼我们将不能感觉到或观察到与光有关的任何事物。请看图 4.6 来学习眼睛的构造。

光是如何进入眼睛的 眼睛的不同部位接收不同数量的光线。这一特征对于我们在明亮的光下或在黑暗的房间里仍能识别物体的能力是至关重要的。眼睛的其他部位则确保了我们所看的事物是清晰的。**【学习目标 4.3】**

虽然诗人们告诉我们眼睛是心灵的窗户，但当我们直视一个人的双眼时，我们看到的是他们的巩膜、虹膜和瞳孔（见图 4.6）。巩膜就是眼睛的白色部分。

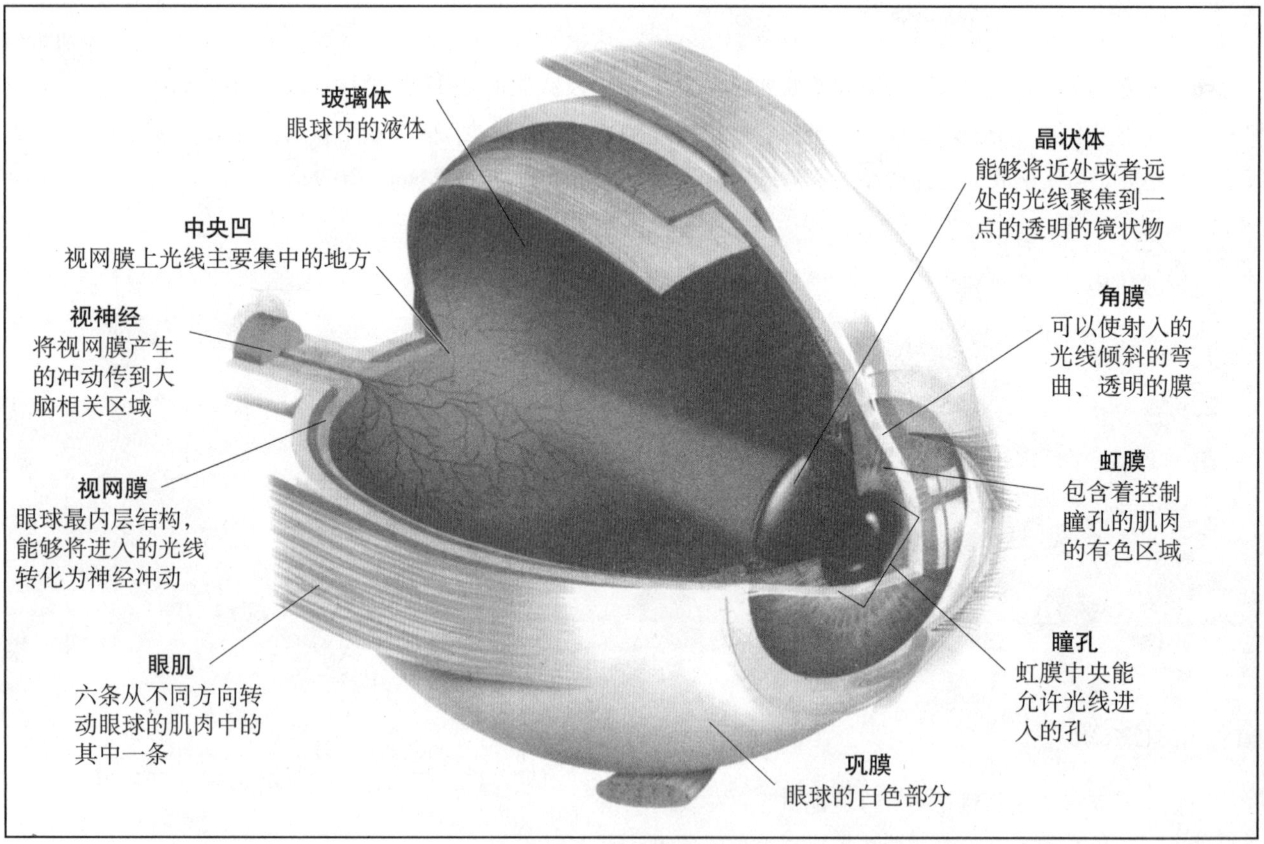

图 4.6 眼睛的关键部位

（Source：Adapted from Dorling Kindersley）

明度（brightness）
进入人眼中的反射光的强度。

色调（hue）
光的颜色。

虹膜是眼睛的有色部分，通常有蓝色、棕色、绿色或者淡褐色。眼睛颜色的化学成分是色素。仅有两种色素——棕色的黑色素和淡黄棕色的脂色素——引起了不同人种眼睛颜色的显著变化。蓝色眼睛含有少量的黄色色素和几乎没有的棕色色素；绿色眼睛和淡褐色眼睛，含有中等量的棕色色素；而棕色眼睛含有大量的棕色色素。蓝眼睛看起来是蓝色而不是黄色的原因是，蓝色光线被含有更少色素的虹膜分散了。一般的观点认为我们
121 的虹膜不能在短时间内调节颜色，尽管虹膜好像非常依赖光照条件。

瞳孔是一个可让光线进入眼睛的圆孔。瞳孔的收缩是对朝向我们运动的光线或物体的反射反应。当我们走出建筑物，沐浴在明媚的阳光下，我们的眼睛会用瞳孔反射来减少进入我们视野的光线量。这种反射在双眼内同时发生，所以如果用闪光灯照射一只眼就会引起双眼的反射反应。

瞳孔放大也具有心理意义。当我们试图加工复杂信息，像难的数学题时，瞳孔会放大（Beatty，1982；Karatekin，2004）。当我们看到一个体格有吸引力的人时，我们的瞳孔也会放大（Tombs & Silverman，2004）。这一发现可以帮助解释为什么人们认为瞳孔大的人比瞳孔小的人更有吸引力，即使他们并没有注意到这一身体差异（Hess，1965；Tomlinson，Hicks，& Pellegrini，1978）。

角膜、晶状体和视网膜 **角膜**是覆盖在虹膜和瞳孔外的一层弯曲、透明的膜。它的弯曲部分可使射入的光线倾斜，以使光线能聚集在**视网膜**上，视网膜是眼球后的一层薄膜。我们可认为视网膜就像一个电影屏幕，在它上面可以放映来自世界的光线。它包含 1 亿个感觉信息接收细胞。**中央凹**是视网膜的核心部分，它决定着**视敏度**。当我们看书、开车、缝纫或者做其他一切要求细节的事情时都需要有敏锐的视力。

晶状体也可以折光，但是与角膜不同，晶状体会改变它的曲率。在一个叫做**适应性调节**的过程中，晶状体改变形状以使光集中在眼球的背面；通过这种方式，它们可以适应不同的光照条件。适应性调节能使晶状体变“扁平”，以使我们能够看到远处的物体，也可以使其变“宽厚”，让我们能够看到近处的物体。看近处的物体时，曲度大的晶状体能够更好地工作是因为它能够更有效地折射零散的光线，并使它集中在眼球背后的一点上。

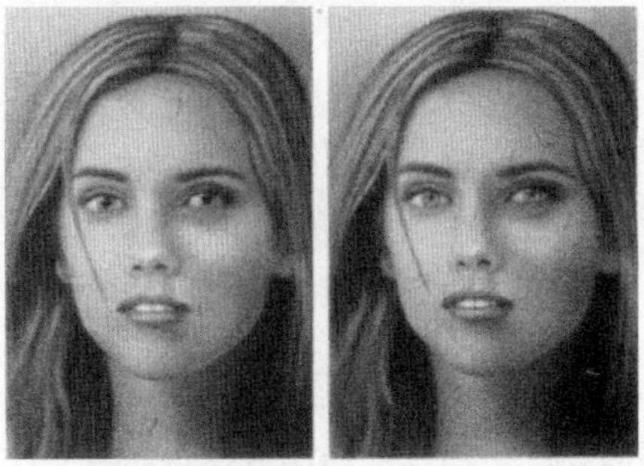

我们更倾向于认为瞳孔大的脸（在这个案例中，左边的脸）比瞳孔小的脸更有吸引力。（Source：Hess，1965；Tombs & Silverman，2004）

我们的眼睛要折射多少光的路径才能使光线合适地 122
集中起来，这取决于我们角膜的形状以及眼球前后径。近视是成像集中在视网膜前导致的，原因是角膜太陡或者眼球前后径太长（见图 4.7a）。近视正如字面意思一样，有能看见近处物体的能力而缺少看清远处物体的能力。远视是当我们的角膜太平或者眼球前后径太短导致的（见图 4.7b）。远视，如字面意思一样，可以看清楚远处的物体但是却看不清楚近处的物体。

杆体细胞和锥体细胞 视网膜有两种类型的感光细胞。**杆体细胞**的数目众多，它们的形状长而窄，能使我们看清楚物体的基本轮廓和形状。在光线较弱的情况

角膜（cornea）
眼球的一部分，含有能将光聚焦在视网膜上的透明的细胞。

视网膜（retina）
眼球后部负责将光线转化为神经冲动的膜。

中央凹（fovea）
视网膜的核心部分。

视敏度（acuity）
视觉的敏锐程度。

晶状体（lens）
眼球的一部分，能通过改变曲度使成像集中。

适应性调节（accommodation）
改变晶状体形状，聚焦近处或者远处的物体。

杆体细胞（rods）
视网膜上的感光细胞，能使我们在弱光条件下看清物体。

下，我们主要依赖杆体细胞。在视网膜中央凹中没有杆体细胞，因此我们在夜晚或暗室里更多地依赖于我们的外围视觉。杆体细胞能辨别明暗而不是颜色。

锥体细胞数量较少，形状像小锥子，它们让我们能够分辨颜色。锥体细胞比杆体细胞需要更多的光线。然而，杆体细胞比锥体细胞适应光线的变化能力更慢，这也解释了为什么我们在经历一定时间的暗适应后，我们在黑暗中看清物体的能力逐步提高。

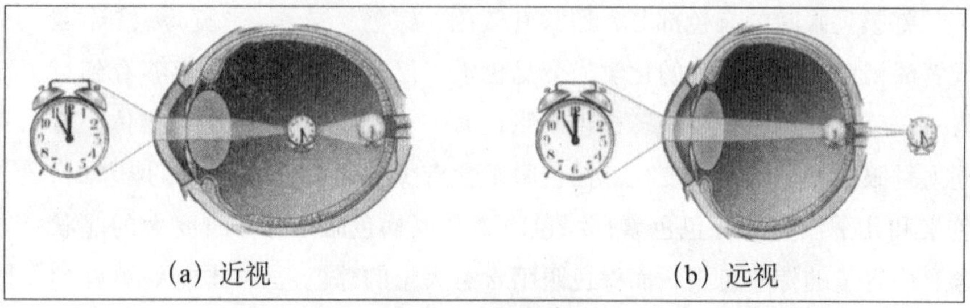

图 4.7 近视和远视

近视和远视是由于光线集中在视网膜前部或者后部造成的。（Source：Adapted from St.Luke's Cataract & Laser Institute）

视神经 视神经联通视网膜和大脑的相关区域。在视神经与视网膜连接处，有一个**盲点**，在那一点我们无法看到物体。为什么我们注意不到自己的盲点呢？幸运的是，双眼提供了不同的感知，以至于盲点缺失的信息可以被另一只眼睛获得的信息弥补，正如我们在本章开头讲到的（回顾图 4.1），大脑的视觉中枢可以补全信息。

当视神经离开双眼后就进入被称为视交叉的分叉口。一半的神经轴突穿过视交叉，而另一半则留在原来的一边。在很短的距离内，视神经进入大脑后将大部分的神经轴突传送到视丘脑，然后再传到初级视觉皮层——V1 区——视觉感知的主要路径（见图 4.8）。

视觉

现在我们知道了神经系统怎么在眼睛中聚集和传送视觉信息，我们可以检测我们怎样接收从不同的视觉皮层传入的形状、概念、颜色以及深度信息（见图 4.8）。尽管大脑的不同区域处理着不同的视知觉，但是我们能感知到事物的整体，得到统一的形象而不是独立的各个部分。通过对缺失信息的补偿，我们的感知系统帮助我们理解了这个世界。**【学习目标 4.4】**

我们如何知觉事物的形状和轮廓 20 世纪 60 年代，大卫·休伯（David Hubel）和托斯坦·威塞尔（Torsten Wiesel）试图揭开我们如何知觉事物的形状和轮廓的秘密；他们的工作最终获得了诺贝尔奖。他们用猫做实验，这是因为猫的视觉反应与我们很相似。休伯和威塞尔（1962，1963）在给猫呈现显示屏上的视觉刺激图像时，记录了猫视觉皮层上的脑电活动（见图 4.9）。他们

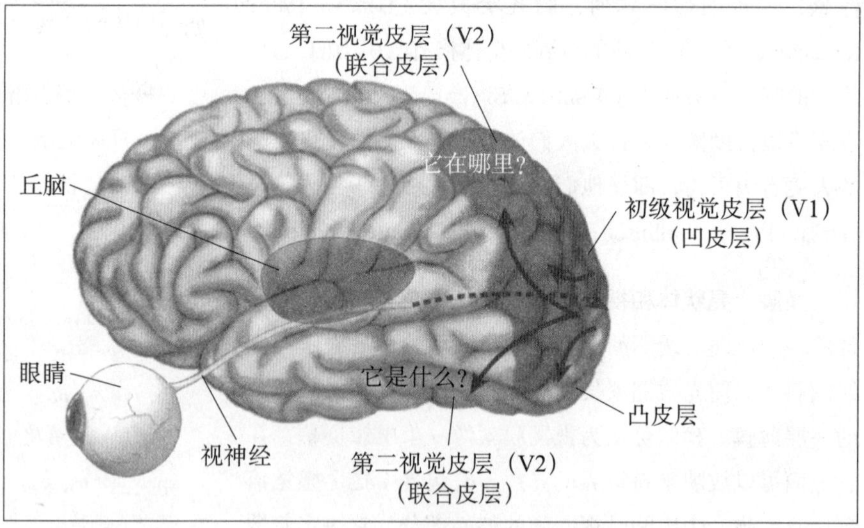

图 4.8 知觉和视觉皮层

来自于视网膜的视觉信息会传到视丘脑。然后将收到的信息传给初级视觉皮层（V1），接下来再沿着两条视觉通道进入第二视觉皮层（V2）。一条通道与掌管视觉形状、位置和动作的顶叶相联结；另一条通向掌管视觉形状和颜色的颞叶。

锥体细胞（cones）
视网膜上的感光细胞，能使我们在强光条件下看清颜色。

盲点（blind spot）
我们不能看到的视觉区域，位于视神经与视网膜的连接处。

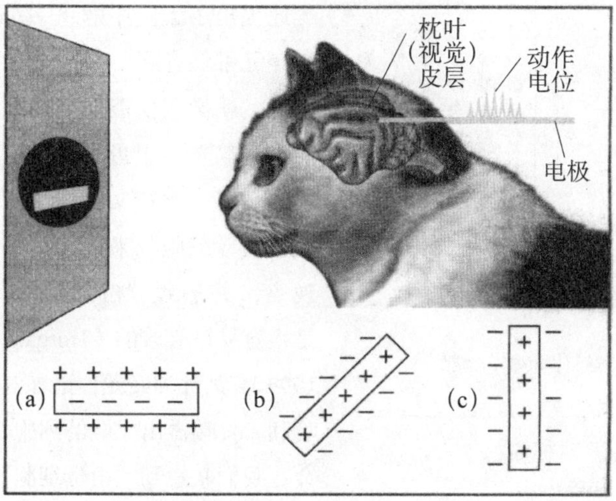

图 4.9 细胞对特定方向的光带做出反应

上图：休伯和威塞尔研究当猫注视屏幕上的一道光带时，它们视觉皮层的活动。

下图：视觉对亮处的暗条［减号在加号之中（a）］或暗处的亮条［加号在减号之中（b）］的反应是特定的，它们都是有特定方向的，比如水平的、斜向的或垂直的（c）。视觉皮层的细胞也可以觉察边界。

发现 V1 区的许多细胞对特定方向的光带有反应，例如，垂直的、水平的、倾斜的线条或边界。

特征觉察。对具体图案进行反应的神经元叫做特征觉察器，因为它们觉察线条和边界。但是也存在其他的扮演特征觉察器角色的神经元，这些神经元用来觉察其他的感知信息，包括特定长度的线条、复杂的形状，甚至是移动的物体。

正如图 4.8 所示，视觉信息沿着两条主要通道从 V1 区传到更高级的视觉区域。一条通道通往加工位置和动作信息的顶叶的上位部分。另一条通道通往加工物体形状和颜色的颞叶的下位部分。

盲视。盲视是一个能表明次级连接区域参与了视觉加工的显著现象。由于 V1 区的受损而导致盲视的人有时会对周围的事物做出正确的猜测，尽管他们看不见它们，而且报告说他们依靠的仅仅是猜测。因为盲视是运作在意识活动范围之外的，一些非科学人员猜测这可能是一个超自然现象。当然也有一个简单的自然解释：盲视的人的 V1 区受损，导致通往视觉联合区的信息通路
124 被堵塞。未经精细加工的视觉信息不通过 V1 区仍然可以到达视觉联合皮层，所以这种视觉信息或许可以说明盲视的原因（Moore，Rodman，Repp，et al.，1995；Stoerig & Cowey，1997；Weiskrantz，1986）。

奥卡姆剃刀原理

这种简单的解释符合事实吗？

格式塔：填补空白。我们的大脑经常填补丢失的信息来帮助我们理解刺激，即主观轮廓现象。1955 年加埃塔诺·卡尼萨（Gaetano Kanizsa）对这种现象产生了浓厚的兴趣。如图 4.10 所示，仅仅是四个角的暗示就能使知觉的图形看起来更像是一个想象出来的正方形。

格式塔原则是管理我们在整体环境下怎样将对象知觉成一个整体的规则（格式塔在德语中的意思是“完形”）。知觉的格式塔原则能够解释为什么我们把世界看作是统一的图形而不是简单混乱的线条。这些原则给我们提供了一个组织和认识我们知觉世界的路线图。格式塔心理学家定义了一套原则，他们相信这些原则可以解释我们利用组织来知觉经验的方式。比如，空间上紧挨着的知觉对象往往被当作整体来知觉，如图 4.11a 中排成列的圆。这就说明了格式塔的接近性原则。当呈现的是局部的视觉信息时，大脑会补全缺失的信息以形成一个完整的整体，这就是封闭性原则（见图 4.11b）。

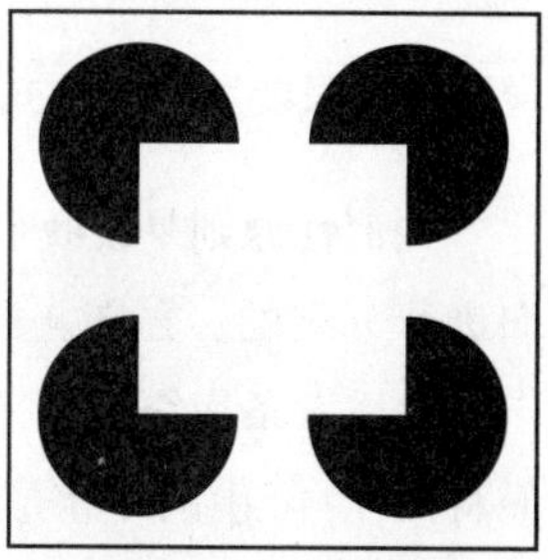

图 4.10 卡尼萨正方形

卡尼萨以正方形为例阐述了主观轮廓。我们在图像中感知到的正方形是想象出来的。（Source：Herrmann & Friederici，2001）

图形—背景原则是另一个格式塔原则。知觉过程中我们会瞬间做出决定把我们的注意力集中到那些我们认为是中心的图形上，并忽视那些被我们认为是背景的部分。我们可以从两个角度看一些图形，比如图 4.11c 中鲁宾花瓶错觉。当我们忽视那些背景时，我们可以在图上看到一个花瓶。如果再仔细看一看这个图形，我们可以把背景看成这样的一幅图片：两个互相对视的人脸。鲁宾花瓶错觉也是双歧图的代表，双歧图就是可以通过两种途径进行知觉的图片。当我们观察双歧图时，我们

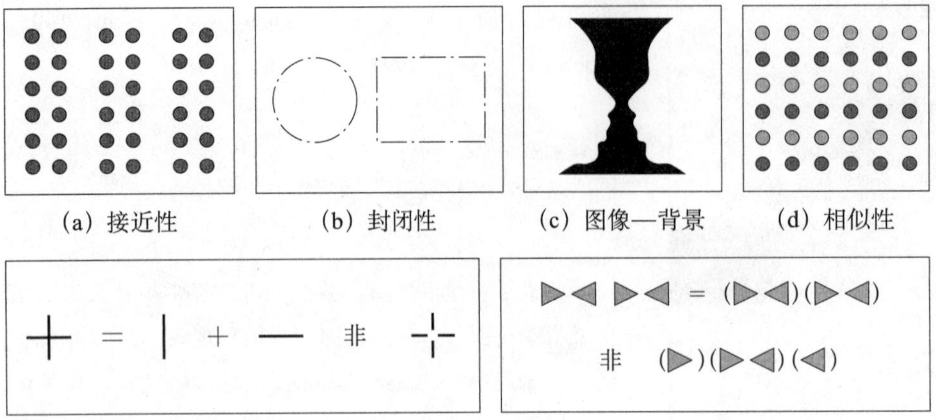

(a) 接近性 (b) 封闭性 (c) 图像—背景 (d) 相似性

(e) 连续性 (f) 对称性

图 4.11 知觉的格式塔原则

正如格式塔心理学家发现的那样，我们运用各种原则来帮助我们组织世界。

通常一次只能用一种方式来感知它们。

相似性原则是说我们是按照对象相似的外形来将它们进行分组的。在图 4.11d 中，我们更有可能将上面的点知觉成六条横线而不是六条竖线。连续性原则使得我们将图 4.11e 中的十字形知觉成一条横线和一条竖线的叠加而不是四条短的线段组合在一起。最后，对称性原则表明在知觉过程中两个对称的图形更有可能被组合在一起作为一个整体来知觉，如图 4.11f 所示。这些原则（以及更多的原则）准确地描述了我们的大脑对感觉信息的主观加工。

125 **面孔识别**。识别熟悉的面孔是我们最重要的知觉任务之一。我们依靠什么特征识别面孔呢？不是每一次的面孔识别都需要完全对照的摹本。漫画家早就了解到了这一点，他们通常通过夸大和抽象一些名人的面部特征的比例来给人们带来喜剧效果。为什么这些古怪的面孔也能被我们识别呢？因为我们知道，我们从周围环境和自我期望中获得信息，所以我们的大脑只处理其中一部分信息。

个体的神经元对特定的面孔有特定的反应吗？科学家们已经知道颞叶的下位部分会对面孔做出反应（回顾图 4.8）。我们将在第 6 章讨论到一些学者近来已经在海马中找到的对名人如哈利・贝瑞面部做出选择性反应的神经元（Quiroga，Reddy，Kreiman，et al.，2005）。在 20 世纪 60 年代，杰瑞・莱特文（Jerry Lettvin）半开玩笑地提出了大脑中的每一个神经元都储存了一份独立的记忆，就像我们能回忆出我们小时候看到祖母坐在客厅里的情形。莱特文创造了术语“祖母细胞”来代表他的观点，并假设“祖母细胞”是很容易被篡改的（Horgan，1999）。某种神经元，诸如对哈利・贝瑞做出反应的细胞，会让我们联想到“祖母细胞”的观点，但是我们还不能这么快地接受这种可能性。即使单独的细胞可能对贝瑞有反应，其他脑叶的神经元也可能会起到协调作用。研究者每次只能记录到一小部分神经元的活动，我们并不知道大脑中的其他部分在干什么。目前，最保守的假设是面孔识别的形成原因是一个规模庞大的神经元网络的作用，而不仅仅是某一单独的细胞的作用。

可证伪性

这种观点能被反驳吗？

奥卡姆剃刀原理

这种简单的解释符合事实吗？

我们如何知觉运动 我们的大脑通过比较物体在眼中形成的视觉构架来判断物体持续的变化，如同在电影里一样。我们就是根据这样的判断来觉察一辆正驶向我们的车子，没了这种判断，我们就无法过马路，更不用说驾驶一辆车了。我们的眼睛有时也会被欺骗，将一些实际上静止的东西知觉为运动的。如图 4.12 所示，将一张图片时远时近地移动就会让人产生一种运动的错觉。由格式塔心理学家马克斯・韦特海默（Max Wertheimer）发现的似动现象，是我们对连续闪现的画面产生的一种运动错觉，就像绕着电影屏幕闪烁的灯光一样。这些灯光往往从屏幕上的一点跳到另一点，但看起来就像是连续的一样。这种似动现象和其他的一些错觉都显示出我们对运动和静止的判断，仅仅依赖我们知觉到的部分信息，而我们的大脑会尽全力来猜测未知觉到的信息。幸运的是，大部分的猜测都是准确的或是至少足够准确到让我们能够正常生活。

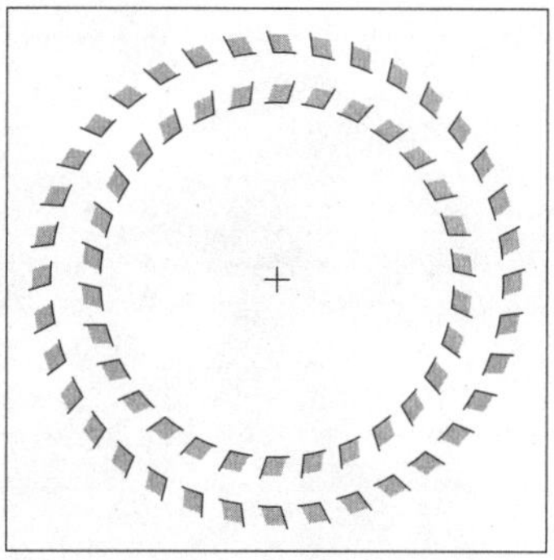

图 4.12 运动着的螺旋幻象
紧盯图中间的加号并将纸紧贴在你脸部，然后慢慢向远处移动。这两个圆圈会反方向地运动，当你反过来将纸靠近的时候，运动的方向就会反过来。(Source：coolopticalillusions.com)

我们如何知觉颜色 颜色令人愉快并会激起我们的想象，我们利用颞叶中的低级视觉通道来加工颜色信息（回顾图 4.8），但它并不在这里产生。不同的色彩知觉理论解释了我们察觉颜色能力的不同方面，这使得我们在鲜艳的颜色中看到周围的世界，观看电视，享受电影。

三原色原理认为我们的视觉基于三种基本的颜色——红、绿、蓝。三原色原理与我们有三种锥体细胞的事实一致，每种锥体细胞都对某一特定波长的光线高度敏感。20 世纪 60 年代提出了三种类型的锥体细胞（Brown & Wald，1964），令人惊讶的是托马斯·杨（Thomas Young）和赫尔曼·冯·赫尔姆霍茨（Hermann von Helmholtz）早在 100 多年前就已经对三原色原理进行过描述。杨的理论（1802）认为我们的视觉对三种基本颜色的光线敏感。赫尔姆霍茨（1850）通过测试色盲被试可以区分的颜色，验证并发展了杨的提议，这样杨—赫尔姆霍茨的视觉三原色原理就诞生了。

可重复性
其他人的研究也会得出类似的结论吗?

126 **色盲**的人不能看到所有的色彩。色盲最常见的原因是遗传变异导致的一种或多种锥体细胞的缺失或者减少。大多数色盲的人只缺失一种锥体细胞。常见的色盲是红绿色盲。那些患有红绿色盲的人可以分辨很多颜色，但缺失可以将红与绿区别开来的锥体细胞。通常用书前彩图 6 来测试红绿色盲；很多男性会有这种情况，但是他们甚至都不知道，因为它很少干扰到日常功能。

你怎么认为?
相对于看到黑或白，看到彩色有哪些进化优势？你能想到一些红绿色盲的人处在劣势的情景吗?

三原色原理很好地解释了眼睛中锥体细胞的不同种类以及它们如何协作来分辨全部颜色的工作机制。但进一步的调查揭示了一个现象，即三原色原理不能解释后像。我们长时间注视一种颜色后再看向别处，会看到同一图片的不同颜色的复制品神秘地出现了，如书前彩图 7，这就是后像。很难解释为什么每种颜色总是产生相同颜色的后像（比如，红色的后像往往是绿色）。后像似乎是视觉皮层加工从锥体细胞和杆体细胞传送来的信息的结果。一个叫对立过程理论的新理论逐渐发展起来，这个理论解释了视觉皮层怎样使得红和绿、蓝和黄、黑和白三对颜色为了激活而对立起来。当红色在大脑中某一特定视觉区域被激活时，神经元通过弹回其相反端来做出回应，这才有了看见绿色的体验。尽管三原色原理准确解释了颜色信息是怎样被眼睛中的感受器加工的，对立过程理论却更好地解释了视觉皮层是如何理解接受到的颜色信息的。

我们如何知觉深度 **深度知觉**是一种看到三维空间关系的能力，它使我们可以够到一个玻璃杯，抓住它而不是打翻它，倒出里面的东西。我们需要知道如何靠近或者远离我们环境周围的物体。我们利用两种线索来知觉深度：**单眼深度线索**（只依靠一只眼睛）和**双眼深度线索**（依赖双眼）。

三原色原理（trichromatic theory）
认为色彩视觉是基于我们对三种不同颜色的灵敏度。

色盲（color blindness）
无法知觉色彩或部分色彩。

深度知觉（depth perception）
判断距离和三维空间关系的能力。

单眼深度线索（monocular depth cues）
能使我们只用单眼判断深度的刺激物。

双眼深度线索（binocular depth cues）
能使我们用双眼判断深度的刺激物。

单眼线索。我们可以仅仅用一只眼睛知觉三维空间。每只眼睛为深度提供独立线索，这些线索包括如下几种。

- 相对大小：较远处的物体看上去比近处物体更小。
- 纹理梯度：当对象变远时它的纹理变得更不明显。
- 遮挡：一个挡住我们视线的物体看上去离得更近一些。根据这个事实，我们知道哪些物体更近，哪些更远。
- 线条透视：房间或者建筑的轮廓随着距离增加而
127 会聚。实际上，平行线永远不会相交，但它们从远处看上去会相交。
- 明亮与阴影：物体投射出阴影，会使它们看上去有种三维的感觉。
- 运动视差：运动速度相同时，近处的物体似乎比远处的物体动得更快一些，这是因为近处物体运动穿过视网膜的速度更快。

双眼线索。我们建立视觉系统，以使得每只眼睛的视觉神经轴突在进入大脑之前，一半绕到另一边，而一半则保留在相同的一边。我们的大脑会比较双眼的视觉信息。这样的比较构成了双眼深度知觉的基础。

- 双眼视差：就像双眼的两个晶状体一样，我们左眼和右眼对近处物体传递着不同的信息，但看远处的物体还是相似的。这种深度线索很容易证明。闭上你的一只眼睛，拿起一支笔竖着放在离你脸1英尺远的地方，使它的顶部与墙上远处的一点（比如一个球形门把手或画框的一角）相连。然后平稳地拿着笔，与此同时，交替睁开你的眼睛。你会发现，虽然那支笔和你的一只眼睛连成一线，但当你换成另一只眼睛时就不再这样了，不过，与远处的物体仍是相连的。每只眼睛看到的世界会有所不同，而我们聪明的大脑会很好地利用这个信息的特点来判断深度。
- 双眼辐合：当我们看近处的物体时，我们会反射性地用眼睛肌肉使双眼向内转动来注视物体。这样的现象称作辐合。我们的大脑会意识到双眼辐合了多少，并用这个信息来估计距离。

这幅画描绘了一个提供单眼深度线索的场景。
（a）相对大小：房屋大约与篱笆一样高，但是我们知道房屋会更大些，所以它肯定更远一些。
（b）纹理梯度：篱笆前的草丛被画得像一片片单独的叶子，但是后面原野里的草就没有过多的细节描绘。
（c）遮挡：房屋一角的那棵树遮挡了房屋的一部分，所以我们能够知道那棵树比房屋离我们更近。

婴儿期出现的深度知觉。我们一学会爬行就能够判断深度。埃莉诺·吉布森（Eleanor Gibson）在一个经典的实验设置中证实了这一现象，这个实验设置叫做视觉悬崖（Gibson，1991；Gibson & Walk，1960）。通常，视觉悬崖由一张铺着拖到地面的方格桌布的桌子构成，而地面也覆盖着相同方格图案的布。在地板上方有一块干净的从桌子那里伸出去的玻璃。6～14个月的婴儿即使在他们的妈妈打手势引诱时也会犹豫是否要爬过离地面几英尺高的玻璃。视觉悬崖的发现告诉我们，深度线索在出生后不久就会出现。

视觉悬崖测试了婴儿判断深度的能力。

知觉恒常性　我们在不同条件下稳定地觉察到刺激物的过程叫做**知觉恒常性**。有这样几种知觉恒常性——形状恒常性、大小恒常性和颜色恒常性。试想我们从不同的角度去看一扇门。由于形状恒常性，不论那扇门是完全地关闭、刚刚打开，还是敞得更开，即使这些形状彼此差异比较显著，我们仍然可以看出它是一扇门。

颜色恒常性是我们在不同的照明条件下觉察颜色一致的能力。试想一队穿着明黄色夹克的消防员，甚至是在非常暗的光线下，他们的夹克看上去也是明黄色的。这是因为我们的知觉系统是根据背景光线和周围的颜色来估计物体颜色的。

128 拿大小恒常性来说，无论事物距离我们远近，我们都有能力感觉事物的真实大小。当一个朋友走远时，她的身影变得越来越小。但是我们几乎从来都没有发现这一现象，也没有认为我们的朋友会神秘缩小。在无意识之中，我们的大脑在心理上放大了远离我们的图像，使得他们更像在相同场景中出现的那样。

当知觉欺骗了我们　有些时候，理解一些事物是怎样工作的最好的办法就是去了解他们不工作时的情况，或者在非正常状态下如何工作。我们已经检测了大量的可以用来解释感知觉原理的错觉。现在我们将进一步检测视觉大小错觉是怎样帮助我们理解每天的知觉的。

那个站在桥后面的男人看上去大小很正常，但是当将图像准确复制到前面之后，由于大小恒常性，他看上去就像一个玩具人。

几个世纪以来，月亮错觉一直吸引着业外人士、哲学家和科学家们（Ross & Plug，2002）。这个错觉是，当月亮靠近地平线时比高高挂在天上时显得更大。对这种现象的一种可能的解释是，当月亮高高挂在天上时周围没有事物与它进行比较。相反，当月亮靠近地平线的时候，我们可能无意识地感觉到它变远了，因为我们看到它和我们已知的很遥远的事物紧靠在一起，像大楼啊，山丘啊，还有一些树。因为知道这些事物很大，我们会认为月亮更大。

在缪勒—莱耶错觉中，相同长度的一条线段，在两端加上向内的箭头会比加上向外的箭头显得更长（见图 4.13a）。这是因为我们是将线段作为大背景的一部分来知觉的。三位研究者（Segall，Campbell，& Herskovits，1966）发现，不同文化背景的人对缪勒—莱耶错觉的反应是不同的。生活在围成圈而不是排成列的茅屋和街道中的祖鲁人，相对而言不易受缪勒—莱耶错觉的影响，这很可能是因为他们相对来说少一些线性环境的经历。

在潘佐错觉，又称铁轨错觉中，将两个相同大小的物体融合于汇聚的线条中，会导致我们感觉靠近汇合线的物体更大（见图 4.13b），我们的大脑“假定”靠近汇合线的物体更远，通过使物体看起来更大进行知识的填补。

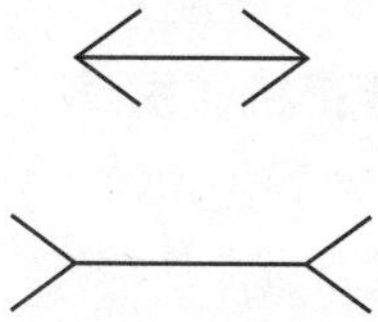

（a）哪条水平线更长？

（b）哪条线更长？

图 4.13　你如何准确判断相对大小？

(a) 缪勒—莱耶错觉；

(b) 潘佐错觉。

知觉恒常性（perceptual constancy）

我们在不同的条件下稳定地觉察到刺激物的过程。

★小测试

1. 不同物种的可见光谱不同。 正确 错误
2. 眼球晶状体形状的改变主要取决于光线条件的明暗。 正确 错误
3. 尽管我们将客观物体知觉成一个整体，但是不同脑区加工不同的视觉信息，如形状、颜色、运动。 正确 错误
4. 红绿色盲的原因是杆体细胞受损而锥体细胞完整未受损。 正确 错误
5. 我们能够进行深度知觉仅仅是因为我们双眼的视线有轻微的不同。 正确 错误

答案：（1）对（p.120）；（2）对（p.122）；（3）对（p.123）；（4）错（p.126）；（5）错（p.126）

129 ## 听：听觉系统

介绍完了视觉，紧接着我们来看看**听觉**，即我们对声音的感觉。我们的听觉，可能是我们最依赖的获取周围信息的感觉通道。

声音：机械振动

声音是振动，一种通过媒介传播的机械能量，这种媒介通常是空气。这种干扰来自于空气中的分子振动产生的声波。这种振动的精确特性（以及我们体验到的确切的声音）是由音高、音色和响度的组合来决定的。

声音的音高与声音振动的频率有关。高频率对应高音高，低频率对应低音高。科学家用每秒的周期数或赫兹（Hz）来衡量音高（见图 4.14）。人类的耳朵可以感觉到频率在 20 ～ 20 000 赫兹之间的声音。当涉及音高的敏感性时，年龄起着重要的作用。年轻人对音高的敏感程度高于老人。最近开发的手机铃声巧妙地利用了这个自然现象的简单性质，青少年可以听见，而他们的父母和老师听不见（Vitello，2006）。然而，还有其他不同的用法。一些店家使用同样高频率的声音在他们的店门之外吸引青少年但又不惊扰到成年顾客。

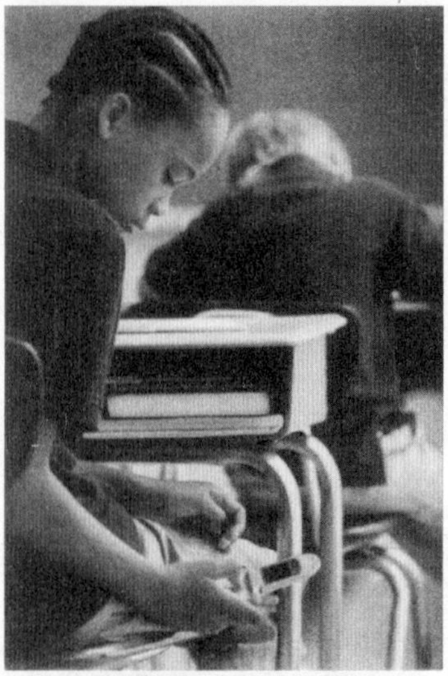

一个高中生在回应“只有青少年才能听见”的铃声。

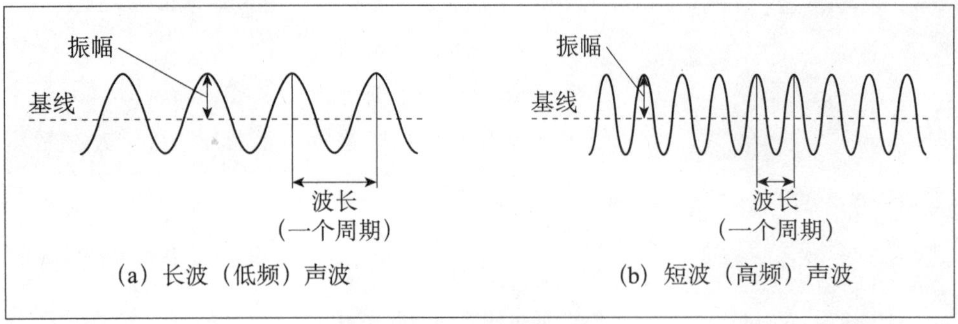

图 4.14 声波的频率和振幅

声波的频率（每秒的周期数）是波长（一个周期的宽度）的倒数。声波的振幅是周期的高度。中央 C 音（a）的频率要低于中央 A 音（b）的频率。

声波的振幅或者称为高度，对应的是响度，以分贝 (dB) 为单位。振幅增加会产生很大的噪声是因为有

听觉（audition）
对声音的感觉。

更多的机械振动，也就是说，更多的空气分子振动。表 4.1 列出了多种常见的声音和它们的典型响度。音色涉及声音的品质和复杂性。不同的乐器听起来不同，是因为它们的音色不同，根据声音来辨别不同的人也是这个道理。

你怎么认为?

你刚刚被任命为一个主要城市的控制噪声污染的负责人，你会采取哪些措施最大限度地降低城市噪声
130 以减少市民的听力损伤?

耳的工作机制

就像视觉感受器将光信号转换成神经活动一样，听觉感受器是将声音转换成神经活动。

耳的构造　耳有三个部分，即外耳、中耳和内耳，每一部分发挥着不同的作用（见图 4.15）。外耳，包括耳郭（我们看到的部分，即它的皮肤和软骨瓣）和外耳道，外耳的功能很简单，它把声波聚集到鼓室膜（通常被称作鼓膜）上。在鼓膜的另一面是中耳，中耳内有听小骨——人体中最小的三块骨头——根据它们的形状分别叫锤骨、砧骨、镫骨。这些听小骨把声波振动从鼓膜传到内耳。**【学习目标 4.5】**

表 4.1　常见的声音

此分贝表比较了一些常见的声音并显示了这些声音对听力的潜在影响。

声音	噪声水平（分贝）	影响
喷气发动机（近似） 摇滚音乐会（变奏）	140 110 ~ 140	大约在 125 分贝时我们开始感到疼痛
雷声（近似） 电锯（链锯）	120 110	经常在超过 100 分贝的声音环境中停留 1 分钟以上会有永久失聪的风险
垃圾车 / 水泥搅拌机	100	建议在 90 到 100 分贝的声音环境中裸耳时间不要超过 15 分钟
摩托车（25 英尺）	88	很吵
割草机	85 ~ 90	85 分贝时听力开始出现损伤（8 小时后）
一般的城市交通	80	吵；谈话受到影响；经常暴露在此声音环境中可能会导致损伤
吸尘器	70	会被打扰；影响打电话
正常谈话	50 ~ 65	舒适的声音强度在 60 分贝以下
耳语	30	非常静
树叶的沙沙响	20	稍有声响

(Source: NIDCD)

耳蜗和柯蒂氏器　**耳蜗**位于内耳并将振动转换成神经活动。耳蜗一词源于希腊语 kokhlias，意思是“蜗牛”或“螺钉”，顾名思义，它有一个螺旋结构（见图 4.15）。耳蜗的外表面是骨质的，它的内腔充满黏稠的液体。声波的振动扰动液体，振动传播到耳蜗的底部，压力的释放和传导就发生在此。

柯蒂氏器和**基底膜**对听觉起着非常关键的作用，
因为毛细胞就深嵌在它们之中。毛细胞是声音信号转换 131
的部位：它们将声音信号转化成动作电位。这得益于毛细胞上有突出到耳蜗液体中的纤毛（毛发状结构）。当声波在耳蜗中传播时，产生的压力会使毛细胞的纤毛结构发生弯曲，从而使毛细胞兴奋起来（Roberts，Howard，& Hudspeth，1988）。这一信号传入听神经，之后到达脑部。

听觉

一旦听神经进入大脑，它首先和脑干建立联系，脑干把听觉信号向上传输到听觉皮层。在每一阶段，知觉都会变得更加复杂。在这方面，听觉感知和视觉感知是相似的。

音高感知　不同的音高在初级听觉中枢的不同部位 132
表征（见图 4.16）。这是因为每个部位都接受来自基底膜特定部位的信息。位于基底膜底部的毛细胞对高音高的

耳蜗（cochlea）
骨质的、螺旋形的听觉器官。

柯蒂氏器（organ of Corti）
包含对听力至关重要的毛细胞的组织。

基底膜（basilar membrane）
支持耳蜗中柯蒂氏器和毛细胞的薄膜。

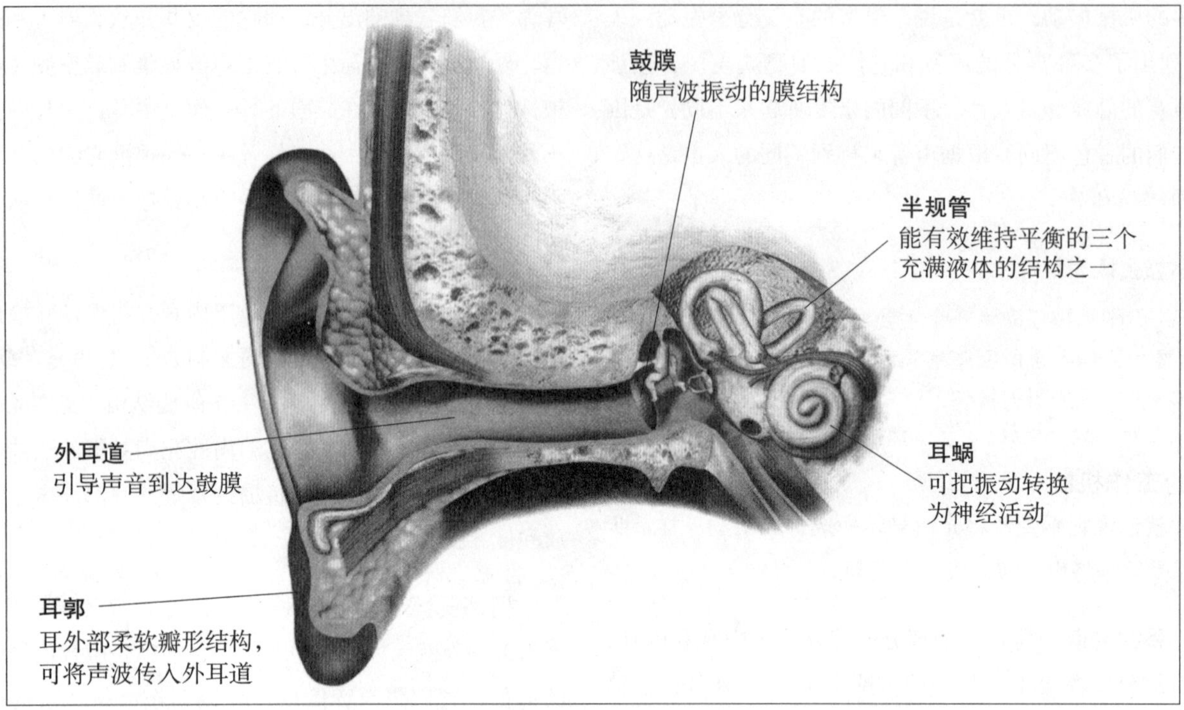

图 4.15　人耳及其结构（剖面图）

（Source：Adapted from Dorling Kindersley）

感受性最强，反之位于基底膜顶部的毛细胞对低音高的感受性最强。**【学习目标 4.6】**科学家把这种音高感知模型叫做位置理论，因为基底膜（听觉中枢也是如此）的特定部位对应特定的音高。

声源定位　我们使用不同的脑中枢来定位来自我们身体的各个方位的声源。当听觉神经进入脑干时，一些轴突和脑的一侧的细胞发生联系，而另一些则穿行到脑的另一侧。这种巧妙的布局可以让来自两只耳的信息到达脑干的同一结构。因为两种信息走的是不同的路径，因而到达脑干稍不同步。我们的脑根据这个差异来定位声源（见图 4.17）。这种到达两耳的存在差异的声音感

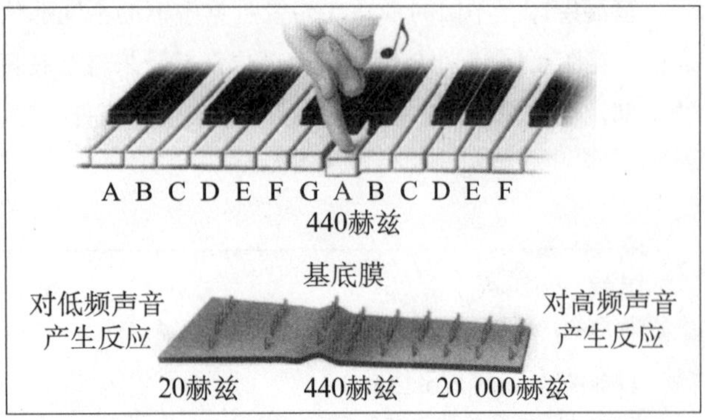

图 4.16　基底膜音高分布组织图

基底膜底部的毛细胞对高频声音产生反应，相反在顶部的毛细胞对低频声音产生反应。

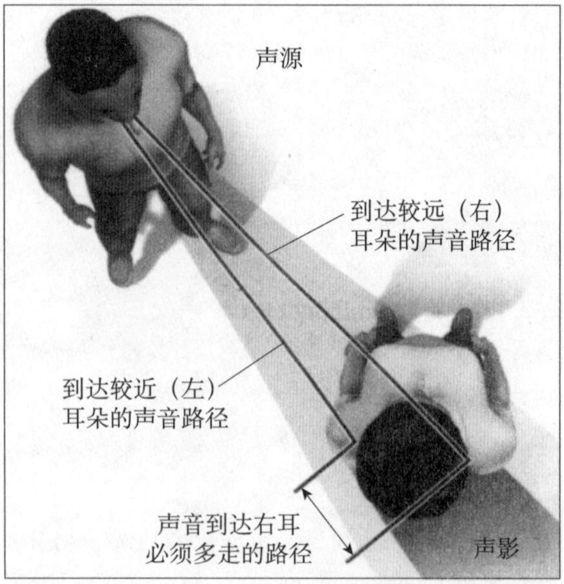

图 4.17　我们怎样定位声源

当有人站在我们的左侧对我们说话时，声音到达我们的左耳要稍微早于右耳。并且到达左耳的声音响度也要比到达右耳的声音响度大，这是因为右耳位于由头和肩形成的声影里。

★小测试

1. 随着年龄的增长，相较于高频声音而言，我们更容易丧失对低频声音的感受性。 正确 错误
2. 声波通过振动耳蜗中的液体而被转换成神经冲动。 正确 错误
3. 位置理论声称内耳中的每一个毛细胞都有其最敏感的特定音高或频率。 正确 错误
4. 我们之所以能对声源进行定位是因为离声源近的那只耳朵感受到的音高似乎更高一些。 正确 错误

答案：（1）错（p.129）；（2）对（p.130）；（3）对（pp.131–132）；（4）错（p.132）

知方式叫做双耳线索。到达两耳的声音的响度也是不同的，因为离声源较近的一侧耳朵在声波的直线路径上，而远一点的耳朵处在由头部形成的声影里。

嗅觉、味觉和触觉

没有嗅觉、味觉，我们生活中的许多事情都会变得平淡无味。世界著名的烹调流派都用富有特色的调料来为他们的菜肴增色。同样，嗅觉和味觉刺激我们的感官并提升了我们的精神。"安慰食物"（comfort food）一词就是指我们苦苦寻觅的熟悉食物，这些食物能唤起温暖。

嗅觉和**味觉**一起加强了我们对某些食物的喜爱和对另一些食物的厌恶。嗅觉和味觉被称作"化学感觉"，因为我们的这些感觉是从对物质中的化学成分的感官经验
133 中发展而来的。化学感觉的最重要的作用就是在我们吃下食物之前品尝它。馊牛奶的气味和味道对我们来说是种强烈的刺激，即使我们想喝，也很少有人可以忍受得了。一种陌生的苦味可能预示着危险的细菌或是有毒的食物。我们根据气味和味道形成对"安全"食物的偏爱。

躯体感觉，即我们对接触的感觉，它负责我们觉知压力的能力，轻到头发掉落下来的轻微的痒感，重到一个人被绊倒并压在我们身上的冲击感。躯体感觉还包括痛觉和温度觉。对痛的感知听起来似乎不是我们想要的；但事实上对痛和温度的感知能力在我们的生存中发挥着异常重要的作用，因为它们可以在我们受伤和生病时向我们发出警报。想象一下你攥住一支玫瑰花，玫瑰的刺扎入你的手指但你却不感到痛，你就可能紧紧地攥住它，刺就深深地扎入你的手指并且导致损伤和感染。

我们会依次讨论剩下的各种感觉。

嗅觉与味觉携手同行

气味是由那些依靠空气传播的化学物质作用于我们

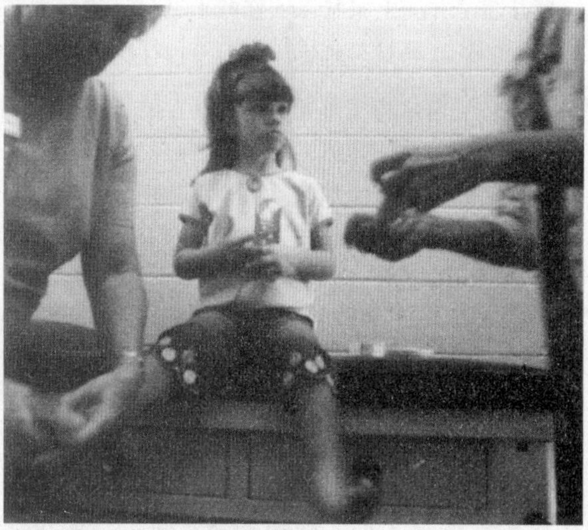

阿什琳·布洛克尔（Ashlyn Blocker）生来便对疼痛反应迟钝。这种罕见的症状使人们不能觉知疼痛和温度。她的父母和老师们需要不断地监视她以保证她不会无意中伤害自己。许多患此病的人因受伤和感染而很早就去世了。

嗅觉（olfaction）
我们对气味的感觉。

味觉（gestation）
我们对味道的感觉。

躯体感觉（somatosensation）
我们对接触的感觉。

鼻腔黏膜上的感受器而产生的。据估计我们的鼻子完全有能力侦探到 2 000 到 4 000 种气味。但并不是每种物质都是有气味的（我打赌你听到这里肯定很高兴！），比如干净的水就是一种没有气味的物质。与嗅觉相比，我们只能感知到少数几种味道。我们对五种基本的味道敏感——甜味、咸味、酸味、苦味和鲜味，鲜味是最近才被发现的与“肉”味和“咸”味类似的味道。现在已经有初步证据证明第六种味觉的存在——含脂肪食物的味道（Gilbertson et al.，1997）。

既然我们只有五六种味觉，那我们为什么还可以尝到那么多的味道呢？原因就在于我们的味觉感知在很大程度上得到了嗅觉的帮助，这也可以解释为什么当我们鼻塞时，食物就会变得索然无味。超出我们已知的是，我们觉得某些食物好吃仅仅是因为它们闻起来不错。事实上我们感知到的是味道和气味的结合体。如果你不信的话，我们来做一个实验。买一些多种口味的软心糖豆，打开盖子并闭上眼睛保证你看不见自己拿着的是哪一种口味的软心糖豆。然后用一只手捏住你的鼻子用另一只手把软心糖豆塞进嘴里。最初你无法辨别出你吃的是哪一种软心糖豆的味道。你只知道它是甜的。然后松开捏着鼻子的手，你就能很快辨别出你吃的是哪一种味道的软心糖豆了。

我们用舌头上的**味蕾**来感知味道。舌头上的突起叫做舌乳头，包含了大量的味蕾（见图 4.18）。甜、咸、酸、苦和鲜都有各自的味蕾（Chandrashekar et al.，2006）。

鲜味感受器一直备受争议，直到通过验证以往的生理学研究才证实鲜味感受器确实是在味蕾上（Chandrashekar et al.，2006）。而早在 1908 年，池田菊苗（Kikunae Ikeda）就在很多日本食物，如肉汤、干海苔中分离出了导致鲜味的分子，在此之后的一个世纪，鲜味感受器才得到证实（Yamaguchi & Ninomiya，2000）。今天，多数科学家都认为鲜味是第五味觉。

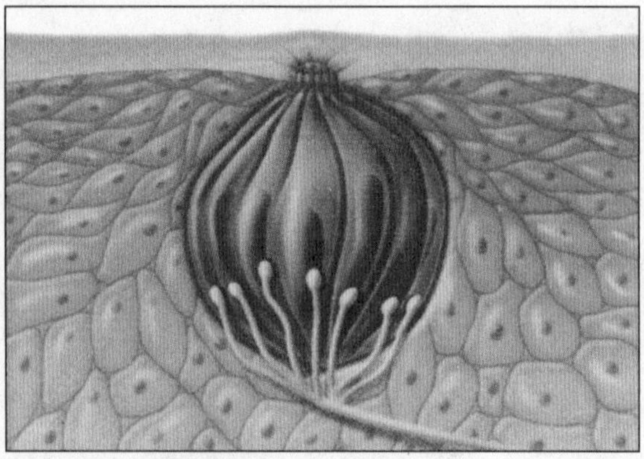

图 4.18　我们怎样尝到味道

正如这张特写图所示，舌头上有很多可以把味觉信息传递到大脑的味蕾。

可重复性

其他人的研究也会得出类似的结论吗？

嗅觉和味觉的感知

我们对气味和味道的感知是非常敏锐的，而且比我们通常所认为的更加有益处。研究发现婴儿可以辨别母亲的气味，兄弟姐妹之间也可以用气味辨别彼此。研究还发现女性可以通过对腋窝气味样本的感知来判断一个人刚刚看过的电影是悲剧还是喜剧（Wysocki & Preti，2004）。

气味和味道在脑中是怎样被解释的呢？气味分子和鼻黏膜上的感受器发生作用之后，信号被传输到嗅觉中枢和边缘系统的某些区域（见书前彩图 8）。同样，味觉信号和味蕾发生作用之后，信号会进入大脑，到达味觉中枢、躯体感觉中枢（因为食物也具有形状）和边缘系统的某些区域。【学习目标 4.7】眶额皮层可以让我们体验到更复杂的基于味道和气味相结合的味觉体验，它是味道和气味的集合地（Rolls，2004）。 134

边缘系统的某些部分，比如杏仁核和眶额皮层，可以帮助我们分辨令人愉快的和令人讨厌的气味（A.K.Anderson et al.，2003）。味道也同样可以令人愉快或者讨厌；讨厌，显然是一种“不好的”味道，品尝令人不愉快的食品和看厌恶的表情（见第 9 章）都会刺激味觉皮层（Wicker et al.，2003）。另外，味觉皮层受损

味蕾（taste buds）

舌头上的一种感觉感受器，负责对甜、咸、酸、苦、鲜或是脂肪香味进行反应。

的人是无法体验到恶心的感觉的（Calder et al.，2000）。这些事实都说明并强调了嗅觉、味觉和情绪之间的紧密联系。

嗅觉在很多动物的交配行为中也发挥了特别重要的作用。事实上有嗅觉基因缺陷的小鼠根本没有交配的欲望（Mandiyan，Coats，& Shah，2005）。那么，嗅觉在人类的性行为中也发挥着核心作用吗？很多香水生产商肯定这样认为。有意思的是，对我们性行为发生作用的并不是香味，而是**信息素**——一种在某一物种内部传递社会信号的没有气味的化学物质——它改变着我们的性行为。有证据证明啮齿动物在交配和社交过程中对信息素有反应（Biasi，Silvotti，& Tirindelli，2001）。其他大部分的哺乳动物包括鲸鱼和马也是如此（Fields，2007）。大多数的哺乳动物都用位于鼻子和嘴之间的犁鼻器来侦探信息素。但是人类并没有这种犁鼻器（Witt & Wozniak，2006），这就导致有人认为人类对信息素并不敏感。另一种假说认为人类通过另一种不同的方式来侦探信息素。人类可以产生信息素的事实支持了这一假说（Pearson，2006）。

排除其他假设的可能性
对于这一研究结论，还有更好的解释吗？

虽然如此，但在花大把的钱购买那些声称可以增添浪漫气氛的信息素产品时我们仍要谨慎地考虑考虑。科学证据表明这些信息素产品很可能压根儿就没有任何作用。信息素是大分子，所以虽然在热吻时很容易从一个人传播到另一个人，但要让这些分子飘过餐馆的桌子到达另一个人效果就不是那么明显了。

触觉和痛觉

可以使躯体感觉系统兴奋的刺激有各种各样的类型。在这方面躯体感觉与视觉和听觉是不同的，因为视觉和听觉只对一种特定类型的刺激发生反应。

压感、温感和损伤　我们的躯体感觉系统对作用在我们皮肤上的诸如轻触和重压、冷热或化学的或机械的（与接触相关）可致痛的损伤发生反应。我们的躯体感
135 觉系统对刺激的感知可以达到非常具体的程度，比如它可以识别盲文字母上的浮雕图案，也可以识别作用在我们身体大部分位置的刺激。

我们用皮肤中神经末梢上的机械刺激感受器来感知轻触和深度压力（见图 4.19）。其中一种机械刺激感受器叫做帕西尼氏小体，它以解剖学家菲力波・帕西尼（Filippo Pacini）命名，他于 1831 年发现了它。帕西尼氏小体特异性地感知深度压力。

我们用游离神经末梢来感知接触、温度，特别是疼痛（回顾图 4.19）。游离神经末梢要比特异性神经末梢多得多。各种不同的神经末梢在我们身体上的分布是不均匀的。我们的指尖有大量的神经末梢（这就可以解释为什么我们割伤手指时会感到异常疼痛），接着就是嘴唇、面部、手掌和脚。背部中央的神经末梢最少，也许这就可以解释为什么我们在进行强烈的背部推拿时却不会感到痛。

我们怎样感知触觉和疼痛　身体接触、温度、疼痛刺激的信号从皮肤传导至脊髓。触觉信号的传导速度要比痛觉信号传导速度快得多。我们也许都有这样的经验：当我们不小心踢到家具上时，我们往往是先感到我们的脚趾踢到了家具，但在一两秒钟后才感觉到剧烈的疼痛。那是因为触觉和痛觉有着不同的功能。触觉会使我们立即感知到周围环境的情况，而这些情况往往是紧急的情况。而痛觉则是警告我们照顾好我们的身体的那一部位。**【学习目标 4.8】**

识别假象

假象：食用冰激凌或其他的冷食过快会产生脑部疼痛。
事实：“大脑冷冻”（有时会被这样称呼）根本影响不到大脑，这只是由于冷食导致了口腔上腭血管的收缩，紧接着血管又产生扩张而产生类似头痛的感觉。

我们都知道疼痛有不同的种类：剧痛、刺痛、阵痛、灼痛和持续稳定的痛。痛觉的类型与致痛的刺激有

信息素（pheromone）
物种成员之间传递社会信号的无味化学物质。

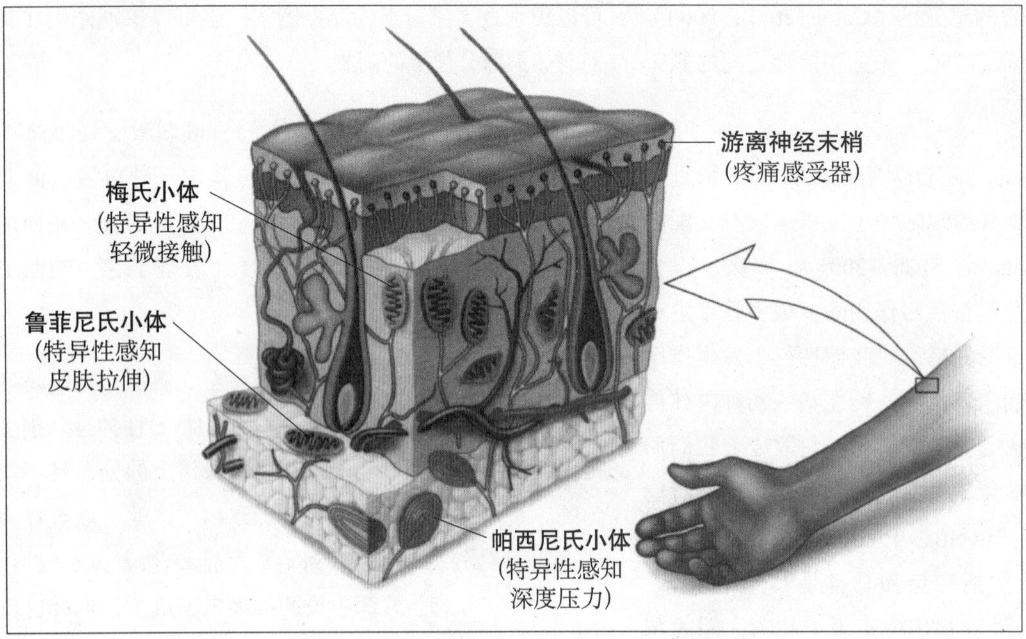

图 4.19 触感
皮肤中有很多特殊的游离神经末梢来探测机械压力、拉伸和疼痛。

关——温度的（和热有关）、化学的或机械的。疼痛可以是急性的，即持续时间很短，也可以是慢性的，即持续时间很长，有时甚至可以持续数年。每种痛觉刺激都有阈值，或者说是我们刚刚感觉到它时的刺激强度。不同的人有不同的痛觉阈值。令人吃惊的是，有一项研究
136 指出天生红色头发的人比其他颜色头发的人需要更多的麻醉剂（Liem et al.，2004）。当然这一相关研究并不能说明红色的头发是导致低痛阈的原因，而是表明一些人的痛阈恰好和头发颜色相关的基因因素有关。

相关还是因果
我们能确信 A 是 B 的原因吗？

多年以来科学界的一致看法是：我们可以忽视疼痛，至少在宁静淡泊的心态下可以忍受疼痛。有证据表明某些文化背景下比如美国印第安人、柬埔寨人、中国人和德国人对待疼痛更加保守、也不愿公开地谈论它，相反，南美洲和中美洲地区的人们更可能接受在疼痛时叫喊和呻吟（Ondeck，2003）。虽然这些对普遍行为的描述有助于外科医生对不同的人群采取不同的处理措施，但痛觉感受性带有民族特点的观点并没有被广泛地认可和接受。另一个假设是医疗专业人员区别对待不同种族的人。黑人和西班牙裔美国人在急救门诊比白人接受麻醉处理的可能性更小（Bonham，2001），这或许可以解释疼痛报告中的一部分差异。

排除其他假设的可能性
对于这一研究结论，还有更好的解释吗？

过火人表演流行于印度、日本、北非和波利尼西亚群岛，过火人必须走过一段 20 ～ 40 英尺长的燃烧过的炭火。此表演最早可以追溯到公元前 1200 年。难道过火人比我们常人体验到的疼痛更少吗？成功的过火表演和痛觉感受性没有关系，而和物理现象有关。用于过火表演的炭和木材的热量交换率很低，虽然炭的中部烧得通红，但其外部的温度并不是很高（Kurtus，2000）。所以只要在炭火上走得足够快我们任何人都可以成功地进行过火表演。当然，如果炭火准备不当或是过火人走得太慢，也会发生严重的事故。

你怎么认为？

你是一名在急诊室服务于各种人群的新护士，你通常要求病人在 10 点量表上估计他们的疼痛水平，作为评估他们病情紧急性的一种方法。在评判病人情况的严重性时，应该考虑什么因素？

过火人的表演虽然存在很大的潜在危险，但只要走得足够快，任何人都可以成功地表演，不会有疼痛感。

身体方位与平衡

我们通常认为我们有五种感觉：视觉、听觉、味觉、嗅觉和触觉。但是事实上我们还有另外两种对我们的日常生活非常重要的感觉系统。每一次运动时，我们都要保持姿势和平衡，还要控制身体的运动。**本体感受**，又叫动觉感受，帮助我们记录我们在哪儿并且帮助我们有效地运动。**前庭觉**，也叫平衡觉，使我们在运动时感知和保持平衡。**【学习目标 4.9】**我们对身体方位的感知和对平衡的感知是协同进行的。

本体感受器：告诉你内部发生了什么 我们用本体感受器来感受肌肉的张力和强度。通过对这两种信息的分析，我们即使闭着眼睛也能知道我们在干什么。本体感受的信息进入脊髓，然后向上传输到脑干和丘脑，最后到达躯体感觉和运动皮层（Naito, 2004）。在这里，大
137 脑连同我们对获得身体定位的意图一起，整合来自我们的肌肉和肌腱的信息（Proske，2006）。

前庭觉：平衡的作用 除了耳蜗，内耳还有三根小管，叫做半规管，因它们弯曲的半圆形状而得名（见图 4.20）。半规管中充满了液体，它们通过觉察运动来帮助我们保持平衡。运动和重力的作用会使半规管中的液体发生移动，这种移动会刺激半规管内的毛细胞，接着进入前庭神经。然后前庭神经把信号传入大脑。

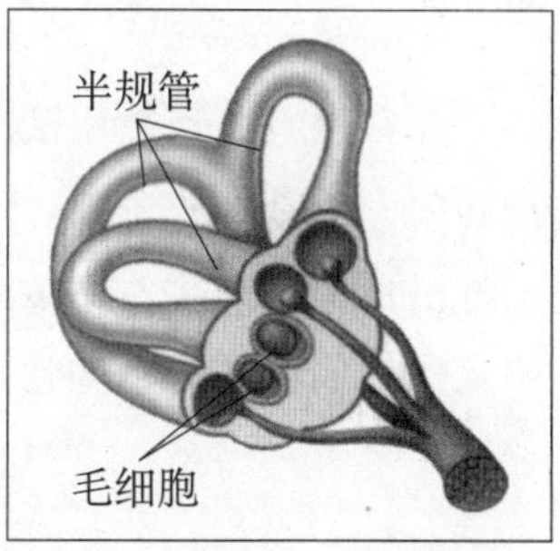

图 4.20 我们怎样感知运动
内耳中的半规管可以觉察运动和重力。

前庭神经信息到达控制眼部肌肉和触发协调头眼运动的反射的脑干的相应部位（Highstein，Fay，& Popper，2004）。前庭信息也会到达协调身体反应的小脑，这种反应使我们在快要歪倒时保持平衡。通常情况下我们无法感受到这种感觉的存在，只有在我们失去平衡时才会注意到它的存在。

工效学：工程心理学 我们的身体和新技术是怎样相互作用的呢？一种叫做"人的因素"的心理学领域优化了技术，使得技术更加适应我们的感知能力。我们可以运用对人类感知觉系统——从位置感到视觉的了解——来制造出更加符合工效学的或有效的、精巧易用

飞机机舱中有很多控制装置，这些装置都是工程心理学家为了提高操作的安全性和简便性而设计的。

本体感受（proprioception）
我们对身体姿势的感知。

前庭觉（vestibular sense）
我们对均衡或平衡的感知。

的工具。

你有没有曾经数次试图去推开一道只有拉才能打开的门，或是花几分钟时间研究怎样打开公寓或旅馆里淋浴器的水龙头？幸运的是，工程心理学家已经能够运用他们广博的感知觉知识来改善我们日用品的设计，比如设计出新式电脑显示器、键盘或更加灵活而精确的鼠标来提高电脑使用者的操作效率。工程心理学家除了设计电脑部件，还设计像安全、易用的飞机控制面板之类的设备。工效学的运用启示我们，我们所了解的大部分感知觉的知识都可以应用于我们生活的各个领域。

★小测试

1. 人类只可以闻到几种气味但可以尝到几千种味道。	正确	错误
2. 犁鼻器可以帮助很多哺乳动物侦探信息素，但人类却没有犁鼻器。	正确	错误
3. 痛觉信息比触觉信息更快地到达脊髓。	正确	错误
4. 本体感受可以使我们不用看我们的身体就可以协调我们的运动。	正确	错误

答案：（1）错（p.133）；（2）对（p.134）；（3）错（p.135）；（4）对（p.136）

138 ## 感觉与知觉的变化

在这一章开始时我们就讲到感觉与知觉是两个不同的概念——知觉经验往往走在感觉器官提供的信息的前面。在某些情况下，我们“自上而下”的加工方式会导致我们知觉的内容显著偏离我们实际的感觉输入。在这一部分中，我们将探讨在感觉信息缺失的情况下，几种知觉方式的改变。

超感官知觉：是事实还是虚构？

我们都知道，科学家已经了解到了很多关于感知觉的知识。但是否仍有一些感知方式尚未被发现呢？这个问题把我们带进了**超感官知觉**（ESP）的神秘王国。超感官知觉的支持者声称我们可以通过除了视觉、听觉、触觉等已知通道以外的其他通道来感知事物。

什么是超感官知觉？ 超感官知觉不是一个单一的概念，相反，超心理学家——结合心理现象来研究超感官知觉的研究人员，把超感官知觉现象分成了以下三种主要的类型（Hines，2003；Hyman，1989）。

（1）预知：在特定事件以超常的方式出现之前就预测出它们的发生，也就是说，此种预测机制超出了传统科学的领域。

（2）心灵感应：解读他人的思想。

（3）透视：觉察被遮挡住的人或物。

一种有别于超感官知觉但又与其甚是相似的现象是念动力——只用意念来移动物体。

调查显示，41% 的美国成年人相信超感官知觉的存在（Haraldsson & Houtkooper，1995；Moore，2005）。并且，三分之二的美国人表示他们有过超感官知觉的心理体验。例如做预示所爱的人去世的梦或在车祸发生之前就预感到会发生车祸（Greeley，1987）。

超感官知觉的科学证据 在现实世界中涉及超感官知觉的事情都是令人难以置信的。想象一下，如果我们可以预言像 2001 年 9 月 11 日的恐怖袭击那样的灾难事件，或者相距很远，仅通过观察情人的行为或用读心术就能觉察出他是否在撒谎，那将是怎样的一种情景啊！

超感官知觉（extrasensory perception，ESP）
通过已知的几种感觉通道之外的通道来感知事物。

齐纳卡片，以约瑟夫·B·莱茵的一个研究伙伴而命名，现已广泛地应用在超感官知觉的研究中。

在 20 世纪 30 年代，约瑟夫·B·莱茵（Joseph B.Rhine）创造了“超感官知觉”这个词并在美国组织开展了对超感官知觉的大规模研究。莱茵曾用一套“齐纳卡片”作为刺激物，这套卡片包括五种标准图形：波形线、星形、圆圈、加号和方形。他把卡片随机地呈现给被试，并让他们猜哪一张卡片将会出现（预知）、另一被试心里想的是哪一张卡片（心灵感应）、被遮盖的是哪一张卡片（透视）。莱茵（1934）首次得出有效的实验结果，他的被试平均每 25 次可以猜中 7 次，其中有 5 次是受概率影响的。

但一个困扰超感官知觉研究长达一个多世纪的问题：其他的研究者即便尝试过，却无法复制莱茵的实验结果。【学习目标 4.10】另外，科学家们后来指出了莱茵的研究方法中存在的致命缺陷。比如，有些齐纳卡片非常破旧和粗制滥造，被试都能通过卡片背面的压印而判断出卡片正面的内容（Alcock，1990；Gilovich，1991）。

可重复性
其他人的研究也会得出类似的结论吗？

其他试图证明超感官知觉现象存在的文献资料，也 139
同样不尽如人意（Bem & Honorton，1994；Lilienfeld，1999c；Milton & Wiseman，1999；Moulton & Kosslyn，2008）。比如，30 多年前的一项实验结果表明，人们可以用意念把图像传输给其他正在做梦的被试（Ullman，Krippner，& Vaughn，1973）。然而，后来的研究都无法得到这些结果。

可重复性
其他人的研究也会得出类似的结论吗？

这些否定的研究结果表明神奇的超感官知觉并没有同样神奇的证据的支持。当然，这些研究结果并不能说明超感官知觉不存在。在科学研究中，要想证伪是相当困难的。但是 150 多年来的验证失败表明，能说明它存在的证据还是不充分的。

特别声明
这类证据可信吗？

巫师的诡计　当一个巫师正确预言了一个重大事件的发生，人们就会特别地关注它。但是，人们却忘记了巫师预言了但未发生的事，更不用说那些巫师没有预言却发生了的事情。所以，人们往往夸大了巫师预言的准确性。那么为什么巫师有时候又似乎很有说服力呢？

那是因为大多数巫师大概都使用一种叫做冷读术

表 4.2　冷读术

技术	例子
开始时使用例行话题，也就是几乎适用于每个人的概括性的话。	“你最近正在为生活中的一些事情做着艰难的选择。”
用模糊的试探性的言语刺激你的思维以套出细节。	“我感觉到名字中带有字母 M 或 N 的人在你最近生活中很重要。”
使用巧妙的说话方式，也就是提出一连串的猜测，这样至少能猜中几项。	“你的父亲病了？”“你的母亲怎么样？”“嗯……我感到你的家中有人生病了或者担心会生病。”
从对方的外表寻找一个人的性格或生活史的一些线索。	打扮传统的人往往做事有分寸；打扮得珠光宝气的人往往比较浮夸；等等。
记住“赞美别人可以让你如鱼得水”。	说对方想听的话，如：“我预测一段非常浪漫的爱情即将诞生。”

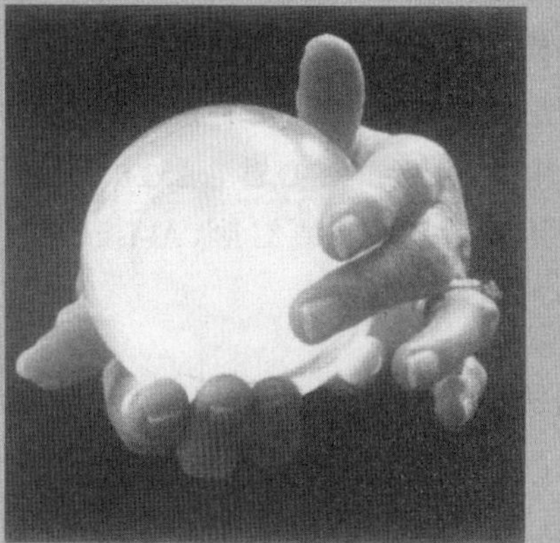

（Source：Hines，2003；Hyman，1977；Rowland，2001）

的技术，这是一种让初次见面的人相信我们知道关于他（她）的全部情况的技术（Hines，2003；Hyman，1977）。如果你想用“读心术”让你的朋友大吃一惊的话，那就记住表 4.2 的几项要点。冷读术发挥作用的一个主要原因是：就像我们在前几章中介绍过的，我们总是在周围世界中找寻意义，甚至还能发现根本不存在的意义。所以在很多方面我们对冷读术的了解至少和冷读术者对我们的了解一样多。

幻觉：体验不存在的东西

最极端的感知觉分离的例子就是幻觉。幻觉是在外界刺激不存在的情况下产生的真实的知觉体验。幻觉可以出现在任何感觉形式中，包括听觉（如声音）、嗅觉（如汽油味）、味觉（如柠檬汽水味）或触觉（如皮肤上爬虫的感觉）。脑部扫描显示当人们报告出现了幻视时他们的视觉皮层变得活跃，就像他们看到真实的事物一样（Allen，Laroi，McGuire，& Aleman，2008；Bentall，2000）。【**学习目标 4.11**】最常见的误解是认为幻觉只出现在有精神障碍的人身上（Aleman & LaRoi，2008）。事实上，幻觉远比人们想象的普遍。调查结果显示，即使是在没有使用毒品和患有精神病的情况下，10% ～ 14%（Sidgwick，1894；Tien，1991；West，1948），甚至 39%（Ohayon，2000；Posey & Losch，1983）的大学生和普通
140 人都报告至少有过一次幻觉体验（Ohayon, 2000）。

幻觉具有很大的个体差异性和情景性。有些人的幻觉体验是恐惧的、不安的，而其他人则报告体验是愉快的甚至是非常舒服的。幻觉的意义和类型也有文化差异。一些非西方文化（包括非洲的一些文化）下的人们相信幻觉可以带来智慧。这些文化背景下的一些人把幻觉看成是上帝赐予的启示并将其运用到宗教仪式中。这些社会中的人甚至费尽心思地通过祈祷、感觉剥夺、禁食和服用致幻剂来制造幻觉（Al-Issa，1995；Bourguig non，1970）。

灵魂出窍和濒死体验

卡洛斯·阿尔瓦拉多（Carlos Alvarado，2000）描述过一个 36 岁警官的一次灵魂出窍体验（OBE），即一种意识离开身体的离奇体验。这次体验发生在她第一次

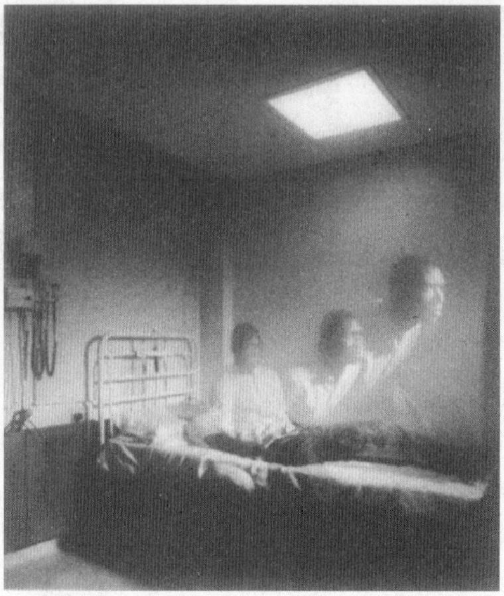

人们好像确实体验过灵魂出窍，但相关研究没有找到意识存在于肉体之外的证据。

巡逻的夜晚，那晚她追捕一个武装的犯罪嫌疑人。“当我和另外三位警官拦住了嫌疑人的汽车，并开始向嫌疑人靠近时……我非常害怕。此时我迅速离开我的身体，上升到 20 英尺高的空中，我一直待在那里，异常平静地看着整个过程。”

灵魂出窍体验的普遍性令人吃惊：大约 25% 的大学生和 10% 的普通人报告有过一次或更多的灵魂出窍体验（Alvarado，2000）。在多数情况下，人们的描述是他们脱离身体，浮在空中，静静地看着自己。

在灵魂出窍的过程中，人们真的离开了自己的肉体吗？实验研究比较了人们体验到灵魂出窍时报告的内容与给定地点发生的情景和声响。有趣的是，虽然被试报告说他们看见和听见了很远地方发生的事情，但他们的报告往往是不准确的，即使是正确的，也只是“合理的猜测”。当研究得出肯定的实验结果时，实验结果也很难再被复制出来（Alvarado，2000）。所以，尽管人们以为体验到了离开自己身体的感觉，但一直没有有力的证据证明这种情况真的存在（Cheyne & Girard，2009；Ehrsson，2007；Lenggenhager et al.，2007）。

可重复性

其他人的研究也会得出类似的结论吗？

你怎么认为?

你对设计一个强有力的、客观的支持灵魂出窍现象的研究很感兴趣。你能否想出一个实验设计，询问参与者几个问题，这些问题只有体验过灵魂出窍的被试才能回答?

濒死体验（NDEs）是濒临死亡或者是认为自己快要死了的人体验到的一种灵魂出窍体验。大约 12% 到 33% 的临近死亡的人报告称他们有“濒死体验”（Greyson，2000；Ring，1984；Sabom，1982；van Lommel et al.，2001）。自从 30 年前雷蒙德·穆迪（Raymond Moody，1975）对濒死体验进行分类之后，美国人就熟知了几种“经典”的濒死体验的基本内容（见表 4.3）。

濒死体验具有个体和文化差异性，这就说明它并不能真实地展示死后情景，它只是对死亡威胁的一种反应，这种反应是在面对死亡的威胁时对普遍信仰的来世的一种建构（Ehrenwald，1974；Noyes & Kletti，1976）。有基督教和佛教文化背景的人在濒死体验中经常报告有穿过一条通道的感觉，而北美的原住民、太平洋岛民和澳大利亚原住民则很少出现这种感觉（Kellehear，1993）。

142　相信濒死体验证明了我们死的时候都会被朋友或所爱的人领入来世的观点是很有诱惑力的。然而支持这种特殊观点存在的证据不是很充分。科学家已经对这种现象给出了另外一种解释，他们认为濒死体验是与心脏衰竭、感觉缺失、麻醉剂和其他的机体损伤有关的大脑的化学变化造成的（Blackmore，1993）。比如说，异常平静的感觉可能是由于大量的内啡肽的释放以及缺氧的大脑产生的嗞嗞、嗡嗡或隆隆的其他奇怪的声音造成的（Blackmore，1993）。濒死体验也可以由大脑颞叶产生的电刺激引起（Persinger，1994）。战斗机飞行员训练时巨大的加速度造成的暂时脑缺氧（Whinnery，1997）和一些毒品（Jansen，1991）也可以产生濒死体验。

特别声明

这类证据可信吗?

排除其他假设的可能性

对于这一研究结论，还有更好的解释吗?

澄清事实

有些人体验过一种叫做“不相识症”的现象，它的法语意思是“从未见过”，这种现象在本质上和既视感相反。有不相识症的人会突然对熟悉的东西感到陌生。不相识症有时会发生在有神经障碍的人身上，比如遗忘症（见第 6 章）和癫痫（Brown，2004a，b）。

既视感体验

你是否有过感到自己“到过”某地或“做过”某事这种令人惊奇的心理体验？你是否有过重新体验某事的感觉，感觉一幕幕似曾相识，即使你知道此时的刺激是完全陌生的？也许你还曾感觉到你可以轻易地预测接下来将要发生的事。如果你出现过以上一种或几种神秘的一闪而过的熟悉感，那么你就曾体验过**既视感**，它的法语意思是“似曾相识”。调查显示超过三分之二的人至少有过一次既视感的体验（Adachi et al.，2008）。据报道，这些持续 10 到 30 秒的幻觉更容易发生在那些可以记得自己所做的梦、经常旅行、年轻的、有自由主义政治和宗教信仰的、受过高等教育和收入高的人群身上，但原因还尚未得知（Brown，2003，2004a，b）。

科学家还不能完全理解这些奇妙的意识变化。有人认为既视感体验是过去生活经验的记忆。尽管不是不可能，但还不能证明这种解释是错误的，因为它已经超过了科学的研究范围（Stevenson，1960）。

可证伪性

这种观点能被反驳吗?

有一些解释是可以得到验证的。比如，一种假设认为“既视感”是由于大脑右颞叶轻微的放电而产生的，右颞叶与“既视感”有很大关系（Bancaud et al.，1994）。这种解释与右脑颞叶癫痫病人经常在发作前报告体验到了“既视感”的事实相一致。颞叶中过量的神

既视感（déjà vu）
对新的情境感到熟悉。

表 4.3　成人的濒死体验中的常见内容

- 难以用言语形容某种经历
- 听到自己被宣布死亡
- 感觉异常的安静与平和
- 听见异常的噪声
- 遇见“天主”
- 感觉自己变成了明亮的光线
- “人生回放”，也就是看到自己的一生在自己眼前一幕幕地播放
- 到了包含所有知识的王国
- 看见光明之城
- 看见满是鬼魂和精灵的王国
- 被“界限”阻隔
- 回光返照

(Source: Moody, 1975,1977;adapted from Greyson, 2000)

经递质多巴胺在“既视感”的形成过程中发挥了作用（Taiminen & jääskeläinen，2001）。

另一种可能是“既视感”和情景相关，在这种情景中我们处于一种心烦意乱或身体不适的状态，我们无意识地“登记”了我们看到的事物。比如，想象一下我们来到了一所我们未曾见过的公园，但我们却感觉到我们好像来过。也许是因为我们多次开车经过这所公园，但没有特别地注意它，但我们在无意识中记住了它的一些信息（Strayer，Drews，& Johnston，2003）。

还有一种解释认为出现“既视感”是因为现在的情景和过去的情景完全或部分相似。这种相似感的产生是因为我们没有有意识地回忆过去的体验，这种体验可能源于童年或早年的生活。这说明如果我们对一种情景感觉熟悉就是因为我们确实熟悉它，但这是一种无意识的熟悉。

催眠

催眠是一种运用暗示来改变人们的感知觉、思想、情感和行为的技术（Kirsch & Lynn，1998）。今天，我们对催眠现象的理解远比 19 世纪末 20 世纪初的学者如西格蒙德·弗洛伊德、阿尔弗雷德·比奈和威廉·詹姆斯刚开始探索催眠时深得多。可以说从那时起催眠就进入了科学的主流领域。

143

催眠的神秘感和误区：什么是催眠，什么不是催眠 催眠可以使感知觉发生巨大的变化（Cardeña，2005；Nash & Barnier，2008）。然而，公众对催眠的了解并没有和科学的发展同步。在我们探讨两种著名的催眠机制理论之前，我们先来看看五种关于催眠的误区。

【学习目标 4.12】

- **误区 1：“惊人”的事情在催眠产生的恍惚状态下发生了。**现在流行的关于催眠的刻板印象源于舞台催眠表演，催眠师似乎设计了一套程序，使得人们按照程序表现出学鸭子嘎嘎叫或激情地弹奏“空气吉他”的行为（Mackillop，Lynn，& Meyer，2004）。但事实上舞台和电影里人们怪异的行为与恍惚的状态没有任何关系。实际上，催眠对受暗示性没有太大的影响。那些对催眠暗示（如“因为磁力的作用你的双手正在渐渐地合在一起”）接受性强的人往往被证明是在非催眠状态下对类似暗示同样非常敏感的一类人（Kirsch & Lynn，1995）。当然，好莱坞的恐怖电影是个例外，催眠不能让一个温和善良的人变成一个冷血杀手。
- **误区 2：催眠是一种类似睡眠的状态。**苏格兰的内科医师詹姆斯·布雷德（James Braid，1843）指出被催眠的大脑产生了一种类似睡眠的状态。布雷德把这种现象称作神经性睡眠（neurohypnosis，源自希腊文 hypno，意为“睡眠”），经过简化后的“hypnosis”（催眠）沿用至今。然而，被催眠者的脑电波和睡眠时的脑电波并不相似。

在舞台上被催眠的人是经过精心挑选的具有高度受暗示性的人。

识别假象

假象：大多数的催眠师使用一只怀表在被催眠者眼前左右晃动以使其进入放松状态。

事实：现在已经很少有催眠师运用怀表；任何提升催眠期望的程序都可以增强大多数人的受暗示性（Kirsch，1991）。

催眠（hypnosis）
一套运用暗示来改变人们的感知觉、思想、情感和行为的技术。

- **误区 3：被催眠者对周围环境没有意识。**另一种普遍的看法是被催眠的人在“精神恍惚”状态下会失去对环境的感知。而事实是大多数被催眠的人对周围正在发生的事情非常清楚，他们甚至可以回忆出在催眠状态下听到的周围电话谈话的细节（Lynn，Weekes，& Milano，1989）。
- **误区 4：被催眠者会忘记被催眠时发生的事情。**2004 年重拍的 1962 年的电影《谍网迷魂》中有一个人被催眠去完成一项暗杀任务并且事后忘记了在催眠状态下发生的一切。在现实中，催眠中的自发性遗忘是极少见的并且仅出现在那些期望催眠可以让自己遗忘的人身上（Simon &

144

批判性思考：催眠可以让我们体验到年龄退行和前世吗？

催眠最为广知的神秘之处在于它可以帮助人们重新记起发生在早年甚至是出生时的事情。一部电视纪录片（Bikel，1995）展示了一位妇女在一系列治疗过程中经历的年龄退行，她回到了童年时期、胎儿时期，最后甚至回到了她卡在母亲输卵管里的时候。这位妇女描述了她被卡在这个不舒适的位置时所经历的极其不适的情感体验。尽管这位妇女确信她的确经历过这些，但是我们仍然可以断定这并非基于记忆（毕竟那时她还未发育出大脑，甚至她还是一个未受精的卵细胞）。相反，经历年龄退行的被试会按照他们认为的该年龄儿童应有的行为方式去表现。但是年龄退行的成年人并没有表现出该年龄所预期的各项发展指标。比如说，当退行到童年期时，他们表现出的脑电图（EEGs）仍是成人的而不是儿童的。图 4.21 给出了另一个例子。

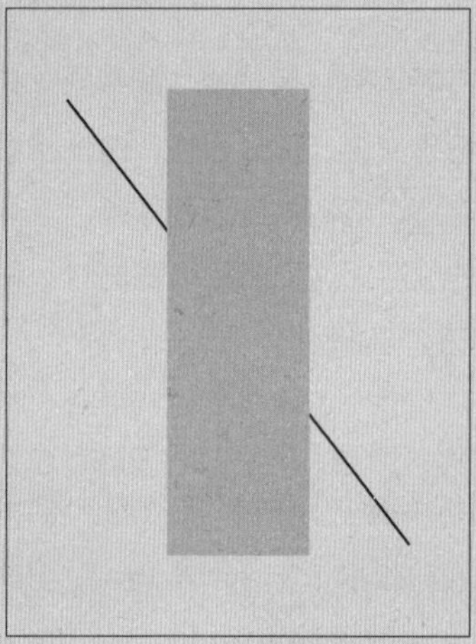

图 4.21　波根多夫错觉鉴别年龄退行

研究人员使用波根多夫错觉（如上图所示）来研究催眠导致的年龄退行的效果。成年人往往把上图中两段在同一直线上的线段看成是不在同一直线上，而儿童则不会。当成年人退行到童年时他们看到的线段依然不在一条直线上，这表明催眠导致的年龄退行并不能使成人出现孩子似的知觉。（Source：Ascher，Barber，& Spanos，1972；Nash，1987）

一些治疗师认为当前的问题可以追溯到前世，从而使用**前世回溯法**来治疗他们的病人（Weiss，1988）。通常，他们实施催眠并让年龄退行的病人“追溯”目前的心理、生理障碍的源头。比如，一些运用前世回溯法的治疗理论主张脖子和肩膀的疼痛可能是在前世的生活中被执行了绞刑或断头刑所致。

除了个别特殊情况外，科学家们认同绝大多数前世回溯法报告的内容来自于想象或某个已知时期的历史事实这一说法（Stevenson，1974）。当查证那些已知的事实（如当时国家是处在战乱还是和平时期，那个时期硬币上的人物头像），发现被试对所“回溯”的前世历史环境的描述很少是准确的。即使准确，我们通常也可以用他们受到了良好的教育或是熟知历史知识来解释（Spanos et al.，1991）。一个被试退行到了公元前 50 年，他声称自己是罗马皇帝朱利叶斯·恺撒。而事实上当时还未使用公元前和公元后的概念，而恺撒在第一位罗马皇帝掌权之前几个世纪就逝世了。

前世回溯法（past life regression therapy）
一种催眠病人并使病人想象回到了以前的生活从而找到当前问题的根源的治疗方法。

Salzberg，1985；Young & Cooper，1972）。

- **误区 5：催眠可以促进记忆。**科学研究表明通常情况下催眠并不能提高记忆能力（Erdelyi，1994；Scoboria et al.，2002）。催眠的确可以提升信息的回忆量，但这些回忆出的信息并不都是准确的（Erdelyi，1994；Steblay & Bothwell，1994；Wagstaff，2008）。美国大部分的州法院已经禁止采纳证人在催眠情况下给出的证词，因为他们担心这些不准确的证词会影响陪审团，从而导致错误的判决。

催眠理论　社会认知理论和解离理论是两种影响力最大的催眠理论。社会认知理论家（Barber，1969；Coe & Sarbin，1991；Lynn，Kirsch，& Hallquist，2008；Spanos，1986）反对催眠是一种精神恍惚状态或特殊的意识状态这一说法。相反，他们使用与解释日常社会行为同样的方法来解释催眠。社会认知理论认为，人们的态度、信念和期望都会影响人们对催眠的反应。如果事先告知被试，你可以抵抗催眠暗示，结果就会发现被试能够抵抗催眠暗示，而那些被告知无法抵抗催眠暗示的被试则往往不能够抵抗催眠暗示（Lynn，Nash，Rhue，et al.，1984；Spanos，Cobb，& Gorassini，1985）。

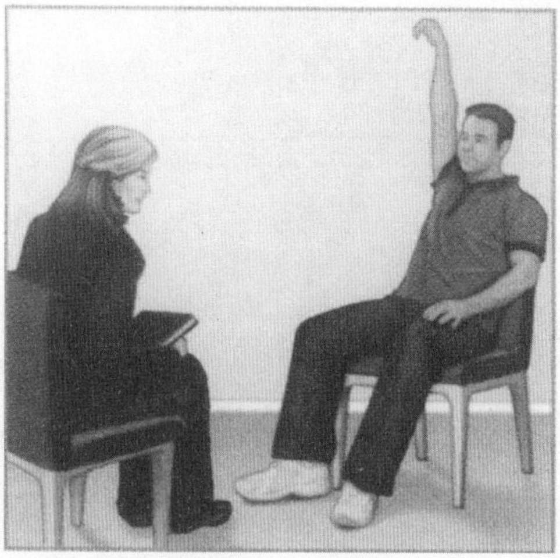

催眠师经常暗示被试他们的一只胳膊正在不由自主地向上抬高。

欧内斯特・希尔加德（Ernest Hilgard，1977，1986，1994）的解离理论是除了社会认知理论外的另一种有影响力的催眠理论（Kihlstrom，1992，1998；Woody & Sadler，2008）。希尔加德（1977）把解离定义为意识分离，在这种状态下，注意、主观努力 145
和计划都是在无意识的情况下进行的。他假设催眠暗示使得正常情况下整合在一起的各种思想分离开了。所以，暗示直接带来了很弱的或没有主观努力和意识控制的反应（Jamieson & Sheehan，2004；Sadler & Woody，2006）。这种理论很好地描述了人们在催眠状态下的体验。然而，和我们通常认为的不一样的是，人在催眠状态下从未完全“放弃控制”自己被催眠时要求做的令人讨厌的事。

很多广告夸大了催眠在戒烟中的效果，这是一种误导公众的行为。不过，有时使用催眠结合一些成熟的治疗方法来帮助人们解除烟瘾不失为一种经济有效的选择。

催眠的临床应用　催眠得到了广泛的临床应用。催眠在治疗疼痛、改善病情、矫正行为（如烟瘾），以及焦虑症、肥胖和其他问题的治疗等方面很有效果（Lynn & Kirsch，2006）。但是没有直接的科学证据证明催眠本身有治疗作用，所以我们应该以批判的态度看待那些只使用催眠方法治疗严重心理问题的专业“催眠师”。

★小测试

1. 我们对寻找并不存在的意义的期望可以在一定程度上解释我们为何会相信巫师的冷读术。 正确 错误
2. 很多和濒死体验相关的体验可以在和“濒死”没有任何关系的环境中产生。 正确 错误
3. 既视感往往会持续一个小时。 正确 错误
4. 催眠术的诱导使得在催眠状态下的受暗示性远远高于非催眠状态下的受暗示性。 正确 错误

答案：（1）对(p.139)；（2）对(p.142)；（3）错(p.142)；（4）错(p.143)

146

全面的复习体系

硬币的两面：感觉与知觉（pp.114-119）

4.1　了解所有感觉的基本原则

换能是将外部的能量，比如光波、声波，转换成神经系统活动的过程。有证据显示，虽然我们大部分的大脑神经连接只对一种感觉形式产生反应，但大脑的某一区域通常也会对另一不同的感觉做出反应。比如，我们在看有声视频的时候，我们看到的内容会对我们听到的内容产生影响。

1. 通过感觉器官的激活来觉知物理能量，再将信息传到大脑更高级区域的过程叫做________。（p.114）
2. ________是大脑对输入的原始感觉信息的解释。（p.114）
3. 把外部刺激能量转化为神经活动的过程叫做________。（p.115）
4. 专门负责转换一种特殊刺激的细胞叫做________。（p.115）
5. 能使神经系统在 50% 的水平上察觉到变化的刺激强度的最小值叫做________。（p.115）
6. 我们能够感知到的刺激强度变化的最小值叫做________。（pp.115-116）

4.2　探索大脑如何形成知觉

信息从初级感觉皮层到达次级感觉皮层，然后到达联合皮层。在这个过程中，知觉变得越来越复杂，受到我们已有知识经验和期望的影响。我们也可以同时加工很多不同的输入信息，这个现象叫做平行加工。所有这些加工过程汇集到一起产生一个统合的知觉经验，称为捆绑。

7. 在（自上而下 / 自下而上）加工过程中，我们从刺激的各个部分建构它的整体。（p.117）
8. 请说出当你把右边这幅图看成是一幅女人头像和萨克斯演奏者时分别发生的信息加工。（p.117）
9. 我们可以专心于某一事件或想法而忽略其他事件，应该归功于________。（p.118）
10. 鸡尾酒会效应是怎样解释我们有监测当下注意范 a 围之外的刺激的能力的？（p.118）

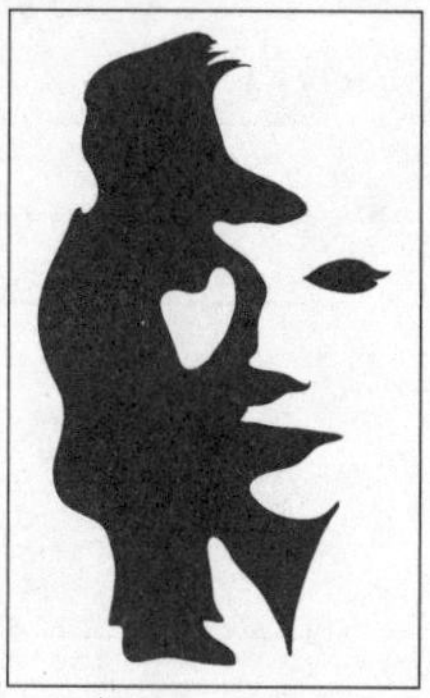

看：视觉系统 (pp.120-128)

4.3　阐释眼睛是怎样进行视觉加工的

眼睛中的晶状体通过从“圆”到“扁”的变化，来聚焦近处和远处物体的图像。晶状体可以将光线精确地聚焦在位于眼睛后面的视网膜上。视网膜上存在让我们看见形状的杆体细胞和看见颜色的锥体细胞。视网膜上的其他细胞则将光信号通过视神经传至大脑。

11. 人类可见光的波长范围叫做________。（p.120）
12. 到达我们眼睛的反射光的强度叫做________。（p.122）
13. 我们可以把________比作“电影荧幕”，在它上面可以放映来自世界的光线。（p.121）
14. ________由完全透明的细胞构成，通过改变自身的曲度来保持图像的聚焦。（p.122）
15. 可以让我们在弱光下看见物体的感受器细胞是________；让我们看见颜色的感受器细胞是________。（p.122）
16. 请写出眼睛的构造及其功能。（p.121）

147

参考答案在本书的结尾处

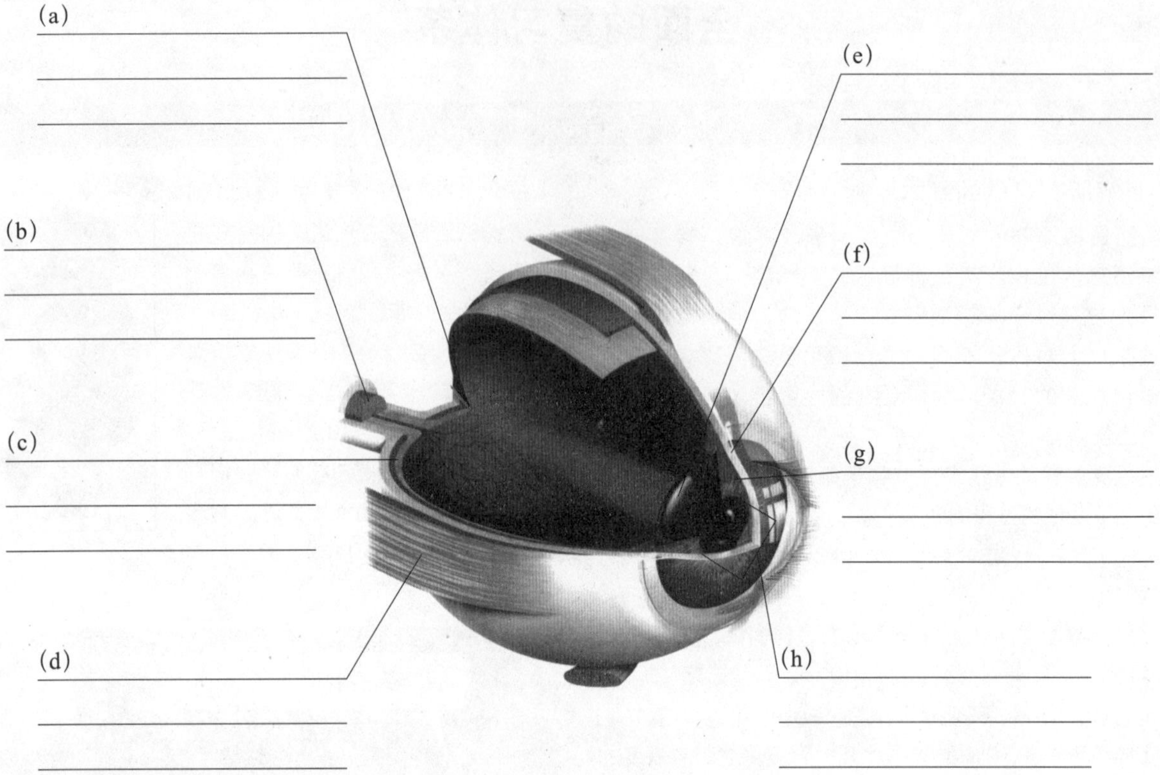

4.4 了解不同类型的视知觉

我们的视觉系统可以感知形状、颜色和运动。我们用视觉皮层的不同区域来处理不同的视知觉。初级视觉皮层中的细胞，叫做 V1 区，可以感知特定方向的光线，比如水平线和垂直线。颜色知觉是把视野中物体反射的光线同周围背景进行比较的过程。我们的视觉系统通过比较视觉内容中的单个“静止框架”来实现对运动的感知。

17. 我们用________上的不同区域来感知形状、运动、颜色和深度。(pp.122-123)
18. 运用你学到的视知觉的格式塔原则，说出右图中所用到的两种原则。(p.124)
19. 我们感知三维空间关系的能力叫做________。(p.126)
20. 我们在不同的条件下稳定地觉察到刺激物的过程叫做________。(p.127)

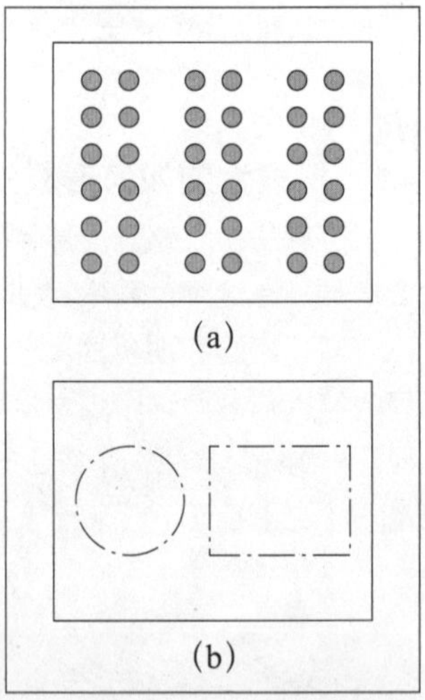

听：听觉系统（pp.129–132）

4.5 阐释耳朵是怎样进行听觉加工的

空气分子振动产生的声波被耳郭收集到外耳。这些声波会刺激鼓膜，导致中耳中的三块听小骨发生振动。这个过程对耳蜗产生压力，耳蜗包括基底膜和柯蒂氏器，毛细胞就深嵌在它们之中。毛细胞弯曲后产生兴奋，接着听觉信号通过听神经传到大脑。

21. ________是声波的频率，其单位是赫兹（Hz）。(p.129)
22. 声波的振动的高度称为________，其单位是分贝（dB）。(p.129)
23. 我们把声音的复杂程度或品质叫做________。(p.129)
24. ________位于内耳，它的功能是将振动转换成神经活动。(p.130)
25. 柯蒂氏器和基底膜对于听觉非常重要，因为________就分布在其中。(p.130)

26. 请写出耳的构造及其功能。(p.131)

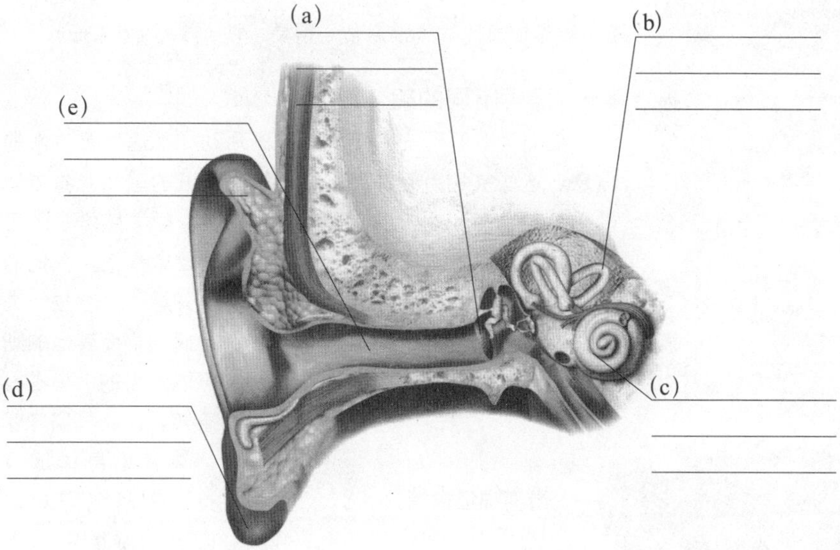

4.6　了解不同类型的听知觉

我们根据基底膜上得到最大激活的毛细胞的位置来确定音高。我们还可以感知声音的位置，叫做“声源定位”。响度和音色也是声音知觉的重要特性。

27. 通过基底膜来感知音高的理论叫做
_________理论。(pp.131-132) 148

28. 我们使用不同的脑中枢来_________来自我们身体的各个方位的声源。(p.132)

29. 请说明我们怎样通过声源定位声音。(p.131)

30. 到达两耳存在差异的声音感知方式叫_________。(p.132)

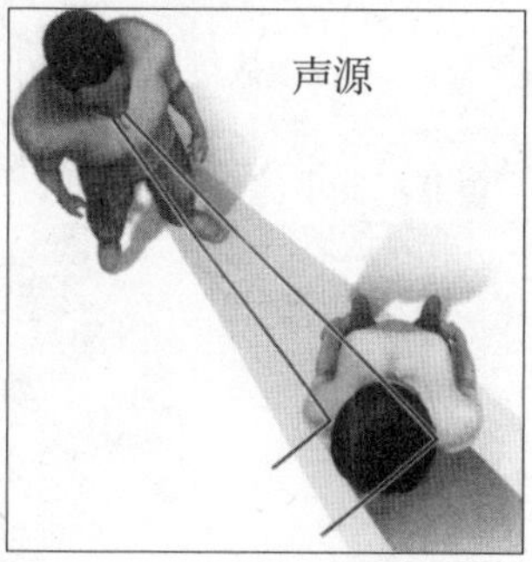

嗅觉、味觉和触觉 (pp.132–137)

4.7　了解我们如何感知味道和气味

味觉和嗅觉都是化学感觉，因为我们的感受器会与有味道和气味的分子发生反应。舌头上有甜味、酸味、咸味和鲜味 (一种“肉”味或“脂肪香”的味道) 的感受器。我们感知不同食物味道的能力在很大程度上依赖于嗅觉。我们鼻子中的嗅觉感受器可以分辨出几百种不同的气味分子。我们同时用味觉和嗅觉来辨别食物。我们对可以影响我们性反应的信息素和无味分子也敏感。

31. 我们用舌头上的_________来感知味道。(p.133)

32. 我们可以辨别出___种基本的味道，_________是最近刚刚发现的一种基本味道。(p.133)

33. 作为边缘系统的一部分，嗅觉与味觉的交汇区域是_________。(p.134)

34. 标出脑中涉及嗅觉与味觉的结构。(p.134)

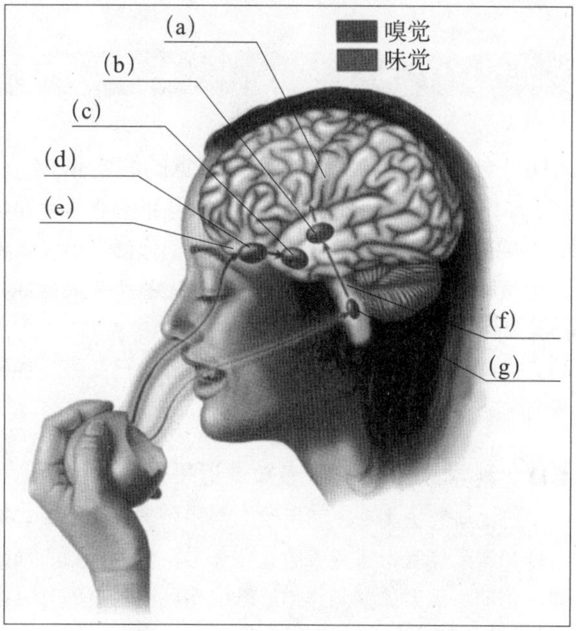

35. 能发挥社会信号作用并且可以改变动物的性行为的无味化学物质是________。(p.134)

4.8 描述痛觉和触觉的区别

我们用不同的感受器来获得痛觉和触觉，痛觉中有很大一部分是情绪性的体验，而触觉则没有。这是因为痛觉信息会激活附加在躯体感觉皮层上的边缘系统的一部分区域。虽然痛觉会令我们感觉不快，但它对于我们的生存至关重要。

36. 解释人类感知物理压力、温度和疼痛的过程。(p.135)

37. 我们用________来感知触觉、温度，尤其是痛觉。(p.135)

38. 触觉信息比痛觉信息传导得更（快 / 慢）。(p.135)

4.9 描述不同的躯体感觉

我们可以处理皮肤接触、肌肉活动和加速度等方面的信息。这些被称为躯体感觉，对肌肉位置的感知叫做本体感受，对平衡和均衡的感受叫做前庭觉。躯体感觉系统可以感知轻触、深度压力、热和冷，还有轻微损伤。我们的肌肉中也存在着感受器，这些感受器中有些可以对拉伸进行感知，而其他的则可以对力的大小进行感知。借此我们可以计算我们身体的位置。然而我们却对自己的平衡能力浑然不知。

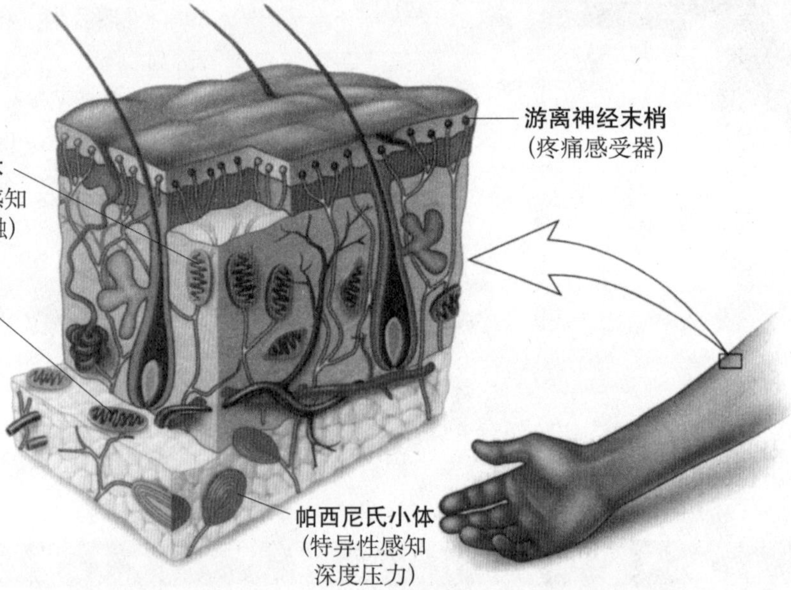

39. 对身体方位的感知叫做________。(p.136)

40. ________也叫做均衡感，可以让我们感知并保持平衡。(p.136)

149

感觉与知觉的变化（pp.138–145）

4.10 分析支持与反对超感官知觉的科学依据

即使缺少科学证据，大多数人还是相信超感官知觉现象的存在，这在一定程度上是因为人们低估了小概率事件发生的可能性，比如在一个聚会相遇上的两个人恰好在同一天出生。

41. ________的支持者认为我们可以通过已知的几种感觉通道之外的通道来感知事物。(p.138)

4.11 科学家如何解释感知觉近乎神秘的变化

幻觉与感觉剥夺、使用致幻剂和意识改变有关。灵魂出窍和濒死体验似乎存在着文化差异，也可能是心理因素和文化期待因素的共同作用。既视感可能是由颞叶轻微放电产生的一种熟悉感，也可能是源于无意识的信息加工。

42. 最极端的感知觉分离的例子是________。(p.139)

43. 在高度紧张或极度放松的情况下如果你感觉到你的意识离开了你的身体，那么你有可能正在经历________。(p.140)

44. 虽然存在很大的文化和宗教差异，但很多人还是把________经历与接近光明联系起来。(p.141)

45. 如果你对陌生的事物有熟悉的感觉或者感到你到了某个似曾相识的地方，那么你经历了________。(p.142)

4.12 辨别有关催眠的真假

跟我们通常认为的相反，催眠并不是睡眠的状态，被试也不是意识恍惚的，他们不会忘记在被催眠时发生的事情。催眠不会提升记忆能力反而会增加发生错误记忆的概率。社会认知理论认为催眠现象的产生是因为先前存在的对催眠的期望。解离理论认为可以用与知觉和注意分离的意识经验来解释催眠。

46. 大多数被催眠者（可以 / 不可以）完全意识到周围环境中发生的事情。（p.143）
47. 一种最常见的误区之一是________法可以使人们回忆起前世。（p.144）
48. 研究人员使用下面的错觉图研究催眠产生的年龄退行，它的名字是什么？（p.144）

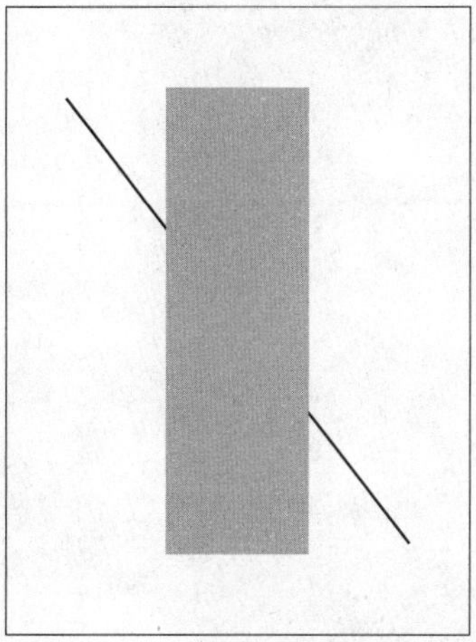

49. 希尔加德的________理论认为催眠的产生是因为人格中负责计划与控制记忆的部分分离开了。（p.144）
50. 催眠在治疗痛苦和行为障碍（如烟瘾）的临床实践中效果（明显 / 不明显）。（p.145）

思维技能训练

问题与总结

1. 你的朋友们计划用一个下午的时间去研究你最喜欢的乐队的专辑中隐藏的阈下信息。你会怎样向他们解释阈下信息的工作机制（或是阈下信息压根就不起作用）？
2. 如果你在一个剧院兼职舞台导演的工作，你会选择拥有什么样性格的观众参与舞台催眠表演?

排除其他假设的可能性
pp.117，118，134，136，142

相关还是因果
p.136

可证伪性
pp.125，142

可重复性
pp.125，133，138，139，140

特别声明
pp.119，139，142

奥卡姆剃刀原理
pp.123，125

第5章 学 习

我们能在睡眠中学习吗？（p.180）

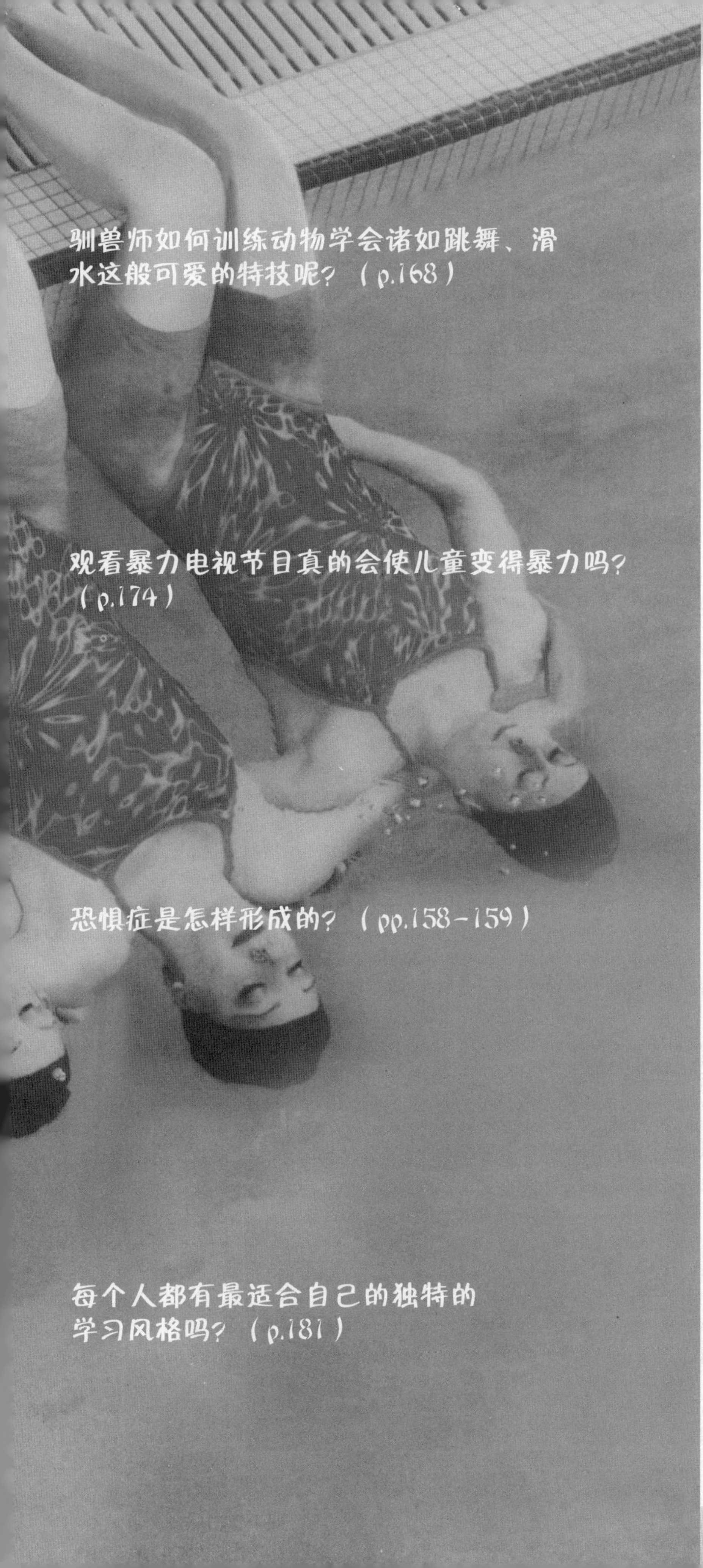

驯兽师如何训练动物学会诸如跳舞、滑水这般可爱的特技呢？（p.168）

观看暴力电视节目真的会使儿童变得暴力吗？（p.174）

恐惧症是怎样形成的？（pp.158-159）

每个人都有最适合自己的独特的学习风格吗？（p.181）

经典性条件作用

- 巴甫洛夫的发现
- 经典性条件作用的现象
- 经典性条件作用的习得、消退与自然恢复
- 刺激的泛化与分化
- 高级条件作用
- 经典性条件作用在日常生活中的应用

批判性思考：吃啥补啥？

操作性条件作用

- 操作性条件作用：它是什么，以及怎样区别它与经典性条件作用？
- 效果律
- 斯金纳与操作性条件作用
- 强化原则
- 操作性条件作用的应用
- 双过程理论：将经典性条件作用和操作性条件作用结合起来

学习的认知模型

- 华生、斯金纳与思维
- S–O–R 心理学：综合思考
- 潜伏学习
- 观察学习

影响学习的生物学因素

- 条件性味觉厌恶
- 准备学习与恐惧症
- 本能漂移

时尚的学习策略：它们有用吗？

- 睡眠辅助学习
- 发现学习
- 学习风格

152

学习目标

5.1 描述经典性条件作用的过程并区分条件刺激与反应和非条件刺激与反应（p.154）

5.2 解释条件反应如何习得、保持和消退（p.155）

5.3 解释经典性条件作用是如何引起复杂行为的，而这些复杂行为又是如何出现在我们的日常生活中的（p.157）

5.4 描述如何通过操作性条件作用形成行为（p.160）

5.5 识别操作性条件作用与经典性条件作用的异同（p.160）

5.6 描述强化及其对行为的影响（p.162）

5.7 区别负强化与惩罚对行为的影响（p.163）

5.8 描述四种主要的强化程序及其对行为的影响（p.166）

5.9 阐述在缺乏条件作用的情况下支持学习的证据（p.172）

5.10 解释观察学习是怎样发生的（p.173）

5.11 解释生物学倾向是如何促进某些联系的学习的（p.176）

5.12 评价现有的提高学习效率的流行技术（p.179）

在继续阅读之前，请完成下面四个小问题。

1. 经典性条件作用的发现者伊万·巴甫洛夫，以 _____ 而闻名。

（a）吃得慢　（b）走得快　（c）厨艺糟糕　（d）我不知道

2. 行为主义的发起者约翰·B·华生，因为 ______ 被约翰·霍普金斯大学解雇。

（a）抄袭一篇杂志上的文章　（b）刺伤他的一个同事

（c）和他的研究生之间有绯闻　（d）我不知道

3. 华生认为父母应该为他们的孩子在入睡前做下列哪一项事情?

（a）打他们　（b）亲他们的脸颊

（c）与他们握手　（d）我不知道

4. 作为一个大学生，激进行为主义的开拓者斯金纳曾散布下面哪一个名人将会来他们学校的谣言?

（a）无声电影的喜剧演员查理·卓别林　（b）精神分析学家西格蒙德·弗洛伊德

（c）西奥多·罗斯福总统　（d）我不知道

现在请阅读下面一段文字。

有三位最著名的心理学家对学习进行了丰富且各具特色的研究。经典性条件作用的发现者——伊万·巴甫洛夫（Ivan Pavlov），是一个众所周知的“强迫症患者”。每天中午12点整必须吃午饭，晚上要在固定的时间点休息，而且每年都在同一天离开俄国的圣彼得堡，前去度假。巴甫洛夫还是一个步伐矫健的人，以至于他的妻子常常小跑着才能跟上他。行为主义的创始人——约翰·B·华生（John B.Watson）的生活，因丑闻而被动摇。尽管他是世界最著名的心理学家之一，却仍旧因为与研究生罗莎莉·雷纳（Rosalie Rayner）的绯闻，而被约翰·霍普金斯大学驱逐出校门。华生还在父母对子女的教养方式上有独到的见解，例如，他认为所有的父母应该在入睡前同他们的孩子握手。斯金纳（B.F.Skinner）——激进行为主义创始人——在纽约汉密尔顿大学上学期间是一个酷爱恶作剧的学生。他和一个朋友曾经散布谣言，称喜剧演员查理·卓别林将去他们学校访问。然而卓别林并没有如期而至，这个谣言几乎引发了一场骚乱。

现在回头再回答本章开头的四个问题。

如果你第二次答对的题目比第一次多——确实是会这样——那么你已经经历了我们认为理所当然的事情——学习。（正确的答案依次是 b、c、c、a）通过**学习**，有机体的行为和思维得到了改变，这些都是经验的结果。正如我们在第 3 章中介绍的那样，我们学习的时候大脑和行为一同在发生变化。显然，现在你的大脑在生理上与几秒钟之前是不同的，因为它时刻都在体验着化学变化，只有这样我们才能学会新奇的事实。

153 学习是每个心理学研究领域的核心内容。实际上，所有的行为都是遗传因素与学习的一个复杂混合物。没有学习，我们将有很多事情无法完成：不能行走，不能与人交谈，不能阅读心理学课本上介绍关于学习的章节。

心理学家曾经为究竟有多少种不同的学习方式进行过长期的激烈争论。我们在此不去讨论他们到底谁对谁错，只回顾一下心理学家曾经深入探讨的几种学习模式，我们先从最基础的开始。

在开始前，先让你的大脑休息会儿，放下手中的钢笔或者记号笔，闭上眼睛，关注一些你从未注意过的事情：你房间里的灯发出的轻微的嗡嗡声，你的衣服触痛肌肤的感觉，你的舌头舔到牙齿或嘴唇的感觉。除非别人让我们把注意力集中在这些刺激上，否则一般我们不会意识到它们的存在，因为我们学会了忽略它们。**习惯化**是对重复刺激的反应逐渐减弱的过程。它可以解释为什么打鼾者自己睡得很香而他们的室友却彻夜难眠。长期打鼾的人已经习惯于自己的鼾声，就不会注意到它了。

习惯化是最简单的一种学习形式。在显微镜下，我们甚至可以在单细胞的变形虫身上发现习惯化。用光刺激变形虫，它会缩成一个小球。但是如果持续光照，它很快又恢复到原来的活动状态，就像在显微镜的玻璃片上不停地游泳。习惯化或许是人类形成的最原始的学习方式。当我们轻微地震动孕妇的胃时，32 周的胎儿就可以表现出习惯化。一开始，胎儿会因刺激而抽搐，而多次震动后，它便不再有反应（Morokuma et al.，2004）。一开始对胎儿来说是一种难受的刺激，后来就变成认为是安全的可以忽略的骚扰而已。

习惯化可以产生良好适应的感觉。我们不会想关注神经雷达屏幕上的每一个微弱感觉，因为它们基本上不会威胁到我们。然而我们也不会对可能是危险的刺激形成习惯化。幸运的是，不是所有的重复刺激都能导致习惯化；只有那些我们认为是安全的或是容易忽视的刺激

在学习的时候习惯吵闹的环境是很困难的，特别是当声音非常大的时候。

学习（learning）
经验导致的有机体的行为或思维的变化。

习惯化（habituation）
对重复刺激的反应逐渐减弱的过程。

才行。当然那些很强的刺激也无法习惯化，例如，很强的声音或让人疼痛的电击。

经典性条件作用

习惯化的形成过程再简单不过了——我们接受到一个刺激，紧接着做出反应，然后对重复呈现的刺激不再有反应。我们已经学会了一些很有意义的事，但我们还没有学会在两个刺激之间建立联系。然而许多学习依赖于将一个事物与另一个事物联系起来。如果我们没有学会将一个刺激（苹果的外观）与另一个刺激（苹果的味道）联系起来，我们的世界将会如威廉·詹姆斯（1890）所说的，是一个“极度模糊且混沌不堪的”无知觉经验联系的世界。

巴甫洛夫的发现

科学史教育我们很多发现都来源于运气或是偶然。科学家们会对偶然发现的事物加以利用，然而他人只认为是毫无意义的侥幸而已。正如法国微生物学家路易·巴斯德，他就是在观察中无意间发现了用巴氏消毒法去消毒牛奶的程序。“机会总是偏爱有准备的人。”俄
154 国科学家伊万·巴甫洛夫也是如此。他的发现具有划时代的意义——经典性条件作用，是源于一系列与他主要的研究兴趣毫无联系且未曾预料到的观察。

巴甫洛夫主要研究的是狗的消化——实际上，他的研究是消化而不是经典性条件作用，这为他赢得了 1904 年的诺贝尔奖。巴甫洛夫将狗置于一个特殊的装置内，并在狗的唾液腺插一根插管或收集管来研究狗对肉末刺激的唾液反应。实验中，他观察到了一些意料之外的事：他发现狗不仅会对肉末刺激分泌唾液，对先前的与条件刺激（肉末）有关的中性刺激也会分泌唾液，例如送肉末的研究人员。实际上，狗甚至对这些助理靠近实

滚石乐队或许是唯一能够精确描述经典性条件作用过程的摇滚乐队。他们一首很有名的歌曲描述了一个人，像巴甫洛夫的狗一样，当听到爱恋的人叫他的名字时就会分泌唾液。对非心理学家的普通人来说，这也能理解。

验室时的步伐声也会分泌唾液。狗似乎在预期肉末刺激的到来，并对肉末刺激到来的信息刺激发生反应。

我们称这种联系的过程为**经典性条件作用**（或**巴甫洛夫条件作用**）：是一种将中性刺激与另一个能引发自动反应的刺激配对，进而动物对这一中性刺激进行反应的学习形式。巴甫洛夫起初的观察仅仅只是趣闻逸事，像其他科学家一样，他也用更严格的测验检验了这个非正式的观察结果。

经典性条件作用的现象

下面是巴甫洛夫第一次如何系统地证明经典性条件作用的过程（见图 5.1）：

（1）他以一个不会引发任何特殊反应的中性刺激开始。在这个案例中，巴甫洛夫利用了一个节拍器，一个用来记录时间的可以发出节拍声的钟摆（在其他的研究中，巴甫洛夫则利用一个音叉或哨子，与一般的观点相反，巴甫洛夫没有使用铃铛）。

（2）接着他将这个中性刺激与**非条件刺激（USC）**一遍一遍地配对。对于他的狗来说，肉末是非

经典性（巴甫洛夫）条件作用［classic（Pavlovian）conditioning］
一种将中性刺激与另一个能引发自动反应的刺激配对，进而动物对这一中性刺激进行反应的学习形式。

非条件刺激（unconditioned stimulus, UCS）
能引发自动反应的刺激。

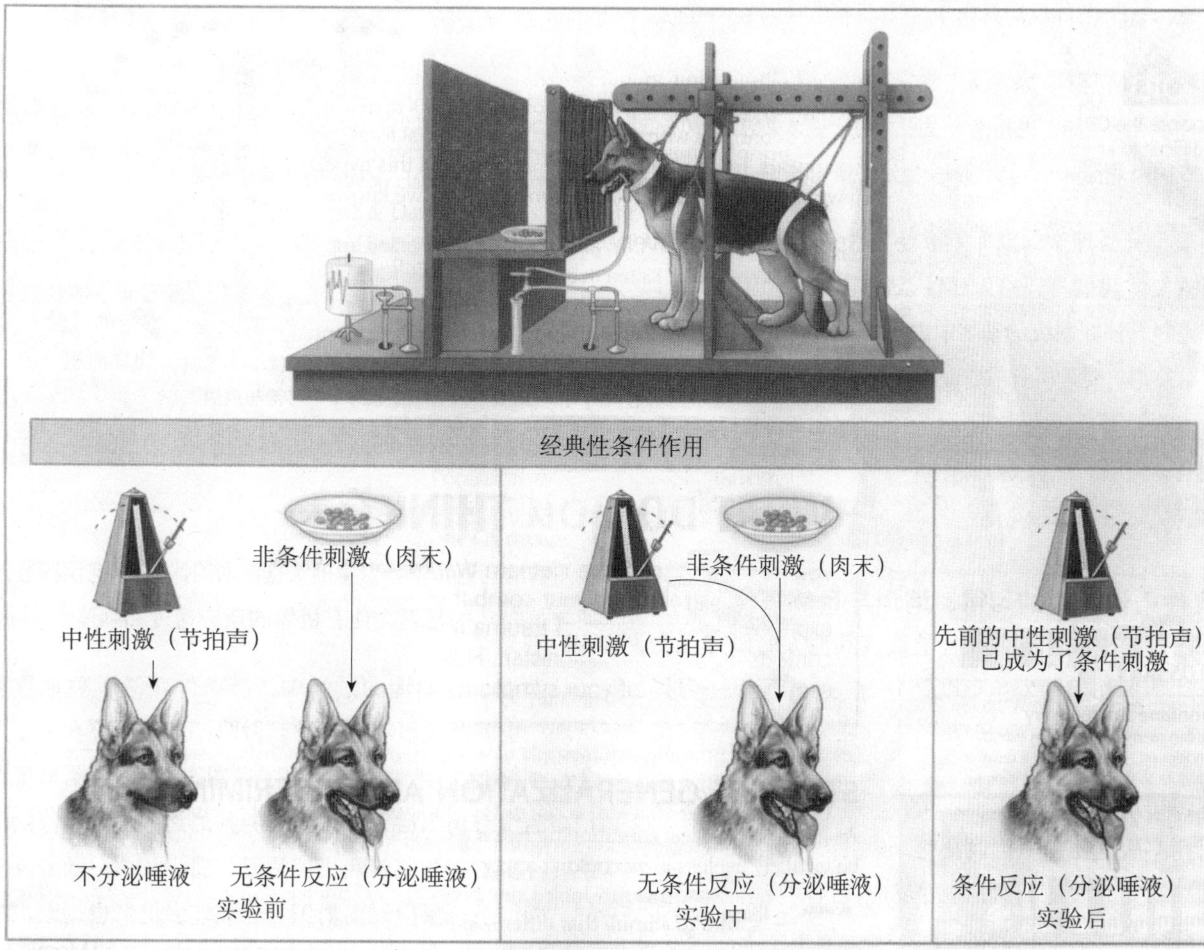

图 5.1 巴甫洛夫的经典性条件作用模型

非条件刺激（肉末）与中性刺激（节拍器发出的节拍声）相结合，并产生无条件反应（分泌唾液）。接着节拍声单独呈现，条件反应（分泌唾液）就发生了。

条件刺激。这个非条件刺激能引发狗无意识的、本能的反应，这个反应被称为**无条件反应**（UCR），此案例中是分泌唾液。这里的关键是动物不需要学习就对无条件刺激进行无条件反应。它不需要任何的训练就能做出无条件反应，因为这一反应是由生物因素决定的，而非经验。

（3）当巴甫洛夫反复地将中性刺激与无条件刺激配对时，他观察到一些很新奇的现象。如果他单独呈现节拍声，会引发一个反应，即分泌唾液。这一新的反应就是**条件反应**（CR）：一个与先前的非条件刺激相联系的中性刺激引发的反应。先前的中性刺激（节拍声）现在成了一个**条件刺激**（CS），正是由于和非条件刺激相结合的缘故，这个先前的中性刺激能引发一个条件反应。

一旦狗对节拍声（CS）开始分泌唾液（CR），我们就认为学习发生了。**【学习目标 5.1】**狗预先听到节拍声时，除了将头转向节拍器，没有其他任何反应，而现在它听到节拍声就会分泌唾液。与非条件反应相

无条件反应（unconditioned response, UCR）
不需要学习就可以对非中性刺激产生的自动反应。

条件反应（conditioned response, CR）
由先前的中性刺激通过条件作用与非中性刺激相联系而产生的反应。

条件刺激（conditioned stimulus, CS）
是与无条件刺激相联系的、能引发反应的最初的中性刺激。

反，这个条件反应是由于经验而非生物因素引起的。

在许多情况下，条件反应与非条件反应很相似，但不能将它们等同。例如，巴甫洛夫发现相对于肉末刺激（UCS），狗在节拍声刺激（CS）下的唾液分泌量有所减少。

很少有心理学的发现能像经典性条件作用一样能被不断重复。我们可以将经典性条件作用范式应用到任何具有完好的神经系统的动物中去，并且可以重复演示而不出一点差错。要是所有的心理学发现都那么可靠就好了。

可重复性

其他人的研究也会得出类似的结论吗？

经典性条件作用的习得、消退与自然恢复

巴甫洛夫注意到，并且被许多其他人的研究证实，经典性条件作用的发生可以划分为三个阶段——习得、消退和自然恢复。

155 **习得** 在**习得**阶段中，我们逐渐学习或习得条件反应。我们从图 5.2a 中可以发现，如果条件刺激和非条件刺激一次又一次地配对，条件反应就进一步增强。这条曲线陡峭程度的变化，在一定程度上依赖于条件刺激与非条件刺激在时间上配对的紧密程度。一般地，条件刺激与非条件刺激配对的时间越近，学习发生的就越快，半秒左右的延迟是学习发生的最佳配对时间。【学习目标 5.2】通常长时间的延迟会使有机体的反应速度和强度减弱。

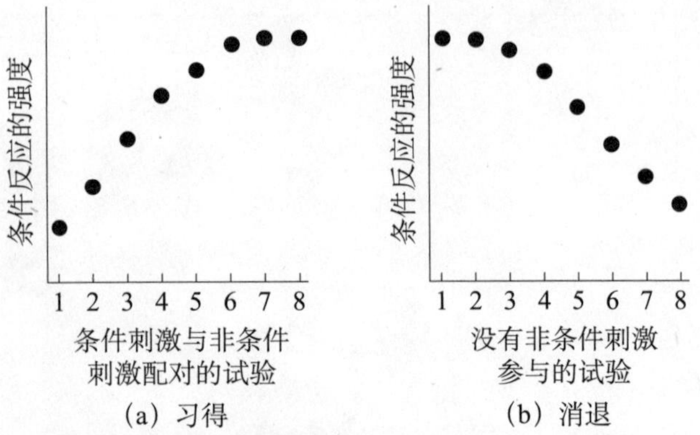

图 5.2 习得与消退

习得是随着非条件刺激与条件刺激的重复配对，增加条件反应的强度的过程（a）。消退是随着条件刺激单独呈现的次数增加，条件反应逐渐减弱甚至消失（b）。

消退 在**消退**的过程中，当条件刺激单独地重复呈现，也就是说没有非条件刺激时，条件反应在强度上会逐渐降低，直到最终消失（见图 5.2b）。多次呈现节拍声而没有肉末后，巴甫洛夫的狗最终停止了唾液的分泌。许多心理学家曾经相信消退与遗忘相似：随着反复的试验，条件反应逐渐消失，正如许多记忆也逐渐消失一样（见第 6 章）。然而事实要比这个复杂、有趣得多。156
消退是一个积极主动而非消极被动的过程。一个新反应的消退（巴甫洛夫的狗不再分泌唾液），逐渐地“改写”或抑制了条件反应（即分泌唾液）。消退的条件反应并没有完全消失，它仅仅是被一个新的行为掩盖了。这与许多传统的遗忘形式不同，比如记忆痕迹是自动消失了的。有趣的是，巴甫洛夫在他的著作中提出了这个假设，尽管当时很少人相信他。我们怎样才能知道他是不是正确的？请继续阅读。

自然恢复 有种现象叫**自然恢复**，如果条件刺激再次呈现，表面上看似消退了的条件反应又会再度出现（通常是以一种微弱的形式）。它好像隐藏在背景中，等待着随着条件刺激的呈现而浮现出来。在一项经典的研究中，巴甫洛夫（1927）一次又一次地单独呈现条件刺激（节拍器发出的一个响声），因为没有紧接着非条件刺激（美味的肉末），条件反应（分泌唾液）被减弱了。两

澄清事实

倒行条件作用（非条件刺激在条件刺激之前呈现），是很难做到的。因为条件刺激不能预测非条件刺激，而且非条件刺激经常在条件刺激到来之前就已经开始起作用，有机体很难做到用条件刺激来预期非条件刺激。

习得（acquisition）
条件反应建立的学习阶段。

消退（extinction）
条件刺激重复出现后，由于没有无条件刺激的结合，条件反应逐渐减少和消退。

自然恢复（spontaneous recovery）
在延迟接触条件刺激后，一种已经消失的条件反应突然再度出现。

个小时后，他又一次呈现条件刺激，条件反应又出现了。动物并没有真正地遗忘条件反应，而仅仅是抑制了它。

你怎么认为？

假如你是越南战争中的一个老兵，因为经历了战争，这些年你一直忍受着情感上的创伤。当你注意到伊拉克和阿富汗之间的冲突后，你又重新体验了这种创伤的症状。自然恢复是如何帮助你去解释再度体验创伤的？

刺激的泛化与分化

事实上经典性条件作用帮助我们适应并认识新的事物，如果我们不将它用于新情境中，它几乎毫无用处。没有两个刺激是完全相同的；就连我们的朋友和家庭成员，每次看起来也会有一点微小的差别。我们需学会对不同于之前的条件刺激的其他刺激做出反应。例如，当那些身高与发型和母亲很相似的女性出现时，我们并不会叫她们“妈妈”。

刺激泛化 巴甫洛夫发现，紧接着经典性条件作用，狗不仅仅在最初的中性刺激作用下分泌唾液，对相似的刺激也会做出相同反应。这种现象称为**刺激泛化**：对与最初的条件刺激相似但不同的刺激做出相同的条件反应的过程。刺激泛化沿着一个泛化梯度发生：新的条件刺激与最初的条件刺激越相似，条件反应越容易发生（见图 5.3）。巴甫洛夫发现他的狗对最初的声音刺激分泌最大量的唾液，随着刺激的相似性降低，唾液的分泌量逐渐减少。刺激泛化允许我们将所学到的反应迁移到新的事物中。例如，我们在学会开自己的车以后，借朋友的车时就不需要重新学习开车了。

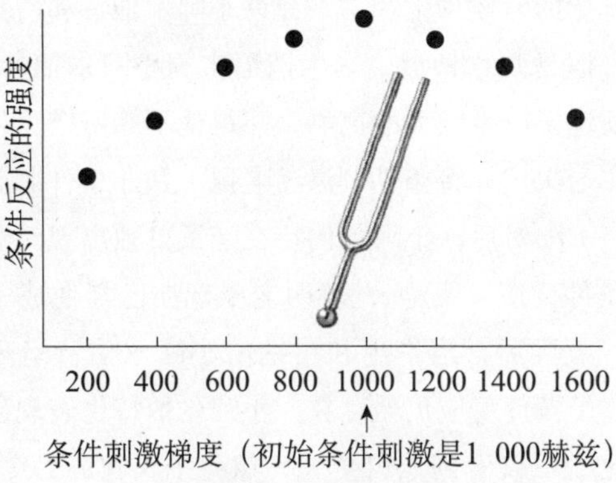

图 5.3 泛化梯度

新的条件刺激与原来的刺激越相似，条件反应越强烈。

刺激分化 **刺激分化**是刺激泛化的反面，它是指我们对不同于原刺激的条件刺激会呈现一个较弱的条件反应。刺激分化帮助我们去理解为什么有人喜欢看恐怖电影。尽管当看到电影《战栗汪洋》里鲨鱼围绕着潜水员的镜头时，我们的呼吸会加快，但如果一只鲨鱼在水族馆的泳池里追捕我们，我们的反应会更强烈。我们已经学会区分电影里的刺激和现实中的刺激并做出不同的反应。

高级条件作用 157

有机体通过学习建立一些与先前的条件刺激有关联的条件联系，将条件作用进一步发展。如果我们训练狗对与声音配对的一个圆圈图片进行唾液分泌反应，最终这条狗会对圆圈图片做出与声音刺激一样的唾液分泌反应。这个发现证明了**高级条件作用**：有机体建立起与先前的条件刺激有关联的另一个条件刺激的条件反应（Gewirtz & Davis，2000）。正如我们预料的，二级条件作用——一个新的条件刺激与原始的条件刺激配对，比一般的经典性条件作用有所减弱，三级条件作用——第三个条件刺激与二级条件刺激相配对，它的反应会更弱。四级条件作用或者四级以上的条件作用就很难出现或者根本不可能出现了。

高级条件作用有助于解释人们是如何对香烟、海洛因或者其他的毒品上瘾的。在人们将药物或毒品作为高级条件刺激的情况下，许多成瘾行为的部分原因在于高级条件作用。不常吸烟的人或许会发现他们自己渴望在派对上成为一个吸烟者，因为他们以前在派对上偶尔会和朋友们一起

高级条件作用有助于我们解释看上去神秘的“暗示的力量”。仅仅听到“需要一杯可乐吗”就能使我们在炎热的夏日感到口渴。

刺激泛化（stimulus generalization）
对与最初的条件刺激相似但不同的刺激做出相同的条件反应的过程。

刺激分化（stimulus discrimination）
对一个不同于最初的条件刺激的刺激呈现一个较弱的反应。

高级条件作用（higher-order conditioning）
建立一种与条件刺激相关联的另一条件刺激的条件反应。

广告商利用高级条件作用使消费者将一个固有的令人愉悦的刺激与他们的产品联系起来。

抽过烟。行为学家称这些高级条件刺激为场合调节者，因为它们涉及条件刺激出现的环境。

经典性条件作用在日常生活中的应用

没有经典性条件作用，我们就不可能与那些标志着重要生理事件的刺激形成心理上的联系，例如我们想吃的东西——或者想吃我们的生物。我们在经典性条件作用中表现出的许多生理反应有助于生存。例如，分泌唾液有助于我们消化食物。再者，如果没有经典性条件作用，我们就不能学习到那些利于生存的重要联系，比如车喇叭与被一个大金属物体撞击的危险之间的联系。

经典性条件作用可以应用到生活的方方面面。我们认为主要有以下四点：广告和恐惧的习得以及恐惧症和恋物癖。**【学习目标 5.3】**

经典性条件作用与广告 几乎没有能比广告商利用经典性条件作用原理更好的人了，尤其是高级条件作用。市场专家将英俊的男明星和衣着暴露的女明星的图片重复与产品的视觉和声音效果进行配对，试图在他们的商标与正性情绪之间建立起经典性条件联系（Gibson，2008）。他们这么做是因为：这的确起作用。

一个研究者（Gorn，1982）将蓝色或米黄色的笔（条件刺激）与被试已经标好喜欢的或不喜欢的音乐（非条件刺激）进行配对。然后在被试离开实验室时，让他们选择一支笔。结果发现，79% 的被试听完音乐后选择与喜欢的音乐相配对的那种颜色的笔，只有 30% 的被试选择与他们不喜欢的音乐配对的笔。

但是，并不是所有将产品与愉快的刺激配对的研究，都能成功验证经典性条件作用效应（Smith，2001）。有两个研究者（Gresham & Shimp，1985）将不同的产品比如可乐、高露洁牙膏和葡萄坚果麦片与电视商业广告相匹配，广告的主题已经被划分为满意、不满意或中性情绪。他们发现很少有证据能证明这样的配对会影响被试对广告的偏爱。然而，他们的这个发现提供了这样一个解释：潜在抑制。潜在抑制是指当我们已经多次单独接受一个条件刺激时，就很难对另一个刺激产生经典性条件作用（Vaitl & Lipp，1997）。因为研究者所选的 158
是被试熟悉的商标，他们的这种消极的发现可归因于潜在抑制。实际上，当研究者用新商标时，他们一般能够表现出经典性条件作用效应（Stuart，Shimp，& Engle，1987）。

排除其他假设的可能性
对于这一研究结论，还有更好的解释吗？

恐惧习得：小阿尔伯特的故事 经典性条件作用能解释我们怎样开始害怕、厌恶或者躲避刺激吗？约翰·B·华生，行为主义的创始人，在 1920 年与他的研究生罗莎莉·雷纳做了一个在心理学史上被公认为有伦理问题的研究，这个研究回答了这个问题。下面是他们的研究过程。

华生和雷纳（Watson & Rayner，1920）部分歪曲了弗洛伊德（见第 12 章）认为恐惧症起源于被压抑在无意识中的深层冲突的观点。他们选择了一个 9 个月大的婴儿小阿尔伯特，他将被永远地记载在心理学文献中。小阿尔伯特以前很喜欢带毛的小动物，比如老鼠。但是华生和雷纳准备改变这个事实。

可证伪性
这种观点能被反驳吗？

开始的时候华生和雷纳允许小阿尔伯特和一只小老鼠玩。但是几秒钟后，华生悄悄来到小阿尔伯特身后，敲击铁锤，产生巨大的声响，吓得他不知所措，号啕大哭。在七次这样将条件刺激（老鼠）和非条件刺激（巨大响声）配对后，小阿尔伯特在老鼠单独出现时会产生一个条件反应（哭泣），表明老鼠现在已经变成了条件刺激。五天后，当华生和雷纳给小阿尔伯特呈现老鼠时，这个条件反应仍然存在。小阿尔伯特也表现出了刺激泛化，不仅看到老鼠会哭，像兔子、狗、毛皮外套，甚至是圣诞老人的面具和华生的头发都会惹他哭。幸运的是，至少证实了小阿尔伯特一些刺激分化，他没有对棉花球、华生助手的头发表现出太多的消极反应。

华生和雷纳的论证仅仅是个案研究。正如我们在第2章介绍的，个案研究得出的结论具有局限性。例如，我们不能从小阿尔伯特的案例中归纳出其他小孩恐惧的形成过程。但是小阿尔伯特的案例为经典性条件作用也能使人类产生恐惧提供了存在性证明（见第2章）。尽管不是每个人都能成功地复制华生和雷纳的研究（Harris，1979；Jones，1930），但认为小阿尔伯特恐惧情绪在一定程度上依赖于经典性条件作用的推论，或许是正确的。不过，这些验证研究的失败意味着恐惧反应的形成，可能不仅仅只是经典性条件作用；这点我们将在以后的章节中学习到。

可重复性

其他人的研究也会得出类似的结论吗？

顺便说一句，没人知道可怜的小阿尔伯特后来变成了什么样。这个研究开始一个月后他的妈妈就要回了小阿尔伯特，从此销声匿迹了。很明显，这个研究因为使婴儿产生了持久的恐惧反应，从而产生了一系列严重的伦理问题，华生和雷纳关于小阿尔伯特的研究永远无法得到当今大学或学院的机构审查委员会的认可（见第2章）。

恐惧症 你体验过黑色星期五恐惧症吗？如果有，请不要担心，因为你不是唯一一个畏惧黑色星期五的人。

高级条件作用使学习非常灵活化。我们还能对许多刺激建立恐惧，尽管某些特定恐惧症，比如对蛇、蜘蛛、高的地方、水和血的恐惧，相比其他东西会更普遍（American Psychiatric Association，2000）。另外，还有一些奇异的恐惧症，例如害怕羽毛使你发痒（羽毛恐惧症），害怕小丑（小丑恐惧症），害怕长笛（长笛恐惧症）和害怕秃头人（秃发恐惧症），这些是十分罕见的。

好消息是经典性条件作用不仅与恐惧症的习得有关，和它的消退也有关联。华生的一个学生，玛丽·卡文·琼斯（Mary Cover Jones），治愈了一个3岁大的叫小彼得的孩子，他有一种兔子恐惧症。琼斯（1924）成功治愈了彼得的恐惧，她在给小彼得一颗他喜欢的糖果

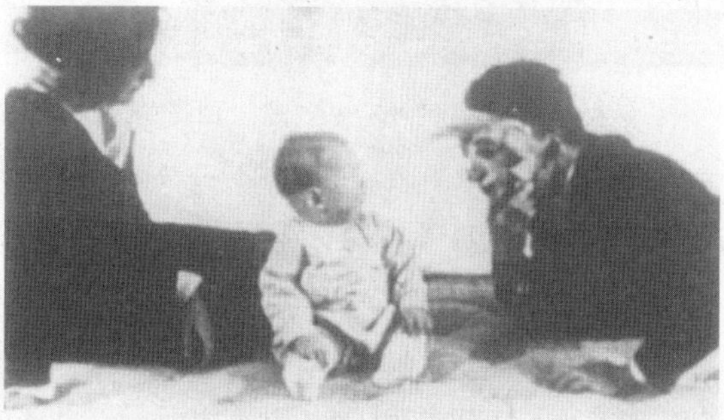

9个月大的小阿尔伯特，在他条件性地对白色带毛的物体感到恐惧后，看到圣诞老人的面具也会哭泣。

的同时，逐渐向他呈现一只小白兔。她把兔子移得离小
彼得越来越近，最终小彼得看到兔子会引起一个新的条 159
件反应：愉悦而非恐惧。尽管现在的心理治疗师很少用糖果奖励来访者，但他们会运用相似的方法消除恐惧症。他们可以将恐惧刺激与放松相结合，或者是用其他令人愉悦的刺激（Wolpe，1990；见第14章）。

恋物癖 我们有理由相信恋物癖（对无生命的事物的性吸引）在一定程度上是由经典性条件作用引起的（Akins，2004）。与恐惧症一样，恋物癖也会以各种令人困惑的方式出现：人们依恋鞋子、袜子和其他任何物品。

尽管人们对恋物癖的起源有所争议，但迈克尔·多米扬（Michael Domjan）和他的同事成功地在经典性条件作用下训练出雄性日本鹌鹑的恋物癖。他们在一个研究中，给雄性日本鹌鹑呈现一个由毛圈织物做成的圆柱物体，紧跟着一只雌性鹌鹑与它很快乐地交配。这样30次配对后，当毛圈织物做成的一个圆柱物单独出现时，有一半的雄性鹌鹑尝试与之交配（Köksal et al.，2004）。尽管对人类来说这个发现并不一定具有普遍性，但是有可靠证据表明，至少对一些人来说将中性刺激与性活动进行重复配对会形成恋物癖（Rachman & Hodgson，1968；Weinberg，Williams，& Calhan，1995）。

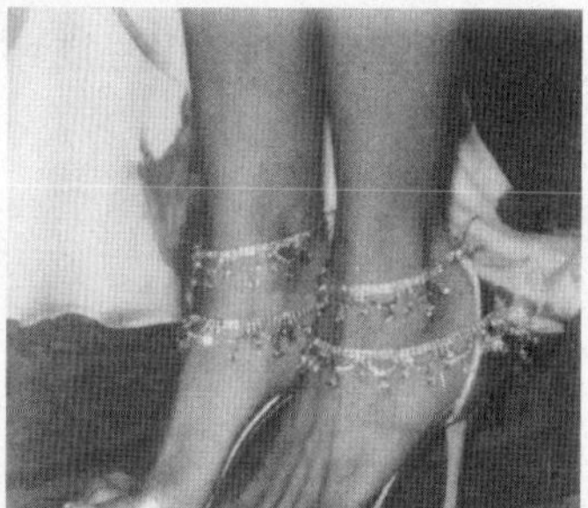

一些研究者提出经典性条件作用也许可以帮助解释某些人类的恋物癖，比如鞋子依恋。

批判性思考：吃啥补啥？

许多人都听说过“吃啥补啥”，但是在20世纪50年代，心理学家詹姆斯·麦康奈尔（James McConnell）还仔细揣摩过这个谚语。麦康奈尔认为他发现了一个从一种动物到另一种动物的化学式迁移学习。实际上很多年前大学生们就从心理学课本中得知科学家可以对动物进行化学式迁移学习。

麦康奈尔选择的动物是涡虫，一种几英寸长的扁形虫。麦康奈尔和他的同事使用经典性条件作用，将涡虫暴露在灯光下，在这里，灯光是条件刺激，将它与1秒钟的电击配对，电击是非条件刺激。当涡虫受到电击，它们会本能地收缩。在灯光和电击多次配对后，灯光就能引起涡虫的收缩反应（Thompson & McConnell，1955）。

麦康奈尔想了解是否能以化学方式将经典性条件作用的经验迁移到另一只涡虫身上。他的方法简单而又残酷。由于许多涡虫会吃同类的小型虫，所以他将这些训练过的涡虫剁碎并用来喂养它们的同类。特别要指出的是，麦康奈尔（1962）报告那些吞噬同类的涡虫对光刺激的条件反应速度比没有吃同类的涡虫更快。

可想而知，麦康奈尔的记忆迁移研究激起了业界的广泛的兴趣。如果麦康奈尔是正确的，你可能会报名参加心理学课程，吞下一片包含了所有能让你获得成绩A的心理学知识的药片，然后……瞧，现在你是一名心理学专家了。事实上，麦康奈尔已经在美国《时代》、《新闻周刊》和其他流行杂志上直接向民众公布了科学家正在发明一种“记忆药片”（Rilling，1996）。

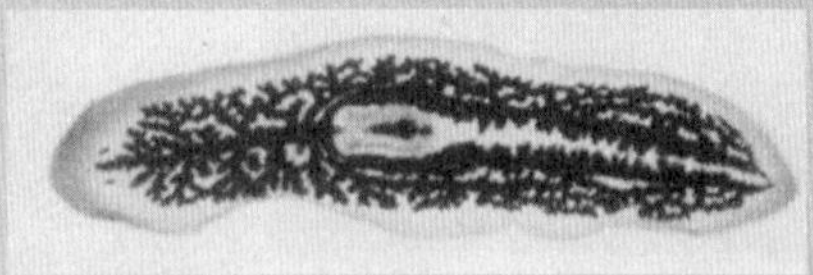

詹姆斯·麦康奈尔和他的同事将灯光和一个电击进行配对，引起了涡虫本能地收缩。

然而，麦康奈尔的科学航行之风并未刮多久：科学家们不能重复他的研究结果。最终，在多年的激烈争论和重复研究失败之后，科学团体得出结论，麦康奈尔其实是在自欺欺人。他的涡虫实验室在1971年关闭了。

可重复性

其他人的研究也会得出类似的结论吗？

160

★小测试

1. 对无意义刺激的习惯化通常具有适应性。 正确 错误
2. 在经典性条件作用中，条件刺激最初产生一个本能的、无意识的反应。 正确 错误
3. 当条件刺激早于非条件刺激一个很短的时间，条件作用是最有效的。 正确 错误
4. 消退是由条件反应随着时间逐渐“延迟”而产生的。 正确 错误

答案：（1）对（p.153）；（2）错（p.154）；（3）对（p.155）；（4）错（p.156）

操作性条件作用

下面三个例子的共同点是什么？

- 一名行为心理学家用鸟食作为奖励，教鸽子区别莫奈的画作和毕加索的画作。在训练结束时，这只鸽子成了名副其实的艺术家。
- 一个训练员用鱼作为犒劳，教一只海豚跳出水面，旋转三圈，跳入水中，并飞越穿过一个铁环。
- 一个沮丧的12岁男孩，在他初次打网球时，前面15次都将对手的发球打到了网上。经过两个

小时的练习，他多半能成功地回击对手的发球。

答案：所有都是操作性条件作用的例子。顺便提一下，第一个是真实的案例（Watanabe，Sakamoto，& Wakita，1995）。**操作性条件作用**是通过有机体的行为结果来控制学习的。在上面的每一个例子中，表面上看起来不同，但有机体的行为都由随之而来的东西，即奖励，塑造而成。心理学家也将操作性条件作用称作工具性条件作用，因为有机体的反应相当于一个工具性的功能。也就是说，有机体通过反应“获得某物”，例如食物、性、关注或者避免某些不开心的事。**【学习目标 5.4】**

行为学家称由动物做出的获得奖励的行为为操作性行为，因为是动物“操作”它的外界环境来获得它想要的。扔 75 分钱进冷饮出售机是一个操作，正如邀请一个有魅力的同学约会一样。在第一个操作中，我们的报酬是一杯提神的饮料，而在第二个案例中，是一个热情的约会——如果幸运的话。

操作性条件作用：它是什么，以及怎样区别它与经典性条件作用？

操作性条件作用和经典性条件作用的区别主要体现在三个重要方面，见表 5.1。**【学习目标 5.5】**

（1）在经典性条件作用中，有机体的反应是诱发的，也就是说，由无条件刺激和之后的条件刺激“引起”有机体做出反应。请记住在经典性条件作用中的无条件反应是一个无意识的反应，不需要训练。在操作性条件作用中，有机体的反应是自发的，也就是说，是在一个看似自愿的模式中产生的。

161 （2）在经典性条件作用中，动物的奖励是不受奖励作用约束的。巴甫洛夫给他的狗喂食肉末，不管它们是否分泌或分泌多少唾液。在操作性条件作用中，动物的奖励因情况而定——依赖于它的作用。如果动物在操作性条件作用范式中没有做出反应，结果将一无所获（如果在狗的实验中，就是两爪空空）。

（3）在经典性条件作用中，有机体的反应最初依赖于自主神经系统（见第 3 章）。在操作性条件作用中，有机体的反应最初依赖于骨骼肌。也就是说，经典性条件作用中的学习伴随有心率、呼吸、汗液和其他身体系统的改变，与之相反，操作性条件作用中的学习伴随有自愿的行为改变。

通过操作性条件作用，研究者们教鸽子区分莫奈（左）和毕加索（右）的画作。

表 5.1 操作性条件作用和经典性条件作用的主要区别

	经典性条件作用	操作性条件作用
目标行为	无意识地诱发	有意识地自发
奖励	无条件地提供	因行为而定
行为的最初依赖	自主神经系统	骨骼肌

效果律

心理学家桑代克（E.L.Thorndike）提出了著名的**效果律**，是第一个也是最重要的操作性条件作用定律：如果个体对某种刺激所起的反应伴随着一种满意的状况，那么刺激与反应之间的联结将会增强。简单来说，如果我们对刺激的反应获得了奖励，那么在将来，我们更有可能会重复这个行为来响应此刺激。心理学家有时称行为主义的早期形式为 S–R 心理学（S 代表刺激，R 代表反应）。S–R 理论家们认为，我们大多数的复杂行为反映了刺激和反应之间联结的累积：看见亲密朋友和打招呼的行为，或是美味汉堡包的香味和把它放进盘子里的行为。S–R 理论家们还认为我们自愿去做的几乎每一件事——开车、吃三明治，或是亲吻某人的嘴唇——都是

操作性条件作用（operant conditioning）
通过有机体的行为结果来控制学习。

效果律（law of effect）
如果对一个刺激产生反应的行为得到了奖励，那么将来这个刺激更可能引出此行为的原则。

由效果律而逐渐形成的 S-R 联结造成的。

桑代克的效果律支持许多但不是所有的学习情境。某些学习任务是通过奖励，而逐步地增加事件成功发生的概率，比如训练狗翻滚或是教一群小学生在老师闪烁灯光时安静下来。但是其他学习经验是通过突然出现的**顿悟**来实现的，即突然领会解决问题的方法或是对一个刺激的恰当反应。顿悟不需要靠奖励逐渐巩固。当突然意识到某事如何解决时，许多人脑子里都会有灵光一闪的感觉。图 5.4 阐释了这种学习模式。有充分的证据证明，人类通过顿悟学习解决了许多问题（Dawes，1994）。但是无论我们是否认识到，效果律仍然适用于人类和其他动物的许多行为中。我们是如何知道的呢？因为桑代克一直在做论证效果律的基础工作。斯金纳通过使用电子技术将其提升了一个等级，把效果律推向了极致。

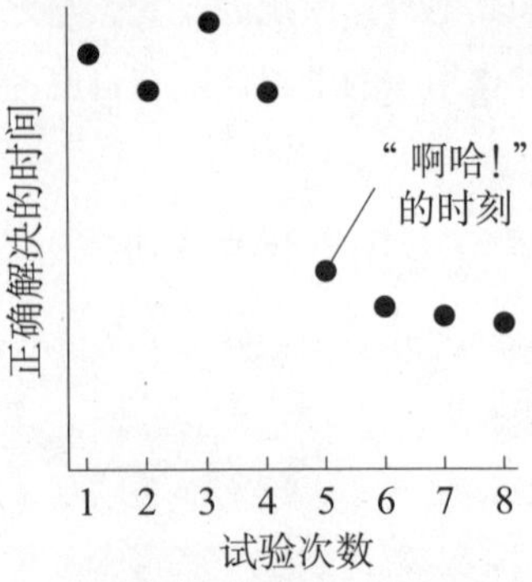

图 5.4 "啊哈！"反应

顿悟学习：一旦个体解决了问题，他或她在那之后几乎每次都能回答正确。

斯金纳与操作性条件作用

斯金纳想将效果律运用到严格控制的环境中。他希望能在持续超过几个小时、几天甚至是几周的操作性行为中，研究那些逐渐增强的联结。所以他发明了**斯金纳箱**（更正式地说，是一个操作室），这个箱子可以电子记录动物的反应，并且打印出那个动物活动的累积记录，或是曲线图。斯金纳箱包含了一个按压时会传送食物的杠杆、一个食物输送机和一盏表示食物来临的信号灯（见图 5.5）。通过这个设备，斯金纳研究了老鼠、鸽子和其他动物的操作性行为，并且画出它们对奖励反应的示意图。通过设备记录行为，而不是直接地人为观察，斯金纳错过了一些设备无法记录的重要行为。尽管如此，他所收集到的详细而完整的数据永远改变了心理学的面貌。 162

"噢，不错。灯亮了，我按了这个杠杆，他们给我写了一张支票。你呢？"

（©The New Yorker Collection 1993 Tom Cheney from cartoonbank.com.All Rights Reserved）

为了理解斯金纳的研究，你需要学习一些心理学的术语。在斯金纳的心理学中有三个关键的概念：强化、惩罚和辨别性刺激。

强化 到目前为止，我们已经使用术语奖励来称呼任何更可能使行为发生的结果。但是斯金纳发现这个术语不严密。他喜欢术语**强化**，意思是任何能增强反应可能性的结果（Skinner，1953，1971）。

斯金纳区分了**正强化**（给予一个刺激）和**负强化**（去除一个刺激）。正强化可以是当孩子捡起他的玩具时给他一颗巧克力；负强化可以是因为孩子的不良行为而中止他的休息时间，直到他停止哭闹。**【学习目标 5.6】**在两个案例中，如果儿童对结果感到满意，那么会导致他的反应的增加或增强。

多年来，成百上千的心理学学生使用了一个非常规的被试（他们的教授）证明了强化的力量。在"控制教授"的游戏中（Vyse，1997），心理学导论的一个班学生，同意每当他或她移动到一个特定的位置，比如房间左边的较远处，就提供正强化（比如微笑或者点头）给他们的教授。笔者们认识一个著名的心理学导论教师，他 163

顿悟（insight）
领会问题的本质。

斯金纳箱（Skinner box）
由斯金纳构建的小动物操作室，可以持续地执行条件作用以及在无人监管下记录行为。

强化（reinforcement）
一个行为的结果或后果，能够增强该行为发生的可能性。

正强化（positive reinforcement）
一个刺激的出现，能够增强行为发生的可能性。

负强化（negative reinforcement）
去除一个厌恶性刺激，能够增强行为发生的可能性。

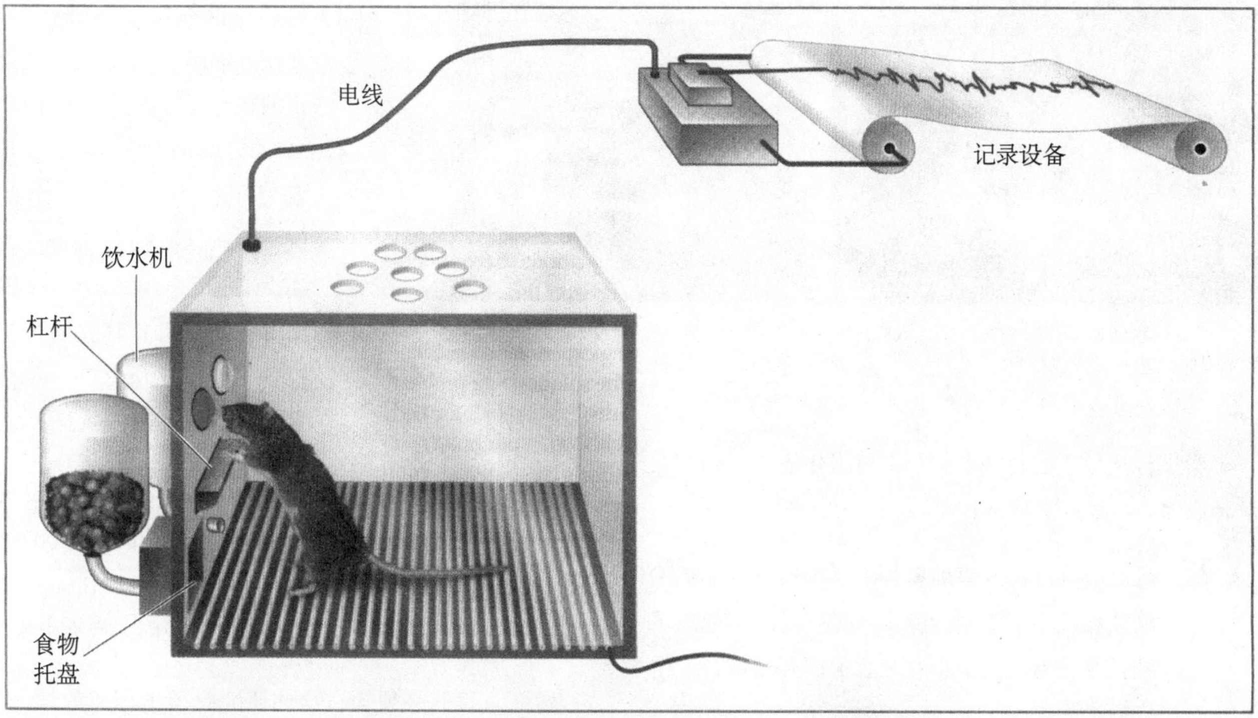

图 5.5 斯金纳箱里的老鼠和用于记录老鼠行为的电子设备

斯金纳设计了一个小操作室（斯金纳箱），包括一个老鼠按压来获取食物的杠杆、一个食物输送机和一盏在奖励即将来临时发出信号的灯。电子设备绘出了研究者不在时的老鼠的反应。

大部分时间都只站在讲台后面讲课。在一堂课中，每当他走下讲台时，他的学生都给予大量的微笑和点头。可以肯定的是，直到下课，教授大部分时间都是离开讲台的。

惩罚 我们不应该将负强化与**惩罚**相混淆，惩罚是减弱反应可能性的后果。惩罚通常包括给予一种有机体想要避免的刺激，比如身体震动或是打屁股，或是一种不愉快的社会后果，比如嘲笑某人。它也可以包括去除一种有机体想要体验的刺激，比如喜欢的玩具或衣服。也就是说，事实上，我们要描述惩罚是积极的还是消极的，依赖于它们是给予了刺激还是去除了刺激（见表 5.2）。

我们也不应该混淆惩罚和与之相关的惩戒性的练习。坚持语言精确性的斯金纳，认为某些活动可能表面上表现为惩罚，而实际上是强化。他仅根据强化和惩罚的结果来定义它们。想象一下这个场景：一位母亲每次听到她 3 岁儿子敲打墙壁的时候都冲进他的卧室，大叫一声："停下！"她是在惩罚孩子的需求行为吗？在不知道结果的情况下没办法说清楚。如果这个不良行为在责骂之后增加，那么也许孩子敲击墙壁是为了获得关注。如果是那样，母亲正在强化他的生气需求，而不是惩罚。强化增强了反应的可能性。相反，惩罚减弱了可能性。**【学习目标 5.7】**

表 5.2 强化和惩罚的区别

	程序	行为效果	典型案例
正强化	呈现一个刺激	增加目标行为	家庭作业上的金色星星会让学生感到特别
负强化	去除一个刺激	增加目标行为	当你移动到房间的另一个位置，电话的静电减弱了
正惩罚	呈现一个刺激	减少目标行为	主人责骂小狗，阻止它咀嚼鞋子
负惩罚	去除一个刺激	减少目标行为	没收喜欢的玩具，来阻止孩子发脾气

惩罚（punishment）
一个行为的结果或后果，能够减弱这种行为再次发生的可能性。

斯金纳和他的追随者相信强化一般能比惩罚更有效地塑造儿童的行为。

在一些国家，比如中国和泰国，打屁股是不普遍的。

尝试标注以下的每一个例子是负强化还是惩罚，并解释原因（答案见本页左下方）：

（1）尽管老师已经反复地警告了这个男孩，他仍然继续在教室后面制造噪声。老师最终送他去了校长办公室。两个小时之后他回到教室，变得安静多了。

（2）一个患有糖尿病的女人，努力通过节食和锻炼控制她的血糖。结果，她的医生允许她中断执行每日令她不愉快的胰岛素注射，这增加了她对健康饮食和锻炼的尝试。

长远来看，惩罚能起到作用吗？常识告诉我们是的。然而，斯金纳（1953）和他的大多数追随者反对用日常惩罚来改变行为。他们认为只有强化可以使大多数人的行为向好的方面发展。

164 根据斯金纳和其他人（Azrin & Holz，1966）的观点，惩罚有以下几个缺点：

（1）惩罚仅仅告诉有机体不做什么，而不是该做什么。一个因为发脾气而被惩罚的孩子，不会学习到如何更加建设性地处理挫折。

（2）惩罚通常会产生焦虑，焦虑反过来会干扰将来的学习。

（3）惩罚可能鼓励破坏性行为，促使人们暗中寻找表现被禁止的行为的方法。

（4）来自父母的惩罚也许为儿童侵犯行为提供了一个范例（Straus，Sugarman，& Giles-Sims，1997）。一个因作弊而被父母打耳光的孩子也许“获得了信息”——打耳光是可接受的。

许多研究者都报告称父母对孩子的体罚与儿童侵犯行为呈正相关（Fang & Corso，2007；Gershoff，2002）。经过许多研究，默里·施特劳斯和他的同事（Strauss & McCord，1998）发现，体罚与儿童的多数问题行为相关。

然而，我们必须知道这些研究只得出相关的结论，并不能证明因果关系的存在。也可能还有其他解释。例如，因为儿童部分遗传了其父母的基因，那么攻击就有可能是遗传的（Krueger，Hicks，& McGue，2001），所以父母的体罚和他们孩子的侵犯行为之间是相关的；可能是因为以攻击去回应不良情境的父母将这一基因倾向遗传给了孩子（DiLalla & Gottesman，1991）。同样可以猜测因果关系的箭头是相反的：也许是因为侵犯性儿童很难控制，所以才引起了父母的体罚行为。

相关还是因果

我们能确信 A 是 B 的原因吗？

体罚和儿童问题行为之间的关系也可能依赖于种族和文化。打屁股和其他形式的体罚在白人家庭中导致了更多的儿童行为问题，而在非裔美国人家庭中则较少（Lansford，Deater-Deckard，Dodge，et al.，2004）。此外，相对于打屁股较少的国家（比如中国或泰国），在打屁股普遍发生的国家（比如肯尼亚和印度）中，打屁股更多地预示了儿童高侵犯行为和高焦虑水平（Lansford et al.，2005）。相比在禁止打屁股行为的文化中的儿童，生活在允许打屁股行为的文化中的儿童也许会较少地感觉到侮辱，但是这种差异的原因尚不明确。

答案：（1）惩罚，因为男孩的老师减少了他制造噪声的比率。（2）负强化，因为医生增加了这个妇女健康饮食和锻炼的比率。

尽管如此，并不是说我们应该永远不使用惩罚，而是我们应该谨慎地使用它。大多数研究表明连续地给予惩罚并立即伴随不受欢迎的行为时最有效（Brennan & Mednick，1994）。特别是，即时惩罚通常是有效的，而延迟惩罚通常是无效的（Church，1969；McCord，2006；Moffitt，1983）。惩罚一个不受欢迎的行为的同时，迅速强化一个受欢迎的行为，也很有效（Azrin & Holz，1966）。

辨别性刺激 操作性条件作用中最后一个关键术语是**辨别性刺激**，即任何标志着强化存在的刺激。当我们对小狗打响指，希望它过来时，小狗可能接近我们来获得一个颇为亲切的爱抚。对于小狗来说，我们打响指是一个辨别性刺激。它是一个信号，如果小狗靠近我们，它将得到强化。根据行为学家的观点，我们事实上一直都在对辨别性刺激做出反应，甚至我们自己都没意识到。举个例子，当一个朋友对我们招手，我们会走向她并对她说“嗨”以表示回应。

同一首歌的两个版本 习得、消退、自然恢复、刺
165 激泛化和刺激分化都是我们在经典性条件作用中所介绍的术语。这些术语同样适用于操作性条件作用。表5.3中列出了这些术语的定义。下面，我们将探讨其中的三个概念是如何应用于操作性条件作用中的。

表5.3 经典性条件作用和操作性条件作用的重要概念的定义备忘录

术语	定义
习得	反应建立过程中的学习阶段
消退	在一个刺激被重复呈现之后，反应逐渐减少并最终消失
自然恢复	一个消失了的反应在短暂的延迟之后突然再度出现
刺激泛化	对与原始刺激相似但不完全相同的刺激产生的反应
刺激分化	对不同于原始刺激的刺激表现出不太显著的反应

消退。在操作性条件作用中，消退发生在我们停止强化一个先前已经被强化了的行为的时候。渐渐地，这个行为出现的频率减少并最后消失了。如果父母给一个正在尖叫的孩子一个玩具来使她安静，他们也许反而强化了她的行为，因为她正在学习靠尖叫来获得某物。如果父母买了耳塞，停止用玩具来抚慰孩子，尖叫行为就会逐渐消失。在此类案例中，我们通常看见一次消退性爆发。也就是说，在撤销强化之后的一个短暂时间内，不受欢迎的行为最初强度增加，可能是因为孩子正试图努力获得强化。所以验证了老人说的真理，事情在变好之前有时需要变坏。

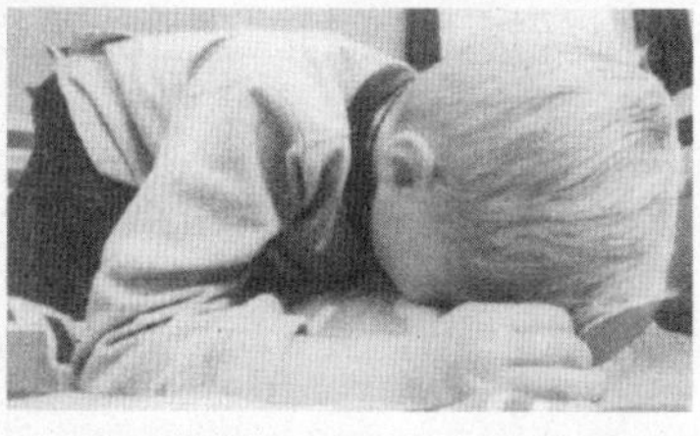
如果当他尖叫时，父母停止给这个男孩他喜欢的玩具，他将更努力尖叫来得到他想要的。最终他将意识到这是徒劳，并放弃尖叫行为。

刺激分化。如我们之前提到的，一个调查小组使用食物强化来训练鸽子区分莫奈和毕加索的画作（Watanabe et al.，1995）。那是刺激分化，因为鸽子正在学习辨别两类不同刺激的差异。

刺激泛化。有趣的是，这些研究者也发现他们的鸽子表现出了刺激泛化。在操作性条件作用之后，他们区分出了风格类似于莫奈的印象派艺术家的画作（比如雷诺阿）和类似于毕加索的立体派艺术家的画作（比如布拉克）。

强化原则

在我们应对一个新的行为原则之前，尝试回答这个问题：如果我们想训练狗表演把戏，比如接住飞盘，我们应该强化（a）每一次成功的拦截，还是（b）仅仅是其中的某一些呢？如果你和大多数人相同，你将回答（a），这个看起来符合我们关于强化效果的常识。这个假设似乎是符合逻辑的，强化越连贯，行为就越持续。但事实上，我们对强化的直觉是背道而驰的。

部分强化 根据斯金纳的**部分强化**原则［在心理学家劳埃德·汉弗莱（Lloyd Humphreys，1939）首次描

辨别性刺激（discriminative stimulus）
与强化的存在相关的刺激。

部分强化（partial reinforcement）
偶然强化的行为与连续强化的行为相比，消退更慢。

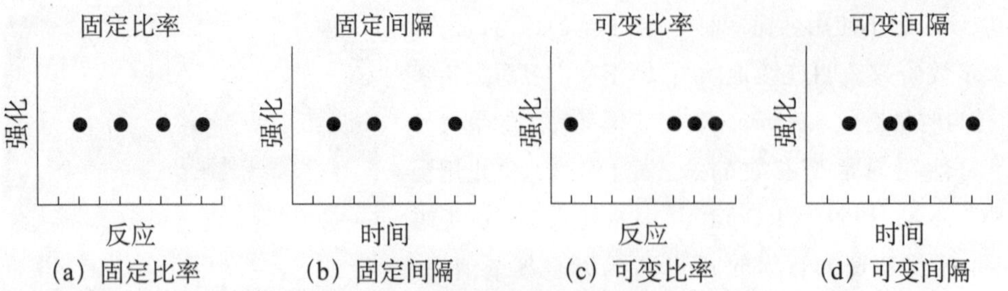

图 5.6 四种主要的强化程序

四种主要的强化程序表是：（a）固定比率；（b）固定间隔；（c）可变比率；（d）可变间隔。

我们偶然强化的行为（部分强化）消失得最慢。所以为了训练狗接住飞盘，我们应该间歇地强化它。

述它之后，有时也称作汉弗莱悖论]，我们偶然强化的行为比每次都强化的行为消失得更慢。尽管此观点也许看起来有悖常理，认为如果强化变得不可靠，期望每次执行目标行为都能得到奖励的动物可能不再情愿继续执行该行为。然而，如果动物已经学习到该行为仅被偶然地奖
166 励，它更可能怀着被强化的希望继续该行为。

澄清事实

赌徒谬论描述了随机事件有"记忆"的错误信念。连续 10 次轮盘赌博失利后，赌徒通常得出结论他现在"应该"赢了。然而他在第 11 次旋转中赢的概率并不比前 10 次更高。

所以如果我们希望动物长久地掌握一个把戏，其实我们应该偶然地强化它们的正确反应。斯金纳（1969）提出了**连续强化**，即每次动物执行行为时都强化，这样能让动物更快速地学习新行为，但是部分强化更能防止行为的消失。这个原则也许能帮助我们解释为什么有些人会持续陷入可怕的不正常的甚至是虐待的关系中多年。有些伴侣对他们的另一半进行间隔强化，大多数时间对他们很糟糕，但是偶尔对他们很好。这种部分强化的模式使个体在非正常关系中"无法自拔"。

强化程序 斯金纳（1938）发现动物的行为依赖于**强化程序**，即给予强化的模式。显然，这些强化程序的效果在各种物种（诸如蟑螂、鸽子、老鼠和人类）上是一样的。尽管强化的方式有很多种，但在这里我们将讨论主要的四种方式。**【学习目标 5.8】**强化程序的变化原则有两个维度：

（1）实施强化的一致性。某些强化的相倚性是固定的，而其他的是可变的。也就是说，在一些案例中实验者定期地（固定的）提供强化，而其他的案例中，他们不定期地（可变的）提供强化。
（2）实施强化的基础。某些强化是比率强化，而有些是间隔强化。在比率强化中，实验者基于动物发出反应的数量来强化动物。在间隔强化中，实验者基于上一次强化后过去的时间来强化动物。

我们将两个维度合并起来能得到四种强化程序（见图 5.6）：

（1）在**固定比率（FR）强化**中，我们在固定的反应数量之后给予强化。例如，我们可以在老鼠每按压 15 次斯金纳箱里的杠杆后，给它一个小球。
（2）在**固定间隔（FI）强化**中，在一个特定的时间之内至少产生一次反应时给予强化。例如，一个玩具工厂的工人因为她完成了工作而能在每

连续强化（continuous reinforcement）
每次行为发生时都给予强化，比偶然强化学习速度更快但是消退也更快。

强化程序（schedule of reinforcement）
强化行为的模式。

固定比率强化［fixed ratio（FR）schedule］
我们在固定的反应数量之后给予强化的模式。

固定间隔强化［fixed interval（FI）schedule］
在一个特定的时间之内至少产生一次反应时给予强化的模式。

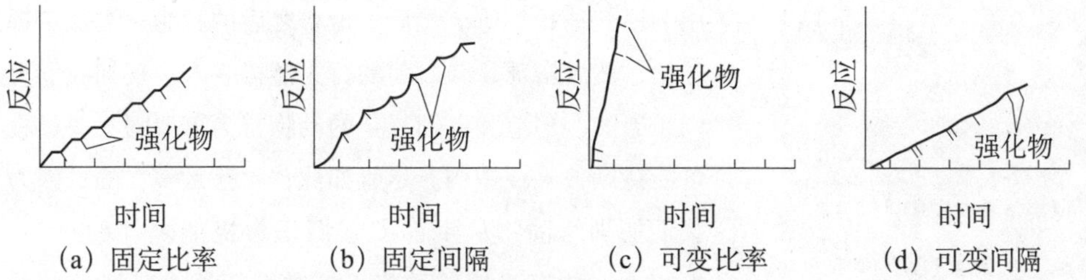

图 5.7 四种强化程序的典型反应模式

注意（b）中"圆齿状的"模式，即固定间隔反应模式。在接受一个强化之后，被试立即减少被强化的行为，然后在接近强化的时间段增加预期的强化行为 。

周五下午的同一时间领取薪水，只要她已经在一周的间隔中至少生产出一个玩具。

（3）在**可变比率（VR）强化**中，在一个特定的平均反应次数之后给予强化，强化的次数间隔随
167 机安排。玩老虎机和其他形式的赌博都是可变比率强化的例子。

（4）在**可变间隔（VI）强化**中，在一个平均时间间隔内至少产生一次反应时给予强化。例如我们可以在一个可变间隔强化中，以平均间隔 8 分钟给表演把戏的狗一个强化。这只狗也许不得不在开始的 7 分钟间隔中至少表演一次把戏，但接着在仅 1 分钟的间隔内表演第二次，然后是一个较长的 20 分钟间隔，再然后是一个 4 分钟间隔，而平均间隔是 8 分钟。

斯金纳发现不同的强化程序产生的反应模式不同（见图 5.7）。比率强化通常比间隔强化产生的反应率更高。这一发现符合直观判断。如果狗每翻滚 5 次得到一次强化，它将比每 5 分钟得到 1 次强化更愿意翻滚，无论在间隔中它是翻滚 1 次还是 20 次。另外，可变强化比固定强化产生的反应更连贯。这一发现也符合直观判断。如果我们不知道下一次的报酬何时到来，我们最好保持反应来确保我们已经做了足够多的次数来获得报酬。

另外两个强化程序的特点没有什么价值。第一，固定间隔强化与"圆齿状的"反应模式相联系。这种 FI 圆齿状反映了一个事实：动物在它接受强化之后"等待"了一段时间，然后，由于它开始预期强化，所以就在间隔结束之前增加它的反应率。

第二，可变比率强化（VR）通常产生的反应率最高。有一个地方我们可以确保发现可变比率强化：赌场（Madden，Ewan，& Lagorio，2007）。旋转轮、老虎机和类似不定期地给予现金报酬的游戏，它们都基于赌徒的反应。有时候赌徒不得不拉动老虎机的把手上百次，而什么钱也没有得到。另一些时候，赌徒仅拉动把手一次，然后就能像土匪一样得到钱，也许几秒钟内就能带着数千万美元离开。可变比率强化的极端不可预料性，恰恰使赌徒持续沉迷其中，因为强化能够随时到来。

操作性条件作用的应用

操作性条件作用以惊人的数量在每天的经历和一些特殊的环境中都起着作用。正如我们已经提到的，操作
性条件作用是某些父母教养方式的核心。它还与大范围 168
的其他情境相关，从训练动物到减肥——甚至到学习掌握视频游戏！这里我们看几个操作性条件作用的著名研究案例。

赌博是通过可变比率强化程序来强化行为的一个极好例子。巨大的收获可能随时到来，所以人们继续扔骰子。

通过塑造法来训练动物 如果你曾经在一个马戏团、动物园或是水族馆看见动物表演，你也许想知道动物究竟是如何学习如此复杂的活动的。它们通常依靠

可变比率强化［variable ratio（VR）schedule］
在一个特定的平均反应次数之后给予强化的模式，强化的次数间隔随机安排。

可变间隔强化［variable internal（VI）schedule］
在一个平均时间间隔内至少产生一次反应时给予强化的模式，间隔时间随机变化。

斯金纳的行为塑造原则如今用于训练服务性动物。

一个称为**逐步接近塑造法**的程序，简称塑造法。使用塑造法，我们强化事实上不是目标行为但却是逐步接近它的行为。通常，我们通过间隔强化大部分或全部的接近期望行为的反应来塑造有机体的反应，然后随时间逐渐消退（即降低频率）对不是特别准确的行为的强化。

动物训练师经常将一种称为链锁作用的技术与塑造法相结合，这种技术中，他们将大量有内在联系的行为联系起来形成更长的系列。链中的每一个行为成为下一个行为的线索。通过塑造法和链锁作用的方法，斯金纳教鸽子打乒乓球，尽管它们实际上不是奥林匹克水准的乒乓球选手。二战期间，他通过教鸽子当导弹接近目标时啄屏幕上的一个影像，将导弹从飞机引导到敌方，尽管美军从未在空战中采用他的创造性方法。在以上两个案例中，斯金纳都是以强化最初的近似值来达到预期的反应来开始的。当教鸽子打乒乓球时，他首先强化它们向着球拍，然后接近球拍，然后将球拍放入嘴中，然后用嘴捡起球拍等等。然后，他将之后的行为，类似于挥球拍，然后击球，与之前的行为链接起来。正如我们可以想象的，塑造和链锁复杂的动物行为需要耐心，过程可能持续数天或数周。尽管如此，收获是实在的，因为我们能训练动物从事许多它们正常机能之外的行为。事实上，所有当代的动物训练师都依赖的是斯金纳的原则。

逐步接近塑造法（shaping by successive approximations）
通过逐步强化越来越接近于目标的行为来形成目标行为。

普雷马克原则（Premack principle）
不太频繁发生的行为可以靠频繁发生的行为来强化，从而增加发生频率的原则。

你怎么认为?

你是一名海洋公园的实习生，帮助训练师教最小的海豚跳出水面并用它们的鳍击球。操作性条件作用的什么原则对完成学习目标有帮助?

普雷马克原则　请老实说：这一刻之前，你是否有拖延阅读本章内容？如果是，别感到羞愧，因为拖延是大学生发生最频繁的学习问题之一。不幸的是，拖延者比笨鸟先飞者在课堂上表现得更差（Tice & Baumeister，1997）。尽管这些发现是相关的，也并没有发现拖延导致成绩差的因果关系，但研究者仍坚定地认为拖延是不好的。

相关还是因果

我们能确信 A 是 B 的原因吗?

我们如何克服拖延？尽管有一些可能解决拖延的方法，但其中最好的一个可能是大卫·普雷马克（David Premack，1965）在他对猴子的研究中发现的那个。**普雷马克原则**认为，我们可以用一个更频繁出现的行为来积极强化一个不太频繁出现的行为（Danaher，1974）。虽然这个原则不是万无一失的（Knapp，1976），但它的作用尤其显著。普雷马克原则也被称为“祖母原则”，因为我们的祖母提醒我们先吃蔬菜再吃餐后甜点。所以，如果你发现自己拖延阅读或写作任务，想一下如果有机会，你往往会做些什么——也许是邀请一些亲密朋友外出，看喜欢的电视节目，或是吃一个冰激凌来犒劳自己。然后，只有在你完成作业之后才能利用这些高频率的行为强化自己。 169

迷信行为　你做过下面哪些行为?

- 从不在房间里打伞。
- 不在梯子下面行走。
- 佩戴幸运符或项链。
- 敲击木头。
- 十指交叉。
- 避开数字 13（比如不停靠在楼房的第 13 层）。

如果你已经做过其中的几个行为，你至少是有些迷信的。许多美国人也是。例如，12% 的美国人害怕在梯子下面行走（Vyse，1997）。许多人害怕数字 13（十三恐惧症），所以许多高楼的楼层设计直接从 12 跳到 14（Hock，2002）。此恐惧症并不仅限于北美；在巴黎，打算与 12 个人共进晚餐的十三恐惧症者会雇用第 14 个人来充当第 14 个客人。

迷信与操作性条件作用是如何联系起来的？在一个经典研究中，斯金纳（1948）在斯金纳箱中放了 8 只饥饿的鸽子，并且不管它们表现出什么行为，都每 15 秒呈现一次强化（喂鸟食）。也就是说，鸽子不管做了什么都能受到强化。几天之后，斯金纳发现 8 只鸽子中的 6 只已经显著获得了奇怪的行为。斯金纳这样写道：

> 一只鸟条件反射地对着笼子逆时针旋转，在强化间歇旋转两到三圈。另一只反复地用头猛推笼子上部的一个角落。第三只表现出了一个抖动反应，好似将它的头放在一个无形的木块下面，并反复地抬起木块。（p.168）

你也许已经在人们在城市广场上喂食的一大群的鸟中发现了类似的古怪行为；比如，一些鸽子在期待强化时，会欢蹦乱跳或者绕着圈子迅速走动。

据斯金纳所说，他的鸽子已经表现出了迷信行为：行为与强化通过纯粹的巧合联结起来（Morse & Skinner，1957）。在迷信行为和强化之间并没有实际的联系，尽管动物表现得好像存在这种联系。鸽子刚开始表现的行为在被强化之前立即被加强了——记住，强化会增加反应的可能性——所以鸽子继续做（这种偶然的操作性条件作用有时被称为迷信条件作用）。不是所有的研究都能复制在鸽子身上的研究结果（Staddon & Simmelhag，

识别假象

假象：受过教育的人很少是迷信的。

事实：人们无论教育水平的高低，都有一些迷信行为倾向。多达 90% 的大学生在考试之前有过一种或更多迷信的行为（Vyse，1997）。一半以上的人使用一支“幸运”笔或是穿戴一件“幸运”首饰或衣服。其他人诵读特定的语句、吃特殊的食物，或者不沐浴或修面。

保龄球手经常将他们自己的身体拧成古怪的姿势，好像试图诱导球进入期望的方向。这些行为可能是迷信条件作用的结果。

1971），尽管在斯金纳描述的模式中可能至少有一些动物表现出了迷信行为。

可重复性

其他人的研究也会得出类似的结论吗？

有一项研究在儿童身上发现了类似的效应（Wagner & 170
Morris，1987）。此研究发现大约四分之三的儿童被试，在定期的强化下表现出了迷信行为。

几乎没有人比运动员更容易迷信的了。这可能是许多运动事件的结果，甚至是那些需要许多技能的运动，也很依赖于运气。棒球名人堂成员韦德·博格斯（Wade Boggs）在每次比赛之前都要吃鸡肉。橄榄球名人堂成员吉姆·凯利（Jim Kelly）强迫自己在每次比赛之前呕吐，而篮球选手查克·波森（Chuck Person），在每次比赛之前总是吃两块糖果（总是士力架或奇巧）（Vyse，1997）。高尔夫球的超级明星泰格·伍兹（Tiger Woods）在周日比赛时总是穿一件红色 T 恤。

运动员可能会做出迷信行为，比如泰格·伍兹的“周日红T恤”的迷信，因为许多运动事件的结果依赖于运气。

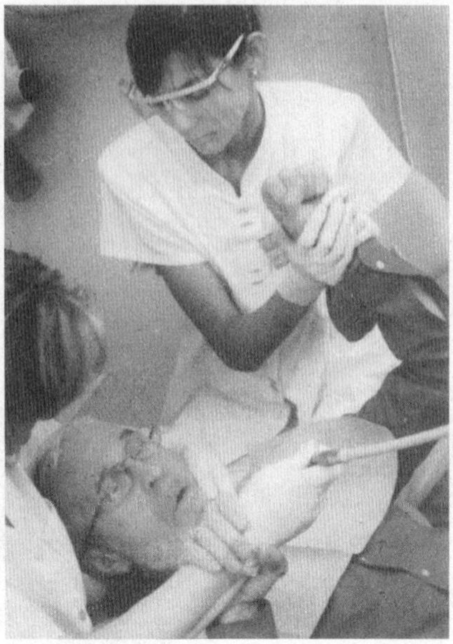

对牙科手术的恐惧通常被常年的逃避行为强化了，比如不到非去不可的时候拒绝去看牙医。

双过程理论：将经典性条件作用和操作性条件作用结合起来

到目前为止，我们已经讨论了经典性条件作用和操作性条件作用，并将它们视为两个完整独立的过程。脑成像研究为它们之间的区别提供了一些支持，研究显示这两种学习形式都与不同的脑区域活动有关。经典性条件作用下的恐惧反应大多基于大脑的杏仁核（LeDoux，1996；Veit et al.，2002），而操作性条件作用大部分是基于与报酬相关联的大脑边缘系统的部分（Robbins，Granon，Muir，et al.，1998；见第3章）。

然而，这两种条件作用经常相互影响。为了看看如何影响，让我们重温人们如何形成恐惧症的问题。我们已经看到某些恐惧症，部分是由经典性条件作用引起的：一个先前的中性刺激（条件刺激）——比如一只狗，与一个不受欢迎的刺激配对（非条件刺激）——被狗咬——导致恐惧的条件反应。到目前为止一切正常。

但是为什么恐惧的条件反应最终没有消退呢？考虑到我们已经了解的经典性条件作用，我们可能期望通过重复地呈现狗这一条件刺激，从而使对狗的恐惧的条件反应随着时间而最终消退。然而，这通常不会发生（Rachman，1977）。

我们可能同时需要经典性条件作用和操作性条件作用两者来解释这类恐惧症的存在（Mowrer，1947）。过程是这样的：人们通过经典性条件作用获得恐惧症。然后，一旦他们变得恐惧了，他们开始避开看见引起恐惧的刺激。如果他们有对狗的恐惧症，当他们看见有人牵着一只大型德国牧羊犬朝他们走来时，可能会绕道而行。当他们这样做时，他们的焦虑降低了——倍感轻松。他们是通过移除引起恐惧的刺激物来消极地强化他们自己的恐惧的。

代币制 最成功的操作性条件作用的应用之一是代币制。代币制是经常设立在精神病医院里的，为了强化适当行为和消除不适当行为的系统（Carr，Fraizer，& Roland，2005；Kazdin，1982）。在代币制中，管理人员使用符号、筹码、得分或其他**次级强化物**来强化病人做出被期望的行为。次级强化物是与**初级强化物**相关联的中性物质。初级强化物，即自然而然地能增加目标行为的东西，比如一份喜欢的食物或饮料。通常，创立代币制的心理学家通过定义目标行为开始，即他们希望增加频率的行为，比如平和地交谈或举止礼貌。研究表明代币制对改进医院、团体之家和少年拘留所里的行为通常是有效的（Ayllon & Milan，2002；Paul & Lentz，1977），尽管在这些制度严格的机构以外效果并不明显。

次级强化物（secondary reinforcer）
与初级强化物相关联的中性物质。

初级强化物（primary reinforcer）
使目标行为自然增加的事物或结果。

★小测试 171

1. 在经典性条件作用下，反应是自发的；在操作性条件作用下，反应是被诱导的。 正确 错误
2. 负强化和惩罚表面上不同，但是他们对行为都产生相同的短期影响。 正确 错误
3. 打屁股和孩子的问题行为两者在白人那里是正相关，但是对非裔美国人而言是负相关。 正确 错误
4. 部分强化原则认为只在某些时候强化的行为比连续强化的行为消失得更快！ 正确 错误
5. 根据普雷马克原则，我们可以用高频率行为强化低频率行为。 正确 错误

答案：（1）错（p.160）；（2）错（p.163）；（3）对（p.164）；（4）错（p.165）；（5）对（p.168）

学习的认知模型

到目前为止，当我们谈论如何学习时，我们会忽略一个词：思维。这并非偶然，因为早期的行为主义者并不相信思维与学习之间的因果关系。

华生、斯金纳与思维

华生与斯金纳对思维有着不同的观点。华生（1913）认为心理学应该只关注外在的行为（可觉察到的）。在华生看来，思维和情绪存在于科学心理学之外。

与之相反，斯金纳（1953）坚持认为可观察的行为、思维和情绪都是被相同的学习规律所支配，也就是经典性条件作用的和操作性条件作用。换句话说，思维和情绪也是行为，它们仅仅是转化了的行为，即不可观察的行为。

关于斯金纳的一个常见的误解是他不相信思维。恰恰相反，斯金纳清楚地表明——他过去从没反对我们在这里使用这个词——人类和其他有智力的动物都有思维，但是他坚持认为思维和其他行为在原则上没有不同。对于斯金纳来说，这种观点比起为思维而不是其他行为援引不同的学习规则来说太狭隘了。

奥卡姆剃刀原理
这种简单的解释符合事实吗？

S–O–R 心理学：综合思考

在过去的三四十年里，心理学已经从简单的S–R（刺激—反应）心理学转变为更复杂的S–O–R心理学。O代表有机体，它在做出反应之前解释刺激（Mischel，1973；Woodworth，1929）。支持S–O–R模式的心理学家认为，S和R之间的联结不是盲目的也不是自动的。相反，有机体对刺激的反应取决于刺激对于它意味着什么。S–O–R原则帮助我们解释一个我们都曾经遇到过的现象。你可能有这样的经历，给两个朋友同样温和的责备（比如，“你来晚了让我有点困扰”）但是他们的反应却大相径庭：一个表示歉意，另一个竭力寻找借口。 172

大多数早期的行为主义者认为思维存在于科学心理学之外。与此相反，斯金纳认为思维也是一种行为，只不过无法观察它。

为了解释这些不同的反应，斯金纳可能援引你朋友的不同学习史，其本质是每个朋友对责备的反应是如何被训练的。相反，相信认知是解释学习的中心的S–O–R理论家们，声称你朋友反应的不同是由于他们对你的责备的理解有差异。你的第一位朋友可能把责备认为是建设性的意见；第二位则认为是人身攻击。

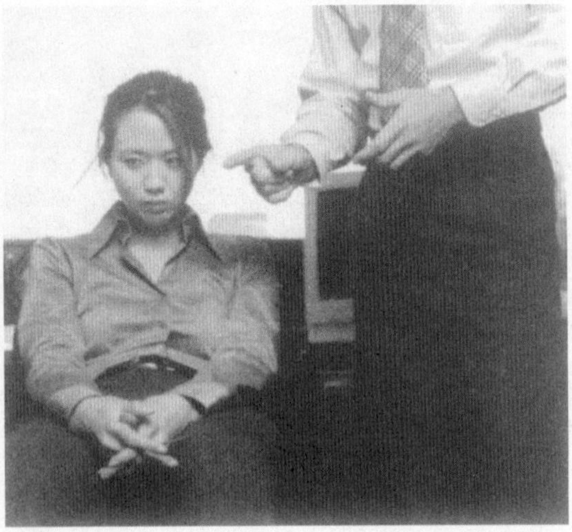

虽然很少有人喜欢挨批，但一些人应对得很好，而其他人就不能。S–O–R 心理学家认为，这种差别取决于我们对批评意义的解释。

尽管 S–O–R 理论家试图用一种更加以思维为基础的解释来整合经典性条件作用和操作性条件作用，但是格式塔心理学家（在第 4 章已经介绍过）仍在长期争论有机体的决定性作用。回想一下，格式塔心理学家注意到我们能意识到的刺激不同于且多于我们的器官所获得的刺激。这个事实意味着作为有机体的我们，正对刺激经验进行着心理操作或转化。

S–O–R 理论家并不否认经典性条件作用和操作性条件作用存在于学习中，但是他们认为这种形式的学习通常依赖于思维。让一个已经对音调和电击形成经典性条件作用的人等待对音调作出反应。如果告诉她不再被给予电击了，她的皮肤传导性反应会迅速消失（Grings，1973）。这种认知条件作用现象，凭借我们对情境影响条件作用的解释，证明了条件作用不仅仅是自动的、盲目的过程（Brewer，1974；Kirsch，Lynn，Vigorito，et al.，2004）。

为了不用行为主义来解释心理学的逐渐转变，我们有必要讲讲心理学先驱和他的老鼠们的故事。

潜伏学习（latent learning）
不能直接观察到的学习。

潜伏学习

对纯粹的行为主义者关于学习的解释最严峻的挑战之一是由爱德华·切斯·托尔曼（Edward Chace Tolman，1886—1959）提出的，他对心理学学习理论的贡献是难以估量的。

托尔曼怀疑强化不是学习的全部。为了解释为什么，回答这个问题：“谁是最先向纯粹行为主义发起挑战的心理学家之一？”如果你留意了，你会回答“托尔曼”。在我们问这个问题之前你已经知道了答案，尽管你没有机会去论证它。据托尔曼（1932）所说，你进行了**潜伏学习**，即不能直接观察到的学习（Blodgett，1929）。我们学习了许多东西，但没有表现出来。也就是说，在能力（我们所知道的）和表现（展现我们所知道的）之间有着关键的区别（Bradbard，Martin，Endsley，et al.，1986）。

那么为什么这个区别如此重要？因为它暗示了强化不是学习必不可少的条件。**【学习目标 5.9】**下面来看看托尔曼和霍齐克（Tolman & C.H.Honzik，1930）如何系统论证这一点的。

他们随机安排三组小老鼠在三周的时间里走迷宫（见图 5.8）。第一组的老鼠穿过迷宫时经常有奶酪作为强

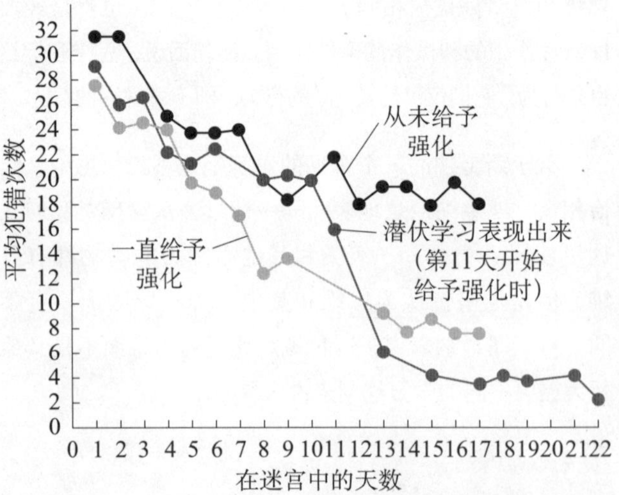

图 5.8 托尔曼和霍齐克的迷宫实验

该图来自于托尔曼和霍齐克用老鼠做的潜伏学习的经典研究。请留意大致处于中间的线。其中一组的老鼠在第 11 天之前没有得到强化；注意它们在受到强化后犯错误数量的突然下降。老鼠一直在学习，即使它们没有表现出来。（Source：Tolman & Honzik，1930）

化物。第二组的老鼠穿过迷宫时从未获得强化。第一组的错误极少，这一点也不奇怪。第三组老鼠在前 10 天没有得到强化，直到第 11 天才开始获得强化。

173 正如我们在图 5.8 中看到的，第三组的老鼠在接受第一次强化后错误次数急剧减少。事实上，几天之后，第三组的错误数和第一组经常强化的错误数没有多大差异。

托尔曼认为，这个发现意味着第三组的老鼠处于一直学习的状态。它们不用费心去表现出来，因为它们什么都没得到。一旦学习有了回报，也就是尝到了甜头，它们很快成为了小迷宫的主人。

托尔曼（1948）认为，老鼠已经产生了**认知地图**，也就是对迷宫的空间表征。如果你和大多数大学生一样，那么到学校的第一天你会感到很无助和困惑。过一段时间，无论怎样你都会对学校的布局有一种主观的感觉，这样你就不会再迷路。这种内部的空间蓝图，托尔曼认为是认知地图。

在一个巧妙地论证认知地图的研究中，三个研究者（McNamara，Long，& Wike，1956）让一组老鼠重复地走迷宫来接受强化。他们把另一组老鼠放在一个移动的“有轨电车”内，这样它们只知道迷宫的布局但不能获得通过迷宫的经验。当研究者让第二组的老鼠穿过迷宫时，它们和第一组的老鼠做得一样好，有轨电车里的啮齿旅行者，它们已经获得了迷宫的认知地图。

托尔曼等人的潜伏学习研究挑战了保守的行为主义者，因为他们展示了在没有强化的条件下，学习也能发生。对许多心理学家来说，这项研究颠覆了所有形式的学习都需要强化的言论。这也表明思维以认知地图的形式，至少在部分学习形式中扮演了主要角色。

可证伪性
这种观点能被反驳吗?

观察学习

一些心理学家认为，潜伏学习的一种重要变式是**观察学习**：通过观察他人来学习（Bandura，1965）。在许多情境中，我们都是通过观看榜样来学习：父母、老

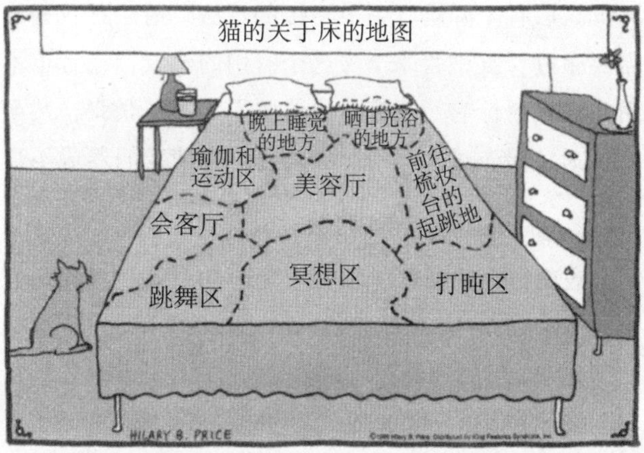

猫也有认知地图。［Rhymes With Orange（105945）©Hilary B.Price. King Features Syndicate］

师，以及对我们产生重要影响的他人。许多心理学家把观察学习看成是潜伏学习的一种形式，因为我们无需强化就能学习。【**学习目标 5.10**】我们能够仅仅通过观看他人由于做了某事而得到强化，然后从那人那里得到线索。

观察学习弥补了我们学习一切事情都要亲力亲为的缺陷（Bandura，1977）。大多数人都没有特技跳伞的经历，如果我们观看特技跳伞表演，会觉得从飞机上

儿童通过观察学习成人（尤其是他们的父母）的行为来获得他们的行为。

认知地图（cognitive map）
对一个物理空间是怎样布局的心理表征。

观察学习（observational learning）
通过观察他人来学习。

跳下之后有个降落伞是个不错的想法。请注意我们不需要通过反复试验来学习这个有用的建议，或者也不用在这里讨论它。观察学习使我们免去了紧张，甚至是生命危险、过失等等，但是它也会使我们养成不良习惯。

攻击行为的观察学习 20 世纪 60 年代的经典研究中，阿尔伯特·班杜拉（Albert Bandura）和他的同事证明了儿童能够通过观看攻击性角色榜样学习到攻击性行为（Bandura，Ross，& Ross，1963）。

班杜拉和他的同事让学龄前的男孩和女孩观看一个成年人（榜样）与一个大的波波玩偶玩，这个玩偶被击打后还会还原到原来的位置（Bandura，Ross，& Ross，1961）。实验者随机地安排一些儿童看成年人榜样安静地玩，忽视波波玩偶，而其他儿童观看成年人榜样击打波波玩偶的鼻子、用木棒打它、坐在它身上、满屋子踢它。这样还不够，后来这个榜样在实施暴力时还大声地辱骂并生动地描述他的行为："重击它的鼻子"，"踢它"，"战俘"。

174 随后，班杜拉和他的同事把儿童带到一间有一大堆玩具的房间，里面有微型消防车、喷气式战斗机和一大套布娃娃。当孩子们刚要开始玩这些玩具时，实验者打断他们并告知他们要移到另一个房间。这个打断是故意的，因为研究者想要阻挠孩子们，使他们的行为更可能有攻击性。然后实验者将他们带入另一个房间，里面有一个和他们见过的一样的波波玩偶。

依据多种独立的途径，班杜拉以及同事发现，比起面临无攻击性榜样，先前面临攻击性榜样的儿童明显地引发了对波波玩偶的更多的攻击。观看了朝玩偶叫喊的攻击性榜样的儿童也做出了同样的行为，他们甚至会模仿榜样的言语攻击。

媒体暴力与现实世界攻击 班杜拉的研究和后期关于观察学习的研究数据引领心理学家们考虑一个重要的理论问题及社会问题：媒体暴力的出现，例如暴力电影，会造成现实世界的暴力吗？数百名研究者使用相关设计已经证实了观看许多暴力电视节目的儿童比其他儿童更具有攻击性（Twemlow & Bennett，2008；Wilson & Herrnstein，1985），尽管这些发现没有证明媒体暴力导致了现实世界的暴力（Freedman，1984）。它们只能简单地表明高攻击性的儿童比其他儿童更喜欢看有攻击情节的电视节目。相反地，这些发现可以推出第三个变量，例如儿童最初的攻击性水平。也就是说，高攻击水平的儿童可能比其他儿童更喜欢看暴力电视节目和表现攻击行为。

相关还是因果
我们能确信 A 是 B 的原因吗？

研究者试图用纵向研究来解决这个问题（见第 8 章），他们在很长一段时间里对个体行为进行追踪调查。纵向研究显示，尽管研究者视儿童的初始攻击水平是相等的，但是观看许多暴力电视节目的孩子比那些看得少的在几年后表现出更强的攻击性（Huesmann，Moise-Titus，Podolski，et al.，2003；见图 5.9）。尽管这些研究比相关研究提供了媒体暴力和攻击性有因果关系的更令人信服的证据，但是它仍没有证明这种联系的存在。例如，无法测量的人格变量，如冲动，或是社会变量，如缺少父母监管，也许能解释这些发现产生的原因。此外，不能只因为变量 A 在变量 B 之前发生就说变量 A 导致变量 B（见第 8 章）。举例来说，如果我们发现大多数常见感冒是以喉咙疼痛和流鼻涕开始的，我们不能说是喉咙痛和流鼻涕引起了感冒，它们仅仅是感冒的初始症状而已。

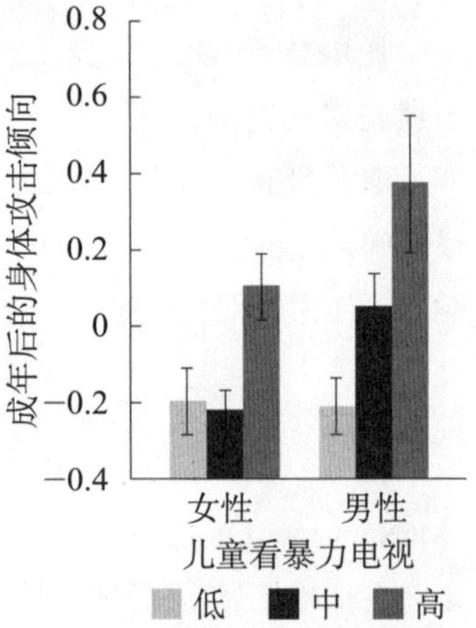

图 5.9 儿童时期观看暴力电视的个体的纵向研究

不管女性还是男性，在儿童时期观看暴力电视与成年期的暴力行为有正相关关系，但是这种相关并没有被证明是因果关系。为什么呢？（Source：Huesmann et al.，2003）

最后，一些研究者进行了媒体暴力和攻击性之间关系的现场研究（Anderson & Bushman，2002c）。在现场

你怎么认为?

作为学生工作处的媒体指导，你负责为每周的电影夜挑选电影。上学期的一件暴力事件之后，行政部门很关心放映暴力电影是否会引发学生的暴力行为。你如何评估观看暴力电影与校园暴力事件是否相关?

研究中，研究者检验现实世界中自然发生事件和攻击性
175 之间的关系。例如，一个研究者（Williams，1986）对加拿大一个偏僻的小山村进行了一项现场研究，这个小山村在1973年之前没有电视。她把这个小村子叫做"Notel"，也就是"no television"（没有电视）的缩写。与其他两个已经有电视的村庄的学龄儿童相比，Notel的儿童两年之后，在身体或言语攻击方面有显著性的增强。尽管如此，考虑到一个潜在的影响，这些发现还是很难说明两者的关系，即在Notel有了电视的同时，加拿大政府在Notel与其他村庄之间修建了一条宽阔的高速公路。这条高速公路可能给Notel的孩子带来了外界的负面影响，包括从其他城市带来的犯罪。

排除其他假设的可能性

对于这一研究结论，还有更好的解释吗?

那么我们能从与媒体暴力和攻击行为有关的文献中总结出什么呢？现在的大部分心理学家同意至少在一些情景下媒体暴力会导致攻击行为（Anderson & Bushman，2002a；Bushman & Anderson，2001）。不过，同样清楚的是媒体暴力只是这个多因素谜团的一个小方面。我们不能只通过媒体暴力这一个手段来解释攻击，因为潜在的大部分暴露在高暴力环境中的人并没有表现出攻击性（Freedman，2002；Wilson & Herrnstein，1985）。我们会在第11章继续探讨引起攻击性的其他原因。

小测试

1. 斯金纳认为，动物不会思考和体验情绪。 正确 错误
2. 内隐学习的支持者认为强化不是学习所必要的。 正确 错误
3. 潜伏学习的研究证实儿童观察有攻击性的榜样会习得攻击行为。 正确 错误
4. 揭露媒体暴力对儿童的暴力行为产生作用的研究可以证明两者是因果关系。 正确 错误

答案：（1）错（p.171）；（2）对（p.172）；（3）对（pp.173–174）；（4）错（p.174）

影响学习的生物学因素

几十年来，大多数的行为主义者认为人类的学习跟动物的学习完全不同。动物的学习历史和基因的构成方式就好像驶过的两艘黑暗的船。现在我们已经知道生物因素复杂而又深深地影响着我们学习的速度和本质。下面是三个有力的例子。

条件性味觉厌恶

20世纪70年代的一天，心理学家马丁·塞利格曼（Martin Seligman）和他的妻子出去吃饭。他点了一份里脊牛排蘸蛋黄酱，大约六小时之后，当看歌剧时，塞利格曼感到很恶心并生了重病。虽然他和他的胃最终康复了但是对蛋黄酱的爱一去不回。从那以后，塞利格曼一想起蛋黄酱就感觉想吐，更别提尝了（Seligman & Hager，1972）。

蛋黄酱综合征，也就是条件性味觉厌恶，是会引起 176
味觉防御反应的经典性条件作用。在继续阅读之前，问自己一个问题：塞利格曼的案例与我们已经讨论过的另一个经典性条件作用的案例（巴甫洛夫和他的小狗）相矛盾吗?

事实上，至少在三方面确实如此（Garcia & Hankins，1977；Reilly & Schachtman，2009）

（1）与其他大多数需要把条件刺激和非条件刺激反复配对比较的经典性条件作用相比，条件性味觉厌恶只需要一次就能成功。

（2）在条件性味觉厌恶作用中，条件刺激和非条件刺激之间的延迟可以长达6至8小时（Rachlin & Logue，1991）。

（3）条件性味觉厌恶的对象往往是非常特定的某物，并且几乎没有刺激泛化现象。比如，厌恶炸鸡不能笼统地讲厌恶烤鸡或炸鱼。

这些区别有重要的意义。我们不想一遍遍地经历可怕的食物中毒来学习味觉和疾病之间的条件性联结。这样做不仅让人感觉很难过，而且在某些情况下会有生命危险。吃和疾病的时间滞后性违背了典型的经典性条件作用，因为条件刺激和非条件刺激之间短暂的间隔时间对学习来说是十分必要的。但是在这种情形下，由于食物中毒发生在吃下有毒食物后的几小时而不是几秒钟，这种联结是恰当可行的。**【学习目标 5.11】**

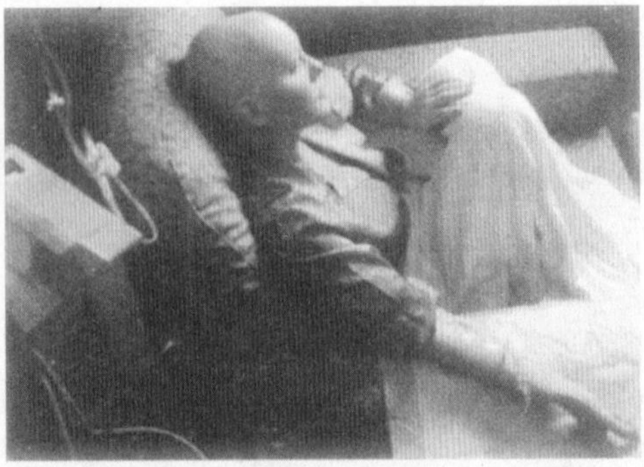

心理科学已经帮助许多癌症病人在进行化疗时对他们喜欢的食物的条件性味觉厌恶达到最小化。

草原狼吃绵羊的尸体就如同吃慢性毒药一样在几个小时后就会发病。从那以后，草原狼就不敢吃绵羊了。农场主就用这个方法保护牲畜不受草原狼的袭击。

等位性（equipotentiality）
关于任何条件刺激都可以很好地与非条件刺激关联的假说。

条件性味觉厌恶是正在进行化疗的癌症病人的一个特殊问题，化疗经常引起反胃和呕吐。结果是，他们经常在化疗时对一种食物产生厌恶，尽管他们知道这种食物与治疗毫无逻辑联系。幸运的是，健康心理学家们已经找到一个很好的解决方法。利用条件性味觉厌恶的特征，他们让癌症病人在化疗之前吃一种不熟悉的替代食物。这是一种新的他们不喜欢的食物。一般地，病人会对替代食物产生条件性味觉厌恶而不是对之前喜欢的食物（Andresen，Birch，& Johnson，1990）。

你怎么认为？

你是一个在当地新闻报社工作的专业美食评论家，一次婚礼上因食物中毒你对鸡肉感到很厌恶。在你的工作中，你不能避免任何食物，为了让自己再次喜欢鸡肉，你会怎么做？

约翰·加西亚（John Garcia）和他的一个同事尝试证明生物因素对条件性味觉厌恶的影响（Garcia & Koelling，1966）。他们发现老鼠暴露在X射线下会感到恶心，并对一种特定的味道产生条件性厌恶，而不是X射线照射之后呈现的特定的言语或听觉的刺激（Garcia & Koelling，1966）。换句话说，在一次接触之后老鼠更容易将厌恶与味道联系起来而不是其他的感觉刺激。条件性味觉厌恶虽然让人很不开心，但是它们通常有适应作用。在现实世界里，让动物生病的毒饮料和食物既看不出也听不出。结果，现实世界中动物很容易对引发恶心的刺激产生条件性厌恶（见图5.10）。

因为确定的刺激更容易与特定的结果相联系，因此这个发现反驳了**等位性**假设，即我们能把所有的条件
刺激与所有的非条件刺激进行配对——许多传统的行为 178
主义者都这么认为（Plotkin，2004）。注意马丁·塞利格曼想到蛋黄酱就反胃，而不是想到歌剧或者——幸运地——他的妻子。

图 5.10　条件性味觉厌恶

约翰·加西亚和他的同事的工作证明了动物倾向于只对特定的刺激产生条件性味觉厌恶，即在现实世界中引发恶心的那些东西。

准备学习与恐惧症

等位性假设的第二个挑战来自于恐惧症的研究。如果我们看一下恐惧症在一般人群中的分布，会发现奇怪的现象：人们并不害怕最常让自己不愉快的东西。黑暗、高度、蛇、蜘蛛、深水、血的恐惧症很常见，尽管如此，很多害怕这些刺激的人在遇到它们时并没有感到恐惧。相反，剃须刀、刀、家具的边缘、微波炉和插座恐惧症是很罕见的，尽管我们中的很多人都曾被它们割伤、撞伤、烧伤或是其他伤害。

塞利格曼（1971）指出我们可以用**准备学习**的方法来解释人群中的恐惧症分布：我们进化性地倾向于恐惧特定的刺激而不是其他。塞利格曼说那是因为特定的刺激如悬崖和有毒的动物对我们人类的祖先构成了威胁（Ohman & Mineka，2001；Weiek，Schupp，& Hamm，2007）。相反，家具用品和家用电器则不会，因为它们经常出现。用苏珊·米尼卡和迈克尔·库克（Susan Mineka & Michael Cook，1993）的话来说，有准备的恐惧是“进化性的记忆”。

米尼卡和库克（1993）让从没有接触过蛇的恒河猴去接触一条蛇来检验准备学习。猴子对蛇并不恐惧。接下来，研究者给猴子们放了一盒其他同类猴子惊恐地看着蛇的录像带。不超过半小时，猴子们通过观察学习习得了对蛇的恐惧。后来，研究者剪辑了这盒录像带，看起来好像同样一群猴子产生惊恐的反应，但是，这次是对花、玩具兔子、玩具蛇或玩具鳄鱼。之后，他们给其他没有做过花、兔子、蛇或者鳄鱼实验的猴子看这盒改造过的录像带。观看改造过的录像带的猴子对玩具蛇和玩具鳄鱼产生了恐惧而对花和玩具兔则没有。从准备学习的观点看，这一点是可以理解的。蛇和鳄鱼对我们的祖先造成危险，而花和兔子则不会（Ohman & Mineka，2003）。更令人迷惑的是这些恐惧很容易习得，因为猴子看过录像之后便学会了恐惧。在恐惧习得上视频比其他的刺激更有效。猴子比其他动物更明显地容易习得恐惧，但是需要在学习之前观察其他（猴子的）恐惧，也就是要激活学习倾向。

米妮卡和库克（1993）展示了猴子通过观察学习能获得对蛇的恐惧。尽管如此，这些猴子并不会对花朵这样的无危险刺激产生畏惧，表明了进化倾向在恐惧发展中的作用。

尽管如此，准备学习的实验证据并不是完全一致的。当研究者用电击配对像蛇和蜘蛛这样的准备刺激或者花和蘑菇这样的无准备刺激时，他们不能总是复制这个发现：被试对准备刺激的获得比无准备刺激的获得更快（Davey，1995；McNally，1987）。

可重复性
其他人的研究也会得出类似的结论吗？

本能漂移

动物训练师玛利安·布里兰（Marian Breland）和凯勒·布里兰（Keller Breland）为马戏团和电视广告商训练鸽子、小鸡、浣熊、小猪和许多其他的动物表演各种各样的把戏——像我们看到的大卫·莱特曼（David Letterman）的笨宠物把戏片段一样。作为哈佛时斯金纳的学生，他们用操作性条件作用的传统方法来塑造动物的行为。

在他们训练动物的过程中，布里兰夫妇发现他们的小动物的表现并不总像预期的那样。一次他们尝试让浣熊把硬币扔进小猪存钱罐里。尽管他们成功地用食物强化的方法让浣熊捡起硬币，但他们很快遇到一个令人惊奇的问题。尽管反复强化浣熊将硬币丢在小猪存钱罐中，但它们却开始摩擦这些硬币并把它们放在一起，抛散开，然后又继续摩擦。 179

准备学习（prepared learning）
对某些对生存构成威胁的刺激感到恐惧的进化倾向。

浣熊恢复了一种本能行为——冲洗。它们把硬币看成一片片的食物，或是它们从河岸或溪流边拾到的硬贝壳（Timberlake，2006）。布里兰夫妇（1961）称这种现象为**本能漂移**：动物在反复强化之后，恢复本能行为的倾向。研究者观察了其他动物的本能漂移，包括老鼠（Powell & Curley，1984；Staddon，2007）。心理学家不能充分解释这种漂移产生的原因。但本能漂移告诉了我们如果不考虑先天的生物因素就不能充分解释学习，因为这些因素限制了我们可以通过强化而习得什么样的行为。

本能漂移是一种恢复进化选择的行为的倾向。

★小测试

1. 许多条件性味觉厌恶只需一次尝试就可以获得。 正确 错误
2. 许多研究认为等位性假设是错误的。 正确 错误
3. 准备现象有助于解释为什么恐惧症在一般人群中相当普遍。 正确 错误
4. 随着日益增多的强化，动物往往离它们的本能的行为模式越来越远。 正确 错误

答案：（1）对（p.176）；（2）对（pp.176–178）；（3）错（p.178）；（4）错（p.179）

时尚的学习策略：它们有用吗？

学习是一项困难的工作，它需要心理能量和注意力。

可能是因为学习新事物需要你花许多时间和努力，许多心理健康专家推荐各种杂七杂八的技术，据说可以让我们学习起来比现在更快更容易。这些新奇怪异的方法有用吗？我们可以通过检验三种流行的技术来找出答案。【**学习目标 5.12**】

睡眠辅助学习

设想在你几晚酣睡之中，就能掌握这本书里所有的内容。你可以花钱请某人用音频记录这本书的全部内容，在几个夜晚里播放录音，你就可以全部学会。那么你可以对这种在阅览室看心理学到深夜的日子说再见了。

180 和心理学的诸多领域一样，希望永无止境。许多睡眠辅助学习（在睡眠中学习新知识）的支持者已经根据这个技术的潜力做出一些特别声明。公司提供各种CD，并声称它们能帮助我们学习语言、戒烟、减肥和减轻压

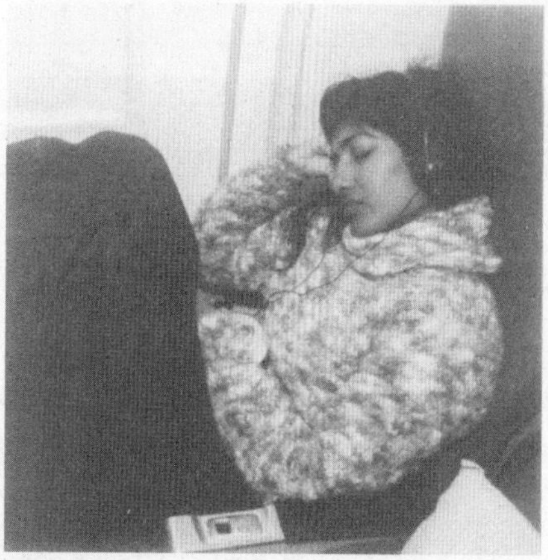
尽管睡眠中学习新语言的期望很有吸引力，但是并没有研究为此提供证据支持。

本能漂移（instinctive drift）
动物在反复强化之后，重新表现出本能行为的倾向。

力，这些我们都可以在睡觉时完成。这些主张肯定是值得我们注意的。睡眠辅助学习的科学证据跟得上支持者的这些让人印象深刻的主张吗？

> **特别声明**
> 这类证据可信吗？

和生活中的常识一样，太美好的事情反而不真实。不可否认，睡眠辅助学习的早期发现让人很受鼓舞。一组观察者让睡着的船员接触摩尔斯电码（无线话务员有时使用的一种交流速记形式）。这些船员比其他船员快了三个星期掌握摩尔斯电码（Simon & Emmons，1955）。来自苏联的其他研究为这个主张提供了证据，即人们能在睡眠中学习新知识，如磁带记录的单词或句子（Aarons，1976）。

然而，这些早期的正向研究报告疏忽地排除了一个重要的可供选择的解释：记录内容可能唤醒了被试。问题是几乎所有表现出正面结果的研究都没有监控被试的脑电图（EEGs；见第 3 章）以确保当他们听磁带时已经睡着（Druckman & Swets，1988；Druckman & Bjork，1994）。监控被试脑电图以确保他们已经睡着的良好控制的研究，为睡眠辅助学习提供的证据很少。所以在某种程度上，睡眠学习磁带"起作用"，是因为被试在时睡时醒时听到了磁带播放的只言片语。关于迅速减少压力的问题，我们只需要跳过磁带而好好地睡一觉。

> **排除其他假设的可能性**
> 对于这一研究结论，还有更好的解释吗？

发现学习

通过本书我们可以发现，学习如何排除关于研究结果的其他可能的假设是批判性思维的关键因素。但是科学教育工作者还没有在如何教授这个重要技术上达成一致。

> **排除其他假设的可能性**
> 对于这一研究结论，还有更好的解释吗？

传授这种知识的一个日趋流行的方法是发现学习：向学生呈现实验性材料并让他们独自总结出其中的科学原理（Klahr & Nigam，2004）。例如，一个教操作性条件作用的心理学教授可能呈现给她的学生一只温和的老鼠、一个迷宫、充足的奶酪，并询问他们哪个变量影响了老鼠的学习。例如，是持续强化老鼠还是偶然强化老鼠让它更快地学会走迷宫？

然而，像大卫·克拉（David Klahr）与其他同事所呈现的那样，旧式的直接教学法，即我们简单地告诉学生如何解决问题比发现学习更快速、更有效。一项研究中，他们检验了三、四年级学生分离出影响球滚下斜坡速度的变量的能力，比如斜坡的深度或者长度。后来只有 23% 的学生独立地在发现学习条件下解决了一个稍有不同的问题，而 77% 的学生在直接教学的情况下完成了（Klahr & Nigam，2004）。

这并不是说发现学习在教育中就一无是处，从长远来看，它能鼓励学生学会如何独自应对科学问题（Alferink，2007；Kuhn & Dean，2005）。这可能对高水平的学生是一个有效的方法，但对初学者不是。因为许多学生也许永远不能独自地解决特定的科学问题，把它作为一个独立的方法是不恰当的（Kirschner，Sweller，& Clark，2006）。

学习风格 181

几乎没有人不相信每个人都有自己独特的**学习风格**——他们喜欢运用的获取知识的方法。这个观点的支持者认为：一些学生是分析型学习者，他们擅长把问题分解为不同的组成部分；而一些学生则是整体型学习者，他们擅长把问题看成整体；还有一些学生是言语型学习者，他们喜欢讨论问题；其他的为空间型学习者，他们更喜欢在头脑中构思问题（Cassidy，2004；Desmedt & Valcke，2004）。一些教育心理学家已经提出教学方法与个人的学习风格相一致能显著促进学习。据他们所说，言语型的孩子学习书写材料更快更好，空间型的孩子学习构思材料更快更好，等等。

与这些断言同样具有吸引力的是，它们经不起仔细研究的考验。首先是很难适当地评估学习风格（Snider，

学习风格（learning style）
一种个人喜欢的或最适宜的获取新知识的方法。

1992；Stahl，1999）。在第 2 章中我们介绍过，信度是指测量的可靠性。这种情况下，研究者发现用来评估人们学习风格的不同测量手段经常产生关于他们喜欢的学习方法的不同的答案。这一部分可能是因为几乎没有人是纯粹的分析型或整体型、言语型或空间型学习者，等等；大部分人是两种类型的混合型。此外，研究普遍显示针对人们的学习风格采用不同的方法并不能促进学习（Kavale & Forness，1987；Kratzig & Arbuthnott，2006；Tarver & Dawson，1978）。像大众心理学中其他大量的昙花一现一样，学习风格的观念似乎想象多于现实（Alferink，2007；Stahl，1999）。

有某种学习风格的学生受益于特定类型的操作材料的观点在教育心理学领域盛行一时，然而科学研究为此只提供了少许证据。

你怎么认为？

你是一个六年级的老师，正面对一个学生的家长，这对父母坚持认为他们的孩子是严格的言语型学习者，而且你的教学风格阻碍了她学习。你如何说服他们——他们孩子的学习并没有被阻碍？

★小测试

1. 睡眠辅助学习技术只有当被试学习时完全睡着了才能起作用。 正确 错误
2. 发现学习比直接教学法能更有效地解决大多数科学问题。 正确 错误
3. 几乎没有证据支持教学方法与人们的学习风格相匹配能促进学习。 正确 错误

答案：（1）错（p.180）；（2）错（p.180）；（3）对（p.181）

182

全面的复习体系

经典性条件作用（pp.153–160）

5.1 描述经典性条件作用的过程并区分条件刺激与反应和非条件刺激与反应

在经典性条件作用下，动物逐渐对先前的条件刺激（CS）产生反应；这个条件刺激与其他能够引起无条件反应（UCR）的无条件刺激（UCS）进行配对。与无条件刺激反复配对之后，条件刺激渐渐引出一个与无条件反应相似的条件反应。

1. 由于经验，有机体的行为或思维的改变称作________。（p.152）
2. 没有肉末时，狗在节拍器声音的刺激下持续流唾液的现象称作________。（p.154）
3. 识别巴甫洛夫关于狗的研究中，经典性条件作用模型的各个组成部分。（p.155）

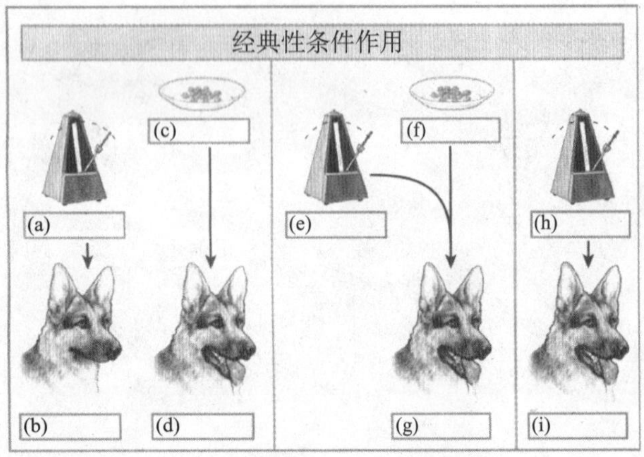

4. 琳妮喜欢上了她家附近的邮政公司的邮递员，她一看到邮车就心跳不止，在这里，邮车是（条件 / 无条件）刺激，而邮递员是（条件 / 无条件）刺激。（p.155）

5.2 解释条件反应如何习得、保持和消退

习得是我们逐渐学习条件反应的一个过程：当单独重复呈现条件刺激时，条件反应逐渐减少甚至消失时，消退就发生了。消退会以被新信息覆盖的条件反应的形式出现。

5. 条件反应建立中的学习阶段称作________。（p.155）
6. 多次击打节拍器之后不给予肉末，巴甫洛夫的狗最后停止了唾液分泌，这个过程是________。（p.155）
7. 条件刺激延迟之后，已经消退了的条件反应突然再次出现称为________。（p.156）
8. 能够欣赏恐怖电影是刺激（泛化 / 分化）的一个例子。（p.156）

5.3 解释经典性条件作用是如何引起复杂行为的，而这些复杂行为又是如何出现在我们的日常生活中的

当有机体对其他与先前的条件刺激相联系的条件刺激发展出经典性条件作用时，高级条件作用就发生了。

9. 广告商使用________让消费者把一个愉悦刺激与其产品相联系。（p.157）
10. 描述华生和雷纳在小阿尔伯特条件恐惧中使用的方法，并解释基于伦理问题为什么他们的工作在今天无法进行。（p.158）

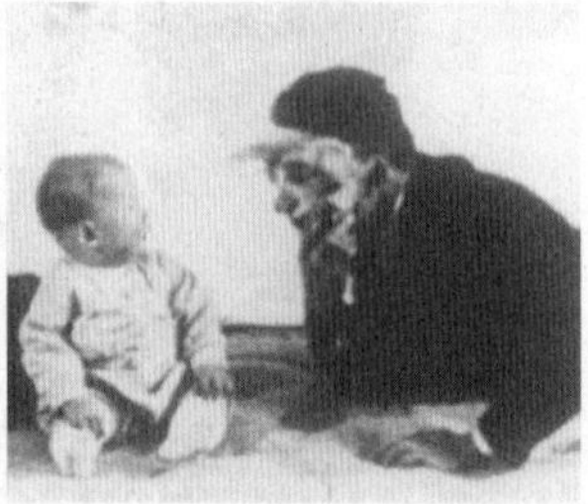

操作性条件作用（pp.160–171）

5.4 描述如何通过操作性条件作用形成行为

操作性条件作用是被有机体的行为结果所控制的学习。这也相当于工具性条件作用，因为有机体在反应之外“获得了某些东西”。

11. 动物为了获得奖励而发生的行为称为________。（p.160）

5.5 识别操作性条件作用与经典性条件作用的异同

两种形式的条件作用包括许多相同的加工阶段，包括习得和消退。然而在操作性条件作用中，反应是自发的而不是引出的，奖励据行为而定，并且反应主要牵涉骨骼肌而不是自主神经系统。

12. 找出经典性条件作用和操作性条件作用的不同并完成表格。（p.161）

参考答案在本书的结尾处

	经典性条件作用	操作性条件作用
目标行为		
奖励		
行为的最初依赖		

183 **5.6 描述强化及其对行为的影响**

桑代克的效果律告诉我们如果一个反应是在奖励紧接着刺激出现的情况下产生，这种行为很可能重复多次，最终形成一般的S–R联结。强化可以是正强化（施加一个刺激）也可以是负强化（撤消一个刺激）。

13. 正强化和负强化都可以看作奖励，因为它们都_________行为表现的可能。（p.162）
14. 一个物理学教授向他的学生宣布谁能得90分或更高就可以不用参加期中考试。这是一个（正/负）强化的例子。（p.162）

5.7 区别负强化与惩罚对行为的影响

负强化会增加行为发生的可能性，惩罚却会削弱反应。惩罚的一个坏处就是它仅仅告诉我们什么不该做，而不是该做什么。

15. _________是通过消除结果从而增加行为发生的可能性，而_________是能降低行为发生的可能性。（p.163）
16. 根据斯金纳的研究发现，惩罚的不利因素之一是它能产生_________，从而干扰以后的学习。（p.164）

5.8 描述四种主要的强化程序及其对行为的影响

部分强化与连续强化相比在习得和消退上都比较慢。体验部分强化的动物表现的行为模式依赖于强化程序。最常见的四种程序，主要取决于强化的形式是固定的还是变化的，是根据行为的比率产生还是所需要的时间，每一种都有与之相关的独特的行为模式。

17. 根据部分强化的原则，我们偶然间强化的行为比持续强化的行为更（慢/快）消退。（p.165）
18. 斯金纳发现不同的_________产生不同的反应模式。（p.166）
19. 赌场赌博是_________的一个重要例子。（p.167）
20. 识别四种强化程序类型的典型反应模式。（p.167）

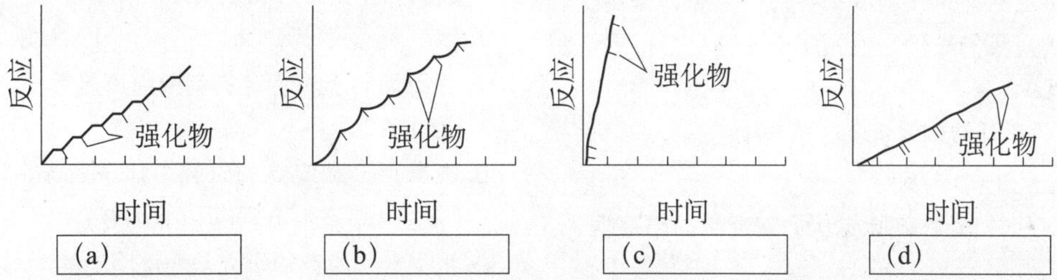

学习的认知模型（pp.171–175）

5.9 阐述在缺乏条件作用的情况下支持学习的证据

S–O–R心理学家相信有机体对刺激的解释在学习中扮演着主要角色。托尔曼的潜伏学习研究，表明了动物在没有强化的作用下也可以学习，挑战了极端行为主义者的学习观点。

21. 早期行为主义者（相信/不相信）思维在学习中起至关重要的作用。（p.171）
22. 华生认为心理学家只应该注意_________行为。（p.171）
23. 斯金纳认为可观察到的行为、_________和_________都受学习法则控制。（p.171）
24. 在过去的几十年里，心理学从简单的S–R心理学转向更复杂的_________心理学。（p.171）
25. 当与雇员讨论他们的表现时，为什么经理会根据谈话人的不同来改变他们的风格?（p.172）

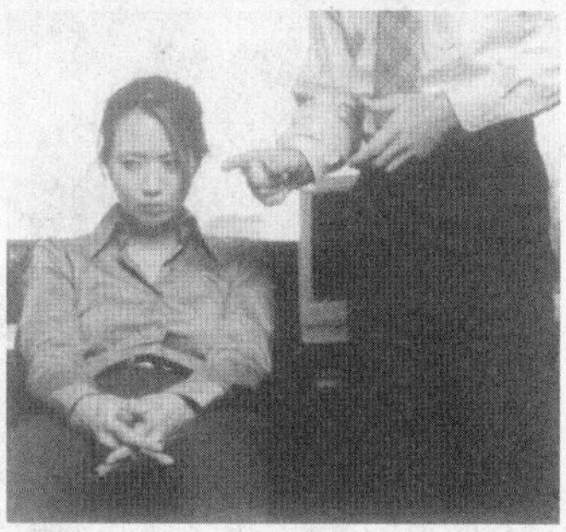

26. 根据托尔曼的研究，他把老鼠在迷宫中形成的空间表征称为_________。（p.173）

5.10 解释观察学习是怎样发生的

研究表明人们可以由观察学习获得攻击性行为。相关研究、纵向研究、实验室研究和现场研究都表明媒体暴力会导致攻击。

27. 许多心理学家认为，潜伏学习的一个重要变式是_________学习，也就是在没有指导和强化条件下的学习。（p.173）
28. 20世纪60年代的经典研究中，_________与其同事证实儿童观察攻击性榜样就能学会表现出攻击行为。（p.173）
29. 儿童观看暴力电视的数目与成年期表现出的攻击行为的次数相联系的纵向研究（能/不能）证明两者的因果关系。（p.174）

184 30. 右图展现的是哪种类型的学习，这种学习过程显示了什么基本原则？（p.173）

影响学习的生物学因素（pp.175–179）

5.11　解释生物学倾向是如何促进某些联系的学习的

大多数心理学家逐渐认识到我们的遗传能力影响了学习。条件性味觉厌恶是指用经典性条件作用使我们对食物味道产生回避反应的现象。约翰·加西亚和他的同事表明条件性味觉厌恶违反了等位性原则，因为他们证明了特定的条件刺激比特定的非条件刺激更容易产生条件作用。准备学习的研究认为我们进化性地倾向于更容易习得恐惧刺激，而不是其他。

31. 经典性条件作用让我们对食物味道产生回避反应，这被称作_________。（p.176）
32. 解释进行化疗时，条件性味觉厌恶如何帮助癌症病人。（p.176）

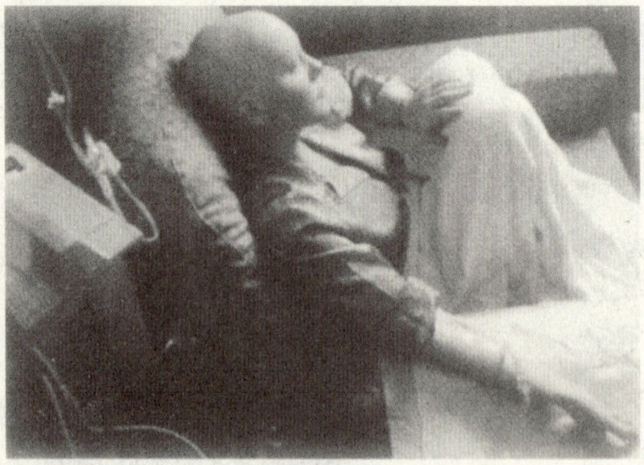

33. 尽管加西亚是用老鼠做的实验，但是他证明了_________影响了条件性味觉厌恶。（p.176）
34. 加西亚研究中的老鼠相对于其他感觉刺激更容易将恶心与_________相联系。（p.176）
35. 加西亚的发现挑战了_________假设，即许多行为主义者坚信我们能够很好地匹配所有的条件刺激和非条件刺激。（pp.176–178）
36. 条件性味觉厌恶，虽然感觉不那么好，但是它们在现实世界中经常有_________，比如动物会对有毒的食物或饮料产生条件性味觉厌恶。（p.176）
37. 塞利格曼认为，通过_________的方法，我们因为进化而倾向于对特定的刺激而不是其他的刺激产生恐惧。（p.178）
38. 在米尼卡和库克的研究中猴子对无危险刺激，如花朵（产生/不产生）恐惧。（p.178）
39. 米尼卡和库克的研究是一例明确的学习案例，因为猴子实验前（害怕/不害怕）蛇。（p.178）
40. 描述动物靠什么恢复本能行为的现象以及那种行为如何影响研究者对学习的理解。（p.179）

时尚的学习策略：它们有用吗？（pp.179–181）

185

5.12 评价现有的提高学习效率的流行技术

睡眠辅助学习的支持者声称人们能在睡觉时学习新知识，但是也得出了消极结果。尽管发现学习在科学教育界很有名，但是与直接教学法相比，其功能和效率较低。一些教育心理学家称可以把个人的学习风格与不同的教学方法相匹配来提高学习。虽然如此，学习风格是很难被可靠评估的；而且，匹配学习风格和教学方法的研究已经得出了消极结果。

41. ________的支持者声称，睡觉时听教学磁带，你可以学习许多新知识，例如一门外语。（p.180）
42. 为确保被试听教学磁带时处于睡眠状态，监控被试脑电图的控制研究（支持 / 反驳）了睡眠辅助学习的作用。（p.180）
43. 解释关于睡眠辅助学习是如何起作用的特别声明，并指出研究者证明这一主张的缺陷在哪里。（pp.179–180）

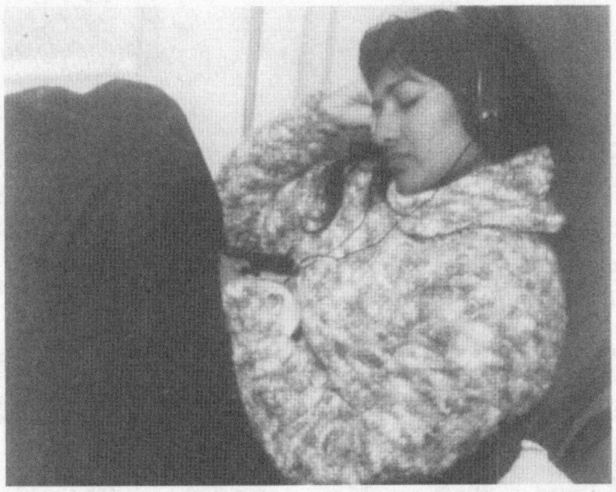

44. 当你给学生一些实验材料并让其独自总结出科学原则时，这就是________。（p.180）
45. 克拉和他的同事展示了老式的________法，也就是说我们只用告诉学生如何解决问题，这样通常很有效率也很有用。（p.180）
46. 发现学习对________学生而不是________学生更有效。（p.180）
47. 人们偏爱的或者更理想的获得新知识的方法称为________。（p.181）
48. 这种观点的支持者相信一些学生是________学习者，他们擅长把问题分解为不同的组成部分，而其他的是________学习者，他们擅长把问题看成整体。（p.181）
49. 研究普遍说明了根据人们的学习风格而设计的不同方法（能 / 不能）促进学习。（p.181）
50. 说出一个反对根据学生的学习风格而教学的有效论据。（p.181）

思维技能训练

问题与总结

1. 许多人认为抚养孩子时必须采取适当的惩罚，而其他人认为任何形式的体罚不管多温和，都是虐待，并为孩子未来的攻击行为制造了隐患。综合支持和反对身体惩罚的争论，你支持哪一方？为什么？
2. 诸如戒酒的药物，通常用于帮助有物质滥用障碍的人，比如在酒精滥用的案例中就是停止酗酒。这些药物有助于减少酗酒后的呕吐。试想一下在停止使用这些药后如何继续保持药效，来帮助人们不再喝酒。

排除其他假设的可能性
pp.157，175，180

相关还是因果
pp.164，168，174

可证伪性
pp.158，173

可重复性
pp.154，158，159，169，178

特别声明
p.180

奥卡姆剃刀原理
p.171

第6章
记　忆

记忆能持续多久？（p.196）

人类可以恢复被压抑的关于创伤经验的记忆吗？（p.218）

诸如“ROYGBIV”（彩虹的颜色）等记忆辅助物真的有助于记忆吗？（p.200）

婴儿最初的记忆是什么？（p.211）

目击证人总能准确记住他们所观察到的犯罪现象吗？（pp.216–217）

记忆是怎样工作的：记忆流程

- 记忆的悖论
- 记忆的易误性
- 记忆的重构性
- 记忆的三个系统

记忆的三个阶段

- 编码：记忆的“图书编号”

批判性思考：记忆药物有效吗？

- 储存：将记忆存档
- 提取：前往“书库”

记忆的生物学基础

- 记忆储存的神经基础
- 记忆储存在哪儿？
- 记忆退化的生物机理

记忆的发展

- 随时间流逝的记忆
- 婴儿的内隐记忆：利用踢腿来交流
- 婴儿期遗忘

记忆由好变坏：错误记忆

- 错误记忆
- 记忆的七宗罪

188

学习目标

6.1 了解记忆能或不能准确反映经验的途径（p.189）

6.2 解释三个记忆系统各自的机能、容量以及持续时间（p.191）

6.3 区分长时记忆的各种子类型（p.198）

6.4 确定新信息与已有知识之间建立联结的方法（p.200）

6.5 了解测量记忆的各种方法（p.203）

6.6 了解编码与检索条件的关系是如何影响记忆的（p.204）

6.7 描述长时程增强效应在记忆中的作用（p.207）

6.8 解释遗忘症怎样有助于澄清外显记忆和内隐记忆之间的区别（p.208）

6.9 了解阿尔茨海默症的主要损伤部位（p.209）

6.10 阐述儿童的记忆力怎样随着年龄发生变化（p.211）

6.11 了解我们不能回忆童年早期经验的原因（p.212）

6.12 了解错误记忆和记忆误差敏感性的影响因素（p.214）

6.13 阐释暗示是如何塑造儿童记忆的（p.217）

看以下两个典型的关于记忆的真实故事。

真实故事1：一个叫A.J.的40岁女性，她令人惊骇的记忆力甚至让经验丰富的心理学研究者都为之惊愕地摇头。虽然从感情上来看这很正常，但是在某种意义上来讲，A.J.显然是异常的：她能够记住生活中的每个细节。当研究者们给她一个日期，比如1989年3月17日，她能够非常精确地告诉他们那一天她干了些什么——考试，和好朋友吃晚饭，或去陌生城市旅行。经研究者证实，她说的几乎都正确。而且她甚至还能记起那天是星期几。2003年时，一个调查小组要求A.J.记忆过去24年里每一个复活节的日期。除了两个错误外，其他都是正确的，并且她还准确说出了每天都做了什么（Parker, Cahill, & McGaugh，2006）。

A.J.患的是罕见的超常记忆综合征：记忆力超常的好。她是否真的患病了呢？答案并不清楚，因为她既把这不可思议的记忆力当作是一种诅咒，又当作是一种赏赐。A.J.说她有时会记起自己想要忘记的痛苦经历，但是她又不想放弃这个上帝赐予她的特殊的“礼物”。至于超常记忆综合征形成的原因，科学家们也感到很困惑。

真实故事2：1997年，威斯康星州的一位44岁的助理护士娜蒂安·库尔（Nadean Cool）在与心理治疗师的诉讼中赢得了240万美元的医疗事故赔偿金。她因为轻微的情绪问题接受治疗，譬如，情绪低落、暴饮暴食。然而，据说在接受治疗的五年之后，娜蒂安恢复了一些童年的记忆，包括她曾是一个凶残的撒旦组织的狂热信徒，她曾被强奸，以及她目睹了她8岁的童年伙伴被谋杀。他的治疗师使她相信她隐藏着130多种人格，包括魔鬼、天使、儿童和小鸭子。（由于需要治疗大量不同的人格，治疗师甚至将她的案例归为团体治疗。）

在娜蒂安接受多次治疗之后，所有这些记忆都出现了。治疗技术包括引导想象——治疗师会让来访者想象过去的事情，以及催眠性返童现象——治疗师通过催眠让来访者回到心理上的童年状态。治疗师会给娜蒂安驱除邪魔，并进行长达15个小时的治疗。随着治疗的持续，她被那些治疗师迫使其相信的恐怖的记忆击垮。然而最终她开始怀疑那些记忆的真实性，并终止了治疗。

从一个真实的角度来说，我们就是我们的记忆。我们的记忆不仅反映了我们的过去，也解释了我们是谁。对于A.J.来说，正如她认为的，生命就像“脑海中一场永不停止的电影”。她对于生活情景以及与朋友之间关系的记忆十分生动且富有感情。A.J. 的记忆力在很大程度上塑造了她的人格。

此外，当我们像娜蒂安·库尔一样，记忆发生了改变，我们的身份就会改变。通过心理治疗，娜蒂安逐渐相信她是一个反复受到残忍的儿童虐待的受害者。她甚至逐渐相信自己患上了一种严重的疾病，即分离性身份识别障碍（DID，以往被称为多重人格障碍，详见第 13 章），以在两种或多种人格间转换为特征。

189 记忆是怎样工作的：记忆流程

我们可以将**记忆**定义成随着时间的流逝人们对信息的存储。我们对各种各样的信息都有记忆，从 16 岁的生日聚会到学会怎样骑自行车，再到金字塔的形状。我们的记忆在大多数时间里都工作良好。很有可能，明天你会发现你很顺利地考上了大学或找到了工作，稍微幸运点的话，你甚至还能记得你在本章中学到的一些内容。而在另一些情形中记忆也会出现差错，常常是我们自己也意想不到的。你有多少次忘记把钥匙或是手机落在某处？有多少次见过很多遍的人的名字忘了？我们把这种看似矛盾的现象叫做记忆的悖论：我们的记忆在一些情况下出奇的好，而在另一些情况下却出乎意料的差。

记忆的悖论

在很大程度上，这一章讲述的是这个神秘悖论的故事。如我们所见，记忆悖论的答案依赖于一个重要的事实：在大多数情况下能为我们提供良好服务的记忆机制有时却会在其他情况下引起一些问题。研究发现，我们的记忆通常有着惊人的精确性。大多数人在数十年后都还能认出曾经的校友，能背诵数十甚至上百首歌的歌词。**【学习目标 6.1】**来看一下一组调查人员的研究（Standing，Conezio，& Haber，1970），他们给大学生呈现 2 560 张不同的物体或情境的照片，每张只呈现几秒钟。三天之后，研究者将每一张先前的照片与一张新照片配对后呈现给这些学生，然后让他们挑出先前的照片。结果很明显，学生们挑出先前照片的正确率达到 93%。在另一个案例中，研究者们在 17 年后联系了一些曾在实验室中花了 1～3 秒观看了 100 张以上的图片的被试。其结果显著表明，他们比那些从未见过这些图片的控制组的被试识别出那些图片的概率更高（Mitchell，2006）。

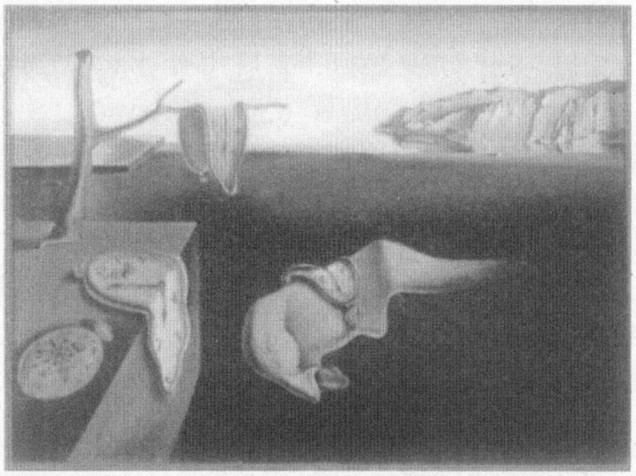

萨尔瓦多·达利（Salvador Dali）的代表画作《记忆的永恒》，它有力地提醒了我们，我们的记忆更像是正在融化的石蜡而不是坚硬的金属。它们经常超乎我们意料地随着时间而变化。

有些人拥有非凡的记忆能力。让我们来看拉詹·马哈德万（Rajan Mahadevan）的案例。动画片《辛普森一家》曾滑稽地模仿了拉詹展示他惊人记忆能力的一幕。拉詹以某种方式记住了圆周率 π 的 38 811 位（见图 6.1）。

Pi=3.
1415926535 8979323846 2643383279 5028841971 6939937510 (50)
5820974944 5923078164 0628620899 8628034825 3421170679 (100)
8214808651 3282306647 0938446095 5058223172 5359408128 (150)
4811174502 8410270193 8521105559 6446229489 5493038196 (200)
4428810975 6659334461 2847564823 3786783165 2712019091 (250)
4564856692 3460348610 4543266482 1339360726 0249141273 (300)
7245870066 0631558817 4881520920 9628292540 9171536436 (350)
7892590360 0113305305 4882046652 1384146951 9415116094 (400)
3305727036 5759591953 0921861173 8193261179 3105118548 (450)
0744623799 6274956735 1885752724 8912279381 8301194912 (500)
9833673362 4406566430 8602139494 6395224737 1907021798 (550)
6094370277 0539217176 2931767523 8467481846 7669405132 (600)
0005681271 4526356082 7785771342 7577896091 7363717872 (650)
1468440901 2249534301 5654958537 1050792279 6892589235 (700)
4201995611 2129021960 8640344181 5981362977 4771309960 (750)
5187072113 4999999837 2978049951 0597317328 1609631859 (800)
5024459455 3469083026 4252230825 3344685035 2619311881 (850)
7101000313 7838752886 5875332083 8142061717 7669147303 (900)
5982534904 2875546873 1159562863 8823537875 9375195778 (950)
[illegible]

图 6.1 拉詹记忆圆周率 π（pi）的演示图

拉詹展示了人类记忆能力的最高峰。

记忆（memory）
随着时间的流逝人们对信息的存储。

他以每秒钟三个以上数字的速度，花费了三个小时来背诵它们。究竟拉詹是怎样记住圆周率的？本章的后面将会给出答案。

记忆的易误性

在一些非常罕见的像 A.J 那样的案例中，记忆几乎是完美的。许多人在一到两个狭窄的领域内拥有良好的记忆力，譬如艺术史、棒球的平均击中率，又或是有关内战的琐事。然而娜蒂安·库尔的例子又说明，记忆又是那么具有可塑性而又容易出错。

大多数人甚至所有人都曾在一些情境中产生过错误的记忆。下面是一个简单的演示，仅需要一支笔和一张纸。

190 阅读下面的单词表，每个单词大约花费一秒钟。先阅读左边的一列，再读中间，最后阅读右边一列。

Bed	Cot	Sheets
Pillow	Dream	Rest
Tired	Snore	Yawn
Darkness	Blanket	Couch

现在，放下你的教科书，花费大约一分钟的时间尽可能地写下你能回忆起的所有单词，不能偷窥。

你记住了 couch 吗？如果答案是肯定的，给自己加一分，那么 snore 呢？如果答案还是肯定的，很好，给自己再加一分。

那么 sleep 呢？如果你像三分之一的典型的被试一样，那你就“记得”你看见过单词 sleep。但是现在请你仔细看看上面的列表，sleep 不在这个列表中。

如果你记得你在列表中看过这个单词，那么你就出现了**记忆错觉**：一种错误的但是主观上认为是正确的记忆（Deese，1959；Roediger & McDermott，1995，1999）。像视错觉一样（见第 4 章），大多数的记忆错觉都是大脑普遍适应性趋势的产物，而且它超出了大脑处理过信息的范围。借此，大脑帮助我们了解世界，但它们有时也会让我们误入歧途（Gilovich，1991）。在这个例子中，你可能记得看见了单词 sleep，因为它与列表中的其他单词在意义上联系密切。你的大脑正确提取了列表的主旨或者是中心主题，即睡觉、做梦和休息。结果是，它会让你错误地以为 sleep 也在其中。我们通常依靠代表性启发（见第 2 章），将事物简化以便于记忆。尽管如此，在这个例子中，代表性启发使我们产生了记忆错觉。

你怎么认为？

你是一个进化心理学家，你试图解释为什么我们能够记住复杂信息的主旨，却记不住详细内容。不能准确记住所发生的事情可能会有什么优势呢？

另外，大多数人对于我们司空见惯的事物的记忆都相当糟糕。在图 6.2 中，你会看到六个一便士的硬币。究竟哪一个才是真的呢？在 203 个接受测试的美国人中，只有不到一半的被试能正确地识别出来（Nickerson & Adams，1979）。

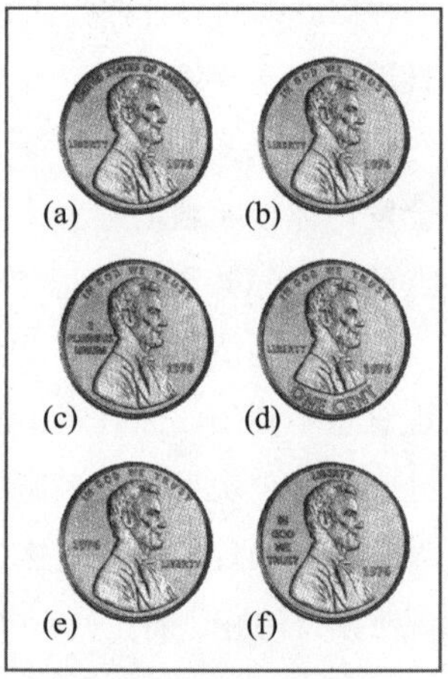

图 6.2 尼克尔森和亚当斯（1979）的硬币阵列

哪一个一便士的硬币是真的？在你从口袋中掏出一便士比较前，先试着猜测一下。答案在本页的最下方。（Source：Nickerson & Adams，1979）

记忆的重构性

这些证据引出了一个关键点：我们的记忆经常愚弄和误导我们。事实上，这一章的中心主题是，我们的记忆是重构的，而不是复制的。当我们试图回忆某件事时，我们总会运用一些有价值的线索和信息积极重构我们的记忆。我们的大脑不会像我们从网页上下载信息一样被动复制我们的记忆。记忆就是将大量模糊的信息与我们对事实的直觉拼凑在一起。当我们回忆过去的经历时，我们几乎不可能精确地复制它们（Neisser & Hyman，1999）。因此，我们可能会怀疑现在 191

记忆错觉（memory illusion）
错误的但主观上认为是正确的记忆。

答案：图 6.2 的正确答案是 d。

广为流传的理论：某些生动的记忆，甚至是梦都是对过去事件的精确“影印”(van der Kolk，Britz，Burr，et al.，1984)。

事实上，我们的记忆经常会重构是很容易说明问题的。在阅读过这句话后，闭上你的眼睛，想象你最近沿着海滩、湖泊或是池塘边散步的情景。然后，睁开眼睛，问你自己“看见”了什么。

你有种好像在远处看着自己的感觉吗？如果是，那么你体验到了一种被认知心理学家乔治亚·尼格罗（Georgia Nigro）和尤里克·奈瑟尔（Ulric Neisser）称为观察者记忆的记忆，即一种我们像旁观者一样看待我们自己的记忆（Nigro & Neisser，1983）。就像一个多世纪以前弗洛伊德指出的那样，观察者记忆向我们证明了（见第2章）至少我们的某些记忆是经过重构的（Schacter，1996）。你不可能站在远处看着自己，因为当你环顾四周时，你看不到你自己。偶然地，如果你对某些场景有种曾亲眼看到一样的感觉，那么你就经历了被尼格罗和奈瑟尔称为场域记忆的记忆：透过你的视角观察世界。

我们的记忆是怎样做到在一些情况下很好，而在其他情况下不好的呢？我们怎么去解释像A.J.和拉詹那样有着令人惊叹的记忆和像娜蒂安·库尔那样错误记忆的现象呢？为了掌握记忆的悖论，我们需要搞清楚我们的某些经验是怎样进入记忆中的，而其他经验却进不去。为了解决这个问题，让我们在头脑中开始一段参观记忆流水线工厂般的旅程吧！

记忆的三个系统

至此，我们已经谈到的记忆似乎只是一个单一的过程。实则不然。多数心理学家将记忆区分为三个主要系统：感觉记忆、短时记忆和长时记忆，如图6.3所示（Atkinson & Shiffrin，1968；Waugh & Norman，1965）。这些系统各自承担不同的任务，并至少可以从两个重要的维度来区分：**广度**——每个系统可以保持的信息量，以及**持续时间**——每个系统保持信息的时间长短。

我们可以想象这三个系统就好像在一个工厂流水线上工作的不同工人。第一个系统是感觉记忆，与我们经验中的原始材料紧密相连——对世界的感知；在将其中一部分信息传递到下一个系统之前，感觉记忆会将这些信息存储几秒钟或者更短。第二个系统是短时记忆，短时记忆会将传递来的信息进行积极的加工，并在将其中的部分信息传递到第三个记忆系统之前，将它们转换成更加富有意义的材料。短时记忆中存储信息的时间较感觉记忆阶段长，但不会长很多。第三个也是最后一个系统，长时记忆，可以保存重要的信息几分钟、几天、几周、几个月，甚至几年。**【学习目标6.2】**在一些情况下，存储在长时记忆中的信息会维持一生。举个例子来说，你很有可能会记住你的初吻以及你高中毕业时的情景长达数十年之久，也许直到死前。不过事实上，在记忆流水线的每一个阶段，我们都会丢失大量信息。

当你想象你最近在沙滩上散步时，你会发现自己像旁观者一样可以观察世界（“观察者记忆”）吗？如果可以，这样一种回忆提供了记忆可以重构的强有力的证据。

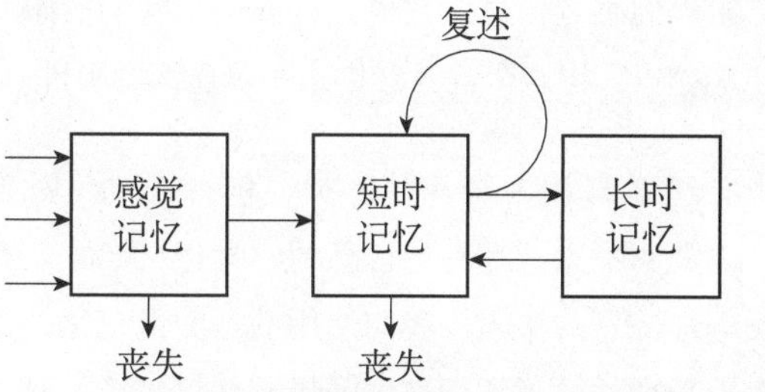

图6.3 记忆的三级加工模型

这个模型将记忆分为感觉记忆、短时记忆和长时记忆。信息从左传到右，但信息从长时记忆中提取出来并重新转入短时记忆时，也会从右传到左。（Source：Atkinson & Shiffrin，1968）

广度（span）
一个记忆系统可以保持的信息量。

持续时间（duration）
一个记忆系统可以保持信息的时间长短。

图像记忆：一道闪电划过后，我们仍能保持它的视觉图像约一秒钟。（© Ralph Wetmore）

感觉记忆 如果你正处在电视机旁，打开电视机 10 秒钟或者更长时间，你看到了什么？

不管你在看什么电视节目，你几乎接收了一系列平稳且不间断的视觉信息。事实上，那种持续不断的图像信息是一种错觉，因为电视节目和电影都是由一系列不连贯的图像组成的，它们是极为短暂且不易被察觉的间
192 隔开的图像。然而，你的大脑将这些图像看作是严丝合缝的整体，一部分是因为图像消失后，大脑会在短时间内继续检测到这个图像的存在。

也就是说，我们的大脑会将每一个图像保留在**感觉记忆**中，即记忆流水线的第一个工作者。感觉记忆会将我们的感知觉短暂地保存一段时间，然后传递到下一个记忆系统，即短时记忆系统。感觉记忆是一个很有用处的系统，它可以为我们的大脑争取一些额外的时间来加工输入的感觉信息。它也允许我们在我们的感知觉中"完形填空"，将这个世界看作是一串连续的事件。

心理学家认为每一种感觉，包括视觉、听觉、触觉、味觉和嗅觉，都有它自己的感觉记忆形式。对于电视或电影信息的摄入，我们使用的是图像记忆，这是一种作用于视觉的感觉记忆，图像记忆仅持续一秒，然后就永久性地消失了。

心理学家乔治·斯伯林（George Sperling，1960）进行了一项开创性的研究，证明了图像记忆的存在。他给被试快速呈现 3 行 4 列共 12 个字母，如图 6.4 所示。呈现时间仅持续 1/20 秒。斯伯林发现大部分被试能记得 4 到 5 个字母。令人惊奇的是，不同的被试记得的字母是不同的。这个发现提示了斯伯林，12 个字母被回忆起的概率相同，可是却没有一个人能将它们全部回忆出来。这个发现让人们感到困惑。毕竟，如果被试已经记忆了所有视觉呈现的内容，为什么他们只能回忆起少数字母，而不能再多些呢？

为了检测 12 个字母是否都进入了图像记忆，斯伯林用声音（高、中、低）做信号来示意被试报告哪一行（第一、二、三行）。实验的关键在于，在字母展示完后再给予声音信号，这样，被试就不能提前做准备，只把注意集中在要报告的那一行字母上。他发现实际上所有的被试都几乎可以正确记住那一行的所有字母。这个发现证实了斯伯林的猜想：被试已经将全部的 12 个字母存储在了他们的记忆里，并且能回忆起任何一行。斯伯林推断：我们的图像记忆消失得非常快，在它消失之前我们不能读取所有的信息。所以斯伯林的被试能够接收所有的信息，却只能记下几个字母。

感觉记忆也适用于听觉。现在大声读出这句话："感觉记忆也适用于听觉。"如果你说过之后停顿一段时间，你可以立即将它精确地复述出来，就像几秒钟之前刚听到的一样，就像一个轻缓的回声一样。心理学家将这种形式的感觉记忆称为声像记忆（Neisser，1967）。与图像记忆相比，声像记忆可以持续 5 ～ 10 秒的时间（Cowan，Lichty，& Grove，1990），以便你能在你的心理学教授说完后将他或她刚刚说的话记录下来。

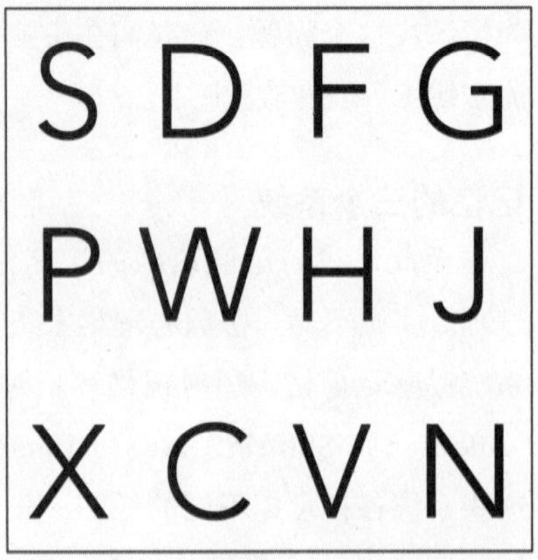

图 6.4 斯伯林在 1960 年的研究中使用的 12 个字母

斯伯林的部分报告法证明了 12 个字母都保持在感觉记忆中，但在它们全部进入短时记忆之前都迅速消退了。（Source：Sperling，1960）

短时记忆 信息一旦经过感觉记忆登记后，就将进入我们的**短**

感觉记忆（sensory memory）
在传到短时记忆之前，对感知觉信息的短暂存储。

时记忆，并在此系统中保留很短的时间。短时记忆是我们记忆流程上的第二个工作者。一些心理学家也将短时记忆称为工作记忆——虽然工作记忆倾向于特指我们储存当前正在思考、注意或积极加工的信息的能力（Baddeley，1993；Baddeley & Hitch，1974）。如果感觉记忆是将未经加工的材料输入记忆流程，那么短时记忆就是对记忆进行重建的地方。重建之后，我们或是将产品送入仓库长时间储存，或是全部丢弃了。

193 如果短时记忆是记忆流程上一个短暂的停顿，那么究竟有多短呢？在20世纪50年代后期，一对同为心理学工作者的夫妇决定一探究竟。

短时记忆的持续时间。彼得森夫妇（Peterson & Peterson，1959）向每个被试呈现三个字母一组的列表，譬如MKP或者ASN，然后要求被试回忆这些字母串。在一些情况下，在字母呈现完3秒之后就立刻让被试回忆；而另一些情况下则会将时间延长至18秒。每次，实验者都会要求被试在等待的同时倒数三二一。

很多心理学家都对彼得森夫妇得到的结果很惊讶，也许你也会。他们发现在暂停10到15秒之后，回忆起的成绩并不比凭运气猜测的结果更好。所以短时记忆的持续时间是很短暂的；很可能最长不超过20秒。顺便说一下，很多人在日常用语中都会误用短时记忆。举个例子，他们可能会说“我的短时记忆不行”，因为他们忘记昨天的晚餐吃了什么。如上文所见，短时记忆保持的时间比他们所认为的要短得多。

短时记忆的遗忘：衰退还是干扰。为什么彼得森的被试的短时记忆遗忘得如此之快？最常见的解释就是短时记忆的**衰退**，也就是记忆的消退。时间拖得越长，所保留的信息就越少。但是关于短时记忆的遗忘还有另外一个解释：**干扰**。根据这个观点，我们的记忆之间是相互干扰的。也就是说，我们的记忆更像是无线电信号。它们虽然不随时间而改变，但是被其他的信号干扰之后检索起来就会很困难。

排除其他假设的可能性
对于这一研究结论，还有更好的解释吗？

研究发现，干扰是遗忘的罪魁祸首（Waugh & Norman，1965）。大多数研究者相信衰退也部分影响着短时记忆的遗忘（Altmann & Schunn，2002）。结果是存在着两种不同的干扰（Underwood，1957）。一种被称为**倒摄抑制**，是指新学的知识覆盖了先前学过的知识。举个例子，你之前学过一种语言，假设是西班牙语，之后你又学了与它有点相似的另一种语言，也许是意大利语，你可能会发现你在学西班牙语时出现了以前不会出现的错误。尤其是你会发现，你将意大利语中的单词像buono错当作西班牙语的bueno（buono和bueno均有“好”的意思）。

与倒摄抑制正好相反，**前摄抑制**是指先前的学习影响了之后的学习。举个例子，学会了怎样打乒乓球很可能会影响到我们学习打壁球（所使用的球拍更小）。很显然，前摄抑制和倒摄抑制都很可能发生在新、旧学习内容很相似的时候。学习一种新的语言并不影响我们掌握做千层面的方法。

短时记忆的容量：魔术数字。我们已经知道短时记忆不能持续太久。20秒或者更短的时间——噗的一声——它就消失了，除非我们做额外的努力去保持它。但是短时记忆的广度究竟有多大呢？独立做图6.5的测验，看看你的短时记忆容量有多大。

这个练习是“数字广度”测试。你是怎样完成的呢？很可能很顺利地记住了3个数字，但到了记4个数字时你觉得有些困难，在记5到9个数字时可能就达到极限了。完全正确地记住这10个数是不太可能的；但若你做到了，那么你便可以自豪地称自己为“记忆明星”。

短时记忆（short-term memory）
在有限的时间内保持我们当前正在思考的信息的记忆系统。

衰退（decay）
记忆中信息的消退。

干扰（interference）
因其他信息的进入，记忆中的一些信息丧失了。

倒摄抑制（retroactive interference）
新信息的获得对旧信息的保留的干扰。

前摄抑制（proactive interference）
先前学习的信息对新信息的获得的干扰。

9－5－2

2－9－7－3

5－7－4－9－2

6－2－7－3－8－4

2－4－1－8－6－4－7

3－9－5－7－4－1－8－9

8－4－6－3－1－7－4－2－5

5－2－9－3－4－6－1－8－5－7

图 6.5　短时记忆广度测验

试着阅读每一排的数字，一次看一排，一秒钟一个数字。一旦你看完了一排，遮住行并写下你所记住的数字。在出错前，你能记住多少？

这是因为大多数成人的记忆广度在 5 到 9 之间，平均为 7。事实上，这项发现在所有人身上都是适用的，因此普林斯顿大学的心理学家乔治·米勒（George Miller，1956）称 7±2 为**魔术数字**。

194 在米勒看来，魔术数字不仅仅只适用于数字。它是短时记忆的一般容量，适用于我们遇到的所有信息：数字、字母、人、蔬菜和城市。因为我们的短时记忆难以保持多于 7±2 个信息块，几乎可以肯定这不是一个巧合：电话号码（不计区号）恰好是七位数字的长度。当电话号码超过七位数时，我们就开始出错。一些心理学家曾经提出米勒的魔术数字可能高估了短时记忆的容量，而真正的魔术数字可能低至 4（Cowan，2001）。暂且不论孰对孰错，可以确定的是短时记忆的容量是极其有限的。

组块：使魔术数字成倍增长。如果短时记忆的容量不超过 9 个数字，那么我们是如何在一个短暂的时间内记住更多的信息的呢？例如，阅读下面的句子，几秒钟后，自行复述：Harry Potter's white owl Hedwig flew off into the dark and stormy night。你能记住大多数甚至是全部的信息吗？很有可能你能记住，尽管这个句子包含了 13 个单词，超过了魔术数字。你是如何完成这项任务的呢？

我们可以通过运用**组块**技术来扩大我们短时记住信息的能力：将材料组织成有意义的分组。例如，用几秒钟观看以下 15 个字母的字符串，然后试着回忆：

G T I Q A K B N R D W E L F O

你记住了多少？可能你只记住了魔术数字范围左右的字母，也就仅仅是字母列表中的一个子集。现在换下面的 15 个字母的字符串试一下。

C I A U S A F B I N B C J F K

这一次是不是记得多了些呢？如果是，那么很有可能是因为你已经注意到了一些不同之处：它们是由一些有意义的缩写词组成的。所以你可能将这 15 个字母通过组块进行组织，构成每组 3 个，共 5 组有意义的分组。CIA、USA、FBI、NBC、JFK。这样，你就把需要记忆的项目从 15 个减到了 5 个。事实上，你甚至可能通过将 CIA 和 FBI（均为美国政府的情报机构代写）联系成为一个信息块，从而使得记忆的信息块减少到 5 个以下。

组块可以解释拉詹记忆圆周率 π 的超凡技艺。拉詹可以记住大量的区号、著名历史事件的日期，以及其他的包含在 π 中的有意义的数字，他有效地把 3 万多个数字减少成了一组组少得多的数。

专家依靠组块帮助他们加工复杂的信息。威廉·蔡斯（William Chase）和诺贝尔奖获得者赫伯特·西蒙（Herbert Simon）向象棋大师和新手呈现了不同的象棋比赛残局的棋子位置各 5 秒钟。专家平均能正确回忆出 16 个棋子的位置，但是，初学者平均仅能正确回忆 4 个。然而当研究者向他们呈现随意摆放的绝对不会出现在真正比赛中的棋局时，两者的回忆结果都很差（Chase & Simon，1973）。通过组块将象棋分为一些他们认为有意义的分组，象棋高手很容易记住全部的摆放位置（见图 6.6）。但是在呈现无意义的象棋摆放位置时，总体上

澄清事实

有一个叫 S.F. 的人能通过组块把他的数字记忆广度增加到 79 个。在其他方面，S.F. 能记住大量世界纪录的时间并且运用它们把数字组块成更大的单元。但是 S.F. 并没有真正地增加他短时记忆的容量，增加的只是组块能力。他的单词记忆广度只有很少的 6 个，在我们这些懒虫也能达到的魔术数字的范围内。

魔术数字（Magic Number）
短时记忆的广度——乔治·米勒所称的 7±2。

组块（chunking）
通过将信息组织成有意义的分组来扩大短时记忆的广度。

图 6.6 组块棋局
通过组块，象棋大师回忆出的棋子位置的数量要明显多于象棋新手。

他们的记忆并不比其他人的好。而在比较专业篮球运动员和非篮球运动员时研究者也报告了同样的结果。专业篮球运动员回忆实际的篮球位置比非篮球运动员好得多（Didierjean & Marmèche，2005）。

195 ***复述：保持记忆中的信息。***正如组块能够增加短时记忆的广度，复述的策略能够延长短时记忆保持信息的时间。**复述**就是在心里（或是出声）重复信息。这样，我们可以使短时记忆中的信息保持鲜明、生动，就像玩杂耍的人通过不断地将保龄球抓住和抛出使它们一直都在空中保持运动一样。当然，如果他停下哪怕一秒钟去挠他的鼻子，保龄球就会掉落在地上。同样地，如果我们停止复述，并且把注意力转换到其他地方，我们很快就会遗忘我们短时记忆中的内容。

复述主要有两种类型。第一种类型是**保持性复述**（又叫机械复述），它仅仅将刺激以最初的形式不断重复；我们不会尝试以任何方式改变原始刺激。我们总在进行保持性复述：无论何时当我们听到一个电话号码，我们都会重复它——无论是以出声还是默念的方式——直到我们准备好拨打电话。当然，当我们在复述时有人打扰，我们就会忘掉那个号码。

第二种复述类型是**精细化复述**，通常需要更多的努力。在这种形式的复述中，我们会对需要记忆的刺激"煞费苦心"，通过一些有意义的方式将它们联系在一起，可能是将它们可视化，也可能是试图理解它们之间的相互关系（Craik & Lockhart，1972）。

为了弄清保持性复述与精细化复述的区别，让我们想象有位研究者给我们一项配对—联想任务。在这项任务中，研究者首先呈现给我们一些成对的单词，譬如狗—鞋、树—导管、钥匙—猴子，还有风筝—总统。然后，她向我们呈现了每对的首个单词——狗、树等——要求我们记忆每对的第二个单词。如果采用保持性复述，我们将仅仅在一听到它们时就一遍又一遍地重复（狗—鞋、狗—鞋、狗—鞋、狗—鞋……）。相反，如果我们采用精细化复述，我们会设法以有意义的方式把每一对单词联系起来。完成此目标的一种行之有效的方式是想出一幅将两种刺激物联系起来的有意义的视觉画面（见图6.7；Paivio，1969）。所以比如为了记住"狗—鞋"，我们可以想象一只狗穿了一只鞋，或者是一只外形像狗的鞋。

图 6.7 单词配对
使用精细化复述帮助我们回忆词对"狗—鞋"。（Source：Paivio，1969）

精细化复述通常比保持性复述效果更好（Harris & Qualls，2000）。这一发现推翻了人们所持有的关于记忆的普遍误解：死记硬背是典型的保持信息的最好记忆方式。每当谈及学习习惯时，自然而然就会想到家庭作业。为了记住复杂的信息，比起仅仅不断重复，将信息与我们已经所知的事物联系起来记忆效果会更好。

加工的深度：每个人都能做到深加工！这一发现与记忆的**加工水平理论**是一致的。根据这个理论，我们加工信息的程度越深，记忆得就越好。这个理论认为口头信息的加工有三个水平（Craik & Lockhart，1972）。例如，阅读下面的句子：

ALL PEOPLE CREATE THEIR OWN MEANING OF LIFE

复述（rehearsal）
重复信息以增加短时记忆的保持时间。

保持性复述（maintenance rehearsal）
以最初的形式重复刺激以将其保持在短时记忆中。

精细化复述（elaborative rehearsal）
以有意义的方式将刺激相互联系来增加其在短时记忆中的保持时间。

加工水平理论（levels-of-processing model）
认为我们加工信息的程度越深，我们记忆得越好。

如果你从这个句子的不同角度做出判别（譬如这个句子是否包括大写或者小写字母），你就不能记住这个句子的很多内容。如果你一遍一遍地大声重复这个句子，你可能就不知道这句话到底想表达什么。然而，记住这个句子的最有效的方式就是思考其意义。你可能试图创造它对你生活的独特意义，并且使它对你产生益处。研究表明，更深层次的加工，尤其是意义加工，往往会形成更持久的长时记忆（Craik & Tulving，1975）。

196 但是，一些心理学家批评了加工水平理论，主要因为它无法证伪（Baddeley，1993）。在他们看来，首先，查明我们记忆加工的深度几乎是不可能的。另外，他们认为加工水平理论的支持者只不过是把“深度”等同于个体后来记忆的好坏。这种批评可能有一定道理。尽管如此，我们仍可以说，为刺激提供的意义越多，我们越有可能在很长时间后回记起来。

长时记忆（long-term memory）
对事实、我们的经验和技能信息的持久的保存（从几分钟到几年）。

可证伪性
这种观点能被反驳吗？

长时记忆 现在第二个流水线工人——短时记忆——已经完成了他的建设工作，他把什么传给第三个即最后的工人呢？第三个工人接收到的信息与第二个工人开始接收到的信息有何不同呢？第三个工人，即**长时记忆**是我们最后的信息储存所在。它包括事实、经验和我们一生中学到的技能。

长时记忆和短时记忆的区别。在几个重要的方面长时记忆与短时记忆不同。第一，短时记忆在同一时间内仅能保存大约 7 个刺激，与之相反，长时记忆的容量巨大。有多大？没有人能确切地知道。一些科学家估计一个普通人的记忆能保存多达 500 套完整的《大英百科全书》的信息（Cardón，2005）。

第二，尽管短时记忆中的信息在最多 20 秒后就消失，但长时记忆中的信息经常能够保持数年甚至数十年。心理学家哈里·巴利克（Harry Bahrick）研究了个体在学校里学习了好几十年的语言的记忆。在图 6.8 中，

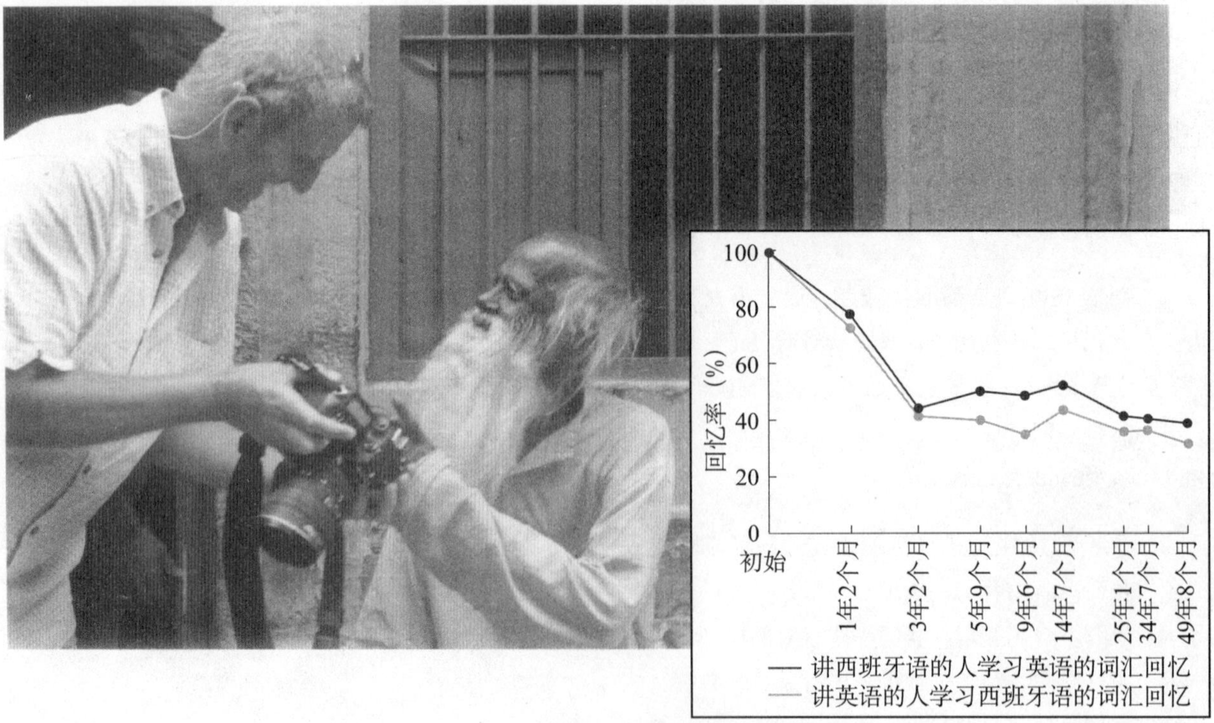

图 6.8 长时记忆的保存
哈里·巴利克（1984）的经典研究显示了对一门外语的记忆在最初下降后的 50 年内几乎保持不变。（Source：Bahrick，1984）

我们可以看到上完一堂西班牙语课后与此相关的记忆在两到三年内显著下降了。但是大约两年后，下降趋势逐渐平缓。的确，它稍后开始呈平稳状态，在此后长达50年的时间里几乎没有再减少（Bahrick & Phelps，1987）。

197 第三，在长时记忆和短时记忆中我们所犯错误的类型不同。长时记忆中的错误通常是语义性的，基于我们接收到的信息的意义。因此我们可能把“长毛狗”错记为“短毛狗”。与此相反，短时记忆中的错误通常是听觉性的，即基于我们接收到的信息的语音（Conrad，1964；Wickelgren，1965）。因此，我们可能把“noodle”错记为“poodle”。

首因效应和近因效应：遗忘不是随机的。当我们试图记住大量的条目时，比如购物清单或日程安排，我们经常会忘记其中一些内容。心理学家可以在某种程度上预测我们更可能忘记和记住哪些条目。

为证明这一点，请默读或者大声朗读下面21个词语。先读左边一列，然后读中间一列，再读右边一列，最后放下你的书，用几分钟的时间试着以任意顺序回想尽可能多的单词。心理学家称这为自由回忆任务，因为你可以自由回忆这些单词，不管它们是以何种顺序出现在你脑海中的。准备好了？开始。

球	天空	商店
鞋	桌子	铅笔
树	汽车	草地
狗	绳索	男人
纸	女装	云彩
鸟	木琴	帽子
房子	刀	花瓶

完成后，检查你记对了哪些单词。这个实验的有效性可能不如本章其他实验，因为只有一大群人的平均结果才是最有说服力的。尽管如此，我们还是看一下你做得如何。

如果你和大多数人一样，那你可能对列表前面的单词比中间的单词记得更好一点，比如球、鞋和树。这就是**首因效应**：倾向于记住列表中靠前的刺激，比如单词。同样地，你可能对后面的单词记忆得更好，比如云彩、帽子、花瓶。这是**近因效应**：倾向于记住列表中后面的刺激。你还可能记得列表中比较奇怪的单词，如木琴。我们也倾向于记住特殊刺激（Neath & Surprenant，2003）。

如果我们把你的和其他几百个被试的结果取平均值，我们最终会得到一个如图6.9所示的曲线图，称作**系列位置曲线**。从图中我们可以看出，这条曲线清楚地展现了首因效应和近因效应。那么首因效应和近因效应是什么意思呢？关于这个问题仍存在一些争议，但大多数研究者都认为首因效应和近因效应对应着不同的记忆系统。表中最后几个单词被记起可能是因为它们仍在你的短时记忆中徘徊。首因效应解释起来较棘手，但是有证据表明你能够回忆起表中较前的单词可能是因为你更多次地去默默复述它们。因此，这些单词更可能从短时记忆转到长时记忆中去。

长时记忆的类型：不同口味还是不同食物？长时记忆不仅仅是一个系统，而是多个系统的组合。 198

为了找到原因，试试回答下面的四个问题：

（1）美国是哪一年从英国独立出来的？

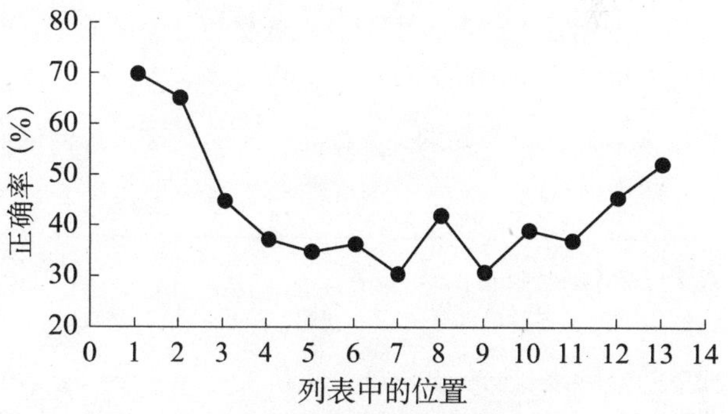

图6.9　系列位置曲线

大多数心理学家认为在这个曲线中，首因效应和近因效应分别对应着两种不同记忆系统：长时记忆和短时记忆。

首因效应（primacy effect）
倾向于更好地记忆列表中开始的单词。

近因效应（recency effect）
对列表中最后的单词记忆得更好。

系列位置曲线（serial position curve）
描绘人们回忆列表中项目的能力的首因和近因效应的曲线图。

程序性记忆是用来记忆如何做，甚至是无需我们思考怎么做的自动化的记忆。

（2）在 2003 年，美国侵略了哪个中东国家？

（3）你多大的时候第一次试着骑自行车？

（4）你上一个生日是在哪里庆祝的？

根据安德尔·图尔文（Endel Tulving，1972）和许多其他记忆研究者的研究，我们对前两个问题的回答与对后两个问题的回答依赖的是不同的记忆系统。我们回答前两个问题（1776 年伊拉克）依靠的是**语义记忆**，即对这个世界的知识的记忆。**【学习目标 6.3】**相反我们每个人对后两个问题的答案都是唯一的，这时我们依靠的是**情景记忆**，即对我们生活中各种事件的记忆。有证据有力地证明了这两个记忆系统分别位于大脑不同的区域。语义记忆更倾向于激活左前额叶皮层而不是右前额叶皮层，而情景记忆恰恰相反（Cabeza & Nyberg，1997）。尽管如此，语义记忆和情景记忆都具有一个重要的特征：它们需要有意识的努力和认知。无论我们尝试回忆本章前面提到的“组块”的定义还是我们的初吻，我们都能意识到自己在试图去记住。另外，当我们回忆这个信息的时候，我们有一个存取它的有意识的经验。换言之，语义记忆和情景记忆都是**外显记忆**的例子，是有意回忆信息的过程。（一些研究者更倾向于将通过外显记忆回忆的信息称作陈述性记忆。）

内隐记忆不同于外显记忆，它是回忆那些我们无意记忆的信息的过程。内隐记忆是不需要我们意识努力的记忆。例如，我们每个人都不需要有意识地回忆动作顺序就能穿过我们面前的一扇未上锁的门。事实上，我们不能说我们没有在脑海里重演这个过程，或是说没有站在插着钥匙的门前想怎样用钥匙打开门。

内隐记忆有好几种类型。在这里我们将讨论其中的两种：程序性记忆和启动。根据大多数心理学家的研究，内隐记忆也包括习惯化、经典条件反射，以及我们在第 5 章中介绍过的其他学习方式。

程序性记忆是内隐记忆的一种，是指对自动化的技能和习惯的记忆。每当我们骑自行车或者打开罐装苏打水时，我们都在依赖着程序性记忆。对同一技能的程序性记忆和语义记忆有时会有很大的不同。例如，大多数大学生有足够的打字经历从而能毫无困难地打出“the”这个单词。但是现在不要看也不要移动你的手指，试着记住“t”、“h”和“e”在键盘上的位置。如果我们像大多数人一样，那么我们的脑袋就会一片空白。你甚至发现，记住这些字母位置的唯一方法就是将你的手指悬在半空中想象着去打出这些字母。尽管程序性记忆对于确认键盘上字母的位置是不费力的，你的语义记忆对于它们的位置的确认却截然不同。

内隐记忆的另外一种类型是**启动**，是指当遇到一个和以前相似的刺激时，我们能更快更容易地识别那个刺

语义记忆（semantic memory）
我们关于世界各种事实的知识的记忆。

情景记忆（episodic memory）
我们关于生活中各种事件的回忆。

外显记忆（explicit memory）
有意回忆和需要意识努力的记忆。

内隐记忆（implicit memory）
不需要有意回忆或意识努力的记忆。

程序性记忆（procedural memory）
如何做事情的记忆，包括动作技能和习惯。

启动（priming）
当我们遇到一个和以前相似的刺激时，我们能更快更容易地去识别那个刺激的能力。

激的能力。想象一下一个研究者在布满几百个单词的电
199 脑屏幕上非常迅速地闪现一个单词“QUEEN”。一个小时后，你需要完成一个词干补全任务，即需要你补全一个缺失字母的单词。在这个例子中，这个填空任务是K _ _ _。研究结果表明如果你先看到单词QUEEN，那么相对于其他没有看“QUEEN”的被试，你更可能填成KING（而不是“KILL”或者“KNOW”）（Neely，1976）。另外，即使是那些坚持认为记不得单词QUEEN的被试也是如此（Bargh，1994）。这个记忆是内隐的，因为它不包含任何有意的努力或者意识的参与。

启动发生在每一天的生活中。1995年，在著名的O.J.辛普森（O.J.Simpson）杀妻案审理期间，许多美国人“突然”报告看到许多牌照上面印着“OJ”的字母。几乎可以确定的是，这些牌照一直在那儿，但对O.J.审问的不分昼夜的新闻报道，指引着人们去看汽车后面的这两个字母。

如果你很难清楚地记住长时记忆的所有类型，图6.10概括了外显记忆和内隐记忆的主要类型。

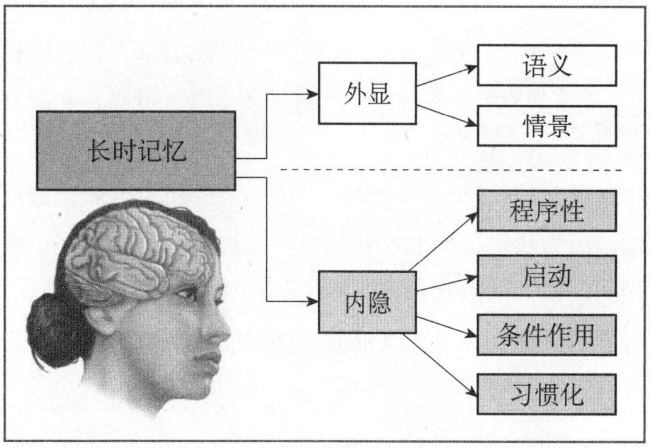

图 6.10 记忆的各种子类型
图中对外显记忆和内隐记忆的各种子类型进行了概括。

★小测试

1. 大多数人能够准确地认出我们在数天前看到的上千张人的脸。 正确 错误
2. 与其说记忆是重构的，不如说记忆是复制的。 正确 错误
3. 组块可以让我们大量增加在短时记忆中保存的数字或字母的数量。 正确 错误
4. 长时记忆中的信息常常能保持几年或几十年。 正确 错误

答案：(1)对(p.189)；(2)错(p.190)；(3)对(p.194)；(4)对(p.196)

记忆的三个阶段

信息是怎样进入我们的长时记忆中的呢？记忆心理学家认为记忆有三个主要的阶段：编码、储存和提取。需要注意的是，我们不应该将这些阶段与我们刚刚讨论过的三个记忆系统（感觉、短时、长时）相混淆。相反，这三个阶段是指解释信息如何进入长时记忆以及当我们需要的时候又怎样再提取出来的过程。

为了理解记忆的这三个阶段，想象你自己是一名学
200 院或者大学图书馆管理员。当到了一本新书时，你首先给它一个号码来识别它，即编码。接着你把它归档在书

有句谚语叫“一个耳朵进，一个耳朵出”。如果你遇到了一个人，几分钟后忘记了他的名字，你很可能在一开始就没有进行编码。

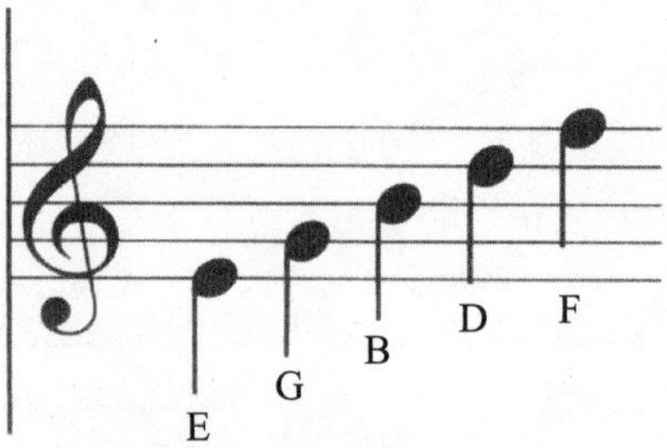

学音乐的学生使用记忆术“Every good boy does fine ”来记住五线谱上的谱号（E、G、B、D、F）。

架上，即储存。然后，当你在几周、几个月甚至几年后想要找到这本书的时候，你走向书架然后拿下它，即提取。当然，和所有的比喻一样，这是一个过度简化的比喻，因为我们提取的这些记忆与起初的编码是不完全相同的。我们的心理图书馆里的一些“书籍”可能会随着时间的流逝而变黄；其他的一些可能会因损伤甚至被破坏而无法识别。

编码：记忆的“图书编号”

编码是指信息进入我们记忆银行的过程。为了记住一些事情，我们首先要确定这些信息是记忆可以识别的。我们没有意识到的是，我们有许多记忆是在编码的过程中“丢失”的。你曾经有过这样尴尬的经历吗？你去参加一个聚会，同时被介绍给一群人，接着很快你就意识到你已经忘记了他们所有人的名字。很有可能是因为你过于紧张和慌乱，所以你无法在第一时间编码他们的名字。一旦我们失去了编码一件事情的机会，那么我们将无法记住它。回到图书馆的类比，想象图书馆管理员给一些书分派了识别码，但又将一些书扔到了垃圾堆里。这些书就永远不会出现在书架上。

这个原则可以帮助我们解释为什么普遍流行的说法几乎是个天方夜谭：我们的大脑中保存了我们曾遇到的每一个事件（Alvarez & Brown，2001）。我们经历过的大多数事情都没有被编码，而几乎所有我们编码过的事情都只是包括了经历的一些细节而已。很多我们日常生活的经历在一开始就没有进入我们的大脑中。

我们能做些什么来帮助自己编码重要的信息呢？请阅读下面的段落，寻找线索：

（1）Please Excuse My Dear Aunt Sally.（请原谅我亲爱的姑妈莎莉。）

（2）Thirty days hath September, April, June, and November. All the rest have 31, except for February, which has twenty-eight, and you probably think it's great. Or maybe it's fine, when on leap year, it has twenty-nine.（4 月、6 月、9 月和11 月，每月都有30 天。其余的都有31 天，除了2 月只有28 天外，你可能认为这很棒。当闰年的时候，2 月有29 天，可能也还不错。）

（3）Every Good Boy Dose Fine.（每个好男孩都能做得很棒。）

上述这些奇怪的文字有哪些相同点呢？它们都运用了**记忆术**，即学习的助手、策略或者是帮助记忆的方法。记忆术能利用一种能够使回忆变得容易的方法来帮助我们编码记忆。**【学习目标 6.4】**有时候，几乎所有人都会使用回忆辅助物，比如做记录或者在日历上或掌上电脑写上日程安排（Intons-Peterson & Fournier，1986）。记忆术是心理策略，帮助我们在编码期间组织有意义的信息，以至于当我们提取的时候能够再次回忆出来。第一句，通过用相同字母开头的单词作为数学运算，来列举数学运算合适的顺序［圆括号（parentheses）、指数（exponents）、乘法（multiplication）、除法（division）、加法（addition）、减法（subtraction）］。第二句，是一首押韵诗，是一个简便地记住每个月天数的方法。第三句，像每个曾经上过音乐课的人会回忆起的那样，代表了五线谱中的谱号名（E、G、B、D、F）。

一般来讲，如果我们定期积极地进行练习，记忆术是很有用的。但相对于记忆术来说，许多人好像更喜欢外部的帮助，例如做列表（Park，Smith，& Cavanaugh，1990），可能是因为它们花费的工作和努力较少。记忆术需要训练、耐心，甚至是少许的创造力。

编码（encoding）
将信息输入记忆银行的过程。

记忆术（mnemonic）
学习的助手、策略或者是帮助回忆的方法。

批判性思考：记忆药物有效吗？ 201

下一次当你去当地的药店时，请停留在药店柜台前，你会发现各种各样所谓增强记忆的“聪明的药丸”，包括银杏黄酮、维生素E，以及那些很难读但是听起来貌似具有科学的名称的药物，比如磷脂酰丝氨酸、胞磷胆碱和吡拉西坦。它们真的能帮我们记起早上我们把钥匙丢在哪儿了，昨晚的聚会上我们遇到的那十个人的名字，或者是想起如何拼写“磷脂酰丝氨酸”吗？

在美国，银杏黄酮和其他被认为能增强记忆的药物是价值数亿美元的产业。这些药物很流行，可它们真的有效吗？

你可能会按常理推测这些药物已被研究者证明是有效的，否则你在柜台上也看不到了。然而，你错了。1994年，美国国会通过了《膳食补充剂健康与教育法》（DSHEA），美国食品药品监督管理局（FDA）对膳食补充剂和草药，包括那些增强记忆的药物，进入市场之前一般都要进行检验以保证其安全有效。然而，DSHEA通过一段时间后，无论是膳食补充剂还是草药方剂的质量都无法得到保证。许多人怀疑这些药物到底有没有效甚至对人体是否有害。

最有名的增强记忆的草药可能就是银杏黄酮了，这是一种从银杏叶中提取的古老的药材。银杏黄酮的生产商声称，它至少能够在四周内显著提升一般人的记忆力。像其他的记忆药物一样，银杏黄酮可能也是通过增加大脑局部的乙酰胆碱（对记忆起主要作用的神经递质）的含量来增强记忆的。

银杏黄酮在美国非常流行，美国人每年会花费数亿美元来购买它。然而有研究将银杏黄酮和安慰剂作比较，发现在改善正常人记忆的作用上二者差异很小，甚至是不存在差异（Gold，Cahill，& Wenk，2002；Solomon，Adams，Silver，et al.，2002）。如果银杏黄酮对于记忆没有用，那么它就和喝一杯柠檬汁或者甜饮料的作用是一样的（回顾第3章，糖是大脑的能量）。银杏黄酮对于那些阿尔茨海默症或者其他痴呆症患者在改善记忆方面的作用会稍大一些（Gold et al.，2002）。目前，没有证据表明银杏黄酮能够治疗严重的记忆衰退。此外，和其他草药一样，银杏黄酮在一些情形下会对人体产生危害。例如，它可能和稀释血液的药物相互作用，从而导致严重的出血。

至于其余噱头十足的所谓“聪明药丸”，证明它们功效的证据都站不住脚，得不出任何强有力的结论（McDaniel，Maier，& Einstein，2002）。在大众心理学中这样的事情太常见了，我们能给那些想一夜之间变成记忆专家的人最好的建议是“一经出售概不负责”：请小心购买。

储存：将记忆存档

只要我们把图书归档在书架上，它就会一直在那里，数年后，也只不过多了些灰尘。我们已经把它储存了起来，或许有一天有学生或者教授需要它来完成一个写作任务，它才被重新提取出来。**储存**是指在记忆中保存信息的过程。

然而，在图书馆我们根据对这本书内容的解释和预期来将其归类。例如，让我们想象一本刚到图书馆的名
202 为《约会心理学》的新书。我们应该是根据它涉及人格、情绪和社会心理学，而将这本书归类于心理学类，还是根据它涉及约会、吸引力和婚姻，而将其归类于人际关系类？答案取决于我们认为什么是最重要的或者书的内容与什么相关联。同样，我们如何在记忆中储存我们的经验也取决于我们对这些事情作何解释及有何预期。请思考这样的场景。你和你的朋友去一家新开的餐厅。尽管这是你第一次去，但是你很清楚里面都有什么。那

储存（storage）
在记忆中保存信息的过程。

我们对日常生活中发生的模糊事件的解释，就像对大街上人们谈话的解释一样，部分地依赖于我们的图式。

是因为你拥有关于在一家不错的餐厅用餐的图式。**图式**是一个我们储存在记忆中的有组织的知识结构或心理模式。我们关于餐厅的图式是以一系列的顺序事件为特征的，有时也叫做脚本（Schank & Abelson，1977）。你在桌子旁边坐下来，拿菜谱点菜，等待你的食物做好，开始吃饭，核对账单，付费然后离开。别忘了付小费！在美国文化中，甚至点单也有标准顺序。我们首先点喝的东西，接着是开胃小吃、汤或者沙拉、主菜，最后是甜点和咖啡。

图式的作用是给我们提供了有关解释新情境的参考框架。图式是有价值的，但有时也会产生记忆错觉，它们会导致我们记住从未发生过的事情，而这仅仅是因为我们的图式使得我们期待它们出现。简化的图式有利于我们了解世界。但有时过于简单化的图式是不好的，因为它们会产生记忆错觉。图式提供了一把解释记忆悖论的钥匙：它们在一些情况下能增强记忆，但是在另一些情况下会使记忆出现错误。

在一个经典研究中，戈登·奥尔波特和利奥·波斯特曼（Gordon Allport & Leo Postman，1956）向被试展示了一幅描述地铁场景的图片。正如我们在图 6.11 中看到的，这幅图片清楚地描绘了一群旁观者在围观一个白人手握一把剃刀对着一个穿着体面的非裔美国人的画面。奥尔波特和波斯特曼让白人被试向别人细述这个场景。多次讲述后，被试更多记起的是这个非裔美国人挥舞剃刀而不是这个白人，大概是因为人们记忆中对非裔美国人暴力的刻板印象已经根深蒂固了。

图式有时可以帮助人们将人进行分类。但如果我们不够仔细，我们的图式就会使我们过度概括化。正如我们将在第 11 章中介绍的那样，这种带有种族刻板印象的图式是会出错的。

提取：前往“书库”

为了记住什么，我们需要从我们的长时记忆银行中提取它。这是信息的**提取**，是记忆的第三阶段也是最后阶段。然而，正如我们先前提到的，这也是我们将其比作图书馆无法解释的地方，因为我们从记忆中提取的信息和我们存入的信息往往无法匹配。我们的记忆是重构的，经常转换记忆信息使之与我们的信念和预期相符。

很多类型的遗忘都是由信息提取失败造成的。我们的记忆仍然存在，但是我们却无法读取它们。要证明这一点是相当容易的。如果身边有个朋友，试一下由心理学家安德尔·图尔文提供的练习（即使你身边没有朋友，你仍然可以自己完成它）。给你朋友读表 6.1 的“类别”一列，紧接着读出与之相应的单词。告诉你的朋友当你读完所有的类别和对应的单词后，你会让他或她以任何顺序回忆单词而不是类别。

图 6.11　图式的危害

仔细看这幅图。奥尔波特和波斯特曼（1956）使用了类似的图片来显示有关种族刻板印象的图式是怎样影响我们的记忆的。

图式（schema）
我们储存在记忆中的有组织的知识结构或心理模式。

提取（retrieval）
将我们的记忆储存中的经验重新激活或重构。

表 6.1　　提取线索的证明

给你朋友读“类别”一列，接着按顺序读对应的“单词”一列。然后，让你的朋友按任何顺序回忆单词。对于遗忘的词，你可以问他或她是否记得单词所对应的类别中的某些东西。这样你会发现，这个证据帮助我们弄清了一个简单的事实：许多记忆失败实际上是提取失败。

类别	单词
一种金属	银
一种鸟	金丝雀
一种颜色	紫色
一种四条腿的动物	老鼠
一件家具	梳妆台
一个身体部位	手指
一种水果	樱桃
一种含酒精的饮料	白兰地
一种犯罪活动	绑架
一种职业	水管工
一种运动	曲棍球
一款衣服	毛衣
一种乐器	萨克斯
一种昆虫	黄蜂

在你读完列表之后，让他或她用几分钟写下能记得的所有单词。几乎可以肯定的是，你的朋友会遗漏一些。对于这些遗漏的词，你可以提示单词所属的“类别”。即如果你的朋友遗漏了“手指”这个单词，你可
203 以提示：“你还记得有关人身体部位的单词吗？”你或许会发现这些提示词会帮助你的朋友记起一些被忘记的单词。在心理学术语中，这种“类别”叫做**提取线索**：一种使我们更容易地回忆起信息的提示。所以你朋友的长时记忆中包含着这些被遗忘的单词，但他或她需要提取线索才能记起它们。

记忆的测量　心理学家主要通过三个方面对人的记忆进行评估：回忆、再认和再学习。【**学习目标 6.5**】可以将它们看成三个 R（另一个助记方法）。

回忆和再认。你认为什么类型的考试最困难，作文还是多项选择？可以确定，我们都会认为多项选择测试是“杀手”。然而，其他所有情况都相同时，作文测试通常比多项选择测试更难一些。这是因为作文测试需要**回忆**，也就是导出先前我们已记住的信息，它往往比**再认**（从一系列的选择项中选择先前记忆的信息）更缺乏准确性和完整性（Bahrick，Bahrick，& Wittlinger，1975）。为了证明这个说法，请试着回忆美国第六任总统。除非你是一个美国历史爱好者，否则你可能会被难住。如果是这样，试着做下面这道题目。

美国第六任总统是：

（a）乔治·华盛顿　　（c）乔治·W·布什

（b）约翰·昆西·亚当斯　　（d）阿诺·施瓦辛格

经过一些思考，你可能选出（b）是正确答案。你可以安全地排除（a），因为你知道乔治·华盛顿是第一任总统；排除（c），因为你知道乔治·W·布什是新近的总统；排除（d），因为你知道阿诺·施瓦辛格没有当过总统。另外，你或许已经想起约翰·昆西·亚当斯是美国早期的一位总统，即使你不知道他是第六任。

为什么回忆通常比再认难？部分是因为回忆需要两步——产生一个答案并且决定它是否正确。然而再认仅仅需要一步：判断列表上的哪个项目看起来最正确（Haist，Shimamura，& Squire，1992）。

再学习。第三种测量记忆的方法是**再学习**：当我们在学习某种信息之前已经学习过与之相关的知识时，我们学习的速度会更快。再学习的概念源于德国研究者赫尔曼·艾宾浩斯（Hermann Ebbinghaus，1885）一个多世纪以前的开创性研究。艾宾浩斯用几百个“无意义音节”例如 ZAK 和 BOL，来测试他自己的再认状况。他发现大多数人的遗忘几乎在刚学完新材料后就立即发

提取线索（retrieval cues）
使我们能更容易地回忆起信息的提示。

回忆（recall）
导出先前已记住的信息。

再认（recognition）
从大量选择中甄别出先前已记住的信息。

再学习（relearning）
再次获得那些我们已习得的，但随着时间而大部分忘记了的知识。

生，之后遗忘得越来越少。尽管如此，他还发现当他尝试去重新记忆他已经遗忘的无意义音节时，用的时间要比初次记忆少很多。这就是再学习。再学习更快的事实表明，对于这一信息的记忆仍旧保持在你的大脑里的某个地方。

当记忆他的无意义音节时，艾宾浩斯偶然发现了一个至关重要的适用于大多数学习方式的原理：**分散练习与集中练习**法则（Donovan & Radosevich，1999；Willingham，2002）。简单地说，这个法则告诉我们，就长远来看，长间隔的学习比短间隔的学习更有利于记忆。这个原理很可能是在心理学上验证效果最好的原理之一（Cepeda，Pashler，Vul，et al.，2006）。甚至在婴儿身上也出现了这种情况（Cornell，1980）。

相关还是因果

我们能确信 A 是 B 的原因吗？

聪明的人都知道，死记硬背可以让我们记住考试的内容，但是这样只能形成短暂的记忆。如果你想掌握你的心理学课程中的信息——或者其他课程——你应该在一个
204 长时间段内分散复习这些材料。所以当老师提醒你“至少要在考试前的一周复习，不要等到考试前几分钟才复习”时，你不得不感谢艾宾浩斯——当然也可能是责怪。

舌尖现象 我们都经历过令人沮丧的提取失败的舌尖现象（TOT），也就是我们确定我们知道问题的答案，但就是想不起来（Brown，1991；Schwartz，1999）。不可思议的是这种现象很容易出现（Baddeley，1993）。读表 6.2 中的美国 10 个州的名称，并且试着说出它们的首府。现在将重点放在你不确定正确答案的州，并继续尝试。如果你还不能确定，看下面给出的各州首府首字母的列表：佐治亚（A）、威斯康星（M）、加利福尼亚（S）、路易斯安那（B）、佛罗里达（T）、科罗拉多（D）、新泽西（T）、亚利桑那（P）、内布拉斯加（L）、肯塔基（F）。

澄清事实

使用手语和口语的人都会出现舌尖现象。那些因耳聋而使用手语的人不能回忆起名人的名字，即使话到了嘴边也还是记不起，他们的准确率通常在八成左右（Thompson，Emmorey，& Gollan，2005）。

表 6.2　舌尖现象

首先试着说出各个州的首府。再回到文章中寻找提示。

州	首府
佐治亚	
威斯康星	
加利福尼亚	
路易斯安那	
佛罗里达	
科罗拉多	
新泽西	
亚利桑那	
内布拉斯加	
肯塔基	

答案：
亚特兰大、麦迪逊、萨克拉门托、巴顿鲁治、塔拉哈西、丹佛、特伦顿、菲尼克斯、林肯、法兰克福

首字母对你有帮助吗？研究表明当我们经历舌尖现象时，它们通常会起到作用。我们经常遇到的舌尖现象告诉我们：那些因为没有储存在记忆中而被遗忘的事情与那些储存了但是不能完全提取的事情之间是有些许不同的。

编码特异性：在我们放置它们的地方寻找它们 为什么从我们的记忆中提取一些事要比另一些事更容易？安德尔·图尔文（1982；Tulving & Thomson，1973）介绍的**编码特异性**原理可以回答这个问题。当我们编码信息的条件和提取信息的条件相吻合时，我们更可能记住一些事。【**学习目标 6.6**】在一些心理现象中我们可以发现这一原理的作用，现在我们来检验这其中两个心理现

分散练习与集中练习（distributed versus massed practice）
一次学习少量的知识（分散练习）与在短时间内学习大量的知识（集中练习）。

编码特异性（encoding specificity）
在提取信息的条件与编码信息的条件相似的情况下，我们能更好想起一些事情的现象。

象：背景依存学习和状态依存学习。

背景依存学习是指当原始记忆的外部背景与提取时的背景一致时记忆提取得更好。邓肯·戈登和艾伦·巴德利（Duncan Godden & Alan Baddeley，1975）给出了一个可以巧妙地验证这个效应的潜水员研究例证。他们让潜水员记 40 个毫无关联的单词，无论这些潜水员是站在岸边还是潜入水中大约 15 英尺的地方。接着戈登和巴德利分别在与潜水员当初记忆这些单词相同的和不同的背景下对他们进行测试。不管他们是在岸上还是在水
205 里，当原始背景与信息提取时的背景相符时，潜水员的记忆效果最好，就像图 6.12 中所显示的那样。大学生也会表现出背景依存学习。学生在他们学习这些知识时的教室考试，成绩往往会更好（Smith，1979）。但是，这个结果不是很有说服力，而且不是所有的研究者都能复制其研究结果（Saufley，Otaka，& Bavaresco，1985）。这可能是由于你不仅是在教室，在其他环境（如在你读这本书的房间）里也习得了这些知识。

可重复性
其他人的研究也会得出类似的结论吗？

你怎么认为？

想象一下你的有机化学考试被安排在一间和你平时上课不一样的教室，为确保在考试中发挥到最好，你会怎么做？

状态依存学习类似于背景依存学习，但不同的是与外部背景相比状态依存学习更注重有机体的内部状态。也就是说，状态依存学习指的是在编码的过程中当生物体处于相同的生理或心理状态时的高级的记忆提取。

一个有关酗酒者的趣闻证明了这一现象。酗酒者们经常说他们需要靠喝酒来记起东西放哪儿了——包括他们在喝酒时藏起来的最中意的酒瓶（Goodwin，1995）。当然，我们知道，把趣闻作为科学证据的来源是很有局限性的（见第 2 章）。尽管如此，在这个案例中，条件控制下的一项研究证明了这个趣闻：在酒精的作用下学习一项任务的人们往往比在清醒的时候更容易记起它（Goodwin，Powell，Brenner，et al.，1969）。但是，研究者们并不总能复制这些研究结果（Lisman，1974），这表明状态依存学习可能取决于被试和实施的刺激等多种复杂情况。

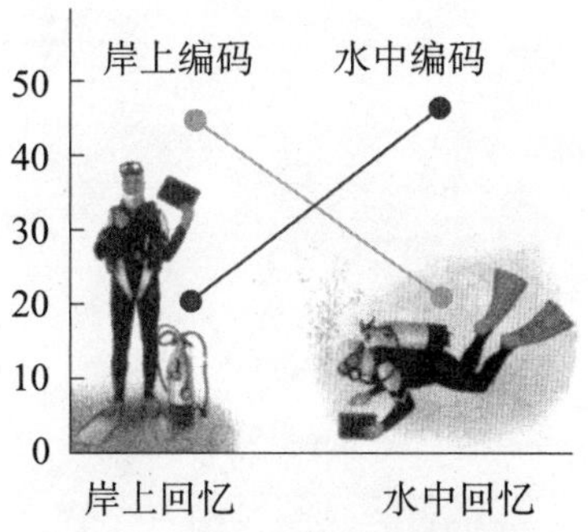

图 6.12 研究表明潜水员依据背景学习单词

如果潜水员是在水下学习单词的，那么他们再次在水下的时候回忆得最好。

可重复性
其他人的研究也会得出类似的结论吗？

利用记忆研究来学习会更有效率 本章涉及的大量的记忆概念可以帮助你更有效率地学习。表 6.3 是基于一些本章涉及的记忆概念绘制的一个学习提示列表。

表 6.3 从记忆研究中得到的有用的学习提示

记忆概念	提示
（1）分散练习与集中练习	分散你的学习时间——循序渐进地复习你的笔记和练习册，比死记硬背好。
（2）精细化复述	把新知识与已有的知识联系起来比单纯的记忆事实或名称更有效。
（3）加工水平	深入且有意义地加工信息——避免一个字一个字地将大学讲师的讲稿或幻灯片抄写在笔记本上。努力用你自己的语言记录这些知识。
（4）记忆术	你越多地用提示或线索把你已有的知识与新材料相联系，测试的时候你就越可能回忆起新材料。

例如，让我们看一看记忆术是怎样用字勾法来帮助我们记起与记忆相连的关键词的。

背景依存学习（context-dependent learning）
当原始记忆的表面背景与信息提取时的背景相符时的较好的记忆提取。

状态依存学习（state-dependent learning）
当有机体处在一种与当前编码阶段相类似的状态中时，回忆效果会提高。

206

图 6.13　字勾法

字勾法是一种很有用的记忆术，能帮助我们按顺序回忆起列表上的对象。详细请看书中对这幅假想的插图的解释。

当我们还是孩子的时候，我们会被儿歌吸引。到了上小学的年纪，大部分人都很熟悉“Jack and Jill”、“Little Bo Peep”和“Little Jack Horner”（英国儿童歌曲）。艾米纳姆（Eminem）的一段说唱词“一闪一闪小星星”因为押韵而很容易被记住。

押韵是字勾法的重要组成部分，经常被用来记忆单词表。要掌握这个记忆术，首先将有相同韵脚的单词和列表中的数字联系起来，例如“one is a bun”。单词与数字相联系就是一个“字勾”。本质就是像数字one那样记住一个列表的内容，而事实上这些数字和单词的韵脚很容易联系起来：（1）One is a bun，（2）Two is a shoe，（3）Three is a tree，（4）Four is a door。

假设心理学课上你需要学习与记忆概念相联系的四个单词（难道你不希望这一章只有四个概念吗？），并且你需要按照以下顺序回忆它们：组块（chunking）、精细化（elaboration）、海马体（hippocampus）、衰退（decay）。在你已经记住的与每个数字相联系的字勾后（例如“One is a bun”），你创造一个字勾来与你想记住的单词的图画相联系（如“bun”）。对于第一个单词“组块”（chunking），你可以将其想象成缺失了一块或者被分成了几块的“bun”（字勾）。对于第二个单词“精细化”（elaboration），你可以想象一只用珠子、亮片和弓形饰片精心加工（elaborate）的鞋。对于第三个单词“海马体”（hippocampus），你可以想象一只河马（hippo）在树下小憩（camp）。对于第四个单词“衰退”（decay），你可以想象一座老房子里的一扇腐烂（decay）的门。当你需要记住你的列表上的第三个单词时，例如，你告诉自己，那儿有一棵树，你会立即想起一匹河马在树下小憩，然后你就知道了列表上的第三个单词是海马体（见图 6.13）。

★ 小测试

1. 我们几乎要编码所有的生活经验，尽管我们只能提取到它们中的很小一部分。　正确　错误
2. 想要成功地运用记忆术是需要勤加练习的。　正确　错误
3. 图式会歪曲记忆但不会提升记忆。　正确　错误
4. 通常回忆没有再认准确。　正确　错误
5. 为了考试死记硬背，尽管有压力，但实际上是一个很好的提高回忆长时记忆材料能力的方法。　正确　错误

答案：（1）错（p.200）；（2）对（p.200）；（3）错（p.202）；（4）对（p.203）；（5）错（p.203）

记忆的生物学基础

尽管鲜有人思考它，但是记忆的生物学基础在我们日常生活中扮演着关键的角色，无论是记忆我们把钥匙放在哪了，还是回想昨天晚会上遇见的那个友人的名字。另外，理解我们的大脑如何储存记忆或许有助于我们发现那些有损于我们回忆起日常生活事件的毁灭性疾病。

207 ## 记忆储存的神经基础

一般来说，定位一本图书馆的书放在哪里是相当简单的。从图书馆的电脑系统或卡片目录里查找它，记下它的号码，去书架，然后找到它，除非它刚被别人拿走了。如果我们足够幸运，它就在我们要找的那个书架上。然而我们将看到，大脑中记忆的储存并不是像这样一成不变的。

难以捕获的痕迹 从20世纪20年代开始，心理学家卡尔·拉什利（Karl Lashley）就开始寻找记忆的痕迹，即记忆在大脑中的物理轨迹。他教老鼠走迷宫，然后损害它们大脑的不同区域看它们是否忘记了怎样找到迷宫的路。拉什利希望这样做可以找到记忆储存在大脑的哪个部分。然而，几年的辛苦工作后他仍一无所获。

尽管如此，拉什利仍发现了两个重要的现象。第一，老鼠的大脑被切除的越多，老鼠走迷宫就走得越糟糕。这一点倒不令人惊奇。第二，不管他切除脑组织的哪个部分，这些老鼠或多或少还保留一些走迷宫的记忆（Lashley，1929）。即使切除老鼠一半的大脑皮层也不能擦除它们的这些记忆。拉什利根据这些结果总结出：我们不能简单地指着脑中的某一点，然后说“我初吻的记忆在这儿”，因为这个记忆不是在一个单一的地方。用作家格特鲁德·斯泰因（Gertrude Stein）的话说，就是“那里哪儿都不是”。拉什利的记忆痕迹似乎是不存在的，至少不是在一个固定的位置，不像放在书架上的图书馆的书。

长时程增强——记忆的生理学基础 我们在第3章学习过，神经元之间的连接通过反复刺激而增强，这个过程就叫做**长时程增强（LTP）**（Bliss，Collingridge，& Morris，2004）。LTP是一种叫做谷氨酸的神经递质在神经突触间释放增强的结果，如图6.14所示，它能提高学习能力（Lisman & Raghavachari，2006）。**【学习目标6.7】**

目前，许多研究者相信我们储存记忆的能力依赖于神经元间连接的增强，这些神经元可以延伸到大脑更远更深的凹回处，呈扩散的网络状排列（Shors & Matzel，1999）。LTP是直接负责记忆的储存，还是通过增加唤醒和注意来间接的影响学习仍然不得而知（Shors & Matzel，1999）。尽管如此，大部分的科学家还是认为LTP在学习中扮演着一个非常关键的角色。

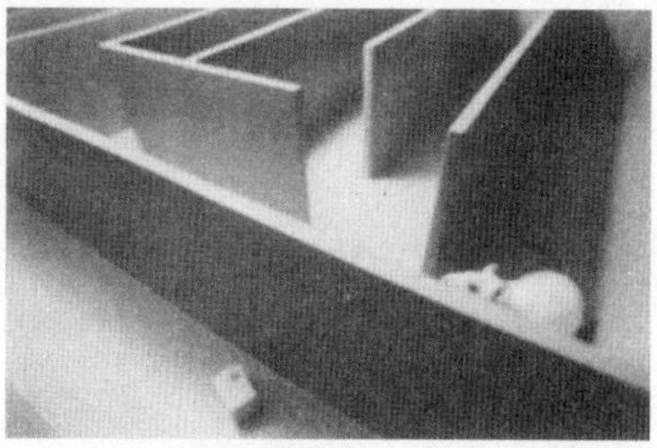

卡尔·拉什利试图通过测试老鼠在被去除不同部分的大脑皮层之后进行迷宫学习的时候的记忆来寻找大脑的印迹。

海马体在形成长时记忆中扮演着一个特别重要的角色，也清晰地展示了LTP重要性的证据。和海马体一样，杏仁核产生恐惧记忆之后表现出了类似LTP的活动（Maren，2005；Sigurdsson et al.，2007）。这些结果证明了类似LTP的活动是和记忆相联系的，但并不一定能证明LTP是记忆的基础。

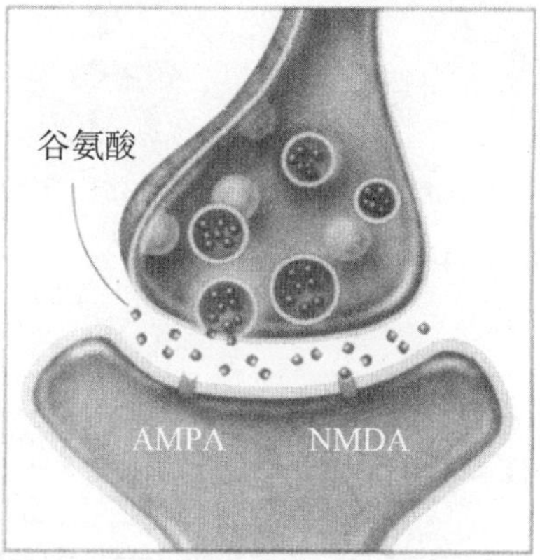

图6.14 长时程增强的神经基础

LTP（长时程增强）提高了谷氨酸的释放，它似乎可以促进学习。

相关还是因果

我们能确信A是B的原因吗？

记忆储存在哪儿？

很明显，海马体是记忆的关键。一些研究者甚至找出了海马体中某些只对名人产生反应的神经元，例如女演员哈利·贝瑞（Halle Berry）（Quiroga et al.，2005）（见图6.15）。

但记忆痕迹是在海马体里，还是在任一单独的脑结构里？我们可以部分确定，答案是否定的。功能性磁共振成像（fMRI）研究显示，我们学习到的信息不会长期储存在海马体里。相反，前额皮层似乎是我们支取记忆的主要的“银行”之一（Zeinah，Engel，Thompson， 208

长时程增强（long-term potentiation，LTP）
神经元的连接通过重复的刺激而逐渐增强。

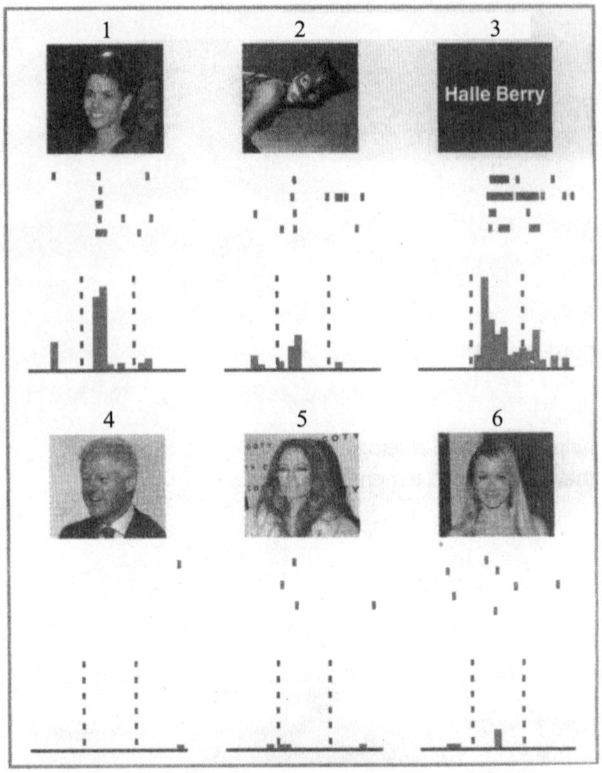

图 6.15 哈利·贝瑞神经元

科学家发现人类海马体中的细胞能优先回应女演员哈利·贝瑞，无论是她扮演成猫女还是听到她的名字（见上面一行）。这些细胞不能回应其他的名人或漂亮的女人（见下面一行）。每个人物下面的图展示了神经元对其上面那幅图的活动频率。（Source：Quiroga et al.，2005）

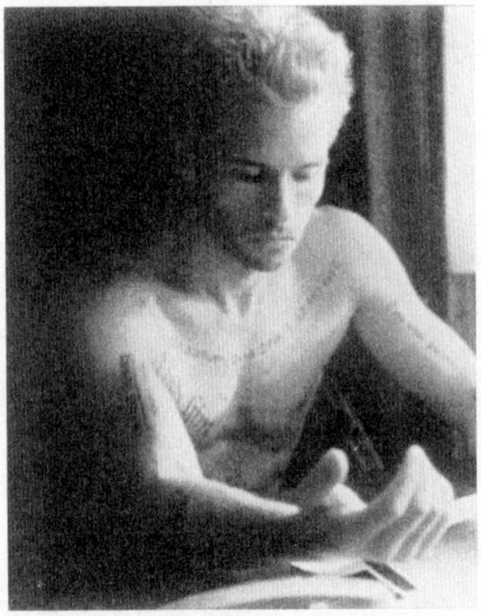

2000 年的电影《记忆碎片》详细而准确地描写了一个因车祸造成几乎完全顺行性遗忘的人。电影的主人公在他自己身上文了大量的信息以提醒自己之前的生活。在现实生活中，这样的信息很少能帮助到顺行性遗忘症患者，因为他们会忘记看这些文身上的信息。

逆行性遗忘症（retrograde amnesia）
失去我们对过去的记忆。

顺行性遗忘症（anterograde amnesia）
无法从我们的经验中编码新的记忆。

et al.，2003）。但是，就像拉什利所发现的一样，即使破坏前额皮层的隔离区域或其他大脑皮层的组织，也没能清除储存很久了的记忆。就像一间房子里面散开的玫瑰香味似的，我们的记忆是建立在这些皮层的很多区域上的。

遗忘症——外显记忆和内隐记忆的生物基础 之前我们学习过外显记忆和内隐记忆。这两种记忆形式是由不同的脑部系统管理的吗？似乎答案是肯定的（Squire，1987）。最好的证据来自于一些对严重遗忘症个案的研究。**【学习目标 6.8】**两种最常见的遗忘症的形式是**逆行性遗忘症**和**顺行性遗忘症**。前者我们会失去一些关于过去的记忆，而后者则会失去关于现在的记忆。

大家普遍对遗忘症有一个误解。可能最普遍的误解是很多遗忘症患者会丢失他们之前生活的所有记忆，甚至连自己是谁都不知道。实际上，那种普遍性遗忘是极其少见的（American Psychiatric Association，2000），尽管这是好莱坞制片人很喜欢的一个情节（Baxendale，2004）。另一个误解，在好莱坞影片里经常可以看到，就是恢复记忆通常很快。虽然突然恢复记忆是剧本所需，但从科学角度来看并非如此。事实上，如果记忆真的能够恢复，其恢复也是循序渐进的（American Psychiatric Association，2000）。

一个遗忘症的个案研究：H.M. 一个人仅凭姓名首字母 H.M. 而闻名于世了几十年，这个案例现在成了到目前为止最著名的关于遗忘症研究的心理学案例。H.M. 有严重的癫痫病发作症状，他的医生无法用药物对其进行控制。1953 年 3 月，在最后一次消除癫痫病灶的尝试中，外科医生切除了 H.M. 大部分的颞叶，包括他的左海马体和右海马体，他们认为这些区域是癫痫病发作的源头；那个时候的医生们并没有预想到这个激进的手术将带来灾难性的后果。当时，H.M. 26 岁。这次手术后，H.M. 几乎完全患上了顺行性遗忘症：他几乎无法回忆最近发生的事情。这说明海马体在长时记忆中起到了关键性的作用。虽然手术前 11 年，他也有过一些逆行性遗忘（Corkin，1984），但他 15 岁前的记忆却保存得相当完整。

H.M. 在 1953 年接受了那个手术，而他的生活从那个时候开始发生改变，所有的计划和打算都付诸东流。他甚至不知道自己接受了那个手术。两年以后，1955 年，他还以为自己是在 1953 年 3 月。H.M. 阅读相同的杂志，一遍又一遍地完成相同的拼图，却意识不到他之前已经见过这些东西。他回忆不起几分钟前所见的心理医生是谁，也想不起他半小时前的午饭吃了什么（Milner，1972；Scoville & Milner，1957）。当一遍又一遍地告诉他他叔叔去世的消息，他每次都会显露出同样伤心的神情和反应（Shimamura，1992）。H.M. 是亨利·莫莱森（Henry Molaison）的真实身份在他去世的时候才揭露出来。他于 2008 年 12 月去世，终年 82 岁。他过了 55 年没有任何新近记忆的日子。

H.M. 的悲剧案例显示了外显记忆和内隐记忆的一个巨大不同点。研究者们反复地让 H.M. 通过一个镜子跟踪简单的几何图形（见图 6.16），这个任务人们在开
209 始尝试的时候都发现它很难。尽管 H.M. 没有任何有关于以前做过这个任务的记忆，但随着时间的推移他的表现逐步提高（Milner，1964，1965）。所以虽然 H.M. 没有关于这个任务的外显记忆，但是他表现出明显的内隐记忆。

当研究者们用脑成像技术检测 H.M. 的大脑时，发现除了他的海马体以外，海马体周围的皮质和相邻的杏仁核都被手术损坏了（Corkin，Amaral，Gonzalez，et al.，1997）。这个发现使得研究者们假设边缘系统不同部位的大型环路连接——包括海马体、下丘脑、杏仁核——都对记忆起着关键性的作用。

记忆退化的生物机理

当人们到了 65 岁以后，通常会经历记忆困难和脑部退化。如果我们到了 100 岁，那么不可避免地会失去某些记忆和一些脑部组织。尽管许多人相信，随着年龄的增长，衰老是可以避免的，有些人 100 岁后每天只有些许的遗忘，但是科学家们对关于在人的晚年失去多少记忆才是“正常的”的论调持否定态度。

很多人将衰老与它的一个常见诱因，即阿尔茨海默症相提并论。虽然阿尔茨海默症是衰老最为常见的诱因，占了痴呆症（严重的记忆丧失）起因的 50% ～ 60%，但还有一个常见起因是脑部累积的各种撞击。在 65 岁以上的人群中，阿尔茨海默症的患病率为 13%，但是 85 岁以上的人群中，患病率竟高达 42%。阿尔茨海默症患者的认知缺损跟语言与记忆有关，这与阿尔茨海默症的大脑皮层缺损相符合。这种记忆的缺失先从最近的事情开始，然后再是以前的事情。阿尔茨海默症患者会在忘记他们儿子的名字之前先忘了他们孙子的名字。患者还会迷失方向，忘了他们现在在哪儿、今年的年份以及现任总统是谁。**【学习目标 6.9】**

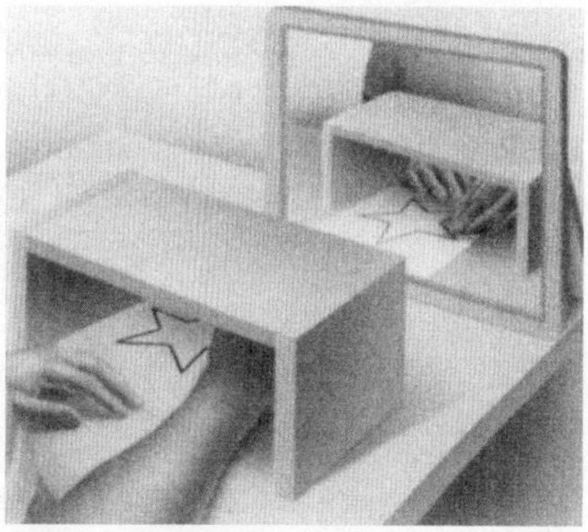

图 6.16 类似于 H.M. 所做的镜子追踪实验

用这个任务来评估内隐记忆，被试必须在看镜子中的星星的同时跟着画它。

我们在第 3 章中曾提到，阿尔茨海默症患者大脑中含有大量的老年斑和神经纤维结。这些反常状况会使得突触连接减少以及大脑皮层和海马体细胞死亡，同时也会导致记忆缺失和思维能力减弱。随着病情的发展，突触会进一步减少，而这会直接影响到智力状况（Scheff，Price，Schmitt，et al.，2007）。但是这个结果并不一定说明突触的减少导致了记忆功能的减弱。随着突触的减少，基底前脑的乙酰胆碱神经元会退化和死亡。没有任

65 岁后进行身体锻炼可以降低与年龄有关的认知衰退的风险。

何的治疗能够转变或者阻止阿尔茨海默症所带来的脑部变化，而最好的药物治疗也只能延缓病情的发展。

相关还是因果

我们能确信 A 是 B 的原因吗?

因为这个原因，研究者们已经开始评估人们的生活方式，看看如何能够减轻阿尔茨海默症的发病率。一份大规模的研究表明，65 岁以上的人中有超过 4 000 人的结果显示，体育活动可以减少认知损伤和阿尔茨海默症的风险（Laurin，Verreault，Lindsay，et al.，2001）。大量的其他研究表明有较高教育和智力活动的人患阿尔茨海默症的风险较低（Ngandu et al.，2007）。不可否认的是，这些相关研究结果的因果关系是模糊的：可能是身体上和心理上都很健康的人保留了更多的脑功能。然而，这些结果却增加了一句成语的可信度：“用进废退”。这句成语可能就是真理（Wilson，Scherr，Schneider，et al.，2007）。

相关还是因果

我们能确信 A 是 B 的原因吗?

你怎么认为? 210

你的父母打算退休并在他们的海边公寓安享晚年。你会给他们的生活方式提出怎样的建议来提醒他们预防因年龄造成的记忆丧失?

小测试

1. 记忆痕迹位于海马体中。 正确 错误
2. 长时程增强在学习中扮演着关键角色。 正确 错误
3. 遗忘症患者的记忆恢复通常是突然发生的。 正确 错误
4. 内隐记忆和外显记忆由相同的脑部结构控制。 正确 错误
5. 阿尔茨海默症只是痴呆的其中一个原因。 正确 错误

答案：（1）错（p.207）；（2）对（p.207）；（3）错（p.208）；（4）错（p.208）；（5）对（p.209）

记忆的发展

孩子多大开始有记忆？他们都记些什么？问题的答案取决于我们讨论的是哪一种记忆。至少在某种意义上可以说，我们可以记得出生前的事情。那是因为婴儿表现出了习惯化——对熟悉事物注意的减少。我们在第 5 章中介绍过，32 周大的婴儿随着时间推移表现出对振动刺激反应的减少。习惯化是内隐记忆的一种形式——为了将一种刺激识别为熟悉的，我们需要回忆出之前经历过它。这与回忆一首歌的歌词或者回忆上个生日派对我们穿了什么相去甚远，但仍然是记忆的一种形式。

随时间流逝的记忆

随着年纪的增长记忆会发生改变，但在发展的过程中记忆仍保持相当强的连续性。婴儿比儿童的记忆力差，而儿童的记忆力又没有成人好，年轻人的记忆力又比年纪大的好。但是相同的基本加工操作贯穿了人的一生。例如，婴儿表现出了和成人一样的系列位置曲线（Cornell & Bergstrom，1983；Gulya，Galluccio，Wilk，et al.，2001）。然而，记忆的广度和使用策略的能力在婴儿期、学步期、学前期和小学期间有了显著增加。

儿童的记忆随着时间变得日益复杂。【学习目标 211
6.10】可以从以下几个方面来解释。第一，儿童的记忆广度随着年龄而增加（Pascual-Leone，1989）。事实上，他们的记忆广度在 12 岁左右之前是达不到 7 ± 2 的。如果我们让一个 3 岁大的孩子去记一串字母或者数字，她平均只能记得 3 个左右。5 岁大的孩子平均能记 4 个左右。到了 9 岁，儿童的记忆广度开始接近成人的记忆广度，平均能记 6 个。

这种记忆广度增加的情形是更好地使用记忆策略（如练习）的结果吗？那只是一部分原因（Flavell，Beach，& Chinsky，1966；McGilly & Siegler，1989），身体机能的成熟也占了很大一部分。所以，令人感到意外的是儿童记忆广度与鞋码之间的联系实际上比与年龄或智力的联系更为紧密。然而，我们可以确定这种相关不是因果关系！因为儿童的成长速度是不同的，这种相关只反映了记忆广度的生理成熟成分，这其中鞋码或身高都是很好的预测指标。

相关还是因果
我们能确信 A 是 B 的原因吗？

第二，儿童对概念的理解也随着年龄而增强。这很重要，因为我们组块相关信息的能力和以有意义的方式储存记忆的能力都依赖于我们对这个世界的认识。例如，如果不知道“CIA”代表着中央情报局，儿童就无法将字母 C、I、A 组合到一起。

第三，儿童元记忆的能力随着时间而增强。元记忆是有关他们记忆能力和记忆局限性的概念。这些能力帮助儿童了解他们什么时候使用记忆策略来增强记忆，什么策略最有效（Schneider & Bjorklund，1998；Weinert，1989；Zabrucky & Ratner，1986）。

婴儿的内隐记忆：利用踢腿来交流

卡洛琳·罗夫－科利尔（Carolyn Rovee-Collier）使用了一种创新型技术来研究婴儿的内隐记忆。在她的研究中，我们可以操控条件（见第 5 章）让婴儿表现出特殊的动作。罗夫－科利尔将婴儿放在一张床上，婴儿的头顶上方有一个可移动的装置。她先观察一会儿他们的行为，在基线水平下评估其活动水平。然后，她将一根丝带系在了可移动的物体上，并将另一头系在了婴儿的脚踝上。当下一次婴儿踢他们的脚时，他们惊奇地发现：那个可移动的物体晃动了一下。婴儿发现了物体运动的原因。因为物体的运动依赖于婴儿自己的踢腿动作，他们很快就开始有意地踢腿来晃动物体。

一旦她施加条件让婴儿踢腿来晃动物体，罗夫－科利尔就将他们送回家。然后，一天、一周，或一个月后，她再将他们带回实验室并放入那张床中。这一次，那个可移动的物体没有系在婴儿的脚上，所以没有强化。问题是：婴儿会增加踢腿的频率来晃动物体吗？如果是这样，这就意味着他们记得了这个操作实验。

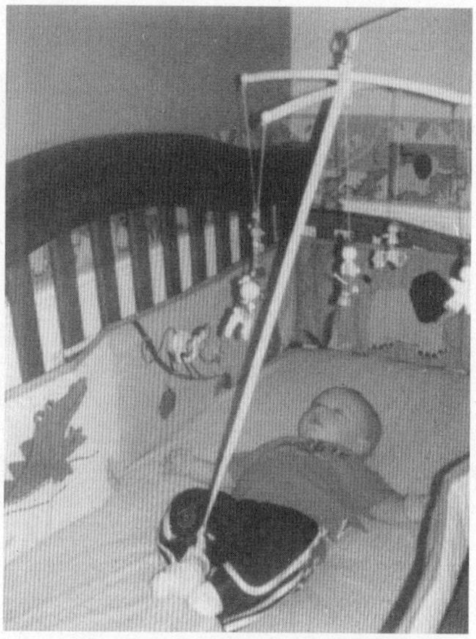

卡洛琳·罗夫－科利尔和其他研究者使用可移动的物体来研究婴儿的内隐记忆。尽管婴儿无法告诉你他记住了这个物体，但他们的踢腿行为给了我们了解他们回忆及回忆的持续时间的线索。

罗夫－科利尔（1993）发现两个月大的孩子仍旧保留了对这个实验的记忆，尽管他们在数天后就会忘记。不管怎样，他们记忆的广度在快速增加着。3 个月大的孩子就能记得这个条件作用达一周以上，6 个月大的孩子能记两周以上。婴儿对这个实验的记忆特别具体。如果研究者改变了移动物体的几个元素或者改变了床的样子，婴儿似乎就认不出这个装置了：他们的踢腿速度又回到了基线水平。

婴儿期遗忘 212

试着回忆一下你最早的记忆。你记得什么？那时你多大？大多数学生报告他们最早的记忆是在 3 ～ 5 岁之间。**婴儿期遗忘**是指成人无法提取他们早年精确的记忆（Malinoski，Lynn，& Sivec，1998；Wetzler & Sweeney，1986）。

很少有人能准确地回忆出二三岁前（婴儿期遗忘的最低年龄）的事情（West & Bauer，1999；Winograd &

婴儿期遗忘（infantile amnesia）
成人无法回忆出个人早年的经历。

你最早的记忆是什么？那时候你多大？研究表明，至少有一些明显的早年记忆，特别是那些3岁前的记忆，不是伪造的就是我们已被证实是错误的记忆。

研究表明，除了人类之外，有少量的物种，如黑猩猩、大猩猩以及海豚等都表现出了镜像自我认知——常被认为是自我概念的重要标志（Gallup，1979；Reiss & Marino，2001）。图中一个婴儿在对着镜中的自己做出反应。

Killinger，1983）。二三岁前的记忆都不太可信。**【学习目标6.11】**所以如果你记得1岁甚至更早的事情，那些记忆不是虚假的就是后来才发生的真实事件的记忆。

最新研究表明文化可能会影响记忆的年龄和初次的记忆。欧裔美国人比来自中国台湾的人报告的初次记忆的时间更早。另外，欧裔美国人的初次记忆大多集中在他们自己身上，来自中国台湾的人的初次记忆则更多地集中在别人身上（Wang，2006），这可能与个体文化和集体文化有关（Lehman，Chiu，& Schaller，2004）。

婴儿期遗忘与大众心理学 那些非主流心理治疗的支持者忽视了有关婴儿期遗忘的科学依据。许多催眠性年龄退行（娜蒂安·库尔的治疗师曾使用过）的支持者认为人能提取两岁之前的记忆，有时甚至还能提取出生前的记忆（Nash，1987）。例如，山达基教的支持者认为那些被胎儿、胚胎甚至是受精卵听到的封存在记忆中的负面消息可以在成年以后被激活，尤其是在压力的状态下。科学家认为这些记忆，会引起低自尊和其他心理问题（Carroll，2003；Gardner，1958）。幸运的是，没有证据表明胎儿或成人有这种极端情况。胎儿无法准确地理解他们在子宫里听到的大部分语言（Smith，Genhardt，Griffiths，et al.，2003），就让他们几十年后再回忆吧。

排除其他假设的可能性

对于这一研究结论，还有更好的解释吗？

你怎么认为？

你最好的朋友说她可以记得她1岁时的事情。你将怎么解释这些记忆是不是真的，以及它们可能来自哪里？

对婴儿期遗忘的解释 没有人能确切地解释我们为什么会永远遗忘生命最初那几年的记忆，但是心理学家们给出了几个可能的原因（Bauer，2006）。在长时记忆，特别是情景记忆中扮演关键作用的海马体，在婴儿期仅仅有部分的发展（Mishkin，Malamut，& Bachevalier，1984；Schacter & Moscovitch，1984）。所以两岁左右之前，我们可能不具有保留长时记忆的能力。

婴儿没有或者只有少部分的自我概念（Fivush，1988；Howe & Courage，1993）。18个月前的婴儿不能从镜子中认出自己（Lewis，Brooks-Gunn，& Jaskir，1985）。因为没有一个发展良好的自我，一些心理学家认为婴儿不能以一种有意义的方式编码或储存有关他们经历的记忆。

最后，两岁前的婴儿的语言技能有限也是其中一个因素。或许随着年龄的增长，我们学会使用一种更加口语化的编码方式来储存记忆。缺乏言语编码可能导致了无法提取早年记忆的现象。

★小测试

1. 幼儿的记忆广度与成年人相似。 正确 错误
2. 儿童时期记忆的持续时间随着年龄增长而增长。 正确 错误
3. 两个月大的儿童已经有关于他们自身经验的内隐记忆。 正确 错误
4. 大部分的成年人可以准确地回忆起他们 3 岁之前发生的事。 正确 错误

答案：（1）错（p.210）；（2）对（p.211）；（3）对（p.211）；（4）错（p.212）

213 记忆由好变坏：错误记忆

我们一般相信记忆会给我们提供有关过去的准确描述。在很多情况中，我们的记忆表现得很好。然而，在过去的几十年里，研究表明我们的记忆比我们所想象的更不可靠。而且，经常过于相信自己记住的某些事情是可靠的。

错误记忆

乍一看，我们的日常经验强有力地证明我们所依赖的记忆是可靠的，因为我们大部分的回忆似乎如电影中的场景那样鲜活。当你听到 2001 年 9 月 11 日的恐怖袭击事件时，你记得你在哪里和在干什么吗？大部分美国人都说记得，而且很多人都说，即使是在今天，他们依旧能够以令人惊讶的记忆力“再现”那些恐怖的时刻。一些年纪大点的美国人报告说对 1963 年 11 月 22 日约翰·肯尼迪总统遭暗杀的事也有同样鲜明的记忆。对尝试暗杀罗纳德·里根总统（Pillemer，1984）、“挑战者”号航天飞机爆炸（McCloskey，Wible，& Cohen，1988），以及戴安娜王妃逝世（Krackow，Lynn，& Payne，2005–2006）等事件的记忆也是如此深刻。

闪光灯记忆 罗杰·布朗和詹姆斯·库利克（Roger Brown & James Kulik，1977）将这些回忆称为**闪光灯记忆**，毫无疑问如此逼真的情绪记忆让人们能够清晰地回忆出那些历历在目的细节。他们还认为闪光灯记忆不像一般的记忆那样随着时间而衰退。因此闪光灯记忆表明我们的记忆有时会像摄像机那样运作，是这样吗？

尤里克·奈瑟尔和妮科尔·哈施（Ulric Neisser & Nicole Harsch，1992）决定通过研究大学生对 1986 年“挑战者”号航天飞机爆炸的回忆来验证如此鲜明的记忆是否准确。对于很多人来说，这是个相当悲伤和难忘的事件，因为这是第一次，一个非正式宇航员，名叫克里斯塔·麦考利夫（Christa McAuliffe）的教师也在飞机上。奈瑟尔和哈施发现在“挑战者”号爆炸之后的两年 214
半到三年的时间里，75% 的大学生对该事件的记忆与这件事发生几天之后的回忆并不相符。而且，大约有三分之一的学生叙述随时间推移发生了很大的变化。下面是在“挑战者”号爆炸之后立即从一位被试那里得到的回忆记述。

你能准确地记得 2001 年 9 月 11 日早上你在哪里和在干什么吗？如果能，一些研究者会说你对该事件有闪光灯记忆。然而，事实上，并没有充分的证据证明相对于其他记忆，闪光灯记忆是特殊的或是绝对可靠的。

闪光灯记忆（flashbulb memories）
被认为是格外逼真和细节化的情绪记忆。

开始的记忆。（1986年1月）：“那时我在宗教课堂里，很多人走进教室并开始讨论爆炸的事。我不知道任何细节，只知道它爆炸了，当时学校的教师和学生都在观看，我也感觉很难过。下课后我回到自己的房间，看了此次事故的电视报道了解了更多的细节。”

以下是两年半之后同一被试的回忆：

后来的记忆。（1988年9月）：“当我初次听到这个爆炸时，我正和室友一起在大一新生寝室看电视。电视里突然插播了这条新闻，我们俩对此都感到非常震惊。我的心完全被打乱了，于是上楼与一个朋友谈论此事，随后给父母打了个电话。”

当奈瑟尔和哈施给学生看他们几年前写下的回忆时，一些学生坚持说撰写这些回忆的肯定另有其人！作者创造了一个术语“幻象闪光灯记忆”来说明似乎许多闪光灯记忆都是错误的。**【学习目标6.12】**这一现象在一群被要求回忆辛普森杀妻案的学生那里也得到了证实（Schmolk，Buffalo，& Squire，2000）。32个月后，40%的学生的记忆报告都表示，与他们最初的记忆有

2006年，记者报道《奥帕尔·梅赫寻乐记》的作者卡薇娅·维斯瓦纳坦（Kaavya Viswanathan）的书里有无数的段落被怀疑与其他几本书相似。维斯瓦纳坦辩解这是记忆潜隐现象：她说她阅读这些书却忘了它们的来源。

源监控（source monitoring）
识别记忆来源的能力。

“很大的歪曲”，而他们最初的记忆是在实验结束后三天记录的。

可重复性
其他人的研究也会得出类似的结论吗?

这项研究显示闪光灯记忆像其他所有的记忆一样会随着时间发生改变。这提醒我们，虽然我们的记忆看起来像摄像机那样工作着，但实际上并非如此。我们不必再用一套新的解释来阐释生动的记忆。最简单的假设是：闪光灯记忆并不是一种独立的记忆种类；它们就像其他记忆一样会随时间消退，只是印象更深些罢了。

奥卡姆剃刀原理
这种简单的解释符合事实吗?

源监控：记忆来自哪里? 回头想想昨天与一个朋友的谈话。你怎么知道它真的发生过？大约25%的大学生报告说清楚地记得经历了某一件事但不确定它是否真的发生过或者只是梦的一部分（Rassin，Merckelbach，& Spaan，2001）。这是源监控混乱的一个例子，即缺乏对记忆来源的清晰了解。

根据记忆的**源监控**观点（Johnson，Hashtroudi，& Lindsay，1993；Johnson & Raye，1981），我们试着通过寻找我们编码记忆的线索来鉴别记忆的来源。源监控是指我们努力去确认记忆的来源。无论我们努力查明记忆是真的反映发生了的事情还是只是我们的想象，我们都在进行源监控。我们也依赖源监控来回忆可能提供信息的信息源——你是在新闻上看到的还是从朋友那儿听到的？你是否曾经准备给某人讲一个笑话或者一个故事，却未意识到他是第一个告诉你的人？那就是源监控失败的一个典型的例子。

许多记忆错误都反映了源监控的混乱。就拿记忆潜隐（cryptomnesia）现象来说，为何我们会错误地忘记“我们”的某个思想来源于其他人。一些剽窃事件的例子可能就反映了记忆潜隐现象。当乔治·哈里森（George Harrison，披头士乐队的前成员）写出了热门歌曲“My Sweet Lord”时，他显然忘记了这首歌曲的旋律

事实上与10年前就已出现的雪纺组
215 合（The Chiffons）的歌曲“He's So Fine”完全相同。在抄袭发生之后，歌曲的原创作者控告了哈里森，哈里森用记忆潜隐来作为一种合法的防护，争辩说他只是错误地认为他自己发明了这种旋律。尽管最后裁定哈里森可能并不是故意剽窃的，法官仍判决剽窃者支付赔偿金给原曲的版权所有者。

1978年，在洛夫特斯、米勒和伯恩斯所做的研究中，被试看到了一辆停在让车标志处（左边）的汽车。然而当提示这辆车停在停车标志（右边）处时，他们后来又“记起”看到了停车标志。

在实验室植入错误记忆 30年前，心理学家伊丽莎白·洛夫特斯（Elizabeth Loftus，1979；Loftus，Miller，& Burns，1978；Wells & Loftus，1984）让研究者们见识了日常记忆和目击者报告的误导性暗示所产生的巨大的影响。她开创性的研究证明了我们的记忆并不像大多数心理学家所假定的那样操作简单。她发现**暗示记忆法**（一种强烈鼓励人们回忆的程序）经常创造出根本没发生过的记忆（Lynn，Lock，Loftus，et al.，2003a）。

*误导信息效应。*在一项经典研究中，洛夫特斯和约翰·帕尔默（Loftus & John Palmer，1974）利用了一项研究结果（Marshall，1969），即人们估计一辆实际以每小时12英里行驶的汽车，速度是在每小时10到50英里范围内变化的。也就是说，人们不善于估计正在行驶着的汽车的速度，并且受微妙暗示的影响。洛夫特斯、米勒和伯恩斯给被试展示了一些交通事故发生的简单过程，并要求他们估测事故中汽车的速度。他们改变了提问语：“当它们相互______时，车子行驶的速度大约是多少？”他们听到词语“撞击”时估计的速度比听到词语“轻擦”时估计的要快9英里/小时（用“撞击”时是40.8英里，用“轻擦”时是31.8英里）。

在后续的研究中，洛夫特斯和她的同事要求被试观看一个交通事故的系列幻灯片，事故中一辆车穿过了十字路口，撞上了一个行人。他们就此事件对被试进行提问，有些问题包含了一些误导性的暗示。例如，在实际的幻灯片中，十字路口的标牌是一个让车标志。然而，洛夫特斯和她的同事设计了一个问题：“当车子停在停车标志旁时，你看到有一辆红色的达特桑汽车过去了吗？”对于这句话的瞬间反应应该是这是误导信息，因为它说十字路口的标志是另一个不同的标志，即停车标志。后来，接受误导性问题的被试更可能说这是一个停车标志而非让车标志。与此相比，没有接受这个假信息的大多数被试准确地回忆起了让车标志。这个现象就是**误导信息效应**：在事件发生之后，提供给人们错误的信息可以导致他们产生错误记忆（Loftus et al.，1978）。

*在购物中心迷路和其他的植入记忆。*洛夫特斯著名的“在购物中心迷路”的研究证明了我们可以在人的记忆中植入一个详细的编造的事件。洛夫特斯和她的同事（Loftus，Coan，& Pickrell，1996；Loftus & Pickrell，1995）要求被试的亲属描述被试儿时经历的事件。他们随后给被试呈现了一个小册子，在这个小册子里包含了三项亲属们报告的事件和一项亲属们证明从未发生的事件：儿时在购物中心走丢。被试写下了他们所能回忆起来的这些事件的内容。后来的采访中，四分之一的被试表示记起自己儿时确实在购物中心走丢过。令人惊讶的是，关于一些事件的记忆是如此的清晰。

许多研究者跟随了洛夫特斯开创性研究的步伐。 216
研究者运用暗示性的问题和陈述再次验证了这些研究结果，对20%到25%的大学生植入了大量事件的记

暗示记忆法（suggestive memory techniques）
鼓励病人回忆起一些可能发生过或可能没发生的记忆的程序。

误导信息效应（misinformation effect）
通过在一件事件发生之后提供误导性的信息从而创造出虚构的记忆。

忆，从在婚礼接待会上不小心将一杯酒洒在新娘父母的身上到一次动物的袭击再到魔鬼的附身（Bernstein et al.，2005；DeBreuil，Garry，& Loftus，1998；Hyman，Husband，& Billings，1995；Mazzoni，Loftus，& Kirsch，2001；Porter Yuille & Lehman，1999）。当然，这个百分数表明大多数学生并不会特别倾向于回忆起错误的记忆，但有些人却的确如此。

可重复性
其他人的研究也会得出类似的结论吗？

目前对我们过去所验证的大部分研究都至少存在一个重要疑点。那就是被试可能实际上受到了暗示性事件的影响，例如在购物中心迷路，但是他们忘记了这件事，直到暗示提醒了他们。对不太可能的或极度难以置信的记忆的研究排除了这种可能性假设。实际上，研究者们找到了存在性证明（见第 2 章），即创造出未发生事件的详细记忆是可能的。有个很好的例子。一组研究者（Wade，Garry，Read，et al.，2002）给被试展示了一个伪造的热气球相片，他们将被试与其亲属的相片粘在了上面（万能的电脑啊！）。家庭成员已证实被试从未经历过热气球旅行。研究者向参与者展示了假造的照片时，一些人至少回忆起一些与这一虚构的事件有关的事。在后来两次的深入采访中，50% 的被试至少回忆起一些与虚构的热气球旅行有关的事，而且有些人在他们的报告中使用了一些感官性的细节描述（例如从高空中看到了一条道路）。

研究者采用伪造的相片来使被试确信他们在儿时曾经历过一次热气球旅行，尽管他们并没有这种经历。

排除其他假设的可能性
对于这一研究结论，还有更好的解释吗？

从实验室推广到现实生活 我们所回顾的这些研究以及娜蒂安·库尔这类特殊案例生动地展示了暗示记忆恢复技术如何塑造我们的记忆及其特征。但是我们在将实验的研究结果推广到现实生活中时要十分谨慎，因为这些实验研究的外部效度可能很低（见第 2 章）。许多研究者用不同的方式都得出了记忆是可塑的结论，这为记忆是可重构的说法提供了强有力的支持。

可重复性
其他人的研究也会得出类似的结论吗？

目击者证词。 截至今天，有 218 名犯人因为他们的 DNA 与犯罪者留下的 DNA 不匹配而被无罪释放。自从 20 世纪 80 年代中期开始，当科学家发展了分析基因成分的技术后，每年因 DNA 检测被无罪释放的囚犯数量都在增加。请看吉恩·比伯斯（Gene Bibbons），“第 125 号”案例，因为性侵犯一个 16 岁女孩而被判决终身监禁。受害者描述这个犯罪者是一个有着长而卷曲的头发、穿着牛仔裤的人，而比伯斯当时却留着一头短发、穿着短裤。尽管如此，她仍旧指认比伯斯是强奸犯。几年过后，研究者找到了一个生物样本，随后的基因检测证实比伯斯的 DNA 与犯罪现场里的 DNA 不匹配。在坚持自己无罪的 16 年之后，比伯斯终于走出监狱，做回一个自由人。

如果要寻找比伯斯和其他 217 位含冤入狱的人的共同点，那就是目击者错误地指正他们有罪。四分之三或者更多因 DNA 检测而被无罪释放的囚犯都受到目击者错误地指认（Scheck，Neufeld，& Dwyer，2000）。当目击者确信他们识别出了罪犯，陪审团也会倾向于相信他们，因此才会发生这类事件（Smith，Lindsay，Pryke，et al.，2001；Wells & Bradford，1998）。与大众普遍的观念相反，目击者对其证词的自信与证词的准确性之间只存在弱相关（Bothwell，Deffenbacher，& Brigham，1987; Kassin, Ellsworth, & Smith, 1989）。

1984 年，一个 22 岁的大学生，珍妮佛·汤普森（Jennifer Thompson）被强奸了。很快，她非常确定地指证了罗纳德·考顿（Ronald Cotton，右边）是强奸她的人，这个人在审讯之后被监禁。1995 年，一项 DNA 检测证明了鲍比·普勒（Bobby Poole，左边）才是真正的强奸犯，而考顿在因一项他并没有犯的罪坐牢 11 年之后被释放。充满负罪感的汤普森在考顿被释放之后找到了他，他们从此成了朋友。

217 有时目击者能提供极有价值的证据，尤其是当他们在很好的照明条件下有足够的时间观察罪犯，且罪犯没有伪装以及犯罪活动与识别罪犯之间的间隔时间极短时（Memon，Hope，& Bull，2003）。但是当不具备这些理想化条件时，目击者的证词就偏离事实了。而且，人们在观察那些与自己不同种族的人时（Kassin，Tubb，Hosch，et al.，2001；Meissner & Brigham，2001；Pezdek，Blandon-Gitlin，& Moore，2003），在与其他目击者讨论（Wells，et al.，2006），或是在压力的环境下，例如他们感到被威胁时（Deffenbacher，Bornstein，Penrod，et al.，2004），目击者的证词就可能不准确了。心理学家可以在教育陪审员关于鉴别目击者回忆的科学性方面扮演重要角色，从而使他们能更好地权衡证据。例如，心理学家可以告知陪审员管理目击者阵容的最好方式。警察命令一组目击者从可能的嫌疑犯中指出罪犯。使用同时队列时，目击者需要从六个站在玻璃后的人中或从照片中进行选择。但是当真正的罪犯不在这里时，目击者也可能错误地指证一个同其他人相比与罪犯最为相似的人。就像我们在第 1 章所介绍的，最好的解决方法是采用连续队列的方法，让目击者一次只观看一个人（Lindsay & Wells，1985）。实验表明用连续队列比同时队列指证嫌疑犯更为准确（Steblay，Dysart，Fulero，et al.，2001），尽管这两种不同类型的队列在实际操作中仍存在很多问题（McQuiston-Surrett，Malpass，& Tredoux，2006）。

你怎么认为?

你是一个正在调查一起袭击案的侦探警察。为增加受害人指证罪犯的正确率，你会怎么做?

暗示性与孩子的证词。孩子特别容易受暗示的影响而回忆起那些从未发生过的事情（Ceci & Bruck，1993）。斯蒂芬·塞西（Stephen Ceci）和他的同事（Ceci，Crotteau-Huffman，Smith，et al.，1994）要求学前儿童想象真实的和虚构的事情。面谈每周一次，总共 7 到 10 次，他们要求孩子们"努力回想"，不管事件是否发生过。例如，他们要求孩子们试着记起虚构的事情，如拿着捕鼠器去医院。58% 的孩子说出的故事涉及了至少一件虚构的事情。有趣的是，当父母和实验者都保证事件从未发生过时，大约四分之一的孩子仍旧坚持认为他们的记忆是真的。即使是权威的人告诉孩子们记忆是错误的，孩子们仍旧坚持自己的错误记忆，这个事实表明这些记忆是可以令人信服的。【**学习目标 6.13**】这些研究结果还因另一个原因显得重要：许多怀疑小孩受过虐待的社会工作者和警官不断提问孩子关于虐待的事情。重复提问导致偏差：孩子可能给调查者他们想寻求的答案，尽管这些答案是错的。

错误记忆的争论 心理学中最大的争议之一是心 218
理治疗中的暗示性技术可能可以提高孩子回忆起受虐

识别假象

假象：认为自己可能被性虐待而又不确定的人们可以和自助手册中列举的特征对照一番。

事实：许多治疗可能受过性虐待病人的治疗师提供了"幸存者书籍"——自助手册，这些手册通常包含对过去性虐待的所谓的外显症状清单，例如性恐惧、低自尊、对外貌的不自信，或者极度依赖性（Lynn，Pintar，Sandberg，et al.，2003b）。然而研究显示大部分症状都太模糊、太普遍，几乎适用于每一个人（Emery & Lilienfeld，2004）。

加里·雷蒙纳（Gary Ramona），一个成功的加利福尼亚葡萄酒高级管理师，被他的女儿霍莉起诉在儿时曾对她进行过性虐待。最终雷蒙纳在与霍莉的精神科医生的诉讼中，赢得了50万美元。法官裁定精神科医生的暗示性技巧引发了霍莉关于性虐待的错误记忆。

待和其他痛苦经历的可能性。争论的一方是记忆恢复治疗师，他们认为被病人压抑的痛苦事件的记忆（如儿童时期的性虐待）会在之后的几年甚至几十年后恢复（Brown，Scheflin，& Hammond，1997）。正如我们在第12章所要学到的，大部分弗洛伊德的追随者们相信压抑是人们将痛苦的记忆塞进无意识中将其遗忘的一种形式。记忆恢复治疗师认为，这些受压抑的记忆是现在生活中心理问题的根源所在，所以必须想办法解决它们才能让心理治疗有所进展（McNally，2003）。在20世纪90年代中期，大约25%的心理治疗师在研究中指出（Polusny & Follette，1996；Poole，Lindsay，Memon，et al.，1995），他们用了两个或以上的潜在暗示程序，包括梦的解析、引导想象和催眠来帮助那些最初没有性虐待回忆的病人恢复有关性虐待的记忆。

越来越多的研究者站在错误记忆相争的反方立场上，他们认为人们压抑痛苦经历（包括童年性虐待）的记忆其证据是不充分的。这些研究者指出越来越多的证据表明人们能很好地记住痛苦的经历，甚至可以说记得异常清楚（Loftus，1993；McNally，2003；Pope，Poliakoff，Parker，et al.，2007）。他们还认为，有充分的理由怀疑许多记忆可以被压抑并在几年或几十年之后恢复这一说法。这些研究者也怀疑暗示性的程序是否会导致病人产生家庭成员在儿时曾虐待过他们的错误记忆。事实上，仅仅根据恢复的记忆而声称童年遭遇过性虐待，已经造成几百人同家庭分离，甚至在一些案例中其家人还被监禁了起来。

从科学和伦理的角度来看，这类事件特别不幸，更可以说是场悲剧。我们现在知道了记忆是多么的不可靠，尽管任何受虐待的指控都应该要被彻底的调查。除非有确凿的证据，否则不应该完全相信孩子恢复的受虐待的记忆。

记忆的七宗罪

通过本章的这个观点，我们希望能说服你认识到即使我们的记忆一般情况下是准确的，它们也不是完美的。丹尼尔·沙赫特（Daniel Schacter，2001）优雅地总结出了记忆对我们开的玩笑，即“记忆的七宗罪”。沙赫特用古时七宗罪（骄傲、生气、妒忌、贪婪、暴食、淫欲和懒惰）进行类比并不是偶然的。只是这些罪恶会让我们陷入大麻烦，而表6.4中列举的七宗罪可导致许多错误。

记忆的七宗罪不能使我们陷入绝望。正如沙赫特（2001）指出的，如果我们关注的是七种罪恶中任意一个的反面，我们会发现也有适应性的功能。例如，年久的记忆不像新记忆那样能被适应性地提取，因为许多新记忆与现行的生活任务和挑战是紧密相连的。这样，我们更可能将独特的、有趣的和有感情色彩的记忆留在脑海中。即使是健忘也有它好的一面，因为对不必要细节的关注会使我们偏离追求重要的人生目标。因此这七宗罪帮助我们解决了记忆的悖论，因为大部分的错误记忆通常都源于为我们服务良好的基本的记忆机制。

219

心不在焉（如忘记拿走已付过钱的物品，或是忘了与一个朋友约好了一起喝咖啡）的事情常发生在每一个人身上。大提琴手马友友曾把他的价值250万美元的大提琴（1733年在威尼斯打造）忘在了出租车上。出租车司机交接班后发现了这个稀世珍品，把它交给了警察。

表 6.4　　记忆的七宗罪

记忆之罪	错误怎样产生
（1）受暗示性	指导性的问题和暗示会增加我们相信虚假事件发生了的概率。
（2）错误归因	暗示会使得我们把记忆归咎于错误的来源或是错误地想象成真正的记忆。
（3）偏差	我们的图式和期望会使我们记得与信念相一致的事情，而不是记得它们的真实面目。
（4）稍纵即逝	记忆会随着时间的流淌而慢慢消退。当我们上了年纪的时候，记忆力就更差了。
（5）存留	令人困惑或极度兴奋的事情会留在记忆中数日或数周都不会消退，甚至还会进入我们的思想领域，让我们失眠。
（6）阻塞	我们也许会突然莫名其妙地失去了所有我们想要唤起的记忆，幸运的是这只是短暂的。
（7）注意分散	实际上，当我们大家累了或者心烦意乱的时候都会偶尔走神。

★小测试

1. 闪光灯记忆不会随着时间而改变。　正确　错误
2. 人们常常很难区分记忆是否真实。　正确　错误
3. 一个创造错误记忆的有效方法就是向人们展现没有发生过的事情的仿真图片。　正确　错误
4. 证人对他们证词的自信心与他们证词的准确性之间是紧密联系的。　正确　错误

答案：（1）错（p.214）；（2）对（p.214）；（3）对（p.216）；（4）错（p.216）。

220

全面的复习体系

记忆是怎样工作的：记忆流程（pp.189–199）

6.1 了解记忆能或不能准确反映经验的途径

记忆能在很长时间内保持准确无误，但倾向于重建而不是复制。

1. ______是错误的，但主观上是令人信服的记忆。（p.190）
2. 我们的记忆是（复制 / 重建）而不是（复制 / 重建）。（p.190）
3. ______记忆是我们把自己看作外在观察者的记忆。（p.191）

6.2 解释三个记忆系统各自的机能、容量以及持续时间

感觉记忆、短时记忆和长时记忆是根据信息储存量和持续的时间不同而划分的记忆阶段。短时记忆的容量是有限的（7+2 个信息块），但可通过组块（组合成有意义的单元）而变大。

4. 三种主要的记忆系统是根据______或是每个系统可以容纳多少信息，以及______或每个系统可以保持信息的时间来测量的。（p.191）
5. 画出阿特金森和谢夫林提出的描绘记忆流程的三记忆模型的加工过程。（p.191）

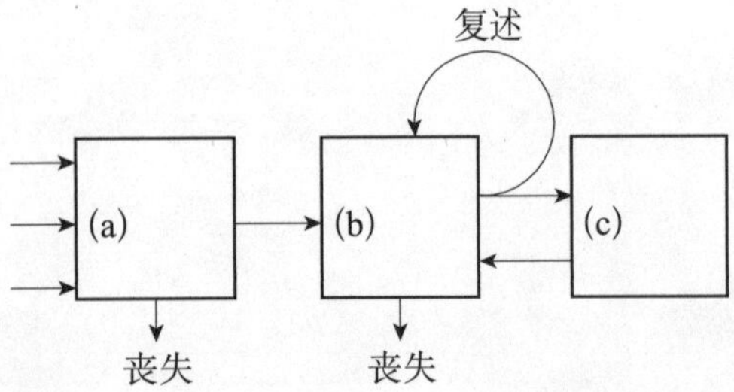

6. ______记忆是将感知到的信息在它传输到______记忆之前进行的简单储存。（p.192）
7. 为了扩大短时记忆系统的广度，组织信息成为有意义的集合而用到的进程称为______。（p.194）
8. 列表开头的单词比中间的单词更容易记住，这种现象被称为______（p.197）

6.3 区分长时记忆的各种子类型

外显记忆包括语义记忆和情景记忆，内隐记忆包括程序性记忆和启动记忆。

9. ______记忆是有意识地回忆信息的过程，______记忆是一种无意识地回忆信息的过程。（p.198）
10. 完成图解，列出外显记忆和内隐记忆的类型。（p.199）

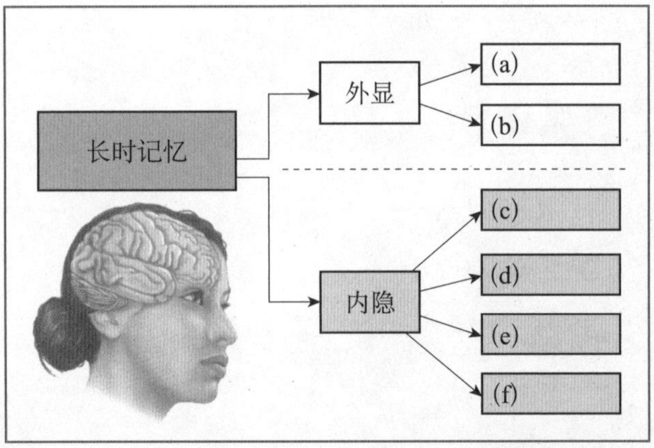

记忆的三个阶段（pp.199–206）

6.4 确定新信息与已有知识之间建立联结的方法

记忆术是将新信息与更多的已有知识相联系的记忆策略。记忆术有很多种，使用它们需要很多努力，但它们可以帮助我们回忆。

11. 三种主要的记忆阶段分别是______、______和______。（p.199）
12. ______是一种我们可利用的组织信息的方式。（p.200）
13. 能增加回忆的学习的辅助物、策略或技巧是______。（p.202）
14. 用"Every good boy does fine"这个手段作为记忆术来标记五线谱的谱号。（p.200）

参考答案在本书的结尾处

221 **6.5 了解测量记忆的各种方法**

回忆需要我们生成自己先前遇到的信息，而再认仅仅是从一系列信息中选择出正确的。另一种测量记忆的方法是将再次学习已学过知识的速度和遗忘的速度相比。

15. ______是先前学习过但大部分随着时间已遗忘了的再次获取的知识。(p.203)
16. ______法则解释了为什么在临考前死记硬背不是长久记忆的最好方法。(p.203)

6.6 了解编码与检索条件的关系是如何影响记忆的

在与当初编码信息时相同的生理和心理条件下，个体的记忆效果更好。

17. ______是指我们实际上知道问题的答案但暂时想不起来的一种提取失败的现象。(p.204)
18. ______现象是指我们在与过去编码信息时相似的场景中提取信息，我们的记忆力更好。(p.204)
19. 在______中，当原始记忆的外部场景与提取的场景相匹配，记忆的提取就更好。(p.204)
20. 区分记忆研究者的概念，以帮助你学习这门课程和其他的课程。(p.205)

记忆概念	要点
1. ______	分散学习的时间——定期增加复习笔记和作业的时间而不是一成不变地复习。
2. ______	把新的知识和已有的联系起来，而不仅仅是记住事件或名称。
3. ______	努力提取深层次、更具意义的信息，避免逐字逐句地抄下导师的讲稿或幻灯片，试着用自己的语言获得信息。
4. ______	在新信息与自己已有的知识间建立的提示和线索越多，在测试中你回忆起的新信息就更多。

记忆的生物学基础（pp.206–210）

6.7 描述长时程增强效应在记忆中的作用

大多数科学家相信长时程增强（LTP）效应——通过重复刺激逐渐加强神经元之间的联系——在记忆形成和记忆阶段中起关键作用。

21. 科学家赞成 LTP 在______中起着关键作用。(p.207)
22. ______在持久的记忆形成过程中起着关键作用。(p.207)

6.8 解释遗忘症怎样有助于澄清外显记忆和内隐记忆之间的区别

像 H.M. 那样有严重遗忘症的病人，在一些任务中经常表现出极度受损的外显记忆和完整无缺的内隐记忆。

23. 患有______遗忘症的人失去了一些他或她过去的记忆。(p.208)
24. 无法从我们的经验中编码新的记忆称为______遗忘症。(p.208)
25. 如果记忆能从遗忘中恢复，它倾向于（逐渐地/突然地）发生。(p.208)
26. 联系由______、______和______组成的不同部位的边缘系统大型环路对记忆起决定性作用。(p.209)
27. 根据研究者对顺行性遗忘症的理解，患者通过记下发生的关于自己的事情来使他回忆起先前的经历能有多大效果？(p.208)

28. 在这个任务中，被试只通过看镜子来画星星。在这个任务设计中，使用到什么类型的记忆？(p.208)

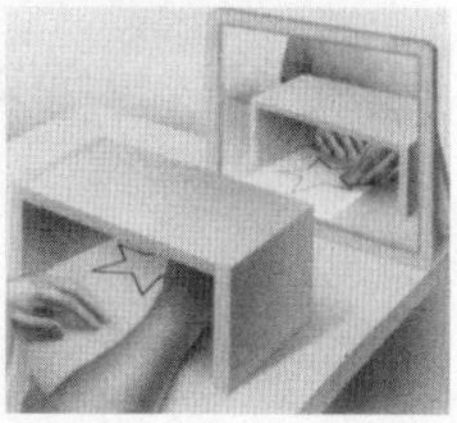

6.9 了解阿尔茨海默症的主要损伤部位 222

阿尔茨海默症患者先失去最近事件的记忆，那些遥远的记忆通常是最后才被遗忘的。阿尔茨海默症患者以缺失神经元突触和乙酰胆碱为标志。

29. 衰老（是/不是）年龄增长不可避免的一部分。(p.209)
30. 据统计阿尔茨海默症仅解释了 50% ～ 60% ______，或者是严重的记忆丧失的案例。(p.209)

记忆的发展（pp.210–213）

6.10 阐述儿童的记忆力怎样随着年龄发生变化

婴儿对事件有内隐记忆；婴儿和儿童的记忆与成人的记忆一样，会受到一些因素的影响。儿童记忆力的增强一部分是因为大脑的成熟增大了记忆广度。随着时间的发展，儿童更多地使用到记忆术和练习策略，并且更加意识到记忆力的局限性。

31. 随着时间的推移，儿童发展了增强______的技能，这些技能提供有关他们自己记忆的能力和局限的知识。（p.211）
32. 罗夫－科利尔的实验利用可操作的条件来研究婴儿的______。（p.211）
33. 罗夫－科利尔和其他的学者怎样利用婴儿的踢腿行为来研究婴儿的记忆？（p.211）

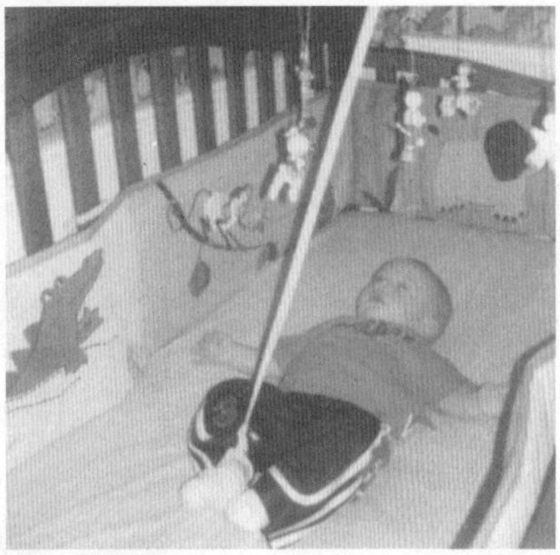

34. 罗夫－科利尔发现婴儿对经验的记忆是非常（普遍的/独特的）。（p.211）

6.11 了解我们不能回忆童年早期经验的原因

对长时记忆极其重要的海马体在婴儿和儿童早期是没有完全发展的。婴儿没有自我感觉，所以对他们来说，有意义地编码和储存信息是很困难的。他们甚至还没学会语言。

35. ______是没有能力记住发生在大约3岁之前的个人经验的。（p.212）
36. 欧裔美国人比来自中国台湾的人报告初次记忆的时间（更早/更晚）。（p.212）
37. （有/没有）证据证明我们能记住出生之前或者出生时的事情。（p.212）
38. 婴儿没有______，对他们来说，有意义的编码和储存经验是很困难的。（p.212）
39. 婴儿在两岁之前有有限的______，这也许是婴儿期遗忘的另一个因素。（p.212）
40. 人类和黑猩猩表现出自我概念的重要标志是什么？（p.212）

223

记忆由好变坏：错误记忆（p.213–219）

6.12 了解错误记忆和记忆误差敏感性的影响因素

对一些有重大意义事件的闪光灯记忆比其他的记忆更加清晰和逼真，但较之其他类型的记忆更加容易出错。记忆错乱的原因之一是源监控困难，有时也因为潜隐记忆的影响。我们对于事件的记忆更容易受到其他人不同的暗示的影响而不是我们自己的观察。我们容易受到事件是否发生和如何发生的暗示，这在目击者证词中起着重要的作用。

41. ______是极其生动而具体并且和情绪密切相关的记忆。（p.213）
42. 无论何时当我们试图找出记忆是否反映了真实发生过的事情，我们都在______。（p.214）
43. 无法识别我们的观念是否来自于另一个来源被称为______。（p.214）
44. 解释伊丽莎白·洛夫特斯提出的“误导信息效应”在记忆上的作用和影响。（p.215）

45. 解释我们如何获得对从未经历过的事件的逼真记忆。（p.216）

46. 研究表明，一些______也许通过暗示可以无意识地植入创伤性事件的记忆。（p.218）
47. 在一个著名的______案例中，大提琴手马友友曾把他的价值 250 万美元的大提琴落在出租车上了。（p.219）
48. 大多数人能很快从______恢复，它是指暂时不能提取信息的现象。（p.219）
49. 随着年龄增长，提取记忆变得越来越困难，这种现象是（典型的 / 非典型的）。（p.219）

6.13 阐释暗示是如何塑造儿童记忆的

儿童会通过反复提示性的刺激来记住一些从没有发生过的事情，他们会报告那些事情确实发生过。儿童对他们经验的记忆会受到他人行为的影响；他们倾向于报告与他们被期望发生的事情一致的经验，尽管他们从没有经历过。

50. ______会导致孩子可能给调查者他们想寻求的答案，尽管这些答案是错的。（p.217）

思维技能训练

问题与总结

1. 想象你是一个心理学家，你作为一名专家证人出庭作证，为陪审团解释目击证人的自信跟证言准确性之间的关系。举例说明为什么陪审团特别容易导致判决错误，并解释为什么不应该将目击证人的信心考虑在内。
2. 本章介绍了很多证据证明记忆是会被重新建构的。那么你将如何解释演员所具有的准确记忆情节的能力，尤其是在舞台表演上？还有其他例子可以解释记忆最初在哪里产生而不是在哪里重建的吗？

排除其他假设的可能性
pp.193，216

相关还是因果
pp .207，209，211

可证伪性
p.196

可重复性
pp.203，205，214，216

特别声明
p.212

奥卡姆剃刀原理
p.214

第7章
语言、思维与智力

幼儿期的咿呀学语有意义吗？（p.227）

非人类动物有语言吗？（p.232）

人类的智力与脑的大小有关吗？（p.243）

心理学家们怎样测量智力？（pp.246-247）

心理能力有性别和种族差异吗？
（pp.252-255）

语言是如何工作的？

- 语言的特征
- 儿童是怎样学习语言的？

批判性思考：双胞胎有他们自己的语言吗？

- 语言学习的特殊案例
- 非人类动物间的交流
- 我们用语言思考吗？语言和思维之间的关系

思维和推理

- 认知经济——使世界规则化
- 问题解决：更多的思维障碍
- 科学方法来之不易

什么是智力？概念混乱

- 智力的定义
- 智力的其他维度
- 智力的生理基础

智力测验：超常、中常和低常

- 两个饱受争议的字母：IQ
- 优生学运动：智力测验的误用和滥用
- 当代智力测验
- 智商分数的信度：智商永远不变吗？
- 智商分数的效度：预测生活结果
- 智商分数的两端：从智力发育迟缓到天才

个体和群体的智力差异

- 探索遗传和环境对智商的影响
- 智商的群体差异：科学家和政治家

226

学习目标

7.1 描述儿童学习语言的过程，并解释这一过程如何受失聪和双语教育的影响（p.227）

7.2 区分人类语言和动物交流（p.232）

7.3 了解语言影响我们思维可能的方式（p.233）

7.4 区别认知经济和节能的利弊（p.235）

7.5 描述人类试图解决问题和作出决策时所面临的挑战（p.236）

7.6 识别智力的不同模型和类型 （p.239）

7.7 评估关于创造力和情绪智力的科学研究（p.242）

7.8 描述大脑与智力之间的关系（p.243）

7.9 阐述智商的计算方法（p.245）

7.10 解释美国滥用智力测验的历史（p.245）

7.11 阐释遗传和环境影响智商的研究方式（p.251）

7.12 评估关于性别和种族差异对智商影响的证据（p.252）

心理学教给我们最重要的课程之一就是学会重新审视那些被忽略的心智能力。以语言和思维为例。当我们处于清醒状态时，我们无时无刻不依赖于它们，但却极少去注意其复杂的运行机制。想象一下这两个学生的对话：

男学生："刚赢了几张免费的活动门票！"

女学生："住口！怎么得来的？"

男学生："在银行，我听到一个家伙说他有一些用不上的，于是，轻拍了他的后背，然后我们举手击掌，然后……哈哈！"

大多数母语为英语的人很容易理解这段对话。然而被我们所忽视的各种复杂的认知过程帮助我们同样能理解这段对话。让我们来看看在读以上对话时，隐藏于这些情景背后的事。

（1）填补语法上的空缺。例如，"刚赢了几张免费的活动门票"是一个不完整的短语，为了使它符合语法规则应该加一个"我"字，但你能意识到这个男学生指的是自己。

（2）能设想出"活动"可能对学生很重要，或是在不久的将来发生，又或者两者都有，虽然你不知道"活动"是什么，但能设想这个女生知道男生在讲什么。

（3）可以推测"住口"不是字面上命令其安静的意思，而是一种惊奇的表达方式，甚至是怀疑的意思。

（4）能了解到这个男生使用一种相对较好的社交方式去劝说在银行的那个人拿出自己的票。在上述对话的文字表达背后我们能很好地了解到这一点——但他只说了轻拍背部及举手击掌。

思考隐藏在表面背后的信息时，我们可能会想到这一谈话的其他方面。是什么能使我们想到这些隐藏的推论呢？我们内在的能力，包括获取知识、得出结论、作出决定并解释新的短语，所有这一切都有助于对话的理解。

在这一章里，我们将研究如何交流以及在研究这一问题时我们面临的挑战。然后，我们将探索日常生活中的思维和推理机制，学习避免那些会导致我们对周围世界做出错误决定的普遍逻辑错误。最后，我们将以这样一个问题作总结：对于我们中的一些人来说做一个更好的思想家意味着什么？换句话说，什么是智力？是什么导致了个体之间的智力差异？

语言是如何工作的?

语言是一种由单词或手势等符号构成的，基于规则来创造意义的庞大的交流体系。语言的特点之一是任意性——音调、单词和句子意义之间的联系很模糊。语言有很多功能。最明显的是信息的传播功能。当我们告诉室友“派对从 9 点开始”或在一家咖啡厅点“脱脂拿铁”
227 时，我们表达信息以确保我们或其他人能达成目标，如准时参加派对或确保我们的拿铁是无脂的。

语言还是调节社交和情绪的关键。它使我们能够表达对于社会交往的观点和看法，如表达思想情感“我以为你在生我的气”或“这个家伙真搞笑”。我们花费大量的时间在语言交流上以建立和维持与他人的关系（Dunbar，1996）。

语言的特征

我们之所以不重视语言，是因为它是通过大量练习和自动化认知过程而形成的，就像是使用一辆已经开了几个月的车。自动化意味着通常在使用和理解语言时只需要很少的注意力，并且可以同其他任务如走路、烹饪或运动一起进行（Posner & Snyder，1975）。直到我们试图学习和使用一种新的语言时，我们才意识到它是多么复杂。事实上，我们使用语言的能力依赖于大量的认知、社交以及生理上的技能。甚至仅仅是语音的产生，也依赖精细的呼吸控制、声带、喉咙和嘴的位置以及舌头的活动。

为了更有效地交流，我们可以从四个不同的层面分析语言。这四个层面分别是：（1）音素，我们语言的发音；（2）词素，句子中有意义的最小单元；（3）语法，规定我们如何把单词组成有意义的字符串；（4）额外的语言信息，不是语言的一部分，但是对理解其意思有重要作用的沟通元素，如面部表情和语调。我们可以把每个层面想象成做饭时所包含的几个明确的步骤，从个人选料到确定菜单，再到做饭本身，最后同样很重要的是整体的进餐过程。正如不同的菜肴在上述做饭的每一步骤都有所不同一样，不同的话语也在分析语言的四个层面上有各自的意思。

显然，语言比我们通常了解到的更复杂。成功的交流取决于：（1）语言的内容；（2）社会环境及说话者的非言语行为；（3）听众拥有“填补空白”来使语言材料上下文变得合理的理解和推理能力。人与人之间的成功交流不仅依赖于语言的应用，还依赖于社会互动及语境等不属于语言系统自身的诸多因素。

我们对一段对话的理解不仅建立在日常感知的基础上，还依赖于大量精密的推理。

儿童是怎样学习语言的?

在一些案例中，儿童比成年人的语言学习更高效。在儿童学会说话之前，语言学习就已经开始了。尽管直到 1 岁甚至更晚儿童才开始使用单词，婴儿却在还未出生之前就开始学习语言了。**【学习目标 7.1】**怎样学呢？在怀孕第五周，宝宝在子宫内就开始听。虽然他们听到的一切对我们而言是相当模糊的，但他们能识别出母亲的声音，学会识别母语的特征，甚至能识别一些他们曾听过一遍又一遍的歌曲和故事（DeCasper & Spence，1988）。

胎儿能识别他们的母语和母亲的声音，以及在出生前曾读给他们听过的故事。（Source: DeCasper & Spence，1988）

咿呀学语　在出生后第一年或刚出生时，婴儿习得大量母语发音。他们开始找到语言的音素，并用发音器官制造出特殊的音符。虽然婴儿的咿呀学语声似乎没有

语言（language）
一种由单词或手势等符号构成的，基于规则来创造意义的庞大的交流体系。

任何意义（通常是这样的），但咿呀学语在语言发展中起到重要作用，它使得婴儿明白如何通过移动声道来产
228 生特定的声音。**咿呀学语**是指所有缺乏特殊意义的有意识发声（除了哭声、打嗝声、叹息声和笑声等无意识的发声）。随着对声道控制力的增强，婴儿咿呀学语也越来越复杂（Kent & Miolo，1995）。在接近 1 周岁时，婴儿的咿呀学语呈现了有意义交谈的特征，甚至已不再是咿咿呀呀了（Goldstein & Schwade，2008）。

就像调节声道一样，婴儿也能很好地调节他们的听力。不同的语言有不同的音素种类，所以要想成功地使用母语，婴儿必须学习怎样将发音分类（Eimas，Siqueland，Jusczyk，et al.，1971；Werker，Gilbert，Humphrey，et al.，1981）。10 个月大的婴儿对于母语的音素掌握已经与成年人非常相近了（Werker & Tees，1984）。

咿呀学语（babbling）
缺乏特殊意义的有意识的发声。

学习词汇 儿童是如何以及何时开始学习讲话的呢？一个关键的原理描述了早期的词汇学习：理解先于表达。儿童先是学习识别和理解词汇，然后才会说（见图 7.1）。这是因为他们对于如何发声只有一个初步了解。他们可能很清楚地知道“大象”指的是一个有长鼻子和大耳朵的巨型灰色动物，但却不能拼出这个词。

大部分婴儿在 9 至 10 个月时开始理解单词。儿童 229
大约在他们第一个生日时开始说出第一个单词，尽管在这一阶段有很大的可变性。他们缓慢地学习第一个单词。在 1 至 1 岁半之间，他们的词汇量逐渐从 20 个积累到 100 个。随着学习新单词经验的不断丰富，他们的学

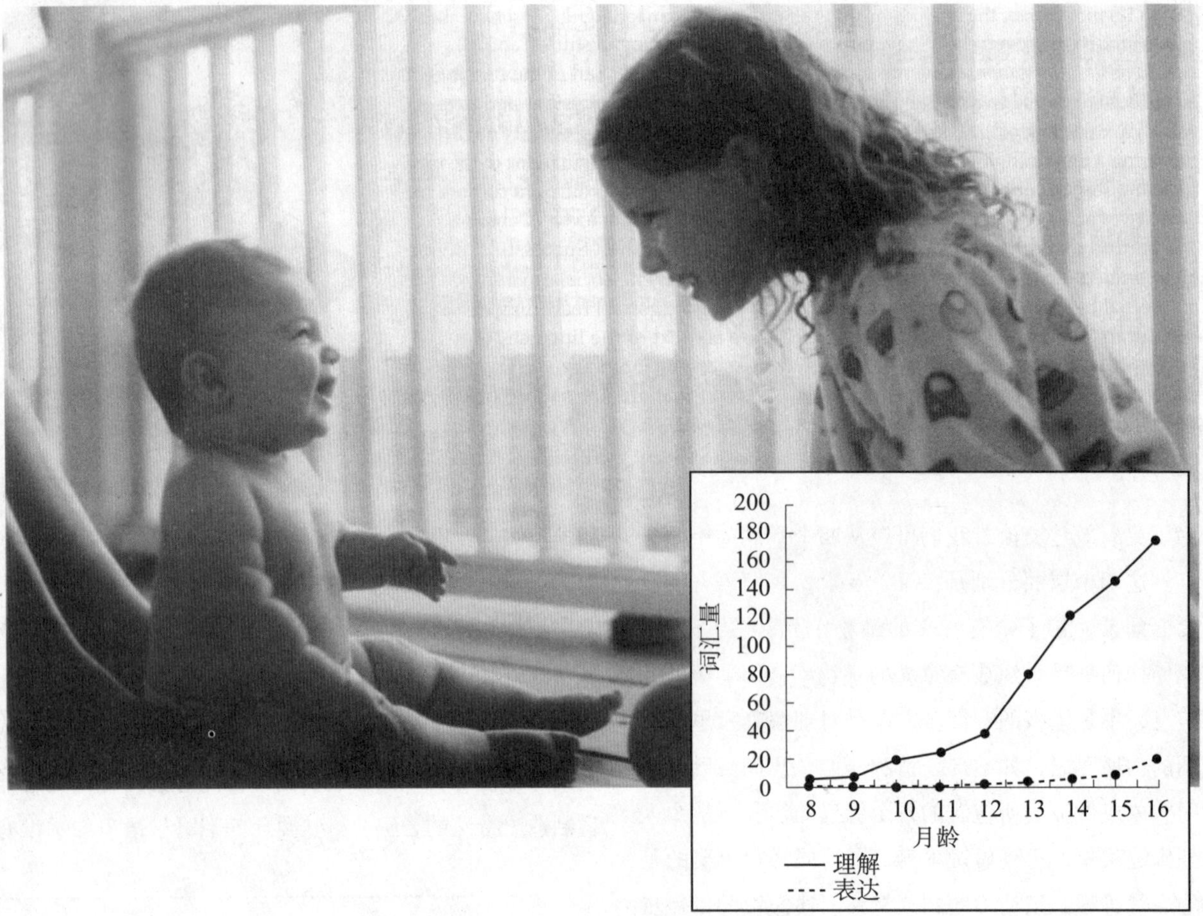

图 7.1　8 至 16 个月儿童的词汇理解和表达

儿童在学会说出新的词语之前，得先理解这个词语。这一曲线图描述的是，超过 50% 的 8 到 16 个月大的儿童，每个月能理解及表达的词汇量。当儿童到了 24 个月的时候，能理解和表达的词汇量之间的差异就不再显著。（Source: Adapted from Fenson et al.，1994）

习速度也提高了（Goldfield & Reznick，1990）。到两岁的时候，大多数儿童能说几百个单词，上了幼儿园，他们的词汇量扩展到几千个。

你怎么认为?

你姐姐正为你 1 岁大却还不会说话的侄女担心。你所知道的是，理解先于表达，因此她了解的东西远远比说出来的多。那么用什么方法可以去评估她理解的那些单词呢?

句子的发展：把所有单词放在一起　两岁时，大多数儿童开始将两个单词连成简单的两词短语，如“更多橘汁”和“猫咪跑了”。尽管这些短语都很简单，但在这些短语中儿童已经了解了一些关于语法的规则。他们倾向于在正确的规则下使用这些单词，尽管他们偏离了这些规则。

伴随单词的学习，儿童在使用语法规则前就了解到一些基本的规则。例如，在学会说完整的句子之前，他们便知道单词顺序与意义有怎样的联系。17 个月大的儿童就可以理解“饼干怪兽在给大鸟挠痒”与“大鸟在给饼干怪兽挠痒”是不一样的（Hirsh-Pasek & Golinkoff，1996）（见图 7.2 中用猪和狗来举的一个不同的例子）。

在使用两个单词构成的短语的几个月后，他们开始运用更复杂的句子，包括三个单词或四个单词的组合。与此同时他们开始说出不同的形态标记，如加 s 在英语中表示复数，加 ed 在英语中表示过去式等。在前期，他们学会了大多数的语法规则，而在学龄期早期，他们继续学习更复杂的规则（Dennis，Sugar，& Whitaker，1982）。

语言习得的理论解释　在如此小的年龄就要用如此多的能量来学习语言，儿童是怎样面对这一挑战的呢?有好几种解释：在先天—后天之争中，一些人偏重于先天，而另一些人更倾向于后天。总而言之，语言的学习离不开先天和后天作用。

对于语言学习最简单的解释是，他们是通过模仿来学习的。婴儿听到了一些规则用语便学习像成人一样使用语言。从某种意义上讲，这当然是正确的，因为婴儿只是学习他们听到的。但是一个仅仅基于模仿的解释并

图 7.2　儿童对单词规则的理解早于说出一句完整的话
通过显示与听见的句子相匹配的录像，展示他们对于语法的理解。在这里，一个 17 个月大的婴儿正在通过指出与“猪在给狗挠痒”相对应的录像来表现他对此句的理解。

不完全站得住脚，因为语言是有**衍生力**的，**衍生力**意味着语言这一系统允许我们创造出大量前所未有的句子，新的表达、思想和从未有过的观点。事实上，甚至年幼 230
的儿童会通过创造他们从未听过的句子或在他们从未听过的单词间建立联系这样新奇的方式来运用语言，这意味着他们能创造出从未被直接强化过的事物。这一事实反驳了单纯的行为主义观点。

可证伪性
这种观点能被反驳吗?

最强大的先天决定论是那些声称儿童来到这个世界时便知道语言的工作机制的研究者的理论。他们认为儿童天生就掌握了那些决定构建句子的语法规则（Chomsky，1972）。当代语言学的开创者

很明显语言有很大部分是通过学习获得的，因为从不同国家收养来的儿童都只学习他们养父母的语言而不是亲生父母的。

衍生力（generative）
通过新颖的方式将单词组合起来从而创造出大量的独特句式。

诺姆·乔姆斯基（Noam Chomsky）猜测人类生来就有一个特殊的语言“器官”在大脑里用以装置这些规则，他称之为“语言习得装置”。这一观点的批评家们则指出语法的学习是循序渐进的，甚至成人也会使用语法错误的句子。

社会语言学理论则表明，社会环境的特殊方面有利于语言结构的习得。根据这一描述，儿童利用对话的语境从说话者的行为、表情、手势及其他行为举止来推测它的主题。另一种对于儿童如何学习语言的解释是一般认知过程理论。它提出，儿童学习语言的能力是通过各种各样的活动而获得的一般技能的结果。例如，儿童的感知能力、学习、识别图案的能力可能都是学习语言时所必需的。

正如我们所看到的，模仿学习不能解释语言的复杂性。虽然其他三种理论都各有其优势，并且各自有一些证据去支持它们。但只有社会语言学理论和一般认知过程理论是明显能被证伪的。研究者们在指出这两种理论相互矛盾的实验中取得了重大进步（Namy & Waxman，2000；Samuelson & Smith，1998）。也许在语言学习进程方面，先天论者最终是正确的。但是验证它所有的观点对于科学家来说不那么简单，在把它作为语言学习的可靠解释前，需要排除一些反对观点。

秘密语（cryptophasia）
仅由少数人，尤其是双胞胎所发明和理解的秘密语言。

家庭手势语（homesign）
由听力正常的父母和未接受语言信息的失聪儿童发明的符号系统。

可证伪性
这种观点能被反驳吗？

排除其他假设的可能性
对于这一研究结论，还有更好的解释吗？

批判性思考：双胞胎有他们自己的语言吗？

大众心理学告诉我们双胞胎有时会产生他们自己的语言。这是事实，还是假象？

这个想法对于双胞胎来说无疑是有吸引力和诱惑力的。双胞胎们在胎儿时期共住母亲的子宫，一起进行如厕训练然后一起上学。我们很自然地认为双胞胎之间拥有独特的连接形式。普遍认为，双胞胎能创造自己的秘密语言，一种只有他们能理解的语言。这一现象被称为**秘密语**。

双胞胎间的秘密语被证明是音系障碍及其他语言延迟模式的结果（Bishop & Bishop，1998；Dodd & McEvoy，1994），这一现象在双胞胎中比单个孩子（一次一个出生的孩子）更明显。据说，只有在企图运用语言却遭到发音贫乏及严重的发音错误时，双胞胎们才发展他们的秘密语。这些困难严重得足以使他们的话语基本上不被理解。双胞胎间更倾向于发生相同的音韵错误，因此相对于他们的父母及其他无关联的孩子来说，他们之间的话语更容易被相互理解（Dodd & McEvoy，1994；Thorpe，Greenwood，Eivers，et al.，2001）。

关于儿童发明他们自己的交流系统的案例是有趣而稀少的。有一个例子是关于失聪但父母听力正常的儿童
231 的：在没有教授他们手势语言时，有时他们会发明出自己的手势语。这种现象被称为**家庭手势语**，显示出这部分儿童令人钦佩的独创力（和交流的积极性），因为他们在没有成人引导的情况下发明了自己的手势语言（Goldin-Meadow & Mylander，1998）。

然而在家庭手势语的案例中，儿童并未发明出一套成熟的手势语言。家庭手势语者获得的是基本的符号组合而不是完整的语法结构，语言是逐渐从个体演变发展到群体的，而不是独自存在于一小部分人之间。

语言学习的特殊案例

儿童学习语言时，有时会面临一些特殊的挑战。这些挑战可能会使语言习得受到阻碍、减速或变得复杂。在这一节，我们来回顾一下两个例子：失聪儿童的手势语言学习和双语言习得。

手势语言　失聪群体成员创造出一种语言形式，允许他们运用视觉的交流而不是听觉的交流，这就是**手势语言**。它包括使用手、脸、身体及“手势距离”——手语者间的距离——去交流。就像有许多有声语言一样，在不同的国家和失聪群体中也有不同的手势语言。

许多人认为手势语言是一种复杂的语言，是一种试图将人想说的话用其他的方式默默地演绎出来的哑谜式的语言形式。这与事实相差不远。手势语言被称为“语言”是有原因的。它是一种交流的言语系统，有它自己的音素、词语、语法及语言学以外的信息（Poizner，Klima，& Bellugi，1987；Stokoe，Casterline，& Croneberg，1976）。失聪的婴儿与听力正常的婴儿大约在同一时间经历相同的这些步骤（Newport & Meier，1985；Orlanksy & Bonvillian，1984；Petitto & Marentette，1991）。所有这些相似点强调了手势语言的工作机制与口语相同。**【学习目标 7.2】**那么学习手势语言的挑战是什么呢？对于那些父母是熟练的手势语言者的婴儿来说，学习手势语是没有挑战的。然而，90% 以上的失聪儿童出生于听力正常的家庭，父母需要同孩子一起学习手势语言，这对每个人来说都是一个极具挑战的学习环境。对于失聪的人和手势语存在许多常见的误解。表 7.1 中列出了一些常见的误解。

双重语言　大部分人试图学习第二种语言，有一些人是**双语者**，能熟练说出和理解两种截然不同的语言。那些会说两种语言的个体是怎样学会两种语言并说得如此流利的呢？对于大多数双语者，其中一种语言是主导。这是典型的第一语言，这是他们听得最多和使用最频繁的语言。双语者是怎样熟练地说两种语言的呢？这 232
两种语言在大脑中的联系又是怎样的呢？

儿童的双语学习与单语学习的过程似乎是相同的。双语学习遵循着与单语学习的儿童所经历的相同阶段和顺序。一些证据表明，学习双语的儿童相对单语学习的儿童在每种语言学习上稍有延迟（Gathercole，2002a，b）。然而，这种延迟主要取决于研究者测量语言的哪些方面。**【学习目标 7.4】**相对而言，词汇发展未受影响（Pearson & Fernàndez，1994；Pearson，Fernàndez，& Oller，1993），语法却受到更多影响（Gathercole，2002a，b），而发生在早期获得过程中的延迟经常被各种各样的长远利益抵消（Sorace，2007）。事实上，在一些案例中揭示了两种语言的工作机制是怎样使得双语学习者在一些语言任务中表现得更好（Bialystok，1988；Galambos & Hakuta，1988；Ricciardelli，1992）。

手势语言（sign language）
失聪群体中的成员发明的语言，运用视觉而非听觉进行交流。

双语者（bilingual）
能够熟练而且流利地说出并理解两种截然不同的语言的人。

表 7.1　　**对于失聪的人及手势语言的一般误解**

假象	事实
1. 失聪的人不需要手势语言，因为他们会读唇语。	即使是最熟练地读唇语者也仅能了解到谈话内容的 30% 到 35%。因为大部分的工作是在表象背后通过喉咙、舌头和牙齿而完成的。当我们说“nice”和“dice”甚至是“queen”和“white”时，我们的嘴唇活动是很相似的。
2. 学习手势语言会减弱失聪儿童学习说话的能力。	纵观历史，聋人教育项目总是试图阻止失聪儿童学习手势语言，因为他们害怕儿童将永远不可能学会说话。现在，我们很明确地知道学习手势语言事实上会加快学习说话的速度。
3. 美国手势语（ASL）是通过将英语单词逐个转换成手势而形成的。	美国手势语与英语没有任何相似之处；尤其是语法方面与英语语法完全不同。一些失聪群体用他们所谓的手势英语来代替美国手语，这种手势英语是将英语句子中的单词用美国手语中的手势来逐个转换进行表达。

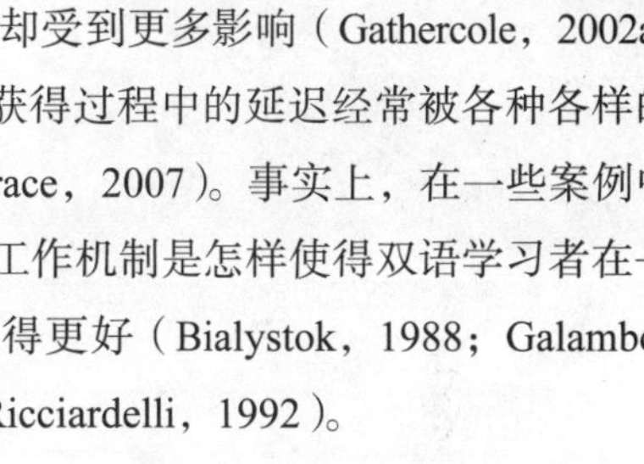

越来越多的儿童在家里使用一种语言，在学校使用另一种语言。虽然双语制会使得这些人在学习两种语言的某些方面有些缓慢，但从长远来看，它可以促进语言能力。

图 7.3　一只黑猩猩运用字符按钮与饲养员交流

这只猩猩被训练得可以将有色形状与意义，如“果汁”、“水果”和“痒”联系起来（对笼中喂养的黑猩猩来说是一种很好的消遣）。

图 7.4　非人类动物可以学会使用语言

艾利克斯（一只非洲的灰鹦鹉）以它出色的说话技巧而闻名。

非人类动物间的交流

不同动物物种的交流系统在形式和复杂性上有所不同。一些物种用特殊气味作为它们主要的交流形式。另一些依赖于视觉刺激的呈现，如暴露它们的牙齿或拍打它们的翅膀。还有一些，类似于人类的动物用声音交流。人类的语言在几个方面与其他动物的交流系统是不同的。第一，语言在结构及规则上比其他交流系统明显要复杂得多。第二，相对于其他物种的交流系统来说语言的衍生力是独一无二的。大多数物种有许多用于表达固定信息的固定方式，但却没有一种方式去交流全新的思想或信息。第三，非人类动物间的交流内容比人类的语言有更多的限制。对大多数非人类动物而言，交流主要发生在攻击和交配这两种情况中。举个例子，雄性鸣禽，如金丝雀和雀科小鸟创造出了一种特殊的歌曲来传达这种信息——“这是我的地盘，走开”，和另外一种能吸引异性的歌曲（Kendeigh，1941）。黑猩猩用声音与视觉刺激的联结来传达攻击性，例如面部表情和拍打地面（de Waal，1989a）。当然，这些交流的目的是重要的，但与我们每天广泛交流的信息存在很大差异。**【学习目标 7.2】**

虽然我们努力去教动物使用人类的语言，却遭遇了很大的挫折。由于黑猩猩的基因与人类基因最为接近，所以最早的尝试是去教黑猩猩语言，结果是完全失败。后期的尝试取得了一定的成功，但在某些关键的地方仍有缺陷。尽管黑猩猩能够学会单词，但它们不同于人类的婴儿，它们需要成千上万次的试验去将手势和符号与它们各自代表的意义联系起来，而且只能通过条件作用获得（见图 7.3）。黑猩猩可以将单词连接成更复杂的言语，但他们却永远也学不会语法规则。

有两种动物物种在语言学习方面可能做得比黑猩猩还好。一种是倭黑猩猩，它在基因上甚至比黑猩猩更近似于人类。少数研究倭黑猩猩的机构表明存在一种不同的学习方式，这是一种更类似于人类学习的方式（Savage-Rumbaugh，1986）。（1）倭黑猩猩中年幼的比成年的学得更好；（2）它们趋向于观察学习而不是强化学习；（3）它们用符号表达意见或进行社会交流，而不单单是为了获得食物。但是在学习语法方面，它们似乎也遇到障碍。

另一个物种似乎有能力与我们说相同的语言，它就是非洲的灰鹦鹉。一只名叫艾利克斯（Alex）的鹦鹉，被誉为鹦鹉中的爱因斯坦，死于 2007 年，享年 31 岁，以它说话的能力及解决认知任务的能力而闻名（见图 7.4）。此外，它还会学习新的有意义的单词间的联结 233
（Pepperberg，1999）。然而艾利克斯和其他非洲灰鹦鹉的学习过程与黑猩猩极为相似，但不同于倭黑猩猩或人类。它仅仅是不断重复的结果而不是对外界的观察与交流。

我们用语言思考吗？语言与思维之间的关系

我们都有同我们自己对话的时候；我们甚至可能对自己大声倾诉。很明显，我们有时用语言思考。那其余的时间呢？我们是经常用一种非语言形式思考，还是我们根本没有意识到我们内在的谈话呢？一个早期的假说认为，思维是语言的一种内在形式。那些认为所有的语言都代表思维的观点，被称为**语言决定论**。一个很有名的关于语言如何影响思维的例子是因纽特人（以前称爱斯基摩人）有大约1 000个词语来描述雪。语言决定论者认为，拥有这么多的词语来描述雪，使因纽特人能觉察到不同种类的雪之间十分微小的差别。这是一个很好的描述。但是也有很多证据表明这仅是一个假说：

（1）对因纽特人语言的分析证明，尽管他们对于雪的类型能做很好的区分，但1 000个单词似乎有些夸张了。

（2）英语中也有很多描述雪的说法，如“slush”（雪泥）、“powder”（粉末）甚至是“crud”（渣滓）。

（3）我们无法推断拥有更多的语言表达方式导致因纽特人能做出更好的区分。相反地，可能因纽特人及其他工作在被雪覆盖的环境中的人，如滑雪者或徒步旅行者发现对雪的类型作出区分是有帮助的。如果是这样的话，语言可能反映出人们对于雪的思考，别无其他。

相关还是因果
我们能确信A是B的原因吗？

还有一些其他的理由对语言决定论提出了质疑。第一，儿童在学会表达一些复杂的认知任务后不久便会做这些事。第二，最近关于神经成像的研究表明，尽管在某些认知任务中，比如说阅读，语言区会被激活，但在空间任务和视觉表象上，语言区不会被激活（Gazzaniga，Ivry，& Mangun，2002）。这些研究表明，没有语言，思维也能发生。

尽管语言决定论没有很多支持者，但它为**语言相对论**，一个不那么极端的观点提供了一些线索。语言相对论的倡导者们，主张语言的特点塑造了思维的过程。【学习目标7.3】这一理论以萨丕尔—沃尔夫假说（Sapir-Whorf hypothesis）而闻名，它以提出它的两个学者的名字命名（Sapir，1929；Whorf，1956）。一些研究表明，语言能影响思维。有一项关于俄罗斯人智力的调查研究，这里的俄罗斯人是生活在美国的对英语和俄语都很熟悉的人。当使用俄语时，参与者们能更准确地回忆出在俄罗斯发生的事情，而用英语时，则能更准确地回忆出在美国发生的事情（Marian & Neisser，2000）。

因纽特人一般居住北极地区。传言他们有1 000个单词来描述不同种类的雪，因此他们比说英语的人能更好地区分雪的种类。事实上，因纽特人的语言和英语中关于雪的描述有相似的数量。

丹尼语仅有“深色”、“浅色”这两个单词，而没有单独描述颜色的单词，但丹尼人与我们一样都能区分不同颜色。

然而在其他案例中，研究者们惊奇地发现语言并不影响思维。其中一个例子是颜色的分类（Lenneberg，1967）。不同的语言包含不同数量的基本颜色词。英语有11种基本的颜色词（红、蓝、绿、黄、白、黑、紫、橙、粉红、棕色及灰色），而其他种类的语言包含的颜色词较少。一个语言团体可能只用一个词去指代所有蓝色或绿色的事物。在少数的非西方文化群体中，如新几内亚的丹尼人，没有真正的颜色表达方式，只有“深色”和“浅 234
色”。埃莉诺·罗施（Eleanor Rosch，1973）认为虽然他们没有很好的方式去区分颜色，但是丹尼人和说英语的人一样，依然能意识到颜色的不同种类。

语言决定论（linguistic determinism）
认为思维是口语的代表，语言决定了我们的思维。

语言相对论（linguistic relativity）
认为语言的特点塑造了思维的过程。

大体上，这些证据都表明，语言决定了某些方面的知觉、记忆和思维。然而，当研究者识别思维与语言的差异时，发现很难把语言从文化的影响中脱离出来。事实上，几乎所有跨语言的比较都是相互关联的，而不是实验性的，因为我们不能随意指派人们去学习不同的语言。而结果便是，语言和文化几乎总是相混淆的。当我们对语言影响思维作出因果关系的结论时，我们必须谨慎。

相关还是因果

我们能确信 A 是 B 的原因吗？

★小测试

1. 直到儿童开始说话我们才能确定她对语言的了解程度。 正确 错误
2. 说双语的人群总会有一个优势语言，这是他们在成长过程中优先学习到的语言。 正确 错误
3. 我们不清楚因纽特人能分清不同种类的雪和他们语言系统中形容雪的词汇数量之间孰因孰果。 正确 错误
4. 缺乏区别不同颜色词的人无法正确辨别各种颜色。 正确 错误

答案：（1）错（pp.228–229）；（2）对（p.231）；（3）对（p.233）；（4）错（p.234）

思维和推理

语言可以从某些方面影响我们的思维，当然也允许我们表达自己的观点，但是大量的思维过程潜藏在表面现象之内，甚至有时在我们的意识之外。一般说来，我们可以从很多心理活动或过程的信息中给**思维**下定义，它包括学习、记忆、感知、推理及决策。

正如我们在第 5 章中提到的，行为主义者试图从刺激与反应、强化与惩罚的角度来解释思维。然而心理学家们早就发现，我们的思维往往会超越可利用的信息，并填充一些不存在的内容去创造信息（见第 2 章和第 4 章）。行为主义的“黑箱心理学”（见第 5 章）无法清楚地解释这一现象。

思维（thinking）
有关处理信息的所有心理活动或过程，包括学习、记忆、感知、推理及决策。

类别（category）
拥有相同核心特征的真实的或想象的客体、行为和特点的集合。

概念（concept）
与类别的成分相联系的普遍观点或想法。

认知经济——使世界规则化

我们每一天每一分钟都要处理大量的信息。从我们醒来的那一刻开始，我们就必须考虑现在是几点，注意我们去浴室的过程中是否有障碍物（如室友的鞋），计划我们什么时候需要去教室或工作，并带好我们需要的 235
所有东西。当然那都是我们在出门前才要做的。如果我们时刻对每一方面加以注意并得出结论，我们便会因负担过重而造成心理上的瘫痪。正如我们在第 2 章中所学到的，我们是认知方面的吝啬鬼，我们会尽可能地节省在思维方面的努力。认知经济使我们可以在简化注意的同时，最低程度地储存我们做决定时所需要的信息。

类别和概念 **类别**和**概念**帮助我们实现认知经济。类别是那些拥有相同核心特征的真实的或想象的客体、行为和特点的集合，比如机动车、水果和舞蹈。我们可以把概念当做与类别的成分相联系的普遍观点或想法。例如，花的类别是每个可以被分类为花的个体的集合，花的概念便是生长在植物上的色彩斑斓的、散发香味的物质。正如我们获得知识一样，我们创造储存的类

别是为了让我们在体验新事物的时候吸收知识。举个例子，当我们偶然碰到以前从未见过的动物，我们利用已有的关于动物特点的知识去辨别他是哺乳动物还是爬行动物，无害的还是有危险的。【学习目标 7.4】

类别，使我们能够自如地运用各种关于狗的知识来解决流浪狗的问题。我们不需要从流浪狗发烧或胃痛时的叫声及喘息声中寻找它们的问题。当我们认识到流浪狗是狗时，这些声音的意义就很清楚了。当然，这些类别和概念并不适用于所有现实世界中的情况。流浪狗可能因为喉咙不舒服而没办法嘶叫。而大多数时间，概念使得我们能够在基础知识上，较少地运用认知过程，让我们很轻松地处理更复杂的推理和情感问题。

我们组织类别思维，以便于它们更好地为我们所用。例如我们注意到类别中的成员哪些是典型的，哪些是非典型的，并运用这些信息作为构建类别的依据。当我们想到鸟时，会更多地运用典型的鸟类知识，如知更鸟和麻雀，而不是非典型的鸟类知识，如鸵鸟和企鹅（Smith，Shoben，& Rips，1974）。这表明当我们学习一个类别时，我们首先形成一个被称为原型的东西，一个在类别中比较常见、理想化且典型的例子。然而，我们的原型取决于文化和社会经验（Bailenson，Shum，Atrin，et al.，2002）。从巴西或墨西哥来的人，可能和北美人对典型水果的观念不一样，因为热带地区的人与北半球的人所见识过的水果种类不一样（Pinto，1992）。

做出决策　我们经常必须在不完整甚至是错误的信息情况下匆忙地做出决策。当这种情况发生时，我们要尝试从各种可能的解决方案中选出一个最好的，然后冒险下赌注。正如我们在第 2 章中学到的一样，我们一直都从事这些预测，利用启发式和偏向来帮助我们做出合理化的决策。我们只要闻一下就知道冰箱里这周最后剩下的牛奶变味了，而不需要去品尝它，更不用去做细菌分析。我们也能做出这样的结论：一个焦躁不安、表情不友善的妇女，不太可能向当地的慈善机构捐款。这些猜测不一定总是正确的，但它们可能是好的赌注。

格尔德·吉仁泽（Gerd Gigerenzer，2001，2007；Gigerenzer & Goldstein，1996）称这种认知经济为“快而省”思维。他认为这为我们节约了很多时间。事实上，在很多案例中，启发式对于许多潜在因素来说比详尽的（也是令人筋疲力尽的）分析更可靠。

热带地区与北美的人的关于水果的原型是不同的。

举个例子来说，塞缪尔·戈斯林（Samuel Gosling）236
等人让一组未经训练的观察者通过进入学生寝室或卧室参观几分钟，来对学生进行性格的评价。他们不呈现任何关于房间特征的信息，并将房子里所有的照片都藏起来，从而让他们觉察不出房子主人的性别、种族和年龄。然而观察者们对于主人性格方面的描述准确得令人惊奇，比如他们情绪稳定、对新思想比较开放、一丝不苟（Gosling，Ko，Mannarelli，et al.，2002）。观察者们快速而简捷的过程引导他们做出正确的判断。

这些研究都强调了认知经济好的方面，快速的决断及启发式让我们成为高效甚至精确的信息处理器（Ambady & Rosenthal，1993；Gladwell，2005）。这种处理过程为我们提供了许多心理空间，允许我们去从事更复杂的心理任务。

节约的风险：付出什么就收获什么　认知经济也有显著的负面影响（Myers，2002；Stewart，2009）。如我们在前面几章提到的一样，在对我们的行为得出结论时，我们需要尽量避免认知错误。在第 1 章和第 2 章中，我们遇到的一些偏向和启发式会导致自己对于科学的证据作出错误的结论。

在许多结论中，基本的启发式错误并不是最糟的。一个关于谁会向慈善机构捐赠的错误预测，并不是无可挽救的，因为我们可以很容易地发现一些潜在的捐赠

塞缪尔·戈斯林和他的伙伴的研究表明，观察者仅仅通过观察房间从而推测出房间主人的人格特质好于随机猜测水平。你认为此房主责任心的水平如何？

我们的认知经济有时会导致我们做出错误的判断，如录用穿着考究的社交高手而不是真正有才华和经验的应聘者。

者。然而，一些认知上的错误却会花费大量的经济、社会甚至是身体上的精力。例如，在 2001 年 9 月 11 日的恐怖袭击事件发生后的几个月中，成千上万的人停止乘坐飞机。这种反应是由于高度的恐惧和脆弱的感觉被强化的结果，根源在于可得性启发式（见第 2 章），即袭击事件在人们的记忆中挥之不去。具有讽刺意味的是“9·11”事件后的三个月中，选择汽车而不是飞机的美国人中，死于交通事故的人比四次被劫持飞机加起来的人还多（Gigerenzer，2004）。

基于认知经济的错误结论会导致我们误解人们行为产生的原因，从而对他们的性格做出错误的预测。这一事实可能会帮助我们理解为什么与一些人（比如与大学生、精神病患者或者工作申请者）短期的开放性的面谈经常会产生对于他们性格特点的不准确的判断（Garb，1998；见第 12 章）。虽然我们应该听从我们的第一印象，但不能被它所束缚。

问题解决：更多的思维障碍

搞清楚启发式是不是有用，已经很有挑战性了。但当我们作出决定并解决复杂问题时，我们的认知功能仍有其他方面让我们处于劣势。**问题解决**即生成认知策略来完成目标。我们在问题解决时通常会碰到四个难题：显著的表面相似性、心理定势、功能固着、前后关系和结果的影响。**【学习目标 7.5】**

显著的表面相似性 显著指的是注意是怎样被一些事物吸引的。我们趋向于将注意力集中于问题表面的（浅显的）特征，并试图用能解决相似问题的相同方法来解决这一问题。例如代数字符的问题，一些题目要用
减法，另一些要用除法，但事实上它们解决的问题对我 237
们并没有太大的意义。忽略问题的表面特征，而关注于解决问题所需的潜在推理将是一个挑战。

有一种避免关注表面特征的方法：练习解决需要相同的推理（因此要用相同方法去解决），但却要处理不同表面特征的复合问题，比较这些问题的相似性能帮助我们把注意力集中于问题的结构上（Loewenstein，Thompson，& Gentner，1999；Markman & Gentner，1993）。

心理定势 一旦我们发现了一种可靠有效的解决方法，我们就会经常使用那种解决方式，导致我们在做抉择时就会遇到麻烦。心理学家将这一现象称为**心理定势**。举个例子，当我们试图找出期末考试的题目时，我们可能会在教授上课时没讲的题目上遇到困难。然而，那些没有上过课的朋友或室友可能会提出更有创造性的想法，因为我们的思维被经验束缚了。

在一项关于心理定势的经典研究中，参与者需要解

问题解决（problem solving）
生成一个认知策略来完成一个目标。

心理定势（mental set）
思维固着在一种特定的问题解决策略上，从而抑制我们选择能力的现象。

决一系列问题，他们要用给定的三种量筒通过增加或减少水量来准确量出一定量的水［例如仅用 21 美夸脱（1 美夸脱约合 0.946 升）、127 美夸脱和 3 美夸脱的量筒来向量杯里面装入精确的 100 美夸脱的水］。参与者在解决一个要运用不同公式的问题之前，用同一公式（*A*−*B*−*C*−*C*=总量）解决了八个问题，或者他们直接解决第九个问题而不涉及前八个问题。在那些解决前八个问题都用同一公式的人中仅有 36% 的人成功解决了第九个问题。相反地，那些首先解决第九个问题的参与者有 95% 的可能性获得成功（Luchins，1946）。解决前八个问题实际上给解决第九个问题带来了困难，因为这八个问题让人形成了一个很难打破的心理定势。

你怎么认为?

作为外国食品进口公司的副总经理，你发现你的员工倾向于与不同食品质量的供应商签订不同的合同。那么你将做些什么去鼓励他们忽略食品表面水平的特征从而签订最合适的合同?

功能固着　很难将物体具备的某种功能运用于其他方面，这就是**功能固着**（German & Defeyter，2000）。也就是说，我们被“固定”在一种常规用法中。你是否曾经历过需要锤子、胶带或剪刀但却没有的情形？你会选择其他什么样的方式去解决？功能固着可能使我们很难意识到我们可以用鞋子来代替锤子，用信件标签来做胶带或者用钥匙来将绳子弄断等。

一个著名的实验要求参与者找出一种方法将蜡烛安置在墙上，仅提供一根蜡烛、一盒火柴及一盒图钉，如图 7.5 展示的一样（Dunker，1945）。你能想出来怎么做吗？我们大部分人都认为这个题目很难，因为它强制我们
238 用不合常规的方式来使用这些常规性的物体。在一项研究中，两个研究者通过测验发现，生活在厄瓜多尔偏远且传统落后社会中的人，赋予这些物体的功能更多。但即便是他们也存在功能固着（German & Barrett，2005）。

前后关系和结果的影响　一个问题的前后关系经常会影响问题解决的方式。我们的目标、设置和问题结果的正确与否都能影响到我们采取的方式是更好还是更

图 7.5　功能固着

一个经典的关于功能固着的设计，要求被试找出将蜡烛安置在墙上的方法，仅提供一根蜡烛、一盒火柴及一盒图钉（Dunker，1945）。

图 7.5 的答案

坏。例如，当检验一个假设时，儿童及成人是采纳直证还是反证的决策将取决于结果——回顾第 2 章，反证的策略会更好。如果人们坚持一种到底是什么东西使蛋糕变得难吃的假说，他们便会通过剔除使人厌恶的原料来验证假说，这就是一个反证的决策。相反，如果人们鉴定某东西能让蛋糕尝起来很美味，他们将通过保留这一原料来检验假说，这就是直证的决策（Tschirgi，1980）。

科学方法来之不易

很明显，科学的推理并不是一个自然的或直觉的过程——认知经济相对来说却是自然的（Cromer，1993；Wolpert，1993）。这并不意味着因为认知经济会给我们

功能固着（functional fixedness）
很难将物体具备的某种功能运用于其他方面。

很大帮助，我们就要完全改变我们的方式。

即使如此，我们仍需要去辨别在什么情况之下会做出错误推理并三思而行。当我们听到新闻说疫苗会导致自闭症，或观看暴力电视能使完全正常的孩子变成暴力怪物，我们应该停下来，然后思考媒体是凭借什么作出这一结论的。当我们评估政治候选人的夸张承诺，或确定网上那件令人难以置信的好事到底是不是真的时，我们都应该仔细考量这些信息是否足够可信。认知经济能适用于这一问题，但我们要意识到它的瑕疵，这将使我们对日常生活的点点滴滴了解更多。

特别声明
这类证据可信吗?

★ 小测试

1. 类别的原型种类依赖于前后关系和经验。 正确 错误
2. “快而省”思维几乎总是导致错误的结论。 正确 错误
3. 比较那些需要相同推理过程但表面特征不一样的问题，能帮助我们克服虚假的表面相似性。 正确 错误
4. 功能固着是西方社会依赖技术的产物。 正确 错误

答案：（1）对（p.235）；（2）错（p.235）；（3）对（p.237）；（4）错（p.238）

239 什么是智力？概念混乱

我们已经了解了如何进行思考，怎样阻止自己陷入思维的陷阱。在思维和推理中我们都遇到过挑战。但是很显然，有一些人的思维似乎比其他人更清晰、更敏捷。换句话说，我们中的一些人比另一些更聪明。但更聪明或更不聪明的真实含义是什么呢？心理学家对于智力的准确定义进行过激烈的争辩（Sternberg，2003b；Sternberg & Detterman，1986）。

埃德温·波林（Edwin Boring，1923）在什么是智力这个令人头疼的问题中发现了一个简单的定义方式。根据波林的定义，智力是智力测验所测量的东西。是的，就是这么简单。一些现代心理学家们已经接受了这个定义，它让我们从什么是智力的困境中摆脱出来。然而这一解释回避了一个中心问题，那就是到底是什么使一些人更聪明——或者说是不是一些人在所有方面真的都比另一些人强——对于这一问题的研究并没有很大的进展。智力的定义必定不只局限于波林的定义。带着这一观点，让我们来检验一下下面 5 个最具影响力的尝试，从而明确并理解智力。【学习目标 7.6】

智力的定义

智力是一种感觉能力 弗朗西斯·高尔顿爵士（Sir Francis Galton，1822—1911）提出，智力是感觉能力的副产品。他认为大部分知识最初来源于感觉，尤其是视觉、听觉以及对不同重量的两个物体的敏锐的感受性。因此，他假定拥有高感觉能力的人，如视力好的人，能比其他人获得更多的知识。但随后的研究却发现，不同感觉能力的衡量标准，它们之间的相关性很小，例如区别相似声音与区别相似颜色的能力（Acton & Schroeder，2001）。感觉能力的测量与全面的智力评定也没有很高的相关（Li，Jordanova，& Lindenberger，1998）。这些发现证明了高尔顿提出的智力等于感觉能力的观点是错误的。感觉能力与智力明显不相同。

可证伪性
这种观点能被反驳吗?

智力是一种抽象思维　在 20 世纪初期，法国政府想要找出一个能鉴别需要特殊教育帮助的儿童的方法。在 1904 年，阿尔弗雷德·比奈（Alfred Binet）和亨利·西蒙（Henri Simon）发明了一项心理测验，意在不依赖老师主观判断的情况下将学习迟缓的儿童与其他儿童区分开来。比奈和西蒙的发明被现代心理学家们称为当代第一个**智力测验**，一个能测出全部思维能力的测量工具。比奈和西蒙测验的项目是相当多且不尽相同的，从画图到类比推理，但它们有一个共同点，即都是高级心理过程。这些过程包括推理、理解及判断（Siegler，1992）。当今的大多数专家一致认为，无论智力是什么，它都与**抽象思维**有关联：理解抽象概念而非实际概念的能力（Gottfredson，1997；Sternberg，2003b）。

有争议的小字母：g　尽管比奈和西蒙测验中的项目有很大的不同，但它们之间存在正相关：人们在一个项目上正确则在其他项目上也更有可能正确。智力测验项目之间的正相关现象吸引了心理学家查尔斯·斯皮尔曼（Charles Spearman，1927）的注意。为解释这些相关
240 性，斯皮尔曼假定在所有项目上存在一个单一因素——g，或者说**一般智力**——描述了人在智力方面的所有不同点。他认为所有的智力测验项目间都成正相关，因为它们反映了整个智力的影响因素。虽然斯皮尔曼推测一般智力与我们的心理动力相类似，但对于是什么造成了一般智力有个体差异他并不清楚。相比而言，一些人有更“强大”或者说更有效率且起到更大作用的大脑。他们有更多的 g。斯皮尔曼并不认为 g 代表了全部的智力。对于每一个智力测验项目，斯皮尔曼（1927）提出还有一个因素存在，称为 s 或**特殊智力**，它对于每一个项目来说都是独一无二的（见图 7.6），如定向能力、空间推理或语言能力。

流体智力与晶体智力　雷蒙德·卡特尔（Raymond Cattell）和约翰·霍恩（John Horn）将流体智力与晶体智力区分开来，**流体智力**指的是学习用新方法解决问题的能力，例如解决一个我们从未见过的谜题或者第一次骑摩托车。相反，**晶体智力**指的是随时间推移而积累的关于世界的认识（Cattell，1971；Horn，1994）。我们依靠晶体智力去回答“意大利的首都在哪儿”、“英国的最高法庭有几个法官”等问题。大多数当代研究者将流体智力和晶体智力看作 g 的一部分或特殊的方面（Messick，1992）。

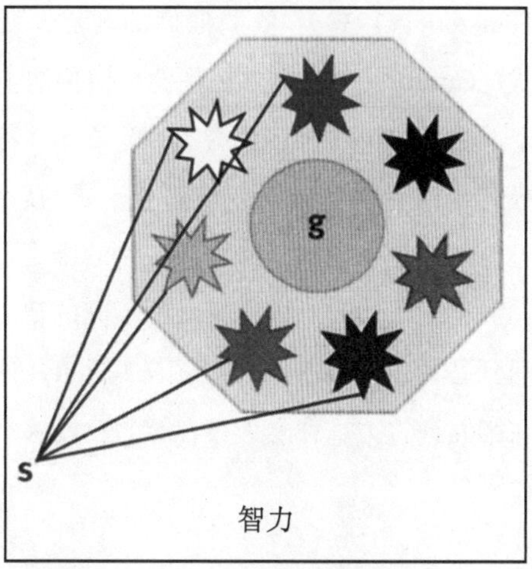

图 7.6　斯皮尔曼的智力模型的简图
斯皮尔曼的模型假定除特殊因素（s）外还存在一般智力（g）。

多元智力　到目前为止，我们一直在讨论“智力”，就好像它只是一种重要的能力。但从 1930 年开始，一些心理学家开始主张**多元智力**的存在：不同领域的智力

智力测验（intelligence test）
测量整个思维能力的工具。

抽象思维（abstract thinking）
理解抽象概念的能力。

一般智力（general intelligence，g）
假设人在智力方面所有不同点的一个因素。

特殊智力（specific abilities，s）
在狭窄领域内的特殊智力水平。

流体智力（fluid intelligence）
学习用新方法解决问题的能力。

晶体智力（crystallized intelligence）
随时间推移而积累的关于世界的认识。

多元智力（multiple intelligence）
人们在不同领域中表现出的不同智力水平。

技能（Thurstone，1938）。依照他们的观点，变聪明有很多方式（Guilford，1967）。霍华德·加德纳（Howard Gardner，1983，1999）的多元智力理论提出，存在众多的思维模式，或者说对于世界我们有不同的思维方式。每一种思维模式是不同的，在它们各自的维度上有各自的智力。加德纳（1999）指出有八种不同的智力，从语言、空间到音乐、人际关系，如图 7.7 所示。他还初步提出存在第九种智力，称之为存在智力：能够掌握深入的哲学思想，例如生命的意义。

对于加德纳的模型无法作出明确的科学解释。关于为什么智力是这些心理能力（如自然能力和人际交往能力）而不是其他的能力（如幽默或浪漫的能力），这一问题还是不明确的。而且也不清楚加德纳的“智力”是否真的与智力有关。例如，身体运动能力可能很大程度上依赖于非心理能力（Scarr，1985；Sternberg，1988b）。而且，加德纳没有编制出正规的测验来测量这些智力

241

图 7.7 霍华德·加德纳的多元智力模型

的独特性，因此他的模型几乎不可能被证伪（Klein，1998）。

可证伪性

这种观点能被反证吗？

和加德纳一样，罗伯特·斯腾伯格（Robert Sternberg）也认为在g之外有更多的智力种类。斯腾伯格（1983，1988b）的**三元智力模型**假定有三种不同的智力：分析、实践和创造智力（见图7.8）。分析智力即逻辑推理能力："书本智慧"。它是一种能使我们在智力测验及标准化测验中取得好成绩的智力。实践智力也称为"隐性智力"：解决实际问题的能力，尤其是涉及他人的问题。这种形式的智力类似于"街头智慧"。创造智力是用新颖而有效的答案解决问题的能力。它是一种需要我们去寻找新的和有效的方法去解决问题的智力（Sternberg & Wagner，1993；Sternberg，Wagner，Williams，et al.，1995）。我们的直觉告诉我们这三种类型的智力并不总是同时出现。然而，多元智力理论也存在争议。毫无疑问的是，我们拥有不同的智力优势与不足，但正如加德纳和斯腾伯格所断言的那样，它们之间是否相互独立还不明确。

你怎么认为？

你是一位大学代表队的运动员，同时也是一名天才钢琴家的朋辈导师。他告诉你他认为自己并不聪明。那么你将会怎样利用多元智力模型来让他感觉好一点呢？

242 **智力的其他维度**

聪明的人总是表现得很明智吗？如果你有怀疑，请看看一系列在过去10年中引人注目的公司丑闻吧：受过良好教育而且高智商的CEO因做蠢事而被逮捕。让我们来看一下其他两个能使我们表现聪明，但并不那么聪明的心理变量。

创造力 心理学家们发现很难给创造力下定义。然而，大多数心理学家认为创造力包含两个特征：它们是新颖性和有效性。心理学家们经常用**发散思维**测验来测量创造力（Guilford，1967；Razoumnikova，2000）：能够产生许多不同的解决方案。这是有可能的，不过，发散思维测验似乎并不能测量创造力的所有方面。达到创造性我们还需要有很好的**聚合思维**：找出问题的最佳答案（Bink & Marsh，2000）。作为两次诺贝尔奖得主的莱纳斯·鲍林（Linus Pauling）认为，要变得有创造力，我们首先需要提出很多想法，然后再将无用的丢掉。**【学习目标7.7】**

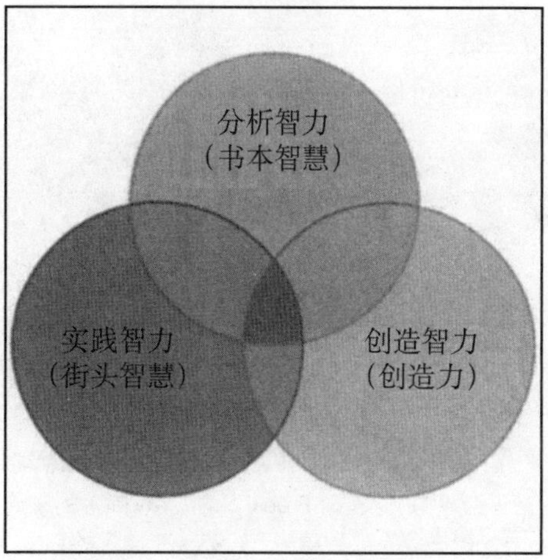

图7.8 斯腾伯格的三元智力模型

认为有三种智力：分析智力、实践智力、创造智力。

识别假象

假象：大部分创造性的想法在一闪念间突然出现。

事实：有关大脑活动的研究表明，人们在报告自己有灵感出现之前，大脑中有关问题解决的区域（尤其是额叶和颞叶）就已经活跃了（Kounios et al.，2006）。

三元智力模型（triarchic model）
罗伯特·斯腾伯格提出的智力模型，由三个独立的智力因素组成：分析、实践和创造。

发散思维（divergent thinking）
能产生许多不同解决问题的方法的能力。

聚合思维（convergent thinking）
生成唯一最好的解决方案的能力。

弗兰克·劳埃德·赖特（Frank Lloyd Wright）的建筑杰作“流水别墅”，一座建在瀑布顶端的房子，是一个非凡的创造性成就。

情绪智力：情商和智商同样重要吗？ **情绪智力**是我们理解自己及他人情绪的能力，以及在日常生活中利用这种情绪信息的能力（Goleman，1995；Salovey & Mayer，1990）。大多数情商的倡导者认为，对于实用性来说情绪智力与传统智力一样重要。

一些情绪智力测验项目要求被试报告自己是怎样处理压力情绪的。另一些则要求被试识别出面部所表达的情绪。还有一些要求在给定情境中预测一个人将会经历什么样的情绪，如第一次见到未来岳父岳母或在面试时被问到很尴尬的问题（见图 7.9）。现在很多美国公司为他们的雇员及管理者提供正规的情绪智力训练，以提高他们的情绪智力（Locke，2005）。

对于情绪智力这一概念有很多的批判。因为我们还不清楚这一概念的测量是否已经超出人格范围（Matthews，Zeidner，& Roberts，2002）。大多数智力测验评估了人格特质，如外倾性、宜人性、开放性，它们对智力至少有些影响（Conte，2005）。此外，情绪智力和一般智力相比不能很好地预测工作绩效（Van Rooy & Viswesvaran，2004）。而且没有太多的证据证明不同的
243 情绪智力测验之间是高度相关的（Conte，2005）。最简单的假设是，情绪智力不是什么新鲜词，它是心理学家研究了几十年的人格特质的混合物。

情绪智力（emotional intelligence）
能够理解我们自己及他人情绪的能力，以及在日常生活中利用这种信息的能力

图 7.9 的答案：d

当安妮的朋友麦吉因与男友分手而沮丧时，安妮放弃准备一个重大测试，而花费几个小时的时间开车去麦吉的公寓安慰她。两个星期后，安妮因与姐姐吵架而难过，于是打电话给麦吉说了这件事。麦吉却告诉她她正忙于即将到来的旅行，问她能不能将谈话推迟到下一个星期。这时安妮感到______。（选出最佳答案。）

（a）悲伤　（b）紧张　（c）尴尬
（d）愤怒　（e）嫉妒

图 7.9　情绪智力测验的小测试
对于一个情绪智力测验，你会如何作答？假设这是一个情绪智力测验的题目，试着做出选择。

奥卡姆剃刀原理
这种简单的解释符合事实吗？

智力的生理基础

一种有关智力的普遍观点认为它与大脑尺寸呈正相关。我们称聪明的人“大脑发达”。当研究者们要求人们画外星人的图像——他们被认为具有不属于地球的高水平“智力”——时，他们发现这些另一世界的生物画像有惊人的相似点，如大脑袋、大眼睛和微小的身体（Blackmore，1998）。但智力实际上与大脑尺寸和效能间的相关程度有多少呢？一些研究证明通过结构性磁共振成像（见第 3 章）测得的大脑容量与智力测验分数呈正相关——在 0.3 到 0.4 之间（McDaniel，2005；Willerman et al.，1991）。**【学习目标 7.8】**但我们并不知道这些发现是否反映的是直接的因果联系。或许是高智商导致了大脑袋。或者可能是有一些第三变量，如出生前或出生后不久的丰富营养，会导致以上两者同时发生。近期关于大脑发展的研究表明，7 岁大的高智商儿童（排在前 10% 的儿童）的大脑皮层比其他同龄儿童的薄。但这类儿童的大脑皮层会迅速变厚，并在 12 岁的时候达到顶峰（Shaw et al.，2006）。这可能和好酒一样，聪明的大脑要花更长的时间成长。

相关还是因果
我们能确信 A 是 B 的原因吗？

大脑功能成像研究及信息加工的实验室研究表明，那些拥有高水平智力的被试比低水平智力的被试呈现出的大脑活动更少（Haier et al.，1992）。这似乎说明高智商学生大脑的效率特别高。诚然，并不是所有研究都能检验这个发现（Fidelman et al.，1993），但它增加了智力在反映心理过程效能某些方面的可能性。

可重复性
其他人的研究也会得出类似的结论吗？

心理学家也研究了智力与反应时的关系，或者说与对刺激的反应速度的关系（Jensen，2006）。众多的研究结果表明，智力测验分数与反应时呈负相关（在 –0.3 到 –0.4 之间）（Deary，Der，& Ford，2001；Detterman，1987）：拥有高智商的人比其他人反应更快（有一个较短的反应时）。

最后，智力还表现出与记忆容量密切相关。许多研究者已经测出了“工作记忆”和智力间的关系。如我们在第 6 章中所学的一样，这种类型的记忆与短时记忆关系最为密切。工作记忆任务（如复述一长串数字）的得分与智力测验分数具有中度的正相关（大约为 0.5）（Ackerman，Beier，& Boyle，2005；Engle，2002；Kane，Hambrick，& Conway，2005）。

那么智力定位于大脑的什么位置？在大脑中有一个特定区域完全负责智力似乎不太可能。智力在大脑皮层内的分布很广。一组研究者设置了大量高“g 载荷”的推理任务，而这种测量实际上测出的是与一般智力有关的内容（见图 7.10）。他们发现这些任务都激活了相同的脑区：前额皮层（Duncan et al.，2000）。正如我们在第 3 章中了解到的一样，前额皮层密切参与计划、控制冲动以及短时记忆。

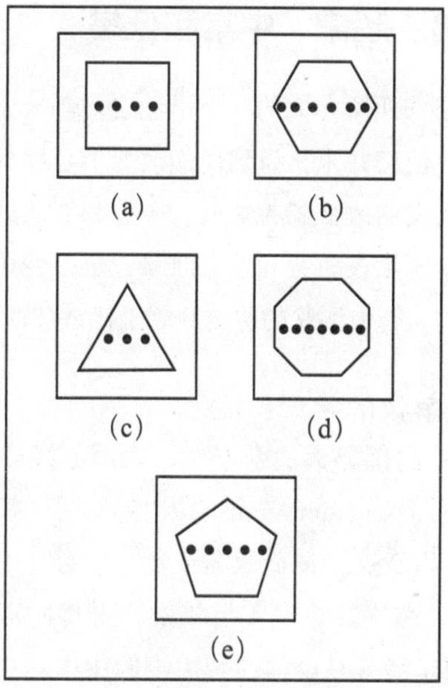

图 7.10　样本任务（高“g 载荷”项目）

这个样例题目类似于研究者们定义的高“g 载荷”的项目，这意味着它是一般智力的很好的测量物。在这一项目中，五个中的一个不同于其他，你能指出是哪一个吗？（答案见下一页左下角）

总结　我们如何理解所有的这些发现呢？如果智力与信息加工的有效性和速度有关（Vernon，1987），那么，常识有可能是正确的：思考迅速的人可能有特别高的智商。然而，这样的关联与完全相关的相关系数 1.0 相差甚远，这告诉我们智力并不仅仅是指思维的敏捷性。

★小测试 244

1. 现代智力测验中，几乎所有项目间都呈正相关。　正确　错误
2. 富有创造力的人表现出高度的发散思维和极少的聚合思维。　正确　错误
3. 对人类而言，大脑的尺寸与智力测验分数呈中度正相关。　正确　错误
4. 智力与反应时无关。　正确　错误

答案：（1）对（p.240）；（2）错（p.242）；（3）对（p.243）；（4）错（p.243）

智力测验：超常、中常和低常

当比奈和西蒙在大约一个世纪之前创造出第一个智力测验时，他们并未认识到他们改变了心理学的研究取向。他们的发明改变了为学校、企业和军队选拔人员的方式，改变了学校教育和社会政策，也改变了我们看待自己的方式。智力测验的历史开始于比奈和西蒙。

两个饱受争议的字母：IQ

在第一次世界大战前不久，德国心理学家维尔海姆·斯特恩（Wilhelm Stern，1912）发明了**智力商数**的公式，后因 IQ 这个词而闻名于世。斯特恩的智商公式很简单：心理年龄除以实足年龄，再将所得结果乘以 100。**心理年龄**就是个体在智力测验中平均成绩所反映的心理水平的年龄。一个女生在智力测验中所得分数与 6 岁大儿童的平均分数相同，不管她的实足年龄多少，她的心理年龄就是 6 岁。她的心理年龄与她的实足年龄无关。因此，如果一个 10 岁大的儿童在智力测验中的表现与 8 岁大儿童的平均水平一样，那么依据斯特恩的公式，他的智商就是 80（心理年龄 8 除以实足年龄 10，再乘以 100）。相反，如果一个 8 岁大的儿童在智力测验中的表现与 10 岁大的儿童的平均水平一样，那根据斯特恩的公式，他的智商便是 125（心理年龄 10 除以实足年龄 8，再乘以 100）。

对于儿童和青少年来说，这一公式确实能够很好地评估智力。但斯特恩的公式存在一个关键的缺陷。心理年龄在儿童时期不断增加，但大约到 16 岁左右达到平衡（Eysenck，1994）。当我们到了 16 岁左右，我们在智力测验中的分数不会提高很多。因为我们的心理年龄保持稳定，而实足年龄随时间递增，斯特恩的公式将导致每个人的智商随年纪的增长而变得越来越低。这就是为什么当代智力研究者在计算成人智商时依赖于一个被称作**离差智商**的统计数据（Wechsler，1939）。大体上，离 245
差智商表明个体智商在同龄人中的水平。【**学习目标 7.9**】智商平均值是 100，表明此人智商是同龄人的平均水平。智商 80 低于同龄人平均水平，智商 120 高于平均水平。离差智商以此方式解决了斯特恩公式的问题，因为智力测验结果不会在 16 岁后递减。

智力商数（intelligence quotient，IQ）
系统辨别个人智力差异的工具。

心理年龄（mental age）
个人在智力测验中的平均成绩所反映的心理水平的年龄。

离差智商（deviation IQ）
关于个体的智商与他或他同龄人之间的关系的表述。

优生学（eugenics）
在 20 世纪早期发展起来，企图通过鼓励优良基因的人生育，阻止劣质基因的人生育，来改善人口的基因库。

图 7.10 的答案：d

优生学运动：智力测验的误用和滥用

就在比奈和西蒙发明他们的智力测验后不久，智力测验在美国就盛行起来。它不再仅仅是鉴别那些需要特殊帮助的学生的工具，而且成了鉴别智残成人的方式。

智力测验的发展快速升级，失去控制。而且，许多心理学家没有充分考虑智商分数是否适用于成年人，就直接将儿童测验给成人使用（Kevles，1985）。结果，很多做过这些测验的成年人，包括美国的新移民、监狱的犯人、负债者被不适当地归类为智力缺陷者。许多关于移民的低智商报告在美国人中造成恐慌，甚至许多美国人发起了一场社会运动，称为**优生学**（意为“良好的基因”）运动。优生学运动是为提高人口基因库的质量所做的努力，通过鼓励有“良好基因”的人多生（积极优生学），同时阻碍“劣质基因”的人生育（消极优生学）。

从 1910 年到 1930 年，优生学在美国尤其盛行。几十所大学，包括哈佛大学、康奈尔大学、哥伦比亚大学和布朗大学向大约 2 万名本科生开设优生学课程（Selden，1999）。大多数高中及大学的生物课本中把优生学作为科学的事业来展现。优生学至少与两种令人担忧的事实有联系。第一，20 世纪 20 年代初，美国国会通过一项法律，打算限制来自其他国家的所谓智力

澄清事实

20 世纪早期，优生学的盛行带来了“尤金”这一名字的流行，使它成了那一时期美国男孩中使用最频繁的名字。

艾迪·李·安德森（Addie Lee Anderson），87 岁，摄于 2006 年 8 月 8 日，位于北卡罗来纳州费耶特维尔的家中。1950 年她生完最后一个孩子后被北卡罗来纳州的优生学机构强制绝育。

分数低的移民者，尤其是那些来自欧洲东部和南部的人（Gould，1981）。【学习目标 7.10】第二，从 1907 年开始，美国的 33 个州通过了一项法律，要求低智商者绝育。一些做绝育手术的外科医生会让患者误信他们是在做阑尾切除手术（切除她们的阑尾）（Leslie，2000）。支持强制绝育背后的假说是，智商是受基因影响的，因此阻止低智商者生育可中止假设性的人口智力衰退。当所有这些都被接受和执行之后，大约 66 000 个北美人，其中非裔美国人和其他贫穷的少数族群都被强制绝育（Reynolds，2003）。强制绝育在美国法律里保持了几年，幸运的是，在 20 世纪 40 年代绝育这一情况已经减缓，在 20 世纪 60 年代时完全消退。弗吉尼亚州是最后一个废除这一法律的州（1974 年）。

你怎么认为？

你的朋友说她不想要小孩。你认为她应该要一个，因为她的孩子应该会像她一样非常聪明。但她指责你拥护优生学，认为在被允许生育前要进行智力测验。你将怎样解释你并不是想要阻止某些人成为父母的这一观点呢？

246 当代智力测验

现今，智力测验是心理学中最有名，也是最具争议和成就的一块领域。1989 年，美国科学促进会将智力测验作为 20 世纪 20 项最高科技成就项目之一列在了科技进展中（Henshaw，2006）。虽然心理学家已经编制出了几十种智力测验，但仅仅只有几种影响了现在流行的测验，接下来我们将讨论这些测验。

常用的成人智力测验　在成年人的智力测验中用于估算智力应用最广的是**韦氏成人智力量表**或 WAIS（见图 7.11 的例子）（Watkins，Campbell，Nieberding，et al.，1995），现在用的是它的第三个版本（WAIS－Ⅲ；Wechsler，1997）。具有讽刺意味的是，大卫·韦克斯勒（David Wechsler）作为发明这一测验的心理学家，是一个从罗马尼亚移民到美国的移民者，也是在早期错误的智力测验中处于弱智阶层的人。WAIS－Ⅲ包含 14 个“子测验”或特殊任务，旨在评估心理能力，如词汇、算术、空间能力、言语推理和对世界的一般性认识。从图 7.11 中，我们能看到 14 个子测验中的 11 个样本项目。WAIS－Ⅲ提出了三个主要分数：（1）总体智商分数；（2）言语智商分数；（3）操作（非言语）智商分数。言语智商分数主要与晶体智力有关，而非言语智商分数则主要与流体智力有关。

常用的儿童智力测验　两种运用广泛的儿童智力测验分别是适用于大龄儿童和青少年的韦氏儿童智力量表（WISC）和适用于两岁半到 7 岁儿童的韦氏学前及小学儿童智力量表（WPPSI），它们都已经出了第三版。这两种量表都是 WAIS，都适用于测量儿童（Kaplan & Saccuzzo，2005）。

在比奈和西蒙将他们的测验推广到法国后不久，斯坦福大学的刘易斯·推孟（Lewis Terman）公布了一个修订翻译的版本，称为**斯坦福—比奈智力量表**，这一量表被心理学家们沿用至今。与比奈和西蒙测验一样，斯

韦氏成人智力量表（Wechsler Adult intelligence Scale，WAIS）
在成人智力测验中广泛应用，包含 14 个子测验来测试不同类型的心理能力。

斯坦福—比奈智力量表（Stanford-Binet IQ test）
基于比奈和西蒙发明的智力测验，由斯坦福大学的刘易斯·推孟改编的智力测验。

247

韦氏成人智力量表（WAIS）样本项目 *		
测验	描述	示例
言语量表		
知识	常识知识的选择	法国在哪一个洲?
理解	测量对社会习俗的认识及评估过去经验的能力	为什么人们需要出生证明?
算术	通过言语问题测量算术推理	以 50 英里每小时的速度开 150 英里的路程要多长时间?
相似性	提问物体或概念的相似之处；测量抽象思维	计算器与打字机有哪些相似之处?
数字广度	通过口头呈现一系列数字，让被试正向或反向复述测量注意及机械记忆	反向复述以下数字：2435186
词汇	测量给词语下定义的能力，测量时难度逐级增加	"拒绝"的意思是什么?
操作量表		
数字符号	测量计时编码任务的学习速度，任务中数字需要与各种各样的图形标记联系起来	呈现：　填入： 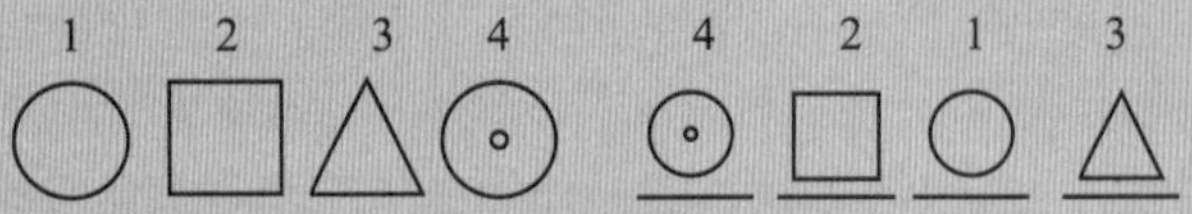
图画填充	通过呈现不完整的图形，要求找出缺失部分并命名测量视觉敏锐性及视觉记忆	告诉我缺少什么? 
积木设计	通过呈现设计图让被试用积木重建测量觉察和分析图形的能力	配置积木使其与设计图相符：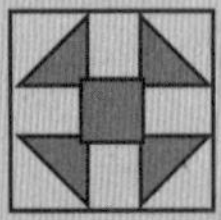
图片排列	通过对一系列滑稽的连环画进行正确排序并讲述一个故事测量对社会情境的理解力	将这些图片排出正确的顺序： 
图形拼凑	通过将呈现的一块块拼图集中合成一个完整的物体测量处理部分与整体关系的能力	将这些片段拼成一个完整的物体： 

图 7.11　韦氏成人智力量表的样本项目

WAIS－Ⅲ 14 个子测验中的 11 个与这个版本的测验的项目是相同的。

* 注意：因版权问题，我们没有将真实测验中的项目呈现出来。(Source: NCS Pearson，Inc.)

坦福—比奈智力量表包括各种各样的任务，如儿童词汇测验、图形记忆、相似物品命名、句子复述及执行指令等。

文化公平智力测验　智力测验最受争议的部分是它很大程度依赖于语言。那些对本地语不熟练的人在智力测验中分数很低，这是因为在很大程度上他们不理解测验的指导语或测验题目。而且文化因素会影响人们对测验材料的熟悉程度及他们在智力任务中的成绩（Sonke et al.，2008；van de Vijver，2008）。在一项研究中，研究者让来自英国和赞比亚（非洲南部的一个国家）的学生都用纸、笔（英国孩子更熟悉的工具）和金属丝（赞比亚儿童更熟悉的工具）再现出一系列他们的视觉图像。在用纸和笔时英国儿童做得更好，但在使用金属丝时赞比亚儿童完成得更好（Serpell，1979）。

心理学家编制出了各类**文化公平智力测验**，包括不依赖于语言的抽象推理项目（Cattell，1949）。这些测验与标准化智力测验相比更少受文化差异的影响。最有名的文化公平测验可能是瑞文推理测验，它在英国智力测验中被广泛应用（Raven，Raven，& Court，1998）。如图 7.12 所示，这一测验要求被试从一系列图形中选出恰当的几何图形（这些矩阵是“逐步发展的”，开始简单然后逐步变得复杂）。瑞文推理测验是关于一般智力的优秀测验（Neisser et al.，1996）。

智商分数的信度：智商永远不变吗？

我们总认为智商分数就和社保号码一样，一生中都离不开它们。乔的智商分数是 116，玛利亚的是 130，比尔的是 97。然而智商不可能永远保持不变；事实上，同一个人在不同时间智商会上下浮动 10 个点或更多。

然而，成人的智商分数通常保持相对稳定。即使过了很长一段时间，智商依然是趋于稳定的（Deary et al.，2000）。有一个重要的例外，两岁初或 3 岁初的智力测验
248 分数并不稳定。事实上，生命最初 6 个月的智商与成年后智商间的相关系数为 0（Brody，1992）。而且在生命早期所得到的智商分数也不能很好地预测以后的情况，除非它们极度低，如低于 50；这种分数能够预测后来的智力迟钝。

智商分数的效度：预测行为结果

无论我们对于智力测验的看法是什么，有一个问题就是对于某些方面它们至少是有效的。正如我们在第 2 章中所学的，效度指的是测验能够准确测出所需测量事物的程度。关于测验效度的一个重要指标是预测行为的能力（心理学家称之为“预测效度”）。

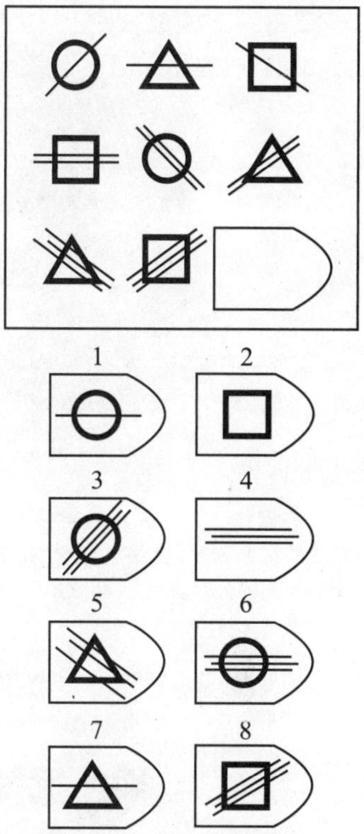

图 7.12　与瑞文的推理测验相类似的测验

答案见本页右下角。（Source: NCS Pearson，Inc.，1998）

智商分数能很好地预测学业成就；它们与在高中和大学的成绩的相关为 0.5（Neisser et al.，1996）。然而，这一相关比 1.0 低很多，所以也告诉我们在学校的成功不仅仅取决于智商，动机、好奇心及努力也同样扮演了重要角色。

智商分数也能对各种各样工作中的表现进行预测，他们间的相关系数也大约为 0.5（Ones，Viswesvaran，& Dilchert，2005）。相比之下，人们在面试中与工作中表现好的比率之间的相关仅为 0.15，这对于许多在挑选求职者时更注重面试而不是智商的雇主来说是一个讽刺（Hunter & Hunter，1984）。相较于智力要求低的工作如办事员与邮递员，在智力要求高的工作如医生和律师中智商与工作表现之间相关较高（Salgado et al.，2003）。

文化公平智力测验（culture-fair IQ tests）
不依赖语言的抽象推理项目，被认为比智力测验更少受文化因素影响。

图 7.12 的答案：6

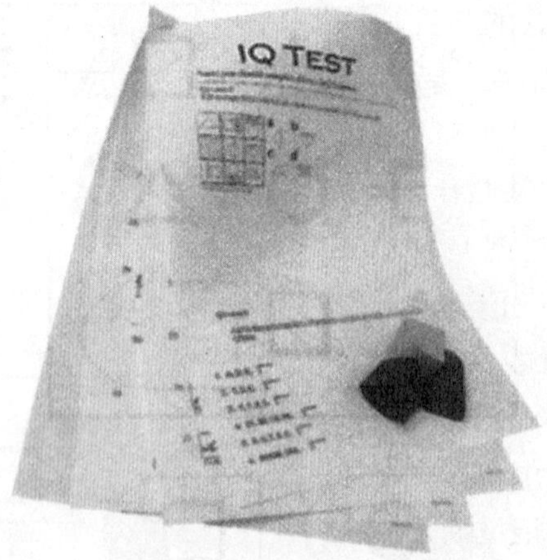

在网络、杂志或自助类书上，我们能看到各种各样“自测”形式的智力测验。大多数这样的测验毫无根据，因此我们不需要太关注得到的分数。

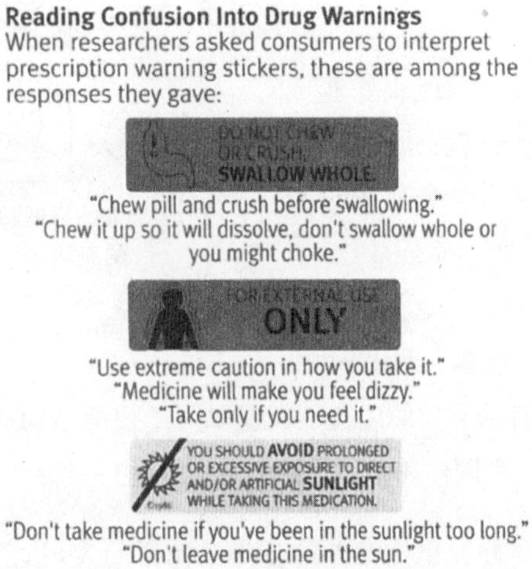

由于缺乏与智商相关的科学知识，在使用相关药物时，可能会因为误解使用说明而产生危险（Davis et al.，2006）。（Source: Franklin，2005）

智商也能预测在教室和工作室之外的各种各样的真实世界中的行为。例如，智商与有关健康的东西包括疾病和车祸有关（Gottfredson，2004；Lubinski & Humphreys，1992）。至少一些智商与疾病之间的负相关可归因于健康状况辨别力，即理解关于健康信息的能力，如医生或药品标签的说明。拥有低健康状况辨别力的人可能在维持健康行为方面有些困难，如做足够的运动、吃正确的食物或者吃合适剂量的药。智商还与犯罪倾向有关：有犯罪倾向的青少年的智商比其他青少年低 7 个点（Wilson & Herrnstein，1985）。

这里有一个潜在的疑问（见第 2 章）。智商与社会经济水平呈负相关，穷人倾向于低智商。因此应该用贫穷而不是智商来解释我们讨论过的联系中的一部分。研究者们在解释低收入水平时已经尝试通过确定有无相关验证这个对立假设。在很多案例中，包括健康结果及犯罪，它们都起作用（Herrnstein & Murray，1994；Neisser et al.，1996）。

排除其他假设的可能性
对于这一研究结论，还有更好的解释吗？

智商分数的两端：从智力发育迟缓到天才

群体的智商分数是正态分布的，在可能的智商分数范围内变化。在一个**钟形曲线**分布中，大部分的分数落在中间区域，至尾部或极限部分逐渐减少，形成了钟的形状。

图 7.13 中展示出钟形曲线与人群中智商分数完全匹配。大部分的分数都落在广阔的中间区域，大约 95% 的人智商在 70 到 130 之间。

下面让我们来看一下我们对处于智商分数的两端的人了解多少：智力发育迟缓到天才。

智力发育迟缓 心理学家们用三个标准来定义**智力** 249
发育迟缓：（1）开始于成年之前；（2）智商低于 70；（3）适应能力缺乏，如在穿衣服和吃饭上、与人交流上及其他基本生活技能上有困难（Greenspan & Switzky，2003）。适应能力这一标准很好地解释了为什么三分之二的智力发育迟缓儿童在成人时不再符合智力发育迟缓的诊断（Grossman，1983）；因为个体在成长的过程中获得了生存技能，所以他们不再符合适应能力缺乏这一标准。

在美国大约有 1% 的人，大多数是男性，达到智力发育迟缓标准（American Psychiatric Association，2000）。

钟形曲线（bell curve）
大部分的分数落在中间区域，至“尾部”或极限部分逐渐变少的一种分布。

智力发育迟缓（mental retardation）
在成年前表现出的特征，智商低于 70，缺乏对日常生活的适应能力。

通用的美国精神病诊断系统将智力发育迟缓分为四种类型：温和型（曾称为可教育型）、中间型（曾称为可训练型）、严重型及彻底型。与普遍概念相反的是，大多数智力发育迟缓个体——至少 85%——都属于温和型。在很多案例中，温和型的智力发育迟缓儿童能融入或进入班级与正常成长的孩子相处得很好。然而“温和型智力发育迟缓”这一叙述是个误解，因为这种类型的个体仍有严重的适应能力缺失。

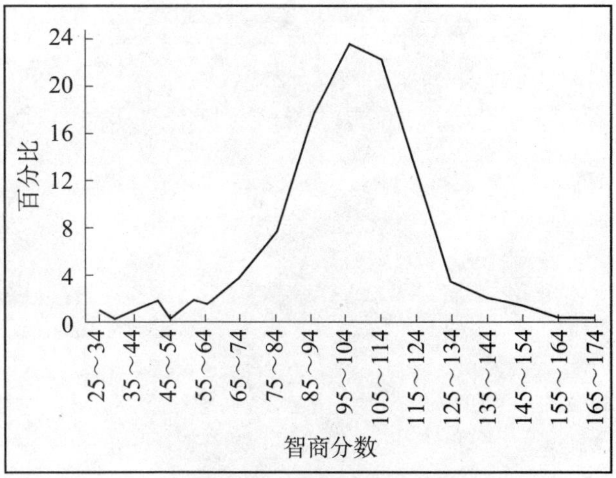

图 7.13　普通人群的智商分数分布

钟形曲线大致接近普通人群的智商分数分布。

至少有 200 种不同原因导致智力发育迟缓。与智力发育迟缓有关的常见的病症，是由 X 染色体变异引起的脆性 X 染色体综合征和一条多余的 21 号染色体引起的唐氏综合征。大多数唐氏综合征儿童不是温和型就是中间型。

现今对于智力发育迟缓个体的社会态度有所改善，很多智力发育迟缓儿童能过上有成效的半自由生活。在 1990 年通过的《美国残疾人法》（ADA）认为，对有心理和生理缺陷的人的工作和教育的歧视是非法的。1996 年通过的《残疾人教育法》（IDEA），为那些接受心理和生理有障碍的年轻人的州和地方教育机构提供联邦政府援助。

大多数唐氏综合征个体是温和型或中间型的智力发育迟缓者。然而，好多已成功地适应传统教室生活。

天才和超常的智力　下面让我们转到钟形曲线的另一端，这些是占很少比例的拥有高智商分数的人。大部分有这种智商或接近于这一智商的人们都从事如医生、律师、工程师及大学教授的工作（Herrnstein & Murray，1994）。然而，我们对于高智商个体具有的心理特征的了解相对较少。一些研究提供了线索。

在 20 世纪 20 年代，刘易斯·推孟和他的助手（Terman & Oden，1959）发起了第一个关于天才的经典研究。他对这些被亲昵地称为“推孟的白蚁”（Termites）的个体追踪数十年。尽管推孟的研究出现的错误在一定程度上是由于没有设置低智商这样一个控制组，但他批判了对于高智商者的三个普遍误解，见表 7.2 中的描述。

创造一个天才的诀窍是什么呢？基因因素可能扮演了一个重要角色。然而，要成为天才，还要经过多年的努力工作，在小提琴、钢琴、芭蕾舞及体育这些领域有杰出成就的最好预测物是我们花在练习上的大量时间。例如，最有天分的音乐家花的时间是天分低的音乐家的两倍（Ericsson，Krampe，& Tesch-Römer，1993）。当然，这里的偶然因素是不确定的。更大量的练习能带来成功，或者是更高水平的先天因素会促进更多的练习。

相关还是因果

我们能确信 A 是 B 的原因吗？

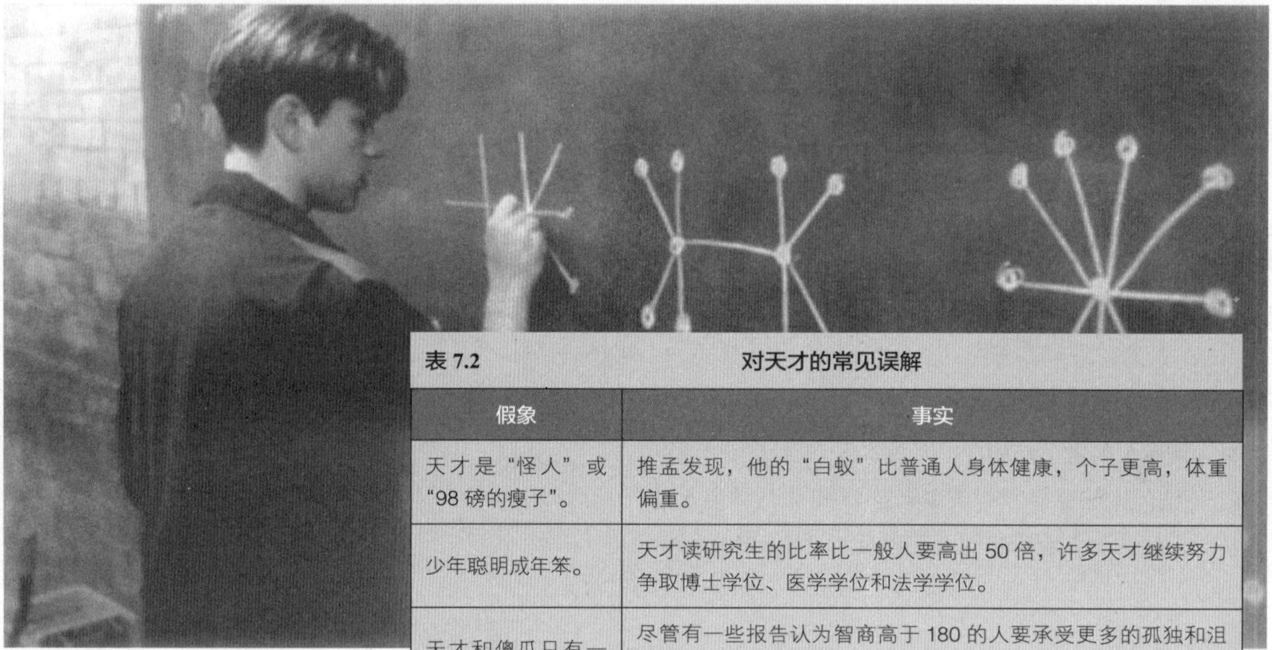

250 表 7.2 对天才的常见误解

假象	事实
天才是“怪人”或“98 磅的瘦子”。	推孟发现，他的“白蚁”比普通人身体健康，个子更高，体重偏重。
少年聪明成年笨。	天才读研究生的比率比一般人要高出 50 倍，许多天才继续努力争取博士学位、医学学位和法学学位。
天才和傻瓜只有一线之差。	尽管有一些报告认为智商高于 180 的人要承受更多的孤独和沮丧，但推孟的调查结果指出，天才比一般人患有轻微心理疾病和自杀行为的比率低。

★小测试

1. 如今，智商的计算方法是用心理年龄除以实际年龄再乘以 100。 正确 错误
2. 儿童智力水平测验的标准比后来实际测定的智力分数低。 正确 错误
3. 尽管智商分数可以预测学业成绩但是却无法预测事业是否成功。 正确 错误
4. 智力发育迟缓最常见的形式是温和型。 正确 错误
5. 大部分高智商的人都会出现身体虚弱和发育不良。 正确 错误

答案：（1）错（pp.244–245）；（2）对（p.247）；（3）错（p.248）；（4）对（p.249）；（5）错（p.250）

个体和群体的智力差异

关于这个问题，我们已经讨论过什么是智力以及如何测量它，但是我们对何种因素导致个体的智力差异却知之甚少。幸运的是，在过去的几十年里，心理学家已经查明了许多影响智力的因素。然而我们将会发现，仍存在一些不可忽视的争议。

251 ### 探索遗传和环境对智商的影响

基因和环境因素都会影响人们在智力测验中的表现。【学习目标 7.11】支持基因影响的证据来自家庭中对智商影响水平的研究。例如，在同一个家庭中抚养的兄弟姐妹智商的相关系数大约是 0.5，然而表兄弟姐妹间的相关系数约为 0.15（Bouchard & McGue，1981）。无论如何，这类研究不能从环境中区分基因的作用。这是因为这些家庭的人的基因和所处的环境是相同的。因此，当这些家庭呈现出某个特点，我们不知道它是基因因素、环境因素还是两者共同引起的（见第 3 章）。因为家庭研究不允许调查者从教养环境中排除自然作用，

他们已经转向提供更多信息的实验设计。这包括双生子研究，即比较两种类型双生子同一特点的相关性：同卵（单卵双生）和异卵（双卵双生）。

> **排除其他假设的可能性**
> 对于这一研究结论，还有更好的解释吗？

双生子智力研究　因为同卵双生子的相同基因数量平均是异卵双生子的两倍，如果基因起重要作用的话，同卵双生子的相关系数会高于异卵双生子。在智商的经典性研究中，同卵双生子的相关为 0.7 ～ 0.8，而异卵双生子的相关仅为 0.3 ～ 0.4。然而，所有在一起抚养的双生子研究中同卵双生子的相关低于 1.0。同卵双生子的相关高于异卵双生子说明了智商受基因因素的影响。

这些双生子研究也提供了智商受环境影响的确切证据。为什么呢？因为同卵双生子的智商不完全相关：如果只有基因因素起作用的话，由于同卵双生子的基因完全相同，他们的智力应该完全相关（假设智力测验是可靠的）。其相关低于 1.0 表明环境影响也起作用，尽管研究没告诉我们这些影响是什么。

收养儿童的智力研究　完整家庭研究受到局限因为他们不能从环境影响中排除基因影响。为了解决这个缺陷，心理学家转向收养研究（见第 3 章），以检验收养在新家庭里的孩子与他们的养父母和亲生父母的相似程度。收养研究对于弄清环境因素对智商的影响有明显的贡献。例如，来自贫困家庭的收养儿童在一个富裕的家庭中生活时，智商会升高（Capron & Duyme，1989）。但是收养儿童的智商和他们亲生父母的智商相似吗？收养儿童研究结果证实答案确实如此。收养儿童的智商与其亲生父母的智商相似，证明了基因的影响。

什么样的环境因素影响智商？尽管心理学家已经在找出可能的原因方面取得了重大进展，但还是不能确定。

教育对智商的影响　学校学习的时间与智商分数的相关在 0.5 ～ 0.6 之间（Neisser et al.，1996）。尽管一些作者把这种相关系数看成学校教育导致高智商，但是因果关系很可能颠倒了。事实上，有证据证明高智商分数的人比低智商分数的人更喜欢上课（Rehberg & Rosenthal，1978）。

双生子智力研究比较同卵双生子（上）和异卵双生子（下）的心理表现。

> **相关还是因果**
> 我们能确信 A 是 B 的原因吗？

早期教育能提高我们的智商吗？启智计划（Head Start）给出了很好的证据，这是一个开始于 20 世纪 60 年代的学前项目，通过提供给贫困儿童丰富的教育经验
让其跳跃式发展。这个项目的愿景是能让他们在智力上 252
赶上其他的孩子。启智计划的很多研究产生了让人很失望的一些结果。尽管这个项目能让智商在短期内提高，但是项目结束后，这些提高通常不能维持下去（Caruso，Taylor，& Detterman，1982；Royce，Darlington，& Murray，1983）。

贫穷和智商：社会经济与营养匮乏　很难判定贫穷对智商产生多大的影响，但是有理由相信社交和经济的匮乏会对智商产生不利影响（Jensen，1977），而且在儿童时

代，这种匮乏的影响会逐渐增大（Willerman，1979）。

伴随贫穷产生的往往是饮食不足。对美国中部贫困地区的研究表明，儿童期的营养不良，尤其是持久的不良，能使智商变低（Eysenck & Schoenthaler，1997）。贫困的儿童更可能喝污水、呼吸污染的灰尘或吃令人生病的食物。诸如此类的有害物质与智力受损密切相关（Bellinger & Needleman，2003；Canfield et al.，2003；Ris，Dietrich，Succop，et al.，2004）。然而，这种由贫穷或其他因素，如营养不良导致的直接作用与智力受损的相关性如何目前还不清楚。

相关还是因果
我们能确信 A 是 B 的原因吗？

越来越聪明：神秘的弗林效应 20 世纪 80 年代，政治科学家詹姆斯·弗林（James Flynn）发现一些奇怪的事情（Dickens & Flynn，2001；Flynn，1981，1987）。随着时间流逝，人群中的平均智商分数以每 10 年 3% 的比率上升，这个现象就是**弗林效应**（Herrnstein & Murray，1994）。这意味着，我们的智商平均比我们的祖父母辈高出整整 15%。大多数研究者把这个效应归于不同的环境影响，因为基因影响不太可能使智商有

联邦启智计划发起于 20 世纪 60 年代，目的是让迟缓的学前儿童在教育上跳跃式发展，启智计划的研究表明，智商在短期内可以显著提高，但是这些提高会随时间而消失。

弗林效应（Flynn effect）
人们的平均智商分数以每 10 年大约 3% 的比率上升。

如此快的提高。我们仍然不能充分理解弗林效应产生的原因。对于这个谜，目前的数据表明这个效应可能减弱了，甚至逆转，至少在欧洲是这样的（Sundet，Barlaug，& Torjussen，2004）。弗林效应明显结束的原因与其出现的原因一样令人费解。

智商的群体差异：科学家和政治家

迄今为止，我们几乎将全部的注意力集中在智商个体差异这个棘手的问题上：为什么一个族群中人们测出的智力是不同的？如果你认为我们目前讨论的问题是有争议的，请留意我们接下来的讨论。智商群体差异的话题可能是整个心理学中最苦苦争论的话题。下面我们看看研究是怎么对两个群体在智商上的差异进行诠释的：（1）性别差异；（2）种族差异。**【学习目标 7.12】**

我们将会发现，这些议题从情感上讨论和从科学角度讨论一样复杂。它们也被深深地卷入政治中（Hunt，1999），站在不同立场的人控诉对方的偏见和不良意图。评价这些议题时我们必须尽可能地保持客观。它需要我们在检验科学证据时不考虑可理解的情感反应，但这并不容易。

智商的性别差异和心理能力 2005 年 1 月，当时的哈佛大学校长劳伦斯·萨默斯（Lawrence Summers）引发了一场轰动。萨默斯在全美全体大学教师的一个非正式会议上大声地问，为什么在诸如物理、化学和生物学等“高端”科学领域，女性会如此罕见（见图 7.14）。他 253
尝试性地提出几个原因，第一个涉及对女性的歧视，第二个涉及女性偏好操持家务，而不是令人筋疲力尽的职场竞争。但是萨默斯的第三个理由确实存在，猜测可能女性来到这个世界上就在科学和数学上有基因的缺陷。紧跟萨默斯挑衅言论的是一番关于心理能力性别差异的激烈争论。对于这一部分，我们要尽力以科学的眼光看待这些证据。

智商的性别差异。 总体智商方面男性与女性不同吗？少数研究者近来报告男性的平均智商稍高于女性——可能是 3 至 5 个点（Jackson & Rushton，2006；Lynn & Irwing，2004）——但是这些断言也有争议。大部分研究者发现智商很少，或根本没有平均性别差异（Jensen，

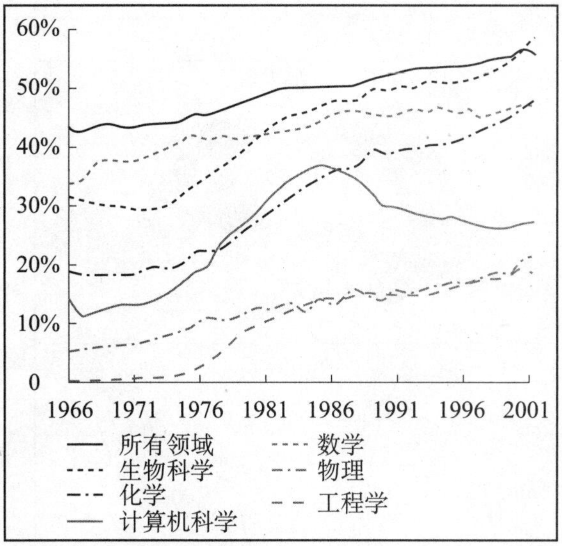

图 7.14 在选定领域里女性获得学士学位的情况（1966—2001）

在这35年中，女性没有出现在大多数“高端”科学领域中，只有一小部分在这些研究领域获得学位。（Source：Ivie & Ray，2005）

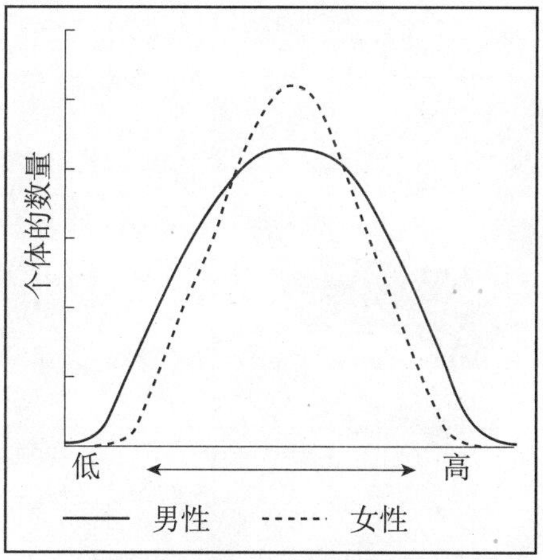

图 7.15 男女智商测验分布图

男性的智商分布比女性更广。结果，更多的男性有高和低两端的智商分数而女性更多居于中间。

1998）。目前最科学的预测是男性和女性的智商即使不完全相同，也是极其相似的。

然而平均差异无法解释全部问题。大量的研究表明，男性的整体智商分数比女性更易于变化（Hedges & Nowell，1995）。因此尽管男性没显示出平均智商比女性高，但是更多男性的智商分数处在智商钟形曲线的峰谷（见图7.15）。我们不知道这种差异的原因，不要意外，研究者们已经试图用基因和环境来解释。

你怎么认为？

假设你工作于哈佛大学公共关系办公室，当前校长劳伦斯·萨默斯发表女性在科学方面的争议性言论时，你如何运用性别和智商关系的知识来化解这种情况？

特殊心理能力的性别差异。即使男性和女性在总体智商方面有差异，那也是极小的差异，当我们讨论特殊心理能力时这幅图会变得更有意思——更复杂。当说到大多数的智力能力时，男女是极其相似的（Hyde，2005；Maccoby & Jacklin，1974），但进一步的观察显示出一些一致的性别差异（Block，1976；Halpern，1992；Halpern et al.，2007；Pinker，2005）。

女性倾向于比男性能更好地完成一些言语任务，比如拼写、写作和单词发音（Feingold，1988；Halpern et al.，2007；Kimura，1999）。这种性别差异可能与激素成分有关，雌激素是一种性激素，女性体内多于男性，语言能力似乎随着雌激素水平的变化而产生差异。女性平均在算术上也比男性做得更好，如数字加减，不过这种差异目前只存在于儿童期（Hyde，Fennema，& Lamon，1990）。最后，女性比男性更易于发现和识别他人的情绪反应，尤其当她们到了成年期（Hall，1978；McClure，2000）。

相反，男性在完成需要大量空间能力的任务时比女性做得好（Halpern et al.，2007）。最大的区别体现在心理旋转任务上，如图7.16所示：需要被试决定一系列 254
旋转体中哪个与目标旋转体相匹配（Voyer，Voyer，& Bryden，1995）。有趣的是，表现出最明显的心理性别差异的领域之一是地理，一个完全依赖空间能力的研究领域。男性比女性更擅长复杂推理的数学任务，比如几何证明题（Benbow & Stanley，1980）。不过，这种差异直到青春期才出现（Hyae et al.，1990）。

可重复性

其他人的研究也会得出类似的结论吗？

底线是什么？一方面，很可能是一些心理能力的性别差异，比如女性在特定的言语任务中得到更高的分

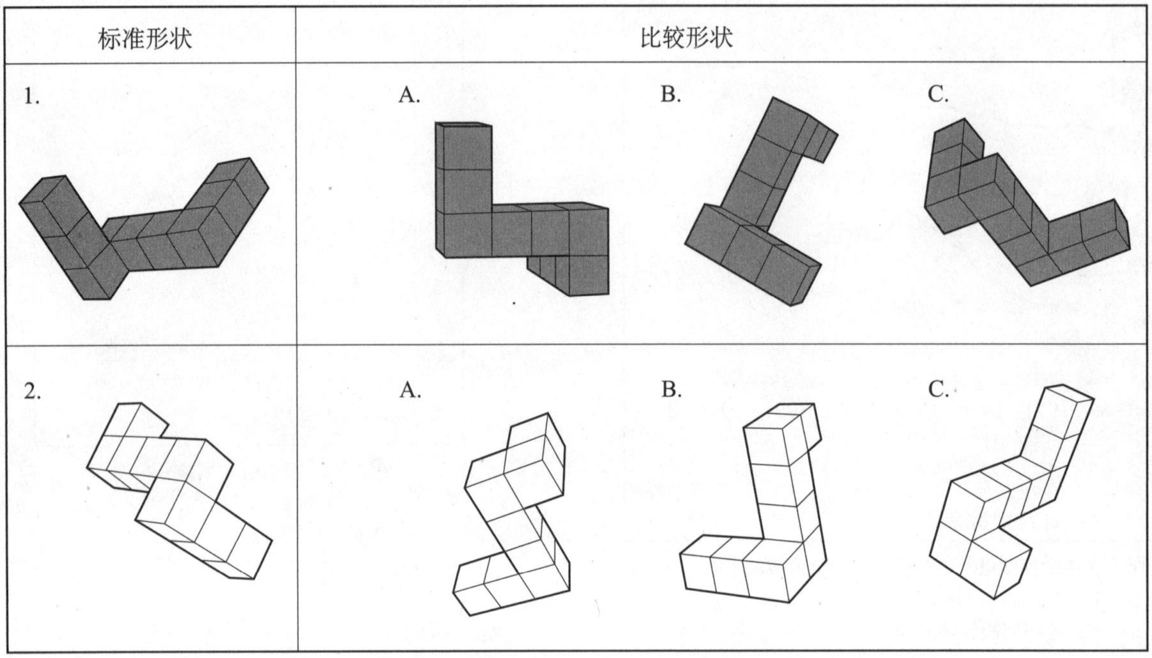

图 7.16 心理旋转任务

在做心理旋转任务时男性比女性表现得更好，这个任务需要被试从右边找出与左边“标准”形状相匹配的“比较”形状。你也可以试试这两道题目（或许你也有敏锐的空间思维能力）。答案见本页左下角。（Source: Metzler & Shepard，1974）

在如何解决空间问题方面有性别差异。

数，而男人在空间和复杂的数学任务中得高分，植根于基因。事实上，尽管过去的几十年间，男女之间的角色发生了许多变化，空间能力的性别差异却没有减少（Voyer et al.，1995）。此外，一些研究表明，水平过量的睾酮（一种男性体内比女性多的激素）与较好的空间能力相关（Hampson，Rovet，& Altmann，1998），不过并不是所有的研究者都认同这个发现。

另一方面，我们有充分的理由认为科学和数学能力上的性别差异在某种程度甚至是很大程度上与环境有关（Levine，Vasilyeva，Lourenco，et al.，2005）。性别差异可能更多是由问题解决策略的差异而不是固有的能力造成的。例如，当研究者鼓励男人和女人用空间想象力解决数学问题（男人更擅长）而不是言语推理（女人更擅长）时，在数学表现上的性别差异明显变小（Geary，1996）。此外，如果我们再看一下图 7.14，我们会感到震惊。从 1966 年到 2001 年，进入高端科学领域的女性比率平稳上升，这个发现说明，“高端”科学研究领域缺乏女性的现象是社会因素造成的，比如歧视和社会期望，而不是女性的科研能力差。

可重复性

其他人的研究也会得出类似的结论吗？

智商的种族差异 智力研究中最有争议和令人头痛的发现之一，可能是种族的平均智商分数不同。这些差异大小不同而且可以多次重复（Loehlin，Lindzey，& Spuhler，1977）。平均来说，在标准智力测验中非裔美国人和西班牙裔美国人的得分低于白人（Hunt & Carlson，2007；Lynn，2006；Neisser et al.，1996），亚

图 7.16 的答案：1.A，2.B

裔美国人得分高于白人（Lynn，1996；Sue，1993）。美国的白人中，犹太人的智商略高于非犹太人（Lynn，2003）。一些研究者已经评估出白人的平均智商比非裔
255 美国人高出 15 个点，因而受到极大关注。关于不同种族之间人们能力和潜力的不同告诉了我们存在着什么样的差异以及这些差异为什么存在？

多年来，一些社会部门已经尝试用这些发现误导人们，有时甚至有关于一些种族天生优于其他种族的恶意争论。例如，1994 年，理查德·赫恩斯坦（Richard Herrnstein）和查里斯·默瑞（Charles Murray）出版了一本名为《钟形曲线》的书时就引起了激烈争论。在这本书里，他们争辩说至少种族间的一些智商差距可能起源于遗传。针对这个断言又产生了一系列严重的问题。大量支持智商种族差异的证据，大部分或者全部都是支持环境影响的观点。最有可能的是，这些所谓的差异阻碍了不同种族的人使用资源和获得同等机会的可能。此外，近几十年来种族间的智力差异在缩小（Dickens & Flynn，2006；Hauser，1998）。另一个值得考虑的观点是，一个种族内的可变性似乎比种族间的可变性大（Nisbett，1995）。这个发现意味着不同种族间智商分数的分布有很大的重叠（见图 7.17）。结果，非裔美国人和西班牙裔美国人比许多白人和亚裔美国人的智商分数高。底线是明确的：我们不能以种族为基础来推断任何一个人的智商。

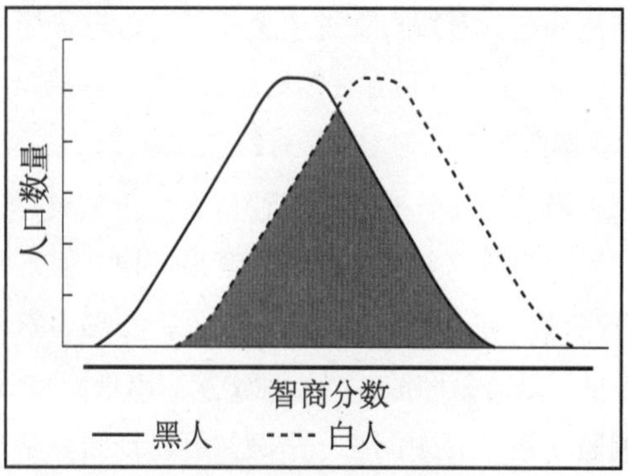

图 7.17　黑人和白人的智商分数分布图

黑人和白人智商分布相差高达 15 个点——但是在边线处有大量的重叠，正如图中所指的阴影区域。

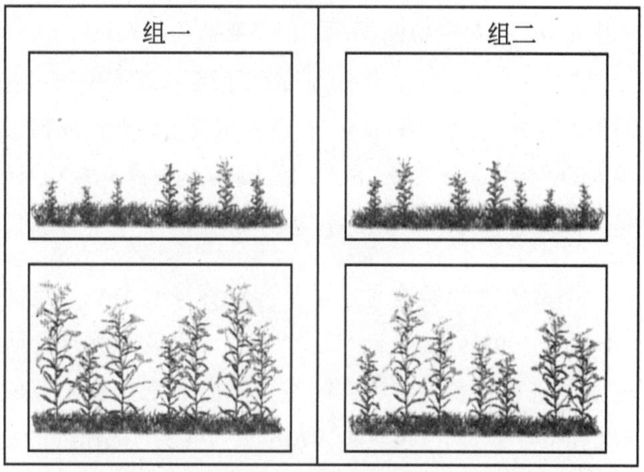

图 7.18　两组植株的图片

种植这些植株时它们的高度不相上下，但随着时间的推移，由于不同的环境条件，一组超过了另一组。这演示了群体智商的差异可能完全是由环境因素决定的。（Source: Based on Lewontin，1970）

消除种族差异。为了解智商的种族差异并不一定意味着智力或学习潜能的遗传差异，我们先看看图 7.18 上方的两个植株组（Lewontin，1970）。就像我们看到的那样，这个思维实验中每组的植株高矮不一，这些高度差异（至少部分）反映了遗传对植株生长和茂盛趋势的影响。然而，关于生长周期这一点，两组植株的平均高度是大致一样的。现在假设我们给左边的那组提供大量的水和光，而给右边那组提供少量的水和光，耐心地等待几个星期：我们发现左边的那组平均高度高于右边的，尽管两组都有相同的生长和茂盛的潜力，但是环境影响导致一组比另一组高。这说明了什么呢？两组植株的高度差异完全来自于环境因素——光和水。所以我们不能用遗传来解释两组的差异。换句话说，群体差异并不能全部遗传给后代。因此我们很容易猜想到，早期不同种族是没有显著的智力基因差异的。但是多年来，因素积累下来的影响（比如社会剥夺和偏见）可能在种族间产生显著的智力差异，其中影响最大的是环境因素。

值得重点指出的是，尽管我们例子中的一组植株长得高于另一组，但是在矮组却有一两株长得比高组的一些还要高。两组间高度的重叠分布表明，即使是来自“贫乏”组，其中也还有一些植株的生长超过来自“优越”组的许多植株。这一点提醒我们，不能用智商的群体差异来推断一个人的智商。尽管这个例子说明可能完全是自然环境造成了智力的种族差异，但并没有肯定的证据说明就是自然环境。我们需要找出科学的证据来解决这个问题。

测验偏向。对智力在种族上的差异，最普遍的解释是这些测验对一些族群存在偏见，而对另一些族群青睐有
256 加。测验偏向对于心理学家具有特殊的意义，它不同于大众对该术语的使用。专业的解释认为，一个测验没有偏向仅仅是因为测出一组的表现好于另一组。但是用量尺测量身高时，男人的平均分高于女人，心理学家们却不会认为量尺是有偏向的。当心理学家们出现**测验偏向**时，说明测验结果具有预测性——例如可以预测在学习成绩或职业成就上一组的表现好于另一组（Anastasi & Urbina，1996）。不同点在于，测验偏向指的是组内差异。让我们假设智商分数和学分平均绩点（GPA）的相关系数在白人中是 0.7，如图 7.19a 所示，但是亚裔美国人只有 0.25，如图 7.19b 所示。这个发现说明智商能够很好地预测白人而不是亚裔美国人的 GPA。在这种情况下，即使亚裔美国人的平均智商分数高于白人，智力测验对亚裔美国人也还是带有偏见。因此，两组的平均差异不足以说明测验偏向。

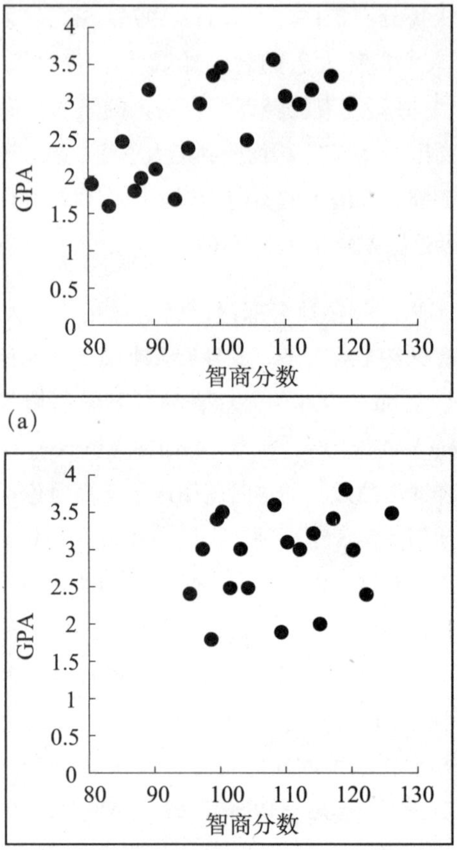

图 7.19 两个散点图代表实验偏向

这两个散点图展示了一个测验偏向编造的例子。（a）中的白人智商分数与 GPA 高度相关（相关系数是 0.7），而（b）中亚裔美国人智商分数和 GPA 相关较低（相关系数是 0.25）。尽管例子中亚裔美国人的平均智商较高，但测验对他们存在偏见，因为这组中的 GPA 不是一个很好的预测指标。

那么智力测验有种族偏见吗？答案似乎是否定的（Brody，1992；Neisser et al.，1996）。几乎在所有的研究中，研究者发现各种族间智力测验和学业及职业成就的相关是近乎一致的（Brody，1992；Herrnstein & Murray，1994；Hunter，Schmidt，& Hunter，1979）。这个发现可推导出种族间的智商差异与各种族平均成就的差异密切相关的结论。然而，美国社会某些种族在学业上很出色，拥有更高的社会地位，从事高薪的工作。一些心理学家认为，造成智商和成就会因种族不同而存在差异这种现象，最具解释力的原因可能不是智力测验本身，而是社会因素，是偏见导致了种族间智力测验结果、学习成绩以及职业成就的差异。

为什么不是智商遗传产生的种族差异？智力测验没有产生差异，对于这一发现我们不能因为智商的种族差异而责怪测验，但是它并没有解决这些界限是如何产生的问题。一些研究者指出，智商是可遗传的，并根据这个发现认为种族差异一定或至少部分是受基因影响的。然而，这是一个基于误解个体是如何受到组间遗传影响而得出的错误结论。

组内遗传指一种特质在组内成员间遗传的程度，如智商，在亚裔美国人或女人间是可以遗传的。**组间遗传**指组间一个特质的差异的程度是可以遗传的，比如亚裔美国人和白人之间的差异、男人和女人之间的差异。关键要记住，组内遗传不一定都包含组间遗传。意思就是，仅仅因为智商在组内是可遗传的，不意味着这些组间的差异就都与成员的基因有关系。一些研究者混淆了组内遗传和组间遗传，错误地认为任何组内智商都

测验偏向（test bias）
预测一组实验结果好于另一组的测验倾向。

组内遗传（within-group heritability）
组内某一特质的变异在多大程度上受基因影响

组间遗传（between-group heritability）
组间某一特质的变异在多大程度上受基因影响

是遗传的，比如民族和性别，那么智商的种族差异也都是它们自己组内遗传的（Lilienfeld & Waldman，2000；Nisbett，1995）。回到我们的植株类推实验，我们记得在任何一个植株组里，总有一些植株长得比其他的植株高。这些差异是由每一个组内植株个体本身基因固有差异引起的。虽然组内差异完全是由基因引起的，但是植株的组间差异仍然是由环境因素造成的。

由环境而不是基因引起智商的种族差异，其证据是什么？关于非裔美国人和白人的大量差异研究分析，大部分都指向基因引起种族智商差异这一观点。

二战后不久德国进行了一项研究：比较父亲是非裔
257 美国士兵与母亲是德国白人的儿童其智商分数和父亲是美国白人士兵与母亲是德国白人的儿童的智商分数。两组中，都是由母亲抚养孩子，所以社会环境极其相同。最后测验显示这两组儿童的智商没有差别（Eyferth，1961）。因此，当环境相同时，不同种族的基因好像对儿童的智商没有什么影响。

另一个研究检验了交叉种族收养对智商的影响。这个研究表明由中产阶级白人父母收养的 7 岁非裔美国儿童，其智商高于非裔美国人或者白人儿童的平均水平（Scarr &Weinberg，1976）。这个发现说明种族效应可能与社会地位有关，因为与白人和亚裔美国人相比，更高比例的非裔和西班牙裔的美国人生活贫困。对这些孩子的后续研究显示他们的智商在十年间出现下降（Weinberg，Scarr，&Waldman，1992），这可能意味着社会经济地位的作用结束了，或者意味着成为主要白人社会中少数族群中的一员而产生的消极影响（比如歧视）逐渐抵消了环境变化的作用。

刻板印象威胁。另一个影响个人表现和成功的环境因素是**刻板印象威胁**。刻板印象威胁指出恐惧可能会强化我们某一方面的负面刻板印象，比如我们产生比别人更笨、更不擅长运动的刻板印象。刻板印象威胁甚至会产生一种自我实现的预言，当一个人过度担心一个消极的刻板印象事件的发生时，这反而会增加他做那件事的可能性（Steele & Aronson，1995）。克劳德·斯蒂尔（Claude Steele）认为，刻板印象威胁会损害个人在智力测验和标准化测验（如 SAT）中的表现。这是他的推理过程：如果我们是智力测验成绩很糟糕那组的成员，那么仅仅做智力测验这一想法就会唤起刻板印象。我们认为“我在这个测验中应该表现得很糟糕”。斯蒂尔（1997）认为这个信念会影响行为，导致一些能够做好的人其表现也大打折扣。

研究表明刻板印象能导致非裔美国学生在测验中表现更糟，因为他们相信他们的种族成员都做得很糟。

我们的讨论使我们得出了令人担忧的结论，即更广泛的社会差异体现在资源、机会、态度和经验方面，它们就算不负全部责任，也要负大部分责任。然而，令人振奋的消息是智商差异研究中并没有暗指种族的智商差异是不变的。如果环境中的不利因素能导致智商差异，那么排除环境中的不利因素就能排除智商差异。

刻板印象威胁（stereotype threat）
对别人会根据自己的负面刻板形象来评价自己的恐惧。

★小测试

1. 一出生就被其他家庭收养的儿童，他们的智商与其亲生父母的几乎不同。　正确　错误
2. 启智计划使智商持续提高。　正确　错误
3. 空间任务如心理旋转，很少或几乎没有性别差异。　正确　错误
4. 非裔美国人和白人的智商差异比各自种族内的差异小。　正确　错误
5. 一个测验的组间平均差异不足以说明测验偏向。　正确　错误

答案：（1）错（p.251）；（2）错（p.252）；（3）错（pp.253–254）；（4）对（p.255）；（5）对（p.256）

258

全面的复习体系

语言是如何工作的？（pp.226–234）

7.1 描述儿童学习语言的过程，并解释这一过程如何受失聪和双语教育的影响

随着对声道控制的不断加强，婴儿的咿呀学语历经一年的学习，开始慢慢变得复杂。婴儿喜欢发出他们能够感知的音素，这是他们在第一年中听到的本土语言。儿童对词和语法的理解发生在语言表达之前。手势语言和口语有相同的言语规则和复杂性。说两种语言的人有一个典型的占优势的语言，学习两种语言会在获得过程这方面产生减弱，但是最终结果是强化了言语技巧。

1. 怀孕几个月时胎儿已经能够听到声音，那么尚未出生的胎儿学会了多少母语和声音呢？（p.227）
2. 儿童（能 / 不能）在他们发音前就学会识别和理解词汇。（p.228）
3. 年幼的儿童会通过________他们从未听过的句子或在他们从未听过的单词间建立联系这样新奇的方式来运用语言。（p.230）
4. 诺姆・乔姆斯基证明人类拥有一个叫________的器官。（p.230）
5. 手势语言与口语（有 / 没有）相同的特征，比如产生机制、复杂的语法规则。（p.231）

7.2 区分人类语言和动物交流

大部分非人类动物间的交流范围非常有限，主要发生在攻击和交配过程中。教非人类动物人类语言的尝试鲜有成效。黑猩猩和非洲灰鹦鹉能学会基本的交流用语，但是与人类学习有很大的不同。黑猩猩似乎能学习更多的人类行为，但是熟练水平无法超越 1 岁多的儿童。

6. 不像黑猩猩，________有一个与人类学习相近的学习方式。（p.232）

7.3 了解语言影响我们思维可能的方式

几乎很少或没有科学的证据能证明语言能完全决定我们的思维观念（语言决定论）。然而，有证据支持语言能够影响我们思维的许多方面这个观点（语言相对论）。

7. 所有的语言都代表思维的观点，被称作________。（p.233）
8. 目前，神经成像的研究表明，没有语言，思维（能 / 不能）发生。（p.233）

9. 虽然新几内亚的丹尼人没有很好的方式去区分颜色，但是他们依然能意识到颜色的不同种类。这对什么假设提出了挑战呢？（p.233）
10. 当研究者识别思维与语言的差异时，发现（容易 / 很难）把语言从文化的影响中脱离出来。（p.234）

思维和推理（pp.234–238）

7.4 区别认知经济和节能的利弊

认知经济是我们认知功能必不可少且十分有用的方面。没有一些精简信息处理的方法我们就不能有效地工作。分类和做决策时使用的启发式就是认知经济的例子。认知经济也有一些缺点，包括错误推论。第 1、2 章所概述的推理误差对于批判性思维来说是障碍。启发式和偏向在大部分情况下是有用的，但是有时却让我们付出巨大的代价。所以为了对抗思维偏差，我们就想出了科学的方法。

11. 我们把心理活动和信息加工过程称为________。（p.234）
12. ________允许我们简化做决策时需要运用和储存的信息从而达到最小化管理。（p.235）
13. 原型的文化差异是怎样展示我们的类别组织的呢？（p.235）

参考答案在本书的结尾处

259 14. 那些拥有相同核心特征的真实的或想象的客体、行为和特点的集合称为________。（p.235）

15. 花的________是每个可以被分类为花的个体的集合，花的________是生长在植物上的色彩斑斓的、散发香味的物质。（p.235）

16. 访谈者在访谈中采用认知经济会产生哪种影响？（p.236）

7.5 描述人类试图解决问题和作出决策时所面临的挑战

有效问题解决的三个难关是表面相似性、心理定势或功能固着和前后关系。科学方法是不会自然而然产生的。牢记正文概述的科学思维方式的原则和易产生偏向的原因，能帮助我们在日常生活中获得更好的信息。

17. 当我们用认知策略来完成特殊的任务时，我们使用了________。（p.236）

18. 解决专业的问题时组织产生二选一策略的现象叫________。（p.237）

19. ________发生在当我们经历困难时概念化地认为适用于一个目的的物体也能适用于其他的。（p.237）

20. 认知经济比________更自然而然地发生。（p.238）

什么是智力？概念混乱（pp.239–244）

7.6 识别智力的不同模型和类型

弗朗西斯·高尔顿提出智力来源于感觉容量。比奈和西蒙建立了第一套智力测验体系，认为智力由高级心理过程构成，比如推理、理解和判断。斯皮尔曼提出存在g，即一般智力，同时指出存在适用于特殊心理任务的s（特殊智力）。一些心理学家争论过关于迅速提高智力的可能性的问题。据此，出现了各种各样的方法。然而，这些被提及的智力是相互独立的还是一个一般因素的问题仍然悬而未决。

21. 根据高尔顿的智力猜想，一个高视听能力的人将有（高/低）智力。（p.239）

22. 比奈和西蒙建立了第一套________。它为后来研究智力的学者提供了一个模型。（p.239）

23. 为了尝试定义智力，20世纪的研究者认为智力与________有关。（p.239）

24. 查尔斯·斯皮尔曼的________理论提出存在一个单一因素可以描述人在智力方面的所有不同点。（p.240）

25. 根据斯皮尔曼的理论，一个人的智力不仅取决于他或她的g，即一般智力，还取决于他或她的________或者________。（p.240）

26. 当你操作一个从未曾操作过的机器时，你依赖的是________，但是当你回答一个历史问题时你使用的是________。（p.240）

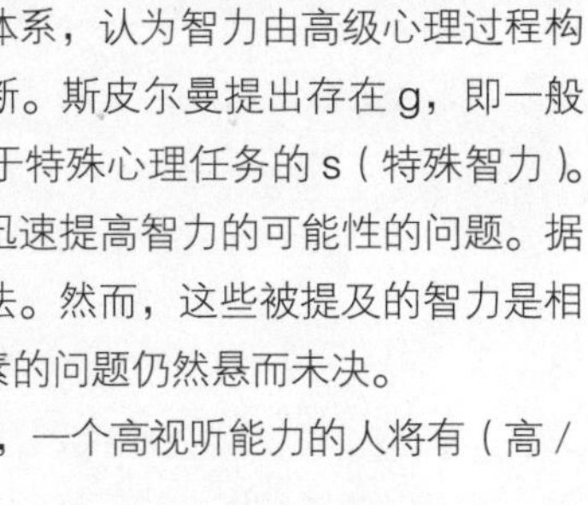

27. 确定斯腾伯格的智力三元理论中的三种智力。（p.240）

7.7 评估关于创造力和情绪智力的科学研究

创造力很难界定，但是心理学家认为创造性的任务是与众不同且成功的。尽管创造力也需要聚合思维的技巧，但是心理学家使用发散思维测验来测量创造力。情绪智力指的是理解自己和他人情绪的能力并在生活中应用这种能力。目前还不清楚情绪智力所提供的心理信息是源自于人格特质，比如外倾性，还是一般智力。

28. ________是找到许多不同解决问题的方法的能力。（p.242）

29. 理解自己和他人情绪的能力叫做________。（p.242）

7.8 描述大脑与智力之间的关系 260

人类的头脑大小和智力还算有点联系。一些证据表明智力水平高的人具有尤其高效的大脑。与工作记忆能力一样，智力似乎与快速反应时有关，并可能是大脑前额皮层的活动。

30. 右图展示的图像中哪个与其他的不同？什么是能使人正确回答这个问题的基础能力？（p.243）

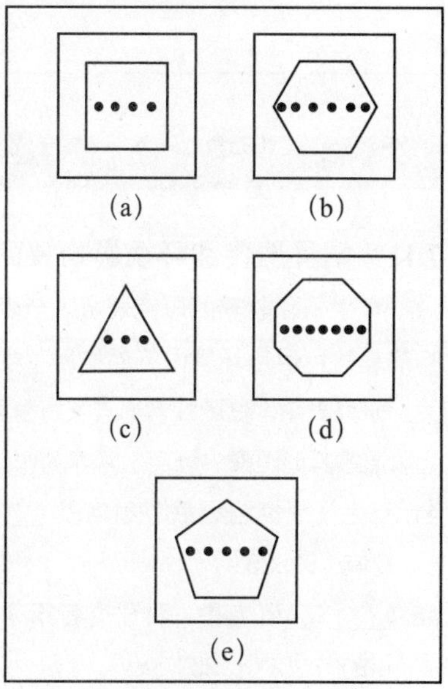

智力测验：超常、中常和低常（pp.244–250）

7.9 阐述智商的计算方法

斯特恩将智力商数（智商）定义为心理年龄除以实际年龄乘以 100。这个简单公式在运用于青少年期和成年期时会出现问题，因为心理年龄在 16 岁左右保持恒定水平。结果，大多数现代智力测验定义智商偏离了智力测验的初衷。

31. 使用威廉·斯特恩的智商公式，完成等式并计算例子中的智商，并解释将这个公式应用于两个心理年龄都是 18 岁的成年人（实际年龄第一个 18 岁，第二个 35 岁）的缺点。（p.244）

8	÷	10	=	_____	×	_____	=	_____
心理年龄		实际年龄		商				智商

32. ________是智力测验中与其他人的平均表现相一致的年龄。（p.244）
33. 计算智商时，现代研究者通常运用的统计手段是_______。（p.244）
34. 心理学家编制了许多不同类型的成人智力测验，其中最常用的是________。（p.246）
35. 观看每一个示例，应用韦氏成人智力量表的知识并确认相关测验和描述。（p.247）

测验	描述	示例
(a)________	[ ]	呈现：1 2 3 4 ○□△⊙ 填入：4 2 1 3 ⊙□○△
(b)________	[ ]	告诉我缺少什么？
(c)________	[ ]	配置积木使其设计图相符：

36. 成人智力测验的重测信度（高 / 低），婴儿智力测验的重测信度（高 / 低）。（pp.247–248）
37. ________表明这些测验是否能准确地测量它们标榜所测量的内容。（p.248）
38. 智商分数（能 / 不能）较好地预测学业表现。（p.248）

7.10 解释美国滥用智力测验的历史

优生学试图通过鼓励有“良好基因”的人多生，反对有“劣质基因”的人生育，达到改善人口基因库的目的。智力测验成为优生学运动的一个重要工具，因为许多优生学的支持者希望以此阻碍低智商个体的生育行为。部分由于优生学，今天的一些人对智力测验持怀疑态度。

39. 从________年到________年，优生学在美国尤其流行。（p.245）
40. ________是很有争议性的实践之一，它促进了优生学运动的发展。（p.245）

261

个体和群体的智力差异（pp.250–257）

7.11 阐释遗传和环境影响智商的研究方式

双生子和收养的研究表明，至少家庭智商存在受基因影响的趋势，但是环境同样起作用。学校学习与高智商分数相关。研究表明，贫困和营养与智商有因果关系，尽管从诸如社会阶层等其他因素中分离出营养的作用正受到挑战。

41. 双生子研究告诉我们智商受________和________因素的影响。（p.251）
42. ________研究是一种研究者用来区分环境作用和基因作用的方法。（p.251）
43. 如果一个来自贫困家庭的孩子被一个富足家庭所收养，我们能预测这个孩子的智商会（上升 / 降低 / 不变）。（p.251）
44. 如果你的智商高于你的祖父母，那么这可能是由________导致的。（p.252）

7.12 评估关于性别和种族差异对智商影响的证据

大部分调查表明，智商可能无性别差异，即使有也是很小的。无论怎样，男性的智商分数比女性的更多变。女性比男性更擅长言语任务，而男性比女性更擅长一些空间任务。平均来看，标准智力测验中非裔美国人的分数低于白人 15 个点，亚裔美国人高于白人 5 个点。然而，不同种族间智商分数的分布中有很大的重叠。测验偏向似乎不能解释非裔美国人和白人之间的智商差距。只是因为智商分数在种族内是可遗传的并不意味着种族间也是可遗传的。大部分研究指向种族智商差距的环境解释，例如贫穷、社会歧视和刻板印象威胁同样起作用。

45. 总体智商存在性别差异的证据很少，但是研究显示男女在许多特殊技巧上有稳定性差异。指出在下面的清单列出的项目中，哪种性别的人得分更高。（pp.253–254）

_______拼写
_______算术（童年期）
_______复杂的数学任务
_______安全驾驶
_______地理
_______社交
_______面部表情识别
_______空间能力

46. 男性比女性更擅长完成需要_______能力的任务，女性比男性更擅长完成需要_______能力的任务。（p.253）
47. 如何用环境因素来解释起初相同高度的两组植株为何最终高度有这样的差异？这个假想实验告诉了我们什么？（p.255）

组一　组二

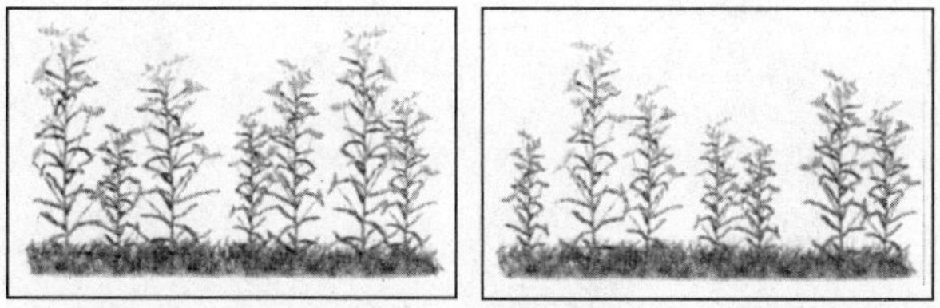

48.《钟形曲线》的作者引起了激烈的争论，因为他们推测智商的种族差异可能起源于_______。（p.255）
49. 为了证明无法用基因解释非裔美国人和美国白人的智商差异，人们需要明白_______遗传和_______遗传的区别。（p.256）
50. 如果你是标准化测验表现不好的那个组的成员，你做简单测验时的失败可能是由于_______。（p.257）

思维技能训练

问题与总结

1. 高度健康的早期环境对婴儿智力发展的重要性仍然是个未解之谜。事实上，大部分正常环境为婴儿的发展提供了足够的刺激。虽然有研究确实发现环境剥夺对智力有消极作用，但在正常环境中添加更多刺激就夸大了这些研究的成果。查找一下商业网站上的“婴儿刺激”产品。这些生产商是怎样扭曲科学研究的？
2. 在基础心理学课上，你被要求用现有的证据和论断来支持你的一种性别不比另一种性别更聪明的观点。你如何克服自身偏见来完成这一作业？

排除其他假设的可能性
pp.230，248，251

相关还是因果
pp.233，234，243，249，251，252

可证伪性
pp.230，239，240

可重复性
pp.243，254

特别声明
p.238

奥卡姆剃刀原理
p.243

第 8 章

人类发展

婴儿有生存本能吗？（p.270）

家庭教养方式是怎样促进或阻碍儿童发展的？（p.284）

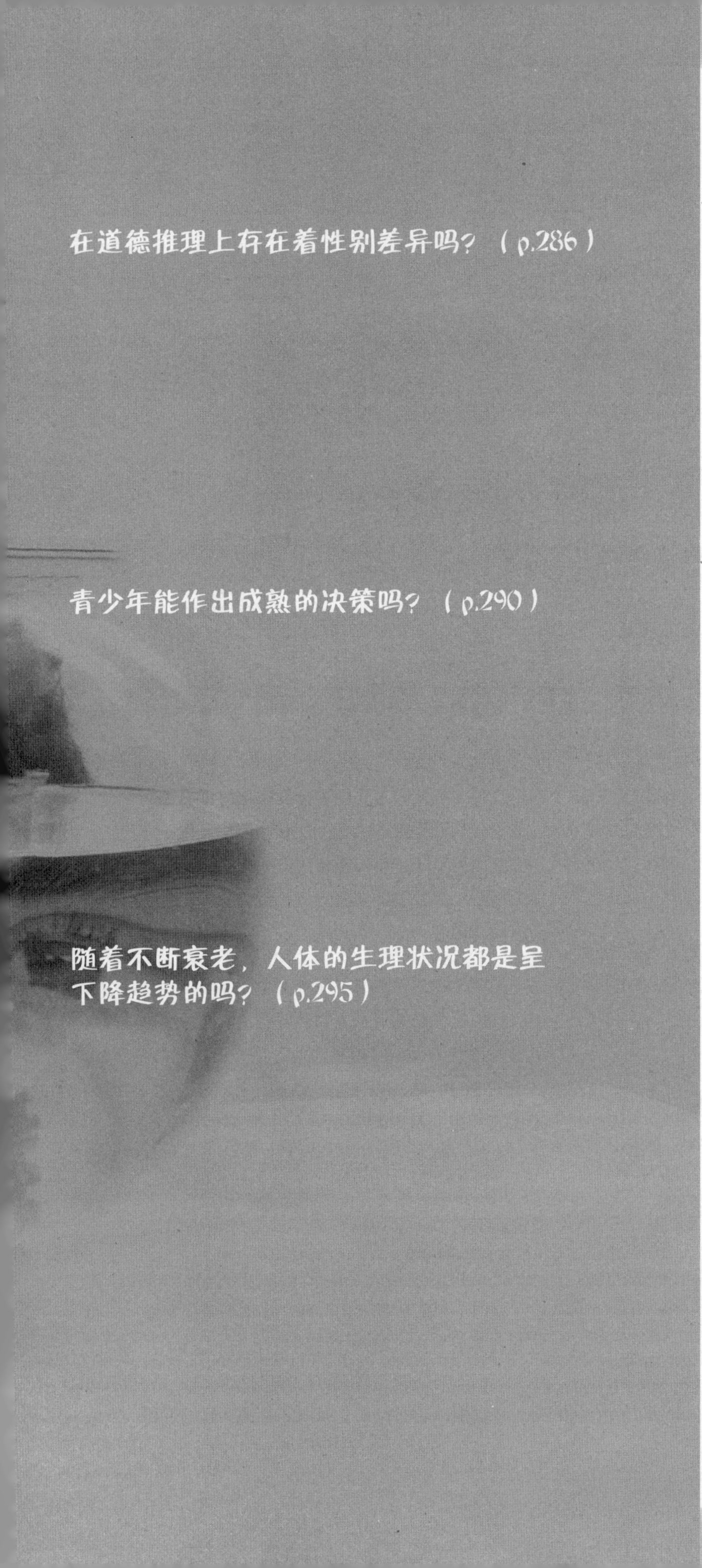

在道德推理上存在着性别差异吗？（p.286）

青少年能作出成熟的决策吗？（p.290）

随着不断衰老，人体的生理状况都是呈下降趋势的吗？（p.295）

人类发展的特殊观点

- 事后归因谬误
- 双向影响
- 关注组群效应
- 早期经验的影响
- 先天和后天的区别

出生前后的发展：身体和动作的发展

- 产前的发展：从受精卵到婴儿
- 婴儿动作的发展：婴儿如何学会行走

认知发展：儿童如何认识世界

- 皮亚杰：儿童如何建构他们的世界
- 维果斯基：社会和文化因素对学习的影响
- 当代认知发展理论

批判性思考：听莫扎特的音乐能创造出“超级宝宝”吗？

- 早期认知发展的标志

社会性和道德发展：儿童与他人的关系

- 陌生人焦虑：8 个月时的突然变化
- 依恋：建立联结
- 气质和社会性发展：我们情绪的天赋
- 家庭教养方式：什么是正确的和什么是错误的？
- 道德发展：辨别是非
- 性别认同

发展不会停止：青少年期和成年期的转变

- 青少年期：巨大转变的时期
- 成年期的成长和衰退
- 谁是老年人？关于老年阶段的不同认识

264

学习目标

8.1 采取辩证方式去思考发展中的一些发现（p.266）

8.2 阐明先天和后天对发展的影响（p.267）

8.3 描述产前的发展阶段并辨别影响正常发展的因素（p.268）

8.4 描述婴儿如何学会协调动作和取得重大的里程碑式的行为发展（p.270）

8.5 理解儿童学习的主要理论机制（p.272）

8.6 解释儿童在重要的认知领域里掌握新知识的过程（p.277）

8.7 描述儿童何时以及怎样与看护人建立情感纽带（p.282）

8.8 解释环境和遗传对儿童的社会行为和社会风格的影响（p.283）

8.9 阐述儿童的道德认知以及重要的社会概念如性别认同是如何发展起来的（p.285）

8.10 描述从儿童到成人的转变阶段生理、情绪和认知的改变（p.289）

8.11 了解成年时期重大生活转变带来的发展性的变化（p.292）

8.12 理解在生理、社会性和认知领域随着年龄变化的自然衰退（p.294）

贾内恩一家的诺拉、艾丽斯、迈拉和赫斯特一起长大，现在她们已经 70 多岁了。但当你看到她们时会发现让你震撼的并不是年龄的不断增长。当介绍她们以后，你很快就会意识到有些东西是非常糟糕的。她们四姐妹都有不同程度的情绪困扰。

结果发现这四位有两个惊人的共同点。首先，她们是同卵四胞胎，来自相同的**受精卵**（已受精的卵子；见第 3 章），而且她们是在 17 分钟内相继出生的。其次，她们都患有精神分裂症。

贾内恩家的四胞胎，提供了经典的例证说明先天与后天在发展过程中的相互作用（Rosenthal，1963）。她们的父母都患有严重的心理问题。我们可以从中了解精神分裂症的遗传基因，从第 13 章可以知道精神分裂症是一种严重的思维和情感错乱，它导致患者与现实脱离，而且其具有遗传性——就如同四胞胎具有精神分裂症的遗传倾向。

但是她们每个人的发病时间段和症状都是不同的。这个发现为环境因素在精神分裂症中的作用提供了有力的证据。双胞胎拥有相同的 DNA，他们其中一方实为另一方基因的克隆，而四胞胎的产生机制与双胞胎如出一辙（见第 3 章）。因此四胞胎的行为差异一定是来自于她们不同的环境。

虽然贾内恩家的四胞胎被诊断为精神分裂症患者，但迈拉的情况比其他三人稍微好些。的确，迈拉也有很明显的情绪困扰，但相对其他人能够更好地调整生活。不像其他三姐妹，迈拉曾经结婚，甚至工作了很多年。相比较而言，赫斯特是姐妹们中病得最严重的：她迷惑、混乱，而且几乎无法照顾自己。诺拉虽然也受到影响，但比艾丽斯健康些，和赫斯特一样她也常常迷惑并且脱离现实。

环境中的哪些因素造成了这些差异呢？从出生来看，这四个姐妹体重不同。两个病情严重的姐妹——赫斯特和艾丽斯比迈拉和诺拉体重轻（Rosenthal，1963）。而且她们的妈妈明显喜欢迈拉和诺拉超过赫斯特和艾丽斯。特别是，赫斯特和艾丽斯经常受到妈妈惩罚，因为

受精卵（zygote）
已受精的卵子。

妈妈感觉她们行为不得体（Bernheim & Lewine，1979；Stierlin，1972）。然而即便是在今天，环境因素在贾内恩四胞胎的精神分裂症中的影响依然是个谜。

这个贾内恩四胞胎的故事的确是心理学家面临的在个体发展中把环境因素从先天因素中分离出来的一个巨大挑战。是妈妈对待赫斯特和艾丽斯比迈拉和诺拉更严厉的教育方式导致了她们严重的精神分裂症吗？很显然有可能。但是也同等存在如下可能性：她们的妈妈严厉地对待赫斯特和艾丽斯是对她们第一时间更为严重的症状的回应。在这些案例中，父母更严厉的教养方式可能使本来有缺陷的孩子情况变得更糟糕，进而又引发父母更为严厉的教育，因此造成恶性循环（Bell，1968；Rutter，1997）。在贾内恩一家的精神分裂症案例中，无法区分先有鸡还是先有蛋的问题。然而，我们都知道心理学家已经发现了一些方法去研究环境因素（如教养方式）是引发孩子行为的原因，还是孩子行为导致的结果。

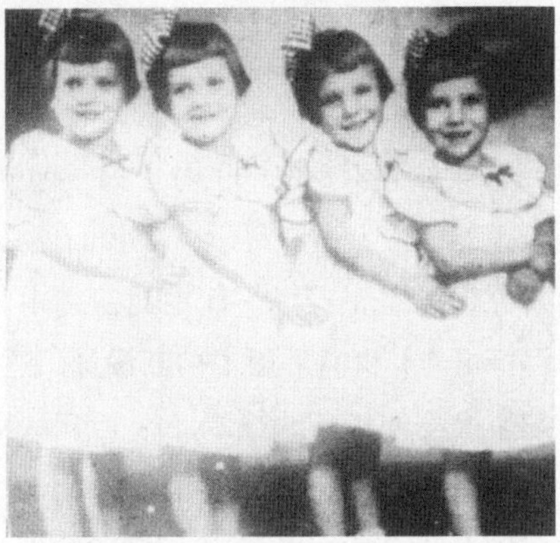

贾内恩四胞胎在发展过程中遗传和环境因素的相互作用引发了复杂又令人困惑的问题。

相关还是因果

我们能确信 A 是 B 的原因吗？

265 ## 人类发展的特殊观点

发展心理学是一门研究行为是怎样随着时间变化的学科。在我们探索如何发展这个问题之前，我们需要面对一些经常出现在心理发展调查中的挑战。理解这些挑战，我们需要遵从这本书中所依赖的科学的思维原则，这将会提供给我们评估从孩童到老年发展过程中的认知方式和社会性变化的原因。

事后归因谬误

一个需要谨记在心的批评性观点是：先发生的事并不一定引起后发生的事。这是一种很诱人的归因倾向，例如，因为 100% 的连环杀人凶手小时候都喝牛奶，所以喝牛奶创造了大量的杀手。但是，很显然，幼时喝牛奶与一些人成为连环杀人凶手这一事件毫无关系，它只是恰巧预先发生了而已。这种逻辑错误被称为**事后归因谬误**。

你怎么认为？

你接受了一种小学一年级数学的新教法。一年以后，这个学校的标准化测试表明学生的数学成绩提高了。事后归因谬误怎样引导我们去判断这种方法是否有效？

双向影响

人类的发展几乎总是一个双行道。那就是，发展的影响是相互的。儿童的经验影响着他们的发展，但他们的发展也影响着他们的经验。例如，家长影响着孩子的行为，相反，孩子也影响着他们父母的行为，等等（Bell，1968；Collins，Sorocco，Haala，et al，2000；O'Connor，Deater-Deckard，Fulker，et al，1998）。孩子通过改变自己来影响他们的父母、兄弟姐妹、朋友和老师的方式，以获得不同反应从而改变自己的环境（Plomin，DeFries，& Loehlin，1977）。而且，随着孩子的成长，他们越来越

青少年不良帮派的产生并非偶然。研究表明，不良个体寻找和发现对方的部分原因是他们的遗传倾向。

发展心理学（developmental psychology）
研究行为如何随时间变化。

事后归因谬误（post hoc fallacy）
因为一个事件发生在另一件事件前，就认为之前的事一定会引起后面那件事产生的错误假设。

导演迈克尔·艾普特（Michael Apted）的“人生七年系列片”中记录了14位英国人，从7岁到49岁全部“纵向”生活轨迹。上图是其中的三个“明星”——莱斯利、林恩和苏（她们现在已经40多岁了），在自豪地展示她们年轻时的照片。

积极地改变和选择他们的环境。

在大脑中保持双向影响的观念是很重要的，因为大众心理学都是单向解释，即以单箭头的形式解释发展的问题。父母打架→他们的孩子就会有消极反应。孩子在学校目睹暴力→他们会逐渐变得具有攻击性。也许这些解释中有一个核心。但他们只叙述了这个故事的一部分。这就是为什么我们称“心理学为涵盖了多方面的双箭头”。在研究人类发展中，双箭头比起单箭头更好，或者说更准确。

266 关注组群效应

想象我们进行一项调查人们的计算机知识是怎样随年龄的变化而变化的研究。我们合理的假设：从青少年至成年早期人们的计算机知识应该是稳定增长的，30岁之后保持不变。经过我们预测，30岁左右时计算机知识应该保持不变或略微增长。为了检验我们的假设，我们从美国人口中抽出100 000人作为样本，他们的年龄在18～80岁之间波动。但是，与我们假设相反，我们发现人们的电脑知识随年龄增长而戏剧性下降，特别是在60岁到80岁时。我们在什么地方出错了吗？

排除其他假设的可能性

对于这一研究结论，还有更好的解释吗？

结果证明我们忘了考虑另一种解释。我们有了一个合理的假设。但在科学上，我们还必须确保我们选择的研究设计是正确的。而在此研究中却并非如此。【**学习目标 8.1**】我们采用了**横断设计**，这是研究者在同一时间研究不同年龄的被试，每个年龄组叫做一个群体的研究设计（Achenbach，1982；Raulin & Lilienfeld，2008）。在一个横断设计中，我们获得每个人在某一年龄的快照，我们测量一些处于24岁、47岁、63岁等年龄的被试。

横断设计的主要问题是无法控制**组群效应**：我们通常依据于出生在同一年或者出生在一个具体界定时间范围来对人群进行区分，而这样一群人被称作“组群”。在这项研究中，组群效应是横断设计的一个严重不足，因为在19世纪80年代末之前，很少有美国人使用电脑。所以那些超过60岁人的计算机知识可能不如青年人。这样看来计算机知识与年龄影响无关，但与成长过程中的其他因素有关。

解决这一问题的唯一可靠的方法是纵向设计。在**纵向设计**里，心理学家追踪同一组被试的整个发展时期（Shadish et al.，2002），而不是获得每个人在单个时间点的快照，我们获得的是一系列同等的在不同年龄阶段的家庭录像。这个设计允许我们检验真实的发展性的影响：随着时间变化出现的改变是年龄增长的结果。没有纵向设计，我们可能错误地得到结论：A事件发生在前就会导致B事件产生，尽管实际上可能并不是这样的。例如，很多大众心理学作品警告我们离婚会导致孩子的这些外显问题行为——如不守纪律，不服从权威，并实施犯罪（Wallerstein，1989）。然而一项以一些男孩为样本的追踪几十年的纵向研究却揭示了不同结果：父母离异的男孩显示出这些外显问题行为的发生甚至比离婚早几年（Block & Block，2006；Block，Block，& Gjerde，1986）。

横断设计（cross-sectional design）
在同一时间内研究不同年龄的被试，每一个年龄组叫做一个群体。

组群效应（cohort effects）
出生在一个特定时代对个体发展的影响。

纵向设计（longitudinal design）
研究同一群体在多重时间段上发展变化的研究设计。

虽然纵向设计研究很适合研究变量在时间因素中的变化，但也需要大量经费和时间消耗。例如，我们关于计算机知识的研究大概需要 60 年去完成。我们也应该记住纵向研究并不是实验设计（见第 2 章），因为在这些研究中我们不能随机地把人进行分组。因此，我们不能用它们去推论因果关系。

早期经验的影响

毫无疑问一个人早期的生活经历有时对塑造以后的发展有深远的影响力，因为很多对行为不同的影响会贯
267 穿一个人的一生。但是，我们也不应该高估婴儿期的经验对于长期发展的影响（Bruer，1999；Clarke & Clarke，1976；Kagan，1998；Paris，2000）。

特别是，我们必须小心避免关于发展的两个误区。第一个是婴儿决定论——广泛传播的极端的早期经验决定论，认为生命头三年的经历往往比后期的经历对人的塑造更有影响。事实上，到现在还没有研究能证明：刚出生不久的婴儿与母亲分离的这一事实会对婴儿的情绪调节产生持久的消极影响（Klaus & Kennell，1976）。生命后期的经历可能与早期经历具有同等的影响（Greenough，1997）。

第二个是童年期的脆弱性，即认为孩子是脆弱的容易受伤的小生物（Paris，2000）。研究表明大多数儿童不仅有很强的适应能力，以及具备承受压力的能力（见第 10 章），而且大多数孩子摆脱潜在危险情况的能力是令人吃惊的（Bonanno，2004；Garmezy，Masten，& Tellegen，1984；Sommers & Satel，2005）。

先天和后天的区别

我们的先天特质（基因遗传）和后天环境（所处的成长环境）在发展中都发挥了巨大作用。然而，我们很快会发现想分清它们的影响很困难。

在 20 世纪 90 年代中期，贝蒂·哈特和托德·里斯利（Betty Hart & Todd Risley，1995）实施了一项为期 6 个月的纵向研究，调查发现父母常与他们的孩子交流会使孩子的词汇量多于那些父母没有这样做的孩子。哈特和里斯利的研究为环境对孩子词汇量的影响提供了有力证据吗？当然，我们不能这么快下结论。在一个完整的家庭中，父母和孩子不仅处于同一环境，而且他们的基因也有相似之处。也就是说遗传和环境是相互作用的（见第 2 章）。所以对于哈特和里斯利的发现有另一种解释：或许反映了这样的事实，那些与孩子交流多的父母的词汇量本身就比其他人多。这就得出词汇量会部分受遗传因素的影响（Stromswold，2005），所以这些父母可能仅仅是把在词汇量较丰富方面的基因遗传给了他们的孩子。很多关于人类发展的研究都是这样受到混淆影响的。【学习目标 8.2】

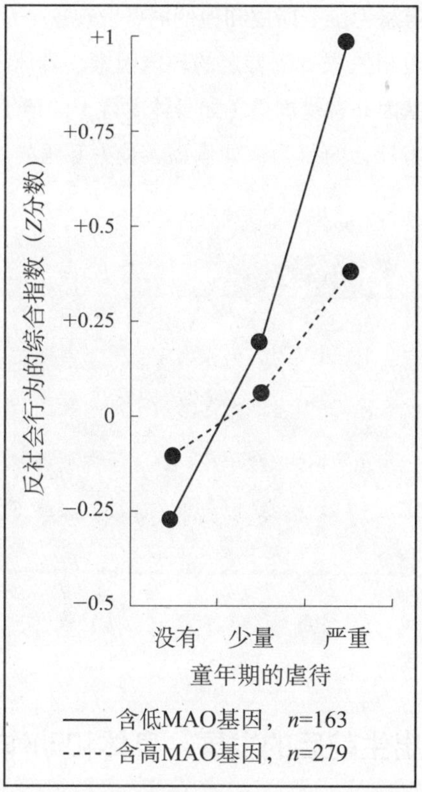

图 8.1　遗传—环境的相互作用

含高 MAO 基因的青少年，童年期被虐待状况对于他们以后的反社会行为并无影响。但对于含低 MAO 基因的青少年，童年期被虐待会导致他们以后的反社会行为风险增加。基因的影响有时是依赖环境的，而且反之亦然。（Source：Caspi et al.，2002）

排除其他假设的可能性

对于这一研究结论，还有更好的解释吗？

而且遗传和环境在个体发展的进程中经常是相互作用的，这意味着一个因素的影响依赖于另一个因素的作用。在 2002 年，阿夫沙洛姆·卡斯皮（Avshalom Caspi）和他的同事进行了一项关于含低单胺氧化酶（MAO）基因的孩子的纵向研究（见图 8.1），发现他们更有可能在以后的生活中实施暴力罪行（Moore，Scarpa，& Raine，2002）。然而，并不是所有含低 MAO 基因的孩子就会变

得暴力。卡斯皮和他的同事发现这个危险基因是否与暴力相关取决于特定的环境因素。具体地说，含低 MAO 基因并有受虐史（如身体虐待）的孩子更有可能去做危害社会的行为，如偷盗、袭击和强奸。仅仅含低 MAO 基因的孩子并不会有高度风险（Caspi et al.，2002）。这一发现表明了**遗传—环境的相互作用**的现象：在很多情况下，基因的影响取决于个体所处的环境状况，而且反之亦然（Rutter，2008）。

★ 小测试

1. 仅仅因为一件事先于另一件事发生，并不意味着前者导致后者的发生。 正确 错误
2. 研究发现大多数孩子都是被动地接受父母的影响。 正确 错误
3. 大多数孩子在严重的压力和身体伤害下经过心理调节可呈现健康模式。 正确 错误
4. 环境经验对孩子发展的影响取决于遗传因素。 正确 错误

答案：（1）对（p.265）；（2）错（p.265）；（3）对（p.267）；（4）对（p.267）

268 ## 出生前后的发展：身体和动作的发展

儿童的发展远远开始于出生之前。例如学习、记忆，甚至对特定声音或躯体姿势的偏好，都已经在婴儿出生前显现出来。然而，**产前**的发展主要是身体的发展，包括身体的形式和结构，根据心理学的观点，最重要的发展就是大脑的发展。

产前的发展：从受精卵到婴儿

出生前变化最大的阶段是在怀孕初期。在卵细胞受精之后，出生前身体发展经历了三个基本阶段。**【学习目标 8.3】**首先，受精卵开始分裂和复制，形成**胚泡**——一个由相同细胞组成的球，但这些细胞还没有具体分化成具有不同功能的躯体部分。在受精后的头一周或一周半的时间里胚泡随着细胞不断分裂继续生长。第二周中期，这些细胞开始分化，在身体器官中承担不同角色的细胞开始生长。

一旦不同的细胞开始承担不同的功能，胚泡就开始变成一个**胚胎**。胚胎阶段由第二周持续发展到第八周，这个阶段四肢、面部特征以及主要的身体器官（包括心脏、肺和大脑）开始成形。到九周，主要器官已经形成，尽管只有两个心室来代替我们正常的四个心室，但心脏已经开始跳动。此时此刻，胚胎变成了一个**胎儿**。怀孕后期胎儿

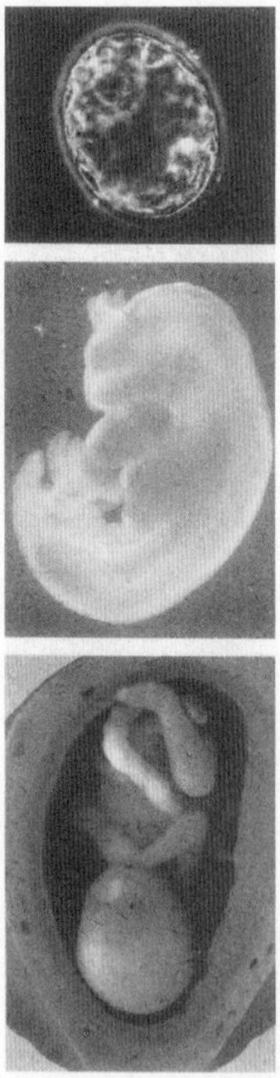

这一系列的照片描绘了在怀孕的前三个月里从胚泡（上）到胚胎（中）再到胎儿（下）的转变。

遗传—环境的相互作用（gene-environment interaction）
遗传的影响取决于个体所处的环境状况。

产前（prenatal）
在出生之前。

胚泡（blastocyst）
怀孕早期由相同的细胞组成的球，还没有开始细化成身体的具体功能。

胚胎（embryo）
产前，受精后的第二到八周，这个阶段四肢、面部特征，以及身体的主要器官开始形成。

胎儿（fetus）
产前发展中，处于第九周到出生的阶段，在胎儿期，各器官进一步发育成熟。

269 的任务就是达到生理成熟。这个阶段是在建立全新的结构而不仅仅是具体肌肉的生长。但是，胎儿身体很多部位的基本结构在数量上的改变是巨大的。怀孕的最后即第三个阶段，胎儿身体发生的改变主要是“体积增长”。

大脑的发展：18 天及以后　人类的大脑仅仅在受精后 18 天就开始发育。与其他器官不同，大脑在出生时就已经完全成形，之后只是体积继续增长，我们的大脑一直到青少年期甚至成年早期都在持续发展（Caviness，Kennedy，Bates，et al.，1996）。

从孕期的第 18 天开始到第六个月末，神经细胞以极快的速度发展，这个过程称为激增。有些部位的神经系统在顶峰时期发展速度惊人，高达每分钟产生 250 000 个脑细胞。胎儿最后制造出很多神经元，甚至远远超过婴儿所需。除了生长这些细胞之外，大脑必须组织它们执行协调的功能。第四个月开始，细胞开始出现迁居。神经元开始分组，移动到大脑特定结构的最后位置，如视觉系统、小脑，等等。

出生前大脑发展的最后一个阶段仅仅开始于怀孕后期，但是出生后依然继续。它包括三个过程以促进大脑更有效地工作——髓鞘化、突触发生和修剪（见第 3 章）——这些都是为了提高大脑信息的传递效率。

胎儿发展中的阻碍　虽然大部分婴儿出生后都是健康和完整的，但有两种方式可能破坏胎儿的发育：（1）受到危险的环境影响；（2）由遗传疾病或在细胞复制期间细胞分裂出现错误所造成的生物影响。

大多数女性直到胎儿的身体和大脑已经发育好了才意识到自己怀孕。不幸的是，这意味着她们可能经常在不知情的情况下从事有害于胎儿的活动。**致畸物**是对产前发展有消极影响的环境因子。它们的范围从药物、酒精到水痘和 X 射线。甚至母亲的焦虑和抑郁也是潜在的致畸物，因为它们改变了胎儿的化学和生理环境。但是，影响取决于胚胎期或胎儿期是否遭受致畸物，一些致畸物影响脑部一些特定区域的发展，但其他的致畸物则对发展有普遍影响。因为大脑相比较于其他器官有相当长的发育时间，它特别容易受到致畸物的侵害。

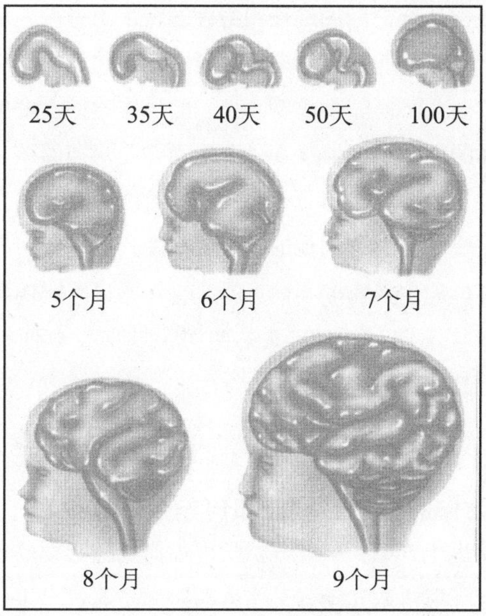

胎儿的大脑开始就像一个长管，首先发展出各种不同的结构和脑干（控制像呼吸和消化之类的基本功能），其次是在妊娠晚期皮质结构的发展。（Source：Restak，1984）

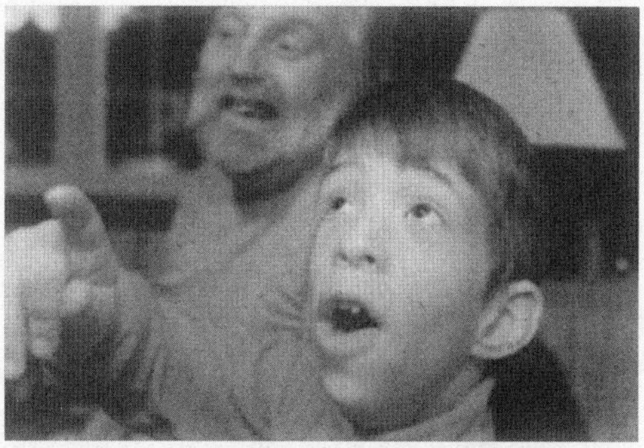

孕期酗酒可能导致胎儿酒精综合征，结果导致身体、认知和行为方面的损害。（Source：Abei & Sokol，1986）

遗传疾病或细胞分裂过程中的随机组合错误是第二个对胎儿期发展的不利的因素。通常，一个单细胞，包括卵子和精子，或一组细胞，在复制过程中可能会出现错误或遗传物质的中断。就如同一张有污点的纸被不断影印，这些细胞不断复制并把错误保留下来，最终损害器官或影响器官系统的发展。产生的影响包括：轻微会导致胎记的产生，严重可能会阻碍神经发育，诱发如唐氏综合征等病症的出现。

致畸物（teratogens）
对产前发展有消极影响的环境因子。

在婴儿期之后的成长和生理发育 出生后，从童年早期、青少年期到成年期的阶段内我们的身体经历着戏剧性的改变。伴随着成熟，我们的身体比例也发生着各种各样的变化。仔细检查一个处于婴儿初期的孩子会发现他并没有修长的脖子，头几乎是他躯干一半的大小，
270 甚至手臂无法触碰到他的头顶。在漫长的童年时期，身体各部位的生长速度不同，因此身体的最终比例和出生时有很大不同。例如，头的绝对尺寸随发育而持续增大，但其速度小于躯干和腿。因此，青少年或年轻成人相比于幼儿有较低的头—身体比例（见图 8.2）。

婴儿动作的发展：婴儿如何学会行走

从出生开始，婴儿开始学习如何通过移动的自己身体来与环境协调互动。某些运动协调是通过出生后一系列的条件反射得以显现的，其他运动则在幼儿期和儿童早期得到逐渐发展。

反射是对特定外界刺激的自动行为，它对于生存非常重要（Swaiman & Ashwal，1999）。例如，吸吮反射就是直接的对嘴部刺激的自动反应。如果我们放一些东西在婴儿的嘴里（包括手指头——尝试一下……当然要在父母的允许下），他会夹住手指并开始吸吮。个体这样的反射是不需要花费时间在尝试失败中就能够习得、发展的。

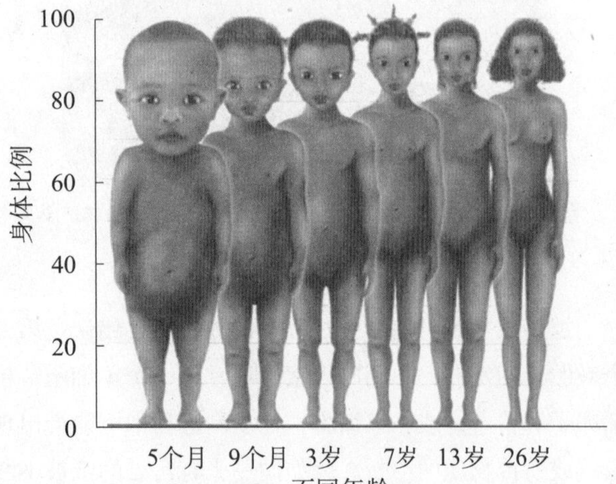

图 8.2 发展过程中的身体比例变化

这张图显示生长过程中头、躯干、四肢和整个身体的比例。在整个发展过程中头与身体的比例急剧下降，而腿的相对比例急剧升高。

运动行为（moter behaviors）
婴儿自主移动骨骼和肌肉。

至今为止，条件反射是生存发展中不可或缺的一部分，即使它们所起的作用非常有限。婴儿必须通过尝试和错误来学习其他运动行为。**运动行为**是婴儿自主移动骨骼和肌肉的结果。不同年龄的孩子达到动作发展指标有很大不同，虽然几乎所有的孩子都是以同样的顺序获取这些能力的（见图 8.3）。

什么因素影响婴儿力量增强和动作协调能力？身体的成熟在增强孩子动作的稳定性和灵活性上起很大作用。有几个理由使我们相信过去的经验对动作发展也起着至关重要的作用（Thelen，1995）。**【学习目标 8.4】** 第一，婴儿一些动作发展所对应的时间阶段，不同文化所作出的解释具有相对变通性。第二，有些孩子偶尔跳过一个发展阶段的事实说明动作程序并不是天生的或固定的。第三，即使经历了所有阶段的孩子，由于存在文化差异，在获得动作发展指标的年龄上还是会有很大的个体差别。这些发现表明在整个阶段，孩子是通过训练他们的大脑和身体来应对基础动作挑战，形成技能并控制动作的。

教养方式和文化经验同样重要。长时间在妈妈庇护下的孩子比自己在地板毛毯上实践的孩子更少有机会去探索。在秘鲁和中国的一些地方，一些婴儿被紧紧地裹在襁褓和温暖的毛毯里，这阻碍了婴儿肢体的自由运动（Li et al.，2000），将会延缓他们的动作发展。相比之下，很多非洲和西印度的妈妈和她们的孩子一起从事不同的伸展、揉捏和力量加强的练习，这加快了婴儿的动作发展（Hopkins & Westra，1988）。

你怎么认为？

作为一个医生（儿科医生），你会发现：体重重一点的比体重轻一点的婴儿更迟完成一些规定的动作指标。对于这个现象的产生原因你的假设是什么呢？

271

图 8.3　动作发展的进程

尽管在每个里程碑式的动作发展里，每个小孩需要不同系列的动作协调技巧，然而，其往往以相同的顺序实现不同的动作发展。例如，孩子在需要支撑的行走、无需支撑的行走、奔跑等不同发展阶段，往往需要不同的肌肉组织以及力量转移以实现移动。

272

★ 小测试

1. 幼儿的大脑只产生他们所需要的那么多神经元。 正确 错误
2. 致畸物对大脑发展的影响仅仅在怀孕的某一短期内。 正确 错误
3. 在发展过程中，孩子的头—身体比例降低，虽然他们的头在继续增大。 正确 错误
4. 虽然在不同文化背景中，每个孩子掌握不同动作的年龄有所差异，然而孩子们动作发展的进程大致是以相同顺序展开的。 正确 错误

答案：（1）错（p.269）；（2）错（p.269）；（3）对（p.270）；（4）对（p.270）

认知发展：儿童如何认识世界

认知发展——儿童如何学习、思考、判断、交流和记忆——使儿童能够认识世界。直到近期心理学家才建构了相对系统的认知发展理论。

皮亚杰：儿童如何建构他们的世界

瑞士杰出的心理学家让·皮亚杰（Jean Piaget，1896—1980）是第一个全面阐述认知发展理论的人。他试图区分出儿童在形成成年认知能力的过程中不同的认知发展阶段。皮亚杰的理论使认知发展的形成具有明显的规律，而且之后几十年引发这一领域的许多研究来证明或反驳他的观点。

迄今为止，皮亚杰是提出全面认知发展理论的第一人，其也是世界范围内最具影响力的一位。

认知发展（cognitive development）
对儿童如何学习、思考、判断、交流和记忆的研究。

同化（assimilation）
把新的信息纳入已有的认知结构中。

皮亚杰最伟大的贡献在于他对儿童不是微型成人具有敏锐的洞察力。他指出儿童对世界的理解完全不同于成年人，即使他们被认为存在一定有限的经验。例如，儿童常常相信老师住在学校里，一个合理的假设是：那是他们看到老师的唯一地点。皮亚杰发现儿童积极主动地获取信息和观察事物，而不是做一个被动的观察者，这改变了我们对儿童认识世界的看法。**【学习目标 8.5】**

皮亚杰是一个阶段论者。他认为儿童发展成熟的标志是对世界的理解达到某一特殊点，随后在这个阶段上孩子对世界的理解是稳定的。皮亚杰还相信认知发展的最后阶段是形成对假定问题进行合理推理的能力。正如我们所见，皮亚杰的理论中的每一阶段都是以某一抽象推理能力为标志，有了这一能力就可以比当下的水平更高，并且达到每一个阶段的时候水平都有所提高。

皮亚杰认为认知改变是以平衡为标志的：我们对世 273
界的经验和对其的看法是保持平衡的。他提出儿童用两个“调整”程序——同化和顺应——来维持经验和对世界认识的平衡。

同化 把新信息纳入已有的认知结构中的过程就是**同化**。如果一个孩子相信地球是平的却被告知是圆的，她就会通过构想一个像硬币形状，扁平的圆形来把地球是圆形的知识同化到她原有的知识中去（见图 8.4a & b）。这个调整允许她去吸收新的事实而不用改变地球是平的这一信念。儿童在某一阶段用同化来获取新知识。在同化过程中，儿童的基本认知技能和世界观并没有改

变，所以她重新解释新的经验以融入她已经知道的知识中。

顺应　同化过程只有这么长时间。最终，儿童不再能够把她的经验和原有观念调和。当面对一个地球仪时，一个孩子要把地球是平的这一观念同化为地球是圆的要有一段困难期。当一个孩子不再能够把经验同化到已有的认知结构中时，她就会被迫做出顺应（见图 8.4c）。

顺应是儿童通过改变其信念，并运用经验促成自己更好地生存。顺应是通过迫使儿童进入一个新的认知结构来促成阶段性改变。这一同化和顺应的过程是为了确保孩子大脑中的概念与现实能达到平衡。

皮亚杰的发展阶段理论　皮亚杰区分出四个阶段，每个阶段以一种特殊的方式和认知局限为标志（见表 8.1）。

表 8.1　皮亚杰认知发展理论的四个阶段

阶段	典型年龄	描述
感知运动阶段	0～2 岁	完全依赖身体经验
前运算阶段	2～7 岁	可以超出此时此地来思考，但是具有自我中心性并且不能够实现思维转换
具体运算阶段	7～11 岁	可以进行思维转换但只能停留在具体的物体上
形式运算阶段	11 岁以后	能够进行抽象的逻辑推理

感知运动阶段。从出生到 2 岁，**感知运动阶段**的标志是以此时此处为中心。婴儿的主要知识来源、思维和经验是通过与周围世界具体、实在的接触获得的。婴儿获取的信息来自于观察世界以及收获的行为结果。这个阶段主要是引导孩子顺应和进入新阶段——心理表征（这是一种能够思考周围存在事物的能力，如记得以前看过的东西）。孩子在这一阶段缺乏**客体永存性**，即知道某人或某物虽然现在看不见但仍然是存在的。但对他们来说，"眼不见，心不想"。

前运算阶段。从 2 岁到 7 岁，儿童经历**前运算阶段**，这一阶段的标志是能够熟练地建构经验的心理表征。儿童在此阶段可以运用符号如语言、图画和物体来代表观念。当一个儿童拿着香蕉并假装它是电话时，他是在展 274
示符号行为。他有一个与实际经验不同的心理表征。

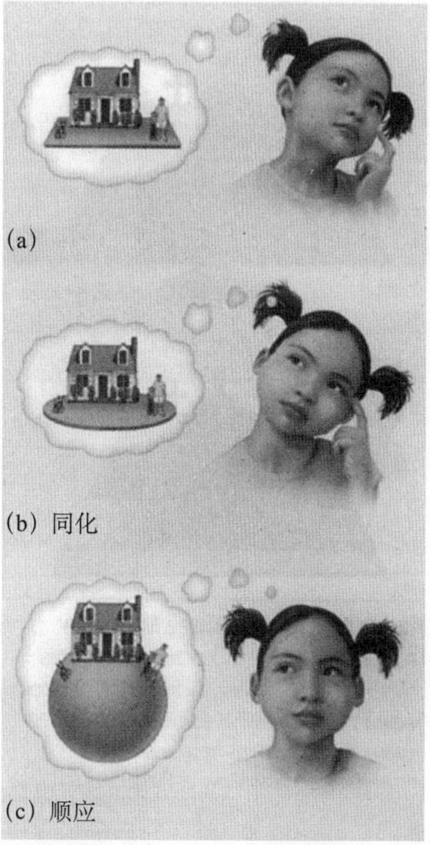

图 8.4　一个同化和顺应的例子

一个儿童本来认为地球的形状是平的（a），经过同化后（b），她知道地球是圆的。她被同化后的观念如果不符合她的经验，那么她就需要做出顺应（c）。

顺应（accommodation）
改变已有的认知结构以适应新的环境和信息。

感知运动阶段（sensorimotor stage）
皮亚杰的阶段理论中的一个阶段，特点是关注此时此地，无需表达其他所掌握的经验。

客体永存性（object permanence）
理解虽然客体从视线中消失但继续存在。

前运算阶段（preoperational stage）
皮亚杰的阶段理论中的一个阶段，这个阶段可以建构经验的心理表征，但并不能操作它们。

这个儿童，正开心地玩着这些积木，当积木从视线中离开后似乎就忘记积木的存在。也就是说，他没有客体永存性的观念。相比较来说，如果孩子试图去移除障碍或看障碍物的后面，这表示他理解了离开视线范围，积木继续存在。

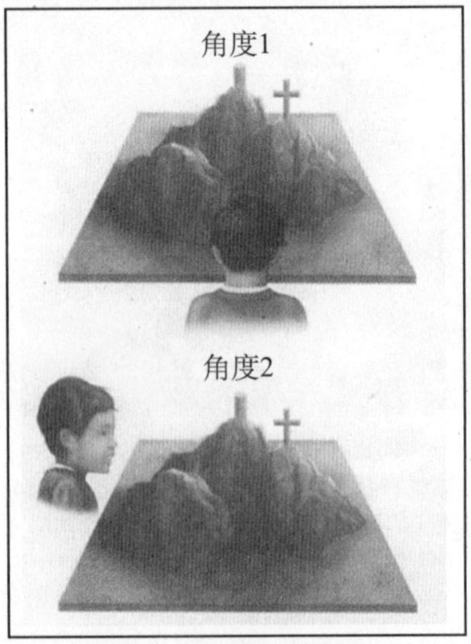

图 8.5　皮亚杰的三山实验

皮亚杰的三山实验要求儿童从一个角度去看这个模型（角度 1），然后猜测别人从另一个不同的角度观看能看到什么，如角度 2。皮亚杰认为前运算阶段儿童的自我中心会阻止他们成功地完成这一任务。

尽管前运算阶段清晰地见证了思维进步的过程，但是皮亚杰认为孩子在这个阶段受阻于**自我中心**——不能从别人角度进行思考（见图 8.5）。前运算阶段被称为“前运算”是因为存在另一种局限，即无法进行心理表征的操作。尽管儿童在这个阶段有心理表征，但他们并不能对其完成心理转换。例如，他们可以想象一张桌子上放着一个花瓶，即使这个花瓶并不在那儿。但他们无法想象如果花瓶从桌上掉下来会发生什么。皮亚杰提出一系列**守恒**的任务去测试儿童的操作表征的能力。这些任务测试儿童是否掌握物理转化后物质数量保持一致的能力。例如，儿童将看到一杯水，然后看着这些水倒入一个更高更细的杯子里。这个问题是儿童能否理解这些水的数量并没有改变。

具体运算阶段。儿童从 7 到 11 岁时进入**具体运算阶段**，最典型的标志就是儿童能够进行物理表征的思维操作，但也只是针对现实的具体事件。儿童在这个阶段可以执行守恒任务了。他们还可以执行需要对自然物体进行心理运算的组织任务，如根据尺寸将硬币分类或用玩具士兵布置一个战场。但他们执行抽象的或假设性的心理运算能力依然很薄弱。他们需要以物理经验为依据，这样就可以与心理运算相联结了。

形式运算阶段。皮亚杰理论的第四个也是最后一个阶段，他认为个体直到青少年期早期才进入**形式运算阶段**。这时儿童可以执行皮亚杰所认为的最复杂的操作：抽象思维，如图 8.6 的钟摆任务。这个任务要求儿童系统地体验各种推理并对结果进行解释。儿童在这个阶段可以理解逻辑概念了，像“如果—那么”关系（“如果我迟到，那么我会被送去教务办公室”）和“要么—要么”关系（“妈妈说，我要么今晚玩游戏，要么明晚在外面过夜”）。

支持与反对之声　皮亚杰的理论是心理学界一个富有意义的里程碑，它帮助我们理解儿童的思维怎样过渡到成人的思维。尽管如此，他的理论却被证明在某些方面是不准确的。例如，这些发展的出现是渐进的而不是阶段性的（Flavell，1992；Klahr & MacWhinney，1998；

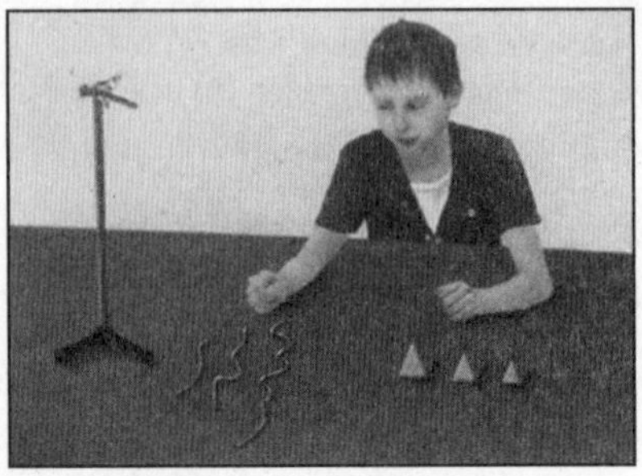

图 8.6　钟摆实验

皮亚杰的钟摆实验要求儿童回答这样的问题：“是什么使钟摆摇得快或慢？”儿童有机会去建构一个摆脚长短或重量不同的钟摆。儿童在形式运算阶段可以系统地操作不同长度和重量的组合并观察它们如何影响钟摆的速度。

自我中心（egocentrism）
不能从别人的角度思考问题。

守恒（conservation）
皮亚杰的任务，要求儿童理解，尽管表面上物理数量转换了但实质数量仍保持不变。

具体运算阶段（concrete operations stage）
皮亚杰阶段理论中以仅仅对可见物理刺激进行心理操作的能力为标志的阶段。

形式运算阶段（formal operations stage）
皮亚杰阶段理论中以获得抽象思维能力和从可得到的信息得出结论为标志的阶段

Siegler，1995）。

而且，皮亚杰观察到的很多现象至少有一部分是需要完成任务并有结果的。他经常依赖儿童反映和报告他们的推理过程的能力。因此，他可能低估了儿童的潜在能力。研究者发现使用更少语言依赖的任务很难重复皮亚杰观察到的发展进程。

可重复性
其他人的研究也会得出类似的结论吗？

他们指出皮亚杰的研究方法也许存在文化偏见，西方国家接受常规教育的孩子比非西方国家的孩子具有更复杂的反应。但非西方国家的儿童在面对更具文化敏感性的访谈时经常展现出更好的洞察力（Cole，1990；Gellatly，1987；Luria，1976；Rogoff & Chavajay，1995）。与此同时，即使在西方国家，相当比例的青少年在一些形式运算任务中失败了（Byrnes，1988；Kuhn，Garcia-Mila，Zohar，et al.，1995），这表明皮亚杰可能对这个认知发展的典型过程过度乐观。也许皮亚杰的理论基于一些受过特别教育或曾有过科学经验验证的样本，他就这些样本来评估其典型的发展轨道。而且，皮亚杰的观察本身可能也存在偏见，因为其中很多观察都是以他自己的三个孩子为对象的。

275 尽管有这些不足，皮亚杰在认知发展领域仍起着重要作用（Lourenco & Machado，1996）。根据他留下的成果，今天心理学家通过以下几点对认知发展重新进行了概念化：

（1）从儿童的角度而不是成人的角度来看待儿童的差异。

（2）把学习看成是主动的而不是被动的过程。

（3）探究一般的认知发展过程需要多个领域的知识，因此解释认知发展应该是多角度的而不是单一的。

奥卡姆剃刀原理
这种简单的解释符合事实吗？

维果斯基：社会和文化因素对学习的影响

维果斯基使用支架这个名词来代表父母为孩子建构的学习环境。在上图中，父亲正指导孩子如何自己动手将合适的积木插进木栓。

在皮亚杰创建他的理论的同时，苏联学者维果斯基（Lev Vygotsky，1896—1934）正在发展一个与众不同的但相当全面的认知发展理论，这一理论兼顾了社会和文化因素对学习的影响。由于维果斯基对社会和文化如何影响学习非常感兴趣，因此他采取了一个完全不同的角度去研究认知发展。他注意到父母和其他监护人给儿童建构学习环境的方式是指导儿童去做，好像他们之前已经学过一样。维果斯基把这一过程称为**支架性引导作用**，一个他从建筑业借来的名词。正如建筑工人提供外部支架来支撑正在建筑的建筑物，父母提供支架去帮助他们的孩子。随着时间的推移，孩子能越来越好地独自完成任务，父母会逐渐移除这些支架。

维果斯基一个很有影响力的观念是准备学习理论。他将**最近发展区**看做一个阶段，或者视为学习阶段，它是儿童准备好学习某一新的技能但还未成功掌握这一时期。对于任意一个需要发展的技能，即使在有帮助的情况下，当儿童从无法学习、掌握新的技能这一阶段过渡到最近发展区，他们会运用“支架”的引导作用。在他的观点中，孩子学习执行任务是个渐进的过程但开始时需要指导。维果斯基还认为不同的孩子掌握技能、完成任务的速度不同。与皮亚杰不同的是，他相信变化是渐进的而不是阶段性的。

支架性引导作用（scaffolding）
维果斯基的学习过程，父母在孩子学习时提供初始辅助，但当孩子能力提高时要逐步移除支架。

最近发展区（zone of proximal development）
儿童能够从指导中受益的学习阶段。

维果斯基产生了与皮亚杰一样深远的影响。他的理论对教学设计（即指导学习和同伴合作）产生了极大的影响。维果斯基理论对婴儿和学步儿的早期学习影响也很大。但皮亚杰强调外部世界的物理作用是学习的最初资源，而维果斯基则强调儿童与社会的相互作用。

你怎么认为？

你孩子的牙科医生说是时候让你女儿开始定期地刷牙了。使用维果斯基的支架理论，怎样帮助你的孩子学会自己刷牙？

当代认知发展理论

当代认知发展理论与经典认知发展理论有很大不同，然而其深受皮亚杰主义和维果斯基主义的影响。其实，我们可以将任一当代理论的源头追溯到这两位理论家中的其中一位。

276 一些有影响力的当代理论与皮亚杰的理论有些相似，它们都强调普遍的认知能力、以经验为基础的学习，以及知识是获得的而非先天拥有（Elman，1993；McClelland，1995；Plunkett，Karmiloff-Smith，Bates，et al.，1997；Thelen & Smith，1994）。大多数认知理论家对一般认知过程和以经验为基础的学习的看法与皮亚杰是一致的。但是，他们与皮亚杰不同的是倾向于把学习解释为一个渐进而不是阶段性的过程。

社会文化理论强调社会影响、孩子看护者，以及同伴对孩子世界观引导之间的相互作用方式（Rogoff，1998；Tomasello，1999）。一些社会文化理论家强调以经验为基础的学习，而其他的人强调先天知识。但是，与维果斯基一致，他们集中注意到孩子与社会的相互作用是孩子早期发展的资源。

模块理论强调不同领域的知识是在不同学习领域内获得的（Carey，1985；Spelke，1994；Wellman & Gelman，1998）。例如，言语理解能力与探索宇宙起源的能力完全不同，这两者在认知技能上没有重叠。通过对皮亚杰理论的研究，许多研究者发展了他们自己的理论：认为孩子来到世界上是带着不同领域的先天知识的。

批判性思考：听莫扎特的音乐能创造出“超级宝宝”吗？

声称存在莫扎特效应使大批婴儿及幼小儿童用品工业的发展受益，但这一效应的科学证据却是极其微弱的。

很多年来，父母们都期望能用一种快捷容易的教育方式来提高他们孩子的智商。毕竟，在当今残酷的社会，哪位父母不想让自己的孩子在竞争中处于优势地位呢？为了得到一个跳跃式起点，当然，父母必须早早开始，最好是在出生后就准备。就我们看来，不可能期望父母把他们的宝宝转变成小天才，这是已经在1993年权威期刊《自然》公开发表的文章上明确澄清的事实。那篇文章写道，听10分钟莫扎特的钢琴奏鸣曲的大学生与听放松音乐磁带的相比，他们的空间推理能力有了明显的提升（Rauscher，Shaw，& Ky，1993）。莫扎特效应——听古典音乐提高智商的猜想（Campbell，1997）——产生了。

1993年的发现并没有任何关于空间能力长期提升的说明，更不用说对于一般智力的说明。它只是应用于刚刚听完莫扎特音乐后立马呈现的任务。而且这些发现也完全是以大学生为被试。但这并没有阻止社会舆论以及玩具厂商利用莫扎特效应。厂商们立即上市以莫扎特效应为依据的CD和录音盒，这些都是给宝宝使用的，并声称听莫扎特音乐以及其他作曲家的音乐可以提高婴儿智商。在1998年，佐治亚州州长泽尔·米勒（Zell Miller）要求增加105 000美元政府预算去保证每位佐治亚州的新生儿能收到一份免费的莫扎特音乐CD或录音盒。

米勒的决定并没有经过深思熟虑。实际上，研究者在一段时间内不断重复检验莫扎特效应，很多人并没有发现莫扎特效应；即使存在，智商提高也是细微的（2 个点或更少），而且持续时间很短（一个小时或更短；Chabris，1999；Steele，Bass，& Crook，1999）。泽尔·米勒（1999）强调对莫扎特效应的提倡并忽略这些消极发现，恳求他们不要“因为一些学术研究误导和打击其他的学术研究”就丧失勇气。但是通过对其他研究者观点的证伪，我们发现：这正是科学如何发挥作用的最好方式。

可重复性

其他人的研究也会得出类似的结论吗？

后来研究者确定了“莫扎特效应”的来源。其中的一项研究结果表明这一效应的作用机制可能是作曲家或处 277
于压抑状态的个体在听莫扎特音乐后激起了强烈的情绪唤醒（Thompson，Schellenberg，& Husain，2001）。另一位研究者发现听一个恐怖故事比听莫扎特音乐更能提高空间能力。这些发现表明对“莫扎特效应”一个更狭义的解释——短暂唤醒。任何提高警觉的事情都有可能提高完成智力任务的能力，但是不可能对空间能力产生长期影响，也不能提高整体智力水平。对此，我们的建议是：让婴儿和儿童听音乐是很好的主意，但不要指望它能把孩子变成“超级宝宝”。

奥卡姆剃刀原理

这种简单的解释符合事实吗？

早期认知发展的标志

我们已经学习了有关记忆（见第 6 章）和语言（见第 7 章）中包含的主要认知过程。但是儿童还必须获得其他不同的认知能力去感知他们的世界。在这里，我们将学习以下重要的部分。

物理推理：寻找哪种方式是正确的　为了理解他们的物理世界，孩子必须学会对它们进行推理。他们需要学习物体是固体形态的，当被打翻后会下落，也需要学习一个物体既可以消失在另一个物体后面也可以出现在另一边。我们成人觉得这些观点理所当然，但是孩子们作为探索世界的新手，显然没有这方面的认知。

婴儿对物理对象状态的一些方面有基本的认知，这一系列的观点有时称为“朴素物理学”。例如，他们知道物体没有支撑物就会掉下来（Spelke，1994）。然而，这些基础知识通过实践变得更加完备而复杂（见图 8.7）（Baillargeon & Hanko-Summers，1990；Needham & Baillargeon，1993）。【学习目标 8.6】

自我概念和“他人”概念：我们是谁，我们不是谁　婴儿形成一种对自我的感知，将自我区别于他人，这对他们的发展至关重要。在学步期和学前阶段他们能逐渐意识到自己作为一个独立而不同的身份存在

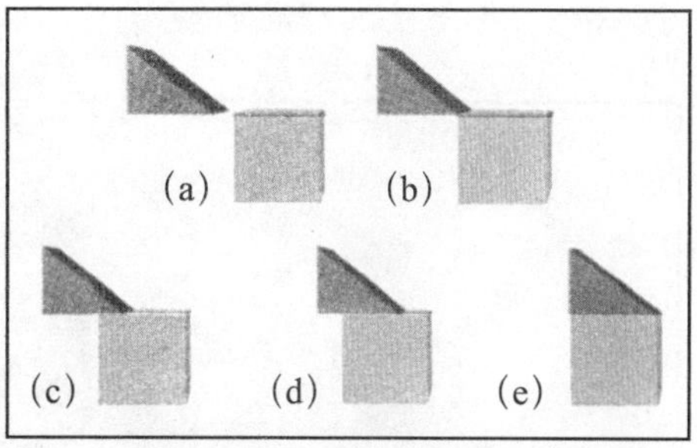

图 8.7　孩子逐渐理解没有支撑的物体会掉下来

早到幼儿四个半月大的时候，他们就猜测物体完全没有支撑物就会掉下来，如（a）图；物体完全有支撑物，如（e）图，就不会掉下来。知道多大程度的支撑能阻止物体掉下来则需要随时间而发展。早期，婴儿猜想任何与支撑物表面的接触都能阻止物体掉下来，如（b）图、（c）图、（d）图。随着经验积累，幼儿学习到只有在（d）图、（e）图中，物体主要重量在支撑物表面才不会掉下来。

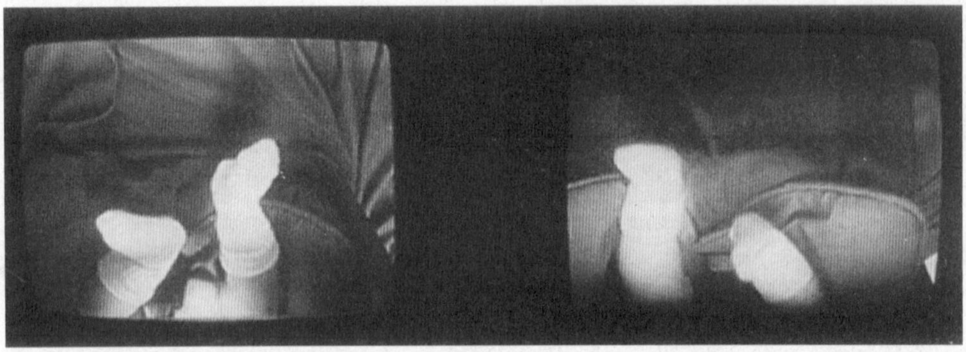

在观看一段有关自己和他人的视频时，婴儿看其他人的时间会比看自己更长些，这就表明：婴儿存在自我认知了（Bahrick & Watson，1985）。

于世。但即便是在三个月时，婴儿也有与他人不同的自我意识。婴儿在这个年龄，如果给他们一个有关自己的录像，旁边再放一个有关其他宝宝的录像，他们会更喜欢看录像中其他宝宝而不是他们自己（Bahrick，Moss，& Fadil，1996；Rochat，2001）。并且，即使腿穿的一样，他们也更喜欢看其他宝宝腿的录像。这样的发现并不能表明婴儿更喜欢其他宝宝的脸，因为他们也会通过镜子或照片看自己的脸。

排除其他假设的可能性

对于这一研究结论，还有更好的解释吗？

心理理论（theory of mind）

个体对他人的心理状态及其信念的推理能力或认知能力。

早在他们一周岁时，孩子可以在镜子里辨认出自己（Amsterdam，1972，Priel & deSchonen，1986；见第6章）。两年 278 之后，他们可以认出自己的照片并用名字标记自己（Lewis & Brooks-Gunn，1979）。这些认知任务的完成得益于大脑一个特定区域的发展，这一特定区域处于左颞叶和顶叶的交界处（Lewis & Carmody，2008）。

更进一步具有里程碑意义的是：孩子们产生了理解别人具有与自己不同观点的能力。一个被称为**心理理论**的能力是其中的关键组成部分（Premack & Woodruff，1978）。心理理论指孩子对他人心理状态及其信念的推理或认知。（注意参见第1章，这里的"理论"并不是真正的理论！）在此之前，对于孩子而言的巨大挑战是他们有"别人并不知道我的想法"这样的意念。

一个经典的心理理论测验是错误信念任务（Birch & Bloom，2007；Wimmer & Perner，1983）（见图8.8），测试孩子意识到别人相信的东西事实上是错误的能力。在4或5岁之前孩子通常不能成功完成这项任务。但孩子

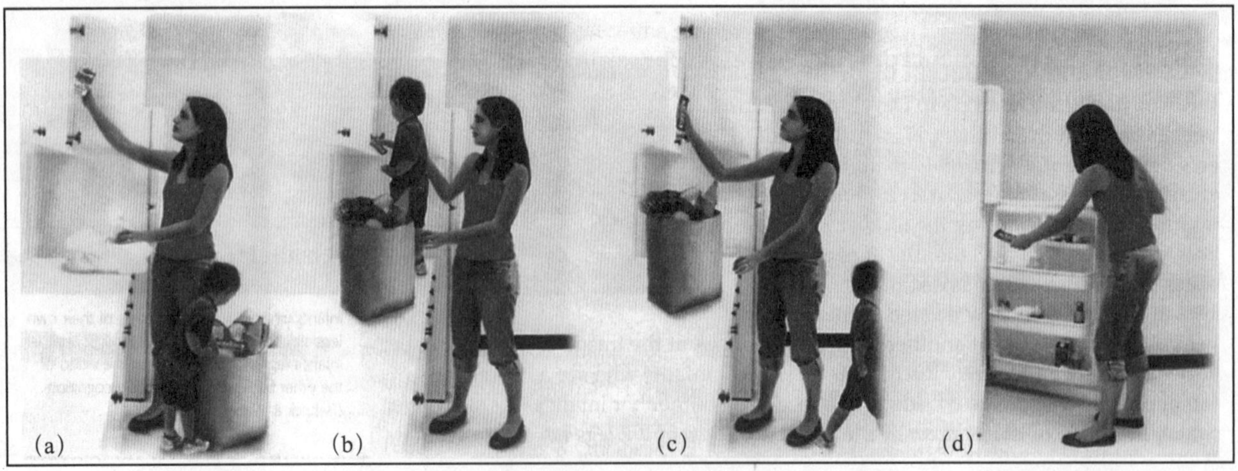

图8.8 错误信念任务

在错误信念任务中，孩子作为参与者知道一些其他人不知道的秘密。在本情景中，孩子被告知乔伊相信糖果在橱柜里。但因为她已经听过整个故事，所以这个孩子知道糖果实际上在冰箱里。当被问到乔伊认为糖果在哪里时，孩子是会根据她自己的知识来回应真实位置，还是能意识到乔伊其实并不知道糖果位置的改变呢？

多早可以完成错误信念任务很大程度上取决于的任务的特点（Wellman，Cross，& Watson，2001；Onishi & Baillargeon，2005）。如果研究者安排的错误信念任务不仅仅是一个故事情境而是更符合现实情境，那么大多数孩子能完成这样的任务。同样，如果研究者告诉孩子改变的方式——“欺骗”别人，他们就会在更早的年龄完成这样的任务。因此，4 岁前在这个经典错误信念任务中的失败也许可以归结为任务方面而并非他们未能充分理解他人的意思。尽管如此，孩子理解他人的能力是随年龄增长而提升的。

排除其他假设的可能性

对于这一研究结论，还有更好的解释吗？

算术和数字运算：如何计数　算术和数学是人类历史上相对近期的认知成果。人类在几千年前就研制出第一个算术系统。与很多认知技能获得不同的是，儿童算术和数字运算并不是一直得以发展的。实际上，某些尚存的非工业文化，如毗拉哈人，位于巴西的一个部族，传统的算术和数学运算并不存在（Gordon，2004）。

学习算术远远比看起来更复杂。当然，许多孩子 279
很早就学习“数到 10”，快速地背诵“1、2、3、4、5、6、7、8、9、10”然后期待接下来的掌声。但孩子也必须认识到：（1）数是代表量的；（2）数字则表示特定的数量（不仅仅是“一些”或“几个”）。在能够准确地数数之前，孩子需要掌握精确的数字概念（Gelman & Gallistel，1978）。孩子掌握概念的一大挑战是认识两只大象与两粒稻谷在数字意义上是一样的——实体的尺寸与数量无关（Mix，1999；Mix，Huttenlocher，& Levine，1996）。

学前和学龄儿童的算术和数学技能随文化不同以不同速度发展。由于文化差异，在某种程度上父母和老师对孩子的引导会有所差别（Miller，Smith，Zhu，et al.，1995）。

澄清事实

并不是所有文化都是用手指数到 10；很多更精致的算术系统使用手指、手、胳膊、头以及其他身体部位，一些算术系统可以用专门的身体部位标记数字 1 到 74！

★ 小测试

1. 皮亚杰认为发展是渐进的。　正确　错误
2. 维果斯基的理论提出孩子准备发展某一认知能力随年龄而不同。　正确　错误
3. 孩子在 4 岁前无法表现出“心理理论”。　正确　错误
4. 精准的算术能力在某些文化中是缺失的。　正确　错误

答案：（1）错（p.272）；（2）对（p.275）；（3）错（p.278）；（4）对（p.278）

社会性和道德发展：儿童与他人的关系

虽然婴儿大部分时间是在自己的小世界里，但他们几乎刚出生就对他人产生极大兴趣。婴儿喜欢看人脸胜过感知其他的视觉信息。其实，出生后 4 天，相比于其他女性，婴儿表现出更喜欢妈妈的脸（Pascalis，de Schonen，Morton，et al.，1995）。婴儿对其他人非常感兴趣（特别是家庭成员，例如他的父母）是一件好事，作为人们所需并且有价值的信息源，能够给人们提供爱的支持。

陌生人焦虑：8个月时的突然变化 280

随着幼儿的社会化，仅仅几个月一些东西就发生了戏剧性的变化。在 6 个月大时，一个婴儿还坐在地板上对一个完全陌生的人咯咯笑，仅仅几个月后他就可能对要靠近他的陌生人恐惧地尖叫。这个现象被称为**陌生人**

焦虑。也就是所谓的8个月焦虑，这一行为显示婴儿对陌生人的恐惧是在八九个月的时候产生的（Greenberg，Hillman，& Grice，1973；Konner，1990）（见图8.9）。它一般持续到12到15个月的时候，然后逐渐消失。有趣的是，陌生人焦虑的开始在所有文化中近乎完全相同（Kagan，1976）。8个月焦虑对进化有意义，因为大约在这个年龄大多数婴儿开始自己四处爬行了。因此，这个年龄的婴儿经常能给自己制造麻烦。所以这种焦虑是一种可以让婴儿远离具有潜在危险的陌生人的适应机制。

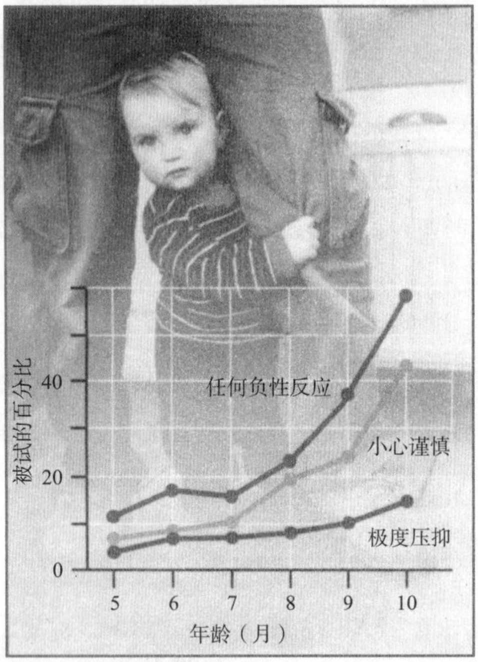

图8.9 陌生人焦虑

从图中我们可以看到，婴儿面对陌生人产生焦虑和负性反应开始于八九个月时而且在持续增加。通常，这种焦虑直到12或15个月的时候才开始下降。（Source: Waters，Matas，& Sroufe，1975）

诺贝尔奖获得者——动物学家康拉德·劳伦兹在游泳，他身后跟着刚刚孵化并把他作为印刻对象的三只鹅。

依恋：建立联结

陌生人焦虑仅仅是**依恋**的一种更广泛的现象，这种依恋是我们表现出来的与亲密之人的情感联结。几乎没有例外，除了自闭症（见第2章和第3章），所有婴儿建立自己与重要他人，特别是他们与父母间的亲密情感联结。此外，也许建立依恋联结有一个良好的进化原因。这就确保婴儿和孩子不会远离养育和保护他们的大人（Bowlby，1973）。为了了解依恋的起源，我们需要从一个澳大利亚动物学家和他的鹅的故事讲起。

印刻 在20世纪30年代，康拉德·劳伦兹（Konrad Lorenz）——一个因为观察鹅的行为而获得诺贝尔奖的人，出于完全偶然的机会，发现幼鹅在出生后马上就表现出值得注意的行为。特别是，幼鹅似乎会跟着孵化后看到的第一个大的移动物体。虽然劳伦兹（1937）提到的这个现象在德国被称为“印记”，但它因英文**印刻**而为人所知。

当然，通常99%或者更多的时刻，幼鹅在它们出生后看见的第一个大的移动物体是母鹅。但劳伦兹发现，幼鹅会心甘情愿地跟着出生后看见的任何大的移动物体——包括劳伦兹自己。在没有更好的选择时，新生幼鹅甚至会跟着无生命的物体，如大的白色跳跳球或转动的盒子（Johnson，1992）。

关键期 劳伦兹发现印刻仅发生在一个关键期（Almli & Finger，1987），即某一事件必然发生的窗口期。在劳伦兹的幼鹅实验中，这个关键时间大约是36小时。如果在窗口关闭之前幼鹅没有看到它们的妈妈，它们就不再跟着她，或任何类似的东西。一旦关键期过去，幼鹅就很难与它们的妈妈或其他物体建立联结。

陌生人焦虑（stranger anxiety）
婴儿成长到八九个月大的时候会对陌生人感到恐惧。

依恋（attachment）
人们和与他们关系亲密者（如父母、伴侣）之间存在的一种特殊而强烈的情感联结。

印刻（imprinting）
小的家禽孵化后立即跟着第一眼看到的任何大的移动物体的现象。

事实上，大多数关键期并不像劳伦兹所深信的那样突然结束（Bruer，1999）。尤其是对于智慧的哺乳动物，如猫、狗、人类这些远比禽类灵活的动物，它们的关键期并不会突然结束。这就是为什么许多心理学家现在使用敏感期来提及人类发展中的关键期。

281

人类在社会关系上也有敏感期吗？这个问题是有争议的。当谈到依恋，一些迹象表明与所依恋的人的早期分离会产生有害影响。一些最好的证据来自对罗马尼亚孤儿院收养的一些婴儿的纵向研究。迈克尔·路特（Michael Rutter）和他的同事发现，尽管 6 个月大以前被收养的婴儿后来发展很好，但 6 个月大以后被收养的婴儿往往由于早期环境的负面影响而表现不良，包括低智商和严重的情绪问题，比如注意力不集中或多动（Kreppner，O'Connor，& Rutter，2001；O'Connor & Rutter，2000）。然而，也许对这些发现还有另一个解释：晚些被收养的孩子可能在开始时有更多的情绪问题。因此，他们更难在收养家庭适应生活。早期寄居化是与后来的情绪问题相联系的，这一发现已在大量使用不同方法的研究中得以验证（Ames，1997；Kreppner et al.，2001）。

排除其他假设的可能性
对于这一研究结论，还有更好的解释吗？

可重复性
其他人的研究也会得出类似的结论吗？

接触安慰：治疗式碰触 在人类的婴儿身上不会有印刻人物。那他们是怎样与父母建立联结的呢？几十年来，心理学家猜想依恋关系建立的主要基础是母亲的营养供应。孩子与这些提供他们牛奶和食物的人（大多数情况下是母亲）建立关系。这个观点与行为主义的猜想相反（见第 5 章），行为主义的观点是我们的偏好主要受强化的影响。

哈里·哈洛（Harry Harlow）在 20 世纪 50 年代推翻了这个假设，他的研究对象是与人类基因接近的猴子（Blum，2002）。哈洛（Harlow，1958）把出生后几小时的小猴子与它们的妈妈分开。然后他把它们放入一个笼子，里面有两个无生命的“代理”妈妈。一个是“金属妈妈”，由一副带有棱角、僵硬的面孔和冷铁丝扎成的网状物组成。这个“金属妈妈”可提供食物，实验者在她身上配置了一个小的奶瓶以给小猴子喂奶。与此形成鲜明对比的是，第二个妈妈“布妈妈”由泡沫橡胶做成，带有一个舒服的毛织外衣，并用灯泡加热。哈洛发现小猴子尽管定期去“金属妈妈”那喝奶，但它们实际上花更多时间与“布妈妈”在一起。另外，当哈洛呈现给猴子恐惧刺激，例如机械玩具敲打鼓，它们则更喜欢跑去“布妈妈”那里寻求安慰。哈洛把这个现象称为**接触安慰**：通过接触，促使被接触者产生积极的情绪、情感体验。

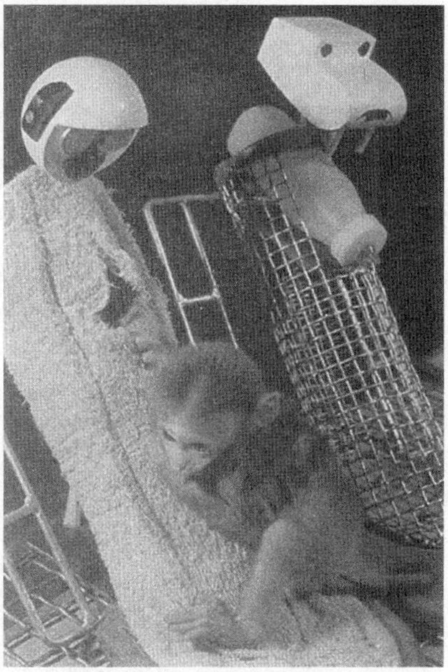

当受到异常东西的吓唬时，哈洛的小猴子更喜欢去布妈妈那儿，而不是金属妈妈，接触安慰战胜了食物的诱惑。

依恋类型：陌生情境 每一个职业保姆或日托护工都知道，婴儿依恋父母有几种不同的基本方式。有些是可爱热情的，而有些是疏远冷淡的；有些很安静，而有的则是紧张的。

尽管这些趣闻的观察能提供有用的见解，但直到玛丽·安斯沃斯（Mary Ainsworth）和她的同事研究了陌生情境，心理学家才确定婴儿依恋类型的系统方法（Ainsworth et al.，1978）。陌生情境是一种测试 1 岁孩子离开妈妈后反应的实验程序。它是这样操作的。首先， 282
研究者把婴儿与他（她）的母亲放在一个陌生的房间。这个房间里放满了各种各样有趣的玩具，妈妈提供婴

接触安慰（contact comfort）
通过接触，促使被接触者产生积极的情绪、情感体验。

儿玩玩具的机会并和孩子一起玩。这时，进来一个陌生人。在两种不同的情况下，母亲离开了房间，将婴儿单独留下与陌生人待在一起，然后再与她的孩子团聚。研究者观察了婴儿对母亲每一次的离开与回来后的反应。这里的“陌生情境”充分利用有关婴儿对陌生人焦虑的知识，推测在大约1岁时，婴儿的这种焦虑体验会达到高峰。今天，很多依恋研究专家都根据“陌生情境”来判断婴儿的依恋类型（见图8.10）。

很多研究者发现婴儿的反应可以归为以下四类：

【学习目标8.7】

（1）**安全型依恋**（大约占美国婴儿的60%）。婴儿面对母亲的离开会表现出不安，但当母亲回来时，他们会很愉悦地表示欢迎。事实上，这类婴儿将母亲当作一个安全基地，即一个在遇到麻烦时能及时给予支持的强有力的源泉（Bowlby，1990）。

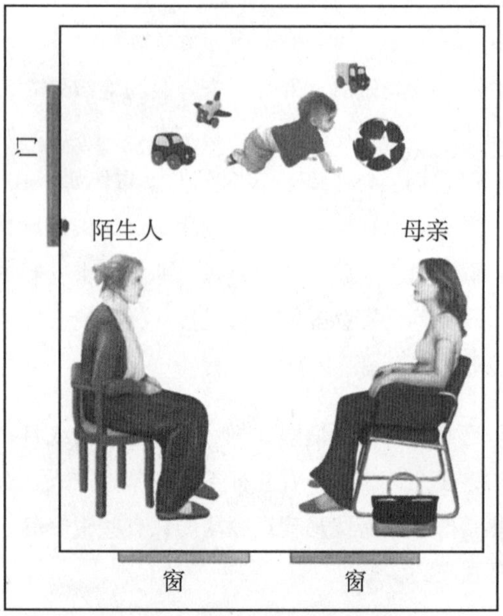

图8.10 陌生情境的物理设置

在母亲把孩子留下同陌生人在一起之前，母亲和陌生人都在场。（Source：Ainsworth et al.，1978）

识别假象

假象：婴儿只与他们的母亲建立依恋关系。

事实：婴儿不仅与母亲建立依恋关系，而且还与父亲、兄弟姐妹、祖父母以及其他关照者建立依恋关系。在双亲家庭中，婴儿对主要照顾者的强烈偏好会在18个月左右消失。

（2）**不安全—回避型依恋**（占美国婴儿的15%～20%）。婴儿对母亲的离开表现得很冷漠，母亲回来时也没有什么反应。

（3）**不安全—反抗型依恋**（占美国婴儿的15%～20%）。母亲离开时，婴儿表现得很慌张。母亲回来时，他表现出很矛盾的情绪反应，一方面他寻求母亲的拥抱，但当母亲把他抱起来时，他却扭动着想要挣脱（正因为如此，一些心理学家将这种依恋类型称为“矛盾型依恋”）。

（4）**混合型依恋**（占美国婴儿的5%～10%）。初始的分类中并没有把这种最罕见的依恋类型包括进去，但后来被玛丽·梅恩和她的同事（Main & Cassidy，1988）加进去了。这种依恋类型的小孩在面对母亲的离开与回来时会表现出一系列非持续性的迷惑反应。当与母亲团聚时，他们可能表现得很迷茫。

在每一分类后的括号里我们都注明了“美国婴儿”。那是因为依恋类型存在文化差异。例如，与美国婴儿相比，更多的日本婴儿属于反抗型依恋，然而美国比日本有更多回避型依恋的婴儿（Rothbaum，Weisz，Pott，et al.，2000）。虽然引起这些差异的原因我们无从知晓，但这可能与这样的事实有一定的关系：在日常生活中，日本婴儿比美国婴儿更少体验到与母亲分开的感觉。结果面对陌生情境，日本婴儿比美国婴儿更容易体验到“陌生感”和压力感（van Ijzendoorn & Sagi，1999）。

从陌生情境中总结出的依恋类型可以预测孩子们以后的行为方式。安全型依恋的婴儿长大后比其他依恋型婴儿长大后更容易适应环境，更乐于助人并且更富有同情心（LaFreniere & Sroufe，1985；Sroufe，1983）。与之相比，反抗型依恋的婴儿在童年时比其他类型儿童更容易令人讨厌和被同伴欺压（Renken，Egeland，Marvinney，et al.，1989）。

但是，“陌生情境”也有它的不足之处。最为突出的是，该陌生情境不是非常可信。儿童在不同发展阶段可能被归入不同的依恋类型（Lamb，Thompson，Gardner，et al.，1984；Paris，2000）。另外，近 40% 的孩子表现出对母亲的依恋类型不同于对父亲的依恋类型（van Ijzendoorn & De Wolff，1997），以上均可证明很多儿童不能简单地划入单一依恋类型。

283 **你怎么认为?**

当你在一个班级做实验时，你遇到了一篇文章（Fonagy，Steele，& Steele，1991）报告说可以通过观察孕妇来预测婴儿的依恋类型（换句话说，就是在婴儿出生前就能知道）。你如何解释这个发现?

气质和社会性发展：我们情绪的天赋

影响儿童社会心理及情绪发展的另一个因素是**气质**。心理学家将气质定义为区别于其他人的基本情绪类型（Mervielde，De Clercq，De Fruyt，et al.，2005）。他们通过两个关键特征来区分气质和其他一般的性格特征：气质出现得较早并且在很大程度上由基因决定。【**学习目标 8.8**】

在亚历山大·托马斯和斯拉特·切斯（Alexander Thomas & Stella Chess，1977）对美国 141 名婴儿的研究中，他们将婴儿区分为三个主要的气质类型。容易型婴儿（大约占婴儿的 40%）更易适应环境并感觉很轻松；困难型婴儿（大约占婴儿的 10%）具有挑剔性且容易受挫；迟缓型婴儿（大约占婴儿的 15%）会在开始时难以被新刺激所吸引，但后期会逐渐适应新环境。托马斯和切斯发现剩下35% 的婴儿不能准确地归入这三类中的任何一类。

根据最初对猫的研究结果，杰罗姆·卡根（Jerome Kagan）发现了另一类被他称为行为抑制型的气质类型（Kagan，Snidman，Kahn，et al.，2007）。行为抑制型婴儿在看到没有预想到的刺激，如陌生的面孔、响的声音或移动的小机器人时会变得很惊慌（Kagan，Reznick，& Snidman，1988）。根据卡根和他同事们的研究，这类气质的婴儿大约占 10%。高行为抑制水平的婴儿更容易在婴儿期或青少年期体验到羞怯和焦虑（Biederman et al.，2001；Turner，Beidel，& Wolff，1996）。

(a)

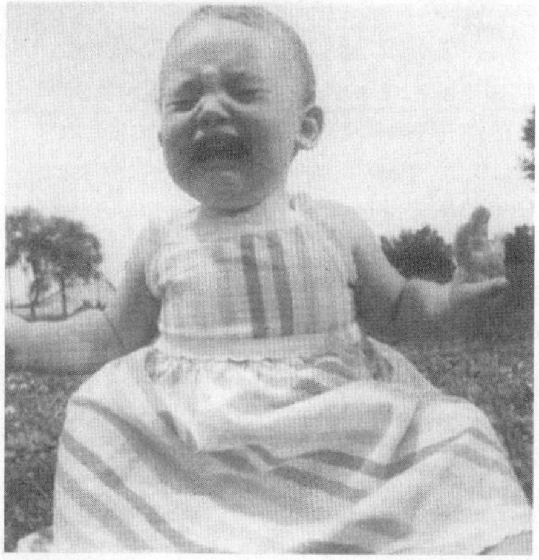

(b)

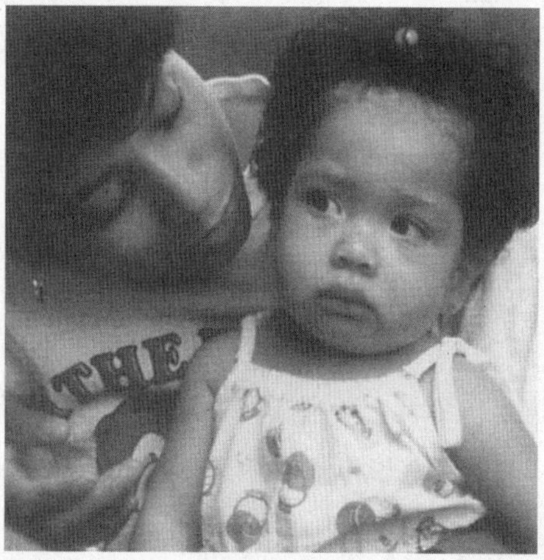

(c)

大多数婴儿可以归为以下三种气质类型中的某一种：(a) 容易型；(b) 困难型；(c) 迟缓型。

气质（temperament）
在发展过程中出现较早的基本情绪类型，很大程度上由基因决定。

许多报摊上的杂志为父母提供了有关养育行为和方式的不同的建议。心理科学可以帮助他们评估这些建议的有效性。

家庭教养方式：什么是正确的和什么是错误的？

在过去的一个世纪里，所谓的育儿专家不停地用矛盾的养育孩子的建议来轰炸紧张不安的父母（Hulbert，2003；Rankin，2005）。在 20 世纪 50 年代和 60 年代，儿科医生本杰明·斯伯克（Benjamin Spock）变成了以儿童为中心或育儿的“软”途径的主要倡导者，在这种途径中父母应该对孩子的需求表现出高度的责任感（Hulbert，2003）。与之相反，另外一些专家则呼吁一种以父母为中心或“硬”途径来育儿，在这种途径中，父母不能强化儿童所要求的过度关注。

面对这么多混乱且时常不一致的建议，父母除了耸肩无语之外还能做什么呢？在戴安娜·鲍姆林德（Diana Baumrind 1971，1991）的工作中，我们可以找到一些有益的提示。根据她对白人中产阶层家庭的观察，鲍姆林德总结出养育可以分为以下三种主要类型：

在集体主义文化中，服从权威被高度赞赏，独裁型养育可能比权威型养育更易产生良好的结果。

- **宽容型**。宽容型的父母倾向于用一颗宽广的胸怀来对待孩子，在家庭内外给予他们很大的自由。他们有节制地使用纪律（如果可以的话尽量不使用），并且经常给予孩子们情感关怀。 284
- **独裁型**。独裁型父母倾向于严厉地对待他们的孩子，当孩子们不能对他们的要求做出恰当的反应时，他们就会受到批评。这类父母很少给予孩子们情感关怀。
- **权威型**。权威型父母将宽容和权威的特征很好地结合起来。他们给予孩子们支持，但又为他们设定明确的界限。

自从鲍姆林德发展了最初的三种类型后，一些研究者（Maccoby & Martin，1983）对第四种养育类型进行了分析：

- **放任型**。放任型父母倾向于放任他们的孩子，对孩子的积极行为、消极行为均很少关心。

鲍姆林德（1991）和其他研究者（Weiss & Schwarz，1996）发现权威型父母的孩子在社会适应、情绪适应以及行为问题上表现得最好，最起码这个结果适用于美国的大多数白人中产阶层的家庭。放任型父母的孩子生活得最差，宽容型或独裁型的介于两者之间。

从表面上看，这些研究发现似乎表明父母应该用权威型的方式来教养他们的孩子。然而鲍姆林德发现的相关性十分有限，所以我们不能据此得出因果关系的结论。事实上，鲍姆林德所报告的那些相关可以在很大程度上甚至可以全部由基因解释。例如，放任型父母可能比较浮躁并且将这种易感基因遗传给了他们的孩子，进而对他们产生影响。

相关还是因果
我们能确信 A 是 B 的原因吗？

鲍姆林德的结论还有一个缺陷。一些研究者发现，她的结论不能适用于像中国这样的集体主义社会，因为该实验是在类似美国那样的个人主义文化情境中完成的。集体主义文化对群体和谐给予高度评价，然而个人主义文化则看重成就和独立性（Triandis & Suh，2002）。尤其是一些数据表明独裁型教养方式在集体主义社会中可以获得比在个人主义社会中更好的结果（Sorkhabi，2005；Steinberg，2001）。

那么养育方式的底线是什么呢？大量研究表明，具体的养育方式所产生的影响并没有专家想象的那么大。一般而言，如果父母给孩子所提供的环境被海因兹·哈特曼（Heinz Hartmann，1939）称为**平均预期环境**——一个能为孩子提供基本情感需要和训练的环境，那么大多数孩子都能发展得很好。

道德发展：辨别是非

儿童在蹒跚学步和学龄前就开始形成是非观念。但是道德两难困境——没有明确是非观念的情境，在青年期和成年早期出现得更加频繁。我应该对父母隐瞒关于我所去的地方以便他们对我们不会过于担心吗？我应该忽略那些对我很好但略显“愚笨”的朋友来迎合那些受欢迎的朋友吗？面对这样、那样的道德问题我们所采用的解决方式会随着不同发展阶段有所改变。

285 **道德的起源**　有足够的理由相信：我们可以追溯道德的起源——在我们的脑海中有一个很小的声音告诉我们什么是符合道德的，什么是违背道德的——那就是畏惧。我们最初害怕由于行为不端正而被父母惩罚——后来害怕老师的批评，于是我们学会了不干坏事来避免他们的愤怒。随着时间的推移，我们的畏惧变得内化了。**【学习目标 8.9】**我们开始变得不仅害怕来自父母和老师的责骂，还开始害怕我们自己内心道德感的谴责（Lykken，1995）。正如弗洛伊德（1932）所说，我们变得开始害怕自己了。

皮亚杰和道德观　皮亚杰认为儿童的道德发展受他们认知发展阶段的限制（Loevinger，1987）。例如，处于具体思维阶段的儿童倾向于用“客观责任”的方式思考——他们的行为带来多大的害处。然而，当儿童向形式思维阶段发展时，儿童倾向于用“主观责任”来思考——他们制造伤害的意图（Piaget，1932）。

如果我们问一个 6 或 7 岁的儿童谁更应该受到责备，是一个无意中打翻父母柜橱中的 20 个盘子的儿童，还是一个故意打翻 10 个盘子的儿童（并且他是疯狂地跳到父母身边而打碎它们的），她更可能说前者应该受到责备，因为它产生了更多的损失。与之相反，一个 12 或 13 岁的孩子更可能指出后者应该受到责备，因为他是故意的。随着年龄的增长，孩子们能够更好地理解个人的责任，不仅仅用所遭受损失的量来衡量。还有他们是不是有意造成损坏也要考虑。

在发展早期，儿童根据造成损害大小来判断道德。大一点的儿童能够区分无意的和有意的破坏。

想象一下你刚得知你那位既友好又细心的多年邻居是 30 年前那场蓄意谋杀案的真凶［这张照片上是暴力恐怖组织的前成员莎拉·简·奥尔森（Sara Jane Olson）和她的女儿］，你会把她交给警察吗？

科尔伯格和道德观：寻找道德的高地　劳伦斯·科尔伯格（Lawrence Kohlberg）拓宽了皮亚杰关于确认道德观是如何随着时间的推移而逐渐发展的观点。他通过探究参与者是如何与道德困境相抗衡的来研究道德观的发展变化。因为科尔伯格的道德困境没有明确对或错的答案，他不对参与者所提供的答案进行打分；他仅仅对他们所使用的推理过程进行评定。对科尔伯格而言，最关键的是人们用来解决道德问题的基本原则。

平均预期环境（average expectable environment）
能为孩子提供基本情感需要和训练的环境。

我们将使用科尔伯格用过的一个著名的道德两难困境来解释这个观点。看看海因茨的道德两难困境并思考你会怎么处理。

在欧洲，有一位女子得了一种罕见的癌症，她基本上处于垂死的边缘。医生认为有一种药物可能救得了她。它是一种镭，是同一座城市的一名药剂师最近发现的。这种药的制作花费很大，但是那位药剂师却要收取制药成本十倍的价钱。他花了400美元去买那个镭，并就一小服药要价4 000美元。这位病妇的丈夫，海因茨，向每一个他认识的人借钱，并尝试了每一种合法的途径，但他只能凑足大约2 000美元，是药价的一半。他告诉药剂师他的妻子快死了，并请求他卖便宜点或者让他晚点付钱。但那药剂师说："不，我发现了这药，我打算从中获取一笔收益。"所以，当海因茨尝试了每一种合法的途径而未成功时，他变得绝望了，并且考虑闯进药剂师的店铺来把药偷走。

问题：海因茨应该偷药吗？为什么可以或为什么不可以？

对很多儿童、青少年以及成年人测试后，科尔伯格（1976，1981）总结出了道德观的发展过程可以分为三个主要的阶段。我们可以结合为海因茨道德两难困境提供的参考答案来看看这些阶段，见表8.2。第一个水平，前习俗道德水平，该水平的标志是注意力都集中在惩罚和奖励上。奖励的都是对的；惩罚的

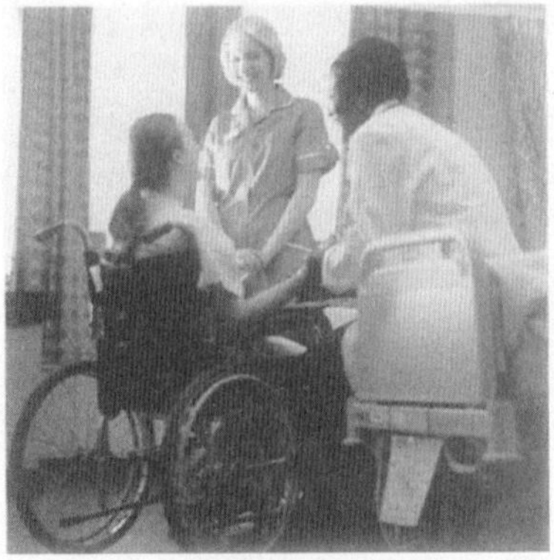

根据卡罗尔·吉利根的观点，女性关注取向的偏好影响她们对道德两难困境的反应。即使如此，在科尔伯格的道德发展水平上的得分，女性可以达到与男性一样高的水平，表明女性对道德问题的思考与男性的思考一样复杂。

286 就是错的。第二个水平，习俗道德水平，它的标志是以社会价值为核心。社会承认的是正确的；社会不承认的是错误的。第三个水平，后习俗道德水平，它的标志是注意力集中在超社会的个人内部的道德纪律上。与人类基本权利和价值观相一致的是正确的；而与这些基本权利和价值观相抵触的是错误的。

表8.2　科尔伯格对道德发展阶段的划分

科尔伯格是根据对海因茨道德两难困境的归因过程而不是答案本身进行阶段划分的。

水平	海因茨应该偷药，因为……	海因茨不应该偷药，因为……
前习俗道德	他可以带着药逃走	他可能被抓住
习俗道德	如果他让他的妻子死去，别人会看不起他	该行为是违反法律的
后习俗道德	保卫人类的生命是一个更高深的道德准则，可以与偷窃罪相抗衡	这么做会违反基本的社会准则，文明需要被维持，你不应该偷窃

对科尔伯格研究的批判　科尔伯格的研究产生了巨大的影响；他的研究结果阐明了道德水平的发展过程，并提出通过教育的努力来提高人们的道德归因（Kohlberg & Turiel，1971；Loevinger，1987）。然而科尔伯格的研究依然有很大的争议。

一些人认为在科尔伯格的划分中存在文化或性别偏见（Gilligan，1982；Schweder，Mahapatra，& Miller，1990）。还有人说他的划分缺乏高的外部效度（见第2章），因为科尔伯格用于衡量不同阶段的分数与现实中对道德行为的测量的相关性仅仅是一个中等水平（Blasi，1980；Krebs & Denton，2005）。对科尔伯格的假设的另外一个批判是我们的道德归因早于对道德事件的情绪反应而存在。一些人表明我们对道德情境的反应几乎是瞬间的（Luo et al.，2006）。道德归因有时可能是晚于而不是早于我们的情绪反应。然而尽管如此，科尔伯格的观点已经经受住了时间的考验，并为我们理解道德做出了重要的贡献。

性别认同

我们还没有讨论儿童对于他们自身和他人性别的理解是如何发展的，而这点是儿童社会性发展的一个重要方面。性别观念是儿童将自己视作为社会人过程中极为重要的一个部分。在解决我们是如何形成认识到自己是

男孩或女孩、男人或女人这个问题之前，我们需要对一些扑朔迷离的观点加以整理。大部分心理学家将性与性别区分开来，性是指作为男性或女性的个体生物特征，性别是指如行为、思维和情绪等心理特征，这些综合因素决定了一个人是男性还是女性。但是我们还无法证明这一点。**性别认同**就是人们的男性或女性意识。有千分之一的新生儿由于染色体突变而变成了双性人——他们既没有完整的男性生殖器，也没有完整的女性生殖器。这些个体通常在出生之时被给予一个模棱两可的生理性别，但由于生理上的性别认同障碍，所以他们经常很难
287 形成一个正确的性别认同。其他被称为异性癖的成人报告说，他们会被体内相反的性别感所困惑。他们在生理上可能是男性，但感觉自己是女的，或者相反。与之相反，**性别角色**是指与男性化或女性化相联系的行为。性别认同和性别角色并不总是一致的。一个青年人可能将自己看成是女性，但他仍旧可以持续性地去从事一些被认同为男性角色的行为，如踢球、扮演班级小丑的角色。性别认同和性别角色怎么能相提并论呢？

一个普遍的错误认识是社会性性别差异直到社交影响有机会作用于孩子身上才出现，例如父母对子女进行养育。然而一些社会性性别差异在婴儿早期就表现得很明显，使得以上解释不能成立。

在 1 岁或更小的时候，男孩和女孩选择不同类型的玩具。男孩通常喜欢玩球、枪和消防车；女孩喜欢娃娃、填充玩具动物和炊具（Caldera，Huston，& O'Brien，1989；Smith & Daglish，1977）。显而易见的是，研究者已经观察到这些选择倾向对于非人类灵长类包括长尾黑腭猴也适用。当被放在装有玩具的笼子里，雄性猴子倾向于选择车子和球，而雌性猴子倾向于选择娃娃和罐子（Alexander & Hines，2002）。这个发现表明对玩具的选择可能反映出生理素质的不同倾向，如攻击性和关怀，这个结果适用于许多灵长类动物。

性别发展除了受生理基础的明显影响外，也会受社会经验的显著影响。父母应该鼓励孩子参加与自身角色一致的行为，例如男孩要追求成就和保持独立，女孩要有一定的依赖性和关怀感。

研究表明父母倾向于更能接受女孩子表现出“假小子”行为，而不太能接受男孩子表现出“娘娘腔”行为。

教师对男孩和女孩的教育应当与社会认同的男女的性别行为相一致。如当男孩表现出攻击性和女孩表现出依赖性或“渴望”行为时，教师要给予更多的关注（Serbin & O'Leary，1975）。即使男孩和女孩表现出同等的独断性和温和性，教师也会给予独断的男孩和温和的女孩过度的关注（Fagot，Hagan，Leinbach，et al.，1985；Beaman，Wheldall & Kemp，2006）。在当今美国，性别角色社会化的要求对于男孩比女孩更加严格。父母能够容忍女孩子表现出“假小子”行为，如玩车子和娃娃，而男孩子就不能如此，他们如果玩娃娃就会被认为是“娘娘腔”（Langlois & Downs，1980；Lytton & Romney，1991）。

性别认同（gender identity）
个体对自身是男性或女性的认知。

性别角色（gender role）
与男性化或女性化相联系的行为。

研究者发现当把一些玩具给猴子玩时，雌性猴子（左边）倾向于选择娃娃，而雄性猴子（右边）倾向于选择车子。

288 **★ 小测试**

1. 有充分的证据表明人类的关键期会突然结束。 正确 错误
2. 对接触安慰的研究表明食物不是灵长类动物的依恋基础。 正确 错误
3. 儿童的依恋类型几乎不会随时间发生变化。 正确 错误
4. 当评估科尔伯格的道德两难困境时，人们提供的答案比获得这些答案的归因过程更重要。 正确 错误
5. 社会性性别差异只有在教养方式有机会影响儿童行为时才表现出来。 正确 错误

答案：（1）错（pp.280–281）；（2）对（p.181）；（3）错（p.282）；（4）错（p.285）；（5）错（p.287）

发展不会停止：青少年期和成年期的转变

虽然人们倾向于认为发展心理学仅仅研究儿童，但在小学毕业时我们并没有成为完全成熟的个体。大量生理的、认知的和社会的变化会贯穿于青少年期、成年期，甚至是老年期。

青少年期：巨大转变的时期

普遍的学术观点认为把儿童期和成年期过渡阶段的**青少年期**，并将其看成是在发展过程中最具创伤性的时期之一，当然它也是身体、大脑和社会活动发生巨大变化的时期。青少年期也可以看成是探索发现、参与成人活动、建立深厚友谊的一个非常好的时期。我们可以用狄更斯的话来概括青少年期的特征："它既是最美好的时期，也是最糟糕的时期。"青少年期存在很多骚动，例如与父母的冲突增多（Laursen，Coy，& Collins，1998）、冒险冲动不断增强（Arnett，1995），以及与年幼儿童和成年人有关的负性情绪增加（Larson & Richards，1994）。然而很多证据表明那种将青少年期比作紧张的过山车是一个误解（Arnett，1999；Epstein，2007）。权衡起来，青少年期的压力和不快乐并不会那么特别显著地多于生命中的其他时期。然而由于青少年的自我压抑、控制能力低于成年人，他们更可能因为心情起伏对生活加以评论和抱怨。每当他们感到不安时，我们就能够体会到。

身体成熟：青春期的力量 青少年期所经历的很多身体变化是激素所引起的。脑垂体会刺激身体生长，并且生殖系统会释放雌激素和睾酮（见第3章和第9章）到血液中，除了引起生长之外还带来身体变化。**【学习目标 8.10】**对于男孩子，睾酮会促进肌肉 289
组织的增长、面部和躯体毛发的生长，以及肩膀的拓宽。对于女孩子，雌激素会促进胸部的生长、子宫和阴道的成熟、臀部的变宽，以及月经的开始。女孩体内的雌激素也会促进身体成长和阴毛的增长（见图8.11）。在青少年期男孩的肌肉力量会超过女孩，并且在该时期男孩会经历一系列的肺功能和血液循环的变化。相比于女孩，这些变化在男孩体内会引起更强的身体力量和耐受性，这就解释了男孩和女孩在青少年期出现的运动能力的差异（Beunen & Malina，1996；Malina & Bouchard，1991）。这些激素变化引起的不良影响有体味、汗液和油性皮肤的增加，常常可以引起痤疮或粉刺。

在青少年期由激素引起的重要变化是性成熟——身体的繁殖潜能得以实现。成熟包括第一性征的变化，**第一性征**包括内生殖器和外生殖器。同时也包括第二性征

青少年期（adolescence）
童年期和成年期的转折期。

第一性征（primary sex characteristics）
用于区分不同性别的内生殖器和外生殖器。

第二性征（secondary sex characteristics）
与生殖没有直接联系的标志如女孩胸部变大，男孩嗓音变浑厚。

的变化，**第二性征**包括那些不与生殖直接相关并且标注不同性别的特征，例如女孩胸部变大，男孩嗓音变粗，以及他们阴毛的出现。女孩的**初潮**即月经的开始时间是不一致的，因为女孩达到身体成熟的年龄是不相同的。

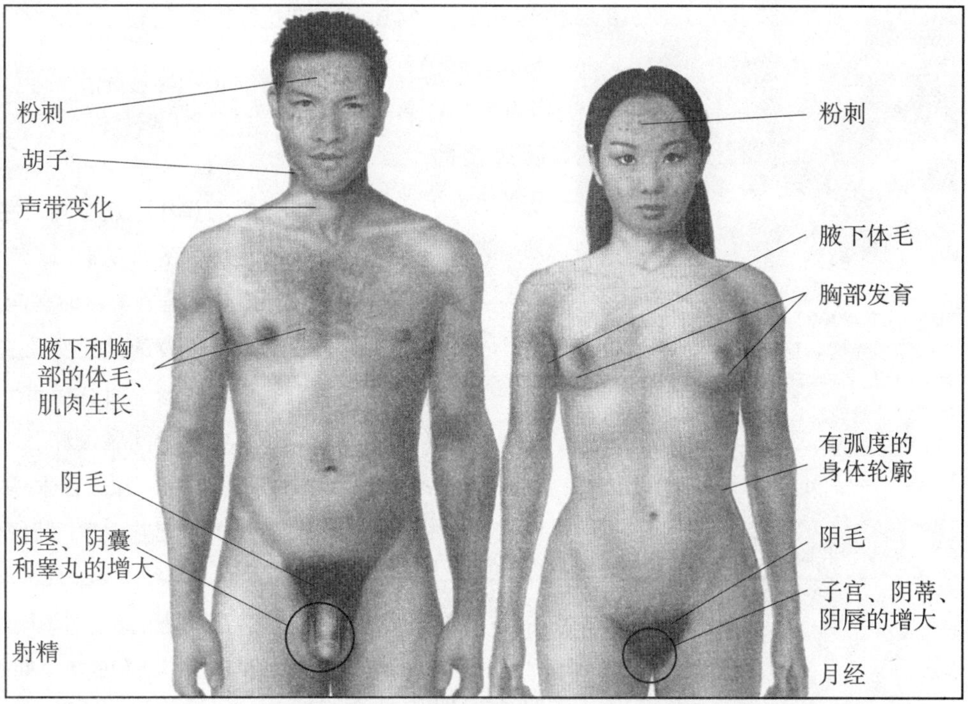

图 8.11　青春期前和青春期孩子的身体和性成熟

性激素使身体快速增长，他们的身高完全达到成人标准。同时它们也会引起生殖系统和第二性征的变化，例如，女孩的胸部和臀部的变大、男孩肩部的变宽。

遗精，堪称是男孩人生中的里程碑。这个重大事件发生的平均年龄在 13 岁左右，但它也是因人而异的。事实上，男孩走向成熟所需的时间远远超过女孩，这也就是为什么我们经常看到六七年级的女孩相对要高于同年级的男孩。

男孩和女孩的发育时间受基因影响，同卵双生子彼此月经初潮时间相隔通常不会超过一个月，而异卵双生子初潮平均会有一年之差（Tanner，1990）。然而，大量的环境因素（如一些关系到身体健康的）影响着青少年步入青春期的时间。社会经济水平较高的家庭通常有良好的营养物和健康护理，因而其子女能够更早地步入青春期（Eveleth & Tanner，1976）。来自富裕国家的女孩初潮时间通常会早于那些来自贫穷国家的女孩（Eveleth & Tanner，1990）。

290 **青春期认知的变化：青少年的大脑**　虽然大部分脑部成熟发生在胎儿期和出生后的最初几年里，但额叶是在青少年期晚期或成年早期才完全发育成熟的（Casey，Giedd，&

这些七年级学生的身高有差异，但图中的女孩（右边）是这个群体中最高的。女孩通常比男孩更早成熟，且发育速度更快。图中女孩的身高可能接近她成年后的身高，而男孩仍然有很大的成长空间。

澄清事实

在过去的 100 年里女孩的初潮时间平均从 15 岁左右提前到 13 岁左右。这个变化可能是因为现在有更好的营养以及人们对健康给予更好的关照（Tanner，1998）。

初潮（menarche）
月经的开始。

遗精（spermache）
男孩的第一次射精。

李·伯德·马尔沃（Lee Boyd Malvo）在 2002 年 10 月参与了华盛顿特区的狙击杀戮。那时他 17 岁。一些研究者争论说，对于那些青少年罪犯应该考虑到“由于他们是青少年，应该减免罪行”，因为他们的额叶尚未充分发育（Steinberg & Scott，2003）。

根据埃里克森的理论，青少年期是探索我是谁的阶段。在这一阶段他们可能会通过表演和特殊的着装来尝试不同身份。

Thomas，2000；Johnson，1998）。正如我们在第 3 章所讨论的，额叶主要负责推理、计划、决策和对欲望的控制。前额叶在青少年期仍然在发育这一事实可以用来解释一些冲动行为，如参与从一个陡峭的坡上踩滑板滑下这样的活动（Weinberger，Elvevag，& Giedd，2005）。即使是在简单的任务中，如抑制去看一个闪光灯的冲动，青少年也都显得比成年人更难做到而且需要更多的大脑活动过程（Luna & Sweeney，2004）。

青少年通常会拥有与成年人相同的机会参加极具危险性的活动，但他们的大脑并没有准备好做出成熟而理性的决策。例如，青少年经常会面临做出如是否进行性行为，是否尝试非法的吸毒行为，以及是否酒后驾驶等决策。青少年应该毫不犹豫地放弃这些选择。然而，在我们能否将青少年行为问题完全归因于“青少年的大脑”方面仍存在争议。一些研究者争论说有些问题行为在非西方文化中不会出现，这就表明同生物因素一样，文化因素也会引起这种现象（Epstein，2007；Schlegel & Barry，1991）。

排除其他假设的可能性

对于这一研究结论，还有更好的解释吗？

在青少年期建立同一性 我们的人格、优势、兴趣以及最关键的自我觉知，对于我们的决策会产生重要影响。我们都会在某些时刻问自己：“我是谁？”的确，青少年期最主要的挑战就是获得稳固的**同一性**，也就是对我是谁、我的生活目标和优势是什么的感受。大多数青少年感觉这个问题很棘手，他们努力地“尝试不同的帽子”来看看哪一顶最合适；心理学家称这个过程为“角色实验”。即便是在大学，我们也可能在不同时期用“呆子”、“酷”和“乔克”（jock）等词调侃朋友，尝试不同的主修课程，甚至是开始了对不同的宗教信仰和哲学信念进行探索。在青少年期和成年早期的这一段时间中，我们经历一系列角色的改变，我们在“我们是谁”和“我们想成为谁”间不断徘徊，试图找到一个合适的位置。

埃里克·埃里克森（Erik Erikson，1902—1994）发展出了关于同一性发展的最具综合性的理论。埃里克森（1963，1970）创造出“同一性危机”这一新术语来描述大多数青少年所体验到的关于自我认同的困惑。

事实上，埃里克森的理论工作已超出了青少年这一主题。他认为人格发展贯穿于整个生命过程。埃里克森建立了人类从生到死生命发展的八个阶段（见图 8.12）。在每个阶段，我们会面对不同的**心理社会危机**：一种关于我们与他人，包括父母、朋友、老师以及其他社会成员关系的困境。

埃里克森认为青少年会经历一个叫“同一性混乱”的时期，在该时期他们会抓住关于他们是谁的基本问题不放手。在大多数情况下，青少年都会相对安全地摆脱这一危机。如果不能安全度过这个时期，那么在以后的生活中他们会在以同一性混乱为标志的心理情境中受阻（例如边缘性人格障碍，这点我们将在第 13 章中讲到）。

埃里克森的理论产生了很大的影响，但他的理论基础还是薄弱的。是否确实存在同一性发展的八个阶段以及每个人是否以相同的顺序经历这八个阶段，还没有足够

同一性（identity）
关于我是谁及我们的生活目标和优势是什么的感觉。

心理社会危机（psychosocial crisis）
个体与他人关系的困境。

的研究。有证据表明那些没有成功度过早期发展阶段的个体，如同一性混乱的人，会在后来的发展阶段中体验到比别的个体更多的困难（Vaillant & Milofsky，1980）。虽然这些研究与埃里克森的理论模型相一致，但这些发现仅仅具有相关性，并不能表明早期发展阶段的问题会导致后期的问题。

> **相关还是因果**
> 我们能确信 A 是 B 的原因吗?

图 8.12　埃里克森关于人类发展的八个阶段
（Source：Good & Brophy，1995）

成年期的成长和衰退

当我们从青
291 少年期向成年期转变时，我们生活的很多方面开始稳定下来，但其他方面却开始出现更加戏剧性的变化。在青春期身体和生殖能力得到充分发育后，我们当中很多人在二十几岁就达到了身体发育的顶峰（Larsson，Grimby，& Karlsson，1979；Lindle et al.，1997）。体力、协调能力、认知发展的速度以及身体和思维的灵活性均在成年早期达到顶峰。社会性发展中一些最关键的里程碑通常在成年早期至中期到来。

成年期的生活转变　成年人像小孩子一样，也会经历一系列变化。这些变化通常与主要生活方式的转变或社会角色的变化相联系，例如，从学生变成上班族，进入一个严肃的关系中，或为人父母。绝大多数转变都是美好的体验，但是它们可能也会带来压力。**【学习目标 8.11】**我们倾向于按照以下生命的轨道来预测成年 292
人的生活：读大学，得到第一份工作，恋爱，结婚，生子，见证孩子的长大，慢慢衰老。事实上，我们大大高估了按照这种刻板的方式生活的人数（Coontz，1992）。

很多大学生都近 30 岁、30 多岁或 40 多岁了，他们边工作边读书，而且还在经济上依附于他们的家庭。很多家庭是由单亲、同性父母、未婚父母、离婚后的父母自己结合和没有子女的夫妇组成的。最近的人口普查报告（U.S.Census Bureau，2005）预测低于 25% 的成年人生活在常规的家庭中（妈妈、爸爸和孩子）。

职业生涯。就业是年轻的大学毕业生尤其是那些还没有找到可以谋生的工作的大学生产生最大焦虑感的来源之一。很多毕业生都在四处投简历来寻找与他们能力和兴趣相匹配的工作。对有些人而言，这可能是一个很有用的策略，因为他们最后会找到一个意想不到的与他们的技能和兴趣爱好均相符的职业。虽然只为一个公司效力或一生只从事一种职业，曾经是人们的规范，但现在不是这样了。美国劳工统计局（2006）的一项长期调查研究揭示出了平均每名美国工人会在 18 到 40 岁之间换 10.5 次工作。虽然在青少年期工作变更会更频繁些，但 36 到 40 岁的人平均至少会变换一次工作。

虽然我们通常认为大学生处于青年期，并且在经济上依赖他们的父母，但是还有许多"非传统"的大学生边工作养家边读书。

爱和承诺。坠入爱河并郑重地承诺与某人共度一生是一件非常浪漫并令人兴奋、满意的事。但浪漫关系通常需要对生活方式来个大的转变。甚至是像与音乐合作伙伴一起整合我们的音乐风格这类简单的事情都会是充满压力的事情。然而，与重要他人共享生活可能会有益处。身体和情绪的亲密可促进身体健康，降低压力（Coombs，1991）。总的来说，那些具有长期亲密关系的人，包括同性恋者和异性恋者，报告的幸福水平高于那些单身者（Gove，Hughes，& Style，1983；Wayment & Peplau，1995）。然而，这个发现仅仅具有一定的相关性，并且能反映出这样一个倾向：快乐的人易进入一段稳定的关系（见第 9 章）。

虽然常规家庭包括一个丈夫、妻子和几个小孩，但是符合这一模式的家庭并不多。单亲家庭、同性恋家庭、离婚后再次组合的家庭和没有孩子的家庭比大多数人想象中的要更为普遍。

相关还是因果

我们能确信 A 是 B 的原因吗？

美国结婚人群的平均年龄有所递增，从 1960 年女人 20 岁、男人 22 岁到今天女人 25 岁、男人 27 岁。在美国超过 50% 的成年人结婚，大约 5% 的人同居但没结婚。接近 11% 的未婚情侣是同性恋，男女同性恋情侣基本上各占一半（U.S.Census Bureau，2000）。大部分人在成年期能与他人建立长期稳固的关系。

亲子关系。为人父母可能是成年人会经历的最大的转变。有了孩子，生活方式上会有一个根本性转变，成年人突然要为另外一个人而不仅仅是他们自己的健康幸福负完全的责任——因为那个人不能靠自己生存。虽然这种体验对大多数父母而言是非常值得的，但它也会引起焦虑，尤其是因为那些第一次为人父母的人要花大量的时间来照顾新生儿。变成父母后需要对计划安排来个大转变（比如睡眠时间减少，平衡工作与家庭），这样的转变会迎来一系列的挑战。初次为人父母的人经常没有为这些改变做好准备，幻想着他们仍能按照以往的方式生活，不管去哪里都可以将小孩带着，然而一切并不会像想象中那样。研究表明，最难适应亲子关系的新父 293
母是那些对这一变化抱有最不切实际期望的人（Belsky & Kelly，1994）。

中年期转变。虽然成为父母通常是在成年期影响最大的转变，但当成年人到达中年期时，主要的适应改变也会发生，他们开始看到白色头发和皱纹。当成年人开始感觉自己变老时，他们通常会面对新的挑战，例如他们的孩子离开了家，或者照顾健康状况下降的年迈双亲。

关于中年期最流行的一个概念是，大多数男人和一些女人会经历一场**中年危机**，其标志是对衰老的情绪困扰和恢复年轻的渴望。虽然心理学家曾经将这个阶段的转变看成是成年人发展中正常的部分改变（Gould，1978），但是最近很多研究并没有得出该结论，即在中年期情感危机会增加（Eisler & Rogsdale，1992；Rosenberg，Rosenberg，& Farrell，1999）。中年危机似乎比现实更神秘。

可重复性
其他人的研究也会得出类似的结论吗？

大众心理学普遍认为在中年危机中女性常常面对的问题是**空巢综合征**，即子女成年离开家后母亲感到沮丧的一种心理症状。与中年危机类似，空巢综合征似乎被夸大了，或者可能对传统性别角色强的妇女更适用。

那些自称在扮演父母角色中很少实行专制的妇女，甚至是那些没有在外面工作的妇女比那些对女人在社会和家庭中应扮演的角色有更加传统态度的人更难以承受空巢综合征（Harkins，1978）。有些研究者甚至推测空巢综合征只存在于不在外面工作的白人妇女中。非裔美国和墨裔美国妇女以及社会经济地位比较低下通常需要工作的妇女们的社会规范、生活方式和大家庭的需求似乎可以帮助她们缓解孩子离开家时的那种无所适从感（Borland，1982；Woehrer，1982）。幸运的是，与一般的观念相反，当发现新的适应点和自由感时，大多数空巢者会体验到生活满意度的增加（Black & Hill，1984）。尽管如此，暂且不说空闲时间的突然增加，角色转变就需要一定的适应性（Walsh，1999）。

谁是老年人？关于老年阶段的不同认识

在 21 世纪早期，人们的寿命比以往任何时候都长。平均每位美国男性可以期望活到 75 岁，美国女性是 80 岁。与仅仅一个世纪前的那些人形成了鲜明的对比，那时男人平均寿命 48 岁，女人平均寿命 51 岁（National

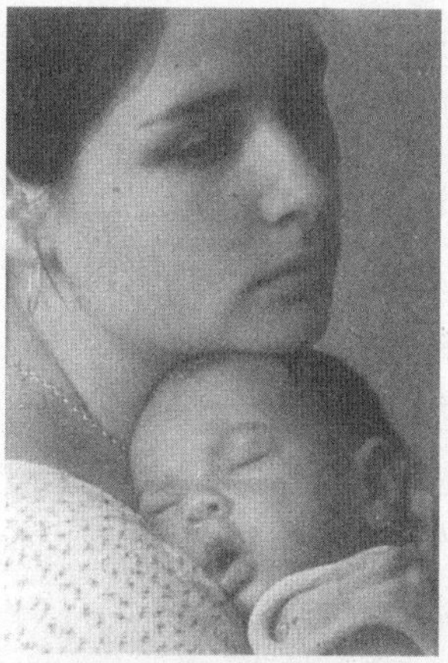

养育小孩是生命中一件既充满意义又美妙的大事，但它也是初次为人父母的人的主要压力来源。

那些整日工作来养育家庭的妇女比待在家里的母亲通常更容易适应“空巢”的转变。

Center for Health Statistics，2005）。美国“白发”数增长，老龄化现象急剧增加。在过去的 100 年间，美国的总人口数翻了三倍多，并最终突破了 3 亿，但 65 岁以上的人数增加了七倍之多。

预期寿命的转变意味着将有比过去多百万的老年人生活在地球上。但是我们应该怎样定义“老龄”呢？实际年龄包含大量预期因素。但是实龄对于预测或解释伴随老龄化而出现的行为或生物变化是不必要的（Birren & Renner，1977）。一个比喻可以帮助我们理解：房子门廊的铁栏杆随时间的推移而生锈，是因为它渐渐地被氧化

中年危机（midlife crisis）
渴望恢复年轻的成年人在中年阶段，会由老化进程带来的情感压力。

空巢综合征（empty-nest syndrome）
孩子长大离开家时，母亲体验到的所谓沮丧的阶段。

了。很多因素决定着铁栏杆生锈的速度，所以两个相同年龄的铁栏杆可能含有非常不同量的铁锈。

衡量年龄的其他方式可能更有助于描述生命后期中各种变化的影响（Birren & Renner，1977）。例如，我们可以使用生理年龄来衡量，生理年龄是根据身体的生理机能来评估年龄的；或者使用心理年龄来衡量，心理年龄是指一个人的精神状态和灵活性以及处理由于前所未
294 有的环境变化带来压力的能力。定义年龄的另一个有效方式是基于个体的机能状况，机能年龄即一个人能在社会上担任一定角色的能力。机能年龄可能更适于判断是否为退休准备就绪，而无需根据实际年龄任意加以判定（例如，人们应当在65岁或70岁时退休）。

每天，96岁的米切尔（本书其中一个作者的叔祖父）都会在网上收邮件、冲浪和进行股票交易。他每周还会去打桥牌。虽然他的听力和膝盖功能已经衰退了，但他的“机能年龄”远远小于实际年龄。

研究表明，身体运动和力量训练可以有效促使人体机能衰退达到最小化。

体力下降和老龄化 为了试图延缓不可避免的老龄带来的影响，美国人每年花费数百万美元在产品、技术、市场和噱头上面，其目的是让他们看起来和感觉起来更年轻。然而，年龄对身体外观和身体机能的一些影响是人生中不可避免的事实。

对女性而言，身体老化的一个重要的里程碑是**闭经**——月经的终止，这标志着一名女性生殖潜能的结束。当妇女接近50岁时，她们的月经周期可能变得极其没有规律；最终，停止了。一些妇女发现这段时间很难熬，因为她们面临着身体状态的明显变化，年轻的繁殖岁月已经离她们远去。而且闭经经常会伴随不好的负面影响。闭经是由雌激素减少引起的，雌激素可导致突然的“热潮红”，其症状包括变得出奇的热、出汗、口干舌燥。许多妇女报告说它会引起情绪波动、失眠和暂时失去性欲。有趣的是，这些症状存在文化差异。虽然大约有50%的美国人和加拿大人报告说有热潮红症状，但是在日本，却只有不到15%的妇女报告有该症状（Lock，1998）。

男人没有与闭经类似的体验；直到年迈，他们能够继续拥有生育的能力。当然，产精量和睾酮水平会随年龄增大而逐渐下降，保持阴茎勃起并且完成射精变得具有挑战性。尽管随年龄增长生殖系统会发生变化，但是大多数年长居民——包括男性和女性——都能有健康的性欲（见第9章）。

随年龄增长灵活性和身体协调能力发生的变化 年龄对运动协调能力的影响存在个体差异和具体任务的差异。**【学习目标8.12】**它对复杂任务的影响程度显著高于简单任务（Luchies et al.，2002；Welford，1997）；简单的机械任务，例如手指轻轻敲击，相对而言较少因年龄增长而能力下降（Ruff & Parker，1993）。这个发现表明，一些方面的衰退可能与感觉能力，如视觉或听觉的衰退有关，或者与老年人和年轻人所用的不同注意策略有关（Botwinick，1966；Redfern et al.，2002）。老年人学习新技能的灵活性也会下降（Guan & Wade，2000）。当视觉和其他感觉能力下降时，这个变化会引起一个特别的挑战，个体必须更多地依赖其他感觉，例如本体感受（关于身体各部位是如何在空间上彼此定位的感觉）和前庭导引（从内耳导出的平衡信息）来补偿（见第4章）。

相关还是因果
我们能确信A是B的原因吗？

与年龄有关的衰退在不同个体间存在很大的差异。力量训练和渐增的身体运动或许能最大限度地减少身体部分功能衰退，同时能够延长寿命（Fiatarone et al.，

闭经（menopause）
月经的终止，标志着女性生育功能终止。

1990；Frontera，Meredith，O'Reilly，et al.，1988）。通常，伴随老龄化而来的很多变化实际上与年迈带来的疾病有关，如高血压、心脏病和关节炎。虽然实龄和身体健康状况相关，但许多灵活性很好的老龄人驳斥了这样一个普遍的观点：年老化总是会带来身体机能的减弱。

年老化和认知能力下降　在年龄增长的过程中有减弱的成分也有增强的成分。减弱的方面在于，很多年龄大的人抱怨他们记不得自己曾做过的事。他们是对的：当人们开始变老时，认知功能的很多方面确实下降了。
295 事实上，在 30 岁之后，人们回忆信息的能力开始急剧下降。然而，就记忆能力会下降多少存在相当大的差异性，大部分人随着年龄增长只是体验到记忆力适度下降（Shimamura，Berry，Mangels，et al.，1995）。视觉、听觉甚至是嗅觉这样的基本感觉过程，在人们达到 60 岁或 70 岁时也开始呈下降趋势（Doty et al.，1984）。人们总体的认知加工速度也会随之下降，这就是为什么在电子游戏和其他速度型任务中，青年人通常可以打败成年人（Cerella，1985；Salthouse，2004）。

增强的方面在于，认知功能的一些方面并未因年龄增长而下降，有些甚至是随年龄增长而提高了：

（1）虽然自由回忆（被要求从记忆中提取项目；见第 6 章）能力随年龄增长而下降，但是线索回忆或认知能力保持不变（Schonfield & Robertson，1966）。

（2）与回忆那些记忆研究者所指定的无意义记忆相反，老龄化的人对意义材料或与他们日常生活相关的材料回忆的能力随着年龄增长衰退的程度小一些（Graf，1990；Perlmutter，1983）。

当我们认识到年老者比年轻者多了十年的知识积累和具有更好的晶体智力时，我们就理解了为什么很多国度的文明尊敬、崇拜老者。

（3）老年人在类推测试和词汇测试中比年轻人表现更好（Cattell，1963）。我们所积累的知识和经验所构成的晶体智力（见第 7 章），为老年人提供了很大的信息数据库，可以用来帮助他们解决问题或转换新信息（Baltes，Staudinger，& Lindenberger，1999；Beier & Ackerman，2001；Horn & Hofer，1992）。这有一个例子可以表明常识是正确的：姜还是老的辣。

你怎么认为？

老龄化的人有很好的再认能力但记忆力很差。作为疗养院的指导者，你能想出借助于提醒这样的办法来提高老人记住重要信息的能力吗？

★小测试

1. 在青春期，睾酮使男孩发生变化，但不会使女孩发生变化。　正确　错误
2. 青少年在从事危险行为时不能总是作出成熟的决定，因为他们的前额叶没有充分发育好。　正确　错误
3. 婚姻和为人父母对成年人的压力水平产生积极影响。　正确　错误
4. 老年人的听觉、视觉和其他感觉能力会下降，但他们的反应时与年轻人是一样的。　正确　错误
5. 老年人在需要回忆无意义单词的任务上表现得比年轻人差，但在推理和词汇任务中表现得更好。　正确　错误

答案：（1）错（p.289）；（2）对（p.290）；（3）错（p.292）；（4）错（p.295）；（5）对（p.295）

296

全面的复习体系

人类发展的特殊观点（pp.265–268）

8.1 采取辩证方式去思考发展中的一些发现

在评估儿童是如何和为何改变时，我们必须避免这样的倾向：假设先前发生的事是后来事件发生的必要因素。并且，我们需要记住：原因和结果往往是相互的。

1. 关于行为是如何随时间变化的研究叫做______。（p.265）
2. ______谬误是假设因为一个事件发生在另一个事件之前，所以两个事件是有因果联系的。（p.265）
3. 双向影响如何解释行为不良青少年拉帮结派？（p.265）

4. 在一个______设计中，研究者在同一时间获得关于不同年龄的人的一张"快照"。（p.266）
5. 当样本中的被试是成长在同一个时代，______现象可以被发现。（p.266）
6. 为何说经典的"人生七年系列片"与心理学上的纵向设计类似？你知道使用纵向设计的优势与不足吗？（p.266）
7. 研究表明，很多儿童（有/没有）适应能力和承受压力的能力。（p.267）

8.2 阐明先天和后天对发展的影响

基因与环境以一种复杂的方式进行相互作用，所以我们并不是总能够确定这个或那个是行为的原因。例如，当儿童成长时，基因的影响常依赖于他们的经验。

8. ______，即我们所具有的基因和______，即我们所处的环境，对于塑造我们的发展中起到非常重要的作用。（p.267）
9. 很多关于人类发展的研究受到______的影响，这意味着很难确定基因与环境的相互影响。（p.267）
10. 卡斯皮和同事对于MAO水平较低的儿童的纵向研究表明了______，其中基因影响依赖于环境，反之亦然。（p.267）

出生前后的发展：身体和动作的发展（pp.268–272）

8.3 描述产前的发展阶段并辨别影响正常发展的因素

胎儿发展的很多重要方面发生于怀孕早期。怀孕后第18天胎儿脑部开始发育，这一发育延续到青少年期。药物、酒精，甚至是母亲的压力等致畸物可损害或减缓婴儿的发展。

11. 怀孕早期由相同的细胞组成，还没有开始细化成身体的具体功能的球，称为______。（p.268）
12. 胚胎阶段从怀孕后的______周到______周。（p.268）
13. 一旦主要的器官形成并且心脏开始跳动，胚胎就变成了一个______。（p.268）
14. 怀孕后第18天______开始发展，并且不像大多数其他器官，它一直保持发展，贯穿于青少年期且有时会延续到成年早期。（p.269）
15. 那些会给产前发展带来负面影响的环境因素被称作______。（p.269）

297

8.4 描述婴儿如何学会协调动作和取得重大的里程碑式的行为发展

儿童大致是按相同的顺序来实现诸如爬行和行走等动作的重大里程碑，尽管他们完成这些动作的年龄会不同。婴儿与生俱来的反射能力可以帮助他们，但是经验在儿童的肌肉形成和动作协调中扮演了一个关键的角色。

16. 婴儿一出生就具有一定的______能力，它们是由某些具体形式的刺激所引起的，来帮助他们懂得如何在这个世

参考答案在本书的结尾处

界中得以生存。(p.270)

17. ______是对口部刺激的一个自动化的反应。(p.270)

18. 通过将每个儿童所表现出来的主要动作发展和他们的年龄列出来来划分右图中的发展过程。(p.271)

(a) ______
(b) ______
(c) ______
(d) ______
(e) ______
(f) ______

19. 当儿童为了触摸或爬行而去学习怎样协调他们的动作时，儿童依靠的是______。(p.270)

20. 与美国相比，其他的文化（像秘鲁的襁褓束缚）中，儿童的养育方式是如何影响儿童的短期和长期的动作发展的？（p.270）

认知发展：儿童如何认识世界（pp.272–279）

8.5　理解儿童学习的主要理论机制

皮亚杰认为发展发生在影响认知发展的四个阶段。维果斯基认为不同的儿童会以不同的速度发展不同方面的能力，并且父母方面的社会构造会影响儿童的学习和发展。专家仍然在争论这些问题，包括：学习是以一种普遍方式还是以某一特殊方式发生的，学习是一个渐进的还是一个阶段性的过程，儿童具有多少天赋的认知知识。

21. 皮亚杰是一个______。他认为儿童的发展是以在某一特殊时期思维的彻底转变为标志的，随后在一个很长的时间内他们对世界的认识是保持不变的。(p.272)

22. 根据皮亚杰的观点，当儿童不再能运用______来把一个新的经验吸纳入他们已有的知识结构时，他们将通过改变现有的信念来专注于______以使得它与新的经验协调。(p.273)

23. 在皮亚杰所描述的四个发展阶段中的第一个阶段，即______阶段（0 ~ 2 岁），儿童关注于此时此地，并缺乏对客体______的理解。(p.273)

24. 处于皮亚杰第二个阶段，即______阶段的儿童，不能完成______任务。(pp.273–274)

25. 根据所提供的描述，完成下列表格以再现皮亚杰的四个认知发展阶段。(p.273)

阶段	典型年龄	描述
(a) ______	______	完全依赖身体经验
(b) ______	______	可以超出此时此地来思考，但是具有自我中心性并且不能够实现思维转换
(c) ______	______	可以进行思维转换但只能停留在具体的物体上
(d) ______	______	能够进行抽象的逻辑推理

26. 皮亚杰的三山实验测量儿童的什么能力？处于哪个阶段的儿童可以完成这项任务？（p.274）

27. 鉴于皮亚杰强调儿童对物质世界的探索，维果斯基认为 298
______和______因素是儿童学习的主要来源。(p.275)

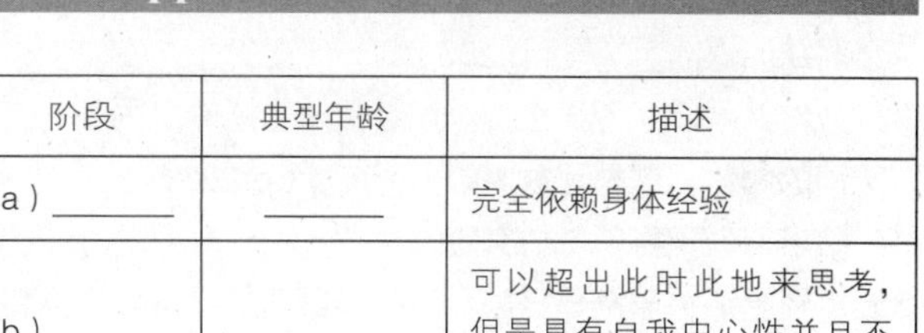

28. 维果斯基将______定义为儿童准备学习新的技能并能利用______的区域，后者是由家长提供以帮助孩子的一种结构。(p.275)

8.6 解释儿童在重要的认知领域里掌握新知识的过程

婴儿的物理推理，包括最基本的天生的知识以及对以经验为基础的知识的提炼。当儿童经历从认识到自己的身体特征与他人不同到认识到他人有与自己不同的想法的过程，儿童的自我认知渐趋复杂。数字方面的发展需要对计数规则的理解力和对精确数量意义的天赋。这种能力发展缓慢，并且很容易被中断。

29. 婴儿（有 / 没有）对于事物物理状态的基本理解。(p.277)
30. 一个关于______的典型测试是错误信念任务，它可以用来检验儿童对他人所知和所相信的内容进行推理的能力。(p.278)

社会性和道德发展：儿童与他人的关系 (pp.279–288)

8.7 描述儿童何时以及怎样与看护人建立情感纽带

尽管婴儿可能认识并对给予他们关爱的人以积极的反应，但他们在 8 个月以前还没有一个具体的依恋对象。婴儿与他们的抚养者发展起来的依恋关系的类型会随着父母教养方式和婴儿气质类型的不同而有所差异。

31. 通常从八九个月开始，婴儿发展出______，这是一种保护婴儿免受危险的适应机制。(p.280)
32. 我们与那些我们感觉很亲密的人建立起来的强烈的情感联结叫做______。(p.280)
33. 劳伦兹展示了刚出生的小鹅会跟随它所看见的第一个运动的物体，这种现象叫做______。(p.280)
34. 哈洛用恒河猴所做的实验验证了______现象。(p.281)
35. 解释哈洛关于身体接触会让猴子舒适的现象并描述每个“妈妈”在满足猴子需要中所扮演的角色。(p.281)

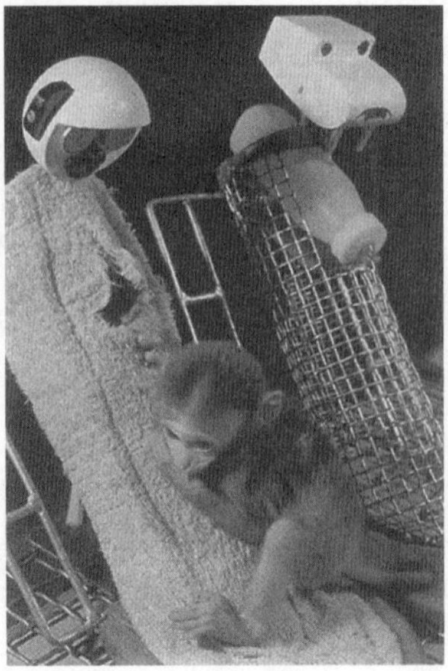

36. 通过描述安斯沃斯定义的陌生情境中的四种依恋类型，完成下表。(p.282)

依恋类型	描述 / 儿童的反应
1．安全型依恋	
2．不安全—回避型依恋	
3．不安全—反抗型依恋	
4．混合型依恋	

8.8 解释环境和遗传对儿童的社会行为和社会风格的影响

家庭教养方式（纵容型、权威型、专制型或放任型），以及儿童的某些遗传特质比如气质，可以影响儿童长期的社会性发展。

37. 一个人在发展早期出现的主要由遗传决定的基本情绪类型被称为______。(p.283)
38. 科学家发现不同的家庭教养方式可能并不会对父母能否提供______产生太大的影响。(p.284)

8.9 阐述儿童的道德认知以及重要的社会概念如性别认同是如何发展起来的

儿童最初的道德观念是以害怕惩罚为基础的，但随着时间的推移，这种道德观念变得更加复杂，儿童的道德观变得以动机而不是以结果为基础。儿童的性别认知在最初的几年里逐渐得到发展，但是不同性别在行为上表现出差异比较早，而这种差异不能完全用性别社会化来解释。父母与男孩和女孩的互动方式的不同也会在儿童的性别化行为上起关键作用。

39. 科尔伯格通过道德两难困境记录人们使用的______来研究人们______的发展。(p.285)
40. 个体对男性、女性的性别观念叫做性别______，伴随着男性化或女性化的行为倾向叫做性别______。(pp.286–287)

发展不会停止：青少年期和成年期的转变（pp.288–295）

8.10 描述从儿童到成人的转变阶段生理、情绪和认知的改变

性的成熟和身体上的重大变化是青少年期的标志。青少年会面对更多成人式的挑战和决策，然而在青少年期前额叶还没有完全成熟，青少年还不能很好地处理一些问题。

41. 儿童向成人转变过程中的年龄阶段一般叫做______。（p.288）
42. 性的成熟包括______的改变，例如生殖器官，和______的改变，例如女孩的胸部逐渐丰满和男孩的声音更加粗犷。（p.289）
43. 青少年期的其中一个挑战是处理好我们的______，即对我们是谁的感受和我们如何适应这个世界。（p.290）

8.11 了解成年时期重大生活转变带来的发展性的变化

主要的生活转变包括职业改变，寻找一位浪漫的伴侣，拥有小孩，对成人来说都是很有压力的事。然而，中年危机并不常见。

44. 随着传统的大学生形象不断发展，我们对职业和工作变更的看法也变了。根据美国劳工统计局的统计，年龄在18到40岁之间的美国人平均要换多少次工作？（p.292）

45. 成年人经历的最大的转变之一是______。（p.292）

8.12 理解在生理、社会性和认知领域随着年龄变化的自然衰退

生理年龄无法很好地预测老年人躯体功能、社会功能或认知能力的衰退。认知和躯体功能的某些方面早在30岁就开始衰退了。然而，其他一些认知能力会随着年龄而提高；衰退的速度由很多因素决定，包括我们的活动水平。

46. 一个65岁身体健康的人可能有一个45岁的______。（p.293）
47. 女性年老化的一个主要里程碑是______。（p.294）
48. 一些身体方面的衰退可能与______能力的降低有关。（p.295）
49. （所有的／部分的）认知功能会随年龄增长而逐渐衰退。（p.295）
50. 描述不同文化高龄化的趋向并确定一下近年来身体和认知衰退的一些秘密。（p.295）

思维技能训练

问题与总结

1. 作为一名处理遭受损伤的年幼儿童的社会工作者，你将怎样来教育其他人，使他们明白童年期孩子的脆弱和适应力？
2. 回顾一下你自己的成长过程，你将怎样描述你妈妈／爸爸／监护人的教养方式？当你抚养你自己的孩子时，你将做出（或者已经做了些）怎样的改变？

排除其他假设的可能性

pp.266，267，277，278，281，290

相关还是因果

pp.264，284，290，292，294

可证伪性

p.276

可重复性

pp.274，276，281，293

奥卡姆剃刀原理

pp.275，277

第 9 章
情绪与动机

情绪与理智是对立的吗？（p.302）

不同的文化，情绪表达也不同吗？（p.305）

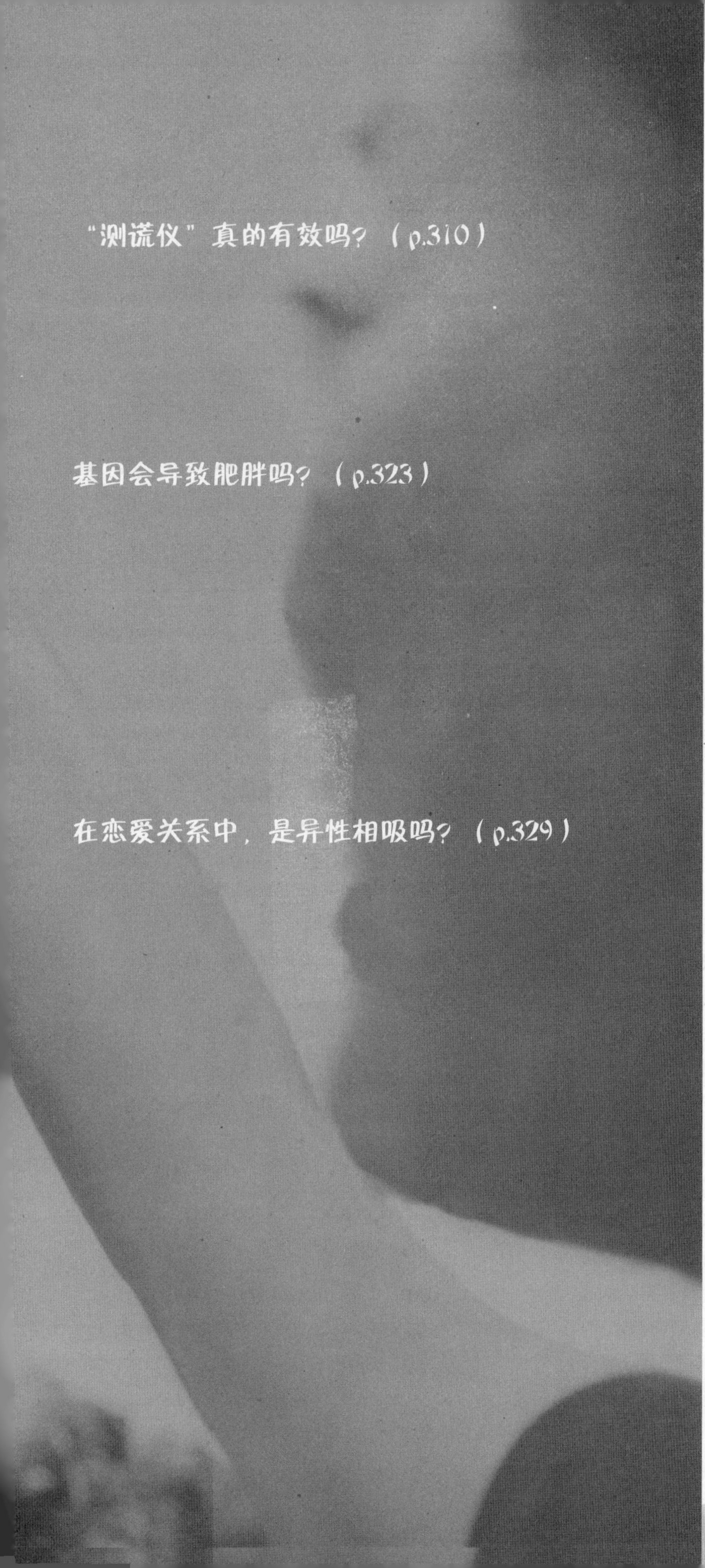

情绪理论：什么引起了我们的情绪？

- 情绪分化理论：情绪表达的演变
- 情绪认知理论：先思考，后感受
- 情绪的无意识影响

批判性思考：测谎仪会说谎吗？

- 通过肢体语言表达情绪

幸福感和自尊：科学 VS 大众心理学

- 积极心理学：心理学的未来还是心理学的时尚？
- 幸福感有什么益处
- 什么使我们幸福：假象
- 什么使我们幸福：事实
- 预测幸福
- 自尊：重要性是否言过其实？

动机：我们的意愿和需求

- 动机：新手指南
- 我们的需要：生理和心理的欲望
- 饥饿、饮食和饮食障碍
- 性驱力

吸引力、爱和恨：它们的奥秘

- 人际吸引的社会影响因素
- 爱情：科学面临的难题
- 仇恨：一个被忽视的主题

302

学习目标

9.1 描述主要的情绪理论（p.303）

9.2 识别无意识对情绪的影响（p.309）

9.3 描述新兴学科：积极心理学（p.312）

9.4 识别幸福感和自尊的假象与事实（p.313）

9.5 描述动机的概念（p.318）

9.6 解释动机的基本原则和理论（p.318）

9.7 了解饥饿、体重增加和肥胖的影响因素（p.322）

9.8 鉴别暴食症和厌食症的症状（p.323）

9.9 描述人类性反应周期及性行为活动的影响因素（p.325）

9.10 描述性取向的潜在影响因素（p.327）

9.11 了解吸引力和关系形成的原则（p.328）

9.12 描述爱情的主要类型及爱情与仇恨的组成元素（p.332）

我们来了解一下埃利奥特，他是一位30岁的白人男性。乍一看，埃利奥特的相貌与行为和别人一样。他穿着得体，很绅士，在智力、记忆、语言方面测试的得分也很正常。在人格测量的标准上，他也完全引起不了注意。但是，埃利奥特在两个方面与一般人不同——相当不同。

首先，埃利奥特最近才从脑部手术中恢复。埃利奥特被诊断患有额叶肿瘤（已经膨胀到一个小橘子般大小）。他接受了根除性手术，不仅切除肿瘤，还要切除周围一部分脑组织。在很多方面，埃利奥特是现代版佛蒙特州的铁路工人菲尼亚斯·盖奇（Phineas Gage）。我们会回忆起第3章的内容，菲尼亚斯·盖奇在1848年的一个灾难性事故中失去了他的前额皮层（Damasio，1994；Eslinger & Damasio，1985）。

其次，与盖奇一样，埃利奥特表现出了完全不同于切除手术前的行为。手术之前，埃利奥特是个拥有幸福和谐家庭生活的成功商人。但现在埃利奥特有个极其关键的不同点：他看起来完全没有情感了。对埃利奥特有深入研究的安东尼奥·达马西奥（Antonio Damasio，1994）谈论说："在我与他长时间的谈话中，我从未见到他有一丝情绪：没有悲伤、没有急躁、没有沮丧……"（p.45）当达马西奥的同事丹尼尔·特瑞纳（Daniel Tranel）向埃利奥特展示一系列令人心烦意乱的照片时，包括可怕的伤害性图片、地震中破碎的建筑和火灾中的房屋，不论是他的主观报告还是对他生理反应的测量，比如心率，埃利奥特都几乎没有显示出情绪反应。在叙述他生活中的美好时刻时，埃利奥特也没有表现出喜悦之情。

我们可能会认为缺乏情绪也许能让他更好地生活，因为他可以作出不受情绪阻碍的理性决策。但事实上，埃利奥特的生活却与我们所设想的截然相反。手术后，埃利奥特的生活像菲尼亚斯·盖奇一样极度混乱。埃利奥特在私人生活中做了许多愚蠢的决策，他把所有存款投资到一个高风险企业，然后破产了。他和一个不适合他的女人结婚，结果闪离。他的工作表现也不怎样。

埃利奥特的悲剧给我们一个宝贵的教训：情绪和理性不一定是对立的。相反，情绪似乎在制定决策中扮演一个很重要的角色。埃利奥特婚姻失败的部分原因是他丧失了一种"直觉"，这种直觉与对异性的吸引力有关。他对于浪漫伴侣的选择大部分只是基于理性，而这往往会导致不幸（Gigerenzer，2007）。

常识告诉我们，很多情绪，特别是消极情绪对我们不利。许多大众心理学书籍鼓励我们不要生气、内疚、羞愧或悲伤。书本告诉我们，这类情绪是不健康的，甚至是"有毒的"。大众心理学家提醒我们，过度的生气、内疚等等是自我毁灭。正如祖辈们教导我们的"万事有度”。他们提出，如果没有这些感觉会更好，但这是不对的。我们发现，至少在某些情境中，少量的消极情绪是必要的。

303 情绪理论：什么引起了我们的情绪?

除了埃利奥特，我们都能体验到**情绪**，一种与心理状态或与对经验的评价相联系的感受。同样，情绪经常伴随着躯体上和行为上的反应。然而对于是什么引起了我们的情绪或者说是什么把我们的情绪从思想中区分出来，心理学家还没有形成完全统一的观点。然而，我们很快就会发现他们在揭示这些谜团上已经取得了显著的进步。

情绪分化理论：情绪表达的演变

根据**情绪分化理论**，人只体验到一小部分独特的情绪，即使这些情绪是以复杂的方式结合起来的（Ekman & Friesen，1971；Griffiths，1997；Izard，1971，1994；Tomkins，1962）。这一理论的拥护者们进一步提出，情绪具有独特的生理学基础并具有促进进化的功能。他们表明，每一种情绪都与特定的生理反应联系在一起，这种联系基本上适用于所有人。**【学习目标 9.1】**

情绪的适应价值　分析一下厌恶的情绪，它源自于拉丁文中“坏味道”一词。想象我们让你吞下一块令你厌恶的食物，比如一只干瘪的蟑螂（如果您在吃饭时读到本章，我表示抱歉）。当你把这不怎么可口的“美食”放进嘴里，仔细想想你会怎样反应。你很有可能会出现以下这些行为，至少会表现其中的几项：皱起鼻子、抿嘴、伸出舌头、头稍微转向一边，或者闭上眼睛（Phillips et al.，1997）。

你为什么会这么做呢？情绪分化理论家会说，这种厌恶反应的进化，使有毒物质进入你身体的可能性变小。当你皱起鼻子和抿嘴的时候，你将减少摄取这种物质的可能性；当你伸出舌头，增加了排出它们的可能性；你通过转头尽量避免它；并且通过闭上眼睛限制它对你视觉系统的损害。其他情绪同样为我们的一些重要生理反应做好准备（Frijda，1986）。例如，我们害怕时会睁大眼睛，这样可以更好地发现潜在危险，就像捕食者，潜伏在我们周围。当我们生气时，我们通常会咬紧牙齿，握紧拳头，准备好去战斗。

更进一步的证据表明，进化在情绪表达中的作用出现在生命最初的几个月，可能在父母通过社会化塑造他们之前，一些情绪的表达就已经出现（Ekman & Oster，1979）。大约 6 周的时候，无论何时，婴儿只要看见一张喜爱的面孔就会笑（Plutchik，2003）。当他们被独自留下时也会皱眉和哭泣。事实上，有些情绪表达是与生俱来的，不是在直接强化的情况下产生的（Freedman，1964；Panksepp，2007）。

大众心理学书籍经常告诉我们，许多情绪，特别是一些过激的情绪，是“有毒的”。它们是对的吗?

人们认识到厌恶的面部反应已经有几个世纪了。这是查尔斯·达尔文在 1872 出版的书中关于情绪表达的一张照片。

人类和动物的情绪　查尔斯·达尔文（Charles Darwin，1872）首次提出，人类和非人类动物在情绪表达时往往很相似。例如，他观察到黑猩猩和人类的笑容有着不可思议的相似性。他还注意到愤怒号叫、露出尖牙的狗很容易让人联想到人类轻蔑、嘲讽的表情。他推断，

情绪（emotion）
与我们对于自己经验的评价相联系的心理、生理和行为状态。

情绪分化理论（discrete emotions theory）
声称人类只体验到少数的独特的情绪的理论。

我们和动物的情绪系统的遗传进化过程是一样的。雅
304 克·潘克赛普（Jaak Panksepp，2005）展示了另一个跨物种相似性的例子。他发现，当老鼠高兴时能发出超出人类听觉范围的高音调的唧唧声，这也许与人类的笑声相似。狗在玩耍时以高频率喘气，似乎也有很多方面与人类的笑声相似。

当然，达尔文和潘克赛普也许都是错的。事实上这两件事只是表面上相似，不能证明它们有着相同的进化起源。虽然鸟和蝙蝠都有翅膀，但它们的翅膀是各自独立进化的。然而，就情绪而言，我们了解到所有的哺乳动物是共享同一个进化原型的。例如，大约7 500万年前，老鼠和人类是从一个小鼩鼱生物祖先那分离出来的。事实上，许多哺乳动物在相似的社会行为中会显示出相似的情绪反应，如撩痒和玩耍，这个事实适用于一个简单的假说：也许这些反应起源于相同的进化根源。

奥卡姆剃刀原理

这种简单的解释符合事实吗？

杜尼式微笑（真实的）的特点是嘴角向上与眼睑和眼角的变化。

真实的情绪与伪装的情绪 我们可以使用一些特定的面部表情来帮助我们分辨情绪的真伪。在真正的快乐中，我们能看到嘴角向上扬、眼皮向下垂和眼角纹皱起来的过程（Ekman，Davidson，& Friesen，1990）。情绪理论家把这个真实的情绪表达叫做杜尼式微笑。这种微笑由精神病学家杜尼发现，它不像那种伪装的或泛美式微笑，只有嘴角拉扯而没有眼部的运动。术语泛美式微笑来自一部古老的商业影片，影片中泛美航空公司的全体空乘人员脸上都挂着明显虚假的微笑。如果你浏览家庭相册，你可能会发现大量的泛美式微笑，特别是在事先摆好姿势的照片中。有趣的是，所有被试在被要求做出面部表情时，只有杜尼式微笑是与大脑左半球前侧区域的活动有关联的，这是积极情绪独有的（Ekman et al.，1990）。

情绪和生理机能 除了根据面部表情区分情绪之外，我们还可以通过生理反应模式来区分某些情绪（Ax，1953；Rainville，Bechara，Naqui，et al.，2006）。为了表现某种特定情绪而故意做出的面部动作，会改变我们身体反应特有的方式（Ekman，Levenson，& Friesen，1983）。当我们做出愤怒和恐惧的面部表情时，心率比做出高兴和惊讶的面部表情时增加更多（Cacioppo，Berntson，Klein，et al.，1997），这也许是因为前两种情绪与我们受到威胁时的应急反应更接近（见第3章和第10章）。然而恐惧和愤怒在躯体上的反应也是不同的。当我们恐惧时，消化系统会减缓运作。相反，当我们愤怒时，我们的消化系统将会加快工作，这也解释了当我们狂怒时，为什么会感到"胃绞痛"（Carlson & Hatfield，1992）。我们怎样表达听到巨大噪音时的惊吓反应也取决于我们的情绪状态。

前国家柔道运动员大卫·松本（David Matsumoto）和鲍伯·威灵厄姆（Bob Willingham）通过观察2004年雅典奥运会的柔道比赛中胜利者和失败者的面部表情发现，奖牌获得者和来自其他35个国家的比赛赢家的面部反应极为相似（Matsumoto & Willingham，2006）。

脑成像数据至少提供了一些不同情绪有不同模式的证据（Murphy，Nimmo-Smith，& Lawrence，2003）。例如，恐惧会激活杏仁核（见第3章），而愤怒会激活前额叶皮层的区域。

然而在许多其他情况下，我们还不能通过它们的生理

机能区分不同的情绪（Cacioppo，Tassinary，& Berntson，2000；Feldman Barrett，2006；Feldman Barrett et al.，2007）。令人惊讶的是，快乐和悲伤的大脑活动模式没有太大的区别（Murphy et al.，2003）。而且，已经明确有多个脑区都参与了各种情绪的表达（Schienle et al.，2002）。

文化和情绪 情绪分化是进化的产物，对此进行评估的重要方法是对情绪表达进行普遍性的调查。如果物种能进化到用一个特定方式表达情绪，就能期望情绪在不同文化下传达相同的含义。

305 **识别跨文化情绪**。情绪分化理论的一个有说服力的证据来自于一项研究，该研究表明人们可以跨文化识别和生成同样的情绪表达（Izard，1971）。然而，这项研究在遇到对立理论时容易站不住脚：因为人们都已经接触到西方文化，这种相似也许是因为共享的经验而不是一种相似的遗传进化。

排除其他假设的可能性
对于这一研究结论，还有更好的解释吗？

为了排除这种解释，20 世纪 60 年代末，美国心理学家保罗·艾克曼（Paul Ekman）前往偏远的新几内亚东南地区，研究那里的人，他们基本上与西方文化隔离，并且仍在使用石器时代的工具。在翻译的帮助下，艾克曼给他们读了一段简短的故事（例如，“他的母亲去世了，他很伤心”），同时呈现描述了美国人各种情绪的照片，如高兴、悲伤和愤怒。然后艾克曼让他们选择与故事相匹配的照片。

艾克曼（1994，1999）和他的同事们（Ekman & Friesen，1986）总结出一些跨文化普遍性的**原始情绪**（基本情绪）——大概有 7 种。尤其是，他们发现虽然不是所有文化都能认识这些与情绪有关的面部表情，但大部分文化还是可以的。情绪分化理论家称这些情绪为“原始的”，因为它们可能是其他情绪产生的生理基础：

- 快乐
- 悲伤
- 惊讶
- 愤怒
- 厌恶
- 恐惧
- 轻蔑

最近的研究表明，骄傲也可能是一个跨文化的普遍情绪，虽然支持这种说法的证据还不充足（Tracy & Robins，2007）。

次级情绪。原始情绪不能概括我们全部的感觉。我们还会体验到大量的次级情绪，它们不那么具有跨文化的普遍性。例如惊慌、嫉妒和一种没有英文名字的情绪，德国人称之为幸灾乐祸（schadenfreude），即当我们目睹他人，尤其是那些傲慢自大的人的不幸时，我们会体验到高兴（Ortony，Clore，& Collins，1988）。

情绪表达的文化差异：表达规则。研究发现，某些情绪在大多数或所有文化中存在，并不表示情绪表达的文化是一样的。在某种程度上，这是由于文化因**表达规则**而不同，即他们何时以及如何表达情绪的社会文化准则（Ekman & Friesen，1975；Matsumoto，Yoo，Hirayama，et al.，2005）。在西方文化中，大多数男孩被父母教导不能哭，而在教导女孩时，哭是可以接受的（Plutchik，2003）。当一个来自南美、中东或一些欧洲国家，如俄罗斯的游客以亲吻脸颊的方式问候美国人时，他们将会很吃惊。

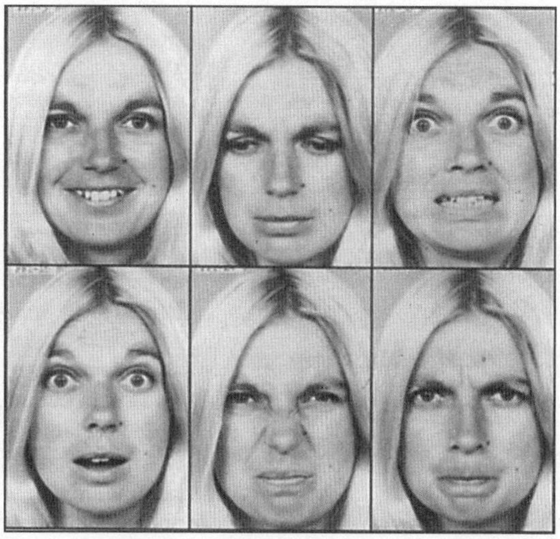

保罗·艾克曼和他的同事们鉴别出的 7 种原始情绪中的 6 种。你能匹配每张脸所对应的情绪吗？愤怒、厌恶、恐惧、快乐、悲伤和惊讶。

原始情绪（primary emotion）
理论家相信一些（大概 7 种）情绪具有跨文化的普遍性。

表达规则（display rule）
一个何时以及如何表达情绪的社会文化准则。

在一个表达规则的研究中，华莱士·弗里森（Wallace Friesen，1972）用隐蔽观察（见第 2 章）的方式录下不知情的日本和美国大学生。他让两组学生观看两部电影片段，一个是中性的旅游风景（控制条件），另一个是非常血腥的电影，描述切除生殖器的仪式（实验条件）。当这些学生独自一人时，他们对电影的面部反应是相似的：两组对中性电影表现出较少的情绪反应，而对血腥的电影表现出明确的恐惧、厌恶和苦恼。然而当一个年长的主试者走进房间，文化的角色变得明显：尽管美国学生对电影的反应没有改变，但日本学生通常在看血腥电影
306 的过程中用微笑掩盖他们的消极情绪。在日本文化中，顺从权威人物的行为是准则，所以学生们表现出很乐意看电影。因此，在许多情况下，文化并不影响情绪本身，它影响其公开地表达方式。

你怎么认为？

你在去土耳其旅行之前，死记硬背学习土耳其语。但你知道你不可能在离开之前掌握它。根据艾克曼的研究，如果你不能理解他们的语言，你将怎样让自己读懂他们的情绪？

情绪认知理论：先思考，后感受

正如我们已经看到的，情绪分化理论家强调情绪的生理学基础。对他们来说，情绪大部分是先天的。**情绪认知理论**的拥护者则不同意这个说法。对于他们来说，情绪是思维的产物。我们对该情境有什么反应取决于我们如何解释它（Scherer，1988）。我们将在第 10 章中学习，对情境评估的方式将影响我们在面对它们的时候是否会产生紧张的情绪（Lazarus & Folkman，1984）。如果我们把将要面临的求职面试看作一个潜在的灾难，我们将会被绝望压倒；如果我们把它看作是一个健康的挑战，我们就能适当地调整心态去面对。此外，认知理论家认为没有分化的情绪，因为情绪之间的界限是模糊的（Barrett & Russell，1999；Ortony & Turner，1990）。他们相信有多少种想法就有多少种不同的情绪。已有的三种经典情绪认知理论，每种强调的思维和感觉之间的联系是不同的。我们将简要回顾每一个理论。

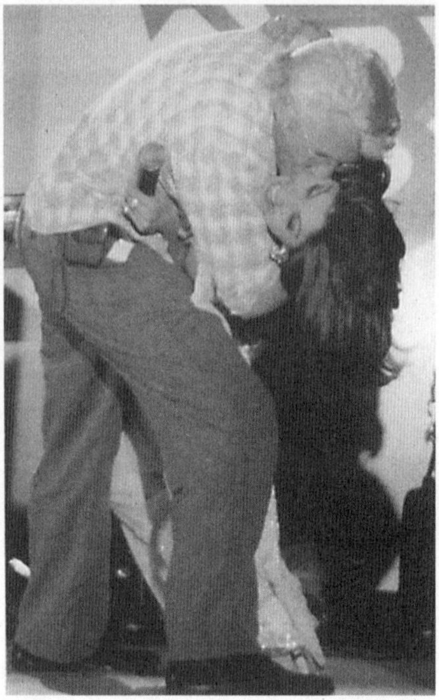

2007 年 4 月，美国男演员李察·基尔（Richard Gere）在舞台上亲吻了印度女演员希尔帕·谢蒂（Shilpa Shetty）的脸颊，这使许多印度人很愤慨。基尔显然没有意识到在印度的表达规则里，严禁在公共场合亲吻。

詹姆斯—兰格情绪理论 该理论也许是最早，并且仍是最具影响力的情绪认知理论之一，其源头可追溯到美国心理学家威廉·詹姆斯（William James，1890），在第 1 章中我们已认识过他。由于丹麦学者卡尔·兰格（Carl Lange，1885）同时提出了相同的观点，心理学界将它命名为**詹姆斯—兰格情绪理论**。根据詹姆斯—兰格情绪理论，情绪是我们对刺激引起身体反应的知觉。

以詹姆斯的著名案例为例，让我们想象一下，我们徒步穿过森林时遇见了一只熊。接下来会发生什么呢？常识告诉我们，我们先是感到恐惧，然后跑开。詹姆斯认为我们的恐惧与逃跑是一种相关的关系；但这种关系不能证明恐惧导致逃跑。事实上，詹姆斯和兰格认为因果关系的顺序是颠倒的：我们害怕是因为逃跑。即我们观察到我们对刺激的生理和行为反应，在这种情况下我们出现心跳加速、手心出汗和逃跑，然后推断出我们害怕的结论（见图 9.1）。

相关还是因果

我们能确信 A 是 B 的原因吗？

情绪认知理论（cognitive theory of emotion）
该理论提出情绪是思维的产物。

詹姆斯—兰格情绪理论（James-Lange theory of emotion）
该理论提出情绪是我们对刺激引起身体反应的知觉。

为了支持这个理论，一个研究者调查了五组分别在脊髓不同区域受损的患者（Hohmann，1966）。脊髓受损度高的患者几乎丧失了所有的躯体感觉，那些脊髓受损程度较低的患者只失去了部分的躯体感觉。如詹姆斯和兰格预言的一样，与脊髓受损较少的患者相比，脊髓受损度高的患者报告了少量的情绪——惧怕和愤怒。据推测，脊髓受损程度较低的患者能感觉到更多的躯体感觉，这允许他们做出更大范围的情绪反应。不过，一些研究者批评这些发现，他们认为这可能是因为实验者的偏见效应（见第 2 章）：当研究者在评定情绪时知道患者是哪种脊髓受损，他们的诊断结果就可能会存在偏
307 见（Prinz，2004）。此外，一些研究者没有重复这些发现：一个研究团队发现不管患者的脊髓有没有受损，其幸福感是没有差别的（Chwalisz，Diener，& Gallagher，1988）。

可重复性

其他人的研究也会得出类似的结论吗？

坎农—巴德情绪理论　沃特·坎农（Walter Cannon，1929）和菲利普·巴德（Philip Bard，1942）指出了对詹姆斯和兰格理论的几点质疑。他们指出大多数生理变化产生得很慢——通常至少要几秒钟——以触发情绪反应，而情绪反应几乎是瞬间发生的。坎农和巴德也证明，我们意识不到很多的身体反应，像我们胃或肝脏的收缩。因此，我们不能用它们来判断我们的情绪。

坎农和巴德提出不同的情绪和行为反应相关的模型。根据**坎农—巴德情绪理论**，情绪刺激事件可同时引发一种情绪的和躯体的反应。回到詹姆斯的案例中，坎农和巴德会说当我们在森林里徒步旅行时看见一只熊，看见熊的同时触发了恐惧（情绪）和逃跑（反应）（见图 9.1）。

坎农—巴德情绪理论（Cannon-Bard theory of emotion）
该理论指出情绪刺激事件可同时引发一种情绪的和躯体的反应。

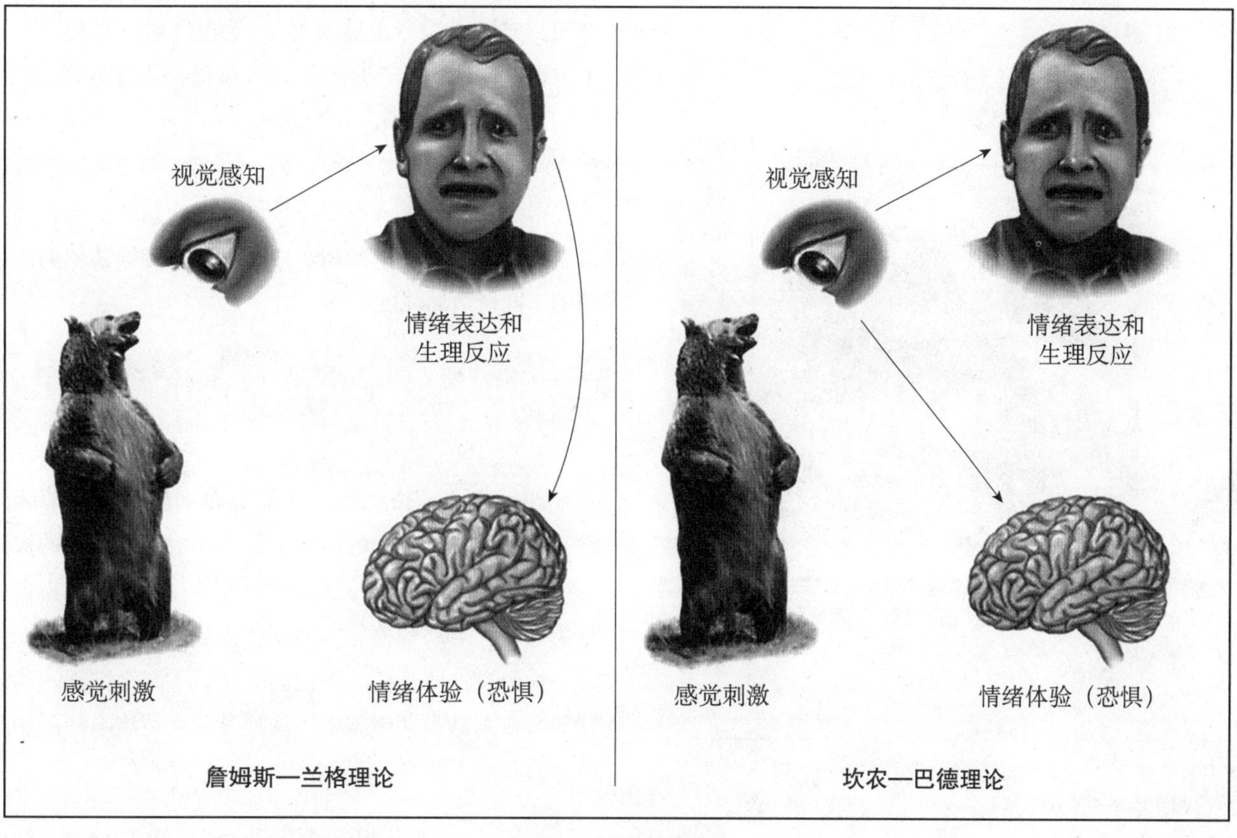

图 9.1　什么触发了情绪

詹姆斯—兰格理论和坎农—巴德理论的不同点在于情绪如何产生。（Source: Adapted from Cardoso）

两因素情绪理论 斯坦利·沙赫特和杰罗姆·辛格（Stanley Schachter & Jerome Singer，1962）认为詹姆斯—兰格理论和坎农—巴德理论的情绪模式都太过简单。他们认同詹姆斯和兰格理论中认知对躯体反应的解释在情绪中起着关键作用，但质疑詹姆斯和兰格将所有
308 的情绪的产生归于躯体反应。根据他们的**两因素情绪理论**（Schachter & Singer，1962），产生一种情绪需要两种心理活动：

（1）遇到情绪刺激事件之后，我们体验到一个无差别的唤醒状态，即警觉状态。使用"无差别"这个词，意味着沙赫特和辛格认为情绪中的唤醒体验是一样的。

（2）当我们试图解释自主唤醒的来源时，通常会检查是自身还是外部环境引发了唤醒。一旦我们找出唤醒的来源，就可以用符合这种情境的特定情绪来给唤醒贴"标签"。沙赫特和辛格指出这个贴标签的过程通常转瞬即逝，甚至无法意识到。由此可见，情绪就是我们对于唤醒的解释。

根据沙赫特和辛格的两因素情绪理论，在情绪刺激事件之后，如一场车祸，我们首先体验到唤醒，然后试图解释唤醒的原因，我们将生成的标签贴在唤醒上就形成情绪。

两因素情绪理论（two-factor theory of emotion）
该理论指出情绪是从一系列无差别的唤醒状态产生以及对那个唤醒的归因（解释）。

因此，当我们在森林里遇见一只熊，根据沙赫特和辛格的理论，我们首先完成生理唤醒，然后，我们试着推断出唤醒的来源。因为我们的唤醒可能与熊有关，我们把这种唤醒解释为恐惧。

这个听起来很有道理，但我们的情绪真的是这样工作的吗？沙赫特和辛格（1962）决定在一个经典研究中查明情况。作为"封面故事"，他们告诉被试，他们正在测试一种新的维生素补充剂——"Suproxin"——对视力改善的有效性。但事实上，他们测试的是对肾上腺素（一种产生生理唤醒的化学物质）的影响（见第3章）。沙赫特和辛格随机分配一些被试注射Suproxin（再一次说明，实际上是肾上腺素），其他人注射安慰剂。当肾上腺素进入他们的循环系统，沙赫特和辛格随机分配被试到两个附加条件：一个同谋者（一个秘密研究助理）完成问卷时表现得很愉快，另一同谋者在完成问卷时表现得很愤怒。同谋者不知道被试注射的是肾上腺素还是安慰剂。最后，沙赫特和辛格要求参与者描述他们体验到的不同情绪的强度。

沙赫特和辛格表示，只有当我们体验到唤醒时，观察他人的情绪才会影响到自身。

可重复性
其他人的研究也会得出类似的结论吗？

沙赫特和辛格发现，注射安慰剂的被试的情绪并没有受到同谋者行为的影响，但是注射肾上腺素的被试的情绪受到了影响。与愉快的同谋者接触的被试报告感觉更愉快，与那些愤怒的同谋者接触的被试报告更加愤怒——但在这两个情况下他们只注射了肾上腺素。沙赫特和辛格总结，情绪需要生理唤醒和对情绪唤醒的刺激事件的归因。

对两因素理论支持的情况已变得很复杂。不是所

有的研究者都认同沙赫特和辛格（1962）的研究结果（Marshall & Zimbardo，1979；Maslach，1979）。此外，研究表明尽管唤醒常常加剧情绪，但情绪也能在没有唤醒时发生（Reisenzein，1983）。与沙赫特和辛格所宣称的相反，唤醒对于情绪体验不是必需的。

整合　我们应该相信哪一个理论？这种情况在心理学中很常见，即几种理论中都有一个核心的观念是合理的。情绪分化理论可能是正确的，我们情绪反应的形成部分通过自然选择，而且这些反应提供至关重要的适应功能。如认知理论家提出的，我们的思维很有可能以重要的方式影响着我们的情绪。的确，詹姆斯—兰格理论关于躯体反应会影响我们的情绪状态的推论，也许是正确的。最后，两因素理论中，生理唤醒在我们情绪体验的强度中起着关键作用，这也许是正确的，尽管它未必是完全合理的。

309 情绪的无意识影响

近几十年，研究者对于情绪的无意识影响特别感兴趣：我们意识到外部因素会影响我们的感受。情绪的无意识影响，其中一个有力的证据来自于对自动化行为的研究。

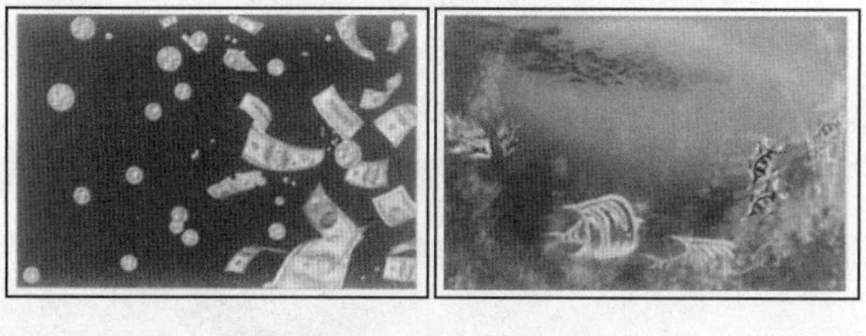

刺激会影响我们的情绪性行为，即使我们认为它们不是诱发者。看到电脑的屏保漂浮着钱币（左）使人们将自己与陌生人之间保持的距离比那些看到漂浮着鱼的屏保（右）的人更大，这大概是因为考虑到金钱使人更以自我为中心（Vohs，Mead，& Goode，2006）。

情绪的自动化生成　研究表明，我们大量的行为都是自动化产生的（Bargh & Ferguson，2000），然而我们经常认为这样的行为是有意识的（Kirsch & Lynn，1999；Wegner，2002）。这可能同样适用于我们的情绪反应；很多人可能都会有或多或少的自动化行为，就像医生的锤子轻敲我们的膝盖所引起的膝跳反射。**【学习目标 9.2】**

例如，两个研究者给一些被试呈现一组描述积极刺激的单词（像“朋友”或“音乐”），给另一些被试呈现一组描述消极刺激的单词（像“癌症”和“蟑螂”），这些刺激呈现得如此迅速，以至于它们是阈下的，即低于意识的阈值（见第4章）。即使被试不能够辨别出他们所看到的那些刺激是否超过阈限水平，那些接触积极刺激的被试报告也比那些接触消极刺激的被试的心情更好（Bargh & Chartrand，1999）。

单纯曝光效应。

心理学改变思维
心理学改变思维
心理学改变思维
心理学改变思维

当你读完上面四行字，对于本书你感觉如何？你越来越喜欢它了吗？

大多数人更喜欢他们在镜子中的样子，而不喜欢摄影师给他们拍的照片，这是因为单纯曝光效应的影响。我们更习惯于镜子中的自己。

常识不这么认为。它告诉我们“熟悉引起轻视”：越是我们经常看到或听到的东西，我们就越不喜欢它。这个观点肯定有一定的道理，正如我们大多数人都有这样的经历，重复听到收音机中的一个叮咚声时，我们的神经会受到刺激。然而罗伯特·扎荣茨（Robert Zajonc）和其他人关于**单纯曝光效应**的研究认为，与此相反的情况实际上更加普遍，即熟悉引起舒适（Zajonc，1968）。单纯曝光效应是指当我们反复接触一个刺激时，我们更容易对它产生积极情绪的现象（Bornstein，1989；Kunst-Wilson & Zajonc，1980）。

单纯曝光效应（mere exposure effect）
当我们反复接触一个刺激时，我们更容易对它产生积极情绪的现象。

相关还是因果
我们能确信 A 是 B 的原因吗?

这种曝光和喜欢之间的相关可能是由于这样的一个事实，即我们反复地接触我们喜欢的东西。假如我们喜欢吃冰激凌，比起讨厌冰激凌的人（假设有这种人存在），我们可能会花更多的时间去寻找冰激凌。因此，为了探究单纯曝光是否对偏好有影响，我们需要从相关性研究转向实验。一些单纯曝光效应的有力证据来源于无意义的实验材料，即个体不熟悉的材料。实验表明，反复接触不同的刺激，例如无意义音节（如“zab”和“gar”）、汉字（对于非中国被试）和新口味的饮料，结果是，比起那些很少或没有接触的刺激，我们更喜欢这些反复接触的刺激。为了证明这种效应的普遍性，许多研究者已经用很多不同的刺激来重现这个效应。

可重复性
其他人的研究也会得出类似的结论吗?

310 **面部反馈假说。**如果你周围没有人，你也不怕闹笑话，那么大笑大概 15 秒，你感觉怎么样（除了觉得自己傻以外）？接下来，深深皱一下眉，并再次保持一会儿，你现在感觉又会怎么样?

根据**面部反馈假说**，你可能感受到与面部表情一致的情绪——先是愉快，后是悲伤或愤怒（Adelmann & Zajonc，1989；Niedenthal，2007；Zajonc，Murphy，& Inglehart，1989）。尽管罗伯特·扎荣茨在 20 世纪 80 年代复述过，但查尔斯·达尔文（1872）仍然是最早提出这个假说的人。扎荣茨超越达尔文之处在于其指出面部血管的改变将产生的温度信息“反馈”到大脑，以可预测的方式改变我们的情绪。像詹姆斯和兰格一样，扎荣茨认为我们的情绪通常来自于行为和生理的反应。但是与詹姆斯和兰格不同的是，扎荣茨提出这个过程纯粹是生物化学的，是非认知的，也就是说，它不涉及思维。

澄清事实

一个小型的研究结果表明，通过使周围皮肤瘫痪来除皱的肉毒杆菌霉素，可能有助于治疗抑郁（Finzi & Wasserman，2006）。尽管这个初步发现仍需要被实验证实，但它与面部反馈假说是一致的，因为肉毒杆菌霉素能减少抑郁人群悲伤的面部表情，从而降低他们的悲观情绪。

面部反馈假说有科学的支持。在一项研究中，研究者让被试估价自己观看的不同的动画片的有趣程度（Strack，Martin，& Stepper，1988）。他们随机地让一部分被试在看动画片时用牙齿咬着一支笔，以迫使他们的嘴巴做出笑的表情。另一些被试在看动画片时，用嘴唇叼着一支笔以迫使他们的嘴巴噘起。用牙齿咬住笔的被试比其他的被试认为动画片更有趣。

测谎仪是依靠人们在说谎时存在生理唤醒的假说来工作的。然而，人们可因为各种各样的原因而表现出唤醒，而有些人在说谎时并不会表现出生理唤醒。

然而，扎荣茨声称，仍然不清楚这些影响如何通过各样的面部反馈到大脑。这些影响的另一个假设是经典性条件作用（见第 5 章）。从我们生命起源开始，我们就体验着无数的条件“试验”。我们在快乐时会微笑，不快乐时会皱眉，最后微笑成为快乐的条件刺激，皱眉成为不快乐的条件刺激。

排除其他假设的可能性
对于这一研究结论，还有更好的解释吗?

面部反馈假说（facial feedback hypothesis）
面部的血管将温度变化的信息反馈给大脑，从而促使我们的情感体验发生改变。

批判性思考：测谎仪会说谎吗？

测谎仪，或说谎审查测试经常出现在侦探片和法庭剧中，以及突出用于新闻故事中对犯罪嫌疑人的特写。最近，甚至在一些脱口秀和真人秀中也已经开始用说谎侦查测试。测谎仪测试测量的是像血压、呼吸率和皮肤电导等这样的生理信号。其中，皮肤电导是对唤醒导致的手心出汗的测量。这些测量假设可以侦测出与说谎有关的紧张。但是当罪犯正在说谎时它们真的能侦测到吗？通过比较嫌疑人回答与犯罪有关的问题和与犯罪无关的控制问题时的生理反应，这一点实际上已广泛地得到认可，那就是对于测谎仪在审查说谎时的确比偶然猜测做得要好。（Kircher，Horowitz，& Raskin，1988）。然而，研究也表明，这个测试出现大量的错误判断——无罪的个体在测试中被错误地认为有罪（Lacono & Patrick，2006；Lykken，1998；National Research Council，2003）。为什么有大量的错误判断呢？对此，或许可以这样预测：即使是清白无罪的人，在被审问关于严重的罪行时也会紧张。许多人在被审问时表现出生理唤醒，不是由于说谎，例如他们没有犯罪，但他们害怕被证明是有罪的。由于高误判率，测谎仪的测试结果在大部分美国法庭中是不被承认的（Saxe & Ben-Skakhar，1999）。

假阳性并不是测谎仪测试的唯一问题，因为这个测试也许会产生许多假阴性症状显著的个体，像有罪的个 311
体在该测试中错误地被认为无罪的案例。既然测谎仪这么不完善，为什么测谎仪审查员仍相信它的有效性？答案也许是测谎仪能够在诱发招供中起作用的事实，特别是当人们在测试中没能通过时（Lykken，1998；Ruscio，2005）。因此，测谎仪审查员可能会认为测试有效，因为许多没能通过测谎的人，随后会马上供认。然而，很多有说服力的证据表明，这些供认都是假的，是审问的压力造成的（Kassin & Gudjonsson，2004）。

识别假象

假象："狡黠的眼睛"是说谎的绝佳信号。

事实：人群中 70% 的人持有的这种信念是没有根据的（Bond，2006）。相反地，说谎成性者（见第 5 章和第 13 章）倾向于直视受害者的眼睛（Ekman，2001）。因为狡黠的眼神会出卖不善说谎的人，因而将它们作为情绪信号的标准可能是没有用的。

通过肢体语言表达情绪

当我们体验强烈的情绪时，不仅我们的面部表情频繁地改变，我们的手势和肢体姿势也一样。非言语行为往往比我们的言语能更有效地指示情绪，主要是因为与手势、语调相比，我们更擅长掩饰口头语言（DePaulo，1992）。作为棒球名人堂成员之一的尤吉·贝拉（Yogi Berra）（以他的幽默语言而闻名）曾说："通过看，你可以观察到很多东西。"**非言语泄露**——一种情绪上的无意识的泄露转化为非言语的行为——通常是我们试着去隐藏情绪的一个有力证据。与言语行为形成鲜明对比的是，我们通常意识不到我们的非言语行为。

我们的各种手势和动作——手臂炫耀地挥动、猛拽衣服、紧张地咬指甲或者手猛地移动——都能表达我们的心态（见图 9.2）。弯着身子的姿势可以表达悲伤，挺直的身体可以表达幸福与激动，尽管挺直并绷紧的身体同样也能传达出气愤。这种非言语泄露大都是无意识的。当解读他人的情绪状态时，我们通常要把面部表情和肢体语言两方面的信息都考虑在内。

图 9.2　通过姿势表达情绪
尽管这些由棍棒组成的人物没有面部表情，但我们仍然能从它们的"躯体语言"中轻易地解读出它们的情绪。

非言语泄露（nonverbal leakage）
情绪的无意识的外溢转为非言语行为。

★ 小测试

1. 心理学的研究证明情绪和理性是互相对立的。 正确 错误
2. 在所有文化中，一些情绪如愉快，能被大多数人识别出来。 正确 错误
3. 根据詹姆斯—兰格情绪理论，情绪紧随我们的肢体反应。 正确 错误
4. 两因素理论指出唤醒是情绪产生的必要条件。 正确 错误
5. 单纯曝光效应提出重复呈现刺激将减少对那个刺激的喜爱。 正确 错误

答案：（1）错（p.302）；（2）对（p.305）；（3）对（p.306）；（4）对（p.308）；（5）错（p.309）

312 幸福感和自尊：科学VS大众心理学

幸福是唯一一种完全积极且是很多人难以体验到的基本情绪。对幸福的努力一直被视为是最高尚的但也是最难实现的追求。位于喜马拉雅山脉的小国不丹，最近提出一个新潮的想法（见图 9.3）。国王决定不将焦点聚集在增加国民生产总值上（GNP，一个经济成功的标志），而是设法提高国民的幸福总值（GNH；Nettle，2005）。他希望提高不丹的国民幸福总值，顾名思义，即通过对自然环境的美化，推动积极的文化价值观，并在政府的决策方面给予国民更多的发言权。不过到目前为止，几乎所有的心理学家把这个国王看成是一个天真到不能再天真的理想主义者。

积极心理学（positive psychology）
寻求和强调人类优势的学科。

积极心理学：心理学的未来还是心理学的时尚？

自从进入 21 世纪以来，新兴学科，即**积极心理学**已经试图寻找人类的优势，如适应力、应对能力、生活满意度、爱和幸福等（Myers & Diener，1996；Seligman，1998；Seligman & Csikszentmihalyi，2000）。一些作者认为大众心理学低估了人们在面对应激性生活事件时的适应力（Bonanno，Field，Kovacevic，et al.，2002；Garmezy，Masten，& Tellegen，1984；见第 10 章）。在这个方面，积极心理学领域有相当大的潜力，它也许可以帮助心理学家明确能使我们应对逆境的特征。[**学习目标 9.3**]

图 9.3 国民幸福总值的根据地不丹
位于喜马拉雅山区的不丹，国王将提升国民幸福总值作为国内政策的一个主要目标。

当代大部分心理学专注于尽可能减少人们的悲伤，并且希望能改善人们适应功能的水平。但是它很少鼓励人们发挥足够的作用来获得所有的情绪潜力——那就是变得“更好而不只是好”（Keyes & Haidt，2003）。为了填补空白，克里斯托弗·彼得森和马丁·塞利格曼（Christopher Peterson & Martin Seligman，2004）概述了积极心理学基本的 24 种“性格优势和美德”（见表 9.1）。其中的几个特征，如好奇心、爱和感恩，与人们的长期生活满意度呈正相关（Park，Peterson，& Seligman，2004）。积极心理学家开始教导学生怎样在他们的日常生活中结合这 313
些优势和美德，希望以此促进他们的幸福感（Max，2007）。

表 9.1　　**积极心理学家区分的 24 种性格优势和美德**

智慧和学问	勇敢	人道	公正	节制	超越性
• 创造力（创意、独创性） • 好奇心（兴趣、猎奇性、经验的开放性） • 思想开放（判断力、批判性思维） • 好学 • 观点（智慧）	• 英勇 • 坚定不移（百折不挠、勤奋） • 正直（可靠、诚实） • 生命力（热情、热心、活力、精力充沛）	• 爱 • 友好（宽容、抚育、关怀、怜悯、利他的爱、“友善”） • 社会智力（情绪智力、个人智力）	• 公民权（社会责任感、忠诚、合作） • 公平 • 领导能力	• 宽恕和宽容 • 谦逊 / 谦虚 • 谨慎 • 自我调节（自我控制）	• 对美好事物的欣赏（敬畏、怀疑、崇高） • 感恩 • 希望（乐观主义、未来意识、未来导向） • 幽默（玩笑） • 灵性（虔诚、信仰、目的）

（Source: Park，Peterson，& Seligman，2004）

幸福感有什么益处

20 世纪的大部分时间，多数心理学家将幸福感当做是“无内容”的话题且不予重视，认为它不需要仔细研究而更适用于自助型书籍和激发动机的研讨会。然而在过去的几十年里，越来越多的研究者提出，幸福感可能会对心理和躯体产生持久的好处（见图 9.4）。

幸福感和长寿　来看一项在威斯康星州跟踪记录 180 位修女 60 年的研究结果。这些 20 岁出头的修女从 1930 年开始保持每天记日记。那些喜欢使用积极词汇——如关于爱、愉快和希望的词汇——的修女们，比其他的修女平均长寿 10 年（Danner，Snowdon，& Friesen，2001）。当然，相关并不意味着有因果关系，那些喜欢使用积极词汇的修女也许在不易察觉的方面与其他的修女不同，例如，运动或保健练习。但是，这个发现仍是诱人的。

相关还是因果
我们能确信 A 是 B 的原因吗？

测量你的幸福感：
记下对生活满意程度的级别

以下五个说法，你可能同意，也可能反对。用 1 到 7 的级别数表示你对每句话的同意程度，并在每一项前面写下适当的数字，请诚实作答。

1	强烈反对	5	有点同意
2	反对	6	同意
3	有点反对	7	强烈同意

4
中立

______ 在大多数方面，我的生活接近理想状态。
______ 我的生活条件都很优越。
______ 我对我的生活感到满意。
______ 到目前为止，在生活中我已得到了我想要的重要事物。
______ 如果我的生命能够从头再来，我几乎不会做任何改变。

分数：
- 31～35 非常满意
- 26～30 满意
- 21～25 略为满意
- 20 中立
- 15～19 略为不满意
- 10～14 不满意
- 5～9 极度不满意

图 9.4　生活满意度量表（SWLS）

你想知道你有多幸福吗？这个由心理学家埃德·迪纳（Ed Diener）和他的同事编制的快速测试将帮助你查明。（Source：Diener，Emmons，Larsen，et al.，1985）

幸福感的适应价值　像所有的原始情绪一样，幸福可以提供具有进化作用的适应功能。根据芭芭拉·弗雷德里克森（Barbara Fredrickson）的**扩展建设理论**，幸福感使我们倾向于以更开放的方式思考，让我们看到原本被忽略的“重点”。反过来，这种开放式思维往往使我们在遇到生活问题时找到新颖的解决方案。当我们幸福时，我们能看到更广阔的世界并寻找更多的机会。幸福感在我们的工作、家庭、爱情生活中孕育着成功，并繁殖出更多的幸福感（Lyubomirsky，King，& Diener，2005）。就像在扩展建设理论中的一个测试，收到一小袋糖果的医生能比其他医生更准确地诊断出肝癌，这显然是因为处于良好的情绪状态中可以让他们考虑更换诊断的可能性（Isen，Rosenzweig，& Young，1991）。

此外，还有很多相同情况，生活对于乐观主义者来说更轻松（见第 10 章）。在日常生活中，乐观主义者比悲观主义者更幸福（Seligman & Pawelski，2003），并且更容易处理人生中的坎坷（Watson & Clark，1984）。例如，当得到令人恐惧的医学信息时（如有患癌症的风险），乐观主义者往往比悲观主义者能更加关注这方面的信息（Aspinwall & Brunhart，2000）。这一发现在一定程度上解释了为什么乐观主义者比悲观主义者活得更长（Maruta，Colligan，Malinchoc，et al.，2000）：他们不太可能忽视自己的健康风险。

什么使我们幸福：假象

在幸福感方面，我们都应该是名副其实的专家。鉴于美国每年花费约 7.5 亿美元在有关使人们幸福的自助书籍的设计上，另外每年有 10 亿美元用在励志演讲上，我们假设所有对幸福感的建议都是我们所需要的。然而正如心理学家丹尼尔·吉尔伯特（Daniel Gilbert）所观察到的，“人们有许多关于幸福感的坏理论”（Martin，2006）。所以要了解幸福感，首先需要打破一些大众心理学的影响。**【学习目标 9.4】**

（1）**误解 1：幸福感的首要决定因素是在我们身上发生了什么。**埃德·迪纳和马丁·塞利格曼调查了 200 多名大学生的幸福感水平，并且把最高 10%、处于中间水平的学生和最低 10% 进行比较。那些最幸福的学生并没有比其他组的经历更多积极的生活事件（Diener & Seligman，2002）。我们如何应对生活事件对情绪健康的影响比事件本身对情绪健康的影响更重要。

（2）**误解 2：钱能使我们幸福。**心理学研究告诉我们，钱，不能买到长期的幸福（Wilson，2002）。但不可否认的是，当我们缺少它时， 314
钱与幸福感是有一点关系的。低于 5 万美元，我们的富有程度与我们的幸福感是有些关联的（Helliwell & Putnam，2004）（见图 9.5）。在《福布斯》杂志上的 400 个最富有的美国人，其生活满意度在 7 点量表中平均为 5.8（Diener，Horwitz，& Emmons，1985），但在相同的满意度水平上，宾夕法尼亚州的阿米什人的平均年收入比他们低数十亿美元（Diener & Seligman，2004）。

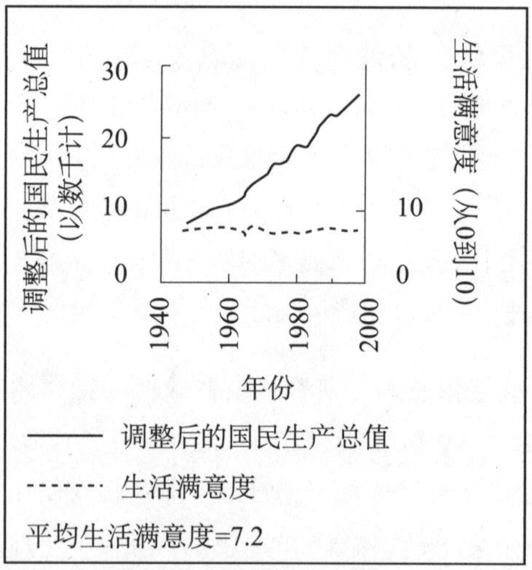

图 9.5 财富能带来幸福吗？

60 年来，美国国民生产总值（GNP，一个经济增长的量度）大大增加。但美国人民的平均生活满意度一直与以往持平。（Source：Diener & Seligman，2004）。

（3）**误解 3：幸福感在老年时会下降。**我们都了解那些广泛典型的悲伤老人们，独自坐在一个几乎没有装饰的房间里，没有人可以交谈。然而这种刻板印象是错误的，因为幸福感会随着年龄增长而提高，至少在 60 或者 70 岁时是这样（Lacey，Smith，& Ubel，2006；Mrozek

---

扩展建设理论（broaden and build theory）
指出幸福感能促使我们以更开放的方式思考的理论。

& Kolarz，1998）。只有当他们很老时，通常是 80 多岁，幸福感才会显著下降。值得关注的是，在生命的最后一年，幸福感会急剧下降（Mrozek & Spiro，2005）。尽管在某种程度上，这种相关性反映幸福程度与健康存在的因果性关系，但也可能反映了健康损坏与不幸福的因果联系。

相关还是因果

我们能确信 A 是 B 的原因吗？

（4）**误解 4：在西海岸上的人是最幸福的。**美丽的海滩、阳光、温暖的天气、最好的名胜视角……谁还能说出更好的幸福秘诀吗？尽管非加利福尼亚人认为南部的加利福尼亚人尤其幸福，但其实他们并没有比其他人更幸福，包括在寒冷的中西部的人们（Schkade & Kahneman，1988）。在这种情况下，非加利福尼亚人可能深受这种启发式教育的毒害（见第 2 章）。当我们想到西海岸，我们就会想到美好天气和迷人的魅力。我们忘记了高昂的生活成本、拥挤的交通和人口密集的生活环境等所有其他的事情。

你怎么认为?

作为一家养老院的设备主管，你决定做一些调查来研究抑郁与老年人健康状况下降的相关性是否有因果关系。你将和你的医生设计出哪一种方案来判断抑郁是健康下降的原因还是结果?

什么使我们幸福：事实

我们已经谈论了四种不会使我们幸福的情况，但我们还没说什么能够让我们幸福。幸运的是，研究提供了一些有用的线索。特别是，心理学家已经发现以下变量与幸福感有关（Martin，2006；Myers，1993b；Myers & Diener，1996）：

- **婚姻**。已婚人士比未婚者更容易有幸福感（Mastekaasa，1994）。
- **友谊**。有很多朋友的人比几乎没有朋友的人更有幸福感（Diener & Seligman，2002）。
- **大学教育**。大学毕业生比那些没有上大学的人更有幸福感（Martin，2006）。
- **宗教信仰**。那些有浓厚宗教信仰的人比没有信仰的人更有幸福感（Myers，1993b）。
- **政治背景**。共和党人士比民主党人士更容易有幸福感，而这两个党派人士往往比无党派人士更容易有幸福感（Pew Research Center，2006）。
- **锻炼**。经常锻炼的人比那些不锻炼的人更加幸福，更少沮丧（Babyak et al.，2000；Stathopoulou，Powers，Berry，et al.，2006）。 *315*
- **感恩**。让参与者对日常生活中为什么要对生活感恩的原因进行列举，如拥有好朋友、亲密的浪漫伙伴和一份令人满意的工作，可以提高短期的幸福感（Emmons & McCullough，2003；Sheldon & Lyubomirsky，2006）。
- **心流**。米哈伊·奇克森特米哈伊（Mihaly Csikszentmihalyi）已经发现处于心流（flow）之中的个体专注于我们所做的，往往特别幸福（Csikszentmihalyi，1990，1997）。当我们在写作、阅读、做体力劳动、表演音乐，或者创作艺术时也身处心流之中。在心流中，我们积极地参与有益的活动，屏蔽一些令人不快的干扰。我们也对掌控行为有强烈的感觉。

通常已婚人士比未婚者更幸福。还不清楚这种相关发现是否能反映出一种因果联系。

“心流”是与对生活高度满意和主观幸福感联系起来的。我们可以在许多工作场合和娱乐消遣中体验到它。

当解释这些发现时，我们脑海中应该具有两个注意事项。首先，这些变量和幸福感之间的相关通常是适中的，并且在这个趋势中也有许多例外情况。例如，尽管相对而言已婚人士较未婚者更幸福，但仍有许多不幸福的已婚人士和幸福的未婚者。

其次，这些发现大部分源于独立相关研究，所以这种因果关系是不明确的。例如，虽然有宗教信仰的人会比较幸福，但幸福的人可能会比不幸福的人更容易发现一个有意义的宗教信仰。

相关还是因果

我们能确信 A 是 B 的原因吗？

如果心理学告诉我们任何有关怎样去发现幸福的方法，那么它显然偏离了我们寻找幸福的初衷。正如心流理念所暗示的，幸福往往会在我们全然享受自己尽力做某事时显露出来，无论是我们的工作、爱好、朋友或恋人。幸福在于追求价值，而不是价值本身。

预测幸福

在**情感预测**方面我们相当贫乏：预测我们自己和他人的幸福（Gilbert，2006；Gilbert，Pinel，Wilson，et al.，1998；Wilson，2002）。当我们做一个生活中的决定时，我们使用情感预测：选择大学、经营一段长期关系或者买一辆汽车。我们告诉自己，我们的每一个选择将能提高我们的幸福感，但我们通常不能像气象学家从窗口探出头就能预测下个星期的天气一样地准确。

澄清事实

世界幸福感冠军似乎是丹麦人。原因不明，世界上丹麦人报告的满意度最高，瑞士紧随其后。美国人排在第 23（White，2006）。

我们的情绪测验并不完全是错误的：它们总是在某个方向上出错。具体来说，我们高估了事件对情绪的长期影响（Gilbert，2006；Sevdalis & Harvey，2007）。这就是说我们面临着**持久性偏见**：我们相信不管好的或坏的情绪持续时间都比实际更长（Frederick & Loewenstein，1999；Gilbert et al.，1998；Wilson，2002）。请看以下这些违反直觉的发现：

- 数百万美元的彩票中奖者的幸福感在中大奖时会得到迅速提高。然而在两个月内，他们的幸福感恢复正常——与其他任何人都一样（Brickman，Coates，& Janoff-Bulman，1978）。
- 大多数截瘫者——腰部以下瘫痪——他们的幸福感在事故之后几个月能大部分（尽管不是全部）恢复到基本水平（Brickman et al.，1978）。
- 在 HIV 测试之前，人们可以理解性地预测到如果他们是 HIV 阳性者，他们将会非常痛苦。然

在事故过后，那些大部分体验到瘫痪的人的幸福感水平能回到事故之前。1995 年演员克里斯托弗·里夫（Christopher Reeve）在一次骑马事故中瘫痪了，他于 2004 年去世。他的乐观态度对许多美国人来说是令人惊奇和鼓舞的。

情感预测（affective forecasting）
预测我们自己和他人幸福的能力。

持久性偏见（durability bias）
相信我们好的和坏的情绪能持续更长的时间。

而在发现自己是 HIV 阳性者 5 周后，他们就会感到比预想的要幸福。此外，那些是 HIV 阴性的人比他们预想的要不开心（Sieff，Dawes，& Loewenstein，1999）。

316 那么到底发生了什么？我们明显地低估了自己适应幸福与不幸福的基线水平有多快（Brickman & Campbell，1971）。我们的幸福水平很快地适应了我们当前的生活环境。当好事发生时，我们在短期内感觉良好。然而，我们很快适应了我们积极的生活环境，这使我们回到情绪“默认”设置（Helson，1948）。这其中隐藏着一些人生哲理。有句至理名言：活在当下。当我们追寻美好的事物之时会发现：原来的才是更好的。

自尊：重要性是否言过其实？

许多大众心理学的资料将几乎所有心理困惑只归结为一个核心问题：低自尊（Branden，1994；Reasoner，2000）。学校和社会机构开发了推广和干预项目来提高自尊水平。如果你进入亚马逊网站，你会发现很多关于提高自尊水平的书籍、磁带和其他产品。你甚至能发现一个吃麦片的碗上印着与自尊有关的积极肯定言论，譬如：“我是天才！”“我很漂亮！”

幸福感受社会比较的影响。2008 年美国男子体操队在奥运会中获得意料之外的铜牌而欣喜若狂，同时冲着夺冠而去的日本团队（不在图中）因获得银牌而失望。

自尊的假象　称低自尊是所有不幸根源的普遍言论中存在两个重大问题。第一，这个主张是单变量解释的基本例证。其中一个原因是：就像我们在第 1 章中提到的，我们减少复杂的心理问题，如抑郁症或攻击性行为。尽管低自尊可能与这些问题存在一定的因果关系，但它不可能是唯一的罪魁祸首。

第二，将自尊与心理健康和生活成功联系起来的证据是无力的（Dawes，1994；Sommers & Satel，2005）。例如，高自尊的人没有比低自尊的人有更好的社会技能或学业成绩。而且他们也会做像酗酒、吸毒之类的事（Baumeister，Campbell，Krueger，et al.，2003）。

当谈到自尊和攻击性之间的联系时，故事变得更加有趣了。许多主流的心理学理论将攻击性与低自尊联系起来。这种观点有一定的真实性（Donnellen，Trzesniewski，Robins，et al.，2005）。然而大多数证据表明，一个高自尊的团体尤其倾向于富有攻击性，特别是遭遇“自我威胁”时：挑战自我价值的时候（Bushman & Baumeister，1998）。

自尊的真相　调查仍然显示出自尊有两种明显的好处（Baumeister et al.，2003）。首先，高自尊与良好的创造力、坚忍性联系在一起。高自尊的人更愿意尝试新的挑战，并且坚持到底，尽管进程艰难。其次，在面对压力时，高自尊与幸福感、适应性联系在一起。然而，这些发现是相关性的，可能并不是因果性的。

相关还是因果
我们能确信 A 是 B 的原因吗？

对积极心理学的批评　积极心理学增加了我们对人类经验的关注。然而许多心理学家谴责积极心理学是“一时的狂热”（Lazarus，2003），其观点是缺乏科学依据的（Max，2007）。

许多积极心理学拥护者假设说，如果我们可以消除强烈的消极情绪，我们会过得更好。然而，这种“总是看到生活光明的一面”的方法可能也有它的缺陷。正如朱莉·诺伦（Julie Norem，2001）观察到的，**防御性悲观**对于焦虑的人来说可能有功效。防御性悲观是一种

防御性悲观（defensive pessimism）
一种预期失败的策略，在心理上对消极后果做充足的准备从而进行防御。

表 9.2 **防御性悲观调查问卷**

你会不会使用防御性悲观作为一种应对策略？下面一些问题能帮助你找到答案。

想象着在某种情况下你想要做最好的自己，可以是工作、社会目标，或者其他任何你想达到的目标。当你回答下列问题时，想一下你会怎样解决遇到的情况。估算与真实情况接近的程度，然后将你的得分相加——高的得分（超过 70）意味着高防御性悲观。

不真实						真实
1	2	3	4	5	6	7

______ 1. 我经常作最坏的打算，即使我准备得很充分。

______ 2. 我担心事情的结果会如何。

______ 3. 我仔细考虑所有的可能。

______ 4. 我经常担心自己无法完成我的目标。

______ 5. 我花大量的时间思考可能会出现的错误。

______ 6. 我会想象如果事情不顺利，我会有什么感觉。

______ 7. 我试着想象如果事情变得糟糕我会采取怎样的补救措施。

______ 8. 我很小心，不要在这些情况下变得自负。

______ 9. 在这些情况下，更多时候我看起来像个傻瓜。

______ 10. 考虑事情的对错有助于我们对事情进行规划。

（Source: Norem, 2001）

预期失败的策略，在心理上对消极后果做充足的准备从
317 而对其进行防御（见表 9.2）。防御性悲观能帮助某些人改善自身表现，这可能是因为它能激励人们更加努力地工作（Norem & Cantor，1986）。剥夺防御性悲观者的悲观——比如，逗他们开心——会使他们表现得更糟糕（Norem & Chang，2002）。

此外，那些戴着有色眼镜和试图掩饰他们所犯错误的乐观主义者，经常无法清晰地分辨事实。例如，乐观主义者趋向于回忆社会技能的反馈，事实上并不需要如此（Norem，2001）。这使得他们很少能从人际交往中得到反省，例如会无意冒犯别人。另外，乐观主义者在遇到压力时比悲观主义者表现出更大的生理反应，例如生病的消息，也许是他们没有花足够的时间去作最坏的打算（Segerstrom，2005）。

对于大多数人来说，这并不会削弱积极心理学的价值。但是个体差异（见第 1 章）提醒我们，对于复杂的生活问题，不能“以偏概全”。积极思考是绝大多数人的幸福秘诀里不可缺少的重要成分，但它并不具备普遍适用性。

★小测试

1. 好的心情经常让我们在面对问题时有新颖的选择。 正确 错误
2. 金钱和幸福高度相关，尤其是高收入者。 正确 错误
3. 50 岁之后幸福感急剧下降。 正确 错误
4. 在遭遇证券投资失利几个月之后，那些投资受益者并不比其他人感到更高兴。 正确 错误
5. 乐观主义对某些人来说是一种可选策略。 正确 错误

答案：(1) 对（p.313）；(2) 错（pp.313–314）；(3) 错（p.314）；(4) 对（p.315）；(5) 对（p.316）

动机：我们的意愿和需求

关于这个话题，我们已经讨论了如何以及为何要体验情绪。然而要追述其原因，我们还需要搞清楚不同类
318 型的甚至会将我们推往反方向的心理动力。**动机**是指驱策我们朝向明确目标的内驱力。当我们被动机驱动而做某事时，例如阅读一本有趣的书，与朋友交谈，或者避免为考试而学习，我们是在心理和身体行为两方面上，被驱使着趋向或回避这一活动。大多数人都希望可以更积极地去完成生活中需要去做却又一再推卸的任务，比如像支付账单或着手完成拖延许久的学期论文之类的事情。【**学习目标 9.5**】

因此，难怪全世界的大众心理学充斥着“励志演说家”，他们利用那些希望收获爱或工作灵感的人而填满自己的腰包。尽管这些演说家可以让我们的肾上腺素水平提高，并让我们在短时间内感觉良好，但并没有任何证据能够证明他们的演说具有长期效益（Wilson，2003）。

动机：新手指南

一生中有两种最无法抵抗的动机：食物和性。我们很快就会了解这两大“生命事实”是为何并如何起作用的。在这之前，我们首先需要了解一些动机的基本理论。

内驱力降低理论　在心理学中最有影响力的动机理论之一是**内驱力降低理论**，它由克拉克·赫尔（Clark Hull，1943）、唐纳德·赫布（Donald Hebb，1949）等人提出。根据这一理论，某些内驱力如饥饿、口渴、性挫折，会驱使我们采取行动来减少厌恶状态（Dollard & Miller，1950）。要注意的是这些内驱力都是令人不愉快的，但它们被满足的时候是令人快乐的。【**学习目标 9.6**】

有一些内驱力相对来说更有力。口渴比饥饿更有力，这点毫无疑问。本能的选择可能会使我们对于解渴的内驱力比对于消除饥饿的内驱力更强大，因为我们大多数人在没水时只能存活几天，但没食物时候却仍能存活一个月以上。

励志演说家，像安东尼·罗宾（Anthony Robbins）擅长说服他们的听众相信，只要他们有足够的动机和努力就可以完成任何事情。然而，没有可靠的研究证据能够表明这些演说家对人们的行为能产生长期影响。

大多数内驱力降低理论认为我们被驱策去维持心理**稳态**的一种固定水平的恒定性，即平衡。要想理解恒定性，可以思考一下恒温器是怎样控制你房间或公寓里的温度的。给它设定一个温度，比如说是 20 摄氏度，当房间温度偏离了这一设定温度时，恒温器就会“提示”你的冷却系统或加热系统调节还原至平衡状态。同样地，当我们饥饿的时候，可以通过吃来满足这一内驱力，但是最好不要吃太多。如果吃得太多，大脑就会提示我们，并且让我们在一段时间内不再感到饥饿。

内驱力和唤醒水平：问题的解决方面并未取得进展　影响我们内驱力的一个因素是唤醒水平。根据约一个世纪以前提出的**耶克斯—多德森定律**（Yerkes & Dodson，1908），唤醒水平与心境及行为效果间呈倒 U 形关系（尽管它的提出者实际上指的是刺激的强度，而不是唤醒的强度；Winton，1987）。正如我们在图 9.6 中所见，我们每一个人都有一个最佳的唤醒水平，它一般在曲线的中央。低于最佳点，我们会因为动机水平低而不能很好地完成任务。高于那个最佳点，我们通常会感到过分焦虑或刺激，同样不能很好地完成任务。只有在

动机（motivation）
驱策我们朝向明确目标的内驱力。

内驱力降低理论（drive reduction theory）
一种认为某些内驱力，如饥饿、口渴、性挫折等，会驱使我们采取行动来减少厌恶状态的理论。

稳态（homeostasis）
动态平衡。

耶克斯—多德森定律（Yerkes-Dodson law）
唤醒水平与行为效果间呈倒 U 形关系。

图 9.6　耶克斯—多德森定律

这个定律描述了唤醒水平和行为效果之间
倒 U 形关系。当我们体验到中等水平的唤醒
我们会尽最大努力并且得到最大的满足。运动
理学研究表明，太镇定的运动员无法发挥其最
效能——所以给运动员“打气”是教练和训练
一件重要的任务。

适度的激活水平时，我们才能很好地平衡动机和控制来实现我们的目标。我们的最佳表现还取决于任务的复杂程度，相比于简单任务而言，较低的唤醒水平是完成复杂任务的最佳水平。

耶克斯—多德森定律在运动心理学家中很受欢迎。试想在一次重要赛事开始之前，某个篮球运动员的唤醒
320 水平不足。她不大可能做到最好，因为她的动机没有被充分调动起来，无法尽其最大努力。因此她的教练或运动心理学家可能会试图让她在耶克斯—多德森曲线上达到“兴奋”水平，在此范围内，她会唤起去更好地完成任务，但是又不会因唤醒水平过高而不能集中精力（Anderson，Revelle，& Lynch，1989）。

诱因理论：积极的动机　尽管内驱力降低理论对心理学很有价值，但它却不能解释为什么当我们的内驱力已经满足时我们还会去工作。例如，根据内驱力降低理论，当玛雅·安吉罗（Maya Angelou）、毕加索，或莫扎特完成一部杰作时，他们对其他方面的需求就会降低，因为这会熄灭他们对创造性的渴望。但事实常常相反；创造性成功似乎会激发人们尝试创造的渴望。

因此，心理学家逐渐认识到内驱力降低理论应该需要**诱因理论**来加以补充，诱因理论认为我们经常被积极的目标所激励，就像创造出一幅旷世巨作或第一次在田径运动会中赢得荣耀。这一理论把动机依次分为：内部动机，即人们被内部目标所激励；外部动机，即人们被外部目标所激励。如果我们在心理学课堂上表现出色是因为内部动机，那么我们主要是被掌握知识的愿望所驱动；如果是由于外部动机，我们则主要是被得高分或赢得教授认可的愿望所驱动。

正如我们在第5章学到的，行为学家把强化定义为提高行为发生率的原因。然而有证据证明，某些强化可能会逐渐损害内部动机，使我们不太可能去完成曾经喜欢的行为（Deci，1971；Deci，Koestner，& Ryan，1999）。在一项经典的研究中，马克·莱珀（Mark Lepper）和他的同事们（Lepper，Greene，& Nisbett，1973）选取一些对画画特别感兴趣的学龄前儿童，并且根据他们的表现给予或不给予奖励。两周过后，实验者再次让参与实验的儿童作画。有趣的是，曾受到奖励的孩子对画画的兴趣明显低于没有受到奖励的孩子。许多心理学家和一些通俗作家都把这些发现解释为暗示：当我们领会到自己完成一个行为是因为外部目标时，我们就会认为自己并不像起初那样对该行为那么感兴趣（Kohn，1993），因此导致我们行为的内部动机减弱了。

因绘画而受到奖励的孩子们，在今后出于兴趣而绘画的动机会大大减弱。你可以举一些在生活中因为奖励或者报酬而减弱了你的内部动机的例子吗？

并不是所有的心理学家都同意这种解释（Carton，1996；Eisenberger & Cameron，1996）。首先，一些研究者并没有重复验证这种损害效应（Cameron & Pierce，1994）。还有人对这些发现提供了相反的解释。其中一种解释是对比效应：当我们因完成某行为受到强化时，就会再次期望得到这种强化。而如果这种强化突然被撤消了，我们就不太可能很好地完成行为。

可重复性
其他人的研究也会得出类似的结论吗？

排除其他假设的可能性
对于这一研究结论，还有更好的解释吗？

诱因理论（incentive theory）
认为我们会被积极目标所激励的理论。

我们的需要：生理和心理的欲望

我们人类都有一些基本的生理需要：食物、饮料和衣物总是列在我们购物单的最上面。但就像亨利·默瑞（Henry Murray，1938）所指出的，我们还有各种其
321 他的需要。默瑞区分出了基本需要和次级需要，基本需要反映的是生理需要，如饥饿和口渴，而次级需要反映的是心理的欲望。默瑞划分了20多种次级需要；其中的成就需要引起了心理学家的特别关注（McClelland，Atkinson，Clark，et al.，1958）。研究者发现成就需要在预测个体学业表现方面非常有效（Spangler，1992）。大卫·麦克利兰（David McClelland，1961）甚至证明不同的国家，公民的成就动机水平能预测这些国家未来的经济增长，尽管这个发现并没有被完全认可（Mazur & Rosa，1977）。

亚伯拉罕·马斯洛（Abraham Maslow，1954，1971）则认为，在主要的生命体系中，有一些需要不可避免地优先于其他需要。根据马斯洛的**需要层次理论**，在我们要满足更复杂的需要之前，我们必须先要满足生理需要和安全的需要。这些复杂的需要包括归属与爱的需要、尊重的需要以及能发掘我们所有心理潜能的自我实现的需要（见第12章）。当我们按照马斯洛的需要层次理论来解释时，根据内驱力，我们会从生理或心理的需要向更高层次的目标迈进（见图9.7）。

即使马斯洛的需要层次理论是一个有效的开创性的观点，我们也不能照字面意思理解它。有些需要相对而言更重要，但也有证据表明，有些人在没有满足马斯洛需要层次理论中低级水平的需要的情况下，却可以满足更高水平的需要（Rowan，1998；Soper，Milford，& Rosenthal，1995）。有无数艺术家的例子，他们虽然饥饿而且贫穷，却会继续创作杰出的作品，这似乎证实了马斯洛固定的需要层次的缺陷性（Zautra，2003）。

需要层次理论（hierarchy of needs）
由亚伯拉罕·马斯洛建立的需要模型，认为我们必须先要满足基本的生理需要和安全的需要才能去满足更复杂的需要。

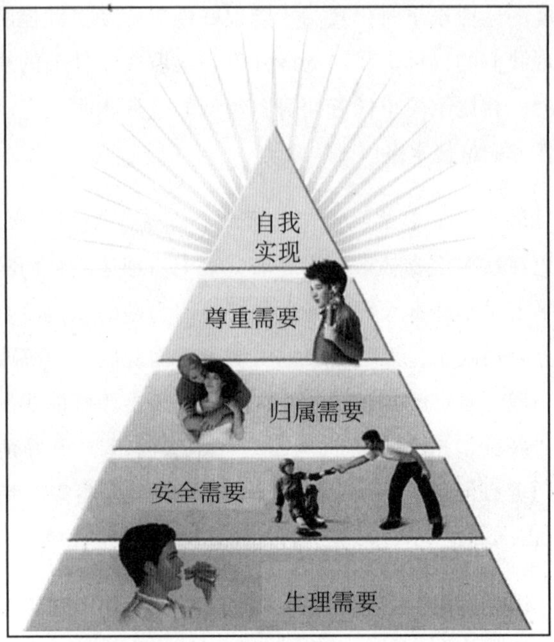

图9.7 马斯洛的需要层次理论

根据亚伯拉罕·马斯洛的观点，我们的需要是按金字塔的层次来排列的，最“基本”需要位于底层。马斯洛声称，如果我们的基本需要没有得到满足，我们就不会产生更高层次的需要。研究支持这种论断吗？

可证伪性
这种观点能被反驳吗？

饥饿、饮食和饮食障碍

如果我们幸运的话，则不会经常或长时间经受饥饿的痛苦，并且可以吃巨无霸、蔬菜三明治或其他任何能满足我们欲望的东西来补充能量。但是对数十亿的社会下层人来说，饥饿是生命中每天都要面对的事实。饥饿感，虽然会令我们感到不舒服，我们的生存却非常依赖它。饥饿和口渴会刺激我们去获取提供营养和能量的食物和水分，而营养和能量是活跃、警觉和保持免疫系统正常运行所必需的（Mattes，Hollis，Hayes，et al.，2005）。

饥饿和饮食：调节的过程 如果我们能够获得食物，当我们饥饿的时候就会去进食。当我们感到满足了（吃饱喝足），我们就会停止进食。很简单，对吗？但是当我们考虑到身体一系列管理饥饿和饮食的复杂体系时

就没那么简单了。

尽管我们饿了（通常指我们的胃），但是大脑作为指令和控制渴望食物的中心，远比胃的影响大得多。50 多年前，当科学家认识到下丘脑的两个区域在饮食上扮演着不同的角色时，对这一事实便得到了粗略的了解。设想在同一笼子里有两只老鼠，它们看起来并没有什么不同。1 号老鼠很大，或者可以说是奇大无比。2 号老鼠瘦弱到需要强制喂食才能生存。科学家通过电刺激下丘脑外侧区来使 1 号老鼠进食（Delgado & Anand，1952）。对于 2 号老鼠，研究者通过在其体内造成一定伤害以损害其下丘脑外侧区，从而导致其变得非常瘦弱（Anand & Brobeck，1951；Hetherington & Ranson，1940；Teitelbaum & Epstein，1962）。基于这些发现，科学家推断下丘脑外侧区对于动物的进食起着关键作用。**【学习目标 9.7】**

322 当研究者刺激老鼠下丘脑腹内侧区或中下部位时，值得注意的事情发生了：老鼠吃得很少或者完全停止进食了（Olds，1958）。当研究人员损伤大脑的同一部位时，老鼠开始变胖，似乎身体就要炸开了（Anand & Brobeck，1951；Hetherington & Ranson，1940；King，2006）。下丘脑腹内侧区似乎让老鼠知道何时该停止进食。

许多心理学书籍表明下丘脑外侧区是“进食中枢”，腹内侧区是“餍足中枢”，但这个结论过于简单了。事实上，由不同脑区和身体部位所共同调节的一系列复杂事件控制着饮食（Grill & Kaplan，2002）。例如，胃膨胀或饱胀会激活下丘脑的神经元，因而我们会压抑自己想得到第二份甜点的冲动（Anand & Pillai，1967；Jordan，1969；Smith，1996；Stunkard，1975）。

下丘脑也协调着体内葡萄糖（血糖）含量的变化（Schwartz，Woods，Porte，et al.，2000；Woods，Seeley，Porte，et al.，1998）。根据葡萄糖恒定理论（Campfield，Smith，Rosenbaum，et al.，1996；van Itallie，1990），当我们的血糖含量降低时，尤其是在一段时间内没有进餐后，饥饿会产生一种驱力使我们去吃东西，以恢复正常的血糖值。这种方式可实现动态平衡，即平衡我们摄入和消耗的能量。当能量失衡时，比如更多的能量被机体所吸收，而不是通过运动被消耗，或通过新陈代谢“燃烧”掉，人们的体重就会增加。

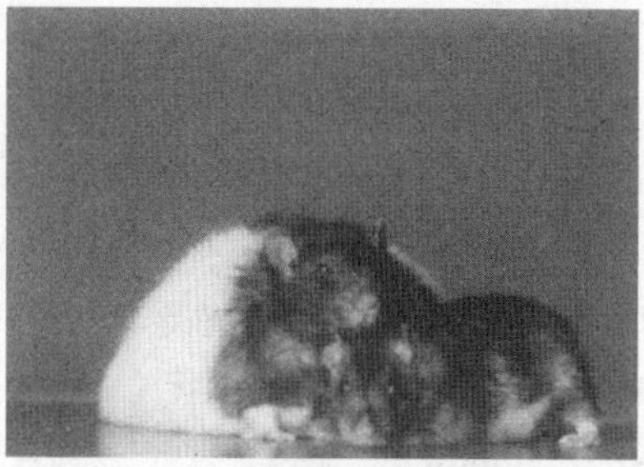

超级大型老鼠的下丘脑左腹内侧区曾受到重创，导致它们的饮食过量。

多达三分之二的美国人超重。

体重增加和肥胖：生理和心理的影响　当我们在购物中心看着来往的人群时，我们会注意到成人和儿童在身材和大小上的变化比坎贝尔汤的种类还要多。如果那个购物中心或超市是在美国的话，我们将会发现大约有三分之二的路人都超重或肥胖。接下来我们将考察饮食和饮食过量的生理机能和心理状态。

化学信使和饮食。当我们吃一块糖果时，在吃的过程中一些葡萄糖可能会转换为脂肪，能量随即被长期储存。当能量储存在脂肪细胞中，这些细胞会产生一种叫做**瘦素**的激素。瘦素发送信号给下丘脑和脑干，以降低食欲和增加能量利用（Grill et al.，2002）。幼年缺少瘦素基因的老鼠会变得肥胖，研究者据此找出了一个导致肥胖的原因（Hamann & Matthaei，1996）。有趣的是，肥胖的人似乎对瘦素的作用有抵抗力。

同时，肥胖的个体也难以抵制食物的诱惑，因

瘦素（leptin）
用信号通知下丘脑和脑干降低食欲和增加能量利用的激素。

为他们总想着食物，并总能发现美味的食物。仅仅是看、尝、闻或想一下我们周围丰盛的食物，就会促使神经递质的释放，包括能够激活大脑快感中枢的血清素（Ciarella，Ciarella，Graziani，et al.，1991；Lowe & Levine，2005）。肥胖的人暴饮暴食也可能是为了获得舒适或摆脱消极情绪的干扰（Hoppa & Hallstrom，1981；Stice，Presnell，Shaw，et al.，2005）。

设置点。与肥胖斗争不容易成功的另一个原因是，我们每一个人都有一个在遗传上程序化的**设置点**，这一个值——像是我们汽车上的燃料指标，确定了我们想维持的一系列体脂肪和肌肉含量（Mrosovsky & Powley，1977；Nisbett，1972）。当我们吃得太少而低于设置点时，调节机制会增加我们的食欲或减少新陈代谢（Knecht，Ellger，& Levine，2007）。我们的身体通过这
323 种方式防止体重减轻。当我们吃得太多时，则会出现与上面相反的状况。在毫无意识的情形下，我们的身体降低了食欲并增加新陈代谢。

根据设置点的假设，一个肥胖的人比一个消瘦的人更容易长胖。没有人确切地知道是什么“设定”了这个设置点，但是我们生来就有许多脂肪细胞，我们的身体燃烧卡路里的新陈代谢速率，以及对瘦素的敏感性等似乎都与其相关。

基因在肥胖症中的作用。基因可能对设置点起着重要作用。双生子研究指出了肥胖具有遗传倾向。研究者发现同卵双生子的脂肪含量的相关性在 0.7 到 0.9 之间，而异卵双生子则在 0.35 到 0.45 之间（Lee，2009；Stunkard，Foch，& Hrubec，1986）。由于双生子成长于同一个家庭，拥有大体相同的饮食和生活方式，对研究者来说，研究成长于不同家庭的同卵双生子极其重要。他们发现，双生子体重的相关性达到了 0.4 至 0.7（Maes，Neale，& Eaves，1997）。关于收养家庭的研究为基因的作用提供了进一步的支持。人们的体重与亲生父母而非养父母的体重有关（Allison et al.，1996）。

人们对于肥胖有不同的遗传倾向，因此每个人的摄食量和体重在幼年就有明显的差异。

对外部线索和期望值的敏感性。基因并不能完全决定一个人是胖还是瘦。外部线索和期望值在摄食量上也起着重要的作用。

斯坦利·沙赫特（Stanley Schachter）提出了**内外控理论**，该理论认为相比于胃的饥饿感或饱足感等内部线索，肥胖的人更容易被一些外部线索，如食物的口感、气味和外观等所激发而进食过多（Canetti，Bachar，& Berry，2002；Nisbett，1968；Schachter，1968）。根据这一理论，如果人们不停地吃东西，甚至在感到饱胀后还继续吃，并且根据食物的质量、保质期或社会情境来选择食物，就可能有患上肥胖症的危险。在实验室里，当研究者调节时间，使被试相信现在是晚饭的时间后，肥胖者相比非肥胖者吃得更多（Schachter & Gross，1968）。然而，研究认为另一种可能是：对外部线索的过分敏感是一种饮食模式的结果而不是诱因（Nisbett，1972）。

排除其他假设的可能性
对于这一研究结论，还有更好的解释吗？

饮食障碍：暴食症和厌食症　那些想要在短期内减轻大量体重的人更可能会饮食无度（Lowe，Gleaves，& Murphy-Eberenz，1998）。有神经性暴食症的饮食障碍患者，简单地说就是暴食症者，经常会周期性地暴饮暴食（一星期两次或一个月三次以上），之后再努力地减

设置点（set point）
确立我们倾向于维持的一系列体脂肪和肌肉含量的值。

内外控理论（intenal-external theory）
认为肥胖的人更多地被外部线索而非内部线索激发而进食过多的一种理论。

美味甜点以一种吸引人的方式摆放着，为进食提供了强大的“外部”线索，即使我们并不特别饥饿。高档餐厅已经发现了这个原则，这就是为什么在我们的主餐之后，他们会把盛有甜点的托盘放在桌上。

重（见第 13 章）。在一次暴饮暴食中，有些人会在两小时内吃掉相当于 1 万多卡路里的食物，大量研究发现，每次暴食相当于平均吃了 3 500 卡路里的食物。那相当于大约 6 个没加奶酪的巨无霸（Walsh，1993；Walsh，Hadigan，Kissileff，et al.，1992）。他们解决这一问题的方法，除了经常大量服用泻药、减肥药或进行大量运动外，还包括洗胃，通常采用自诱式呕吐（Williamson et al.，2002）。

【学习目标 9.8】

暴食和洗胃建立了一个恶性循环。尽管洗胃是有益的，因为它缓解了人们饮食过度的焦虑并避开了体重增加这一问题。但是它为过度饮食的发作提供了可能。例如，呕吐可以扰乱暴食症者的暴饮暴食，并使之后的过度饮食合理化（“我总是可以摆脱冰激凌的”）。当他们的饮食失控，自尊心下降，他们对节食瘦身和可能暴食的担忧就会提高。这就构成了一个自我毁灭的恶性循环（Fairburn，Cooper，& Shafran，2003；Lynn & Kirsch，2006）。这种暴食呕吐可以对身体造成危害，导致心脏问题（这是会致命的），会撕裂食道，使牙釉质频繁地受到胃酸的磨损（Mehler，2003）。

324 暴食症是最常见的一种饮食障碍，全世界有 1% ～ 3% 的人受它折磨（Craighead，2002；Keski-Rahkonen et al.，2008）。而被诊断患有这一症状的人，大约 95% 都是女性。另外还有 8% ～ 16% 的年轻女性，包括许多大学生，虽然没患有暴食症，但却有饮食障碍的迹象，例如重复地进食。许多有暴食症的女性都是完美主义者，有非常强烈的获得他人认可的需要（Friedman & Wishman，1998；Joiner，Heatherton，Rudd，et al.，1997）。

神经性厌食症，或厌食症，通常开始于青春期，一般女孩比男孩更常见，主要是由追求苗条的社会文化压力导致的（见第 13 章）。尽管厌食症不像暴食症那样普遍，却对生命更有威胁性。暴食症患者往往是在正常体重范围内，而那些厌食症患者则由于他们无限制地追求苗条而变得极度消瘦（Mitchell & Peterson，2007）。厌食症常伴随着一种对“肥胖的恐惧”，就像暴食症一样，都与对身体大小的扭曲知觉有关。甚至那些瘦骨嶙峋的人也可能认为自己很胖。当人们显示出拒绝维持按他们的年龄和身高来说的最低程度的正常体重时，心理学家就可以将其诊断为厌食症患者（明确地说，当他们的体重不足所期望的 85% 时）。厌食症患者通常会减轻个人 25% ～ 50% 的体重。

厌食症不仅局限于女性，尽管在男性中比较罕见。它与体重严重不足，却仍害怕变胖这种恐惧的体像扭曲相关联。

保持如此低的体重是极其危险的，它会造成经期紊乱、脱发、心脏问题、危及生命的电解质失衡和骨骼易碎（Gottdiener，Gross，Henry，et al.，1978；Katzman，2005）。一些研究者认为厌食症的死亡率在 5% ～ 10% 之间，这使其成为所有精神疾病中对生命最有威胁的疾病之一（Birmingham，Su，Hlynsky，et al.，2005；Sullivan，1995）。

性驱力

性欲——被称为力比多——是对性行为和性快感的一种需要或渴望（Regan & Berscheid，1999）。性欲深深根植于我们的基因和生物体；但是，据了解，它也受社会和文化因素的影响。

识别假象

假象：一般人每 7 秒钟思考一次性。

事实：尽管这种说法和其他普遍的说法很像（你可能听说过“每 8 秒”或“每 15 秒”），却没有任何研究证据可以证明。一些调查数据表明 54% 的男性说他们至少每天想一次或更多性（www.kinseyinstitute.org/resources/FAQ.html），但却没有为“每 7 秒一次”这种说法提供支持（www.snopes.com/science/stats/thinksex.asp）。

性欲及其决定因素 性激素睾酮可以提高性欲（见第 3 章），但其他生物因素也发挥着作用。研究者最近发现，某个基因的变异产生了一种与多巴胺传递有关的蛋白质 DRD4，它与学生报告的性欲和性唤醒水平有关（Zion et al.，2006）。科学家估计大约有 20% 的人拥有增加性欲的变异体，而另外 70% 的人则拥有降低性欲的基因变体。

很多人认为男性对性的需求比女性更强烈。这种刻板印象可能基于这样一个事实：与女性比起来，男性的性欲需求更频繁，经历着更多的性唤醒（Hiller，2005；Klusmann，2002；Knoth，Boyd，& Singer，1988），有更多数量和种类的性幻想（Laumann，Gagnon，Michael，et al.，1994；Leitenberg & Henning，1995），手淫更频繁（Oliver & Hyde，1993），希望拥有更多的性伴侣（Buss & Schmitt，1993），渴望在交往初期发生性行为（Sprecher，Barbee，& Schwartz，1995）。这些差异的原因可能是：男性比女性产生更多的睾酮。当然，这些发现并不适用于所有的男性或女性个体。

欲望期（desire phase）
能够激起性兴趣的东西引发人类性反应的阶段。

兴奋期（excitement phase）
人类性反应中经历性快感并意识到与之关联的生理变化的阶段。

高潮期（orgasm climax phase）
人类性反应中以男女性器官无意识地有节奏收缩为标志的阶段。

社会化对为什么男性和女性在性欲上呈现出差异提供了另一种解释。女性在生活的许多方面，包括表达她们的性欲上被社会化为不够独断和大胆。所以女性可能拥有与男性相同的性驱力，但她们并没有比男性表现得多。尽管这些证据抨击了男性天生比女性性欲更强的结论，但证据不明确。

排除其他假设的可能性
对于这一研究结论，还有更好的解释吗？

人类性反应的生理机制 在 1954 年，威廉·马斯特斯（William Masters）和维吉尼亚·约翰逊（Virginia Johnson）夫妇共同开启了他们对性欲和人类性反应的开创性研究。他们的观察包括几乎所有想象和非想象条件下的性行为。马斯特斯和约翰逊（1966）认为男性和女性的基本性唤醒周期是相同的。基于他们的研究和其他的一些观察（Kaplan，1977），科学家将性反应周期划分为四个阶段：（1）欲望期；（2）兴奋期；（3）高潮期；（4）消退期（见图 9.8）。**【学习目标 9.9】** 325

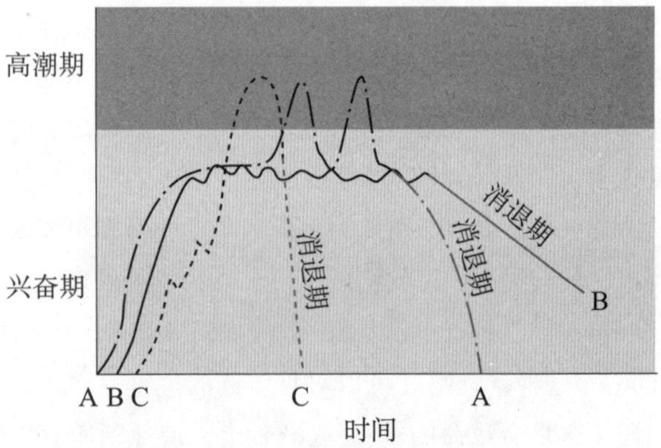

图 9.8 女性性反应周期中的变化

这个图描述了不同的三个女人的性唤醒周期，每个以不同线条代表。其中两个女性经历了至少一次性高潮。其反应以实线条描述的女性经历了兴奋期却没经历高潮期。（Source：Rathus，Nevid，& Fichner-Rathus，2000）

欲望期是由激发性兴趣开始的。人们一般在感到疲惫、心烦意乱、有压力、痛苦或生病的时候性欲较低。不仅对伴侣缺乏吸引力，抑郁、焦虑和愤恨也会抑制性欲。在**兴奋期**，人们会体验到性快感，并开始觉察到生理的变化，例如男性的阴茎勃起以及女性的阴道肿胀和润滑。在**高潮期**，性快感和身体的变化达到了最高点，男性和女性生殖器官不自主地有节奏地收缩，男性开始射精。脑部扫描显示，当个体达到高潮期时，杏仁核里控制恐惧的区域不如人们处于非性唤醒状态时活跃（Georgiadis et al.，2006）。这个发现可能解释了为何在高潮期后的**消退期**，人们会报告感到放松和有一种由于身体恢复到其非刺激状态的舒适感（Belliveau & Richter，1970；Resnick & Ithman，2009）。

但是马斯特斯和约翰逊的开创性工作并没有捕获到一个关键的信息：人们的性欲是深深植根于他们的关系和彼此的感情中的。当人们爱着他们的伴侣，同时也感到被爱（Birnbaum，Glaubman，& Mikulincer，2001），并对彼此的关系感到满意（Young，Denny，Young，et al.，2000）时，他们就会经历更频繁和更一致的性高潮。但是我们可能会对关系的好坏与性高潮的频率和一致性之间的因果关系提出质疑。频繁的性高潮可能并不仅仅反映了健康的关系，而且还有助于维持这种关系。

相关还是因果
我们能确信 A 是 B 的原因吗?

性和文化 人们表达性欲的方式是由社会规范和文化所塑造的。克莱兰·福特和弗兰克·毕奇（Clellan Ford & Frank Beach，1951）颇具吸引力的观察揭示了文化规范是如何影响人们对什么在两性间是适当的或不适当的这一问题的看法。当非洲聪加人初次看到欧洲人亲吻时，他们笑着评论说："看他们——他们互相吃对方的唾液和污垢。"（Ford & Beach，1951）不可否认，他们是有道理的。巴西阿皮纳里人不亲吻，但部落的女性会咬掉她们爱人的眉毛并很粗鲁地将其吐到一边。大特克岛上的女性通常在性兴奋时会将一只手指伸进男人的耳朵里。

戴维·巴斯（David Buss，1989）发现，相比于西方国家（包括瑞典、荷兰和法国），非西方社会（包括印度、伊朗和中国）的居民更看重未来伴侣的贞操。美国人根据赞成（59%）或不赞成（41%）婚前性行为，将人们分成了两类（Widmer，Treas，& Newcomb，1998）。这个比例代表了美国人发生婚前性行为的可能性，其中男性报告率为 85%，女性报告率为 80%（Laumann et al.，1994）。

性取向：科学和政治 自人类有历史记录以来，同性恋几乎在所有文化中都存在过。此外，生物学家已经记录了 450 个物种中有同性恋行为存在（Bagemihl，1999）。自从性研究的先驱阿尔弗雷德·金赛（Alfred Kinsey）在 20 世纪 40 年代和 50 年代报告（《金赛报告》）说同性恋比我们所认为的更普遍，科学家们一直在思考究竟有多少比例的人在参加同性恋活动。《金赛报告》显示，样本中年龄在 16 岁到 55 岁的人中有 10% 的人至少在三年内几乎完全是同性恋者（Kinsey，Pomeroy，& Martin，1948；Kinsey，Pomeroy，Martin，et al.，1953）。最近有一项更大更具有代表性的研究表明，18 岁或 18 岁以上的人群中大约有 2.8% 的男性和 1.4% 的女性确定自己是男同性恋者、女同性恋者或双性恋者（Laumann et al.，1994；National Opinion Research Center，2003）。然而，即使是最佳估计也不可能代表一般人群，因为研究者通常是在监狱、大学宿舍、军营或者在同性恋组织的赞助之下实施调查，而这可能会导致抽样偏差。 326

加拿大的同卵双生子歌手提根·奎恩和歌曲创作者萨拉·奎恩是公开的同性恋者，其符合研究者对于同卵双生子在同性恋和合率（一致性）方面的研究。

金赛发现被他归类为同性恋的人们都有过迥异的同性恋经验，而且数量也不同。有些是纯粹的同性恋者，而其他人则只是在青少年期早期经历过一次同性恋接

消退期（resolution phase）
人类性反应中高潮过后，人们报告说有放松和舒适感的阶段。

触。人们在对同性恋的想法和感受上也存在差异。许多偶尔参与同性恋活动的人并不认为自己是同性恋者。金赛研究的一些男子已经结婚并确认了其异性恋身份，即使他们报告说有过几次同性恋经历。

研究表明同性恋者和异性恋者一样能为孩子提供适合的环境。

自金赛的开创性研究之后，科学家们对同性恋有了一个更好的理解，并且开始改变对同性恋的普遍误解。对同性恋的刻板印象是：一个人扮演男性的角色，而另外一人扮演女性角色，但与之相反的是只有不到四分之一的同性恋男女能适应这种角色分配（Jay & Young，1979；Lever，1995）。大量媒体也暗示同性恋者会“招募”他人成为同性恋者，尤其可能会对孩子和青少年进行性虐待。然而并没有科学证据支持上述两种观点（Freund，Watson，& Rienzo，1989；Jenny，Roesler，& Poyer，1994）。另外一个普遍的误解是同性恋不适合成为父母。事实上，同性恋和异性恋成年人在育儿方法上并没有什么不同（Bos，van Balen，& van den Boom，2004，2007；Patterson，1992），并且同样可以为他们的孩子提供适宜的环境（Patterson & Chan，1996；Weston，1991）。

你怎么认为?

为了更深层次的研究，你对重复金赛对人类性的研究很感兴趣。为什么你想要避免使用他所用过的招募策略呢?

大多数科学家发现了在同性恋个体和异性恋个体之间的天生差异的明显迹象，这表明指向一种特定性取向的生物倾向性，有时甚至在出生之前就已存在。迈克尔·贝利（Michael Bailey）和理查德·皮拉特（Richard Pillard，1991）发现与异卵双生子的性取向22%的和合率相比，同卵双生子的性取向有着52%的和合率（和合率是指当双生子中某一个表现出一种特性时，在此次研究中指性取向，另一个也表现出相同的特性的比率）。但是事实上同卵双生子中不一致占有相当大的比例，这告诉我们环境影响在性取向中扮演着重要角色，尽管它并没有告诉我们这些影响是什么。**【学习目标 9.10】**

性激素和性取向。为了追踪同性恋的生物起源，研究者注意到了胎内环境。当胎儿发育时，雄激素（见第3章）促使孩子朝更加男性化或与女性化相反的道路发展。根据一种理论，在子宫中接触到过度的睾酮的女孩会发育出更为男性化的大脑，而接触较少睾酮的男孩则会发育出较女性化的大脑（Ellis & Ames，1987）。这些激素影响了个体的气质并且为在以后的生活中与传统性别角色背离而成为同性恋提供了舞台（Bem，1996）。

性取向：大脑的差异。1981年，西蒙·利维（Simon LeVay）的报告在业内和业外都引起轰动，报告称下丘脑里有一小簇不足1毫米的神经元，并且男同性恋者的这一小簇神经元的尺寸不足非同性恋的男性的一半。这个研究受到了公开的批评：利维是在男子死后进行尸体解剖来研究他们的大脑的，而且这些男同性恋者都是死于与艾滋病有关的并发症。然而，利维发现的差异不太可能完全是由艾滋病引起的，因为一部分非同性恋男子也死于艾滋病的并发症。利维在下丘脑中观察到的差异也可能是同性恋的结果而不是同性恋的原因。然而另一个局限是患有艾滋病的男同性恋者的样本并不一定能代表所有的同性恋者，因而重复利维的研究尤其重要。

相关还是因果

我们能确信A是B的原因吗?

排除其他假设的可能性

对于这一研究结论，还有更好的解释吗?

近期脑成像的研究减少了一些对利维研究的担忧（Savic，Berglund，& Lindstrom，2005），在该研究中，观察者将同性恋和非同性恋男女置于一种被认为是信息素的物质之中（见第4章）。当非同性恋男子闻到女性尿液中释放的化学物质时，他们的下丘脑变得活跃。当非同性恋女子闻到一种源于男子汗液中产生的睾酮的物质时，同样的事情又发生了。最有趣的发现是当同性恋男子闻到来自男子汗液的物质时，其大脑的反应与女子相似。这些结果与利维的发现，即下丘脑与性取向有关是一致的。同样，尽管如此，我们也一定要谨慎，不要轻易假定大脑活动的差异导致了同性恋，因为大脑活动模式可能是性取向的结果。

相关还是因果

我们能确信 A 是 B 的原因吗？

澄清事实

对于男性，有年长的哥哥会增加同性恋的可能性，每有一个会增加 33%，合计会导致患同性恋的比例增加 3%～5%（Blanchard & Bogaert，1996）。这种现象的原因仍然未知。

心理学家仍然不能完全理解生理和环境因素是怎样共同作用于性取向的发展的。在所有的可能性中，社会和文化的影响仍然被认为扮演着实质性的角色。

★小测试

1. 根据耶克斯—多德森定律，我们一般会在处于最高唤醒水平时做得最好。　正确　错误
2. 肥胖个体似乎对瘦素的作用有抵触性。　正确　错误
3. 女性的性唤醒周期与男性完全不同。　正确　错误
4. 性取向有很强的遗传性。　正确　错误

答案：（1）错（p.318）；（2）对（p.322）；（3）错（p.325）；（4）对（pp.326–327）

吸引力、爱和恨：它们的奥秘

328 1975 年，心理学家艾伦·波斯切特（Ellen Berscheid）和伊莱恩·哈特菲尔德（Elaine Hatfield）获得了一项令人感到可疑的荣誉（Benson，2006）。他们成为了第一个获得金羊毛奖的人，这是一个由威斯康星州参议员威廉·普洛克斯默尔（William Proxmire）授予的“荣誉”（实际上并不荣耀）。普洛克斯默尔曾为了引起公众关注而炮制了这个奖项，被美国民众认为是在挥霍纳税人的钱。波斯切特和哈特菲尔德恰巧因为由政府资助的关于吸引力和爱的心理决定因素的研究获得该奖项（在你将要阅读的章节中寻找他们的名字）。普洛克斯默尔发现研究这些主题的想法是荒谬的。

爱情的起源非常久远，甚至要追溯到远古时期。在 2007 年，考古学家在意大利发掘了一对夫妇的骨骼（巧合的是，这里离莎士比亚的著作《罗密欧与朱丽叶》的发生地维罗纳只有 25 英里），他们以拥抱的姿势凝固在一起超过了 5 000 年。

“我强烈反对，”他说，“不仅是因为没有人能证明爱情是一门科学，即使是国家科学基金会；我确信即使花费了 8 400 万或者 8 400 亿美元，他们也不会得到一个令每个人都信服的结果。我反对是因为我根本不想知道结果！”（Hatfiled & Walster，1978，viii）

当然，普洛克斯默尔有权不知道结果。然而 30 多年的研究已经表明普洛克斯默尔在一个关键的方面出错了：心理学家可以科学地研究爱情。这一切都没有带走爱情深远的奥秘，但也表明了爱情可能不如我们——或者几个世纪以来成千上万的写过关于爱情的诗人——所相信的那样深不可测。

人际吸引的社会影响因素

两个人是怎样在超过 65 亿人口的世界人流中相遇并成为爱人的呢？当然，吸引只是一段关系的初级阶段，但是我们在决定进一步发展之前，在我们的核心价值观和对关系的态度上是否能与他或她足够相容之前，需要先感受到一个闪烁的化学信号（Murstein，1977）。我们可能会将寻找到真爱归因于命运变幻无常的安排，但是科学家发现友谊、约会和伴侣的选择并不是随机的。三个主要的原则引导着吸引力和关系的形成：接近性、相似性和相互性（Berscheid & Reis，1998；Fehr，1996；Luo & Klohnen，2005；Sprecher，1998）。**【学习目标 9.11】**

接近性：当亲近变为挚爱 人类关系中有个很常见的事实，即我们最亲密的朋友往往是生活、学习、工作或玩耍时更接近我们的人。本书的第二作者在高中毕业很多年后娶了经常坐在他前面的女生。因为他们的姓氏都是以字母 L 开头的，这种按字母顺序安排座位的事实保证了他们有一个可以认识的机会。在高中毕业 30 年之后的同学聚会再次将他们聚到了一起，他们很快就相爱并结婚了。

这个例子说明了躯体的接近度或**接近性**如何为关系的形成提供机遇。如聚会中的同学、在教室里按字母顺序被分配座位的人们倾向于和在字母表中与他们名字开头字母一样或接近的人做朋友（Segal，1974）。我们最可能被身旁这些经常见到的人吸引并与其做朋友
329 （Nahemow & Lawton，1975）。利昂·费斯廷格、斯坦利·沙赫特和库尔特·拜克（Leon Festinger，Stanley Schachter，& Kurt Back，1950）要求居住在美国麻省理工学院已婚学生公寓里的个体确定他们最亲密的三个朋友。这些朋友中 65% 住在同一栋大楼里，41% 住在隔壁。我们在本章前面提到的单纯曝光效应至少可以在一定程度上解释为什么对于无论是在超市还是健身房频繁见到的人，我们都会对其增加吸引力和喜爱之情。

心理学研究表明，身体接近性，例如在教室里彼此紧挨着坐，可以为以后的吸引创造条件。

相似性：物以类聚 接近性在建立关系上也很关键，因为我们有可能和我们一起生活和工作的人分享我们的兴趣，所以我们会在见面时谈论很多。这点将我们引向了下一个原则：**相似性**，即我们与他人之间的共同程度。考虑这个问题：在一个荒岛上，你是愿意和一个跟你很相似的人困在一起，还是非常不同的人？你是选择一个克隆的你，还是选择一个在音乐、书籍和食物上与你的喜好完全不同的人呢？也许你喜欢莫扎特，而你在岛上的同伴则喜欢摇滚乐，你们会有很多交流的点或者至少有值得争论的地方。然而共同点太少，你可能会发现很难建立起人际关系。

科学家们已经发现“物以类聚”这句格言比同样老生常谈的“异性相吸”所隐含的真理更多。无论它是艺术、音乐、饮食偏好、教育水平、外表的吸引力或者价值观，我们总是感觉被跟自己很相似的人所吸引（Byrne，1971；Montoya，Horton，& Kirchner，2008；Newcomb，1961；Swann & Pelham，2002）。我们也更容易与能共处的人成为朋友、与其约会和结婚（Curran & Lippold，1975；Knox et al.，1997）。

接近性（proximity）
身体上的接近，吸引力的预测源之一。

相似性（similarity）
我们与他人之间的共同程度，吸引力的预测源之一。

你怎么认为?

你已经被在线约会服务机构录用成为一个顾问。借鉴关于浪漫的吸引力和关系形成的文献，你对潜在客户的配对有什么建议？

相互性：没有平等交换不能建立良好的关系　当一段关系发展到深层次的水平时，吸引力的第三个原则——**相互性**，或者称平等交换的规则——往往是至关重要的。任何文化中，11 岁的个体都开始建立行为相互性的规范（Gouldner，1960；Rotenberg & Mann，1986）。也就是说，我们往往会觉得我们有义务在一段关系中维持公平（Walster，Berscheid，& Walster，1973）。喜欢导致被喜欢，泄露个人隐私鼓励了揭露行为。当我们相信人们喜爱自己时，我们则更倾向于觉得被他们所吸引（Brehm，Miller，Perlman，et al.，2002；Carlson & Rose，2007）。当我们相信我们的同伴发觉我们很有魅力或可爱时，我们一般会表现得更可爱以回应这种自我促进的信息（Curtis & Miller，1986）。谈论一些有意义的事情是大多数友谊的一个重要元素。特别是对亲密话题的揭露经常带来亲密的行为。与此相反，当一个人只讨论肤浅的话题或者只以一种肤浅的方式讨论亲密话题时，另一个人的揭露水平也会很低（Lynn，1978）。

外表的吸引：以貌取人　正如我们在第 5 章看到的，一些重要的科学发现来自偶然，也就是说碰运气。伊莱恩·哈特菲尔德和她的同事们 40 年前所做的一项研究就
330 是这样（Hatfield，Aronson，Abrahams，et al.，1966）。他们在大学新生“欢迎周”给予 725 名即将入学的大学生一套个性、态度和价值取向的测试。哈特菲尔德和她的同事对这些学生进行随机配对，让他们参加一个悠闲的舞会，持续两个半小时，让他们有机会结识。研究者想知道是否有一个变量能够预测这些搭档是否有兴趣进行第二次约会？令他们十分惊讶的是，唯一一个值得关注的影响吸引的变量竟然是后来才被研究者考虑进去的（Gangestad & Scheyd，2005）：人们外表的吸引力（Hatfield et al.，1996）。

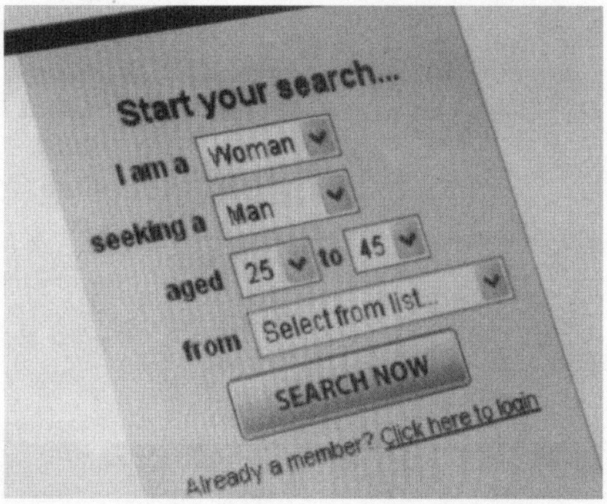

在线约会服务着眼于相似性产生喜爱之情的事实（Hill，Rubin，& Peplau，1976）。这些服务在基于个性相似的基础上配对潜在伴侣。

如果心理学家认识到外表吸引力的作用，就会明白：它对日常生活很重要。外表迷人的人往往比相貌平平的人更受欢迎（Dion，Berscheid，& Walster，1972；Fehr，2008）。然而是什么使我们发现他人的外表具有吸引力呢？难道仅仅只是“化学”原因，一个像谎言一样难以解释的超自然过程，正如参议员普洛克斯默尔所要我们相信的那样？或者是否有一种“一见钟情”，或至少是初次见面时便相互吸引的科学？

当学生们在舞会上被随机配对后，唯一决定他们是否希望第二次约会的因素是伴侣所具有的吸引力（Hatfield et al.，1966）。

吸引力中的性别差异：先天还是后天　虽然当我们谈及选择浪漫伴侣时外表的吸引力对男女两性都很重要，但对男性尤其重要（Buss & Schmitt，1993；Buunk，Dijkstra，Fetchenhauer，et al.，2002；Feingold，1992）。戴维·巴斯（1989）对异性恋的配偶选择倾向进行了全面的调查，这些异性恋者来自 37 种文化，跨越六大洲，来自不同的国家如加拿大、西班牙、芬兰、希腊、保加

相互性（reciprocity）
给予和获得的规则，吸引力的预测源之一。

利亚、委内瑞拉、伊朗、日本和南非等。他发现尽管人们赋予外表的吸引力的重要性随文化的不同而有所变化，但相比女人来说，男人对女人的外表更为重视。男性同时也更喜欢比自己稍微年轻一些的女性。相反，巴斯发现，女性往往比男性更看重拥有一个富裕的伴侣。与男性相比，女性更喜欢比自己稍微年长些的男性。尽管如此，男性和女性也会重视许多共同的因素。男女两性都期望有一个聪明的、可信任的、善解人意的伴侣（Buss，1994）。

吸引力的进化模型。撇开这些共同点，我们如何理解伴侣选择上的性别差异呢？进化论者们指出，男性通常追求一种机会最大化的交配策略，这种策略保证每次射精时，大约 3 亿精子中至少有一个在其长途旅程结束时找到一个可以接受它的卵细胞（Symons，1979）。因此，进化心理学家认为，男性更关注于女性的健康潜能和多产的线索，如外表的吸引力和年轻程度。相比之下，通常女性每月只产生一个卵细胞，所以她们必定是挑剔的。因此，她们通常追求的交配策略是尽可能最大化地为自己的后代提供好的机会：因此女性更偏好年长一些、更富有和对生活方式更加有经验一些的男性（Buunk et al.，2002）。

社会角色理论。尽管如此，一些研究者对吸引力的进化模型提出了貌似合理的替代选择。根据艾莉丝·伊格利和温蒂·伍德（Alice Eagly & Wendy Wood，1999）的社会角色理论，生物因素在男女两性的偏好选择上扮演着重要的角色，但不是以进化心理学家所主张的那种方式产生影响。相反，生物因素制约了男性和女性所承担的角色（Eagly，Wood，& Johannesen-Schmidt，2004）。因为男性普遍比女性更高大、更强壮，他们往往最终扮演着捕猎者、食物供给者和勇士的角色。而且，因为男性不需要承担生育孩子的任务，他们有相当大的机会去追求高
331 社会地位。与此相比，女性需要生育孩子，她们最终更多扮演着照顾孩子的角色，在追求高社会地位上也就有很多限制。

排除其他假设的可能性

对于这一研究结论，还有更好的解释吗？

传统角色的这些差异可能有助于解释男人和女人在配偶选择上的差异。例如，相对于男性，女性拥有高地位职业的比例较小，她们可能会首选有可靠财政收入的男性（Eagly et al.，2004）。与社会角色理论相一致，在过去的半个多世纪里，男性和女性在配偶的选择上变得越来越相似（Buss et al.，2001），这可能反映了女性在那个时期不断增长的社会机遇。

美是在观看者眼中的吗？ 民间的智慧告诉我们："美在观看者的眼中。"在某种程度上这种说法是正确的。然而又过分简单化了。人们常常对谁有外表的吸引力有着相当高的一致性（Burns & Farina，1992）。这种情况不仅发生在种族内部，在种族间也存在；例如，白人和非裔美国男子在对女性的审美上通常意见一致，白人和亚裔美国男子也是如此（Cunningham et al.，1995）。尽管跨越了极为不同的文化，但男女普遍表现出与外表具有吸引力的人的观点一致（Langlois et al.，2000）。

尽管不同文化中美女的标准不一，但研究表示，无论是非裔美国男子还是白人男子，他们对非裔美国女子（例如哈莉·贝瑞，左边）和白人女子（例如詹妮弗·安妮斯顿，右边）的外表是否具有吸引力的观点相一致。

尽管如此，不同文化对身体偏好仍存在着重要差异。例如，非裔美国男性和来自加勒比文化的男性比欧洲男性更倾向于认为有着较大体格的女子更具有外表的吸引力（Rosenblum & Lewis，1999）。而且，对苗条的偏爱也随着历史的推移频繁变动，甚至像翻看一张裸体女子画像那样，对于美感的认识具有随机性。

"大众化"正合适 哪些人我们觉得更具有吸引力

呢？（a）那些有异国情调的、不寻常的，或在某些方面特别的人；（b）那些很普通平庸的人。如果你像大多数人一样，你就会选择（a）。的确，我们有时看不上人们的长相时就会叫这个女的“普通的简”，那个男的“平庸的乔”。

然而就像朱迪丝·朗格卢瓦和罗利·洛格曼（Judith Langlois & Lori Roggman，1990）所展示的那样，平庸也有它的好处。通过计算机将学生们的面孔数字化，再将它们逐步组合，他们发现人们一般更喜欢平均化的面孔（即大众脸）。在他们的研究中，人们更倾向于平均化程度高达 96% 的面孔（见图 9.9；在 www.faceresearch.org/tech/demos/average 上查看平均化的面孔）。虽然一些心理学家觉得这一些结果令人难以置信，但许多研究在中国人以及日本人的面孔上也得到了同样的结果（Gangestad & Scheyd，2005；Rhodes，Halberstadt，& Brajkovich，2001）。经过“平均化”的还比未经“平均化”的更具对称性，所以我们对大众脸的偏好可能是由于这一点。甚至还有研究表明，即使面孔是对称的，人们还是更偏爱经过“平均化”的面孔（Valentine，Darling，& Donnelly，2004）。

可重复性

其他人的研究也会得出类似的结论吗？

排除其他假设的可能性

对于这一研究结论，还有更好的解释吗？

进化心理学家推测，面孔的“平均化”往往反映了其并不存在基因突变、严重的疾病以及其他异常。我们会被有这样面孔的人所吸引，也许是因为能较好地与基因“挂钩”。但是有一个美中不足之处。研究也表明，人们不仅仅只偏好大众脸，还有大众化的动物，例如鸟和鱼，甚至是大众化的物体，例如汽车和手表（Halberstadt & Rhodes，2003）。所以我们对大众的脸的偏好可能是一种选择机制，也就是说，一种更加普遍存在的对平均化的偏好。也许我们认为平均化刺激更熟悉、更容易在心理上去接受，是因为他们反映了我们之前常看到的刺激（Gangestad & Scheyd，2005）。

排除其他假设的可能性

对于这一研究结论，还有更好的解释吗？

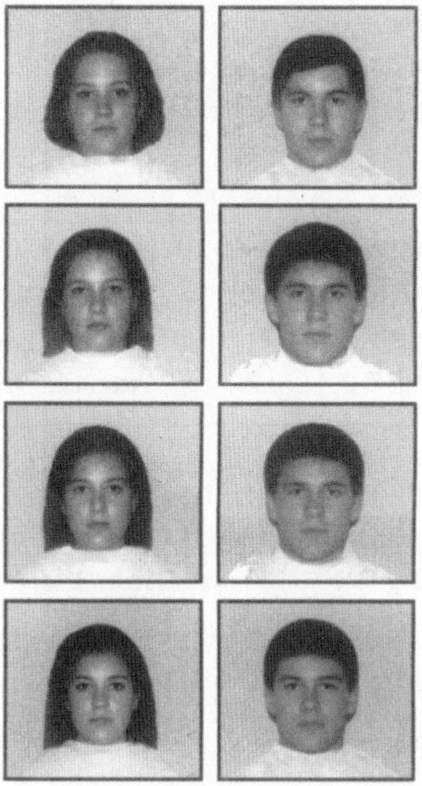

图 9.9　哪张面孔最有吸引力？

这两列面孔已经与其他面孔平均化过 4 次、8 次、16 次、32 次（从上到下）。大多数人发现底层的最“平均化”，也最有吸引力（Langlois & Roggman，1990）。值得注意的是，我们在第 7 章所遇到的弗朗西斯·高尔顿爵士，在一个多世纪之前就已经很好地预测了这些发现。（Source：Langlois & Roggman，1990）

爱情：科学面临的难题 332

布朗宁夫人（Elizabeth Barrett Browning）写过这样一句有名的诗：“我有多爱你？让我来计算一下。”但根据一些心理学家的观点，我们根本不必费力地去做这种计算。下面我们来解释一下。

心理学家与其他人没有什么不同。他们也在试图去理解爱情的各种类型：一些人得出结论，认为爱情只有一种类型，而其他人认为爱情有多种类型。根据伊莱恩·哈特菲尔德和理查德·拉普森（Elaine Hatfield & Richard Rapson，1996）的观点，爱情主要有两种类型：激情之爱和伴侣之爱。而我们很快将会介绍到的罗伯特·斯腾伯格（Robert Sternberg），他认为爱情有七种类型。

根据哈特菲尔德和拉普森的观点，**激情之爱**是以对伴侣强烈的甚至是毁灭性的渴望为特征的。这是一种当我们得到了所渴望的事物时就疯狂幸福和没有得到时彻底绝望痛苦的奇异融合。【学习目标 9.12】这是好莱坞影片制作的素材。就像所有人都很熟悉的罗密欧与朱丽叶，当我们的浪漫爱情中出现了阻碍，如看似不可逾越的距离或父母的极力反对，这时激情之爱就像是被点着的燃料一般（Driscoll，Davis，& Lipetz，1972）。这些障碍可能会提高激活水平从而加剧了激情，正如沙赫特和辛格的两因素理论所预测的那般（Kenrick，Neuberg，& Cialdini，2005）。

与此比较，**伴侣之爱**则是以对伴侣深厚的友谊和喜爱的感觉为特征的。浪漫的关系会随着时间从激情之爱向伴侣之爱发展（Wojciszke，2002），尽管大多健康的关系都至少保存了些许激情。在年老的夫妻中，伴侣之爱可能是关系中高于一切的情感。

越来越多的证据表明，激情之爱和伴侣之爱在心理上都是独立的。研究表明，人们即使对伴侣很少或没有性欲也能在伴侣的深沉关爱中与他们“坠入爱河”（Diamond，2004）。此外，这两种形式的爱可能与不同的大脑系统相关联（Diamond，2003；Gonzaga，Turner，Keltner，et al.，2006）。动物研究表明，对他人情感的依恋主要受激素的影响，比如催产素，我们在第 3 章中提到它在配偶间的结合和人际信任上扮演着重要角色。与此相反，性欲受激素的影响，如睾酮和雌激素。

老人之间主要的爱情模式是伴侣之爱。在整个人生跨度中它会是夫妻间强有力的情感纽带。

激情之爱（passionate love）
是以对伴侣强烈的，甚至是毁灭性的渴望为特征的爱。

伴侣之爱（companionate love）
是以对伴侣的深厚的友谊和喜爱的感觉为特征的爱。

罗伯特·斯腾伯格坚信“两种类型的爱情”模式过于简单。斯腾伯格（1986，1988a）提出爱情存在三个主要元素：（1）亲密（“我感觉和这个人非常亲近”）；（2）激情（“我对这个人非常痴迷”）；（3）承诺（“我真的想要和这个人共度一生”）。这三种元素结合形成了七种爱情类型（见图 9.10）。斯腾伯格的模型比起对人们为何坠入情网的解释，更多的是对爱情类型的描述，且作为指引道路的地图，它是理解生活伟大奥秘的一个重要起点。

仇恨：一个被忽视的主题

直到最近，心理学家仍不想涉足仇恨这个主题。大多数心理学入门书籍甚至不在它们的索引中列出“仇恨”这个词。然而随着 2001 年 9 月 11 日的恐怖事件，世界各地的恐怖活动迅速增加，很明显，心理学家再也不能对一些人为何鄙视他人，甚至有时想要置人于死地这个问题置若罔闻（Sternberg，2004b）。

以爱情三元理论作为起点，罗伯特·斯腾伯格（2004b）提出了一套仇恨理论，认为仇恨也包含三种元素：

（1）拒绝亲密（“我永远都不想和这些人接近”）。
（2）激情（“我绝对坚决地鄙视这些人”）。
（3）承诺（“我决心阻止或者伤害这些人”）。

正如他的爱情理论，仇恨的不同类型也来源于这三种因素的结合。对于斯腾伯格来说，助长仇恨的关键是宣传。这种教育人们要憎恨其他组织和政府的宣传会使这些组织充满邪恶的力量，同时也成了令人鄙弃的“教育者”（Keen，1986；Sternberg，2003a）。

好消息是，如果我们可以习得仇恨，那么我们或许也可以将其消除掉。对于讨厌的个体或群体所具有的消极特质，我们要学会克服偏见，这（见第 2 章）可能是重要的第一步（Harrington，2004）。俗话说“每个人都有好的一面和坏的一面”，认识到这一点可能会帮助我们正视对敌人根深蒂固的仇恨。

图 9.10　什么是爱情？

根据斯腾伯格的爱情三元理论，亲密、激情和承诺三者结合形成了爱情的七种类型，其中“完美的爱”是以三种成分的最高水平为特征的终极爱情形式。

★小测试

1. 浪漫的化学原理是互补性吸引。　正确　错误
2. 一般来说，人们发现大众脸最具外表吸引力。　正确　错误
3. 伴侣之爱和激情之爱似乎在心理和生理上是独立的。　正确　错误
4. 激情和承诺在爱情中扮演着重要的角色，但是对于仇恨来说则不相关。　正确　错误

答案：（1）错（p.329）；（2）对（p.331）；（3）对（p.332）；（4）错（p.332）

334 # 全面的复习体系

情绪理论：什么引起了我们的情绪？（pp.303–311）

9.1 描述主要的情绪理论

根据情绪分化理论，人们经历着一小部分（可能是7种）由生物因素决定的特定情绪和由这些情绪结合而成的次级情绪。根据认知理论，情绪来自于我们对情境的解释。詹姆斯—兰格理论表明情绪来自于我们身体对刺激的反应。根据坎农—巴德理论，刺激情绪的事件导致了情绪和身体上的反应。沙赫特和辛格的两因素理论认为情绪是当我们遇到一件引发情绪的事件之后，我们对自身唤醒状态的解释。

1. 根据 _________ 理论，人只能体验到一小部分独特的情绪，即使这些情绪是以复杂的方式结合起来的。（p.303）
2. _________ 是最先研究人类和非人类的情绪表达是如何相似的人之一，他发现黑猩猩的微笑与人类的微笑很相似。（p.303）
3. 哪一种微笑以上升的嘴角和眼睑及眼睛的变化为特征？下图中的女士展现出来了这种微笑吗？（p.304）

4. 根据 _________ 理论，情绪是思维的产物。（p.306）
5. 根据 _________ 情绪理论，情绪来源于我们如何解释身体对于刺激的反应。（p.306）
6. 根据坎农—巴德理论，引发情绪的事件 _________ 导致身体和情绪的反应。（p.307）
7. 根据沙赫特和辛格的两因素情绪理论来描述在如车祸之类的事件中我们如何体验情绪。（p.308）

9.2 识别无意识对情绪的影响

许多情绪是自动产生并无意识地起着作用的，比如单纯曝光效应以及面部反馈假说。

8. 根据单纯曝光效应，重复对一刺激的曝光可能会使我们（更多 / 更少）感受到对刺激的喜爱。（p.309）
9. 根据面部反馈假说，你更可能感受到与你 _________ 相关的情绪。（p.310）
10. 面部反馈效应的另一个假设是 _________。（p.310）

335 ## 幸福感和自尊：科学 VS 大众心理学（pp.312–317）

9.3 描述新兴学科：积极心理学

积极心理学强调力量、爱和幸福。幸福是有适应力的；它使我们的能力和机遇得到发展。

11. 解释不丹国王怎样增加不丹的国内幸福感总值和为何这种首创精神对所有人都有益。（p.312）
12. 彼得森和塞利格曼区分出了对积极心理学很重要的 _________和 _________。（p.312）

9.4 识别幸福感和自尊的假象与事实

假象：幸福感主要的决定因素就是发生在我们身上的

参考答案在本书的结尾处

事；金钱使我们高兴；幸福感在我们老的时候下降了；幸福感和消极情绪是对立的；美国西海岸的人最幸福。事实：幸福感与婚姻、友谊、大学教育、宗教信仰、政治背景、锻炼、感恩和对我们所从事的事情的专心（“心流”）相关联。我们似乎过高估计了事件对幸福感的长期影响。自尊并不如一般所认为的那样与幸福感相关联。

13. 根据弗雷德里克森的 ________ 理论，幸福使我们倾向于更开放化地思考。（p.313）
14. 根据心理学的研究，金钱（可以 / 不可以）买到长期的幸福。（p.313）
15. 经常从事奖励活动的个体体验了 ________，这与幸福高度相关。（p.315）
16. 预测我们自己和他人幸福的能力称为 ________。（p.315）
17. 当我们相信我们好的和坏的情绪会持续得更久，我们正遭遇着 ________。（p.315）
18. 证据表明自尊与心理健康和生活成功的关系是（强烈的 / 微弱的）。（p.316）
19. 为什么第二名的优胜者比第三名倾向于具有更少的幸福感？（p.316）

20. ________ 是一种预期失败和通过对消极结果在心理上的提前准备而补偿这种期望的策略。（p.316）

动机：我们的意愿和需求（pp.317–327）

336

9.5　描述动机的概念

动机是指驱策我们朝向明确目标的内驱力。

21. 有没有研究证据表明，励志演说家，如安东尼 · 罗宾，使人们的行为产生了长期变化？（p.318）

9.6　解释动机的基本原则和理论

内驱力降低理论认为内驱力（饥饿、口渴）推动我们在某些方面采取行动。根据耶克斯—多德森定律，唤醒水平和行为效果之间存在倒 U 形关系。根据诱因理论，积极的目标是激励因素。这些激励因素包括基本的（生物上）和次级的（心理的渴望）需要。

22. 大部分内驱力降低理论认为我们被驱使去保持心理 ________ 的给定水平。（p.318）
23. ________ 定律描述了唤醒水平和行为效果之间的倒 U 形关系。（p.318）
24. ________ 理论认为我们经常被积极的目标所激励。（p.320）
25. 用马斯洛的需要层次理论，在金字塔的每一层安置一个合适的需要以通往自我实现。（p.321）

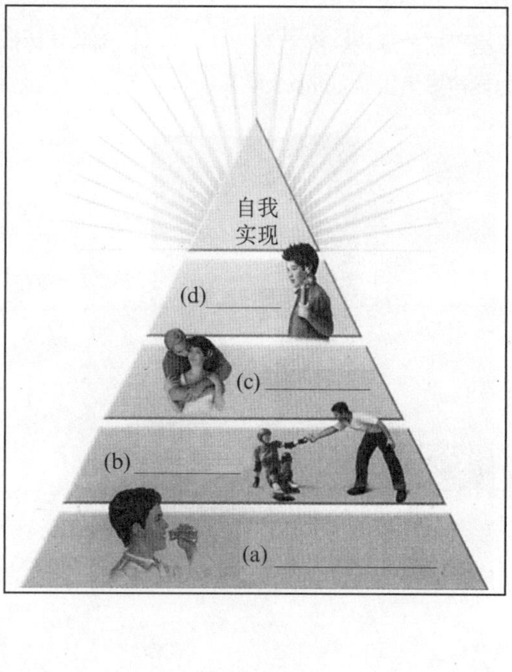

9.7 了解饥饿、体重增加和肥胖的影响因素

下丘脑外侧区被称为进食中枢，下丘脑腹内侧区是餍足中枢。然而，饥饿也与激素、低葡萄糖水平、神经递质（瘦素、血清素）、一个遗传上程序化的设置点、特定的基因以及对食物线索和期望的敏感性相关。

26. 根据 ________ 理论，当我们的血糖水平降低时，饥饿感会产生一种吃的驱力以保持葡萄糖的适当水平。（p.322）
27. 我们每个人都有遗传上程序化的 ________，这确立了我们倾向于维持的体脂肪和肌肉含量的范围。（p.322）

9.8 鉴别暴食症和厌食症的症状

暴食症是以不断循环的狂吃为特色的，随之而来的是努力使体重降到最低程度。厌食症发生在我们拒绝进食时并导致体重不及该年龄和身高所期望的体重的 85%。

28. ________ 是最普遍的进食障碍，95% 有这一诊断的人都是女性。（p.324）

9.9 描述人类性反应周期及性行为活动的影响因素

马斯特斯和约翰逊描述了四个阶段：欲望期、兴奋期、高潮期和消退期。社会规范和文化塑造了性欲的表达方式。

29. 马斯特斯和约翰逊在他们开创性的研究中发现，男性与女性基本的性唤醒周期是（相同的 / 不同的）。（p.325）

9.10 描述性取向的潜在影响因素

性取向潜在反映着儿童性别观念上的不一致、性激素分泌的差异，以及出生前脑机制的区别。

30. 有种理论认为，在子宫内接触过多睾酮的女孩会发展出 ________ 大脑，接触太少睾酮的男孩会发展出 ________ 大脑。（p.327）

337

吸引力、爱和恨：它们的奥秘（pp.328–333）

9.11 了解吸引力和关系形成的原则

吸引力和关系形成的影响因素有接近性、相似性和相互性。身体上的吸引力、进化的影响、社会角色及对大众脸的偏好也影响吸引力。

31. 身体的亲近，或 ________ 为关系形成提供了机会。（p.328）
32. 我们经常被有着高水平的 ________ 或有相似之处的人所吸引（p.329）
33. 平等交换规则或 ________ 在增进关系上通常是至关重要的。（p.329）
34. 根据巴斯的理论，不同文化中，哪一性别的身体的吸引力显得更为重要？（p.330）

35. 不同文化中，男女倾向于（认同 / 不认同）那些对他们有身体吸引力的人。（p.330）
36. 大众脸被认为比与众不同或异国情调的脸具有更（大 / 小）的吸引力。（p.331）

9.12 描述爱情的主要类型及爱情与仇恨的组成元素

爱的主要类型是激情之爱和伴侣之爱。主要的爱情因素是亲密、激情和承诺。主要的仇恨因素是拒绝亲密、激情和承诺。

37. ________ 之爱是当我们在所渴望的人旁边时的狂喜感和与其分离时的悲伤感的混合。（p.332）
38. 以对同伴深沉的友谊和喜爱为特色的关系称为 ______。（p.332）
39. 用斯腾伯格的爱情三元理论，完成以下填空（见下一页）。根据斯腾伯格的理论，哪个是爱情的终极形式（d）?（p.333）
40. 传授个体克服他们对不喜欢的群体所感知到消极的特质的 ________ 可能是消除仇恨很重要的第一步。（p.333）

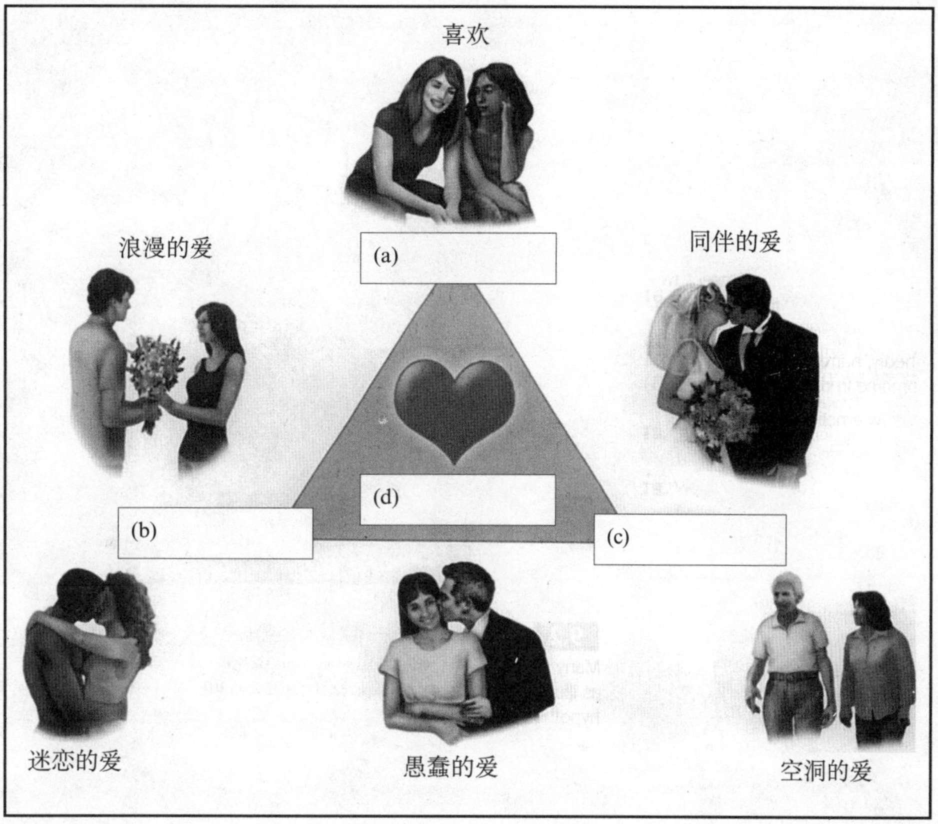

思维技能训练

问题与总结

1. 你的父母不同意你主修心理学的决定，争论它只对心理障碍有贡献。你该怎样教育他们积极心理学对人们生活的影响？
2. 根据马斯洛的需要层次理论，为了获得自我实现，你该对人生做出什么改变？

排除其他假设的可能性
pp.305，310，320，323，324，327，330，331

相关还是因果
pp.306，309，313，314，315，316，325，327

可证伪性
p.321

可重复性
pp.307，308，309，320，331

奥卡姆剃刀原理
p.304

第10章 压力、健康与睡眠

大部分人在经历严重事件后是否都会出现创伤后应激障碍？（pp.347-348）

是否存在应对压力的最佳方法？（pp.352-353）

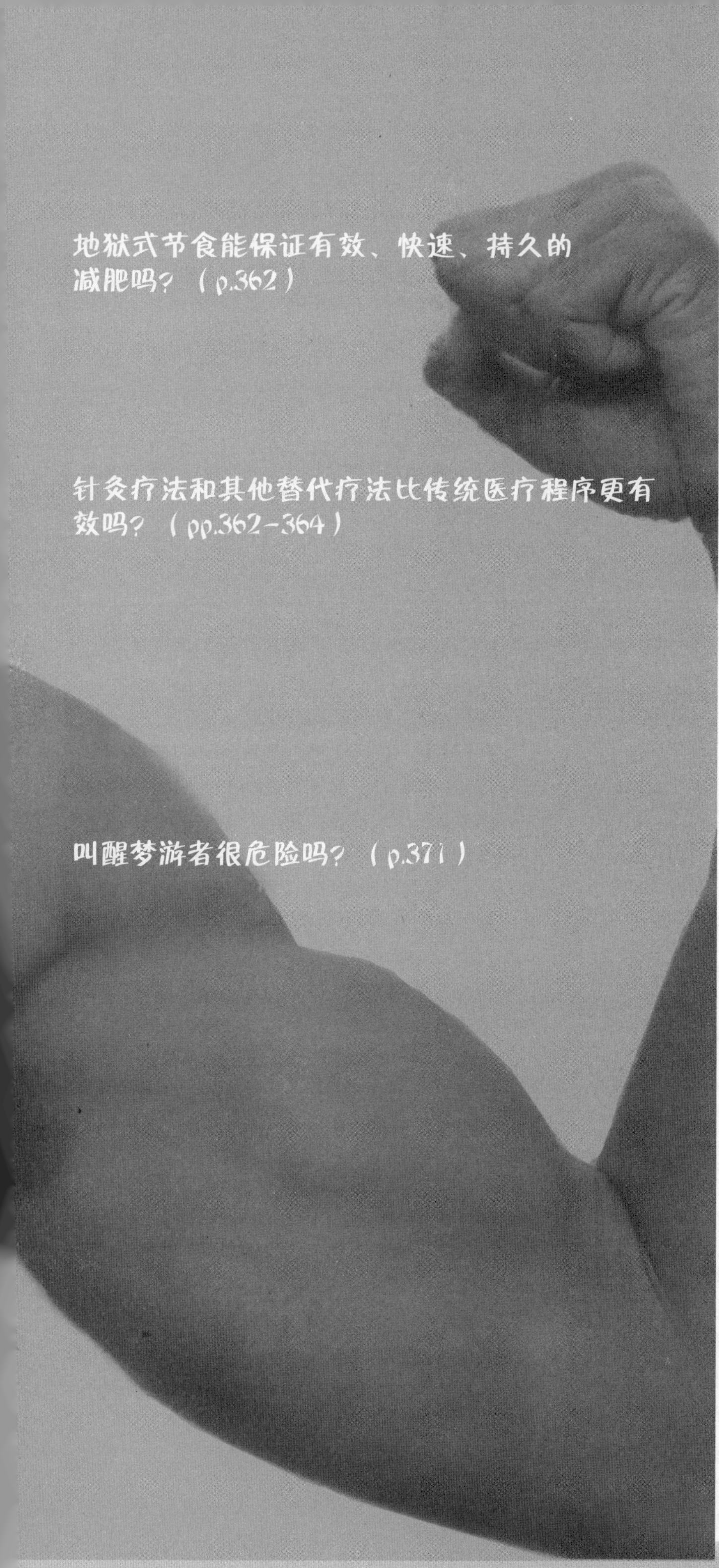

地狱式节食能保证有效、快速、持久的减肥吗？（p.362）

针灸疗法和其他替代疗法比传统医疗程序更有效吗？（pp.362-364）

叫醒梦游者很危险吗？（p.371）

什么是压力？

- 客观地看待压力：三种取向
- 没有两种完全相等的压力：压力的测量

适应压力：变化与挑战

- 压力的结构：塞利的一般适应综合征
- 压力反应的种类

批判性思考：我们遭遇令人特别厌恶的事件时都会受到创伤吗？

- 大脑与身体的压力反应

应对压力

- 社会支持
- 加强控制
- 应对的个体差异：态度、信念和人格

提高健康水平——减少压力

- 达到健康的体重
- 药物的使用与滥用
- 积极改变的策略
- 健康心理学和行为医学
- 替代疗法和补充医疗

睡眠和梦

- 昼夜节律：日常生活周期
- 睡眠和梦的阶段
- 梦的理论与心理学原理
- 睡眠障碍

340

学习目标

10.1 描述压力的定义和各种应对压力的方法（p.341）

10.2 了解测量压力的不同方法（p.343）

10.3 了解塞利的一般适应综合征（p.345）

10.4 掌握压力反应的类型，包括创伤性应激障碍、焦虑和抑郁（p.346）

10.5 理解压力和身体健康的关系（p.348）

10.6 了解社会支持和各种控制在应对压力时的作用（p.352）

10.7 阐述坚忍性、乐观主义和灵性如何影响压力反应（p.354）

10.8 区别不同类型的药物以及它们的作用（p.359）

10.9 了解替代疗法并将其疗效与安慰剂作比较（p.363）

10.10 识别睡眠的不同阶段以及各个阶段发生的神经活动与梦（p.366）

10.11 了解梦的各种理论（p.368）

10.12 描述睡眠障碍的特征和原因（p.369）

2001年9月11日，星期二，是一个令美国人难以忘记的日子。全美人民寸步不离地守在电视机前，充满恐惧地看着两架客机撞击了纽约市世界贸易中心的双子楼。这次袭击在美国恐怖袭击历史中最为严重，仅仅在这一次就超过2 700人死亡。曾经有乘客试图重新控制飞机，但恐怖分子最终将一架飞机撞上了五角大楼，另一架在宾夕法尼亚州撞击爆炸，造成几百人遇难。

在这次悲剧中，鼓舞人心的是那些最早勇敢地进行援助的消防员、护理人员、警察和冒着生命危险去救援他人的搜救人员。在“9·11”事件中有将近400位参加救援的人牺牲了。许多幸存者都向别人讲述他们的故事。以下记录的是在这次悲剧中率先做出回应的人在面对能够想象或者是一些难以想象的高压环境时的行为反应（McNally，2003）：

- 乔安娜·洛米（Juana Lomi），一位护理人员，她冲出世贸中心，幸存下来。“太恐怖了，极度地恐惧，不可能比这些再可怕了！有几百人需要救助，我的生命也处于危险之中，但我必须留下来帮助其他人。”
- 路易·卡奇奥利（Louie Cacchioli），一位消防员，救了很多人的生命。“在把四五十人救下楼梯后，我走到外面看着四周。太疯狂了。一些人喊叫着说：‘当心！楼马上就要倒了！’我开始奔跑。我扔掉我的氧气罩以减轻负担，接下来我看见一大团黑色的烟。我跪倒在地然后开始哭泣。我对自己说：‘哦，我的天啊，我快要死了。’我缓慢地爬行着，然后发现了一个奇迹：我的手上仍然挂着氧气罩，我仍然拥有氧气。再耽搁15秒的话，我就活不下来了！”
- 迈克·汉森（Mike Hanson），纽约警察局紧急救援组的一名成员，利用（切割用的）喷灯弄断了钢条把被困者救了出来。“这使我感觉很不好，就像我在一个充满破坏的部门工作，我必须忘记所有的情感伤害。那是我能完成它的唯一方法。”

这些故事引出了一个引人入胜的问题，这个问题对压力和压力应对的研究至关重要。当经历了创伤性事件后，在我们身上会发生什么呢？像路易·卡奇奥利这样和死亡亲密接触的人将会怎么样呢？在随后的很长时间里效应回荡会造成持久的生理或心理疾病吗？或者在让人产生悲痛的不良环境影响下，人们能够成功应对甚至用成长来取代哀痛吗？

在本章中，我们将要探究人们应对压力环境的各种方法，从电脑死机的烦恼到从飞机事故中幸存的恐惧。我们还将探讨压力与身体健康间复杂的相互作用。罗纳德·克斯勒（Ronald Kessler）和他的同事们（Kessler，Sonnega，Bromet，et al.，1995）调查了将近 6 000 名普通男女，发现他们中的大部分（60% ～ 90%）都至少经历过一次隐形的创伤性事件。例如，性骚扰、身体攻击或者交通事故。所以事实上，在他或者她的一生中没有经历过高强度压力的人是很少见的（Ozer，Best，Lipsey，et al.，2003）。最后，我们探索出一些能促进我们身体更加健康的方法，并发现睡眠对我们生理和心理的重要性。

341 什么是压力？

幸运的是，遭受类似“9·11”恐怖袭击、卡特里娜飓风和伊拉克战争事件的人们在其一生不一定都是内心受伤不能治愈的。对另外一个案例的科学研究否定了一个普遍流行的心理学观点。许多自助书籍告诉我们：在面对压力环境时，大多数人需要咨询师或者是其他治疗师的心理援助（Sommers & Satel，2005）。还有研究显示，即使在面临像枪击、自然灾害等恐怖环境时，大部分人都会表现出很强的令人惊讶的适应性（Bonanno，2004），尽管也存在着某种例外，但大多数遭受过虐待的儿童都已成长成了心理健康的人（Rind，Tromovitch，& Bauserman，1998）。

我们怎样解释这些创伤性事件怎样以及为什么对不同个体产生不同的影响呢？在讨论为什么有的人在面临压力事件时会变得更加精神饱满，而有的人却消沉下去之前，我们将首先讨论关于压力的不同看法。有关压力的讨论已有多年（Cooper & Dewe，2004）。压力和精神创伤是不同的概念。**压力**由紧张、不适或当我们竭尽全力地高效应对一种情境（我们称之为“压力源”）时，身体所出现的自我唤醒组成。与此相反，精神创伤是很严重的，它可能会产生一种长期的心理或生理的结果。

在 20 世纪 40 年代以前，科学家主要在工程专业使用“压力”这个词（Hayward，1960，p.185），它主要是指由材料和建筑结构造成的物理压力。如果一座建筑在强烈的高压下没有倒塌，就说它能禁得起压力。直到 1944 年“压力”这个词才出现在心理学文献中（Jones & Bright，2001）。但就如两个建筑在变弱和倒塌前可以承受不同大小的压力一样，人们在个人资源、压力事件对他们的意义和重要性以及与压力抗争的能力上都有很大的差别。

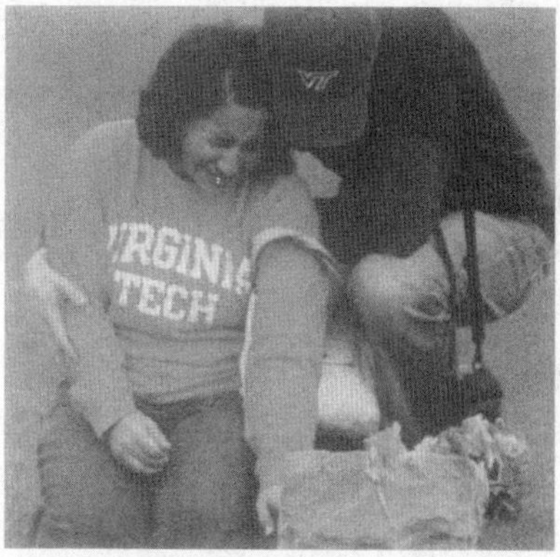

2007 年，哀伤咨询师抵达现场，帮助大学生应对在弗吉尼亚理工大学发生的可怕的枪击事件带来的心理创伤。

客观地看待压力：三种取向

研究者运用相互关联的三种不同的取向对压力进行了研究（Kessler，Price，& Wortman，1985）。每种取向都提出了有价值的见解，阐明了造成悲痛的大大小小的事情以及我们察觉和回应压力情境的方法。

失业压力不仅包含了对找新工作的沮丧和绝望，还有急剧下降的收入导致的经济生活困难。

作为刺激物的压力源　当被问及回想生活中的压力事件时，一些人脑海中会浮现地震、战争、恐怖袭击和飓风等大灾难。而其他则想到强奸、失业、身体攻击、车祸或是人生中发生的典型的角色转变事件：成为父母、退休、照顾家庭中需要特殊照顾的人（Pearlin &

压力（stress）
紧张、不适或当我们竭尽全力地高效应对一种情境（我们称之为“压力源”）时，身体所出现的自我唤醒的症状。

Lieberman，1979；见第 8 章）。**【学习目标 10.1】**

2005 年，卡特里娜飓风破坏了新奥尔良的大部分地方，迫使许多无家可归的居民迁移到远至如密歇根州和加利福尼亚州的地方。

作为刺激物的压力源的研究集中在如何识别不同类型的压力事件上。这一取向在压力事件的分类描述上取得了成功，大多数人对于这些事件的感觉是危险的和不可预测的，还有的人觉得非常容易受到各种不同压力事件的影响（Collins et al.，2003；Costa
342 & McCrae，1990）。例如，比起高年级的学姐学长，大学新生面对这类负性事件会出现更大的反应（Jackson & Finney，2002）。当人们退休后，微薄的收入再加上丧失劳动能力会使情况变得更糟，这表明压力情境会造成累加的影响（Smith，Langa，Kabeto，et al.，2005）。

把压力当作一种转变 压力是一种非常主观的体验。有些人为一段有意义的关系的破裂而崩溃，有些人会积极对待这次重新开始的机会。人们对相同事件的不同反应说明我们可以将压力看作是一种转变或是人们与他们所处的环境之间的交流（Coyne & Holroyd，1982；Lazarus，1999；Lazarus & Folkman，1984）。将压力作为一种转变的研究者检验了人们是如何解释和应对压力事件的。这意味着人们对同一事件，一些人可能感受到难以想象的压力，一些人只觉得是微不足道的小麻烦。理查德·拉扎勒斯（Richard Lazarus）和他的同事们认为在经历一件事后决定我们是否感到压力的关键因素是评价，也就是对这件事的评价。当我们遭遇一个潜在威胁事件时，我们最先开始的是初级评估。也就是我们首先确定事件是否有伤害，然后再进行我们怎样才能很好地应对它的次级评估（Lazarus & Folkman，1984）。

相对于我们相信自己可以应对，我们认为不能应对时，更可能体验到一种压力反应（Lazarus，1999）。当我们乐观对待，相信自己能达到目标时，我们更倾向于采用**以问题为中心的应对策略**，也就是直面生活中的挑战，形成修复情况或者改变环境的特殊方式（Baker & Berenbaum，2008；Carver & Scheier，1999；Lazarus & Folkman，1984）。当发生我们不能避免或不能控制的情况时，我们更多采用**以情绪为中心的应对策略**，在这种策略中，我们试图积极地应对我们的情绪或现状，并调整行为来减少痛苦情绪（Carver，Scheier，&Weintraub，1989；Lazarus & Folkman，1984）。例如，在一段关系结束后，我们可能集中注意于社交活动，会见潜在的合作伙伴（问题中心型）或提醒我们自己在这段关系结束前的几个月我们也都是不开心的（情绪中心型）。

以情绪为中心的应对策略可能会使那些离了婚的人再次开始约会。

你怎么认为?

你的堂妹和她丈夫在他们好朋友遭遇交通事故丧生后，成为了他们朋友的 3 岁女儿的监护人。朋友的死亡和她成为监护人的新责任让你的堂妹感到不知所措。她的丈夫感觉到她需要放松，而且不要让这些全部压在她自己身上。他们的观点分别反映了看待压力的哪种取向?

把压力当作一种反应 压力研究者也把压力当作一种反应来研究，也就是说，他们评估人们对压力环境的心理和生理反应。典型的实验是，研究者将被试置于应激源这样的自变量中。另外他们还研究在现实生活中遇到的应激源。然后他们设计了许多因变量：与压力有关的情绪，如抑郁、绝望和敌意；生理反应，如心率、血

以问题为中心的应对策略（problem-focused coping）
直面生活中的挑战的应对策略。

以情绪为中心的应对策略（emotion-focused coping）
积极地应对我们的情感或者是困境，并调整行为来减少情感伤痛的应对策略。

343 压和被称为**皮质类固醇**的压力激素的释放。这些激素激活身体机能，为我们应对压力做了准备。

没有两种完全相等的压力：压力的测量

压力测量是一件棘手的事，主要因为有些压力，例如和老板的一场辩驳对某些人来说是难以承担的，但对别人来说可能没有什么大不了。两个量表——社会再适应评定量表和日常麻烦量表——可用来估量不同压力事件的实质和影响。**【学习目标 10.2】**

主要生活事件　大卫·赫尔姆斯（David Holmes）和他的同事们接受了压力源是刺激物的观点，并依据压力承担者对 43 种生活事件的等级排列编制了社会再适应评定量表（SRRS；Holmes & Rahe，1967；Miller & Rahe，1997）。社会再适应评定量表第一次系统地测量了生活压力，它给每个生活事件分配一个压力分值，然后得到一个总分来显示总体压力水平（见图 10.1）。

使用社会再适应评定量表和相关测量方法的研究表明：人们上一年报告的应激事件数量与各种生理障碍（Dohrenwend & Dohrenwend，1974；Holmes & Masuda，1974）和抑郁等心理障碍有关（Coyne，1992；Holahan & Moos，1991；Schmidt，Murphy，Haq，et al.，2004）。然而，大量的生活压力事件也不能准确地预测谁会出现生理或心理疾病（Coyne & Racioppo，2000）。那是因为这种测量压力源的研究方法没有考虑到其他的关键因素，包括人们对事件的解释、他们的应对行为和解决问题时所凭借的资源，以及准确回想事件存在的问题（Coyne & Racioppo，2000；Lazarus，1999）。除此之外，它还忽略了许多个人体验到的慢性、持久的压力源。体验到的在种族、性别、性取向或宗教信仰上的微妙歧视或差别对待都可能成为重大的压力源，即便它们并没有在列表中被列出来。它也忽略了这样一个事实，一些应激生活事件如离婚或与上级之间的矛盾，可能是人们心理问题的结果，而不是起因（Depue & Monroe，1986）。

相关还是因果
我们能确信 A 是 B 的原因吗？

麻烦：鸡毛蒜皮的事　我们都有过这样的日子：几乎所有的事情都变得糟糕并且每个人好像都会使我们神经紧张。每天的生活中充满了**麻烦**，让我们耗尽精力去应付那些琐事。交通、截止日期以及与朋友之间的误解都会影响我们的总体压力水平。但很多麻烦累积起来会不会像震撼了我们世界基础的重大事件那样让我们难以承受呢？主要生活事件和麻烦的琐事都与身体的一般健康状况有关。实际上麻烦出现的频率和知觉到麻烦的严重性，比主要生活事件能更好地预测身体健康状况、抑郁和焦虑水平（Fernandez & Sheffield，1996；Kanner Coyne，Schaefer，et al.，1981）。然而，主要的压力事件仍旧可能是真正的罪魁祸首，因为它能够将我们从琐事的烦扰中释放出来，或者制造出我们需要应对的麻烦。为了验证这种新假设，研究者已经使用统计程序来说明即使除去主要生活事件的影响，各种麻烦的琐事仍可以预测心理困扰（Forshaw，2002；Kanner et al.，1981）。

排除其他假设的可能性
对于这一研究结论，还有更好的解释吗？

陷于交通堵塞是我们在日常生活中遭遇的许多“麻烦”之一。研究显示从长远来看，这类麻烦也会带来很大压力。

皮质类固醇（corticosteroids）
在压力情境下激活我们的身体并使我们准备反应的一种激素。

麻烦（hassle）
那些耗尽精力去应付的小烦恼或琐事。

344

1.丧偶 100

2.离婚 73
3.夫妻分居 65
4.监禁 63

5.家庭亲密成员的死亡 63
6.受伤或生病 53
7.结婚 50

8.失业 47
9.婚姻和解 45
10.退休 45

11.家庭成员健康状况的变故 44

12.妊娠 40

13.性生活障碍 39
14.家庭新成员的加入 39

15.适应新工作 39
16.财务状况的改变 38
17.亲密朋友的死亡 37
18.工作的改变 36
19.与配偶争吵次数的改变 35
20.超过5万美元的贷款 31

21.丧失抵押品赎回权 30
22.工作职权的改变 29
23.儿女的离家 29
24.与姻亲发生矛盾 29
25.杰出的个人成就 28

26.配偶开始或停止工作 26
27. 学期开始或结束 26
28.生活条件的改变 25
29.个人习惯的改变 24
30.和上司发生矛盾 23

31.工作时间或条件的改变 20
32.搬家 20
33.转学 20
34.娱乐生活的改变 19
35.宗教活动的改变 19
36.社会活动的改变 18
37.少于5万美元的贷款 17
38.睡觉习惯的改变 16

39.家庭聚会次数的改变 15
40.饮食习惯的改变 15

41.假期 13
42.节日 12
43.轻微违法行为 11

图 10.1　社会再适应评定量表中的 43 种压力生活事件

计分：每个事件都要考虑是不是在过去 12 个月内发生的。把每一项的值加起来得到总分。您对疾病和心理健康问题的易感性：低 <149；轻微 =150～200；中等 =200～299；严重 >300。(Source：Holmes & Rahe，1967)

★ 小测试 345

1. 大多数人在这样或那样的时期都会经历极度紧张的事件。　正确　错误
2. 压力源的影响是可以累积的。　正确　错误
3. 依据“压力是一种转变”的观点，几乎所有人都用同样的方式来应对应激事件。　正确　错误
4. 主要生活事件对压力调节的影响比日常麻烦的影响更大。　正确　错误

答案：(1) 对 (p.340)；(2) 对 (p.342)；(3) 错 (p.342)；(4) 错 (p.343)

适应压力：变化与挑战

那些不得不面对一些诸如车祸或重要工作的高压面试等压力事件的人，都知道适应压力是不容易的，甚至自然选择已经为我们提供了一系列在激发焦虑环境下的应对反应。

压力的结构：塞利的一般适应综合征

1956 年，加拿大生理学家汉斯·塞利（Hans Selye）出版了一本具有里程碑意义的书——《生活的压力》，打开了现代压力的研究领域，公开了他数十年关于长期压力对身体影响的研究。塞利认为过多的压力会产生疾病。他认为我们需要一个敏感的生理机能来应对外界的高压刺激。他把这种对压力的反应模式称为**一般适应综合征**（GAS）。依据塞利的理论，我们都需要经历三个阶段来适应持续的压力源：警觉阶段、阻抗阶段和衰竭阶段（见图 10.2）。**【学习目标 10.3】**

为了说明一般适应综合征的关键因素以及我们的评估在多大程度上决定我们对压力的反应。我们先来看一个恐飞症的案例。我们观察了一位名叫马克的恐飞症患者在一次飞行体验中的反应。

警觉阶段　塞利的第一阶段，即警觉阶段，包括自主神经系统的激活、肾上腺素的释放和焦虑的生理症状。约瑟夫·勒杜（Joseph LeDoux，1996）等人已经确定了控制焦虑感的位置——中脑（被称为情绪脑），它由扁桃体、下丘脑和海马体组成（见第 3 章）。一旦开始飞行，马克就会感觉到一些轻微的气流并且会感到即时的情绪反应，这种情绪反应在很大程度上被扁桃体所控制，在扁桃体中关键的情绪记忆将会被储存（见第 6 章和第 9 章），同时产生一种本能的冲动。

这种情绪反应提醒有机体分泌大量的激素类物质，其中就包括肾上腺素。血压的上升和肾上腺素一起使马克做好了**或战或逃反应**的准备，这一名词于 1915 年由沃尔特·坎农（Walter Cannon）首次提出。这是一种 346

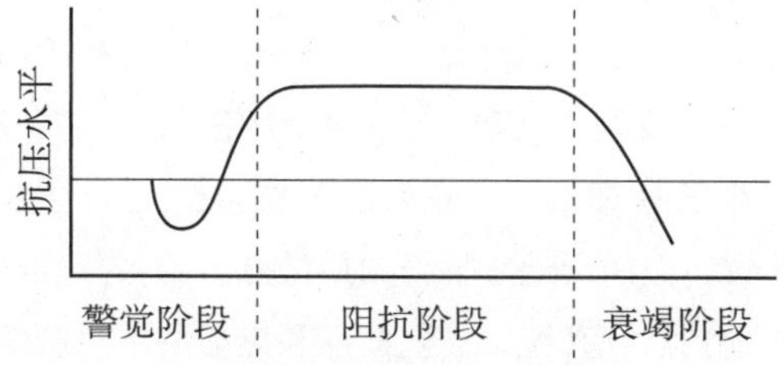

图 10.2　塞利的一般适应综合征
塞利的一般适应综合征显示，我们的抗压水平在警觉阶段会降低，在阻抗阶段将会上升，在衰竭阶段又会再次下降。（Source: Selye，1956）

一般适应综合征（general adaptation syndrome，GAS）
由汉斯·塞利提出的由三个阶段组成的压力反应模式：警觉阶段、阻抗阶段和衰竭阶段。

或战或逃反应（fight-or-flight response）
人或动物保卫自己（战斗）或逃避（逃跑）威胁情境的生理和心理反应。

调动我们去正面面对或逃避情境的生理或心理反应。坎农认为人和动物已经逐渐形成两种应对威胁他们安全的模式：战斗（积极地与威胁抗争或处理突发情况）或逃避（逃跑）。当然，马克不可能逃跑。他脑中的海马体检索着新闻中飞机坠落起火的画面，所以他的害怕逐渐升级。

阻抗阶段 在经历最初的因激素而导致的冲动后，马克进入了一般适应综合征的第二阶段：阻抗阶段。这一阶段中他开始适应压力源并寻找应对的方法。马克的海马体立即侦测到第一次扰动气流振动的危险，并打开通往部分大脑皮层的通道，勒杜（LeDoux，1996）称之为“思维脑”。面对压力环境时，我们审视着每一个新发现，考虑着可以选择的解决方法，努力构建出应对计划。虽然进度很缓慢，但马克很努力地控制他的恐惧。他提醒自己：从统计数据上看，坐飞机比开车更安全，而且以往他坐飞机穿过波浪起伏的云中也并没有受伤。他看着周围，观察到大多数乘客都很镇静。他提醒自己慢慢地呼吸，每次呼吸他都努力地用放松代替紧张。

衰竭阶段 马克镇静下来，能够完成他的航行了。但是当压力源像持续数月的战争那样漫长、难以控制时，会发生什么呢？这就进入一般适应综合征的第三阶段：衰竭阶段。如果我们个人可利用的资源是有限的，且缺乏好的处理措施，我们的阻抗最终可能会减弱下来，导致我们的活动水平降到最低点。结果可能会导致伤痛蔓延到器官系统，产生抑郁和焦虑情绪，最终导致免疫系统的崩溃（我们将在下文中讨论）。

识别假象

假象：所有的压力都是不好的，绝对是不利的。
事实：塞利根据意思为“好”的希腊语“eu”，创造了“eustress”（积极压力）一词，将其与“distress”（悲痛）或“不好”的压力区分开来。诸如体育竞赛或演讲这样的并非无法克服的挑战性事件，都是“积极压力的例子”，这些积极压力能为个人成长提供机会。

照料和结盟反应（tend and befriend）
在压力下调动人们去养育（照料）或寻求社会支持（结为朋友）的反应。

压力反应的种类

并不是所有的人对压力都表现出或战或逃反应。对于不同的压力源我们的反应是不同的，这些反应可能与性别相关。

或战或逃反应还是照料和结盟反应？ 谢利·泰勒（Shelley Taylor）等人提出**照料和结盟反应**来描述女性对于压力的反应模式（Taylor et al.，2000），不过有些男性也会表现出这种反应模式。泰勒观察到对于压力，相对于男性而言，女性一般更可能依赖她们的社交能力和养育能力，她们趋向于求助身边的人，当压力来临，女性典型的处理方式是结盟或向他人寻求帮助。**【学习目标10.4】**

那并不是说女性缺乏自我保护的本能。当身体受到威胁时，她们不会停止保护自己和孩子或试图逃避。然而，和男性相比，遭遇受伤、斗争或逃跑时，女性一般更容易感到不知所措，尤其是在她们怀孕、哺育或抚养孩子时。因此，在历史演变过程中，为了在压力环境下增加她们和她们后代的生存概率，她们更可能采用“照料和结盟反应”，而不是“或战或逃反应”。

在充满压力的时候，女性经常会向朋友寻找支持或安慰，心理学家谢利称这一模式为“照料和结盟”。

持久的压力反应 我们都会遇到糟糕的事情，对我们大多数人来说，生活仍在继续。但有些人会经历持久的生理反应，包括应激障碍、焦虑和抑郁等（Comijs，Beekman，Smit，Bremmer，Tilburg，& Deeg，2008；Meichenbaum，1994；Yehuda，Resnick，Kahana，et al.，1993）。

焦虑和抑郁。压力事件可能会引起焦虑和抑郁。在面对看似无法解决的问题或情境时，我们很可能会感到迷茫、不知所措（Mellinger & Lynn，2003）。当我们认为某件事是有威胁的、危险的和无法控制的时候，我们尤其会感到焦虑（Gibb & Coles，2005）。

347 我们越感到对生命失去控制，对于失败，我们就越觉得无助和有责任，我们的焦虑转变成抑郁的可能性就越大（Chorpita & Barlow，1998；也可见第 13 章）。抑郁的人数是不抑郁人数的 2.5 倍，他们经历过一件或更多的让人不知所措的压力事件，如挚爱的逝世（Mazure，1998；Shrout et al.，1989）。

战争和性侵犯是最有可能引起创伤后应激障碍（PTSD）的两大事件。

当压力过大时：创伤后应激障碍。2007 年 4 月 16 日，23 岁的弗吉尼亚理工大学的学生赵承熙枪杀了 31 名同学和教授后自杀。当 24 岁的马乔里·林德霍尔姆（Marjorie Lindholm）听到这则消息后，她立刻想起了 1999 年 4 月 20 日经历的恐怖事件，那时她还是科拜伦恩高中的学生。那天，埃里克·哈里斯（Eric Harris）和迪伦·克莱伯德（Dylan Klebold）这两个学生射杀了 12 名她的同学和一名老师后，把枪口对准了他们自己。在一次电视采访中她说："我开始大哭，然后颤抖。我记得我看到的一切，我生病了。没有任何方法能让我忘了那一天。"（Stepp，2007）

马乔里表现出了一些创伤后应激障碍的标志性症状，创伤后应激障碍通常发生在极度压力生活事件之后。它的标志性症状包括呈现创伤经历的鲜明记忆、感受和画面，也就是我们通常所说的回忆闪现。我们将在第 13 章深入探讨其他的创伤后应激障碍的症状，包括避免唤醒创伤、感觉和别人分离或疏远、警觉性提高等症状，如很难入睡且容易惊醒。有 5% 的男性和 10% 的女性存在着创伤后应激障碍（Kessler et al.，1995）。对压力源反应的严重性、持续性和准确性都会影响发展为创伤后应激障碍的可能性（American Psychiatric Association，2000）。

批判性思考：我们遭遇令人特别厌恶的事件时都会受到创伤吗？

大众心理学中普遍流行的观点是大多数人都容易将创伤发展为创伤后应激障碍或其他严重的心理障碍。例如，在"9·11"袭击后，许多精神健康专家预测美国将会爆发一场创伤后应激障碍流行病（Sommers & Satel，2005）。他们的预测准确吗？

乔治·布奈诺（George Bonanno）等人进行了一项研究，显示在极度压力事件之下的幸存者拥有惊人的恢复能力（Bonanno，Galea，Bucciarelli，et al.，2006）。在"9·11"事件发生的 6 个月后，研究者采用随机数字拨号程序，选取了纽约市 2 752 名成人为样本。他们采用计算机辅助电话面试系统进行评估。在袭击后的第一个 6 个月期间报告有 0～10 个症状的人就会被评定为恢复能力强的。布莱诺的研究结果为心理适应提供了令人惊讶的证据：65.1% 的样本的适应力都很强。在袭击时有四分之一正处在世贸中心的人可能患有创伤后应激障碍，尽管这里面有一半以上的人是恢复能力强的。其他的研究也表明虽然大多数人在"9·11"事件后的几天内感到极度沮丧，但基本上心理都能很快重新平衡并回到先前的功能水平（McNally，2003）。所以在创伤反应上，恢复能力是一种本能而不存在例外。

那些能很好地应对严重压力事件的人往往在事件发生之前就表现出相对较高水平的机能（Bonanno，348
Moskowitz，Papa，et al.，2005）。恢复力也不仅仅只限于一些适应性特别好、勇敢坚强、具有坚定意志的人，也不限于事件的类型和等级。相反，实际上这是大多数人对创伤事件的共同反应。照顾最终死于艾滋病的配偶、丧偶或者遭遇过身体攻击和性侵犯的大多数人很少报告有长期的心理症状（Bonanno，2004）。表 10.1 呈现了许多其他压力事件导致创伤后应激障碍的概率。正如我们所看到的，和这些事件抗争的人中，只有很少一些人发展成为创伤后应激障碍患者。

表 10.1　压力事件导致创伤后应激障碍的人数百分比

创伤后应激障碍患者所占的百分比	
轰炸	34%
飞机坠毁在旅店	29%
枪击事件	28%
自然灾害	4% ～ 5%

大脑与身体的压力反应

1962 年，两位日本医生的一项研究证明了大脑与身体的紧密联系。这项在现在的研究者看来因伦理原因很难进行的研究展现了受尊敬的权威人物的建议是怎样引起一个戏剧化的皮肤反应的。研究者选择了 13 个当皮肤接触树叶时会出现类似皮疹的红肿和瘙痒症状的男生。一位有威望的医生告诉所有的男生他们将要触摸的是有毒的常青树的叶子，而事实上他们触摸的叶子是无毒的。在第二阶段，研究者颠倒了实验程序：他们用有毒的常青树的叶子摩擦被试们的胳膊，但告诉他们这些叶子是无毒的。

这些反应是值得注意的。在第一阶段，所有的被试都表现出严重的皮肤反应，因为他们相信自己触碰的是有毒的常青树叶子。虽然在研究之前，所有的人都对常青树叶子有皮肤反应，但在第二阶段，只有两个被试表现出对叶子的皮肤反应（Ikemi & Nakagawa，1962）。

这项研究证明心理因素可以影响身体反应，在这个案例中会感染皮疹的紧张思想影响了身体的反应。的确，我们对事件的“心理”反应经常被生理反应所验证。压力可以波及我们生活中的多个方面，造成生理问题，干扰我们的睡眠和性功能。**【学习目标 10.5】**但是压力会影响我们的细胞并减弱我们对感染的抵抗力吗？许多研究告诉我们答案是肯定的。

各种生活方式的人都有可能感染艾滋病毒或患艾滋病。

免疫系统　通常（谢天谢地！），我们绝不需要担忧数亿的细菌、真菌、原生生物和病毒会分享我们的环境并寄居我们的身体里。那是因为我们的**免疫系统**中和或者破坏了它们。免疫系统是我们身体抵御病毒、细菌和其他致病微生物和物质侵扰的系统。防御外侵物的第一层防护物被称为抗原，它们使皮肤阻止许多致病的微生物进入我们的身体。那些致病的微生物被称为病原体。当我们咳嗽或打喷嚏的时候会清除肺部的细菌和病毒。唾液、尿液、眼泪、汗液和肚子里的酸液体也可以使我们的身体摆脱病原体。

一些病毒和细菌可能会侵入我们的防御系统，但是我们的免疫系统也很机敏，会有其他的途径保护我们。

免疫系统（immune system）
我们身体的防御系统，阻止病毒、细菌和其他潜在的致病微生物和物质入侵。

在一般情况下，免疫系统是非常有效的。但它们也不是完美的屏障。例如，一些癌细胞可以抑制我们有效的免疫反
349 应，接着癌细胞数量急剧增加，严重破坏我们的身体。严重的免疫系统障碍如**获得性免疫缺陷综合征或艾滋病**（AIDS），是会威胁生命的。艾滋病是由于人类免疫缺陷病毒或艾滋病毒（HIV）袭击和破坏免疫系统导致的，现今无法治愈。当免疫系统过于活跃，它可以对身体的各种器官发动攻击，造成像关节炎一样的自身免疫性疾病，免疫系统会引起关节的肿胀和疼痛，并造成大量硬化，免疫系统还会攻击神经元周围的具有保护作用的髓鞘（见第 3 章）。

免疫系统和中枢神经系统的关系研究——中枢神经系统是我们对环境产生相应情绪和行为反应的地方（见第 3 章）——用一个术语来形容就是**心理神经免疫学**（Cohen & Herbert，1996）。当评价心理神经免疫学时，我们应当避免一味夸大某些观点。例如，疾病不是消极思想的结果，积极思想也不能消除类似癌症等严重的疾病（Hines，2003）——尽管这些主张都是由像安德鲁·威尔（Andrew Weil，2000）和迪帕克·乔布拉（Deepak Chopra，1989）这样非常受欢迎的医学工作者所提出的。虽然很早就有一些广泛、公开的言论（Fawzy et al.，1993；Spiegel，Bloom，Kramer，et al.，1989），但是心理治疗并不能延长癌症病人的生命（Coyne，Stefanek，& Palmer，2007）。然而，研究者用严密的实验设计发现我们的生活环境与我们抵抗疾病的能力存在相关。

安德鲁·威尔博士和迪帕克·乔布拉博士声称“心灵”可以治疗严重疾病。他们大部分乐观的主张还没有得到科学证实。

压力和感冒。许多人相信当他们处于巨大压力下时更易感冒——他们是正确的。谢尔顿·科恩（Sheldon Cohen）等人在一些志愿者的鼻腔里放置了感冒病毒（Cohen，Tyrell，& Smith，1991）。其他的志愿者则处于安慰剂条件下，即没有接收到病毒而是接收到盐水。在研究之前的一年里有过生活压力事件，能够作为预测人们接触病毒时患感冒可能性的一个参考。当然暴露在病毒下也是很重要的。即使被试在研究前的一年里经历过生活压力事件，但在安慰剂条件下患感冒的人数没有实验条件下的人多。研究者（Cohen et al.，1998）后来发现重大的压力，如失业、至少持续一个月的人际交往困难，是某人是否患感冒的最好预测者。但是朋友圈、亲戚和一个紧密联系的团体为对抗感冒提供了保护（Cohen，Doyle，Skoner，et al.，1997；Cohen，Doyle，Turner，et al.，2003）。

照顾阿尔茨海默症患者的人，承受着巨大的压力，有更高患抑郁的风险，甚至他们在应对生活压力事件时，血液凝结能力会减弱（伴随有中风）（von Känel，Dimsdale，Patterson，et al.，2003）。

压力和免疫功能：不只是通常的感冒。珍妮斯·凯寇尔特－葛拉瑟（Janice Kiecolt-Glaser）等人是研究压力源与免疫系统之间联系的先驱。阿尔茨海默症是一种严重的痴呆症（见第 3 章），照顾患阿尔茨海默患者的家庭成员，可能会产生极其大的压力并导致免疫系统的长期紊乱。凯寇尔特－葛拉瑟证明阿尔茨海默症患者的照顾者与另一组没有照顾阿尔茨海默症患者的人相比，一个小的创伤（通过常人的标准来规范其大小）会多持

获得性免疫缺陷综合征或艾滋病（acquired immune deficiency syndrome, AIDS）
由艾滋病毒攻击和损坏人们的免疫系统而产生的一种威胁生命、目前不可治愈的疾病。

心理神经免疫学（psychoneuroimmunology）
对免疫系统和中枢神经系统的关系的研究。

续 24% 的时间（Kiecolt-Glaser，Marucha，Malarkey，et al.，1995）。为了证明这项发现的普遍性，研究者列出了以下会导致免疫系统紊乱的压力源（Kiecolt-Glaser，McGuire，Robles，et al.，2002）：

- 参加一项重要的考试。
- 婚姻矛盾。
- 配偶的死亡。
- 住在损毁的核设施附近。
- 失业。
- 自然灾害。

350 好消息是我们随后会在本章中介绍到的积极情绪和社会支持可以加强我们的免疫系统（Esterling，Kiecolt-Glaser，& Glaser，1996；Kennedy，Kiecolt-Glaser，& Glaser，1990）。

与压力有关的疾病：生物心理社会观点 我们都听过这种说法：疾病“都在你的头脑里”。今天看来那只是“不要担忧”的一种礼貌的表达方式。但是不久前大众心理学中有一个普遍流行的谣言，即心理和精神状态是引起生理疾病的根源。某些疾病或障碍曾经被称为心身疾病，因为心理学家相信，心理冲突和情绪反应是罪魁祸首。现在，心理学家运用**心理生理疾病**这个术语来描述像哮喘和溃疡这类主要由情绪和压力导致或加重的疾病。

今天，心理学家普遍承认情绪和压力与身体疾病的联系，包括冠心病和艾滋病。大部分科学家采纳**生物心理社会视角**，认为疾病并不全是生理或心理原因导致的。许多心理疾病依赖于基因、生活方式、免疫力、社会支持、日常应激源和自我知觉能力的相互作用

识别假象

假象：压力和辛辣食物会引起溃疡。

事实：溃疡是由一种叫做幽门螺杆菌的细菌引起的，只有小部分感染这种细菌的人会得溃疡，所以压力和其他健康因素很有可能只是起到了间接的作用。

（Engel，1997；Fava & Sonino，2008；Turk，1996）。

压力和冠心病。科学家发现包括压力和人格特质在内的心理因素是导致**冠心病**（CHD）的重要因素。冠心病是由于运输氧气到心脏的全部或部分动脉堵塞导致的。在美国，冠心病是造成死亡和残疾排名第一的原因（Kung，Hoyert，Xu，& Murphy，2008）。令人惊讶的是，每 2.5 个死亡的人中就有 1 个是因为冠心病，每年几乎有 100 万人因此死亡（Gatchel & Oordt，2003）。

当胆固醇（一种在血液中流动的蜡状的脂肪物质）聚集在动脉中，使动脉变得狭窄并阻塞了冠状动脉就会发生冠心病，造成一种叫作动脉粥样硬化的情况（见图 10.3）。

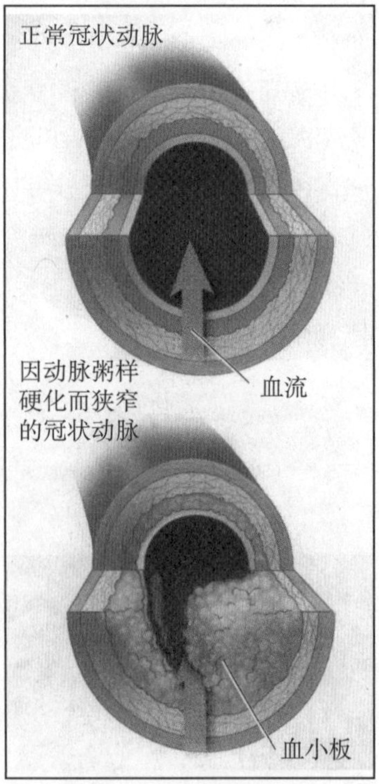

图 10.3 动脉粥样硬化

胆固醇沉积在大动脉血管中形成的斑块限制了血液的流动，这种情况叫做动脉粥样硬化，它可能导致中风、心脏病和剧烈的胸痛。

冠心病的产生与很多因素有关。年龄增长、糖尿病、高血压和家庭疾病史都属于高危险因素。正如我们先前提到的，压力与冠心病也是有联系的。生活压力事件致使心脏病、高血压再次发作，使葡萄糖的水平增加，并扩大了心脏与冠心病的联系（Repetti, Taylor, & Seeman, 2002; Schnall, et al., 1990; Troxel, Matthews, Bromberger, et al., 2003）。尽管只是相

心理生理疾病（psychophysiological）
像哮喘和溃疡这类因情绪或压力而导致或加重的疾病。

生理心理社会视角（biopsychosocial perspective）
认为疾病或身体状况是生物因素、心理因素和社会因素相互作用的产物。

冠心病（coronary heart disease，CHD）
通过完全或部分堵塞提供氧气到心脏的动脉来损害心脏。

关，但这些数据表明压力事件有时候会对身体造成不好的影响。

冠心病中的 ABC 人格。除了压力，研究者还提出长期形成的行为模式和归因特点都有引起冠心病的风险。当我们描绘那些易患心脏病的人时，一些个性特征出现在脑海里：好胜的、苛刻的、有野心的和无耐心的。媒体已经把符合这种描述的人通俗化地称为具有 **A 型人格**（与平静柔和的 B 型人格相反）者。

两位心脏病学家，梅耶·弗里德曼和雷·罗森曼（Meyer Friedman & Ray Rosenman，1959）创造了这个术语来描述他们观察到的冠心病病人古怪的行为模式。他们注意到他们医院候诊室椅子的边缘部分很快就破损了，许多冠心病病人由于坐立不安，在椅子边缘不断移动与起坐。后来，弗里德曼和罗森曼（1974）定义了 A 型人格的其他特征：完美主义、容易产生敌意、顽固的、武断的、愤世嫉俗的和有控制欲的。

罗森曼和弗里德曼发起了由 3 500 名男士参加的西方协作小组研究（Rosenman et al.，1964，1975）来确定 A 型人格特质能否预测在过去八年半的时间里患冠心病的风险。他们发现即使把其他的危险因素都考虑在内，
351 比如吸烟和饮食，A 型人格也始终和后来的心脏病发作有关。在所有 A 型人格特质中，敌意对心脏病最富有预测性（Matthews，Gump，Harris，et al.，2004；Myrtek，2001；Smith & Gallo，2001）。

健康、日常经验和社会经济因素。敌意、抑郁和绝望并不总是由人格特质引起，是我们所面对的快节奏的、竞争性的社会所带来的许多压力和要求产生了这些负性情绪。为了证明日常生活经验会导致许多包括心脏病在内的生理疾病，让我们来看看支持这个说法的三个材料。首先，那些在五年内经历过一次巨大收入落差的人，其死亡危险增长了 30%。两次这样的收入落差就会使危险率增长到 70%（Duncan，1996）。其次，受到过歧视和不公平待遇以及报告有高压力水平的非裔美国妇女比其他非裔美国妇女的动脉更狭窄，有更多堵塞（Troxel et al.，2003）。最后，冠心病与大量的工作压力和不满意有关（Quick，Quick，Nelson，et al.，1997）。虽然冠心病与工作压力有关，但不是在所有的情况下都能引起冠心病。一个有趣的但还没有充分证实的可能性是因果关系的倒置：对一些人来说，也许是冠心病引起了工作压力。

相关还是因果

我们能确信 A 是 B 的原因吗？

长期的愤怒情绪有害健康吗？研究表明，A 型人格的人的发怒特质会增加患冠心病的风险，这是致命的。

研究者还认为贫穷和不健康之间存在强相关（Antonovsky，1967；Repetti et al.，2002）。生活中的例子有力地证明了那些没有接受很多教育的人在坏脾气管理者手下工作是一种挑战，并且很少能赚到足够生活的钱。那些低收入人群经常会经历这些消耗他们个人精力和人际资源的情境。这些减弱了他们应对未来应激源的能力，使他们感到沮丧和愤世嫉俗，正如我们所见，绝望、无助以及敌意增加了他们患病包括患冠心病的概率。更糟糕的是，消极的思想和情绪促进了不良习惯的产生，比如说吸烟、喝酒和缺乏运动，这些更增加了他们身体健康方面的问题（Gallo & Matthews，2003）。

你怎么认为?

你正在调查生活压力事件（比如说失业或者是婚姻冲突）对身体健康的潜在影响。你怎样确定这些与事件有关的压力是否由他们自身的行为所引起比如说经常与他人发生争吵?

疾病可以产生压力。我们已经知道压力可以引起身体障碍，比如说冠心病。反过来，身体障碍也可以产生压力。不要惊讶，像癌症那样有潜在致命的因素但是还

A 型人格（Type A personality）
描述那些好胜的、苛刻的、怀有敌意的及有雄心的人的人格类型。

没有确定表现的疾病，将带来不可想象的压力及无数的挑战。患了癌症的人常常需要忍受长期的病痛，并且怀疑轻微增加的疼痛是健康水平下降的迹象，这些使他们的疾病持续加重甚至可能致命。长期与疼痛相关的失眠和疲劳也会导致易怒、生气和挫败感（Kreitler & Merimsky，2006；Moffitt，Kalvey，Kalvey，et al.，1991）。

★小测试

1. 人们对极端应激源的第一反应涉及人们的自主神经系统的激活。 正确 错误
2. 很少有人面对极端压力时能灵活应对。 正确 错误
3. 身体疾病是对长期应激源的反应。 正确 错误
4. 心理学家曾经把疾病称为心理生理疾病因为他们认为疾病是由心理冲突和情绪反应引起的。 正确 错误
5. 社会经济因素在很大程度上或者完全与身体上的疾病无关。 正确 错误

答案：（1）对（p.345）；（2）错（p.348）；（3）对（p.349）；（4）错（p.350）；（5）错（p.351）

352 ## 应对压力

很显然，有些人能比其他人更好地适应挑战和改变。为什么会这样？我们如何去减少压力、控制我们的生活并且保持健康呢？我们下面会介绍如何利用社会支持和应对策略去克服压力环境。

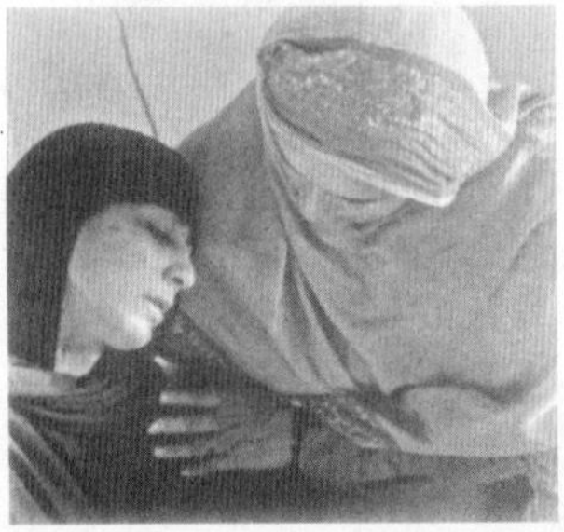

从他人那里得到的支持和安慰能有效缓解压力情境带来的影响。

社会支持

当问及学生他们如何应对压力时，很多会说家庭、朋友、邻居、老师、同事、牧师的支持是无价的。**社会支持**包含人、组织以及更大的社会团体组成的社会关系。社会支持可以给我们提供情感安慰、经济援助，提供做决定需要的信息，帮助解决问题和应对压力（Schaefer，Coyne，& Lazarus，1981；Stroebe，2000；Wills & Fegan，2001）。**【学习目标 10.6】**

社会支持（social support）
与个人或组织的关系，从中能得到情感支持以及个人资源或经济资源。

丽莎·伯克曼和伦纳德·塞曼（Lisa Berkman & Leonard Syme，1979）正在进行一项意义重大的研究，他们假设社会支持可以抵抗压力对健康的不利影响。他们发现社会联结的数量与被试在九年内死亡的可能性有很大的关系。詹姆斯·豪斯、辛西娅·罗宾斯和海伦·梅茨纳（James House，Cynthia Robbins & Helen Metzner，1982）重复了伯克曼和塞曼（1979）的研究后发现，即使把最初的健康状况考虑在内，社会支持较少的人死亡率还是更高。

可重复性
其他人的研究也会得出类似的结论吗？

幸运的是，社会支持的积极影响不仅仅局限于健康状况上。支持和关怀的社会关系可以帮助我们应对短期危机和生活的过渡阶段。例如，一段幸福的婚姻可以帮助抵抗抑郁，甚至是巨大压力（Alloway & Bebbington，1987；Gotlib & Hammen，1992）。但是分居、离婚、歧视或丧亲等亲密关系的破裂被视为最大压力事件

（Gardner，Gabriel，& Deikman，2000）。除此之外，寂寞孤独的人和与社会隔离的人比其他人的死亡率更高，而且更可能出现抽烟、喝酒、很少锻炼和睡眠质量差等现象（Cacioppo et al.，2000；Hawkley & Cacioppo，2007）。

353 加强控制

我们也可以通过控制情境来消除压力。接下来，我们将要讨论在不同情况下可以使用的五种控制类型（Bonanno，2004；Cohen，Evans，Stokols，et al.，1986；Higgins & Endler，1995；Lazarus & Folkman，1984；Sarafino，2006）。这些方法都可以达到减轻压力的效果。

"抓住每个机会在救护车或消防车后面尖叫；嘴里含着袜子在房间里跑圈；不用手或餐具吃一顿混乱的饭；让朋友挠你的腹部……"

（Copyright 2003 by Randy Glasbergen. www. glasbergen. com）

- **行为控制**。行为控制是提高能力和通过行动来减小压力情境的影响。
- **认知控制**。认知控制是指认知重建或者从不同角度思考应对由压力事件产生的负性情绪的能力（Higgins & Endler，1995；Lazarus & Folkman，1984；Skinner，Edge，Altman，et al.，2003）。
- **决策性控制**。决策性控制是指在多种可以选择的行为反应中进行选择的能力（Sarafino，2006）。
- **信息控制**。信息控制是指获得有关压力事件信息的能力。
- **情绪控制**。情绪控制是指抑制和表达情绪的能力。交流可以加强社会关系，提高问题解决的效率以及调节情绪（Bonanno，2004；Ekman & Davidson，1993）。

精神宣泄是好事吗？　普遍的观点认为表达我们的感受总是有益的。事实上，表达自己痛苦的感觉，即精神宣泄，是一把双刃剑。当它涉及问题解决和努力使问题情境恢复"正常"时，它可能是有益的。但是，当精神宣泄加剧了无助感时，就像我们不停地烦恼不能和不会改变的事，精神宣泄实际上是有害的（Littrell，1998）。这项发现有些令人担忧，因为许多流行的心理疗法依靠的是精神宣泄，这些疗法鼓励来访者"跳出自己的系统"、"把东西从你的心脏清除"或者"毫无保留地诉说"。这些疗法中有一些会指导来访者在他们沮丧的时候大叫，用拳击打枕头或者用球砸墙（Lewis & Bucher，1992；Lohr，Olatunji，Baumeister，et al.，2007）。也有研究显示，这些活动几乎不能减少我们长期的压力，尽管它们有时会使我们感到有轻微的缓解。长远来看，它们实际上会加强我们的愤怒和焦虑（Tavris，1989）。

GRE（美国研究生入学考试）备考课程是对信息控制较有用的资源。

你怎么认为？

你的一位亲密朋友很明显地处于压力之下，并且感到生活失去了控制。每当他看见你都会向你倾吐他压力的来源，但是结果好像并没有减轻他的压力。你如何去帮助他重获控制感呢？

危机报告有用吗？　一些治疗师——尤其是受雇于火灾、治安或者其他紧急情况服务的——采用一种流行的被称为危机报告的治疗方法，试图使经历创伤的人避免创伤后应激障碍。危机报告是一种通常以小组形式进行持续 3～4 小时的单一会谈的方法。但治疗者大多对一个创伤事件，比如一次可怕的事故，持续进行几天这种治疗方法。它以标准的步骤进行，包括特别鼓励小组成员去讨论，"处理"他们的负面情绪，列出组内成员可能经历的创伤后症状，一旦会议开始，不允许组内成员 354
中途退出。

但是，最近的一些研究指出，危机报告对创伤反应并不起作用。更糟糕的是，一些研究还显示，它实际上还会增加经历创伤的人患创伤后应激障碍的风险，这可能是因为它阻碍了人类自然的应对策略（Lilienfeld, 2007；Litz，Gray，Bryant，et al.，2002；McNally, Bryant，& Ehlers，2003）。

但也没有多少证据说明当我们沮丧的时候仅凭谈论遇到的问题是有帮助的。有人（Meads & Nouwen, 2005）回顾 61 项研究后发现，各种生理和心理健康的测量都显示，与不发泄情绪相比，情绪宣泄并没有更多的帮助。这并不意味着当我们沮丧时不应该和其他人讨论自己的感受，而是强调当它能让我们从一个更具有建设性的角度去考虑和解决问题时这种方法可能更有帮助。

人们以小组形式讨论自己对创伤性事件反应的危机报告法可能会增加患创伤后应激障碍的风险。

应对的个体差异：态度、信念和人格

有些人能在不可想象的恐怖情境中生存下来，而且还没有或者很少有心理创伤，然而有些人遇到生活中很小的没有按他们预想发展的事件就对世界产生悲观情绪甚至是濒临崩溃的感觉。我们的态度、个性和社会化塑造了我们对潜在应激源或好或坏的应对模式。

坚忍性（hardiness）
控制事件、承担工作和生活的义务，有勇气并积极面对压力事件的一系列的态度。

坚忍性：挑战、承担义务和控制 大约 30 年前，萨尔瓦托・麦迪（Salvatore Maddi）和他的同事们（Kobasa，Hilker，& Maddi，1979）开始了一项抗压者特质的研究。他们将那些适应力强的人的一系列态度称为**坚忍性**。高坚忍性的人把改变看作一种挑战而不是威胁，是工作和生活的义务，并且相信他们能控制事件。高坚忍性的人有勇气和动力去面对应激源，和它们斗争，并成功战胜它们（Maddi，2004）。**【学习目标 10.7】**

苏珊娜・科巴萨（Suzanne Kobasa）和麦迪让 670 名管理人员在列表上勾选出自己的压力事件。然后他们挑选出在压力和疾病上得分都较高的主管和具有同样高压力但在疾病上得分平均较低的一组主管。具有高压力但具有低疾病得分的主管们面对挑战更具积极性，在事件的控制感上得分较高，在他们的工作和社会生活上的卷入程度较高。

当身体疾病出现时，我们一般都不会很坚忍。所以我们可以采用科巴萨和麦迪研究结果的另一种解释来理解这个事实：疾病，而不是其他的东西，让我们产生了负面情绪。为了确定问题的直接原因，麦迪和科巴萨进行了一项长期的研究（见第 8 章），检验随着时间的流逝健康和态度的变化。两年后，那些对生活态度表现出控制、承担义务和挑战水平高的人比缺少这种态度的人更健康。坚忍性可以增加医院护士的抗压能力，使移民们适应在美国的生活以及使军人们从威胁生命的应激源中幸存下来（Atri，Sharma，& Cottrell，2006；Bartone，1999；Maddi，2002）。

相关还是因果
我们能确信 A 是 B 的原因吗？

乐观主义 乐观的人有乐观的想法，不会去细想生活中的阴暗面。即使是在阴天，我们也能感受到他们阳光般的温暖。正如我们在第 9 章学到的，变得乐观有许多明显的好处。乐观主义者比悲观主义者效率更高、更专注、更能坚持、能更好地处理挫折（Peterson，2000；Seligman，1990）。乐观主义者的死亡率更低（Stern，Dhanda，Hazuda，et al.，2001），免疫反应更 355

强（Segerstrom，Taylor，Kemeny，et al.，1998），想要孩子的不孕妇女体验到的痛苦更少（Abbey，Halman，& Andrews，1992），手术效果更好（Scheier et al.，1989），以及生理疾病更少（Scheier & Carver，1992）。

乐观主义者看到这个玻璃杯会认为“还有半杯水”而不是“只有半杯水了”，乐观主义者比悲观主义者更倾向于把变化看做是挑战。

灵性和宗教参与　**灵性**是一种对神圣的寻求，但也可能没有涉及对上帝的信仰。灵性和宗教信仰在我们许多人的生命中扮演着关键的角色。和无宗教信仰者相比，宗教信仰者的死亡率较低，免疫系统的功能较好，血压较低，并且疾病康复的能力较好（Koenig，McCullough，& Larson，2001；Levin，2001；Matthews，Larson，& Barry，1993）。对于这些发现，其中一种解释是：宗教参与激活了一种科学家尚不能测量的痊愈能量（Ellison & Levin，1998），这是一个有趣的假设。然而，这些解释的存在都依赖于一种不可检测的力量或不能被证伪的能量，因此是在科学界限之外的（见第 1 章）。

可证伪性
这种观点能被反驳吗?

宗教信仰和生理健康之间的关系是难以解释的。一些人通过估量人们多久去一次教堂或参加其他宗教服务来测量宗教信仰，发现这些参加者生理健康状况会更好一些。但是这种相关可能归因于一种混淆：生病的人很少参加宗教服务，所以这个因果关系颠倒了（Sloan，Bagiella，& Powell，1999）。

相关还是因果
我们能确信 A 是 B 的原因吗?

对灵性和宗教参与与健康之间关系的研究是有局限性的。但是在发现更多确切的证据之前，让我们来思考灵性和宗教参与可能对许多人来说是有益的一些潜在原因：

（1）许多宗教禁止危害健康的行为，包括酗酒、吸毒、不安全的性行为等。
（2）宗教聚会（如参加宗教服务）经常会带来社会支持。
（3）与祈祷和宗教活动相关的意义感和目的感、对生活的控制、积极情绪和对压力情境的积极评估可以提高应对能力（Potts，2004）。

灵性（Spirituality）
一种对神圣的寻求，但也可能没有涉及对上帝的信仰研究。

★小测试

1. 研究者已经发现社会支持和人们在以后九年内死亡的可能性的密切联系。　正确　错误
2. 在生活中，对生活拥有强控制感的人在面对压力时最可能崩溃。　正确　错误
3. 精神宣泄或者释放自己的悲伤感觉，是降低压力的有效措施。　正确　错误
4. 乐观积极的人更善于忍受挫折。　正确　错误

答案：（1）对（p.352）；（2）错（p.353）；（3）错（p.353）；（4）对（p.355）

356 提高健康水平——减少压力

如果我们可以减少或消除生活中的压力，那么这对于全社会成员的健康水平将产生巨大的影响。压力是影响我们众多行为的危险因素，比如吸烟和酗酒，它们本身就是引发许多疾病的危险因素。我们怎样做才能减少由压力导致的疾病？我们可以怎样做，从而改变我们有害健康的习惯，并帮助遭受严重疾病的人呢？表 10.2 描述了健康的三个关键因素，以及没有遵守这些行为的一些后果。

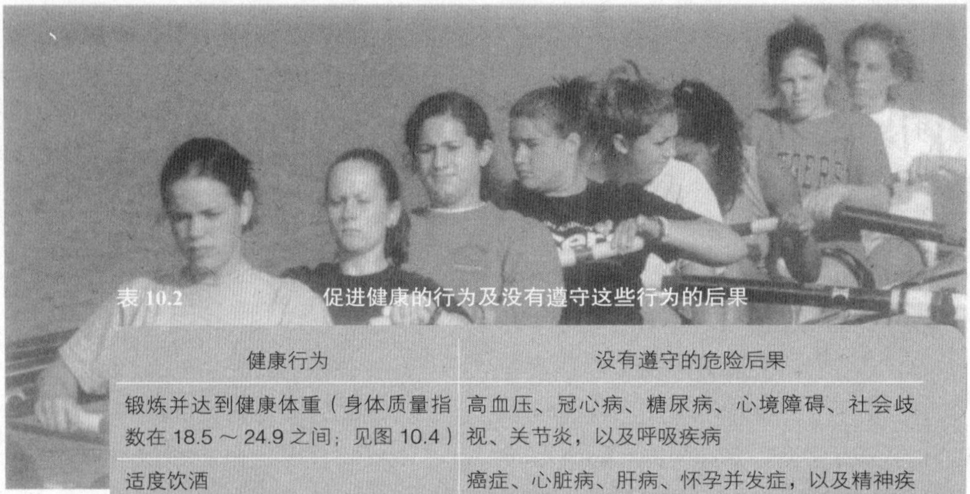

表 10.2 促进健康的行为及没有遵守这些行为的后果

健康行为	没有遵守的危险后果
锻炼并达到健康体重（身体质量指数在 18.5 ～ 24.9 之间；见图 10.4）	高血压、冠心病、糖尿病、心境障碍、社会歧视、关节炎，以及呼吸疾病
适度饮酒	癌症、心脏病、肝病、怀孕并发症，以及精神疾病概率增加
不抽烟	25% 的吸烟者死于与吸烟有关的疾病，包括冠心病、中风以及癌症；包括低体重儿在内的怀孕并发症

达到健康的体重

数据告诉我们一个可怕的事实，仅仅在 2006 年，根据身体质量指数（BMI）就有三分之二的美国成年人超重（见图10.4）（Ogden，Karroll，McDowell，& Flegel，2007），这其中大约有 34% 的人过于肥胖。过胖的儿童和青少年的数量是过去 10 年的 3 倍多，这预示着一个不好的趋势（Ogden et al.，2006）。一些研究者认为，因为一些大量减少我们身体活动的措施，我们社会中的一大部分人将要面临“流行肥胖症”（Heini & Weinsier，1997；Wing & Polley，2001）。

过于肥胖的人患心脏病、中风、高血压、关节炎、某些癌症、呼吸问题、糖尿病等的风险更高（Klein et al.，2004；Kurth et al.，2003）。其中体重主要集中在腹部的（所谓的游泳圈）人出现健康问题的危险性更大，包括冠心病（Yusuf et al.，2004）。锻炼是减少腹部肥胖并达到长期减肥效果最有效的手段（Pronk & Wing，1994）。

如果一个过胖的人，比如一个 300 磅的成人，减少了其体重的 10%，他的健康水平就会提高（Wing & Polley，2001）。减肥可以降低血压、动脉硬化和糖尿病的风险（Kanders & Blackburn，1992），还可以降低焦虑和改善心情（Wadden & Stunkard，1993）。

超重的人还会遭受各种社会问题和情绪问题。在小 357
时候被戏弄，成年后遭遇刻板印象、被歧视等都是很常见的（Crandall，1994；Schwartz，Vartanian，Nosek，et al.，2006）。肥胖的人更有可能体验到焦虑和抑郁（Simon et al.，2006）。那些超重的人往往更不富有，在学校和职业生涯里更难取得进步，而且比正常体重的人更难步入婚姻（Gortmaker，Must，Perrin，et al.，1993）。这里是一些控制体重和健康饮食应遵从的建议：

（1）有规律地运动。

（2）控制卡路里总数和体重（Wing & Hill，2001）。

（3）食用含有“优质脂肪”的食物，比如对健康起保护作用的橄榄油和鱼油。

（4）从你的社会网络中寻求大量的帮助来支持你努力减肥（Wing & Jeffrey，1999）。

（5）控制食量。务必不可养成超量食用奶酪汉堡包和炸薯条的习惯。

药物的使用与滥用

使用药物对身体健康有严重的消极影响。事实上，每种文化都发现了某些植物能够显著改变我们的精神状态。这些**精神药物**包含类似于那些我们大脑里自然生成的化学物质。这些分子通过改变神经元的化学过程而改变精神状态。心理和生理的作用明显地依赖于药物的类型和剂量。

一些精神药物被用于治疗身体和精神上的疾病，但其他的则大部分被专门用来娱乐。正如我们看到的，药效远远不只是依赖于药物化学性质和剂量。心理定势——对药效的信念和期望——和人们运用药物的环境也会影响人们对于药物的反应。人们对药物的反应还来源于他们的文化传统和遗传资质。

药物滥用和依赖　药物是改变我们思考、感知或者行为方式的物质。我们很容易忘记酒精、咖啡因和烟草里的尼古丁是药物，因为它们很常见而且是合法的。然而，滥用合法和不合法的药物是一个很严重的社会问题。根据一项国家调查（Johnston，O'Malley，Bachman，et al.，2008），65% 的成人（年龄在 29～30 岁）报告尝试过大麻，有 43% 的人报告尝试过其他不合法的药物，如海洛因、可卡因和致幻剂。

滥用与依赖：一线之间。通常在药物使用和滥用之间有一条界线。我们使用药物去“达到兴奋”、和朋友更好交往的经历会增加药物的使用并且导致物质滥用和依赖。一般来说，当人们遇到与药物相关的常见问题时，他们就有被诊断为药物滥用的可能性（American Psychiatric Association，2000）。

药物依赖与抗药力和退缩有关。抗药力意味着随着使用时间的延长，使用者需要更多的药物才能体验相同的“兴奋”。退缩是指因无法继续使用药物而导致的生理症状。退缩的症状可以和头疼一样温和但在一些情况 358
下会致命。一项调查显示（Knight et al.，2002），在长达 12 个月的时间里，6% 的大学生符合酒精依赖的诊断标准，而其中 31% 符合酒精滥用的诊断标准。但仍然有很多人分辨不清物质滥用与依赖及其症状的严重程度（Harford & Muthen，2001；Sher，Grekin，& Williams，2005）。

用身高（英寸）除以体重（磅）的平方，
再乘以转换因子703来计算BMI。

例如：体重=155磅，身高=69英寸
计算：$[155\div(69)^2]\times703=22.89$

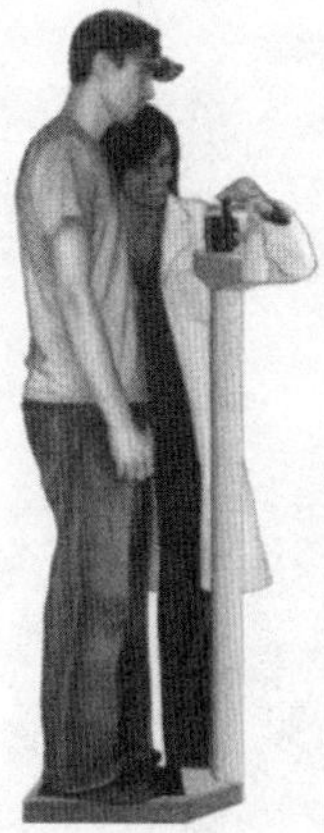

BMI	体重水平
18.5以下	偏轻
18.5～24.9	正常
25.0～29.9	超重
30.0及以上	肥胖

身高	体重范围	BMI	体重水平
69英寸	124磅及以下	18.5以下	偏轻
	125～168磅	18.5～24.9	正常
	169～202磅	25.0～29.9	超重
	203磅及以上	30及以上	肥胖

图 10.4　BMI 和体重水平
（Source: Center for Disease Control and Prevention，2007，Division of Nutrition and Physical Activity National Center for Chronic Disease Prevention and Health Promotion）

社会文化的影响。在严厉禁止饮酒的文化或组织中，酒精中毒的发生率很低，如穆斯林和摩门教徒（Chentsova-Dutton & Tsai，2006）。在埃及，每年酒精依赖率只有 0.2%（World Health Organization，2004）。这

精神药物（psychoactive drugs）
类似于那些我们大脑里自然生成的化学物质，这种化学物质通过改变神经元的化学过程来改变意识。

种状况在一些所谓的将饮酒看作是日常健康生活中的一部分的酒文化或者“酒”社会里有显著不同。举个例子，在波兰，一个“酒”的国家，每年成年人的酒精依赖率是 11.2%。一些研究者将这些差异归结于对酒精和酒精滥用的态度的文化差异。然而，这些差异有部分是因为遗传的影响，他们自己的文化态度也反映了这些差异。

相关还是因果

我们能确信 A 是 B 的原因吗？

在法国以及其他酒文化社会，喝酒被看作是健康生活的一部分。

你怎么认为？

你是一个严重酗酒的大学生群体的宿舍管理人员。你可以提供哪些信息去转变他们对饮酒的态度？

真的有成瘾人格吗？社会文化因素不能解释文化内的人格差异。我们可以在对喝酒有严重法律制裁的社会中找到酒鬼，也可以在喝酒成风的社会中找到滴酒不沾的人。为了解释这些现象，大众心理学家和科学的心理学家都怀疑人们是否拥有一种预先使他们滥用酒精和其他药物的“成瘾人格”（Shaffer，2000）。一方面，研究表明没有单独的成瘾人格（Rozin & Stoess，1993）。另一方面，研究者已经发现某些人格特质会使我们更偏向于酒精和药物滥用。特别是一些研究已经发现物质滥用与冲动（Baker & Yardley，2002；Kanzler & Rosenthal，2003；Kollins，2003）、社会性（Wennberg，2002）和消极情绪倾向，如焦虑和敌意（Jackson & Sher，2003）之间的联系。

识别假象

假象：在不同种类的酒中转换的人——比如啤酒、白酒，以及蒸馏酒——比只喝一种酒的人更容易喝醉。
事实：酒精中毒水平主要取决于血液中的酒精水平，并不是酒的种类。不同种类的酒产生的心理影响是相同的。

相关还是因果

我们能确信 A 是 B 的原因吗？

遗传影响。酗酒和药物上瘾趋向于在家族中蔓延（Sher，Grekin，& Williams，2005）。但这个证据没有告诉我们这个发现是源自基因，还是所处的环境，或者两者都有。双生子和收养孩子的研究已经揭示了这个问题：它们表明了遗传因素对酒精易感性的关键作用（McGue，1999）。这可能会涉及基因的多样性问题（National Institute on Alcohol Abuse and Alcoholism，2000），但是到底遗传了什么呢？没有人知道确切的答案，但研究者已经发现了一些可能的原因。其中一个遗传特质是我们对酒精或者其他药物的生理反应。那些对酒精有不良生理反应的人更不容易上瘾。有趣的是，对酒精反应较弱的人很大程度上更有可能成为酗酒者，也许部分因为他们必须喝到足够多才能体验到与一般人一样的效果（Schuckit，1998）。

排除其他假设的可能性

对于这一研究结论，还有更好的解释吗？

药物的种类　不同种类的药物会基于它们的化学成分以及它们与大脑和身体相互作用的方式而产生不同的
生理和心理反应（见表 10.3）。酒精和镇静安眠药（巴 359
比妥类药物和苯二氮卓类药物）都是抑制性药物，这么说是因为它们有抑制中枢神经系统的功能。相反，同样的药物，如尼古丁和可卡因，有加快我们中枢神经系统兴奋的作用。【学习目标 10.8】

表 10.3　　主要药物类型和它们的功效

药物类型	举例	对行为的效果
抑制类	酒精、巴比妥类药物、甲喹酮、安定	抑制中枢神经系统的活动（最初伴随睡意、思考缓慢和注意力分散）
兴奋类	烟草、可卡因、安非他命、甲基苯丙胺	加强中枢神经系统的活性（警觉感、感觉良好、充满能量）
麻醉类	海洛因、吗啡、可待因	愉快感、减少疼痛
致幻类	大麻、LSD（麦角酸二乙基酰胺）、摇头丸	显著地改变知觉、心境和思维

抑制类药物：酒精和镇静催眠药。抑制类药物像能使我们放松的**镇静剂**和能催人入睡的**安眠药**一样影响着我们的身体。尽管很多人认为酒精是一种兴奋剂，但是在生理上它主要是一种抑制性药物。低剂量的酒精对情绪和生理的刺激水平相对较低，因为它抑制了大脑中情绪和行为产生的区域（Pohorecky，1977；Tucker，Vucinich，& Sobell，1982）。少量的酒精能产生放松的感觉，激发情绪，增强语言表达和活动，降低压抑水平和判断力。高剂量的酒精，也就是当血液酒精浓度（BAC）达到 0.05 到 0.10 时，其抑制和镇静作用一般会变得更加明显，包括大脑中心被抑制、思维变慢、注意力分散、行走和肌肉协调损害（Erblich，Earlywine，Erblich et al.，2003）。在更高的剂量水平上，使用者有时会体验兴奋和镇静的混合作用（King，Houle，de Wit et al.，2002）。

其他各种抑制类药物跟酒精一样，对生理和心理有相似的影响。研究者经常把镇静催眠药分为三类：巴比妥类药物（如西可巴比妥、戊巴比妥和吐诺尔）；非巴比妥类药物（如酣睡片和甲喹酮）；苯二氮卓类药物。苯二氮卓类药物，包括被广泛用来减轻焦虑的安定。巴比妥类药物的滥用可能最大，这是很麻烦的，因为剂量超标的结果是致命的。巴比妥类药物产生的醉酒状态与酒精的作用很相似。

兴奋类药物：烟草、可卡因和安非他命。因为烟草、可卡因和安非他命加快了我们中枢神经系统的运转，所以它们是**兴奋剂**。和抑制类药物相反的是，它们加快了心率、呼吸，并使血压上升。不过，每种药物会产生与众不同的生理和心理影响。

烟草公司很早就知道但只是不承认，烟草里的尼古丁是有效的成瘾药物。尼古丁刺激对神经递质乙酰胆碱敏感的受体，抽烟者通常会报告兴奋感，以及放松与警觉。

多年来，烟草公司通过广告宣称吸烟有益健康，比如图上这个 1946 年的广告，骆驼牌香烟自吹其香烟在医生中很流行。

可卡因是最强烈的自然兴奋剂。可卡因的使用者通常报告精神欢快，心理和生理能力增强、兴奋感增强、饥饿感降低、疼痛淡化，并伴随疲劳感的降低而获得良好的感觉。这些影响快速到达顶点并在半小时内回到正常水平。

可卡因能自己注射使用。但使用者更多的是通过鼻子来吸入或喷出，鼻腔黏液细胞膜能吸收它。快克可卡因是一种高纯度的可卡因：将可卡因放入碱性（基础）溶液里进行溶解，然后煮沸直到形成发白的块状，或者

镇静剂（sedative）
能产生镇静作用的药物。

安眠药（hypnotic）
能产生睡眠效果的药物。

兴奋剂（stimulant）
能增加中枢神经系统的活动的药物，包括心率、呼吸、血压。

360

第一张图是 42 岁的特丽莎・巴克斯特（Theresa Baxter）在成为一个甲基苯丙胺上瘾者之前的照片。

第二张图是两年半后，她为了维持吸毒进行诈骗和行窃而被拘捕时的照片。

“岩状”，最后剩下的可以被吸食。快克可卡因的流行性可归因于它能带来高度的精神欢快，同时它的价格相对便宜。但短暂的兴奋和随之而来的痛苦导致每当想要再次获得快感时都必须吸食可卡因（Gottheil & Weinstein，1983）。

不同的服用方法可以产生不同的心理效果，安非他命就是一个例子。安非他命的第一种用法是：偶尔小剂量口服以缓解疲劳，或者在进行一项不愉快的任务时振奋情绪，或用于考试前临时抱佛脚，或用于体验快感。第二种用法是：使用者从医生那里获得安非他命，定期用它们来制造兴奋，而不是为了达到药效。第三种用法与街上的使用者（即“使用兴奋剂成瘾的人”）有关，这一些使用者是那些通过静脉注射大量的安非他命从而达到在注射后立即兴奋的人。这些使用者很可能是焦躁不安的、健谈的、兴奋的，并通过重复注射安非他命来延长兴奋的感觉。

在最近几年，甲基苯丙胺（冰毒）（一种化学性质类似安非他命的药物）已经出现了大量的滥用现象。20 个高中生中就有一个报告曾使用过甲基苯丙胺（Johnston et al.，2008）。因为晶体状的形状和高度成瘾的效果，它被称作晶体脱氧麻黄碱或者简称为脱氧麻黄碱。使用者吸食它们时会感受到强烈的快感，接着会产生一种能持续 12 至 16 个小时的兴奋感。晶体脱氧麻黄碱比安非他命更强烈，通常有更高的纯度，并且有很高的过量使用和依赖的风险。

阿片麻醉类药物：海洛因、吗啡和可待因。阿片类药物海洛因、吗啡和可待因是从罂粟中提取出来的，罂粟是一种广泛生长在亚洲的植物。吗啡是阿片的一种主要成分。吸食海洛因的反应本质上和吗啡一样，但海洛因在强度上大约是吗啡的 3 倍，并且还占了 90% 的麻醉剂滥用。阿片通常被称作**麻醉剂**，因为它们可以减轻疼痛、诱发睡眠。

乍一看，海洛因产生的心理作用可能最愉快。海洛因的使用者经常体验到阿片使用者可能体验到的快感。但通常剂量下，海洛因产生的快感只能维持 3 或 4 个小时。如果海洛因成瘾的人没有在 4 至 6 小时内继续使用，他们将体验到有像腹部绞痛、呕吐、渴望药物、打哈欠、流鼻涕、出汗和发冷等特征的海洛因戒断综合征。随着海洛因的持续使用，药物产生的兴奋作用就会渐渐减弱。成瘾者可能会继续使用更多的海洛因来避免症状消散，从而体验第一次少量注射时的强烈快感（Hutcheson，Everitt，Robbins，et al.，2001；Julien，2004）。

致幻类药物：大麻、LSD 和摇头丸。科学家将 LSD、墨司卡林、PCP 和引起幻觉的摇头丸称为**致幻剂**或者迷幻剂，因为它们的主要作用是显著地改变人们的感知觉、情绪和思维。因为大麻“扭曲思维”的效果不像 LSD 一样严重，一些研究者不将大麻归类为致幻剂。相反，其他研究者形容其为“温和的致幻剂”。有趣的是，大麻可能也有镇静或安眠的性质。

大麻源自于大麻植物（拉丁名为 Cannabis sativa）的树叶和开花的部分，大麻的主要作用是由它的主要成分 THC（四氢大麻酚）决定的。人们在几分钟内体验一种很“兴奋”的、在半小时内能达到高潮的感觉。从雌性植物的芽和花里提取的印度大麻制剂包含了比大麻浓度更高的 THC，且效果更明显。

无论是直接吸食或者将其放在茶里（较少使用），使用者们报告的短期影响包括感觉到时间减慢、触觉感

麻醉剂（narcotic）
缓解疼痛使人入睡的药物。

致幻剂（hallucinogenic）
显著改变人们的感知觉、情绪和思维的药物。

受提高，对声音、饥饿感、幸福感的识别力增强以及傻笑或者大笑。之后，他们可能变得安静、内省和嗜睡。在更高的剂量上，使用者可能会体验到短时记忆受到干扰、情绪夸大和自我感觉的改变。大麻的兴奋效果能维持 2 到 3 小时。

361 科学家们曾讨论过吸食大麻产生长期心理和生理效用的问题。逐渐增加的证据说明使用大麻可能会引发精神分裂症，它是在第 13 章将要介绍的一种严重的思维障碍，主要存在于有个人或家庭思维障碍史的年轻群体中（Degenhardt & Hall，2006）。另外，一些研究者提出大麻是诱导性毒品，使得吸食者倾向于尝试药效更强的药物，比如海洛因和可卡因（Kandel，Yamaguchi，& Chen，1992）。在一项同卵双生子研究中，其中一个在青春期使用大麻，另一个则没有，使用大麻的那个后来有显著的滥用酒精和其他药物的风险（Lynskey et al.，2003）。然而，评估大麻是不是诱导性毒品并不容易。仅仅因为一个事件发生在另一个事件之前不意味着由它引起（见第 8 章）。

1938 年，瑞士化学家阿尔伯特·霍夫曼（Albert Hofman）合成了一种化合物，即麦角酸二乙基酰胺（LSD），它是一种从生长在黑麦上的真菌中发现的化学物质。LSD 引起幻觉的作用可能源于它干扰了神经递质血清素的活动。LSD 的效果同样和大脑区域富含神经递质多巴胺的受体有关。使用者会很清晰地出现一些古怪的想法，体验到奇妙的感知觉改变（包括联觉，它是指感觉的混合，比如"闻到噪音"；见第 4 章）。还有一些使用者同样也会有神秘的体验（Pahnke，Kurland，Unger，et al.，1970）。但 LSD 和其他致幻剂同样能产生恐慌、偏执妄想、迷惑、抑郁和肢体上的不适。有心理问题史的人在尝试致幻剂后反应会持续很久，精神病患者偶尔也会有这种体验（Abraham & Aldridge，1993）。偶尔还会出现闪回（致幻剂使用体验的重现）。奇怪的是，对于它们的发生没有已知的药理学基础。一种解释是与过去服用致幻剂体验有关的环境或者情绪状态引发了它们的出现。

不像 LSD，摇头丸可以同时引起兴奋和幻觉。它对大脑中的神经递质血清素产生冲击，这样可以增加自信和幸福感并产生对他人强烈的共情。但是它有着严重的副作用，包括血压升高、抑郁、恶心、视力模糊、出现生活问题，还可能造成记忆丧失并损伤使用血清素的神经元（Kish，2002；Soar，Parrott，& Fox，2004）。

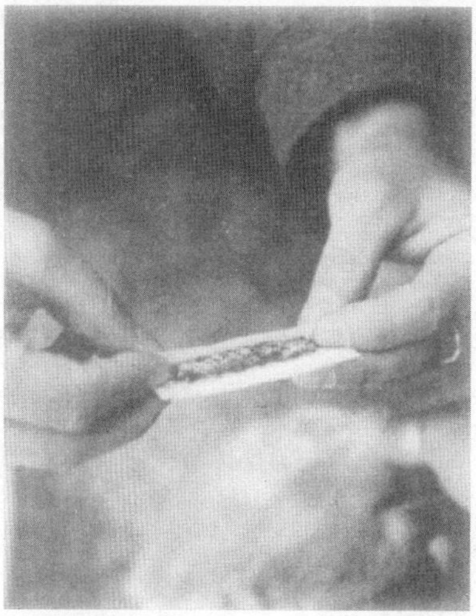

磨碎的大麻植物的叶子是大麻的主要来源。

狂欢舞会上，摇头丸和其他致幻类药物被广泛地使用，狂欢舞会即整夜的跳舞派对，在 19 世纪中期的美国开始流行起来。

积极改变的策略

为什么我们很难改变我们的生活方式，甚至在我们知道坏习惯会损害到我们的健康后依然如此？

- **个人的惰性**。其中一个原因是很难克服个人的惰性——尝试新的东西。很多自我毁灭性的习惯可以释放压力，也不会对健康产生迫在眉睫的威胁，所以我们容易任其发展。当我们认为心脏病是离我们很遥远的、不确定会发生的灾难时，吃一大份冰激凌似乎并不可怕。
- **错误估计风险**。我们维持现状的另一个原因是我们低估了自己的健康风险而高估了别人的。比如，每年什么导致了更多的死亡，是各种事故还是中风？答案是中风，但由于可得性启发式，我们通常会高估致命事故发生的频率（见第 2 章）。因为新闻媒体报道了比中风多得多的戏剧性的事故，我们高估了事故发生的可能性而低估了很多疾病发生的可能性。

- **感觉无能为力**。仍然有一些人对改变觉得无能为力，可能因为我们的习惯太根深蒂固了。试想一下一个 15 年每天抽一包雪茄的人。她已经吸了超过百万次的雪茄烟雾。不难想象她会觉得无法改变习惯。

362 尽管有这些挑战，但仍然有很多可以帮助人们落实健康改变的支持性策略的研究。一种最具有强制性的消除不健康行为的方式是，自我教育与这些行为有关的健康风险。同样，压力中一种隐藏的后果是它增加了我们养成不健康习惯的趋势，因此应对生活的压力是很重要的。了解和避免陷入问题行为（如抽烟、暴食或者酗酒）的情境也同样重要。举个例子来说，娱乐性药物使用者发现重回过去曾经服用药物的特定地方能重新激活对药物的需要。

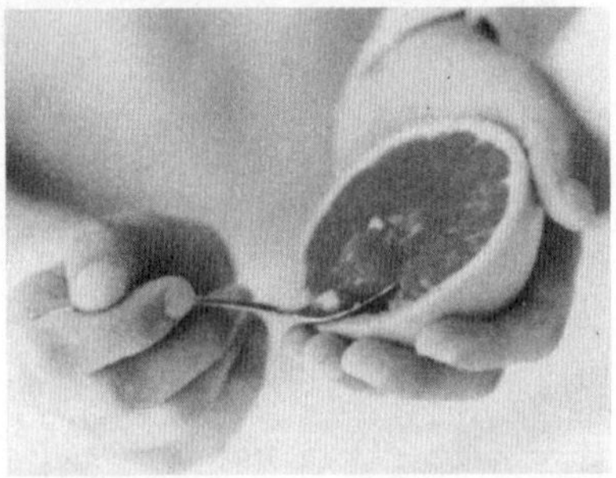

饮食方式，例如柚子减肥法，曾一度兴起又渐渐过时。由于那些报道的流行减肥法只是个人传闻而不是科学研究的结果，我们应该对它们持怀疑态度。

尽管它很流行，DARE 方法对于预防物质滥用和提高自我评价并没有效果。

我们可以为自己做得最好的事就是听从医生的建议并避免使用柚子减肥法或阈下戒烟磁带（见第 4 章），其广告宣称有神奇效果但没有任何证据证明具有长期效果。锻炼、适度饮食或饮酒习惯和戒烟的社会支持同样对我们的改变大有帮助。

因为改变那些根深蒂固的行为是很困难的，我们最好在一开始就不要让它们发展起来。预防措施应该在青春期就开始，因为我们越早形成不健康的习惯，我们越有可能在以后的生活里出现问题行为，比如酒精滥用等（Hingson，Heeren，& Winter，2006）。特别重要的是要教育年轻人健康生活和压力管理的益处、不健康行为的风险和负面的结果以及积极健康行为的益处。让年轻人接触积极的行为榜样同样也能产生巨大的影响。

但不是所有的预防措施都是成功的。全美的学校都开展了抵抗药物滥用的教育或者 DARE 计划，它通过提供陷入药物、结成团伙和暴力活动的潜在灾难性后果的信息，尝试说服学生保持“干净”（Ringwalt & Greene，1993）。通常相较于那些恐吓人们避免负面行为的方法，着重于推广应对技巧和压力管理方法的治疗和预防效果更好（MacKillop，Lisman，Weinstein，et al.，2003）。这些结果提醒我们在基于直觉吸引进行广泛推广之前，需要仔细评估方法。

健康心理学和行为医学

健康心理学也被称作行为治疗，是一个快速发展的领域。健康心理学对理解压力的作用、理解影响我们身体障碍及其治疗的生理、社会和行为因素有着重要的意义。健康心理学家将行为科学与医疗实践结合起来。他们还将教育、研究和心理干预结合起来以促进和保持健康以及预防与治疗疾病（Gatchel & Baum，1983；Leventhal，Weinman，Leventhal，& Phillips，2006；Matarazzo，1980）。健康心理学家一般被医院、康复中心、医学院、企业、政府机构和学术研究机构聘用。随着健康心理学的发展，其干预措施主要包括教病人压力管理的技巧和缓解疼痛的技术以及帮助他们寻求社会支持、遵守医嘱和追求健康的生活方式。随着每年老年人的大量增加，我们对治疗慢性病，比如关节炎、冠心病、癌症和阿尔茨海默症的健康心理学家的

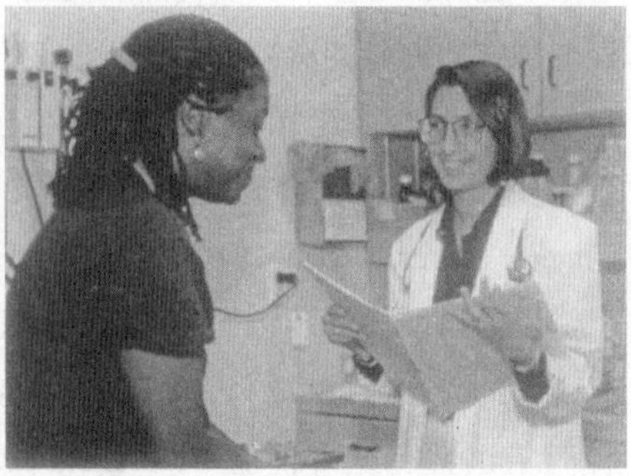

健康心理学家用不同的教育干预和行为干预来促进和保持健康，并帮助人们应对严重的疾病。

健康心理学（health psychology）
整合行为科学和医疗实践的心理学领域。

需求在接下来的几年里将会迅速增加。

替代疗法和补充医疗

每年为了不确定效果的草药治疗，美国人要花费超过 220 亿美元（Gupta，2007；Walach & Kirsch，2003）。
363 很多草本药剂和自然药剂曾经被视为很有价值，但是其效果被证明还不如安慰剂（见第 2 章）。举个例子来说，一些相反的研究结果已经对现在仍然流行的想法提出了挑战：

- 草药圣约翰麦芽汁能缓解轻度抑郁和重度抑郁的症状（Davidson et al.，2002）。
- 一种从锯叶棕里提炼出来的物质能缓解前列腺问题（Kane et al.，2006）。
- 鲨鱼的软骨能治疗一些癌症（Loprinzi et al.，2005）。

这些都是替代疗法和补充医疗的例子。**替代疗法**是指保健康复实践和用来代替传统医药的药物。相反，**补充医疗**是指配合传统医疗一起使用的药物和实践（National Center For Complementary and Alternative Medicine，2002）。虽然这些替代和补充的方法很多都是无害的，但有些还是存在潜在风险的。**【学习目标 10.9】**

美国食品药品监督管理局（FDA）认真管制着大部分的药物。但由于 1999 年通过的联邦法律还没有监控草药、维生素和膳食补充剂的安全度、纯度和效度，所以如果我们去当地药店购买一瓶圣约翰麦芽汁或者银杏黄酮，我们就是拿我们的生命安全赌博。一些不纯的草本药物含有大量危险的铅，甚至有剧毒的砷（Ernst，2002）。市场上仍有其他的营养品，比如卡瓦（从灌木中提取出来，用于治疗焦虑和失眠症），促使美国食品药品监督管理局发布了肝脏破坏的警告（Saper et al.，2004）。最后，一些天然物质会干扰传统医药发挥作用。举个例子，圣约翰麦芽汁会限制用于对抗艾滋病和血液凝结的药物的有效性（Gupta，2007）。仅仅因为有些东西是自然的并不意味着对我们是必然安全和健康的。

识别假象

假象：磁铁，例如镶嵌于鞋底的磁铁，可以减少疼痛。
事实：大部分实证研究表明，与假的磁铁（安慰剂）相比，磁铁对于缓解疼痛没有多大作用，例如脚部疼痛（Winemiller et al.，2003）。

能量医学：针灸疗法的例子 能量医学基于我们身体能量场的混乱能被定位和治疗。在 2 000 多年前，中医首先发明并使用了**针灸疗法**。在针灸治疗中，医生将细细的针插入身体中特殊穴位。超过 4% 的美国人（Barnes，Powell-Griner，McFann，et al.，2004）已经咨询过针灸师。这些医生将这些针插在叫经络俞穴的特殊区域，并相信它能引导“气”，即一种微妙的能量或生命力。针灸师认为通过使用针、电、激光或热刺激，可以减少气的阻碍，使其到达身体上的一个或 2 000 多个穴位。

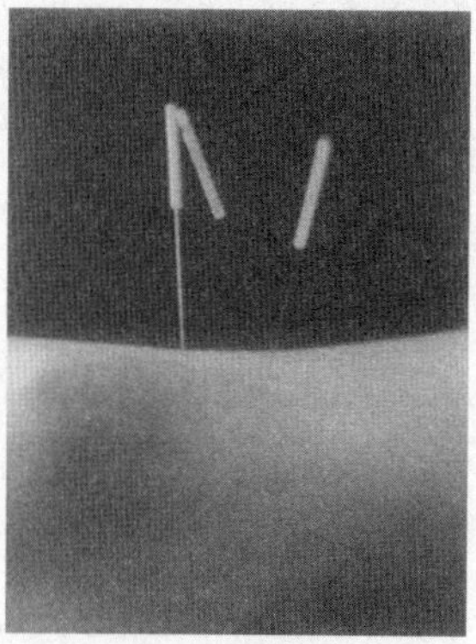
针灸治疗使用的针细到可以插入皮肤上的任何地方。

虽然针灸可以减轻外科手术后的恶心和疼痛（Berman & Straus，2004），但仍没有证据表明它的疗效是因为能量的改变（Posner & Sampson，1999）。穴位在现代科学发展之前就已被绘制成图。甚至在今天，科学家还不能测量，更不用确定能量与特殊疾病有关。因此可以说，气的概念不是伪造的。

可证伪性
这种观点能被反驳吗？

替代疗法（alternative medicine）
保健康复实践和用来代替传统医药的药物。

补充医疗（complementary medicine）
配合传统医疗一起使用的药物和实践。

针灸疗法（acupuncture）
中国古代将细针刺入皮肤 2 000 多个穴位中来改变被认为贯穿于全身的能量的方法。

冥想（meditation）
一套仪式化的训练注意力和意识的练习。

这些冥想者正把注意力集中在他们的呼吸上。

冥想 补充医疗中有一种形式是**冥想**，它在许多人的压力管理中扮演了至关重要的角色。冥想指的是各种训练注意力和意识的练习（Shapiro & Walsh，2003）。

冥想练习在许多世界宗教里都有体现，并融入了所有种族和信仰的人的生活中。在西方国家，人们通常练习冥想来减压，然而非西方国家的人通常用练习冥想来提高洞察力，促进心灵成长。

几个世纪以来，冥想已落在科学主流之外。但在20世纪60年代，科学家开始认真研究它可能存在的益处。从那以后，它们被确定为有广泛的积极作用。这些作用
364 包括提高创造力、共情能力、敏锐性和自尊（Haimerl & Valentine，2001；So & Orme-Johnson，2001），并减少焦虑、人际问题（Tloczynski & Tantriella，1998）和抑郁再现（Segal，Williams，& Teasdale，2002）。临床医生已经在多种心理治疗中增加了冥想技术并使用它们成功地治疗了一些疼痛和其他医疗问题（Baer，2003；Kabat-Zinn，2003）。冥想还能提高大脑的血流量（Newberg et al.，2001）并增强免疫功能（Davidson et al，2003）。

尽管不知道确切的原因，但很多人似乎能从冥想中获益：它的积极影响可能是因为更加容易接受令我们不安的想法和感受（Kabat-Zinn，2003；Lynn et al.，2006b）。它们也可能不是因为冥想本身，而是因为静静地坐着、休息和闭上眼睛放松（Farthing，1992；Holmes，1987）。人们关于冥想的积极态度、信念和期待可能就解释了它为什么那么有效。

替代疗法：用还是不用，这是个问题 我们应该推断所有的替代疗法都是无效的吗？当然不能。保持开放的思想并且不摒弃那些新的有潜在利用价值的治疗是很有必要的。很多药物来源于植物和天然物质，并且很多有效的药物确实有待被发现。每年药物公司挑选成千上万的能对抗疾病和一些被证明值得进一步测试的天然物质。比如，源自太平洋紫杉树的紫杉醇，已被证明是一种有效的对抗癌症的药物。尽管圣约翰麦芽汁对重度抑郁没有显示出特别的效果，但它可能对轻度抑郁有一些疗效（Wallach & Kirsch，2003）。如果它们被证明是安全有效的，那么这些和其他中草药可能会成为主流治疗的一部分。

自18世纪末以来，医生就已经知道洋地黄，一种产自植物紫色毛地黄（上图）的药物，能控制心率、治疗心脏疾病。最近，产自太平洋紫杉树的紫杉醇（下图）被证实是一种抗癌药物。一些自然植物（但并不是所有）是很好的药物。

心理练习也同样如此。冥想曾经被认为是一种替代疗法，现在已经是一种有效的减压方法并且快速融入了传统治疗方式中。

巴里·贝叶斯滕（Barry Beyerstein，1997）建议我们在尝试一种替代疗法之前问以下两个问题：

（1）它缺少科学基本原理或者违背了广泛接受的科学定律或规则吗？

（2）有严谨的研究证明这个物质或者疗法的效果比传统方法差吗？

如果这两个问题的答案是“是”，那么我们应该特别怀疑。当出现疑惑时，向医生咨询替代疗法和补充医疗是明智的。这样做会使我们相信，不管它是不是传统的，我们所选择的治疗方式真正的是“好的选择”。

★ 小测试

1. 酒精是主要的中枢神经系统抑制剂。　正确　错误
2. 烟草是最强有力的自然兴奋药物。　正确　错误
3. 如果健康药物是“自然的”，意味着它是安全的。　正确　错误
4. 针灸的作用是源于对身体能量的重新分配。　正确　错误

答案：（1）对（p.359）；（2）错（p.359）；（3）错（p.363）；（4）错（p.363）

365 ## 睡眠和梦

日常生活中对我们总体健康和日常功能最重要的一个方面就是睡眠。成年人平均每晚需要大概 7 到 10 个小时的睡眠，但差不多 60% 的成年人睡眠时间少于标准水平。睡眠剥夺和各种不良的健康结果息息相关：超重（我们仅通过睡觉就可以消耗大量的卡路里）；高血压、糖尿病和心脏病风险的增加；免疫系统反应变差（Dement & Vaughan，1999；Motivala & Irwin，2007）。睡眠有什么样的功能？它是怎样工作的呢？

虽然睡眠对我们的健康和日常功能十分重要是显而易见的，但我们仍没有很好地理解我们为什么需要睡眠。一些理论认为睡眠对巩固记忆（见第 6 章）有非常重要的作用，其他更加普遍的说法是它对神经系统的发育和神经连接至关重要（见第 3 章）。一些进化理论提出，在我们因看不见入侵者而可能受到巨大伤害时，睡眠通过带我们脱离循环，有助于我们的生存。但这当然不能解释如果我们前一天晚上的睡眠时间少于平常水平为什么我们需要补充睡眠，以及为什么睡眠剥夺会导致在需要快速思考的情境里反应变慢（比如在开车时）。我们也许不太了解为什么我们要睡觉，但关于睡眠是如何工作的研究者现在已经知道很多了。

昼夜节律：日常生活周期

早在科学家们开始在实验室里探究睡眠的奥秘之前，远古的捕猎者就已经敏锐地意识到睡眠和清醒的日常循环。昼夜节律控制着我们睡眠和困倦的感觉。**昼夜节律**是一个奇特的术语（在拉丁语里就是差不多一天），指的是以约 24 小时为基础发生在很多生理过程中的变化，包括激素的释放、脑电波、体温和困倦感。就像大脑的**生物钟**一样，下丘脑（见第 3 章）视交叉上核（SCN）上的 20 000 个神经元让我们在白天和黑夜的不同时间感到困倦。很多人已经注意到我们喜欢在下午三四点小睡一会儿。确实，在欧洲很多地方和拉丁美洲的许多国家，午间小憩是日常仪式的一部分。这种疲劳感由我们的生物钟引起。在晚上催促我们打盹的冲动同样是因为入夜后引起睡眠感觉的褪黑激素水平增加了。

睡眠剥夺会导致第二天极度疲劳。大部分大学生需要 9 小时的睡眠才能保证第二天精力充沛，但是实际上平均只有 6 小时。

虽然我们每晚需要平均 7 到 10 个小时的睡眠，但我们需要睡眠的时间总量随着年龄的不同而不同。新生儿十分贪睡，每天大概需要 16 个小时。大学生每晚可能需要 9 个小时的睡眠以保持第二天精力充沛。年纪大的

昼夜节律（circadian rhythm）
以约 24 小时为基础发生在很多生理过程中的周期性变化。

生物钟（biological clock）
负责控制我们警觉水平的下丘脑中的视交叉上核（SCN）的术语。

人似乎需要的睡眠要少一些。

一般来说，一晚上不睡觉似乎没有很多负面影响，除了感到烦躁、易怒和第二天不能集中精力。然而，剥夺好几晚睡眠之后，我们就会觉得不在状态并开始积累“睡眠债务”的平衡。如果我们不处理那个平衡，睡眠
366 剥夺很快就会找上我们。被剥夺多个晚上睡眠的人经常体验到抑郁和学习新知识的困难。在超过4天的严重睡眠剥夺之后，我们可能甚至会体验到短暂的幻觉，比如听到声音或者看到东西（Wolfe & Pruitt，2003）。

如果你曾经跨时区坐过很长的航班，你对飞行时差将会毫不陌生，飞行时差是我们身体昼夜节律被搅乱的结果。如果我们工作到很晚，我们的生物钟就会被扰乱，这样会产生睡眠问题，包括工作中的困倦和失眠。包括飞机失事在内的很多著名的惨剧，很大程度上可能是睡眠剥夺导致的。

当旅行者跨时区飞行时会出现飞行时差反应，这会产生睡眠问题。

睡眠和梦的阶段

60年前，很多人相信在我们的大脑里有一种类似于转换器的东西，当我们醒着的时候将意识打开，睡觉的时候又关闭。但1951年的一个晚上，在芝加哥大学克雷特曼（Nathaniel Kleitman）的睡眠实验室里，克雷特曼的学生阿瑟林斯基（Eugene Aserinsky）在他儿子阿蒙德（Armond）睡着时监控他的眼动和脑电图。阿瑟林斯基在观察到阿蒙德的眼球在闭着的眼睑下周期性地前进和后退时十分震惊。每当出现眼球运动，根据脑电图测量（EEG；见第3章），阿蒙德的大脑总伴随脑电活动有节奏的跳动，就像阿蒙德醒时一样（Aserinsky，1996）。

初出茅庐的科学家有良好的判断力去意识到某些事至关重要。睡眠状态下的大脑不是一团呆板混乱的神经元；相反，至少在不同的时间间隔内，它们热衷于活动。阿瑟林斯基进而猜想阿蒙德的眼睛运动标志着梦的片段。阿瑟林斯基和克雷特曼（1953）在被试出现**快速眼动（REM）**时唤醒他们，从而验证了这个猜测。几乎所有的案例中，这些被试都报告做了生动的梦。反过来，当研究者在**非快速眼动（NREM）睡眠**时唤醒被试时，他们较少报告做了生动的梦，虽然后来研究者发现梦有时候也出现在非快速眼动睡眠阶段。

克雷特曼和迪蒙特（Dement & Kleitman，1957）还发现在睡眠中我们经过了五个不同的阶段。通过使用整夜记录装置，他们发现我们每晚都重复经历这五个阶段。每个循环持续大概90分钟，并且很容易区分每个睡眠阶段和觉醒状态，如图10.5所示。**【学习目标10.10】**

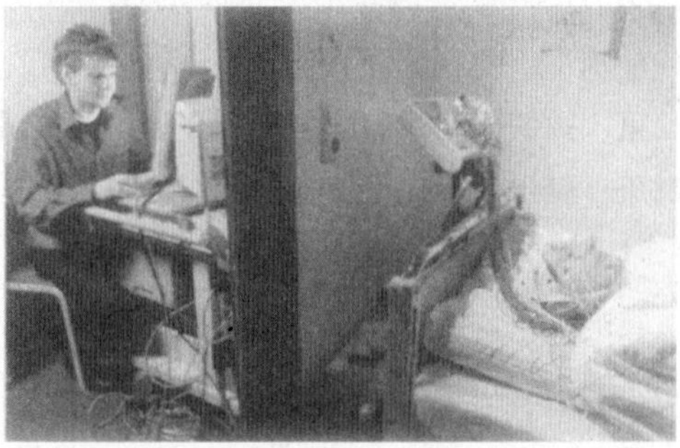

电子记录设备使研究脑活动、眼动以及身体放松三者之间的关系成为可能。

睡眠的第一阶段。是否曾经有人把你推醒，而你甚至不确定你刚才是醒着还是睡着了？如果这样，你很可能处在睡眠的第一阶段。在这个持续5到10分钟的浅睡眠阶段，我们的脑电活动能量降低50%或者更多，同时产生每秒4至7次周期的θ波。这些脑电波慢于活动警觉状态下产生的每秒13次或更多次周期的β波，也慢于我们安静或放松时产生的每秒8至12次周期的α波。

睡眠的第二阶段。在睡眠的第二阶段，我们的脑电波会变得更慢。突然迸发的剧烈的电活动叫做睡眠梭形

快速眼动（rapid eye movement，REM）
睡眠时在闭着的眼睑下面眼球的快速运动。

非快速眼动睡眠（non-REM sleep）
四个睡眠阶段中的第一个，在此阶段眼动停止，而且做梦的频率很少、不生动。

波，它每秒大有 12 到 14 个周期，偶尔出现的突然大幅上升和下降的波叫做 K- 复合波，这两种波都首次出现在脑电图测量上（Aldrich，1999）。K- 复合波在我们睡着的时候才会出现。在这一阶段，我们大脑的活动水平降低，心率放缓，体温降低，肌肉更加放松，眼球停止
367 运动。睡眠的第二阶段占我们总睡眠时间的 65%。

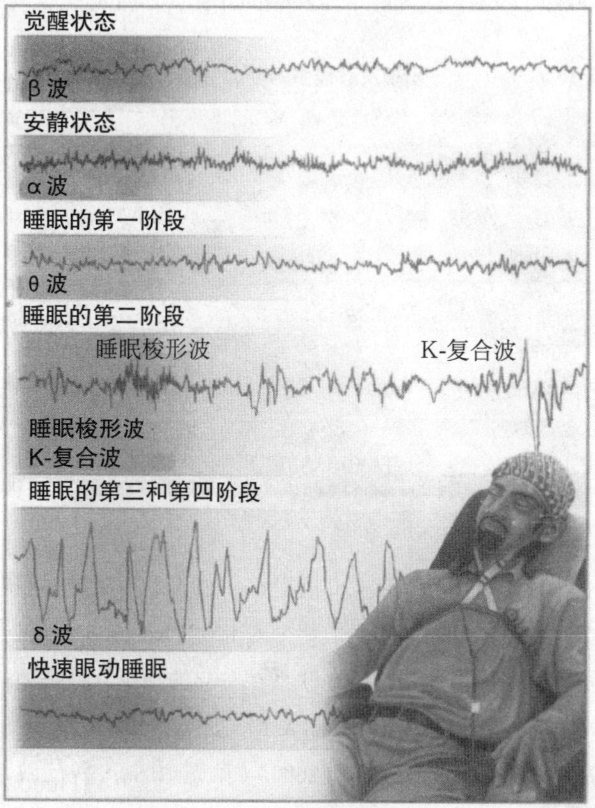

图 10.5　睡眠的阶段

脑电图测量使科学家区分出了睡眠的几个主要阶段和两个觉醒水平。正如我们看到的，快速眼动睡眠阶段的脑部活动跟我们醒着或警觉时相似，这是因为在快速眼动睡眠阶段，我们的脑部充满着栩栩如生的梦境。

睡眠的第三和第四阶段。在 10 到 30 分钟之后，浅睡眠转入了更深层的慢波睡眠，在这个阶段，我们能在脑电图测量中观察到频率是每秒 1 到 2 次周期的 δ 波。在第三阶段，δ 波出现的时间有 20% 到 50%，而在第四阶段，它们出现的时间达到了一半以上。为了在早晨感到休息充足了，我们需要在夜间经历这些深度阶段的睡眠。孩子是著名的优质睡眠者，因为他们有 40% 的睡眠时间都是深度睡眠，这时可以出现“对外界没有反应”和很难被叫醒的状况。相反，成年人只有四分之一的睡眠时间“像一个婴儿一样熟睡”，即在深度睡眠中。

识别假象

假象：梦仅仅出现几秒，随后的更多时间都是在重复。

事实：弗洛伊德和其他人坚持的这种观点是错误的。实际上，快速眼动阶段至黎明的这段时间长达半小时或者更多。如果你觉得你的梦好像持续了 45 分钟，那是因为事实就是这样。

第五阶段：矛盾睡眠或快速眼动睡眠。15 到 30 分钟之后，在大脑显著转换到高速挡之前，伴随着像觉醒状态时的高频率低振幅的脑电波，我们回到了睡眠的第二阶段。我们已经进入了通常被叫做矛盾睡眠或者**快速眼动睡眠**的第五阶段。它被称作矛盾睡眠是因为虽然身体不活动但大脑是活动的。正如我们已经看到的，在这一阶段产生了许多生动的梦境。

在快速眼动睡眠阶段兴奋的脑电波伴随着心率的加快、血压的升高，以及快速不规律的呼吸一起出现，快速眼动睡眠占我们夜间总睡眠时间的 20% 到 25%。在快速眼动睡眠的 10 到 20 分钟之后，这个循环开始重复，就像我们回到了睡眠的早期状态，然后再到深度睡眠。快速眼动睡眠阶段的总时间在每个循环中不断增加。到早晨，相比刚睡着后在快速眼动睡眠中花费的 10 到 20 分钟，我们可能在快速眼动睡眠中花了一个小时。每个晚上，我们循环回到快速眼动睡眠阶段的次数有 5 或 6 次。

快速眼动睡眠在生理上非常重要，甚至可能是必要的。虽然老鼠在完全睡眠剥夺后死得更早（Rechtschaffen，1998），但剥夺了老鼠的快速眼动睡眠会导致它们在几周内死亡（National Institute on Alcohol Abuse and Alcoholism，1998）。当剥夺了我们人类几个晚上的快速眼动睡眠时，我们会体验到一种快速眼动反弹现象：快速眼动睡眠的总量和强度增加了，这表明快速眼动睡眠有着重要的

快速眼动睡眠（REM sleep）
在这一睡眠阶段中，脑部最活跃，最常出现生动的梦境。

生理作用（Ocampo-Garces，Molina，Rodriguez，et al.，2000）。当我们连续几个晚上没睡足时，很多人就能观察到快速眼动反弹。当我们终于睡了一个好觉时，我们经常会做更多紧张的梦，甚至是噩梦，这反映出快速眼动睡眠强大的反弹。尽管如此，科学家们仍然还在争论着快速眼动睡眠的生理作用。

梦的理论与心理学原理

我们能追溯数千年前对梦的意义的解释。巴比伦人相信梦是上帝赋予的，亚述人认为梦包含了信号或者预兆，古希腊人建造了旅行者可以在其中等待上帝给予预言的梦之神殿，北美印第安人相信梦揭示了隐藏的愿望和欲望（Van de Castle，1994）。

弗洛伊德和愿望满足：梦的保护理论 西格蒙德·弗洛伊德支持北美印第安人的看法。他的经典著作《梦的解析》(1900)，介绍了人们在严谨的实验室研究之前的数十年间是如何看待梦的。根据弗洛伊德的研究，梦是睡眠的
368 监护者或者保护者。相比于在白天，在睡眠中，充当精神检查员的自我（见第 12 章），压抑和攻击本能更难。如果不是梦，这些本能会上升到意识层面，打扰到睡眠。梦的工作是将性欲和攻击冲动转换成代表愿望满足（即我们希望事情怎样发展）的符号，从而掩盖和压抑它们（见第 12 章）。**【学习目标 10.11】**

> **可证伪性**
> 这种观点能被反驳吗？

根据弗洛伊德所说，梦不会轻易说出它们的秘密——它们需要用解释来逆转梦的工作和揭示它们的真实意思。他区分出他称之为显性梦境的梦本身的细节，和他称之为隐性梦境的真实隐藏的意思。例如，一个关于轮胎漏气的梦（显性梦境）可能意味着对工作地位降低的焦虑（隐性梦境）。

大多数科学家不接受梦的保护和愿望满足理论（Domhoff，2001a）。如果就像弗洛伊德所说“愿望满足是每个梦的意义”（Freud，1900，p.106），那我们就可以预测梦的内容是非常积极的。虽然大多数人会偶尔梦到飞翔、中了彩票，或是变成了我们幻想的对象，但这些内容出现的频率远远少于梦到不幸事件。另外，很多梦不会像弗洛伊德所说的那样被伪装。90% 的梦是直接反映每天的活动和问题的（见表 10.4）（Domhoff，2003；Dorus，Dorus，& Rechtschaffen，1971）。

表 10.4　　出现次数最多的梦的主题

1. 被追赶或追捕
2. 走丢、迟到或陷入困境
3. 坠落
4. 飞行
5. 丢失贵重物品
6. 与性有关的梦
7. 体验自然美景
8. 赤裸或者穿着怪异
9. 受伤或生病

（Source：Domhoff，2003）

激活—整合理论 20 世纪 60—70 年代，艾伦·霍布森（Alan Hobson）和罗伯特·麦卡利（Robert McCarley）创建了一种将梦和脑活动联系在一起的理论。根据他们的**激活—整合理论**（Hobson & McCarley，1977；Hobson，Pace-Schott，& Stickgold，2000）（见图 10.6），梦反映了在睡眠中大脑的激活，而不是像弗洛伊德所说的那样表达了无意识的愿望。与梦拥有深刻的、普遍的意义不同，霍布森和麦卡利认为梦反映了在快速眼动睡眠中，激活的大脑试图给随机的和内部生成的神经信号赋予意义。

大脑神经递质的平衡在白天黑夜持续转换着。快速眼动睡眠是通过神经递质乙酰胆碱的激增开始的。乙酰胆碱激活了位于大脑中脑桥的神经细胞（见第 3 章）。被激活的脑桥将不完整的信号传递给丘脑的外侧膝状体，最后传至大脑皮层，就像图 10.6 展示的那样（见第 3 章）。皮层尽最大可能将它接收到的信号整合成一个有意义的故事。然而，它收到的信息是随机的、混乱的，所以整合成的故事很少连贯或有逻辑性。同样被激活的还有杏仁核，它将害怕、焦虑、愤怒、悲伤和得意

激活—整合理论（activation-synthesis theory）
认为梦是由皮层加工信息而成，这些信息来源于脑桥输入大脑的原始信息。

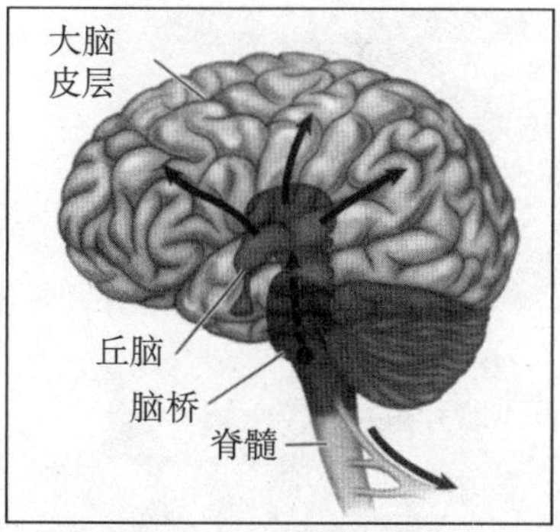

图 10.6 激活—整合理论
根据激活—整合理论，脑桥将随机的信息传递给丘脑，丘脑将信息传递给大脑皮层。大脑皮层将接受到的杂乱的信息加工成一个故事。

的情绪色彩混合起来（见第 3 章和第 9 章）。根据激活—整合理论，大脑的复杂变化交织而成的网就像我们的梦一样变化着。

梦的神经认知视角：信息加工和发展 持梦的神经认知观点的科学家认为，仅根据神经递质和随机的神经冲动解释梦并没有说清全部的工作原理。相反，他们主张必须同样考虑我们的认知容量，它塑造了我们梦的内容。例如，当从快速眼动睡眠中醒来时成人能回忆出 80% 到 90% 的梦境，而年龄在 7 或 8 岁以下的孩子只能回忆出 20% 到 30%（Foulkes，1982，1999）。直到他们达到 9 或 10 岁，孩子的梦开始变得简单、少动，和成人的梦相比情感和奇特性更少（Domhoff，1996）。根据神经认知观点，复杂的梦是与逐渐发展的视觉想象和其他认知能力同步的“认知进步”。当我们的大脑发展了这些能力（Domhoff，2001b），我们就开始像成人一样做梦。

对成千上万的梦的内容的分析（Hall & Van de Castle，1966）揭示了梦大多与情感关注和日常关注的事有关，并且梦的内容在很长时间内惊人地保持稳定（Domhoff，
369 1996；Hall & Nordby，1972；Smith & Hall，1964）。无论我们是不是廷巴克图或者纽约市的研究员，我们都将会发现梦的跨文化一致性模式。实际上我们梦的内容都是攻击多于友好、消极情绪多于积极情绪、不幸多于幸运。年纪大一点的成年人的梦类似大学生的梦，但随着年龄增加，包含消极情绪和身体攻击的梦可能会减少（Hall & Domhoff，1963；Lortie-Lussier，Cote，& Vachon，2000）。女人的梦很可能比男人的梦包含更多的情感，并且她们梦的角色甚至对分为男性和女性。相反，男人更可能梦到男人，其比例为 2 : 1（Hall，1984）。在梦里至少有一些区别是依赖于文化元素的。举个例子来说，生活在科技先进的社会里的人比处于守旧的小社会里的人更少地梦到动物（Domhoff，1996，2001）。虽然梦有时候是稀奇古怪的，但随着时间的推移，如果它们反映的仅仅是脑干产生的神经冲动的话，它们比我们预期的更加一致（Domhoff，2001；Foulkes，1985；Revonsuo，2000；Strauch & Meier，1996）。

梦的作用是什么？ 科学家始终不能确定我们为什么会做梦。但很多资料中的证据表明梦涉及：（a）加工情绪记忆（Maquet & Franck，1997）；（b）整合新的经验与已有的记忆来理解世界（Stickgold，James，& Hobson，2002）；（c）学习新的策略和做事的方法，如挥高尔夫球杆（Walker，Brakefield，Morgan，et al.，2002）；（d）模拟威胁事件，以使我们能在日常生活中更好地应对它们（Revonsuo，2000）；（e）整理和巩固记忆（Capellini，McNamara，Preston，et al.，2009；Crick & Mitchison，1986）。但梦的作用仍然是个谜，因为涉及学习作用和梦里记忆的研究证据是有争议的、混乱的。

睡眠障碍

基本上我们都有入睡或者是维持长时间睡眠的困难。当睡眠问题妨碍我们的工作、学习或是影响我们的健康时，它们会耗费巨大的代价。睡眠障碍在健康和降低工作生产力上的代价，每年大约为 350 亿美元（Althius，Fredman，Langenberg，et al.，1998）。我们同样能计算出生命的代价，估计每年有 1 500 名美国人死于开车时睡觉（Fenton，2007）。这些残酷的数据是可以理解的，因为有 30% 到 50% 的人报告有各种睡眠问题。

失眠 最常见的睡眠障碍就是**失眠**。失眠会产生以下症状：（a）入睡困难（规律性地超过 30 分钟才入睡）；（b）早晨过早醒来；（c）在夜间醒来后就很难重新入睡。估计大概有 15% 的人报告严重或者长时间存在失眠问题（Ancoli-Israel & Roth，1999；Hauri，1998）。

忍受着抑郁、疼痛或者各种身体状况的人患失眠的比率更高（Ford & Kamerow，1989；Katz & McHorney，

失眠（insomnia）
难以入睡或保持睡眠状态。

2002；Smith & Haythornthwaite，2004）。短暂的失眠通常是因为压力、人际关系问题、药物治疗、疾病、工作太晚或是各种变化、时差、摄入咖啡因、白天的小睡。【学习目标 10.12】如果我们因为不能立刻入睡而沮丧或者焦虑，失眠就会经常发生。很多人不知道，最好的睡眠者也要花 15 到 20 分钟才能入睡。詹姆斯·马斯（James Maas，1999）推荐用隐形闹钟，来避免专注于无法快速入睡。表 10.5 展示了一些其他的与失眠做斗争的方法。

370 短期心理疗法能有效治疗很多普遍的失眠案例（Morin et al.，1999）。另一个常用的治疗失眠的方法是服用安眠药。虽然安眠药是有效的，但研究者已经发现短期心理疗法比服用安必恩更有效，后者是一种很流行的安眠药（Jacobs，Pace-Schott，Stickgold，et al.，2004）。而且，很多长期服用过多安眠药的人，一旦停止使用就会更难入睡，这种现象被称作反跳性失眠。因为有药物依赖的风险，所以当人们使用安眠药时，应当短期使用并且小心谨慎。

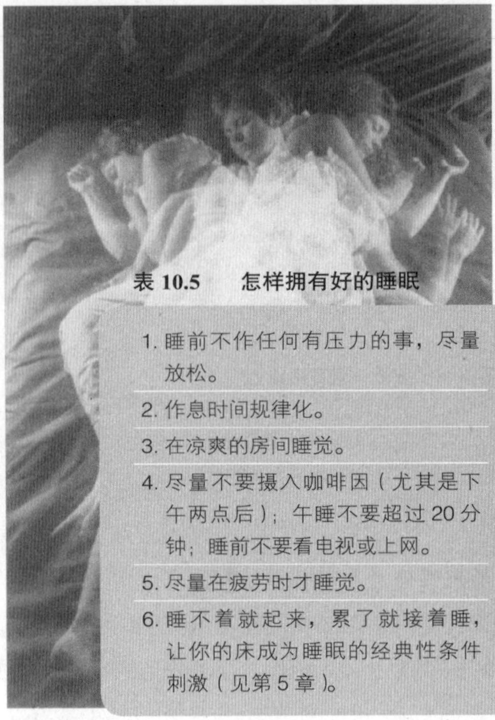

表 10.5　怎样拥有好的睡眠

1. 睡前不作任何有压力的事，尽量放松。
2. 作息时间规律化。
3. 在凉爽的房间睡觉。
4. 尽量不要摄入咖啡因（尤其是下午两点后）；午睡不要超过 20 分钟；睡前不要看电视或上网。
5. 尽量在疲劳时才睡觉。
6. 睡不着就起来，累了就接着睡，让你的床成为睡眠的经典性条件刺激（见第 5 章）。

你怎么认为？

你在两天内就要进行毕业论文答辩了，但你却在与失眠症做斗争。哪种有研究支持的方法能保证让你休息好，并且能让你在白天的答辩中表现得最好？

发作性睡眠　**发作性睡眠**，也叫嗜睡症，与失眠症几乎相反。在发作性睡眠中，最突出的症状就是突发的、不可控制的睡眠发作。有发作性睡眠的人会经历一段从几秒钟到几分钟的突然睡眠，一小时的频率较少。无法抵抗的睡眠需求会在任何时间出现。惊讶、兴高采烈或者其他强烈的情绪——甚至对笑话哈哈大笑或者沉浸于性交——都会导致有嗜睡症的人们经历猝倒，即完全丧失肌肉张力。在猝倒期间，人们会倒下，因为他们的肌肉变得像布娃娃一样柔软。猝倒也会在快速眼动睡眠健康的人群中发生。但是在嗜睡症中，人们在经历猝倒的整个时间中尽管他们动弹不得却仍然保持警觉。一般地，睡眠者在入睡后一个多小时内，仍不进入快速眼动睡眠。但当人们经历了一段嗜睡期后，他们会立刻进入快速眼动睡眠，这表明它是一个严重失衡的“睡眠—觉醒”周期。幸运的是，有发作性睡眠症的人们能通过小憩、使用抗抑郁剂和刺激性药物，以及避免摄取酒精和咖啡因的方法来获得帮助。

睡眠呼吸中止症　在白天感到疲累和在上课或工作中入睡是因为嗜睡症。更多的有这些问题的人患有**睡眠呼吸中止症**，由于其定义有广义和狭义之分，2% 到 20% 的普通人受它折磨（Shamsuzzaman，Gersh，& Somers，2003；Strohl & Redline，1996）。呼吸暂停的原因是睡眠时呼吸道堵塞了，就像图 10.7 中显示的那样。这个问题导致呼吸暂停的人大声地打呼噜、气喘，有时还会出现超过 20 秒的呼吸停止。挣扎着呼吸会在夜间唤醒人们很多次——经常好几百次——这干扰了睡眠并引起第二天的疲劳。然而很多呼吸暂停的人没有这么多次的惊醒。氧气的缺少和二氧化碳的增多会导致很多问题，包括盗汗、体重增加、疲劳和心律不齐。因为呼吸暂停与超重有关，医生一般首先会建议减肥。很多人都会戴着连接机器的面罩，机器把空气吹入他们的鼻腔

发作性睡眠（narcolepsy）
突发的、不可控制的睡眠发作。

睡眠呼吸中止症（sleep apnea）
睡眠时多次发生的呼吸中断，由此导致患者白天相当困倦。

371 中，迫使呼吸道保持通畅。然而，适应这个机器是很有挑战性的（Wolfe & Pruitt，2003）。

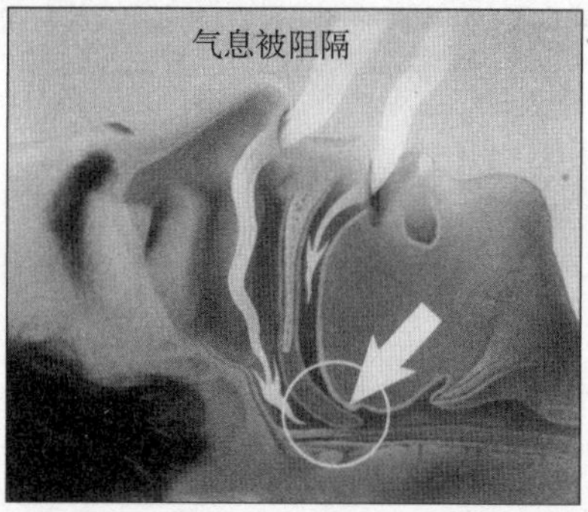

图 10.7　气息与睡眠质量

如果气息被阻隔，就如睡眠呼吸中止症中出现的那样，睡眠的质量将大打折扣。

夜惊　比起睡眠者，夜惊更经常困扰旁观者。目睹孩子夜惊的家长很难相信孩子不记得发生的事情。尖叫、出汗、困惑和睁大眼睛，孩子甚至可能在进入深度睡眠之前烦躁不安地动来动去。这样的阶段通常仅持续几分钟。除了一些戏剧化的表现之外，**夜惊**是发生在深度非快速眼动睡眠阶段（第三和第四阶段）的一种典型的无害现象。它们总是发生在比成人花更多时间在深度睡眠阶段的孩子身上（Wolfe & Pruitt，2003）。夜惊通常容易和噩梦混淆，后者是发生在快速眼动睡眠阶段的典型现象（American Psychiatric Association，2000）。如果孩子没有生理上的危险，家长们就要学着不要过度反应甚至去忽略这些。夜惊也会偶然发生在成人身上，特别是当他们处在高压之下时。

梦游　人们对于“梦游症患者”或者说是梦游者的印象是一个人闭着眼睛，伸展着胳膊，并且双手举到肩膀的高度，走路像僵尸一样。事实上，虽然一个梦游者在梦游时某些方面比常人更笨一些，但梦游的人通常像完全清醒的人一样。**梦游**（完全睡着时走路）经常涉及相对较少的活动，但我们已经知道梦游者会开车、打开电脑或者开枪。

对大多数人来说，梦游是无害的，并且梦游者很少能在清醒时记得他们的行为。但对于梦游时做出危险举动的孩子和成人来说（如爬到打开的窗户外面），可在门和窗户装警报器来提醒他人引导梦游者回到床上。如果有人在梦游，唤醒他或者她是完全安全的，不要相信我们在电影里看到的画面（Wolfe & Pruitt，2003）。

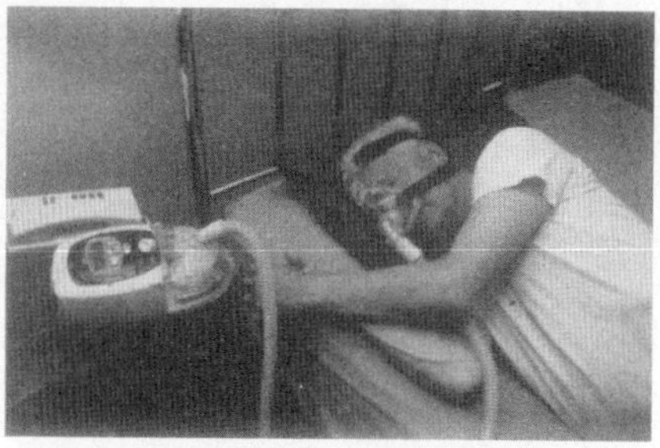

人们使用一种装置以防止睡觉的时候呼吸暂停。

澄清事实

我们能睁着眼睛睡觉。在 1960 年的一项研究中，研究者记录了三个志愿者的眼睛状况，其中的一个被严重地剥夺睡眠——用明亮闪烁的灯光刺激睁开的眼睛，用剧烈的响声刺激耳朵，用周期性的电流刺激他的大腿。他们熟睡只要 12 分钟（Boese，2007）。

夜惊（night terrors）
伴随有尖叫、出汗的忽然惊醒阶段，接着又回到深度睡眠。

梦游（sleepwalking）
在完全睡眠状态下走路。

★小测试

1. 人们缓慢地进入睡眠开始的四个阶段，但接下来的整晚都处在快速眼动睡眠阶段。　正确　错误
2. 当我们做梦时，我们的大脑比起醒着的时候活动性更少。　正确　错误
3. 激活—整合理论认为梦是源于脑桥产生的不完整的神经信号。　正确　错误
4. 夜惊与噩梦是不同的。　正确　错误

答案：（1）错（pp.366–367）；（2）错（p.367）；（3）对（p.368）；（4）对（p.371）

全面的复习体系

372 什么是压力？（pp.341–345）

10.1 描述压力的定义和各种应对压力的方法

压力是日常生活的一部分。大部分人在一生中经历过一次或多次极端的压力事件。当人们感到身体受威胁、不安全，或者不能达到想要的生活需求时就会感到压力。压力可以被看作是一种刺激、一种转变，或是和环境的互动。压力事件和它们造成的影响对研究压力的反应很重要，某一刺激源能否作为压力，关键在于确认压力事件（失业、自然灾害）的分类。把压力作为一种转变的观点认为压力的体验取决于对潜在压力事件的初级评估（确定事件是否有害）和次级评估（对我们处理事件能力的感觉）。

1. 当我们解决一个问题时，产生了紧张情绪、不适感唤起或者其他生理症状，这叫做 _________。（p.341）
2. 持哪种取向的压力研究者对卡特里娜飓风的幸存者特别感兴趣？（pp.341–342）

3. 人们对相同事件多变的反应表明我们可以把压力看作人们和环境之间的一种 _________。（p.342）
4. 当我们遇到一种有潜在威胁的事件时，我们最初通过 _________ 以确定这个事件是否有害。（p.342）
5. 我们做 _________ 来判断我们能多好地处理一种有害事件。（p.342）
6. _________ 是人们用来处理迎面而来的巨大的挑战的一种策略。（p.342）
7. 当我们尝试用一种积极的态度对待我们的感受或者困境去减少痛苦的感受时，我们在运用 _________。（p.342）

10.2 了解测量压力的不同方法

心理学家经常评估那些要求重大适应和调整的生活事件，比如生病和失业。他们也评估日常的烦恼、令人沮丧的日常事件，这些事件可能比重大压力源对心理和身体健康的影响更大。

8. _________ 是依据压力承担者对 43 种生活事件的等级排列编制的。（p.343）

9. 日常烦恼如交通拥堵、与上司处不好关系，或者在汽车餐馆排错了队，是怎样影响我们的健康的？（p.343）
10. 麻烦出现的频率和知觉到麻烦的严重性，比主要生活事件能（更好地/更糟糕地）预测身体健康状况。（p.343）

适应压力：变化与挑战（pp.345–352）

10.3 了解塞利的一般适应综合征

一般适应综合征（GAS）包括三个阶段：（1）警觉阶段：自主神经系统激活。（2）阻抗阶段：接受和处理事件。（3）衰竭阶段：资源和处理事件的能力耗尽，从而损害器官，产生沮丧和创伤后应激障碍（PTSD）。

11. 看右图，分析在警觉阶段大脑和身体有哪些变化。（p.345）
12. _________ 是一系列生理和心理上的反应，它能够推动我们正面处理或者逃避可怕的环境。（pp.345–346）
13. 在 GAS 的第二阶段，即_________，我们适应压力并试着找到方法去处理它。（p.346）

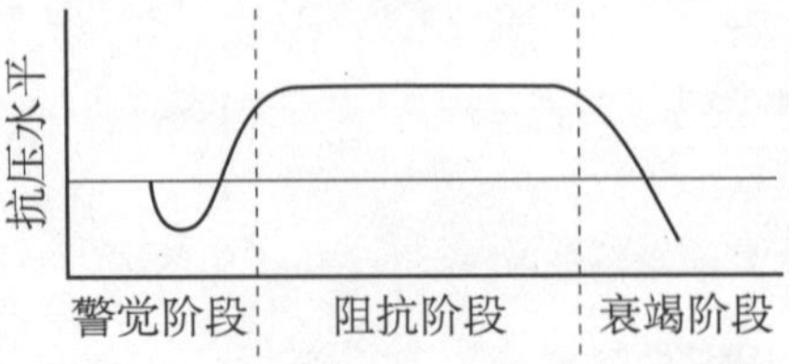

14. 在 GAS 的_________阶段，资源和处理能力受到限制，压力会伤害我们的器官，产生沮丧和创伤后应激障碍。（p.346）

参考答案在本书的结尾处

10.4　掌握压力反应的类型，包括创伤性应激障碍、焦虑和抑郁

大约占总人口 5% 的男性和 10% 的女性在面对创伤应激源时经历过创伤后应激障碍，大约有三分之二的人面对压力时是有弹性的，我们对生命越感到失去控制，对于失败，我们就越觉得无助和有责任，我们的焦虑转化成抑郁的可能性就越大。

373 15. 谢利・泰勒的照料和结盟反应与或战或逃反应之间的相似点和区别是什么？（p.346）

16. 沮丧的人们比不沮丧的人们（更可能 / 更不可能）经历一次或者多次损伤，比如爱人的死亡。（p.347）
17. 压力源的剧烈程度、持续时间、与压力源的距离影响人们发展出_________的可能性。（p.347）

10.5　理解压力和身体健康的关系

压力会降低对疾病的对抗，延迟治愈的时间，削弱免疫系统。心理生理学上的失调受到压力和情绪的影响。根据生理心理学模型，疾病取决于基因的相互影响、生活方式、免疫力、压力、社会支持，以及自我知觉。

18. 调查显示压力（能 / 不能）降低对感冒病毒的抵抗力。（p.349）
19. 科学家发现包括压力和人格特质在内的心理因素，是导致_________的重要因素。（p.350）
20. 在所有 A 型人格特质里，_________对心脏病是最有预测性的。（p.351）

应对压力（pp.352–355）

10.6　了解社会支持和各种控制在应对压力时的作用

社会支持和接下来的压力控制类型是很重要的：（1）行为控制（采取行动去减少压力）；（2）认知控制（重新评估不可避免的压力事件）；（3）决策性控制（二者择其一）；（4）信息控制（获取来自压力源的信息）；（5）情绪控制（表达或者抑制情绪）。

21. 当我们对重要决定争论不休或者面对压力情景的时候，_________包含了能给我们提供情绪和经济援助的个人关系以及团体关系。（p.352）
22. 当个体处在压力之下或者具有挑战性的生活事件里，我们可以从牢固的社会关系网中获得什么？（p.352）

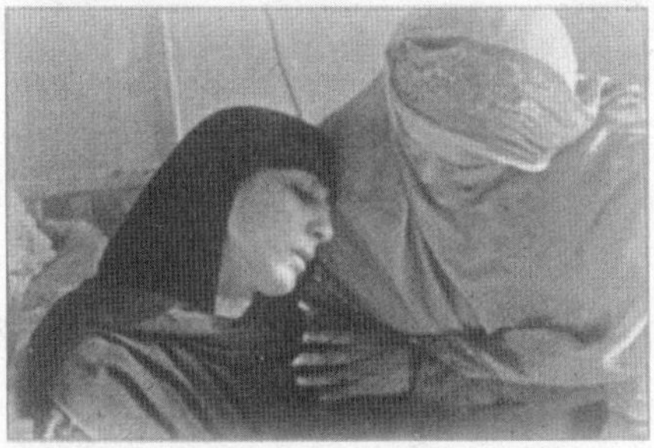

23. 增强或者采取行动去减少压力情境的影响是_________的一个例子。（p.353）
24. _________是一种能力，这种能力能改变对激发压力事件的消极情绪的看法。（p.353）
25. 当你发自内心地抑制或者表达情感，你展示了_______________。（p.353）
26. 根据调查，宣泄或者表达我们的情绪（是 / 并不总是）有益的。（p.353）
27. 什么样的危机报告以及这样的危机报告怎么样能影响那些经受精神创伤的人们？（pp.353–354）

10.7　阐述坚忍性、乐观主义和灵性如何影响压力反应

高坚忍性的人认为改变是一种挑战，对他们的人生和工作的义务有着深刻的认识，相信他们自己能够控制事态。

乐观主义和灵性也能够提升应对压力的能力。

374 28. ________ 是一组态度，它们标志着对事件的控制，对生活和工作的义务，以及面对压力事件的勇气。(p.354)

29. 乐观的人比悲观的人（更好地 / 更糟糕地）应对沮丧。(p.355)

30. ________ 是一种对神圣的寻求，但也可能没有涉及对上帝的信仰。(p.355)

提高健康水平——减少压力（pp.356–364）

10.8 区别不同类型的药物以及它们的作用

药效和药的剂量有关，也和使用者的期望、性格和文化有关。刺激物，比如烟草和可卡因，能提高中枢神经系统的兴奋性。相反，镇静剂，比如酒精，能够减少中枢神经系统的兴奋性。麻醉剂，比如海洛因、吗啡，能产生一种精神愉快的感觉，减少疼痛，导致睡眠。致幻剂，比如大麻、摇头丸，能显著改变知觉、情绪和思维。

31. 这些精神药物包含（类似 / 不类似）于那些我们大脑里自然生成的化学物质。这些分子通过改变 ________ 的化学过程而改变精神状态。(p.357)

32. 当人们遇到和药物有关的常见问题时，他们就有被诊断为________的可能性 (p.357)

33. 药物依赖与________和________有关。(p.357)

34. 严厉禁止喝酒的文化表现了和酒瘾的（高 / 低）相关。(p.358)

35. 双生子和收养研究显示，________因素对易酗酒有重要作用。(p.358)

36. 完成下列表格，填写下列每种药物类型的例子和效果。(p.359)

药物类型	举例	对行为的效果
抑制类		
刺激类		
麻醉类		
致幻类		

37. ________是最强烈的自然刺激物。(p.359)

10.9 了解替代疗法并将其疗效与安慰剂作比较

替代疗法包括如下治疗方法，使用维生素、草药、食物补充剂，以及能量疗法（针灸）和冥想。很多非传统方法并不比安慰剂有效。这些替代医疗的药物和方法当被证明是安全和有效的时候，它们会成为常用药品的一部分。

38. ________是指代替传统医学的医疗保健的方法和药物。(p.363)

39. 美国食品药品监督管理局（监管 / 没监管）草药、维生素和食物补充剂的安全度、纯度和效度。(p.363)

40. 列出一些冥想的积极作用，以及对其可能的解释。(p.364)

睡眠和梦（pp.365–371）

10.10 识别睡眠的不同阶段以及各个阶段发生的神经活动与梦

睡眠和清醒对昼夜节律的反应是不同的，昼夜节律在 24 小时的周期内管理着身体的运行。“生物钟”位于下丘脑的视交叉上核。睡眠分为五个阶段，前面的四个阶段，我们的脑电波变慢，心率放缓，身体温度下降，肌肉放松。在第五个阶段，即快速眼动阶段，大脑的激活程度好像醒着的时候一样。

41. 我们许多生理过程在 24 小时内发生的周期变化叫做 375
________。(p.365)

42. 作为一名大学生你可能早上睡到很晚，这是因为你的________。(p.365)

43. 填出以下各个睡眠阶段脑电图所对应的脑电波类型。(p.367)

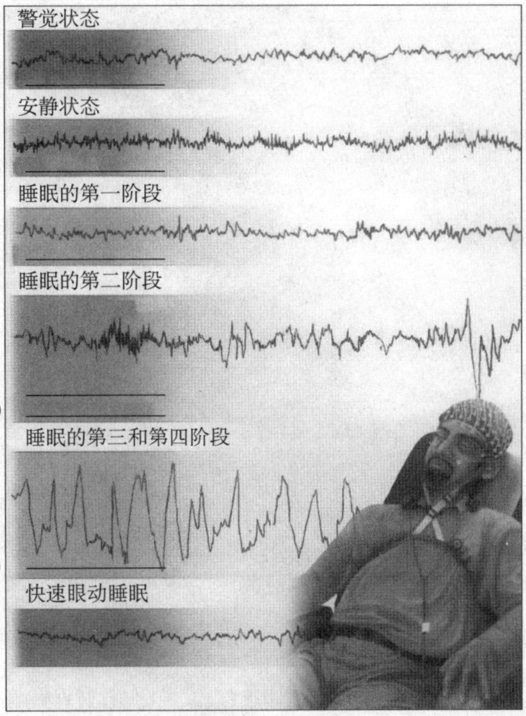

44. 在睡眠的 ________ 阶段，也称 ________ 阶段，我们大脑的活动和我们处于清醒状态时相似，因为我们进入了生动的梦境中。（p.367）

10.11　了解梦的各种理论

弗洛伊德认为梦代表隐藏的愿望。然而，很多梦包含了不愉快和不想要的体验，还有很多梦包含了对日常事件的不愉快的回忆。根据激活—整合理论，大脑试图解释无意义的信号。神经认知理论认为，我们的梦大部分取决于我们个人，所以梦境通常是根据我们自身认知和视觉空间能力的变化而变化。

45. 根据弗洛伊德的 ________ 理论，我们的梦代表我们希望事情如何发展。（pp.367–368）
46. 填出激活—整合理论中涉及的与梦有关的脑成分。（p.368）

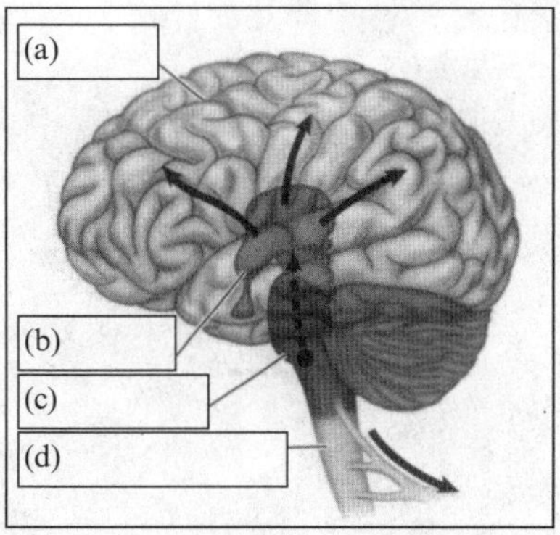

47. 相比儿童的梦境，成人的梦（更加生动 / 不那么生动）。（p.368）
48. 科学家赞成梦境（涉及 / 不涉及）加工情绪记忆和整合新的经验与已有的记忆来理解世界。（p.369）

10.12　描述睡眠障碍的特征和原因

失眠（包括难以入睡、夜间醒来或者早起）是最常见的睡眠障碍。嗜睡症的发作，通常以快速入睡作为评判标准，可以持续长达一个小时。睡眠呼吸中止症是在睡眠过程中呼吸道受到阻碍导致的。而夜惊和梦游是典型的不致损的睡眠障碍。

49. 患有 ________ 的人会不合时宜地突然入睡，比如在开车的时候。（p.370）
50. 在 ________ 过程中，儿童会在一段非快速眼动睡眠中体验到戏剧般的哭喊或者烦躁不安的乱动，但醒来后却对此毫无记忆。（p.371）

思维技能训练

问题与总结

1. 临近大学的申请季，你被邀请来帮助同学识别、评估、应对申请被接受或被拒绝带来的压力。你将教给他们哪些应对技巧?
2. 在你的健康心理学课程中，你需要报告压力和免疫系统的关系。以感冒为例，你将如何解释这个关系呢?

排除其他假设的可能性
pp.343，358

相关还是因果
pp.343，351，354，355，358

可证伪性
pp.355，363，368

可重复性
p.352

第 11 章
社会心理学

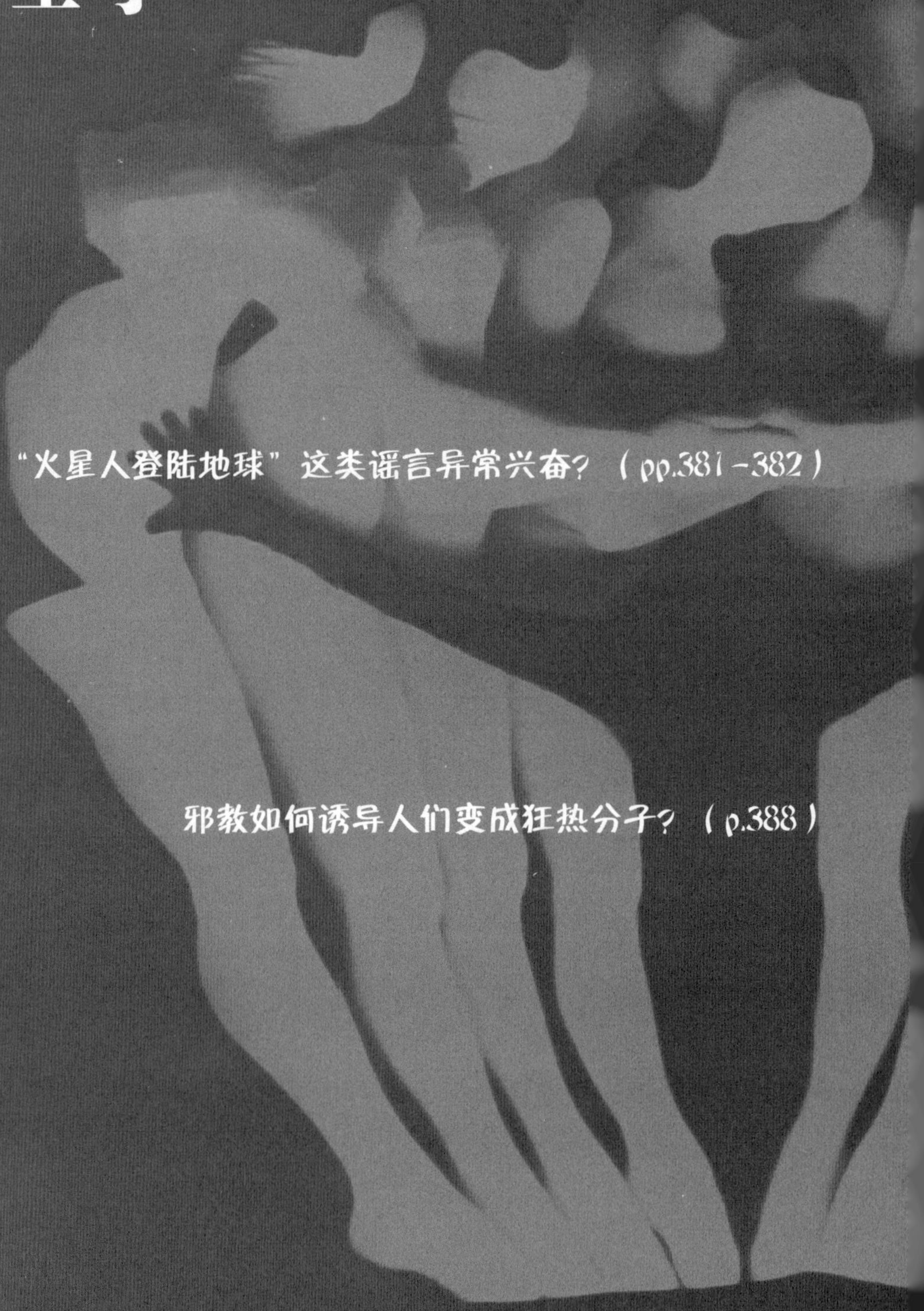

是什么原因导致群众对“火星人登陆地球”这类谣言异常兴奋？（pp.381-382）

邪教如何诱导人们变成狂热分子？（p.388）

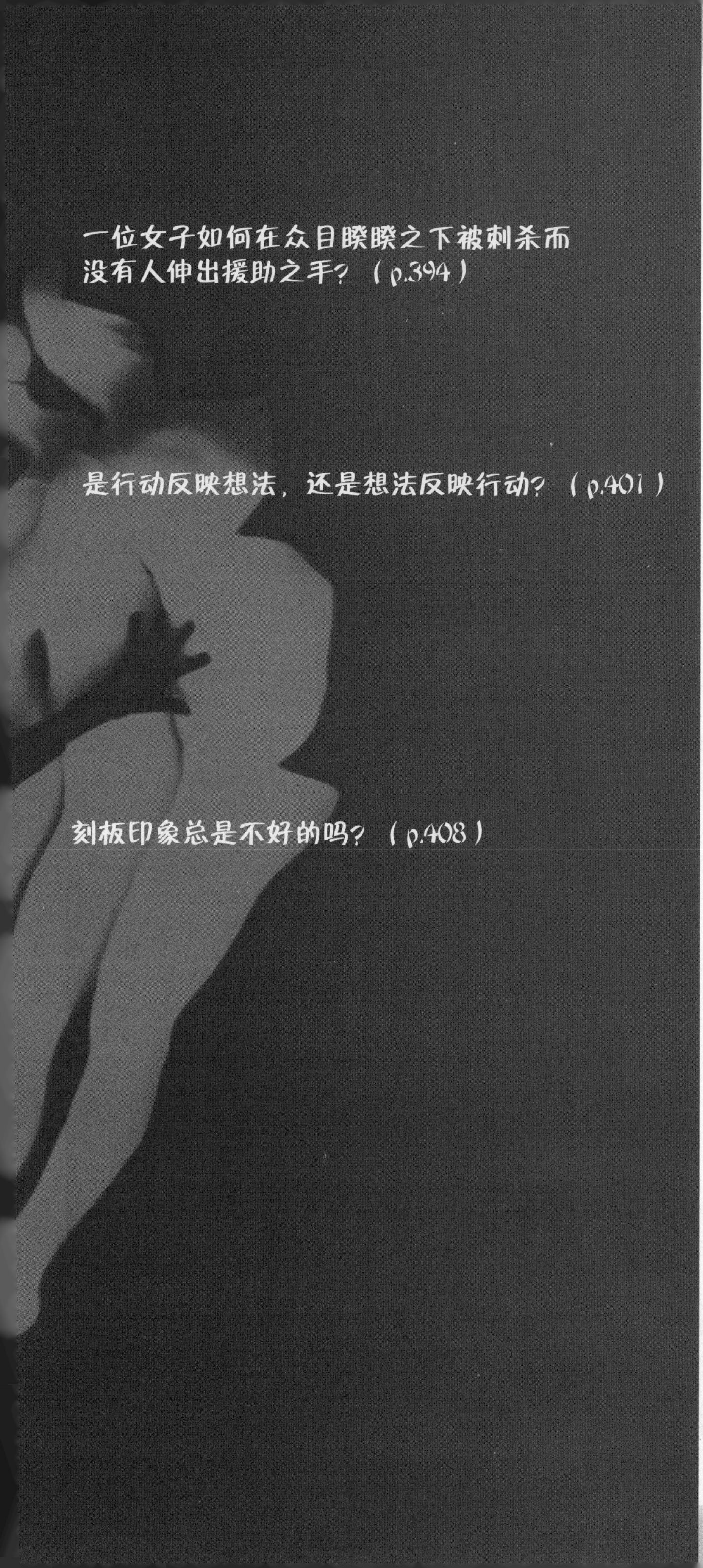

一位女子如何在众目睽睽之下被刺杀而没有人伸出援助之手？（p.394）

是行动反映想法，还是想法反映行动？（p.401）

刻板印象总是不好的吗？（p.408）

什么是社会心理学？

- 人类是社会物种
- 社会心理学的重要教训
- 社会比较：人之所见，人之所为

社会影响：从众和服从

- 从众：阿希范式
- 去个性化：丧失我们的独特个性
- 群体思维
- 服从：顺从命令的心理

帮助他人和伤害他人：亲社会行为和侵犯

- 在人群中是安全的还是危险的？旁观者效应
- 社会惰化：朋友的帮助很少

批判性思考：人群中的头脑风暴是提出创意的一种有效途径吗？

- 亲社会行为和利他行为
- 侵犯：为什么我们会伤害他人

态度和说服：改变观念

- 态度和行为
- 态度的起源
- 认知失调和态度改变
- 说服：人人都是推销员

偏见和歧视

- 偏见的本质
- 歧视
- 刻板印象
- 偏见的根源：一张错综复杂的网
- 防止偏见：一些补救方法

378 ## 学习目标

11.1 了解社会情境影响个体行为的方式（p.379）

11.2 解释基本归因错误如何导致我们对他人的行为做出错误判断（p.380）

11.3 阐述从众行为的影响因素（p.384）

11.4 了解群体决策的负面效应和避免群体决策失误的方法（p.387）

11.5 了解什么情况下会最大程度或最小程度地服从权威（p.392）

11.6 了解情境的哪些方面可以提高或降低旁观者帮助他人的可能性，并解释原因（p.395）

11.7 描述影响人类侵犯行为的社会因素和个体变量（p.398）

11.8 理解态度和行为的关系（p.400）

11.9 评估关于我们如何改变态度以及何时改变态度的不同理论解释（p.403）

11.10 了解普遍的和有效的说服技巧，以及它们是如何被伪科学所利用的（p.404）

11.11 区别信念上的偏见、刻板印象与行为上的歧视有何不同（p.407）

11.12 阐释偏见的产生原因和消除偏见的方法（p.410）

1938年10月30日——万圣节前的几小时内——许多美国人暂时脱离了现实世界。那晚，600万美国人参与了一场由23岁的好莱坞著名艺人奥森·威尔斯（Orson Welles）主持的著名广播节目。这一节目别出心裁地改编了赫伯特·乔治·威尔斯（H.G.Wells）的经典科幻小说《世界大战》，该书生动描述了庞大的火星种族入侵地球的故事［2005年史蒂芬·斯皮尔伯格（Steven Spielberg）将其拍成由汤姆·克鲁斯（Tom Cruise）主演的电影］。为使《世界大战》变得更有趣，同时也为在万圣节前夕和广大听众们开一个玩笑——威尔斯以假新闻的播报形式呈现了该故事。每一个认真听节目的人都知道那只是一个要小聪明的恶作剧，因为威尔斯曾不下四次地提醒观众们，这个节目只是对于科幻小说的改编。

在接下来的几个小时中，一位家喻户晓的新闻播报员用越来越惊人的新闻简报打断了现场的管弦乐演奏，该新闻首次报道了发生在火星表面的一系列爆炸事件以及后来降落在新泽西州格罗弗斯米尔（离纽约市大约50英里）的一个农场上的神秘金属太空舱。在目击者的尖叫声中，播报员讲述着从太空舱舱口伸出触角的巨大外星人。在节目的最后，新闻播报员告诉听众，一支由庞大的火星人组成的军队正对纽约发动全面的入侵。

“世界大战”引发了群众恐慌（Bartholomew，1998）。成百上千的受惊吓听众涌上街头，而其他人则躲进地下室。有些人还报了警或者是自己配备好武器。有人甚至用毛巾包裹住头来防止火星人的化学武器袭击（Cantril，1947）。但大多数听众并不恐慌，至少有数万听众如此（Bainbridge，1987）。令人惊讶的是，许多听众并没意识到此节目还存在其他解释，也没有去寻找可以证实外星人入侵事件虚假性的证据。如果他们换到其他频道，就听不到这一人类历史上的重大事件。也就明白了威尔斯的节目实际上只是开了一个大玩笑。然而，许多听众就这样成了偏见的牺牲者（见第1章），只关注于一个前提——新闻公告就是真相——完全忽略其他可能性。

威尔斯的玩笑一直被认为是万圣节最成功的恶作剧。那么他是如何做到的？有一点是确定的：威尔斯从未接受过心理学的课程培训，因此他并不依赖于科学研究。虽然他明白社会影响的力量，但他也因为强大的社会影响力而感到猝不及防。

什么是社会心理学？

社会心理学不仅帮助我们理解“世界大战”恶作剧之所以能成功的原因，还解释了社会影响为何会产生强大的效力。**社会心理学**是一门研究人们如何影响他人行为、信念和态度（包含好的和坏的两方面）的科学（Lewin，1951）。社会心理学帮助人们明白为什么有他人在场时我们会表现得乐于助人，甚至是英勇无畏，而有时又会表现得极为差劲，比如我们会在别人遭受痛苦时屈服于群体压力而选择袖手旁观。另外社会心理学还告诉我们为什么人们总是倾向于接受不理性的，甚至是
379 伪科学的信念。本章我们将开始探讨社会影响的力量和人们如何以及为何倾向于低估社会影响对他人行为的作用。下面我们将探讨两种极为重要的社会影响，即从众和服从，然后弄明白我们为何时而帮助他人，时而又伤害他人。之后，我们将讨论态度以及社会压力如何影响态度。在本章的结尾，我们将探讨一个让人颇为苦恼的问题，即对他人的偏见究竟是如何形成的，以及一个值得欣慰的问题，即我们是如何克服偏见的。

人类是社会物种

社会心理学之所以重要的原因是：人类是高度社会化的物种。众多证据表明，几十万年前，人类是从密集的小社会群体中开始进化的（Barchas，1986）。即使是今天，许多人还是自然地倾向于形成小群体。我们通过形成小团体或者群体，而将其他人排除在外。

归属的需要：为什么我们会形成群体 如果被长时间地剥夺社会交往，我们往往会感到孤独。根据罗伊·鲍迈斯特和马克·里亚利（Roy Baumeister，Mark Leary，1995）的归属需要理论，人类有对人际关系的生物性需求。我们会尽自己所能去寻求社会交往，如若不然，就会承受心理和生理两方面的不良后果。

而且，社会孤立的威胁可能会导致自残行为，甚至损害我们的心理机能。例如，孤独可能会让我们做一些不健康的行为，如吃容易令人发胖的便餐或者拖延工作任务（Twenge，Catanese，& Baumeister，2002）。社会孤立甚至还不利于学生在智商测试中的表现（Baumeister，Twenge，& Nuss，2002）。

脑成像研究进一步准确而象征性地阐明了这个普遍观点——切断社会交往对人是“一种伤害”。利用类似于流行电视秀《幸存者》的虚拟游戏，基普·威廉姆斯

在 2000 年的电影《荒岛余生》中，演员汤姆·汉克斯（扮演一位被困于遥远荒岛上的联邦快递工作人员）和一个排球建立起了不同寻常的友谊。这个角色的社交动机很强烈，以至于在人际交往被剥夺时，他找寻方法重新建立起了新的人际交往。

在紧急情况下有秩序地撤离一座建筑物，这反映了从众和服从是如何发挥其积极性的。

社会心理学（social psychology）
对人们如何影响他人行为、信念和态度的研究。

（Kip Williams）和他的合作者设计了一个实验方案，在实验中被试表面上看起来被虚构的合作者“拒绝”了。一旦经历了这个社会拒绝的刺激，被试的扣带皮层区域（见第 3 章）就会明显激活，而扣带皮层区域在个体承受生理痛苦时也会变得活跃。所以，我们在被一个群体排斥后所体验到的“痛”与脚趾被踩后感受到的痛，可能不仅仅是比喻意义上的相似（Eisenberger，Lieberman，& Williams，2003）。

我们如何变成这样：进化和社会行为 因为我们将会检验一些不健康的社会影响方式（比如，对权威人物的盲从如何导致我们做出愚蠢行为），这可能会让人误以为所有的社会影响都是消极的。这是对社会影响的严重误解。实际上，我们将要讨论的社会影响方式是可以适应大多数情境条件件的，并且有助于调节文化习俗。**【学习目标 11.1】**从社会行为进化途径的观点来看，许多社会影响过程在进化历程中都对我们有所帮助（Buss & Kenrick，1998）。从众、服从以及其他形式的社会影响只有在盲目或绝对化时，才会产生适应不良。由这点来看，不合理的群体行为（例如，20 世纪 30 年代和 40 年代的纳粹统治期间，成千上万的德国公民盲目服从政府造成灾难性后果，以及 20 世纪 90 年代，在卢旺达发生的大规模种族屠杀事件）是适应过程发生错误后所产生的副产品，这是由人们未经批判性的评估就接纳社会影响而导致的。

他人在场可以提高我们在简单或熟悉任务上的表现。这些自行车手一起骑车时比他们单独骑车时速度更快。

社会助长：从骑自行车的人到蟑螂 因为我们是 380
社会人，所以当他人在场时我们会表现得更好。研究表明，仅仅是他人在场就可以提高我们在某些情境中的表现，这一现象被罗伯特·扎荣茨（Robert Zajonc）称作是**社会助长**。在世界首次社会心理学研究中，诺曼·特里普莱特（Norman Triplett，1897）发现，自行车手在和其他车手竞争时的速度（平均 32.6 英里每小时）比他们单独骑车的速度（平均 24 英里每小时）更快。扎荣茨（1965）发现，社会助长现象也适用于鸟、鱼甚至是昆虫。在心理学史上最富创造性的研究之一中，扎荣茨和两名同事把蟑螂随机分成两组：一组单独走迷津，另一组蟑螂在被“观众席”上的另一只蟑螂观看的情况下走迷津。和前一组相比，第二组蟑螂走迷津明显要更快，而且犯的错误也更少（Zajonc，Heingartner，& Herman，1969）。

然而，他人对我们行为的影响也不总是积极的（Bond & Titus，1983）。只有当我们从事简单任务时，社会助长才会对在场的人起作用，而当我们从事较难任务时，就会出现社会抑制——一种他人会使我们表现更糟的现象。如果你曾经在唱一首有难度的歌曲或者在讲一个很难懂的长笑话时被别人“抑制”，那么你有可能已经发现了这个原则。由 5 名研究人员组成的研究小组曾观察人们打台球（Michaels，Blommel，Brocato，et al，1982）。他人在场时，有经验的台球手会表现得更好，而没经验的台球手则表现得更糟。因而社会影响的效果因情境而定，可能是积极的也可能是消极的。

社会心理学的重要教训

当我们试图在想别人（或者是我们自己）为什么会做某事时，我们就正在**归因**，或者说推测行为的原因。我们每天都在归因。有些归因是主观的（内在的），比如，我们认为乔·史密斯（Joe Smith）会抢银行是因为他容易冲动。还有些归因是客观的（外在的），比如，我们认为比尔·琼斯（Bill Jones）抢银行是因为他的家

社会助长（social facilitation）
他人在场时我们表现得更好的现象。

归因（attribution）
推测行为原因的过程。

庭破裂了。我们可以依据外在的情境因素（例如同辈群体压力）来解释大量的日常行为。

基本归因错误　当我们读到关于《世界大战》广播节目及某些美国人的疯狂行为时，会震惊地摇头，然后带着自己永远不会这样做的心理来安慰自己。然而，社会心理学领域提出一个我们要用余生去谨记的事实（Myers，1993a），那就是**基本归因错误**。它是由李·罗斯（Lee Ross，1977）提出的，指的是人们倾向于高估素质因素对他人行为的影响。所谓素质因素，是指持久的个性特征，比如人格特质、态度和智力。因为这种错误，我们把行为更多地归因于他们是怎样的人，而很少归因于其周围所发生的事件。**【学习目标 11.2】**老板在公司衰落期，为了节约资金会解雇一些员工，他可能会被我们错误地认为是冷酷无情的，而事实上他这么做是顶着巨大压力在挽救公司。顺便提一句，基本归因错误不仅适用于解释他人行为，当我们解释自己的行为时也常常考虑到情境因素（Jones & Nisbett，1972）。

基本归因错误的证据。爱德华·E·琼斯和维克多·哈里斯（Edward E.Jones & Victor Harris，1967）首次进行了证明基本归因错误的研究。他们要求大学本科生在一场关于美国对古巴及其极具争议的领导人菲德
381 尔·卡斯特罗的态度的讨论中充当“辩手”。他们随机安排学生在众目睽睽下大声朗读有关持赞成或反对菲德尔·卡斯特罗态度的辩词。

听过这些辩词之后，研究者要求其他辩手评估每个辩手对于菲德尔·卡斯特罗的真实态度。也就是说，抛开其朗读的辩词，他们认为每个辩手对于卡斯特罗的真实想法是什么？这些学生都成了基本归因错误的“牺牲品”，即使他们知道任务的分配条件是完全随机的，他们仍然认为辩手们所说的话反映了其对卡斯特罗的真实态度（见图 11.1）。他们在评估辩手的态度时，没有考虑到被试是被随机分配到实验条件下的（Ross，Amabile，& Steinmetz，1977）。

基本归因错误：文化影响。有趣的是，基本归因错误的严重程度因文化而异。例如，日本人和中国人很少犯这种错误（Nisbett，2003）。这可能是因为他们比西方文化背景下的人更多地把行为归因于环境。例如，阅读了关于大量的谋杀报道后，中国被试明显不会将此行为归因于性格方面（“他一定是个邪恶的人”），而更可能考虑到情境方面的解释（“他一定是处于巨大的生活压力之下”）。然而，美国被试则趋于表现出相反的倾向（Morris & Peng，1994）。

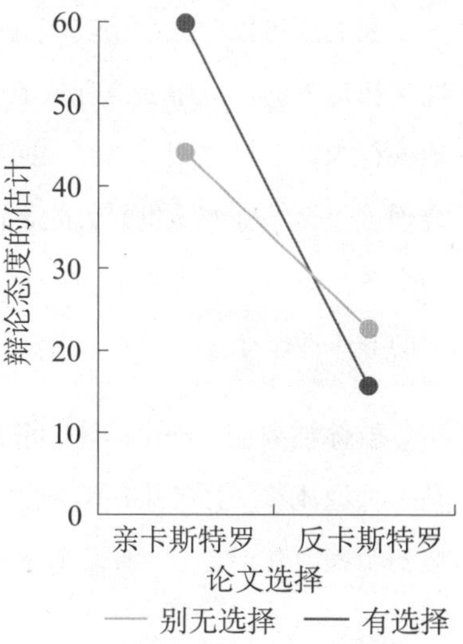

图 11.1　在琼斯和哈里斯（1967）的卡斯特罗研究中被试的表现

基本归因错误的一个案例：被试认为辩论者支持或反对卡斯特罗的立场，反映了他们的真实态度，尽管辩论者自己不能选择采用哪种立场。（Source：Jones & Harris，1967）

社会比较：人之所见，人之所为

《世界大战》的恶作剧之所以会成功，是因为我们是天生的社会性生物。当情境不明确时，我们会寻求周围人的意见，到底该相信什么，该怎么做。根据利昂·费斯廷格（Leon Festinger'，1954）的**社会比较理论**，我们是通过与他人比较来评价自己的信念、能力和反应的。这样做可以帮助我们更好地了解自己和整个社会。例如，如果你想知道自己是不是一个优秀的心理学学生，你会很自然地拿自己的考试成绩同其他同学作比较。

你怎么认为？

你的叔叔认为生活在贫困中的人们，除了自己，不能责备任何人——如果他们真有意愿，就会下定决心开始挣钱。你将怎样根据基本归因错误来解释他的观点？

基本归因错误（fundamental attribution error）
倾向于高估素质因素对他人行为的影响。

社会比较理论（social comparison theory）
通过与他人的反应相比较来评价自己的信念、态度和能力的理论。

我们还可以对社会比较作进一步的讨论。尽管我们经常从他人的反应中获得有价值的信息，但是完全依据他人行为做出反应则又是另一回事。如果他们的行为不合理该怎么办呢？《世界大战》似乎是人类非理性行为的个案，但事实并非如此。《世界大战》仅仅是一个广义上的群体性癔症。

群体性癔症：一个群体的非合理行为 **群体性癔症**是一种像流感一样传染性爆发的非理性行为。因为当情境不明确时我们会倾向于做社会比较，但在确定的情境下，大多数人就会出现群体性癔症。当多数人同时相信 382
某些虚假的奇闻异闻时，群体性癔症会导致集体错觉的发生。试想当太空旅行的社会观念高涨时，拍到不明飞行物（UFO）的概率会有多高，见图 11.2。

这种狂热开始于 1947 年 6 月 24 日，当时飞行员肯尼思·阿诺德在飞过华盛顿州的雷尼尔山附近海洋的上空时，看见了 9 个神秘的发光体，他将其描述为“像碟状物一样掠过水面”，几天之内飞碟一词出现在 150 多家报纸上（Bartholomew & Goode，2000）。更有趣的是，仅仅在几年之内，成千上万的人都宣称自己在空中看见了碟状物体，他们认为那是外星人乘坐的宇宙飞船。

集体错觉的另一个事例发生在 1954 年，西雅图和华盛顿经历了盛行一时的“挡风玻璃上的坑”事件。许多居民注意到汽车挡风玻璃上有细微的凹口和小坑，他们怀疑这是联邦政府搞秘密核试验的结果。人们的高度关注使事态失去了控制，以至于西雅图市市长最后向艾森豪威尔总统寻求紧急帮助（Bartholomew & Goode，2000）。西雅图的市民并不知道，其实大多数车的挡风玻璃上一直都有小坑。

都市传闻 关于社会影响力的最简单证明之一就是关于都市传闻的研究。虚假的故事被重复多次以后，人们会认为那是真的（Brunvand，1999）。你听说过图 11.3 中的都市传闻吗？

图 11.3 中所展示的虚假故事都太荒诞了，不可能是真的，然而人们一直相信这些故事，而且还在人群中传播这些故事。都市传闻在某种程度上是令人信服的，因为它符合我们的预想

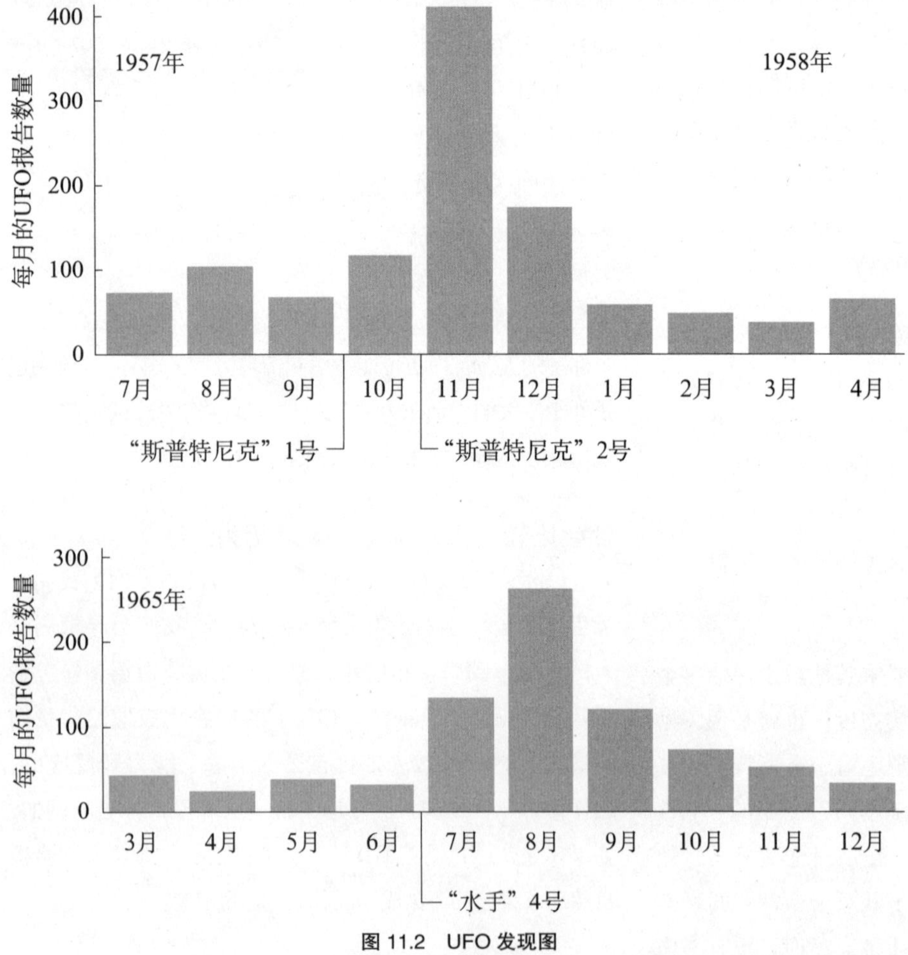

图 11.2 UFO 发现图

在 20 世纪 50 年代，随着“斯普特尼克”1 号和 2 号（第一批发射入太空的物体——苏联卫星），以及美国探测器“水手”4 号的发射，看见 UFO 的人数戏剧性地猛增。尽管这些数据不能推导出确切的因果结论，他们仍与一种可能性相一致，即 UFO 的发现是有社会起因的。（Source：Hartmann，1992）

群体性癔症（mass hysteria）
通过社会性感染而传播的非理性行为的爆发。

暴雨之后，一位女士出于好心把她的鬈毛狗放入微波炉中加热试图烘干它。结果，微波炉爆炸了。

沃尔特·迪斯尼活着的时候就吩咐人们在他死后将其冰封，等到将来先进的技术能让他重生的时候再把他解冻。

一位女士在家附近发现一只流浪的吉娃娃。她精心地照料了它几周，甚至带它去看兽医，兽医告诉她，她那只漂亮的“小狗”实际上是一只大老鼠。

许多团伙晚上不开车灯到处逛，而且射击那些灯光照到他们的人。

大西洋航空公司一个航班上的一个女子被困在机舱厕所里两个多小时，她在冲水时创造了一个真空环境以至于她和座便器黏合在了一起。

图 11.3 都市传闻

这些有名的都市传闻都广为人知，不过它们都是虚假的。查阅网站 www.snopes.com 搜集关于这些以及其他都市传闻的真实性的信息。

（Gilovich，1991）。同时它也编造出一些好的故事，因为它们牵连着我们的情绪，尤其是消极情绪（Rosnow，2002）。研究表明，最流行的都市传闻都和厌恶情绪有高度的相关性，这可能是因为它激起了人们强烈的好奇心。因此，它会像野火一样蔓延。都市传闻通常会刻画一些并不具吸引力的老鼠及其他动物，这可能并不是一种巧合（Heath，Bell，& Sternberg，2001）。

★小测试

1. 从社会行为发展的观点看，从众和服从有一种内在的不适应性。 正确 错误
2. 他人在场总是提高我们的表现。 正确 错误
3. 基本归因错误提醒我们：我们倾向于将他人的行为主要归因于他们的人格特质和个人态度。 正确 错误
4. 当情境是明确的时候，我们更可能参与社会比较。 正确 错误

答案：（1）错（p.379）；（2）错（p.380）；（3）对（p.380）；（4）错（p.381）

社会影响：从众和服从

回忆一下你曾加入的某个组织或团体，例如俱乐部、学生会、大学里的联谊会。你曾经有过这样的经历吗，即使知道团体的想法是不好的甚至有违道德的，却仍然同意？如果你有过这样的经历，不必感到羞愧，因为你并不是异类。**从众**指的是个体迫于群体压力而改变自身行为的一种倾向（Kiesler & Kiesler，1969）。不同时期的人都会出现顺从社会压力的现象，然而，正如即将看到的，我们正在不经意间将这种倾向扩大。

从众：阿希范式

所罗门·阿希（Solomon Asch）在 20 世纪 50 年代

从众（conformity）
个体迫于群体压力而改变自身行为的一种倾向。

进行了一个关于从众的经典研究。阿希（1955）的研究设计简洁精练。在与此相似的众多社会心理学研究中，被试会被一个替代故事所诱导，所以不知道研究的真正目的。通常，研究中的其他“被试”实际上是研究者的同伙或者秘密工作者。但真正的被试并不了解这些情况。

在本章中，请你想象一下，自己是一些经典社会心理学研究中的被试，现在我们从阿希实验开始。

设置：阿希邀请一些被试来参加一个名为“感知判断研究”的实验，共 8 名被试（包括你），在实验中你需要对一条标准线段和三条比较线段进行判断。三条比较线段分别为：1，2，3。你并不知道除你之外的其他被试都是阿希故意安排的假被试。一个研究者向你们说明：你的任务是大声地报告出三条比较线段中哪一条和标准线段一样长。研究者按围坐桌子的顺序来提问，所以你总是在第五个或第六个位置进行回答。

研究：在第一轮试验中，很明显地，答案是“1”。你仔细听着之前的被试报告答案。被试 1 说“1”，被试 2 说“1”，被试 3 说“1”，被试 4 说“1”，作为第五个被试，你只要简单地跟随前面几个被试的回答，说出“1”，在你之后的 3 个被试同样回答“1”，你这时会告诉自己，这个研究简直太容易做了。

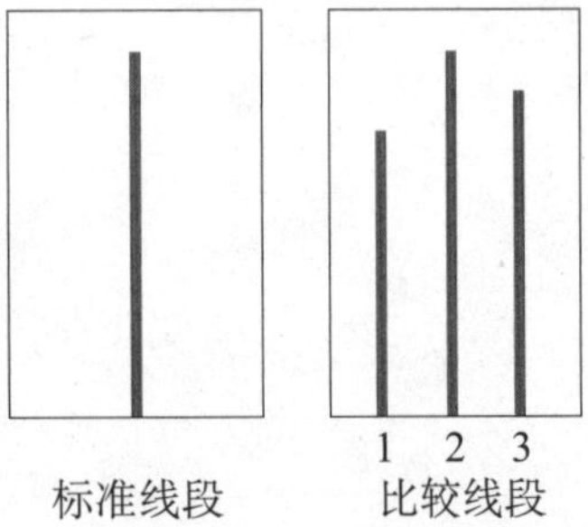

图 11.4 阿希实验

哪一条比较线段与标准线段一样长？假设其他几个被试都说是线段 3，你会同意他们的观点吗？

第二轮试验与第一轮相似，也很容易做出回答，只是正确回答换成了“2”（见图 11.4）。

在这张阿希实验的照片中，我们看见那个唯一的真被试（中间的）在实验同伙们给出错误答案后，几乎不敢相信他的眼睛，瞪大眼睛盯着刺激卡片。

同样地，你仔细听着其他被试的回答。被试 1 说“3”，被试 2 说“3”，被试 3 说“3”，被试 4 说“3”。

这时你几乎不能相信自己的耳朵，很明显“2”才 384
是正确的，但是所有人都说“3”是正确的。究竟发生了什么？是你的眼睛欺骗了自己，还是你误解了指示语？你该怎么办？

结果：如果你像阿希最初的实验中的 75% 的被试一样，那么在 12 轮试验中你服从错误答案的次数至少有 1 次。在阿希所有 12 轮的试验中，被试有 37% 的次数会服从错误的回答。因为被试经历了一场坚持自己还是相信他人的强烈冲突，所以可想而知，他们会报告体验到困惑和苦恼。

详细分析从众的社会影响 阿希（1955）和之后的研究者们确定了一些影响从众行为的社会因素。【**学习目标 11.3**】研究者总结出了以下几个影响从众行为的自变量。

一致性：如果所有“假被试”都做出错误回答，那么被试更可能顺从群体意见。但如果有一个假被试做出正确反应，从众的水平将下降 3/4。

给出一个不同的错误答案：当得知有其他的群体成员做出与大多数成员不同的回答时，即使这个假被试并没有发表与被试相同的意见，都会使被试的从众行为减少。

群体规模：群体规模对从众行为会有不同的影响。但仅限上升至 5 到 6 个被试。人们在 10 个被试的群体中要比在 6 个被试的群体更少从众（见图 11.5）。

阿希还试图排除一些与他的研究结果不同的假设。为了弄清群体标准对被试线段知觉的影响，他又重复了原先的实验，但这次是让被试写下他们的回答而不是让他们口头报告。在这种条件下，被试的回答正确率高达 99%。

排除其他假设的可能性
对于这一研究结论，还有更好的解释吗？

从众行为的个体差异和文化差异：人们迫于社会压力的回答与个体差异是有联系的。例如，低自尊的人更易出现从众行为（Hardy，1957）。从众行为中的文化差异也是存在的。亚洲人比美国人更容易从众（Bond & Smith，1996）。正如我们在第 8 章中讨论到的，这可能是因为亚洲文化比美国文化更看重集体主义（Oyserman，Coon，Kemmelmeier，et al.，2002）。这种对集体主义的重视使亚洲人比美国人更关心集体的观点。另外，个人主义的文化（像美国）会使人更倾向于从群体中凸显出来，而不像集体主义文化中的人那样喜欢融入群体。在一项研究中，研究者向美国和亚洲被试展示了一捆橘色和绿色的钢笔，其中一种颜色的笔占大部分，另一种颜色的笔占小部分。美国人更倾向于拿起那个占小部分颜色的笔，而亚洲人更倾向于拿起颜色占大部分的笔（Kim & Markus，1999）。

去个性化：丧失我们的独特个性

让我们更易从众的过程就是**去个性化**：当人们去除他们平时的身份时则更倾向于形成一种非典型的行为（Festinger，Pepitone，& Newcomb，1952）。导致去个性化现象的原因有很多，其中最显著的原因是匿名性和个体责任感的缺失（Dipboye，1977；Postmes & Spears，1998）。当我们被去个性化后，就会更容易受社会的影响，包括社会角色的影响。

385 我们每天都扮演着各种各样的社会角色，如学生、老师、子女、兄弟姐妹、室友、运动员、社会俱乐部成员，以及员工，这都只是一小部分而已。当我们暂时抛弃典型社会身份，并且强行接纳不同身份时，将会发生什么？

斯坦福监狱实验：帕罗奥图市的混乱　大约 30 年前菲利普·津巴多（Philip Zimbardo）和他的同事带头研究了这个问题（Haney，Banks，& Zimbardo，1973）。津巴多了解许多监狱里的环境是非人性化的，他对这一环境的形成原因感到困惑：究竟是追溯到个体的人格特质，还是追溯到他们所承担的角色？囚犯和狱警，两个天生对立的角色，他们会带着这样的期待来形成令各自满意的预言吗？当普通人扮演这两个角色时，会发生什么？他们会接受分配的角色吗？

设置：津巴多和同事们以广告招募的方式征集志愿者来参加为期两周的“监狱生活的心理学实验”（见图 11.6）。使用人格测验确定这些志愿者都是正常的，通过抛硬币的方法，随机分配其中的 24 名男性大学本科生，从而决定谁扮演囚犯，谁扮演狱警。

研究：津巴多将斯坦福大学心理学公寓楼的地下室改造成一个模拟监狱，这个“监狱”拥有独立的牢房。为了让实验情境更真实，由真正的警察将“囚犯”从各自家中押送到模拟监狱。扮演囚犯和狱警的人分别穿上了各自的服装。作为这个监狱的“警司”，津巴多指示狱警将囚犯们编号，并以号码来称呼囚犯们。

结果：实验的第一天在平静中度过。但很快事情有了变化。狱警们开始残忍地对囚犯们施以酷刑。狱警要求囚犯做一些令他们感到羞辱的事，如做俯卧撑、脱光衣服、唱歌以及徒手清洁厕所。在一些牢房里，狱警甚至给囚犯头上套上布袋。

到了第二天，囚犯们开始动乱，但很快被狱警镇压。从此事情越变越糟。狱警越发残忍，他们使用灭火器强迫囚犯模拟性行为，很快就有囚犯表现出情绪失调，比如抑郁、绝望或愤怒。实验中津巴多释放了两名心理处于崩溃边缘的囚犯。有一个囚犯表现出强烈的抗

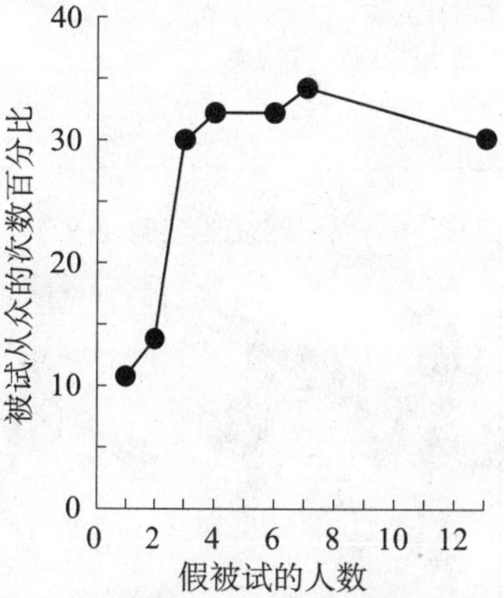

图 11.5　假被试的人数对从众行为的影响

在阿希的研究中，当假被试的人数增加时，从众行为也相应增多——但仅限于上升到 5 个到 6 个被试。（Source：Asch，1955）

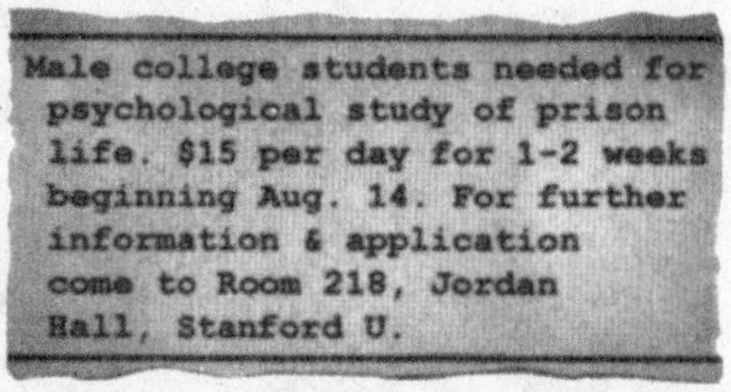

图 11.6　津巴多的监狱实验的招募广告

1972 年津巴多“斯坦福监狱”实验招募被试广告的影印件。（Source：Zimbardo，1972）

去个性化（deindividuation）
当人们除去他们平时的身份时，更倾向于形成一种非典型的行为。

心理学家菲利普·津巴多，在他家的墙上挂满了各种面具。津巴多对面具很感兴趣，因为有研究表明面具会使人产生去个性化的现象。

议情绪。

在第六天，津巴多被他以前带的研究生——克里斯蒂娜·马斯拉奇（Christina Maslach）劝说后，提前8天结束了这个研究。囚犯们在得知这一消息后感到解脱，而有些狱警却表现得很失落（Haney et al., 1973）。

也许津巴多是对的，当囚犯和狱警被分配角色后，自身的个性变得不重要了，且超乎他人想象地融入角色中。尽管这个研究结果很震撼，但它却仍存在许多未能很好控制的因素：在很多方面，这不仅是个实验，倒更像是个示范。特别是，他的囚犯和狱警可能已经体验了主试所要求的个性（见第2章）来符合他们被安排的角色。例如，被试也许已经猜到研究者想要他们扮演囚犯和狱警，而且他们也遵从了。此外，只要在试图重复“斯坦福监狱”的实验中，有一例不成功，就可以证明去个性化的发生并不是必然的（Reicher & Haslam, 2006）。

可重复性

其他人的研究也会得出类似的结论吗？

斯坦福监狱实验（1973）　　阿布格莱布监狱（2004）

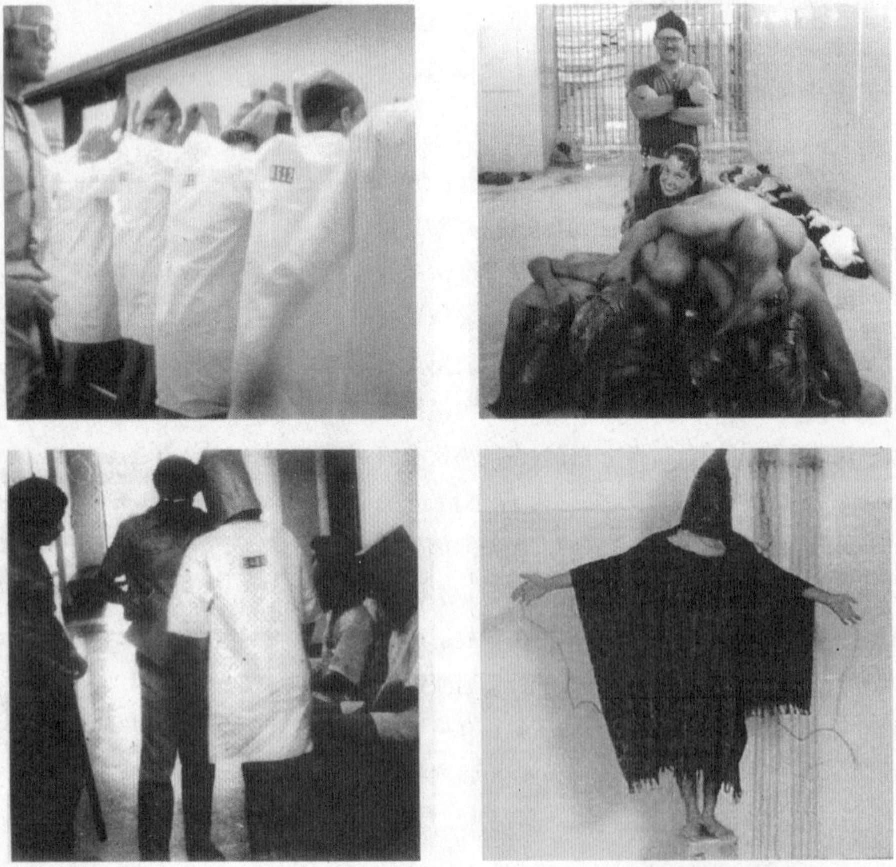

对一些观察者而言，2004年伊拉克的阿布格莱布监狱里的一些暴行（右侧图片）与1972年津巴多监狱实验里的一些场景（左侧图片）很相似。这都是去个性化过程在发挥作用吗？

真实世界：阿布格莱布监狱的混乱 “斯坦福监狱”实验并不是一个特殊案例（Zimbardo, 2007）。2004年，全世界共同见证了在伊拉克的阿布格莱布监狱里发生的与“斯坦福监狱”实验类似的情况。在那里我们看到作为狱警的美国士兵，在囚犯头上套上布袋，并且让囚犯系上用来系狗的皮带四处跑动，嘲笑他们暴露的生殖器，以及让他们排列成人形金字塔来消遣娱乐。津巴多（2004b, 2007）很注重这些相似性，他坚持认为阿布格莱布监狱的惨状是情境迫使的产物。津巴多还认为，狱警和犯人之所以会失去人性，可能是因为上级委任给他们的 386

社会角色使他们失去了自我。

不过，绝大多数美国狱警在伊拉克战争期间没有虐待囚犯，所以导致虐待的原因并不仅仅是情境因素。正如阿希范式的研究所示，个体的性格差异在从众中也扮演着重要作用。事实上，那些在阿布格莱布监狱实施残暴行为的少数狱警都曾出现过不负责任的行为（Saletan，2004）。

此外，去个性化并不一定会使我们做出恶劣行为，反而是会更可能遵从情境所要求的行为准则（Postmes & Spears，1998）。一些研究者还发现，某种程度的去个性化真的会使人更倾向于做出亲社会行为，或是在别人没有伸出援助之手时给予帮助（Johnson & Downing，1979）。不管怎样，去个性化都让我们行为举止更像是群体当中的一员而不是单独的个体。

你怎么认为?

在历史人类学课上，可以读到历史上的以及跨文化的战争准备工作。你会发现，普通士兵的准备工作包括穿统一的制服、化装、戴面具或者面盔。这些因素是怎样促成士兵用暴力行为对抗他人的?

去个性化可以用来解释为何集体行为不可预测：集体中的个体行为更多地依赖于他人行为是亲社会的还是反社会的（反对他人）。几世纪以来人们一直认为，群体比个体更有攻击性。在一些情境里，群体的确是有攻击性。然而在另一些情境里，群体没有个体的攻击性强（de Waal，1989b；de Waal，Aurelli，& Judge，2000）。而且，尤其当人处在人群中时，限制他们的社会互动可
387 以减少冲突（Baum，1987）。比如，在拥挤的公交车或是电梯中，人们一般不会直盯着别人看，而是会望着路面或者地板。人们不太可能在这种情况下说出侵犯性的话或者做出侵犯性行为，因此这种方式可能会更合适一些。

群体思维

和从众密切相关的一个现象就是欧文·贾尼斯（Irving Janis，1972）所称的**群体思维**：强调群体一致性，忽视批判性的思维。有时候，群体坚决要求成员之间彼此意见一致，他们甚至失去了客观评价问题的能

有时候群体的行为是不理性的，甚至是暴力的。但是研究证明，群体并不一定就比个体更暴力。

力。【学习目标 11.4】

贾尼斯对 1961 年美国入侵古巴猪湾失败背后的推理过程进行研究后提出了“群体思维”的概念。在和内阁成员进行冗长的讨论之后，约翰·肯尼迪总统征募了 1 400 名古巴移民去入侵古巴，推翻古巴的菲德尔·卡斯特罗政府。但是菲德尔·卡斯特罗提前得知了这次入侵计划，结果几乎所有的入侵者都被俘虏或者杀害了。计划失败后，肯尼迪自问道：“我怎会如此愚蠢呢？”（Dallek，2003）贾尼斯给出了一个简单答案：肯尼迪和他的内阁都是“群体思维”的牺牲品。他们确信计划天衣无缝，因为没有人提出异议，而且他们没有考虑到这个棘手的问题：他们本可以避免这个灾难的。

猪湾入侵事件并不是群体思维让聪明的人类做出的最后一次灾难性决定。1986 年，航天飞机“挑战者”号在起飞后 73 秒内爆炸，7 名航天员全部罹难。“挑战者”号的项目负责人不顾美国国家航空航天局（NASA）工程师的警告——火箭增压器上的橡胶圈在零度以下可能会失灵而引起航天飞机爆炸——断然在 1 月的寒潮后发射了航天飞机。

群体思维（groupthink）
强调群体一致性，忽视批判性思维和合理决定。

可能是 NASA 的群体思维导致了 2003 年 2 月“哥伦比亚”号航天飞机失事的灾难，造成全体 7 名船员罹难。项目负责人忽视航天飞机起飞时撞击侧翼的碎片可能带来的潜在危险，结果导致了飞船在返回大气层时解体。（Source：Ferrari & Carveth，2003）

表 11.1 中贾尼斯（1972）列举出了一些易受群体思维影响的特征或者说“症状”。并不是所有心理学家都认同贾尼斯对群体思维的描述。一方面，群体思维并不总会导致糟糕的决策，只有过于自信的群体才会如此（Tyson，1987）。另一方面，虽然在没有充足证据之前我们可以认为群体思维只会导致消极结果，但是追求群体一致性也并不总是不好的（Longley & Pruitt，1980）。

表 11.1　　群体思维的症状

症状	示例
群体是无懈可击的错觉	“我们不可能失败的！”
群体一致性错觉	“很显然，我们意见一致。”
坚信群体道德的正确性	“我们知道我们的立场是正确的。”
从众压力——让群体成员和其他成员保持一致的一种压力	“不要打破局势的平衡。”
对外偏见——讽刺敌人	“他们都愚蠢至极。”
自我审查——群体成员在有疑惑时仍保持沉默的一种倾向	“我觉得领导者的意见很蠢，但我最好还是什么都不要说吧。”
心灵守卫——自认为自己的工作是抵制不一致的意见	“哦，你认为你比我们都知道得更多？”

作为一种心理学现象，群体思维一般是可以避免的。贾尼斯（1972）曾指出，避免群体思维最好的办法就是鼓励组织内部成员踊跃提意见。他建议所有的群体都应该任命一个“故意唱反调的人”——他的任务就是对群体决策的正确性提出质疑。除此之外，贾尼斯还建议聘请专家来评价群体的决策是否有用。最后，召开后续会议看看首次会议的决策是否依旧合理。 388

邪教和洗脑　群体思维极端化就会产生**邪教**：由对同一目标有强烈认同、绝对忠诚的个体所组成的群体。很多情况下，他们都是忠于一个有领袖魅力的人。

有时邪教会引发灾难性的事件。比如，曾是精神病患者的马歇尔·阿普尔怀特（Marshall Applewhite）创立的南加利福尼亚组织“天堂之门”。“天堂之门”的成员都相信阿普尔怀特是耶稣转世。成员们确信阿普尔怀特将在他们死后带他们去星际飞船。1997 年，有一颗大彗星接近地球，一些媒体发表错误的报道，宣称有一艘宇宙飞船尾随其后。“天堂之门”的成员深信这是“天堂”对他们的召唤。于是，所有邪教成员——共 39 名——都喝了有毒的鸡尾酒自杀了。

因为邪教活动都是秘密进行的，而且难以研究，所以，实际上心理学家们对他们的了解甚少。但是，有证据表明邪教主要利用四种途径来促成群体思维（Lalich，2004）：一位有号召力的领导者；使群体成员与外界隔离；不允许怀疑组织或者领导者的主张；创立向成员灌输邪教思想的宗教风俗（Galanter，1980）。

关于邪教的误解也有很多。其一就是认为邪教成员都有情绪障碍。不过有研究表明，虽然很多邪教的领导者可能患有严重的心理疾病，但是大多数成员都是精神正常的（Aronoff，Lynn，& Malinowski，2000；Lalich，2004）。这种错误的观点可能是由于基本归因偏差：为了试图解释为什么有人加入邪教，我们高估了个人特质的作用，却低估了社会影响的作用。

第二种误解是所有的邪教成员都被洗脑了，也就是被群体的领导者变成了没有思考能力的僵尸。虽然一些心理学家认为许多邪教都使用了洗脑技术（Singer，

邪教（cult）
由对同一目标有强烈认同的和绝对忠诚的个体所组成的群体。

1979），但洗脑术本身是否存在仍备受争议。首先，并没有充足的证据证明洗脑可以长久地改变被洗脑者的信念（Melton，1999）。其次，也没有充分的证据证明洗脑是改变人们行为的唯一途径。相反，洗脑这种说服技巧与政治领导者和商人们的高效说服技巧并没有多大差别（Zimbardo，1997）。本章后面还会更详细地讲述这些技巧。

我们怎样才能最好地抵制邪教的灌输呢？虽然是反直观的，但社会心理学的研究结果仍很清晰：首先向人们呈现与邪教信念一致的信息，然后再拆穿它。威廉·麦奎尔（William McGuire，1964）关于**免疫效应**的研究也表明，要使人们对一个不合理的信念产生免疫，最好的办法就是先向人们介绍这一信念看似正确的原因，然后再对这些理由进行辩驳。这种方法就像是打疫苗——为了预防病毒侵体，向人注射小计量的病毒疫苗，以提高机体抵抗力（McGuire，1964；McGuire & Papageorgis，1961）。例如，如果我们想说服某人睡眠期间学习根本不起作用（见第 5 章），我们可以指出在睡眠期间大脑虽仍然保持活跃状态（见第 10 章），但学习顶
389 多只是有可能会发生。这种灌输可以让人们容易相信：并没有充足的证据表明睡眠时可以学习。

服从：顺从命令的心理

从众让我们与别人行为一致。这种传播是“横向的”——群体影响来自于同龄人。而**服从**，即遵从上级（比如老师、父母、老板）的指令。这里的传播就是“纵向的”——群体影响来自于我们的上级而非同龄人（Loevinger，1987）。许多群体，比如邪教，都是受到从众和服从二者强大的双重作用。

服从：一把双刃剑　在日常生活中，服从是必需的，甚至是绝对需要的。没有它，社会不可能顺利运转。你之所以看这本书，部分原因是教授要求你这么做；你会在下一次上学路上或上班途中遵守交通规则（希望如此！），是因为你知道社会期望你这样做。然而，像从众一样，当人们不再追问自己为什么要按别人的要求去行动时，服从也会带来麻烦。

在越南战争中，美国陆军中尉威廉·卡利（William Calley）召集了查理分队一个排士兵与敌军激战数周。在 1968 年 3 月 16 日早晨，当查理分队的成员们进入美莱村，期望可以找到越南士兵的藏身之所的时候，他们显然已经在服从的边缘了。尽管美莱村里没有敌人，但是卡利还是命令士兵向根本没有参战的村民们开了火。他们用步枪刺刀刺死了男人们，又开枪射击正在祈祷中的妇女和儿童。最终，这队美国士兵残忍地屠杀了 500 名无辜的越南村民，他们之中年龄最小的才 1 岁，年纪最大的 82 岁。

邪教成员从不质疑邪教的习俗。“统一教”的创始人文鲜明在一场大型集体婚礼庆典上，聚集了成千上万的陌生男女。这些“夫妻”都是通过配对准新郎和准新娘的照片决定的。

服从的双面性：中尉威廉·卡利（左图）因为在 1968 年美莱村大屠杀中命令他的队伍屠杀手无寸铁的老百姓被军事法庭指控。休·汤普森（右图）让他的直升机降落在军队和无辜的村民之间，努力拯救村民的性命。

免疫效应（inoculation effect）
先向人们介绍观点看似正确的原因，然后再揭穿真相，从而使人改变观点的一种方法。

服从（obedience）
遵循更高权威者的指令。

事后，卡利坚称他只是执行长官的命令而已，对这次大屠杀不承担直接责任。同样，卡利队里的士兵也声称他们是在执行卡利的命令。

与卡利的行为截然不同，军官休·汤普森（Hugh Thompson Jr.）则是让他的军用直升机降落在卡利的军队和无辜的村民之间，企图阻止这场大屠杀。汤普森和他的两个队员不顾生命危险命令部队停止射击并转移村民，拯救了很多无辜的生命。

美莱村大屠杀也许令人费解。但迄今为止，这已经不是盲目服从带来危险性的唯一实例。我们该如何解释这些行为呢？我们又该如何预测人们什么时候会服从或者不服从命令呢？

斯坦利·米尔格兰姆：非理性服从的原因 斯坦利·米尔格兰姆想弄清楚潜藏在非理性行为下的规则。米尔格兰姆的父母是犹太人，而他在二战中长大，因此他致力于探寻大屠杀发生的原因——这是一个深刻而复杂的问题。在20世纪四五十年代，主流观点认为大屠杀
390 是精神错乱的产物，因为精神错乱会导致残暴的行为。不过，米尔格兰姆推测纳粹在大屠杀中的暴行是一般社会影响的极端化结果，而且我们中的任何人在类似的情境下都可能这么做。

米尔格兰姆范式。在20世纪60年代早期，米尔格兰姆开始研究一种实验范式（一种实验的模式）（Blass，2004），这种实验范式可以用来探索人们服从行为产生的原因。他采用的这种范式已经成为心理学历史上最具影响力的典型范式之一（Cialdini & Goldstein，2004；Slater，2004）。

设置：你在康涅狄格州的报纸上发现一则征求志愿者参加记忆研究的广告。广告声称被试可获得4.5美元的报酬，这在20世纪50年代是很大一笔零用钱呢。你去了耶鲁大学的实验室，有一位身材高大、仪表堂堂，身穿白色实验服的先生威廉姆斯迎接了你。你还碰到了另一位友好的中年被试华莱士先生，这个你不认识的人实际上是假被试。真正的实验目的被掩饰了，你和华莱士会一起参与“惩罚对学习的影响”的实验，你们之中的一个将扮演老师，另一个是学生。通过抽签来决定角色，你抽到了“老师”（所抽的签被事先做了手脚）。从这时开始，威廉姆斯称你为“老师”，你称华莱士为“学生”。

威廉姆斯会告诉你，作为老师要让学生完成心理学家所谓的对偶联想任务。在任务中，你先读一系列的词对，例如“强壮—手臂”、“黑色—窗帘”。接着向学生呈现每个词对的第一个词（比如“强壮”），然后让他从四个选项中选择第二个词（比如“手臂”）。不同的是，为了评估惩罚对学习的影响，你要对“学生”施以一系列痛苦的电击。他每错一次，你就要把电压升高一级。电压从15伏特到450伏特逐渐上升，并且注有标签，上面写着“轻微电击”、“中度电击”、“危险：重度电击”和最危险的“×××”。

研究：你看到威廉姆斯把学生带进了房间，并把他的手臂捆在了电击板上。威廉姆斯解释说学生会按与答案对应的键，他的回答会点亮你所坐的相邻的房间。如果他回答正确，你什么也不用做。但如果他回答错误，你就要对他施加电击，电击强度随着错误次数增加而增加。这时候，学生告诉威廉姆斯他有“轻微的心脏问题”，很忧虑电击强度。威廉姆斯简要地回答他说，虽然电击很痛苦，但是“不会对机体组织产生持久的伤害”。

你被带进相邻的房间，坐在电击仪器前。按照威廉姆斯的计划，学生一开始几题都回答正确，但是很快就犯错了。如果你去问威廉姆斯你是否应该继续实验，不管什么时候，他都会回答早已安排好的句子（“请接着做。”“实验要求你继续做下去。”“你没有选择，必须接着做。”）让你继续实验。为了使实验标准化，米尔格兰姆用磁带预先录下了学生的声音反应，当然这些你并不知情（Milgram，1974）。在75伏特时，学生会大喊：“啊！”到330伏特的时候，他将发狂似的一遍遍地大喊：“放我出去！”并且埋怨胸部疼痛。电压升到345伏特的时候，就只剩沉默了。学生没有任何回应了，威廉姆斯告诉你没有回应的情况作为错误答案处理，同时你要继续加大电击强度。

选自米尔格兰姆的服从实验的图片

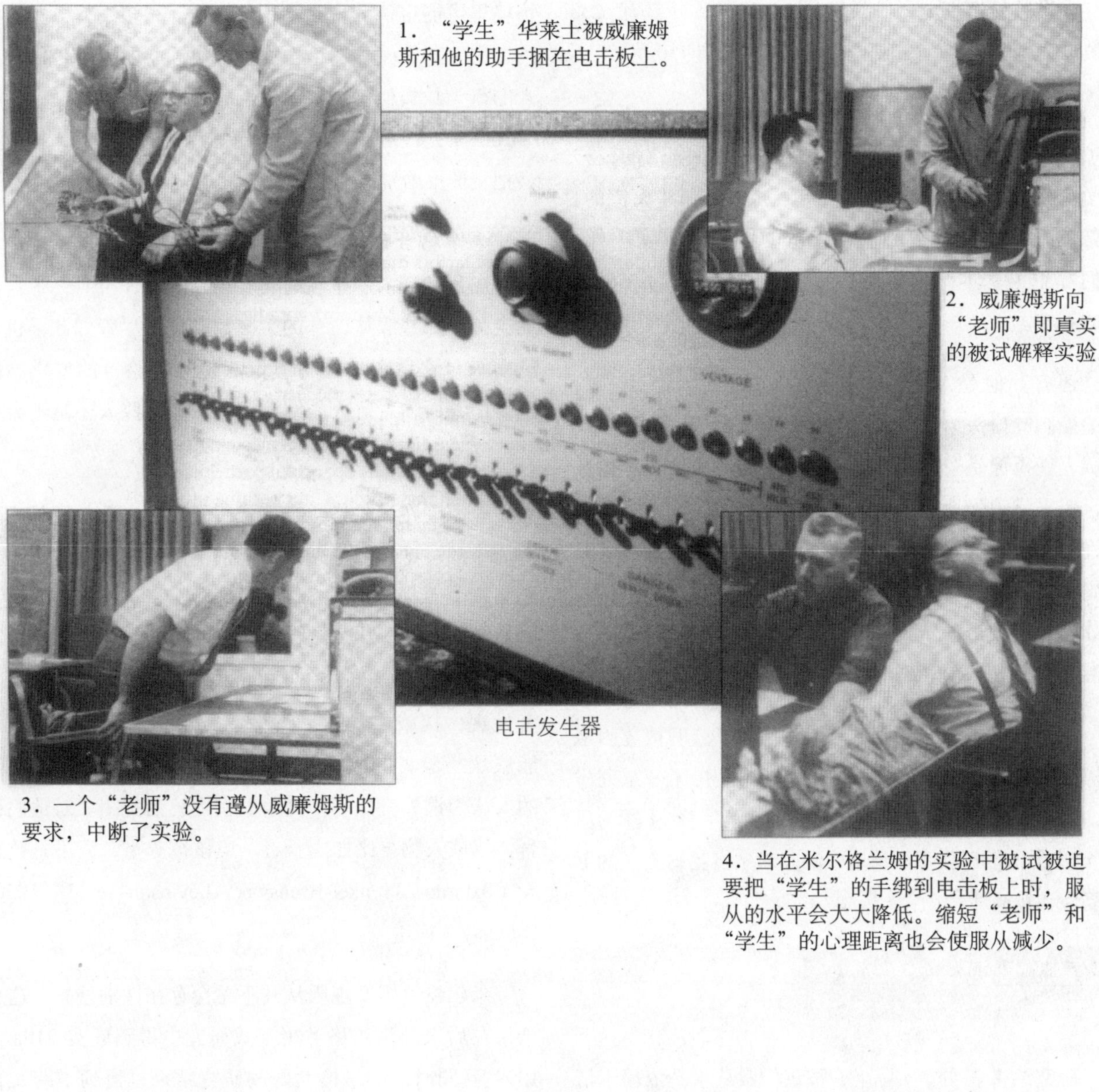

1．“学生”华莱士被威廉姆斯和他的助手捆在电击板上。

2．威廉姆斯向“老师”即真实的被试解释实验。

电击发生器

3．一个“老师”没有遵从威廉姆斯的要求，中断了实验。

4．当在米尔格兰姆的实验中被试被迫要把“学生”的手绑到电击板上时，服从的水平会大大降低。缩短“老师”和“学生”的心理距离也会使服从减少。

结果：当米尔格兰姆第一次实施这个实验时，他请了40名耶鲁大学的精神病学家预测结果。他们的预测
392 结果如何呢？根据研究者的预期，大多数的被试在电压升到150伏特的时候就会中止实验，只有0.1%（也就是千分之一）“极端不理智的”（Milgram，1974）被试，才会把电压最终升到450伏。但他们错了。事实上，在米尔格兰姆的初始研究中，所有的被试都对学生施加了电击。大多数被试把电压升到了至少150伏，并且有62%的被试完全服从实验要求，将电压一直升到450伏。

实验结果令人很震惊。米尔格兰姆自己也被吓了一跳（Blass，2004）。在他做实验之前，几乎全部的精神病学家都推测绝大多数被试根本不会服从那些离谱的、残暴的命令。但是，和耶鲁大学的精神病学家一样，他们都犯了基本归因错误：低估了情境因素对被试行为的影响。

还有其他令人惊讶的事情。许多被试都冒出一些无法控制的口头语，或者突然紧张地笑起来。也有少数被试表现得像是个施虐狂。即使有些服从实验要求的被试，似乎是勉强地对学生施加电击，甚至会乞求实验者允许他们停止实验，但是他们中的大多数还是遵从了威廉姆斯的要求，因为他们认为无需为自己的行为负责。比如，一个被试说“我想停下来，但是他（实验者）让我继续做下去”（Milgram，1974）。

米尔格兰姆范式：主题和变量。为了查明情境因素会提高还是降低服从水平，米尔格兰姆又做了一系列研究，用这些研究的结果来排除其他可能的解释。【学习目标11.5】他们还在不同情境中测验米尔格兰姆范式的可重复性和普遍性。

排除其他假设的可能性
对于这一研究结论，还有更好的解释吗？

研究结果表明，实际上，被试的服从水平依赖于情境因素，包括学生的反馈、教师与学生的心理距离和物理距离、实验者的威信等。尽管此范式中有众多变量，仍存在两个关键主题。第一，“老师”（真被试）和实验者的“心理距离”越远，服从水平越低。当实验者和被试的心理距离比较远的时候，比如他通过电话对被试解释实验，被试的服从水平会骤然下降。第二，“老师”和“学生”的心理距离越远，服从水平越高。当米尔格兰姆叫被试让别人操纵电击，以此拉大他和学生的心理距离的时候，被试的服从水平最令人关注。结果是，完全服从的水平是93%。就像陆军中尉卡利为自己辩护说在美莱村大屠杀时他“只是服从命令”，被试在这些情境里可能也认为自己不用负责任。很多纳粹分子，和阿道夫·艾希曼一样，都为自己屠杀了数以千计的犹太人的行为找类似的借口：他们只是服从上级的命令而已（Aronson，1998）。当人们做出非道德的行为时，往往都会把责任推给别人。

米尔格兰姆范式：个体差异、性别差异和文化差异。当我们对米尔格兰姆实验结果进行评价时，很自然地会关注那些服从命令的大多数被试。尽管如此，也有许多被试在巨大的压力下没有遵从实验者的要求。所以，尽管面临着巨大的情境压力，但有些人还是不会服从那些不合乎道德的命令。这些是什么人呢？

研究者在米尔格兰姆范式中发现了少数一直都不服从命令的被试。劳伦斯·科尔伯格用他的访谈方案（见
第8章）发现，被试的道德发展水平与服从是负相关 393
的；道德发展水平越高的被试，越可能违背实验者的要求（Kohlberg，1965；Milgram，1974）。另一位研究者发现，权威主义这一人格特质水平高的被试，更可能服从实验者的要求（Elms，1972）。权威主义水平高的人认为世界就是一个庞大的权力统治集团。对他们而言，权威人物（比如实验者）应该被尊重，而不是被怀疑（Adorno，Frenkel-Brunswik，Levinson，et al.，1950；Dillehay，1978）。

米尔格兰姆发现服从并不总会存在性别差异，这一结果在后来的米尔格兰姆范式研究中得到证实（Blass，1999）。同时，米尔格兰姆的研究结果也得到了跨文化研究的支持。总的来说，美国人的服从性与另一些国家人们的服从性没有显著差异（Blass，2004），这些国家包括意大利（Ancona & Pareyson，1968）、南非（Edwards，Franks，Friedgood，et al.，1969）、西班牙

（Miranda，Caballero，Gomez，et al.，1981）、德国（Mantell，1971）、澳大利亚（Kilham & Mann，1974），以及约旦（Shanab & Yahya，1977）。

可重复性
其他人的研究也会得出类似的结论吗？

米尔格兰姆的研究：教训。心理学家们从米尔格兰姆的研究工作中收获很多。他们发现权威人物有着超乎常人想象的力量。同时也明白服从并不是因为人性残忍；在米尔格兰姆的实验里，几乎所有被试都想中断实验，但又不得不服从权威。而且，他的研究还提醒我们基本归因错误的力量：大多数人，甚至是精神病学家，都低估了情境因素对行为的影响（Bierbrauer，1973）。

罗莎·帕克斯（Rosa Parks，1913—2005）在公交车上不顾法律规定，拒绝给一个白人让位，她因此成为 20 世纪五六十年代"非暴力抵抗"的榜样人物。对她而言，道德重于法律。

心理学家们还在争论，米尔格兰姆的研究是否能为二战期间纳粹对犹太人的大屠杀和美莱村大屠杀提供一个恰当的模型。而反对者们明确表示，集中营里的警卫非常喜欢折磨无辜的人，这与米尔格兰姆的被试截然不同（Cialdini & Goldstein，2004）。并且进一步指出，大规模破坏性服从行为的发生，除了需要官方支持的权威人物，还必须要有一个由个性邪恶的人所组成的群体。他们的结论也许是对的。另一个重要的批评是关于米尔格兰姆研究的伦理问题。主试的任务让很多被试感到痛苦，而被试在知道实验的真实目的后也可能产生很大的心理创伤。如今，考虑到实验的伦理道德，已经不再进行这样的实验了。抛却这些争论不说，斯坦利·米尔格兰姆让我们更加清醒地认识到这样一个事实：好人也会做坏事，理性的人也会做出不理性的行为（Aronson，1998）。同时，他的研究也给了我们警示，帮助我们避免这些危险。

★小测试

1. 阿希的研究证明，需要一些假被试来抵抗从众对个体的影响。　正确　错误
2. 去个性化不仅会增加人们的反社会行为，也可以增加亲社会行为。　正确　错误
3. 和个体相比，群体更少做出极端的决策。　正确　错误
4. 服从本身是适应不良的和不健康的。　正确　错误

答案：（1）错（p.384）；（2）对（p.386）；（3）错（p.387）；（4）错（p.389）

394 ## 帮助他人和伤害他人：亲社会行为和侵犯

几个世纪以来，哲学家们一直在争论人性的善恶。而科学真理一般不会单纯地陷入某一个极端。事实上，已经有越来越多的证据表明人性是社会积极倾向和消极倾向的混合体。

灵长类动物研究者弗兰斯·德·瓦尔（Frans de Waal，1982，1996）认为，与人类亲缘关系最近的是倭黑猩猩和黑猩猩，它们表现出了亲社会行为和反社

灵长类动物研究者弗兰斯·德·瓦尔拍下的这张重要的照片，呈现了一只雄性黑猩猩（左）在打斗之后向另一只黑猩猩表示让步妥协的情景。许多心理学家都认为，我们的亲社会行为在很大程度上受遗传因素的影响。

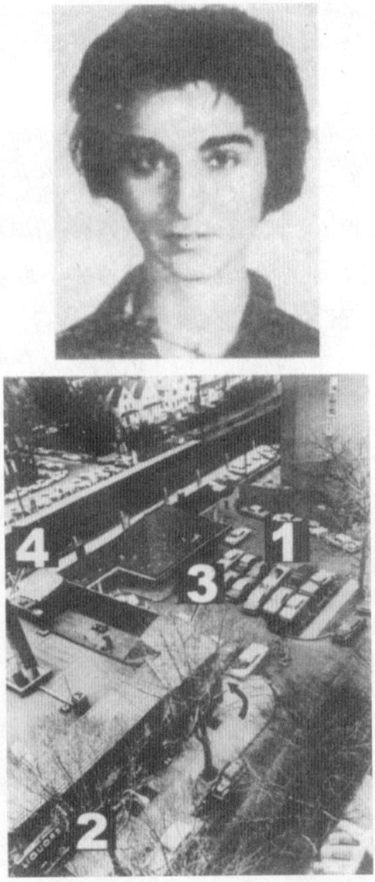

图 11.7　凯蒂·吉诺维斯被谋杀

1964 年 3 月 13 日凌晨 3 点 20 分，凯蒂·吉诺维斯在纽约的邱园被杀害。她开进邱园火车站的停车场，把车停在了图中所示的 1 处。当时，她注意到有个男人在停车场，她变得有些紧张，便向报警电话亭走去。那个男人抓住她，在图中 2 处用匕首袭击了她。她成功地挣脱了，但是在图中的 3、4 两处，她又被抓住，最终被杀害。

会行为的萌芽。它们的 DNA 和人类相似度达 98% 以上，因此为研究人类本性的演变打开了一扇窗户。尽管这些物种在社会行为方面有相同之处，但是倭黑猩猩在更大程度上倾向于亲社会行为——愿意帮助他人的行为——而黑猩猩在更大程度上倾向于反社会行为，如侵犯行为。黑猩猩也会表现出亲社会行为，比如争斗后的和解。

那么我们更像哪个物种呢？是热爱和平的倭黑猩猩还是好战的黑猩猩？事实上，我们和上述两者都有相似之处。德·瓦尔（2006）喜欢把人类称为“双面类人猿”，因为我们的社会行为可以说是我们的近亲——类人猿的社会行为的融合。

下面，我们将重点从影响亲社会行为和反社会行为的情境因素，来分析这两种行为的心理本质。首先探讨的是为什么在一些情境下我们不会帮助他人，而在另一些情境下，又会主动提供帮助。然后，将揭露为什么有时我们会对同伴表现出侵犯性。

在人群中是安全的还是危险的？旁观者效应

可能你听过这样的话：“在人群里是安全的。”常识告诉我们身处险境时，最好的方法是和他人在一起。但这真的正确吗？让我们来看两个真实例子。

- 1964 年 3 月 13 日 15 点，28 岁的凯蒂·吉诺维斯（Kitty Genovese）刚下班，走在回公寓的途中。突然，一个男人闯出来刺伤了她。从他出现到逃逸，不过 35 分钟而已。当周围公寓的灯亮起来的时候，凯蒂不停地尖叫着恳求帮助。尽管具体事实还存在争议（Manning，Levine，& Collins，2007），但大多数证据表明周围的约 30 户邻居中至少有 6 户（可能更多）都听到了她的求救，但是没有人帮助她，甚至都没有人报警。这场可怕的突然袭击最后以凯蒂的死亡而告终（见图 11.7）。
- 1995 年 8 月 19 日早晨，33 岁的德丽萨·伍德（Deletha Word）正行驶在密歇根州底特律市的一座大桥上，意外地撞到了马特尔·威尔士（Martell Welsh）的汽车的挡泥板。威尔士和同行的两个年轻人跳出汽车，把德立赛的衣服扒得只剩内衣，然后用千斤顶狠狠地殴打她。期间，威尔士甚至把她举到半空中，问旁观者有没有人想
395 “分享”她。当时大约有 40 个人驾车经过，但没有一个人停下来甚至没有一个人报警。德丽萨绝望地挣扎着，最后为了逃脱，她从桥上跳了下去，溺水身亡。

旁观者效应的原因：为什么我们不帮助别人　正如许多奇闻轶事一样，虽然这些真实故事可以用来阐释观点，但它们没有作科学的总结。许多年来，心理学家总简单地认为旁观者的无反应性是因为他们缺乏同情心。但是心理学家约翰·达利（John Darley）和比伯·拉坦纳（Bibb Latané）推测，与其说旁观者效应是冷漠导致的，倒不如说是因为“心理瘫痪”。根据达利和拉坦纳的观点（1968a），旁观者面对紧急情况时一般都会想要介入，但却又发现自己呆立一旁，好像没有能力提供任何帮助。他们还认为，大众心理学的观点是错误的，事实上，在人群中并不安全，反而还会有危险。和普遍看法相左，他们假定面对紧急状况时，他人的存在会让人不情愿（而不是更情愿）提供帮助。那么，为什么会这样呢？

*多元无知：一定只有我是这样想的。*达利和拉坦纳用两个主要因素来解释旁观者效应。第一个是**多元无知**：错误地认为他人不会像我们一样觉知事物。**【学习目标 11.6】**要介入一个紧急情况，前提是我们要确认这个情境确实很紧急。设想一下，明天你走在上学的路上，看到一个衣着零乱的学生倒在长椅上。当你经过时，脑海中会闪现一些想法：他是在睡觉吗？还是喝醉了？他病得很严重吗？还是死了？会不会是我的心理学教授在进行一项调查，测试我对紧急情境的反应？多元无知在这里就开始起作用了。我们环顾四周，发现别人都若无其事，然后我们推测（可能是错误地推测）这不是什么紧急情境。我们会想大概只有自己才觉得它是一种紧急情境，于是确定了没有什么危险，也没什么好担心的，之后就去上课了。

确定一个模棱两可的情境是否紧急和多元无知有关。但是，多元无知并不能很好地解释发生在凯蒂·吉诺维斯或德丽萨·伍德悲剧里的旁观者行为，因为很明显这些情境是紧急情境。但是，即使我们意识到了情况紧急，他人的存在仍然会阻止我们的助人行为。

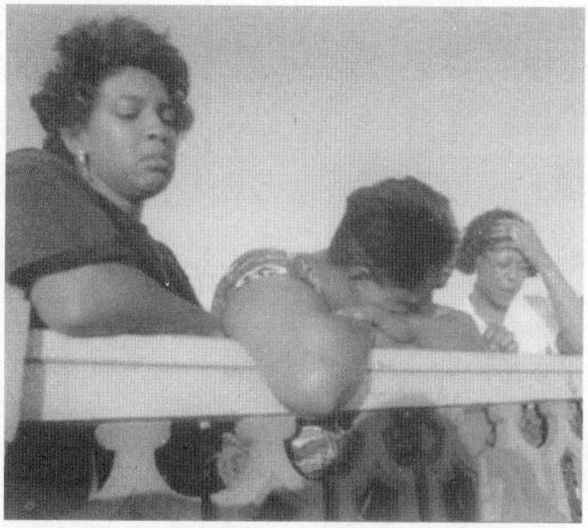

德丽萨是旁观者效应的一个悲惨的受害者。在其死后，一些人聚集在她出事的桥上悼念她。

即使当一个情境看起来很紧急，我们也可能不会提供帮助。社会心理学中的责任分散解释了这一现象的原因。

多元无知（pluralistic ignorance）
错误地认为他人不会像我们一样觉知事物。

责任分散：推卸责任。第二步是要求我们介入情境中，即我们对不介入所导致的结果需要有一种责任感。关键是：紧急情境中旁观的人越多，每个个体对没有提供帮助而引起消极结果的责任感越少。达利和拉坦纳把这种现象叫作**责任分散**，即因他人的存在让个体的责任感降低的现象。如果你没有援助一个心脏病突发的人，结果他死了，你可以对自己说："哦，真是件令人悲痛的事，但那并不是我的错。毕竟，其他很多人也可以帮助他的。"

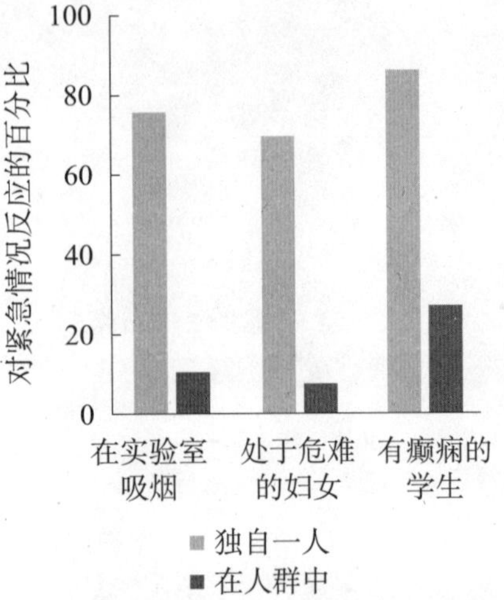

图 11.8 旁观者介入

在三个典型的旁观者介入实验中，人们在群体中助人行为的比率显著低于单独一人的情况。

我们都会受多元无知的影响，它可能让我们认为某个情境并不紧急；我们也会受到责任分散的影响，即便在紧急情境下也不提供帮助。从这一点看，在紧急情境中任何一个人会伸出援助之手实在太令人惊讶了，因为介入的障碍实在太多了。

有关社会惰化的研究表明，在庞大的群体中，个人付出的努力比其独立工作时要少（比如，拔河）。

责任分散（diffusion of responsibility）
因他人的存在，个体责任感降低的现象。

社会惰化（social loafing）
个体在团队工作中效率变低的现象。

旁观者效应的相关研究。为了探明诸如凯蒂·吉诺维斯悲剧中旁观者效应的心理根源，达利和拉坦纳及其同事通过被试的意愿测试了旁观者的影响：（1）报告房间内充满烟气（Darley & Latané，1968b）；（2）对听起来像是一个女人从梯子上摔下来受伤而发出的声音作出
反应（Latané & Rodin，1969）；（3）对听起来像另一 396
个同学癫痫发作了作出反应（Darley & Latané，1968a）。在这些研究中，被试独自一人时要比其处于群体中更可能寻求或提供帮助（见图 11.8）。

研究者微小地调整了实验设计后再次实验，得出了类似的结果。拉坦纳和尼达（Latané & Nida，1981）分析了约 50 项关于旁观者介入的研究，大约涉及 6 000 名被试，发现 90% 的情况下被试独自一人时比其处于群体中更可能给予帮助。这个结论的复制性程度很高。甚至只是设想自己是一个庞大群体的一员，就可能降低我们在紧急情境中提供帮助的可能性（Garcia，Weaver，Moskowitz，et al.，2002）。

可重复性
其他人的研究也会得出类似的结论吗？

你怎么认为？

设想你刚听完一场音乐会，刚出场就在人群中被一个抢劫者袭击。你应该怎样做才能提高旁观者帮助你的可能性。

社会惰化：朋友的帮助很少

你曾经是一个没什么业绩的团队成员吗？如果是，那你可能就是**社会惰化**作用的受害者，它是指在团队中人们会消极怠工的现象（Latané，Williams，& Harkins，1979；North，Linley，& Hargreaves，2000）。

一些心理学家认为社会惰化是旁观者不介入的一种变体。这是因为社会惰化看起来一部分是由于责任分散：在团队里工作的人对工作的责任感要比单独工作时少。他们没有投入相同的努力和精力。

心理学家用大量实验证实了社会惰化。在其中一个实验中，研究者蒙上 6 名被试的眼睛，让他们戴上耳机，要求他们尽量大声地拍打或者叫喊。当被试认为自己只是其中一个制造噪音的人时，他们的声音比以为自己是单独一人时要小（Harkins，1981）。研究者在其他实验中也发现了社会惰化，比如拉绳实验（拔河比赛）、导航迷津、辨别雷达信号和评审某一工作的候选人（Karau & Williams，1995）。

避免社会惰化的一个最佳方法是确保每个人是相对独立的，例如，向他们说明经理和老板会评估每个人的表现。这样，我们就可以“分散”在团队工作中经常出现的责任分散现象。

批判性思考：人群中的头脑风暴是提出创意的一种有效途径吗？

设想你被一家广告公司聘用，公司让你给美味太太鸡肉面汤策划一个开拓市场的活动。这个汤的近期销售情况并不理想，你的工作就是提出一项广告设计，使每个美国人都情不自禁地要伸手去拿他身边的那碗汤。

你打算独立构思一条简单醒目的广告语，老板却走进你的办公室，对你说要参加下午在经理办公室召开的“群体头脑风暴”。会议上，你将和公司的其他 12 名成员一起发挥想象、畅所欲言，希望可以拿下鸡肉面汤的广告方案。全球各家公司为了提出新奇创意，一般都会把群体头脑风暴作为一种方法。在他们看来，思维的碰撞可以激发出许多创意，效果比独立思考要好。《应用想象力》一书影响了许多公司采用头脑风暴，作者奥斯本（Osborn，1957）在书中指出“团体工作中，平均每个人提出的想法是其单独工作时的两倍”（p.229）。 397

尽管群体头脑风暴可以提出敏锐新颖想法的说法很吸引人，但是上述观点已经被证实是错误的。大量实验证明，群体头脑风暴并不比成员独立思考有效（Brown & Paulus，2002；Diehl & Stroebe，1987）。相反，它使可能产生的想法变少，优秀的创意也会减少（Paulus，2004）。而且，一般由群体头脑风暴提出的想法还没有个体头脑风暴的想法有创意。而更糟的是，团队往往会高估方案的水平，这一点也可以解释为什么头脑风暴仍然流行至今（Paulus，Larey，& Ortega，1995）。

群体头脑风暴没有个体头脑风暴有效率的原因至少有两点。一是团体中的成员会在意他人的评价，这导致他们可能会隐瞒一些好的想法。另一个原因就是社会惰化。在群体头脑风暴上，人们往往会“搭便车”：他们自己坐在那里而让别人苦思冥想（Diehl & Stroebe，1987）。不管什么原因，研究者都认为，就头脑风暴而言，单独个体比两个人或者更多人表现要好，至少在人们可以相互交流时。

亲社会行为和利他行为

尽管涉及助人行为时，在人群中往往并不安全反而可能是危险的，但是，就算有他人在场，我们中的许多人在面临紧急情境时，还是会提供帮助（Fischer et al.，2006）。在德立赛·伍德的悲剧事件中，有两位男士跳下水试图营救她，可是没有成功。事实上，不少有利证据表明，大多数人都有**利他行为**，即会无私地帮助他人（Batson，1987；Dovidio，Piliavin，Schroeder，et al.，2006；Penner，Dovidio，Schroeder，et al.，2005）。

利他行为：无私的帮助　多年来，一些科学家认为我们帮助别人完全是因为利己主义（自我中心），比如是为了减轻自己内心的痛苦或是为了体验助人的快乐（Hoffman，1981）。根据这种观点，我们帮助他人仅仅是为了让自己感觉更好一些。然而，在一系列的实验中，丹尼尔·巴特森（Daniel Batson）和他的同事揭露：有时我们的行为完全是利他的。也就是说，在一些情况下，我们帮助那些处于困境中的人主要是因为同情他们（Batson et al.，1991；Batson & Shaw，1991；Fischer，Greitemeyer，Pollozek，et al.，2006）。在一些研究中，

利他行为（altruism）
无私地帮助他人的行为。

他们让被试看到一些接受电击而痛苦的女性（实际上她们是研究助手），然后给被试两个选择：代替她接受电击，或者转身离开不再看她接受电击的场面。当被试开始对被电击者表露出同情倾向时（比如，被告知他们的价值观和兴趣爱好与她的相似），他们一般会选择代替她接受电击，而不是离开（Batson et al.，1981）。所以有时候我们帮助别人，不仅仅是为了减少自己的痛苦，也是为了减轻其他人的痛苦。

心理学研究者声明，有时我们会做出真诚的利他行为，其中很大一部分原因是因为同情心。

除了同情心以外，还有很多心理变量都会提高助人行为的可能性。以下是一些关键因素。

398

助人行为：情境影响 在一些情境下人们提供帮助的可能性更大。当人们不能轻易地从一个情境中逃脱时，比如不能跑开、驾车离去，或者像凯蒂·吉诺维斯被杀案例中，不能关上灯继续睡觉，他们更可能去帮助别人。例如，人们更可能帮助一个在拥挤的地铁中倒下的人，而不是倒在路边的人。受害者的一些特征也会影响旁观者助人行为的可能性。在一项研究中，一段时间内，95% 的旁观者帮助了拄拐杖行走的人，而只有 50% 的人去帮助喝得烂醉的人（Piliavin，Rodin，& Piliavin，1969）。好情绪也会让我们更可能去帮助别人（Isen，Clark，& Schwartz，1976）。宣传帮助他人的行为榜样也会提高助人行为（Bryan & Test，1967；Rushton & Campbell，1977）。

交通阻塞引起的人际矛盾和挫折都会导致“狂怒”。

我们从旁观者效应的研究中还是看到了希望。研究表明，曝光旁观者效应的研究，提高了旁观者在紧急情境下介入的可能性。在一项研究中，听过关于旁观者效应讲座的学生比没有听过讲座的学生，明显在两周后更倾向于帮助遇到困境的人（Beaman，Barnes，Klentz，et al.，1978）。这项研究之所以起作用，可能是因为它向人们传播了关于旁观者介入的知识，也可能是因为它让人们更加意识到帮助的重要性。因此，阅读本章后，可能会让你成为一个更乐于助人的旁观者。

助人行为：个体差异 人格上的个体差异也会影响我们帮助他人的可能性。比如，有他人在场时，不计较社会认可、守旧观念很少的被试更可能违背常规介入紧急情境（Latané & Darley，1970）。外向的人比内向的人帮助别人的可能性更高（Krueger，Hicks，McGue，et al.，2001）。除此之外，有救生技能的人，比如受过专业训练的医药工作者，即使不是在工作时间，他们也更有可能向紧急情境中的人提供帮助（Huston，Ruggiero，Conner，et al.，1981）。在一些特殊情境中，人们不提供帮助仅仅是因为他们不知道该做什么。

侵犯：为什么我们会伤害他人

正如人类的亲戚黑猩猩，有时候我们也会对别人表现出暴力行为。并且，像它们一样，我们也是好斗的物种；当我们在写这一章节时，全世界至少正在进行着 15 起大规模的战争。心理学家把**侵犯**定义为企图伤害他人的行为，包括言语上和躯体上的伤害。为了解释侵犯行为，不论是大规模还是小规模，我们都需要考察情境因素的作用，包括长期和短期以及性格因素。

侵犯：情境的影响 通过实验室的和自然情境中的实验设计，心理学家已归纳出影响人类侵犯行为的情境因素。【**学习目标 11.7**】下面，我们将列出一些有代表

侵犯（aggression）
企图伤害他人的行为，包括言语上的伤害和躯体上的伤害。

性的研究结果。

可重复性

其他人的研究也会得出类似的结论吗?

- **人际矛盾**：毫无疑问，我们更可能侵犯那些挑衅、孤立、威胁或者伤害我们的人（Geen，2001）。
- **挫折**：当我们遭遇挫折时，即在实现目标的过程中受到阻碍时，我们尤其可能表现得具有侵犯性（Anderson & Bushman，2002a；Berkowitz，1989）。
- **媒体影响**：通过观察学习，观看暴力视频也会提高暴力发生的可能性（C.A.Anderson et al.，2003；Bandura，1973）。实验室研究表明，玩暴力性的游戏也会增加真实生活中的暴力事件发生的可能性（Gentile & Anderson，2003）。
- 399 **侵犯线索**：与暴力相关的外部线索，如枪、匕首，为侵犯起到了区别刺激的作用（见第 5 章），使我们更可能暴力地回应别人的挑衅（Carlson，Marcus-Newhall，& Miller，1990）。
- **唤醒**：当我们的自主神经系统（见第 3 章）处于兴奋状态时，可能会错误地把这种生理唤醒归因于愤怒，从而产生侵犯性行为（Zillman，1988）。
- **酒精和其他药物**：这类物质能够活跃我们大脑的前额皮层（见第 3 章），削弱对暴力行为的压抑（Kelly，Cherek，Steinberg，et al，1988）。
- **温度**：美国不同地区的暴力犯罪事件发生率和这些地区的平均气温有关（Anderson，et al.，1997），因为高温会激起人的烦躁情绪，使人们在被挑衅或受挫时更容易发脾气（Anderson & Bushman，2002b）。见图 11.9。

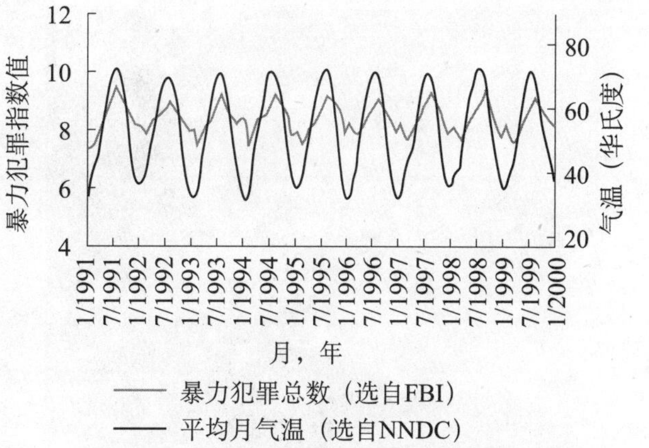

图 11.9 每月的暴力事件和平均气温的关系（1991—1999）

研究表明，暴力事件发生率和室外气温有关。我们如何确定这种相关关系是否预示着因果关系呢？（Source：Nienberg）

侵犯：个体差异、性别差异和文化差异 在美国，一般每天都会发生 40 至 45 起谋杀案；差不多半小时就有一起。平均每天有 230 起被报道的抢劫案，几乎每五六分钟就有案件发生（Federal Bureau of Investigation，2005）。这些数据绘制了一副残忍的图画。而实际上，大多数公民都是遵纪守法的，只有一小部分人曾对他人有着严重的身体侵犯。科学家曾在多个社会阶层展开调查，发现只有少数人（大约是 5% 至 6%）犯下了 50% 以上的罪行，包括暴力犯罪（Wilson & Herrnstein，1985）。是什么让这些人比我们更具有侵犯性呢？

人格特质。当面临相同的情境，比如侮辱时，人们侵犯行为的倾向是有差异的。某些人格特质能结合在一起创造出一个具有暴力倾向的危险个体。负面情绪（比如烦躁和怀疑）水平高、易冲动而不易接近的人尤其具有暴力倾向（Krueger et al.，1994）。

性别差异。在人类甚至是整个生物界中，最显而易见的一种性别差异就是男性比女性更具有身体侵犯性（Eagly & Steffen，1986；Maccoby & Jacklin，1980；Storch，Bagner，Gefken，et al.，2004）。年龄同性别一样也是一个因素，如果 12 至 28 岁的男性魔法般地进入到临时的冬眠状态，那么犯罪率（包括暴力犯罪）将会下降 2/3（Lykken，1995）。

侵犯存在性别差异的原因存在争议。一些研究者把侵犯归于男性体内高水平的睾酮（Dabbs，2001）。社会因素也起着一定作用，至少对人类而言是这样：当男孩子有侵犯性行为时，父母和老师才更加关注他们，而对于女孩子而言，父母和老师更关注她们的依赖行为，比如依恋（Serbin & O'Leary，1975）。

然而男性在侵犯方面的普遍性可能只适用于身体侵

研究表明男性比女性更倾向于身体侵犯，但女孩比男孩更倾向于关系侵犯，比如散播流言蜚语、在背后取笑他人等。

犯，而不适用于间接侵犯。尼基·克里克（Nicki Crick，1995）发现，女孩比男孩更会进行**关系侵犯**，这是间接侵犯的一种形式，它通过散播谣言、八卦和社会排斥及非言语的侵犯（比如对别的女孩保持“沉默”），来达到社交控制的目的。

文化差异。文化可以塑造侵犯。例如，在亚洲人群中，比如中国和日本，身体侵犯和暴力犯罪事件相对于美国或者欧洲来说要少（Wilson & Herrnstein，1985；Zhang & Snowden，1999）。理查德·尼斯贝特（Richard 400
Nisbett）、多夫·科恩（Dov Cohen）及他们的同事也发现，美国南部的人可能比其他区域的人更支持“名誉”文化，即察觉到侮辱时保护某人名誉的一种社会规范（Nisbett & Cohen，1996）。这种文化传统有助于解释为什么美国南部的暴力事件比其他地方多。有趣的是，只有在有关争夺土地方面，暴力事件发生的相对较多，而在抢劫、盗窃及其他犯罪方面则并不如此（Cohen & Nisbett，1994）。

★ **小测试**

1. 研究表明，“在人群中是安全的”这一传统说法是错误的。	正确	错误
2. 旁观者效应的原因主要是旁观者的冷漠。	正确	错误
3. 大多数人在团队中工作更努力。	正确	错误
4. 喝酒可以平静我们的情绪，降低我们造成侵犯行为的风险性。	正确	错误
5. “名誉文化”有利于降低美国南部暴力事件的发生水平。	正确	错误

答案：（1）对（p.395）；（2）错（p.395）；（3）错（p.396）；（4）错（p.399）；（5）错（p.400）

态度和说服：改变观念

首先，回答下面的问题：你认为死刑能有效阻止人们犯谋杀罪吗？你如何看待死刑？

现在你通过这个练习，就可以把握信念和态度之间的区别。第一个问题评估了你关于死刑的信念，第二个问题评估了你对于死刑的态度。**信念**是有关事实证据的结论；相反，**态度**是包含情感成分的信念。态度反映了你如何看待一个问题或者一个人。态度是社会的重要部

关系侵犯（relational aggression）
间接侵犯的一种形式，它通过散播谣言、八卦和社会排斥及非言语的侵犯等方式，来达到社交控制的目的。

信念（belief）
一种有关事实证据的结论。

态度（attitude）
一种包含情感成分的信念。

分，因为它就是由普通人用多种方式塑造而成的。

态度和行为

普遍存在这样的误解：态度可以预测行为。例如，大多数人都认为我们对一个政治候选人的态度，可以预测我们是支持他还是反对他。看起来，这是合情合理的，不是吗？但其实是错的（Wicker，1969）。这个研究结果可以用来解释为什么民意测验并不绝对可靠：我们并不会总是根据固有的偏爱而做出相应的行为。**【学习目标 11.8】**

401 **当态度不能预测行为**　在 70 多年前的一项研究中，罗伯特 · 拉皮埃尔（Robert LaPiere）调查了 128 家宾馆和餐馆是否会接待当时被歧视的中国人。超过 90% 的被调查者都说不会。然而，当罗伯特 · 拉皮埃尔带着一对中国夫妇游历美国，128 家宾馆和餐馆中有 127 家接待了他们（LaPiere，1934）。事实上，对 88 项研究的再分析表明，态度和行为的相关水平只有 0.38（Kraus，1995），只是中度相关。因此，虽然态度可以在机会水平之上预测行为，但它并不能完全预测行为。这一研究结果可能反映了这样一个事实，即我们的行为是很多因素相互作用的结果，态度只是其中的一个。例如，在拉皮埃尔的研究中，那些有偏见的被试可能并不喜欢接待中国人，然而当他们亲眼看到中国人时，可能会发现自己比原来想象中的更愿意接待他们。或者当必须推脱时，他们可能会勉强拒绝赚钱的机会。

当态度能预测行为　然而有时候，我们的态度可以很好地预测行为。不费力地就可以进入头脑中即易“接受”的态度可以准确地预测我们的行为（Fazio，1995）。设想一下我们询问你这两个问题：（1）有一种新品牌酸奶，现已充分证明它五年内可以把低密度胆固醇的水平降低 2%，你觉得你会购买吗？（2）你觉得买些巧克力冰激凌这个主意怎么样？如果你和大多数人一样，你会发现问题 2 比问题 1 更容易回答，因为你对这个问题很熟悉。如果是这样，那么你对巧克力冰激凌的态度比新品牌酸奶更能够预测你的购买行为。

低自我监控的人的态度也可以很好地预测他们的行为（Kraus，1995）。**自我监控**是指监控自己的行为在多大程度上反映了自己的真实情感和态度的一种人格特质（Snyder，1974；Snyder & Gangestad，1986）。低自我监控的人往往比较正直，而高自我监控的人则比较善变。很显然，我们通常相信低自我监控者的行为反映了他们的态度。

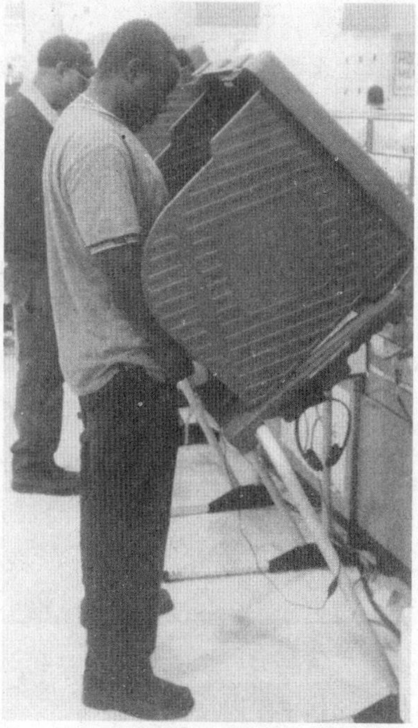

人们表露的对候选人的态度并不总能准确预测他们实际的选举行为。

尽管如此，态度和行为之间也只是相关关系。所以并不意味着态度引起行为。其他的解释也是有可能的，比如，行为有时候可以改变态度。设想一下，我们对那些无家可归的人，原来的态度是消极的；如果一个朋友说服我们做志愿服务，每周工作 3 小时帮助无家可归的人，最后我们可能会喜欢上这份工作，我们对他们的态度也会有所改善。

相关还是因果
我们能确信 A 是 B 的原因吗？

态度的来源

态度有很多来源。包括我们的先前经验、信息提供者的可靠度及我们的人格因素。

再认　我们的经历会塑造态度。再认启发式让我们更可能相信经常听到的信息（Arkes，1993）。像许多启发式（见第 2 章）一样，再认启发式通常会有助于我

自我监控（self-monitoring）
监控自己的行为在多大程度上反映了自己的真实情感和态度的一种人格特质。

们，因为一般来说，我们从不同的人那里多次听到的信息都是正确的。而且，它可以让我们迅速地作出正确的判断。为了测验这种可能性，两位研究者分别让一组芝加哥的学生和一组德国慕尼黑的学生回答下面的问题：哪个城市人口更多？加利福尼亚州的圣迭戈，还是得克萨斯州的圣安东尼奥？出人意料的是只有 62% 的美国学生回答正确（圣迭戈），而德国学生全部都答对了
402 （Goldstein & Gigerenzer，1999）。德国学生正确率应该比美国学生低，因为美国学生更了解本国的城市，而事实上，德国学生能够回答正确正是由于他们对美国城市知之甚少。许多德国学生从来没听过圣安东尼奥，所以他们纯粹地依赖再认启发式（“我听说过的那个城市可能人口更多”）。相反，这些城市美国学生都知道，只有试着去猜测哪一个人口更多。在这个例子中，再认启发式就起到了作用。

我们会不理性地更喜欢那些有吸引力的名人（如希拉里・达夫）支持的产品。

但是当事物的描述有说服力或者很有趣时，再认启发式可能会给我们带来麻烦。它会让我们被一些太美丽而不真实的故事欺骗，比如一些颇有趣味的都市传闻；或者我们会购买一些看似熟悉的东西仅仅是因为曾经多次听过它们的名字。

信息传播者的特征 我们的态度不仅受信息的影响，也受信息传播者的影响。研究表明，我们更可能接受名人或者极具吸引力的人所传达的信息——而不在乎他们是否了解其代言的产品。幸运的是，我们能保护自己的利益，不轻易上当受骗——被一些有影响力的名人传递的虚假信息所欺骗（Cialdini & Sagarin，2005）。

研究者还指出了内隐自负效应——我们更明确地倾向于相信与自己相似的人、地点或者事情。它涵盖了许多领域，包括仅仅是生日相同或者是名字相同（Finch & Cialdini，1989；Pelham，Carvallo，& Jones，2005）。

态度和人格 在某些重要方面，我们的态度和人格特质是密不可分的。虽然我们可能认为自己的政治态度来自于对社会问题完全客观的分析，但是这些态度其实通常会受人格特质的影响。在一篇激起众多争议的论文中，一组研究者（Jost，Glaser，Sulloway，et al.，2003）称许多研究表明，政治思想保守的人比开明的人，更容易陷入困扰、对威胁敏感、不能应付那些难以预料的事件。他们指出这些人格特质像是“心理胶水”，把保守者的许多政治态度结合在了一起，比如对死刑、堕胎、禁枪、学校礼拜、国家防卫和其他许多看似无关的议题的态度。不过，另一些研究者指责他们没有考虑到其他可能的假设，即这些人格特质预测的是普遍存在的左翼极端主义而不是右翼保守主义（Greenberg & Jonas，2003）。根据这些批判者的观点，左翼极端主义者也可能像右翼极端主义者一样是胆怯的、教条式的等等。因为关于左翼极端主义者的研究很少，我们还不能确定哪种观点才是正确的。

排除其他假设的可能性
对于这一研究结论，还有更好的解释吗？

认知失调和态度改变

许多人可能会惊讶地发现自己针对许多问题——比如死刑和堕胎——的态度，会随着时间而改变。我们常认为自己的态度是固定不变的，然而事实并非如此（Bem & McConnell，1970；Goethals & Reckman，1973；Ross，1989），可能一部分原因是我们不喜欢把自己看作是意志薄弱的墙头草。这就引出了一个心理学家力图解释的问题：是什么让我们改变了自己的态度？

认知失调理论 在 20 世纪 50 年代，利昂・费斯廷格提出了一个很有影响力的解释态度改变的模型：认知失调理论。根据这个理论，当两种相互冲突的想法或者

信念引起一种心理不愉快的紧张状态——**认知失调**——的时候，我们会改变自己的态度。因为我们不喜欢这种紧张状态，我们总是希望能够减轻或者消除它。**【学习目标 11.9】**如果我们持有的态度或者信念（认知 A）和另一种态度或者信念（认知 B）不一致，可以通过下面三条途径来减少这种由不协调引起的焦虑：改变认知 A，改变认知 B，或者引入一个可以消除认知 A 和认知 B 之间的不一致的新的认知因素 C（见图 11.10）。

让我们把 A、B、C 模型转移到现实生活中。假设你认为你的新朋友桑迪是个好人。但是，你从另一个朋友克里斯那里听说最近桑迪偷了一个同学的钱包。根据费斯廷格的观点，这个信息将会引起认知失调，因为它导致了认知 A（桑迪是个好人）和认知 B（桑迪偷了别人的钱包，她并不是那么好的人）之间的冲突。为了消除这种不安的紧张状态，你可以改变认知 A，认为桑迪并不是那么好的人。或者你可以改变认知 B，认为桑迪偷钱包的事只是她的敌人散播的谣言。又或者，你可以引入一个可以解决认知 A 和认知 B 之间的冲突的新的认知因素 C。比如，你可以对自己说，桑迪还是一个好人，她拿同学的钱包是因为饥饿，特别需要一点钱（“我相信，一旦她解决了问题，不出一两天她就会归还钱包和所有钱的。”你这样说服自己）。

在某些时候或者当你在两个或者更多事情中（衬衫、饭后甜点，甚至学校或者公寓）作出选择的时候，我们都会体验到认知失调。当我们选择了其中一个之后，会对另一个的好感立即下降，这时我们体验到的是决策后失调。通过降低对未选择事物的喜好，我们就可以减少由于艰难抉择而引起的认知失调。

在 20 世纪 50 年代后期，费斯廷格和卡尔史密斯首次进行了有关认知失调理论的系统实验（Festinger & Carlsmith，1959）。

设置：你参加了一项关于“测验操作能力”的实验研究，实验耗时两个小时。在实验室里，一个实验者告诉你一些关于手工作业的说明——都是些令人厌烦的工作，比如让你把 12 个线轴放到托盘上，然后拿出来，再放到上边，像这样持续半个小时。现在情况有了转机：

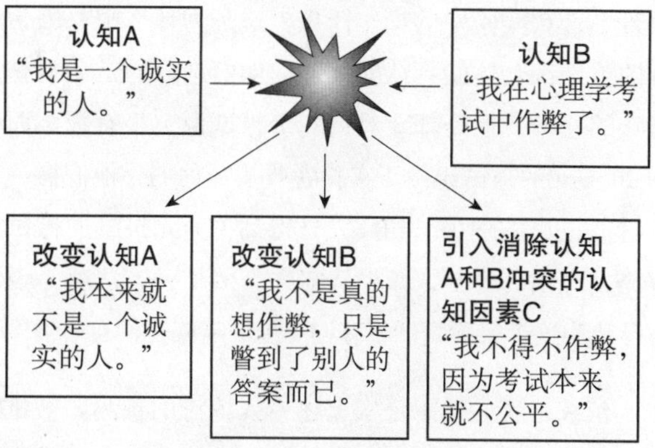

图 11.10　认知失调理论

根据认知失调理论，我们可以用上面所示的各种方式来减少两种认知（信念）之间的冲突。

这个主试解释说，本来有一位实验助手会告诉在外边等待的被试，这个实验很有趣好玩，以吸引那些被试。不巧的是那个实验助手今天不能来实验室了。所以，他问你愿意代替他吗？

研究：费斯廷格和卡尔史密斯随机把被试分成两组，一组付 1 美元的报酬，一组付 20 美元来帮这个忙。事后，问这些被试，他们有多喜欢这项实验。根据学习理论的观点，尤其是操作性条件作用（见第 5 章），我们可能猜想支付 20 美元的那一组会更喜欢这个任务。然而认知失调理论做了一个非常规预测：付 1 美元报酬的被试组会

澄清事实

在一项有关认知失调理论的最有创造性的研究中，四位实验者要求被试品尝油炸的蝗虫（Zimbardo，Weisenberg，Firestone，et al.，1965）。他们随机地把被试分成两组，一组由友好的人向他们提出这个奇怪的请求，另一组则由不友好的人向他们提出这一请求。与认知失调理论相一致，后一组被试比前一组更喜欢油炸的蝗虫。被友好的人要求品尝蝗虫的被试有充足理由（“我这么做是因为一个友好的人的款待”），但是其他被试没有。所以，后一组被试会通过改变态度——“嗯，那些东西还是挺好吃的”——来消除认知失调。

认知失调（cognitive dissonance）
由两种相互冲突的想法或者信念而引起的一种心理不愉快的紧张状态。

报告更喜欢实验中的操作任务。这是为什么呢？因为所有的被试都会体验到认知失调：他们进行的是非常枯燥乏味的任务，但是却要对下一个被试说它很有趣。而得到 20 美元的被试组由于实验者收买了他们，他们撒谎有了看似正当的理由。相反，只得到 1 美元报酬的被试没有充足理由。于是，减少认知失调的唯一方法就是说服自己认为这个实验真的很有趣。他们欺骗他们自己。

404 **结果**：实验结果证实上述令人惊讶的预测。被试得到的报酬越少，则越会报告喜欢这个任务，大概是因为他们要为自己的谎言找个借口吧。

这项研究不仅支持了认知失调理论，同时也引出了另一个更重要的观点：我们的态度确实可能会影响我们的行为（尽管我们之前讨论过，并不是任何时候都如此）。但是这项研究证实了一个对立的结论：行为改变了态度。

认知失调理论的替代选择。在费斯廷格和卡尔史密斯的研究之后，许多实验都得出符合认知失调理论的结果（Harmon-Jones & Mills，1999）。不过研究者们依旧在争论是否还有其他理论可以解释态度的改变。一些学者提出并不是认知失调让我们改变了态度，而是由于自我概念受到了威胁（Aronson，1992；Wood，2000）。在费斯廷格和卡尔史密斯的研究中，得 1 美元的被试改变态度的原因可能是，他们所认为的自己（一个正直的人）和他们的行为（对另一个被试撒谎）之间产生了不一致。根据这一观点，只有态度之间的某些冲突，即那些挑战我们是谁的观点，才会引起认知失调。

可重复性

其他人的研究也会得出类似的结论吗？

排除其他假设的可能性

对于这一研究结论，还有更好的解释吗？

另一种解释，**印象管理理论**（Goffman，1959）提出，在认知失调的实验中我们并没有真的改变态度，仅仅是告诉实验者我们改变了态度。这样做，是因为我们不想让自己看起来前后不一致（Tedeschi，Schlenker，& Bonoma，1971）。根据这个理论，费斯廷格和卡尔史密斯的实验中只得 1 美元的被试不想被看作是虚伪的人，因此，即使他们不喜欢那项任务也说喜欢。可能每一种解释都有其正确的一面，这在心理学中是很普遍的现象。表现出态度改变的被试中有一些可能是因为认知失调，另一些则是因为自我知觉，还可能是因为印象管理（Bem & Funder，1978）。

说服：人人都是推销员

不管我们是否意识到，我们每一天都在和“说服”打交道。如果你像大学里的大多数同学一样，那么你已经看了 360 000 个商业广告；当你 65 岁的时候，这个数字可能上升至 200 万。每次你去商店或者超市，都能看到很多为了激起你购买欲望而被商家精心包装的商品。

说服的路径 根据说服的双加工模型，有两种可选择的路径来说服他人（Petty & Cacioppo，1986）。一条是中心路径，我们会认真仔细地评价说服的论据。另一种是外围路径，我们不假思索地对论据作出判断。由外围路径传达的说服内容，可能让我们被表面因素所欺骗——比如信息传递者的吸引力、著名或可爱程度，或者我们听到这些信息的次数（Hemsley & Doob，1978；Hovland，Janis，& Kelly，1953；Kenrick et al.，2005）。

说服的技巧 通过分析有关态度和态度改变的研究文献，心理学家总结出了很多说服他人的技巧。**【学习目标 11.10】**许多技巧都是通过外围路径故意绕过我们的判断力。有趣的是，几十年来成功的商业人士都在利用这些技巧（Cialdini，2001）。让我们来看看其中的三种。

- **登门槛技术**：**登门槛技术**提出的时间晚于认知失 405
调理论，它是指在提出一个更大的要求之前我们先提出一个小的要求（Freedman & Fraser，1966；Gorassini & Olson，1995）。如果我们想让自己的同学做志愿者，一周为“帮助心理学家”慈善机构工作 5 小时，开始我们可以请他志愿服务一个

印象管理理论（impression management theory）
我们没有真的改变态度，我们报告改变了态度是为了和我们的行为保持一致。

登门槛技术（foot-in-the-door technique）
在提出更大的要求之前先提出一个小要求的说服技巧。

小时。一旦得到许可，我们就已经“登进门槛”，因为根据认知失调理论，她将会维护原来的承诺。因此，她可能会以积极的态度看待这个组织，这使他愿意做更长时间的志愿者。

- **留面子技术**：在提出一个小的要求（比如捐献 10 美元）之前，我们可以先提出一个大的要求（比如捐献 100 美元）(Cialdini et al.，1975；O'Keefe & Hale，2001)。**留面子技术**之所以有效，原因之一可能是拒绝了原来的请求使他们感到内疚（O'Keefe & Figge，1997）。但是如果开始的请求是让人无法容忍以至于显得既不真诚而又无理，那就会事与愿违了（Cialdini & Goldstein，2004）。其实，登门槛技术和留面子技术似乎都有一定的效果（Pascual & Guéguen，2005）。
- **低球技术**：应用**低球技术**时，产品销售员会开出比实际售价还低的价格（Burger & Petty，1981；Cialdini，2001）。一旦顾客同意购买某商品，销售者就会提及其他所有会令顾客满意或感到需要的“附加”商品。结果交易达成时，顾客支付的钱可能是原来要支付的两倍。我们也可以利用这种方法获得朋友的帮助。在一项研究中，一位研究助手请陌生人在他去医院看望朋友这段时间里照看一下狗。一种情形是，他先获得陌生人的同意，然后再告诉他自己要离开半个小时；另一种情形是，他先告诉陌生人自己会离开半个小时。结果表明，第一种策略更好（Guéguen，Pascual，& Dagot，2002）。

你怎么认为？

现在让你给一种新品牌的枕头做广告策划，这种枕头可以在睡眠时调整脊椎。虽然已有很多研究证实了这种枕头的益处，但是你知道着眼于研究成果的广告是不会有什么说服力的。为了策划一个可以给人留下深刻印象的广告，你会用哪些说服技巧呢？

伪科学的营销　许多伪科学的支持者们有效地利用了说服技巧，虽然有时他们这样做完全是出于好意。这些有吸引力的策略可以帮助解释为什么那么多聪明人沦为伪科学的牺牲品。为了抵制这些策略，我们首先要了解它们。安东尼·普拉卡尼斯（Anthony Pratkanis，1995）提出了许多在评估没有根据的观点时要特别注意的说服策略。表 11.2 列出了其中的七种。我们应该谨记：别人可以利用这些策略说服我们相信许多伪科学和不确定的观点。如我们所知，一些策略利用了启发式，即有吸引力的诱惑但会产生误导的心理捷径（见第 2 章）。有一些利用了说服的外围路径，让我们不太可能批判性地评价那些观点。

对登门槛技术的研究表明，一旦一个人同意在他的院子里竖立一个小的政治宣传牌，他很可能同意竖立一个更大的牌子。

应用低球技术时，一个有经验的汽车销售员开始可能开价较低，而一旦顾客同意购买，他就会提出花销更多的附加的特色服务。

留面子技术（door-in-the-face technique）
先提出一个不合理的要求，以使真实的要求能够实现的一种说服技巧。

低球技术（low-ball technique）
产品销售员先开低价，一旦顾客同意购买后，便提出“附加”费用的一种说服技巧。

406 **表 11.2** **伪科学营销技术**

伪科学策略	概念	举例	问题
设立“幻想”目标	利用人们想实现不切实际的目标的愿望。	“在睡眠时精通莎士比亚的所有作品。”	极端的想法往往是不能实现的。
逼真的证据	某人的亲身经历。	“桑德拉·塞德在接受再生疗法之前有5年的时间都被痛苦折磨着。”	某一个人的观点并没有科学依据，可能是极端的。
虚构材料的可靠性	我们更可能相信那些自己判断是值得信任的或合理的资料。	“普林斯顿的乔纳森·诺贝尔博士担保阈下录音带可以帮你树立起自尊。”	广告商可能用假明星（比如看起来比实际上更有威信）代言。
“供不应求”启发式	物以稀为贵。	“请在午夜之前打进电话购买精灵博士的改良项目手册，它即将售完。”	“供不应求”可能是假的，很可能是积压的低需求的商品。
“一致性”启发式	如果大多数人都认为某个东西有作用，那它就一定有作用。	“成千上万的人都在吃阿特金斯的特别饮食，所以它肯定是有效的。”	“常识”往往是错的（见第1章）。
自然的普通事物	一个普遍的观点是：天然的就是好的。	“医生的抗焦虑的新药成分是纯天然的。”	“天然的”未必是健康的，比如毒蘑菇（见第10章）。
内心神秘	一个普遍的观点是：我们每个人内心都有西方科学忽视或否认的神秘一面。	“魔法心灵特别加强版”程序可以让你知道自己没有认识到的心理潜能。”	严格控制的实验并不支持超自然的能力或潜力（见第4章）。

★小测试

1. 人们的态度往往并不能很好地预测其行为。 正确 错误
2. 我们通常不相信多次听说过的信息。 正确 错误
3. 要改变人们关于某一问题的看法，最好的办法是付给他们更多的钱。 正确 错误
4. 应用留面子技术时，我们在提出一个更大的要求前先提出一个小的要求。 正确 错误

答案：（1）对（p.401）；（2）错（p.401）；（3）错（p.403）；（4）错（p.405）

偏见和歧视

偏见指的是在评估证据之前对一个人、一群人，或者情境下结论。如果我们对某一特别阶层的人存有偏见，不管是针对女性、黑人、挪威人或者是发型师，那都意味着我们贸然作出了不成熟的判断。

偏见（prejudice）
在评估证据之前对一个人、一群人，或者情境下结论。

偏见的本质

可以说，我们每个人至少都对一些特定群体心存偏见（Aronson，1998）。有些人认为，我们的偏见倾向深 407
深地根植于人类进化进程中。根据自然选择的观点，有机体通过和内部的人建立紧密的联盟却不轻信外来者，并从中获益（Cottrell & Neuberg，2005）。实际上，某个种族的成员更倾向于把与恐惧有关的刺激（如蛇和蜘蛛）同其他种族的面孔联系起来。这种效应在针对与恐惧无关的刺激（如蝴蝶）时，就不会出现（Olsson，Ebert，Banaji，et al.，2005）。我们会相当轻易甚至很自

然地把外种族的人和令人恐惧的事物联系起来。

不过，请注意在上一段中我们使用的词语“倾向”。虽然在进化进程中人类有害怕和不信任他人的倾向，但这并不意味着偏见是不可避免的。有两种偏好使我们倾向于和与自己相似的人建立联盟。

内群体偏好是指相对于外群体成员而支持内群体个体的倾向。如果你曾经看过一场球赛，那你就已经目睹了内群体偏好：成千上万的粉丝尖叫着为自己的主场球队加油，而又以同样的激情讥笑对方，即使他们中间大多数人并没有对比赛结果下注。但主场球队是他们的“部落”，所以他们乐意花几小时呐喊助威，来威慑对手。

另一种偏好是**外群体同质性**，即把所有内群体之外的人都看作是十分相似的倾向（Park & Rothbart，1982）。外群体同质性让我们更容易排斥其他所有群体的成员，因为我们觉得他们没有什么差别，都至少有一种不受欢迎的特征。这样，我们就不必费心去了解他们了。

歧视

偏见可以引起歧视，这两个术语很容易混淆。**歧视**是一种对待外群体成员不同于内群体成员的行为。所以，歧视是对他人的一种行为，而偏见是对他人的一种态度。我们可能对某些人有偏见，但不会歧视他们。**【学习目标 11.11】**

歧视的后果　现实生活中，歧视会引起很多后果。比如，在大多数美国管弦乐队的主要成员中，女性明显少于男性。为了探究这一问题，某研究小组做了一项实验，研究音乐评委在试听时如何评估女性演奏者。一些条件下，评委可以看见演奏者；而另一些情况下，演奏者在一个屏幕后边演奏。当评委不知道演奏者的性别时，女性通过测试的可能性提高了 50%（Goldin & Rouse，2000）。因此，现在许多美国管弦乐队都采用“盲听”（Gladwell，2005）。

你怎么认为？

你正主持校报下一届编辑的评选工作。那你将会采取什么措施，不让偏见影响到评委们对申请资料的评价呢？

制造歧视：请勿在家模仿　艾奥瓦州的一名教师简·埃利奥特证实，民权运动的领导者牧师马丁·路德·金 1969 年被暗杀后，歧视非常容易发生。她仅仅凭学生眼睛的颜色，就把她带的三年级的学生分成了优待

把外群体成员（如移民）妖魔化是内群体偏好的一种常见的表现形式。

现在美国许多管弦乐队都采用“盲听”来避免性别偏见和歧视。

内群体偏好（in-group bias）
相对于外群体成员而支持内群体个体的倾向。

外群体同质性（out-group homogeneity）
把所有我们群体之外的个体都看作十分相似的倾向。

歧视（discrimination）
对待外群体成员的消极行为。

组和非优待组（Monteith & Winters，2002）。埃利奥特告诉她的学生，棕色眼睛的孩子更优秀，因为他们的眼睛里含有过量的黑色素，她剥夺了蓝色眼睛的孩子的一些
408 基本权利，比如他们不能在吃午饭的时候再额外加一份或者喝饮水机里的水。而且她还侮辱蓝眼睛的孩子，说他们懒惰、愚钝、不诚实。据埃利奥特所述，结果很有戏剧性：大多数棕色眼睛的孩子很快变得傲慢、有优越感，而大多数蓝眼睛的孩子都变得顺从且没有安全感。

在20世纪60年代后期和70年代，美国教师用这个经典的“蓝眼睛—棕眼睛”实验，来教育学生们歧视的危害性（本书的第一作者还是纽约市的一个小学生时，曾是这类实验的被试之一）。后来的一项调查研究表明，了解这项实验的白人比控制组报告的针对少数人的偏见更少（Stewart，LaDuke，Bracht，et.al.，2003）。不过，因为经历这项实验并了解实验需求特点的学生可能是故意少报告偏见，所以还需要更多的研究来排除这种可能性。

排除其他假设的可能性
对于这一研究结论，还有更好的解释吗？

刻板印象

简·埃利奥特的经典的“蓝眼睛—棕眼睛”实验强调了歧视的消极人际影响。

偏见是导致刻板印象的原因之一。**刻板印象**是对一个群体大多数成员的群体普遍特征的积极的或消极的看法。像许多心理捷径一样，刻板印象一般起源于适应心理过程。正如我们在第2章中学到的，人类是“认知吝啬鬼”——力求通过简化现实来节省心理能量。刻板印象把许多有同一特征的人归为一类，这样有助于我们了解易混淆的社会世界（Macrae & Bodenhausen，2000）。就这一点而言，它们类似于其他帮助我们加工信息的图式（见第6章）。

不过，当我们推测一个群体内所有成员都共有某一特定特征的时候，刻板印象也会误导我们。当我们墨守成规、固执己见，执著于未经证实的证据而不改变它们，它们也会误导我们。

一旦我们形成了刻板印象，它们就会自然而然地影响着我们。研究表明，克服刻板印象需要很多心理能量。有偏见的人和没有偏见的人，关键区别并不是前者有刻板印象而后者没有（因为每个人都有刻板印象），而在于有偏见的人不会努力试图去抵制刻板印象，而没有偏见的人则会抵制（Devine，1989；Devine，Montieth，Zuwerink，et al.，1991）。

“屏幕后面”的刻板印象 调查显示，在过去的四五十年里，美国的种族偏见实际上已经有所减少（Schuman，Steeh，Bobo，et al.，1997）。不过一些学者坚持认为很多偏见，尤其是白人对黑人的偏见，不过是“走进了幕后”——隐藏起来了（Fiske，2002；Hackney，2005；Sue，et al.，2007）。研究隐藏的偏见的另一可供选择的方法是测量内隐（无意识的）偏见（Fazio & Olson，2003；Vanman，Paul，Ito，et al.，1997；Vanman，Saltz，Nathan，et al.，2004）。**内隐刻板印象**是指我们没有意识到的刻板印象，**外显刻板印象**是我们能意识到的刻板印象。

近年来备受关注的一种测量内隐偏见的技术是由安东尼·格林沃尔德（Anthony Greenwald）和马扎林·巴纳吉（Mahzarin Banaji）开创的内隐联想测验（IAT）。如图11.11所示，研究者要求被试，如果看到一张非裔美国人的图片或一个积极词（如“欢快”）就用左手按键盘上的按键，如果看到一张白人的图片或者一个消极词
（如“坏的”）就用右手按键盘上的另一个按键。多次重 409
复试验后，研究者要求被试再次按左右键，但是这次对调了配对，即看到非裔美国人图片或消极词时按左键，看到白人图片或积极词时按右键（Greenwald，McGhee，

刻板印象（stereotype）
对一个群体大多数成员的群体普遍特征的积极的或消极的看法。

内隐刻板印象和外显刻板印象（implicit and explicit stereotype）
我们未意识到的或者意识到的关于某个群体特征的看法。

& Schwartz，1998）。很多研究的结果都表明，大多数白人被试对非裔美国人面孔和消极词的组合以及白人面孔和积极词的组合，反应更快（Banaji，2001）。近来，研究人员把内隐联想测验的应用推广到测量偏见的不同形式，包括种族主义、性别偏见、对同性恋的憎恶、宗教歧视以及年龄偏见（对年长者的偏见）。许多作者认为内隐联想测验的结果反映了无意识的偏见（Gladwell，2005；Greenwald & Nosek，2001）。如果你想试验内隐联想测验，可以浏览网址 http://implicit.harvard.edu/implicit/demo。

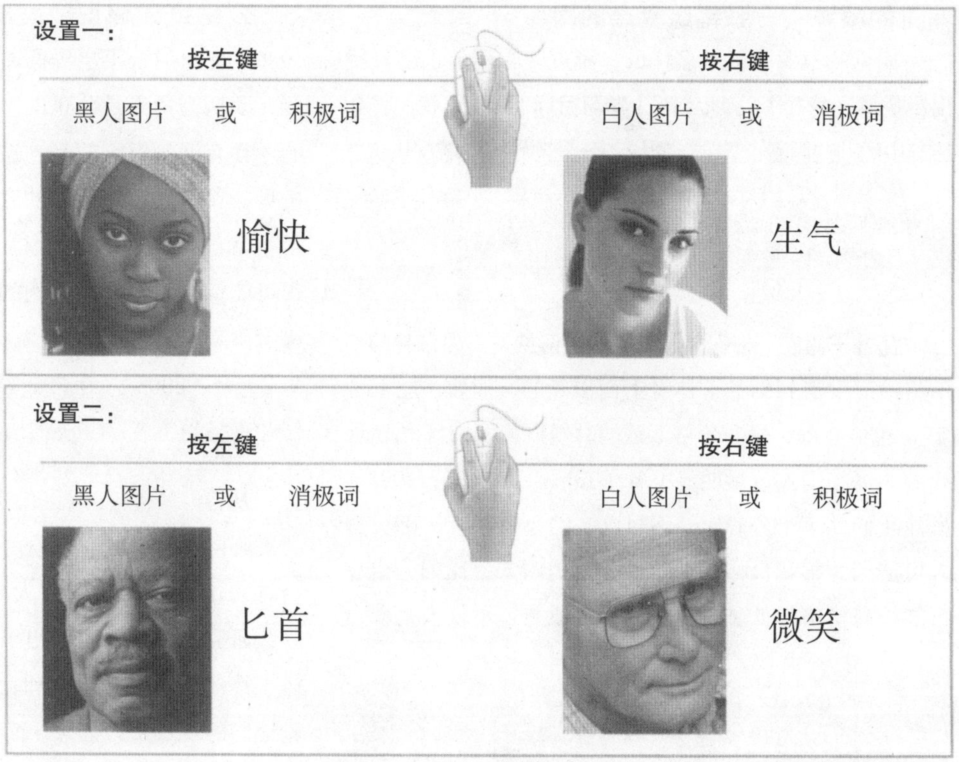

图 11.11 内隐联想测验

内隐联想测验（IAT）是应用最广泛的内隐或无意识偏见的测验，如本例所示。许多人（跨种族的）更倾向于把消极词和非裔美国人面孔而非白人面孔联系在一起。但是，本实验真的测量了内隐偏见吗？还是测量了其他因素？

不过，事情也不是如此简单。有一点不可忽视：即内隐联想测验和外显偏见测验，比如针对种族态度的调查问卷，几乎没有显著的联系（Arkes & Tetlock，2004）。内隐联想测验的支持者们认为，它们之间缺少关联反而正证明了内隐联想测验的效度，因为内隐联想测验原本要测量的就是未意识到的而不是意识到的种族态度。不过，这种解释又引出了关于内隐联想测验的可证伪性问题，因为内隐联想测验的支持者们可能会把正相关和零相关都解释成支持内隐联想测验效度的证据。而且，内隐联想测验是否能像刻板印象测验一样测量偏见，还不明确。也就是说，没有偏见的人可能清楚地知道，美国社会的主流是把穆斯林和许多负面特征联系在一起、把基督教徒和许多积极特征联系在一起，但是他们可能会主动拒绝这些带有偏见的联系（Arkes & Tetlock，2004；Redding，2004）。内隐联想测验得分的真实意义，以及其他的内隐偏见测验，仍备受争议（Gawronski，LeBel，& Peters，2007）。

可证伪性

这种观点能被反驳吗？

终极归因谬误 刻板印象也可能导致托马斯·佩蒂格鲁（Thomas Pettigrew，1979）所说的**终极归因谬误**：是把整个群体（如女性、基督教徒或者非裔美国人）行为都归因于性格因素的一种错误归因。就像基本归因错误，这种错误使我们低估情境因素对个体行为的影响。例如，当白人学生被非裔美国人（不是白人）推了一下时，他们很可能认为这是一种有意的侵犯行为，而不是偶然的碰撞（B.Duncan，1976）。

终极归因谬误（ultimate attribution error）
群体中个体成员的行为是由其内在性格决定的。

410 偏见的根源：一张错综复杂的网

偏见的根源是复杂多样的。不过，心理学家已经找出影响偏见的几个关键因素。【学习目标 11.12】我们将介绍其中的一些因素：替罪羊假说、公平世界假说以及从众。

排除其他假设的可能性

对于这一研究结论，还有更好的解释吗？

替罪羊假说 根据**替罪羊假说**，偏见是由因自身的不幸将愤怒发泄到别的群体身上而引发的。例如，在 1882 年至 1930 年间，棉花价格下跌的时候，美国南部私刑处死的非裔美国人数量明显上升（Tolnay & Beck，1995）。虽然我们并不十分确定，不过这一结果表明有一部分白人可能因为棉花价格下跌责怪非裔美国人。比如，也有可能棉花价格降低和针对所有社会成员（不仅仅是非裔美国人）的暴力行为是相关的。但是，很多研究直接支持了替罪羊理论。在一个伪装研究学习的实验中，白人学生给非裔美国学生相对于白人学生更强烈的电击，但也只在非裔美国学生表现不友好的时候（Rogers & Prentice Dunn，1981）。这一结果说明，挫折可以激起侵犯行为，以将挫折转移到少数人身上。这很容易理解，因为他们是外群体成员，或者更可能是因为黑人权力更小、社会地位更低，而且似乎侵犯他们也更安全一点。

澄清事实

“替罪羊”一词源于圣经时代，在犹太人神圣的赎罪日里，拉比会做一些不同寻常的事来消除人们的罪恶。他们抓来两只羊，其中一只会被杀死祭祀上帝，另一只羊则得以幸存。拉比会抓住它的头，列述人们的罪恶，象征性地把这些罪恶传到它身上。然后把那只幸存的羊——替罪羊——放进森林里，让它带走人们违反社会道德而承受的负担。

替罪羊假说（scapegoat hypothesis）
偏见是由因自身的不幸将愤怒发泄到别的群体身上而引发的。

公平世界假说（just-world hypothesis）
认为我们的归因和行为都因根深蒂固的假设而形成，这种假设认为世界是公正的，所发生的一切都是有其原因的。

公平世界假说 梅尔文·勒纳（Melvin Lerner，1980）提出的**公平世界假说**认为，很多人有一种深层需要，即认为世界是公正的——发生的一切都是有其原因的。具有讽刺意味的是，这种公平感的需要可能会导致偏见，尤其在它很强烈的时候。这是因为它会使我们责备本就已经低一等的群体。对公正世界深信不疑的人，很可能认为患有严重疾病的人（包括癌症患者和艾滋病患者）应该理所当然地为自己的不幸承担责任（Hafer & Begue，2005）。社会学家和心理学家都把这种现象称作“责备受害者”（Ryan，1976）。

从众 一些有偏见的态度和行为很可能源于对社会准则的从众。这种从众心理可能是为了社会赞许或社会许可的需要。在研究大学男生联谊会和女生联谊会时，研究者发现，希腊组织里的成员都会表现出对外群体（其他的男生联谊会和女生联谊会）的负面观点，无论他们的观点是否公开。而相反，刚加入这些组织的人，更可能在公开情况下发表对外群体的负面观点（Noel，Wann，& Branscombe，1995）。可能是这些新成员想被团体接纳，所以故意说不喜欢“团体之外的成员”。

防止偏见：一些补救方法

学习了这些使人沮丧的现象——盲目从众、消极服从、旁观者不介入、社会惰化和偏见。在本章的结尾可以高兴地告诉大家一些好消息：我们是可以避免偏见的，至少在某种程度上。那么，应该怎么做呢？

罗伯斯洞穴研究 我们可以从穆扎费尔·谢里夫（Muzafer Sherif）和他的同事在俄克拉荷马州的洞穴（这样命名是因为抢劫者曾利用这些洞穴躲避法律的制裁）所进行的研究中找到一些线索。谢里夫把 22 个适应环境能力强的五年级男生分成两组，命名为老鹰队和响
尾蛇队，然后让他们去参加夏令营。谢里夫让每一组男 411
孩形成稳固的团队后，分别介绍了两组，然后让他们进行一场将持续 4 天的运动比赛和游戏比赛。结果，混乱场面接连上演。老鹰队和响尾蛇队都向对方表现出强烈的敌意，最后还出现了辱骂、乱扔食物、拳斗。

接下来，谢里夫想看看他是否能“治愈”其制造

的偏见。他用的方法很简单：让他们从事一项需要彼此合作才能实现目标的任务。例如，他设置了一些只有老鹰队和响尾蛇队合作才能克服的困难，例如一辆装载食物的补给卡车中途出现了故障。果然，为了同一目标的合作使两组成员之间的敌意戏剧性地减少了（Sherif，Harvey，White，et al.，1961）。

拼图教室 埃利奥特·阿伦森（Aronson，Blaney，Stephan，et al.，1978）把罗伯斯洞穴研究应用到“拼图教室”的具体教育工作中。在**拼图教室**里，老师分给每个同学不同的任务，而这些任务需要他们一起合作才能完成。老师可能会让每个学生调查关于美国内战历史的各个方面，有人报告弗吉尼亚州，有人报告纽约州，还有人报告佐治亚州等等。然后，这些学生要相互合作，把搜集到的资料整理成一份综合的报告。许多研究都表明“拼图教室”可以有效地减少种族偏见的发生（Aronson，2004；Slavin & Cooper，1999）。

罗伯斯洞穴研究和阿伦森关于“拼图教室”的工作，都强调了其他许多社会心理学研究所证实的观点：种族之间接触机会的增加并不足以减少偏见。的确，在美国民权运动的早期，许多试图通过取消种族隔离来减少偏见的做法都得到事与愿违的结果，种族之间关系反而更紧张（Stephan，1978）。支持者们错误地以为仅凭接触就可以治愈由偏见划下的伤口。现在我们知道了，干预最可能减少偏见，只要它满足一些条件（见表 11.3）。这些条件告诉我们一个乐观的结论：偏见不是不可避免的，也不是不可改变的。

在拼图教室里，每个孩子都担任一个小而重要的角色，他们一起合作完成一个复杂的任务。

表 11.3　　减少偏见的理想条件

- 群体应该为共同的目标合作。
- 群体之间应该快乐地相处。
- 群体内各成员社会地位相当。
- 群体成员不应该对外群体持有消极的刻板印象。
- 群体成员之间有成为朋友的可能性。

（Source：Kenrick et al.，2005；Pettigrew，1998）

拼图教室（jigsaw classroom）
通过让学生为了同一个任务做出独立贡献以减少偏见的一种教育方法。

★小测试

1. 偏见是指对外群体成员的一种消极行为。 正确 错误
2. 研究表明没有偏见的人对其他群体没有刻板印象。 正确 错误
3. 为共同目标而合作是减少偏见的一个关键因素。 正确 错误
4. 研究表明，群体之间接触的增加可以减少偏见。 正确 错误

答案：（1）错（p.406）；（2）错（p.408）；（3）对（p.411）；（4）错（p.411）

412

全面的复习体系

什么是社会心理学？（pp.378–383）

11.1 了解社会情境影响个体行为的方式

归属需要理论认为，人人都有人际交往的生物性需要。社会助长是指在某些特定情境下，他人在场会提高我们的表现的现象。根据社会比较理论，我们会和别人比较信念、态度以及行为反应。集体癔症是指通过社会扩散而传播的非理性行为的爆发。

1. 社会心理学研究个体是如何（积极地和消极地）影响别人的______、______和______的。（p.378）
2. ______理论认为人人都有基本的人际交往的生物性需要。（p.379）
3. 他人在场会使个体的表现变得更差，可以由______来解释。（p.380）
4. 研究者发现，我们在别人面前的表现是由我们在特殊表现领域的______水平所决定的。（p.380）
5. 根据费斯廷格的______理论，当某一情境模糊不清时，我们会转向别人寻求指导，该相信什么以及该怎么做。（p.381）
6. 飞碟狂热是哪种现象最普遍的例子之一？（pp.381–382）

7. 哪些因素促使了都市传闻的产生和广为流传？（p.382）

沃尔特·迪斯尼还活着的时候就安排人们在他死后将其冰封，等到将来先进的技术能让他重生的时候再把他解冻。

11.2 解释基本归因错误如何导致我们对他人的行为作出错误判断

归因是推测行为原因的过程，一些归因是主观的，一些是客观的。基本归因错误是社会心理学的经典解释，即过高地估计他人的个人特质对其行为的影响的一种倾向。

8. 在期望找出别人行为的原因的时候，我们倾向于形成______。（p.380）
9. 基本归因错误是指过高估计______对他人行为的影响。（p.380）
10. 基本归因错误（适用于/不适用于）个体对自己的归因。（p.380）

社会影响：从众和服从（pp.383–393）

11.3 阐述从众行为的影响因素

从众是指在群体压力下个体改变自己的行为的倾向。虽然从众行为有个体差异和文化差异，不过，阿希的从众实验更强调社会压力的作用。去个性化是指当人们除去他们平时的身份时，更倾向于形成一种非典型的行为。斯坦福监狱研究是去个性化影响我们行为的一个有力证明。

11. 为了融入社会或者同龄人群体之中，而改变自己的个人风格、习惯和行为，这是______的例子。（p.383）
12. 根据本章的内容，在什么情况下，你会认为比较线段3和标准线段一样长？（pp.383–384）

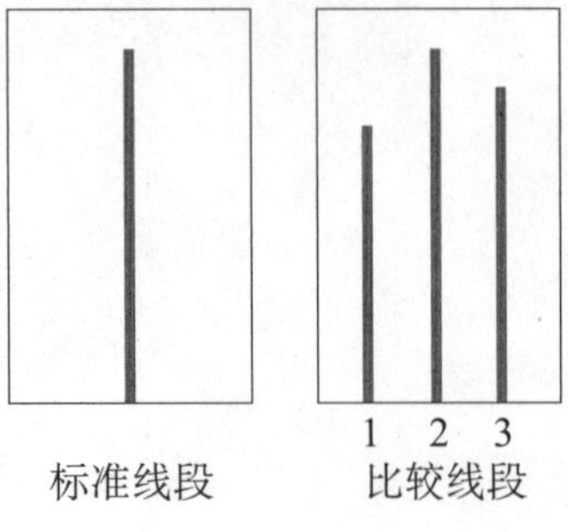

参考答案在本书的结尾处

413 13. 人们对社会压力的反应（存在 / 不存在）个体差异和文化差异。（p.384）

14.（低 / 高）自尊的人更倾向于从众。（p.384）

15. 菲利普·津巴多等研究者发现，影响去个性化的两个重要因素是______和______的缺失。（p.384）

16. 斯坦福监狱实验的结果可以和伊拉克______狱警的暴行相比拟。（p.385）

11.4 了解群体决策的负面效应和避免群体决策失误的方法

群体思维是减少批判性意见达成群体一致性的前提。它可以通过鼓励群体成员提出异议的干预措施来改变。邪教是由有极端群体思维的个体而组成的团体，他们盲目地忠诚于一个领导者。

17. 美国航空航天局不顾工程师提醒的潜在问题，仍决定发射“挑战者”号航天飞机，这可能是由于______。（p.387）

18. 抵制邪教思想灌输的最好途径是通过______，即先向人们宣传有关邪教信念的信息，然后再揭穿它。（pp.388–389）

11.5 什么情况下会最大程度或最小程度服从权威

米尔格兰姆关于权威的经典研究证明了对权威人物消极服从的影响力，并且澄清了促进和阻止服从的情境因素。

19. 米尔格兰姆名为“惩罚对学习的影响”的实验设计实际上是测量______的实验。（pp.390–391）

20. 在米尔格兰姆的研究中，什么因素提高了被试拒绝服从电击“学习者”的可能性？（p.392）

帮助他人和伤害他人：亲社会行为和侵犯（pp.394–400）

11.6 了解情境的哪些方面可以提高或降低旁观者帮助他人的可能性，并解释原因

虽然常识告诉我们“在人群中是安全的”，但是心理学研究表明事实恰好相反。旁观者效应有两个主要的影响因素：多元无知和责任分散。前者影响我们是否会把某个模棱两可的情境看作是紧急情境，而一旦我们确定情境是紧急的，后者则会影响我们的反应。当人们不能从一个情境中逃脱、有充足的时间、情绪良好，或是了解了有关旁观者介入的研究时，他们更可能提供帮助。

21. 灵长类动物研究者弗兰斯·德·瓦尔拍摄的这张两个黑猩猩的照片反映了什么现象？（p.394）

22. 他人在场让个体（更可能 / 更不可能）去帮助需要帮助的人。（p.385）

23. 如果你在一个公共场所受了重伤或者病倒了，你会采取哪些措施使自己更可能得到帮助？（p.395）

24. 个体在团体中的努力比独自工作时少的现象是______。（p.396）

25. 研究证明群体头脑风暴（比 / 不比）个体头脑风暴有效。（p.397）

26. 心理学研究结果的曝光（可以 / 不可以）改善个体在现实世界的行为。（p.398）

27. 外向的人比内向的人（更可能 / 更不可能）帮助别人。（p.398）

414 **11.7 描述影响人类侵犯行为的社会因素和个体变量**

一些情境变量，包括挑衅、挫折、攻击线索、媒体影响、唤醒，以及气温，都会提高侵犯行为的可能性。男性比女性有更高身体侵犯行为倾向，而女性比男性更可能进行关系侵犯。美国南部的“名誉文化”可能有助于解释为什么在南部谋杀率更高。

28. 个体或群体的侵犯行为都受______和______的影响。（p.398）
29. 因为高气温会提高______，这可能使人们在受到挑衅或挫折时更容易发脾气。（p.399）
30. ______侵犯是间接侵犯的一种形式，它通过传播谣言、八卦和非言语的贬低行为来达到社交控制的目的。（p.399）

态度和说服：改变观念（PP.400–406）

11.8 理解态度和行为的关系

态度一般并不能准确地预测我们的行为，尽管当态度和行为显著相关时，态度可以预测行为。

31. 信念和态度的主要区别在于态度包含______成分。（p.400）
32. 拉皮埃尔的研究表明，人们固有的态度（可以/不可以）准确地预测他们在情境中的行为。（p.401）
33.（低/高）自我监控的人的行为可能反映他/她真正的情感和态度。（p.401）
34. ______让我们更可能相信自己经常听到的信息是正确的。（p.401）
35. 如果信息传递者看起来和我们（相似/不同），则信息更有说服性。（p.402）
36. 为什么广告商要请诸如希拉里·达夫的名人代言呢？（p.402）

11.9 评估关于我们如何改变态度以及何时改变态度的不同理论解释

根据认知失调理论，两种信念间的不一致会导致一种紧张、不愉快的状态，我们则试图减少这种不适。一些情况下，我们会改变自己的态度，以消除这一状态。另一种观点是印象管理理论，它提出，我们并没有真正改变自己的态度，之所以报告态度改变是为了让我们的行为表现和态度一致。

37. 利用你有关认知失调理论的知识，完成下面的方框，以消除冲突状态。（p.403）

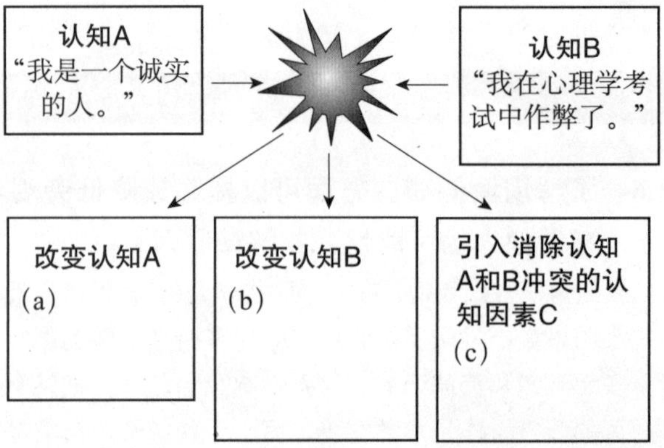

38. 在费斯廷格和卡尔史密斯的关于认知失调理论的实验中，报酬更少的被试报告（更喜欢/更不喜欢）实验中的任务。（p.403）

11.10 了解普遍的和有效的说服技巧，以及它们是如何被伪科学所利用的

根据说服的双加工模型，说服途径有两种：对论据深思熟虑的中心途径，和基于表面线索的外围途径。有效的说服技巧有登门槛技术、留面子技术和低球技术。

39. 一旦一个朋友答应帮你挑选卧室的油漆颜色，你便进一步请她帮忙粉刷房间，这是应用______技术的实例。（p.405）
40. ______技术经常被零售店使用，它们在条目上贴上特价，但在你同意购买后，它们会提出一些和你购买的东西有关的额外项目。（p.405）

偏见和歧视（pp.406–411）

415

11.11　区别信念上的偏见、刻板印象与行为上的歧视有何不同

偏见是在未了解全部事实的情况下就得出结论，它包括内群体偏好和外群体同质等形式。歧视是区别对待内群体成员和外群体成员的一种行为。刻板印象是关于一个群体大多数成员的群体特征的积极或者消极的信念。

41. 从没有和美国人相处过，就认为所有的美国人都是举止招摇的、傲慢的实利主义者，这是______的例子。（p.406）
42. 认为所有内群体之外的人都十分相似，这种倾向被称作______。（p.407）
43. 没有第一手的资料便认为经常去室内购物中心的穿了鼻环的青少年爱制造麻烦，这是______；你拒绝在室内购物中心的餐馆招待他们，这是______。（p.407）
44. 认为所有的拉拉队队长都是古怪的、轻浮的、只喜欢约会的，这是______。（p.408）
45. 一位老师是如何利用她的学生眼睛的颜色，来证实偏见是怎样产生的？（pp.407–408）

11.12　阐释偏见的产生原因和消除偏见的方法

这里有一些解释社会偏见的证据，包括替罪羊假说、公平世界假说和从众。最有效地避免偏见的方式是把成员分为不同的小组，并让他们共同合作去完成一个共同的复杂的任务。

46. 根据______，偏见源于因自身的不幸而将愤怒发泄到其他群体身上。（p.410）
47. 认为我们的归因和行为基于所发生的一切都是有其原因的，这种观点支持了______假说。（p.410）
48. 谢里夫的罗伯斯洞穴研究中，先让两组五年级生相互比赛，后来采取了要求两组之间______的活动，从而消除了形成的偏见。（p.411）
49. 阿伦森的“拼图教室”是如何减少偏见的？（p.411）

50. 减少偏见的一个条件是（鼓励 / 不鼓励）成员之间互交朋友。（p.411）

思维技能训练

问题与总结

1. 你正站在一个拥挤的电梯中，这时候周围的人突然都转向右边的时候，你可能会跟着做吗？
2. 假设从今天开始，穿牛仔裤的人都会被认为比穿连衣裤的人更重要。如果你穿的是牛仔裤，并且你知道了这一点，那么你的行为会发生什么变化吗？

排除其他假设的可能性
pp.384，392，402，404，408，410

相关还是因果
p.401

可证伪性
p.409

可重复性
pp.385，393，396，398，404

第 12 章
人　格

相似的教育会使孩子们的人格也相似吗？（p.420）

弗洛伊德认为性欲是人格的一个重要驱力，对孩子来说也是如此吗？（p.426）

如何在不同情境中保持行为一致？（p.437）

我们可以通过他人对墨迹的反应来推断其人格特质吗？（p.443）

犯罪侧写是否科学？（pp.445-446）

人格：它是什么，以及我们如何研究它？

- 人格成因的研究：双生子研究和收养研究概览
- 行为—遗传研究：重要提示

精神分析理论：弗洛伊德的争议性传奇和他的追随者们

- 人格的精神分析理论
- 性心理的发展阶段
- 对精神分析理论的批判性评价
- 弗洛伊德的追随者：新弗洛伊德主义者

行为主义、社会学习和人本主义的人格理论

- 行为主义关于人格形成的观点
- 人格的社会学习理论：思维的动因作用
- 人格的人本主义模型：第三势力

人格的特质模型：行为的一致性

- 特质模型：关键挑战
- 处于围攻中的人格特质：沃特尔·米歇尔的批判
- 人格结构模型：大五人格
- 文化因素对人格的影响
- 对特质模型的批判性评价

人格测量：测量及心理测量的误区

- 结构化人格测验
- 投射测验
- 人格测量中易犯的错误

批判性思考：犯罪侧写有效吗？

418

学习目标

12.1 双生子研究和收养研究如何阐释了遗传和环境对人格的影响（p.419）

12.2 阐述精神分析人格理论的核心假设（p.422）

12.3 阐述对精神分析人格理论的主要评判（p.427）

12.4 了解新弗洛伊德主义的主要特征（p.428）

12.5 了解行为主义人格理论的核心假设和主要评判（p.431）

12.6 了解社会学习人格理论的核心假设和主要评判（p.432）

12.7 了解人本主义人格理论的核心假设和主要评判（p.433）

12.8 了解特质模型的核心假设和主要评判（p.435）

12.9 解释人格特质的预测性（p.436）

12.10 描述结构化人格测验（尤其是MMPI-2）及其编制方法（p.440）

12.11 描述投射测验及其优缺点（p.443）

出生于 1933 年的杰克和奥斯卡有两个极为重要的相似之处。首先，你一见到他俩就能发现他们是同卵双生子，是彼此基因的克隆人。但是，不同于大多数同卵双生子的是，他们并不在一起长大。20 世纪 80 年代到 90 年代，托马斯·布沙尔（Thomas Bouchard）与其在明尼苏达大学的同事展开了对双生子的研究工作。杰克和奥斯卡，一直到几十年后才得以重聚（Begley & Kasindorf，1979）。他们之间的另一个相似之处在于：尽管 40 年未曾谋面（1954 年有过一次短暂的见面），但杰克和奥斯卡却有着极为相似的人格特征。他们在明尼苏达多相人格测验（一种人格测量问卷，我们将在本章的后半部分进行讨论）中的得分竟然如出一辙。

然而他们相似的地方也仅此而已，在其他方面还是存在较大差异的。杰克被加勒比地区的一个犹太家庭抚养到 17 岁之后搬去了以色列，奥斯卡则跟着慈爱的祖母生活在前捷克斯洛伐克（二战期间曾处于阿道夫·希特勒的控制之下）。尽管杰克和奥斯卡的基本人格极为相似，但政治信仰却有着天壤之别。杰克是一个虔诚的犹太教信徒，他喜爱那些描写德国反面形象的电影。在以色列时，他曾和其他人一起建立了所谓的犹太州。与此形成鲜明对比的是：奥斯卡则是一个极端狂热的纳粹和反犹太分子。他积极地投身于第二次世界大战前希特勒领导下的青年运动之中。尽管杰克和奥斯卡有着相似之处——热情、忠诚和极强的政治参与意愿，但他们却用不同方式戏剧性地表现出了各自的人格。

杰克和奥斯卡仅是个案，正如我们在第 2 章所学到的，个案研究有其局限性。首先我们很难确定是否能将杰克和奥斯卡的研究推及至其他的双生子研究中，更何况是其他普通人。然而，杰克和奥斯卡的故事引出了许多有趣的问题，这些问题需要心理学工作者通过严谨的实验设计进行深入的研究。数十年未曾联系的杰克和奥斯卡为什么会有着相似的人格？是什么促使二人都投身于政治事业？为何人格相似的俩人却有着不同的政治信仰？环境是如何影响并塑造人格的？

这些问题的答案其实并不简单，在接下来的学习中我们将逐一揭晓。我们或许会将一个人的自杀行为归因于其不幸的童年，而某人之所以贪吃是因为其自尊水平比较低。这些解释看上去真的极具吸引力，但我们必须谨防行为的片面归因。当我们设法揭示人类行为产生的根源时，就必须牢记人格的多样性。事实上人格是极难想象而又复杂的，并且受到诸多外在因素的影响，如：基因、出生前经历、父母教养、同辈影响、生活压力和运气等或好或坏的因素。

人格：它是什么，以及我们如何研究它？

在第 11 章中，我们学习到环境是如何对行为产生深远影响的。同时，我们也首次接触了基本归因错误，即更趋向于将行为归因于人格而不是人所面临的情境。

带着谨慎批判的思想，绝大多数心理学家都赞成：
419 个体间不同的倾向会影响其对周围环境的反应。换句话说，这就是我们的**人格**；我们不仅仅是在特定情境下受到社会影响的产物。大多数人认同美国心理学家戈登·奥尔波特（Gordon Allport，1966）的说法，人格由特质组成，**特质**是指在多数情况下影响行为的持久性倾向（Funder，1991；Tellegen，1991）。如人格特质内倾性、攻击性和尽责性，无论从时间还是情境角度都被认为是人格的构成因素。

人格特质是如何产生的？我们对这一问题的首次探讨始于人格行为遗传学研究，随后再扩展到其他人格理论，其中包括精神分析理论和行为主义理论，二者对于这一问题的解释是对立的。我们将会了解到这些理论其实都在试图解释人类人格特质的相似性和差异性。例如，它们阐述了道德感是如何形成的，而且解释了为什么有些人比其他人更有道德感。

心理学家试图用行为—遗传途径来揭示对行为有影响的三大方面：

- 遗传因素。
- 共享环境因素——使同一家庭中的个体更加相像。
- 非共享环境因素——使同一家庭中的个体相似性减少。例如，与其他孩子相比，父母较多地疼爱某一孩子，会造成这一孩子自尊心较强。

人格成因的研究：双生子研究和收养研究概览

为了区别以上三种影响，行为遗传学家采用双生子研究和收养研究（见第 3 章）的方法来研究人格。由于同卵双生子比异卵双生子在基因方面更加相似，同时绝大多数双生子（同卵、异卵）都有着相似的共享环境，如果同卵双生子比异卵双生子拥有更为接近的特质，那么即可证明是受遗传因素的影响。相反，如果同卵双生子的相关性等于或低于异卵双生子，则表明并非遗传而是环境影响了人格。**【学习目标 12.1】**

奥斯卡·斯托尔和杰克·伊弗这对同卵双生子被分开抚养，却在人格测验中获得了极为相似的分数。但是他们所表现出来的外在人格特质却明显不同。这是为什么？

一起抚养的双生子：基因还是环境？ 通过对一起抚养的双生子和分开抚养的双生子的人格研究（Tellegen et al.，1988）发现，很多人格特质包括焦虑倾向和冲动控制，本质上是受遗传因素的影响（见表 12.1）。许多研究者也从完整家庭的双生子研究中得出了相同结论（Loehlin，1992；Plomin，2004）。

> **可重复性**
> 其他人的研究也会得出类似的结论吗？

我们可以从表 12.1 中看出同卵双生子在哪些方面存在一致性相关？其结果不言而喻。很明显，所有的这些相关实质上都低于 1.0。这一结果表明非共享环境因素在人格塑造过程中扮演着重要角色（Plomin & Daniels，1987；Turkheimer，2000）。如果遗传率是 1.0（也就是 100%），那么同卵双生子间的相关也将是 1.0。但实际数值却要远低于 1.0，所以非共享环境因素以不同的方式在

人格（personality）
个体持久稳定的倾向，影响个体如何对所处环境做出反应。

特质（trait）
相对持久的倾向，影响我们在不同情境中的行为。

双生子的人格形成过程中起到关键作用。遗憾的是这一双生子研究并未告诉我们这类非共享环境因素究竟是什么。

420 **表 12.1 一起抚养的双生子与分开抚养的双生子部分人格特质间的比照**

	一起抚养的双生子		分开抚养的双生子	
	同卵双生子相关系数	异卵双生子相关系数	同卵双生子相关系数	异卵双生子相关系数
易焦虑	0.52	0.24	0.61	0.27
侵犯	0.43	0.14	0.46	0.06
异化	0.55	0.38	0.55	0.38
冲动控制	0.41	0.06	0.50	0.03
情绪幸福感	0.58	0.23	0.48	0.18
传统主义	0.50	0.47	0.53	0.39
成就取向	0.36	0.07	0.36	0.07

（Source：Tellegen et al.，1988）

分开抚养的双生子：聚焦基因 表 12.1 或许会使我们得出这样的结论：同卵双生子间的相似是由相似的抚养环境而非基因导致。但是这一解释却被同卵双生子和异卵双生子的分开抚养研究所推翻。

排除其他假设的可能性

对于这一研究结论，还有其他更好的解释吗？

在一项特别的研究中，明尼苏达大学的研究者们花费 20 多年的时间调查了一共将近 130 对来自不同国家分开抚养的同卵双生子和异卵双生子的样本（Bouchard，Lykken，McGue，et al.，1990），他们大多是在一出生就被分开，几十年后才在明尼苏达的圣保罗机场得以重聚。在本章开头所提到的杰克和奥斯卡就是著名的“明尼苏达双生子”研究中的一对。

杰拉尔德·利维（Gerald Levey）和马克·纽曼（Mark Newman）这对双胞胎兄弟，一出生就被分开，但都成了消防员（一个在新泽西州，一个在纽约州的昆士兰）。

在心理学家开始这项研究之前，一些杰出的社会科学家很明确地预测了分开抚养的同卵双生子彼此间的人格会出现显著差异。

他们的预测准确吗？表 12.1 右边显示了明尼苏达双生子研究的主要实测结果。从中可得出两个结论。第一，同卵双生子虽然分开抚养但其人格特质却显著相似。他们的相似性也比分开抚养的异卵双生子要高（Tellegen et al.，1988）。这一具有说服力的案例恰恰证明了遗传因素对于人格的影响。第二，当把表 12.1 左边和右边的结果进行比对后发现，分开抚养和一起抚养的同卵双生子的人格特质相似性竟然一样！这一惊人的结果表明共享环境对成人的人格塑造的影响不大甚至可以说是微乎其微。行为遗传学研究者们在其他的双生子研究中也得出了同样结论（Loehlin，1992；Pedersen，Plomin，McClearn，et al.，1988）。

可重复性

其他人的研究也会得出类似的结论吗？

收养研究：进一步区别环境和基因 收养研究（见第 3 章）通过对被收养子女和他们的养父母以及亲生父母间的相似性进行比对来区分基因和环境对于人格的影响。

在一例关于收养儿童的研究中，桑德拉·斯卡尔（Sandra Scarr）和他的同事对于神经质这一人格特质进行了研究（Scarr，Webber，Weinberg，et al.，1981）。正如我们将在本章后面所讨论的，高神经质水平的人更趋向于紧张和高束缚性，而低神经质水平的人则更加温和与冷静。我们可以从表 12.2 中看出，亲生父母（这里主要是母亲）与被收养的子女间的相关度实际上要稍高于 421
养父母与收养子女，即便他们的亲生父母在其出生后与他们几乎没有什么实质上的接触（Scarr et al.，1981）。这一结果已被其他研究者证实并在其他特质上得到验证

（Loehlin，1992）。然而表12.2表明，与在同一家庭长大的亲兄弟姐妹不同，收养并生活在同一家庭中的兄弟姐妹的人格之间几乎没有相似性。这一结论进一步推翻了共享环境对于成人人格的塑造存在影响这一假说，即共同成长不会使得兄弟姐妹间更加相像。

表 12.2　收养研究中关于神经质人格特质的相关性

	相关系统
母亲和亲生子女	0.21
母亲和收养子女	0.12
亲兄弟姐妹	0.28
收养兄弟姐妹	0.05

（Source：Scarr et al.，1981）

可重复性

其他人的研究也会得出类似的结论吗？

行为—遗传研究：重要提示

研究者通过双生子研究发现基因通常影响那些与人格特质相关联的各种行为，如离婚（McGue & Lykken，1992）、宗教信仰（Waller，Kojetin，Bouchard，et al.，1990），甚至包括爱看电视（Plomin，Corley，DeFries，et al.，1990）。许多公众对待如死刑、裸体主义者、殖民地等问题的态度也有一定程度的遗传性（Martin et al.，1986）。以上的每一个特征，同卵双生子较之于异卵双生子都有更高的相关性。

双生子研究表明宗教信仰者存在着一种潜在的遗传倾向，但这是否就意味着存在与宗教信仰有关的特定基因？

这一发现是否如畅销刊物所言，即存在有关离婚、宗教信仰、看待死刑的态度等特定基因？对此我们无法确定。我们知道基因编码的是蛋白质而不是特定的行为或态度，所以基因更像是以一种间接方式影响着行为和态度（Block，1995）。正如我们从杰克和奥斯卡那儿了解到的，基因或许会影响特定的人格特质如深层情感，但是这些特质如何才能在我们的生活中体现出来，比如说，成为一名严格意义上的犹太教信徒或是激进的反犹太分子，这些都受到了环境的影响。从基因的角度来研究行为的路途曲折而又漫长。因此当媒体宣传所谓“同性恋基因”或“离婚基因”时，我们应持怀疑态度。不管特质是以何种方式遗传下来，事实总是比想象的更复杂。

你怎么认为？

你的一个来自虔诚天主教家庭的朋友，自从上了大学之后就不再参加集会。他对你解释说：“要我怎样？我显然没有从父母那里遗传到宗教信仰的基因！”你将如何说服他事情不是他想象中的那么简单？

★小测试

1. 特质通常通过不同的环境来起作用。　正确　错误
2. 一起抚养的同卵双生子倾向于与分开抚养的同卵双生子有着相似的人格。　正确　错误
3. 在同一家庭中共享的环境因素在大多数成人期人格特质的形成中扮演着重要的角色。　正确　错误

答案：（1）对（p.419）；（2）对（p.420）；（3）错（pp.420–421）

422 精神分析理论：弗洛伊德的争议性传奇和他的追随者们

在对人格进行控制研究之前，心理学家、精神病学家以及许多思想家都创建了理论模型来解释人格的发展以及工作机制。这些模型主要关注以下三个主要问题：

（1）人格是如何发展的？

（2）形成人格的主要驱动力是什么，或者通俗的说，我们为何会是现在这样？

（3）是什么导致了人格的个体差异？

接下来我们将对四个最具影响力的人格模型进行阐释和评价，先从最伟大的西格蒙德·弗洛伊德的精神分析理论开始。

对于大多数非专业人士来说，精神分析理论事实上由维也纳内科医生（与大众认为的不同，他既不是心理学家也不是精神病学家）西格蒙德·弗洛伊德（Sigmund Freud，1856—1939）所创立。尽管精神分析理论极具争议，但其反对者们依旧承认弗洛伊德是个天赋极高的思想家。事实上，对于精神分析理论的一个最大挑战是将弗洛伊德与他完整的科学理论分开来。弗洛伊德理论对于心理学家、文学评论家以及行外人士都产生了巨大影响，正是这一原因使得他的观点得到了公平对待（Kramer，2007）。

人格的精神分析理论

精神分析理论依托于三个核心假设（Brenner，1973；Loevinger，1987）。其中第二和第三个假设将这一理论与其他理论区别开来。**【学习目标 12.2】**

- **心灵决定论**。弗洛伊德相信**心灵决定论**，这一假设认为所有的心理活动都有一个起因。作为决定论中的一个特殊例子，心灵决定论（见第 1 章）认为所有的行为都有一个起因。弗洛伊德认为，我们并不能自由决定自己的行为，因为我们在清醒时被外在强大的力量所控制着。梦，神经症症状以及“弗洛伊德式口误”等都是深层次的心理冲突外化的结果（见表 12.3）。

表 12.3　弗洛伊德笔记中关于“弗洛伊德式口误”的例子

“一个下议院的会员提及另一个荣誉会员时，说他是黑暗势力中心（Central Hell）的荣耀而不是团体中心（Central Hull）的荣耀。”
“一个士兵对朋友说‘我真希望在那个山上有一千个士兵得坏疽病’（mortified on that hill），而不是说‘在那山上加强防御工事’（fortified on that hill）。”
“一位女士试图恭维另一个人说‘我确定你一定想把这顶可爱的帽子扔掉’（thrown this delightful hat together），而不是‘缝合在一起’（sewn it together），因此，表露出这个女士认为这个帽子做工很差的想法。”
“一位女士说很少有绅士知道如何去珍惜一个女人‘无才’（ineffectual）的品质，而实际上她想表达‘聪明才智’（intellectual）。”
（Source：Freud，1901）

- **符号意义**。对于弗洛伊德理论的拥趸来说，没有什么行为是毫无意义的，无论其从表面看有多琐碎。设想上课时，你的男教授将一支粉笔掰成两半。有些人或许会忽视这一令人不快的行为，然而大多数了解弗洛伊德主义者都能为此行为找到深层次的原因，例如，他们可能更倾向于探讨这支粉笔是什么东西的符号象征，而这或许就与性有关。
- **无意识动机**。弗洛伊德主义者强调无意识动机的重要性。在弗洛伊德（1933）看来，我们很少明白自己为何会做某事，尽管事后我们会很快对行为做出解释。一些作家喜欢将弗洛伊德（1923）对于心灵的观点比喻成冰山，无意识就是潜藏于水下的巨大而未知的地带（见图 12.1）。构成心灵的意识就是“冰山的顶端”，仅仅是露于水面上的可见部分。在弗洛伊德看来，无意识对于人 423
格的影响要比意识重要得多。

本我、自我和超我：人格的结构　弗洛伊德（1933，1935）假设人格结构由三种成分构成：本我、自我和超我。弗洛伊德认为三者之间的相互影响推动着人格的发展，三者能量的不同分布造成了个体间的人格差异。

心灵决定论（psychic determinism）
一种认为所有心理事件都有其原因的假说。

本我：基本的本能。弗洛伊德认为**本我**是许多原始冲动的发源地，就像是一个沸腾着的锅底。本我是完全无意识的，它是冰山中完全潜藏于水下的那部分。它包含着许多的驱力，特别是性驱力或力比多（见第9章）和攻击驱力。弗洛伊德认为性和攻击冲动在人格塑造过程中起至关重要的作用。

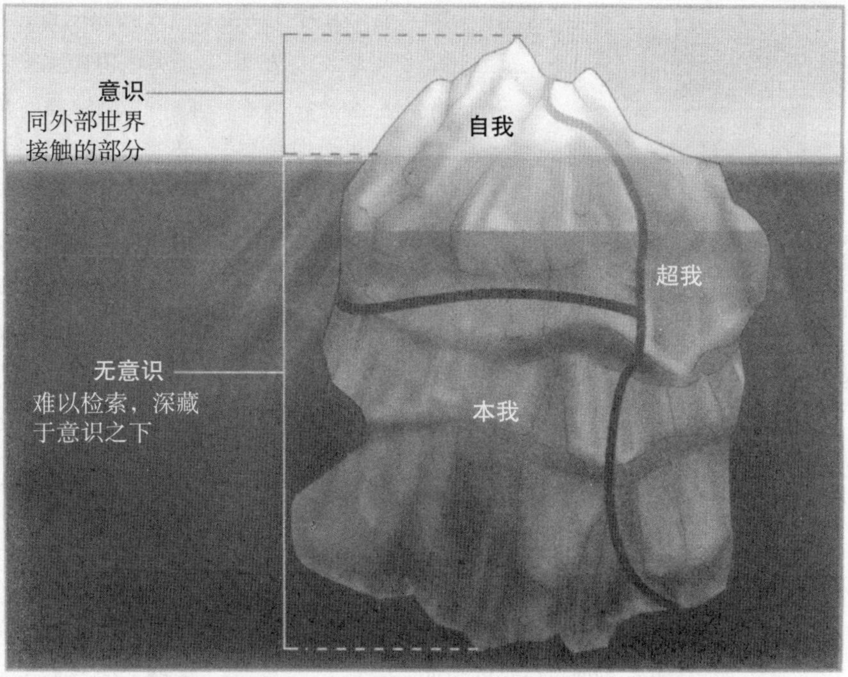

图 12.1 弗洛伊德的人格结构模型

在一些作者看来，弗洛伊德关于人格的概念类似于一个冰山，意识是露在表面的可见的很少的部分，无意识则是巨大的藏于水下的不可见部分。然而，这一冰山的比喻太过表面化（事实上，弗洛伊德显然从未这样比喻过），因为，弗洛伊德认为人格的不同方面在不断地相互作用之中。

自我：发号施令者。自我是人格的发号施令者，它是行为的决策者。自我的主要任务是处理自身与现实社会之间的相互矛盾以及找到解决其他两种心理成分矛盾冲突的方法。我们不能将弗洛伊德主义者的自我同我们日常生活中提到的自我或是自我价值感相混淆。与本我不同，自我总是延迟满足直到其找到适当的或是社会可接受的方式来释放驱力。

超我：道德标准。超我就是我们的道德感。这一字面意思就是“超越自我”，弗洛伊德将这一成分定义为就像处事公正的父母关注着我们的本我。这一心理成分包含了我们从社会尤其是从父母那里内化来的是非判断标准。

心理成分之间如何相互影响。在弗洛伊德看来，我们所有人无时无刻不在寻求这三种心理成分之间的平衡。大多数时候本我、自我和超我三者之间保持着和谐统一，就像是同步演奏的弦乐三重奏。但是这一活动有时也会产生冲突。比如，当你被朋友的伴侣所吸引时，你的自我、本我和超我之间就会失衡。你或许会陷入与这个人在一起的浪漫幻想中（本我），但是又担心有什么事将会发生（自我），担心伤害到朋友的感情并因此感到内疚（超我）。弗洛伊德（1935）认为心理问题正是这三种心理成分之间的相互冲突所造成的。

弗洛伊德因其对梦的解析而著名，他认为我们可以通过梦来洞察内部心理成分之间的冲突。在弗洛伊德看来，所有的梦都是愿望的满足，也就是本我冲动的表现。弗洛伊德认为，有时出现在梦中的奇异想象和“歪曲念头”，都是超我试图用符号表征来伪装我们的真实愿望。 424

大众心理学在弗洛伊德理论的基础上来解释梦的符号象征。根据梦——符号词典（Schoenewolf，1997），鸭子、冰柱、枪、伞和领带象征着阴茎；口袋、隧道、水壶或大门则象征着阴道；袋鼠象征着性生活（请别让我们来解释这个）。有关释梦符号的书（Ackroyd，1993）

本我（id）
储存了我们许多的原始冲动，包括性和攻击。

自我（ego）
心灵的执行者和主要的决策制定者。

超我（superego）
我们的道德感。

大多数在书店里销售的释梦词典都解释了梦的符号的一般象征意义，但许多心理学家反对这一解释。

极大地简化了弗洛伊德理论，因为弗洛伊德认为符号在不同的梦中所象征的意义是不同的，并且梦中任何一个有趣的意象都有其深层的象征意义。

防御机制和焦虑 本我的一个基本功能就是同外在世界的种种威胁进行斗争。当危险出现时，本我就会体验到焦虑并发出信号来矫正反应。有时这些反应是直截了当的，如当一辆车迎面驶来时，我们会迅速地逃离路面。然而，我们时常没有足够的时间来适应环境，因此必须改变对它的知觉。

在这种情况下，本我就形成了**防御机制**：使焦虑最小化的一种无意识策略。防御机制这一概念时常会出现在我们的日常言语中（"别总是端着"）。与大众观点相反，弗洛伊德认为防御机制是保持心理健康的基本需求。事实上，一个人如果缺乏防御机制就会处在无止境的焦虑之中。同样，弗洛伊德认为，过分依赖于一到两种防御机制也是病态的表现。弗洛伊德和他的女儿安娜（Anna）——一位卓越的精神分析家，共同描述了防御机制的工作原理（A. Freud，1937）。我们在这里只给大家简单介绍几个（见表 12.4）。

有证据可以证明防御机制真的影响到行为吗？许多弗洛伊德主义者认为可以用**压抑**——忘记威胁性的记忆——来解释婴儿期遗忘即婴儿没有能力记住 3 岁之前的任何事（见第 6 章）（Fivush & Hudson，1990）。弗洛伊德认为我们压抑不快乐的童年记忆来避免痛苦的产生。现在我们可能明白这一解释并不准确，很大程度上是因为研究人员在其他动物研究中也发现了早期遗忘现象，甚至包括老鼠（Berk，Vigorito，& Miller，1979；Richardson，Riccio，& Axiotis，1986）。一个坚定的弗洛伊德主义者或许认为老鼠和其他啮齿类动物也会压抑童年早期的创伤性记忆，但是奥卡姆剃刀原理却否认了这一解释。不过，除此之外的其他防御机制都是合理的。

有时我们进行**否认**，即当自己处在极度压力之下会试图忘记使人烦恼的外部经历。这并不罕见，例如，某人的亲戚最近死于一场不幸的车祸，但他始终坚信他的亲戚一定还活着。**退化**，即心理上回到了年幼时候，也偶尔发生在人们压力大的情形下。大孩子已经很长时间不吮吸自己的手指了，但在压力之下有时又突然开始吮吸手指。

性心理的发展阶段

弗洛伊德的理论中最具争议性的莫过于人格发展模
型，也只有它被广泛批评为伪科学（Cioffi，1998）。但 426
在弗洛伊德看来人格的发展都要经过一系列的阶段。他把这一些阶段叫做性心理阶段，是因为这些阶段都关注性敏感区（见表 12.5）。虽然我们习惯于将生殖器作为最初的性器官，但弗洛伊德认为在早期发展中身体的其他部位是性快感的主要来源。这与当时盛行的观点不同，弗洛伊德坚持性欲起源于婴儿时期。他甚至指出我们顺利通过每一阶段的程度将决定以后的人格发展水平。他认为在发展的早期阶段个体会出现"固着"现象。这一现象的发生，不是因为在该阶段被剥夺了性快感，而是因为过分满足以至于向下一阶段过渡时出现了问题。接下来我们将探讨弗洛伊德定义的五个性心理阶段，但是大多数当代评论家都不认同他的观点。

口唇期 性心理发展的第一阶段是**口唇期**，大致从出生到 12 ～ 18 个月，主要聚焦于在嘴部。在这一阶段，

防御机制（defense mechanism）
为使焦虑最小化的一种无意识策略。

压抑（repression）
主动忘记威胁记忆或是压制冲动。

否认（denial）
主动忘记使人烦恼的外部经历。

退化（regression）
心理上回到了更为年轻、相对简单且更为安全的年龄的一种行为。

口唇期（oral stage）
性快感主要集中在嘴部的性心理阶段。

表 12.4　弗洛伊德理论中的一些主要防御机制及其样例

防御机制	定义	样例
压抑	忘记情感上具有威胁性的记忆或是冲动	一个目睹过现场搏斗的人事后发现自己不能回忆起这一切。
否认	忘记痛苦的经历	一位在车祸中失去孩子的母亲坚持他的孩子还活着。
退化	心理退回到更为年轻和安全的时期	一个大学生每当遇到难度大的考试时就吮吸自己的手指。
反向形成	将产生焦虑的经历转换成其对立面	一个被男同事魅力所吸引的已婚女人非常厌恶这位男同事。
投射	无意识地将消极的品质归因于他人身上	一位已婚男士，对于女性有着很强的无意识性冲动但总抱怨女人总是围着他转。
替代作用	将社会不可接受的冲动转换成社会能接受的	一位打高尔夫的人在他的同伴手机响时扔掉自己的球杆，因为这使得其在击球时分了心。
合理化	为不合理的行为或失败提供合理的解释	一位政治候选人落选，他却说服自己相信压根就没有想要那个职位。

婴儿主要通过吮吸和吞咽来获得最初的性快感。弗洛伊德认为口唇期固着的成人对于压力的反应更趋向于依赖他人和得到他人的再三保证，就像是婴儿只有接触到母亲的乳房才能获得满足一样。

表 12.5　　弗洛伊德关于性心理发展的五个阶段

阶段	大概的年龄阶段	性快感的来源
口唇期	出生到 12～18 个月	吮吸和吞咽
肛门期	18 个月到 3 岁	通过排泄来缓解紧张
性器期 *	3 岁到 6 岁	生殖器（阴茎和阴道）
潜伏期	6 岁到 12 岁	欲望潜伏阶段
生殖期	12 岁以后	恢复性冲动；成熟的浪漫关系出现

* 俄狄浦斯情结和厄勒克特拉情结出现的时期。

肛门期　第二个阶段——**肛门期**，大约从 18 个月持续到 3 岁，儿童开始直面心理冲突。这一时期，儿童通过移情来缓解紧张和体验快乐，但并不是任何时候他们都能这样做。因此，他们必须学会抑制自己的强烈欲望，将其转移到社会允许的理想场所——厕所。弗洛伊德认为肛门期固着的个体——肛门期人格——更倾向于过分地爱干净、吝啬以及成年期倔强。

性器期　**性器期**大约从 3 岁持续到 6 岁，这一阶段是弗洛伊德理论中对人格解释最为重要的阶段。在这一阶段，阴茎（对于男孩）和阴道（对于女孩）成为性快感获得的敏感区。同时，孩子对于异性父母的爱慕使得其将同性父母视为竞争对手。

对于男孩，性器期会出现**俄狄浦斯情结**，俄狄浦斯是一位古希腊人物，他无意中杀死了自己的父亲并和自己的母亲结婚了。这个男孩想将自己的母亲占为己有，甚至想杀死或至少摆脱父亲的控制。男孩开始意识到父 427
亲将自己看成是在获得母亲情感上的一个竞争者，担心父亲会阉割自己。最后，这种焦虑和无法得到母亲的现实使得他放弃了这种爱。这之后他开始能够区别真正的竞争者，同样的情况下他就能接受自己的父亲以及自己的人格特征。弗洛伊德认为，如果孩子在这一阶段未能很好地处理这一情况，将会为以后的生活埋下某些心理隐患。

在索福克勒斯（Sophocles）的古希腊悲剧中，俄狄浦斯发现他在不知晓的情况下杀死了自己的父亲并和自己的母亲结了婚之后，不久就弄瞎了自己的眼睛。弗洛伊德深受这一戏剧的影响，以至于提出所有的男孩对于母亲的爱慕都被称作俄狄浦斯情结。

相反，对于女孩，这一阶段通常会出现**厄勒克特拉情结**。这同样源自一位古希腊人物，她为了给被谋杀的父亲报仇而杀死了自己的母亲。女孩和男孩一样渴望亲近异性父母，幻想自己能够取代同性父母。然而对于女孩，性器期往往会产生阴茎嫉妒，即女孩渴望拥有一根阴茎，就像父亲一样。阴茎嫉妒或许是弗洛伊德提出的最荒谬的概念，因为至今没有任何一项研究支持这一说法。

潜伏期　第四个性心理阶段**潜伏期**，是紧接着性器期后的一个平静阶段。潜伏期大约从 6 岁到 12 岁，弗洛伊德认为这一时期性冲动被压抑到无意识中。与这个信念相一致，大多数男孩和女孩会对异性反感和彻底不感

肛门期（anal stage）
主要关注于如厕训练的性心理阶段。

性器期（phallic stage）
主要关注于生殖器的性心理阶段。

俄狄浦斯情结（Oedipus complex）
性器期的冲突，表现为男孩希望得到自己的母亲而将父亲视为自己的竞争对手。

厄勒克特拉情结（Electra complex）
性器期的冲突，表现为女孩爱上自己的父亲并将母亲视为自己的敌人。

潜伏期（latency stage）
性冲动被压抑到无意识中的性心理阶段。

兴趣。

生殖期 第五个也是最后一个性心理阶段是**生殖期**，大致从12岁开始，这一时期性冲动又被重新唤醒。如果发展到这一时期没有出现什么大的障碍，就将出现成熟的浪漫关系。相反，如果在早期阶段，许多问题未得到解决，那么亲密关系的建立就会出现困难。

对精神分析理论的批判性评价

弗洛伊德较之于其他心理学家而言在帮助普通大众理解人格上有着更大的影响。他对发展中经验的重要性、无意识、性别角色，以及内疚的洞见对现代思想仍有很大影响。但研究者却提出了一系列动摇精神分析理论科学地位的问题。这里我们将列举四个主要的批评。【学习目标 12.3】

不可证伪性。批评指出弗洛伊德理论的许多特征都是伪造的。例如，我们发现了许多与俄狄浦斯情结相反的事实。5岁男孩报告自己被母亲拒绝了，弗洛伊德或许会认为这些男孩仅仅是表现出反向形成，在无意识水平上还是被他们的母亲所吸引。

可证伪性
这种观点能被反驳吗?

失败的预测。尽管很难说弗洛伊德的理论大多是错误的，但有一部分的确经常出现错误（Grunbaum，1984）。例如，弗洛伊德认为儿童若受到过于严厉的如厕训练，他们长大后就将过于死板或追求完美。然而绝大多数研究者却并未发现如厕训练和成人人格之间有何种相关（Fisher & Greenberg，1996）。同样，很少有科学理论能够支持弗洛伊德的防御机制说。例如，实验室研
428 究无法证实压抑的存在。特别是，在相同水平上人们并没有更倾向于忘记消极的生活经历而不是唤起积极的体验（Holmes，1974，1990）。

对于无意识概念的质疑。现在有足够的理由来怀疑弗洛伊德提出的无意识概念。的确，我们经常没有意识到我们为什么会做某些事，我们的思想也会受到一些潜在信息的影响（Bargh & Chartrand，1999；Nisbett & Wilson，1977），但现在仍没有证据证明无意识的存在：将大量的冲动以及记忆隐藏于意识之下（Wilson，2002）。弗洛伊德将无意识看成是性欲的和攻击性的能量以及被压抑的记忆所储存的地方。然而，研究者却不赞成存在这样一个地方，更不用说指出这个地方在哪里了（Kihlstrom，1987）。

弗洛伊德最著名的病人之一“安娜·欧”原名伯莎·巴本海姆（Bertha Pappenheim），后来成为德国社会工作的创始人。弗洛伊德的很多病人都是像巴本海姆这样有钱的维也纳人，这使得评论家开始质疑他的结论。

以不具代表性的样例为依据。许多批评指出弗洛伊德理论建立在非典型性样例之上，并不能代表其他的人群。弗洛伊德的大多数病人都来自上层阶级，患有神经症的维也纳女性，与普通的尼日利亚男性或是马来西亚女性区别较大。因此，这降低了弗洛伊德理论的外部效度，也就是普遍性（见第2章），即不一定适用于来自于其他不同文化背景下的人们。

弗洛伊德的追随者：新弗洛伊德主义者

尽管对弗洛伊德理论有着较多的批评，但相当数量的社会学者和心理学工作者（大多是弗洛伊德的学生），从弗洛伊德的理论中脱离，形成了自己的人格结构模型。因为这些学者从一个全新的角度修缮了弗洛伊德的某些观点，他们所获得的成就即被称为新弗洛伊德理论。

生殖期（genital stage）
性冲动被重新唤醒并且逐渐走向成熟、开始对他人产生爱慕的性心理阶段。

新弗洛伊德理论：核心特点 大多数新弗洛伊德理论同弗洛伊德理论一样强调：（a）无意识对于行为的影响；（b）早期经历对于人格塑造的重要性。然而，**新弗洛伊德理论**与弗洛伊德理论有两点不同：【学习目标 12.4】

（1）新弗洛伊德理论不如弗洛伊德理论那么强调性是人格发展的驱动力，它更强调社会驱动力的作用，例如他人赞赏的需要。

（2）就人格的毕生发展而言，大多数新弗洛伊德理论对于人格的发展持乐观态度，而众所周知弗洛伊德理论对于儿童后期人格的发展持悲观态度。他曾写道，精神分析的目的就是将精神上的痛苦转化成普通的烦恼。（Breure & Freud，1895）

阿尔弗雷德·阿德勒：追求卓越 维也纳精神分析家阿尔弗雷德·阿德勒（Alfred Adler，1870—1937）是第

（© ScienceCartoonPlus.com）

新弗洛伊德理论（neo-Freudian theories）
继承了弗洛伊德的理论模型，但更少强调性是人格的驱动力，并且对于人格的长远发展持乐观态度。

自卑情结（inferiority complex）
低自尊的感觉并导致对这种感觉的过度补偿。

集体无意识（collective unconscious）
荣格认为，我们共享着祖先代代相传下来的记忆储存室。

原型（archetypes）
跨文化的情感象征。

一个与弗洛伊德决裂的人。阿德勒（1931）认为人格形成的动力并不是性和攻击，而是为了追求卓越。阿德勒曾说：我们生命的首要目标是比别人更优秀，因此我们形成独特的生活风格或塑造优于现实的固定模式来实现我们的目标。比如说，人们试图通过成为著名的娱乐明星、伟大的运动员或杰出的父母来满足自己的优越感。

阿德勒（1922）认为，被父母溺爱或忽视的孩子很容易产生**自卑情结**（这是阿德勒提出的一个重要概念）。拥有自卑情结的人自尊水平低且倾向于过度补偿这种情感，结果导致他们会不惜一切，甚至是被别人支配来向他人证明自己的优越。

阿德勒的假说同弗洛伊德的一样，很难说是错误的（Popper，1965）。例如，阿德勒举了这样一个例子：有
人想通过酗酒来将自己的失败归因于此，即人们总是在 429
试图追求比他人优越。因为，找借口是让自己摆脱自卑的方法之一。事实上，我们可以告诉自己：要是我没有喝酒，可能早就成功了。众所周知，只要我们再多一点创造性，就可以用阿德勒的理论解释任何一种行为。

可证伪性
这种观点能被反驳吗？

卡尔·荣格：集体无意识 瑞士精神治疗家卡尔·荣格（Carl Jung，1875—1961）是另一个与自己的导师弗洛伊德决裂的人。荣格不认同弗洛伊德对于性的过度强调，他的观点对当代心理学有着巨大的影响，以至于他曾被称为新时代心理学的标志性人物。

荣格（1936）认为弗洛伊德并未充分地解释无意识。荣格认为弗洛伊德理论中的无意识只是个体无意识，除此之外还存在**集体无意识**。在荣格看来，集体无意识包含了我们祖先代代相传下来的全部记忆，它是我们祖先记忆的集合，同时荣格解释了神话和传说中的文化相似性。荣格认为，我们一出生就能认出自己的母亲，是因为那些关于出生后就见到母亲的记忆，通过数千万年的个体传递最终刻进了我们的基因里。

荣格认为集体无意识包含了无数的**原型**，即跨文化的情感象征。他解释了人们对这个世界的许多情感反应

类似于荣格一位病人的绘画的曼荼罗符号。

特征的相似之处。在荣格看来，原型包括母亲、女神、英雄，以及曼荼罗，后者象征着一种对整体和统一的渴望（Campbell，1988；Jung，1950）。荣格（1958）推测，时下流行的关于飞碟的报道，源于我们的无意识中对于天人合一的渴望，因为飞碟的外形看上去就像是曼荼罗。

尽管荣格的理论极具挑衅意味，但它和弗洛伊德以及阿德勒的理论一样都存在不足之处。由于没有明确的证据，因此很难否定荣格的理论（Gallo，1994；Monte，1995）。例如：我们如何否定荣格所认为的人们对于飞碟的探索源自于探究宇宙整体性的潜在渴望呢？我们很难找到充足的证据来驳斥这一观点。此外，尽管荣格关于原型的假说将人类的演化历程串在了一起，但关于起源，荣格并未给出一个具有说服力的解释。或许原型具有跨文化的普遍性，因为它们代表了不同文化背景下社会文化和自然环境中的重要因素——母亲、智者、太阳、月亮（看上去很像曼荼罗），也许是共有经历而不是集体无意识阐释了原形的跨文化的普遍性。

可证伪性
这种观点能被反驳吗？

排除其他假设的可能性
对于这一研究结论，还有更好的解释吗？

卡伦·霍妮：女性主义心理学 卡伦·霍妮（Karen Horney，1885—1952）是一名德国内科医生，她是第一位研究女性人格的人格理论家。尽管并未完全脱离弗洛伊德理论的核心假设，但在霍妮（1939）看来，弗洛伊德的理论在某些方面存在着性别歧视。她认为弗洛伊德提出的“阴茎嫉妒”的概念是一种误导，霍妮坚信女性的自卑感不是来自于其自身的生理特点而是对于男人的过度依赖，这是早年在家庭和社会中所形成的根深蒂固的观点。她甚至直接反对俄狄浦斯情结，并认为这是完 430
全可以避免的。她认为这种情结只是一种症状，而不是心理问题的起因，因为俄狄浦斯情结只有在受到异性父母的过度保护或同性父母的过度批评时才会出现。

对弗洛伊德追随者的评判 新弗洛伊德主义者们修正了弗洛伊德的一些极端观点。他们指出生理结构的差异并不能决定其心理差异，并认为社会因素影响人格的发展。尽管如此，正如我们所见，新弗洛伊德理论在可证伪性方面仍存在问题，尤其是阿德勒和荣格的理论。

可证伪性
这种观点能被反驳吗？

★小测试

1. 弗洛伊德认为性是人格发展的唯一驱动力。 正确 错误
2. 弗洛伊德主义者认为大多数自我评价过高的人都有一个过度发展的自我。 正确 错误
3. 根据弗洛伊德理论，一个特定的梦象（如一条蛇）对不同的人有着不同的象征意义。 正确 错误
4. 荣格关于集体无意识的概念或许可以解释为什么《星球大战》、《哈利波特》和《魔戒》都描述了一个年轻人在一个智者的帮助下完成了使命的故事。 正确 错误

答案：（1）错（p.423）；（2）错（p.423）；（3）对（p.424）；（4）对（p.429）

行为主义、社会学习和人本主义的人格理论

虽然精神分析理论的影响深远，但还有些其他的理论探寻人格的起源及其决定因素。这些理论更多地关注于用经验、情绪、社会互动和意识驱动作用来解释人格。下面我们将讨论其中的三种理论：行为主义理论、社会学习理论和人本主义理论。

行为主义关于人格形成的观点

我们已经在第5章中将行为主义作为独立章节学习过了，那么为什么还要再次深入学习行为主义呢？毕竟，行为主义只是一个学习理论而不是人格理论，不是吗？

事实上，行为主义者兼具二者。激进行为主义者，如B.F.斯金纳（见第5章），相信我们的人格差异在很大程度上是由不同的学习经历所造成的。与弗洛伊德的理论不同，激进行为主义反对生命的早期经历决定人格发展这一观点。他们虽承认童年期的重要性，但认为学习能在一生中持续地塑造我们的人格。

431 对于激进行为主义而言，我们的人格与习惯密不可分。这些习惯通常是通过经典性条件反应和操作性条件反应所习得的。与其他人格理论家不同，激进行为主义者并不认为人格在塑造行为方面扮演着重要角色。他们认为，人格是由行为所构成的，这些行为既包含内隐的也包含外显的，如思想和情感。激进行为主义者倾向于接受这样的观点：有些人是外向的，或外向的人倾向于拥有更多朋友，参加更多的聚会。但他们却认为一个人拥有更多朋友和参加更多聚会并不是因为他们外向。

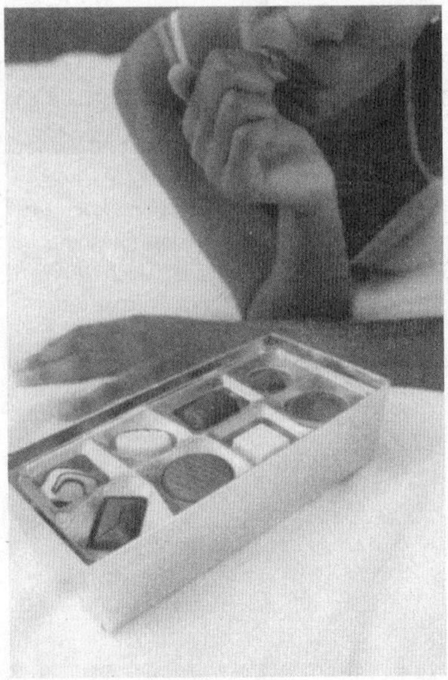

尽管这个人认为吃还是不吃糖果在她的控制之下，但激进行为主义者或许会将他的这种知觉认为是错觉。

激进行为主义认为，人格主要受两方面因素的影响：（a）遗传因素；（b）环境变化，也就是强化物和惩罚物（见第5章）。这些因素共同解释了人格个体差异的原因。【学习目标 12.5】

行为主义的决定论观点 像精神分析主义者一样，激进的行为主义者也是严格的决定论者。他们相信所有的行为都是先前因果关系的产物。这是弗洛伊德和斯金纳鲜少达成的共识。对激进行为主义者而言，自由联想是一种错觉。我们或许会继续读这本书，抑或马上捧着一大杯冰激凌去吃，但这其实是在自欺欺人。我们认为自己可以自由支配行为，仅仅是因为我们忽略了引发行为的情境因素是如何起作用的。

行为主义对于无意识加工的观点 弗洛伊德与斯金纳的另一个共同观点是：无意识加工（Overskeid，2007）。虽然弗洛伊德和斯金纳关于无意识加工的观点明显不同，但可以肯定的是，在无意识加工的存在的观点上他们不谋而合。斯金纳认为，我们对很多事物都会产生无意识，原因在于我们通常意识不到突然影响行为的事物（Skinner，1974）。我们或许有过这样的经历：有时候我们会突然唱起歌来，并会为自己做这样的举动而感到惊讶，然后才意识到这首歌曾在广播中频繁地播放过。根据斯金纳的观点，我们最初没有意识到行为产生的原因，是因为没有意识到行为产生的环境。在这个例子中，歌声就在远处的背景中。

激进行为主义关于无意识加工的观点与弗洛伊德相去甚远，弗洛伊德理论中的无意识是难以觉察的想法，是记忆和冲动的“贮藏室”。对于激进行为主义者而言却并没有这样一个“贮藏室”，因为他们认为无意识对行为产生的影响来自于外部而不是头脑内部。

对行为主义的批判性评价 激进行为主义者坚守着心理学领域，但不像弗洛伊德那样拥有更多的探索性。然而许多评论家批判激进行为主义过于排斥引发思维的其他因素。事实上，从进化论的角度来看，思维在行为产生中并不起主导作用，但现代学者却很难相信这一点。自然赋予人类大面积的大脑皮层（见第3章），它对于问题解决、计划、推理等高水平的认知过程有着特殊

的意义。如果思维只是学习联结的产物，那就很难理解为何我们的大脑皮层能得到进化。

人格的社会学习理论：思维的动因作用

尽管受到了激进行为主义者的影响，但是**社会学习理论家**认为斯金纳过分否定了思维对行为的影响。爱德华·蔡斯·托尔曼（Edward Chase Tolman）和一些坚信学习依靠的是计划和目标的人（见第 5 章），强调思维造就了人格。在这些理论家所提出理论的驱使下，我们该如何解释行为的产生怎样受到环境的影响呢？如果我们把别人当作一种威胁，我们通常会表现出敌意和猜疑的
432 反应。就像我们通过经典性条件反应和操作性条件反应获取信息一样，我们正在积极地思考和解释它的意义。

【学习目标 12.6】

观察学习和人格　社会学习理论家认为大多数的学习都是通过观察他人而发生的。正如我们在第 5 章所学习的，观察学习虽然看上去是学习的一种重要形式，但却被传统的行为主义者忽略了（Bandura，1965）。观察学习极大地扩展了我们的受益范围，这也就意味着父母和老师可以在塑造孩子的人格中扮演着榜样作用，因为我们可以通过观察好的或坏的行为，然后再模仿这些行为。例如，通过观察父母向慈善团体捐钱这件事，我们学会了什么是无私奉献。

感知控制　社会学习理论家强调控制生活事件的个人感知。朱利安·罗特（Julian Rotter，1966）提出了**控制源**概念，以此来描述强化物和惩罚物是在个体控制范围之内或之外的程度。拥有内在控制源的人（内控者）认为，生活事件很大程度上取决于自己的努力和个人品质；相反，拥有外在控制源的人认为生活事件很大程度上取决于机遇和命运（见表 12.6）。

罗特假设，在面对生活压力时，内控型的人比外控型的人更少地倾向于情绪低落，因为他们更愿意相信自己可以对问题进行补救。事实上，几乎所有的心理困扰，像抑郁和焦虑都与外在控制源有关（Benassi，Sweeney，& Dufour，1988；Carton & Nowicki，1996）。但对于调查结果中的相关性是否反映出了罗特所认为的外控与精神疾病存在因果联系尚不清楚。或许人们只有陷入了抑郁或焦虑情绪中，才会开始感觉到自己的生活接近失控状态；一个怀疑自己能力的人，一方面易受外部控制源的影响，另一方面又会感到抑郁和焦虑。

表 12.6　　测量控制源的样题

（1）很多人过着不幸福的生活，是因为他们的父母。	是 / 否
（2）你一旦设定了目标，就会不惜一切代价地去实现。	是 / 否
（3）一个人只有找到合适的时机才能爬上他事业的巅峰。	是 / 否
（4）只要我努力学习，就可以通过任何的考试。	是 / 否

对第 1 和第 3 题回答“是”则得分计入外部控制源，回答“否”则得分计入内部控制源。第 2 和第 4 题正好与之相反。（Source: Reprinted with permission of Psychtests. com）

在观察学习中父母、老师以及其他成人在孩子的人格塑造中起榜样作用（通过观察成人的行为学习好的或坏的习惯）。这个孩子或许早期就学习到捐赠是一种有价值的行为。

相关还是因果
我们能确信 A 是 B 的原因吗?

你怎么认为?

你是一家医院的社工，你的职责是将医疗信息转达给病人。你如何恰当地解释内外控倾向在术后恢复过程当中所起的作用?

对社会学习理论的批判性评价　社会学习理论家重

社会学习理论家（social learning theorists）
强调思维是人格的成因之一的理论家。

控制源（locus of control）
强化物和惩罚物在他们控制范围之内或之外的程度。

新激发了心理学家对于思维的兴趣，并认为观察学习是
433 一种除了经典性条件反应和操作性条件反应之外的重要学习形式。尽管如此，社会学习理论也未能幸免于被批判一番。实际上，声称观察学习对我们人格的发展有深远影响就意味着共享环境具有重要的动因作用。毕竟，我们越多地模仿父母的行为，就会变得越像他们。然而，行为遗传学研究表明共享环境对于成人人格的这种影响实际上是非常微弱的，甚至可以说是不存在的。

女儿的人格和呆板姿势有多少是从母亲那习得的，科学对此尚无定论。

人格的人本主义模型：第三势力

在20世纪上半叶的人格心理学中，精神分析理论和社会学习理论占据了绝对主导地位。然而，在20世纪五六十年代，人本主义模型作为一股强有力的第三势力在人格心理学研究中异军突起。人本主义心理学家，拒绝接受精神分析者和行为主义者的宿命论，而倡导自由的意愿。他们指出，在对于是创建还是摧毁生命的选择上，我们是完全自由的。

人本主义心理学的先驱卡尔·罗杰斯，对人性持乐观态度。有批评指责其弱化了人性的黑暗面。

大多数人本主义心理学家认为，人格发展的核心动力是**自我实现**（最大限度地发展我们内在潜能的驱动力）。然而，弗洛伊德或许会说：自我实现对于社会来说是灾难，因为，我们的内驱力蕴涵于本我之中，它是自私的和具有一定破坏性的。相反，在人本主义理论家看来人性本来就是积极向上的，因此他们认为自我实现是一个值得研究的方向。**【学习目标 12.7】**

罗杰斯和马斯洛：自我实现 最著名的人本主义理论家当属卡尔·罗杰斯（Carl Rogers，1902—1987）。正如我们将在第14章学习到的，他的人格理论是一种极具影响力的心理治疗技术形式。对于乐观主义者，罗杰斯相信只要得到社会的许可，人们就能发挥全部的潜能从而得到情感上的满足。

罗杰斯的人格模型。根据罗杰斯的人格理论（1947），我们的人格包含了三个主要组成部分：有机体、自我和价值条件化。

（1）有机体是先天遗传的。在这方面，它有点像弗洛伊德的本我，然而罗杰斯认为有机体对他人是积极而富有帮助的。

（2）自我就是自我概念，一种关于我们究竟是谁的信念。

（3）**价值条件化**是我们寄于适当或不适当行为中的期望。它源于社会和父母，并最终被我们内化。价值条件化产生于他人对我们的认可，只针对某种行为而非所有。因此如果我们按照特定的方式去做，我们就会接受自己，如果一个孩子喜欢写诗却被同伴嘲笑，那么喜欢写诗就会形成价值条件化。"当我写诗被嘲笑时，我就没有价值，当我不再写诗没有人嘲笑我时，我就有价值。"

对于罗杰斯来说，个体人格差异在很大程度上是由于其他人向我们强加的价值条件化不同。价值条件化导致自我和有机体之间的不协调，这就意味着我们的人格和天性不一致：我们并没有成为真实的自己。

马斯洛：自我实现者的特征。当罗杰斯在自我实现的

自我实现（self-actualization）
驱使我们充分开发我们先天的潜能。

价值条件化（conditions of worth）
我们寄予适当或不适当行为中的期望。

研究中受挫后将研究重点放在个体病理研究之时，马斯洛（1908—1970）则将重点放在了自我实现上，尤其是对历史人物的研究。像托马斯·杰弗逊、亚伯拉罕·林肯、马丁·路德·金、海伦·凯勒，以及圣雄甘地都被马斯洛认为是自我实现的人。

434 马斯洛（1971）认为，自我实现的人具有创造力、自觉性，能接受自己并悦纳他人，他们自信但不以自我为中心。他们关注真实世界和智慧问题，结交挚友而不是建立肤浅的友谊。自我实现的个体通常渴望拥有隐私。由于他们超越了社会需求，所以被认为是内倾、超然甚至是难以相处的人。因此，当他们不得不表达自己的不快时，他们也就不怕成为所谓的“无事生非者”。同时，他们也易产生高峰体验——一种以对世界有深刻认识后产生的以强烈兴奋和安静状态为标志的体验。

对于人本主义模型的批判性评价 人本主义的人格模型大胆地宣称自由意志和内驱力对于自我实现的重要性。作为心理学分支之一的比较心理学，通过对行为种类的比较研究对罗杰斯的人性观提出了挑战。这些研究表明，在诸如黑猩猩这种与人类有较近亲缘性的灵长类动物中，攻击是他们与生俱来的（Goodall & van Lawick，1971；也见第11章）。有关双生子的研究也表明攻击很可能是人类继承的基因“遗产”中的一部分（Krueger et al.，2001）。因此，完全实现我们的基因潜能，可能并不像罗杰斯想象的那样会带来国家的幸福。与此同时，研究也表明利他主义的能力是人类和非人类灵长类动物所固有的（de Waal，1990；Wilson，1993）。人性似乎更像是自私和无私动机的混合体。

根据马斯洛的理论，圣雄甘地和特蕾莎修女这两个人有什么共同点？用马斯洛的观点来看现代社会，还有其他人被认为是自我实现的人吗？

我们或许和其他灵长类动物拥有相同的基本人格和气质。

马斯洛的研究在方法论上是有问题的。他假设那些自我实现的个体富有创造性和自发性，进而引导他关注拥有这些特质的历史人物。于是，马斯洛可能陷入了证实偏差，因为他过分推崇相关假说中关于自我实现个体的人格特质，而他却找不到简单有效的方法来维持这一偏差。

人本主义模型也很难说是错误的。如果一项关于全人类的研究表明很多人都是自我实现的，或许人本主义心理学家会将这一结果解释为自我实现对于人格有着重

★小测试

1. 激进行为主义认为，我们有时候对行为背后的真相是“无意识”的。 正确 错误
2. 根据社会学习理论家的观点，内控型的人——更容易因为错误责怪自己——比外控型的人更容易陷入抑郁。 正确 错误
3. 罗杰斯认为人性天生是积极的。 正确 错误
4. 马斯洛认为几乎所有自我实现的人都是爱交际和易于相处的。 正确 错误
5. 人本主义的很多观点很难说是错误的。 正确 错误

答案：（1）对（p.431）；（2）错（p.432）；（3）对（p.433）；（4）错（p.434）；（5）对（p.434）

要影响的证据。但如果这一研究表明实际上没有人是自我实现的，或许人本主义心理学家又会这样解释：大多数自我实现的内驱力已经被扼杀了。

可证伪性
这种观点能被反驳吗?

一个孩子“有攻击性”仅仅因为他经常有攻击性行为，这一论断不能给我们提供新的信息，是一个循环论证的样例。为了使其更有意义，人格特质理论必须对我们所能观察到的行为做更多的描述。

435 ## 人格的特质模型：行为的一致性

与我们回顾的大多数人格理论相比，特质模型对描述和理解人格结构更适合。这很像早期的化学家们努力给元素周期表中的每个元素都进行分类一样。特质论者旨在找出最主要的特质元素来解释存在于人格中的各种差异。【学习目标 12.8】

在一种设定（比如说在考试时作弊）下不诚实的人，不一定在其他设定下也不诚实。

特质模型：关键挑战

将人格特质作为行为产生的原因是具有挑战性的。首先，我们要避免循环论证。当一个孩子将另一个孩子踢倒在地时，我们会认为其具有攻击性，但是当我们被问道为何这个孩子是有攻击性的时候，我们或许回答“因为他把别人踢倒在地了”。为了避免这种逻辑陷阱，我们需要在新异情境中预测特质是如何影响行为产生的。

因此，我们需要缩小特质的范围。在英语中有超过17 000个词和人格特质相关：害羞、顽固、浮躁、贪婪、兴奋等等（Allport & Odbert，1936）。为了将这种特质差异尽可能地缩减到只有三到五种高度概括的基本特质，特质理论家们采用了被称为**因素分析**的统计技术。这种技术通过在人格和其他测量结果中分析其相关性，试图辨明导致这些相关性的最根本因素。

例如，表 12.7 展示了四种特质（宜人性、活泼性、感觉寻求性、冲动性）与社交性、冒险性两个特质之间相关性的研究成果。我们可以看到四个特质中的两个（宜人性、活泼性）与社交性而非冒险性相关。其他两个特质，即感觉寻求性和冲动性与冒险性而非社交性相关。同样，我们可以看到社交性和冒险性之间无关。这一模式表明，存在两组不同的特质或两个独立的因素。其中的一个因素（包括社交性、宜人性和活泼性）可以被称为“外倾性”，另一个因素（包括冒险性、感觉寻求性、冲动性）可以被称为“无畏性”。

处于围攻中的人格特质：沃尔特·米歇尔的批判

人格特质论在20世纪早中期有很大的影响。在1968年较有影响力的《人格及其评估》一书中，沃尔特·米歇尔（Walter Mischel）对人格特质的概念提出了质疑，致使其卷入特质心理学的争论中长达数十年。

米歇尔的观点：行为不一致性 前文中提到过心理学家长期研究特质如何通过不同情景影响行为。但是在回顾文献时，米歇尔发现被认为反映了同一特质的不同行为之间只存在低相关。例如，他引用了休·哈特霍恩和马克·梅（Hugh Hartschorne & Mark May，1928）的一项研究，该研究分析了儿童诚实度的各项行为指标之
间的相关性。哈特霍恩和梅设置了一些能让孩子们表现 436
出是否诚实的情境，例如给他们机会去偷钱，更改考卷上的答案，或者说谎。令人惊讶的是，在这些情景中，孩子行为的相关性非常低，没有一个超过0.30。因此比

因素分析（fact analysis）
通过在人格和其他测量结果中分析其相关性的统计技术。

表 12.7　　　　因素分析样例

几组特质之间存在的相关性，使我们能够识别出一些因素。一个因素中的不同特质所共享的部分，使我们能够描述该因素所代表的态度和行为属于何种类型。

特质	宜人性	活泼性	感觉寻求性	冲动性
社交性	0.78	0.82	0.07	0.03
冒险性	0.08	0.05	0.69	0.85

* 社交性和冒险性的相关系数为 0.12。

如，当一个孩子在一种情景下偷窃，并不意味着他就比其他孩子在不同的情景中偷窃的可能性更大。众多研究者对成人的特质研究（比如独立性、友好性、尽责性）也得出了相似的结论（Bem & Allen，1974；Mischel，1968）。

可重复性

其他人的研究也会得出类似的结论吗？

人在不同情景中的行为不具有一致性，这与我们之前在第 11 章中关于基本归因错误的讨论所一贯认为的有所不同。米歇尔得到这样一个结论：这些旨在进行行为预测的人格测验并没有太大效用。

人格特质的重生：心理学家对于米歇尔的反驳　米歇尔的批评有道理吗？有，却也没有。西摩·爱泼斯坦（Seymour Epstein，1979）认为，人格特质不能预测个体的单个行为，例如，在某一特定情景中的撒谎或欺骗行为。在这一点上米歇尔是正确的。**【学习目标 12.9】**除此之外，爱泼斯坦在多项研究中也表明人格特质通常能准确预测总体行为，也就是说，可以通过各种情景来 437
总结行为。如果我们用外倾性测试来预测朋友下周六是否将出席派对，那么预测的正确率可能仅仅略高于随机猜测。相反，如果我们同样用外倾性测试，但是通过综合不同的情景，如参加舞会、在班级里交朋友、在商店等结款时和周围的陌生人谈话等来预测行为，也许就更准确。与米歇尔的结论不同，人格特质可以用来预测个体的整体行为趋势（Rushton，Brainerd，& Presley，1983）。但米歇尔提供了一个有价值的例证，即：在给定的情景中特质很少能用来准确预测人们的行为。

人格结构模型：大五人格

尽管特质理论家们对全面解释人格结构究竟需要多少个因素尚未达成共识，但有一个模型已经得到了研究支持。这个模型就是**大五人格**结构模型，它包含五种表面特质，通过重复性因素分析来进行测量。

可重复性

其他人的研究也会得出类似的结论吗?

大五人格形成于对词典和文献中特质术语的因素分析。保罗·科斯塔（Paul Costa）、罗伯特·麦克雷（Rober McCrae）和他们的同事认为（Costa & McCrae，1992；Widiger，2001）这五种特质是：

- 对经验的开放性（Openness to Experience），有时仅仅叫做“开放性”——开放性的人充满智慧并且是非传统的。
- 尽责性（Conscientiousness）——尽责的人更细心和负责任。

杜鲁门（左）的传记作者认为他的宜人性较低，然而大多数总统传记作者将其描绘成美国最好的总统。

大五人格（Big Five）
用重复性表面因素分析来进行测量的人格的五个维度。

澄清事实

人与人之间的握手可以告诉我们一些关于他们的大五人格特质。研究表明，握手趋紧的人较握手较松的人在外倾性和开放性维度上得分较高，而在神经质维度上得分较低（Chaplin，Phillips，Brown，et al.，2000）。

- 外倾性（Extraversion）——外倾的人更爱社交并充满活力。
- 宜人性（Agreeableness）——随和的人友善、易相处。
- 神经质（Neuroticism）——神经质的人紧张、情绪不稳定。

我们可以用OCEAN或CANOE这两个缩语中的任何一个来帮助大家记忆大五人格。根据大五人格理论，我们可以用这些因素描述所有的人，包括那些心理功能紊乱的人。个体在每个特质上的得分可分为高、中、低三种。例如，一个严重抑郁的人，外倾性的得分可能会很低，神经质的得分会很高，而其他三个维度的得分则较为平均。

当研究者要求被试描述他们从未谋面或不认识的人时，甚至也会用大五人格测试来对其人格进行评定（Passini & Norman，1966）。流行的测试网站eHarmony.com就是用大五人格测试来预测未来合适你的另一半，但这种预测的准确性很低（也可见第9章）。

你怎么认为?

假如你在为一家准备和eHarmony.com合作的测试网站工作。你能想到除了大人五格外，还有什么人格特征能够用来提高测试的准确度?

大五人格和行为　大五人格预测了许多有趣的现实行为，例如高尽责性、低神经质和高宜人性同面试成功的相关性（Barrick & Mount，1991，Tett，Jackson，& Rothstein，1991）。三个研究者（Rubenzer，Faschingbauer，& Ones，2000）请总统传记作者分别对从乔治·华盛顿到比尔·克林顿的历任美国总统进行打分。结果表明，开放性的得分与总统伟大程度呈正相 438

关，而宜人性却与伟大程度呈负相关，因此，最好的总统未必都是最容易相处的。

纵向研究（见第8章）表明，人格特质具有长期稳定性，尤其是成人的。大多数情况下（Srivastava，Gosling，Potter，et al.，2003），人格特质在30岁之后就将趋于稳定，50岁之后几乎不再会改变（McCrae & Costa，1994；Roberts & Del Vecchio，2000）。

人格特质并未完全解释为什么我们会与其他人不同。杰克和奥斯卡的故事强调了基本趋势和特征适用性之间的区别（Harkness & Lilienfeld，1997；McCrae & Costa，1995）。基本趋势是根本的人格特质，而特征适用性是外在的行为表现。这两者的区别关键在于人们是否可以用不同的方式来表现人格特质。在杰克和奥斯卡的案例中同样的基本趋势（对社会的内在忠诚和奉献）却表现出两种差异很大的特征适用性：犹太教徒杰克极度反感德国人，而纳粹主义者奥斯卡也极度反感犹太人。

对大五人格的批判 尽管大五人格很有效，但并不能断言这些特质囊括人格的全部内容。例如，尽管道德在很多人格理论中占据主导地位，但大五人格中没有与之相对应的因素（Loevinger，1993）。一些心理学家像汉斯·艾森克（Hans Eysenck，1991）和奥克·特勒根（Auke Tellegen，1982）指出，人格结构模型应该包含三个而不是五个层面。他们认为大五人格中的宜人性、尽责性和（低）开放性可以合并成一个总的冲动性，并与外倾性和神经质构成三大特质。大三人格结构可以更好地替代大五人格结构（Tellegen & Waller，in press）。

文化因素对人格的影响

研究人员发现大五人格在中国、日本、意大利、匈牙利、土耳其等国各有不同（De Raad，Perugini，Herbickova，et al.，1998；McCrae & Coast，1997；Triandis & Suh，2002）。有些研究者发现，除了大五人格还有其他的人格维度。例如，在中国的人格研究中显示出了中国传统因素下与中国文化相关的个性，其中包含强调团队协作和留面子以避免尴尬的个性（Cheung & Leung，1998）。此外，对于德国和芬兰以及其他一些国家的研究表明，除大五人格外，还存在反映诚实和谦逊的因素（Lee & Ashton，2004）。

中国传统文化中有一种独特的人格特质：强调团队和谐。

跨文化研究已经开始高度关注我们在第8章中所提到的个人主义—集体主义这一人格的重要维度。来自个人主义文化背景下（像美国）的人，更加关注自身和个人目标的达成，而来自集体主义文化背景下（如亚洲国家）的人则更关注与他人的关系（Triandis，1989）。个人主义文化背景下的人较之于集体主义文化背景下的人拥有更高的自尊（Heine，Lehman，Markus，et al.，1999）。此外，与个人主义相比，人格特质很少对集体主义下的行为做出预测，这可能因为在集体主义文化背 439
景下的人受到更多社会规范的影响（Church & Katigbak，2002）。

我们不能简单地区分个人主义和集体主义文化。个人主义文化背景下只有60%的人具有个人主义人格特质，在集体主义文化背景下亦是如此（Triandis & Suh，2002）。此外，亚洲国家在集体主义方面也存在显著差异，提醒我们不要犯刻板和泛化的错误（见第11章）。例如，尽管中国比美国更强调集体感，但却未超越日本、韩国（Oyserman，Coon，& Kemmelmeier，2002）。

对特质模型的批判性评价

与米歇尔（1968）提出的批评相反，人格特质论可以通过综合各种不同的情景来预测现实世界中的行为。特质模型为那些希望能预测人的长期行为的治疗师、监狱医师和心理学家们提供了帮助。与之前所见的其他人格理论相比，特质论更倾向于描述个体的不同人格而不

艾森克的人格模型认为内倾的人刺激阈值高，外倾的人刺激阈值低。艾森克认为内倾的人试图关闭刺激而外倾的人则不断寻求对外界的开放。

是去解释引起这类差异的原因，这有利也有弊。一方面，它帮助我们对于人格结构有更深入的认识，也帮助心理学家更好地预测工作面试问题。而另一方面，特质模型却并未注重人格的起因。例如，尽管大五人格能够很好地找出人格之间的不同，但对于为何引起不同却未做充分解释。

汉斯·艾森克等研究者试图补救这一不足。例如，艾森克（1973）认为人格中内—外倾维度源自于网状激活系统（RAS）的不同激活阈值。网状激活系统帮助我们保持清醒和警觉，尽管后面的假说看上去有点似是而非，但艾森克辩解道外倾的人网状激活系统激活较低。他们习惯性地感到无聊和抑制。因此他们寻求刺激或主动接近他人，以此来使他们获得能量。相反，内倾者更倾向于拥有一个更活跃的网状激活系统，他们习惯于过度兴奋，因不堪重负而尽量减少或关闭刺激，或拒绝与他人来往。有趣的是，外倾的人比内倾的人更喜欢大声的音乐（Kageyama，1999）。尽管艾森克的假说尚缺乏证据（Gray，1981），但他的理论很好地解释了生物因素和人格之间的关系。

★ 小测试

1. 人格特质对单一情景中的行为能进行高准确度的预测。 正确 错误
2. 大五人格的一个不足是：研究者是基于美国文化背景得出的特质。 正确 错误
3. 在艾森克看来，内倾者比外倾者的唤醒阈值更高。 正确 错误

答案：（1）错（p.436）；（2）错（p.438）；（3）对（p.439）

440
人格测量：测量及心理测量的误区

如果心理学家找不到方法来测量人格，那么人格对他们来说就毫无益处。这正是人格测量成为人格心理学基础的原因之一：它向我们展示了以精确的方式测量人格的个体差异的前景。然而要找到测量人格的方法，说起来容易但做起来难。实际上，人格心理学家一直被一些不可靠的测量方法所困扰。第3章提及的颅相学，意欲通过测量人的头盖骨上隆起部分的形状来判断其人格特征，另外与颅相学相关的是在18、19世纪一度盛行的观相术，它主张从人的面部特征测量人格特征（Collins，1999）。名词“lowbrow”（没有文化修养的人）源自一个古老的说法，即大多数智力不发达的人都有突出的前额和低眉骨，在今天它代指没有文化修养的人。而实际上，同观相术的其他主张一样，这种观点也已经被证明是毫无依据的。

可证伪性

这种观点能被反驳吗？

我们过去的经验中有一些固有的错误测量方法，那么我们该如何从测量人格的方法中取其精华去其糟粕呢？评估所有的测验，包括人格测验，有两条关键的标准，即信度和效度（见第2章）。信度指测量的一致性，效度指一个测试能够准确测量出所需要测量的事物的程

度。我们要一直秉持这两条准则来评估两种主要的人格测量方法：结构化测验和投射测验。

结构化人格测验

最著名的人格测验是**结构化人格测验**。它是一种典型的纸笔测验，由一系列问题组成，被测者从固有的几个选项里选择其一。也就是只在“是”、“否”之间选择，或者从不同等级中选择，比如1指“完全正确”，2指“有些正确”等等，直到5指“完全错误”。这些用数字表示的等级被称为“李克特”（Likert）格式。

MMPI和MMPI-2：测量异常人格 MMPI即**明尼苏达多相人格测验**（Hathaway & McKinley，1940）在所有结构化人格测验中应用最为广泛。全世界的心理学家都普遍使用MMPI测量精神障碍的症状。【**学习目标12.10**】MMPI是在20世纪30年代末由明尼苏达大学的心理学家斯塔克·哈撒韦（Stark Hathaway）和神经学家J·查恩利·麦金利（J. Charnley McKinley）共同编制的，在20世纪80年代由詹姆斯·布彻（James Butcher）及其同事共同修订（Butcher，Dahlstrom，Graham，et al.，1989），修订后的版本即MMPI-2，它共包含567道“是/否”题。

MMPI和MMPI-2：建构和内容。MMPI-2和MMPI一样都包括10个基本量表，其中大部分是测量精神障碍的，如妄想症、抑郁症和精神分裂症（见第13章）。哈撒韦和麦金利通过**测验建构的实证法**（或基于数据）编制了这些量表。通过这种方法，研究者首先筛选出两组或更多标准组，例如有特殊心理障碍的人和没有心理障碍的人，然后检验哪些测试项目可以最好地区分他们。如MMPI中抑郁量表的题目可以很好地区分临床抑郁症患者和非抑郁症患者。

441 使用测验建构的实证法的结果之一是MMPI和MMPI-2的许多题目的**表面效度**较低。表面效度指被试主观上认为测验测量了所要测量的心理特征的程度。在一个表面效度测试中，我们可以采用它的“表面值”来评估将要评估的对象。因为哈撒韦和麦金利只关心“是否”而不是“为什么”，MMPI的题目根据标准组而编选，结果导致一些题目和他们想要测量的问题缺乏明显相关。下面从其他结构化人格测验中举一个表面效度低的例子：“我认为新生儿看起来像小猴子。”你能猜测出这个测验题目所测量的人格特征吗？答案是关怀，即关心他人的意向，回答“是”反映的是低关怀，回答

传统观念认为那些拥有突出的前额和低眉骨的都是智力不发达或低文化素养的人。
（© Clive Goddard/www.CartoonStock.com）

澄清事实

现在的MMPI量表已经超出了它初始的题目范畴。研究者已经用测验建构的实证法编制出了数以百计的量表（除了最基本的10个量表），它们主要来源于MMPI和MMPI-2中包含的题目。在这些陌生的量表中，“成功棒球”量表主要通过与联盟中的二流棒球选手对比建构而成，“绝望家庭主妇”量表通过对比快乐和不快乐家庭主妇建构而成（Dahlstrom，Welsh，& Dahlstrom，1975；Graham，2006）。显然，这一些量表可以通过不同的维度来区分彼此间的差异，然而，这些量表所得到的科学支持微乎其微。

结构化人格测验（structured personality test）
包括一系列题目，测验对象从若干固定选项中选择其一完成作答。

明尼苏达多相人格测验（Minnesota Multiphasic Personality Inventory，MMPI）
广泛应用于测量精神障碍症状的结构化人格测验。

测验建构的实证法（empirically method of test construction）
一种建立测验的方法，研究者将被试分成两组或更多标准组，以检验哪些项目可以更好地区分他们。

表面效度（face validity）
被试认为测验所测的心理特征与实际测量的心理特征的一致性程度。

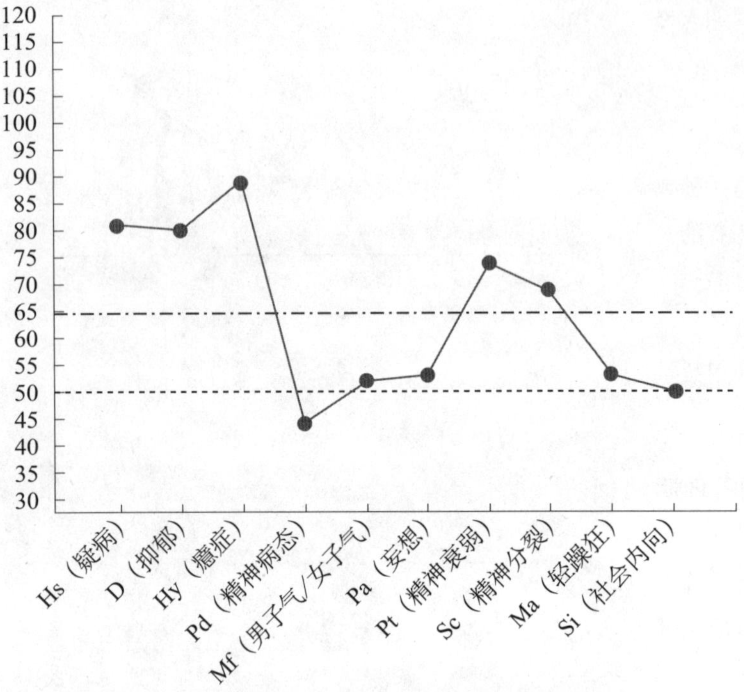

图 12.2 MMPI-2 的基本量表

MMPI 中 50 分是平均得分，65 及 65 分以上则为异常。如图所示，这条折线在一些基本量表上的得分过高，包括 Hs（疑病）、D（抑郁）、Hy（癔症）、Pt（精神衰弱）、Sc（精神分裂）。

（Source：Adapted from the *MMPI®-2*（*Minnesota Multiphasic Personality Inventory®-2*）*Manual for Administration，Scoring，and Interpretation*，Revised Edition. Copyright© 2001 by the Regents of the University of Minnesota. Used by permission of the University of Minnesota Press. All rights reserved. “MMPI-2” and “Minnesota Multiphasic Personality Inventory-2” are trademarks owned by the Regents of the University of Minnesota.）

“否”反映的是高关怀，然而做这个测验的人中几乎没有人能猜测出来（Jackson，1971，p.238）。

MMPI-2 包括三个主要的效度量表。这些量表可以测量不同的反应定势，即歪曲问题答案的倾向。反应定势会降低心理测试的效度，它包括印象管理——我们看起来比真实的自己更好，以及诈病——故意使我们看起来有心理异常。例如，针对“我偶尔会生气”这个问题回答“否”的人可能就是在进行印象管理。

如图 12.2 所示，心理学家绘制了 MMPI-2 中 10 个量表的折线图，展示了每个量表得分的模式。尽管许多临床医师喜欢通过“目测”来解释 MMPI-2，但研究显示，简单的统计公式即使不比有经验的临床医师有效，至少也是有一定可信度的（Garb，1998；Goldberg，1969）。

对 MMPI 和 MMPI-2 的批判性评价。大 442
部分研究都肯定了 MMPI-2 的多数量表在辨别精神障碍方面的信度和效度（Graham，2006；Greene，2000）。例如，MMPI-2 中的精神分裂量表可以从患有其他严重心理障碍如临床抑郁症的病人中区分出精神分裂症患者（Walters & Greene，1988）。不过，MMPI-2 也存在问题，因为许多量表之间的高相关度，使它们在很大程度上彼此重复（Helmes & Reddon，1993）。因此，用这些量表难以区分人格特征，尤其是不同的人格障碍。

理性 / 理论上建构的测验 心理学家已经使用**测验建构的理性 / 理论方法**发展了许多结构化人格测验。相比于实证法，这种方法要求测验编制者对一个人的人格特质有明确的概念，然后编写测验题目。奥克·特勒根（Auke Tellegen，1982）采用这种方法构造了多维人格问卷（MPQ），然后用因素分析法来选择最好的题目。多维人格问卷用来测量与积极情绪（比如幸福感、社交亲密）、消极情绪（比如焦虑和愤怒）以及冲动控制有关的主要三种自陈式人格特质（Tellegen et al.，1988）。研究表明，多维人格问卷准确地测量了这些人格特质，同龄人在量表不同等级上的得分高度相关（Harkness，Tellegen，& Waller，1995）。

迈尔斯—布里格斯类型指标（MBTI）可能是世界上应用最广泛的人格测验。每年它都会被引用几百万次，仅在美国就有数以千计的公司使用 MBTI，其中包括世界 100 强中的 89 家企业（Paul，2004）。即使是哈利波特，他在魔法学校的测评也是基于 MBTI（Rowling，1998）。MBTI 以荣格的理论为基础，把人的性格分为 4 个维度 16 种类型：内倾—外倾、感觉—直觉、思考—情感、判

测验建构的理性 / 理论方法（rational/theoretical method of the test construction）
编制测验的一种方法，要求从一个特质的明确概念入手编制测验，随后编写项目去评估这些概念。

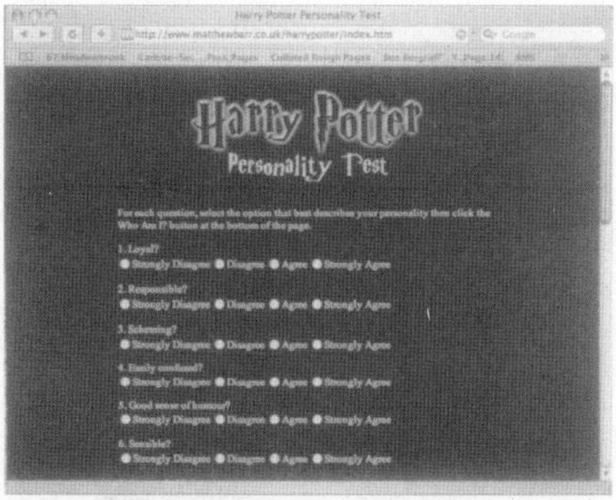

迈尔斯—布里格斯类型指标声称可以揭示我们和书、电视节目、电影中的哪个角色最为相像。

断—感知。尽管据称MBTI在预测工作表现和满意度上是有用的，但是研究者越来越质疑它的信度和效度。许多被试几个月后再进行MBTI测试的结果和原来的并不一致，而且MBTI的得分与大五人格或职业测评也不相符（Costa & McCrae，1998；Hunsley，Lee，& Wood，2003）。

投射测验

投射测验包含很多模糊的刺激，比如墨迹、社会情境描绘，或者不完整的句子，被试必须解释或者理解这些模糊刺激。如果你曾经仰望天空的云朵构想它们的形状，你就已经对投射测验有过直接感受。

这种技术是基于一个关键的前提：**投射假说**（Frank，1948）。该假说认为，在解释模糊刺激的时候，人们不可避免地将他们人格的某些方面投射到刺激上；反过来，分析者也可以根据人们的回答找到涉及其人格特质
443 的线索。与结构化人格测验相比，投射测验允许测试对象的回答有一定自由性。**【学习目标 12.11】**投射假说与弗洛伊德学说中将投射作为一种防御机制的思想相一致，都是把我们的思想强加于他人或他物。

投射测验的支持者们把它看作心理学家“武器库”中的“秘密武器”，目的是为了避开测验对象的防御机制（Dosajh，1966）。投射测验是心理学中所有测验工具中最受争议的工具之一，主要是其信度和效度存在争议（Hunsley & Bailey，1999；Lilienfeld，1999b；Lilienfeld，Wood，& Garb，2001）。但为什么它仍被广泛采用呢？很可能且至少有一部分原因是心理学家深受证实偏差之害（见第1章）。先不考虑它们是什么，起码这些测验看起来都有理有据。

许多调查研究者和社会工作者试图通过让孩子自由地玩玩具，以推测他们是否遭受过性虐待。然而这种投射测验导致了错误的具有伤害的指控。（Source：Hunsley，Lee，& Wood，2003）

罗夏墨迹测验：这可能是什么？ 最广为人知的投射测验是**罗夏墨迹测验**，它由瑞士精神病学家赫尔曼·罗夏（Hermann Rorschach）于20世纪20年代早期开创。众所周知，罗夏墨迹测验包括10张卡片，每张卡片都有对称的墨迹，其中5张黑白，5张彩色。它是应用最为广泛的人格测验方法之一（Watkins et al.，1995），平均每年被使用600万次（Sutherland，1992；Wood，Lilienteld，Garb，et al.，2000）。

分析师让每位被试看每一张墨迹，描述它像什么，然后对他们的答案进行评分。这种联系见表12.8。

对于罗夏墨迹测验的批判性评价。尽管被广泛使用，但罗夏墨迹测验在科学依据上依旧存有争议。其重测信度未知且评分者信度（见第2章）也存有问题（Lilienfeld et al.，2001；Sultan et al.，2006；Wood & Lilienfeld，1999）。虽然心理学家经常用罗夏墨迹测验

投射测验（projective test）
由一系列需要被试加以解释的模糊刺激组成的一种人格测验。

投射假说（projective hypothesis）
认为在解释模糊刺激时，被试将人格的某些方面投射到刺激上的一种假说。

罗夏墨迹测验（Rorschach Inkblot Test）
由10张对称的墨迹所构成的投射测验。

表 12.8　　罗夏墨迹测验样例及其对应解释

请看右侧的墨迹。你看到了什么？本表格描述了不同的回答将怎样计分和解释。

得分	回答的范例	典型的解释
成对反应	“上面中间的那一部分像双肺。”	自我中心
异常的细节反应	“我看见墨迹左侧有个小斑点，像一粒灰尘。”	强迫性倾向
空间反应	“下面中间空白的部分像一只倒挂的蝙蝠。”	反叛、愤怒
人体运动反应	“墨迹的两侧看起来像是个高举双手的人。”	冲动控制、抑制

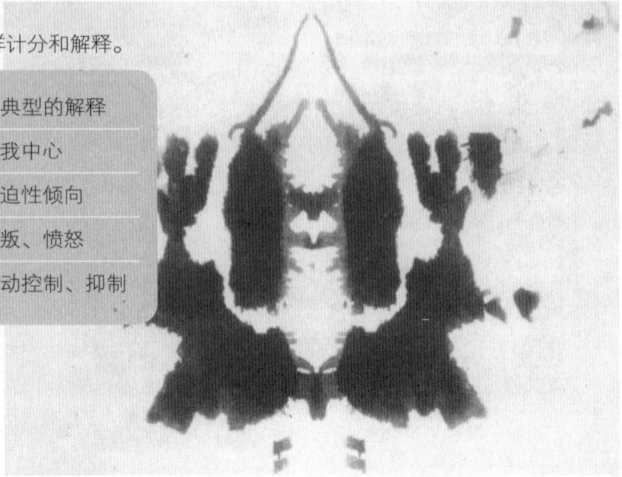

作精神病分析诊断，但几乎没有证据表明它可以有效地测量各种心理障碍特征（Wood et al.，2000）。尤其是精神分裂症和其他伴有异常想法的疾病，罗夏墨迹测验的得分和心理疾病几乎没有关联（见第 13 章）。其分值和大部分人格特征的关联也并非一成不变（Wood，Nezworski，& Stejskal，1996）。

可重复性

其他人的研究也会得出类似的结论吗？

图 12.3　主题统觉测验的范例

主题统觉测验（TAT）31 张卡片中的一张。图片中人物的性别在这一背景情况下是模糊不清的（尽管默瑞坚持认为这个人是位女性），背景中的女人的面部表情也是如此。（Source：Murray，1971）

444 **主题统觉测验：讲述故事**　另一个被广泛应用的投射测验是**主题统觉测验**（TAT），设计者为亨利·默瑞和他的学生克里斯蒂娜·摩根（Morgan & Murray，1935）。主题统觉测验由 31 张描绘模糊情境的卡片构成，它们大多数与人际关系相关（见图 12.3）。其中一张卡片最模糊：它完全是黑的。我们可以将主题统觉测验看作是“讲故事”测验，因为被试要根据每一张卡片编造一个故事。大多数临床心理学家运用“印象主义”去解释 TAT，即他们查看被试的故事内容，然后仅凭临床经验和直觉分析故事（Vane，1981）。

尽管一些研究者不认同（Karon，2000），但确实没有证据表明仅凭大致印象来解释主题统觉测验具有充分的信度和效度（Ryan，1985）。源于主题统觉测验量表的得分，常常并不能辨别精神病患者如抑郁症和非抑郁症患者，也不能直接预测人格特质间的相关性（Lilienfeld，1999b）。

TAT 卡片测试中有一个具有发展前景的评分系统，它使用类似于 TAT 中测量成就动机的卡片（McClelland，Atkinson，Clark，et al.，1953）。运用这一方法，心理学家们基于被试描述的故事所着重成就的主题，例如追求学业或事业上的成就，来对被试的回答进行相应的打分。与大多数 TAT 计分方法不同，成就 TAT 测验至少具备一些信度：将被试的工作成就和收入联系起来，尽管这一相关在大多数情况下非常低（Spangler，1992）。

人形绘画　另一种流行的投射测验是人形绘画，比如画人测试（DAP；Machover，1949），他要求测试对象以他们所想的任意方式画一个或多个人。许多应用这种测验的临床心理学家通过分析特殊的绘画图像元素来分析测试对象（Chapman & Chapman，1967；Smith & Dumont，1995）。例如，描画中的大眼睛可能反映出猜

主题统觉测验（Thematic Apperception，TAT）
要求被试用意义模糊的图片讲故事的一种投射测验。

识别假象

假象：另一种流行的投射测验，吕舍尔（Luscher）颜色测验，根据测试对象对颜色的偏好推测其人格特质，如对安静的需求或给他人留下好印象的需求。

事实：研究表明这一方法实际上对于人格测量毫无用处（Holmes，Wurtz，Waln，et al.，1984）。

疑，而生殖器则可能反映出测试对象的性欲。

然而，人形绘画和人格特质之间几乎不存在关联（Kahill，1984；Motta，Little，& Tobin，1993；Swenson，1968）。并且由于人们在不同的情境下作画的状态不同，人形绘画的重测信度往往也很低（Kahill，1984）。可能最大的问题还在于测试对象的绘画能力会影响其在人形绘画测验中的结果。研究表明，有些人仅仅是因为绘画能力差就可能会被诊断为心理异常（Cressen，1975；Kahill，1984）。

人格测量中易犯的错误

设想一下，作为基础心理学课程研究的一部分，你刚完成一份结构化人格测验，比如MMPI-2。当研究助手把你的数据输入电脑中，你焦急而迫切地等着，然后看到电脑上出现如下的人格描述：

> 你的一些希望和梦想相当不切实际。你有很多尚未开发的潜力，但你还未把它们转化成你的优势。虽然有时你很喜欢同人交往，但你注重自己的隐私。你主张自立，不喜欢被一些规则和限制所束缚。你有自己的思想，因此不会随便接受他人的意见。有时，你会很怀疑自己所做的决定或正在做的事是否正确。尽管心存迷惑，但你还是很坚定，当别人遇到麻烦时可以依靠你。

读过这些描述后，你转向那位助手，带着惊讶和畏
445 惧的声音大叫道：“这描述完全符合我，它完全说中了！”

但是这背后是有隐情的。研究助手提供给你的描述并不是根据你的测试成绩而得出的结果！相反，这段描述与之前100个参与者看到的一样。你不过只是一场骗局的受害者。上述例子正印证了保罗·弥尔（Paul Meehl，1956）以马戏团艺人巴纳姆而命名的巴纳姆效应。巴纳姆曾说过：“我想让每一个人看到自己喜欢的节目。”

使用塔罗牌、水晶球，看手相以及一些类似的方法如此盛行，主要是因为人们深受巴纳姆效应的影响。

巴纳姆效应：危险的个人验证 人们以为一种笼统的一般性人格能十分准确地描述并解释自己的心理特征，这种倾向性在心理学中被认为巴纳姆效应。我们可能会认为某一人格测验的结果与自己十分吻合，但这并不意味着该测验是有依据的。巴纳姆效应有助于我们理解占星术、看手相以及用水晶球和塔罗牌预知未来等方法的盛行。这些测试方法都是总结出几个适合所有人的一般性描述而已。尽管它们被广泛使用，但并没有什么证据可以证明其效度（Hines，2003；park，1982）。

你怎么认为？

你已得到学校的准许研究巴纳姆效应，试验算命先生或塔罗牌师是针对不同的人做出不同的预测，还是对所有人都给出相似的大致命运主题。你将怎样设计你的研究？

巴纳姆效应的一个实例便是人们从他人那里获知的星象信息并没有高于随机水平（Dean，1987）。虽然当人们从报纸上阅读关于自己星座的信息时，常常会觉得

澄清事实

“灾难”（disaster）一词（在拉丁文中指“邪恶的星星”）起源于占星术。很多古时的人认为灾难事件的发生是由于夜空中星星不正确的位置。

报纸上所说的与自己实际十分符合，但这种奇怪的不一致现象，原因之一可能是人们倾向于只读自己的星座运势，而不关心其他星座。如果他们再多点心，读完12个星座，他们可能就会明白大部分甚至所有的星座都与他们相符。尽管占星术做了特别声明，即它可以近乎完美地准确占卜每个人的特征，但并没有有力的证据支持它。

特别声明
这类证据可信吗？

批判性思考：犯罪侧写有效吗？

犯罪侧写的盛行的部分原因是巴纳姆效应，这种技术在1991年度奥斯卡获奖影片《沉默的羔羊》中得以呈现，这部影片也使朱迪·福斯特（Jodie Foster）一举成名。联邦调查局和其他执法机关的犯罪侧写师主张从罪犯的犯罪模式推测出其人格特征和犯罪动机。

的确，我们常常能幸运地猜中罪犯的一些人格特征。如果我们正在调查一个杀人犯，通过犯罪侧写自然要比
446 抛硬币来猜测凶手的年龄是否处于15岁至25岁之间（大多数谋杀犯是青少年和年轻人），以及他是否有心理问题（大多数杀人犯有心理问题）更可靠。但是犯罪侧写师意欲超越那些广泛应用的统计资料。他们往往宣称自己拥有很好的专业知识，并且有着优于统计方法的累积多年的经验。

然而，有时候他们的推测正印证了巴纳姆效应。在2002年秋天，由于有狙击手疯狂射击加油站和停车场，华盛顿特区陷入一片混乱，一个前任的联邦调查局侧写师推测该狙击手应该是一个“以自我中心”、喜欢“泄愤”于他人的人——很明显这些推测普通人也可以做到。

事实上，有研究表明警察并不能分辨真犯罪侧写和由含糊的、大众化的人格特征（比如“他有很严重的敌视倾向”）构成的伪犯罪侧写。这一发现证实了这一狭隘的假说，即侧写师往往仅仅用巴纳姆效应式的陈述推测描述罪犯（Alison, Smith, & Morgan, 2003; Gladwell, 2007）。而且，尽管一些研究发现在分辨犯罪嫌疑人时，侧写师有时候比未经过专业训练的人表现更好，但是另一些研究却发现在判断杀人犯的人格特征时，专业的侧写师并不比未经过犯罪学专业训练的大学生更精确（Homant & Kennedy, 1998; Snook, Cullen, Bennell, et al., 2008）。更值得关注的是，缺乏具有说服力的证据证明犯罪侧写比拥有案犯全部心理特征的统计方法更好。

刑侦剧《犯罪现场调查：纽约》激起了美国人对犯罪侧写的兴趣。不过，研究表明，犯罪侧写更像是艺术而不是科学。

犯罪侧写可能很大程度上更像是颇有趣味的坊间传闻而不是由科学去证实的技术。然而传统思想是根深蒂固的，联邦调查局和其他一些刑事组织仍在培训全职的犯罪侧写师。

对人格测量的批判性评价 人格测量有助于心理学家区分正常或异常的人格特征，帮助他们预测现实世界的重要行为。而且，心理学家已经成功地发展了一些人格测验方法，特别是结构化人格测验，具有较好的信度和效度。虽然心理学家在人格测量方面已经取得很多令人瞩目的进步，但麻烦的是仍有许多人还在运用缺乏科学依据的方法。特别是一些临床医生还在运用迈尔斯—布里格斯类型指标和投射测验，如罗夏墨迹测验、主题统觉测验和人形绘画，这些方法的信度和效度都是存在质疑的。

识别假象

假象：一个临床医生使用人格测验比如 MMPI-2 和罗夏墨迹测验施测的经验，和他/她对测验的临床判断的准确度是呈正相关的。

事实：对于大多数人格测验而言，包括 MMPI-2 和罗夏墨迹测验，一旦一个人受到了如何操作及解释的培训，那么经验和临床准确度并没有什么本质联系（Garb，1998；Levenberg，1975）。

不过有研究表明，一些投射技术可以达到令人满意的信度和效度。例如句子完形测验，它要求被试完成句子主干空缺的部分（例如："我的爸爸是……"），它可以预测犯罪、道德发展及其他重要的人格特征（Loevinger，1998）。但具有讽刺意味的是，有充分依据的投射测验，却没有像那些效度低的投射测验那样得到广泛应用（Lilienfeld et al.，2001）。

在分析为什么心理学家还在应用一些存在疑问的 447
心理测验时，我们必须知道在一般人困惑不解的判断上他们也容易犯错误（Lilienfeld et al.，2001）。特别是，他们容易因为相关性与事实不符而受抨击，虚假相关即变量之间不存在统计学意义上的联系，这一问题在本书中我们曾多次强调。虽然个人经验在提出假说方面非常重要，但是它也会在检验假说时误导人们。我们只有通过科学的方法，避免人为的错误，才能决定是否应该相信个人经验，或者在证据的支持下放弃错误的个人经验。

★小测试

1. 可以将 MMPI-2 的解释通过简单的程序编入电脑，这样做等同于或者优于那些有经验的临床心理医生的做法。 正确 错误
2. 罗夏墨迹测验和画人测验的效度高于 MMPI-2。 正确 错误
3. 占星术对一个人的人格特征推测得越详细越具体，人们越相信占星术的准确性。 正确 错误
4. 对投射测验的应用表明，学生有时候会被虚假相关困扰，但是有经验的临床医生则不会。 正确 错误

答案：（1）对（p.441）；（2）错（pp.443-444）；（3）错（p.445）；（4）错（p.447）

448
全面的复习体系

人格：它是什么，以及我们如何研究它？（pp.418–421）

12.1 双生子研究和收养研究如何阐释了遗传和环境对人格的影响

双生子以及收养研究表明，许多人格特质受遗传影响并受非共享环境的影响。

1. 列举行为遗传学家所探讨的影响人格的主要因素。（p.419）
  （1）______________________
  （2）______________________
  （3）______________________
2. ______的影响使得生活在同一家庭的个体之间有着较少的相似性。（p.419）
3. 为了将遗传因素的影响从环境因素中区别开来，行为遗传学家进行了人格的______和______研究。（p.419）
4. 如果人格的遗传率是 1.0（也就是 100%），那么同卵双生子间的相关将会是______。（p.419）
5. 明尼苏达双生子研究表明，很少分离的同卵双生子之间的人格有着显著的（相似性 / 差异性）。（p.420）
6. 根据明尼苏达双生子研究，______环境几乎对成人的人格形成不起到作用。（p.420）
7. 研究者们采用收养研究，通过比较收养子女与他们亲生父母之间的相似性来区别______和______的影响。（p.420）
8. 在斯卡尔的对于收养儿童神经质的研究中，被收养儿童与亲生父母间的相关较之于与收养父母间的相关要（高 / 低）。（pp.420–421）
9. 从基因的角度来研究行为这条路是（曲折漫长的 / 笔直向前的）。（p.421）
10. 你如何向存在离婚基因、宗教信仰基因以及政治态度基因的观点发起挑战？（p.421）

精神分析理论：弗洛伊德的争议性传奇和他的追随者们（pp.422–430）

12.2 阐述精神分析人格理论的核心假设

弗洛伊德的精神分析理论依托于三个核心假设：心灵决定论、符号意义、无意识动机。弗洛伊德划分的五个性心理阶段包括：口唇期、肛门期、性器期、潜伏期、生殖期。在弗洛伊德看来，人格由本我、自我、超我三者之间的内在活动所形成，自我受到外在威胁时便发展出了防御机制。

11. 弗洛伊德提出______假设，即所有的心理事件都有一个起因。（p.422）
12. 根据弗洛伊德，______是我们储存大多数原始冲动（像性和攻击）的地方，并且______是心灵的发号施令者和行为决策者。（p.423）
13. 弗洛伊德假设______是自我、本我、超我三者之间冲突所形成的。（p.423）
14. 弗洛伊德认为本我通过______来保持心理健康，无意识动机总是试图使焦虑最小化。（p.424）
15. 根据弗洛伊德性心理发展阶段大概的年龄段完成下面的表格。（p.426）

阶段	大概的年龄段
口唇期	
肛门期	
性器期 *	
潜伏期	
生殖期	

* 俄狄浦斯情结和厄勒克特拉情结出现的时期。

16. 弗洛伊德性心理阶段中性器期出现的冲突，表现为男孩希望得到自己的母亲而将父亲视为自己的竞争对手，这一冲突被称作是______。（p.426）

12.3 阐述对精神分析人格理论的主要评判 449

精神分析理论因不可证伪性、失败的预测，并且依附

参考答案在本书的结尾处

于一些不具代表性的案例而广受批评。

17. 最近的研究表明，当用科学准则，例如可证伪性衡量时，弗洛伊德的精神分析理论（得到了/没有得到）支持。（p.427）
18. 有足够的理由去怀疑弗洛伊德所设想的______作为性压抑的能量和记忆存储在一起。（p.428）

12.4　了解新弗洛伊德主义的主要特征

新弗洛伊德主义者和弗洛伊德一样强调无意识的影响和生命初期的重要性，但较后者相比更少强调性是人格形成的驱动力。

19. 阿尔弗雷德·阿德勒认为人类人格形成的动力不是性和攻击，而是______。（p.428）
20. 简述荣格理论中的原型和集体无意识，并指出其理论的不足之处。（p.429)

行为主义、社会学习和人本主义的人格理论（pp.430–434）

12.5　了解行为主义人格理论的核心假设和主要评判

在激进行为主义看来，人格受两种因素的影响：遗传因素和环境中的突发事件。激进行为主义者，像精神分析学家那样坚持无意识加工观点，但他们却否认无意识的存在。批评指出，激进行为主义对于人格起因的研究尚不够深入。

21. 激进行为主义者（像斯金纳）认为我们人格上的不同很大程度上源于我们学习______的不同。（p.430）
22. 激进行为主义认为是人格（引发/构成）了行为？（p.431）
23. 弗洛伊德和斯金纳少有的共识是______概念即我们的行为受既存的原因的影响。（p.431）

12.6　了解社会学习人格理论的核心假设和主要评判

人格社会学习理论的主要假设不同于激进行为主义，社会学习理论认为思维对人格具有动因作用，并且观察学习和榜样在人格形成中扮演着重要的角色。社会学习理论认为观察学习在人格中起到关键作用而共享环境对于人格的影响则很小。

24. 与斯金纳不同，社会学习理论强调______是人格的驱动力。（p.431）
25. 总结观察学习是如何塑造孩子的人格的。（p.432）

26. 罗特提出______的概念，用以描述强化物和惩罚物在个体控制范围之内还是之外的程度。（p.432）
27. 拥有内在控制源的个体比拥有外在控制源的个体（更多/更少）体验到由生活压力而引起的情感沮丧。（p.432）
28. 社会学习理论家的观察学习在人格中扮演了重要角色的观点受到批评，因为这就意味着______扮演了动因的角色。（p.433）

12.7　了解人本主义人格理论的核心假设和主要评判

绝大多数人本主义心理学家认为，自我实现是人格形成的主动力。卡尔·罗杰斯认为病态的行为是由阻碍自我实现的价值条件化所引起的。马斯洛认为自我实现的个体具有创造力、自觉性、接纳性。对人本主义模型的批评则指责其对人性的看法过于简单，先进的理论是不会犯这样的错误的。

29. 马斯洛的后继者或许认为圣雄甘地和特蕾莎修女是自我实现的人，请列出3～5个自我实现者的特质。（p.434） 450

30. 马斯洛或许陷入了______，因为他将自己的研究局限于那些表现出自我实现特质的个体身上。（p.434）

人格的特质模型：行为的一致性（pp.435–439）

12.8 了解特质模型的核心假设和主要评判

特质理论采用因素分析来划分不同的人格特征组以及各组之间的相关性。这些特征组往往对应着更广泛的特质如宜人性或外倾性。一些人格结构模型包括大五人格，更多的是趋向于解释而不是探索，因此特质理论就要更加小心来避免出现循环论证。（p.435)

31. 声称一个孩子有“攻击性”仅仅因为他经常有攻击性行为，这给我们提供了新的信息和循环论证的样例。什么样的人格特质理论更富有意义？（p.435）

32. 特质理论更青睐于解释和理解人格的______。（p.435）
33. ______分析技术是用来分析人格清单中项目回答之间的相关性。（p.435）
34. 米歇尔的观点表明人们的行为在不同的情景中是（一致的 / 不一致的）？（p.436）
35. 在人格测量的因素分析中经常出现的一组特质是______。（p.437）
36. 采用 OCEAN 的记忆方法，这些特质包含______、______、______、______和______。（p.437）
37. 根据大五人格匹配以下特质。（p.437）

______外倾性	a. 更细心和负责任
______神经质	b. 充满智慧和并且是非传统的
______尽责性	c. 友善、易相处
______宜人性	d. 更爱社交并充满活力
______开放性	e. 紧张、情绪不稳定

38. 在对文化影响人格的研究中，研究者发现______在不同文化中的差异不是很明显。（p.438）

12.9 理解人格特质的预测性

人格特质理论很少预测孤立的行为但却更多地预测长期的行为趋势。他们可以预测工作面试以及在历史上总统的伟大程度，但是他们不能预测这一基本的倾向性在多大程度上适用于特定的个体生活情境。

39. 人格特质论能够通过______各种不同的情境来预测现实世界的行为。（p.439）
40. 艾森克认为外倾的人总是尝试寻求刺激，这是因为他们拥有一个（不够活跃 / 过度活跃）的网状激活系统（RAS）。（p.439）

451

人格测量：测量及心理测量的误区（pp.440–447）

12.10 描述结构化人格测验（尤其是 MMPI-2）及其编制方法

结构化人格测验包含了一系列问题，人们可以从固定的答案中选择。一些结构化人格测验是以实证标准为依据编制的，另一些是在理论的基础上编制而成的。

41. ______包括 10 个基本量表，广泛应用于精神障碍的测评。（p.440）
42. 哈撒韦和麦金利通过______的方法编制量表。（p.440）
43. 许多 MMPI 和 MMPI-2 题目具有较低的______，即被测者怀疑测试是否测试了他们的人格特质。（p.441）
44. ______使我们看起来比现实中的我们更好，______使我们看起来心理不正常。（p.441）
45. 大量的研究（支持 / 不支持）大部分 MMPI-2 量表的信度及其区分精神障碍的效度。（p.442）
46. ______方法要求测验编制者对人格特质有明确的概念，并编写题目测量这些概念。（p.442）

12.11 描述投射测验及其优缺点

投射测验包含一系列要求被试描述的模糊刺激。许多投射测验缺乏信度和效度。

47. ______假说认为在解释模糊刺激时，人们不可避免地将他们人格的某些方面投射到刺激上。（p.442）
48. 在什么情况下研究者会用到下图所示的玩偶？这种技术的缺陷是什么？（p.443）

49. 广泛使用的______测验包括 10 张对称的墨迹，其在科学依据上仍然存在争议。(p.443)

50. 这张图片选自哪一种投射测验？(p.444)

思维技能训练

问题与总结

1. 特质可以预测一般情况中个体的行为表现，这一研究结果缓和了与特质理论针锋相对的观点——行为在不同情景中是不一致的。想一下你的两种心理特质，记录一下你行为不一致的一些情景。你是否同意在不同情景中你的行为具有一致性？为什么是或不是？
2. 假设一位法官要求你进行一个心理测试，法院委托的心理学家计划使用罗夏墨迹测验。你该怎样向你的律师解释，让他说服法官换一位心理学家？

排除其他假设的可能性

pp.420，429

相关还是因果

p.432

可证伪性

pp.427，428，429，430，434，440

可重复性

pp.419，420，421，426，437，443

特别声明

p.445

奥卡姆剃刀原理

p.424

第 13 章

心理障碍

精神病诊断有意义吗，还是它仅仅是不良行为的标签？（p.458）

什么是精神病，我们该怎样定义它们？（p.455）

精神病患者都有暴力人格吗？（p.475）

一个人能不能同时拥有100多种人格？（p.477）

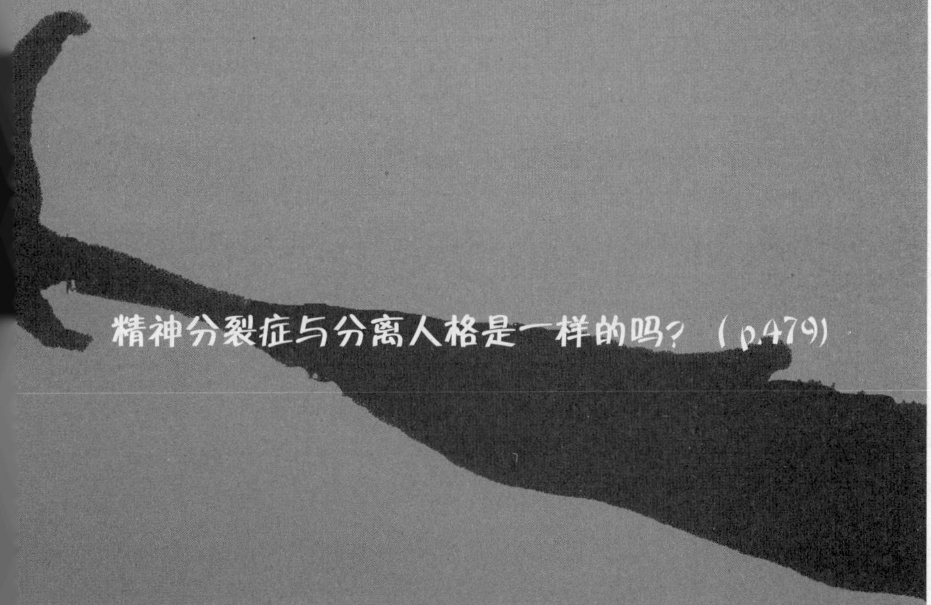

精神分裂症与分离人格是一样的吗？（p.479）

精神疾病的概念：过去与现在

- 什么是精神疾病？一个看似复杂的问题
- 精神疾病的历史观点：驱除体内的恶魔
- 跨文化的精神病诊断：文化因素主导的症状
- 精神病分类和诊断的特殊因素

批判性思考：自闭症是流行病吗？

- 现行的精神病诊断标准：DSM-IV

焦虑障碍：忧虑和恐惧的不同方面

- 惊恐障碍：突如其来的恐惧
- 广泛性焦虑障碍：持久的忧虑
- 恐惧症：非理性的害怕
- 创伤后应激障碍：恐怖经历的持久影响
- 强迫症：陷到思维中无法自拔
- 焦虑障碍的解释：病态忧虑和恐惧的根源

心境障碍

- 重度抑郁症：常见，但并不是“普通感冒”
- 重度抑郁症的主要解释：错综复杂
- 双相障碍：当情绪走向极端
- 自杀：事实与假象

人格障碍和分离性障碍：混乱和分裂的自我

- 人格障碍
- 分离性障碍

精神分裂症之谜

- 精神分裂症的症状：破碎的精神世界
- 精神分裂症的解释：支离破碎的心理根源

454

学习目标

13.1 掌握精神障碍界定的标准（p.455）
13.2 从历史和文化的角度描述精神疾病的概念（p.456）
13.3 掌握精神病诊断的假象以及现行诊断系统的优点和缺陷（p.458）
13.4 描述体验焦虑的不同途径（p.462）
13.5 掌握焦虑障碍的三种解释（p.465）
13.6 掌握不同心境障碍的特点（p.467）
13.7 描述生活事件以及个人特点怎样交叉影响抑郁症状的产生（p.468）
13.8 掌握有关自杀的常见误区和误解（p.472）
13.9 区别正常的人格变化与人格障碍（p.474）
13.10 掌握边缘性人格障碍和病态人格的特点（p.475）
13.11 描述分离性遗忘症、分离性迷游症和分离性身份识别障碍（p.476）
13.12 了解精神分裂症的典型症状（p.479）
13.13 解释心理、神经、生物化学和遗传如何造成了精神分裂症的易感性（p.481）

以下是对五个真实患者的描述（为保护他们的隐私，人名已做改动）。阅读每段描述，思考这五人之间的共同点。

- 艾达，43岁，一个人在购物商场闲逛。突然，她感到一阵突如其来的、令人难以置信的强烈焦虑，让她觉得害怕、头晕、恶心。她以为自己心脏病发作，急忙乘出租车到最近医院的急诊室。医生们发现她的心脏没有任何问题，并且告诉她：问题都在"她的脑袋里"。从那时起，艾达拒绝离开家，去任何地方都需要丈夫的陪同。她害怕开车，不敢乘公交车或火车。对艾达的诊断：惊恐障碍（广场恐惧症）。
- 比尔，45岁，10多年没有刮胡子和洗澡。他的胡子有几英尺长。比尔不想刮胡子和淋浴，因为他担心水中的微小"金属薄片"会进入他的皮肤。比尔尽可能地避免打电话或通过门道，因为他害怕由此感染细菌。比尔承认这些行为是不理性的，尽管他已接受大约15年的治疗，但是情况一直没能得到改变。对比尔的诊断：强迫症。
- 30岁的安妮刚生完孩子没几天，就感到非常眩晕。她感觉仿佛站在世界之巅，几乎不需要任何睡眠，她会与刚认识的男人睡觉。安妮还认为她会变成一个小丑：一个有鲜艳的红色圆鼻的小丑。对安妮的诊断：双相障碍（躁狂抑郁症）。
- 特瑞尔，28岁，刚刚从一家医院的重症监护病房出来。他因为觉得自己的胃里有鱼在游泳，而朝那里开了一枪。他怀疑这些鱼是政府的阴谋，目的是使他生病。对特瑞尔的诊断：精神分裂症。
- 约翰，13岁。他迷人可爱，能言善辩，却充满愤怒：诅咒老师，把活猫溺入水中直到它们被淹死，殴打其他儿童，并企图用偷来的炸药炸毁他的初中学校。在这些行为愈演愈烈后，他的父母把他送到了精神病院去住院。约翰认为，他的这些行为并没有什么错误，他也并不因这些事情感到内疚。对约翰的诊断：品行障碍（带有一定的病态人格）。

这些描述不是要评判这五个情况特别复杂的人，而是通过他们的例子让我们了解一些有关精神病理学或心理疾病的概况。

精神疾病的概念：过去与现在

几乎所有的精神障碍患者，都不能成功地适应周围环境。不管用什么方式，精神障碍患者都不能很好地适应日常生活的需要。就像上面的极端例子一样，意识到行为障碍的存在好像并不困难，但是精确定义什么是区别正常思维和异常思维的标准却颇具挑战。此外，判断什么是异常思维的标准也在随时间和文化的改变而改变。

所以，艾达、比尔、安妮、特瑞尔和约翰都有什么共同点呢？换种说法，是什么将心理异常从常态中区别开来？

455 什么是精神疾病？一个看似复杂的问题

心理学家和精神病专家历时多年，提出了很多界定精神障碍的标准，我们将会在这里介绍其中的5个。**【学习目标 13.1】**每项标准都抓住了精神障碍的一些重要特征，但也有各自的缺点（Gorenstein，1984；Wakefield，1992）。

- **罕见病症统计：**许多精神障碍，如精神分裂症，在人群中是罕见的。但是我们不能依靠罕见病症统计来定义精神障碍，因为不是所有的罕见情况都是病态的，如非凡的创造力；许多精神障碍（如轻度抑郁症）则是相当普遍（Kendell，1975）。
- **主观痛苦：**大多数精神障碍，包括心境障碍和焦虑障碍，都能给被其困扰的个体带来情绪上的痛苦。但是，并非所有的精神障碍都会带来痛苦。例如，在双相障碍的躁狂阶段（就像安妮经历的那样）人们往往觉得自己比正常情况要好，并且坚信他们的行为没有错。
- **损害：**大多数精神障碍干扰了人们的正常生活。这些障碍可能会破坏婚姻、友谊、工作。在极端情况下，甚至会威胁自己和他人的利益。虽然精神疾病导致的损害程度可能很严重，但是损害本身不能用来定义精神疾病。这是因为一些其他情况也可以产生损害，例如懒惰，但懒惰并非精神障碍。
- **社会不满：**将近50年前，精神病学家托马斯·沙茨（Thomas Szasz，1960）认为“精神疾病是一个谜”，而“精神障碍”只不过是一种社会不认同的情况。他甚至提出，心理学家和精神科医生将诊断作为用来控制的武器，把人们反感的行为贴上负面标签。沙茨的观点既有可取之处，也有不对的地方。对的地方在于，他认为我们对待这些严重精神疾病患者的消极态度不仅被广泛地传播而且还根深蒂固；另外，整个社会的态度限制了我们对心理异常的看法。举个例子，就在短短几十年前，心理学家还把同性恋看作是一种精神疾病；官方的诊断手册将其列为“性别取向偏差”。这个定义直到1973年才得到平反。沙茨的错误在于，他认为社会把所有不被容许的行为都当作是精神障碍（Wakefield，1992）。例如，种族主义理所当然受到社会的谴责，但是不管是外行人还是精神卫生专业人员，都不会把它当做精神障碍（Yamey & Shaw，2002）。
- **生理功能障碍：**许多精神障碍会导致生理系统的故障或失调。举个例子，我们将会学到，大脑额叶活动性减退经常被看做精神分裂症的标志。相反，一些精神障碍，如特定对象恐惧症（对物体、地点或情境的强烈的、不合理的恐惧；见第5章），似乎主要是由学习经验产生的。

实际上，任何单一的标准都不能区别正常状态和精神障碍。因此，有些学者提出，应该从家庭相似性的角度考察精神障碍（Kirmayer & Young，1999；Lilienfeld & Marino，1995；Rosenhan & Seligman，1989）。根据这一观点，精神障碍之间没有完全相同的地方。正如兄弟姐妹在一个家庭，看起来相似，但并不都具有完全一样的眼睛、耳朵、鼻子。精神障碍的特征并不那么明确。这些特征既包括那些我们所描述的罕见病症统计、主观痛苦、损害、社会不满和生理功能障碍，也包括其他的如急需诊治、非理性，以及个体行为失控（Bergner，1997）。

兄弟姐妹具有家庭相似性；他们看起来很像，但是他们没有一个特征是完全相同的。广义上的精神障碍也一样。

456 **你怎么认为?**

你是一名律师，你的客户认为他被解雇是因为他被诊断为精神分裂症而导致的歧视。你将如何确定到底是诊断本身还是不稳定的行为是导致他被解雇的原因?

精神疾病的历史观点：驱除体内的恶魔

纵观历史，人们认识到某些特定行为是异常的。然而，他们对这些行为的解释和治疗方式，与当时盛行的文化观念是一致的。【**学习目标 13.2**】在中世纪，许多欧洲和后来的美国人，认为跟精神疾病相关的行为，如幻听、自言自语及其他怪异行为，都是由于身体被邪灵侵害所致（Hunter & Macalpine，1963）。那个时代的怪异“治疗”，包括驱魔仪式，都是这一观点所导致的。即使在今天，仍然有数以万计的驱魔仪式在意大利、墨西哥等国家举行（Harrington，2005）。

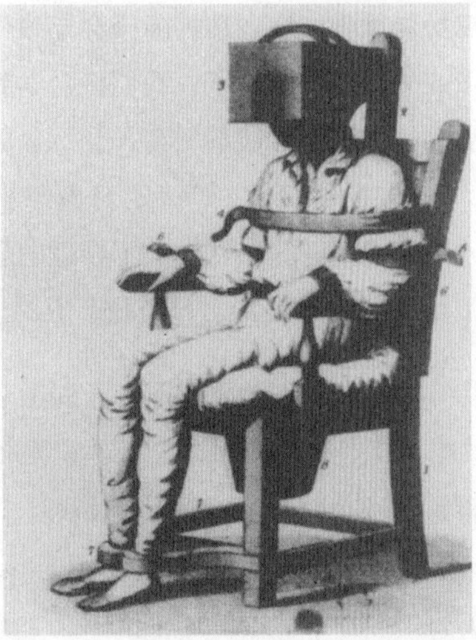

“驱魔椅”，由美国精神病学的创始人精神病学家本杰明·拉什（Benjamin Rush，1745—1813）发明，希望通过降低流至大脑的血液的速度来治疗精神分裂。实际上，这种治疗从某种程度上实现了对病人生理唤醒的抑制。

随着中世纪的没落，文艺复兴占据主要地位，对患有精神疾病的人的看法变得开明。随着时间的推移，越来越多的人觉察到，精神疾病就如同身体疾病，是需要治疗的，这种观点被一些学者称为**医学模式**。在15世纪初，特别是在以后的几个世纪，欧洲各国政府开始将那些心理上被困扰的人安置在精神病院——为精神疾病患者而设的机构（Gottesman，1991）。

不幸的是，那个时代对精神疾病的医学治疗，并不比中世纪的方法科学多少，甚至同样野蛮。其中一种可怕的治疗方式是“放血”，这是一种错误的观念引起的，即过量的血液导致精神疾病。还有一些医护人员试图通过吓唬病人使其“摆脱疾病”，即把病人们扔进蛇坑，因此蛇坑被看做精神病院的同义词（Szasz，2006）。

幸运的是，改革仍在一步步进行。感谢法国的菲利普·皮内尔（Phillippe Pinel，1748—1826）和美国的多萝西娅·迪克斯（Dorothea Dix，1802—1887）英雄般的努力，一种称为人道主义治疗的方式在欧洲和美国立足。人道主义治疗的支持者坚持认为，对待精神疾病患者应该友善和尊重。尽管如此，精神疾病的有效治疗方法几乎不存在，所以很多人不得不忍痛煎熬了许多年。

直到20世纪50年代初，对于精神疾病的治疗，才出现了转折性的变化。当时，精神科医生将一种从法国进口的药品氯丙嗪（其品牌是 Thorazine）引进到精神病医院。氯丙嗪并不是灵丹妙药，但是它对精神分裂症的某些症状，或者其他以脱离现实为标志的障碍有稳定的疗效。有史以来，上述症状的患者实现了自理，有的回到了自己的家庭。有的找到了自己的第一份工作，干了几年甚至几十年。

医学模式（medical model）
将精神疾病视为由生理障碍引起且需要药物治疗的观点。

到了 20 世纪 60 年代和 70 年代，政府制定了一项称为**非机构化**的政策。非机构化有两个明显的特点：将住院的精神病患者释放回社区并关闭精神病医院（Torrey，1997）。但是，非机构化是一个令人喜忧参半的决定。一部分病人似乎回到了正常的生活中，但是分散在城市
457 和农村地区的成千上万的人并没有得到有效的后续照顾。许多人停止了药物治疗，开始漫无目的地在街头徘徊。今天在美国主要城市的街头上看到的一些无家可归的人，都是非机构化带来的悲惨后果（Leeper，1988）。

谢天谢地，我们今天对精神疾病及其治疗的理解，相比几个世纪以前更深入。然而，今天仍然没有什么方法能真正治愈精神疾病。

跨文化的精神病诊断：文化因素主导的症状

精神病诊断不仅仅受历史影响，同时也受文化影响（Chentsova-Dutton & Tsai，2006）。心理学家已经逐渐认识到，某些特定情况是受文化限制的，即在一个或几个社会中具有特殊性，尽管这些特殊性很少被人们研究（Kleinman，1988；Simons & Hughes，1986）。例如，在马来西亚的某些地区，以及包括中国和印度在内的其他几个亚洲国家，常遭遇一个周期性的、奇怪且原因不明的突发现象，叫做缩阳症。缩阳症的受害者——其中大多数是男性，通常认为，自己的阴茎和睾丸正在逐渐消失，缩回到他们的腹部（女性缩阳症的受害者认为她们的乳房在逐渐消失；American Psychiatric Association，2000）。

另一个具有文化特殊性诊断的例子是暴食症，这在美国和欧洲是独有的。**神经性暴食症**（或一般简称为暴食症）的具体过程是暴食——在短时间内食用大量高热量的食物，大吃特吃；紧接着洗胃（呕吐）或采用其他激烈的减肥手段，比如极端的运动或节食。我们有充分理由相信，暴食症，虽然受遗传因素影响（Bulik，Sullivan，& Kendler，1998），但是是由完美自身形象的社会文化期望引发的，特别是那些媒体塑造的形象。

相较于暴食症，**神经性厌食症**（一般简称为厌食症）似乎不仅出现在西方国家，在那些几乎没有接触到西方媒体的地区也同样存在，例如一些中东国家和印度的部分地区（Keel & Klump，2003；Lynn，Matthews，Williams，et al.，2007）。厌食症的特点是过度消瘦（减轻的体重相当于原体重的 15%）和对超重的非理性的看法。

“凶眼病”，或者“恶魔之眼”，是一种在地中海和拉美国家共同的文化现象。受害者相信在被不怀好意的人看了一眼后，就会惹祸上身。凶眼病的特点是失眠、紧张、无故哭泣，以及呕吐。图中，一个埃及顾客挑选吊坠来抵挡恶魔之眼。

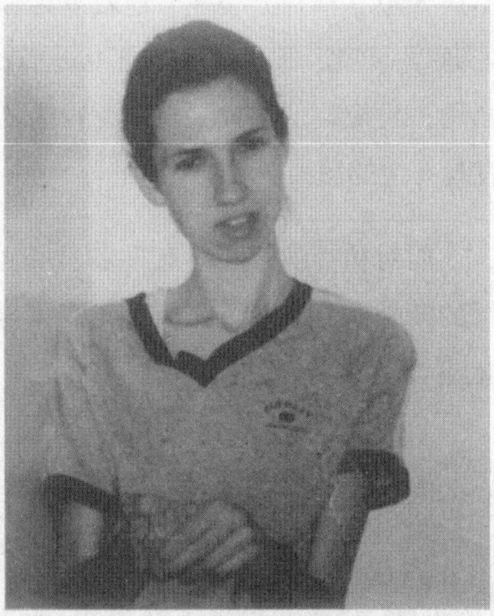

上图为一位患有厌食症的女人。跟暴食症相反，厌食症在大部分甚至所有文化中都存在。

非机构化（deinstitutionalization）
20 世纪 60—70 年代，政府将医院的精神病人送回社区，关闭精神病院的政策。

神经性暴食症（bulimia nervosa）
通过暴饮暴食然后呕吐来达到减肥或增重的饮食失调。

神经性厌食症（anorexia nervosa）
以过度消瘦和对超重持有非理性看法为特征的饮食失调。

简·墨菲（Jane Murphy，1976）进行了一项经典的关于精神疾病的文化特殊性的调查研究。她研究了两个孤立的社会，一个是尼日利亚的约鲁巴人，另一个是白令海峡附近的因纽特爱斯基摩人。他们基本上与西方文化没有接触。这些文化中也有用来描述各种障碍的词语，这些描述跟对精神分裂症、酗酒、病态人格等障碍的描述有着惊人相似。病态人格的特点同样是不诚实、喜欢指手画脚、缺乏负罪感和同情心。因此，尽管存在文化差异，我们也不应夸大精神障碍的文化相关性。许多精神障碍似乎存在于大多数甚至所有的文化中。

精神病分类和诊断的特殊因素

由于有很多方法会导致心理适应出现偏差，如果没有一个系统的诊断分类，我们就会手足无措。精神病诊断至少有两个重要的功能。第一，它帮助我们了解个体存在的心理问题是什么。一旦我们确认这种病症，选择相应的治疗方法就会得心应手。第二，精神病诊断使精
458 神卫生专业人员彼此之间的沟通更加便捷。当一个心理学家诊断出病人患有精神分裂症，他就有足够的理由能保证其他心理学家知道病人的主要症状是什么。因此，精神病诊断用一种简略的方式，将问题行为的复杂描述简化成了直观易懂的短语。

不过，人们对精神病诊断还有很多误解。在开始我们学习现行的精神病分类系统之前，我们将讨论 4 个最常见的假象。【学习目标 13.3】

那些涉及“专家证人冲突”的案件在某种程度上使公众产生了错误的看法：心理学家在嫌疑人是否患有精神障碍上无法达成一致。

假象 1　精神病诊断仅仅是归类整理，即把人放进不同的“盒子”里。恰恰相反，一个诊断意味着相同症状的人至少在某一个重要方面是相似的（Lilienfeld & Landfiled，2008）。心理学家认识到，即使是对同一个诊断的描述，比如精神分裂症或躁狂抑郁症，人们也会因为不同的文化背景、个性特征、兴趣、认知能力及其他心理因素等原因而产生戏剧性的差异。人远比他们的障碍多。

假象 2　精神病诊断并不可靠。正如我们在第 2 章中学到的，信度是指测量的一致性。在精神病诊断中，信度中最重要的是评分者信度，即不同的评分者（例如不同的心理学家）对同一病人的诊断在多大程度上是一致的。许多外行人认为，精神病诊断并不可靠。媒体对刑事案件中“专家证人冲突”的高度宣传使得这种观点更加普遍。“专家证人冲突”指的是在一次刑事审判中，其中一名专家诊断证人患有精神分裂症，另一名专家却认为证人完全正常。

排除其他假设的可能性
对于这一研究结论，还有更好的解释吗？

事实上，主要的精神障碍，例如精神分裂症、心境障碍、焦虑障碍和酗酒，评分者信度都特别高，评分者之间的相关性达到 0.8，甚至更高（Matarazzo，1983）。然而，情况并不完全乐观。对于我们将在后面讨论的许多人格障碍，评分者信度往往比较低（Zimmerman，1994）。

假象 3　精神病诊断是无效的。一些批评者认为，精神病诊断大部分是无效的，因为它们没有为我们提供大量的信息，更不用说是大量的新信息了（Szasz，1960）。精神病诊断只是给我们不喜欢的行为作了一种描述性的标记。但是，现在有大量证据表明，许多精神病诊断确实能告诉我们一些有关患者的新信息。在一篇经典文章中，精神病学家伊莱·罗宾斯和塞缪尔·古兹（Eli Robins & Samuel Guze，1970）概述了判断精神病诊断是否有效的若干标准。这些判别标准包括诊断本身有没有和人格以及大脑测量联系在一起，这个标准主要通

过家族精神障碍病史来预测，并且能对个人对治疗的反应进行预测。有良好的证据表明，许多精神障碍在有效性上确实遵循他们提出的标准。

假象 4 *精神病诊断是在诬蔑人。*一些被称为**定名理论家**的学者认为，精神病诊断会对人们的观念和行为产生很大的负面影响（Scheff，1984；Slater，2004）。定名理论家认为，一旦心理学家或精神科医生对我们进行了诊断，其他人就开始对我们产生不同的看法。这种诊断导致他人用不同的方式对待我们，也许这反过来又导致我们产生病态行为。诊断从而成为一种自我实现的预言。

在一项耸人听闻的研究中，大卫·罗森汉（David Rosenhan，1973）让 8 个没有精神疾病症状的人（包括他本人），假扮精神病患者，分别进入 12 所精神病医院。这些罗森汉所称的"伪病人"，只对那些获得认可的精神科医生说了一种情况，即他们听到一个声音说："空的，山洞，砰的一声。"在这所有的 12 所医院中，所有
459 被送到医院的"伪病人"均被医生诊断为患有精神分裂症（其中一个被诊断为躁狂抑郁症）。值得注意的是，这些伪病人尽管没有表现出进一步的精神疾病症状，但还是在医院平均待了 3 周。罗森汉得出结论，精神分裂症的诊断，成为一种自我实现的预言，导致医生和护理人员认为个体精神失常。

事实上，对于某些精神病诊断还存在一些相当大的偏见。例如，如果有人告诉我们，某人被诊断为精神分裂症，我们首先就会跟他保持距离，或将他的所作所为都误解为跟他的诊断一致。然而，诊断结果的负面影响并不会持续多久。在罗森汉的研究中，所有这些处于所谓"缓解期"的伪病人都被释放了，不管是当初被诊断患有精神分裂症还是躁狂抑郁症（"缓解期"意思是无任何阳性症状）（Spitzer，1975）。这些最终被撤销的诊断告诉我们：那些精神科医生最终认识到，这些人表现正常。总体上，没有太多的证据表明精神病诊断本身存在长期的负面影响，并且这种影响超过了患者自身的障碍行为的影响（Ruscio，2003）。

定名理论家（labeling theorist）
认为精神病诊断对人的观念和行为产生很大的负面影响的学者。

批判性思考：自闭症是流行病吗？

1∶150。

这可能就是你从电视广告上看到，或在杂志上读到的，自闭症人士在人口中的比例。虽然这个数字看起来并不是很高，但是跟在 2 000 到 2 500 人中仅有一个相比，这个数字确实很高。直到不久前，研究者们多年来还在相信这个数字（Wing & Potter，2002）。美国教育部的统计数字显示，从 1993 年至 2003 年，仅仅 10 年时间，自闭症（术语上称为婴儿自闭症）在全国的比率增加了 657%。在威斯康星州，增长率达到了惊人的 15 117%（Rust，2006）。自闭症患病率的突然增长，导致许多研究人员和教育工作者，甚至一些政界人士，认为自闭症已开始出现"流行"趋势（Kippes & Garrison，2006）。但是，自闭症真的在流行吗？

许多父母相信，疫苗会引发自闭症，尽管有科学证据表明不会。

正如我们在第 2 章所学到的，自闭症患者的特征是语言、社交、想象力方面有严重的缺陷，通常还伴随着智力发育迟缓（American Psychiatric Association，2000）。虽然双生子的研究表明，遗传因素对自闭症有重要作用，但是自闭症的成因仍然不得而知（Rutter，2000）。然而，仅仅是遗传影响，并不会轻易使自闭症的患病率在 10 年间呈现如天文数字般的上升

趋势。因此，研究人员期待能通过环境变量来解释这一令人困惑的增长率并不奇怪。特别是，一些研究者开始将目光聚集在一个潜在的罪魁祸首：疫苗（Rimland，2004）。

疫苗与自闭症的联系是由20世纪90年代后期有关12个孩子的研究（Wakefield et al.，1998）中发现的，该研究证明了自闭症症状与注射MMR疫苗（腮腺炎、麻疹疫苗和风疹的联合疫苗）之间有明显联系。自闭症的症状通常会在两岁后不久最为明显，即在婴儿接受一系列MMR疫苗和其他疫苗后。事实上，成千上万的家长坚持认为，他们的孩子是在注射了MMR疫苗或者在注射了含有防腐剂的疫苗（被称为硫柳汞）之后，才患上了自闭

460 症。然而，在美国、欧洲、日本的研究没能验证注射MMR疫苗和自闭症之间的联系。这显然表明接种疫苗和自闭症之间的关系并不存在（Herbert，Sharp，& Gaudiano，2002；Honda，Shimizu，& Rutter，2005）。此外，即使在丹麦政府停止使用含硫柳汞的疫苗之后，自闭症的患病率仍然暴涨（Madsen et al.，2002）。

可重复性

其他人的研究也会得出类似的结论吗?

许多自闭症儿童的家长，可能成为虚假相关的受害者（见第2章）；他们“看到”一个并不存在的统计联系。但是，他们的错误是完全可以理解的。由于他们的子女大约在同一时间接受了疫苗并发展出自闭症症状，他们自然而然地会认为这两个事件之间有关联。

针对报道中的自闭症流行现象，多数证据表明，对于大多数，即便不是全部，相对自由的诊断标准比疫苗更有说服力（Gernsbacher，Dawson，& Goldsmith，2005；Lilienfeld & Arkowitz，2007）。当然，至少一小部分的疫情传播可能是真实的，另外，一些不明的环境影响也会导致自闭症增加。但在评估证据时，有一个关键问题我们应该问问自己：十年内增加657%，哪种解释相对来说更合理一点呢，是尚未证明的疫苗导致的自闭症症状增加，还是诊断实际中的微小变化?

奥卡姆剃刀原理

这种简单的解释符合事实吗?

现行的精神病诊断标准：DSM–IV

《精神疾病诊断与统计手册》（DSM），是对个人精神障碍分类的官方系统。起源于1952年，现在发行到第四版，叫做DSM-IV（American Psychiatric Association，2000）。表13.1列出了在DSM-IV上的17种不同类别的障碍。我们将讨论其中的几种。

诊断标准和判定原则 在过去的几个世纪中，精神病分类已经走过了很长一段路。DSM-IV为心理学家和精神病学家提供了诊断每种情况需要的标准，以及确定必须符合多少标准的一系列判定原则。例如，在表13.2中列出了我们即将在后面的章节中学到的DSM–IV中抑郁症的主要诊断标准。在A类标准中，我们可以看到，要诊断一个人患有抑郁症，根据DSM-IV要求，这个人至少要符合5种症状，并且症状的持续时间要超过两周，461
同时要求前两个症状（情绪低落，并失去兴趣或乐趣）至少要出现一个。DSM-IV也提醒了临床医师，在D类标准中，应排除可能会导致与抑郁症相似的与医学或毒品有关的诊断。

DSM–IV：其他特征 DSM-IV不只是一个精神疾病的诊断工具，它还是一个关于多种精神障碍特征的宝

精神疾病诊断与统计手册（Diagnostic and Statistical Manual of Mental Disorders，DSM）
美国精神病协会制定的关于精神疾病标准的诊断系统。

表 13.1　　DSM-IV 上的 17 种主要障碍类型

（1）通常在婴儿期、童年期或青少年期被诊断出的障碍，表现为智力发育迟缓、注意缺陷、破坏性行为和抽动障碍	（9）自为病 （10）其他未分类的分离性障碍 （11）性功能障碍和性别认同障碍
（2）由阿尔茨海默症和帕金森症引起的精神错乱、痴呆、遗忘及其他认知障碍	（12）进食障碍 （13）睡眠障碍
（3）一般性医疗状况造成的精神疾病	（14）其他未分类的行为控制障碍
（4）物质相关障碍	（15）适应性障碍
（5）精神分裂症和其他精神性障碍	（16）人格障碍
（6）心境障碍 （7）焦虑障碍 （8）躯体性障碍	（17）其他条件，重点可能是临床关注问题，涉及虐待或忽视、影响应对方式的人格特质，以及医疗条件

（Source：From *Diagnostic and Statistical Manual of Mental Disorders*，4th ed.，American Psychiatric Association，2000）

DSM-IV 是世界范围内的关于精神障碍分类的标准。图中的封面（DSM-IV-TR）是 2000 年的版本，它对 DSM-IV 略作了修改。

表 13.2　　抑郁症的 DSM-IV 标准

（A）符合下列症状中的 5 个（或更多）[必须包括症状（1）或（2）中的一种]

- （1）一天中大部分时间都情绪低落
- （2）对所有或几乎所有活动的乐趣明显减少
- （3）在不节食的情况下体重明显减轻或增加（大约每月 5%）
- （4）几乎每天失眠或嗜睡（过多的睡眠）
- （5）几乎每天都躁动或迟缓（减缓）
- （6）几乎每天都感觉疲劳或能量损失
- （7）几乎每天都有无用感，有过度或不适当的罪恶感
- （8）思考能力、精神集中能力减弱，犹豫不决，几乎每天如此
- （9）经常性地想到死亡（不只是惧怕死亡），复发性自杀意念

（B）症状不符合并发症标准（同时出现抑郁症和躁狂症）

（C）症状使得个体在社会功能、职业或其他重要领域产生了的显著压力或造成了损害

（D）症状不是由某种物质或身体状况的对生理的影响而产生

（E）症状比丧亲（丧失所爱的人）更重，也就是说，受创伤后，症状持续时间超过两个月或有明显功能障碍，病态关注于：无价值感、自杀意念、精神性症状、精神活动迟缓

（Source：From *Diagnostic and Statistical Manual of Mental Disorders*，4th ed.，American Psychiatric Association，2000）

临床心理学家可能会认为自残是病态的。但是 DSM-IV 也提醒了临床医师，在某些文化中，这种行为是为了制造部落的印记，是很正常的。

贵信息库，如**患病率**。患病率指的是一种疾病在人口中的比率。

DSM -IV 也承认除了这些障碍特征，还有其他更重要的东西。因此，它要求心理学家和精神科医生沿多个**轴**或功能向度对病人进行评估。DSM–IV 包含的轴，不仅包含精神障碍患者，还包括相关的医疗条件、生活压力以及日常功能的总体水平。在这方面，DSM-IV 采用生物心理社会取向（见第 10 章），一个承认生物（如激素异常）、心理（如非理性想法）、社会（人际互动）相互影响的取向。在某些特殊障碍的讨论中，我们会强调这三个因素。

最后，DSM-IV 承认，我们生活在一个多元文化的世界，这个世界里包含着截然不同的种族、社会经济和文化背景的人。他们中的一些人拥有非常规的信念、性别认同和行为，而这些从我们当代社会的观点来看都是“不正常”的。不同的文化背景如何影响症状内容和表现形式？不同文化背景的人们如何应对悲痛？DSM-IV 包含了以上这些信息。在确保诊断者能够区分正常与异常行为方面，这些信息都起着至关重要的作用。

DSM–IV：批评 关于 DSM-IV 也存在着一些小的争论，例如有人认为 DSM-IV 是一个将巨大的精神病理学馅饼切成更有意义的和利于管理的小块以使其更有用的系统。然而，DSM-IV 面临的批评远不止于此，很多 462
批评也是有理有据的（Widiger & Clark，2000）。

在 DSM-IV 中有超过 350 个诊断，并非所有都符合罗宾斯和古兹的有效性标准。我们仅举一例，即 DSM-IV“数学障碍”诊断，该障碍是“在演算算术或数学推理的问题时有很大困难”。这更像是一个学习问题，而不是有关个人信息的诊断。此外，虽然 DSM-IV 中的许多障碍的诊断标准和判定原则主要是基于科学发现，但是也有一些主要基于委员会的主观决定。另一个与 DSM-IV 相关的问题是各种诊断之间高水平的**共病现象**（Angold，1999；Lilienfeld，Waldman，& Israel，1994），这意味着同一个人经常有一个或多个诊断。例如，一个患有抑郁症的人在诊断时会有一个或几个方面符合焦虑障碍的诊断标准，这是非常普遍的事情。这种普遍的共病现象带来了令人担忧的问题，即 DSM-IV 是否能真正在独立的条件下进行诊断，而不仅仅依靠基本条件的轻微变化。

★小测试

1. 根据家庭相似性的观点，没有一个能将精神疾病从正常中区别出来的标准。 正确 错误
2. 当医学模式在文艺复兴中固定下来后，对精神疾病的治疗开始以有力的科学证据为基础。 正确 错误
3. 一些精神障碍似乎存在于大多数的文化中。 正确 错误
4. 几乎所有的精神病诊断都是不可靠的。 正确 错误

答案：（1）对（p.455）；（2）错（p.456）；（3）对（p.457）；（4）错（p.458）

焦虑障碍：忧虑和恐惧的不同方面

我们首先从由焦虑引起的问题来揭开我们对心理障碍的学习。幸运的是，大部分日常焦虑通常不会持续很长时间或是带来极度的不舒适感。轻度的焦虑甚至有一定的适应功能。它可以对危险产生闪电般的快速反应，带领我们远离有害的行为，并激励我们去解决不断恶化

患病率（prevalence）
一种疾病在人口中的比率。

轴（axes）
功能向度。

共病现象（comorbidity）
同一个人经常有一个或多个诊断。

有多种焦虑障碍（包括恐惧症）都是从童年时开始的。

的问题。然而，焦虑一旦失控，就会变得过度和不恰当。它甚至可以造成一定的威胁（Mendelowicz & Stein，2000）。【学习目标 13.4】

焦虑障碍在所有的精神疾病中是最普遍的；日常生活中，29% 的人会出现焦虑障碍诊断标准中的一种或几种症状（Kessler，Berglund，Demlen，et al.，2005）。在成长过程中，焦虑障碍比其他障碍产生得更早。焦虑障碍的发病平均年龄为 11 岁（Kessler et al.，2005）。

463 惊恐障碍：突如其来的恐惧

焦虑障碍的一种普遍的形式是**惊恐发作**，表现为紧张情绪突然聚集，并升级为跟恐惧情绪的激烈对抗。惊恐发作的高峰不到 10 分钟，症状包括出汗、头晕、头轻、心跳加速、呼吸急促、出现幻觉、对发疯或死亡的恐惧。由于许多初次经历惊恐发作的病人觉得他们是心脏病发作，他们首先想到的是去急诊室，结果都会被送回家——就像我们在本章开始时见到的艾达那样，并被告知问题都在“她的脑袋里。”

你怎么认为?

一个熟人误用一句“我总是惊恐发作”来强调功课的压力、与朋友的冲突。你可以用哪些信息来帮助她，使她的自我描述变得更准确?

有些惊恐发作是在特定的情况下，如乘坐电梯或在超市购物，但其他的完全是意外，即毫无预兆。这并不奇怪，惊恐发作往往源于能让人产生恐惧的情景。每一种焦虑障碍，甚至心境障碍和饮食失调，都可能出现惊恐。即使是适应能力强的人，也会在对压力事件的预期中体验到惊恐（Cox & Taylor，1999）：20% ～ 25% 的大学生报告称在一年之内经历过惊恐发作，其中有一半的人报告称有过突如其来的恐慌（Lilienfeld，1997）。

惊恐发作很少发生，或者是几周、几个月甚至好几年才发生一次。当人们经历重复和毫无预兆的惊恐发作时，他们都是在被**惊恐障碍**所折磨，这个时候，他们

惊恐障碍患者的自述

“对我来说，惊恐障碍就是一次暴力体验。我感觉自己与现实脱轨。我觉得自己以一种极端的方式失控。心跳加速，无法呼吸，我只有一种很强烈的感觉：世界即将崩溃。”（Dickey，2004）

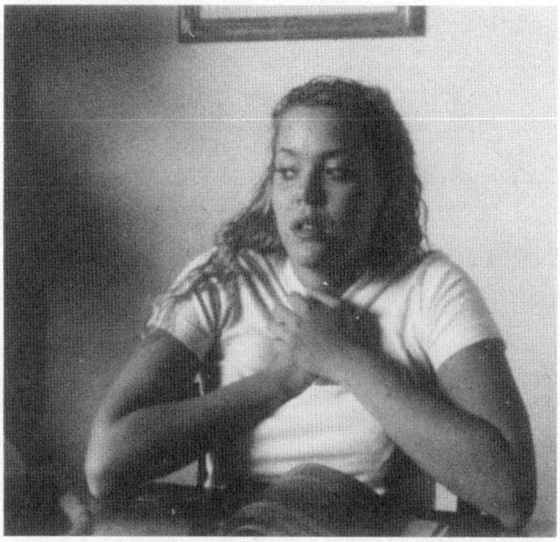

惊恐发作的症状有心跳加快、呼吸困难、身体虚弱、头晕眼花，这些让人们觉得他们得的是心脏病。

惊恐发作（panic attack）
短暂而又强烈的极度恐惧，表现为出汗、头晕、头轻、心跳加速、呼吸急促，并感觉死亡即将来临，精神几近崩溃。

惊恐障碍（panic disorder）
重复和毫无预兆的惊恐，随之而来的是个体持续担心惊恐将会发作，或改变他们的行为以避免惊恐发作。

要么一直经历这种惊恐，要么因为惊恐而改变他们的行为（例如，换工作）（American Psychiatric Association，2000）。

广泛性焦虑障碍：持久的忧虑

我们时不时都会陷入忧虑之中。然而，对于那些占人口 3% 的患有**广泛性焦虑障碍**（GAD）的人来说，忧虑是一种生活方式。这 3% 的人平均每天花 60% 的时间忧虑，而剩下的人每天只有 18% 的时间在忧虑（Craske，Rapee，Jackel，et al.，1989）。许多广泛性焦虑障碍患者形容自己为“过分忧虑”。他们倾向于思考令人焦虑的想法，觉得烦躁和无助，失眠，经历着很大程度的身体紧张（Barlow，Chorpita，& Turovsky，1996；Wittchen，2002）。他们往往太担心生活中的小事情了，例如一个即将举行的会议或社交活动（Hazlett-Stevens，Pruitt，& Collins，2008）。

社交恐惧症患者的自述
“可是我又找不到什么话可以跟谁说。实在是太丢脸了，我感觉很愚笨，恨不得早点出去。”（Dickey，1994）

广泛性焦虑障碍（generalized anxiety disorder，GAD）
对生活各方面的持续的担心、焦虑、生理紧张以及易怒。

恐惧症（phobia）
对一个物体或情景的强烈恐惧，这种恐惧与物体或情景的实际威胁极不相称。

广场恐惧症（agoraphobia）
面对某个地方或情景时，感到很难逃避或是觉得尴尬，或是在惊恐发作时束手无策。

社交恐惧症（social phobia）
对出席公共场合可能会尴尬或蒙羞的强烈恐惧。

恐惧症：非理性的害怕

恐惧症是对一个物体或情景的强烈恐惧，这种恐惧与物体或情景的实际威胁极不相称。我们很多人有轻微的恐惧——如对蜘蛛和蛇的恐惧，这些并不严重到足以称为恐惧症。如果某一恐惧被称为恐惧症，是因为它会限制我们的生活，或制造大量的困扰，或两者兼而有之。

恐惧症在所有焦虑障碍中是最常见的。普通人中，9 个就会有 1 个患有对动物、血液、受伤或雷雨的恐惧症。这其中社交恐惧又是最普遍的（Kessler et al.， 464
1994）。对特定物体、地点或情景的恐惧叫做特定对象恐惧症，一般是对动物、昆虫、雷雨、高度、水、电梯和黑暗的反应。这些恐惧，特别是对动物，在童年开始出现，但会随着年龄增长而消失（American Psychiatric Association，2000）。我们下面要讨论的广场恐惧症，是最具破坏性的恐惧症，并且在我们之中的发生率约为 1/25（Keller & Craske，2008；Kessler，Chiu，Jin，et al.，2006）。

广场恐惧症　在 2 700 年前的一些古希腊城市，一些市民因畏惧而不能通过中心城市的露天广场，广场恐惧症因此得名。一个普遍存在的误解是，**广场恐惧症**是对人群或公共场所的恐惧。但是，广场恐惧症实际上指的是，面对某个地方或情景时，感到很难逃避或是尴尬，或是在惊恐发作时束手无策（American Psychiatric Association，2000）。

大多数恐惧都是起源于童年，但广场恐惧症出现在中年。随着一系列设施如商场、电影院、隧道、桥梁及露天空间的增加，个体的焦虑感也不断增强。广场恐惧症的症状似乎存在文化差异。例如，一些在格陵兰的爱斯基摩人一直被一种名为“皮艇焦虑症”的疾病所困扰，他们特别害怕独自乘皮艇出海（Barlow，2000；Gusow，1963）。幸运的是，在第 14 章我们将会学到，广场恐惧症或其他焦虑障碍的许多情况都是完全可治愈的。

社交恐惧症　调查显示，大多数人认为公开演讲比死亡更令人觉得恐惧（Wallechinsky，Wallace，& Wallace，1977）。由此可知，**社交恐惧症**患者该有多痛苦了。具备此类状况的人们对出席公共场合可能会有尴尬或蒙羞的强烈恐惧，他们经历的焦虑远远超过了我们偶尔体验到的怯场（Heimberg & Juster，1995）。社交恐惧症患者往往畏惧在公众场合发言、吃饭或表演，同时也非常关注来自于他人细微的不满暗示。

创伤后应激障碍：恐怖经历的持久影响

当人们经历或见证前线作战、地震、性侵犯等创伤事件后，他们可能会患上**创伤后应激障碍**（PTSD）。作为确诊创伤后应激障碍的条件，创伤事件一定会带来身体伤害或生命威胁，不管对是自己或别人。患者的反应也必须包括强烈的恐惧、无助或恐怖（American Psychiatric Association，2000）。

创伤后应激障碍包含了很多使人精神敏感的特点。参加过战争的人更容易得这种病。

闪回是创伤后应激障碍的特点之一。对战争的恐惧可以在创伤发生之后的几十年再度发生，这通常是由日常压力体验而被重新唤起的（Foa & Kozak，1986）。其他症状包括努力避免与创伤有关的想法、感觉、地方，以及与创伤有关的谈话；经常梦见经历的创伤；生理唤醒的增加，如睡眠困难、容易受到惊吓（American Psychiatric Association，2000）。旧事重提可能导致恐慌的全面爆发：一个越战老兵在战争结束 20 年之后，每次听到不远处城市直升机的声响，还会吓得躲到床底下（Baum，Cohen，& Hall，1993；Foa & Rothbaum，1998；Jones & Barlow，1990）。创伤后应激障碍不容易被诊断出来。诸如焦虑和睡眠困难之类的一些症状，可能在压力事件发生前就存在。还有，一些人为获得政府津贴而诈病为创伤后应激障碍，所以诊断必须排除这些可能性（Rosen，2006）。

排除其他假设的可能性

对于这一研究结论，还有更好的解释吗？

465 ## 强迫症：陷到思维中无法自拔

每个人的脑海里都有一个无法摆脱的想法，或是一支愚蠢的曲调。**强迫症**（OCD）患者很清楚地知道这是一种什么样的经历，唯一的区别在于他们的症状更为严重。他们一直被**固着**所困扰：不必要、不适当地坚持一些观念、思想或冲动，并引起明显的苦恼。跟典型的焦虑不同，这种强迫并不是对日常生活的直接回应。他们经常专注于“不可接受的”想法，关于吸毒、性、野心或信仰等。例如，患有强迫症的人，可能充满对弄脏自己或者杀害他人的想法的恐惧。不管他们怎么努力，强迫症患者始终无法找到一种停止这些想法的方法。

霍华德·休斯，工业领域的亿万富翁，在生命的后期遭受强迫症的折磨。

强迫症患者的自述

“如果没有固定程序我什么都没法做。它们渗入我生活的每个方面。数数对我来说很重要。当我设置闹钟时，我必须保证设置的数字之和是吉利的。我会洗 3 次头而不是 1 次，因为 3 是吉利数字，1 不是。读书之所以花费我很长时间，因为我会数一下每段都有多少行。考试的时候，如果数字加起来不吉利，我就没法确定一行该写多少字。我经常担心，如果我不做这些，我的父母就会去世。”（Dickey，1994）

创伤后应激障碍（posttraumatic stress disorder，PT SD）
在经历或见证创伤性事件后出现的特殊情绪障碍。

强迫症（obsessive-compulsive disorder，OCD）
重复、长期地（每天至少 1 小时）沉浸于困扰、强迫，或两者皆有的情况。

固着（obsession）
不必要、不适当地坚持一些观念、思想或冲动，并引起明显的苦恼。

大多患有强迫症的病人，还会经历与固着有密切联系的**强迫行为**：不断重复某些行为或心理活动，以减少或避免焦虑。在大多数案例中，病人感觉被迫去做一些事，这些事通常跟固着一起，目的在于阻止一些可怕的事件，或“把事情做对”。常见强迫症症状包括：

- 反复检查门锁、窗户、电源开关、烤箱。
- 按设定的方式执行任务，如把鞋放成固定的模式。
- 数墙上的点数，或触摸或轻敲物体。
- 重复布置物件。
- 重复不必要的清洗和打扫。
- 每当固着发生时，都会说祈祷文或一些特别的文段。
- 囤积报纸、书记、信件、苏打罐或其他物体。

根据定义，强迫症患者每天至少花 1 小时，沉浸于固着、强迫行为，或两者兼而有之。某个患者每天花 15 至 18 小时洗手、洗澡、换装，甚至洗钱币。但是，也有许多强迫症患者取得了巨大成就。查尔斯·达尔文——“进化论之父”，还有弗罗伦斯·南丁格尔——“护士之母”，都患有强迫症（OCD-UK，2005）。霍华德·休斯（Howard Hughes）——亿万富翁实业家，被严重而难以治愈的强迫症折磨了数年。最近，像卡梅隆·迪亚兹（Cameron Diaz），比利·鲍勃·桑顿（Billy Bob Thornton）、大卫·贝克汉姆（David Beckham）等已经公开谈及与该症的斗争。

焦虑障碍的解释：病态忧虑和恐惧的根源

焦虑障碍如何产生？不同的理论从环境、灾难性思想和生物影响三个方面提出了不同的解释。**【学习目标 13.5】**

焦虑的学习模式：对习得习惯的焦虑反应 学习理论认为恐惧是习得的。华生和雷纳（Watson & Raynor，1920）以小型哺乳动物的恐惧来论证经典性条件作用的实验（还记得第 5 章里可怜的小阿尔伯特吗？），有力阐述了人们是怎样习得恐惧的。

依赖于奖励和惩罚的操作性条件作用（见第 5 章）为恐惧是如何保持的，提供了另一种解释。如果一个不善于社交的女孩约男孩去看电影而一再被拒绝，她可能会在男孩子面前变得很害羞。如果这种形式的拒绝一直继续，她可能罹患真正意义上的社交恐惧症。她对男孩的回避，会产生负强化，因为这种回避能让她逃离面对社交中的不愉快结果。这种解脱感强化了她的逃避，最终导致她一直焦虑着。

学习理论家（Rachman，1977）相信另外两种途径同样可以唤起恐惧。首先，我们可以通过观察他人的恐惧行为习得恐惧（Mineka & Cook，1993）。一位父亲对狗的恐惧可能会被灌输给他的孩子。其次，恐惧也可能来源于他人正确或错误的信息。如果一位母亲告诉他的孩子们，乘电梯是危险的，他们就会转而走楼梯。 466

灾难化和焦虑敏感性 患有社交恐惧症的人知道，许多社会交际将会变成他们的个人灾难，一些对暴风雨感到恐惧的人在听到 50 英里外有轻微雷暴消息的时候就会吓得躲到地下室避难（Voncken，Bogels，& deVries，2003）。正如这些例子所述，灾难化是焦虑想法的核心特征（Beck，1976；Brown，Dowd，& Freeman，in press；Ellis，1962）。人们把预期的可怕事件灾难化，就像寿命减少、认为碰触门把手会有疾病威胁，尽管这些事件发生的可能性极低（Beck，1964；Beck，1995）。

焦虑症患者倾向于从负面去阐释模糊不清的信息，例如在表 13.3 中列出的单词（Matthews & Macleod，2005）。许多焦虑症患者有高水平的焦虑或对焦虑有关的感觉非常关注（Reiss & McNally，1985；Stein，Jang，& Livesley，1999）。试想当你的肌肉感到紧张，当你突然站起来时会感到轻微的眩晕，或者你在登陆航班后会感到心跳加速。你可能会认为它们无伤大雅而不在乎这些躯体的症状。但高度焦虑的人，经常将它们视为危险的——也许是心脏病发作或中风的早期症状，进而引发

强迫行为（compulsion）
不断重复行为或心理活动，以减少或避免焦虑。

强烈的担心（Clark，1986；Lilienfeld，1997；McNally & Eke，1996）。结果，他们身体的微小感觉或轻微的焦虑都可以转化为真正的惊恐发作。

表 13.3　焦虑和对模糊信息的解释

焦虑会使我们倾向于将模糊的信息解释为消极的。跟不焦虑的人相比，焦虑的被试更容易将含糊不清的单词解释成（例如下面列出的读音差不多的单词）消极的或有危险性的单词。（Source：Blanchette & Richards，2003；Mathews，Richards，& Eysenck，1989）

同音异形异义字	
有危险意义的 / 拼写	无危险意义的 / 拼写
Bury	Berry
Die	Dye
Patients	Patience
Bruise	Brews
Flu	Flew
Sword	Soared

焦虑：遗传和生物因素　许多双生子研究显示，有多种焦虑症（包括惊恐障碍和恐惧症）都受基因的影响（Andrews，Stewart，Morris- Yates，et al.，1990；Roy，McNeale，Pedersen，et al.，1995）。特别是，基因会影响我们是否遗传了高水平的神经质——一种与焦虑症高度相关和急躁的倾向（见第 12 章），这正是导致过分忧虑的温床（Anderson，Taylor，& McLean，1996；Zinbarg & Barlow，1996）。家庭研究显示，强迫症患者遗传的过度活跃基因是非强迫症患者的两倍。这个基因与神经递质血清素的运输相关（Goldman，Hu，Kennedy，et al.，2006）。强迫症的大脑反应是与众不同的。它涉及尾状核的功能，尾状核是基底神经节的一部分（见第 3 章），负责启动和控制身体（Hansen，Hasselbach，Law，et al.，2002；Pigott，Myers，& Williams，1996）。脑部扫描也显示，负责过滤、排序和组织信息的额叶的活动也会相应增强。在这种情况下，人们似乎无法将令人担忧的想法排除脑外或阻止重复动作的发生。

★ 小测试

1. 惊恐发作通常在 10 分钟以内达到高峰。　正确　错误
2. 因为创伤后应激障碍的症状特点很明显，它通常是一个容易诊断的障碍。　正确　错误
3. 灾难化是焦虑思维的一个核心特征。　正确　错误
4. 基因对产生强迫症的影响不大。　正确　错误

答案：（1）对（p.463）；（2）错（p.464）；（3）对（p.466）；（4）错（p.466）

467 ## 心境障碍

想象我们是治疗师，正在会见向我们寻求帮助的人。来访者开始叙述他的生活：即使是最简单的活动（如穿衣或者开车去上班）也需要强大的意志才能行动。他每天睡眠困难且又莫名其妙地醒很早；不想回电话；几个小时没精打采地盯着电视机；他的心情很沮丧，经常满眼泪光；他最近体重大减。他的世界暗淡无光，毫无意义。在会面即将结束时，他告诉我们他考虑过自杀。

我们刚刚遇见的是一个遭受心境障碍折磨的人，之所以这样说是因为他的问题在于他暗淡的情绪，这种情绪影响了他所有的方面。当我们在表 13.2 中查找他的症状时，我们可以看见他符合**重度抑郁症**的发作标准。我们将会很快遭遇另一个心境障碍，即双相障碍。在双相障碍中，人们的情绪常常是抑郁的镜像反射。表 13.4 概

重度抑郁症（major depressive episode）
一个人经历着挥之不去的、慢性或复发性的忧郁情绪，或对愉快的活动失去兴趣，并伴随着体重减轻或睡眠障碍。

述了 DSM-IV 中心境障碍的范围。**【学习目标 13.6】**

重度抑郁症：常见，但并不是“普通感冒”

在整个一生中，超过 20% 的人将会经历一段心境障碍。仅仅是重度抑郁症就使超过 16% 的美国人的生活变得黑暗（Kessler et al.，2005）。抑郁症会起始于任何年龄，但是最有可能打击到的还是 30 多岁的人。女性患重度抑郁症的比率似乎比男性大一倍。这种差异可能跟男女在经济地位、性激素、社会支持、身体或性虐待历史上的不同有关（Howland & Thase，1998）。性别差异在抑郁症中很常见，但是并不普遍。在一些文化群体中，例如某些地中海人群、东正教犹太人、阿来什人，这种性别差异几乎不存在（Piccinelli & Wilkinson，2000）。

抑郁症状可能会在几天或几周时间内逐渐出现；在其他情况下，他们可能会突然出现。抑郁症就像普通感冒一样，是经常性的。重度抑郁症患者在一生中平均会经历 5 或 6 次发作。这些发作大多会持续 6 个月至一年。但是在所有的案例中，高达 20% 的抑郁症是慢性病，换句话说，它们在几十年中没有得到任何缓解（Ingram，Scott，& Siegle，1999）。抑郁症会产生严重的伤害。在极端的情况下，人们可能无法进食、穿衣或顾及基本健康需要，像刷牙或洗澡。

在大多数文化里，女性患抑郁症的风险高于男性。然而，造成这种差别的原因还不得而知。

表 13.4 **心境障碍及症状**

障碍	症状
重度抑郁症	一个人经历着挥之不去的、慢性或复发性的忧郁情绪，或对愉快的活动失去兴趣，并伴随着体重减轻或睡眠障碍。
躁狂抑郁症	显著地自我膨胀或自大，睡眠需要大大减少，比平常健谈，思维奔逸，分心，活动量增加或情绪激愤，并过多地参与可能导致问题的娱乐活动（如无保护的性行为、疯狂购物、野蛮驾驶）。
双相障碍 I	存在一次或更多的躁狂发作。
轻度抑郁症	至少持续两年时间的低水平抑郁；感觉缺失、悲伤、无力、没有食欲、快乐和生产力下降、失去希望。
轻度躁狂发作	虽是躁狂发作但激烈性和破坏性较低；感到欢欣鼓舞、敏感或烦躁不安、注意力分散、健谈。
双相障碍 II	患者必须经历至少一次抑郁和一次躁狂发作。
循环性情感障碍	情绪在躁狂和抑郁之间交替，具备众多抑郁症状。为记忆此种病症，把“循环”看成是起伏不定的情绪——躁狂和抑郁。躁郁性气质增加了发展为双相障碍的风险。
产后抑郁症	抑郁发作，在产后一个月内发生。15% 的女性患有产后抑郁症。一种很严重的情况是，产后抑郁症发生于 1/1 000 或 2/1 000 的出生案例之中，伴随有精神性症状，包括命令幻觉杀害婴儿，或产生婴儿有一个邪恶的灵魂的妄想。
季节性情感障碍	抑郁发作显示季节性模式，通常开始于秋冬季，发展于春季。必须按季节连续两年出现发作。症状通常包括体重增加、缺少能量、对碳水化合物的渴求，嗜睡。

（Source：Date from DSM-IV，APA，2000）

重度抑郁症的主要解释：错综复杂

抑郁症的多样性是生物心理取向的一个很好的例子，生物心理取向强调生理因素和社会因素结合，从而产生一定的心理症状。让我们重新考虑那个在本节开头与我们会见的男士。从他抑郁的父亲和焦虑的母亲那里，他遗传了一种倾向于对压力情境作出怀疑和回应负面情绪
468 的神经质。他认为，一个有竞争力的同事不断试图削弱他作为电视制片人的权威。他感到缺乏安全感，并开始推敲他的每一项决定。每天他都把时间浪费在担心失业上。他的工作质量开始直线下降。他淡出社交，拒绝与自己的哥们儿打高尔夫。他的朋友们试图使他振作起来，但是笼罩在他心头的阴霾却无法驱散。由于一再地碰壁，他的朋友们也不再邀请他做任何事了。他曾经无限光明的社交生活变得空虚、黑暗，而他则终日郁郁寡欢，无所事事。他感到无助。最终，他阴郁地想到了自杀。

这个事例提醒我们必须重视一个关键点。要完全理解抑郁，我们必须重视先天遗传、压力事件、人际关系、日常生活中动力的缺失、负面思想、无助的感觉等多种因素的复杂相互作用（Akiskal & McKinney，1973；Ilardi & Feldman，2001）。**【学习目标 13.7】**

抑郁症与生活事件　代表失去或有分离威胁的日常压力事件，通常与抑郁紧密相关（Brugha，1995；Mazure，1998；Paykel，2003）。但是，由于感受到自我价值的贬低而产生的失去感如同亲密关系的丧失一样，
469 能刺痛每一寸的心灵（Finlay-Jones & Brown，1981）。真正决定我们是否会变得情绪低落的一个关键因素，是我们是否已经失去或即将失去我们最珍惜的东西，像我们的爱、社会支持、财政支持或自尊（Beck，1963；Blatt，1974；Prince，Harwood，Blizard，et al.，1997；Zuroff，Mongrain，& Santor，2004）。

你怎么认为?

你的妹妹刚刚与她的一个长期伴侣结束了关系。尽管她已经开始显现出抑郁症的症状，她仍然坚称自己没有抑郁，认为这只是对一次重大人生变故的反应。你如何确信她是否患有抑郁症呢？

人际模式：抑郁症源于社会功能失调　詹姆斯·科因（James Coyne，1976；Joiner & Coyne，1999；Rudolph，et al.，2006）假设，抑郁症会导致人际关系问题。他认为，当人们变得抑郁时，会寻找过度安慰，这样反而会导致其他人不喜欢或拒绝他们。科因（1976）要求本科生分别与抑郁症患者、没有抑郁症的人，或来自社区的无病症人士在电话中交谈 20 分钟。他并没有告诉学生，与他们交谈的是抑郁症患者。在交谈之后，这些与抑郁症病人交谈的学生，比那些没有与抑郁症患者交谈的，变得更加抑郁、焦虑，更富有敌意。此外，受试者更多地倾向于拒绝与抑郁症患者交谈，并表示将来没有兴趣再与之联系。对科因来说，抑郁症是一个恶性循环。患有抑郁症经常会引起敌意，并被其他人拒绝，这样会延续或加重他们的抑郁症状。

根据詹姆斯·科因的人际模式，抑郁者会受他人的影响，从而加深自身的抑郁。

可重复性

其他人的研究也会得出类似的结论吗?

许多但不是所有的研究都验证了科因的调查结果，患抑郁症的人会试图挑起别人的消极情绪（Joiner & Coyne，1999；McNeil，Arkowitz，& Pritchard，1987；Starr & Davila，2008）。其他研究显示，持续性的担忧、疑虑和不恰当的社会行为，对很多人来说都是社交的禁区（Zborowski & Garske，1993）。

行为模式：抑郁症源于强化失败　彼得·卢因森（Peter Lewinsohn，1974）的行为模型假定，抑郁症的起因是积极强化的低效反馈。简单来说，当抑郁症的人尝试不同的事物，他们会因得不到回报而最终放弃。他

许多人有控制错觉，例如，他们错误地认为自己掷骰子赢的概率比其他人更大。有趣的是，患有轻度或中度抑郁的人则不会犯这种错误（Golin，Terrell，& Johnson，1977），这表明他们在这种情况下比没有抑郁的人更加现实。

男人比女人更喜欢运动，压力增加时他们也更容易沉思。

们不再参加那些娱乐性活动，导致他们没有机会从别人那里获得强化。随着时间的推移，他们的个人世界和社会世界开始缩小，抑郁几乎渗透到了每一个角落，甚至是他们的生活中的方方面面。卢因森后来观察到，患有抑郁症的人，有时候缺乏社交技巧（Segrin，2000；Youngren & Lewinsohn，1980），这令他们更加难以从别人那里获得强化。更糟糕的是，如果人们对抑郁症患者的反应是同情和关心，他们会强化并维持患者的回避。这个观点意味着，打破对抑郁症束缚的一个直接有效的方法就是：强迫我们自己参加愉快的活动。有时候，仅仅是起床，就能够成为征服抑郁症的第一步（Gortner，Gollan，Dobson，et al.，1998）。

认知模式：抑郁症源于思维障碍 相反，颇具影响力的阿伦·贝克（Aaron Beck）的**抑郁的认知模式**认为，抑郁症是因为消极的信念和期望而产生的（Beck，1987）。贝克重点关注抑郁思想的三个组成部分：负面
470 的看法、一个人的经验，以及未来。这些习惯性的思维模式，称为消极模式。这种模式可能起源于早期的失落、失败、被拒绝的经历。在以后的生活压力事件中，这些模式会强化抑郁症患者的负面经验（Scher，Ingram，& Segal，2005）。

抑郁的认知模式（cognitive model of depression）
一种认为抑郁症是由消极信念和期望而产生的理论。

抑郁症患者的世界观是暗淡的，因为他们消极地看待自己的个人经验。他们同样被认知扭曲所折磨，也就是扭曲的思考方式。举例来说，一位女士在收到一张停车罚单后，可能会断定自己一无是处，对她来说没有一件事是顺利的。一位男士可能在棒球比赛中挑出自己犯的一个小错误，然后将比赛的失利完全怪在自己头上。就好像这些人戴着一种眼镜，把生命中的所有的积极经验过滤掉，让那些消极的经验显得特别引人注目。

这些从某种程度上证明了贝克的观点，他认为患有抑郁症的人，对他们自己、对未来、对世界都持消极的看法（Haaga，Dyck，& Ernst，1991；Ingram，2003）。但是，非住院患者或那些非严重抑郁症患者的认知扭曲的证据并不是很充分（Haack，Metalsky，Dykman，et al.，1996）。实际上，一些研究显示，与没有抑郁症的人相比，患有轻度抑郁症的人，对周围环境的观点、判断更为恰当、精确，这种现象被叫做抑郁现实主义（Alloy & Abramson，1979，1988；Msetfi，Murphy，Simpson，et al.，2005）。

反刍：回收精神垃圾 苏珊·诺伦–霍克西玛（Susan Nolen-Hoeksema，1987）认为，回收我们大脑中的消极事件会让我们变得抑郁。更特别的是，我们中的一些人会花上大量的时间反刍——关注自己的感觉是多么糟糕，并且无休止地分析这些问题的原因和结果。

诺伦–霍克西玛（Nolen-Hoeksema，2000，2003）认为，由于女性更倾向于沉思，因此她们患抑郁症的风险会比男性高。他指出，相对而言，男士们更喜欢聚焦于愉快或注意力分散的活动，例如工作、看球赛或者酗酒（我们不建议）。他们会采用更直接的方式去解决问题而不是沉思（Nolen-Hoeksema，2002，2003）。从某种程度上来说。早期社会化可能为这些不同的反应铺平了道路（Nolen-Hoeksema & Girgus，1994）。尽管父母们鼓励女孩子们，分析讨论她们的问题，但是他们却并不

鼓励男孩子们表露他们的感受，而是鼓励他们行动或忍耐。但是，男孩和女孩一样都可以从减少沉思转而面对他们的实际问题中获得益处。

习得性无助：抑郁症是不可控事件的结果　马丁·塞利格曼（Martin Seligman，1975；Seligman & Maier，1967）在对狗的研究工作中偶然碰到了一些有关抑郁症的异常发现。他用穿梭箱对狗进行测试，如图 13.1；箱子的一边是带电的，另一边用屏障隔开，且不带电。通常，狗都会为了避免疼痛的电击而跳过屏障到达不带电的这一侧。但塞利格曼发现一些令人惊奇的事。狗首先被限制在吊床上，然后遭受电击但又无法逃跑，之后，即使它们可以轻易地逃脱，它们也不再尝试逃跑。一些狗仅仅是坐在原地，呜咽并干号，被动地接受电击，就好像这一切都是不可避免的。他们已经学会了逐渐变得无助。

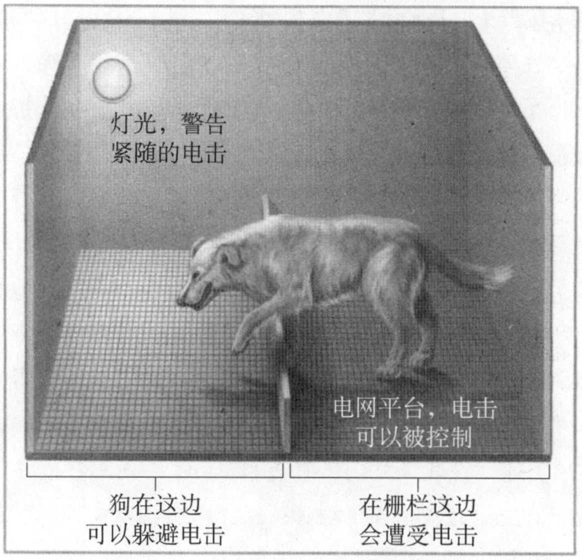

图 13.1　穿梭箱

通过这个装置，塞利格曼发现狗在第一次逃跑被阻止后，就几乎不再逃跑，即使它们能轻易地跑掉。他称这种现象为“习得性无助”。

布鲁斯·奥弗米尔和塞利格曼（Bruce Overmier & Seligman，1967）这样解释**习得性无助**：在面对无法控制的事件时感到无助。并且认为这是抑郁症的动物模式。他们注意到习得性无助的影响和抑郁症症状，有惊人的相似之处：被动、暴食和体重减轻、不会通过转换环境来改善心情。但我们从动物研究中得出结论时必须谨慎，因为在很多心理学情境中（包括抑郁症）人与动物的表现可能会有所不同（Raulin & Lilienfeld，2008）。

471 塞利格曼和他的同事们（Abramson，Seligman，& Teasdale，1978）提出，人容易患抑郁症，是内部属性的负面结果，而不是外部属性或积极因素的作用。一个患有抑郁症的人，可能会将一次糟糕的测试成绩，归结于缺少能力这一内部因素所致；而将一次好成绩，归结为考试简单这一外部因素所致。

抑郁症：生理的作用　双生子的研究表明，基因对于诱发抑郁症有一定程度的影响（Kendler，Neale，Kressler，et al.，1993）。抑郁症经常与低水平的神经递质血清素有关（Robinson，2007）。血清素转运体基因的特定变异（这影响了再摄取率；见第 3 章）似乎在抑郁症中发挥了作用，特别是在与生活经验结合到一起时。跟没有压力敏感型基因的人相比，有这两种压力敏感型基因的人，罹患抑郁症的可能会增加 2.5 倍（Caspi et al.，2003）。压力敏感型基因可能会影响人们面对压力情景时处理负面情绪的能力（Kendler，Gardner，& Prescott，2003）。这种基因的不规律性能否解释抑郁症还不是很清楚；它们也许还与焦虑症相关（Hariri et al.，2002）。

中度躁狂发作的人持续无法控制的疯狂，可能会透支各种信用卡。

抑郁症不仅与低水平的神经递质去甲肾上腺素相关（Leonard，1997；Robinson，2007），还与大脑奖励和压力反应系统中存在的问题相关（Depue & Iacono，1989；Forbes，Shaw，& Dahl，2007）。许多患有抑郁症的父母多巴胺水平降低，多巴胺是一种与奖励有密切联系的神经递质（Martinot et al.，2001）。这个发现解释了为什么抑郁症患者经常无法体验到与愉快相关的情绪。

习得性无助（learned helplessness）
面对无法控制的事件时感到无助。

双相障碍：当情绪走向极端

在本章开头的那位罹患双相障碍的患者安妮，表现出了许多**躁狂发作**的典型症状。这些症状典型的特点是情绪急剧高涨（感觉就好像“站在世界的顶端”），睡眠需求降低，精力极度充沛，自尊心膨胀，多话，行为缺乏责任感。躁狂发作的人总是发表“压力演说”，尽管他们无法快速表达自己想说的话，但也很难打断他们（Goodwin & Jamison，1990）。他们的大脑中不断涌现出各种想法，这也许可以解释为什么一些患有双相障碍的人的创造性成就很高。这些以及其他一些症状（回顾表13.4）通常在几天之内迅速增加。而第一次躁狂发作通常是在二十几岁出现（Kessler et al.，2005）。

双相障碍，正式名称是躁狂抑郁症，其诊断标准是病史中至少有一段时间存在躁狂发作（American Psychiatric Association，2000）。跟重度抑郁症相反，双相障碍在男女中患病比例相同。在大部分案例中能达到90%以上躁狂发作至少出现两次（Alda，1997）。很多人在数年中会发作几次，然后连续发作，一次紧接着
472 一次。躁狂抑郁症之前或之后，超过一半的情况会产生严重的抑郁症症状（American Psychiatric Association，2000）。

双相障碍患者自述

“当我情绪高涨的时候，我觉得我不再是原来的我。相反我变得更有组织性、更具技巧性，我开始觉得我就是最具创造力的自己。我能轻易地写诗，毫无错误地谱曲、画画，我感到洋洋得意，我觉得根本不需要睡觉。我刚刚买了六条裙子，我觉得自己很性感，男人们都看着我，或许我有风流韵事，还不止一件……然而，当我走出这个舞台，我开始狂躁起来，我开始出现幻觉。有天晚上我创作了一部完整的电影，当我知道有个行刺即将发生的时候我还是体验到了强烈的恐惧，我的尖叫弄醒了丈夫，第二天我就被送去了医院。”（Fieve，1975）

躁狂发作（manic episode）
情绪急剧高涨，睡眠需求降低，能量急剧高涨，自尊心膨胀，能说会道，行为缺乏责任感。

双相障碍（bipolar disorder）
至少有一段时间存在躁狂发作。

躁狂抑郁症经常会给生活和工作带来严重的问题，例如物质滥用和无节制的性行为。因为他们的判断力极速降低，处于躁狂抑郁症中期的人可能会持续狂热地消费，在很短时间内与许多同伴发生性行为，或者酒后驾车。一个病人把他的父亲当成了金融公司，觊觎他父亲的退休金，用他的全部家产赌博。另一个病人几乎挥霍了自己毕生的积蓄购买了上百个保龄球，但没有一个是他需要的。躁狂抑郁症的负面影响会持续很多年，包括失业、家庭冲突、离异（Coryell et al.，1993）。

在所有的精神障碍中，双相障碍是受基因影响最大的一种（Miklowitz & Johnson，2006）。双生子研究显示，它的遗传率达到了85%（Alda，1997；McGuffin et al.，2003）。科学家认为，增加多巴胺受体敏感性的基因（Willner，1995）和减少血清素受体敏感性的基因，可能会提高罹患双相障碍的风险（Ogden et al.，2004）。

脑成像研究显示，患有双相障碍的人，他们与情绪相关的脑部组织的活动会增加，例如杏仁核（Chang，Wagner，Garrett，et al.，2008；Yurgelun-Todd et al.，2000），而与理性相关的脑部组织活动会减少，例如前额叶皮层（Kruger，Seminowicz，Goldappler，et al.，2003）。但是，这些生理发现和心境障碍之间的因果关系，并不是完全明朗的。举例来说，患有双相障碍的人，大脑活动间的差异可能只是该障碍的一个影响结果，而非此障碍的原因（Thase，Jindal，& Howland，2002）。

相关还是因果
我们能确信A是B的原因吗?

我们的结论似乎在暗示，双相障碍完全由生物因素决定。其实，并非如此。压力生活事件，会导致患躁狂抑郁症的风险提高，使之更加频繁地复发，并且潜伏期时间增长（Johnson & Miller，1997）。有趣的是，生活中一些跟实现目标有关的积极实践有时会导致躁狂抑郁症，像工作晋升（Johnson et al.，2000）。

自杀：事实与假象

相比其他病症，抑郁症和双相障碍患者的自杀风险更

高（Miklowitz & Johnson，2006；Wolfsdorf，Freeman，D'Eramo，et al.，2003）。据统计，患有双相障碍的人，自杀率比正常人群高 15 倍（Harris & Barraclough，1997）。一些焦虑障碍，例如恐惧症、社交恐惧症，以及物质滥用，同样有很高的自杀风险（Spirito & Esposito-Smythers，2006）。自杀本身并不是心理障碍，但是其致命的程度远远超过了一切。在 2001 年，科学家将自杀列为美国第 11 个主要致死因素（National Institute of Mental Health，2004），并认为其是导致儿童、青少年、青年人死亡的第三个主要因素（Kochanek，Murphy，Anderson，et al.，2004）。

识别假象

假象：圣诞节时自杀频率增加，主要是因为没有亲人在身边让人觉得孤独。

事实：没有多少证据能证明这个观点。实际上，研究表明圣诞节前后自杀和企图自杀的人减少了（Ajdacic-Gross et al，2003；Phillips & Wills，1987）。

通常，在美国每年有超过 30 000 人尝试过自杀，事实上，这一统计数字肯定被低估了，因为亲属把许多自杀报告成意外。每一起自杀，都至少有 8 至 25 次尝试。在表 13.5 中，我们介绍了有关自杀的很多的常识性假象。【学习目标 13.8】

好消息是，研究告诉了我们大量有关自杀的风险因素。最明显的自杀前兆是前期的尝试，因为 30% ～ 40% 自杀的人，都至少有过一次预先尝试（Maris，1992； 473
Pelkonen & Marttunen，2003）。有趣的是，绝望或许比抑郁更能预测自杀倾向（Beck，Brown，Berchick，et al.，1990；Goldston et al.，2001），因为当人们发现无法逃离自身的痛苦时，大多会想到结束自己的生命。强烈的焦虑，同样是自杀的一个强有力的预兆（Fawcett，1997）。

表 13.5　有关自杀的常识性假象与事实

假象	事实
跟抑郁症患者谈论自杀，会让他们将自杀付诸行动。	跟抑郁症患者谈论自杀，会让他们更有可能得到帮助。
自杀总是完全没有预兆的。	大多数企图自杀的个体，都会将自己的想法告诉他人，这样给了我们一个机会，向有自杀倾向的人提供帮助。
随着重度抑郁症患者数量的增加，人们的自杀风险降低。	随着重度抑郁症患者数量的增加，自杀风险可能实际上也在上升，一部分原因是，个体有更多能量去尝试这种行为。
大多数威胁说要自杀的人，是在寻求关注。	尽管寻求关注是自杀行为的动机，但是大多自杀行为都起步于重度抑郁和无望。
大谈特谈自杀的人，大多从不付诸行动。	谈论自杀表明，他已经深思熟虑过这件事，自杀的可能性更高。

★小测试

1. 男女患抑郁症的概率相同。　正确　错误
2. 抑郁症与生活压力事件有关。　正确　错误
3. 根据卢因森的观点，抑郁症源于积极强化的低效反馈。　正确　错误
4. 根据塞利格曼的观点，有抑郁倾向的人将积极和消极的结果都归结为外因。　正确　错误
5. 大多有躁狂发作的人，没有其他病症。　正确　错误

答案：（1）错（p.467）；（2）对（p.468）；（3）对（p.469）；（4）错（p.471）；（5）错（p.471）

人格障碍和分离性障碍：混乱和分裂的自我

我们大多数人会习惯性地认为，自己有一致、统一的人格。但是，一些不幸的个体的思维和行为却存在严重的分裂，这些分裂使得他们无法发展出健康、统一的人格。区别人格中的正常变化、从人格中感知自我、确诊人格障碍并不容易，因为我们都有自己的个人偏好。

474 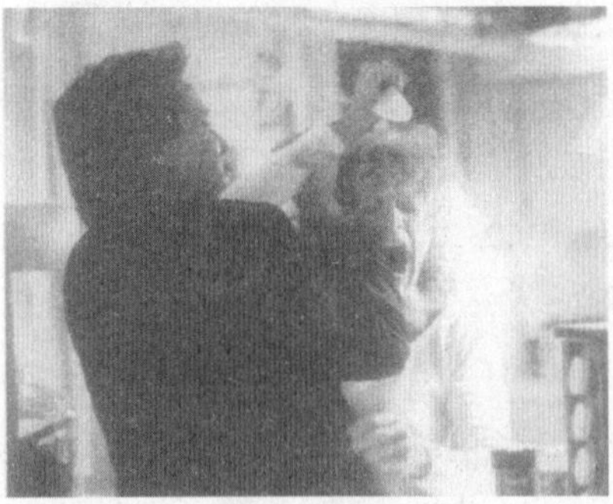

电影《致命诱惑》中所表现的有杀人嗜好的、不稳定的人格特质或许很好地诠释了边缘性人格障碍，尽管有这种障碍的人并不暴力。

人格障碍

从总的精神治疗的情况来看，人格障碍的诊断在历史上是最不可靠的（Fowler，O'Donohue，& Lilienfeld，2007；Perry，1992；Zimmerman，1994）。DSM-IV 指出，只有人格特质在青少年期第一次出现，人格特质稳定不变且在不同场合都会呈现，这种人格特质会导致不幸和创伤，我们才能确诊**人格障碍**（American Psychiatric Association，2000，p.685）。但是，在大多数我们所讨论过的行为模式中，我们能否发现人格障碍患者的不正常，很大程度上依赖这个人行为发生的前后情境（Price & Bouffard，1974）。**【学习目标 13.9】**举例来说，妄想型人格障碍患者的猜疑心在团队合作工作中可能是一个缺点，但是在个人研究中，却是一个优点。

人格障碍（personality disorder）
在不同的情境中都呈现刻板稳定的人格特质，首先在青少年期时出现，带来不幸和创伤。

在表 13.6 中，我们罗列了 DSM-IV 中的主要人格障碍。DSM-IV 将这些障碍分为三种类型——古怪的、偏

表 13.6　DSM-IV 中人格障碍的主要分类

 妄想型人格障碍	**古怪的、偏执的**	
	妄想型人格障碍	对他人不信任，多疑，过度敏感
	分裂型人格障碍	在社交场合感到强烈不适，思想、感知、交际、行为出现异常
	精神分裂型人格障碍	从社交关系中分离，情感表达平淡或有限
 自恋型人格障碍	**戏剧性的、情绪性的、反常的**	
	表演型人格障碍	引人注目，过度情绪化，戏剧化，肤浅，妖媚，爱受吹捧
	自恋型人格障碍	对自我唯一性的异乎寻常的感知，需要不断被注意和钦慕，缺乏同情心，沉浸于无尽的成功或权力的幻想
	反社会型人格障碍	反社会行为，侵犯或无视他人的权利，撒谎，偷窃，不负责任，缺乏悔恨和怜悯
	边缘性人格障碍	在生活的众多领域都不稳定，紧张和不稳定的人际关系，经常性的自杀企图，为避免被遗弃而努力，不稳定的自我形象 / 身份
 强迫型人格障碍	**焦虑的、恐惧的**	
	回避型人格障碍	不愿意接受一段关系，除非有毫无疑问的可接受的担保；逃避社会；对批评和拒绝的恐惧；不愿为可能带来羞愧的事冒险或尝试新事物
	依赖型人格障碍	对每天要做的决定感到困难；过度依赖他人的安全感、支持、保证；当独自一人时感到无助
	强迫型人格障碍	专注于秩序、组织、规则、小细节；完美主义；固执；工作狂；僵化

（Source：From *Diagnostic and Statistical Mental Disorders*，4th ed.，American Psychiatric Association，2000）

执的；戏剧性的、情绪性的或反常的；焦虑的、恐惧的。我们将详细地介绍两个主要的、被广泛研究的人格障碍——边缘性人格障碍和病态人格。

475 **边缘性人格障碍：极度不稳定** 有 1% ～ 2% 的成年人患有边缘性人格障碍，且女性居多（Lieb，Zanarini，Schmahl，Linehan，& Bohus，2008），其特点是情绪、自我形象、自控力的不稳定。**边缘性人格障碍**患者，情绪极度冲动且难以预测，尽管许多患者已婚并且有一份好工作。**【学习目标 13.10】**他们的人际关系非常多变，可能昨天还是非常要好的同伴，今天却互相厌恶。

边缘性人格障碍患者的冲动以及情绪的起伏变化，通常都带有自我破坏特征：许多人沉溺于药物滥用、性滥交、饮食过量，甚至自残，例如沮丧的时候用刀割伤自己。他们会为了操控别人而威胁要自杀，这从某种意义上反映了他们混乱的人际关系。由于在孤身一人时，会有一种强烈的被抛弃感，很多人可能会胡乱地从一段不健康的人际关系跳到另一段。

玛莎·莱恩汉（Marsha Linehan，1993）的社会生物模型认为，边缘性人格障碍患者，继承了对压力的过度反应倾向，并且因为不知道怎样调节自己的情绪而困扰终生。双生子的研究显示，边缘性人格障碍的特点具有稳定的遗传性（Torgersen et al.，2000）。情绪控制的困难解释了为什么边缘性人格障碍容易被拒绝，也解释了为什么他们很在乎自己是否被别人接受。莱恩汉认为，使人患边缘性人格障碍的途径是：给予一个小孩子一大堆的伤害和压力，却完全忽视孩子的感受，并且也不提供如何排遣压力的技巧。不用说，我们并不建议你按上面的指示对待你的孩子。

病态人格：不要以貌取人 我们并不是在吓唬你。然而，在日常生活中发生这种事的概率很高：也许每天都能遇到一个被心理学家称为**病态人格**的人，很多时候又称为变态人格或反社会者。病态人格与 DSM-IV 诊断中的**反社会型人格障碍**（ASPD）有相同之处，尽管它们二者在很多重要的方面存在不同。ASPD 的特点是具有长期不合法和不负责的行为，与 ASPD 相比，病态人格的特点是人格特质存在不同的侧面（Lilienfeld，1994）。如果边缘性人格障碍患者是情绪化和易冲动的，那么病态人格则正好相反。

患有病态人格的人没有羞耻感、不诚实、喜欢指使别人、冷漠、以自我为中心（Cleckley，1941/1988；Lykken，1995）。因为他们有这么多明显的、令人不快的人格特质，很多人可能会说：我们必须想办法远离这些人——如果能远离他们，我们确实会好很多。但是，我们会发现，病态人格的人很可能是我们的朋友，甚至是恋人，因为他们看起来富有魅力、英俊、热忱（Hare，1993）。他们很多都有品行障碍的病史，特点是在童年期和青少年期的时候撒谎、欺诈、偷窃。不知是什么原因导致的，病态人格在男性中更加普遍（Vitale & Newman，2001）。

与普遍存在的看法相反，大多数患有病态人格的人

边缘性人格障碍患者自述

“我能在某一分钟完全正常，然后在看到或听到某些事后变得极度暴躁。当人们说话声音变大时，我也会变得暴躁。电视节目会引发愤怒、生气以及歇斯底里等感觉。争论、喊叫、辱骂的场景会将狂躁的情绪传递至我的身体和大脑。我的愤怒发生得强烈而突然。我不在乎自己是否受伤，也不在乎是否伤害了别人。有次开关被我扔掉了，我就成了家里暂时的恐怖分子。我希望当这种愤怒向我袭来的时候，我手上没有刀或枪。虽然这并不经常发生，但是在家里已经很平常了。”（http：//www.angelfire.com/biz/BPD）

病态人格患者自述

“不管我过去做了什么，你应该知道，情感的疏忽和过失从来不会困扰我。罪恶感？这是我们用来控制别人的技巧。它是种幻觉，给我们身体带来不好的影响。有很多方法可以控制我们的行为，不一定要过度使用罪恶感。”[摘自对连环杀手泰德·布迪死之前的采访（Hare，1993）]

边缘性人格障碍（borderline personality disorder）
显著特点是情绪、自我形象、自控力的不稳定。

病态人格（psychopathic personality）
显著特点是没有羞耻感、不诚实、喜欢指使别人、冷漠、以自我为中心、爱冒险。

反社会型人格障碍（antisocial personality disorder，ASPD）
显著特点是长期存在不合法和不负责的行为。

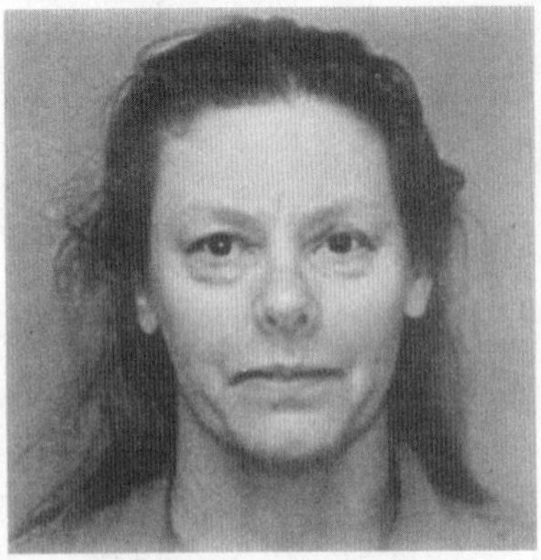

在少数案例中，患有病态人格的女性也会有暴力倾向（Arrigo & Griffin，2004）。爱奥琳·温蒙斯（Aileen Wuomos），被称为少女连环杀手，通过扮成无依无靠的司机而诱惑六个男性并将他们杀死。查理兹·塞隆（Charlize Theron）因为在电影《女魔头》中饰演温蒙斯而获得奥斯卡金像奖。

并没有暴力倾向。不过，与普通人相比，他们犯罪的风险性更高。少数，可能只有很小的百分比的人存在习惯性的暴力倾向。连环杀手泰德·布迪（Ted Bundy）几乎可以肯定是病态人格患者。大约25%的监狱囚徒是病态人格患者（Hare，2003）。同样，除了电影中对连环杀手的描绘之外，患有病态人格的人其实并不是典型的精神性的。相反，他们很多完全是理性的。他们非常清楚自己那些不负责任的行为在道德上是错误的；他们只是并不在乎这些而已。

476 我们有理由去怀疑，病态人格的人不仅出现于刑事司法案件里，还出现在合作和政治领域的领导者中（Babiak & Hare，2006）。大多病态人格特质，例如交际技巧、表面上讨人喜欢、残酷、冒险行为，可以给予他们出人头地的契机。而且，一个对“成功的病态人格”的调查显示，那些有高水平的病态特质的人，在社会中却有出色的表现（Hall & Benning，2006；Widom，1977）。

尽管对病态人格的研究已经有50多年了，但是病态人格的起因仍旧不为人知。患有该障碍的人，不会对痛苦的非条件刺激做出经典的反射，例如电击。同样地，当被告知只要耐心地坐在椅子上，等待即将进行的电击或一阵巨大的爆炸声时，他们皮肤的导电水平（一项觉醒指标）相对那些没有病态人格的人，仅仅升高1/5（Hare，1978；Lorber，2004）。这些反常行为，可能是由于缺乏恐惧感，这使得该障碍的其他特征更加明显（Lykken，1995；Patrick，2006）。也许，缺乏恐惧感导致了那些患有病态人格的人并不会主动从惩罚中学习，而是倾向于在生命中一次又一次地犯相同的错误（Newman & Kosson，1986）。

有一种观点认为，那些患有病态人格的人没有被唤醒。正如我们在第9章中学到的，耶克斯—多德森定律描述了一个完善的心理法则：唤醒水平跟情绪和表现之间的倒U形关系。习惯不被唤醒的人可能会去寻找刺激。这个假设可能可以解释为什么病态人格会与冒险相关联（Zuckerman，1989）。

分离性障碍

当说到我们自己时，我们不假思索地用到“我”这个词。但对**分离性障碍**患者来说并非如此。分离性障碍，主要包括意识、记忆、身份、感知的混乱（American Psychiatric Association，2000）。我们在第6章认识的病人娜蒂安·库尔，被诊断患有分离性身份识别障碍（DID），这是一种众所周知的分离性障碍。在娜蒂安质疑她的诊断前，她被确诊有超过130种不同的人格。那种认为一个人可以有不同的人格的观点本身就不寻常，更不用说有超过100种不同的人格。所以，毫无疑问，分离性身份识别障碍是在所有诊断中最具争议的。在我们探讨有关分离性身份识别障碍的争议之前，我们先介绍几种其他的分离性障碍。

特别声明
这类证据可信吗?

分离性遗忘症 患有**分离性遗忘症**的人，无法回忆起重要的个人信息——这些人大多数都有过紧张的经历，而这一切并不是由于正常的遗忘所致。他们的记忆缺失十分严重，可能会忘记曾经有过的自杀企图或暴力行为（American Psychiatric Association，2000；Sar et al.，2007）。心理学家诊断分离性遗忘症，普遍是根据人们在汇报童年被虐经历时，记忆存在断层。【**学习目标 13.11**】

分离性障碍（dissociative disorder）
显著特点是意识、记忆、身份、感知混乱。

分离性遗忘症（dissociative amnesia）
无法回忆起重要的个人信息——大多数患者之前有过紧张的经历，而这一切并不是由于正常的遗忘所致。

这种诊断颇具争议，原因有以下几个。第一，记忆断层论认为对健康个体来说，非创伤性事件是常见事件，而且与压力有关的事件或是象征分离的事件都是不必要的（Belli，Winkielman，Read，et al.，1998）。第二，大多数人可能不会很主动地去回忆童年时期的被虐经历或其他可怕的事件。正如理查德·麦克纳利（Richard McNally，2003）所说的，不去想并不同于不记
477 得，而这类症状就被称为失忆。第三，有研究显示，存在可信的证据证明失忆可以用其他因素来解释，例如脑损伤、正常性遗忘，或不愿去回忆的令人困扰的事件（Kihlstrom，2005；Pope et al.，2007）。

排除其他假设的可能性

对于这一研究结论，还有更好的解释吗？

分离性迷游症 很多时候，我们希望自己能够摆脱烦恼。患有**分离性迷游症**的人，不仅会忘记生活中的重大事件，而且还会从他们的压力环境中逃走［“迷游”（fugue）是“逃走”（flight）的拉丁文］。在一些案例中，他们换了一个新的身份移居到另一个城市，甚至另一个国家。迷游可能持续几小时，在少数案例中，可能会持续数年。分离性迷游症很罕见，每 1 000 人中仅有 2 人发病（American Psychiatric Association，2000），长期的分离性迷游症，就更加罕见了（Karlin & Orne，1996）。

在 2006 年，一位来自纽约的 57 岁的丈夫、父亲、童子军领袖，离开了办公室旁的车库，然后消失了，最后在芝加哥的一处贫民窟被发现，他在那里换了个名字并继续生活。当一个美国头号通缉犯掩藏自己的真实身份 6 个月之后，他的家人找到了他，但他却丝毫记不起自己的家人（Brody，2007）。

在这些迷游症的案例中，关键是要寻找迷游症是否源自脑部的损伤、撞击，还是其他神经方面的原因。另外，可能有一些人仅仅是把遗忘症当成是逃避责任或压力环境的手段，以此来换个新环境并开始一段新生活。

分离性身份识别障碍：多重人格，多重争论 在 DSM-IV 中（American Psychiatric Association，2000）。**分离性身份识别障碍**（DID）的特征是，存在两个或更多的人格状态，而且它们的行为模式是短暂的（见第 6 章）。这些身份和人格交替控制着人的行为。这些相互交替的身份，即所谓的“他我”，与基本人格或“主我”人格有很大差异，并且可能还有不同的姓名、年龄、性别和种族。在一些案例中，这些人格与主体人格完全对立。举例来说，如果主体人格是羞涩而退却的，一个或多个他我可能会是外向的或浮夸的。心理学家曾报告了他我的数量范围可以从 1 个（所谓的分离人格）到几百甚至几千个，其中有一个案例被报道有 4 500 种人格（Acocella，1999）。女性更容易患分离性身份识别障碍，并且比男性分离出的人格更多（American Psychiatric Association，2000）。

杰弗里·英格尔曼（Jeffrey Ingram），40 岁，经历了分离性迷游症，他说一个月内他想不起关于自己的任何事。当他在电视上求助确认自己身份的一个月后，他和自己的妻子重聚。

研究者在各种身份之间发现了一些有趣的不同，他们的呼吸频率（Bahnson & Smith，1975）、脑电图（Ludwig，Brandsma，Wilbur，et al.，1972）、眼药水用量（Miller，1989）、利手性（Savitz et al.，2004）、皮肤导电反应（Brende，1984）、声音模式和笔迹（Lilienfeld & Lynn，2003）都存在差异。尽管这些发现很令人振奋，但是他们都不能为那些不同人格的存在提供证明的依据。这些不同可能随时间的变化，在情绪和想法方面有所升级，或引起机体变化，例如肌肉紧张，这种症状

分离性迷游症（dissociative fugue）
突然毫无预期地从家里或工作场所出走，同时忘记生活中的重要事情。

分离性身份识别障碍（dissociative identity disorder，DID）
存在两个或更多的人格状态，其行为模式更多是暂时的。

“我的咨询小组中有25位患者，包括谢尔曼先生、马丁先生，以及马丁先生的23种其他人格。”

（Dan Rosandich，www.CartoonStock.com）

可能是自发的（Allen & Movius，2000；Merckelbach，Devilly，& Rassin，2002）。关于分离性身份识别障碍的争论都是围绕一个问题：分离性身份识别障碍是由早期创伤引起的，还是由于社会和文化因素引起的（Merskey，1992）？下面有两个关于分离性身份识别障碍起因的较权威的模型。

排除其他假设的可能性
对于这一研究结论，还有更好的解释吗?

创伤后解释。根据创伤后模型（Gleaves，1996；Gleaves，May，& Cardeña，2001；Ross，1997），分离性身份识别障碍是因为早年的严重虐待——身体虐待、
478 性虐待，或两者都有。这种虐待引导个体“分化”出多重人格，作为一种紧张的情绪化伤痛的解决方式。通过这种方法，个体可以感到仿佛这段虐待发生在别人身上。

创伤后模型的支持者称，90%或更多的患有分离性身份识别障碍的人，在童年都有严重的受虐史（Gleaves，1996）。然而，许多关于该联系的研究的报道并未核实虐待的声明和客观信息的准确性，例如，法庭上的虐待案件记录（Coons，Bowman，& Milstein，1988）。再则，研究者并没有表明早年的被虐待的经历只对分离性身份识别障碍产生影响，它或许同样会造成其他障碍（Giesbrecht，Lynn，Lilienfeld，& Merchelbach，2008；Pope & Hudson，1992）。这些设想并没有排除早期的创伤对分离性身份识别障碍的影响，因此他们建议，在提出强有力的结论之前，研究者必须进行更深层次的要求控制的研究（Gleaves，1996；Gleaves et al.，2001）。

社会认知的解释。社会认知模型的支持者认为，一个人拥有上百种人格是很罕见的，相关证据也无法令人信服（Lilienfeld et al.，1999；Lynn & Pintar，1997；McHugh，1993；Merskey，1992；Spanos，1994，1996）。根据这个模型，人们的期望和信念是由特定心理治疗过程和文化影响所塑造，而不是由早期的创伤塑造，这解释了分离性身份识别障碍的根源和持续性。这个模型的支持者认为，一些治疗师，像娜蒂安·库尔的治疗师，通过催眠或不断刺激人格的方式，来告诉病人，他们令人迷惑的症状是由交替的身份引起的（Lilienfeld & Lynn，2003；Lilienfeld et al.，1999）。事实上，在治疗师使用这些方法后，人格的交替以及人格交替数量的增加更容易发生，下面这些事实印证了上述假设（Kluft，1984；Piper，1997）。

特别声明
这类证据可信吗?

1970年，在世界范围内有79宗记录在案的分离性身份识别障碍。1986年，分离性身份识别障碍患者的数量，如雨后春笋般扩大，接近了6 000（Lilienfeld et al.，1999），21世纪早期的评估，更是成千上万。社会认知模型认为，大众媒体在分离性身份识别障碍的流行中，扮演着重要的角色（Elzinga，van Dyck，& Spinhoven，1998）。在过去20年里，分离性身份识别障碍在媒体中出现的频率猛增（Showalter，1997；Spanos，1996；Wilson，2003）。在一些国家（如荷兰），分离性身份识别障碍被频繁地确诊，这种现象现在已被广大的人群所接受。总的来说，社会认知模型及其观点（治疗师跟媒体更多的是在制造多重人格而不是发现它们）得到了一定的支持。

你怎么认为?

在记者课上，你被要求撰写一篇关于广为人知的分离性身份识别障碍的文章。在你的报道中，你怎样描绘可能引发这种病症的原因呢?

★小测试 479

1. 人格障碍几乎总是能被可靠地确诊。　正确　错误
2. 边缘性人格障碍的特征是情绪和行为不稳定。　正确　错误
3. 大多有病态人格的人并没有暴力倾向。　正确　错误
4. 童年期的被虐待经历导致了分离性身份识别障碍。　正确　错误
5. 大多分离性身份识别障碍患者在接受治疗以前，很少显示出疾病症状。　正确　错误

答案：(1)错(p.474)；(2)对(p.475)；(3)对(p.475)；(4)错(p.478)；(5)对(p.478)

精神分裂症之谜

精神病学家丹尼尔·温伯格（Daniel Weinberger）将**精神分裂症**称为精神疾病的“癌症”：它也许是在所有的精神疾病中最严重和最神秘的（Levy–Reiner，1996）。我们会发现，这是一种与现实世界脱离的、对思维和情感具有毁灭性的精神障碍（American Psychiatric Association，2000）。

精神分裂症的症状：破碎的精神世界

即便是今天，许多人对精神分裂症与分离性身份识别障碍仍感到迷惑（Wahl，1997）。精神分裂症的字面意思是“精神分离”，这毫无疑问会对大众产生误导，使人们认为精神分裂症的症状是人格分离。你可能甚至会听到人们在解释自己对一个问题产生“两种想法”时，会怀疑自己患了精神分裂症。不要被误导。精神分裂症患者的困难会随着思维、语言、情感、人际关系的困扰而增加。相对于分离性身份识别障碍，就是那些被认为有多重分离人格的人，精神分裂症则是患者仅有的人格支离破碎了。

精神分裂症可以引起大多数患者的各种机能水平下降。超过一半的患者会遭受严重的能力下降，例如无法工作、无法维系一段亲密的关系（Harvey，Reichenberg，& Bowie，2006）。确实，大多数无家可归的人，都会被诊断为患有精神分裂症（Cornblatt，Green，& Walker，1999）。一些患精神分裂症的人展现了阳性症状，包括正常行为的极度紊乱和扭曲，例如幻听。其他人显示出正常机能的消退，例如社会退缩等阴性症状。许多患者还会同时表现出阳性症状和阴性症状。**【学习目标 13.12】**

跟人们普遍的认识不一样，精神分裂症不是由于精神分离或人格分离造成的。 480

患精神分裂症的个体，在人群中的比例不足 1%，估计在 0.4% ～ 0.7% 之间（Saha，Chant，Welham，et al.，2005）。但是，他们却占了美国各州精神机构中 100 000 个病人中的一半（Grob，1997）。但是，也有一些好消息。今天，患精神分裂症的人，甚至可以在社会中正常生活，尽管他们可能需要定期回医院治疗（Harding，Zubin，& Strauss，1992；Lamb & Bachrach，2001；Mueser & McGurk，2004）。

典型的精神分裂症发作，以 20 岁中期的男性和 20 岁晚期的女性为主，但是精神分裂症也同样能在 45 岁

精神分裂症（schizophrenia）
一种思维、情感脱离了现实世界的严重障碍。

以后发作（American Psychiatric Association，2000）。尽管不能完全治愈，但有1/2～2/3的精神分裂症患者会有相当大的改善。一小部分人会在简单发作之后痊愈（Robinson，Woerner，McMeniman，et al.，2004）。

妄想：顽固的非理性信念 在精神分裂症之中，最典型的症状就是**妄想**——那些没有现实依据的固着的错误信念。妄想之所以被称为**精神性症状**，是因为它们在现实社会中表现出了严重的扭曲。特瑞尔，我们在这章开始时遇见的人，经历了妄想，并导致她产生自杀企图。

最普遍的妄想是被害妄想。举例来说，患有精神分裂症的人可能会相信，同事录下了他的电话，并且密谋陷害他，使他被炒鱿鱼。一位患者相信，一架远程直升机播放的歌曲《你需要的只是爱》会钻入他的脑中让他感到嫉妒和不舒服。患者也许还会出现夸大妄想，例如他们相信找到了治疗癌症的方法，即便他们并未受过医学训练。其他妄想集中在躯体上，例如一个人可能会坚定地相信，自己的大脑长出了大量的寄生虫。

幻觉：虚假的感觉 精神分裂症众多的严重病症中，有一种是**幻觉**：在没有外部刺激存在的情况下出现幻想的感觉。它们包括听觉（能听见的）、嗅觉（能闻到的）、味觉（能尝到的）、触觉（能摸到的），或者视觉。在精神分裂症中出现的幻觉，大多数是有关听觉的。在一些患者中，幻听表达了反对，或对某人的想法或行为的即时评论。指令性幻觉，通常告诉患者该做什么，可能会与针对他人的暴力的高风险相关联（"走到那个人面前，告诉他举起手来！"）（McNiel，Eisner，& Binder，2000）。没有幻听的幻视，通常是器官（医学的）障碍或物质滥用的标志，而不是精神分裂症的标志（Shea，1998）。

言语混乱 试想一位39岁患有精神分裂症的病人，对是否感觉有人在模仿他的回答是："是的……我也不是很清楚。我知道一左一右地使用双手，但却无法将它们协同起来工作。这是一种很好的方式，但却不是我所理解的生命的样子。它就如同人们分为不同派别。如果某些人同意我，他们会说出来；若不同意，就不说出来。好像大家一会是医生，一会是H先生（他自己的名字）。"（Mayer-Gross，Slater，& Roth，1969，p.177）

我们可以看到他的言语杂乱地从一个主题跳到另一个主题，大多数研究者认为，这种言语混乱是由于思维障碍引起的（Meehl，1962；Strik，Dierks，Hubl，& Horn，2008）。在某些严重的患者身上，他们的言语如此混乱以至于根本无法理解，导致心理学家不得不称之为"词汇沙拉"。

严重紊乱行为或紧张性精神症 在人们患上精神分裂症后，自我关注、个人卫生以及动力经常会恶化。这些个体可能逃避交谈，出现不适宜的大笑、哭泣或流泪，或在令人大汗淋漓的夏日，穿一件保暖大衣。

紧张性精神症症状包括行动（运动）问题，例如，即使是简单的建议，都不愿意接受，将身体弄成奇异的或刻板的体态，或卷曲成胎儿的姿势。紧张性精神症个体的回避行为可能会严重到他们拒绝说话和移动，或他们可能毫无目的地踱步。他们可能会鹦鹉学舌式地重复一段对话中的段落，这种症状被称为仿说。在另一个极端情况下，他们可能偶尔处于狂怒的状态，或毫无目的 481

精神分裂症患者的自述

"商店窗户上的影子是我吗？是我，对不对？我知道那是，但是很难说出来。玻璃影子，抛光粉，是我身体、脸、衣服的拼图，随着我的移动一片片消失。精神分裂症很痛苦，当我听到声音的时候令我发狂，当我相信有人跟踪我，想要夺走我仅有的灵魂时；每次耳语我都害怕，每次笑声都是关于我的，当突然看到报纸包含治疗方法时，我感觉这四个字在冲我吼叫，每次看到刺眼的灯光我都感觉是恶魔的眼睛。"（McGrath，1984）

妄想（delusion）
那些没有现实依据的固着的错误信念。

精神性症状（psychotic symptom）
一种严重的扭曲现实的心理问题。

幻觉（hallucination）
在没有外部刺激存在的情况下出现幻想的感觉。

紧张性精神症症状（catatonic symptom）
包括行动（运动）问题，例如极端地坚持遵守简单的暗示，将身体弄成奇异的或刻板的体态，或卷曲成胎儿的姿势。

的行为状态。

精神分裂症的解释：支离破碎的心理根源

今天，几乎所有的科学家都相信，心理因素在精神分裂症的产生中起到了一定的作用。然而，他们同样同意，仅仅当人们携带易受攻击的基因时，这些因素才能引发精神分裂症。【学习目标 13.13】

家庭和情感表达 早期的精神分裂症理论，错误地将罪责归咎到母亲的健康状况上，就是所谓的精神分裂症生产者——母亲，被当成是罪魁祸首。在对患精神分裂症儿童的家庭的非正式观察中，一些专家将这些母亲们，描述为溺爱的、窒息的、不敏感的、拒绝的、支配的（Arieti，1959；Lidz，1973）。其他理论家则将矛头直指所有家庭成员之间的互动（Dolnick，1998）。

现在广为人知的是，父母和家庭成员不会“引起”精神分裂症（Gottesman，1991；Walker，Kestler，Bollini，et al.，2004）。相反，他们的行为是由与一个严重令人感到困扰的人相处而产生的。但是，家庭成员在决定精神分裂症患者是否会复发上可能起到了一定作用。在离开医院后，当他们的亲戚表现出高情感表达时（EE）——就是批评、热忱和过度卷入时，患者复发的可能性是正常水平的两倍多（50%～60%）（Brown，Monck，Carstairs，et al.，1962；Butzlaff & Hooley，1998）。但是，情感表达的影响具有种族多样性（Chentsova-Dutton & Tsai，2006）。美国白人患者的复发率与情感表达没有相关性（Lopez et al.，2004）。并且在非裔美国人中，复发率与情感表达呈负相关，意味着那些遭遇情感表达的人不易复发（Rosenfarb，Bellack，& Aziz，2006）。

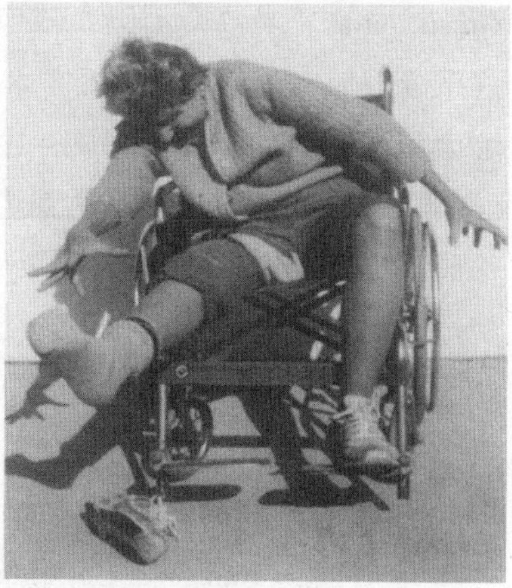

紧张性精神症患者，如上图所示，可以将四肢移到任何位置，保持这个姿势很长时间，称为蜡像屈曲。

精神分裂症：大脑、生物化学和遗传线索 许多研究运用了大量的科技，揭示了导致精神分裂症发生的许多生物线索。我们将关注三个线索：大脑异常、神经递质差异和遗传的影响。

大脑异常。研究指出，精神分裂症患者的脑室——被大于或等于1/4的液体填充的那部分结构（见第3章），他们垫衬和滋养着大脑——明显扩大了。这个发现因为两个原因而变得重要。首先，这些脑区频繁地膨胀，而其他部分则收缩（Barta，Pearlson，Powers，et al.，1990；Raz & Raz，1990）。其次，这些区域的恶化会引起思维障碍（Vita et al.，1995）。

其他精神分裂症的大脑异常，包括脑沟或脑桥间空间体积的增大（Cannon，Mednick，& Parnas，1989）、杏仁核和海马体活动（Hempel，Hempel，Schoknecht，et al.，2003）以及脑半球的对称性的降低（Luchins，Weinberger，& Wyatt，1982；Zivotofsky，Edelman，

识别假象

假象：许多非西方文化将精神分裂症患者或其他严重精神疾病患者看作“萨满”，或者巫师，认为他们拥有某种特殊力量。

事实：简·墨菲（Jane Murphy，1976）的研究表明，尼日利亚的约鲁巴人以及其他文化中将有精神疾病的人和萨满区别对待。约鲁巴人，将有精神疾病的人看作是生活在被遗弃的蚁塚上的“失控且疯狂的人”，相反，他们认为萨满是“失控但不疯狂”的人，意思是他们处于暂时的出神状态。

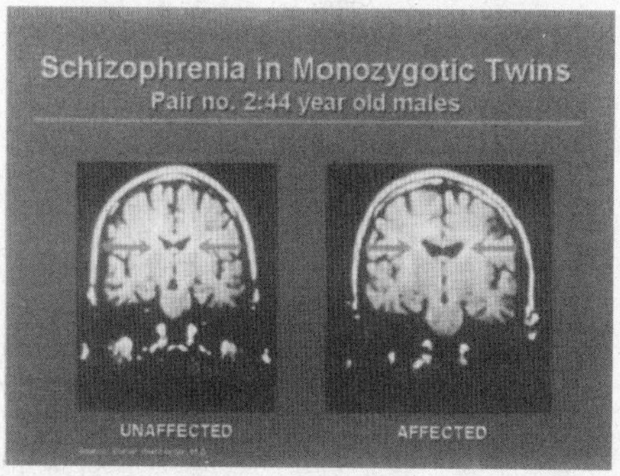

在患有精神分裂的同卵双生子中，大脑里的脑室（右图箭头所指）跟没有患精神分裂的双生子（左图箭头所指）相比扩大了。

Green，et al.，2007）。脑功能成像研究显示，精神分裂症患者前额叶的活动性要低于普通人，特别是当从事脑力工作时（Andreasen et al.，1992；Knyazeva，Jalili，Meuli，Hasler，Feo，& Do，2008），这种现象被称为大脑前额叶功能退化（hypofrontality）。但是，目前并不清
482 楚这究竟是精神分裂症的原因还是结果。举例来说，大脑前额叶功能退化可能会导致精神分裂症患者比普通人更少去关注任务本身。研究人员同样需要排除，由于患者的饮食、饮酒、吸烟习惯，以及用药而导致的脑活动性降低的可能（Hanson & Gottesman，2005）。

相关还是因果
我们能确信 A 是 B 的原因吗？

排除其他假设的可能性
对于这一研究结论，还有更好的解释吗？

神经递质差异。脑的生物化学因素，是解开精神分裂症之谜的一个关键。一个早先的解释是多巴胺假说（Carlsson，1995；Keith，Gunderson，Reifman，et al.，1976；Nicol & Gottesman，1983）。多巴胺在精神分裂症中的作用很大程度上是间接得来的。首先，大多抗精神分裂症的药物，阻碍了多巴胺受体位点。大致来说，他们通过阻止多巴胺的作用来“减缓”神经冲动。其次，安非他命，一种刺激性药物，可以阻隔多巴胺的再摄取，使精神分裂症的症状更加恶化（Lieberman & Koreen，1993；Snyder，1975）。不过，一个更具有说服力的相反的观点认为，是多巴胺受体异常导致了这些症状。

排除其他假设的可能性
对于这一研究结论，还有更好的解释吗？

遗传的影响。精神分裂症的种子，部分地根植于个体的遗传资质。正如我们在图 13.2 中看见的，已确诊的精神分裂症患者，其后代罹患此症的可能会极大地增加。如果有一个家庭成员患有精神分裂症，我们就有 1/10 的机会罹患此症；这些异常症状会十倍地高于普通人群。随着遗传相似性的提高，患精神分裂症的可能性也会提高。尽管如此，环境因素对这些发现还是解释得通的，因为兄弟姐妹不仅仅遗传因素相似，而且生活在一起。为了确认这个因素，研究者们设计了双生子研究（见第 3 章）。这些研究为精神分裂症的遗传因素，提供了确凿的证据。如果我们有一个完全一样的双生同胞患有精神分裂症，我们患病的风险就会增加 50%。双生子中有一个患精神分裂症，那么另一个患病的可能性就比普通亲兄弟姐妹高 3 倍，而且比平均水平高 50 倍（Gottesman & Shields，1972；Kendler & Diehl，1993；Meehl，1962）。收养记录同样显现了遗传的影响。即使当一个孩子的亲生父母患有精神分裂症，而他被收养在一个健康家庭，这个孩子患精神分裂症的可能性也高于没有家族遗传病史的孩子（Gottesman，1991）。

精神分裂症易患群体：应激—易感模式 **应激—易感模式**整合了许多我们已知的精神分裂症信息。这个模式认为精神分裂症与许多其他精神障碍一样，是遗传易感性和触发这种易感性的应激源的联合产物（Meehl，1962；Walker & DiForio，1997；Zubin & Spring，1977）。

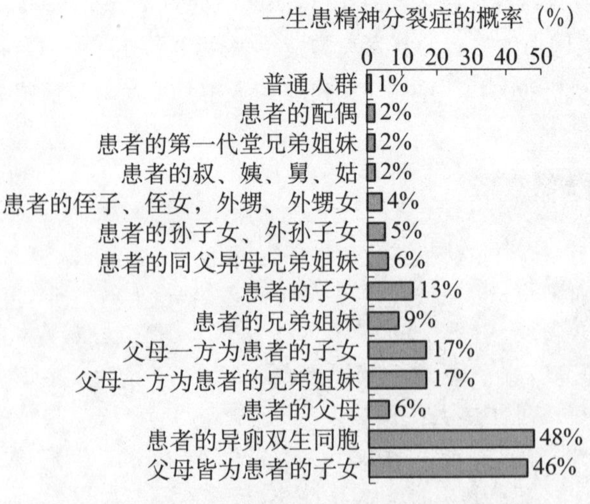

图 13.2　患精神分裂症的概率以及与家庭之间的关系
个体一生中患精神分裂的风险跟个体与精神分裂症患者的亲密性有很大关系。（Source：Feldman，1991）

应激—易感模式（diathesis-stress model）
精神分裂症与许多其他精神障碍一样，是遗传易感性和触发这种易感性的应激源的联合产物。

保罗·弥尔（Paul Meehl，1990）提出，大约有10%的人有精神分裂的遗传倾向。什么样的人有这种倾向呢？在青少年期步入成年期的过程中，他们给我们留下“丑小鸭”的印象。他们可能有社交不适，并且他们的言谈、思路和观点，会给我们以异于常态的印象。这样的个体易表现出精神分裂倾向或分裂样人格障碍的症状（见表13.6）。大多数有分裂样症人格障碍的人，并不
483 会患真正的精神分裂症，也许因为他们的遗传影响相对较弱，又或许是因为他们所接触的压力源较少。

遗传因素是否会最终导致精神分裂症，是由正常成长中的刺激影响所决定的。母亲在怀孕中期时感染了流感（Brown et al.，2004；Mednick，Machon，Huttunen et al.，1988），在怀孕早期遭受饥饿（Susser & Lin，1992），或在出生过程中经历并发症（Weinberger，1987），都会在某种程度上增加罹患精神分裂症的风险。在子宫中的病毒感染，在引发某些精神分裂症中也起了重要作用（Walker & DiForio，1997）。但是，大部分在出生前有过感染或者创伤的人，却从未出现过精神分裂症的标志。所以，这些事件可能仅仅使那些基因脆弱的人，罹患精神分裂症（Cornblatt et al.，1999；Verdoux，2004）。

你怎么认为？

你的一个其母亲和姐姐都患有精神分裂症的朋友，正在考虑收养一个孩子，而不是自己生一个，因为她害怕自己的亲生孩子也会罹患精神分裂症。考虑到生物和环境风险因素，你会向她提供什么样的建议呢？

澄清事实

数据表明精神分裂症患者更多地出生于冬天和春天，而不是其他时间（Davies，Welham，Chant，et al.，2003；Torrey，Miller，Rawlings，et al.，1997）。对于这个奇怪的发现的解释似乎不会出错：那些能影响孕妇和可能引发精神分裂症的病毒似乎都出现于冬季。

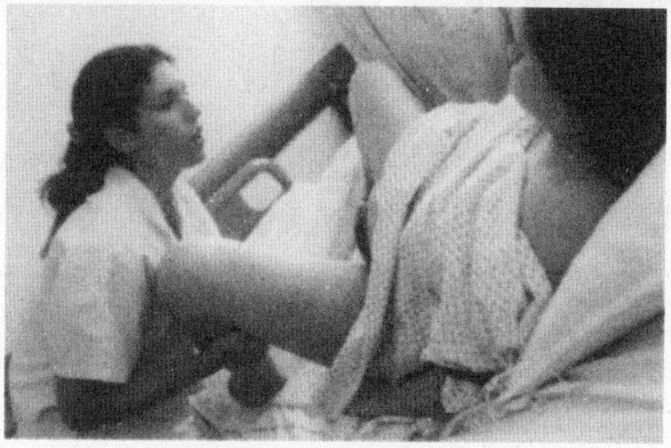

对于有精神分裂症遗传倾向的人而言，其母亲怀孕或生产时的复杂性可能会引发其罹患该障碍。

★小测试

1. 妄想在精神分裂症中很罕见。 正确 错误
2. 精神分裂症中的大多数幻觉是视觉的。 正确 错误
3. 患精神分裂症的母亲总会造成精神分裂症。 正确 错误
4. 多巴胺假说的证据大多数都是间接的。 正确 错误
5. 精神分裂症的遗传传递理论缺少证据。 正确 错误

答案：（1）错（p.480）；（2）错（p.480）；（3）错（p.481）；（4）对（p.482）；（5）错（p.482）

484
全面的复习体系

精神疾病的概念：过去与现在（pp.454–462）

13.1 掌握精神障碍界定的标准

界定精神障碍的标准，包括罕见病例统计、主观痛苦、损害、社会不满和生理功能障碍。没有一个标准能适用于所有精神障碍。

1. 从家庭相似性角度描述精神疾病。（p.455）

13.2 从历史和文化的角度描述精神疾病的概念

精神疾病是由于恶灵引起的，这一观点是从文艺复兴时期的医学模式中发展出来的。在 20 世纪 50 年代早期，治疗精神分裂症的药物导致了非机构化。一些精神疾病具有文化特殊性，但是，许多精神疾病在不同文化中都有发现。

2. 在中世纪时期，______经常被用来治疗精神疾病。（p.456）
3. 15 世纪因精神疾病而创立的机构是______。（p.456）
4. 19 世纪的美国，多萝西娅·迪克斯倡导______，即以一种尊重、友善的方式对待精神疾病患者。（p.456）
5. 20 世界 50 年代早期，治疗精神疾病的药物，例如氯丙嗪，导致政府实施了一项叫______的政策。（p.456）
6. 暴食症是一种典型的西方文化中的具有______的障碍。（p.457）

13.3 掌握精神病诊断的假象以及现行诊断系统的优点和缺陷

假象包括精神病诊断仅仅是归类整理，精神科诊断是不可靠的、无效的、污蔑人的。《精神障碍诊断和统计手册》（DSM-IV）是一个有效的工具，它包含了精神疾病诊断、医疗条件、生活压力、日常功能的整体评价。它的局限在于高度的共病现象。

7. 媒体对刑事案件中“专家证人冲突”的广泛报道使得哪一种假象更加普遍？（p.458）
8. DSM-IV 要求心理学家和精神治疗专家沿多个______或功能向度对病人进行评估。（p.461）
9. DSM-IV 中，将患有精神障碍的个体进行分类的诊断标准（是 / 不是）以科学证据为基础的。（p.462）
10. DSM-IV 的一个问题是不同诊断中有高水平的______。（p.462）

焦虑障碍：忧虑和恐惧的不同方面（pp.462–466）

13.4 描述体验焦虑的不同途径

惊恐是对一个物体或情境的与其实际的威胁极大地不相称的强烈恐惧。有一定程度焦虑的人成天都在忧虑。在创伤后应激障碍中，创伤事件造成了持续的焦虑。强迫症患者经历着固着或强迫行为，或两者皆有。

11. 当人们经历重复或毫无预兆的惊恐发作或他试图改变自己的行为以避免这种惊恐发作时，他经历着______。（p.463）
12. 患有______的人每天将 60% 的时间花在忧虑上。（p.463）
13. ______是对一个对象或情况的与其实际的威胁极大不相称的强烈害怕。（p.463）

14. PTSD 的特点是什么？什么人患 PTSD 的概率比较高？（p.464）
15. 不必要、不适当地坚持一些观念、思想或冲动，并引起明显的苦恼叫做______。（p.465）
16. 不断重复行为或心理活动，以减少或避免焦虑叫做______。（p.465）

17. 亿万富翁实业家霍华德·休斯患有什么焦虑障碍？你能说出其他患有这种障碍的名人吗？（p.465） 485

参考答案在本书的结尾处

13.5　掌握焦虑障碍的三种解释

学习理论认为害怕可以通过条件作用和观察习得；焦虑的人喜欢将负面事件夸大或夸张化；许多焦虑障碍受到遗传因素的影响。

18. 人们在预测可怕事件发生的概率时，喜欢______，尽管事件本身发生的概率很小。(p.466)
19. 焦虑的人倾向于从 (积极 / 消极) 的角度解释各种事件。(p.466)
20. 基因会影响我们是否遗传了高水平的______，即一种与焦虑症高度相关和急躁的倾向，而这正是导致过分忧虑的温床。(p.466)

心境障碍 (pp.467–473)

13.6　掌握不同心境障碍的特点

重度抑郁症的悲伤情绪是躁狂发作时的心情写照，主要见于躁狂抑郁症。抑郁可能是一时的也可能是长期的。躁狂通常是在抑郁症发作之前或之后。心境障碍的诊断类型部分取决于抑郁的强度或躁狂的经历。

21. 在整个人生中，超过______ % 的人会经历心境障碍。(p.467)
22. 一个人经历长期的抑郁或者对感兴趣的事物失去兴趣，这种状态叫做______。(p.467)

13.7　描述生活事件以及个人特点怎样交叉影响抑郁症状的产生

压力事件跟抑郁联系在一起。抑郁的人可能面对着能产生抑郁的社会拒绝。根据卢因森的行为模式，当抑郁的人尝试不同的事但是没有结果的时候，他们会最终放弃。阿伦・贝克的认知模式认为负面期望在抑郁中起很大作用；马丁・塞利格曼的模式则强调习得性无助。基因在抑郁的形成过程中也有一定作用。

23. 描述詹姆斯・科因的抑郁人际模式。(p.469)
24. 卢因森的行为模式强调，抑郁症起因是积极强化的 (低 / 高) 效反馈。(p.469)
25. 描述并掌握马丁・塞利格曼根据穿梭箱提出的理论。(pp.470–471)

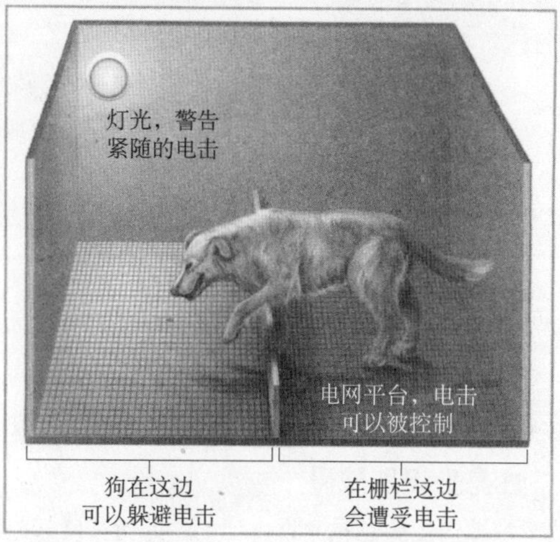

26. 塞利格曼的研究显示，有抑郁倾向的人们将负面结果归结为 (内在 / 外在) 因素所致。(p.471)　486
27. 女人跟男人患躁狂抑郁症的概率 (相同 / 更大)。(p.471)
28. 双生子的研究显示躁狂抑郁症的______高达 85%。(p.472)

13.8　掌握有关自杀的常见误区和误解

关于自杀的误区有：跟抑郁的人谈论自杀会使他们付诸行动；自杀通常没有预兆；随着重度抑郁症患者数量的增加，人们的自杀风险降低；大多数畏惧自杀的人是在寻求关注；大谈特谈自杀的人，大多不会付诸行动。

29. 跟其他障碍相比，患______和______的人更容易自杀。(p.472)
30. 许多或大部分想自杀的人 (会 / 不会) 告诉别人他们的意图。(p.473)

人格障碍和分离性障碍：混乱和分裂的自我 (pp.473–479)

13.9　区别正常的人格变化与人格障碍

当人格特质不稳定或多变时会出现人格异常，带来痛苦和伤害。

31. 在所有的精神疾病中，人格障碍在历史上 (很少 / 通常) 被确诊。(p.474)

13.10　掌握边缘性人格障碍和病态人格的特点

边缘性人格障碍的特点是情绪、身份和自我控制的不稳定。病态人格的人没有羞耻感、不诚实、喜欢指使别人、冷漠、以自我为中心。

32. 边缘性人格障碍的人很冲动，而且情绪起伏很快，并且通常带有______。(p.475)
33. ______人格障碍诊断的特点是有长期的不合法和不负责的行为。(p.475)
34. 大多数有病态人格的人（会/不会）经常进行身体攻击。(p.475)
35. 从心理学的视角来看，连环杀手爱奥琳·温蒙斯的案件中有什么是很少见的？（p.476）

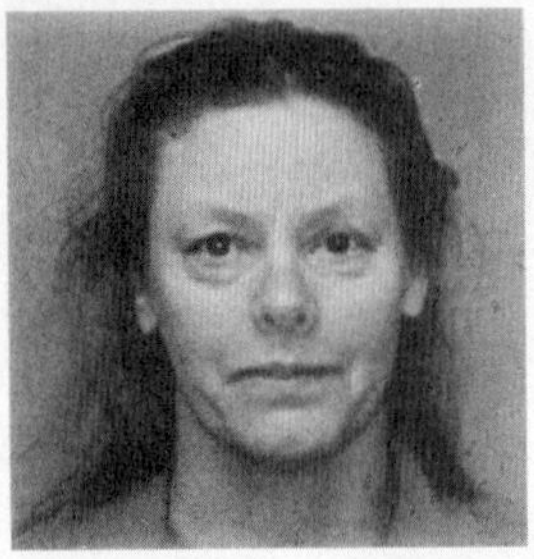

13.11 描述分离性遗忘症、分离性迷游症和分离性身份识别障碍

分离性障碍主要包括意识、记忆、身份和感知的混乱。在分离性遗忘症中，人们无法回忆起重要的个人信息，而且这并不是由于正常遗忘引起的。在分离性迷游症中，人们不仅仅忘记生活中的重大事件，而且还从他们的压力环境中逃走。分离性身份识别障碍的特征是，存在两个或更多的人格状态。

36. 这个消失了很长一段时间的男人经历了什么？仅仅是没有之前生活的记忆吗？（p.477）

37. 在分离性身份识别障碍中，潜在人格跟本体人格通常是（相似/不同）的。(p.477)
38. 根据______模型，分离性身份识别障碍是由于童年时期遭受的严重虐待引起的。(pp.477–478)
39. ______模型认为，某些治疗师跟媒体，刺激了分离性身份识别障碍诊断，他们更多的是在制造多重人格，而不是发现它们。(p.478)
40. 一些心理学家认为，______在分离性身份识别障碍的流行中扮演了关键角色。(p.478)

487

精神分裂症之谜（pp.479–483）

13.12 了解精神分裂症的典型症状

精神分裂症的症状包括妄想、幻觉、言语混乱、严重紊乱行为或紧张性精神症。

41. 从你学过的精神分裂症的角度看，这幅艺术品怎么样歪曲了精神分裂症？（p.479）
42. 没有现实依据的根深蒂固的非理性信念叫做______。(p.480)
43. ______的代表性症状是严重扭曲现实。(p.480)
44. 精神分裂症中，大多数______的表现是幻听。(p.480)
45. 患精神分裂症的人可能存在______，他们的言语杂乱地从一个主题跳到另一个主题。(p.480)
46. ______症状包括行动问题，例如极端地坚持遵守简单的暗示，将身体弄成奇异的或刻板的体态，或卷曲成胎儿的姿势，拒绝说话或移动。(pp.480–481)

13.13 解释心理、神经、生物化学和遗传如何造成了精神分裂症的易感性

科学家发现精神分裂症病人的大脑存在异常。当家属表现出高情感表达（批评、热忱、过度卷入）时，精神分裂症病人可能会复发。

47. 众所周知，父母和家庭成员（会/不会）引起精神分裂症。(p.481)
48. 研究指出，脑室是被大于或等于1/4的液体填充的结构，它们垫衬和滋养着大脑。在患精神分裂症的个体中，这些区域很明显地（膨胀/收缩）了。(p.481)
49. 如下表所示，一生中患精神分裂症的风险跟什么有关？（p.482）

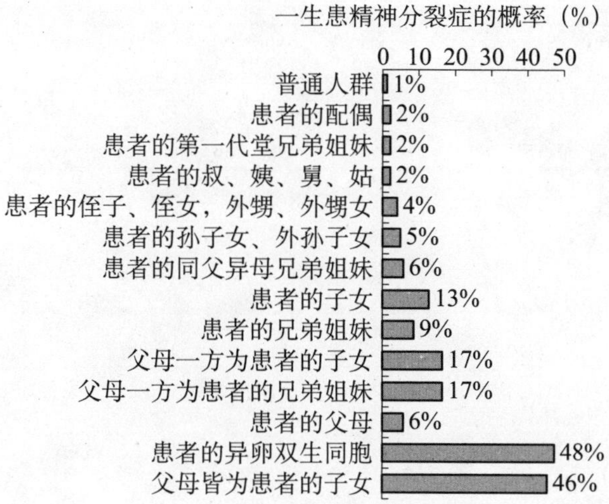

50. _____ 模式提出，精神分裂症与许多其他精神障碍一样，是遗传易感性和触发这种易感性的应激力源的联合产物。（p.482）

思维技能训练

问题与总结

1. 假如你要为即将在精神康复中心工作的学生做一个指导，你怎样消除他们对精神疾病的误解？
2. 在准备心理学课程的展示时，你怎样让观众明白有关自杀和其他传言的真相？

排除其他假设的可能性
pp.458，464，477，482

相关还是因果
pp.472，481

可重复性
pp.459，469

特别声明
pp.476，478

奥卡姆剃刀原理
p.460

第 14 章
心理和生物治疗

是否所有的心理治疗都要求患者获得内在提升？（p.498）

在治疗酗酒问题上，嗜酒者互诫协会是不是比其他治疗更有效？（p.504）

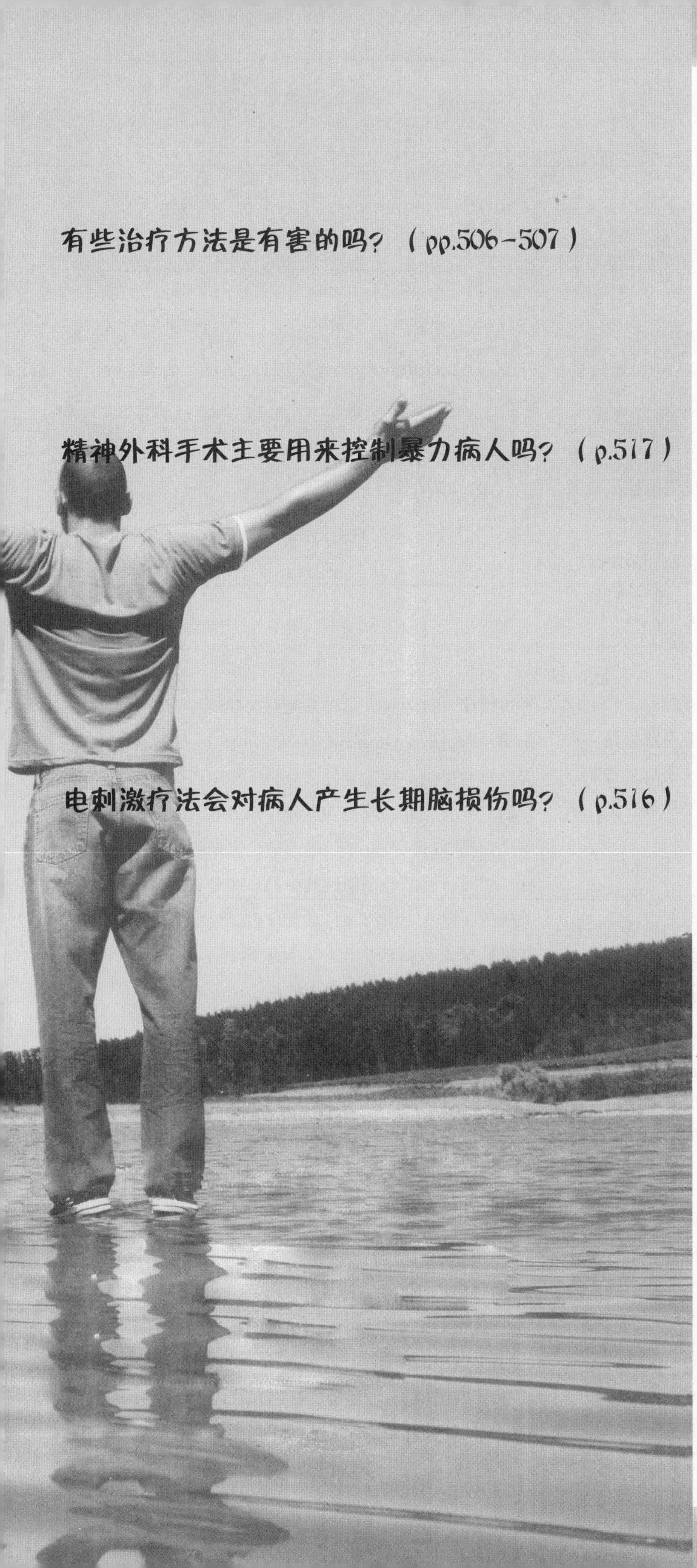

有些治疗方法是有害的吗？（pp.506-507）

精神外科手术主要用来控制暴力病人吗？（p.517）

电刺激疗法会对病人产生长期脑损伤吗？（p.516）

心理治疗：来访者和治疗师

- 谁寻求心理治疗并从中受益？
- 谁来实施心理治疗？
- 怎样成为一名合格的心理治疗师

不同“风味”的治疗方法：治疗方法的回顾

- 顿悟疗法：获得理解
- 行为疗法：改变适应不良的行为
- 团体和家庭系统疗法：越多越好

心理治疗有效吗？

- 渡渡鸟论断：生存还是灭亡
- 实证支持疗法
- 为什么一些无效的治疗方法看似有用？我们是怎样被欺骗的？

批判性思考：自助书籍总是有用的吗？

生物治疗：药物、物理刺激与外科手术

- 药物疗法：调整大脑中的化学物质
- 电刺激：正确的观念和误解
- 精神外科手术：最后的选择

490

学习目标

14.1 描述谁会寻求治疗，谁能从心理治疗中获益，谁来进行心理治疗（p.490）

14.2 鉴别专业人员与准专业人员在培训和治疗成效上的差别（p.491）

14.3 描述怎样成为一个合格的心理治疗师？（p.493）

14.4 描述精神动力疗法和人本主义疗法的核心思想及对它们的批评（p.494）

14.5 阐述行为疗法与认知行为疗法的特点（p.498）

14.6 列举团体疗法的优点（p.503）

14.7 阐述治疗家庭系统功能障碍的不同方法（p.505）

14.8 评价“所有心理治疗作用都一样”的观点（p.506）

14.9 解释为什么无效的疗法看似有效（p.509）

14.10 阐述不同形式药物治疗所配套使用的药物（p.512）

14.11 掌握药物疗法中重要的注意事项（p.514）

14.12 了解对电休克疗法的误解（p.516）

想象一次典型的心理治疗。来访者在做什么？治疗师呢？这个房间看起来怎样？也许你的第一感觉是一个病人躺在沙发上，治疗师坐在他的身后，手里拿着笔和本子，试着去挖掘一些被长期遗忘的记忆、释梦，并鼓励病人从痛苦中解脱出来。

脑中如果出现了这个场景是很正常的。从早期的心理治疗（通常简称为治疗）开始，这样的场景就被刻到我们的文化意识中。但我们会发现，这个场景没有表现出如何开始介绍众多心理治疗的方法，包括个别治疗、团体和家庭治疗以及绘画、舞蹈和音乐疗法。上述场景也没有涉及生物治疗，这是一种非常有效的方法，它通过调整大脑机能来改变严重心理障碍者的生活。本章中，我们将验证一系列减轻情感痛苦的心理和生物治疗。在这一过程中，我们将提供批判性的思维工具来区分有科学支持和无科学支持的疗法。

同心理学上的许多概念一样，心理治疗也不容易定义。在本书中我们可以将**心理治疗**定义为一种帮助人们解决情绪、行为和人际关系问题，提高生活质量的心理干预（Engler & Goleman，1992，p.15）。尽管一些大众媒体常常提到心理治疗好像只是一样东西，其实心理治疗的“分支”大约超过 500 种（Eisner，2000）。这个数字大约是 20 世纪 70 年代的三倍。比如我们将学习的疗法，相关研究已经证明这其中的一些是有效果的，但是其他的一些从来没有被科学验证过。科学家也在开发一些生物疗法包括药物治疗、电刺激甚至是脑外科手术。我们将会思考这些有吸引力的科学和伦理问题，因为我们要评估这些疗法的应用价值。

心理治疗（psychotherapy）
一种帮助人们解决情绪、行为和人际问题并提高生活质量的心理干预。

心理治疗：来访者和治疗师

首先，我们思考以下几个问题：谁会寻求心理治疗并从中获益？心理治疗如何进行实践应用？什么可以推动心理治疗发挥更大作用？

谁会寻求心理治疗并从中受益？

2006 年《新闻周刊》调查发现，20% 的美国人在他们的人生中接受过心理治疗，大约 4% 的人当前在接受心理治疗。**【学习目标 14.1】**治疗师为不同年龄段的、不同社会背景的、在生活中遇到挑战和苦难的病人

在媒体上刊登受欢迎的心理治疗师的肖像有一个很长的历史。（Copyright © William M.Gaines, Agent, Inc. Used by permission）

治疗，包括药物成瘾、慢性疼痛、婚姻问题、抑郁和焦虑等。病人（或来访者）在心理治疗中同一些特殊问题抗争，他们通常也会有无助感、社会隔离感、挫败感（Garfield，1978；Lambert，2003）。还有一些人为了提升他们的自我意识，学会与他人更好相处的方法，或是考虑改变生活方式而求助于心理治疗。

491 **接受治疗：性别、种族和文化**　一些人可能会比其他人更容易融入治疗。女性可能比男性更容易融入治疗（Addis & Mahalik，2003；DuBrin & Zastowny，1988）。但是两种性别的人都会从心理治疗中获益（Petry，Tennen，& Affleck，2000）。许多少数族群，特别是亚裔美国人和西班牙裔美国人，可能会比美国白人更少地去寻求心理健康服务（Sue & Lam，2002），原因可能是在这些群体中心理治疗伴随着一种挥之不去的耻辱。另外社会经济方面的因素也会影响寻求治疗的人。治疗对于那些没有医疗保险，或保健计划中不包括心理健康治疗的人来说可能花费比较大。但是，无论拥有何种文化和种族背景的人，当他们接受心理治疗时，他们都可能会从中受益（Navarro，1993；Prochaska & Norcross，2007）。

对于对文化敏感的心理治疗师来说，能够和谐介入来访者的文化价值观，适应一种与自己文化有很大差异的主流文化是有很大困难的（Sue & Sue，2003；Whaley & Davis，2007）。尽管少数族群的来访者喜欢治疗师有着相似的种族背景（Coleman，Wampold，& Casali，1995），但没有统一的证据说明治疗结果因来访者—治疗师的种族相符（Shin et al.，2005）或性别相符（Bowman，Scogin，Floyd，et al.，2001）而得到增强。然而，当来访者是相对于特定文化的新成员，而且并不是很清楚它的传统时，那么治疗师—来访者的种族相符可能会对治疗效果起很大的作用（Sue，1998）。

对许多人来说，决定接受心理治疗是困难的。在一项研究中，一半以上的来访者在他们决定寻求帮助之前的很长一段时间就已经意识到他们的问题。许多人等待了两年多才去接受治疗（Strupp，Fox，& Lessler，1969），后续研究者也验证了这一发现（DiClemente & Prochaska，1985；Prochaska & DiClemente，1984）。

可重复性
其他人的研究也会得出类似的结论吗？

从治疗中获益　有各种严重问题的人都可以从治疗中获益。然而，治疗的效果取决于问题和来访者的性质。例如，那些开始就有良好适应能力的人，那些意识到他们可能有助于自己的问题的人，和那些有意愿解决这些问题的人，更可能从治疗中获益（Prochaska & DiClemente，1982；Prochaska & Norcross，2002）。调查结果还显示，那些有短时间的或情境性问题的人（如关系剧变），相比于那些有长期的、更普遍问题的人

（©The New Yorker Collection 1989 Danny Shanahan from CartoonBank.com. All Right Reserved）

能从心理治疗中得到更多帮助（Gasperini，Scherillon，Manfredonia，et al.，1993；Steinmetz，Lewinsohn，& Antonuccio，1983）。

谁来实施心理治疗？

我们在第1章中介绍过，临床心理学家、精神病医生、心理健康顾问和那些有专业学位和资格证书的临床社会工作者是心理健康职业的主要依靠（见表14.1）。但是无执照的宗教的、职业的和康复的顾问，还有艺术治疗家，类似这样在除心理学之外的其他领域有着高级学位的人也提供心理服务。

与所有在心理健康方面有高级学位的心理治疗师不同，那些没有经过正规职业培训的志愿者、**准专业人员**，也会在危机干预中心和其他社会服务机构中提供心理服务。**【学习目标 14.2】**在大多数国家，治疗师不受法律保护，所以实际上任何人都可以提供心理治疗。许多准专业人员得到了机构特殊的培训并进入工作室进行实践以提高他们的普通教育背景。他们可能也会被教导
492 去识别那些需要专业人士用更好的专业技术提供咨询的情况。准专业人员有助于弥补对执证从业者的高需求和供应不足之间存在的巨大差距（den Boer，Wiersma，Russo，et al.，2005）。

治疗师实际上并不需要受过专业训练或有过多年工作经验来保证治疗有效（Berman & Norton，1985；Blatt，Sanislaw，Zuroff，et al.，1996；Christensen & Jacobson，1994）。许多研究者发现治疗师经验的多少对治疗结果影响很小甚至根本没影响（Dawes，1994；McFall，2006）。为什么会出现这种情况？不管他们的培训背景，能够给来访者希望、共情、建议、支持和提供新的学习经验机会的治疗师就是有用的（Frank & Frank，1991；Lambert & Ogles，2004）。

怎样成为一名合格的心理治疗师

1995年，《消费者报告》杂志调查了180 000位读者有关他们进行心理治疗的经历。在7 000名回答心理

他是理想的来访者吗？1964年的一项研究（Schofield，1964）发现，许多治疗师相对来讲更喜欢给那些年轻、有魅力、口才好、聪明和成功的人进行治疗（YAVIS来访者）。尽管如此，最近治疗师越来越认识到了帮助各个年龄层和不同文化背景的来访者的重要性。

健康问题的读者中，整整90%的人认为他们通过心理治疗得到了帮助。最有力的报道结果来自于那些接受了执证治疗师咨询长达6个月或更长时间的人（Seligman，1995）。但是因为《消费者报告》杂志的调查不是基于实验设计（见第2章），即随机调查接受过治疗和没有接受过治疗的来访者，我们需要谨慎看得这个调查结果。也许那些治疗了6个月或更长时间的人在此过程之前就已经获得了帮助或者他们只是想解释在治疗上比别人花费了额外多的时间。

排除其他可能的假设
对于这一研究结论，还有更好的解释吗？

找专业人士咨询有这样一些益处。专业的帮助者能够做到：（1）在更广泛的心理健康体系中知道如何有效地操作；（2）鉴别复杂的、种族的、职业的和个人的问题；（3）能够选择已证明有效的治疗方案（Garske & Anderson，2003）。另外，受过培训的有经验的治疗师可能会比准专业人员和没有经验的治疗师更自信、防御性较低，能够更好地鉴别来访者的世界观（Teyber & McClure，2000）。

准专业人员（paraprofessional）
没有接受过专业培训而提供心理健康服务的人。

表 14.1　　心理健康专业人员的称谓、学位、角色和工作设置

并不是所有的治疗师都一样：心理健康咨询者往往会意识到不同的心理治疗师在教育、培训和角色上的实质性区别。这个表格会提供给你一些引导。

称谓	学位 / 执照	角色 / 工作
临床心理学家	PhD/PsyD，MA	私人诊所、医院、学校、社区服务机构、医疗机构、学术机构、其他
精神病学家	MD 或 DO	医师、私人诊所、医院、医疗中心、学校、大学教师、其他
咨询心理学家	PhD，EdD，MA，MS，MC	大学的校医院、心理健康中心，治疗心理问题不太严重的来访者
学校心理学家	PhD，PsyD，EdD，EdS，MA，MS，MEd	校内干预、评估、防御项目，与教师、学生、家长一起处理
临床社会工作者	受训差别很大；BSW，MSW，DSW，LCSW	有监督经验的私人诊所、精神病院、医院 / 社区服务机构、学校、个案管理人员；为社会和健康问题提供帮助
心理健康顾问	MSW，MS，MC	私人诊所、社区服务机构、医院、其他；职业生涯咨询、婚恋问题、物质滥用
精神病护士	受训差别很大；副学士，BSN，MSN，DNP，PhD	医院、社区健康中心、初级保健机构、门诊心理健康医疗中心、医药管理机构；有高学历的可诊断、治疗精神病人
牧师顾问	受训从学士学位到更高的学位不等	咨询、精神支持、幸福感计划；团体、家庭和夫妻治疗

学位注释：BSN，护理科学学士；BSW，社会工作学士；DNP，护理实践博士；DO，骨科博士；DSW，社会工作博士；EdD，教育学博士；EdS，教育学专家；LCSW，持照临床社工；MA，文学硕士；MC，咨询硕士；MD，医学博士；MEd，教育学硕士；MS，科学硕士；MSN，护理科学硕士；MSW，社会工作硕士；PhD，哲学博士；PsyD，心理学博士。

493 培训的类型和多年的经验并不是成为一位出色治疗专家的关键因素。那么，究竟是什么呢？研究人员正在寻找答案。有效的治疗师（Garske & Anderson，2003）通常是温和的、直接的（Westerman，Foote，& Winston，1995），能够和病人建立积极的治疗关系（Kazdin，Marciano，& Whitley，2005；Luborsky，McLellan，Diguer，et al.，1997），并且不否定病人（Friedlander，1984）。【学习目标 14.3】有效的治疗师在治疗时还会选择去关注重要的主题（GoldFried，Raue，& Castonguay，1998），并将他们的治疗与病人的需要、人格特征匹配起来（Beutler & Harwood，2002）。治疗师在能力和性格上的巨大差异可能会掩盖他们在治疗时所采用的不同方法（Ahn & Wampold，2001；Luborsky et al.，1986）。考虑一个对于特定问题或者情景有针对性的治疗方法，这一方法有多有效是特别重要的，同时当涉及心理治疗的成功时，对治疗师的选择和对疗法的选择一样也很重要（Blow，Sprenkle，& Davis，2007）。

在表 14.2 里，我们将呈现一些方法用以选择好的并且避免不好的治疗师。

你怎么认为？

你已经决定寻求治疗来帮助你应对你的社交焦虑。学校心理健康机构的治疗师是你所选择的，而且你跟她沟通良好，但是她特殊的治疗方法并不是你所期望的那种。那么你会怎么办呢？

在电视连续剧《黑道家族》中，暴徒托尼·瑟普拉诺（Tony Soprano）的治疗师在一个晚宴上泄露了他的私人信息，接着又在确诊他无法治愈的精神性人格后粗鲁地让他离开。破坏信任、“遗弃”来访者是很严重的，违反了心理治疗师的职业道德。幸运的是，这种情况很少见。

表 14.2 应该在治疗师那里寻求什么，以及应该避免哪种类型的治疗师

成千上万的人都称自己为治疗师，但是往往很难判断你应该寻找或者避免哪一类治疗师。这份清单可能会帮助你、你的朋友或者你爱的人选择一位出色的治疗师——准确避免不好的治疗师。

如果你对下面大部分的陈述都回答“是”的话，这位治疗师应该能以恰当的态度帮助你：

（1）我能和治疗师自由并且开放地聊天。
（2）我的治疗师不论我说什么都会仔细听，并且理解我的感受。
（3）我的治疗师很热情、很直率并且能提供有用的反馈。
（4）我的治疗师在一开始就会解释他或者她将会做什么以及为何去做，愿意回答关于他或她的资质和所接受的培训、对我的诊断及我们的治疗方案。
（5）我的治疗师鼓励我正视挑战并且解决问题。
（6）我的治疗师使用有科学基础的方法，并且讨论其他方法的利弊。
（7）我的治疗师定期监督我如何去做，当治疗进展不好时愿意去改变进程。

如果你对下面一个或者更多的陈述都回答“是”的话，这位治疗师也许并不能帮助你，甚至对你有害：

（1）我的治疗师在遇到挑战时会产生防御并且变得愤怒。
（2）我的治疗师总是用“一把尺子适合所有人”的方法来应对所有的问题。
（3）我的治疗师在每次咨询时花相当多的时间在“小谈话”上，告诉我应该做什么，并分享他的个人的轶事。
（4）我的治疗师并不清楚在治疗方案中到底对我期望的是什么，我们的讨论缺少焦点和方向。
（5）我的治疗师似乎不愿意去讨论他或她正在做的事情的科学依据。
（6）在我和治疗师的关系之中并没有清晰的专业上的边界，例如，我的治疗师讲述很多关于他或者她自己的个人生活，或者询问我的个人爱好。

494

★ 小测试

1. 亚裔美国人比美国白人更频繁地寻求心理治疗。 正确 错误
2. 大部分寻求心理治疗的人通常是距他们第一次发现这个问题两年后或更久才开始寻求帮助。 正确 错误
3. 所有施行心理治疗的人都在心理健康方面有高级学位。 正确 错误
4. 专业培训对于产生一个好的治疗结果是非常必要的。 正确 错误

答案：（1）错（p.491）；（2）对（p.491）；（3）错（p.491）；（4）错（p.492）

不同“风味”的治疗方法：治疗方法的回顾

在前面的诸多章节中，我们检验了一些主要的治疗途径，描述了它们的方法，评估了它们的科学地位。一些治疗方法关注于无意识的情绪、恐惧和欲望。其他方法则主要处理一些我们的行为、思维的改变和推理。一些治疗是一对一进行的，还有一些需要一个家庭或夫妻一起进行。当然也有一些没有关系的人一起分享问题和感受的团体。

顿悟疗法：获得理解

我们将从精神动力学派治疗师（它是一个与弗洛伊德式治疗师和那些受弗洛伊德技术影响的治疗师有关

的术语）的概述来开始我们疗法的回顾。精神动力疗法和我们将要讨论的人本主义疗法，通常都被称为**顿悟疗法**，因为它们的目标是培养洞察能力，即扩展意识。

精神分析和精神动力疗法：弗洛伊德的遗产　精神动力学的治疗师分享了下面五种信念，它们是精神动力疗法的核心内容（见第 12 章）：**【学习目标 14.4】**

（1）人的大部分行为被无意识的冲突、愿望、冲动所激发。

（2）治疗师可以发现异常行为是由有意义的事情引起的。

（3）人们目前的困境多是由童年时期的经验引起的。

（4）情感的表达和重新经历过去重大意义事件的机会都是治疗的关键方面。

（5）当来访者把外界获得的知识和情感领悟融入先前的无意识中，症状的原因和意义就变得很明显，常导致的症状也会消失。

精神分析：第一个疗法。弗洛伊德的精神分析是心理治疗最早的形式。弗洛伊德认为，精神分析疗法的
495 目标是使无意识被意识到。通过这种方式，他想使来访者意识到先前被压抑的能产生心理痛苦的冲动、冲突和记忆。精神分析疗法的目的是消除由过去的经历、愧疚感、挫折感引起的情感困扰（Bornstein，2001；Mellinger & Lynn，2003）。精神分析学派的治疗师，有些时候被叫做“分析师”，运用以下六个主要方法来达到最终目标：

（1）**自由联想。**来访者以一种舒适放松的姿势坐在沙发上，治疗师指示他们谈谈任何他所想到的东西，无论多么无意义或荒谬。这个过程就叫做**自由联想**，因为在没有任何审查的情况下，允许来访者随意表达自己的感受。

（2）**释义。**从病人一连串的自由联想中，分析师构建了关于来访者问题来源的假设，并且随着治疗关系的发展治疗师和他（她）分享这些假设。治疗师也会对基于来访者梦境、情感和行为的无意识进行释义，即解释。

（3）**释梦。**弗洛伊德认为，梦揭示了影响来访者有意识生活的无意识主题。治疗师的任务是解释梦和来访者白天经历的关系及梦的象征意义。

（4）**阻抗。**在治疗进行时来访者慢慢意识到自己之前未意识到的那些方面，他们常常会经历**阻抗**这个阶段，即他们试着去逃避进一步的对抗。阻抗帮助来访者回避之前隐藏的被压抑的思想、情感和冲动引起的焦虑。来访者会通过很多方式来表达这种阻抗，例如错过咨询时间，或者当治疗师问及一些过去痛苦经历的问题时，来访者表现得面无表情，但所有这些阻抗的形式都阻碍了他们的进展。为了把阻抗减到最小程度，精神分析师意在设法使来访者发

弗洛伊德自由联想的概念有点像从帽子中拉出来的魔术方巾，一个想法引出下一个，下一个引出下下个，如此往下进行。

顿悟疗法（insight therapy）
一种心理治疗，包括精神动力和人本主义取向，目标是拓展意识或者洞察能力。

自由联想（free association）
一种来访者可以在没有任何压力的情况下表达他们自己的技术。

阻抗（resistance）
尝试回避之前隐藏的被压抑的思想、情绪和冲动引起的对抗和焦虑。

觉他们正不知不觉地阻碍治疗成果，并使他们清晰地知道他们在阻抗什么以及是如何阻抗的（Anderson & Stewart，1983；Reich，1949）。

（5）**移情**。随着分析的进行，来访者将体验到**移情**，即他们会把强烈的、不真实的感觉以及过去的期望投射到自己的治疗师身上。分析师模棱两可的形象一旦指向来访者童年的重要人物可能就会成为情感的焦点。研究表明我们的确是运用与应对过去生活中的人相似的方式来应
496 对现在生活中的人。这些发现验证了弗洛伊德关于移情的假说；或者，它们意味着我们稳定的人格特质（见第 12 章）导致我们一直用相似的方式来应对人。抛开这些不说，治疗师对移情的解释对一些来访者还是有作用的（Ogrodniczuk & Piper，1999）。

排除其他可能的假设
对于这一研究结论，还有更好的解释吗？

（6）**修通**。在精神分析的最后阶段，治疗师帮助来访者**修通**或处理他们的问题。在治疗中获得的顿悟是个很有用的开始，但这并不够。作为治疗的结果，治疗师必须不断地处理冲突、应对获得健康行为模式的阻抗，并且帮助来访者处理那些生活中再度出现的陈旧的和无效的应对反应（Menninger，1958；Wachtel，1997）。

精神分析的发展：新弗洛伊德学派。弗洛伊德的思想在精神动力学的传统上产生了大量的新的学派和治疗方法（Ellis，Abrams，& Abrams，2008）。与弗洛伊德式治疗师相比，新弗洛伊德学派的治疗师更关注病人机能的意识方面。他们也认识到了文化和人际关系的影响对终生行为的作用（Adler，1938；Mitchell & Black，1995）。除了弗洛伊德强调的性和攻击之外，新弗洛伊德学派还认识到其他一些有利因素的影响，包括爱、依赖、权力，以及地位。关于人们获得健康的心理功能方面的预期，新弗洛伊德学派也比弗洛伊德更乐观（见第 12 章）。

新弗洛伊德学派的一个代表是哈里·斯塔克·沙利文（Harry Stack Sullivan，1954），他认为心理治疗是份需要来访者和治疗师协力完成的工作。沙利文主张分析师的合理角色是参与观察者。通过对来访者持续的观察，分析师对来访者进行分析，并与来访者交流他在社会情境和其他日常生活场景中不合理的态度及行为。

沙利文的研究影响了当代**人际治疗**（IPT）的取向。通常，在治疗抑郁症方面（Klerman，Weisman，Rounsaville，et al.，1984；Santor & Kusumakar，2001），人际治疗是一个短期（12 到 16 个疗程）的干预过程，能增强人们的社交技能，协助他们应对人际交往的问题、冲突（例如与家庭成员的争执）及生活的转变（例如婴儿降生和退休）。除了能有效治疗抑郁症（Klerman

人际治疗旨在解决人际交往问题和冲突，教会人们社交技能。

移情（transference）
把过去的强烈的、不真实的感觉和期望投射到治疗师身上。

修通（work through）
面对和解决日常生活中的问题、冲突和无效的应对反应。

人际治疗（interpersonal therapy，IPT）
一种加强社交技能，解决人际交往问题、冲突以及应对生活中的转变的疗法。

et al.，1984；Hinrichsen，2008），人际治疗在物质滥用和饮食失调方面表现得也非常成功（Klerman & Weissman，1993；Weissman，Markowitz，& Klerman，2000）。

精神动力疗法的评判。尽管这种疗法很有价值，但从科学角度来看，许多精神动力疗法问题重重。弗洛伊德的治疗观察大部分建立在那些富有、高智商以及成功人士的小样本身上，外部效度不明显（见第 2 章）。他的临床会话没有其他人看到，也没有建构一个严谨的科学系统，即不能被其他人检验或作为严格控制的研究案例来复制。而且弗洛伊德的来访者主要依赖于跟过去相关的回忆。在第 6 章我们已经学过，很多早期的回忆，特别是那些被提示的暗示性问题，其有效性是值得怀疑的。

可重复性
其他人的研究也会得出类似的结论吗？

像我们已经看到的，精神动力疗法严重依赖内省。很多好莱坞电影，像 1999 年的电影《老大靠边闪》（*Analyze This*），强调了内省的影响——特别是在童年期产生的问题根源——通常是治疗精神性症状的关键。但是广泛的研究表明，理解我们的情感历程，不管是低沉的或是愉悦的，对消除心理悲痛并不是必要的（Weisz，Weiss，Han，et al.，1995）。为获得提高，来访者在生活中需要练习新的、更多的适应性行为（Wachtel，1997）。

一些精神动力的概念，包括弗洛伊德疗法的释义，是很难被证明的（见第 12 章）。例如，我们怎么理解一个人梦见他的父亲怒视他？治疗师可能会推断这是指向童年时期受到责骂的被压抑的记忆。来访者可能会突然答道："啊，就是这个！"但是这个反应可能是移情反应或者来访者想要取悦治疗师。如果来访者的症状得到改善，治疗师得出结论的方法便十分奏效，但可能只是碰巧而已（Grunbaum，1984）。

可证伪性
这种观点能被反驳吗？

在其他影响可靠时，对于对立假设排除的失败，可能会导致治疗师和来访者都将进步错误归因于内省和释义（Meyer，1981）。研究指出，如果不考虑这些，至少在某些问题上，简易的精神动力疗法比不治疗要好（Leichsenring，Rabung，& Liebing，2004）。

排除其他假设的可能性
对于这一研究结论，还有更好的解释吗？

人本主义心理疗法：实现自己的潜能　从逻辑上讲，**人本主义心理疗法**，起源于人本主义的观点（第 12 章）。与精神动力疗法相比，源于人本主义的疗法都注重人潜能的开发，并且都认为人性本善（Maslow，1954；Rogers，1961；Shlien & Levant，1984）。

人本主义疗法致力于帮助人们克服文化中普遍存在的疏离感，发展他们的感知和情感意识，表达他们的创造力，帮助他们变得有爱、有责任和真实。人本主义心理治疗师强调对决定承担责任的重要性，而不是把问题归于过去，强调应该完全地活在当下。

虽然和精神分析治疗师一样强调内省，但人本主义治疗师反对他们的释义技术。相反，这些治疗师力求通 497
过共情和直觉来理解来访者的内心世界。治疗师关注来访者当下体验到的主观现象（思维、感受）。

根据罗杰斯的观点，当孩子从父母那里接收到无条件的积极关注时，孩子就会发展无条件的自我关注，它将促进自我实现。

人本主义心理疗法（humanistic psychotherapy）
强调人潜能的发展的疗法，认为人性本善。

个人中心疗法：获得接纳感。相比其他治疗师，卡尔·罗杰斯在运用人本主义疗法方面是最好的榜样（见第 12 章）。他的治疗是不定向的，因为治疗师不去定义或者诊断来访者的问题或试图找到问题的根源。他的方法也称作个人中心疗法，因为治疗师并不告知来访者怎样去解决他们的问题，而来访者可以任意选择如何使用治疗时间。治疗师假设来访者可以通过治疗师—来访者对话的展开揭示重要的情感模式（Rogers，1942）（见表 14.3）。为确保积极的结果，治疗师必须满足以下三个条件：

（1）治疗师必须是真诚、可靠的，要对来访者的陈述做出自己的反应。

（2）治疗师必须表现出无条件的积极关注，即对来访者表达的所有感受予以非评判的接受。

（3）治疗师必须给予来访者共情式理解。

随着意识的增强和自我接纳感的提高，人们有望以更现实的方式思考，更能容忍他人，采取更适合的行为（Rogers，1961）。

人本主义疗法的评判。人本主义疗法的核心概念，例如意义和自我实现，非常难以测量和证明。例如，我们如何精确地判定一个人是自知的和可信的？

可证伪性
这种观点能被反驳吗？

要不是罗杰斯的声誉，他明确说明的有效心理治 498
疗的三个条件可能已经被歪曲了。研究显示他非常关注治疗关系，建立一个强有力的治疗联盟将对最后的成功治愈有重大作用（Horvath & Bedi，2002；Wampold，2001）。但是罗杰斯在一个关键方面却是错的：三个条件并不是完成个人提高的唯一途径（Bohart，2003；Norcross & Beutler，1997）。事实上，稍后我们将在本章学习到一些人可以从自我帮助的系统中得到相当大的益处，甚至不涉及治疗师（Gould & Clum，1993），所以治疗关系对个人的提升并不是必要的。

表 14.3　来访者和电脑治疗师 Eliza 之间的模拟会谈

一些研究者编制了一些电脑程序试图模拟罗杰斯的个人中心疗法。这里，我们可以看看一个来访者和电脑治疗师 Eliza 之间的会谈。Eliza 由电脑专家约瑟夫·魏泽鲍姆（Joseph Weizenbaum）开发。Eliza 会成为一名出色的治疗师吗？

来访者：所有的男人都一样。
Eliza：在哪个方面？
来访者：他们总是对我们这些、那些不满。
Eliza：你能说一个特别点的例子吗？
来访者：好的，我的男朋友让我到这来。
Eliza：你男朋友让你过来的？
来访者：他说我总是很沮丧。
Eliza：对于你很沮丧，我感到很抱歉。
来访者：确实，我不高兴。
Eliza：你认为来这里会帮助你高兴起来吗？
来访者：我需要一些帮助，似乎非常肯定。
Eliza：如果你获得了一些帮助，对你来说意味着什么？
来访者：也许我可以学着和母亲相处。
Eliza：告诉我更多关于你家庭的事。
来访者：妈妈照顾我。
Eliza：在你家里还有别人照顾你吗？
来访者：我父亲。
Eliza：你父亲？
来访者：你在某些方面很像我父亲。
Eliza：你看到什么相似点了？

（Source：http: //i5.nyu.edu/~mm64/x52.9265/january1966.htm/; Weizenbaum）

个人中心疗法比不治疗会更有效（Greenberg，Elliott，& Lietaer，1994），这在大学的咨询中心非常流行（Champney，& Schultz，1983）。但是关于个人中心疗法有效性的研究结果却是不一致的，一些研究结果认为它可能没有安慰剂治疗带来的帮助效果好，例如花费很多时间用来聊天的非职业性的咨询（Smith，Glass，& Miller，1980）。对比而言，其他的研究表明个人中心疗法和经验疗法常常会给很多来访者带来很大的帮助，而且可能比得上我们将在后面遇到的认知行为疗法的有效性（Elliott，2002；Greenberg & Watson，1998）。

行为疗法：改变适应不良的行为

与认为内省是改善的关键的心理治疗师完全相反，**行为治疗师**之所以被如此命名是因为他们关注那些导致来访者寻求治疗的特定的行为，以及那些维持来访者问题的想法、感觉、行为的当前变量（Antony & Roemer，2003）。**【学习目标 14.5】**

行为治疗的结果是基于靶行为的改善程度来进行评估的，这些靶行为如怒火爆发、强迫（见第 13 章），或者自杀威胁。行为治疗师假定行为可以改变，不论是在诊所、家庭或者学校，起因于在实验室发现的学习的基本原理的运作，特别是经典性条件作用、操作性条件作用以及观察学习（见第 5 章）。行为治疗师使用各种各样的行为评估技术来确定人们问题的环境原因，确立明确的、可测量的治疗目标，设计治疗程序。强调现在，而不强调过去，行为和特殊的行为比广泛的特点更重要。一旦行为治疗师认识到问题的所在，她可能会使用很多种不同的治疗方法。

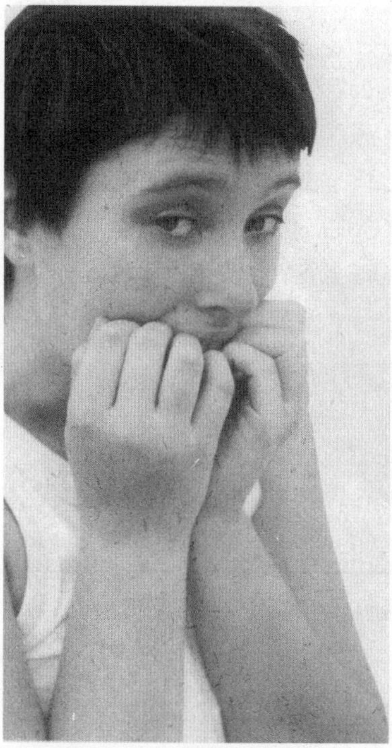

一个行为治疗师进行一个坏习惯的评定，像咬手指，这取决于咬手指发生的情境和咬手指的结果——比如从焦虑中短时间注意力分散。

现在我们一起检验几种行为疗法吧。

系统脱敏疗法和暴露疗法：行动中的学习原理 系统脱敏疗法就是一个展示行为治疗师如何应用学习原理来治疗的非常成功的例子。心理学家约瑟夫·沃尔普（Joseph Wolpe）在 1958 年开发的系统脱敏疗法（SD）帮助来访者克服了恐惧。系统脱敏疗法通过使用情景想象法逐渐将来访者暴露在产生焦虑的情境中。系统脱敏疗法是最早的**暴露疗法**，暴露疗法是以消除恐惧为目标，让来访者直接面对强度级别最高的恐惧。

系统脱敏疗法是如何起作用的：一次一个进步。 系统脱敏疗法基于交互抑制的原则，来访者不能同时体验到两个冲突反应。我们不可能在同一时间既焦虑又放松。治疗师通过教来访者如何去放松开始系统脱敏治疗。她可能会想象愉快的场景，集中注意力呼吸，
维持一个缓慢的呼吸频率，并交替绷紧、放松她的肌 499
肉（Bernstein，Borkovec，& Hazlett-Stevens，2000；Jacobson，1938）。下一步，治疗师帮助病人构建一个焦虑等级——就是一把从最少到最多地唤起焦虑情景的“梯子”。我们可以看到表 14.4 就是一个治疗恐高症病人的等级。治疗采取一种递进的方法。治疗师让病人放松并且想象第一种情景，然后就接着下一种，只有当病人报告在想象第一个情景的时候感觉到放松之后才给予更多产生焦虑的情景。

如果病人在任何一级上报告说焦虑，治疗师就应

行为治疗师（behavior therapist）
关注特殊的问题行为以及那些维持来访者问题的想法、感觉、行为的当前变量的治疗师。

系统脱敏疗法（systematic desensitization）
在让来访者逐渐地以一步一步的方式暴露在他们害怕的东西中的同时，教他们放松的治疗方法。

暴露疗法（exposure therapy）
直接让病人面对他们害怕的东西，目的是减少这种恐惧的疗法。

该中断进程，并且帮助病人再次放松。然后，治疗师再继续介绍刚才使病人产生焦虑的那一级。这个过程直到病人可以在面对最恐惧的场景时不感到焦虑才可以结束。

表 14.4　　一个有恐高症的人的系统脱敏疗法的等级

（1）你开始爬一个斜靠在你屋子的梯子，准备在房顶上工作。
（2）你们一家驱车在加利福尼亚的海岸高速公路上，公路右边有条深沟。
（3）你乘坐的一架商务客机正在起飞。
（4）你乘坐的客机在 30 000 英尺的高度遇到了严重的湍流。
（5）你在加利福尼亚的一座海岸悬崖边，大约离边缘两英尺远（大约是一个安全距离），然后向下看。
（6）你为了刷油漆爬上了一个水塔，离地面大概 10 英尺。
（7）你沿着水池边小心翼翼地走，给水池涂漆。
（Source：Rimm & Masters，1979）

脱敏也可以发生在现实中，也就是，在“真实的生活”中。将系统脱敏置于真实的生活中，逐渐将病人暴露在真正的恐惧中而不仅只是想象能够唤起焦虑的场景。系统脱敏法对于很大范围内的恐惧症都是有效的，而且可以帮助人们避免由焦虑引起的失眠、语言障碍、哮喘发作、噩梦和一些酗酒问题（Spiegler & Guevremont，2003）。

满灌与暴露疗法。满灌疗法与脱敏疗法形成了一个鲜明的对比。满灌疗法的治疗师直接跳到焦虑等级的最高处，将病人持续暴露在他们最恐惧的刺激想象中，从 10 分钟到几个小时。满灌疗法的理念是恐惧，它是通过逃避来维持的。例如，有恐高症的病人一直避免去高的地方，他们从来不知道他们想象中的灾难性结果根本不会出现。而具有讽刺意义的是他们的逃避只会消极地加强他们的恐惧（见第 5 章）。满灌治疗师在不会出现那些消极结果的情况下不断重复唤起病人的焦虑，最终使恐惧消失。

在真实的脱敏中，来访者逐渐接近和掌控任何恐惧，就像图中的这些人正在克服他们对飞行的恐惧。

和系统脱敏法一样，满灌法也可以运用到真实的生活中（Chambless & Goldstein，1980）。在第一次的治疗中，施行真实满灌疗法的治疗师陪恐高症病人一起到一座摩天大楼的顶端向下看一个小时或者更久直到焦虑消失。显然，许多患有特殊恐惧症的人，包括那些使用精神动力疗法几十年而没有缓解的病人，在仅仅一次满灌法的治疗后其恐惧就被治愈了（Antony & Barlow，2002；Williams，Turner，& Peer，1985）。治疗师已经应用满灌疗法成功地治疗了很多焦虑障碍者，包括强迫症、社交恐惧症、创伤后应激障碍和广场恐惧症。

满灌疗法的一个关键部分是反应预防，治疗师阻止病人采取他们典型的逃避行为（Spiegler，1983）。一位治疗师可能通过让一位患有洗手强迫症的病人暴露在一个布满灰尘的环境中并且阻止她洗手来治疗（Franklin & Foa，2002）。

暴露疗法：边缘和狂热技术。传统上，行为治疗师一直都很小心不要夸大暴露法的有效性，或不将其作为一种能治愈所有症状的方法呈现给大众。我们可以把这种谨慎的做法同最近一些提议者倡导的离奇的、没有证据的边缘疗法进行对比。

特别声明
这类证据可信吗?

500 罗杰·卡拉汉（Roger Callahan）发展了思维场疗法（TFT），声称他的方法可以在五分钟内治疗恐惧症（Callahan，1995，2001），而且不仅能治疗人类的恐惧也能治疗马和狗的恐惧。在思维场疗法中，当治疗师按照预定的顺序轻打病人身体的特殊部位时，病人要想着令他痛苦的问题。与此同时，病人轻哼一节美国国歌、转动眼球或者数数（思维场疗法治疗师如何与动物完成这一壮举就不得而知了）。这些奇怪的过程也许可以消除与一些特定的恐惧相关的看不见的“能量障碍”。没有研究证据证明这种方法可以通过操纵能量场来治疗焦虑，而且这种能量场从来没被证实存在过，也没有证据能够证明这种难以置信的几乎能够瞬间治疗大部分恐惧症来访者的论断（Lohr et al.，2003）。因为思维场疗法所谓的“能量障碍”是不可测量的，思维场疗法的理论主张是不可证伪的。

可证伪性
这种观点能被反驳吗?

另一种没有根据的治疗方法叫做眼动脱敏和再加工（EMDR），曾被广泛地认为是治疗焦虑障碍的突破（Shapiro，1995；Shapiro & Forrest，1997）。在 2007 年，超过 70 000 位治疗师接受过眼动脱敏和再加工培训。眼动脱敏和再加工的倡导者声称当来访者想象过去的创伤性事件时，他的眼睛就会左右转动，这样会进一步加强他们痛苦的回忆。然而有研究指出，在这种治疗中眼动没有起到任何作用。另外，眼动脱敏和再加工并不比标准暴露疗法更有效（Davidson & Parker，2001；Lohr，Tolin，& Lilienfeld，1998）。一个更牵强的解释就是眼动脱敏和再加工的有效成分并不是它所命名的眼动，而是这种疗法所提倡的暴露。

奥卡姆剃刀原理
这种简单的解释符合事实吗?

示范疗法：观察学习　病人通过观察治疗师积极的示范行为可以学习到很多东西。示范是观察学习的形式之一（见第 5 章）。阿尔伯特·班杜拉（Albert Bandura，1971，1977）长期提倡**参与示范**，在这种技术中治疗师先扮演一个冷静面对来访者害怕的事物或情景的人，然后指导来访者一步步地变成这样的人，直到他可以在没有帮助的情况下自如应对。示范是这种主张的重要组成部分，也是通过社交技能训练项目来帮助来访者缓解社交焦虑的重要组成部分。

行为演练疗法通常用于参与示范技术。在行为演练中，病人和治疗师一起进行角色扮演来学习和练习新技能。治疗师扮演一位与来访者有社会关系的人，如配偶、父母或老板。然后病人对治疗师扮演的角色进行回应，治疗师以此给予指导和反馈。为了给病人一个模仿

在 EMDR 中，来访者盯着治疗师前后移动的手指。然而，调查指出这种眼动对 EMDR 疗法的效果没有任何作用。

参与示范（participant modeling）
治疗师先在一个问题情景中示范，然后指导病人逐步地在无援助的情况下独立应对的技术。

肯定行为的机会，治疗师和来访者转换角色，即治疗师扮演来访者的角色。为了将病人学到的东西转移到日常生活中，治疗师鼓励他们在治疗情景之外运用学到的新技能。示范和社交技能训练对治疗（尽管不是治愈）精神分裂症、抑郁和社交焦虑有重要作用（Antony & Roemer，2003；Dilk & Bond，1996）。

操作程序：计算结果　正如我们在第 5 章中所学，代币已经成为应用于公共机构、社区以及家庭中的一种操作性条件作用的形式。正如我们想起的一样，操作程序基于行为结果来改变行为。代币的一个主要特点就是特定的行为，例如，帮助他人，一直以代币作为奖励，这些代币可以换成更为直观的奖励；反之，另一些行为，像在医院的走道里喧哗，是被忽略的或是惩罚的。通过这种方法，代币程序通过持续运用操作性条件作用原理，形成、保持或改变着行为（Kazdin，1978）。代币法已经成功被证明可以应用在班级（Boniecki & Moore，2003）、家庭和学校治疗患有注意缺陷多动障碍的孩子（Mueser & Liberman，1995），以及在医院中治疗精神分裂症病人（Dickerson，Tenhula，& Green-Paden，2005；McMonagle & Sultana，2000；Paul & Lentz，1977）。

501 **厌恶疗法**运用惩罚来降低不良行为发生的频率。厌恶疗法的命名是恰如其分的。当一个人有问题行为时，治疗师呈现一系列的刺激，这些刺激会使大多数人感到痛苦、厌恶、不高兴甚至是讨厌。例如，治疗师使用药物如戒酒硫——俗称安塔布斯——使喝过酒的人呕吐（Brewer，1992），使用电击来治疗心因性问题引发的反复打喷嚏（Kushner，1968），在人们想象吸烟的时候，口头描述一些令人恶心的感觉（Cautela，1971）。

研究为厌恶治疗程序的有效性提供了最混沌的支持（Spiegler & Guevremont，2003）。例如，酗酒者更希望停止使用安塔布斯而不是停止喝酒（MacKillop et al.，2003）。一般情况下，治疗师在使用更多厌恶措施之前，他们会试图运用最低限度的厌恶技术。只有仔细权衡其他可替代的方法的花费和收益后，才应决定是否使用厌恶疗法。

爱我，爱我，只爱我一个！

爱我，爱我，只爱我一个
没有你，我会死去！
给我一个爱的承诺
让我永远不怀疑！
爱我，全心全意地爱我
亲爱的，认真、认真地尝试。
但如果你也需要爱
亲爱的，我将恨你至死！
爱我，一直爱我
毫无保留地爱我！
如果你不止爱我一个
生活将变成泥泞的黏液！
温柔地爱我，
没有如果和但是，亲爱的。
如果你爱我少一些，
亲爱的，我将恨你入骨！

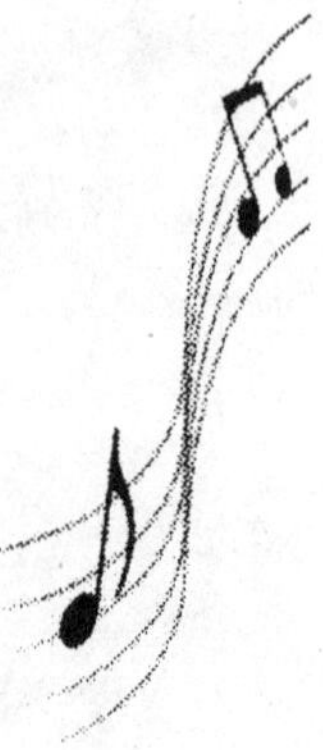

阿尔伯特·埃利斯用很多幽默的歌词来展示 REBT 的原则。这首歌以《扬基·杜德尔》为基调。所有的浪漫关系都应该有全部的、无条件的、无尽的爱的保证，他用歌来调侃这样一个普遍但不合理的信念。（Adapted from "Love Me, Love Me, Only Me!" by Albert Ellis. Reprinted with permission of Albert Ellis Institute）

认知行为疗法：学会换角度思考　认知行为疗法的提倡者认为信念在我们的情感和行为中扮演着主要角色。对他们而言，不合理信念根源于精神病理学。这些治疗方法共有以下几个核心假设：（1）认知能被识别和测量；（2）认知在健康和不健康的心理机能中都是关键角色；（3）不合理信念，如"我一无是处"，能被更多合理的和适应性的认知所取代。

理性情绪行为疗法的 ABC 理论。20 世纪 50 年代中期，先驱性的治疗师阿尔伯特·埃利斯（Albert Ellis，1958，1962）倡导理性情绪疗法（RET），后来又命名为理性情绪行为疗法（REBT）。在很多方面，理性情绪行为疗法是认知行为疗法的典型范例。它主要着重于改变我们怎么思考（这是"认知"部分）和怎么做（这是"行为"部分）。

厌恶疗法（aversion therapy）
运用惩罚来降低不良行为发生频率的治疗方法。

认知行为疗法（cognitive-behavioral therapy）
尝试使用更具适应性的、理性的认知取代适应不良的或者不合理的认知的治疗方法。

认知行为疗法的两位先驱者，阿伦·贝克（左，1921—）和阿尔伯特·埃利斯（1913—2007）。

埃利斯认为我们对诱发（内在或外在的）事件（A）的反应是一系列情绪和行为的结果（C）。我们都知道，人们往往对同一客观事件有着不同的反应；一些学生对考试成绩得到 C 而感到开心，另一些则因没得到 A 或 B 而自责。我们对同一客观事件反应的决定性差别大部分源自 B（我们的信念系统）的不同（见图 14.1）。埃利斯定义的 ABC 理论，就算不是全部，那也是认知行为疗法最核心的部分。

一些信念是合理的：它们灵活、合乎逻辑、能促进自我认同。与此相反，不合理信念与对自己（“我必须是完美的”）、他人（“我必须担心他人的问题”）和生活环境（“我必须担心那些我不能控制的事”）的不合理要求有关。埃利斯也指出心理不健康的人经常把事情严重化，把他们的问题想成灾难性的（“如果我得不到这份工作，这将是我遇到的最坏的事情”）。在表 14.5 中，我们能找到埃利斯标出的 12 条不合理信念的例子。根据埃利斯的观点，我们在心理干扰面前显得脆弱，这是由于频繁而又强大的不合理信念造成的。

对于他的 ABC 体系，埃利斯增加了 D 和 E 成分来描述治疗师该怎样对待病人。理性情绪行为疗法治疗师鼓励病人积极地对他们的不合理信念提出质疑（D），并且采用更加积极有效的（E）、理性的信念来增加适应性反应。

502

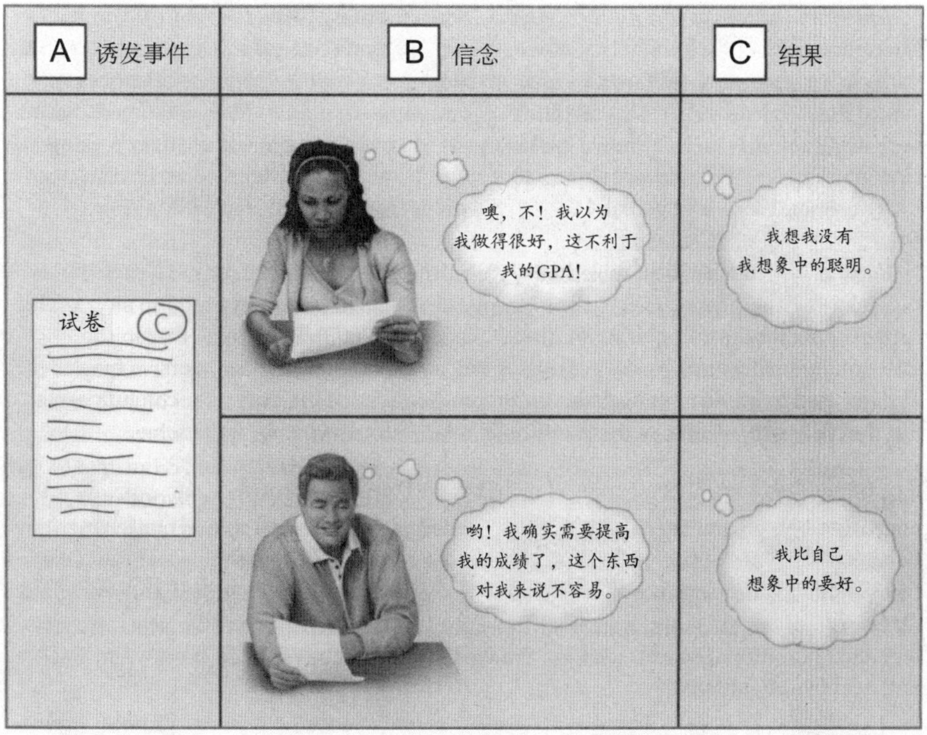

图 14.1　理性情绪行为疗法的 ABC 理论

一个人对一个事件结果的感觉怎样，这是由他或她对这个事件的信念和观点决定的。

表 14.5　　不合理信念："肮脏 12 条"

阿尔伯特·埃利斯区分出广泛存在于我们文化中的 12 条不合理信念（"肮脏 12 条"）。你会有趣地发现，生活中你有时也有这些信念。因为这些信念是人们思想的一部分，所以当你拥有很多这些信念时，不要感到惊奇。

1. 那些对你有重大意义的人，你总是希望从他们那儿得到诚挚的爱和认可。	7. 你会发现比起做一些有益的自我约束的事，逃避生活中的困难和责任反而更容易些。
2. 你总是要证明自己很有能力、很有才能、很有成就；或者，你至少要在一些重要的事情上是有能力和才能的。	8. 你的过去很重要，因为某些事情深深地影响了你的生活，过去将会决定你今天的情感和行为。
3. 那些伤害过你或犯过罪的人，他们一般被认为是坏的、不道德的或者是恶毒的；并且你会因为他们的罪过而严厉地指责、诅咒和惩罚他们。	9. 人和生活都会比他们本身更好，但如果你不能很快地找到解决生活中矛盾的方法，你会认为生活是难熬和可怕的。
4. 当事情没有按照你想象的那样进行时，生活将会是糟糕的、可怕的、恐怖的和悲惨的。	10. 没有行动，或者被动的和未表现出"尽兴"，你也能获得快乐。
5. 情绪烦恼来自于外在压力，你没有控制自己情感的能力，也不能消除自己的抑郁和敌意。	11. 你一定有一个高等级的规则或者感觉很舒服的确定的要求。
6. 如果一件事情看起来是有危险的或者令人害怕的，它将会可怕地占据着你的头脑，使你心烦意乱。	12. 你给自己一个作为人类的总体的等级评定，你的一般价值和自我接纳依赖于你的表现和人们对你的认同度。

（Source：Ellis，1977）

其他认知行为方法。认知行为治疗师们在认知行为疗法所包含的行为方法的内容上持不同观点。著名的阿伦·贝克（Beck，Rush，Shaw，et al.，1979）认知疗法，在创立认知行为疗法的领域中起到了重要的作用，因而获得较高的声望，它强调识别和更改歪曲的想法和长期消极的核心信念（"我不可爱"）（J.S.Beck，1995）。然而，在行为过程中，认知疗法比埃利斯的理性情绪行为疗法有着更大的分量（Stricker & Gold，2003）。研究者发现，贝克的方法对抑郁甚至双相障碍和精神分裂症是有帮助的（Beck，2005；Hollon，Thase，& Markowitz，2002）。

503 ***认知行为疗法的效果***。通过调查研究我们得出一些关于行为和认知行为疗法有效性的结论。

（1）它们比不治疗或者安慰剂治疗有效（Bowers & Clum，1988；Smith，Glass，& Miller，1980）。

（2）它们至少是有效的（Sloane，Staples，Cristol，et al.，1975；Smith & Glass，1977），甚至在一些案例中比精神动力疗法和个人中心疗法更有效（Grawe，Donati，& Bernauer，1998）。

（3）治疗师可以把这种疗法与其他形式的治疗有效地结合起来，比如药物疗法和夫妻咨询（Hahlweg & Markman，1988；MTA Cooperative Group，1999）。

（4）它们至少在治疗抑郁症方面与药物治疗一样有效（Elkin，1994）。通常情况下，认知行为疗法和行为疗法在大部分问题上的效果相当（Feske & Chambless，1995；Jacobson et al.，1996）。

澄清事实

至少有一些证据证明治疗师的理论取向和他们的人格特质是相关的。有几个（尽管不是全部）研究表明，和一些治疗师相比，精神分析治疗师往往是不稳定的和严肃的，行为治疗师倾向于是独断的和自信的，而认知行为治疗师倾向于是理性的（Keinan，Almagor，& Ben-Porath，1989；Walton，1978）。

折中和整合的趋势　目前心理治疗的一个趋势是治疗师个别地创造一种量身定制的折中方法——整合现存的治疗方法的技术和理论（Garske & Anderson，2003；Lazarus，2006；Stricker & Gold，2003）。大概 30% 的临床和咨询心理学家以及超过 50% 的精神病学家认为他们自己是“折中的”（Norcross，2005；Prochaska & Norcross，2007）。

例如，玛莎·莱恩汉（Linehan，1993；Lynch，Trost，Salsman，& Linehan，2007）的辩证行为疗法就含有多种治疗方法的特点，经常被用于治疗有自杀倾向的边缘性人格障碍。史蒂夫·海耶斯（Hayes，Strosahl，& Wilson，1999）的接纳与实现疗法也吸纳了许多其他疗法的技术。这些疗法包括鼓励病人在改变行为的同时接纳自己的想法和感觉。

尽管有越来越多的证据证明整合疗法是有效的（Linehan，Heard，& Armstrong，1993；Norcross & Goldfried，2005），但是心理学家并不能确定在成功的治疗中每种治疗方法所起到的作用。整合法中包含的因素越多，那么拆分整合法和评估整合法中有关因素的对立假设就越有困难。

排除其他假设的可能性
对于这一研究结论，还有更好的解释吗？

团体和家庭系统疗法：越多越好

20 世纪 20 年代早期，维也纳心理治疗师雅各布·莫雷诺（Jacob Moreno）提出的**团体治疗**，使得专业人员意识到在同一时间治疗不止一位病人的价值。团体和家庭治疗现在跻身于心理治疗主流方法之中。

团体治疗　团体治疗比起个体治疗效率高、节省时间、花费低，包含了心理治疗的所有主要流派（Levine，1979）。在一个安全的团体环境中，参与者能够提供和获得支持，交流信息和反馈，模仿有效行为，练习新的技能，认识到和其他人一样的适应性问题（Yalom，1985）。【学习目标 14.6】

团体治疗过程比许多个体治疗方法有效，它节省时间，花费较少。

团体治疗适用于所有种族、年龄和经济水平的人，也适用于失明的、离婚的、遇到婚姻问题的、与性别认同问题作斗争的、遭受酗酒和饮食障碍的人（Dies，2003；Lynn & Frauman，1985）。最新的趋势是在互联网上形成的自助团体，尤其针对那些有病痛和问题却 504
对面对面治疗觉得窘迫的人（Davison，Pennebaker，& Dickerson，2000）。研究表明在很多问题上，许多团体治疗是有效的且与个体治疗方法一样有帮助（Davis，Olmstead，Rockert，et al.，1997；Fuhriman & Burlingame，1994）。

嗜酒者互诫协会。自助团体由一些面临着类似问题的人组成。在过去的几十年里，这些自助团体变得很流行，**嗜酒者互诫协会（AA）**是最有名的。嗜酒者互诫协会成立于 1935 年，现在是治疗酗酒的最大的组织，在全

嗜酒者互诫协会是一个用来帮助那些有酗酒问题的家庭的有支持的团体组织。

团体治疗（group therapy）
同时治疗多个人的治疗方法。

嗜酒者互诫协会（Alcoholics Anonymous，AA）
为戒酒提供社会支持的自助组织。

世界范围内有超过 170 万名成员（Humphreys，2000）。在嗜酒者互诫协会会议上，人们分享他们与酒精作斗争的经历。新成员一些是自主加入的，一些是已经成功地几年不再喝醉的更高一级成员带着加入的。嗜酒者互诫协会的成员鼓励新成员在前三个月参加每天的例会，此后再参加定期会议。

嗜酒者互诫协会激发了 AL-Anon 和 Alateen 的成立，这些组织帮助夫妻或孩子应对酗酒问题。已经成立的针对吸毒者、赌徒、暴食者、购物狂、性瘾者和其他类型的经历冲动控制问题的人的组织，都是基于嗜酒者互诫协会的模式的。

尽管嗜酒者互诫协会看起来对一些人是有帮助的，但是没有数据支持它的作用。参加嗜酒者互诫协会的人并不比参加其他治疗（包括认知行为疗法）的人有更好的效果（Brandsma，Maultsby，& Welsh，1980；Ferri，Amoto，& Davoli，2006；Project MATCH Research Group，1997；Walsh et al.，1991）。而且，参加嗜酒者互诫协会学习的人可能在一些方面是非典型的。嗜酒者互诫协会最后结束学习的成员往往是最活跃的成员，而且之前曾接受过专业性的帮助。此外，68% 的人在参加嗜酒者互诫协会的三个月内就放弃了（Emrick，1987）。我们应当研究下嗜酒者互诫协会对哪类酗酒者最有效（MacKillop et al.，2003）。

你怎么认为?

你对成瘾治疗很感兴趣并且了解到嗜酒者互诫协会和其他一些团体治疗方法的成效，但是你很关心许多研究都忽略的事实：大部分成员在治疗的早期就放弃了。你怎么样设计一个纵向研究（见第 8 章）来更精确地认识嗜酒者互诫协会的成功率?

有节制的饮酒和复发预防。嗜酒者互诫协会的主张是人们无力控制自己的饮酒并且必须彻底地远离酒精。与这一理念相反，行为主义的观点认为酗酒是一种习得行为，治疗师可以在不完全杜绝酒精的情况下对其进行改正和控制（Marlatt，1983）。有大量证据证明了鼓励酗酒者设置限度、适度饮酒并强化他们的这一过程的治疗方法对许多病人都是有效的（MacKillop et al.，2003；Miller & Hester，1980；Sobell & Sobell，1973，1976）。这些方法教人们如何应对生活环境中的 505
压力以及学会忍受消极情绪的技能（Monti，Gulliver，& Myers，1994），这些技能至少像嗜酒者互诫协会项目一样有效果（Project MATCH Research Group，1997）。代币法（见第 5 章）在戒毒过程中对于抑制物质使用也是有效的（Glosser，1983）。

家庭治疗：治疗功能失调的家庭系统 家庭治疗师把大部分心理问题归于一个功能失调的家庭系统。对于他们来说，治疗必须专注于可能产生冲突的家庭环境。在**家庭治疗**中，“来访者”——治疗的焦点——不是一个人，而是家庭本身。

策略性的家庭干预是为了清除障碍以进行有效的互动而设计的。【**学习目标 14.7**】根据策略治疗师的看法，一个家庭如果出现了问题，家庭成员常常会找出家里的一个成员作替罪羊，觉得这个人就是问题所在，尽管困难的真正来源在于家庭成员之间的互动、问题解决，以及与其他家庭成员的关系的功能失调（见图 14.2）（Haley，1976；Satir，1964；Watzlawick，Weakland，&

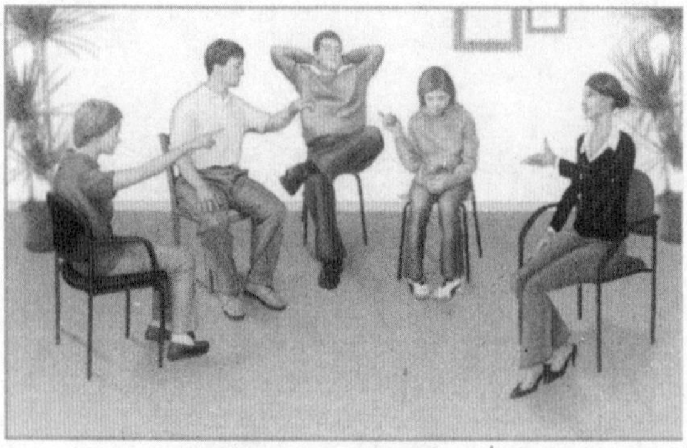

图 14.2 问题出在哪儿?

根据策略性家庭治疗方法，家庭成员通常会指出一个家庭成员作为“问题人员”，而事实上，问题来源于整个家庭成员之间的互动模式。

家庭治疗（family therapy）
主要针对家庭而不是个人的治疗方法。

在结构性家庭治疗中，治疗师会将她自己融入该家庭的所有日常活动中。在观察了解家庭中所有一切的运作之后，治疗师就可以对该家庭提出一些自己的意见来改变该家庭安排和组织它的互动的方式。

Fisch，1974）。策略治疗师首先会识别该家庭不健康的互动模式以及解决问题时失败的方法。然后，他们就会邀请该家庭的成员完成已安排好的所谓的“指示性”任务。指示性的任务将会改变家庭成员解决问题和互动的方式。

在结构性家庭治疗（Minuchin，1974）中，治疗师积极地将自己融入该家庭的日常生活中去，目的在于改变家庭安排和组织互动的方式。萨尔瓦多·米纽秦（Salvatore Minuchin）等人成功地治好了一个叫劳拉的 14 岁女生，她通过绝食来吸引父亲的注意。最终，劳拉可以用言语传达出她通过绝食想传达的间接信息，并且，她再也不用绝食的方法来获得爱了（Aponte & Hoffman，1973）。研究表明，家庭治疗比什么都不做要有效得多（Hazelrigg，Cooper，& Borduin，1987；Vetere，2001），至少和个体治疗一样有效（Foster & Gurman，1985；Shadish，1995）。

★ 小测试

1. 对精神分析治疗一个很重要的批判就是它很多的关键概念是不能被证伪的。　正确　错误
2. 罗杰斯的疗法的核心成分是反映。　正确　错误
3. 阿尔伯特·埃利斯认为，情感能制造不合理的信念。　正确　错误
4. 团体治疗通常和个体治疗一样有效。　正确　错误
5. 家庭治疗的注意力集中在家里问题最多的那个人。　正确　错误

答案：（1）对（p.496）；（2）对（p.497）；（3）错（p.501）；（4）对（p.503）；（5）错（p.505）

506 ## 心理治疗有效吗？

在刘易斯·卡罗尔（Lewis Carroll）的《爱丽丝梦游仙境》一书中，渡渡鸟在一场比赛后宣布“大家都赢了，大家都有奖励”。70 年前，索尔·罗森茨威格（Saul Rosenzweig，1936）提出不同心理疗法有相同有效性的观点。换句话说，所有的这些治疗方法都是有用的，并且从它们的结果来看差不多是相同的（见图 14.3）。

渡渡鸟论断：生存还是灭亡

当今，一些作者认为“渡渡鸟论断”仍然有用。一些分析认为有很大一部分的心理疗法的效果是差不多的（Garske & Anderson，2003；Grissom，1996；Wampold et al.，1997，2002）。对那些在行为主义、精神动力以及个人中心疗法方面都受过训练的有经验的心理治疗师的研究表明，与不接受任何治疗相比，这些治疗方法在帮助病人上相对来说更成功，但是这些疗法之间的效果并没有很大差别（DiLoretto，1971；Sloane et al.，1975）。**【学习目标 14.8】**

其他的一些研究者却不这样认为。他们声称渡渡鸟论断，像真的渡渡鸟一样，灭绝了。虽然许多形式的心理治疗都是有效的，并且许多效果是差不多的，但是同样会有例外（Beutler，2002；Hunsley & DiGuilio，

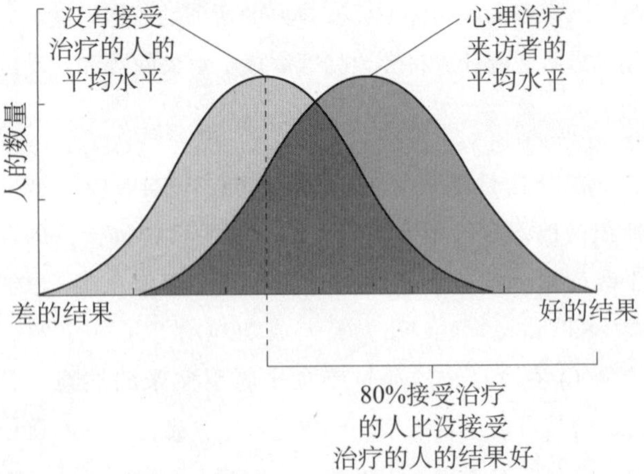

图 14.3　心理治疗的有效性

此图显示的两条正态分布曲线（见第 2 章），是基于对心理治疗结果的近 500 项研究绘制而出的。左边的正态分布表示那些没有接受过心理治疗的人，右边的分布表示那些接受过心理治疗的人。就像我们看到的，通过各种治疗和样例，接受过治疗的人中的 80% 比其他的没有接受过治疗的人的平均水平要好（Source：Smith，Glass，& Miller，1980）。

2002）。比如说，行为疗法和认知行为疗法在解决儿童和青少年的行为问题时比别的方法要有效得多（Garske & Anderson，2003；Weise et al.，1995）。此外，在治疗焦虑障碍方面，包括恐惧症、惊恐障碍以及强迫症，行为治疗和认知行为治疗一向比其他大部分方法更有效（Addis et al.，2004；Chambless & Ollendick，2001；Hunsley & DiGuilio，2002）。

同样，渡渡鸟论断说明有的心理治疗会使人们的情况变得更加糟糕（Lilienfeld，2007）。对待心理疾病，我们可能认为做点什么比什么都不做要好，但是研究显示并不总是这样。来访者中的相当一部分比例的人，可能是 5% 至 10% 这么多，在心理治疗之后变得更加糟糕，而且他们中有些人的情况很有可能是因为接受了心理治疗而变得更加糟糕了（Lilienfeld，2007；Rhule，2005；Strupp，Hadley，& Gomez-Schwartz，1978）。比如说，有些研究表明，危机报告有时会增加那些暴露在创伤中的人们的创伤后应激症状的风险。某些悲伤治疗同样如此，尤其是发生在那些正在体验因所爱的人死亡而产生悲伤反应的人群中（Neimeyer，2000）。我们在表 14.6 中可以看到一些其他有危害的潜在治疗方法。

总之，许多治疗是很有效的，而且许多治疗的疗效是差不多的，这是因为它们有着相同的特征，比如说共情地倾听以及提供新的思考和行为的方法。然而对于渡渡鸟论断还是有着典型的例外。此外，因为有些疗法似乎是有害的，所以我们从电话本上随便找个治疗师都是安全的，这种想法是错误的。

实证支持疗法

有 500 名甚至更多的心理治疗师供你选择，那么身心健康的消费者怎样区分哪些比其他的更好？在过去的十年间，为了解决这个问题，研究者提出了**实证支持疗法**（ESTs）清单——高水平科学证据对某些特定障碍治疗的支持（Chambless et al.，1996）。

识别假象 508

假象：很多心理治疗师运用实证支持疗法。

事实：统计数据显示，只有一小部分的治疗师运用实证支持疗法（Freiheit，Vye，Swan，et al.，2004）。比如说，一项统计表明，很多处理来访者饮食障碍的从业者（尤其是厌食症和暴食症）并不是很常规地使用认知行为疗法或者人际疗法，这些疗法的主要干预都被认为对这些状况很有用（Pederson Mussell et al.，2000）。

行为疗法和认知行为疗法已被列入治疗抑郁、焦虑障碍、肥胖症、人际关系问题、性功能障碍以及酗酒问题的实证支持疗法清单。人际疗法对抑郁和暴食症有相当大的帮助。但是，我们仍然不能得出不在实证支持疗法清单上的疗法就是无效的结论。事实上，不包含在实证支持疗法以内的方法很可能意味着只是调查者还没有做好调查研究来证明它的有效性（Arkowitz & Lilienfeld，2006）。

发展实证支持疗法清单的运动是很富有争议的。对这个运动的批评聚焦在，并没有充分的证据证明特定的疗法对特定障碍的疗效比其他的方法要好（Levant，

实证支持疗法（empirically supported therapies，ESTs）
有高水平科学证据支持的对某些特定障碍的治疗。

表 14.6　　潜在的有害治疗方法的清单

疗法	干预	潜在的危害
辅助沟通训练	一位辅助者扶着有自闭症或其他发展障碍孩子的手在键盘上敲打信息（见第 2 章）。	针对家庭成员虐待儿童的错误指控
直接恐吓疗法	给有失足危险的青少年看监狱生活的残酷现实，恐吓他们使他们将来远离犯罪。	导致问题变得更严重
记忆唤醒技术	心理治疗师运用各种方法去恢复记忆，包括记忆的提示、诱导性问题、催眠、意向引导。	产生有关创伤的错误记忆
分离性身份识别障碍（DID）取向的心理治疗	治疗师运用技术向来访者暗示他们隐藏了“其他”人格。治疗师试图去唤起并和其他人格交流。	其他人格的产生、严重同一性问题的产生
紧急事件应激晤谈	在创伤事件的很短时间之后，治疗师要求团体成员去“加工”他们的消极情绪，描述成员可能经历的创伤后应激障碍症状，并阻止成员中断参与。	增加了来访者出现创伤后应激症状的风险
DARE（药物滥用及抵制性教育）项目	警察教导学校学生关于毒品的危险性，并且教他们一些社交技巧去阻止同龄人被迫尝试毒品（见第 10 章）。	增加了酒精以及其他物质的摄入（比如烟草）
强制约束疗法	治疗师从身体上约束那些跟父母很难沟通的孩子。这些治疗手段包括再生疗法（见第 1 章）和拥抱疗法，具体来说就是治疗师压制孩子直到这些孩子停止抵制父母或者和他们开始了眼神的接触交流。	身体上的伤害、窒息、死亡

（Source：Lilienfeld，2007）

2004；Westen，Novotny，& Thompson-Brenner，2004）。比如说，在研究某种特定疗法的有效性时，可能存在着文化或者个体差异，但是调查研究并没有关注到这一点。作为回应，这项运动的支持者认为临床效果就是最好的可用的科学证据。因为现在的数据显示，在治疗一些疾病时，某些方法的确要比其他方法更有效，从业者有道德义务依据实证支持疗法清单，除非有更好的理由表明不能这么做（Chambless & Ollendick，2001；Crits- Christoph，Wilson，& Hollon，2005；Hunsley & DiGuilio，2002）。本书的作者发现后者的争辩更有说服力。自然，对于研究者来说，做好因个体因素和文化差异使得实证支持疗法产生不同作用的调查研究是很重要的。但是，如果有更有力的证据说明某一治疗方法比特定的治疗方法对某一特定疾病的疗效更好的话，治疗师们应该相信这些证据。在表 14.7 中，我们列出并描述了一些有研究支持的疗法。

好的心理治疗师总是不断学习当前的研究状态的资料，要时时知道哪些治疗有有力的科学支持，哪些没有。

表 14.7　　实证支持疗法

被美国心理学会 12 个分会选出的视作“实证支持”的疗法。

疗法和问题	疗法的描述
抑郁的行为疗法	● 监控并增加积极的日常活动 ● 提高交流技巧 ● 增加自信行为 ● 提高对非抑郁行为的积极强化 ● 减轻生活压力
抑郁的认知行为疗法	● 教会来访者怎样去识别、再评估以及改变与抑郁情感相联系的消极想法 ● 实施间隔测验来准确测量思维的改变 ● 监控并增加日常活动
抑郁的人际治疗	● 帮助来访者识别并解决人际交往中与抑郁紧密联系的困难
暴食症的认知行为疗法	● 教会来访者怎样防止暴食症并创造替代行为 ● 建立一个规律的饮食模式 ● 找出解决暴食症和催吐的高危情境的支持技能 ● 改变对饮食和一个人身体外貌的态度
惊恐障碍的认知行为疗法	● 在治疗期间制造惊恐发作去帮助来访者意识到它们没有那么“危险”（使他们放心他们不会那样的，比如“发疯”或死亡） ● 引入呼吸再培训（慢慢地深呼吸）防止换气过度 ● 控制引起惊恐发作情景的暴露

（Source：Arkowitz & Lilienfeld，2006）

509 **为什么一些无效的治疗方法看似有用？我们是怎样被欺骗的？**

一些治疗师成功地指出了许多缺乏研究支持的干预方法（Lilienfeld，Lynn & Lohr，2003；Norcross，Garofalo，& Koocher，2006；Singer & Nievod，2003）。这些方法中包括许多似乎很怪异的治疗方法，比如海豚疗法、

一些治疗师声称与海豚接触可以治疗一系列的心理问题，包括自闭症。然而，并没有可以支持海豚疗法对任何问题和障碍有效的研究（Marino & Lilienfeld，1998，2007）。

大笑疗法、被外星人劫持而造成创伤的治疗（Appelle，Lynn，& Newman，2000），还有甚至是解决由前世留下来的创伤问题的治疗（Mills & Lynn，2000）。

很多类似的治疗方法的前提都是有问题的；举个例子来说，“原始叫喊疗法”（有时候又称作原始疗法）的支持者认为，从心理伤痛中获得释放的唯一方法是释放一个人神经系统中压抑的愤怒，包括源自于出生创伤的愤怒。然而实际上并没有任何研究支持原始叫喊疗法（Singer & Lalich，1996）。

你怎么认为？

你身边某个重要的人告诉你，你在控制愤怒情绪上有问题，并且向你提议，让你去试试一种名为“愤怒减少疗法”（RRT）的治疗，这个疗法是通过让你大叫和击打无生命的物件来发泄内心的愤怒。在确定这个方法是否安全、有效以及是否有实证支持之前，你有什么问题想问问治疗师呢？

来访者和治疗师是怎样开始相信原本不起作用的治疗是有用的呢？【**学习目标 14.9**】以下的五个原因可以帮助我们理解为什么假冒的疗法可以获得许多人的支持（Arkowitz & Lilienfeld，2006；Beyerstein，1997）：

（1）**自发性缓解**。很多心理问题都是自我限制的或是周期性的，并能在没有任何干预的情况下改善。与一个对自己重要的人断绝关系也许会使我们沮丧一阵子，但是我们中的大多数将会在没有专业帮助的情况下逐渐改善。这个现象被称作自发性缓解。只有当被治疗的人的缓解速度比没有接受过治疗的人快时，我们才可以排除自发性缓解的功效。

排除其他假设的可能性

对于这一研究结论，还有更好的解释吗？

（2）**安慰剂作用**。讨厌的安慰剂作用（见第 2 章）可以导致重要的症状缓解。通过逐渐灌输希望并且深信我们可以迎接生命中的挑战，实际上任何可信的治疗手段都可以对我们缓解消沉的情绪有所帮助。

（3）**自我服务偏见**。来访者在对心理治疗投入了时间、金钱以及情感努力之后，即使他们没有任何改善，他们也会说服自己他们已经得到帮助了，因为这样的投资，通常是他们发现治疗价值的一个强大的心理动力（Axsom & Cooper，1985）。

（4）**趋均回归**。这是一个生活中的统计现象，在再次测验中，趋向两极的值会向中间回归，这个现象被称作趋均回归。当你在第一次心理学测验当中得了 0 分，你就会在这个灰色云彩中看到一线希望：你在第二次测验中一定会做得更好！相反，当你在第一次心理学测验中得了 100 分，下一轮你考的不如第一次的可能性就非常大。精神病理学的分数测量并没有什么不同之处。如果一个来访者在治疗中极其消沉，那么她在之后的几个星期变得不那么消沉的概

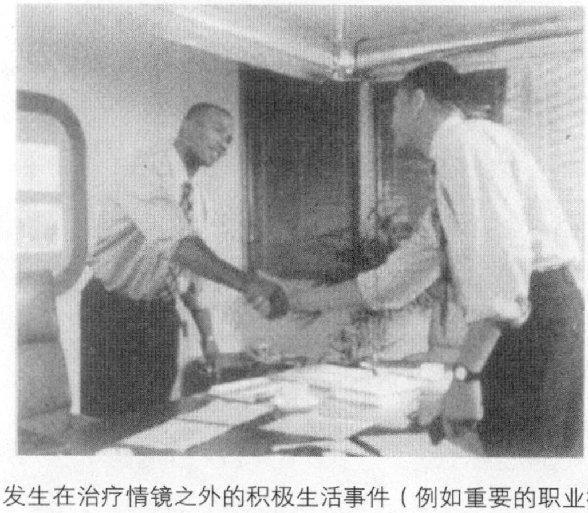

发生在治疗情镜之外的积极生活事件（例如重要的职业提升）可以帮助解释一些心理问题的自发性缓解，比如说抑郁症。

率就会很高。趋均回归现象会愚弄治疗师和来
510 访者的家人相信一个无效的治疗是有效的。评估心理疗法是否有效是件很棘手的事，因为大部分的来访者在接受心理治疗时的症状都是很极端的。

（5）**篡改过去的记忆**。在一些例子中，即使我们没有得到改善，我们也相信已经有好转，这是因为我们错误地记忆了原先（治疗前）的适应水平要比现在差。我们希望在治疗后得到改善，所以就自发地改变了记忆来适应我们的期望。

批判性思考：自助书籍总是有用的吗？

每一年，美国人都可以从 3 500 本新出版的自助书籍中做选择，这些自助书籍几乎包含了所有情况，从获得永恒的幸福、扩展意识到从几乎每个人的失败和弱点的想象中解脱出来的自由。自助书籍是自我提高产业的一个方面，它延伸到网页、杂志、广播、电视节目、CD、DVD、讲座、讲习班和建议栏中。美国人每年用在自助书籍上的花费大约是 6.5 亿美元，而且至少 80% 的治疗师都会向来访者推荐自助书籍（Arkowitz & Lilienfeld, 2007）。

在治疗抑郁、焦虑和其他一些问题上，阅读自助书籍和心理治疗的效果是差不多的（Gould & Clum，1993）。但是，我们要谨记三点。第一，我们不能将有局限性的结果适用于书店里出售的所有自助书籍，因为绝大多数的书籍都是没经过证实的（Rosen，Glasgow，& Moore，2003）。第二，自愿参加关于自助书籍研究的人大多是主动阅读书籍并从中获益的人，而不是那些出于好奇在更轻松的环境下浏览书籍的人。第三，自助书籍可以用于相对较小的问题中，像每天担心的问题和演讲。当调查者（Menchola，Arkowitz，& Burke，2007）检验更严重的问题时，比如严重的抑郁症和惊恐障碍，心理治疗要比自助书籍做得更好，尽管二者都要比没有任何治疗有效。

一些人并不对自助书籍作出反应（Febbraro，Clum，Roodman，et al.，1999），而且许多自助书籍传达的内容远没有达到它所宣称的那样。那些只看见这些书籍封面宣传效果的读者，可能感觉到挫败并且不大可能去寻找更加专业的帮助或在他们的主动权上有所变化。据此，哈尔·阿克维兹和斯科特·利林费尔德（Hal Arkowitz & Scott Lilienfeld，2007）提出了以下在选择自助书籍时的意见：

2007 年最畅销的书——朗达·拜恩（Rhonda Byrne）（上图）的《秘密》——的“秘密”被称为吸引法则——好的想法带来好的东西，坏的想法带
511 来坏的东西。但是至今仍没有证据证明不采取具体的行动好事就会发生的愿望是有效的。我们应该对那些用简单答案来回答复杂问题的自助书籍持怀疑态度。

- 使用有研究支持的书籍并且以正确的心理学原理为根据（Gambrill，1992）。要确定作者所提到的支持他论断的公开的调查研究。有些书籍已经证明有积极的效果，包括大卫·伯恩斯（David Burns）的《好心情》、丹尼斯·格林伯格（Dennis Greenberger）和克里斯汀·帕蒂斯基（Christine Padesky）的《理智胜过情感》和乔治·克拉姆（George Clum）的《应对恐慌》。
- 评估作者的资质。作者有没有受到专业的培训并且是否有专家的水平来写这个主题？
- 要对那些夸下海口的书有警惕性，比如说五分钟治疗恐惧症。2007 年最畅销的书《秘密》（Bytne，2007），奥普拉·温弗瑞（Oprah Winfrey）曾经使她的读者相信仅仅是积极的思维就可以治愈癌症，帮助一个人成为百万富翁，或者达到一个人任何

想要的目标。然而现在仍然没有一丁点儿的研究依据可以证明这类痴心妄想是有帮助的（Smythe，2007）。

- 当心以“一劳永逸”为主要观点的书。一本告诉我们总是向我们的关系伙伴发泄我们的愤怒的书，将无法使我们考虑到复杂而又特殊的关系问题。
- 像临床抑郁症、强迫症或者精神分裂症这样的严重问题，更应该有专业的帮助而不仅仅是来访者自助。

★小测试

1. 对心理问题采取一些措施并不一定比什么都不做要好。 正确 错误
2. 行为疗法比其他大多数的疗法要差一些。 正确 错误
3. 心理问题的自发性缓解是很罕见的。 正确 错误
4. 心理治疗师通常会回避介绍自助书籍给来访者。 正确 错误

答案：（1）对（p.506）；（2）错（p.508）；（3）错（p.509）；（4）错（p.510）

生物治疗：药物、物理刺激与外科手术

生物治疗——包括药物、刺激技术以及大脑外科手术——直接地改变了大脑的化学成分或者生理机能。心理治疗的方法从20世纪70年代开始至今已经翻了不止三倍，抗抑郁的处方药从1988年到1994年以及从1990年到2000年两个阶段中都翻了三倍（Smith，2005）。很多人还很惊讶有10%的重度抑郁症的住院病人至今仍旧接受电休克疗法（ECT）——通常被称为“休克疗法”，即用细小的电流刺激人的大脑以提升他们的情绪（Olfson，Marcus，Sackeim，et al.，1998）。到了20世纪50年代，有50 000名病人接受了精神外科的治疗，具体来说就是将他们的额叶或者大脑的某个区域损坏或者移除，来控制严重的心理障碍（Tooth & Newton，1961；Valenstein，1973）。现在，外科医生很少做像这样的手术了，这反映了对心理外科手术环境的争论，表明危险性较小的手术有利于很多严重心理问题的事实。就像我们探讨各种生物治疗的利弊一样，我们会看到每一种方法都有反对它和支持它的人。

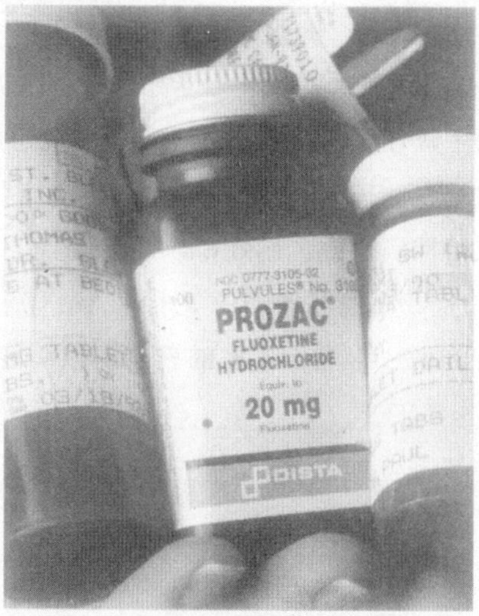

百忧解（氟西汀）是SSRI药物的第一代产品，它们用来治疗抑郁以及其他一系列的心理疾病。

512 ### 药物疗法：调整大脑中的化学物质

我们将从**药物疗法**（使用药物来治疗心理问题）开始我们生物疗的旅途。实质上用心理疗法治疗每一种心理障碍都伴有药物的使用。1954年，“药理学革命”中提到氯丙嗪（氯普马嗪）药物广泛地使用于治疗严重的心理障碍。这是专家第一次可以开出强效药方去缓解精

药物疗法（pharmacotherapy）
使用药物来治疗心理问题。

神分裂症及其相关症状（见第 13 章）。到了 1970 年，那是对任何一个患有精神分裂症的病人来说都不同寻常的一年，因为开始被大家所了解，他们可以不必服用氯丙嗪或者另一种“主要镇静剂”。

药剂公司很快认识到大范围运用药物治疗病人的前景，而且他们的努力得到了优厚的回报。研究者发现这样的情感风暴，即那些被双相障碍困扰着的人们可以通过使用碳酸锂、酰胺咪嗪以及一些新生代的情绪稳定剂类药物来缓解。对人们来说，药物治疗远不止用于那些普通条件下与病魔抗争的人，还可以应用于在当众发表演说的残酷现实压力的情况下产生的焦虑。就像在 2004 年，10% 的成年女性和 4% 的成年男性都持续使用了抗抑郁的药物（Smith，2005）。我们可以把数目惊人的治疗抑郁的处方大大归功于 SSRI（selective serotonin reuptake inhibitor，选择性血清素再摄取抑制剂）这类抗抑郁药物受欢迎的现象，这些药物包括百忧解、左洛夏以及帕罗西汀，这些药物都可以提高神经递质血清素的水平。

在表 14.8 中，我们列出了常用的药物以及它们治疗焦虑障碍（减轻焦虑或者抗焦虑的药物）、抑郁症（抗抑郁药物）、双相障碍（情绪稳定剂）、精神类疾病（安定药、抗精神病药或者强效镇静剂），还有注意力问题（精神振奋药物）的原理。**【学习目标 14.10】**就像我们从表中看到的，很多像这样的药物可以缓解多种心理症状。

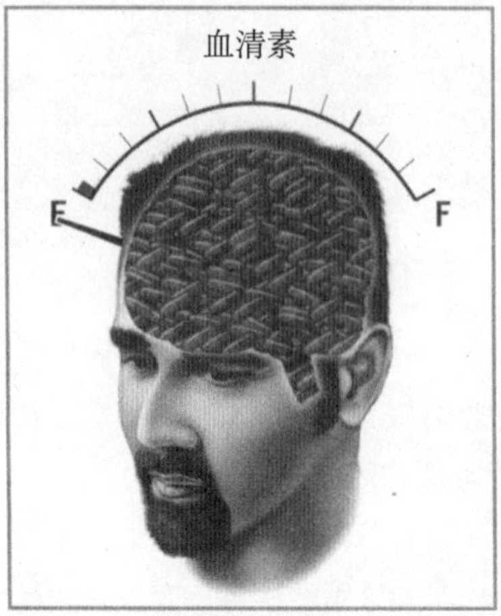

虽然很多药物厂家的广告有过暗示，但是没有证据可以证明 SSRI 这类药物或者其他药物仅仅是通过纠正大脑中血清素（或其他的神经递质）的“化学不平衡”起作用的。这些药物也许是通过更复杂的机制来运转的。

然而，在评价这个表的时候，我们应该提醒自己，我们并不确定大多数药物是怎样起作用的。虽然药物厂家的各种广告（包括那些我们在电视上看到的）通常向我们宣传那些药物——尤其是抗抑郁药物——可以纠正大脑中的“化学失衡”，但是这个概念几乎被过于简化了。首先，很多药物可能会作用于多种神经递质系统。其次，没有任何科学依据可以证明血清素或者大脑中的其他神经递质已经达到了一个“最理想的”水平（Lacasse & Leo，2005）。最后，很多药物（包括抗抑郁药物）很可能通过影响受体的敏感度来发挥这些药物的效果，而不是神经递质的水平（见第 3 章）。

现如今，心理学家通常参考精神科医生以及其他有处方权的专家来确定病人的治疗方案。直到最近，只有精神科医生以及少数一些其他的精神健康专家（如精神科护理从业者）可以开这方面的处方药物。但是从 1999 年开始，美国关岛属地的心理学家获得官方允许可以开处方药，之后又有两个州同样得到官方许可（新墨西哥州在 2002 年，路易斯安那州在 2004 年）。在获得开处方药的权利之前，这些心理学家必须首先完成一项关于心理学、生理解剖学以及精神药理学的职业培训课程（学习能够影响心理机能的药物）。然而，允许心理学家开处方药的不断增长的趋势引起了激烈的争论，部分原因是很多批评家认为生理学家并没有获得足够的生理解剖学以及人体生理学的知识去评估使用药物后的结果以及药物的副作用（Stuart & Heiby，2007）。

你怎么认为? 514

一位朋友已经用 SSRI 治疗抑郁症好几年了，并且他发现现在的药物和剂量对他似乎不再有效了。他很困惑为什么会发生这样的事，因为他认为药物仅仅是治疗他大脑中的化学失衡而已。你会如何解释帮助他明白他的抑郁比化学失衡更复杂?

慎重考虑：剂量和副作用 药物疗法并不是万灵的。实际上几乎所有的药物都需要同时考量它们的益处和潜在的副作用。**【学习目标 14.11】**大多数不良反应，

表 14.8 心理障碍常用药物的名称、作用机制以及其他用法

	药物	举例	作用	其他用法
抗焦虑药物	苯二氮卓类	地西泮（安定）、阿普唑仑（佳乐定）、氯硝西泮（氯硝安定）、劳拉西泮（乐耐平）	提高与受体绑定的 γ-氨基丁酸的效能	通过与抗精神病药一起使用，治疗药物副作用，戒去酒瘾
	丁螺环酮（布匹隆）		巩固血清素水平	抑郁和焦虑状态；有时候与抗精神病药一起使用；脑损伤和痴呆者的攻击行为
	β-受体阻滞药	阿替洛尔（天诺敏）、普萘洛尔（心得安）	限制控制心脏和肌肉功能的去甲肾上腺素受体；减缓心脏跳动、肌肉紧张	控制血压，调节心脏跳动
抗抑郁药物	单胺氧化酶（MAO）抑制剂	异卡波肼（马普兰）、苯乙肼、强内心百乐明（反苯环丙胺）	抑制新陈代谢去甲肾上腺素以及血清素酶的作用；抑制多巴胺的作用	惊恐以及其他焦虑障碍
	环类抗抑郁药	阿米替林（依拉维）、丙咪嗪（托弗尼尔）、去甲丙咪嗪（地昔帕明）、去甲阿米替林（去甲替林）	抑制去甲肾上腺素和血清素的再摄取	惊恐以及其他焦虑障碍，疼痛缓解
	SSRIs（选择性血清素再摄取抑制剂）	氟西汀（百忧解）、西酞普兰（西普妙）、舍曲林（左洛复）	选择性抑制血清素的再摄取	饮食障碍（尤其是暴食症）、强迫症、社交恐惧症
情绪稳定剂	无机盐	碳酸锂（锂）	减少去甲肾上腺素，增加血清素	
	抗惊厥药	卡马西平（得理多）、拉莫三嗪（利必通）、丙戊酸钠	提高神经递质 γ-氨基丁酸的水平，抑制去甲肾上腺素的再摄取（得理多）	双相障碍
抗精神病药	常规的抗精神病药	安定（氯丙嗪）、氟哌啶醇（氟哌丁苯）	阻滞多巴胺突触后受体	特纳综合征（氟哌丁苯）、不适用氯氮平的双向情感障碍
	血清素－多巴胺抑制剂（非典型性抗精神病药）	氯氮平、利螺环酮（维思通）、奥氮平（再普乐）、齐拉西酮、喹硫平（思乐康）	阻滞血清素和/或多巴胺的活动；同样作用于去甲肾上腺素、乙酰胆碱	
精神刺激药物以及其他用来治疗注意问题的药物	哌甲酯（利他林、专思达）、安非他命（阿德拉）、右哌甲酯（夫卡林）		释放去甲肾上腺素、多巴胺、大脑额叶（注意和行为的调节中心）的血清素	
	阿托莫西汀（择思达）		选择性抑制去甲肾上腺素的再摄取	

包括恶心呕吐、瞌睡、虚弱、疲劳以及性功能下降，这些反应在停用之后或者当药性减弱的时候就可以恢复。然而，这并不是迟发性运动障碍（TD），它是一些抗抑郁药物（即被用来治疗精神分裂症和其他的精神疾病的药物）所产生的严重副作用。迟发性运动障碍的症状包括面部肌肉、嘴部、脖子的颤动，胳膊和腿的奇怪的无意识运动。很多时候，这种紊乱初见于几年的高剂量药物治疗之后（迟发性，意思是表现迟缓），但它也偶见于只有几个月的低剂量治疗之后（Simpson & Kline，1976）。新型的抗精神病药，比如说利培酮，通常导致严重不良反应更少，但它们价格不菲（Correll & Schenk，2008）。

世上没有万应灵药：对药物的不同反应　开处方药物的专家必须一如既往地谨慎对待药物。人们对相同剂量的药物反应并不是完全一致的。体重、年龄甚至是种族差异通常都会影响药物反应。非裔美国人在某些抗焦虑和抗抑郁药物的剂量需要上往往更少一些，并且他们比白人起反应要快，同时亚洲人新陈代谢（分解）这些药物比白人要慢（Baker & Bell，1999；CampinhaBacote，2002；Strickland，Stein，Lin，et al.，1997）。因为有些人会从生理和心理上变得依赖药物，比如说被广泛使用的抗焦虑的处方药安定和阿普唑仑（苯二氮卓类），医生们尝试去找出使药物达到积极效果同时把副作用的不舒适感降到最低的最少剂量（Wigal et al.，2006）。停止服用某些药物，如那些用来治疗焦虑和抑郁的药，必须逐渐减少剂量从而使停止服用药物的反应（包括紧张感和焦虑感）降到最小（Lejoyeux & Ades，1997）。

患有注意缺陷多动障碍（ADHD）的儿童通常从刺激药物中获益。然而，有些批评家指出药物剂量过重了，尤其是对那些仅仅是轻微多动、注意力不集中，或者是年龄性冲动的小孩。

药物在试验中：有害还是处方过量？　有些心理学家提出了一些关于SSRI药物作用的严重问题，尤其是存在于儿童和青少年中的问题（Kendall，Pilling，& Whittington，2005）。虽然缺少有力的证据证明这些药确实增加了人们自杀的想法，但在社会群体中有较广泛的迹象表明SSRI药物的使用加大了18岁以下人群的自杀倾向。由于这个原因，美国食品药品监督管理局（FDA）现在要求药物制造商要在SSRI药物的标签上注明它们可能产生自杀危险的警告。在这些“黑盒子”警告（之所以这样称呼它们是因为它们被装入一个在药物标签上有黑色边框的盒子）下，抗抑郁处方药的销量下降了将近20%（Nemeroff et al.，2007）。

公众关心的有关药物治疗的另一个方面是处方过量。针对注意缺陷多动障碍（ADHD）的精神刺激药物比如说利他灵（哌甲酯）的使用，父母、老师还有实施
帮助的专家都表示特别担忧，并且尽可能寻找替代物和 515
更加有效的方法来集中注意力（LeFever，Arcona，& Antonuccio，2003；Safer，2000）。20世纪90年代早期开始，ADHD的处方药数量已经翻了四倍。虽然很少人知道6岁以下孩子服用利他灵的长期安全性，但是对2到4岁孩子开处方药仅仅从1991年到1995年就翻了三倍（Bentley & Walsh，2006）。不良反应包括失眠、过敏、心脏并发症和成长受阻。

识别假象

假象：用ADHD药物治疗病人非常有效的一种方法是减少病人饮食中的糖分。

事实：没有任何有力的证据可以证明减少儿童饮食中的糖分并结合ADHD药物或者其他的饮食改变（像排除人工食用色素或者味道）——能促进他们改善症状（Waschbusch & Hill，2003）。

最终关注的主要领域是复方用药：一次开很多的药物，有时候是五种或更多。这种行为如果没有得到小心的监督是很危险的，因为某些药物可能会干扰其他药物

的作用或者和它们在一起相互作用产生很大的危险。在老年人中复方用药是一个非常特别的问题，尤其老年人将渐渐变得容易受到药物副作用的影响（Fulton & Allen，2005）。

用药治疗还是不用药治疗，这是一个问题。在很多例子中，不配合附加的药物治疗，心理疗法就可以成功地治疗多种障碍。至少认知行为疗法就和抗抑郁药一样有用，甚至能治疗很严重的抑郁症，并且在防止复发方面可能比抗抑郁药更有效（DeRubeis，Brotman，& Gibbons，2005）。单独使用心理治疗对很多焦虑障碍、情绪不良、暴食症还有失眠也很有效（Otto，Smits，& Reese，2005；Thase，2000）。对复方用药的批评主要集中在药物治疗在帮助病人学习社交技能、缓解自我伤害行为或者应对冲突方面没有什么价值。实际上，有些病人当他们停止用药之后就又复发了（Hollon，Haman，& Brown，2002）。举个例子说，当患有焦虑障碍的病人停止使用他们的药物，一半或一半以上可能复发（Marks，Swinson，Basoglu，et al.，1993）。与长时间的耗时耗力相比，心理治疗可能没有药物治疗那么昂贵，所以先尝试心理治疗常常更有意义（Arkowitz & Lilienfeld，2007）。

将药物治疗和心理治疗合并在一起依然有着明显的优点（Thase，2000）。当药效对人们的症状有非常大的作用，或者单独的心理治疗在两个月时间之后仍旧不起作用的时候，加入药物治疗通常是很有道理的。通常，研究显示将药物治疗和心理治疗合并在一起来治疗精神分裂症、双相障碍、长期的重度抑郁症以及伴有精神性症状的重度抑郁症是有充分理由的（Otto et al.，2005；Thase，2000）。

电刺激：正确的观念和误解

思考下面对**电休克疗法**（ECT）的解释：

用带子把你绑在一个担架上，然后将你推进电休克治疗的房间。电击设备一览无余。护士会把电极放在你的身上。你会被打上一针……当你醒来的时候就在医院的床上了。你会很困惑地发现恢复记忆是那么难……你定期接受电休克疗法，但是肯定发生了一些事。也许它被延期了。但是护士一直在问："你感觉怎么样？"你会自己告诉自己"电刺激一定已经结束了"；但是你记不起来了。你已经忘记了，但是有些关于它的记忆保存下来了。（Taylor，1975，p.33）

电休克疗法：事实和假象　这里到底发生了什么？医疗人士首先会注射一种肌肉松弛剂，然后对病人的脑部实施轻微的电脉冲，用来缓解对其他治疗没有反应的严重抑郁。医生一般会向患有严重抑郁、双相障碍、精神分裂症以及紧张性精神症（见第 13 章）的个体推荐电休克疗法，并且只有当心理治疗和综合性治疗都失败了的时候，这才是最后的手段。典型的电休克疗法的过程是 6 到 10 个疗程，一个星期实施三次。

516

识别假象

假象：接受电休克疗法的病人出现猛烈抽搐，有时候会导致严重的伤害。

事实：虽然几十年前是这样，而且在一些发展中国家它仍旧存在（Giles，2002），现在在实施电休克疗法中会配合使用肌肉松弛剂还有麻醉去防止猛烈抽搐。在如今的西方国家，电休克疗法比麻醉本身更不具危险性。

对电休克疗法的误解大量存在，例如电休克疗法是痛苦的或者危险的以及它总是会导致长期的记忆丢失、人格改变甚至大脑损伤等（Dowman，Patel & Rajput，

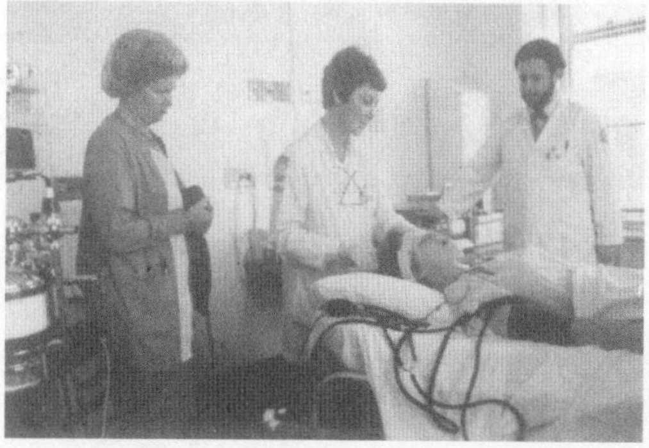

一个专家组正在实施电休克疗法。

电休克疗法（electroconvulsive therapy，ECT）
对病人的脑部实施短暂的电刺激，来治疗严重的心理问题。

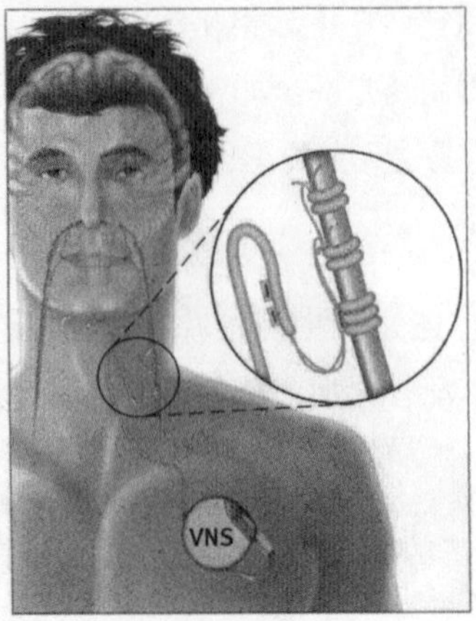

一个小的电装置被植入人靠近胸骨的皮下组织来刺激迷走神经以治疗严重的抑郁症。

2005；Malcom，1989；Santa Maria，Baumeister，& Gouvier，1999）。**【学习目标 14.12】**这不足为奇，大多数的美国人对电休克疗法持消极态度。

然而，当研究者采访体验过电休克疗法的人时，结果看起来就变得不一样了。在一项关于 24 名病人的研究中，91% 的人反馈他们很高兴接受电休克疗法治疗（Goodman，Krahn，Smith，et al.，1999）。在另一项研究中，98% 的病人表示如果他们的抑郁复发的话，仍旧会尝试电休克疗法，并且 62% 的人表示电休克疗法比拜访牙科医生带来的恐惧更少（Pettinati，Taimburello，Ruetsch，et al.，1994）。更重要的是，研究报告显示电休克疗法对于重度抑郁症的治疗将近有 80% 到 90% 的改善率（American Psychiatric Association，2001），更加表明大众对于电休克疗法的不利看法是没有依据的。

虽然很多来访者报告在接受电休克疗法治疗后感觉更好，但他们并不能一直展示抑郁症的客观测量和心理机能之间平行改变的证据（Scovern & Kilmann，1980）。由于电休克疗法提升了大脑中血清素的水平，所以它可能会很有效（Rasmussen，Sampson，& Rummans，2002）。一个相对立的假设就是电休克疗法引起一种希望改善的强烈期望并且像一个“电安慰剂”。但是研究表明电休克疗法的作用比“赝品”（假的）电休克疗法更有效，从而使这个解释不攻自破（Carney et al.，2003）。

排除其他假设的可能性
对于这一研究结论，还有更好的解释吗?

像刚刚我们介绍的那个结论一样，电休克疗法可以制造出短期的混淆以及模糊记忆。在很多例子中，失忆仅仅局限于治疗之前正好发生的某些事情，并且这种症状大致在几个星期内就会减轻（Sackeim，1986）。但是，在对接受电休克疗法治疗的团体病人的最初长期研究中，研究者发现记忆问题和注意力问题会在某些病人接受治疗后持续存在 6 个月（Sackeim et al.，2007）。当电休克疗法被使用之前，医师、病人以及家属必须认真考虑到底治疗价值跟潜在的不良影响哪个更重要。

迷走神经刺激　一项最新的研究显示，外科医生现在可以将一个小的电装置植入人靠近胸骨的皮下组织来刺激迷走神经以治疗严重的抑郁症。迷走神经影响到脑部的许多区域，并且研究相信电脉冲该神经可以刺激血清素同时促进脑部的血液循环（George et al.，2000）。美国食品药品监督管理局已经证实这样治疗抑郁的步骤对其他治疗并没有反应，但是它缺乏良好的控制和大范围的研究。在一项研究中，接受这种装置的治疗、没有让装置真正工作的病人的表现和那些装置真正工作的病人的表现一样好，这表明这一好转可能归功于安慰剂作用（Rush et al.，2005）。即使将来有研究表明迷走神经刺激是有效的，在尝试使用这项治疗的决定之前需要考量它潜在的副作用，比如说头痛、颈痛、咳嗽还有声音变化。

排除其他假设的可能性
对于这一研究结论，还有更好的解释吗?

精神外科手术：最后的选择

精神外科手术，或者说治疗心理障碍的脑部外科手术，是最彻底的生物治疗。所以它引起了争论大爆炸不足为奇。对精神外科手术持反对意见的人提出了关于损毁大脑组织去控制行为和情感的问题、使用精神外科手术去进

精神外科手术（psychosurgery）
治疗心理问题的脑部外科手术。

行社会控制以及围绕这样的控制是否合乎道德等问题。

为了理解争论，我们必须了解它的历史。就像在新型治疗方法上经常发生的那样，精神外科手术在 20 世纪被引进以后不久，它就被称作是一种有前途的革新。精
517 神外科手术一直都很流行直到 20 世纪 50 年代中期，热情逐渐在“丧失人性的木乃伊”报道中和大量可选择的药物可以替代外科手术的情况下渐渐退去（Mashour，Walker，& Matuza，2005；Valenstein，1973）。对于大多数的批评，在考量所有的代价——损伤记忆、降低情感和创造力以及脑部外科手术的危险——之后，精神外科学的优点是极少的（Neville，1978）。

在 20 世纪 60 年代，外科医生提出了新型的世界领先的精神外科手术。程序包括在扁桃体或者其他大脑边缘系统如扣带皮层（在控制情感上起了关键作用）（见第 3 章）创造一个小的创口。外科医生用超声波、电流，冻结组织，以及植入放射性材料代替原始的步骤。伴随着现代精神外科技术的出现，对身体的负面影响开始变得很少了。

现在，外科医生有时候把精神外科手术当做治疗一些复杂条件下的病人的最后方法，比如说严重的强迫症、重度抑郁症以及双相障碍。在一个使用严格改进标准的研究中，33 个对其他所有治疗都没反应的强迫症病人里有 25% 到 30% 基本上都从精神外科手术中获益了（Jenike et al.，1991）。不幸的是，很少有对精神外科手术进行长期的、良好控制的研究，并且缺少关于病人反应极好的数据。甚至当精神外科手术成功了的时候，我们大可以改变解释，包括用安慰剂效应以及自我服务偏见去解释显而易见的治疗成果（Dawes，1994）。

人们对外科手术的态度和想法可能受到田纳西·威廉斯（Tennessee Williams）在 1994 年演的备受喝彩的戏剧——《玻璃动物园》的影响。它的主角，劳拉（Laura），以剧作家的妹妹罗斯（Rose）为原型，她在威廉斯写这个戏剧的几年前，曾经忍受了一个粗劣的精神外科手术来治疗她的“严重精神错乱”。

排除其他假设的可能性

对于这一研究结论，还有更好的解释吗？

因认识到需要保护病人的利益，机构审查委员会（IRBs；见第 2 章）必须核准外科医生实施的每一例精神外科手术。机构审查委员会帮助确保：（1）在手术中有一个清晰的基本原理；（2）病人已经接受恰当的手术前和手术后评估；（3）病人必须同意接受手术；（4）外科医生必须有实施该程序的法定资质（Mashour et al.，2005）。科学研究可能产生更多的精神外科手术的有效形式，但是围绕着这些手术的伦理争论可能还会持续。

★小测试

1. 第一种主要治疗心理问题的药物是用来治疗双相障碍的。　正确　错误
2. 抗精神疾病药物的一个严重副作用就是迟发性运动障碍。　正确　错误
3. 不同种族和文化的人们对相同的药物反应相同。　正确　错误
4. 大多数人在接受过电休克治疗后经历了长期持续的大脑损伤。　正确　错误

答案：（1）错（p.512）；（2）对（p.514）；（3）错（p.514）；（4）错（p.516）

518

全面的复习体系

心理治疗：来访者和治疗师（pp.490–494）

14.1 描述谁会寻求治疗，谁能从心理治疗中获益，谁来进行心理治疗

治疗师治疗所有年龄、阶层、文化还有种族背景的人。患有焦虑、小问题或临时问题的个体可能都会受益于治疗。社会经济状况、性别、年龄和种族特点并不能预测治疗结果。

1. ______可以被定义为帮助人们解决情绪、行为和人际关系问题并且提高他们生活品质的一种心理干预。（p.490）
2. 通常，（女性 / 男性）更容易求助心理治疗。（p.491）
3. 西班牙裔美国人比非西班牙裔美国人更（少 / 多）寻求心理健康帮助。（p.491）
4. 研究表明人们经常（等待 / 迅速）求助治疗来解决问题。（p.491）
5. 从 1964 年的一项治疗人群调查中可以看出，理想的来访者是什么样的？这样的观点在今天改变了吗？（p.492）

14.2 鉴别专业人员与准专业人员在培训和治疗成效上的差别

未经正式培训的没有执照的准专业人员，跟有执照的专家一样，可以和治疗师一样有效。

6. 一个没有接受过专业培训却提供心理健康服务的人被称为______。（p.491）
7. 在很多国家，治疗师这个术语（受到 / 不受到）法律保护。（p.491）

14.3 描述怎样成为一个合格的心理治疗师

热情、选择重要的话题讨论、不反驳来访者并且有建立一个积极关系的能力是一个治疗师产生效果的最重要的决定因素。

8. 一个治疗师经常提到他 / 她的个人生活，这对我们的治疗更（有效 / 无效）。（p.493）
9. 为了能成功地进行心理治疗，______的选择可能经常比______更重要。（p.493）
10. 在电视连续剧《黑道家族》中，来访者和治疗师的关系是怎样的？（p.493）

519

不同“风味”的治疗方法：治疗方法的回顾（pp.494–505）

14.4 描述精神动力疗法和人本主义疗法的核心思想及对它们的批评

精神动力疗法的核心思想是无意识的重要性、童年经历、情感的表达、对旧时重大事件的重新体验以及学会内省。精神动力疗法的证据都在于小而高标准地选择来访者样本、轶事研究以及疗效值得怀疑的内省疗法上。人本主义疗法持这样的观点，即自我实现是人类一个普遍的内驱力，并且采纳了一个基于来访者努力实现他们潜能的经验方法。研究表明真诚、无条件积极关注还有共情是改善来访者状况的必要条件，但不是充分条件。

11. 在______技术中，来访者被允许表达他们自己的想法而没有任何形式的审查。（p.495）
12. 新弗洛伊德学说比弗洛伊德学说（更多地 / 较少地）强调无意识。（p.495）

参考答案在本书的结尾处

13. 在罗杰斯的______疗法中，治疗师使用情感反映向来访者传达共情。(p.497)

14.5　阐述行为疗法和认知行为疗法的特点

行为疗法根据科学的方法并以学习原理为基础。认知行为疗法治疗师改变在不健康的情绪和行为中起到关键作用的不合理信念。

14. 使来访者与他们平常害怕的目标物直接面对面以减少这种恐惧的一系列步骤叫做______。(p.498)
15. 暴露疗法怎么实施？它怎样帮助人们克服对飞行的恐惧？(p.499)

16. 来访者在______期间，长时间地暴露在他们最害怕的刺激想象中。(p.499)
17. ______什么是 EMDR 疗法，以及它怎样减轻焦虑症的症状？(p.500)

18. 埃利斯的理性情绪行为疗法 (REBT) 强调我们的______系统在心理机能方面起到非常重要的作用。(p.501)

14.6　列举团体疗法的优点

团体辅导的方式遍及所有学校并且它们非常有效，节省时间，花费要比个体方法少。参与者从他人的经历中学习，从反馈意见中受益匪浅并且可以模仿他人的行为，同时可以发现存在的问题而且苦难是普遍的。

19. 相比接受其他疗法的人，例如认知行为疗法等，那些参加过嗜酒者互诫协会的人对于获得成功 (更容易些 / 没有什么不同)。(p.504)

14.7　阐述治疗家庭系统功能障碍的不同方法

家庭疗法处理家庭系统中的问题。策略家庭治疗师消除家庭成员间的阻碍以实现有效的交流，但是结构家庭治疗师需要改变家庭已经建立好的人际互动方式。

20. 研究表明家庭治疗与个体治疗相比 (一样有效 / 没它有效)。(p.505)

心理治疗有效吗？(pp.506–511)　*520*

14.8　评价“所有心理治疗作用都一样”的观点

许多治疗是有效的。然而，有些治疗，包括行为疗法和认知行为疗法，有时候在治疗特殊问题时要比其他治疗方法更有效些，比如说焦虑障碍。而且这些其他疗法可能是有害的。

21. 渡渡鸟论断表明所有形式的心理治疗都同等______。(p.506)
22. 研究者对渡渡鸟论断是正确的 (达成了共识 / 没有达成共识)。(p.506)
23. 研究表明行为疗法和认知行为疗法与其他治疗儿童和青年人的行为问题的方法相比 (更有效 / 更没有效)。(p.506)
24. 很多研究表明接受心理治疗的 (20%/80%) 的人比没有接受心理治疗的平均水平要好。(p.506)
25. 直接恐吓疗法有效性研究表明了什么？(p.507)

26. ______在治疗特殊障碍方面拥有大量科学证据的支持。(p.506)

14.9　解释为什么无效的疗法看似有效

不起作用的治疗方法变得有作用了是因为自发性缓解、安慰剂作用、自我服务偏见、趋均回归，还有篡改过去的记忆。

27. 对于心理问题，什么样的影响可以使生活事件变得积极，例如重大的职位提升？（p.509）

28. 即使没有任何改进，来访者在对心理治疗投入了时间、金钱以及情感努力之后，他们会说服自己他们已经被帮助了。这样的一个心理现象被称作______。（p.509）

29. 根据趋均回归现象，如果一个来访者在治疗中极其消沉，那么她在之后的几个星期变得不那么消沉的概率就会（很高 / 很低）。（p.509）

30. 美国人每年花 6.5 亿美元在______上来确保自我提升。（p.510）

521

生物治疗：药物、物理刺激与外科手术（pp.511–517）

14.10 阐述不同形式药物治疗所配套使用的药物

药物可以用于治疗精神性问题（安定药、抗精神病药或者强效镇静剂）、双相障碍（情绪稳定剂）、抑郁症（抗抑郁药物）、焦虑障碍（减轻焦虑或抗焦虑的药物），还有注意问题（精神刺激药物）。

31. 使用药物治疗心理问题的方法称作______。（p.512）

32. 最早的用来治疗心理问题的主要药物，氯丙嗪，是用来治疗______的。（p.512）

33. 百忧解和左洛夏是最有名的______抑制剂。（p.512）

34.（有 / 没有）任何科学依据可以证明血清素或者大脑中的其他神经递质已经达到了一个“最理想的”水平。（p.512）

14.11 掌握药物疗法中重要的注意事项

开处方药的人必须清楚地知道药物的副作用，不要过量地开处方药，与此同时还要监测多种药物同时使用的影响（复方用药）。

35. 不同种族和年龄的人对同样的药物反应（相同 / 不同）。（p.514）

36.SSRI 药物的安全性和有效性在______和______使用时已经受到质疑，因为这些药物可能加大了自杀的倾向。（p.514）

37. 对 ADHD 的心理治疗，比如说利他灵的使用，许多人表示______并且尽可能寻找替代物和更加有效的方法。（pp.514–515）

14.12 了解对电休克疗法的误解

与大众的想法正好相反，电休克疗法（ECT）不痛苦也不危险并且不会产生永久性失忆、人格改变或者大脑损伤。

38. 在______期间，来访者的脑部会被实施轻微的电脉冲，用来治疗严重的心理问题。（p.515）

39. 迷走神经刺激是怎么起作用的？有没有研究表明它是一个有效的治疗方法？（p.516）

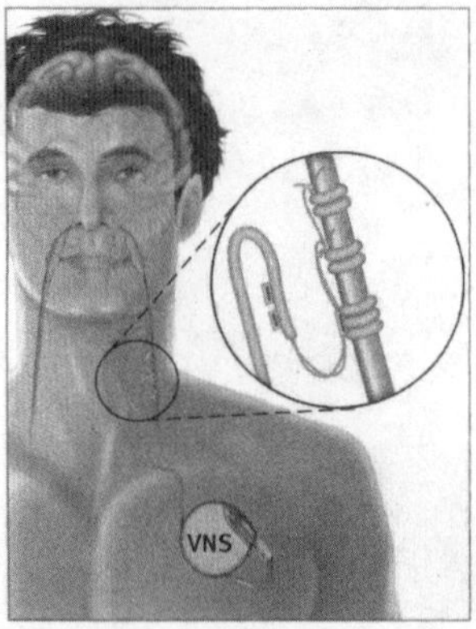

40. 定义精神外科手术并且解释一下围绕这个疗法的争论，它在《玻璃动物园》中被描绘成什么？（pp.516–517）

思维技能训练

问题与总结

1. 你的父母正在闹离婚。你的父亲在极力调节，然而他拒绝你提出的让他去跟心理治疗师聊聊的建议。你怎样消除他关于谁寻求心理治疗并从中获益的先入为主的观念？
2. 一个朋友说他买了很多自助书籍，但是它们都不管用。你会给他怎样的科学引导来帮助他选择更有效的书籍呢？

排除其他假设的可能性
pp.492，495，496，503，509，516，517

可证伪性
pp.496，497，500

可重复性
pp.491，496

特别声明
p.499

奥卡姆剃刀原理
p.500

参考答案

第 1 章 心理学与科学思维

心理学是什么？常识还是科学？

1. 眼见为实
2. 桌子顶部大小相同：一张桌子可以直接叠加在另一张上。尽管很多时候我们的感觉是对的，但是我们不能总是相信它给我们提供的世界是无差错的。
3. 不会
4. 途径
5. 证实偏差
6. 信念固着
7. 经常
8. 科学理论
9. 理论；假设
10. (1) 假设；(2) 理论；(3) 理论；(4) 假设；(5) 假设

伪心理学：披着科学的外衣

11. 错误信息
12. 95
13. 心理治疗
14. 广泛
15. (1) b；(2) c；(3) e；(4) g；(5) d；(6) a；(7) f
16. 无关
17. 机遇
18. 不可预测的
19. 坎迪斯·纽麦克在接受伪科学再生疗法时，因窒息而死的悲惨事件告诉我们伪科学伤害很大，甚至会导致死亡。
20. 有效治疗方法

科学思维：辨别真伪

21. 科学怀疑论者
22. 批判性（科学）思维
23. 能
24. 解释
25. 相关—因果谬论
26. 可证伪性
27. 可重复性
28. 精简原则
29. 对于麦田怪圈的产生有两种解释，一种是超自然，另一种是自然原因。根据奥卡姆剃刀原理，我们应该选择简单的解释。
30. (1) d；(2) a；(3) b；(4) e；(5) f；(6) c

心理学的过去和现在：一个漫长而奇特的旅程

31. 内省
32. 威廉·詹姆斯
33. 黑箱
34. 理解
35. 无意间泄露的心事
36. 不需要
37. 不同的
38. 大部分发展心理学家将时间花在实验室，对儿童行为的数据进行收集和分析。
39. 进化心理学
40. 幻觉

心理学应用：科学探索每一天

41. 基础研究；应用研究
42. 柠檬黄
43. 三
44. 61
45. J.B. 华生
46. 人的面部在左边出现比在右边出现更能吸引读者注意。相反，在教科书上，放在右边比左边更能吸引读者注意。
47. SAT；ACT
48. 同时
49. 连续
50. 克拉克夫妇（1950）开创式的研究表明，非裔美国小孩更喜欢白色布娃娃，美国最高法院规定让学校实行隔离的做法对黑人小孩的自尊产生了负面影响。

第 2 章 研究方法

良好的研究设计的合理性和必要性

1. 研究设计
2. 如同我们很多人有时做的一样，拜克伦陷入了证实偏差。他相信辅助沟通训练会解开自闭症儿童的心扉，并且也能发现他想要发现的。唯有谨慎的、无偏的研究才能找出对事物本质的解释。
3. 启发式
4. 代表性
5. 基础比率
6. 可得性
7. 由于依赖于加利福尼亚在西海岸这一思维片段或启发式，大多数人忘记了或者根本不知道加利福尼亚的一大块在内华达的东部。
8. 认知偏差
9. 后视偏差
10. 过度自信

科学的方法：技能的工具箱

11. 个案研究；相关设计
12. 增大
13. 特例并不能证明相关系数的存在是错误的。除非这个相关系数是完全相关（1.0 或者是 -1.0），否则某些特例在数理上仍然是必要的。
14. 实验
15. 可以；不可以
16. 控制
17. 信度；效度
18. 安慰剂；盲
19. 实验者效应
20. 民意调查机构得到了错误的结果很大程度上是由于他们的结果是以电话调查为基础的。回顾 1948 年，共和党人（较为富有）比民主党人中拥有电话的更多，从而导致取样偏差并且歪曲了预选的预测结果。

研究设计中的伦理问题

21. 伦理问题
22. 机构审查委员会
23. 知情同意
24. 欺骗
25. 不被
26. 所有的研究在实施之前必须征得机构审查委员会的同意。机构审查委员会评估研究中的伦理问题，要求研究必须包括称为知情同意的程序：研究者必须在被试参加研究前告知他们要做什么。
27. 侵入性
28. 七至八
29. 支持者：一些动物研究不仅给人类带来了直接的利益，也带来了非常有用的关于自己的权利的知识。许多无法以人类为被试的心理治疗研究都来源于动物的研究。反对者：每年大约有 2 000 万只实验室动物的死是不值得的。批评者认为动物研究得到的知识推广到人类，其外部效度是值得怀疑的，因此是没有利用价值的。
30. 科学价值

统计：心理学研究的货币

31. 统计
32. 描述；集中趋势
33. 众数：2；均数：3；中数：1
34. 均数
35. 全距
36. 离散趋势
37. （a）负偏态；（b）正偏态
38. 标准差
39. 推断
40. 截线图

成为心理学研究的同行评审员

41. 同行评审员
42. 自变量
43. 控制
44. 安慰剂
45. 实验者
46. 混淆变量
47. 不是
48. 来源
49. 锐化；平衡化
50. 伪对称

第 3 章 生理心理学

神经细胞：大脑通信渠道

1. 细胞体
2. 树突
3. 突触
4. 轴突；传递
5. 髓鞘
6. 内啡肽
7. 静息电位
8. 放电
9.

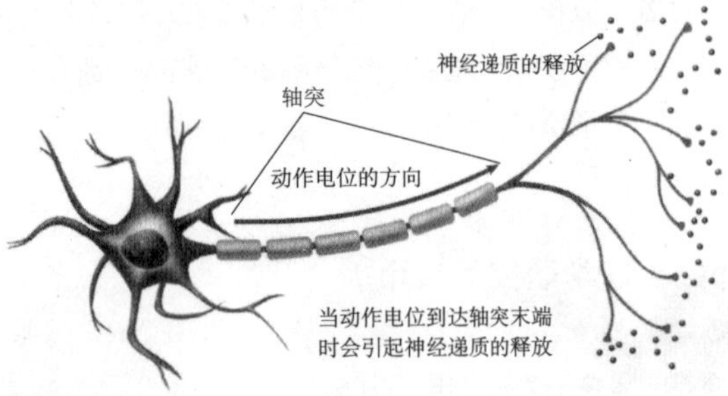

10. 神经元

大脑—行为网络

11. 中枢神经系统
12. 外周神经
13. 皮层
14. (a) 皮层；(b) 基底神经节；(c) 边缘系统；(d) 小脑；(e) 脑干；(f) 脊髓
15. (a) 产生负责自主运动的信号；(b) 接收有关皮肤、肌肉和关节的感觉信息；(c) 分析视觉数据，以便形成图像；(d) 接收视丘脑的神经冲动；(e) 理解日语和书面语；(f) 分析声音的数据，以便我们可以分辨说话和旋律；(g) 觉察声音不同方面的特征，例如音高和音量；(h) 对语言表达起至关重要的作用；(i) 对行为和个性有多方面的影响
16. 基底神经节
17. 交感神经
18. 呼吸急促；大量排汗
19. 垂体
20. 都会

脑定位：大脑的活动

21. 颅相学
22. 脑电图
23. 不会
24. 血氧水平的变化
25. 不存在
26. 裂脑
27. 单侧化
28. 患者右半球辨认出的雪景引导她用左手（右半球控制）指向铲子，但是她的大脑左半球辨识出的爪子却使她在表述时说鸡与之相匹配。
29. 右；左
30. 不是

先天与后天：是先天遗传还是后天教育使你这样做？

31. 染色体
32. 基因
33. 表现型；基因型
34. 显性
35. 46 条；只有 1 对
36. 自然选择
37. 行为遗传学
38. 群体
39. 环境的多样性使其变得可能，并由此而引发实质性的转变，事实上遗传因素能够随着时间而改变
40. 收养研究

第 4 章 感觉与知觉

硬币的两面：感觉与知觉

1. 感觉
2. 知觉
3. 换能
4. 感觉感受器
5. 绝对阈限
6. 最小可觉差
7. 自下而上
8. 自上而下的加工
9. 选择性注意

10. 那些已经被我们假设过滤掉的注意范围之外的信息仍然在一定的水平上被加工。

看：视觉系统

11. 人类的可见光谱
12. 明度
13. 视网膜
14. 晶状体
15. 杆体细胞；锥体细胞
16. (a)中央凹：视网膜上光线主要集中的地方；(b)视神经：将视网膜产生的冲动传到大脑相关区域；(c)视网膜：眼球最内层结构，能够将进入的光线转化为神经冲动；(d)眼肌：六根从不同方向转动眼球的肌肉中的其中一条；(e)晶状体：能够将近处或者远处的光线聚集到一点的透明的镜状物；(f)角膜：可以使射入的光线倾斜的弯曲、透明的膜；(g)虹膜：包含着控制瞳孔肌肉的有色区域；(h)瞳孔：虹膜中央能允许光线进入的孔
17. 视觉皮层
18. (a)接近性；(b)封闭性
19. 深度知觉
20. 知觉恒常性

听：听觉系统

21. 音高
22. 振幅
23. 音色
24. 耳蜗
25. 毛细胞
26. (a)鼓膜：随声波振动的膜结构；(b)半规管：能有效维持平衡的三个充满液体的结构之一；(c)耳蜗：可把振动转换为神经活动；(d)耳郭：耳外部柔软瓣形结构，可将声波传入外耳道；(e)外耳道：引导声音到达鼓膜
27. 位置
28. 定位
29. 当有人站在我们的左侧对我们说话时，声音到达我们的左耳要稍微早于右耳。并且到达左耳的声音强度也要比到达右耳的声音强度大，这是因为右耳位于由头和肩形成的声影里。这种在时间和强度上的矛盾使得我们能够确定声音来源于何处。
30. 双耳线索

嗅觉、味觉和触觉

31. 味蕾
32. 五；鲜味
33. 眶额皮层
34. (a)躯体感觉皮层；(b)丘脑；(c)嗅觉皮层；(d)嗅球；(e)眶额皮层；(f)脑桥；(g)延髓
35. 信息素
36. 皮肤中包含很多不同类型的感受器和游离神经末梢专门用于探测机械压力、拉伸和疼痛。
37. 自由神经末梢
38. 快
39. 本体感受
40. 前庭觉

感觉与知觉的变化

41. 超感官知觉
42. 幻觉
43. 灵魂出窍
44. 濒死体验
45. 既视感
46. 可以
47. 前世回溯法
48. 波根多夫错觉
49. 解离
50. 明显

第5章 学习

经典性条件作用

1. 学习
2. 经典性条件作用
3. (a)中性刺激；(b)不分泌唾液；(c)非条件刺激；(d)无条件反应(分泌唾液)；(e)中性刺激；(f)非条件刺激；(g)无条件反应(分泌唾液)；(h)先前的中性刺激已成为了条件刺激；(i)条件反应(分泌唾液)
4. 条件；无条件
5. 习得
6. 消退
7. 自然恢复
8. 分化
9. 高级条件作用
10. 小阿尔伯特以前很喜欢带毛的小动物。华生和雷纳起初

让小阿尔伯特和一只小白鼠一起玩。但是仅仅几秒钟后，华生悄悄来到小阿尔伯特身后，敲击铁锤，产生巨大的声响，吓得他不知所措。在将条件刺激（老鼠）和非条件刺激（巨大响声）经过7次的配对后，小阿尔伯特对老鼠的单独出现会产生一个条件反应（恐惧）。由于使一个婴儿产生了持久的恐惧反应从而产生了一系列严重的伦理问题，这个研究在今天永远不会得到机构审查委员会的认可。

操作性条件作用

11. 操作性行为
12.

	经典性条件作用	操作性条件作用
目标行为	无意识地诱发	有意识地诱发
奖励	无条件地提供	因行为而定
行为的最初依赖	自主神经系统	骨骼肌

13. 增加
14. 负
15. 负强化；惩罚
16. 焦虑
17. 慢
18. 强化程序
19. 可变比率强化
20. (a) 固定比率；(b) 固定间隔；(c) 可变比率；(d) 可变间隔

学习的认知模型

21. 不相信
22. 外在的
23. 思维；情绪
24. S–O–R
25. S–O–R 理论家们相信认知是解释学习的中心，并声称人们反应的不同在于他们对责备从不同方面进行解释。所以当对雇员的表现进行评估时，经理人需要考虑他们的个人反应。
26. 认知地图
27. 观察
28. 阿尔伯特·班杜拉
29. 不能
30. 观察学习发生在观看他人的时候。儿童通过观察和模仿成人的行为，特别是他们父母的行为来习得大量行为。

影响学习的生物学因素

31. 条件性味觉厌恶
32. 通过使用替代食物，他们能够减小对他们喜欢的食物产生条件性味觉厌恶。
33. 生物学因素
34. 味道
35. 等位性
36. 适应作用
37. 准备学习
38. 不产生
39. 不害怕
40. 本能漂移是动物恢复本能行为的倾向，即便我们反复强化它们表现出一种不同的行为。心理学家并不能完全理解这种漂移的原因，但是可以表明的是，如果不考虑先天的生物因素的影响就不能充分地理解学习，因为这些因素限制了我们可以习得什么样的行为。

时尚的学习策略：它们有用吗？

41. 睡眠辅助学习
42. 反驳
43. 睡眠辅助学习的支持者声称在睡眠的时候，你可以学习语言，或者戒烟、减肥抑或是减轻压力。问题是几乎所有表现出正面结果的研究都没有监控被试的脑电图以确保当他们听磁带时已经睡着。
44. 发现学习
45. 直接教学
46. 高水平的；初学的
47. 学习风格
48. 分析型；整体型
49. 不能
50. 科学研究提供的关于个体学习风格的教学能够增强学习的证据是很少的。例如，适当地评估学习风格是很困难的。

第6章 记忆

记忆是怎样工作的：记忆流程

1. 记忆错觉
2. 重建；复制
3. 观察者
4. 广度；持续时间
5. (a) 感觉记忆；(b) 短时记忆；(c) 长时记忆

6. 感觉；短时
7. 组块
8. 首因效应
9. 外显；内隐
10. (a) 语义；(b) 情景；(c) 程序性；(d) 启动；(e) 条件作用；(f) 习惯化

记忆的三个阶段

11. 编码；储存；提取
12. 编码
13. 记忆术
14.

15. 再学习
16. 分散练习与集中练习
17. 舌尖现象
18. 编码特异性
19. 背景依存学习
20. (1) 分散学习与集中学习；(2) 精细化复述；(3) 加工水平；(4) 记忆术

记忆的生物学基础

21. 学习
22. 海马体
23. 逆行性
24. 顺行性
25. 逐渐地
26. 海马体；下丘脑；杏仁核
27. 这样的信息很少能帮助到顺行性遗忘症患者，因为他们会忘记看这些文上的信息。
28. 内隐记忆
29. 不是
30. 痴呆症

记忆的发展

31. 元记忆
32. 内隐记忆
33. 罗夫－科利尔和其他研究者使用可移动的物体来研究婴儿的内隐记忆。尽管婴儿无法告诉你他记住了这个物体，但他们的踢腿行为给了我们了解他们回忆及回忆的持续时间的线索。
34. 独特的
35. 婴儿期遗忘
36. 更早
37. 没有
38. 自我概念
39. 语言技能
40. 镜像自我认知

记忆由好变坏：错误记忆

41. 闪光灯记忆
42. 源监控
43. 记忆潜隐
44. 通过在一个事件发生之后提供误导性的信息从而创造出虚构的记忆。
45. 研究者采用强有力的暗示和伪造的相片从而使被试确信他们曾经历过某事。
46. 治疗师
47. 心不在焉
48. 阻塞
49. 典型的
50. 暗示性

第 7 章　语言、思维与智力

语言是如何工作的？

1. 在怀孕第五周，婴儿在子宫内就开始听。虽然他们听到的一切都相当模糊，但他们能识别出母亲的声音，学会识别母语的特征，甚至能识别一些他们曾听过一遍又一遍的歌曲和故事。
2. 能
3. 创造
4. 语言习得装置
5. 有
6. 倭黑猩猩
7. 语言决定论
8. 能
9. 语言相对论
10. 容易

思维和推理

11. 思维
12. 认知经济
13. 我们的原型文化差异显示，日常经验影响着我们的分类思维。
14. 类别
15. 类别；概念
16. 我们的认知经济有时会导致我们做出错误的判断，如录用穿着考究的社交高手而不是真正有才华和经验的应聘者。
17. 问题解决
18. 心理定势
19. 功能固着
20. 科学的推理

什么是智力？概念混乱

21. 高
22. 智力测验
23. 抽象思维
24. 一般智力
25. s；特殊智力
26. 流体智力；晶体智力
27. (a) 分析智力；(b) 实践智力；(c) 创造智力
28. 发散思维
29. 情绪智力
30. d；一般智力，例如推理、短时记忆、模式识别，能够提供人们正确回答问题所需要的能力。

智力测验：超常、中常和低常

31. 0.8×100=80。如果我们用这个公式计算一个心理年龄是 18 岁且实际年龄也是 18 岁成年人的智商，那么我们会得到 18（心理年龄）÷18（实际年龄）=1×100=100（IQ）；如果我们用这个公式计算一个心理年龄是 18 岁但实际年龄为 35 岁的成年人的智商，那么我们会得到 18（心理年龄）÷35（实际年龄）=0.51×100=51（IQ）。因为我们的心理年龄到达上限，但随时间的推移，我们的实际年龄在增长，斯特恩的公式计算的结果也会越来越低。
32. 心理年龄
33. 离差智商
34. 韦氏成人智力量表
35. (a) 数字符号、测量计时编码任务的学习速度，任务中数字需要与各种各样的图形标记联系起来；(b) 图画填充，通过呈现不完整的图形，要求找出缺失部分并命名，测量视觉敏锐性及视觉记忆。(c) 积木设计，通过呈现设计图让被试用积木重建测量觉察和分析图形的能力。
36. 高；低
37. 效度
38. 能
39. 1910；1930
40. 强制绝育

个体和群体的智力差异

41. 遗传；环境
42. 收养
43. 上升
44. 弗林效应
45. 女性；男性；男性；男性；男性；女性；女性；男性
46. 空间；言语
47. 两组相同高度的植株放在不同的环境条件下。这说明了群体智商的差异可能完全是由环境因素决定的。
48. 遗传
49. 组内；组间
50. 刻板印象威胁

第 8 章 人类发展

人类发展的特殊观点

1. 发展心理学
2. 事后归因
3. 个体以一种懈怠的行为方式影响彼此，但是研究也表明个体以一种犯罪的倾向寻求和发现彼此，这部分是因为他们的遗传倾向。
4. 横断
5. 组群效应
6. 就像纵向设计，该系列片追踪四个英国人从 7 岁到 49 岁这阶段的生活。纵向设计允许我们检验成长的影响。然而，这一设计会消耗大量的时间，由于它的非实验性，它不能推测出确切的因果关系。
7. 有
8. 先天特质；后天环境
9. 混淆
10. 遗传—环境的相互作用

出生前后的发展：身体和动作的发展

11. 胚泡
12. 第二周；第八周
13. 胎儿
14. 大脑
15. 致畸物
16. 反射
17. 吸吮反射
18. （a）无需支撑的坐立（6个月）；（b）爬行（9个月）；（c）站立（11个月）；（d）需要支撑的行走（12个月）；（e）无需支撑的行走（13个月）；（f）奔跑（18～24个月）
19. 运动行为
20. 尽管诸如收缩或伸展等练习的文化差异影响动作发展的速率，但这些早期身体经验并不会有利于或有损于长期的发展。

认知发展：儿童如何认识世界

21. 阶段论者
22. 同化；顺应
23. 感知运动；永存性
24. 前运算；守恒
25. （a）感知运动阶段（0～2岁）；（b）前运算阶段（2～7岁）；（c）具体运算阶段（7～11岁）；（d）形式运算阶段（11岁以后）
26. 这项任务测量自我中心性——不具备从他人的视角看待世界的能力，儿童在具体运算阶段可以通过这一任务。
27. 社会；文化
28. 最近发展区；支架
29. 有
30. 心理理论

社会性和道德发展：儿童与他人的关系

31. 陌生人焦虑
32. 依恋
33. 印刻
34. 接触安慰
35. 接触安慰指的是靠接触提供积极的情感支持，当幼猴被新对象惊吓到后，它们则更喜欢跑去“布妈妈”那里寻求安慰，尽管“金属妈妈”提供食物来源。接触安慰优胜于营养供给。
36. （1）婴儿面对母亲的离开变得沮丧，但当母亲回来时，他们会很愉悦地表示欢迎。（2）婴儿对母亲的离开表现得很冷漠，母亲回来时也没有什么反应；（3）母亲离开时，婴儿表现得很慌张。母亲回来时，他表现出很矛盾的情绪反应；（4）这种依恋类型的小孩在面对母亲的离开与回来时会表现出一系列非持续性的迷惑反应。当与母亲团聚时，他们可能表现得很迷茫。
37. 气质
38. 平均预期环境
39. 归因进程；道德
40. 认同；角色

发展不会停止：青少年期和成年期的转变

41. 青少年期
42. 第一性征；第二性征
43. 同一性
44. 10.5
45. 为人父母
46. 生理年龄
47. 闭经
48. 感觉
49. 部分的
50. 当人们开始变老时，认知功能的很多方面确实下降了。事实上，在30岁之后，人们回忆信息的能力开始急剧下降。然而，就记忆能力会下降多少存在相当大的差异性，大部分人随着年龄增长只是体验到记忆力适度下降。像视觉、听觉甚至是嗅觉这样的基本的感觉过程，在人们达到60岁或70岁时也开始呈下降趋势。人们总体的认知加工速度也会随之下降。

第9章　情绪与动机

情绪理论：什么引起了我们的情绪？

1. 情绪分化
2. 达尔文
3. 杜尼式微笑
4. 情绪认知
5. 詹姆斯—兰格
6. 同时
7. 接触到情绪刺激事件之后，我们体验到一个无差别的唤醒状态，即警觉状态。当我们试图解释自主唤醒的来源时，通常会检查是自身还是外部环境引发了唤醒。一旦我们找出唤醒的来源，就可以用符合这种情境的特定情绪来给唤醒贴“标签”。

8. 更多
9. 面部表情
10. 经典性条件作用

幸福感和自尊：科学 VS 大众心理学

11. 国王希望提高不丹的国民幸福总值，即通过对自然环境的美化，推动积极的文化价值观，并在政府的决策方面给予国民更多的发言权。这一行为是有效的，因为快乐可以促进我们的健康，有助于为我们的工作、家庭、恋爱生活带来成功。
12. 性格优势；美德
13. 扩展建设
14. 不可以
15. 心流
16. 情感预测
17. 持久性偏见
18. 微弱的
19. 因为银牌获得者可能将比赛结果与自己的预期结果相比较。
20. 防御性悲观

动机：我们的意愿和需求

21. 没有
22. 稳态
23. 耶克斯—多德森
24. 诱因
25. (a) 生理需要；(b) 安全需要；(c) 归属需要；(d) 尊重需要
26. 葡萄糖恒定
27. 设置点
28. 暴食症
29. 相同的
30. 较男性化的；较女性化的

吸引力、爱和恨：它们的奥秘

31. 接近性
32. 相似性
33. 相互性
34. 女性
35. 认同
36. 大
37. 激情
38. 伴侣之爱
39. (a) 亲密；(b) 激情；(c) 承诺；(d) 完美的爱
40. 证实偏差

第 10 章　压力、健康与睡眠

什么是压力？

1. 压力
2. 作为刺激物的压力源
3. 转变
4. 初级评估
5. 次级评估
6. 以问题为中心的应对策略
7. 以情绪为中心的应对策略
8. 社会再适应评定量表
9. 麻烦事和小烦恼不断积累，让我们耗尽精力去应对和解决。
10. 更好地

适应压力：变化与挑战

11. 警觉阶段包括自主神经系统的激活、肾上腺素的释放和焦虑的生理症状。
12. 或战或逃反应
13. 阻抗阶段
14. 衰竭阶段
15. 两者都是应对压力的方式。在或战或逃反应中，个体唤起心理和生理以对抗敌人或逃离压力环境。相反，女性在面对压力时通常会依靠她们的社会支持，提高抗压能力（照料和结盟的方式）来帮助她们消除压力。
16. 更可能
17. 创伤后应激障碍
18. 能
19. 冠心病
20. 敌意

应对压力

21. 社会支持
22. 社会支持，它可以给我们提供情感安慰、经济援助，提供做决定需要的信息，帮助解决问题和应对压力。
23. 行为控制
24. 认知控制
25. 情绪控制

26. 并不总是
27. 人们以小组形式讨论自己对创伤性事件反应的危机报告法可能会增加患创伤后应激障碍的风险。
28. 坚忍性
29. 更好地
30. 灵性

提高健康水平——减少压力

31. 类似；神经元
32. 药物滥用
33. 抗药力；退缩
34. 低
35. 遗传
36.

药物类型	举例	对行为的效果
抑制类	酒精、巴比妥类药物、甲喹酮、安定	抑制中枢神经系统的活动（最初伴随睡意、思考缓慢和注意力分散）
刺激类	烟草、可卡因、安非他命、甲基苯丙胺	加强中枢神经系统的活性（警觉感、感觉良好、充满能量）
麻醉类	海洛因、吗啡、可卡因	愉快感、减少疼痛
迷幻类	大　麻、LSD（麦角酸二乙基酰胺）、摇头丸	显著地改变知觉、情绪和思维

37. 可卡因
38. 替代疗法
39. 没监管
40. 冥想的积极作用包括提高创造力、共情能力、敏锐性和自尊，并减少焦虑、人际问题和抑郁再现。冥想还能提高大脑的血流量并增强免疫功能。它的积极影响可能是因为更加容易接受令我们不安的想法和感受。它们也可能不是因为冥想本身，而是因为静静地坐着、休息和闭上眼睛放松。人们关于冥想的积极态度、信念和期待可能就解释了它为什么那么有效。

睡眠和梦

41. 昼夜节律
42. 生物钟
43. （a）β 波；（b）α 波；（c）θ 波；（d）睡眠梭形波、k- 复合波；（e）δ 波
44. 第五阶段，矛盾睡眠或快速眼动睡眠
45. 愿望满足
46. （a）大脑皮层；（b）丘脑；（c）脑桥；（d）脊髓
47. 不那么生动
48. 涉及
49. 发作性睡眠
50. 夜惊

第 11 章　社会心理学

什么是社会心理学？

1. 行为；信念；态度
2. 归属需要
3. 社会抑制
4. 经验
5. 社会比较
6. 集体错觉
7. 都市传闻在某种程度上是令人信服的，因为它符合我们的预想。同时它也编造出一些好的故事，因为它们牵连着我们的情绪，尤其是消极情绪。
8. 归因
9. 素质因素
10. 不适用于

社会影响：从众和服从

11. 从众
12. 如果其他人在你回答之前坚持提供相同的答案（明显错误），你极有可能提供相同错误的答案。
13. 存在
14. 低
15. 匿名性；个体责任感
16. 阿布格莱布监狱
17. 群体思维
18. 免疫效应
19. 服从
20. 当实验者和被试的心理距离比较远的时候，比如他通过电话对被试解释实验，被试的服从水平会骤然下降。被

试的服从水平随着实验者与被试心理距离的改变而改变，例如，如果实验者和被试在同一房间，服从水平会随之降低，但是实验者通过操控第三方进行控制，服从水平会随之增高。

帮助他人和伤害他人：亲社会行为和侵犯

21. 亲社会行为
22. 更不可能
23. 首先，向旁观者说明自己的确处于紧急情况；其次，告诉他们没有任何人可以帮助自己。
24. 社会惰化
25. 不比
26. 可以
27. 更可能
28. 情境；挫折
29. 烦躁情绪
30. 关系

态度和说服：改变观念

31. 情绪
32. 不可以
33. 低
34. 再认启发式
35. 相似
36. 我们会不理性地更喜欢那些有吸引力的名人（如希拉里·达夫）支持的产品。
37. （a）“我本来就不是一个诚实的人”；（b）“我不是真的想作弊，只是瞥到了别人的答案而已”；（c）“我不得不作弊，因为考试本来就不公平”
38. 更喜欢
39. 登门槛
40. 低球

偏见和歧视

41. 偏见
42. 外群体同质性
43. 偏见；歧视
44. 刻板印象
45. 简·埃利奥特仅仅凭学生眼睛的颜色，就把她带的三年级的学生分成了优待组和非优待组，埃利奥特告诉她的学生，棕色眼睛的孩子更优秀，因为他们的眼睛里含有过量的黑色素，她剥夺了蓝色眼睛的孩子的一些基本权利，结果很有戏剧性：大多数棕色眼睛的孩子很快变得傲慢、有优越感，而大多数蓝眼睛的孩子都变得顺从且没有安全感。
46. 替罪羊假说
47. 公平世界假说
48. 合作
49. 在拼图教室里，每个孩子都担任一个小而重要的角色，他们一起合作完成一个复杂的任务。
50. 鼓励

第 12 章　人格

人格：它是什么，以及我们如何研究它？

1. （1）遗传因素；（2）共享环境因素；（3）非共享环境因素
2. 非共享环境因素
3. 双生子；收养
4. 1.0
5. 相似性
6. 共享
7. 遗传；环境
8. 高
9. 曲折漫长的
10. 我们知道基因编码的是蛋白质而不是特定的行为或态度，所以基因更像是以一种间接方式影响着行为和态度。

精神分析理论：弗洛伊德的争议性传奇和他的追随者们

11. 心灵决定论
12. 本我；自我
13. 心理压力
14. 防御机制
15. 出生到 12 ～ 18 个月；18 个月到 3 岁；3 岁到 6 岁；6 岁到 12 岁；12 岁以后
16. 俄狄浦斯情结
17. 没有得到
18. 无意识
19. 追求卓越
20. 荣格认为弗洛伊德理论中的无意识只是个体无意识，除此之外还存在集体无意识。在荣格看来，集体无意识包含了我们祖先代代相传下来的全部记忆，荣格认为集体无意识包含了无数的原型，即跨文化的情感象征。他解释了人们对这个世界的许多情感反应特征的相似之处。

由于没有明确的预测，因此很难否定荣格的理论。

行为主义、社会学习和人本主义的人格理论

21. 历史
22. 构成
23. 决定论
24. 思维
25. 观察学习极大地扩展了我们的学习范围，这也就意味着父母和老师可以在塑造孩子的人格中扮演着榜样作用，因为我们可以通过观察好的或坏的行为，然后再模仿这些行为。例如，观察学习认为通过观察父母向慈善团体捐钱这件事，我们学会了什么是无私奉献。
26. 控制源
27. 更少
28. 共享环境
29. 自我实现的人具有创造力、自觉性，能接受自己并悦纳他人，他们自信但不以自我为中心。他们关注真实世界和智慧问题，结交挚友而不是建立肤浅的友谊。自我实现的个体通常渴望拥有隐私，所以被认为是内倾、超然甚至是难以相处的人。
30. 证实偏差

人格的特质模型：行为的一致性

31. 一个孩子“有攻击性”仅仅因为他经常有攻击性行为，这一论断不能给我们提供新的信息，是一个循环论证的样例。为了使其更有意义，人格特质理论必须对我们所能观察到的行为做更多的描述。
32. 结构
33. 因素
34. 不一致的
35. 大五人格
36. 开放性；尽责性；外倾性；宜人性；神经质
37. d. 外倾性；e. 神经质；a. 尽责性；c. 宜人性；b. 开放性
38. 开放性
39. 综合
40. 过度活跃

人格测量：测量及心理测量的误区

41. 明尼苏达多相人格测验
42. 实证
43. 表面效度
44. 印象管理；诈病
45. 支持
46. 测验建构的理性/理论方法
47. 投射
48. 许多调查研究者和社会工作者试图通过让孩子自由地玩玩具，以推测他们是否遭受过性虐待。然而这种投射测验导致了很多错误的具有伤害性的指控。
49. 罗夏墨迹
50. 主题统觉测验

第 13 章 心理障碍

精神疾病的概念：过去与现在

1. 兄弟姐妹具有家庭相似性，他们看起来很像，但是他们没有一个特征是完全相同的。广义上的精神障碍也一样。不同的精神障碍不可能在某个特定的方面是完全相同的，但是它们具有很多共同的特征。
2. 驱魔仪式
3. 精神病院
4. 人道主义治疗
5. 非机构化
6. 文化特殊性
7. 那些涉及“专家证人”冲突的案件在某种程度上使公众产生了错误的看法：心理学家在嫌疑人是否患有精神障碍上无法达成一致。
8. 轴
9. 不是
10. 共病现象

焦虑障碍：忧虑和恐惧的不同方面

11. 惊恐障碍
12. 广泛性焦虑障碍
13. 恐惧症
14. 创伤后应激障碍是在经历或见证创伤性事件后出现的特殊情绪障碍。它的症状包括：事件闪回；努力避免与创伤有关的想法、感觉、地方，以及与创伤有关的谈话；经常梦见经历的创伤；生理唤醒的增加，如睡眠困难、容易受到惊吓。参加过战争以及那些经历过自然灾害或者是性侵犯的人患创伤后应激障碍的风险较大。
15. 固着
16. 强迫行为
17. 强迫症；其他人包括查尔斯·达尔文、弗罗伦斯·南丁

格尔、卡梅隆·迪亚兹、比利·鲍勃·桑顿、大卫·贝克汉姆
18. 灾难化
19. 消极
20. 神经质

心境障碍

21. 20
22. 重度抑郁症
23. 根据这一模式，抑郁会引发他人的拒绝，从而导致更重的抑郁。
24. 低
25. 通过穿梭箱，塞利格曼发现狗在第一次逃跑被阻止后，就几乎不再逃跑，即使它们能轻易地跑掉。他称这种现象为“习得性无助”，并假设这或许是抑郁症在人类中产生的原因之一。
26. 内在
27. 相同
28. 遗传率
29. 重度抑郁症；双相障碍
30. 会

人格障碍和分离性障碍：混乱和分裂的自我

31. 很少
32. 自残特征
33. 反社会型
34. 不会
35. 她是一个女人——而患有病态人格障碍的人通常是男性。
36. 分离性迷游症
37. 不同
38. 创伤后
39. 社会认知
40. 大众媒体

精神分裂症之谜

41. 与人们普遍的认识不一样，精神分裂症不是由于精神分离或人格分离造成的。
42. 妄想
43. 精神性症状
44. 幻觉
45. 言语混乱
46. 紧张性精神症
47. 不会
48. 膨胀
49. 一生中患精神分裂的风险跟个体与精神分裂症患者的亲密关系有很大关系。
50. 应激—易感

第 14 章　心理和生物治疗

心理治疗：来访者和治疗师

1. 心理治疗
2. 女性
3. 少
4. 等待
5. 1964 年的一项研究发现，许多治疗师相对来讲更喜欢给那些年轻、有魅力、口才好、聪明和成功的人进行治疗。尽管如此，最近治疗师越来越认识到了帮助各个年龄层和不同文化背景的来访者的重要性。
6. 准专业人员
7. 不受到
8. 无效
9. 治疗师；疗法
10. 在这部影片中，暴徒托尼 – 瑟普拉诺的治疗师在一个晚宴上泄露了他的私人信息，接着又在确诊他无法治愈的精神性人格后粗鲁地让他离开。破坏信任、“遗弃”来访者是很严重的，违反了心理治疗师的职业道德。但这种情况很少见。

不同“风味”的治疗方法：治疗方法的回顾

11. 自由联想
12. 较少
13. 个人中心
14. 暴露疗法
15. 来访者逐渐接近和掌控任何恐惧，图中的这些人正在克服他们对飞行的恐惧。将系统脱敏置于真实的生活中，逐渐将病人暴露在真正的恐惧中而不仅只是想象能够唤起焦虑的场景。
16. 满灌
17. 在 EMDR 中，来访者一边回忆令他伤心的往事，一边盯着治疗师前后移动的手指。然而有研究指出，这种眼动对 EMDR 疗法的效果没有任何作用。

18. 信念
19. 没有什么不同
20. 一样有效

心理治疗有效吗？

21. 有效
22. 没有达成共识
23. 更有效
24. 80%
25. 直接恐吓法就是将青少年暴露在犯人或监狱中，从而恐吓他们远离犯罪。专家表示这种疗法除了引人注意外其实毫无疗效，反而会增加青少年行为问题的发生率。
26. 实证支持疗法清单
27. 发生在治疗情境之外的积极生活事件可以帮助解释一些心理问题的自发性缓解
28. 自我服务偏见
29. 很高
30. 自助书籍

生物治疗：药物、物理刺激与外科手术

31. 药物疗法
32. 精神分裂症
33. 选择性血清素再摄取
34. 没有
35. 不同
36. 儿童；青少年
37. 特别担忧
38. 电休克疗法
39. 将一个小的电装置植入人靠近胸骨的皮下组织来刺激迷走神经，研究相信电脉冲该神经可以刺激血清释放。这种方法通常用来治疗严重的抑郁症。
40. 精神外科手术是一种脑部外科手术，通常用来治疗精神问题。精神外科手术曾经损害过大脑的重要区域，损伤记忆，降低情感和创造力。如今，精神外科手术技术愈加成熟，副作用明显减轻。虽然如此，围绕精神外科手术的污名依然存在。

本书的人名索引和主题索引，请在中国人民大学出版社人文分社网站下载：www.crup.com.cn/rw。

参考文献

A

Aarons, L. (1976). Sleep-assisted instruction. *Psychological Bulletin, 83*(1), 1–40.

Abbey, A., Halman, L., & Andrews, F. (1992). Psychosocial, treatment and demographic predictors of the stress associated with infertility. *Fertility and Sterility, 57*, 122–127.

Abel, E. L., & Sokol, R. J. (1986). Fetal alcohol syndrome is now leading cause of mental retardation. *Lancet, 2*, 1222.

Abraham, H. D., & Aldridge, A. M. (1993). Adverse consequences of lysergic acid diethylamide. *Addiction, 88*, 1327–1334.

Abramson, L.Y., Seligman, M.E.P., & Teasdale, J.D. (1978). Learned helplessness in humans: Critique and reformulation. *Journal of Abnormal Psychology, 87*, 49–74.

Achenbach, T. M. (1982). Research methods in developmental psychopathology. In P. C. Kendall & J. Butcher (Eds.), *Handbook of research methods in clinical psychology* (pp. 127–181). New York: Wiley.

Ackerman, P. L., Beier, M. E., & Boyle, M. O. (2005). Working memory and intelligence: The same or different constructs? *Psychological Bulletin, 131*, 30–60.

Ackroyd, E. (1993). *A dictionary of dream symbols*. London: Blanford.

Acocella, J. (1999). *Creating hysteria: Women and multiple personality disorder*. San Francisco: Jossey-Bass Publishers.

Acton, G. S., & Schroeder, D. H. (2001). Sensory discrimination as related to general intelligence. *Intelligence, 29*(3), 263–271.

Adachi, N., Akanu, N., Adachi, T., Takekawa, Y., Adachi, Y., Ito, M., & Ikeda, H. (2008). Déjà vu experiences are rarely associated with pathological dissociation. *The Journal of Nervous and Mental Disease, 196(5)*, 417–419.

Addis, M. E., Hatgis, C., Krasnow, A. D., Jacob, K., Bourne, L., & Mansfield, A. (2004). Effectiveness of cognitive-behavioral treatment for panic disorder versus treatment as usual in a managed care setting. *Journal of Consulting and Clinical Psychology, 72*, 625–635.

Addis, M. E., & Mahalik, J. R. (2003). Men, masculinity, and the contexts of help seeking. *American Psychologist, 58*, 5–14.

Adelmann, P. K., & Zajonc, R. B. (1989). Facial efference and the experience of emotion. *Annual Review of Psychology, 40*, 249–280.

Adler, A. (1922). *Practice and theory of individual psychology*. London: Routledge and K. Paul.

Adler, A. (1931). *What life should mean to you*. Boston: Little Brown.

Adler, A. (1938). *Social interest: A challenge of mankind*. London: Faber & Faber.

Adolphs, R., Tranel, D., Damasio, H., & Damasio, A. (1994). Impaired recognition of emotion in facial expressions following bilateral damage to the human amygdala. *Nature, 372*, 669–672.

Adorno, T. W., Frenkel-Brunswik, E., Levinson, D., & Sanford, R. N. (1950). *The authoritarian personality*. New York: Harper & Row.

Ahn, H., & Wampold, B. E. (2001). Where oh where are the specific ingredients? A meta-analysis of component studies in counseling and psychotherapy. *Journal of Counseling Psychology, 48*, 251–257.

Aimone, J. B., Wiles, J., & Gage, F. H. (2006). Potential role for adult neurogenesis in the encoding of time in new memories. *Nature Neuroscience, 9*, 723–727.

Ainsworth, M. D. S., Blehar, M. C., Waters, E., & Wall, S. (1978). *Patterns of attachment: A psychological study of the Strange Situation*. Hillsdale, NJ: Erlbaum.

Ajdacic-Gross, V., Wang, J., Bopp, M., Eich, D., Rossler, W., & Gutzwiller, F. (2003). Are seasonalities in suicide dependent on suicide methods? A reappraisal. *Social Science and Medicine, 57*, 1173–1181.

Akins, C. K. (2004). The role of Pavlovian conditioning in sexual behavior: A comparative analysis of human and nonhuman animals. *International Journal of Comparative Psychology, 17*(2–3), 241–262.

Akiskal, H. S., & McKinney, W. T. (1973). Depressive disorders: Toward a unified hypothesis. *Science, 182*, 20–29.

Alcock, J. E. (1990). *Science and supernature: A critical appraisal of parapsychology*. Buffalo, NY: Prometheus Books.

Alcock, J. E. (1995). The belief engine. *Skeptical Inquirer, 19*(3), 14–18.

Alda, M. (1997). Bipolar disorder: From families to genes. *Canadian Journal of Psychiatry, 42*(4), 378–387.

Aldrich, M. S. (1999). *Sleep medicine*. New York: Oxford University Press.

Aleman, A., & Laroi, F. (2008). *Hallucinations: The science of idiosyncratic perception*. Washington, D.C.: The American Psychological Association.

Alexander, G. M., & Hines, M. (2002). Sex differences in response to children's toys in non-human primates (*cercopithecus aethiops sabaeus*). *Evolution and Human Behavior, 23*, 467–479.

Alferink, L. A. (2007). Educational practices, superstitious behavior, and mythed opportunities. *Scientific Review of Mental Health Practice, 5*(2), 21–30.

Alison, L. J., Smith, M. D., & Morgan, K. (2003). Interpreting the accuracy of offender profiles. *Psychology, Crime & Law, 9*, 185–195.

Al-Issa, I. (1995). The illusion of reality or the reality of illusion: Hallucinations and culture. *British Journal of Psychiatry, 166*(3), 368–373.

Allen, J. J. B., & Movius, H. L. (2000). The objective assessment of amnesia in dissociative identity disorder using event-related potentials. *International Journal of Psychophysiology, 38*, 21–41.

Allen, P., Laroi, F., McGuire, P. K., & Aleman, A. (2008). The hallucinating brain: A review of structural and functional neuroimaging studies of hallucinations. *Neuroscience & Biobehavioral Reviews, 32*, 175–191.

Allison, D. B., Kaprio, J., Korkeila, M., Koskenvuo, M., Neale, M. C., & Hayakawa, K. (1996). The heritability of body mass index among an international sample of monozygotic twins reared apart. *International Journal of Obesity and Related Disorders, 20*, 501–506.

Alloway, R., & Bebbington, P. (1987). The buffer theory of social support: A review of the literature. *Psychological Medicine, 17*, 91–108.

Alloy, L. B., & Abramson, L.Y. (1979). Judgment of contingency in depressed and nondepressed students: Sadder but wiser? *Journal of Experimental Psychology: General, 108*, 441–485.

Alloy, L. B., & Abramson, L.Y. (1988). Depressive realism: Four theoretical perspectives. In L. B. Alloy (Ed.), *Cognitive process in depression* (pp. 223–265). New York: Guilford.

Allport, G. W. (1966). Traits revisited. *American Psychologist, 21*, 1–10.

Allport, G. W., & Odbert, H. S. (1936). Trait names, a psycholexical study. *Psychological Monographs, 47* (1, Whole No. 211).

Allport, G. W., & Postman, L. J. (1956). The basic psychology of rumor. *Journal of Abnormal and Social Psychology, 53*, 27–33.

Almli, C. R., & Finger, S. (1987). Neural insult and critical period concepts. In M. H. Bornstein (Ed.), *Sensitive periods in development: Interdisciplinary perspectives* (pp. 123–143). Hillsdale, NJ: Lawrence Erlbaum.

Althius, M. D., Fredman, L., Langenberg, P. W., & Magaziner, J. (1998). The relationship between insomnia and mortality among community-dwelling older women. *Journal of the American Geriatric Society, 46*, 1270–1273.

Altmann, E. M., & Schunn, C. D. (2002). Integrating decay and interference: A new look at an old interaction. In the *Proceedings of the 24th Annual Conference of the Cognitive Science Society*. Mahwah, NJ: Erlbaum.

Alvarado, C. S. (2000). Out of body experiences. In E. Cardena, S. J. Lynn, & S. Krippner (Eds.), *The variety of anomalous experiences* (pp. 183–218). Washington, DC: American Psychological Association.

Alvarez, C. A., & Brown, S. W. (2001). *What people believe about memory despite the research evidence*. Paper presented at the Annual Convention of the American Psychological Association, San Francisco, CA.

Ambady, N., & Rosenthal, R. (1993). Half a minute: Predicting teacher evaluations from thin slices of nonverbal behavior and physical attractiveness. *Journal of Personality and Social Psychology, 64*, 431–441.

American Psychiatric Association. (2000). *Diagnostic and statistical manual of mental disorders: DSM-IV-TR* (4th ed.). Washington, DC: Author.

American Psychiatric Association Committee on Electroconvulsive Therapy. (2001). *The practice of electroconvulsive therapy: Recommendations for treatment, training and privileging* (2nd ed.). Washington, DC: American Psychiatric Association.

American Psychological Association. (2002). Ethical Principles of Psychologists and Code of Conduct. www.apa.org/ethics/code2002.html

American Psychological Association. (2003). Fire Trucks Are Supposed To Be Red, Right? Not If You Want To Reduce Accidents. Retrieved September 10, 2008, from www.psychologymatters.org/solomon.html

American Psychological Association. (2008). Animals used in psychological research vary. *Animal Research in Psychology*. Retrieved May 14, 2008, from www.apa.org/science/animal2.html

Ames, E. (1997). *The development of Romanian orphanage children adopted to Canada. Final report to National Welfare Grants Program: Human Resources Development, Canada*. Barnaby, British Columbia, Canada: Simon Fraser University.

Amsterdam, B. (1972). Mirror self-image reactions before the age of two. *Developmental Psychobiology, 5*, 297–305.

Anand, B. K., & Brobeck, J. R. (1951). Hypothalamic control of food intake in rats and cats. *Yale Journal of Biological Medicine, 24*, 123.

Anand, B. K., & Pillai, R. V. (1967). Activity of single neurons in the hypothalamic feeding centres: Effect of gastric distension. *Journal of Physiology, 192*, 63–77.

Anastasi, A., & Urbina, S. (1996). *Psychological testing*. New York: Prentice Hall.

Ancoli-Israel, S., & Roth T. (1999). Characteristics of insomnia in the United States: Results of the 1991 National Sleep Foundation Survey. *Sleep, 22*, 347–353.

Ancona, L., & Pareyson, R. (1968). Contributo allo studio della aggressione: La dinamica della obbedienza distruttiva [Contribution to the study of aggression: The dynamics of destructive obedience]. *Archivio di Psicologia, Neurologia, e Psichiatria, 29*, 340–372.

Anderson, A. K., Christoff, K., Stappen, I., Panitz, D., Ghahremani, D. G., Glover, G., et al. (2003). Dissociated neural representations of intensity and valence in human olfaction. *Nature Neuroscience, 6*, 196–202.

Anderson, C. A., Berkowitz, L., Donnerstein, E., Huesmann, L. R., Johnson, J. D., Linz, D., et al. (2003). The influence of media violence on youth. *Psychological Science in the Public Interest, 4*, 81–110.

Anderson, C. A., & Bushman, B. J. (2002a). The effects of media violence on society. *Science, 295*, 2377–2378.

Anderson, C. A., & Bushman, B. J. (2002b). Human aggression. *Annual Review of Psychology, 53*, 27–51.

Anderson, C. A., & Bushman, B. J. (2002c). Media violence and the American public revisited. *American Psychologist, 57*, 448–450.

Anderson, C. A., Bushman, B. J., & Groom, R. W. (1997). Hot years and serious and deadly assault: Empirical tests of the heat hypothesis. *Journal of Personality and Social Psychology, 73*, 1213–1223.

Anderson, C. A., Lindsay, J. J., & Bushman, B. J. (1999). Research in the psychological laboratory: Truth or triviality? *Current Directions in Psychological Science, 8*, 3–9.

Anderson, C. M., & Stewart, S. (1983). *Mastering resistance*. New York: Guilford Press.

Anderson, K. J., Revelle, W., & Lynch, M. J. (1989). Caffeine, impulsivity, and memory scanning: A comparison of two explanations for the Yerkes-Dodson effect. *Motivation and Emotion, 13*, 1–20.

Anderson, K. W., Taylor, S., & McLean, P. (1996). Panic disorder associated with blood-injury-reactivity: The necessity of establishing functional relationships among maladaptive behaviors. *Behavior Therapy, 27*, 463–472.

Andreasen, N. C., Rezai, K., Alliger, R., Swayze, V. W. II, Flaum, M., Kirchner, P., et al. (1992). Hypofrontality in neuroleptic-naive patients and in patients with chronic schizophrenia: Assessment with xenon 133 single-photon emission computed tomography and the Tower of London. *Archives of General Psychiatry, 49*, 943–958.

Andresen, G. V., Birch, L. L., & Johnson, P. A. (1990). The scapegoat effect on food aversions after chemotherapy. *Cancer, 66*(7), 1649–1653.

Andrews, G., Stewart, G., Morris-Yates, A., Holt, P., & Henderson, S. (1990). Evidence for a general neurotic syndrome. *The British Journal of Psychiatry, 157*, 6–12.

Angold, A. (1999). Comorbidity. *Journal of Child Psychology and Psychiatry, 40*, 57–87.

Antonovsky, A. (1967). Social class, life expectancy and overall mortality. *Milbank Memorial Fund Quarterly*, 45, 31–73.

Antony, M. A., & Barlow, D. H. (2002). Specific phobia. In D. H. Barlow (Ed.), *Anxiety and its disorders: The nature and treatment of anxiety and panic* (2nd ed., pp. 380–417). New York: Guilford Press.

Antony, M. A., & Roemer, L. (2003). Behavior therapy. In A. S. Gurman & S. B. Messer (Eds.), *Essential psychotherapies*: Theory and practice (2nd ed., pp. 182–223). New York: Guilford Press.

Aponte, H., & Hoffman, L. (1973). The open door: A structural approach to a family with an anorectic child. *Family Process, 12*, 1–44.

Appelle, S., Lynn, S. J., & Newman, L. (2000). The alien abduction experience: Theoretical and empirical issues. In E. Cardena, S. J. Lynn, & S. Krippner (Eds.), *The varieties of anomalous experience: Examining the scientific evidence*. Washington, DC: American Psychological Association.

Arieti, S. (1959). Manic-depressive psychosis. In S. Arieti (Ed.), *American handbook of psychiatry*. New York: Basic Books.

Arkes, H. R. (1993). Some practical judgement and decision-making research. In N. J. Castellan (Ed.), *Individual and Group Decision Making: Current Issues, Hillsdale, NJ: Lawrence Erlbaum Assoc Inc*

Arkes, H. R., & Tetlock, P. E. (2004). Attributions of implicit prejudice or "Would Jesse Jackson 'fail' the Implicit Association Test?" *Psychological Inquiry, 15*, 257–278.

Arkowitz, H., & Lilienfeld, S. O. (2006). Psychotherapy on trial. *Scientific American Mind, 3*, 42–49.

Arkowitz, H., & Lilienfeld, S. O. (2007). A pill to fix your ills? *Scientific American Mind, 18*, 80–81.

Arnett, J. J. (1995). The young and the reckless: Adolescent reckless behavior. *Current Directions in Psychological Science, 4*, 67–71.

Arnett, J. J. (1999). Adolescent storm and stress, reconsidered. *American Psychologist, 4*, 317–326.

Aronoff, J., Lynn, S. J., & Malinowski, P. (2000). Are cultic environments psychologically harmful? *Clinical Psychology Review, 20*, 91–111.

Aronson, E. (1992). *The social animal* (6th ed.). New York: W. H. Freeman.

Aronson, E. (1998). *The social animal* (8th ed.). New York: Worth.

Aronson, E. (2004). Reducing hostility and building compassion: Lessons from the jigsaw classroom. In A. G. Miller (Ed.), *The social psychology of good and evil* (pp. 469–488). New York: Guilford Press.

Aronson, E., Blaney, N., Stephan, C., Sikes, J., & Snapp, M. (1978). *The jigsaw classroom*. Beverly Hills, CA: Sage.

Arrigo, B., & Griffin, A. (2004). Serial murder and the case of Aileen Wuornos: Attachment theory, psychopathy, and predatory aggression. *Behavioral Sciences and the Law,* 22, 375–393.

Asch, S. E. (1955). Opinions and social pressure. *Scientific American, 193*, 31–35.

Ascher, L. M., Barber, T. X., & Spanos, N. P. (1972). Two attempts to replicate the Parrish-Lundy-Leibowitz experiment on hypnotic age regression. *American Journal of Clinical Hypnosis, 14*(3), 178–185.

Aserinsky, E. (1996). Memories of famous neuropsychologists: The discovery of REM sleep. *Journal of the History of the Neurosciences, 5*, 213–227.

Aserinsky, E., & Kleitman, N. (1953). Regularly occurring periods of ocular motility and concomitant phenomena during sleep. *Science, 118*, 361–375.

Aspinwall, L., & Brunhart, S. (2000). What I don't know won't hurt me. In J. Gillham (Ed.), *The science of optimism and hope: Research essays in honor of Martin E. P. Seligman* (pp. 163–200). Philadelphia: Templeton Foundation Press.

Atkinson, R. C., & Shiffrin, R. M. (1968). Human memory: A proposed system and its control processes. In K. W. Spence and J. T. Spence (Eds.), *The psychology of learning and motivation: Advances in research and theory* (Vol. 2, pp. 89–195). New York: Academic Press.

Atri, A., Sharma, M., & Cottrell, R. (2006). Role of social support, hardiness, and acculturation as predictors of mental health among international students of Asian Indian origin. *International Quarterly of Community Health Education, 27*(1), 59–73.

Ax, A. F. (1953). The physiological differentiation between fear and anger in humans. *Psychosomatic Medicine, 55*, 433–442.

Axsom, D., & Cooper, J. (1985). Cognitive dissonance and psychotherapy: The role of effort justification in inducing weight loss. *Journal of Experimental Social Psychology, 21*, 149–160.

Ayllon, T., & Milan, M. (2002). Token economy: Guidelines for operation. In M. Hersen & W. Sledge, *Encyclopedia of psychotherapy* (pp. 829–833). New York: Academic Press.

Azar, B. (1999, July/August). Destructive lab attack sends a wake-up call. *APA Monitor*. Retrieved October 22, 2007, from www.apa.org/monitor/julaug99/sc1.html.

Azrin, N. H., & Holz, W. C. (1966). Punishment. In W. K. Honig (Ed.), *Operant behavior: Areas of research and application* (pp. 380–447). New York: Appleton-Century-Crofts.

B

Babiak, P., & Hare, R. D. (2006). *Snakes in suits: When psychopaths go to work*. New York: Regan Books.

Babyak, M. A., Blumenthal, J. A., Herman, S., Khatri, P., Doraiswamy, P. M., Moore, K. A., et al. (2000). Exercise treatment for major depression: Maintenance of therapeutic benefit at 10 months. *Psychosomatic Medicine, 62*, 633–638.

Baddeley, A. D. (1993). *Your memory: A user's guide* (2nd ed.). London: Lifecycle Publications.

Baddeley, A. D., & Hitch, G. J. (1974). Working memory, In G. A. Bower (Ed.), *Recent advances in learning and motivation, Vol. 8* (pp. 47–90). New York: Academic Press.

Baer, R. A. (2003). Mindfulness training as a clinical intervention: A conceptual and an empirical review. *Clinical Psychology: Science and Practice, 10*, 125–143.

Bagemihl, B. (1999). *Biological exuberance, animal homosexuality and natural diversity*. London: Profile Books.

Bahnson, C. B., Smith, K. (1975). Autonomic changes in a multiple personality. *Psychosomatic Medicine, 37*, 85–86.

Bahrick, H. P. (1984). Semantic memory content in permastore: Fifty years of memory for Spanish learning in school. *Journal of Experimental Psychology: General, 113*, 1–29.

Bahrick, H. P., Bahrick, P. O., & Wittlinger, R. P. (1975). Fifty years of memory for names and faces: A cross-sectional approach. *Journal of Experimental Psychology: General, 104*, 54–75.

Bahrick, H. P., & Phelps, E. (1987). Retention of Spanish vocabulary over 8 years. *Journal of Experimental Psychology: Learning, Memory, & Cognition, 13*, 344–349.

Bahrick, L. E., Moss, L., & Fadil, C. (1996). The development of self recognition in infancy. *Ecological Psychology, 8*, 189–208.

Bahrick, L. E., & Watson, J. S. (1985). Detection of intermodal proprioceptive visual contingency as a potential basis of self perception in infancy. *Developmental Psychology, 21*, 963–973.

Bailenson, J. N., Shum, M. S., Atran, S., Medin, D. L., & Coley, J. D. (2002). A bird's eye view: Biological categorization and reasoning within and across cultures. *Cognition, 84*, 1–53.

Bailey, J. M., & Pillard, R. C. (1991). A genetic study of male sexual orientation. *Archives of General Psychiatry, 48*, 1089–1096.

Baillargeon, R., & Hanko-Summers, S. (1990). Is the top object adequately supported by the bottom object? Young infants' understanding of support relations. *Cognitive Development, 5*, 29–53.

Bainbridge, W. S. (1987). Collective behavior and social movements. In R. Stark (Ed.), *Sociology* (pp. 544–576). Belmont, CA: Wadsworth.

Baker, F. M., & Bell, C. C. (1999). Issues in the psychiatric treatment of African Americans. *Psychiatry Services, 50*, 362–368.

Baker, J. P., & Berenbaum, H. (2008). The efficacy of problem-focused and emotional approach intervention varies as a function of emotional processing style. *Cognitive Therapy and Research, 32*, 66–82.

Baker, J. R., & Yardley, J. K. (2002). Moderating effect of gender on the relationship between sensation-seeking impulsivity and substance use in adolescents. *Journal of Child and Adolescence Substance Abuse, 12*, 27–43.

Baldwin, D. A. (1993). Infants' ability to consult the speaker for clues to word reference. *Journal of Child Language, 20*, 395–418.

Baldwin, M. W., Carrell, S. E., & Lopez, D. F. (1990). Priming relationship schemas: My advisor and the Pope are watching me from the back of my mind. *Journal of Experimental Social Psychology, 26*(5), 435–454.

Baltes, P. B., Staudinger, U. M., & Lindenberger, U. (1999). Lifespan psychology: Theory and application to intellectual functioning. *Annual Review of Psychology, 50*, 471–507.

Banaji, M. R. (2001). Implicit attitudes can be measured. In H. D. Roediger III, J. S. Naime, I. Neath, & A. Surprenant (Eds.), *The nature of remembering: Essays in honor of Robert G. Crowder* (pp. 117–150). Washington, DC: American Psychological Association.

Bancaud, J., Brunet-Bourgin, F., Chauvel, P., & Halgren, E. (1994).

Anatomical origin of déjà vu and vivid "memories" in human temporal lobe epilepsy. *Brain, 117,* 71–90.

Bancroft, J. (2005). The endocrinology of sexual arousal. *Journal of Endocrinology, 186,* 411–427.

Bandura, A. (1965). Vicarious processes: A case of no-trial learning. In L. Berkowitz (Ed.), *Advances in experimental social psychology* (Vol. 2, pp. 3–55). New York: Academic Press.

Bandura, A. (1971). *Psychological modeling.* Chicago: Aldine/Atherton.

Bandura, A. (1973). *Aggression: A social learning analysis.* Oxford, England: Prentice-Hall.

Bandura, A. (1977). Self-efficacy: Toward a unifying theory of behavioral change. *Psychological Review, 84,* 191–215.

Bandura, A., Ross, D., & Ross, S. A. (1961). Transmission of aggression through imitation of aggressive models. *Journal of Abnormal and Social Psychology, 63,* 575–582.

Bandura, A., Ross, D., & Ross, S. A. (1963). Imitation of film mediated aggressive models. *Journal of Abnormal and Social Psychology, 66,* 3–11.

Barber, T. X. (1969). *Hypnosis: A scientific approach.* New York: Van Nostrand Reinhold.

Barchas, P. (1986). A sociophysiological orientation to small groups. In E. Lawler (Ed.), *Advances in group processes* (Vol. 3, pp. 209–246). Greenwich, CT: JAI Press.

Bard, P. (1942). Neural mechanisms in emotional and sexual behavior. *Psychosomatic Medicine, 4,* 171–172.

Bargh, J. A. (1994). The four horsemen of automaticity: Awareness, efficiency, intention, and control in social cognition. In R. S. Wyer Jr. & T. K. Srull (Eds.), *Handbook of social cognition* (2nd ed., pp. 1–40). Hillsdale, NJ: Erlbaum.

Bargh, J. A., & Chartrand, T. L. (1999). The unbearable automaticity of being. *American Psychologist, 54,* 462–479.

Bargh, J. A., & Ferguson, M. L. (2000). Beyond behaviorism: On the automaticity of higher mental processes. *Psychological Bulletin, 126,* 925–945.

Bargh, J. A., & Pietromonaco, P. (1982). Automatic information processing and social perception: The influence of trait information presented outside of conscious awareness on impression formation. *Journal of Personality and Social Psychology, 43,* 437–449.

Barker, A. T., Jalinous, R., & Freeston, I. L. (1985). Non-invasive magnetic stimulation of human motor cortex. *Lancet, 1,* 1106–1107.

Barkow, J. H., Cosmides, L., & Tooby, J. (1992). *The adapted mind: Evolutionary psychology and the generation of culture.* New York: Oxford University Press.

Barlow, D. H. (2000). Unraveling the mysteries of anxiety and its disorders from the perspective of emotion theory. *American Psychologist, 55,* 1247–1263.

Barlow, D. H., Chorpita, B. F., & Turovsky, J. (1996). Fear, panic, anxiety, and disorders of emotion. In D. A. Hope (Ed.), *Perspectives on anxiety, panic, and fear* (The 43rd Annual Nebraska Symposium on Motivation) (pp. 251–328). Lincoln: University of Nebraska Press.

Barnes, P. M., Powell-Griner, E., McFann, K., & Nahin, R. L. (2004). *Complementary and alternative medicine use among adults: United States, 2002.* CDC Advance Data Report #343.

Baron-Cohen, S., Harrison, J., Goldstein, L. H., & Wyke, M. (1993). Coloured speech-perception: Is synaesthesia what happens when modularity breaks down? *Perception, 22*(4), 419–426.

Barrett, L. F., & Russell, J. A. (1999). Structure of current affect. *Current Directions in Psychological Science, 8,* 10–14.

Barrick, M. R., & Mount, M. K. (1991). The Big Five personality dimensions and job performance: A meta-analysis. *Personnel Psychology, 44,* 1–26.

Barta, P. E., Pearlson, G. D., Powers, R. E., Richards, S. S., & Tune, L. E. (1990). Auditory hallucinations and smaller superior temporal gyral volume in schizophrenia. *American Journal of Psychiatry, 147,* 1457–1462.

Bartels, A., & Zeki, S. (2006). The temporal order of binding visual attributes. *Vision Research, 46,* 2280–2286.

Bartholomew, R. E. (1998). The Martian panic sixty years later: What have we learned? *Skeptical Inquirer, 22*(6), 40–43.

Bartholomew, R. E., & Goode, E. (2000). Mass delusions and hysterias: Highlights from the past millennium. *Skeptical Inquirer, 24,* 20–28.

Bartone, P. T. (1999). Hardiness protects against war-related stress in army reserve forces. *Consulting Psychology Journal, 51,* 72–82.

Bartz, W. R. (2002, September/October). Teaching skepticism via the CRITIC acronym and the *Skeptical Inquirer. Skeptical Inquirer, 17,* 42–44.

Batson, C. D. (1987). Prosocial motivation: Is it ever truly altruistic? In L. Berkowitz (Ed.), *Advances in experimental social psychology* (Vol. 20, pp. 65–122). New York: Academic Press.

Batson, C. D., Batson, J., Singlsby, J., Harrell, K., Peekna, H., & Todd, R. (1991). Empathic joy and the empathy-altruism hypothesis. *Journal of Personality and Social Psychology, 61,* 413–426.

Batson, C. D., Duncan, B. D., Ackerman, P., Buckley, T., & Birch, K. (1981). Is empathic emotion a source of altruistic motivation? *Journal of Personality and Social Psychology, 40,* 290–302.

Batson, C. D., & Shaw, L. (1991). Evidence for altruism: Toward a pluralism of prosocial motives. *Psychological Inquiry, 2,* 107–122.

Bauer, P. J. (2006). Constructing a past in infancy: A neuro-developmental account. *Trends in Cognitive Sciences, 10*(4), 175–181.

Baum, A., Cohen, L., & Hall, M. (1993). Control and intrusive memories as possible determinants of chronic stress. *Psychosomatic Medicine, 55,* 274–286.

Baum, H. S. (1987). *The invisible bureaucracy.* Oxford, England: Oxford University Press.

Baumeister, R. F., Campbell, J. D., Krueger, J. I., & Vohs, K. D. (2003). Does high self-esteem cause better performance, interpersonal success, happiness, or healthier lifestyles? *Psychological Science in the Public Interest, 4,* 1–44.

Baumeister, R. F., & Leary, M. R. (1995). The need to belong: Desire for interpersonal attachments as a fundamental human motivation. *Psychological Bulletin, 117*(3), 497–529.

Baumeister, R. F., Twenge, J. M., & Nuss, C. (2002). Effects of social exclusion on cognitive processes: Anticipated aloneness reduces intelligent thought. *Journal of Personality and Social Psychology, 83,* 817–827.

Baumrind, D. (1971). Current patterns of parental authority. *Developmental Psychology Monographs, 4* (Pts. 1 & 2).

Baumrind, D. (1991). The influence of parenting style on adolescent competence and substance use. *Journal of Early Adolescence, 11,* 56–95.

Baxendale, S. (2004). Memories aren't made of this: Amnesia at the movies. *British Medical Journal, 18,* 1480–1483.

Beaman, A., Barnes, P., Klentz, B., & McQuirk, B. (1978). Increasing helping rates through information dissemination: Teaching pays. *Personality and Social Psychology Bulletin, 4,* 406–411.

Beaman, C. P., Bridges, A. M., & Scott, S. K. (2007). From dichotic listening to the irrelevant sound effect: A behavioural and neuroimaging analysis of the processing of unattended speech. *Cortex, 43,* 124–134.

Beaman, R., Wheldall, K., & Kemp, C. (2006). Differential teacher attention to boys and girls in the classroom. *Educational Review, 58(3),* 339–366.

Beatty, J. (1982). Task-evoked pupillary responses, processing load, and the structure of processing resources. *Psychological Bulletin, 91*(2), 276–292.

Beauregard, M., & Paquette, V. (2006). Neural correlates of a mystical experience in Carmelite nuns. *Neuroscience Letters, 405,*

186–190.

Beck, A. T. (1963). Thinking and depression. *Archives of General Psychiatry, 9*, 324–333.

Beck, A. T., (1964). Thinking and depression: 2. Theory and therapy. *Archives of General Psychiatry, 10*, 561–571.

Beck, A. T. (1976). *Cognitive therapy and the emotional disorders*. New York: International Universities Press.

Beck, A. T. (1987) Cognitive models of depression. *Journal of Cognitive Psychotherapy, 1*(1), 5–37.

Beck, A. T. (2005). The current state of cognitive therapy: A 40-year retrospective. *Archives of General Psychiatry, 62*, 953–959.

Beck, A. T., Brown, G., Berchick, R. J., Stewart, B. L., & Steer, R. A. (1990). Relationship between hopelessness and ultimate suicide: A replication with psychiatric outpatients. *American Journal of Psychiatry, 147*, 190–195.

Beck, A. T., Rush, A. J., Shaw, B. F., & Emery, G. (1979). *Cognitive therapy of depression*. New York: Guilford Press.

Beck, C. T., & Gable, R. K. (2001). Comparative analysis of the performance of the Postpartum Depression Screening Scale with two other depression instruments. *Nursing Research, 50*, 242–250.

Beck, J. S. (1995). *Cognitive therapy: Basics and beyond*. New York: Guilford Press.

Begley, S., & Kasindorf, M. (1979, December 3). Twins: Nazi and Jew. *Newsweek*, 139.

Beier, M. E., & Ackerman, P. L. (2001). Current events knowledge in adults: An investigation of age, intelligence and non-ability determinants. *Psychology and Aging, 16*, 615–628.

Bell, R. (1968). A reinterpretation of the direction of effects in studies of socialization. *Psychological Review, 75*, 81–95.

Belli, R. F., Winkielman, P., Read, J. D., Schwarz, N., & Lynn, S. J. (1998). Recalling more childhood events leads to judgments of poorer memory: Implications for the recovered/false memory debate. *Psychonomic Bulletin & Review, 5*, 318–323.

Bellinger, D. C., & Needleman, H. L. (2003). Intellectual impairment and blood lead levels. *New England Journal of Medicine, 349*, 500–502.

Belliveau, F., & Richter, L. (1970). *Understanding human sexual inadequacy*. New York: Bantam Books.

Belsky, J., & Kelly, J. (1994). *The transition to parenthood*. New York: Delacourte.

Bem, D. J. (1996). Exotic becomes erotic: A developmental theory of sexual orientation. *Psychological Review, 103*, 320–335.

Bem, D. J., & Allen, A. (1974). On predicting some of the people some of the time: The search for cross-situational consistencies in behavior. *Psychological Review, 81*, 506–520.

Bem, D. J., & Funder, D. C. (1978). Predicting more of the people more of the time: Assessing the personality of situations. *Psychological Review, 85*, 485–500.

Bem, D. J., & Honorton, C. (1994). Does psi exist? Replicable evidence for an anomalous process of information transfer. *Psychological Bulletin, 115*(1), 4–18.

Bem, D. J., & McConnell, H. K. (1970). Testing the self-perception explanation of dissonance phenomena: On the salience of premanipulation attitudes. *Journal of Personality and Social Psychology, 14*, 23–31.

Benassi, V. A., Sweeney, P. D., & Dufour, C. L. (1988). Is there a relation between locus of control orientation and depression? *Journal of Abnormal Psychology, 8*, 357–367.

Benbow, C. P., & Stanley, J. C. (1980). Sex differences in mathematical ability: Fact or artifact? *Science, 210*, 1262–1264.

Bennett, M. R. (1998). Monoaminergic synapses and schizophrenia: 45 years of neuroleptics. *Journal of Psychopharmacology, 12*, 289–304.

Benson, E. (2006, June). All that's gold doesn't glitter: How the Golden Fleece tarnished psychological science. *APS Observer*. Retrieved from www.psychologicalscience.org/observer/getArticle.cfm?id=1998.

Bentall, R. P. (2000). Hallucinatory experiences. In E. Cardena, S. J. Lynn, & S. Krippner (Eds.), *Varieties of anomalous experience: Examining the scientific evidence* (pp. 85–120). Washington, DC: American Psychological Association.

Bentley, K. J., & Walsh, J. (2006). *The social worker and psychotropic medication: Toward effective collaboration with mental health clients, families, and providers* (3rd ed.). Belmont, CA: Thompson.

Berger, H. (1929). Ueber das Elektroenkephalogramm des Menschen. *Archiv für Psychiatrie und Nervenkrankheiten, 87*, 527–570.

Bergner, R. M. (1997). What is psychopathology? And so what? *Clinical Psychology: Science and Practice, 4*, 235–248.

Berk, A. M., Vigorito, M., & Miller, R. R. (1979). Retroactive stimulus interference with conditioned emotional response retention in infant and adult rats: Implications for infantile amnesia. *Journal of Experimental Psychology: Animal Behavior Processes, 3*, 284–299.

Berk, M. S., & Andersen, S. M. (2000). The impact of past relationships on interpersonal behavior: Behavioral confirmation in the social-cognitive process of transference. *Journal of Personality and Social Psychology, 79*, 546–562.

Berkman, L. F., & Syme, S. L. (1979). Social networks, host resistance, and mortality: A nine year follow-up study of Alameda County residents. *American Journal of Epidemiology, 109*, 186–204.

Berkowitz, L. (1989). Frustration-aggression hypothesis: Examination and reformulation. *Psychological Bulletin, 106*, 59–73.

Berman, J. D., & Straus, S. E. (2004). Implementing a research agenda for complementary and alternative medicine. *Annual Review of Medicine, 55*, 239–254.

Berman, J. S., & Norton, N. C. (1985). Does professional training make a therapist more effective? *Psychological Bulletin, 98*, 401–406.

Bernheim, K. F., & Lewine, R. R. (1979). *Schizophrenia: symptoms, treatment, causes*. New York: Norton.

Bernstein, D. A., Borkovec, T. D., & Hazlett-Stevens, H. (2000). *New directions in progressive relaxation training: A guidebook for helping professionals*. Westport, CT: Praeger.

Bernstein, D. M., Laney, C., Morris, E. K., & Loftus, E. F. (2005). False memories about food can lead to food avoidance. *Social Cognition, 23*, 11–34.

Berscheid, E., & Reis, H. T. (1998). Attraction and close relationships. In D. Gilbert, S. Fiske, & G. Lindzey (Eds.), *The handbook of social psychology* (Vol. 2, 4th ed., pp. 193–281). New York: McGraw-Hill.

Beunen, G., & Malina, R. M. (1996). *The child and adolescent athlete*. Oxford, England: Blackwell.

Beutler, L. E. (2002). The dodo bird is extinct. *Clinical Psychology: Science and Practice, 9*, 30–34.

Beutler, L. E., & Harwood, T. M. (2002). What is and can be attributed to the therapeutic relationship. *Journal of Contemporary Psychotherapy, 32*, 25–33.

Beyerstein, B. L. (1997, September/October). Why bogus therapies seem to work. *Skeptical Inquirer*, 21, 29–34.

Beyerstein, B. L. (1999). Whence cometh the myth that we only use ten percent of our brains? In S. Della Sala (Ed.), *Mind myths: Exploring everyday mysteries of the mind and brain* (pp. 1–24). Chichester, England: John Wiley and Sons.

Bialystok, E. (1988). Levels of bilingualism and levels of linguistic awareness. *Developmental Psychology, 24*, 560–567.

Biasi, E., Silvotti, L., & Tirindelli, R. (2001). Pheromone detection in rodents. *Neuroreport, 12*, A81–A84.

Biederman, J., Hirshfeld-Becker, D. R., Rosenbaum, J. F., Herot, C., Friedman, D., Snidman, N., et al. (2001). Further evidence of association between behavioral inhibition and social anxiety in children. *American Journal of Psychiatry, 158,* 1673–1679.

Bierbrauer, G. (1973). *Effect of set, perspective, and temporal factors in attribution.* Unpublished doctoral dissertation, Stanford University, Palo Alto, CA.

Bikel, O. (Producer). (1995, April 11). *Frontline* [Television broadcast: "Divided Memories"]. New York: Public Broadcasting Service.

Biklen, D. (1990). Communication unbound: Autism and praxis. *Harvard Educational Review, 60,* 291–314.

Bink, M. L., & Marsh, R. L. (2000). Cognitive regularities in creative activity. *Review of General Psychology, 4,* 59–78.

Birch, S. A. J., & Bloom, P. (2007). The curse of knowledge in reasoning about false beliefs. *Psychological Science, 18*(5), 382–386.

Birmingham, C. L., Su, J., Hlynsky, J. A., Goldner, E. M., & Gao, M. (2005). The mortality rate from anorexia nervosa. *International Journal of Eating Disorders, 38,* 143–146.

Birnbaum, G., Glaubman, H., & Mikulincer, M. (2001). Women's experience of heterosexual intercourse—Scale construction, factor structure, and relations to orgasmic disorder. *Journal of Sex Research, 38,* 191–204.

Birren, J. E., & Renner, V. J. (1977). Research on the psychology of aging: Principles and experimentation. In J. E. Birren & K. W. Schaie (Eds.), *Handbook of the psychology of aging* (pp. 3–38). New York: Van Nostrand Reinhold.

Bishop, D. V. M., & Bishop, S. J. (1998). "Twin language": A risk factor for language impairment? *Journal of Speech, Language & Hearing Research, 41,* 150–160.

Bishop, G. F., Oldendick, R. W., & Tuchfarber, A. J. (1986). Opinions on fictitious issues: The pressure to answer survey questions. *Public Opinion Quarterly, 50,* 240–250.

Black, S. M., & Hill, C. E. (1984). The psychological well-being of women in their middle years. *Psychology of Women Quarterly, 8,* 282–292.

Blackmore, S. (1993). *Dying to live: Near-death experiences.* Buffalo, NY: Prometheus.

Blackmore, S. (1998). Abduction by aliens or sleep paralysis? *Skeptical Inquirer, 22,* 23–28.

Blackmore, S. (2004). *Consciousness: An introduction.* New York: Oxford University Press.

Blanchard, R., & Bogaert, A. F. (1996). Homosexuality in men and number of older brothers. *American Journal of Psychiatry, 153,* 27–31.

Blanchette, I., & Richards, A. (2003). Anxiety and the interpretation of ambiguous stimuli: Beyond the emotion-congruent effect. *Journal of Experimental Psychology: General, 13,* 294–309.

Blasi, A. (1980). Bridging moral cognition and moral action: A critical review of the literature. *Psychological Bulletin, 88,* 593–637.

Blass, T. (1999). The Milgram paradigm after 35 years. *Journal of Applied Social Psychology, 29,* 955–978.

Blass, T. (2004). *The man who shocked the world: The life and legacy of Stanley Milgram.* New York: Perseus.

Blatt, S. J. (1974). Levels of object representation in anaclitic and introjective depression. *Psychoanalytic Studies of the Child, 29,* 107–157.

Blatt, S. J., Sanislow, C. A., Zuroff, D. C., & Pilkonis, P. A. (1996). Characteristics of effective therapists: Further analyses of data from the NIMH. *TDCRP, Journal of Consulting and Clinical Psychology, 64,* 1276–1284.

Bliss, T., Collingridge, G., & Morris, R. (2004). *Long-term potentiation: Enhancing neuroscience for 30 years.* Oxford, England: Oxford University Press.

Block, J. (1976). Issues, problems and pitfalls in assessing sex differences: A critical review of "The Psychology of Sex Differences." *Merrill Palmer Quarterly, 22,* 283–340.

Block, J. (1995). A contrarian view of the five-factor approach to personality description. *Psychological Bulletin, 117,* 187–215.

Block, J. (2006). In whom should Americans trust? Jeff Block's personal idea fountain. Retrieved June 10, 2008, from http://jeffblock.wordpress.com/category/military/

Block, J., & Block, J. H. (2006). Venturing a 30-year longitudinal study. *American Psychologist, 61*(4), 315–327.

Block, J. H., Block, J., & Gjerde, P. F. (1986). The personality of children prior to divorce: A prospective study. *Child Development, 57,* 827–840.

Blodgett, H. C. (1929). The effect of the introduction of reward upon the maze performance of rats. *University of California Publications in Psychology, 4,* 113–134.

Blood, A. J., & Zatorre, R. J. (2001). Intensely pleasurable responses to music correlate with activity in brain regions implicated in reward and emotion. *Proceedings of the National Academy of Sciences, U. S. A., 98,* 11818–11823.

Blow, A. J., Sprenkle, D. H., & Davis, S. D. (2007). Is who delivers the treatment more important than the treatment itself? The role of the therapist in common factors. *Journal of Marital and Family Therapy, 33,* 298–317.

Blum, D. (2002). *Love at Goon Park: Harry Harlow and the science of affection.* Cambridge, MA: Perseus Publishing.

Boese, A. (2007, November 3). The whacko files. *New Scientist, 196,* 49–55.

Bohart, A. C. (2003). Person-centered psychotherapy and related experiential approaches. In A. S. Gurman & S. B. Messer (Eds.), *Essential psychotherapies: Theory and practice* (2nd ed., pp. 107–148). New York: Guilford Press.

Bolles, R. C. (1962). The difference between statistical hypotheses and scientific hypotheses. *Psychological Reports, 11,* 639–645.

Bonanno, G. A. (2004). Loss, trauma, and human resilience: Have we underestimated the human capacity to thrive after extremely aversive events? *American Psychologist, 59,* 20–28.

Bonanno, G. A., Field, N. P., Kovacevic, A., & Kaltman, S. (2002). Self-enhancement as a buffer against extreme adversity: Civil war in Bosnia and traumatic loss in the United States. *Personality and Social Psychology Bulletin, 28,* 184–196.

Bonanno, G. A., Galea, S., Bucciarelli, A., & Vlahov, D. (2006). Psychological resilience after disaster: New York City in the aftermath of the September 11th terrorist attack. *Psychological Science, 17,* 181–186.

Bonanno, G. A., Moskowitz, J. T., Papa, A., & Folkman, S. (2005). Resilience to loss in bereaved spouses, bereaved parents, and bereaved gay men. *Journal of Personality and Social Psychology, 88,* 827–843.

Bond, C. F. (2006). A world of lies. *Journal of Cross-Cultural Psychology, 30,* 60–74.

Bond, R., & Smith, R. P. (1996). Culture and conformity: A meta-analysis of studies using Asch's line judgment task. *Psychological Bulletin, 119,* 111–137.

Bond, R., & Titus, L. J. (1983). Social facilitation: A meta-analysis of 241 studies. *Psychological Bulletin, 94,* 265–292.

Bonham, V. L. (2001). Race, ethnicity, and pain treatment: Striving to understand the causes and solutions to the disparities in pain treatment. *Journal of Law & Medical Ethics, 29,* 52–68.

Boniecki, K. A., & Moore, S. (2003). Breaking the silence: Using a token economy to reinforce classroom participation. *Teaching of Psychology, 30,* 224–227.

Boring, E. G. (1923). Intelligence as the tests test it. *New Republic, 35,* 35–37.

Borland, D. C. (1982). A cohort analysis approach to the empty nest syndrome among three ethnic groups of women: A theoretical position. *Journal of Marriage and the Family, 44,* 117–129.

Bornstein, R. F. (1989). Exposure and affect: Overview and meta-analysis of research, 1968–1987. *Psychological Bulletin, 106*(2), 265–289.

Bornstein, R. F. (2001). The impending death of psychoanalysis. *Psychoanalytic Psychology, 18,* 3–20.

Bos, H. M. W., van Balen, F., & van den Boom, D. C. (2004). Experience of parenthood, couple relationship, social support, and child-rearing goals in planned lesbian mother families. *Journal of Child Psychology and Psychiatry, 45*, 755–764.

Bos, H. M. W., van Balen, F., & van den Boom, D. C. (2007). Child adjustment and parenting in planned lesbian-parent families. *American Journal of Orthopsychiatry, 77*, 38–48.

Bothwell, R. K., Deffenbacher, K. A., & Brigham, J. C. (1987). Correlation of eyewitness accuracy and confidence: Optimality hypothesis revisited. *Journal of Applied Psychology, 72*, 691–695.

Botwinick, J. (1966). Cautiousness in advanced age. *Journal of Gerontology, 21*, 347–353.

Bouchard, T. J. Jr. (2004). Genetic influence on human psychological traits. *Current Directions in Psychological Science, 4*, 148–151.

Bouchard, T. J., Lykken, D. T., McGue, M., Segal, N. L., & Tellegen, A. (1990, October 12). Sources of human psychological differences: The Minnesota study of twins reared apart. *Science, 250*, 223–228.

Bouchard, T. J., & McGue, M. (1981). Familial studies of intelligence: A review. *Science, 212*, 1055–1059.

Bourguignon, E. (1970). Hallucinations and trance: An anthropologist's perspective. In Keup, W. (Ed.), *Origins and mechanisms of hallucination* (pp. 183–190). New York: Plenum Press.

Bowers, T., & Clum, G. A. (1988). Specific and nonspecific treatment effects in controlled psychotherapy research. *Psychological Bulletin, 103*, 315–323.

Bowlby, J. (1973). *Attachment and loss. Vol. 2: Separation: Anxiety & anger*. London: Hogarth.

Bowlby, J. (1990). The study and reduction of group tensions in the family. In E. Trist, H. Murray, & B. Trist (Eds.), *The social engagement of social science: A Tavistock anthology, Vol. I: The socio-psychological perspective* (pp. 291–298). Philadelphia: University of Pennsylvania Press.

Bowman, D., Scogin, F., Floyd, M., & McKendree-Smith, N. (2001). Psychotherapy length of stay and outcome: A meta-analysis of the effect of therapist sex. *Psychotherapy, 38*, 142–150.

Bradbard, M. R., Martin, C. L., Endsley, R. C., & Halverson, C. F. (1986). Influence of sex stereotypes on children's exploration and memory: A competence versus performance distinction. *Developmental Psychology, 22*(4), 481–486.

Bradbury, E. J., & McMahon, S. B. (2006). Spinal cord repair strategies: Why do they work? *Nature Reviews Neuroscience, 7*, 644–653.

Bradbury, J. (2005). Molecular insights into human brain evolution. *PLoS Biology 3*, 50.

Braid, J. (1843). *Neurypnology or the rationale of nervous sleep considered in relation with animal magnetism illustrated by numerous cases of its successful application in the relief and cure of disease*. London: John Churchill.

Branden, N. (1994). *Six pillars of self-esteem*. New York: Bantam Books.

Brandsma, J. M., Maultsby, M. C., & Welsh, R. J. (1980). Alcoholics Anonymous: An empirical outcome study. *Addictive Behaviors, 5*, 359–370.

Brehm, S. S., Miller, R. S., Perlman, D., & Campbell, S. M. (2002). *Intimate relationships* (3rd ed.). New York: McGraw-Hill.

Breland, K., & Breland, M. (1961). The misbehavior of organisms. *American Psychologist, 16*(11), 681–684.

Brende, J. O. (1984). The psychophysiologic manifestations of dissociation: Electrodermal responses in a multiple personality patient. *Psychiatry Clinics of North America, 7*, 41–50.

Brennan, P. A., & Mednick, S. A. (1994). Learning theory approach to the deterrence of criminal recidivism. *Journal of Abnormal Psychology, 103*, 430–440.

Brenner, C. (1973). *An elementary textbook of psychoanalysis*. New York: International Universities Press.

Breuer, J., & Freud, S. (1895). *Studies on hysteria*. In Strachey, J. et al. (Trans. and ed.), *The standard edition of the Complete Psychological Works of Sigmund Freud (1953–74)* (Vol. 2). London: Hogarth.

Brewer, C. (1992). Controlled trials of Antabuse in alcoholism: The importance of supervision and adequate dosage. *Acta Psychiatrica Scandinavica, 86*, 51–58.

Brewer, W. F. (1974). There is no convincing evidence for operant or classical conditioning in adult humans. In W. B. Weimer & D. S. Palemo (Eds.), *Cognition and the symbolic processes* (pp. 1–42). Hillsdale, NJ: Erlbaum.

Brickman, P., & Campbell, D. T. (1971). Hedonic relativism and planning the good society. In M. H. Appley (Ed.), *Adaptation level theory: A symposium* (pp. 287–305). New York: Academic Press.

Brickman, P., Coates, D., & Janoff-Bulman, R. (1978). Lottery winners and accident victims: Is happiness relative? *Journal of Personality and Social Psychology, 36*, 917–927.

Broadbent, D. E. (1957). A mechanical model for human attention and immediate memory. *Psychological Review, 54*, 205–215.

Broca, P. P. (1861). Loss of speech, chronic softening and partial destruction of the anterior left lobe of the brain. *Bulletin de la Société Anthropologique, 2*, 235–238.

Brody, J. (2007, April 17). When a brain forgets where memory is. *New York Times*. Accessed August 2, 2007, from www.nytimes.com/2007/04/17/health/psychology/17brody.html.

Brody, N. (1992). *Intelligence* (2nd ed.). San Diego, CA: Academic Press.

Brown, A. S. (1991). A review of the tip of the tongue phenomenon. *Psychological Bulletin, 109*, 204–223.

Brown, A. S. (2003). A review of the déjà vu experience. *Psychological Bulletin, 129*, 394–413.

Brown, A. S. (2004a). *The déjà vu experience*. New York: Psychology Press.

Brown, A. S. (2004b). The déjà vu illusion. *Current Directions in Psychological Science, 13*, 256–259.

Brown, A. S., Begg, M. D., Gravenstein, S., Schaefer, C. A., Wyatt, W. J., Bresnahan, M., et al. (2004). Serologic evidence for prenatal influenza in the etiology of schizophrenia. *Archives of General Psychiatry, 61*, 774–780.

Brown, D., Scheflin, A. W., & Hammond, C. (1997). *Trauma, memory, treatment, and the law*. New York: W. W. Norton.

Brown, G. W., Monck, E. M., Carstairs, G. M., & Wing, J. K. (1962). Influence of family life on the course of schizophrenic illness. *British Journal of Preventive and Social Medicine, 16*, 55–68.

Brown, P. K., & Wald, G. (1964). Visual pigments in single rods and cones of the human retina. *Science, 144*, 45–52.

Brown, R., & Kulik, J. (1977). Flashbulb memories. *Cognition, 5*, 73–99.

Brown, V. R., & Paulus, P. B. (2002). Making group brainstorming more effective: Recommendations from an associative memory perspective. *Current Directions in Psychological Science, 11*, 208–212.

Browne, C., Dowd, T., & Freeman, A. (in press). Rational and irrational beliefs and psychopathology. In D. David, S. J. Lynn, & A. Ellis (Eds.), *Rational and irrational beliefs: Theory, research, and practice*. Oxford University Press.

Bruer, J. T. (1999). *The myth of the first three years: A new understanding of brain development and lifelong learning*. New York: Free Press.

Brugha, T. S. (Ed.). (1995). *Social support and psychiatric disorder research findings and guidelines for clinical practice*. Cambridge, England: Cambridge University Press.

Brunvand, J. H. (1999). *Too good to be true: The colossal book of urban legends*. New York: W. W. Norton.

Bryan, J. H., & Test, M. A. (1967). Models and helping: Naturalistic studies in aiding behavior. *Journal of Personality and Social Psychology, 6*, 400–407.

Buckalew, L. W., & Ross, S. (1981). Relationship of perceptual characteristics to efficacy of placebos. *Psychological Reports, 49*, 955–961.

Bulik, C. M., Sullivan, P. F., & Kendler, K. S. (1998). Heritability of binge-eating and broadly defined bulimia nervosa. *Biological Psychiatry, 44*, 1210–1218.

Bull, R., & Rumsey, N. (1988). *The social psychology of facial appearance*. New York: Springer-Verlag.

Bunge, M. (1998). *Philosophy of science: From problem to theory* (Vol. 1). Piscataway, NJ: Transaction Publishers.

Bureau of Labor Statistics. (2006). *Number of jobs held, labor market activity, and earnings growth among the youngest baby boomers: Results from a longitudinal survey*. Retrieved from www.bls.gov/news.release/nlsoy.nr0.htm.

Burger, J. M., & Petty, R. E. (1981). The low-ball compliance technique: Task or person commitment? *Journal of Personality and Social Psychology, 40*, 492–500.

Burns, G. L., & Farina, A. (1992). The role of physical attractiveness in adjustment. *Genetic, Social, and General Psychology Monographs, 118*, 157–194.

Bushman, B. J., & Anderson, C. A. (2001). Media violence and the American public: Scientific facts versus media misinformation. *American Psychologist, 56*, 477–489.

Buss, D. M. (1989). Sex differences in human mate preferences: Evolutionary hypotheses tested in 37 cultures. *Behavioral and Brain Sciences, 12*, 1–14.

Buss, D. M. (1994). *The evolution of desire: Strategies of human mating*. New York: Basic Books.

Buss, D. M. (1995). Evolutionary psychology: A new paradigm for psychological science. *Psychological Inquiry, 6*, 1–30.

Buss, D. M., & Kenrick, D. T. (1998). Evolutionary social psychology. In D. T. Gilbert, S. T. Fiske, & G. Lindzey (Eds.), *The handbook of social psychology* (4th ed., Vol. 1, pp. 982–1026). Boston: McGraw Hill.

Buss, D. M., & Schmitt, D. P. (1993). Sexual strategies theory: An evolutionary perspective on human mating. *Psychological Review, 100*, 204–232.

Buss, D. M., Shackelford, T. K., Kirkpatrick, L. A., & Larsen, R. J. (2001). A half-century of mate preferences: The cultural evolution of values. *Journal of Marriage and Families, 63*, 492–503.

Butcher, J. N., Dahlstrom, W. G., Graham, J. R., Tellegen, A., & Kaemmer, B. (1989). *MMPI-2: Manual for administration and scoring*. Minneapolis: University of Minnesota Press.

Butzlaff, R. L., & Hooley, J. M. (1998). Expressed emotion and psychiatric relapse: A meta-analysis. *Archives of General Psychiatry, 55*, 547–552.

Buunk, B. P., Dijkstra, P., Fetchenhauer, D., & Kenrick, D. (2002). Age and gender differences in mate selection criteria for various involvement levels. *Personal Relationships, 9*, 271–278.

Byrne, D. (1971). *The attraction paradigm*. New York: Academic Press.

Byrne, R. (2007). *The secret*. New York: Atria Books.

Byrnes, J. P. (1988). Formal operations: A systematic reformulation. *Developmental Review, 8*, 66–87.

C

Cabeza, R., & Nyberg, L. (1997). Imaging cognition: An empirical review of PET studies with normal subjects. *Journal of Cognitive Neuroscience, 9*, 1–26.

Cacioppo, J. T. (2004). Common sense, intuition, and theory in personality and social psychology. *Personality and Social Psychology Review, 8*, 114–122.

Cacioppo, J. T., Berntson, G. G., Klein, D. J., & Poehlmann, K. M. (1997). The psychophysiology of emotion across the lifespan. *Annual Review of Gerontology and Geriatrics, 17*, 27–74.

Cacioppo, J. T., Berntson, G. G., Sheridan, J. F., & McClintock, M. K. (2000). Multi-level integrative analyses of human behavior: Social neuroscience and the complementing nature of social and biological approaches. *Psychological Bulletin, 126*, 829–843.

Cacioppo, J. T., Tassinary, L. G., & Berntson, G. G. (2000). *Handbook of psychophysiology*. Cambridge, England: Cambridge University Press.

Calder, A. J., Keane, J., Manes, F., Antoun, N., & Young, A. W. (2000). Impaired recognition and experience of disgust following brain injury. *Nature Neuroscience, 3*, 1077–1078.

Caldera, Y. M., Huston, A. C., & O'Brien, M. (1989). Social interactions and play patterns of parents and toddlers with feminine, masculine and neutral toys. *Child Development, 60*, 70–76.

Callahan, R. J. (1995, August). *A thought field therapy (TFT) algorithm for trauma: A reproducible experiment in psychotherapy*. Paper presented at the 105th Annual Convention of the American Psychological Association, Chicago, IL.

Callahan, R. J. (2001). The impact of thought field therapy on heart rate variability (HRV). *Journal of Clinical Psychology, 57*, 1153–1170.

Calvin, W. H. (2004). *A brief history of the mind: From apes to intellect and beyond*. New York: Oxford University Press.

Cameron, J., & Pierce, W. D. (1994). Reinforcement, reward, and intrinsic motivation: A meta-analysis. *Review of Educational Research, 64*, 363–423.

Campbell, D. (1997). *The Mozart effect: Tapping the power of music to heal the body, strengthen the mind, and unlock the creative spirit*. New York: Avon Books.

Campbell, J. (1988). *The power of myth*. New York: Doubleday.

Campfield, L. A., Smith, F. J., Rosenbaum, M., & Hirsch, J. (1996). Human eating: Evidence for a physiological basis using a modified paradigm. *Neuroscience Biobehavioral Review, 20*, 133–137.

Campinha-Bacote, J. (2002). *Resources in transcultural care and mental health* (13th ed.). Wyoming, OH: Transcultural Care Associated.

Canetti, L., Bachar, E., & Berry, E. M. (2002). Food and emotion. *Behavioural Processes, 60*, 157–164.

Canfield, R. L., Henderson, C. R. Jr., Cory-Slechta, D. A., Cox, C., Jusko, T. A., & Lanphear, B. P. (2003). Intellectual impairment in children with blood lead concentrations below 10 microg per deciliter. *New England Journal of Medicine, 348*, 1517–1526.

Cannon, T. D., Mednick, S. A., & Parnas, J. (1989). Genetic and perinatal determinants of structural brain deficits in schizophrenia. *Archives of General Psychiatry, 46*, 883–889.

Cannon, W. B. (1915). *Bodily changes in pain, hunger, fear and rage: An account of recent researches into the functions of emotional excitement*. New York: Appleton.

Cannon, W. B. (1929). *Bodily changes in pain, hunger, fear and rage*. New York: D. Appleton.

Cantril, H. (1947). *The invasion from Mars*. Princeton, NJ: Princeton University Press.

Capellini, I., McNamara, P., Preston, B. T., Nunn, C. I., & Barton, R. A. (2009). Does sleep play a role in memory consolidation? A comparative test. *PloS One, 4*(4), e4609.

Capron, C., & Duyme, M. (1989). Assessment of effects of socioeconomic status on IQ in a full cross-fostering study. *Nature, 340*, 552–553.

Cardeña, E. (2005). The phenomenology of deep hypnosis: Quiescent and physically active. *International Journal of Clinical & Experimental Hypnosis, 53*, 37–59.

Cardón, L. A. (2005). *Popular psychology: An encyclopedia*. Westport, CT: Greenwood.

Carey, S. (1985). *Conceptual change in childhood*. Cambridge, MA: Bradford Books, MIT Press.

Carlson, J. G., & Hatfield, E. (1992). *Psychology of emotion*. New York: Harcourt, Brace, Jovanovich.

Carlson, M., Marcus-Newhall, A., & Miller, N. (1990). The effects of situational aggression cues: A quantitative review. *Journal of Personality and Social Psychology, 58*, 622–633.

Carlson, N. R., Heth, C. D., Miller, H. L., Donahoe, J. W., Buskist, W., & Martin, G. N. (2007). *Psychology: The Science of Behavior* (6th ed.). Boston: Allyn & Bacon.

Carlson, W., & Rose, A. J. (2007). The role of reciprocity in romantic

relationships in middle childhood and early adolescence. *Merrill-Palmer Quarterly, 53*, 262–290.
Carlsson, A. (1995). Towards a new understanding of dopamine receptors. Symposium: Dopamine receptor subtypes in neurological and psychiatric diseases. *Clinical Neuropharmacology, 18*(Suppl.), 65–135.
Carney, S., Cowen, P., Geddes, J., Goodwin, G., Rogers, R., Dearness, K., Tomlin, A., Eastaugh, J., Freemantle, N., Lester, H., Harvey, A., & Scott, A. (2003). Efficacy and safety of electroconvulsive therapy in depressive disorders: A systematic review and meta-analysis. *Lancet, 361*(9360), 799–808.
Carr, J. E., Fraizer, T. J., & Roland, J. P. (2005). Token economy. In A. M. Gross & R. S. Drabman (Eds.) *Encyclopedia of behavior modification and cognitive behavior therapy—Volume 2: Child clinical applications* (pp. 1075–1079). Thousand Oaks, CA: Sage.
Carroll, R. T. (2003). *The skeptic's dictionary: A collection of strange beliefs, amusing deceptions, and dangerous delusions.* New York: Wiley.
Carton, J. S. (1996). The differential effects of tangible rewards and praise on intrinsic motivation: A comparison of cognitive evaluation theory and operant theory. *The Behavior Analyst, 19*, 237–255.
Carton, J. S., & Nowicki, S. Jr. (1996). Origins of generalized control expectancies: Reported child stress and observed maternal control and warmth. *Journal of Social Psychology, 136*(6), 753–760.
Cartwright, J. (2000). *Evolution and human behaviour*. London: Macmillan.
Caruso, D. R., Taylor, J., & Detterman, D. K. (1982). Intelligence research and intelligent policy. In D. K. Detterman & R. J. Sternberg (Eds.), *How and how much can intelligence be increased?* (pp. 45–65). Norwood, NJ: Ablex.
Carver, C. S., & Scheier, M. F. (1999). Themes and issues in the self-regulation of behavior. In R. S. Wyer Jr. (Ed.), *Advances in social cognition* (Vol. 12). Mahwah, NJ: Erlbaum.
Carver, C. S., Scheier, M. F., & Weintraub, J. K. (1989). Assessing coping strategies: A theoretically based approach. *Journal of Personality and Social Psychology, 56*, 267–283.
Casey, B., Giedd, J. N., & Thomas, K. M. (2000). Structural and functional brain development and its relation to cognitive development. *Biological Psychology, 54*, 241–257.
Caspi, A., McClay, J., Moffitt, T., Mill, J., Martin, J., Craig, I. W., et al. (2002). Role of genotype in the cycle of violence in maltreated children. *Science, 297*, 851–854.
Caspi, A., Sugden, K., Moffitt, T. E., Taylor, A., Craig, I., Harrington, H. L., et al. (2003). Influence of life stress on depression: Moderation by a polymorphism in the 5-HTT gene. *Science, 301*, 386–389.
Cassidy, K. L. (2004). The adult learner rediscovered: Psychiatry residents' push for cognitive-behavioral therapy training and a learner-driven model of educational change. *Academic Psychiatry, 28*(3), 215–220.
Cattell, R. B. (1949). *Culture Free Intelligence Test, Scale 1, Handbook*. Champaign, IL: Institute of Personality and Ability.
Cattell, R. B. (1963). Theory of fluid and crystallized intelligence: A critical experiment. *Journal of Educational Psychology, 54*, 1–22.
Cattell, R. B. (1971). *Abilities: Their structure, growth, and action.* Boston: Houghton-Mifflin.
Cautela, J. R. (1971). Covert conditioning. In A. Jacobs & L. B. Sachs (Eds.), *The psychology of private events: Perspectives on covert response systems*. New York: Academic Press.
Caviness, V. S. Jr., Kennedy, D. N., Bates, J. F., & Makris, N. (1996). The developing human brain: A morphometric profile. In R. W. Thatcher, G. R. Lyon, J. Rumsey, & N. Krasnegor (Eds.), *Developmental neuroimaging: Mapping the development of brain and behavior* (pp. 3–14). San Diego, CA: Academic Press.
Ceci, S. J., & Bruck, M. (1993). Suggestibility of the child witness: A historical review and synthesis. *Psychological Bulletin, 113*, 403–439.
Ceci, S. J., Crotteau-Huffman, M., Smith, E., & Loftus, E. W. (1994). Repeatedly thinking about non-events. *Consciousness & Cognition, 3*, 388–407.
Centers for Disease Control and Prevention. (2007). About BMI for adults. Retrieved January 31, 2008 from http://www.edc.gov/nccdphp/dnpa/bmi/adult_BMI/about_adult_BMI.htm
Cepeda, N. J., Pashler, H., Vul, E., Wixted, J. T., & Rohrer, D. (2006). Distributed practice in verbal recall tasks: A review and quantitative synthesis. *Psychological Bulletin, 132*, 354–380.
Cerella, J. (1985). Information processing rates in the elderly. *Psychological Bulletin, 98*, 67–83.
Chabris, C. F. (1999). Prelude or requiem for the "Mozart effect"? *Nature, 400*, 826–827.
Chambless, D. L., & Goldstein, A. (1980). The treatment of agoraphobia. In A. Goldstein & E. B. Foz (Eds.), *Handbook of behavioral interventions*. New York: John Wiley & Sons.
Chambless, D. L., & Ollendick, T. H. (2001). Empirically supported psychological interventions: Controversies and evidence. *Annual Review of Psychology, 52*, 685–716.
Chambless, D. L., Sanderson, W. C., Shoham, V., Bennett Johnson, S., Pope, K. S., Crits-Christoph, P., et al. (1996). An update on empirically validated therapies. *The Clinical Psychologist, 49*, 5–18.
Champney, T. F., & Schultz, E. M. (1983). *A reassessment of the effects of psychotherapy*. Paper presented at the 55th annual meeting of the Midwestern Psychological Association, Chicago, IL. (ERIC document ED 237895)
Chandrashekar, J., Hoon, M. A., Ryba, N. J., & Zuker, C. S. (2006). The receptors and cells for mammalian taste. *Nature, 444*, 288–294.
Chang, K. D., Wagner, C., Garrett, A., Howe, M., & Reiss, A. (2008). A preliminary functional magnetic resonance imaging study of prefrontal-amygdalar activation changes in adolescents with bipolar depression treated with lamotrigine. *Bipolar Disorders, 10*(3), 426–431.
Chaplin, W. F., Phillips, J. B., Brown, J. D., Clanton, N. R., & Stein, J. L. (2000). Handshaking, gender, personality, and first impressions. *Journal of Personality and Social Psychology, 79*(I), 110–117
Chapman, L. J., & Chapman, J. P. (1967). Genesis of popular but erroneous diagnostic observations. *Journal of Abnormal Psychology, 72*, 193–204.
Chapman, L. J., & Chapman, J. P. (1969). Illusory correlation as an obstacle to the use of valid psychodiagnostic signs. *Journal of Abnormal Psychology, 74*, 271–280.
Chase, W. G., & Simon, H. A. (1973). The mind's eye in chess. In W. G. Chase (Ed.), *Visual information processing* (pp. 215–281). New York: Academic Press.
Chayer, C., & Freedman, M. (2001). Frontal lobe functions. *Current Neurology & Neuroscience Reports, 1*, 547–552.
Cheesman, J., & Merikle, P. M. (1986). Distinguishing conscious from unconscious perceptual processes. *Canadian Journal of Psychology, 40*, 343–367.
Chentsova-Dutton, Y. E., & Tsai, J. L. (2006). Cultural factors influence the expression of psychopathology. In S. O. Lilienfeld & W. O'Donohue (Eds.), *The great ideas of clinical science: 17 principles that every mental health professional should understand*. New York: Brunner-Taylor, 375–396.
Cheung, F. M., & Leung, K. (1998). Indigenous personality measures: Chinese examples. *Journal of Cross-Cultural Psychology, 29*, 233–248.
Cheyne, J. A., & Girard, T. A. (2009). The body unbound: Vestibular-motor hallucinations and out of body experiences. *Cortex, 45*, 201–215.
Chomsky, N. (1972). *Language and mind*. New York: Harcourt Brace Jovanovich.
Chopra, D. (1989). *Quantum healing: Exploring the frontiers of mind/body medicine*. New York: Bantam.

Chorpita, B. F., & Barlow, D. H. (1998). The development of anxiety: The role of control in the early environment. *Psychological Bulletin, 124*, 3–21.

Christensen, A., & Jacobson, N. S. (1994). Who (or what) can do psychotherapy: The status and challenge of nonprofessional therapies. *Psychological Science, 5*, 8–14.

Chua, H. F., Boland, J. E., & Nisbett, R. E. (2005). Cultural variation in eye movements during scene perception. *Proceedings of the National Academy of Sciences, 102*, 12629–12633.

Church, A. T., & Katigbak, M. S. (2002). The five-factor model in the Philippines: Investigating trait structure and levels across cultures. In R. R. McCrae & J. Allik (Eds.), *The five-factor model across cultures* (pp. 129–154). New York: Kluwer Academic/Plenum Publishers.

Church, R. M. (1969). Response suppression. In B. Campbell & R. Church (Eds.), *Punishment and aversive behavior* (pp. 111–156). New York: Appleton-Century-Crofts.

Chwalisz, K., Diener, E., & Gallagher, D. (1988). Autonomic arousal feedback and emotional experience: Evidence from the spinal cord injured. *Journal of Personality and Social Psychology, 54*, 820–828.

Cialdini, R. B. (2001). *Influence: Science and practice* (4th ed.). Boston: Allyn & Bacon.

Cialdini, R. B., & Goldstein, N. J. (2004). Social influence: Compliance and conformity. *Annual Review of Psychology, 55*, 591–621.

Cialdini, R. B., & Sagarin, B. J. (2005). Interpersonal influence. In T. Brock & M. Green (Eds.), *Persuasion: Psychological insights and perspectives* (pp. 143–169). Newbury Park, CA: Sage Press.

Cialdini, R. B., Vincent, J. E., Lewis, S. K., Catalan, J., Wheeler, D., & Darby, B. L. (1975). Reciprocal concessions procedure for inducing compliance: The door-in-the-face technique. *Journal of Personality and Social Psychology, 31*(2), 206–215.

Ciarella, G., Ciarella, M., Graziani, P., & Mirante, M. (1991). Changes in food consumption of obese patients induced by dietary treatment combined with dexfenfluramine. *International Journal of Obesity, 15*, 69.

Cioffi, F. (1998). *Freud and the question of pseudoscience*. Chicago: Open Court.

Clancy, S. A. (2005). *Abducted: How people come to believe they were kidnapped by aliens*. Cambridge, MA: Harvard University Press.

Clark, D. M. (1986). A cognitive approach to panic. *Behaviour Research and Therapy, 24*, 156–163.

Clark, K. B. & Clark, M. P. (1950) Emotional Factors in Racial Identification and Preference in Negro Children. *Journal of Negro Education, 19*, 506–513.

Clark, M. (1997). *Reason to believe*. New York: Avon Books.

Clarke, A. M., & Clarke, A. D. B. (1976). *Early experience: Myth and evidence*. London: Open Books.

Clay, R. A. (2002). Advertising as science. *American Psychological Association Monitor, 33*, 38.

Cleckley, H. (1941/1988). *The mask of sanity*. St. Louis, MO: Mosby.

Coe, W. C., & Sarbin, T. R. (1991). Role theory: hypnosis from a dramaturgical and narrational perspective. In S. J. Lynn & J. W. Rhue (Eds.), *Theories of hypnosis: Current models and perspectives* (pp. 303–323). New York: Guilford Press.

Cohen, D., & Nisbett, R. E. (1994). Self-protection and the culture of honor: Explaining Southern violence. *Personality and Social Psychology Bulletin, 20*, 551–567.

Cohen, S., Doyle, W. J., Skoner, D. P., Rabin, B. S., & Gwaltney, J. M. (1997). Social ties and susceptibility to the common cold. *Journal of the American Medical Association, 277*, 1940–1944.

Cohen, S., Doyle, W. J., Turner, R. B., Alper, C. M., & Skoner, D. P. (2003). Emotional style and susceptibility to the common cold. *Psychosomatic Medicine, 65*, 652–657.

Cohen, S., Evans, G. W., Stokols, D., & Krantz, D. S. (1986). *Behavior, health, and environmental stress*. New York: Plenum.

Cohen, S., Frank, E., Doyle, B. J., Skoner, D. P., Rabin, B. S. & Gwaltney, J. M. (1998). Types of stressors that increase susceptibility to the common cold. *Health Psychology, 17*, 214–223.

Cohen, S., & Herbert, T. B. (1996). Health psychology: Psychological factors and physical disease from the perspective of human psychoneuroimmunology. *Annual Review of Psychology, 47*, 113–142.

Cohen, S., Tyrell, D. A. J., & Smith, A. P. (1991). Psychological stress and susceptibility to the common cold. *New England Journal of Medicine, 325*, 606–612.

Cole, M. (1990). Cultural psychology: A once and future discipline? In J. J. Berman (Ed.), *Nebraska Symposium on Motivation, 1989: Cross-cultural perspectives* (pp. 279–335). Lincoln: University of Nebraska Press.

Coleman, H. L. K., Wampold, B. E., & Casali, S. L. (1995). Ethnic minorities' ratings of ethnically similar and European American counselors: A meta-analysis. *Journal of Counseling Psychology, 42*, 55–64.

College Board. (1976–1977). *Student descriptive questionnaire*. Princeton, NJ: Educational Testing Service.

Collins, A. F. (1999). The enduring appeal of physiognomy: Physical appearance as a sign of temperament, character, and intelligence. *History of Psychology, 2*, 251–276.

Collins, A. W., Maccoby, E. E., Steinberg, L., Hetherington, M. E., & Bornstein, M. H. (2000). Contemporary research on parenting. *American Psychologist, 55*, 218–232.

Collins, F. L., Sorocco, K. H., Haala, K. R., Miller, B. I., & Lovallo, W. R. (2003). Stress and health. In L. M. Cohen, D. E. McChargue, & F. L. Collins (Eds.), *The health psychology handbook: Practical issues for the behavioral medicine specialist* (pp. 169–186). London: Sage Publications.

Comijs, H., Beekman, A., Smits, F., Bremmer, M., Tilburg, T., & Deeg, D. (2008). Childhood adversity, recent life events, and depression in later life. *Journal of Affective Disorders, 103*, 243–246.

Conrad, R. (1964). Acoustic confusion and immediate memory. *British Journal of Psychology, 55*, 75–84.

Consumer Reports. (2006, November 1). *Flip up or flip out*. Retrieved May 26, 2008, from www.accessmylibrary.com/coms2/summary_0286-29406170_ITM

Conte, J. M. (2005). A review and critique of emotional intelligence measures. *Journal of Organizational Behavior, 26*, 433–440.

Coombs, R. H. (1991). Marital status and personal well-being: A literature review. *Family Relations: Journal of Applied Family and Child Studies, 40*, 17–102.

Coons, P. M., Bowman, E. S., & Milstein, V. (1988). Multiple personality disorder: A clinical investigation of 50 cases. *Journal of Nervous and Mental Disease, 176*, 519–527.

Coontz, S. (1992). *The way we never were: American families and the nostalgia trap*. New York: Basic Books.

Cooper, C. L., & Dewe, P. (2004). *Stress: A brief history*. Malden, MA: Blackwell Publishing.

Coover, J. E. & Angell, F. (1907). General practice effect of special exercise. *American Journal of Psychology, 18*, 328–340.

Corballis, M. C. (1999). Are we in our right minds? In S. Della Sala (Ed.), *Mind myths* (pp. 26–42). Chichester, England: John Wiley & Sons.

Coren, S. (1996). *Sleep thieves*. New York: Free Press.

Corkin, S. (1984). Lasting consequences of bilateral medial temporal lobectomy: Clinical course and experimental findings. In S. M. Kosslyn & R. A. Anderson (Eds.), *Frontiers in cognitive neuroscience* (pp. 516–526). London: The MIT Press.

Corkin, S., Amaral, D. G., Gonzalez, R. G., Johnson, K. A., & Hyman, B. T. (1997). H.M.'s medial temporal lobe lesion: Findings from magnetic resonance imaging. *Journal of Neuroscience, 17*, 3964–3979.

Cornblatt, B. A., Green, M. F., & Walker, E. F. (1999). Schizophrenia: Etiology and neurocognition. In T. Millon, P. H. Blaney, & R. D.

Davis (Eds.), *Oxford textbook of psychopathology* (pp. 227–310). New York: Oxford University Press.

Cornell, E. H. (1980). Distributed study facilitates infants' delayed recognition memory. *Memory and Cognition, 8*, 539–542.

Cornell, E. H., & Bergstrom, L. I. (1983). Serial-position effects in infants' recognition memory. *Memory and Cognition, 11*, 494–499.

Correll, C. U., & Schenk, E. M. (2008). Tardive dyskinesia and new antipsychotics. *Current Opinion in Psychiatry, 21*, 151–156.

Coryell, W., Scheftner, W., Keller, M., Endicott, J., Maser, J., & Klerman, G. L. (1993). The enduring psychosocial consequences of mania and depression. *American Journal of Psychiatry, 150*(5), 720–727.

Costa, P. T. Jr., & McCrae, R. R. (1990). Personality disorders and the five-factor model of personality. *Journal of Personality Disorders, 4*, 362–371.

Costa, P. T., & McCrae, R. R. (1992). 4 ways 5 factors are basic. *Personality and Individual Differences, 13*(6), 653–665.

Costa, P. T., & McCrae, R. R. (1998). Trait theories of personality. In D. F. Barone, M. Hersen, & V. B. Van Hasselt (Eds.), *Advanced Personality* (pp. 103–121). New York: Plenum.

Cottrell, C. A., & Neuberg, S. L. (2005). Different emotional reactions to different groups: A sociofunctional threat-based approach to "prejudice." *Journal of Personality and Social Psychology, 88*, 770–789.

Cowan, N. (2001). The magical number 4 in short-term memory: A reconsideration of mental storage capacity. *Behavioral and Brain Sciences, 24*, 87–185.

Cowan, N., Lichty, W., & Grove, T. R. (1990). Properties of memory for unattended spoken syllables. *Journal of Experimental Psychology: Learning, Memory, & Cognition, 16*, 258–269.

Cox, B. J., & Taylor, S. (1999). Anxiety disorders: Panic and phobias. In T. Millon, P. H. Blaney, & R. D. Davis (Eds.), *Oxford textbook of psychopathology* (pp. 81–113). New York: Oxford University Press.

Coyne, J. C. (1976). Depression and the response of others. *Journal of Abnormal Psychology, 85*, 186–193.

Coyne, J. C. (1992). Cognition in depression: A paradigm in crisis. *Psychological Inquiry, 3*, 232–235.

Coyne, J. C., & Holroyd, K. (1982). Stress, coping, and illness: A transactional perspective. In T. Millon, C. Green, & R. Meachem (Eds.), *Handbook of clinical health psychology* (pp. 103–127). New York: Plenum Press.

Coyne, J. C., & Racioppo, M. W. (2000). Never the twain shall meet? Closing the gap between coping research and clinical intervention research. *American Psychologist, 55*, 655–664.

Coyne, J. C., Stefanek, M., & Palmer, S. C. (2007). Psychotherapy and survival in cancer: The conflict between hope and evidence. *Psychological Bulletin, 133*(3), 367–394.

Craighead, L. W. (2002). Obesity and eating disorders. In M. M. Antony & D. H. Barlow (Eds.), *A guide to treatments that work* (2nd ed., pp. 245–262). New York: Oxford.

Craik, F. I. M., & Lockhart, R. (1972). Levels of processing: A framework for memory research. *Journal of Verbal Learning & Verbal Behavior, 11*, 671–684.

Craik, F. I. M., & Tulving, E. (1975). Depth of processing and the retention of words in episodic memory. *Journal of Experimental Psychology: General, 104*, 268–294.

Crandall, C. S. (1994). Prejudice against fat people: Ideology and self-interest. *Journal of Personality and Social Psychology, 66*, 882–894.

Craske, M. G., Rapee, R. M., Jackel, L., & Barlow, D. H. (1989). Qualitative dimensions of worry in DSM-III-R generalized anxiety disorder subjects and nonanxious controls. *Behaviour Research and Therapy, 27*, 397–402.

Cressen, R. (1975). Artistic quality of drawings and judges' evaluations of the DAP. *Journal of Personality Assessment, 39*(2), 132–137.

Crews, F. (2005). Response to Holland. *Scientific Review of Alternative Medicine, 10*, 24–28.

Crick, F., & Mitchison, G. (1983). The function of dream sleep. *Nature, 304*, 111–114.

Crick, F., & Mitchison, G. (1986). REM sleep and neural nets. *Journal of Mind and Behavior, 7*, 229–250.

Crick, N. (1995). Relational aggression: The role of intent attributions, feelings of distress, and provocation type. *Development and Psychopathology, 7*, 313–322.

Crits-Christoph, P., Wilson, G. T., & Hollon, S. D. (2005). Empirically supported psychotherapies: Comment on Westen, Novotny, and Thompson-Brenner (2004). *Psychological Bulletin, 131*, 412–417.

Cromer, A. (1993). *Uncommon sense: The heretical nature of science*. New York: Oxford University Press.

Cross, P. (1977). Not can but will college teaching be improved? *New Directions for Higher Education, 17*, 1–15.

Csikszentmihalyi, M. (1990). *Flow, the psychology of optimal experience*. New York: Harper & Row.

Csikszentmihalyi, M. (1997). *Finding flow: The psychology of engagement with everyday life*. New York: Basic Books.

Culham, J. C., & Valyear, K. F. (2006). Human parietal cortex in action. *Current Opinion in Neurobiology, 16*, 205–212.

Culliton, B. J. (1989). The dismal state of scientific literacy. *Science, 243*, 600.

Cunningham, M. R., Roberts, A. R., Wu, H., Barbee, A. P., & Bruen, P. B. (1995). Their ideas of beauty are, on the whole, the same as ours: Consistency and variability in the cross-cultural perception of female physical attractiveness. *Journal of Personality and Social Psychology, 68*, 261–279.

Cunningham, P. F. (1993, October). *Can the use of animals in neuropsychological and psychopharmacological experiments continue to be justified?* Paper presented at the New England Psychological Association 33rd Annual Meeting, Goffstown, NH.

Curran, J. P., & Lippold, S. (1975). The effects of physical attraction and attitude similarity on attraction in dating dyads. *Journal of Personality, 43*, 528–539.

Curtis, R. C., & Miller, K. (1986). Believing another likes or dislikes you: Behavior making the beliefs come true. *Journal of Personality and Social Psychology, 51*, 284–290.

Cytowic, Richard E. (1993). *The man who tasted shapes: A bizarre medical mystery offers revolutionary insights into emotions, reasoning, and consciousness*. New York: G. P. Putnam's Sons.

D

Dabbs, J. B. (2001). *Heroes, rogues, and lovers: Testosterone and behavior*. New York: McGraw Hill.

Dahlstrom, W. G., Welsh, G. S., & Dahlstrom, L. E. (1975). *An MMPI handbook: A revised edition*. Minneapolis: University of Minnesota Press.

Dallek, R. (2003). *An unfinished life: John F. Kennedy, 1917–1963*. Boston: Little, Brown and Company.

Damasio, A. (1994). *Descartes' error*. New York: G. P. Putnam's Sons.

Damasio, H., Grabowski, T., Frank, R., Galaburda, A. M., & Damasio, A. R. (1994). The return of Phineas Gage: Clues about the brain from the skull of a famous patient. *Science, 264*, 1102–1105.

Danaher, B. C. (1974). Theoretical foundations and clinical applications of the Premack principle: Review and critique. *Behavior Therapy, 5*(3), 307–324.

Danner, D. D., Snowdon, D. A., & Friesen, W. V. (2001). Positive emotions in early life and longevity: Findings from the nun study. *Journal of Personality and Social Psychology, 80*, 804–813.

Darley, J. M., & Latané, B. (1968a). Bystander intervention in emergencies: Diffusion of responsibility. *Journal of Personality and Social Psychology, 8*, 377–383.

Darley, J. M., & Latané, B. (1968b). When will people help in a crisis?

Psychology Today, 2, 54–57, 70–71.

Darwin, C. R. (1872). *The expression of the emotions in man and animals*. London: John Murray.

Davey, G. C. L. (1995). Rumination and the enhancement of fear: Some laboratory findings. *Behavioural and Cognitive Psychotherapy, 23*(3), 203–215.

Davidson, J. R., Gadde, K. M., Fairbank, J. A., Krishnan, R. R., Califf, R. M., Binanay, C., et al. (2002). Hypericum Depression Trial Study Group. Effect of *Hypericum perforatum* (St. John's wort) in major depressive disorder: A randomized, controlled trial. *Journal of the American Medical Association, 287*, 1807–1814.

Davidson, P. R., & Parker, K. C. (2001). Eye movement desensitization and reprocessing (EMDR): A meta-analysis. *Journal of Consulting and Clinical Psychology, 69*, 305–316.

Davidson, R. J., Kabat-Zinn, J., Schumacher, J., Rosenkranz, M., Muller, D., Santorelli, S. F., et al. (2003). Alternations in brain and immune function produced by mindfulness meditation. *Psychosomatic Medicine, 65(4)*, 564–570.

Davies, G., Welham, J., Chant, D., Torrey, E. F., & McGrath, J. (2003). A systematic review and meta-analysis of northern hemisphere season of birth in schizophrenia. *Schizophrenia Research, 29*, 587–593.

Davis, R., Olmsted, M., Rockert, W., Marques, T., & Dolhanty, J. (1997). Group psychoeducation for bulimia nervosa with and without additional psychotherapy process sessions. *International Journal of Eating Disorders, 22*, 25–35.

Davis, S. R., Davison, S. L., Donath, S., & Bell, R. J. (2005). Circulating androgen levels and self-reported sexual function in women. *Journal of the American Medical Association, 294*, 91–96.

Davis, T. C., Wolf, M. S., Bass, P. F., Middlebrooks, M., Kennen, E., Baker, D. W., Bennett, C., Durazo-Arvizu, R., Bocchini, A., Savory, S., & Parker, R. (2006). Low literacy impairs comprehension of prescription drug warning labels. *Journal of General Internal Medicine, 21*(8), 847–851.

Davison, G. C., & Lazarus, A. A. (2007). Clinical case studies are important in the science and practice of psychotherapy. In S. O. Lilienfeld & W. T. O'Donohue (Eds.), *The great ideas of clinical science: 17 principles that every mental health professional should understand* (pp. 149–162). New York: Routledge.

Davison, K. P., Pennebaker, J. W., & Dickerson, S. S. (2000). Who talks? The social psychology of illness support groups. *American Psychologist, 55*, 205–217.

Dawes, R. M. (1994). *House of cards: Psychology and psychotherapy built on myth*. New York: Free Press.

Dawes, R. M. (1998, June). "Listening to Prozac but hearing placebo": Commentary on Kirsch and Sapirstein. *Prevention & Treatment, 1*(2).

De Raad, B., & Perugini, M. (2002). *Big Five assessment*. Ashland, OH: Hogrefe & Huber.

De Raad, B., Perugini, M., Hrebickova, M., & Szarota, P. (1998). The lingua franca of personality: Taxonomies and structure. *Journal of Cross Cultural Psychology, 29*, 212–232.

de Waal, F. B. M. (1982). *Chimpanzee politics: Power and sex among apes*. Baltimore: Johns Hopkins University Press.

de Waal, F. B. M. (1989). The myth of a simple relation between space and aggression in captive primates. *Zoo Biology, 8*, 141–148.

de Waal, F. B. M. (1990). *Peacemaking among primates*. Cambridge, MA: Harvard University Press.

de Waal, F. B. M. (1996). *Good natured: The origins of right and wrong in humans and other animals*. Cambridge, MA: Harvard University Press.

de Waal, F. B. M. (2002). Evolutionary psychology: The wheat and the chaff. *Current Directions in Psychological Science, 11*, 187–191.

de Waal, F. B. M. (2006). *Primates and philosophers: How morality evolved* (S. Macedo & J. Ober, Eds.). Princeton, NJ: Princeton University Press.

de Waal, F. B. M., Aureli, F., & Judge, P. G. (2000, May). Coping with crowding. *Scientific American, 282*, 76–81.

Dean, G. (1987). Does astrology need to be true? Part 2: The answer is no. *Skeptical Inquirer, 11*, 257–273.

Deary, I. J., Der, G., & Ford, G. (2001). Reaction time and intelligence differences: A population based cohort study. *Intelligence, 29*, 1–11.

Deary, I. J., Whalley, L. J., Lemmon, H., Crawford, J. R., & Starr, J. M. (2000). The stability of individual differences in mental ability from childhood to old age: Follow-up of the 1932 Scottish Mental Survey. *Intelligence, 28*, 49–55.

DeBreuil, S. C., Garry, M., & Loftus, E. F. (1998). Tales from the crib: Age regression and the creation of unlikely memories. In S. J. Lynn & K. M. McConkey (Eds.) *Truth in memory*. (pp. 137–160). New York: Guilford Press.

DeCasper, A. J., & Spence, M. J. (1988). Prenatal maternal speech influences newborns' perception of speech sounds. In S. Chess, A. Thomas, & M. Hertzig (Eds.), *Annual progress in child psychiatry and child development, 1987* (pp. 5–25). Philadelphia: Brunner/Mazel.

Deci, E. L. (1971). Effects of externally mediated rewards on intrinsic motivation. *Journal of Personality and Social Psychology, 18*, 105–115.

Deci, E. L., Koestner, R., & Ryan, R. M. (1999). A meta-analytic review of experiments examining the effects of extrinsic rewards on intrinsic motivation. *Psychological Bulletin, 125*, 627–668.

Deese, J. (1959). On the prediction of occurrence of particular verbal intrusions in immediate recall. *Journal of Experimental Psychology, 58*, 17–22.

Deffenbacher, K. A., Bornstein, B. H., Penrod, S. D., & McGorty, E. K. (2004). A meta-analytic review of the effects of high stress on eyewitness memory. *Law and Human Behavior, 28*, 687–706.

DeFries, J. C., & Plomin, R. (1978). Behavioral genetics. *Annual Review of Psychology, 29*, 473–515.

Degenhardt, L., & Hall, W. (2006). Is cannabis a contributory cause of psychosis? *Canadian Journal of Psychiatry, 51*, 556–565.

Dehue, T. (2000). From deception trials to control reagents. The introduction of the control group about a century ago. *American Psychologist, 55*(2), 264–269.

Delgado, J. M. R., & Anand, B. K. (1952). Increase of food intake induced by electrical stimulation of the lateral hypothalamus. *American Journal of Physiology, 172*, 162–168.

Dement, W. C., & Kleitman, N. (1957). The relation of eye movements during sleep to dream activity: An objective method for the study of dreaming. *Journal of Experimental Psychology, 53*, 339–346.

Dement, W. C., & Vaughan, C. (1999). *The promise of sleep: A pioneer in sleep medicine explores the vital connection between health, happiness, and a good night's sleep*. New York: Dell Trade Paperbacks.

den Boer, P. C. A. M., Wiersma, D., Russo, S. & van den Bosch, R. J. (2005). Paraprofessionals for anxiety and depressive disorders: A meta-analysis. *The Cochrane Database of Systematic Reviews*, Issue 2. Art No: CD004688.

Dennett, D. C. (1995). *Darwin's dangerous idea: Evolution and the meanings of life*. New York: Simon and Schuster.

Dennis, M., Sugar, J., & Whitaker, H. A. (1982). The acquisition of tag questions. *Child Development, 53*, 1254–1257.

DePaulo, B. (1992). Nonverbal behavior and self-presentation. *Psychological Bulletin, 111*, 203–243.

Depue, R. A., & Iacono, W. G. (1989). Neurobehavioral aspects of affective disorders. *Annual Review of Psychology, 40*, 457–492.

Depue, R. A., & Monroe, S. M. (1986). Conceptualization and measurement of human disorder in life stress research—The problem of chronic disturbance. *Psychological Bulletin, 99*(1), 36–51.

DeRubeis, R. J., Brotman, M. A., & Gibbons, C. J. (2005). A conceptual and methodological analysis of the nonspecifics argument.

Clinical Psychology: Science & Practice, 12, 174–183.

Desmedt, E., & Valcke, M. (2004). Mapping the learning styles "jungle": An overview of the literature based on citation analysis. *Educational Psychology, 24*(4), 445–464.

Detterman, D. K. (1987). What does reaction time tell us about intelligence? In P. Vernon (Ed.), *Speed of information-processing and intelligence*. Norwood, NJ: Ablex.

Devine, P. G. (1989). Stereotypes and prejudice: Their automatic and controlled components. *Journal of Personality and Social Psychology, 56,* 5–18.

Devine, P. G., Monteith, M. J., Zuwerink, J. R., & Elliot, A. J. (1991). Prejudice with and without compunction. *Journal of Personality and Social Psychology, 60,* 817–830.

Diamond, L. M. (2003). What does sexual orientation orient? A biobehavioral model distinguishing romantic love and sexual desire. *Psychological Review, 110,* 173–192.

Diamond, L. M. (2004). Emerging perspectives on distinctions between romantic love and sexual desire. *Current Directions in Psychological Science, 13,* 116–119.

Dickens, W. T., & Flynn, J. R. (2001). Heritability estimates versus large environmental effects: The IQ paradox resolved. *Psychological Review, 108,* 346–369.

Dickens, W. T., & Flynn, J. R. (2006). Black Americans reduce the racial IQ gap: Evidence from standardization samples. *Psychological Science, 17,* 1101–1107.

Dickerson, F. B., Tenhula, W. N., & Green-Paden, L. D. (2005). The token economy for schizophrenia: Review of the literature and recommendations for future research. *Schizophrenia Research, 75,* 405–416.

Dickey, M. (1994). *Anxiety disorders*. National Institute of Mental Health. Washington, DC: U.S. Government Printing Office.

DiClemente, C. C., & Prochaska, J. O. (1985). Coping and competence in smoking behavior change. In S. Shiffman & T. A. Willis (Eds.), *Coping and substance abuse*. New York: Academic Press.

Didierjean, A., & Marmèche, E. (2005). Anticipatory representation of visual basketball scenes by novice and expert players. *Visual Cognition, 12,* 265–283.

Diehl, M., & Stroebe, W. (1987). Productivity loss in brainstorming groups: Toward the solution of a riddle. *Journal of Personality and Social Psychology, 53,* 497–509.

Diener, E., Emmons, R. A., Larsen, R. J., & Griffin, S. (1985). The satisfaction with life scale. *Journal of Personality Assessment, 49,* 71–75.

Diener, E., Horwitz, J., & Emmons, R. A. (1985). Happiness of the very wealthy. *Social Indicators Research, 16,* 263–274.

Diener, E., & Seligman, M. E. P. (2002). Very happy people. *Psychological Science, 13,* 81–84.

Diener, E., & Seligman, M. E. P. (2004). Beyond money: Toward an economy of well-being. *Psychological Science in the Public Interest, 5,* 1–31.

Dies, R. R. (2003). Group psychotherapies. In A. S. Gurman & S. B. Messer (Eds.), *Essential psychotherapies*: Theory and practice (2nd ed., pp. 515–550). New York: Guilford Press.

DiLalla, L. F., & Gottesman, I. I. (1991). Biological and genetic contributors to violence—Widom's untold tale. *Psychological Bulletin, 109,* 125–129.

Dilk, M. N., & Bond, G. R. (1996). Meta-analytic evaluation of skills training research for individuals with severe mental illness. *Journal of Consulting and Clinical Psychology, 64,* 1337–1346.

Dillehay, R. C. (1978). Authoritarianism. In H. London & J. E. Exner (Eds.), *Dimensions of personality* (pp. 85–127). New York: John Wiley & Sons.

DiLoretto, A. O. (1971). *Comparative psychotherapy: An experimental analysis*. Chicago: Aldine-Atherton.

Dion, K., Berscheid, E., & Walster, E. (1972). What is beautiful is good. *Journal of Personality and Social Psychology, 24,* 285–290.

Dipboye, R. L. (1977). Alternative approaches to deindividuation. *Psychological Bulletin, 85,* 1057–1075.

Dodd, B., & McEvoy, S. (1994). Twin language or phonological disorder? *Journal of Child Language, 21,* 273–289.

Dohrenwend, B. S., & Dohrenwend, B. P. (Eds.) (1974). *Stressful life events: Their nature and effects* (pp. 245–258). New York: Wiley.

Dollard, J., & Miller, N. (1950). *Personality and psychotherapy: An analysis in terms of learning, thinking and culture*. New York: McGraw-Hill.

Dolnick, E. (1998). *Madness on the couch: Blaming the victim in the heyday of psychoanalysis*. New York: Simon & Schuster.

Domhoff, G. W. (1996). *Finding meaning in dreams: A quantitative approach*. New York: Plenum.

Domhoff, G. W. (2001a). A new neurocognitive theory of dreams. *Dreaming, 11,* 13–33.

Domhoff, G. W. (2001b). Using content analysis to study dreams: Applications and implications for the humanities. In K. Bulkeley (Ed.), *Dreams: A reader on religious, cultural, and psychological dimensions of dreaming* (pp. 307–319). New York: Palgrave Macmillan.

Domhoff, G. W. (2003). Dreaming—An introduction to the science of sleep. *Science, 299*(5615), 1987–1988.

Domjan, M., & Purdy, J. E. (1995). Animal research in psychology. *American Psychologist, 50,* 496–503.

Donnellen, M. B., Trzesniewski, K. H., Robins, R. W., Moffitt, T. E., & Caspi, A. (2005). Exploring the link between self-esteem and externalizing behaviors: Low self-esteem is related to antisocial behavior, conduct disorder, and delinquency. *Psychological Science, 16,* 328–335.

Donovan, J. J., & Radosevich, D. R. (1999). A meta-analytic review of the distribution of practice effect: Now you see it, now you don't. *Journal of Applied Psychology, 84,* 795–805.

Dorus, E., Dorus, W., & Rechtschaffen, A. (1971). The incidence of novelty in dreams. *Archives of General Psychiatry, 25,* 364–368.

Dosajh, N. L. (1996). Projective techniques with particular reference to inkblot tests. *Journal of Projective Psychology and Mental Health, 3,* 59–68.

Doty, R. L., Shaman, P., Applebaum, S. L., Giberson, R., Siksorski, L., & Rosenberg, L. (1984). Smell identification ability: Changes with age. *Science, 226,* 1441–1443.

Dovidio, J., Piliavin, J., Schroeder, D., & Penner, L. (2006). *The social psychology of prosocial behavior*. Mahwah, NJ: Erlbaum.

Dowman, J., Patel, A., & Rajput, K. (2005). Electroconvulsive therapy: Attitudes and misconceptions. *The Journal of ECT, 21,* 84–87.

Driscoll, R., Davis, K. E., & Lipetz, M. E. (1972). Parental interference and romantic love: The Romeo and Juliet effect. *Journal of Personality and Social Structure, 24,* 1–10.

Druckman, D., & Bjork, R. A. (Eds.). (1994). *Learning, remembering, believing: Enhancing human performance*. Washington, DC: National Academy Press.

Druckman, D., & Swets, J. A. (Eds.). (1988). *Enhancing human performance: Issues, theories, and techniques*. Washington, DC: National Academy Press.

DuBrin, J. R., & Zastowny, T. R. (1988). Predicting early attrition from psychotherapy: An analysis of a large private practice cohort. *Psychotherapy, 25,* 393–498.

Dunbar, R. (1996). *Grooming, gossip, and the evolution of language*. London: Faber & Faber.

Dunbar, R. (2003). Psychology: Evolution of the social brain. *Science, 302,* 1160–1161.

Duncan, B. (1976). Differential social perception and attribution of intergroup violence. *Journal of Personality and Social Psychology, 34,* 590–598.

Duncan, G. (1996). Income dynamics and health. *International Journal of Health Services, 26,* 419–444.

Duncan, J., Seitz, R. J., Kolodny, J., Bor, D., Herzog, H., Ahmed, A., et al. (2000). A neural basis for general intelligence. *Science, 289,* 457–460.

Duncker, K. (1945). *On problem-solving*. Psychological Monographs

(No. 270).

E

Eagly, A. H., & Steffen, V. J. (1986). Gender and aggressive behavior: A meta-analytic review of the social psychological literature. *Psychological Bulletin, 100*, 309–330.

Eagly, A. H., & Wood, W. (1999). The origins of sex differences in human behavior: Evolved dispositions versus social roles. *American Psychologist, 54*, 408–423.

Eagly, A. H., Wood, W., & Johannesen-Schmidt, M. C. (2004). Social role theory of sex differences and similarities: Implications for the partner preferences of women and men. In A. H. Eagly, A. Beall, & R. S. Sternberg (Eds.), *The psychology of gender* (2nd ed., pp. 269–295). New York: Guilford Press.

Ehrenwald, J. (1974). Out-of-the-body experiences and the denial of death. *Journal of Nervous and Mental Disease, 159*, 227–233.

Ehrsson, H. H. (2007). The experimental induction of out-of-body experiences. *Science, 317*, 1048.

Eich, E., & Hyman, R. (1991). Subliminal self help. In D. Druckman & R. A. Bjork (Eds.), *In the mind's eye: Enhancing human performance* (pp. 107–119). Washington, DC: National Academy Press.

Eimas, P. D., Siqueland, E. R., Jusczyk, P., & Vigorito, J. (1971). Speech perception in infants. *Science, 171*, 303–306.

Eisenberger, N. I., Lieberman, M. D., & Williams, K. D. (2003). Does rejection hurt? An fMRI study of social exclusion. *Science, 302*, 290–292.

Eisenberger, R., & Cameron, J. (1996). Detrimental effects of reward: Reality of or myth? *American Psychologist, 51*, 1153–1166.

Eisler, R. M., & Ragsdale, K. (1992). Masculine gender role and midlife transition in men. In V. B. Van Hasselt & M. Hersen (Eds.), *Handbook of social development: A lifespan perspective* (pp. 455–471). New York: Plenum Press.

Eisner, D. A. (2000). *The death of psychotherapy: From Freud to alien abductions*. Westport, CT: Praeger.

Ekman, P. (1994). Strong evidence for universals in facial expressions: A reply to Russell's mistaken critique. *Psychological Bulletin, 115*, 268–287.

Ekman, P. (1999). Facial expressions. In T. Dalgleish & M. J. Power (Eds.), *Handbook of cognition and emotion* (pp. 301–320). New York: John Wiley & Sons.

Ekman, P. (2001). *Telling lies: Clues to deceit in the marketplace, politics, and marriage*. New York: Norton.

Ekman, P., & Davidson, R. (1993). Voluntary smiling changes regional brain activity. *Psychological Science, 5*, 342–345.

Ekman, P., Davidson, R. J., & Friesen, W. V. (1990). Duchenne's smile: Emotional expression and brain physiology II. *Journal of Personality and Social Psychology, 58*, 342–353.

Ekman, P., & Friesen, W. V. (1971). Constants across cultures in the face and emotion. *Journal of Personality and Social Psychology, 17*, 124–129.

Ekman, P., & Friesen, W. V. (1975). *Unmasking the face: A guide to recognizing emotions from facial clues*. Englewood Cliffs, NJ: Prentice-Hall.

Ekman, P., & Friesen, W. V. (1986). A new pancultural facial expression of emotion. *Motivation and Emotion, 10*, 159–168.

Ekman, P., Levenson, R. W., & Friesen, W. V. (1983). Autonomic nervous system activity distinguishes between emotions. *Science, 221*, 1208–1210.

Ekman, P., & Oster, H. (1979). Facial expressions of emotion. *Annual Review of Psychology, 20*, 527–554.

Elkin, I. (1994). The NIMH Treatment of Depression Collaborative Research Program: Where we began and where we are now. In A. E. Bergin & S. L. Garfield (Eds.), *Handbook of psychotherapy and behavior change* (4th ed., pp. 114–135). New York: Wiley.

Elliott, R. (2002). The effectiveness of humanistic therapies: A meta-analysis. In D. J. Cain & J. Seeman (Eds.), *Humanistic psychotherapies: Handbook of research and practice* (pp. 57–81). Washington, DC: American Psychological Association.

Ellis, A. (1958). *Sex without guilt*. New York: Lyle Stuart.

Ellis, A. (1962). *Reason and emotion in psychotherapy*. New York: Lyle Stuart.

Ellis, A. (1977). The basic clinical theory of rational-emotive therapy. In A. Ellis & R. Grieger (Eds.), *Handbook of rational-emotive therapy* (pp. 3–34). New York: Springer.

Ellis, A., Abrams, M., & Abrams, L. D. (2008). *Personality theories: Critical perspectives*. New York: Sage.

Ellis, L., & Ames, M. A. (1987). Neurohormonal functioning and sexual orientation: A theory of homosexuality-heterosexuality. *Psychological Bulletin, 101*, 233–258.

Ellison, C. G., & Levin, S. L. (1998). The religion-health connection: Evidence, theory, and future directions. *Health Education and Behavior, 25*, 700–720.

Elman, J. (1993). Incremental learning, or the importance of starting small. *Cognition, 49*, 71–99.

Elms, A. C. (1972). *Social psychology and social relevance*. Boston: Little, Brown.

Elzinga, B. M., van Dyck, R., & Spinhoven, P. (1998). Three controversies about dissociative identity disorder. *Clinical Psychology and Psychotherapy, 5*, 13–23.

Emery, C., & Lilienfeld, S. O. (2004). The validity of child sexual abuse survivor checklists in the popular psychology literature: A Barnum effect? *Professional Psychology: Science and Practice, 35*, 268–274.

Emmons, R. A., & McCullough, M. E. (2003). Counting blessings versus burdens: An experimental investigation of gratitude and subjective well-being in daily life. *Journal of Personality and Social Psychology, 84*(2), 377–389.

Emrick, C. D. (1987). Alcoholics Anonymous: Affiliation processes and effectiveness as treatment. *Alcoholism: Clinical and Experimental Research, 11*, 416–423.

Engel, A. K., & Singer, W. (2001). Temporal binding and the neural correlates of sensory awareness. *Trends in Cognitive Science, 5*, 6–25.

Engel, G. L. (1977). The need for a new medical model: A challenge for biomedicine. *Science, 196*, 129–136.

Engle, R. W. (2002). Working memory capacity as executive attention. *Current Directions in Psychological Science, 11*, 19–23.

Engler, J., & Goleman, D. (1992). *A consumer's guide to psychotherapy*. New York: Simon & Schuster.

Epley, N., Savitsky, K., & Kachelski, R. A. (1999). What every skeptic should know about subliminal persuasion. *Skeptical Inquirer, 23*, 40–45, 58.

Epstein, R. (2007). Giving psychology away: A personal journey. *Perspectives on Psychological Science, 1*, 389–400.

Epstein, S. (1979). The stability of behavior: I. On predicting more of the people more of the time. *Journal of Personality and Social Psychology, 37*, 1097–1126.

Erblich, J., Earlywine, M., Erblich, B., & Bovjerg, D. H. (2003). Biphasic stimulant and sedative effects of ethanol: Are children of alcoholics really different? *Addictive Behaviors, 28*, 1129–1139.

Erdelyi, M. (1994). Hypnotic hypermnesia: The empty set of hypermnesia. *International Journal of Clinical and Experimental Hypnosis, 42*, 379–390.

Ericsson, K. A., Krampe, R. Th., & Tesch-Römer, C. (1993). The role of deliberate practice in the acquisition of expert performance. *Psychological Review, 100*, 363–406.

Erikson, E. H. (1963). *Childhood and society* (2nd ed.). New York: W. W. Norton.

Erikson, E. H. (1970). Reflections on the dissent of contemporary youth. *International Journal of Psychoanalysis, 51*, 11–22.

Ernst, E. (2002). Heavy metals in traditional Indian remedies. *Euro-*

pean Journal of Clinical Pharmacology, 57, 891–896.

Esch, T., & Stefano, G. B. (2005). The neurobiology of love. *Neuro Endocrinology Letters, 26*, 175–192.

Eslinger, P. J., & Damasio, A. R. (1985). Severe disturbance of higher cognition after bilateral frontal lobe ablation. Patient EVR. *Neurology, 35*, 1731–1741.

Esterling, B. A., Kiecolt-Glaser, J. K., & Glaser, R. (1996). Psychosocial modulation of cytokine-induced natural killer cell activity in older adults. *Psychosomatic Medicine, 58*, 264–272.

Esterson, A. (1993). *Seductive mirage: An exploration of the work of Sigmund Freud*. Chicago: Open court.

Evans, C. J. (2004). Secrets of the opium poppy revealed. *Neuropharmacology. 47*(Suppl. 1), 293–299.

Evans, R. B. (1972). Titchener and his lost system. *Journal of the History of the Behavioral Sciences, 8*, 168–180.

Eveleth, P. B., & Tanner, J. M. (1976). *Worldwide variation in human growth*. Cambridge, England: Cambridge University Press.

Eveleth, P. B., & Tanner, J. M. (1990). *Worldwide variation in human growth* (2nd ed.). Cambridge, England: Cambridge University Press.

Eyferth, K. (1961). Leistungen verschidener Gruppen von Besatzungskindern in Hamburg-Wechsler Intelligenztest fur Kinder (HAWIK) [Performance of different groups of occupation children on the Hamburg-Wechsler Intelligence Test for Children]. *Archhiv fur die gesamte Psychologie, 113*, 222–241.

Eysenck, H. J. (1973). *Eysenck on extraversion*. New York: Wiley.

Eysenck, H. J. (1991). Dimensions of personality: 16, 5, or 3?—Criteria for a taxonomic paradigm. *Personality and Individual Differences, 12*, 773–790.

Eysenck, H. J. (1994). *Test your IQ*. Toronto, Ontario, Canada: Penguin Books.

Eysenck, H. J., & Schoenthaler, S. J. (1997). Raising IQ level by vitamin and mineral supplementation. In R. Sternberg & E. Grigorenko (Eds.), *Intelligence, heredity, and environment* (pp. 363–392). Cambridge, England: Cambridge University Press.

F

Fagg, G. E., & Foster, A. C. (1983). Amino acid neurotransmitters and their pathways in the mammalian central nervous system. *Neuroscience, 9*, 701–719.

Fagot, B., Hagan, R., Leinbach, M., & Kronsberg, S. (1985). Differential reactions to assertive and communicative acts of toddler girls and boys. *Child Development, 56*, 1499–1505.

Fairburn, C. G., Cooper, Z., & Shafran, R. (2003). Cognitive behaviour therapy for eating disorders: A "transdiagnostic" theory and treatment. *Behavior Research and Therapy, 41*, 509–528.

Fang, X., & Corso, P. S. (2007). Child maltreatment, youth violence, and intimate partner violence: Developmental relationships. *American Journal of Preventive Medicine, 33*, 281–290.

Farthing, G. W. (1992). *The psychology of consciousness*. Englewood Cliffs, NJ: Prentice Hall.

Fava, G., & Sonino, N. (2008). The biopsychosocial model thirty years later. *Psychotherapy and Psychosomatics, 77*, 1–2.

Fawcett, J. (1997). The detection and consequences of anxiety in clinical depression. *Journal of Clinical Psychiatry, 58*, 35–40.

Fawzy, F. I., Fawzy, N. W., Hyun, C. S., Elashoff, R., Guthrie, D., Fahey, J. L., et al. (1993). Malignant melanoma. Effects of an early structured psychiatric intervention, coping, and affective state on recurrence and survival 6 years later. *Archives of General Psychiatry, 50*(9), 681–689.

Fazio, R. H. (1995). Attitudes as object-evaluation associations: Determinants, consequences, and correlates of attitude accessibility. In R. E. Petty & J. A. Krosnick (Eds.), *Attitude strength: Antecedents and consequences* (pp. 247–283). Mahwah, NJ: Erlbaum.

Fazio, R. H., & Olson, M. A. (2003). Implicit measures in social cognition: Their meaning and use. *Annual Review of Psychology, 54*, 297–327.

Febbraro, G. A. R., Clum, G. A., Roodman, A. A., & Wright, J. H. (1999). The limits of bibliotherapy: A study of the differential effectiveness of self-administered interventions in individuals with panic attacks. *Behavior Therapy, 30*, 209–222.

Federal Bureau of Investigation. (2005). *Crime in the United States*. Washington, DC: Author.

Fehr, B. (1996). *Friendship processes*. Thousand Oaks, CA: Sage.

Fehr, B. (2008). Friendship formation. In S. Sprecher, A. Wenzel, & J. Harvey (Eds.), *Handbook of relationship formation* (pp. 29–55). New York: Psychology Press.

Feingold, A. (1988). Cognitive gender differences are disappearing. *American Psychologist, 43*, 95–103.

Feingold, A. (1992). Good-looking people are not what we think. *Psychological Bulletin, 111*, 304–341.

Feldman Barrett, L. (2006). Are emotions natural kinds? *Perspectives on Psychological Science, 1*, 28–58.

Feldman, E. (1991). Identifying the genes for diabetes and schizophrenia. *British Medical Journal, 303*(6794), 124.

Feldman Barrett, L., Lindquist, K., Bliss-Moreau, E., Duncan, S., Gendron, M., Mize, J., & Brennan, L. (2007). Of mice and men: Natural kinds of emotion in the mammalian brain? *Perspectives on Psychological Science, 2*, 297–312.

Fenson, L., Dale, P. S., Reznick, J. S., Bates, E., Thal, D. J., & Pethick, S. J. (1994). Variability in early communicative development. *Monographs of the Society for Research in Child Development, 59* (5, Serial No. 173).

Fenton, R. (2007, November 2). Drowsy driving is big killer in U.S. *ABC News*. Retrieved November 8, 2007, from http://abcnews.go.com/Health/wireStory?id=3811426.

Fernandez, E., & Sheffield, J. (1996). Relative contributions of life events versus daily hassles to the frequency and intensity of headaches. *Headache, 36*, 595–602.

Ferraris, C., & Carveth, R. (2003). NASA and the *Columbia* disaster: Decision-making by groupthink? *Proceedings of the 2003 Association for Business Communication Annual Convention*. Nacogdoches, TX: Association for Business Communication.

Ferri, M., Amoto, L., & Davoli, M. (2006). Alcoholics Anonymous and other 12-step programmes for alcohol dependence. The Cochrance Review. Art. No: CDOO5032.DOI: 10.1002/14651858. CD005032.pub2.

Ferris, C. F. (1996). The rage of innocents. *The Sciences, 36*, 22–26.

Feske, U., & Chambless, D. L. (1995). Cognitive behavioral versus exposure only treatment for social phobia: A meta-analysis. *Behavior Therapy, 26*, 695–720.

Festinger, L. (1954). A theory of social comparison processes. *Human Relations, 7*, 117–140.

Festinger, L., & Carlsmith, J. M. (1959). Cognitive consequences of forced compliance. *Journal of Abnormal and Social Psychology, 58*, 202–210.

Festinger, L., Pepitone, A., & Newcomb, T. (1952). Some consequences of deindividuation in a group. *Journal of Abnormal and Social Psychology, 47*, 382–389.

Festinger, L., Schachter, S., & Back, K. (1950). *Social pressures in informal groups*. New York: Harper.

Fiatarone, M. A., Marks, E. C., Ryan, N. D., Meredith, C. N., Lipsitz, L. A., & Evans, W. J. (1990). High-intensity strength training in nonagenarians. *Journal of the American Medical Association, 263*, 3029–3034.

Fidelman, U. (1993). Intelligence and the brain's consumption of energy: What is intelligence? *Personality and Individual Differences, 14*, 283–286.

Fields, R. D. (2007, February/March). Sex and the secret nerve. *Scientific American Mind*, 21–27.

Fieve, R.R. (1975). *Moodswing*. Bantum Books.

Finch, J. F., & Cialdini, R. B. (1989). Another indirect tactic of (self-) image management: Boosting. *Personality and Social Psychology Bulletin, 15*, 222–232.

Finger, S. (2000). *Minds behind the brain: A history of the pioneers and their discoveries.* New York: Oxford University Press.

Finlay-Jones, R. A., & Brown, G. W. (1981). Types of stressful life event and the onset of anxiety and depressive disorder. *Psychological Medicine, 11*, 803–815.

Finn, S. E., & Kamphuis, J. H. (1995). What a clinician needs to know about base rates. In J. N. Butcher (Ed.), *Clinical personality assessment: Practical approaches* (pp. 224–235). New York: Oxford University Press.

Finzi, E., & Wasserman, E. (2006). Treatment of depression with botulinum toxin A: A case series. *Dermatologic Surgery, 32*, 645–650.

Fischer, P., Greitemeyer, T., Pollozek, F., & Frey, D. (2006). The unresponsive bystander: Are bystanders more responsive in dangerous emergencies? *European Journal of Social Psychology, 36*, 267–278.

Fischoff, B. (1975). Hindsight does not equal foresight: The effect of outcome knowledge on judgment under uncertainty. *Journal of Experimental Psychology: Human Perception and Performance, 1*, 288–299.

Fisher, S., & Greenberg, R. (1996). *Freud scientifically appraised.* New York: Wiley.

Fiske, S. T. (2002). What we know about bias and intergroup conflict, problem of the century. *Current Directions in Psychological Science, 11*, 123–128.

Fiske, S. T., & Taylor, S. E. (1991). *Social cognition* (2nd ed.). New York: McGraw Hill.

Fivush, R. (1988). The functions of event memory: Some comments on Nelson and Barsalou. In U. Neisser & E. Winograd (Eds.), *Remembering reconsidered: Ecological and traditional approaches to the study of memory* (pp. 277–282). New York: Cambridge University Press.

Fivush, R., & Hudson, J. A. (Eds.). (1990). *Knowing and remembering in young children.* New York: Cambridge University Press.

Flavell, J. H. (1992). Cognitive development: Past, present and future. *Developmental Psychology, 28*, 998–1005.

Flavell, J. H., Beach, D. H., & Chinsky, J. M. (1966). Spontaneous verbal rehearsal in a memory test as a function of age. *Child Development, 37*, 283–299.

Flynn, J. R. (1981). The mean IQ of Americans: Massive gains 1932 to 1978. *Psychological Bulletin, 95*, 29–51.

Flynn, J. R. (1987). Massive IQ gains in 14 nations: What IQ tests really measure. *Psychological Bulletin, 101*, 171–191.

Foa, E. B., & Kozak, M. J. (1986). Emotional processing of fear: Exposure to corrective information. *Psychological Bulletin, 99*, 20–35.

Foa, E. B., & Rothbaum, B. O. (1998). *Treating the trauma of rape: Cognitive behavioral therapy for PTSD.* New York: Guilford Press.

Foer, J. (2007). Remember this. *National Geographic, 212*, 32–57.

Fonagy, P., Steele, H., & Steele, M. (1991). Maternal representations of attachment during pregnancy predict the organization of infant-mother attachment at one year of age. *Child Development, 62*, 891–905.

Forbes, E. E., Shaw, D. S., & Dahl, R. E. (2007). Alterations in reward-related decision making in boys with recent and future depression. *Biological Psychiatry, 61*, 633–639.

Ford, C. S., & Beach, F. (1951). *Patterns of sexual behavior.* New York: Harper and Row.

Ford, D. E., & Kamerow, D. B. (1989). Epidemiologic study of sleep disturbances and psychiatric disorders: An opportunity for prevention. *Journal of the American Medical Association, 263*, 1479–1484.

Forshaw, M. (2002). *Essential health psychology.* New York: Oxford University Press.

Foster, S., & Gurman, A. (1985). Family therapies. In S. Lynn & J. P. Garske (Eds.), *Contemporary psychotherapies: Models and methods* (pp. 377–418). Columbus, OH: Merrill Publishing.

Foulkes, D. (1982). *Children's dreams.* New York: Wiley.

Foulkes, D. (1985). *Dreaming: A cognitive-psychological analysis.* New York: Erlbaum.

Foulkes, D. (1999). *Children's dreaming and the development of consciousness.* Cambridge, MA: Harvard University Press.

Fowler, K. A., Lilienfeld, S. O., & Patrick, C. P. (2007, April). *Detecting psychopathic traits from thin slices of behavior.* Poster presented at the Society for the Scientific Study of Psychopathy Conference, St. Petersburg Beach, Florida.

Fowler, K. A., O'Donohue, W. T., & Lilienfeld, S. O. (2007). Personality disorders in perspective. In W. T. O'Donohue, K. A. Fowler, & S. O. Lilienfeld (Eds.), *Personality disorders: Toward the* DSM-V (pp. 1–19). Los Angeles, CA: Sage.

Frank, J. D., & Frank, J. B. (1991). *Persuasion and healing: A comparative study of psychotherapy* (3rd ed.). Baltimore: Johns Hopkins University Press.

Frank, L. K. (1948). *Projective methods.* Springfield, IL: Charles C Thomas.

Franklin, D. (2005, September 27). In heeding health warnings, memory can be tricky. *New York Times.* Retrieved November 12, 2007, from www.nytimes.com/2005/09/27/health/27cons .html?_r=1&oref=slogin

Franklin, M. E., & Foa, E. B. (2002). Cognitive behavioral treatment of obsessive-compulsive disorder. In P. Nathan & J. Gorman (Eds.), *A guide to treatments that work* (2nd ed., pp. 367–386). Oxford, England: Oxford University Press.

Frederick, S., & Loewenstein, G. (1999). Hedonic adaptation. In D. Kahneman, E. Diener, & N. Schwarz (Eds.), *Well-being: The foundations of hedonic psychology* (pp. 302–329). New York: Russell Sage Foundation.

Fredrickson, B. L. (2001). The role of positive emotions in positive psychology: The broaden-and-build theory of positive emotions. *American Psychologist, 56*, 218–226.

Fredrickson, B. L. (2003). The value of positive emotions. *American Scientist, 91*, 330–335.

Freedman, D. G. (1964). Smiling in blind infants and the issue of innate versus acquired. *Journal of Child Psychology and Psychiatry, 5*, 171–184.

Freedman, J. L. (1984). Effect of television violence on aggressiveness. *Psychological Bulletin, 96*(2), 227–246.

Freedman, J. L. (2002). *Media violence and its effects on aggression: Assessing the scientific evidence.* Toronto, Ontario, Canada: University of Toronto Press.

Freedman, J. L., & Fraser, S. C. (1966). Compliance without pressure: The foot-in-the-door technique. *Journal of Personality and Social Psychology, 4*, 195–203.

Freiheit, S. R., Vye, D., Swan, R., & Cady, M. (2004). Cognitive-behavioral therapy for anxiety: Is dissemination working? *The Behavior Therapist, 27*, 25–32.

Freud, A. (1937). *The ego and the mechanisms of defense.* London: Hogarth.

Freud, S. (1900). *The interpretation of dreams* (J. Crick, Trans.). London: Oxford University Press.

Freud, S. (1923). *The ego and the id. Standard Edition, 19*, 3–66.

Freud, S. (1932). *New introductory lectures in psychoanalysis.* New York: W. W. Norton.

Freud, S. (1933). *New introductory lectures on psychoanalysis.* New York: Carleton House.

Freud, S. (1935). *A general introduction to psychoanalysis.* New York: Washington Square Press.

Freund, K., Watson, R., & Rienzo, D. (1989). Heterosexuality, homosexuality, and erotic age preference. *The Journal of Sex Research, 26*, 107–117.

Friedlander, M. L. (1984). Psychotherapy talk as social control. *Psychotherapy, 21*, 335–341.

Friedman, M., & Rosenman, R. H. (1959). Association of a specific overt behavior pattern with increases in blood cholesterol, blood clotting time, incidence of arcus senilis and clinical coronary artery disease. *Journal of the American Medical Association, 169*, 1286–1296.

Friedman, M., & Rosenman, R. H. (1974). *Type A behavior and your heart*. New York: Alfred A. Knopf.

Friedman, M. A., & Wishman, M. A. (1998). Sociotropy, autonomy, and bulimic symptomatology. *International Journal of Eating Disorders, 23*, 439–442.

Friesen, W.V. (1972). *Cultural differences in facial expressions in a social situation: An experimental test of the concept of display rules*. Unpublished doctoral dissertation, University of California, San Francisco.

Frijda, N. H. (1986). *The emotions*. Cambridge, England: Cambridge University.

Fritsch, G. T., & Hitzig, E. (1870). Über die elektrische Erregbarkeit des Grosshirns. *Archivfur Anatomie, Physiologie und Wissenschaftliche Medizin*, 330–332.

Frontera, W. R., Meredith, C. N., O'Reilly, K. P., Knuttgen, H. H., & Evans, W. J. (1988). Strength conditioning in older men: Skeletal muscle hypertrophy and improved function. *Journal of Applied Physiology, 64*, 1038–1044.

Fu, K. M., Johnston, T. A., Shah, A. S., Arnold, L., Smiley, J., Hackett, T. A., et al. (2003). Auditory cortical neurons respond to somatosensory stimulation. *Journal of Neuroscience, 23*, 7510–7515.

Fuhriman, A., & Burlingame, G. M. (1994). Group psychotherapy: Research and practice. In A. Fuhriman & G. M. Burlingame (Eds.), *Handbook of group psychotherapy: An empirical and clinical synthesis* (pp. 3–40). New York: John Wiley & Sons.

Fulton, M. M., & Allen, E. R. (2005). Polypharmacy in the elderly: A literature review. *Journal of the American Academy of Nurse Practitioners, 17*, 123–132.

Funder, D. C. (1991). Global traits: A neo-Allportian approach to personality. *Psychological Science, 2*, 31–39.

Fuster, J. M. (2000). Executive frontal functions. *Experimental Brain Research, 133*, 66–70.

G

Gage, F. H. (2002). Neurogenesis in the adult brain. *Journal of Neuroscience, 22*, 612–613.

Galambos, S. J., & Hakuta, K. (1988). Subject-specific and task-specific characteristics of metalinguistic awareness in bilingual children. *Applied Psycholinguistics, 9*, 141–162.

Galanter, M. (1980). Psychological induction into the large group: Findings from a modern religious sect. *American Journal of Psychiatry, 137*, 1574–1579.

Gallo, E. (1994). Synchronicity and the archetypes: The imprecision of C. G. Jung's language and concepts. *Skeptical Inquirer, 18*, 376–403.

Gallo, L. C., & Matthews, K. A. (2003). Understanding the association between socioeconomic status and physical health: Do negative emotions play a role? *Psychological Bulletin, 129*, 10–51.

Gallup, G. G. Jr. (1979). Self-awareness in primates. *American Scientist, 67*, 417–421.

Gallup, G. G. Jr., & Suarez, S. D. (1985). Alternatives to the use of animals in psychological research. *American Psychologist, 40*, 1104–1111.

Galton, F. (1878). Composite portraits made by combining those of many different persons into a single resultant figure. *Journal of the Anthropological Institute of Great Britain and Ireland, 8*, 132.

Galton, F. (1880). Statistics of mental imagery. *Mind, 5*, 301–318.

Gambrill, E. D. (1992). Self-help books: Pseudoscience in the guise of science? *Skeptical Inquirer 16*(4), 389–399.

Gangestad, S., & Scheyd, G. J. (2005). The evolution of human physical attractiveness. *Annual Review of Anthropology, 34*, 523–548.

Garb, H. N. (1998). *Studying the clinician: Judgment, research, and psychological assessment*. Washington, DC: American Psychological Association.

Garcia, J., & Hankins, W. G. (1977). On the origin of food aversion paradigms. In L. M. Barker, M. R. Best, & M. Domjan (Eds.), *Learning mechanisms in food selection* (pp. 3–22). Houston, TX: Baylor University Press.

Garcia, S. M., Weaver, K., Moskowitz, G. B., & Darley, J. M. (2002). Crowded minds: The implicit bystander effect. *Journal of Personality and Social Psychology, 83*, 843–853.

Gardner, H. (1983). *Frames of mind: The theory of multiple intelligences*. New York: Basic Books.

Gardner, H. (1999). *Intelligence reframed: Multiple intelligences for the 21st century*. New York: Basic Books.

Gardner, M. (1958). *Fads and fallacies in the name of science*. New York: Dover.

Gardner, W. L., Gabriel, S., & Diekman, A. B. (2000). Interpersonal processes. In J. T. Cacioppo, L. G. Tassinary, & G. G. Berntson (Eds.), *Handbook of psychophysiology* (2nd ed., pp. 643–664). New York: Cambridge University Press.

Garfield, S. L. (1978). Research on client variables. In S. Garfield & A. Bergin (Eds.), *Handbook of psychotherapy and behavior change*. New York: John Wiley & Sons.

Garmezy, N., Masten, A. S., & Tellegen, A. (1984). The study of stress and competence in children: A building block for developmental psychopathology. *Child Development, 55*, 97–111.

Garske, J. P., & Anderson, T. (2003). Toward a science of psychotherapy research: Present status and evaluation. In S. O. Lilienfeld, S. J. Lynn, & J. M. Lohr (Eds.), *Science and pseudoscience in clinical psychology* (pp. 145–175). New York: Guilford Press.

Gasperini, M., Scherillo, P., Manfredonia, M. G., Franchini, L., & Smeraldi, E. (1993). A study of relapse in subjects with mood disorder on lithium treatment. *European Neuropsychopharmacology, 3*, 103–110.

Gatchel, R. J., & Baum, A. (1983). *An introduction to health psychology*. Reading, MA: Addison-Wesley.

Gatchel, R. J., & Oordt, M. S. (2003). *Clinical psychology and primary health care*. Washington, DC: American Psychological Association.

Gathercole, V. C. M. (2002a). Command of the mass/count distinction in bilingual and monolingual children: An English morphosyntactic distinction. In D. K. Oller & R. E. Eilers (Eds.), *Language and literacy in bilingual children* (pp. 175–206). Clevedon, England: Multilingual Matters.

Gathercole, V. C. M. (2002b). Grammatical gender in bilingual and monolingual children: A Spanish morphosyntactic distinction. In D. K. Oller & R. E. Eilers (Eds.), *Language and literacy in bilingual children* (pp. 207–219), Clevedon, England: Multilingual Matters.

Gawronski, B., LeBel, E. P., & Peters, K. R. (2007). What do implicit measures tell us? Scrutinizing the validity of three common assumptions. *Perspectives on Psychological Science, 2*, 181–193.

Gazzaniga, M. S. (2000). Cerebral specialization and interhemispheric communication: Does the corpus callosum enable the human condition? *Brain, 123*, 1293–1326.

Gazzaniga, M. S., Ivry, R., & Mangun, G. R. (2002). *Fundamentals of cognitive neuroscience* (2nd ed.). New York: W. W. Norton.

Geary, D. C. (1996). Sexual selection and sex differences in mathematical abilities. *Behavioral and Brain Sciences, 19*, 229–284.

Geen, R. G. (2001). *Human aggression* (2nd ed.). New York: Taylor & Francis.

Geiser, S. & Studley, R. (2002). UC and the SAT: Predictive validity and differential impact of the SAT I and SAT II at the University of California. *Educational Assessment, 8*, 1–26.

Gellatly, A. R. (1987). Acquisition of a concept of logical necessity. *Human Development, 30*, 32–47.

Gelman, R., & Gallistel, C. (1978). *The child's understanding of number*. Cambridge, MA: Harvard University Press.

Gentile, D. A., & Anderson, C. A. (2003). Violent video games: The newest media violence hazard. In D. A. Gentile (Ed.), *Media violence and children* (pp. 131–152). Westport, CT: Praeger Publishing.

George, M. S., Sackeim, H., Rush, A. J., Marangell, L. B., Nahas, Z., Husain, M. M., et al. (2000). Vagus nerve stimulation: A new tool for treatment-resistant depression. *Biological Psychiatry, 47*, 287–295.

Georgiadis, J. R., Kortekaas, R., Kuipers, R., Nieuwenburg, A., Pruim, J., Reinders, A. A., et al. (2006). Regional cerebral blood flow changes associated with clitorally induced orgasm in healthy women. *European Journal of Neuroscience, 24*, 3305–3316.

German, T. P., & Barrett, H. C. (2005). Functional fixedness in a technologically sparse culture. *Psychological Science, 16*, 1–5.

German, T. P., & Defeyter, M. A. (2000). Immunity to functional fixedness in young children. *Psychonomic Bulletin & Review, 7*(4), 707–712.

Gernsbacher, M. A., Dawson, M., & Goldsmith, H. H. (2005). Three reasons not to believe in an autism epidemic. *Current Directions in Psychological Science, 14*, 55–58.

Gershoff, E. T. (2002). Corporal punishment by parents and associated child behaviors and experiences: A meta-analytic and theoretical review. *Psychological Bulletin, 128*(4), 539–579.

Gewirtz, J. C., & Davis, M. (2000). Using Pavlovian "higher-order" conditioning paradigms to investigate the neural substrates of emotional learning and memory. *Learning and Memory, 7*, 257–266.

Gibb, B. E., & Coles, M. E. (2005). Cognitive vulnerability-stress models of psychopathology: A developmental perspective. In B. L. Hankin & J. R. Z. Abela (Eds.), *Development of psychopathology: A vulnerability-stress perspective* (pp. 104–135). Thousand Oaks, CA: Sage.

Gibson, B. (2008). Can evaluative conditioning change attitudes toward mature brands? New evidence from the Implicit Association Test. *Journal of Consumer Research, 35*, 178–188.

Gibson, E. J., (1991). *An odyssey in learning and perception*. Cambridge, MA: MIT Press.

Gibson, E. J., & Walk, R. D. (1960). The "visual cliff." *Scientific American, 202*, 64–71.

Giesbrecht, T., Lynn, S. J., Lilienfeld, S. O., & Merckelbach, H. (2008). Cognitive processes in dissociation: An analysis of core theoretical assumptions. *Psychological Bulletin, 134*, 617–647.

Gigerenzer, G. (2001). The adaptive toolbox. In G. Gigerenzer & R. Selten (Eds.), *Bounded rationality: The adaptive toolbox* (pp. 37–50). Cambridge, MA: MIT Press.

Gigerenzer, G. (2004). Dread risk, September 11, and fatal traffic accidents. *Psychological Science, 15*, 286–287.

Gigerenzer, G. (2007). *Gut feelings: The intelligence of the unconscious*. New York: Viking Press.

Gigerenzer, G., & Goldstein, D. G. (1996). Reasoning the fast and frugal way: Models of bounded rationality. *Psychological Review, 103*, 650–669.

Gilbert, D. T. (2006). *Stumbling on happiness*. New York: Knopf.

Gilbert, D. T., Pinel, E. C., Wilson, T. D., Blumberg, S. J., & Wheatley, T. (1998). Immune neglect: A source of durability bias in affective forecasting. *Journal of Personality and Social Psychology, 75*, 617–638.

Gilbertson, T. A., Fontenot D. T., Liu, L., Zhang, H., & Monroe, W. T. (1997). Fatty acid modulation of K^+ channels in taste receptor cells: Gustatory cues for dietary fat. *American Journal of Physiology, 272*(4 Pt. 1), C1203–C1210.

Giles, J. (2002). Electroconvulsive therapy and the fear of deviance. *Journal for the Theory of Social Behaviour, 32*, 61–87.

Gilligan, C. (1982). *In a different voice: Psychological theory and women's development*. Cambridge, MA: Harvard University Press.

Gilovich, T. (1991). *How we know what isn't so: The fallibility of human reason in everyday life*. New York: Free Press.

Gladwell, M. (2005). *Blink: The power of thinking without thinking*. Boston: Little, Brown, & Company.

Gladwell, M. (2007, November 12). Dangerous minds: Criminal profiling made easy. *New Yorker*. Retrieved November 9, 2007, from www.newyorker.com/reporting/2007/11/12/071112fa_fact_gladwell.

Gleaves, D. H. (1996). The sociocognitive model of dissociative identity disorder: A reexamination of the evidence. *Psychological Bulletin, 120*, 42–59.

Gleaves, D. H., May, M. C., & Cardeña, E. (2001). An examination of the diagnostic validity of dissociative identity disorder. *Clinical Psychology Review, 21*, 577–608.

Glosser, D. S. (1983). The use of a token-economy to reduce illicit drug-use among methadone-maintenance clients. *Addictive Behaviors, 8(2)*, 93–104.

Glynn, I. (1999). *An anatomy of thought: The origin and machinery of the mind*. New York: Oxford University Press.

Gobel, S. M., & Rushworth, M. F. (2004). Cognitive neuroscience: Acting on numbers. *Current Biology, 14*, R517–519.

Godden, D. R., & Baddeley, A. D. (1975). Context dependency in two natural environments: On land and underwater. *British Journal of Psychology, 91*, 99–104.

Goethals, G. R., & Reckman, R. F. (1973). The perception of consistency in attitudes. *Journal of Experimental Social Psychology, 9*, 491–501.

Goffman, E. (1959). *The presentation of self in everyday life*. London: Penguin.

Gold, P. E., Cahill, L., & Wenk, G. L. (2002). Gingko biloba: A cognitive enhancer? *Psychological Science in the Public Interest, 3*, 2–11.

Goldberg, L. R. (1969). The search for configural relationships in personality assessment: The diagnosis of psychosis vs. neurosis from the MMPI. *Multivariate Behavioral Research, 4*, 523–536.

Goldfield, B. A., & Reznick, J. S. (1990). Early lexical acquisition: Rate, content, and the vocabulary spurt. *Journal of Child Language, 23*, 241–246.

Goldfried, M. R., Raue, P. J., & Castonguay, L. G. (1998). The therapeutic focus in significant sessions of master therapists: A comparison of cognitive-behavioral and psychodynamic-interpersonal interventions. *Journal of Consulting and Clinical Psychology, 66*, 803–810.

Goldin, C., & Rouse, C. (2000). Orchestrating impartiality. *American Economic Review, 90*, 715–741.

Goldin-Meadow, S., & Mylander, C. (1998). Spontaneous sign systems created by deaf children in two cultures. *Nature, 391*, 279–281.

Goldman, D., Hu, X., Kennedy, J., & Murphy, D. (2006). Linkage of gain-of-function serotonin transporter alleles to obsessive compulsive disorder. *Biological Psychiatry, 59*(8), 99S–100S.

Goldstein, D. G., & Gigerenzer, G. (1999). The recognition heuristic: How ignorance makes us smart. In G. Gigerenzer, P. M. Todd, & the ABC Research Group (Eds.), *Simple heuristics that make us smart* (pp. 37–58). London: Oxford University Press.

Goldstein, M. H., & Schwade, J. A. (2008). Social feedback to infants' babbling facilitates rapid phonological learning. *Psychological Science, 19*, 515–523.

Goldston, D. B., Daniel, S. S., Reboussin, B., Reboussin, D., Frazier, P. H., & Harris, A. (2001). Cognitive risk factors and suicide attempts among formerly hospitalized adolescents: A prospective naturalistic study. *Journal of the American Academy of Child and Adolescent Psychiatry, 40*, 155–162.

Goleman, D. (1995). *Emotional Intelligence*. New York: Bantam Books.

Golin, S., Terrell, T., & Johnson, B. (1977). Depression and the illusion of control. *Journal of Abnormal Psychology, 86*, 440–442.

Gonzaga, G. C., Turner, R. A., Keltner, D., Campos, B., & Altemus, M. (2006). Romantic love and sexual desire in close relationships, *Emotion, 6*, 163–179.

Good, T. L., & Brophy, J. (1995). *Contemporary educational psychology*.

Boston: Longman.

Goodall, J., & van Lawick, H. (1971). *In the shadow of man*. Boston: Houghton-Mifflin.

Goodman, J. A., Krahn, L. E., Smith, G. G., Rummans, T. A., & Pileggi, T. S. (1999). Patient satisfaction with electroconvulsive therapy. *Mayo Clinic Proceedings, 74*, 967–971.

Goodwin, D. W. (1995). Alcohol amnesia. *Addiction, 90*, 315–317.

Goodwin, D. W., Powell, B., Brenner, D., Hoine, H., & Sterne J. (1969). Alcohol and recall: State dependent effects in man. *Science, 163*, 1358–1360.

Goodwin, F. K., & Jamison K. R. (1990), *Manic-depressive illness*. New York: Oxford University Press.

Gorassini, D., & Olson, J. (1995). Does self-perception change explain the foot-in-the-door effect? *Journal of Personality and Social Psychology, 69*, 91–105.

Gordon, P. (2004). Numerical cognition without words: Evidence from Amazonia. *Science, 306*, 496–499.

Gorenstein, E. E. (1984). Debating mental illness: Implications for science, medicine, and social policy. *American Psychologist, 39*, 50–56.

Gorn, G. J. (1982). The effects of music in advertising on choice behavior: A classical conditioning approach. *Journal of Marketing, 46*, 94–101.

Gortmaker, S. L., Must, A., Perrin, J. M., Sobol, A. M., & Dietz, W. H. (1993). Social and economic consequences of overweight in adolescence and young adulthood. *New England Journal of Medicine, 329*, 1009–1012.

Gortner, E. T., Gollan, J. K., Dobson, K. S., & Jacobson, N. S. (1998). Cognitive-behavioral treatment for depression: Relapse prevention. *Journal of Consulting and Clinical Psychology, 66*, 377–384.

Gosling, S. D., Ko, S. J., Mannarelli, T., & Morris, M. E. (2002). A room with a cue: Personality judgments based on offices and bedrooms. *Journal of Personality & Social Psychology, 82*, 379–398.

Gotlib, I. H., & Hammen, C. (1992). *Psychological aspects of depression: Toward a cognitive-interpersonal integration*. New York: Wiley.

Gottdiener, J. S., Gross, H. A., Henry, W. L., Borer, J. S., & Ebert, M. H. (1978). Effects of self-induced starvation on cardiac size and function in anorexia nervosa. *Circulation, 58*, 425–433.

Gottesman, I. I. (1991). *Schizophrenia genesis: The origins of madness*. New York: W. H. Freeman.

Gottesman, I. I., & Shields, J. (1972). *Schizophrenia and genetics: A twin study vantage point*. New York: Academic Press.

Gottfredson, L. S. (1997). Why *g* matters: The complexity of everyday life. *Intelligence, 24*, 79–132.

Gottfredson, L. S. (2004). Intelligence: Is it the epidemiologists' elusive "fundamental cause" of social class inequalities in health? *Journal of Personality and Social Psychology, 86*, 174–199.

Gottheil, E., & Weinstein, S. O. (1983). Cocaine: An emerging problem. In S. Akhtar (Ed.), *New psychiatric syndromes; DSM III and beyond*. New York: Jason Aronson.

Gould, E., & Gross, C. G. (2002). Neurogenesis in adult mammals: Some progress and problems. *Journal of Neuroscience, 22*, 619–623.

Gould, R. (1978). *Transformations: Growth and change in adult life*. New York: Simon and Schuster.

Gould, R. A., & Clum, G. A. (1993). A meta-analysis of self-help treatment approaches. *Clinical Psychology Review, 13*, 169–186.

Gould, S. J. (1981). *The mismeasure of man*. New York: W. W. Norton.

Gould, S. J. (1997). Nonoverlapping magisteria. *Natural History, 106*, 16–22.

Gouldner, A. W. (1960). The norm of reciprocity: A preliminary statement. *American Sociological Review, 25*, 161–178.

Gove, W. R., Hughes, M., & Style, C. B. (1983). Does marriage have positive effects on the psychological well-being of the individual? *Journal of Health and Social Behavior, 24*, 122–131.

Graf, P. (1990). Life-span changes in implicit and explicit memory. *Bulletin of the Psychonomic Society, 28*, 353–358.

Graham, J. R. (2006). *MMPI-2: Assessing personality and psychopathology* (3rd ed.). New York: Oxford University Press.

Graham, S. J., Scaife, J. C., Langley, R. W., Bradshaw, C. M., Szabadi, E., Xi, L., et al. (2005). Effects of lorazepam on fear-potentiated startle responses in man. *Journal of Psychopharmacology, 19*, 249–258.

Grawe, K., Donati, R., & Bernauer, F. (1998). *Psychotherapy in transition*. Seattle, WA: Hogrefe & Huber.

Gray, J. (1981). A critique of Eysenck's theory of personality. In H. J. Eysenck (Ed.), *A model for personality* (pp. 246–276). New York: Springer.

Graybiel, A. M., Aosaki, T., Flaherty, A. W., & Kimura, M. (1994). The basal ganglia and adaptive motor control. *Science, 265*, 1826–1831.

Greeley, A. M. (1987). Mysticism goes mainstream. *American Health, 6*, 47–49.

Green, D. M., & Swets, J. A. (1966). *Signal detection theory and psychophysics*. New York: Wiley.

Greenberg, D. J., Hillman, D., & Grice, D. (1973). Infant and stranger variables related to stranger anxiety in the first year of life. *Development Psychology, 9*, 207–212.

Greenberg, J., & Jonas, E. (2003). Psychological motives and political orientation: The left, the right, and the rigid: Comment on Jost et al. (2003). *Psychological Bulletin, 129*, 376–382.

Greenberg, L. S., Elliot, R., & Lietaer, G. (1994). Research on humanistic and experiential psychotherapies. In A. E. Bergin & L. S. Garfield (Eds.), *Handbook of psychotherapy and behavior change* (4th ed., pp. 509–539). New York: Wiley.

Greenberg, L. S., & Watson, J. C. (1998). Experiential therapy of depression: Differential effects of client-centered relationship conditions and process experiential interventions. *Psychotherapy Research, 8*, 210–224.

Greene, R. L. (2000). *The MMPI-2: An interpretive manual* (2nd ed.). Boston: Allyn & Bacon.

Greenough, W. T. (1997). We can't just focus on the first three years. *American Psychological Association Monitor on Psychology, 28*, 19.

Greenspan, S., & Switzky, H. N. (Eds.). (2003). *What is mental retardation? Ideas for the new century*. Washington, DC: American Association on Mental Retardation.

Greenwald, A. G., McGhee, D. E., & Schwartz, J. L. K. (1998). Measuring individual differences in implicit cognition: The implicit association test. *Journal of Personality and Social Psychology, 74*, 1464–1480.

Greenwald, A. G., & Nosek, B. A. (2001). Health of the Implicit Association Test at age 3. *Zeitschrift für Experimentelle Psychologie, 48*, 85–93.

Gregory, R. J., Canning S. S., Lee, T. W., & Wise, J. (2004). Cognitive bibliotherapy for depression: A meta-analysis. *Professional Psychology: Research and Practice, 35*, 275–280.

Gresham, L. G., & Shimp, T. A. (1985). Attitude toward the advertisement and brand attitudes: A classical conditioning perspective. *Journal of Advertising, 14*, 10–17, 49.

Greyson, B. (2000). Near-death experiences. In E. Cardena, S. J. Lynn, & S. Krippner (Eds.), *Varieties of anomalous experiences* (pp. 315–352). Washington, DC: American Psychological Association.

Griffiths, P. E. (1997). *What emotions really are: The problem of psychological categories*. Chicago: Chicago University Press.

Grill, H. J., & Kaplan, J. M. (2002). The neuroanatomical axis for control of energy balance. *Frontiers in Neuroendocrinology, 21*, 2–40.

Grill, H. J., Schwartz, M. W., Kaplan, J. M., Foxhall, J. S., Breininger, J., & Baskin, D. G. (2002). Evidence that the caudal brainstem is a target for the inhibitory effect of leptin on food intake. *Endocrinology, 143*, 239–246.

Grings, W. W. (1973). Cognitive factors in electrodermal conditioning. *Psychological Bulletin, 79*(3), 200–210.

Grissom, R. J. (1996). The magical number, 7±2 meta-meta-analysis of the probability of superior outcome in comparisons involving therapy, placebo, and control. *Journal of Consulting and Clinical Psychology, 64*, 973–982.

Grob, G. N. (1997). Deinstitutionalization: The illusion of policy. *Journal of Policy History, 9*(1), 48–73.

Grossman, H. J. (Ed.). (1983). *Classification in mental retardation* (Rev. ed.). Washington, DC: American Association on Mental Deficiency.

Grunbaum, A. (1984). *The foundations of psychoanalysis: A philosophical critique*. Berkeley: University of California Press.

Guan, J. H., & Wade, M. G. (2000). The effect of aging on adaptive eye–hand coordination. *Journals of Gerontology Series B—Psychological Sciences and Social Sciences, 55*(3), P151–P162.

Guéguen, N., Pascual A., & Dagot L. (2002). The low-ball technique: An application in a field setting, *Psychological Reports, 91*, 81–84.

Guilford, J. P. (1967). *The nature of human intelligence*. New York: McGraw-Hill.

Gula, R. J. (2006). *Nonsense: A handbook of logical fallacies*. Mount Jackson, VA: Axios Press.

Gulya, M., Galluccio, L., Wilk, A., & Rovee-Collier, C. (2001). Infants' long-term memory for a serial list: Recognition and reactivation. *Developmental Psychobiology, 38*, 174–185.

Gupta, S. (2007, May 24). Herbal remedies' potential dangers. Time Inc. Retrieved from www.time.com/time/magazine/article/0,9171,1625175,00.html.

Gusow, W. (1963). A preliminary report of kayak-angst among the Eskimo of West Greenland: A study in sensory deprivation. *International Journal of Social Psychiatry, 9*, 18–26.

H

Haack, L. J., Metalsky, G. I., Dykman, B. M., & Abramson, L. Y. (1996). Use of current situational information and causal inference: Do dysphoric individuals make "unwarranted" causal inferences? *Cognitive Therapy and Research, 20*(4), 309–331.

Haaga, D. A., Dyck, M. J., & Ernst, D. (1991). Empirical status of cognitive theory of depression. *Psychological Bulletin, 110*, 215–236.

Hackney, A. (2005). Teaching students about stereotypes, prejudice, and discrimination: An interview with Susan Fiske. *Teaching of Psychology, 32*(3), 196–199.

Hafer, C. L., & Begue, L. (2005). Experimental research on just-world theory: Problems, developments, and future challenges. *Psychological Bulletin, 131*, 128–167.

Hahlweg, K., & Markman, H. J. (1988). Effectiveness of behavioral marital therapy: Empirical status of behavioral techniques in preventing and alleviating marital distress. *Journal of Consulting and Clinical Psychology, 56*, 440–447.

Haier, R. J., Siegel, B. V., MacLachlan, A., Soderling, E., Lottenberg, S., & Buchsbaum, M. S. (1992). Regional glucose metabolic changes after learning a complex visuospatial/motor task: A positron emission tomographic study. *Brain Research, 570*, 134–143.

Haimerl, C. J., & Valentine, E. (2001). The effect of contemplative practice on interpersonal, and transpersonal dimensions of the self-concept. *Journal of Transpersonal Psychology, 33*, 37–52.

Haist, F., Shimamura, A. P., & Squire, L. R. (1992). On the relationship between recall and recognition memory. *Journal of Experimental Psychology: Learning, Memory, and Cognition, 18*(4), 691–702.

Halberstadt, J., & Rhodes, G. (2003). It's not just the average face that's attractive: The attractiveness of averageness of computer-manipulated birds, fish, and automobiles. *Psychonomic Bulletin and Review, 10*, 149–156.

Haley, J. (1976). *Problem-solving therapy*. San Francisco: Jossey-Bass.

Hall, C. S., & Domhoff, G. W. (1963). Aggression in dreams. *International Journal of Social Psychiatry, 9*, 259–267.

Hall, C. S., & Nordby, V. J. (1972). *The individual and his dreams*. Winnipeg, Manitoba, Canada: New American Library.

Hall, C. S., & Van de Castle, R. (1966). *Content analysis of dreams*. New York: Appleton-Century-Crofts.

Hall, C. S. (1984). A ubiquitous sex difference in dreams, revisited. *Journal of Personality and Social Psychology, 46*, 1109–1117.

Hall, J. A. (1978). Gender effects in decoding nonverbal cues. *Psychological Bulletin, 85*, 845–857.

Hall, J. R., & Benning, S. D. (2006). The "successful" psychopath: Adaptive and subclinical manifestations of psychopathy in the general population. In C. J. Patrick (Ed.), *Handbook of psychopathy* (pp. 459–478). New York: Guilford Press.

Halpern, D. F. (1992). *Sex differences in cognitive abilities* (2nd ed.). Hillsdale, NJ: Erlbaum.

Halpern, D. F., Benbow, C. P., Geary, D. C., Gur, R. C., Hyde, J. S., & Gernsbacher, M. A. (2007). The science of sex differences in science and mathematics. *Psychological Science in the Public Interest, 8*, 1–51,

Hamann, A., & Matthaei, S. (1996). Regulation of energy balance by leptin. *Experimental Clinical Endocrinology Diabetes, 104*, 293–300.

Hampson, E., Rovet, J. F., & Altmann, D. (1998). Spatial reasoning in children with congenital adrenal hyperplasia due to 21-hydroxylase deficiency. *Developmental Neuropsychology, 14*, 299–320.

Haney, C., Banks, W. C., & Zimbardo, P. G. (1973). Interpersonal dynamics in a simulated prison. *International Journal of Criminology & Penology, 1*, 69–97.

Hansen, E. S., Hasselbalch, S., Law, J., & Bolwig, T. G. (2002). The caudate nucleus in obsessive-compulsive disorder. Reduced metabolism following treatment with paroxetine: A PET study. *International Journal of Neuropsychopharmacology*, 5, 1–10.

Hanson, D. R., & Gottesman, I. I. (2005). Theories of schizophrenia: A genetic-inflammatory-vascular synthesis. *Biomed Central Medical Genetics, 6*, Published online February 11, 2005. Doi: 10.1186/1471-2350-6-7.

Haraldsson, E., & Houtkooper, J. (1995). Meta-analysis of 10 experiments on perceptual defensiveness and ESP. *Journal of Parapsychology, 59*, 251–271.

Harding, C. M., Zubin, J., & Strauss, J. S. (1992). Chronicity in schizophrenia: Revisited. *British Journal of Psychiatry Supplement, 18*, 27–37.

Hardy, K. R. (1957). Determinants of conformity and attitude change. *Journal of Abnormal and Social Psychology, 4*, 289–294.

Hare, R. D. (1978). Electrodermal and cardiovascular correlates of psychopathy. In R. D. Hare & D. Schalling (Eds.), *Psychopathic behavior: Approaches to research* (pp. 107–144). Chichester, England: John Wiley & Sons.

Hare, R. D. (1993). *Without conscience: The disturbing world of the psychopaths among us*. New York: Simon & Schuster.

Hare, R. D. (2003). *The Hare Psychopathy Checklist—Revised*. Toronto, Ontario, Canada: Multi-Health Systems.

Harford, T., & Muthen, B. O. (2001). The dimensionality of alcohol abuse and dependence: A multivariate analysis of DSM-IV symptoms in the National Longitudinal Survey of Youth. *Journal of Studies in Alcohol, 62*, 150–157.

Hariri, A. R., Mattay, V. S., Tessitore, A., Kolachana, B., Fera, F., Goldman, D., et al. (2002). Serotonin transporter genetic variation and the response of the human amygdala. *Science, 297*, 400–403.

Harkins, E. B. (1978). Effects of empty nest transition on self-report of psychological and physical well-being. *Journal of Marriage and the Family, 40*, 549–556.

Harkness, A. R., & Lilienfeld, S. O. (1997). Individual differences science for treatment planning: Personality traits. *Psychological Assessment, 9*, 349–360.

Harkness, A. R., Tellegen, A., & Waller, N. G. (1995). Differential convergence of self-report and informant data for multi-dimensional personality questionnaire traits: Implications for the construct of negative emotionality. *Journal of Personality Assessment, 64*, 185–204.

Harlow, H. F. (1958). The nature of love. *American Psychologist, 13*, 673–685.

Harlow, J. M. (1848). Passage of an iron rod through the head. *Boston Medical and Surgical Journal, 39*, 389–393. (Republished in *Journal of Neuropsychiatry and Clinical Neuroscience, 1991, 11*, 281–283.)

Harmon-Jones, E., & Mills, J. (Eds.). (1999). *Cognitive dissonance: Progress on a pivotal theory in social psychology*. Washington, DC: American Psychological Association.

Harrington, E. R. (2004). The social psychology of hatred. *Journal of Hate Studies, 3*, 49–82.

Harrington, P. (2005, December). Exorcisms rise in Mexico, keeping Father Mendoza, healers busy. *Bloomberg News*. Retrieved June 2, 2008, from www.banderasnews.com/0512/nr-mexorcisms.htm

Harris, B. (1979). Whatever happened to Little Albert? *American Psychologist, 34*(2), 151–160.

Harris, E. C., & Barraclough, B. (1997). Suicide as an outcome for mental disorders—A meta-analysis. *British Journal of Psychiatry, 170*, 205–228.

Harris, J. L., & Qualls, C. D. (2000). The association of elaborative or maintenance rehearsal with age, reading comprehension, and verbal working memory performance. *Aphasiology, 14*, 515–526.

Harris, J. R. (2002). *The nurture assumption: Why children turn out the way they do*. New York: Free Press.

Hart, B., & Risley, T. R. (1995). *Meaningful differences in the everyday experience of young American children*. Baltimore: Paul H. Brookes.

Hartmann, H. (1939). *Ego psychology and the problem of adaptation*. New York: International Universities Press.

Hartmann, W. K. (1992). *Astronomy: The cosmic journey*. Belmont, CA: Wadsworth.

Hartschorne, H., & May, M. A. (1928). *Studies in the nature of character: Vol. 1. Studies in deceit*. New York: Macmillan.

Harvey, P. D., Reichenberg, A., & Bowie, C. R. (2006). Cognition and aging in psychopathology: Focus on schizophrenia and depression. In S. Nolen-Hoeksema, T. D. Cannon, & T. Widiger (Eds.), *Annual Review of Clinical Psychology* (Vol. 2 pp. 389–409). Palo Alto, CA: Annual Reviews.

Hatfield, E., Aronson, V., Abrahams, D., & Rottman, L. (1966). The importance of physical attractiveness in dating behavior. *Journal of Personality and Social Psychology, 4*, 508–516.

Hatfield, E., & Rapson, R. (1996). *Love and sex: Cross-cultural perspectives*. Boston: Allyn & Bacon.

Hatfield, E., & Walster, G. W. (1978). *A new look at love*. Reading, MA: Addison-Wesley.

Hathaway, S. R., & McKinley, J. C. (1940). A multiphasic personality schedule (Minnesota): I. Construction of the schedule. *Journal of Psychology, 14*, 73–84.

Hauri, P. J. (1998). Insomnia. *Clinical Chest Medicine, 19*, 157–168.

Hauser, R. M. (1998). Trends in black-white test score differences: I. Uses and misuses of NAEP/SAT data. In U. Neisser (Ed.), *The rising curve: Long-term gains in IQ and related measures* (pp. 219–249). Washington, DC: American Psychological Association.

Hawkley, L. C., & Cacioppo, J. T. (2007). Aging and loneliness: Downhill quickly? *Current Directions in Psychological Science, 16*(4), 187–191.

Hayes, S. C., Strosahl, K., & Wilson, K. G. (1999). *Acceptance and commitment therapy*. New York: Guilford Press.

Hayward, L. R. C. (1960). The subjective meaning of stress. *British Journal of Psychology, 33*, 185–194.

Hazelrigg, M. D., Cooper, H. M., & Borduin, C. M. (1987). Evaluating the effectiveness of family therapies: An integrative review and analysis. *Psychological Bulletin, 101*, 428–442.

Hazlett-Stevens, H., Pruitt, L. D., & Collins, A. (2008). Phenomenology of generalized anxiety disorder. In M. M. Anthony & M. B. Stein (Eds.), *Oxford handbook of anxiety and related disorders* (pp. 47–64). New York: Oxford University Press.

Heath, C. B., Bell, C., & Sternberg, E. (2001). Emotional selection in memes: The case of urban legends. *Journal of Personality and Social Psychology, 81*(6), 1028–1041.

Hebb, D. O. (1949). *The organization of behavior*. New York: John Wiley.

Hedges, L. V., & Nowell, A. (1995). Sex differences in mental test scores, variability, and numbers of high-scoring individuals. *Science, 269*, 41–45.

Heimberg, R. G., & Juster, H. R. (1995). Cognitive-behavioral treatments: Literature review. In R. G. Heimberg, M. R. Liebowitz, D. A. Hope, & F. R. Schneier (Eds.), *Social phobia: Diagnosis, assessment, and treatment*. New York: Guilford Press.

Heine, S. J., Lehman, D. R., Markus, H. R., & Kitayama, S. (1999). Is there a universal need for positive self-regard? *Psychological Review, 106*, 766–794.

Heini, A. F., & Weinsier, R. L. (1997). Divergent trends in obesity and fat intake patterns: The American paradox. *American Journal of Medicine, 102*, 259–264.

Helliwell, J. F., & Putnam, R. D. (2004). The social context of well-being. *Philosophical Transactions of the Royal Society (London) Series B, 359*, 1435–1446.

Helmes, E., & Reddon, J. R. (1993). A perspective on developments in assessing psychopathology: A critical review of the MMPI and MMPI-2. *Psychological Bulletin, 113*, 453–471.

Helmholtz, H. (1850). Ueber die Fortpflanzungsgeschwindigkeit der Nervenreizung. *Annalen der Physik, 155*(2), 329–330.

Helson, H. (1948). Adaptation-level as a basis for a quantitative theory of frames of reference. *Psychological Review, 55*, 297–313.

Helson, R., & Srivastava, S. (2002). Creativity and wisdom: Similarities, differences, and how they develop. *Personality and Social Psychology Bulletin, 28*, 1430–1440.

Hempel, A., Hempel, E., Schönknecht, P., Stippich, C., & Schröder, J. (2003). Impairment in basal limbic function in schizophrenia during affect recognition. *Psychiatry Research, 122*, 115–124.

Hemsley, G. D., & Doob, A. N. (1978). The effect of looking behavior on perceptions of a communicator's credibility. *Journal of Applied Social Psychology, 8*(2), 136–144.

Henriques, G. (2004). Psychology defined. *Journal of Clinical Psychology, 60*, 1207–1221.

Henshaw, J. M. (2006). *Does measurement measure up? How numbers reveal and conceal the truth*. Baltimore: Johns Hopkins University Press.

Herbert, J. D., Sharp, I. R., & Gaudiano, B. A. (2002). Separating fact from fiction in the etiology and treatment of autism: A scientific review of the evidence. *Scientific Review of Mental Health Practice, 1*, 25–45.

Hergenhahn, B. R. (2000). *An introduction to the history of psychology* (4th ed.). Pacific Grove, CA: Wadsworth.

Herrmann, C. S., & Friederici, A. D. (2001). Object processing in the infant brain. *Science, 292*, 163.

Herrmann, N. (1996). *The whole brain business book*. New York: McGraw-Hill.

Herrnstein, R. J., & Murray, C. (1994). *The bell curve: Intelligence and class structure in American life*. New York: Free Press.

Hess, E. H. (1965). Attitude and pupil size. *Scientific American, 212*(4), 46–54.

Hess, R. A. (2003). Estrogen in the adult male reproductive tract: A review. *Reproductive and Biological Endocrinology, 9*, 1–52.

Hetherington, A. W., & Ranson, S. W. (1940). Hypothalamic lesions and adiposity in the rat. *Anatomical Record, 78*, 149–158.

Higgins, J. E., & Endler, N. (1995). Coping, life stress, and psychological and somatic distress. *European Journal of Personality, 9*, 253–270.

Highstein, S. M., Fay, R. R., & Popper A. N. (2004). *The vestibular system*. Berlin, Germany: Springer-Verlag.

Hilgard, E. R. (1977). *Divided consciousness: Multiple controls in human thought and action*. New York: Wiley.

Hilgard, E. R. (1986). *Divided consciousness: Multiple controls in human thought and action* (expanded ed.). New York: Wiley.

Hilgard, E. R. (1994). Neodissociation theory. In S. J. Lynn & J. W. Rhue (Eds.), *Dissociation: Clinical, theoretical and research perspectives* (pp. 32–51). New York: Guilford Press.

Hiller, J. (2005). Gender differences in sexual motivation. *Journal of Men's Health and Gender, 2*, 339–345.

Hines, T. (1987). Left brain/right brain mythology and implications for management and training. *The Academy of Management Review, 12*, 600–606.

Hines, T. (2003). *Pseudoscience and the paranormal: A critical examination of the evidence* (2nd ed.). Buffalo, NY: Prometheus.

Hingson, R., Heeren, T., & Winter, M. R. (2006). Drinking onset and alcohol dependence: Age at onset, duration, and severity. *Archives of Pediatrics and Adolescent Medicine, 160*, 739–746.

Hinrichsen, G. A. (2008). Interpersonal psychotherapy for late life depression: Current status and new applications. *Journal of Rational-Emotive & Cognitive-Behavior Therapy, 26*, 263–275.

Hirsh-Pasek, K., & Golinkoff, R. (1996). *The origins of grammar*. Cambridge, MA: MIT Press.

Hite, S. (1987). *The Hite report on women and love: A cultural revolution in progress*. New York: Alfred A. Knopf.

Hobson, J. A., & McCarley, R. M. (1977). The brain as a dream state generator: An activation-synthesis hypothesis. *American Journal of Psychiatry, 134*, 1335–1348.

Hobson, J. A. Pace-Schott, E., & Stickgold, R. (2000). Dreaming and the brain: Towards a cognitive neuroscience of conscious states. *Behavioral and Brain Sciences, 23*, 793–842.

Hock, R. R. (2002). *Forty studies that changed psychology: Explorations into the history of psychological research* (4th ed.). Upper Saddle River, NJ: Prentice Hall.

Hoffman, M. B., & Morse, S. J. (2006, July 30). The insanity defense goes back on trial. Retrieved October 22, 2007, from www.nytimes.com/2006/07/30/opinion/30hoffman.html?_r=1&oref=slogin.

Hoffman, M. L. (1981). Is altruism part of human nature? *Journal of Personality and Social Psychology, 40*(1), 121–137.

Hoffrage, U. (2004). Overconfidence. In R. F. Pohl (Ed.), *Cognitive illusions: Fallacies and biases in thinking, judgment, and memory* (pp. 235–254). Hove, England: Psychology Press.

Hohmann, G. W. (1966). Some effects of spinal cord lesions on experienced emotional feelings. *Psychophysiology, 3*, 143–156.

Holahan, C., & Moos, R. H. (1991). Life stressors, personal and social resources and depression: A four-year structural model. *Journal of Abnormal Psychology, 100*, 31–38.

Holden, J. E., Jeong, Y., & Forrest, J. M. (2005). The endogenous opioid system and clinical pain management. *AACN Clinical Issues, 16*, 291–301.

Hollon, S. D., Haman, K. L., & Brown, L. L. (2002). Cognitive-behavioral treatment of depression. In I. H. Gptlib & C. L. Hammen (Eds.), *Handbook of depression* (pp. 383–403). New York: Guilford.

Hollon, S. D., Thase, M. E., & Markowitz, J. C. (2002). Treatment and prevention of depression. *Psychological Science in the Public Interest, 3*, 2002.

Holloway, R. L. (1983). Cerebral brain endocast pattern of *Australopithecus afarensis* hominid. *Nature, 303*, 420–422.

Holmes, C., Wurtz, P., Waln, R., Dungan, D., & Joseph, C. (1984). Relationship between the Luscher Color Test and the MMPI. *Journal of Clinical Psychology, 40*, 126–128.

Holmes, D. S. (1974). Investigation of repression: Differential recall of material experimentally or naturally associated with ego threat. *Psychological Bulletin, 81*, 632–653.

Holmes, D. S. (1987). The influence of meditation versus rest on physiological arousal. In M. West (Ed.), *The psychology of meditation* (pp. 81–103). Oxford, England: Clarendon Press.

Holmes, D. S. (1990). The evidence for repression: An examination of sixty years of research. In J. L. Singer (Ed.), *Repression and dissociation* (pp. 85–102). Chicago: University of Chicago Press.

Holmes, T. H., & Masuda, M. (1974). Life change and illness susceptibility. In B. S. Dohrenwend & P. P. Dohrenwend (Eds.), *Stressful life events: Their nature and effects* (pp. 45–72). New York: Wiley.

Holmes, T. H., & Rahe, R. H. (1967). The Social Readjustment Scale. *Journal of Psychosomatic Research, 11*, 213–218.

Homant, R. J., & Kennedy, D. B. (1998). Psychological aspects of crime scene profiling. *Criminal Justice and Behavior, 25*, 319–343.

Honda, H., Shimizu, Y., & Rutter, M. (2005). No effect of MMR withdrawal on the incidence of autism: A total population study. *Journal of Child Psychology and Psychiatry, 46*, 572–579.

Hopkins, B., & Westra, T. (1988). Maternal handling and motor development: An intracultural study. *Genetic, Social, and General Psychology Monographs, 114*, 377–408.

Hoppa, H., & Hallstrom, T. (1981). Weight gain in adulthood in relation to socioeconomic factors, mental illness, and personality traits: A prospective study of middle-aged men. *Journal of Psychosomatic Research, 25*, 83–89.

Horgan, J. (1999). *The undiscovered mind: How the human brain defies replication, medication, and explanation.* New York: Free Press.

Horn, J. L. (1994). The theory of fluid and crystallized intelligence. In R. J. Sternberg (Ed.), *The encyclopedia of intelligence* (pp. 443–451). New York: Macmillan.

Horn, J. L., & Hofer, S. M. (1992). Major abilities and development in the adult period. In R. J. Sternberg & C. A. Berg (Eds.), *Intellectual development* (pp. 44–99). New York: Cambridge University Press.

Horney, K. (1939). *New ways in psychoanalysis*. New York: Norton.

Horvath, A. O., & Bedi, R. P. (2002). The alliance. In J. C. Norcross (Ed.), *Psychotherapy relationships that work: Therapist contributions and responsiveness to patients* (pp. 37–69). New York: Oxford University Press.

Hounsfield, G. N. (1973). Computerized transverse axial scanning (tomography). 1. Description of system. *British Journal of Radiology, 46*, 1016–1022.

House, J. S., Robbins, C., & Metzner, H. L. (1982). The association of social relationships and activities with mortality: Prospective evidence from the Tecumseh Community Health Study. *American Journal of Epidemiology, 116*, 123–140.

Hovland, C. I., Janis, I. L., & Kelley, H. H. (1953). *Communication and persuasion: Psychological studies of opinion change*. New Haven, CT: Yale University Press.

Howe, M., & Courage, M. (1993). On resolving the enigma of infantile amnesia. *Psychological Bulletin, 113*, 305–326.

Howland, R. H., & Thase, M. E. (1998). Cyclothymic disorder. In T. A. Widiger (Ed.), *DSM-IV Sourcebook*. Washington, DC: American Psychiatric Association.

Hubel, D. H, & Wiesel, T. N. (1962). Receptive fields, binocular interaction and functional architecture in the cat's visual cortex. *Journal of Physiology, 160*, 106–154.

Hubel, D. H., & Wiesel, T. N. (1963). Shape and arrangement of columns in cat's striate cortex. *Journal of Physiology, 165*, 559–568.

Huesmann, L. R., Moise-Titus, J., Podolski, C., & Eron, L. D. (2003). Longitudinal relations between children's exposure to TV violence and their aggressive and violent behavior in young adulthood: 1977–1992. *Developmental Psychology, 39*(2), 201–221.

Huff, D. (1954). *How to lie with statistics*. New York: W. W. Norton.

Hulbert, A. (2003). *Raising America: Experts, parents, and a century of advice about children*. New York: Knopf.

Hull, C. L. (1943). *Principles of behavior*. New York: Appleton-Century-Crofts.

Humphreys, K. (2000). Community narratives and personal stories in Alcoholics Anonymous. *Journal of Community Psychology, 28*(5), 495–506.

Humphreys, L. G. (1939). Acquisition and extinction of verbal expectations in a situation analogous to conditioning. *Journal of Experimental Psychology, 25*(3), 294–301.

Hunsley, J., & Bailey, J. M. (1999). The clinical utility of the Rorschach: Unfulfilled promises and an uncertain future. *Psychological Assessment, 11*, 266–277.

Hunsley, J., & DiGuilio, G. (2002). Dodo bird, phoenix, or urban legend? *Scientific Review of Mental Health Practice, 1*, 11–22.

Hunsley, J., Lee, C. M., & Wood, J. (2003). Controversial and questionable assessment techniques. In S. O. Lilienfeld, J. M. Lohr, & S. J. Lynn (Eds.), *Science and pseudoscience in contemporary clinical psychology* (pp. 39–76). New York: Guilford.

Hunt, E. (1999). Intelligence and human resources: Past, present, and future. In P. L. Ackerman, P. C. Kyllonen, & R. D. Roberts (Eds.), *Learning and individual differences: Process, trait, and content determinants* (pp. 3–30). Washington, DC: American Psychological Association.

Hunt, E., & Carlson, J. (2007). Considerations relating to the study of group differences in intelligence. *Perspectives on Psychological Science, 2*, 194–213.

Hunt, M. (1993). *The story of psychology*. New York: Doubleday.

Hunter, J. E., & Hunter, R. F. (1984). Validity and utility of alternative predictors of job performance. *Psychological Bulletin, 96*, 72–98.

Hunter, J. E., Schmidt, F. L., & Hunter, R. (1979). Differential validity of employment tests by race: A comprehensive review and analysis. *Psychological Bulletin, 85*, 721–735.

Hunter, R. A., & Macalpine, I. (1963). *Three hundred years of psychiatry: 1535–1860*. London: Oxford University Press.

Huston, T. L., Ruggiero, M., Conner, R., & Geis, G. (1981). Bystander intervention into crime: A study based on naturally-occurring episodes. *Social Psychology Quarterly, 44*, 14–23.

Hutcheson, D. M., Everitt, B. J., Robbins, T. W., & Dickinson, A. (2001). The role of withdrawal in heroin addiction: Enhances reward or promotes avoidance? *Nature Neuroscience, 4*, 943–947.

Hyde, J. S. (2005). The gender similarities hypothesis. *American Psychologist, 60*, 581–592.

Hyde, J. S., Fennema, E., & Lamon, S. J. (1990). Gender differences in mathematics performance: A meta-analysis. *Psychological Bulletin, 107*, 139–155.

Hyman, I. E., Husband, T. H., & Billings, F. J. (1995). False memories of childhood experiences. *Applied Cognitive Psychology 9*, 181–197.

Hyman, R. (1977). Cold reading: How to convince strangers that you know all about them. *The Zetetic, 1*(2), 18–37.

Hyman, R. (1989). *The elusive quarry: A scientific appraisal of psychical research*. Buffalo, NY: Prometheus Books.

I

Iacono, W. G., & Patrick, C. J. (2006). Polygraph ("lie detector") testing: Current status and emerging trends. In I. B. Weiner & A. Hess (Eds.), *Handbook of forensic psychology* (3rd ed., pp. 552–588). New York: Wiley.

Ikemi, Y., & Nakagawa, S. (1962). A psychosomatic study of contagious dermatitis. *Kyushu Journal of Medical Science, 13*, 335–350.

Ilardi, S. S., & Feldman, D. (2001). The cognitive neuroscience paradigm: A unifying meta-theoretical framework for the science and practice of clinical psychology. *Journal of Clinical Psychology, 57*, 1067–1088.

Ilardi, S. S., Rand, K., & Karwoski, L. (2007). The cognitive neuroscience perspective allows us to understand abnormal behavior at multiple levels of complexity. In S. O. Lilienfeld & W. O. O'Donohue (Eds.), *The great ideas of clinical science: 17 principles that all mental health professionals should understand* (pp. 291–309). New York: Routledge.

Ingram, R. (2003). Origins of cognitive vulnerability to depression. *Cognitive Therapy and Research, 27*, 77–88.

Ingram, R. E., Scott, W., & Siegle, G. (1999). Depression: Social and cognitive aspects. In T. Millon, P. H. Blaney, & R. D. Davis (Eds.), *Oxford textbook of psychopathology* (pp. 203–226). New York: Oxford Press.

Intons-Peterson, M. J., & Fournier, J. (1986). External and internal memory aids: When and how often do we use them? *Journal of Experimental Psychology: General, 115*, 267–280.

Isen, A. M., Clark, M., & Schwartz, M. F. (1976). Duration of the effect of good mood on helping: Footprints in the sand of time. *Journal of Personality & Social Psychology, 34*, 385–393.

Isen, A. M., Rosenzweig, A. S., & Young, M. J. (1991). The influence of positive affect on clinical problem solving. *Medical Decision Making, 11*, 221–227.

Ivie, R., & Ray, K. N. (2005). *Women in physics and astronomy, 2005*. College Park, MD: American Institute of Physics.

Izard, C. E. (1971). *The face of emotion*. New York: Appleton-Century-Crofts.

Izard, C. E. (1994). Innate and universal facial expressions: Evidence from developmental and cross-country research. *Psychological Bulletin, 115*, 288–299.

J

Jackson, D. N. (1971). The dynamics of structured personality tests: 1971. *Psychological Review, 78*, 229–248.

Jackson, D. N., & Rushton, J. P. (2006). Males have greater *g*: Sex differences in general mental ability from 100,000 17- to 18-year-olds on the Scholastic Assessment Test. *Intelligence, 34*, 479–486.

Jackson, K. M., & Sher, K. J. (2003). Alcohol use disorders and psychological distress: A prospective state-trait analysis. *Journal of Abnormal Psychology, 112*, 599–613.

Jackson, P. B., & Finney, M. (2002). Negative life events and psychological distress among young adults. *Social Psychology Quarterly, 65*, 186–201.

Jacobs, G. D., Pace-Schott, E. F., Stickgold, R., & Otto, M. W. (2004). Cognitive behavior therapy and pharmacotherapy for insomnia: A randomized controlled trial and direct comparison. *Archives of Internal Medicine, 164*, 1888–1896.

Jacobson, E. (1938). *Progressive relaxation*. Chicago: University of Chicago Press.

Jacobson, J., Mulick, J., & Schwartz, A. (1995). A history of facilitated communication. *American Psychologist, 50*, 750–765.

Jacobson, N. S., Dobson, K. S., Truax, P. A., Addis, M. E., Koerner, K., Gollan, J. K., et al. (1996). A component analysis of cognitive-behavioral treatment for depression. *Journal of Consulting and Clinical Psychology, 64*, 295–304.

James, W. (1890). *The principles of psychology*. Cambridge, MA: Harvard University Press.

Jamieson, G. A., & Sheehan, P. W. (2004). An empirical test of Woody and Bowers's dissociated-control theory of hypnosis. *International Journal of Clinical and Experimental Hypnosis, 52*, 232–249.

Janis, I. L. (1972). *Victims of groupthink*. Boston: Houghton Mifflin.

Jansen, K. L. R. (1991). Transcendental explanations and the near-death experience. *Lancet, 337*, 207–243.

Jay, K., & Young, A. (1979). *Out of the closets: Voices of gay liberation*.

New York: BJ Publishing Group.

Jenike, M. A., Baer, L., Ballantine, T., Martuza, R. L., Tynes, S., Giriunas, I., et al. (1991). Cingulotomy for refractory obsessive compulsive disorder. A long term follow-up of 33 patients. *Archives of General Psychiatry, 48*, 548–555.

Jenny, C., Roesler, T. A., & Poyer, K. L. (1994). Are children at risk for sexual abuse by homosexuals? *Pediatrics, 94*, 41–44.

Jensen, A. R. (1977). Cumulative deficit of blacks in the rural south. *Developmental Psychology, 13*, 184–191.

Jensen, A. R. (2006). *Clocking the mind: Mental chronometry and individual differences.* Oxford, England: Elsevier.

Jerison, H. J. (1983). The evolution of the mammalian brain as an information processing system. In J. F. Eisenberg and D. G. Kleiman (Eds.), Advances in the study of mammalian behavior. *America Society of Mammalogists Special Publication, 7*, 632–661.

John, O. P., & Robins, R. W. (1994). Accuracy and bias in self-perception: Individual differences in self-enhancement and the role of narcissism. *Journal of Personality and Social Psychology, 66*, 206–219.

Johnson, M. H. (1992). Imprinting and the development of face recognition: From chick to man. *Current Directions in Psychological Science, 1*, 52–55.

Johnson, M. H. (1998). The neural basis of cognitive development. In W. Damon (Ed.), *Handbook of child psychology: Vol. 2: Cognition, perception, and language* (pp. 1–49). Hoboken, NJ: Wiley.

Johnson, M. K., Hashtroudi, S., & Lindsay, D. S. (1993). Source monitoring. *Psychological Bulletin, 114*, 3–28.

Johnson, M. K., & Raye, C. L. (1981). Reality monitoring. *Psychological Review, 88*, 67–85.

Johnson, R. D., & Downing, L. L. (1979). Deindividuation and valence of cues: Effects on prosocial and anti-social behavior. *Journal of Personality and Social Psychology, 37*, 1532–1538.

Johnson, S. L., & Miller, I. (1997). Negative life events and time to recovery from episodes of bipolar disorder. *Journal of Abnormal Psychology, 106*(3), 449–457.

Johnson, S. L., Sandrow, D., Meyer, B., Winters, R., Miller, I., Solomon D., et al. (2000). Increases in manic symptoms after life events involving goal attainment. *Journal of Abnormal Psychology, 109*, 721–727.

Johnston, L. D., O'Malley, P. M., Bachman, J. G., & Schulenberg, J. E. (2008). *Monitoring the future national survey results on drug use. 1975–2007: Volume II, College students and adults ages 19–45.* National Institutes of Health, Bethesda, MD: National Institute on Drug Abuse.

Joiner, T. E., & Coyne, J. C. (1999). *The interactional nature of depression: Advances in interpersonal approaches.* Washington, DC: American Psychological Association.

Joiner, T. E., Heatherton, T. F., Rudd, M. D., & Schmidt, N. B. (1997). Perfectionism, perceived weight status, and bulimic symptoms: Two studies testing a diathesis stress model. *Journal of Abnormal Psychology, 106*, 145–153.

Jones, B. E. (2003). Arousal systems. *Frontiers in Bioscience, 8*, 438–451.

Jones, E. E., & Harris, V. A. (1967). The attribution of attitudes. *Journal of Experimental Social Psychology, 3*, 1–24.

Jones, E. E., & Nisbett, R. E. (1972). The actor and the observer: Divergent perceptions of the causes of the behavior. In E. E. Jones, D. E. Kanouse, H. H. Kelley, R. E. Nisbett, S. Valins & B. Weiner (Eds.), *Attribution: Perceiving the causes of behavior* (pp. 79–94). Morristown, NJ: General Learning Press.

Jones, F., & Bright, J. (2001). *Stress: Myth, theory, and research.* Harlow, England: Prentice Hall.

Jones, H. E. (1930). The retention of conditioned emotional reactions in infancy. *Pedagogical Seminary and Journal of Genetic Psychology, 37*(4), 485–498.

Jones, J. C., & Barlow, D. H. (1990). The etiology of posttraumatic stress disorder. *Clinical Psychology Review, 10*, 299–328.

Jones, L. L., Oudega, M., Bunge, M. B., & Tuszynski, M. H. (2001). Neurotrophic factors, cellular bridges and gene therapy for spinal cord injury. *Journal of Physiology, 15*, 83–89.

Jones, M. C. (1924). The elimination of children's fears. *Journal of Experimental Psychology, 7*, 382–390.

Jordan, H. A. (1969). Voluntary intragastric feeding: Oral and gastric contributions to food intake and hunger in man. *Journal of Comparative and Physiological Psychology, 68*, 498–506.

Joseph, R. (1988). Dual mental functioning in a split-brain patient. *Journal of Clinical Psychology, 44*, 770–779.

Jost, J. T., Glaser, J., Sulloway, F., & Kruglanski, A. W. (2003). Political conservatism as motivated social cognition. *Psychological Bulletin, 129*, 339–375.

Julien, R. M. (2004). *A primer of drug action* (10th ed.). San Francisco: W. H. Freeman.

Jung, C. G. (1936). *Archetypes and the collective unconscious.* Princeton, NJ: Princeton University Press.

Jung, C. G. (1950). On mandalas. In *The collected works of C. G. Jung* (Vol. 9ii). Princeton, NJ: Princeton University Press.

Jung, C. G. (1958). Flying saucers: A modern myth of things seen in the skies. In *The collected works of C. G. Jung* (Vol. 14). Princeton, NJ: Princeton University Press.

K

Kabat-Zinn, J. (2003). Mindfulness-based interventions in context: Past, present, and future. *Clinical Psychology: Science & Practice, 10*, 144–156.

Kagan, J. (1976). Emergent themes in human development. *American Scientist, 64*, 186–196.

Kagan, J. (1998). Biology and the child. In W. Damon & N. Eisenberg (Eds.), *Handbook of child psychology, Vol. 3: Social, emotional, and personality development* (5th ed., pp. 177–235). Hoboken, NJ: John Wiley.

Kagan, J., Reznick, J. S., & Snidman, N. (1988). Biological bases of childhood shyness. *Science, 240*, 167–171.

Kagan, J., Snidman, N., Kahn, V., & Towsley, S. (2007). The preservation of two infant temperaments into adolescence. *SRCD Monographs, 72*(2).

Kageyama, T. (1999). Loudness in listening to music with portable headphone stereos. *Perceptual and Motor Skills, 88*, 423.

Kahill, S. (1984). Human figure drawing in adults: An update of the empirical evidence, 1967–1982. *Canadian Psychology, 25*, 395–410.

Kahneman, D., Slovic, P., & Tversky, A. (Eds.). (1982). *Judgment under uncertainty: Heuristics and biases.* New York: Cambridge University Press.

Kalat, J. W. (2007). *Biological psychology* (9th ed.). Belmont, CA: Thomson Wadsworth.

Kamrin, M. A. (1988). *Toxicology: A primer on toxicology principles and applications.* Boca Raton, FL: Lewis Publishers.

Kandel, D., Yamaguchi, K., & Chen, K. (1992). Stages of progression in drug involvement from adolescence to adulthood: Further evidence of the Gateway theory. *Journal of Studies of Alcohol, 53*, 447–457.

Kanders, B. S., & Blackburn, G. L. (1992). Reducing primary risk factors by therapeutic weight loss. In T. A. Wadden & T. B. Van Itallie (Eds.), *Treatment of the seriously obese patient* (pp. 213–230). New York: Guilford Press.

Kane, B. S., Shinohara, K., Neuhaus, J., Hudes, E. S., Goldberg, H., & Avins, A. L. (2006). Saw palmetto for benign prostatic hyperplasia. *New England Journal of Medicine, 354*, 557–566.

Kane, M. J., Hambrick, D. Z., & Conway, A. R. A. (2005). Working memory capacity and fluid intelligence are strongly related constructs: Comment on Ackerman, Beier, and Boyle (2004). *Psychological Bulletin, 131,* 66–71.

Kanner, A. D., Coyne, J. C., Schaefer, C., & Lazarus, R. S. (1981). Comparison of two modes of stress measurement: Daily hassles and uplifts versus major life events. *Journal of Behavioral Medicine, 4,* 1–39.

Kanzler, H. R., & Rosenthal, R. N. (2003). Dual diagnosis: Alcoholism and co-morbid psychiatric disorders. *American Journal of Addiction, 12*(Suppl. 1), 21–40.

Kaplan, H. S. (1977). Hypoactive sexual desire. *Journal of Sex and Marital Therapy, 3,* 3–9.

Kaplan, R. M., & Saccuzzo, D. P. (2005). *Psychological testing: Principles, applications, and issues.* Belmont, CA: Thomson Wadsworth.

Karatekin, C. (2004). Development of attentional allocation in the dual task paradigm. *International Journal of Psychophysiology, 52*(1), 7–21.

Karau, S. J., & Williams, K. D. (1995). Social loafing—Research findings, implications, and future directions. *Current Directions in Psychological Science, 4*(5), 134–140.

Karlen, S. J., & Krubitzer, L. (2006). The evolution of the neocortex in mammals: Intrinsic and extrinsic contributions to the cortical phenotype. *Novartis Found Symposium 270,* 159–169.

Karlin, R. A., & Orne, M. T. (1996). Commentary on *Borawick v. Shay*: Hypnosis, social influence, incestuous child abuse, and satanic ritual abuse: The iatrogenic creation of horrific memories for the remote past. *Cultic Studies Journal, 13*(1), 42–94.

Karon, B. P. (2000). A clinical interpretation of the Thematic Apperception Test, Rorschach, and other clinical data: A reexamination of the statistical versus clinical prediction. *Professional Psychology: Research and Practice, 31,* 230–233.

Kassin, S. (2004). *Psychology* (4th ed.). Upper Saddle River, NJ: Prentice Hall.

Kassin, S. M., & Gudjonsson, G. H. (2004). The psychology of confession: A review of the literature and issues. *Psychological Science in the Public Interest, 5,* 33–67.

Kassin, S. M., Ellsworth, P. C., & Smith, V. L. (1989). The "general acceptance" of psychological research on eyewitness testimony: A survey of the experts. *American Psychologist, 44,* 1089–1098.

Kassin, S. M., Tubb, V. A., Hosch, H. M., & Memon, A. (2001). On the "general acceptance" of eyewitness testimony research. *American Psychologist, 56,* 405–416.

Katz, D. A., & McHorney, C. A. (2002). The relationship between insomnia and health-related quality of life in patients with chronic illness. *Journal of Family Practice, 51,* 229–235.

Katz, J. (1988). *Seductions of crime: Moral and sensual attractions in doing evil.* New York: Basic Books.

Katzman, D. K. (2005). Medical complications in adolescents with anorexia nervosa: A review of the literature. *International Journal of Eating Disorders, 37*(Suppl.), S52–S59.

Kavale, K. A., & Forness, S. R. (1987). Substance over style—Assessing the efficacy of modality testing and teaching. *Exceptional Children, 54(3),* 228–239.

Kazdin, A. E. (1978). The application of operant techniques in treatment, rehabilitation, and education. In S. L. Garfield & A. E. Bergin (Eds.), *Handbook of psychotherapy and behavior change* (2nd ed.). New York: John Wiley & Sons.

Kazdin, A. E. (1982). The token economy: A decade later. *Journal of Applied Behavior Analysis, 15*(3), 431–445.

Kazdin, A. E., Marciano, P. L., & Whitley, M. K. (2005). The therapeutic alliance in cognitive-behavioral treatment of children referred for oppositional, aggressive, and antisocial behavior. *Journal of Consulting and Clinical Psychology, 73,* 725–730.

Keel, P. K., & Klump, K. L. (2003). Are eating disorders culture-bound syndromes? Implications for conceptualizing their etiology. *Psychological Bulletin, 129,* 747–769.

Keen, S. (1986). *Faces of the enemy: Reflections of the hostile imagination.* San Francisco: Harper & Row.

Keinan, G., Almagor, M. & Ben-Porath, Y.S. (1989). A reevaluation of the relationships between psychotherapeutic orientation and perceived personality characteristics. *Psychotherapy, 26,* 218–226.

Keith, S. J., Gunderson, J. G., Reifman, A., Buchsbaum, S., & Mosher, L. R. (1976). Special report: Schizophrenia, 1976. *Schizophrenia Bulletin, 2,* 510–565.

Kellehear, A. (1993). Culture, biology, and the near-death experience: A reappraisal. *Journal of Nervous and Mental Disease, 181,* 148–156.

Keller, M. L., & Craske, M. G. (2008). Panic disorder and agoraphobia. In J. Hunsley & E. J. Mash (Eds.), *A guide to assessments that work* (pp. 229–253). New York: Oxford University Press.

Kelly, T. H., Cherek, D. R., Steinberg, J. L., & Robinson, D. (1988). Effects of provocation and alcohol on human aggressive behavior. *Drug and Alcohol Dependence, 21,* 105–112.

Kendall, T., Pilling, S., & Whittington, C. J. (2005). Are the SSRIs and atypical antidepressants safe and effective for children and adolescents? *Current Opinion in Psychiatry, 18,* 21–25.

Kendeigh, S. C. (1941). Territorial and mating behavior of the house wren. *Illinois Biographical Monographs, 18*(3) (Serial No. 120).

Kendell, R. E. (1975). The concept of disease and its implications for psychiatry. *British Journal of Psychiatry, 127,* 305–315.

Kendler, K. S. (2005). Toward a philosophical structure for psychiatry. *American Journal of Psychiatry, 162,* 433–440.

Kendler, K. S., & Diehl, S. R. (1993). The genetics of schizophrenia: A current, genetic-epidemiologic perspective. *Schizophrenia Bulletin, 19,* 261–285.

Kendler, K. S., Gardner, C. O., & Prescott, C. A. (2003). Personality and the experience of environmental adversity. *Psychological Medicine, 33,* 1193–1202.

Kendler, K. S., Neale, M. C., Kessler, R. C., Heath, A. C., & Eaves, L. J. (1993). A test of the equal-environment assumption in twin studies of psychiatric illness. *Behavior Genetics, 23,* 21–27.

Kenneally, C. (2006). The deepest cut—Radical neurosurgery and the brain's adaptability. *New Yorker, 82*(20), 36–42.

Kennedy, S., Kiecolt-Glaser, J. K., & Glaser, R. (1990). Social support, stress, and the immune system. In B. R. Sarason, I. G. Sarason, & G. R. Pierce (Eds.), *Social support: An interactional view* (pp. 253–266). New York: Wiley.

Kenrick, D. T., & Funder, D. C. (1988). Profiting from controversy: Lessons from the person-situation debate. *American Psychologist, 43,* 23–34.

Kenrick, D. T., Neuberg, S. L., & Cialdini, R. B. (2005). *Social psychology: Unraveling the mystery* (3rd ed.). Boston: Allyn & Bacon.

Kent, R. D., & Miolo, G. (1995). Phonetic abilities in the first year of life. In P. Flether & B. MacWhinney (Eds.), *The handbook of child language* (pp. 303–334). San Diego, CA: Academic Press.

Keski-Rahkonen, A., Hoek, H. W., Linna, M. S., Raevuori, A., Sihvola, E., Bulik, C. M., Rissanen, A., & Kaprio, J. (2008). Incidence and outcomes of bulimia nervosa: A nationwide population-based study. *Psychological Medicine, 8,* 1–9.

Kessler, R. C., Berglund, P., Demler, O., Jin, R., & Walters, E. E. (2005). Lifetime prevalence and age-of-onset distributions of DSM-IV disorders in the National Comorbidity Survey Replication. *Archives of General Psychiatry, 62,* 593–602.

Kessler, R. C., Chiu, W. T., Jin, R., Ruscio, A. M., Shear, K., & Walters, E. E. (2006). The epidemiology of panic attacks, panic disorder, and agoraphobia in the National Comorbidity Survey Replication. *Archives of General Psychiatry, 63,* 415–424.

Kessler, R. C., McGonagale, K. A., Zhao, S., Nelson, C. B., Hughes, M., Eshleman, S., et al. (1994). Lifetime and 12-month prevalence of DSM-III-R psychiatric disorders in the United States: Results from the National Comorbidity Survey. *Archives of Gen-*

eral Psychiatry, 51, 8–19.
Kessler, R. C., Price, R. H., & Wortman, C. B. (1985). Social factors in psychopathology: Stress, social support and coping processes. *Annual Review of Psychology, 36*, 351–372.
Kessler, R. C., Sonnega, A., Bromet, E., Hughes, M., & Nelson, C. B. (1995). Post-traumatic stress disorder in the National Comorbidity Survey. *Archives of General Psychiatry, 52*, 1048–1060.
Kevles, D. J. (1985). *In the name of eugenics: Genetics and the uses of human heredity*. New York: Knopf.
Key, W. B. (1973). *Subliminal seduction*. Englewood Cliffs, NJ: Signet.
Keyes, C. L. M., & Haidt, J. (Eds.). (2003). *Flourishing: Positive psychology and the life well lived*. Washington, DC: American Psychological Association.
Kiecolt-Glaser, J. K., Marucha, P. T., Malarkey, W. B., Mercado, A., M., & Glaser, R. (1995). Slowing of wound healing by psychological stress. *Lancet, 346*, 1194–1196.
Kiecolt-Glaser, J. K., McGuire, L., Robles, T. F., & Glaser, R. (2002). Psychoneuroimmunology: Psychological influences on immune function and health. *Journal of Consulting and Clinical Psychology, 70*, 537–547.
Kiesler, C. A., & Kiesler, S. B. (1969). *Conformity*. Menlo Park, CA: Addison-Wesley.
Kihlstrom, J. F. (1987). The cognitive unconscious. *Science, 237*, 1445–1452.
Kihlstrom, J. F. (1992). Hypnosis: A sesquicentennial essay. *International Journal of Clinical and Experimental Hypnosis, 40*, 301–314.
Kihlstrom, J. F. (1998). Dissociations and dissociation theory in hypnosis: Comment on Kirsch & Lynn (1998). *Psychological Bulletin, 123*, 186–191.
Kihlstrom, J. F. (2005). Dissociative disorders. In S. Nolen-Hoeksema, T. D. Cannon, & T. Widiger (Eds.), *Annual Review of Clinical Psychology, 1*, 227–254.
Kilham, W., & Mann, L. (1974). Level of destructive obedience as a function of transmitter and executant roles in the Milgram obedience paradigm. *Journal of Personality and Social Psychology, 29*, 696–702.
Kim, H., & Markus, H. R. (1999). Deviance or uniqueness, harmony or conformity? A cultural analysis. *Journal of Personality and Social Psychology, 77*, 785–800.
Kimura, D. (1999). *Sex and cognition*. Cambridge, MA: MIT Press.
King, A. C., Houle, T., de Wit, H., Holdstock, L., & Schuster, A. (2002). Biphasic alcohol response differs in heavy versus light drinkers. *Alcoholism: Clinical and Experimental Research, 26*, 827–835.
King, B. (2006). The rise, fall, and resurrection of the ventromedial hypothalamus in the regulation of feeding behavior and body weight. *Physiology & Behavior, 87*, 221–224.
Kinsey, A. C., Pomeroy, W. B., & Martin, C. E. (1948). *Sexual behavior in the human male*. Philadelphia: W. B. Saunders.
Kinsey, A. C., Pomeroy, W. B., Martin, C. E., & Gebhard, P. H. (1953). *Sexual behavior in the human female*. Philadelphia: W. B. Saunders.
Kippes, C., & Garrison, C. B. (2006). Are we in the midst of an autism epidemic? A review of prevalence data. *Missouri Medicine, 103*(1), 65–68.
Kircher, J. C., Horowitz, S. W., & Raskin, D. C. (1988). Meta-analysis of mock crime studies of the control question polygraph technique. *Law and Human Behavior, 12*, 79–90.
Kirmayer, L .J., & Young, A. (1999). Culture and context in the evolutionary concept of mental disorder. *Journal of Abnormal Psychology, 108*, 446–452.
Kirsch, I. (1999). *How expectancies shape experience*. Washington, DC: American Psychological Association.
Kirsch, I., & Lynn, S. J. (1995). The altered state of hypnosis: Changes in the theoretical landscape. *American Psychologist, 50*, 846–858.
Kirsch, I., & Lynn, S. J. (1998). Dissociation theories of hypnosis. *Psychological Bulletin, 123*, 100–115.
Kirsch, I., & Lynn, S. J. (1999). Automaticity in clinical psychology. *American Psychologist, 54*, 504–515.
Kirsch, I., Lynn, S. J., Vigorito, M., & Miller, R. R. (2004). The role of cognition in classical and operant conditioning. *Journal of Clinical Psychology, 60*, 369–392.
Kirsch, I., & Sapirstein, G. (1998). Listening to Prozac but hearing placebo: A meta-analysis of antidepressant medication. *Prevention & Treatment, 1*, art. 0002a. Retrieved February 15, 2003, from journals.apa.org/prevention/volume1/pre0010002a.html.
Kirschner, P. A., Sweller, J., & Clark, R. E. (2006). Why minimal guidance during instruction does not work: An analysis of the failure of constructivist, discovery, problem-based, experiential, and inquiry-based teaching. *Educational Psychologist, 41*, 75–86.
Kish, S. J. (2002). How strong is the evidence that brain serotonin neurons are damaged in human users of ecstasy? *Pharmacology, Biochemistry, and Behavior, 71*, 845–855.
Kitcher, P. (1985). *Vaulting ambition: Sociobiology and the quest for human nature*. Cambridge, MA: MIT Press.
Klahr, D., & MacWhinney, B. (1998). Information processing. In W. Damon (Ed.), *Handbook of child psychology: Vol. 2: Cognition, perception, and language* (pp. 631–678). Hoboken, NJ: Wiley.
Klahr, D., & Nigam, M. (2004). The equivalence of learning paths in early science instruction: Effects of direct instruction and discovery learning. *Psychological Science, 15*, 661–667.
Klaus, M. H., & Kennell, J. H. (1976). *Maternal–infant bonding*. St. Louis, MO: Mosby.
Klein, D. F. (1998). Listening to meta-analysis but hearing bias. *Prevention & Treatment, 1*, art. 0006c. Retrieved May 12, 2006, from journals.apa.org/prevention/volume1/pre0010006c.html.
Klein, S., Burke, L. E., Bray, G. A., Blair, S., Allison, D. B., Pi-Sunyer, X., et al. (2004). AHA scientific statement: Clinical implications of obesity with specific focus on cardiovascular disease. *Circulation, 1110*, 2952–2967.
Kleinman, A. (1988). *Rethinking psychiatry: From cultural category to personal experience*. New York: Free Press.
Klerman, G. L., & Weissman, M. M. (Eds.). (1993). *New applications of interpersonal psychotherapy*. Washington, DC: American Psychiatric Press.
Klerman, G. L., Weissman, M. M., Rounsaville, B. J., & Chevron, E. S. (1984). *Interpersonal psychotherapy of depression*. New York: Basic Books.
Kluft, R. P. (1984). Multiple personality in childhood. *Psychiatric Clinics of North America, 7*, 121–134.
Kluger, A. N., & Tikochinsky, J. (2001). The error of accepting the "theoretical" null hypothesis: The rise, fall and resurrection of common sense hypotheses in psychology. *Psychological Bulletin, 127*, 408–423.
Klusmann, D. (2002). Sexual motivation and the duration of partnership. *Archives of Sexual Behavior, 31*, 275–287.
Knapp, T. J. (1976). Premack principle in human experimental and applied settings. *Behaviour Research and Therapy, 14*(2), 133–147.
Knecht, S., Ellger, T., & Levine, J. A. (2007). Obesity in neurobiology. *Progress in Neurobiology, 84*, 85–103.
Knight, J. R., Wechsler, H., Kuo, M., Seibring, M., Weitzman, E. R., & Schuckit, M. (2002). Alcohol abuse and dependence among U.S. college students. *Journal of Studies on Alcohol, 63*, 263–270.
Knoth, R., Boyd, K., & Singer, B. (1988). Empirical tests of sexual selection theory: Predictions of sex differences in onset, intensity, and time course of sexual arousal. *Journal of Sex Research, 24*, 73–89.
Knox, D., Zusman, M., & Nieves, W. (1997). College students' homogamous preferences for a date and mate. *College Student Journal, 31*, 445–448.
Knyazeva, M. G., Jalili, M. Meuli, R. Hasler, M. DeFeo, Ol, & Do, K. Q. (2008) Alpha rhythm and hypofrontality in schizophrenia. *Acta Psychiatrica Scandinavica, 118*, 188–199.

Kobasa, S. C., Hilker, R. R., & Maddi, S. R. (1979). Who stays healthy under stress? *Journal of Occupational Medicine, 21*, 595–598.

Koch, C. (1993). Computational approaches to cognition: The bottom-up view. *Current Opinion in Neurobiology, 3*, 203–208.

Kochanek, K. D., Murphy, S. L., Anderson, R. N., & Scott, C. (2004). Deaths: Final data for 2002. *National Vital Statistics Report, 53*(5), 1–116.

Koenig, H. G., McCullough, M. E., & Larson, D. B. (2001). *Handbook of religion and health*. New York: Oxford University Press.

Kohlberg, L. (1965, March 26). *Relationships between the development of moral judgment and moral conduct*. Paper presented at the Annual Meeting of the Society for Research in Child Development, Minneapolis, MN.

Kohlberg, L. (1976). Moral stages and moralization: The cognitive-developmental approach. In T. Lickona (Ed.), *Moral development and behavior: Theory, research and social issues* (pp. 31–53). New York: Holt, Rinehart and Winston.

Kohlberg, L. (1981). *The philosophy of moral development: Moral stages and the idea of justice*. San Francisco: Harper & Row.

Kohlberg, L., & Turiel, E. (1971). Moral development and moral education. In G. Lesser (Ed.), *Psychology and educational practice*. Chicago: Scott Foresman.

Kohn, A. (1993). *Punished by rewards: The trouble with gold stars, incentive plans, As, praise and other bribes*. Boston: Houghton Mifflin.

Köksal, F., Domjan, M., Kurt, A., Sertel, O., Orüng, S., Bowers, R., & Kumru, G. (2004). An animal model of fetishism. *Behaviour Research and Therapy, 42*(12), 1421–1434.

Kollins, S. H. (2003). Delay discounting is associated with substance use in college students. *Addictive Behaviors, 28*, 1167–1173.

Konner, M. (1990). *Why the reckless survive—And other secrets of human nature*. New York: Viking.

Kosfeld, M., Heinrichs, M., Zaks, P., Fischbacher, U., & Fehr, E. (2005). Oxytocin increases trust in humans. *Nature, 435*, 673–676.

Kounios, J., Frymiare, J. L., Bowden, E. M., Fleck, J. I., Subramaniam, K., Parrish, T. B., et al. (2006). The prepared mind: Neural activity prior to problem presentation predicts subsequent solution by sudden insight. *Psychological Science, 17*, 882–890.

Kozorovitskiy, Y., & Gould, E. (2003). Adult neurogenesis: A mechanism for brain repair? *Journal of Clinical & Experimental Neuropsychology, 25*, 721–732.

Krackow, E., Lynn, S. J., & Payne, D. (2005–2006). Death of Princess Diana: The effects of memory enhancement procedures on flashbulb memories. *Imagination, Cognition, and Personality, 25*, 197–220.

Kramer, P. (2007). *Freud: Inventor of the modern mind*. New York: HarperCollins.

Kratzig, G. P., & Arbuthnott, K. D. (2006). Perceptual learning style and learning proficiency: A test of the hypothesis. *Journal of Educational Psychology, 98*, 238–246.

Kraus, S. J. (1995). Attitudes and the prediction of behaviour: A meta-analysis of the empirical literature. *Personality and Social Psychology Bulletin, 21*, 58–75.

Krebs, D. L., & Denton, K. (2005). Toward a more pragmatic approach to morality: A critical evaluation of Kohlberg's model. *Psychological Review, 112*, 629–649.

Kreitler, S., & Merimsky, O. (2006). Pain and suffering in cancer. In S. Kreitler, D. Beltruitti, A. Lamberto, & D. Niv (Eds.). *Handbook of chronic pain* (pp. 533–546). Hauppage, NY: Nova Biomedical Books.

Kreppner, J. M., O'Connor, T. G., & Rutter, M. (2001). Can inattention/overactivity be an institutional deprivation syndrome? *Journal of Abnormal Child Psychology, 29*(6), 513–528.

Krubitzer, L., & Kaas, J. (2005). The evolution of the neocortex in mammals: How is phenotypic diversity generated? *Current Opinion in Neurobiology, 15*, 444–453.

Krueger, J. I., & Funder, D. C. (2004). Towards a balanced social psychology: Causes, consequences and cures for the problem-seeking approach to social behavior and cognition. *Behavioral and Brain Sciences 27*(3), 313–327.

Krueger, R. F., Hicks, B. M., & McGue, M. (2001). Altruism and antisocial behavior: Independent tendencies, unique personality correlates, distinct etiologies. *Psychological Science, 12*, 397–402.

Krueger, R. F., Schmutte, P. S., Caspi, A., Moffitt, T. E., Campbell, K., & Silva P. A. (1994). Personality traits are linked to crime among men and women: Evidence from a birth cohort. *Journal of Abnormal Psychology, 103*, 328–338.

Kruger, S., Seminowicz, D., Goldapple, K., Kennedy, S. H., & Mayberg, H. S. (2003). State and trait influences on mood regulation in bipolar disorder: Blood flow differences with an acute mood challenge. *Biological Psychiatry, 54*(11), 1274–1283.

Kuhn, D. (2007). Jumping to conclusions. *Scientific American Mind, 18*(1), 44–51.

Kuhn, D., & Dean, D. (2005). Is developing scientific thinking all about learning to control variables? *Psychological Science, 16*, 866–870.

Kuhn, D., Garcia-Mila, M., Zohar, A., & Andersen, C. (1995). Strategies of knowledge acquisition. *Monographs of the Society for Research in Child Development, 60*, Serial No. 4.

Kunda, Z. (1999). *Social cognition: Making sense of people*. Cambridge, MA: The MIT Press.

Kung, H. C., Hoyert, D. L., Xu, J., & Murphy, S. L. (2008). Deaths: Final data for 2005. *National Vital Statistics Reports, 56*(10), 1–120.

Kunst-Wilson, W. R., & Zajonc, R. B. (1980). Affective discrimination of stimuli that cannot be recognized. *Science, 207*, 557–558.

Kurth, T., Gaziano, J. M., Berger, K., Kase, C. S., Rexrode, K. M., Cook, N. R., et al. (2003). Body mass index and the risk of stroke in men. *Archives of Internal Medicine, 163*, 2557–2662.

Kurtus, R. (2000). I walked on fire and lived to tell about it. Retrieved May 24, 2007, from www.school-for-champions.com/excellence/firewalk.htm.

Kushner, M. (1968). The operant control of intractable sneezing. In C. D. Spielberger, R. Fox, & B. Masterson (Eds.), *Contributions to general psychology*. New York: Roland Press.

L

Lacasse, J. R., & Leo, J. (2005). Serotonin and depression: A disconnect between the advertisements and the scientific literature. *PLOS Medicine, 2*, 101–106.

Lacey, H. P., Smith, D. M., & Ubel, P. A. (2006). Hope I die before I get old: Mispredicting happiness across the adult lifespan. *Journal of Happiness Studies, 7*, 167–182.

LaFreniere, P. J., & Sroufe, L. A. (1985). Profiles of peer competence in the preschool: Interrelations among measures, influence of social ecology, and relation to attachment history. *Development Psychology, 21*, 56–69.

Lalich, J. (2004). *Bounded choice: True believers and charismatic cults*. Berkeley: University of California Press.

Lamb, H. R., & Bachrach, L. L. (2001). Some perspectives on deinstitutionalization. *Psychiatric Services, 52*, 1039–1045.

Lamb, M. E., Thompson, R. A., Gardner, W. P., Charnov, E. L., & Estes, D. (1984). Security of infantile attachment as assessed in the"strange situation": Its study and biological interpretation. *Behavioral and Brain Sciences, 7*, 127–171.

Lambert, M. J. (2003). *Bergin and Garfield's handbook of psychotherapy and behavior change*. New York: John Wiley.

Lambert, M. J., & Ogles, B. M. (2004). The efficacy and effectiveness of psychotherapy. In M. J. Lambert (Ed.), *Bergin and Garfield's handbook of psychotherapy and behavior change* (5th ed., pp.

139–193). New York: Wiley.
Lange, C. G. (1885). *Om sindsbevaegelser: et psyko-fysiologisk studie*. Kjbenhavn: Jacob Lunds. Reprinted in C. G. Lange and W. James (Eds.), *The emotions*. I. A. Haupt (Trans.). Baltimore: Williams & Wilkins.
Langlois, J. H., Kalakanis, L., Rubenstein, A. J., Larson, A., Hallam, M., & Smoot, M. (2000). Maxims or myths of beauty? A meta-analytic and theoretical review. *Psychological Bulletin, 126*, 390–423.
Langlois, J. H., & Downs, A. C. (1980). Mothers, fathers, and peers as socialization agents of sex-typed play behaviors in young children. *Child Development, 51*, 1237–1247.
Langlois, J. H., & Roggman, L. A. (1990). Attractive faces are only average. *Psychological Science, 1*(2), 115–121.
Lansford, J. E., Chang, L., Dodge, K. A., Malone, P. S., Oburu, P., Palmerus, K., et al. (2005). Physical discipline and children's adjustment: Cultural normativeness as a moderator. *Child Development, 76*(6), 1234–1246.
Lansford, J. E., Deater-Deckard, K., Dodge, K. A., Bates, J. E., & Pettit, G. S. (2004). Ethnic differences in the link between physical discipline and later adolescent externalizing behaviors. *Journal of Child Psychology and Psychiatry, 45*(4), 801–812.
LaPiere, R. T. (1934). Attitudes vs. action. *Social Forces, 13*, 230–237.
Larson, R., & Richards, M. (1994). *Divergent realities: The emotional lives of mothers, fathers, and adolescents*. New York: Basic Books.
Larsson, L. G., Grimby, G., & Karlsson, J. (1979). Muscle strength and speed of movement in relation to age and muscle morphology. *Journal of Applied Physiology, 46*, 451–456.
Lashley, K. S. (1929). *Brain mechanisms and intelligence*. Chicago: University of Chicago Press.
Latané, B., & Darley, J. M. (1970). *The unresponsive bystander: Why doesn't he help?* New York: Appleton-Century-Crofts.
Latané, B., & Nida, S. (1981). Ten years of research on group size and helping. *Psychological Bulletin, 89*, 308–324.
Latané, B., & Rodin, J. (1969). A lady in distress: Inhibiting effects of friends and strangers on bystander intervention. *Journal of Experimental Social Psychology, 5*, 189–302.
Latané, B., Williams, K., & Harkins, S. (1979). Many hands make light the work: The causes and consequences of social loafing. *Journal of Personality and Social Psychology, 37*, 822–832.
Laumann, E. O., Gagnon, J. H., Michael, R. T., & Michaels, S. (1994). *The social organization of sexuality: Sexual practices in the United States*. Chicago: University of Chicago Press.
Laurin, D., Verreault, R., Lindsay, J., MacPherson, K., & Rockwood, K. (2001). Physical activity and risk of cognitive impairment and dementia in elderly persons. *Archives of Neurology, 58*, 498–504.
Laursen, B., Coy, K. C., & Collins, W. (1998). Reconsidering changes in parent-child conflict across adolescence: A meta-analysis. *Child Development, 69*, 817–832.
Lauterbur, P. (1973). Image formation by induced local interaction; examples employing magnetic resonance. *Nature, 242*, 192.
Lazarus, A. A. (2006). *Brief but comprehensive psychotherapy: The multimodal way*. New York: Springer Publishing.
Lazarus, R. S. (1999). *Stress and emotion: A new synthesis*. New York: Springer Publishing.
Lazarus, R. S. (2003). Does the positive psychology movement have legs? *Psychological Inquiry, 14*, 93–109.
Lazarus, R. S., & Folkman, S. (1984). *Stress, appraisal, and coping*. New York: Springer.
Leahey, T. H., & Leahey, G. E. (1983). *Psychology's occult doubles: Psychology and the problem of pseudoscience*. Chicago: Nelson/Hall.
Leavy, J. (1992). Spooky presidential coincidences contest. *Skeptical Inquirer, 16*, 316–320.
LeDoux, J. (1996). *The emotional brain: The mysterious underpinnings of emotional life*. New York: Simon & Schuster.
LeDoux, J. E. (2000). Emotion circuits in the brain. *Annual Review of Neuroscience, 23*, 155–184.
Lee, K., & Ashton, M. C. (2004). Psychometric properties of the HEXACO personality inventory. *Multivariate Behavioral Research, 39*, 329–358.
Lee, Y. S. (2009). The role of genes in the obesity epidemic. *Annals of the Academy of Medicine Singapore, 38*, 45–47.
Leek, F. F. (1969). The problem of brain removal during embalming by the ancient Egyptians. *Journal of Egyptian Archelogy, SS*, 112–116.
Leeper, P. (1988). Having a place to live is vital to good health. *News-Report, 38*, 5–8.
LeFever, G. B., Arcona, A. P., & Antonuccio, D. O. (2003). ADHD among American schoolchildren: Evidence of overdiagnosis and overuse of medication. *Scientific Review of Mental Health Practice, 2*(1), 49–60.
Lehman, D. R., Chiu, C.-Y., & Schaller, M. (2004). Psychology and culture. *Annual Review of Psychology, 55*, 689–714.
Leichsenring, F., Rabung, S., & Leibing, E. (2004). The efficacy of short-term psychodynamic psychotherapy in specific psychiatric disorders. *Archives of General Psychiatry, 61*, 1208–1216.
Leitenberg, H., & Henning, K. (1995). Sexual fantasy. *Psychological Bulletin, 117*, 469–496.
Lejoyeux, M., & Ades, J. (1997). Antidepressant discontinuation: A review of the literature. *Journal of Clinical Psychiatry, 58*(Suppl. 7), 11–15.
Lenggenhager, B., Tadi, T., Metzinger, T., & Blanke, O. (2007). Video ergo sum: Manipulating bodily self-consciousness. *Science, 317*(5841), 1096–1099.
Lenneberg, E. (1967). *Biological foundations of language*. New York: Wiley.
Leonard, B. E. (1997). The role of noradrenaline in depression: A review. *Journal of Psychopharmacology, 11*, S39–47.
Lepper, M. R., Greene, D., & Nisbett, R. E. (1973). Undermining children's intrinsic interest with extrinsic rewards: A test of the "overjustification" hypothesis. *Journal of Personality and Social Psychology, 28*, 129–137.
Lerner, M. J. (1980). *The belief in a just world: A fundamental delusion*. New York: Plenum Press.
Leslie, M. (2000). The vexing legacy of Lewis Terman. Retrieved from www.stanfordalumni.org/news/magazine/2000/julaug/articles/terman.html.
Lett, J. (1990, Winter). A field guide to critical thinking. *Skeptical Inquirer, 14*, 153–160.
Levant, R. F. (2004). The empirically validated treatments movement: A practitioner/educator perspective. *Clinical Psychology: Science and Practice, 11*, 219–224.
Levenberg, S. B. (1975). Professional training, psychodiagnostic skill, and kinetic family drawings. *Journal of Personality Assessment, 39*, 389–393.
Leventhal, H., Weinman, J., Leventhal, E. A., & Phillips, L. A. (2006). Health psychology: The search for pathways between behavior and health. *Annual Review of Psychology, 59*, 477–505.
Lever, J. (1995, August 22). The 1995 Advocate survey of sexuality and relationship: The women. *Advocate*, 212–230.
Levin, J. (2001). *God, faith, and health: Exploring the spirituality-healing connection*. New York: John Wiley & Sons.
Levine, B. (1979). *Group psychotherapy: Practice and development*. Englewood Cliffs, NJ: Prentice-Hall.
Levine, S. C., Vasilyeva, M., Lourenco, S. F., Newcombe, N. S., & Huttenlocher, J. (2005). Research report: Socioeconomic status modifies the sex difference in spatial skill. *Psychological Science, 16*, 841–845.
Levy-Reiner, S. (1996). The decade of the brain: Library and NIMH hold symposia on mental illness. *Library of Congress Information Bulletin, 55*(15), 326–327.

Lewin, K. (1951). *Field theory in social science: Selected theoretical papers*. D. Cartwright (Ed.), New York: Harper & Row.

Lewinsohn, P. M. (1974). A behavioral approach to depression. In R. J. Friedman & M. M. Katz (Eds.), *Psychology of depression: Contemporary theory and research* (pp. 157–158). Oxford, England: John Wiley & Sons.

Lewis, M., & Brooks-Gunn, J. (1979). *Social cognition and the acquisition of self*. New York: Plenum.

Lewis, M., Brooks-Gunn, J., & Jaskir, J. J. (1985). Individual differences in visual self-recognition as a function of mother-infant attachment relationship. *Developmental Psychobiology, 21*, 1181–1187.

Lewis, M., & Carmody, D. P. (2008). Self-representation and brain development. *Developmental Psychology, 44*,1329–1334.

Lewis, W. A., & Bucher, A. M. (1992). Anger, catharsis, the reformulated frustration-aggression hypothesis, and health consequences. *Psychotherapy, 29*, 385–392.

Lewontin, R. C. (1970). Further remarks on race and the genetics of intelligence. *Bulletin of the Atomic Scientists, 26*, 23–25.

Li, S. C., Jordanova, M., & Lindenberger, U. (1998). From good senses to good sense: A link between tactile information processing and intelligence. *Intelligence, 26*(2), 99–122.

Li, Y., Liu, J., Liu, F., Guo, G., Anme, T., & Ushijima, H. (2000). Maternal child-rearing behaviors and correlates in rural minority areas of Yunnan, China. *Journal of Developmental & Behavioral Pediatrics, 21*, 114–122.

Lidz, T. (1973). *The origin and treatment of schizophrenic disorders*. New York: Basic Books.

Lie, D. C., Song, H., Colamarino, S. A., Ming, G. L., & Gage, F. H. (2004). Neurogenesis in the adult brain: New strategies for central nervous system diseases. *Annual Review of Pharmacology & Toxicology, 44*, 399–421.

Lieb, K., Zanarini, M. C., Schmahl, C., Linehan, M. M., & Bohus, M. (2004). Borderline personality disorder. *Lancet, 364*, 453–461.

Lieberman, J. A., & Koreen, A. R. (1993). Neurochemistry and neuroendocrinology of schizophrenia: A selective review. *Schizophrenia Bulletin, 2*, 371–428.

Liem, E. B., Lin, C. M., Suleman, M. I., Doufas, A. G., Gregg, R. G., Veauthier, J. M., et al. (2004). Anesthetic requirement is increased in redheads. *Anesthesiology, 101*, 279–283.

Lilienfeld, S. O. (1994). Conceptual problems in the assessment of psychopathy. *Clinical Psychology Review, 14*, 17–38.

Lilienfeld, S. O. (1997). The relation of anxiety sensitivity to higher and lower order personality dimensions: Implications for the etiology of panic attacks. *Journal of Abnormal Psychology, 106*(4), 539–544.

Lilienfeld, S. O. (1999a, March/April). ABC's 20/20 features segment on "goggle therapy" for depression and anxiety. *Skeptical Inquirer, 23*, 8–9.

Lilienfeld, S. O. (1999b). Projective measures of personality and psychopathology: How well do they work? *Skeptical Inquirer, 23*, 32–39.

Lilienfeld, S. O. (1999c, November/December). New analyses raise doubts about replicability of ESP findings. *Skeptical Inquirer, 24*, 9–10.

Lilienfeld, S. O. (2007). Psychological treatments that can cause harm. *Perspectives on Psychological Science, 2*, 53–70.

Lilienfeld, S. O., & Arkowitz, H. (2007). Autism: An epidemic? *Scientific American Mind, 18*(2), 82–83.

Lilienfeld, S. O., & Landfield, K. (2008). Issues in diagnosis: Categorical vs. dimensional. In W. E. Craighead, D. J. Miklowitz, & L.W. Craighead (Eds.), *Psychopathology: History, diagnosis, and empirical foundations* (pp. 1–33). Hoboken, NJ: Wiley.

Lilienfeld, S. O., & Lynn, S. J. (2003). Dissociative identity disorder: Multiple personalities, multiple controversies. In S. O. Lilienfeld, S. J. Lynn, & J. M. Lohr (Eds.), *Science and pseudoscience in clinical psychology* (pp. 109–143). New York: Guilford Press.

Lilienfeld, S. O., Lynn, S. J., Kirsch, I., Chaves, J. F., Sarbin, T. R., Ganaway, G. K., et al. (1999). Dissociative identity disorder and the sociocognitive model: Recalling the lessons of the past. *Psychological Bulletin, 125*, 507–523.

Lilienfeld, S. O., Lynn, S. J., & Lohr, J. M. (2003). *Science and pseudoscience in clinical psychology*. New York: Guilford Press.

Lilienfeld, S. O., & Marino, L. (1995). Mental disorder as a Roschian concept: A critique of Wakefield's "harmful dysfunction" analysis. *Journal of Abnormal Psychology, 104*, 411–420.

Lilienfeld, S. O., Ruscio, J. P., & Lynn, S. J. 2008. *Navigating the mindfield: A user's guide to distinguishing science from pseudoscience in mental health*. Amherst, NY: Prometheus Books.

Lilienfeld, S. O., & Waldman, I. D. (2000, November 13). Race and IQ: What the science says. *Emory Report*, 3.

Lilienfeld, S. O., Waldman, I. D., & Israel, A. C. (1994). A critical examination of the use of the term "comorbidity" in psychopathology research. *Clinical Psychology: Science and Practice, 1*, 71–83.

Lilienfeld, S. O., Wood, J. M., & Garb, H. N. (2001). The scientific status of projective techniques. *Psychological Science in the Public Interest, 1*, 27–66.

Limb, C. J. (2006). Structural and functional neural correlates of music perception. *Anatomical Record, Part A, Discoveries in Molecular, Cellular, and Evolutionary Biology, 288*, 435–446.

Lindeman, M. (1998). Motivation, cognition and pseudoscience. *Scandinavian Journal of Psychology, 39*, 257–265.

Lindle, R. S., Metter, E. J., Lynch, N. A., Fleg, J. L., Fozard, J. L., Tobin, J., et al. (1997). Age and gender comparisons of muscle strength in 654 women and men aged 20–93 yr. *Journal of Applied Physiology, 83*, 1581–1587.

Lindsay, R. C. L., & Wells, G. L. (1985). Improving eyewitness identifications from lineups: Simultaneous versus sequential lineup presentation. *Journal of Applied Psychology, 70*(3), 556–564.

Linehan, M. M. (1993). *Cognitive behavioral treatment of borderline personality disorder*. New York: Guilford Press.

Linehan, M. M., Heard, H. L., & Armstrong, H. E. (1993). Naturalistic follow-up of a behavioral treatment for chronically parasuicidal borderline patients. *Archives of General Psychiatry, 50*, 971–974.

Lisman, J., & Raghavachari, S. (2006). A unified model of the presynaptic and postsynaptic changes during LTP at CA1 synapses. *Science STKE, 10*, 11.

Lisman, S. A. (1974). Alcohol "black-out": State dependent learning? *Archives of General Psychiatry, 30*, 46–53.

Littlewood, R. (2004). Unusual psychiatric syndromes: An introduction. *Psychiatry, 3*, 1–3.

Littrell, J. (1998). Is the experience of painful emotion therapeutic? *Clinical Psychology Review, 18*, 71–102.

Litz, B. T., Gray, M. J., Bryant, R., & Adler, A. B. (2002). Early intervention for trauma: Current status and future directions. *Clinical Psychology: Science and Practice, 9*, 112–134.

Lock, M. (1998). Menopause: Lessons from anthropology. *Psychosomatic Medicine, 60*, 410–419.

Locke, E. A. (2005). Why emotional intelligence is an invalid concept. *Journal of Organizational Behavior, 26*, 425–431.

Loehlin, J. C. (1992). *Genes and environment in personality development*. Newbury Park, CA: Sage.

Loehlin, J. C., Lindzey, G., & Spuhler, J. N. (1977). *Race differences in intelligence*. San Francisco: W. H. Freeman.

Loevinger, J. (1987). *Paradigms of personality*. New York: W. H. Freeman.

Loevinger, J. (1993). Conformity and conscientiousness: One factor or two stages? In D. C. Funder, R. D. Parke, C. Tomlinson-Keasey, & K. Widaman (Eds.), *Studying lives through time: Per-*

sonality and development (pp. 189–205). Washington, DC: American Psychological Association.

Loewenstein, J., Thompson, L., & Gentner, D. (1999). Analogical encoding facilitates knowledge transfer in negotiation. *Psychonomic Bulletin & Review, 6*, 586–597.

Loftus, E. F. (1979). *Eyewitness testimony*. Cambridge, MA: Harvard University Press.

Loftus, E. F. (1993). The reality of repressed memories. *American Psychologist, 48*, 518–537.

Loftus, E. F., Coan, J. A., & Pickrell, J. E. (1996). Manufacturing false memories using bits of reality. In L. M. Reder (Ed.), *Implicit memory and metacognition* (pp. 195–220). Mahwah, NJ: Lawrence Erlbaum Associates.

Loftus, E. F., Miller, D. G., & Burns, H. J. (1978). Semantic integration of verbal information into a visual memory. *Human Learning and Memory, 4*, 19–31.

Loftus E. F., & Palmer, J. C. (1974). Reconstruction of automobile destruction: An example of the interaction between language and memory. *Journal of Learning and Verbal Behavior, 13*, 585–589.

Loftus, E. F., & Pickrell, J. E. (1995). The formation of false memories. *Psychiatric Annals, 25*, 720–725.

Lohr, J. M., Hooke, W., Gist, R., & Tolin, D. F. (2003). Novel and controversial treatments for trauma-related disorders. In S. O. Lilienfeld, S. J. Lynn, & J. M. Lohr (Eds.), *Science and pseudoscience in clinical psychology* (pp. 243–272). New York: Guilford Press.

Lohr, J. M., Olatunji, B. O., Baumeister, R. F., & Bushman, B. J. (2007). The pseudopsychology of anger venting and empirically supported alternatives that do no harm. *Scientific Review of Mental Health Practice 5*, 54–65.

Lohr, J. M., Tolin, D. F., & Lilienfeld, S. O. (1998). Efficacy of eye movement desensitization and reprocessing. *Behavior Therapy, 29*, 123–156.

Longley, J., & Pruitt, D. G. (1980). Groupthink: A critique of Janis's theory. In L. Wheeler (Ed.), *Review of personality and social psychology* (Vol. I, pp. 74–93). Beverly Hills, CA: Sage.

Lopez, S. R., Nelson Hipke, K., Polo, A. J., Jenkins, J. H., Karno, M., Vaughn, C., et al. (2004). Ethnicity, expressed emotion, attributions, and course of schizophrenia: Family warmth matters. *Journal of Abnormal Psychology, 113*, 428–439.

Loprinzi, C. L., Levitt, R., Barton, E. L., Sloan, J. A., Atherton, P. J., Smith, D. J., et al. (2005). Evaluation of shark cartilage in patients with advanced cancer: A North Central Center Cancer Treatment Group trial. *Cancer, 104*, 176–182.

Lorber, M. F. (2004). Autonomic psychophysiology of aggression, psychopathy, and conduct problems: A meta-analysis. *Psychological Bulletin, 130*, 531–552.

Lorenz, K. (1937). The nature of instinct. In C. H. Schiller (Ed.), *Instinctive behavior: The development of a modern concept*. New York: International Universities Press.

Lortie-Lussier, M., Cote, L., & Vachon, J. (2000). The consistency and continuity hypotheses revisited through the dreams of women at two periods of their lives. *Dreaming, 10*, 67–76.

Lourenco, O., & Machado, A. (1996). In defense of Piaget's theory: A reply to 10 common criticisms. *Psychological Review, 103*, 143–164.

Lowe, M. R., Gleaves, D. H., & Murphy-Eberenz, K. P. (1998). On the relation of dieting and bingeing in bulimia nervosa. *Journal of Abnormal Psychology, 107*, 263–271.

Lowe, M. R., & Levine, A. S. (2005). Eating motives and the controversy over dieting: Eating less than needed versus less than wanted. *Obesity Research, 13*, 797–806.

Lubinski, D. (2000). Scientific and social significance of assessing individual differences: Sinking shafts at a few critical points. In S. T. Fiske (Ed.), *Annual Review of Psychology, 51*, 404–444.

Lubinski, D., & Humphreys, L. G. (1992). Some bodily and medical correlates of mathematical giftedness and commensurate levels of socioeconomic status. *Intelligence, 16*, 99–115.

Luborsky, L., Crits-Christoph, P., McLellan, T., Woody, G., Piper, W., Imber, S., et al. (1986). Do therapists vary much in their success? Findings from four outcome studies. *American Journal of Orthopsychiatry, 56*, 501–512.

Luborsky, L., McLellan, A. T., Diguer, L., Woody, G., & Seligman, D. A. (1997). The psychotherapist matters: Comparison of outcomes across twenty-two therapists and seven patient samples. *Clinical Psychology: Science and Practice, 4*, 53–65.

Luborsky, L., Mellon, J., van Ravenswaay, P., Childress, A. R., Colen, K., Hole, A., et al. (1985). A verification of Freud's grandest clinical hypothesis: The transference. *Clinical Psychology Review, 5*, 231–246.

Luchies, C. W., Schiffman, J., Richards, L. G., Thompson, M. R., Bazuin, D., & DeYoung, A. J. (2002). Effects of age, step direction, and reaction condition on the ability to step quickly. *Journals of Gerontology: Series A: Biological Sciences and Medical Sciences, 57A*, M246–M249.

Luchins, A. S. (1946). Classroom experiments on mental set. *American Journal of Psychology, 59*, 295–298.

Luchins, D. J., Weinberger, D. R., & Wyatt, R. J. (1982). Schizophrenia and cerebral asymmetry detected by computed tomography. *American Journal of Psychiatry, 139*, 753–757.

Ludwig, A. M., Brandsma, J. M., Wilbur, C. B., Bendfeldt, F., & Jameson, D. H. (1972). The objective study of a multiple personality: Or, are four heads better than one? *Archives of General Psychiatry, 26*, 298–310.

Luna, B., & Sweeney, J. A. (2004). The emergence of collaborative brain function: fMRI studies of the development of response inhibition. In R. E. Dahl & L. P. Spear (Eds.), *Adolescent brain development: Vulnerabilities and opportunities* (pp. 296–309). New York: New York Academy of Sciences.

Luo, Q., Nakic, M., Wheatley, T., Richell, R., Martin, A., & Blair, R. J. R. (2006). The neural basis of implicit moral attitude—An IAT study using event-related fMRI. *NeuroImage, 30*(4), 1449–1457.

Luo, S., & Klohnen, E. C. (2005). Assortative mating and marital quality in newlyweds: A couple-centered approach. *Journal of Personality and Social Psychology, 88*, 304–325.

Luria, A. (1976). *Cognitive development: Its cultural and social foundations*. (M. Lopez-Morillas & L. Solotaroff, Trans.). Cambridge, MA: Harvard University Press.

Luscher, M., & Scott, I. (1969) *The Luscher Color Test*. New York: Random House.

Lykken, D. T. (1995). *The antisocial personalities*. Mahwah, NJ: Lawrence Erlbaum.

Lykken, D. T. (1998). *A tremor in the blood: Uses and abuses of the lie detector* (2nd ed.). Reading, MA: Perseus.

Lynch, T. R., Trost, W. T., Salsman, N., & Linehan, M. M. (2007). Dialectical behavior therapy for borderline personality disorder. *Annual Review of Clinical Psychology, 3*, 181–205.

Lynn, R. (1996) *Dysgenics: Genetic deterioration in modern populations*. Westport, CT: Praeger.

Lynn, R. (2003). The intelligence of American Jews. *Personality and Individual Differences, 36*(1), 201–206.

Lynn, R. (2006). *Race differences in intelligence: An evolutionary analysis*. Augusta, GA: Washington Summit Books.

Lynn, R., & Irwing, P. (2004). Sex differences on the Progressive Matrices: A meta-analysis. *Intelligence, 32*, 481–498.

Lynn, S. J. (1978). Three theories of self-disclosure exchange. *Journal of Experimental Social Psychology, 14*, 466–479.

Lynn, S. J., & Frauman, D. (1985). Group psychotherapy. In S. J. Lynn, & J. P. Garske (Eds.), *Contemporary psychotherapies: Models and methods* (pp. 419–458). Columbus, OH: Merrill Publishing.

Lynn, S. J., & Kirsch, I. (2006). *Essentials of clinical hypnosis: An evidence-based approach*. Washington, DC: American Psychological Association.

Lynn, S. J., Kirsch, I., Crowley, M., & Campion, A. (2006a). Eating disorders and obesity with Maryellen Crowley and Anna Campion. In S. J. Lynn & I. Kirsch (Eds.), *Essentials of clinical hypnosis: An evidence-based approach* (pp. 99–120). Washington, DC: American Psychological Association.

Lynn, S. J., Kirsch, I., & Hallquist, M. (2008). Social cognitive theories of hypnosis. In M. R. Nash & A. M. Barnier (Eds.), *Oxford handbook of hypnosis*. New York: Oxford Press.

Lynn, S. J., Lock, T., Loftus, E. F., Krackow, E., & Lilienfeld, S. O. (2003a). The remembrance of things past: Problematic memory recovery techniques in psychotherapy. In S. O. Lilienfeld, S. J. Lynn, & J. Lohr (Eds.), *Science and pseudoscience in clinical psychology* (pp. 205–239). New York: Guilford Press.

Lynn, S. J., Matthews, A., Williams, J. C., Hallquist, M. N., & Lilienfeld, S. O. (2007). Some forms of psychopathology are partly socially constructed. In S. O. Lilienfeld & W. T. O'Donohue (Eds.), *The great ideas of clinical science: 17 principles that every mental health professional should know*. New York: Routledge.

Lynn, S. J., Nash, M. R., Rhue, J. W., Frauman, D. C., & Sweeney, C. A. (1984). Nonvolition, expectancies, and hypnotic rapport. *Journal of Abnormal Psychology, 93*, 295–303.

Lynn, S. J., & Pintar, J. (1997). A social narrative model of dissociative identity disorder. *Australian Journal of Clinical and Experimental Hypnosis, 25*, 1–7.

Lynn, S. J., Pintar, J., Sandberg, D., Fite, R. F., Ecklund, K., & Stafford, J. (2003b). Towards a social narrative model of revictimization. In L. Koenig, A. O'Leary, L. Doll, & W. Pequenat (Eds.), *From child sexual assault to adult sexual risk: Trauma, revictimization, and intervention*. Washington, DC: American Psychological Association.

Lynn, S. J., & Rhue, J. W. (1991). An integrative model of hypnosis. In S. J. Lynn & J. W. Rhue (Eds.), *Theories of hypnosis: Current models and perspectives* (pp. 397–438). New York: Guilford Press.

Lynn, S. J., Surya Das, L., Hallquist, M. N., & Williams, J. C. (2006b). Mindfulness, acceptance, and hypnosis: Cognitive and clinical perspectives. *International Journal of Clinical and Experimental Hypnosis, 54*, 143–166.

Lynn, S. J., Weekes, J. R., & Milano, M. (1989). Reality versus suggestion: Pseudomemory in hypnotizable and simulating subjects. *Journal of Abnormal Psychology, 98*, 75–79.

Lynskey, M. T., Heath, A. C., Bucholz, K. K., Slutske, W. S., Madden, P. A. F., Nelson, E. C., et al. (2003). Escalation of drug use in early-onset cannabis users vs. co-twin controls. *Journal of the American Medical Association, 289*, 427–433.

Lytton, H., & Romney, D. M. (1991). Parents' differential socialization of boys and girls: A meta-analysis. *Psychological Bulletin, 109*, 267–296.

Lyubomirsky, S., King, L. A., & Diener, E. (2005). The benefits of frequent positive affect: Does happiness lead to success? *Psychological Bulletin, 131*, 803–855.

M

Maas, J. B. (1999). *Power sleep: The revolutionary program that prepares your mind for peak performance.* New York: Collins.

Maccoby, E. E., & Jacklin, C. N. (1974). *Psychology of sex differences*. Stanford, CA: Stanford University Press.

Maccoby, E. E., & Jacklin, C. N. (1980). Sex differences in aggression: A rejoinder. *Child Development, 51*, 964–980.

Maccoby, E. E., & Martin, J. A. (1983). Socialization in the context of the family: Parent–child interaction. In P. H. Mussen (Ed.) & E. M. Hetherington (Vol. Ed.), *Handbook of child psychology: Vol. 4. Socialization, personality, and social development* (4th ed., pp. 1–101). New York: Wiley.

Machover, K. (1949). *Personality projection in the drawing of the human figure*. Springfield, IL: Charles C Thomas.

MacKillop, J., Lisman, S. A., Weinstein, A., & Rosenbaum, D. (2003). Controversial treatments for alcoholism. In S. O. Lilienfeld, S. J. Lynn, & J. W. Lohr (Eds.), *Science and pseudoscience in clinical psychology* (pp. 273–306). New York: Guilford.

MacKillop, J., Lynn, S. J., & Meyer, E. (2004). The impact of stage hypnosis on audience members and participants. *International Journal of Clinical and Experimental Hypnosis, 52*, 313–329.

Macmillan, M. (2000). Restoring Phineas Gage: A 150th retrospective. *Journal of the History of Neuroscience, 9*, 46–66.

Macrae, C. N., & Bodenhausen, G. V. (2000). Social cognition: Thinking categorically about others. *Annual Review of Psychology, 51*, 93–120.

Madden, G. J., Ewan, E. E., & Lagorio, C. H. (2007). Toward an animal model of gambling: Delay discounting and the allure of unpredicatable outcomes. *Journal of Gambling Studies, 23*, 63–83.

Maddi, S. R. (2002). The story of hardiness: Twenty years of theorizing, research, and practice. *Consulting Psychology Journal, 54*, 173–185.

Maddi, S. R. (2004). On hardiness and other pathways to resilience. *American Psychologist, 60*, 261–262.

Maddi, S. R., & Kobasa, S. C. (1984). *The hardy executive: Health under stress*. Homewood, IL: Dow Jones-Irwin.

Madsen, K. M., Hviid, A., Vestergaard, M., Schendel, D., Wohlfart, J., Thorsen, P., et al. (2002). A population-based study of measles, mumps and rubella vaccination and autism. *New England Journal of Medicine, 347*, 1477–1482.

Maes, H. M., Neale, M. C., & Eaves, L. J. (1997). Genetic and environmental factors in relative body weight and human adiposity. *Behavior Genetics, 27*, 325–351.

Maguire, E. A., Gadian, D. G., Johnsrude, I. S., Good, C. D., Ashburner, J., Frackowiak, R. S., et al. (2000). Navigation-related structural change in the hippocampi of taxi drivers. *Proceedings of the National Academy of Sciences U.S.A., 97*, 4398–4403.

Maier, I. C., & Schwab, M. E. (2006). Sprouting, regeneration and circuit formation in the injured spinal cord: Factors and activity. *Philosophical Transactions of the Royal Society London B Biological Sciences, 361*, 1611–1634.

Main, M., & Cassidy, J. (1988). Categories of response to reunion with the parent at age 6: Predictable from infant attachment classifications and stable over a 1-month period. *Developmental Psychology, 24*, 415–426.

Malcom, K. (1989). Patients' perceptions and knowledge of electroconvulsive therapy. *Psychiatric Bulletin, 13*, 161–165.

Malina, R. M., & Bouchard, C. (1991). *Growth, maturation, and physical activity*. Champaign, IL: Human Kinetics.

Malinoski, P., Lynn, S. J., & Sivec, H. (1998). The assessment, validity, and determinants of early memory reports: A critical review. In S. J. Lynn & K. McConkey (Eds.), *Truth in memory* (pp. 109–136). New York: Guilford.

Mandiyan, V. S., Coats. J. K., & Shah, N. M. (2005). Deficits in sexual and aggressive behaviors in Cnga2 mutant mice. *Nature Neuroscience, 8*, 1660–1662.

Manning, R., Levine, M. & Collins, A. (2007). The Kitty Genovese murder and the social psychology of helping: The parable of the 38 witnesses. *American Psychologist, 62*, 555–562.

Mantell, D. M. (1971). The potential for violence in Germany. *Journal of Social Issues, 27*, 101–112.

Maquet, P., & Franck, G. (1997). REM Sleep and the amygdala. *Molecular Psychiatry, 2*, 195–196.

Maren, S. (2005). Synaptic mechanisms of associative memory in the amygdala. *Neuron, 15*, 783–786.

Marian, V., & Neisser, U. (2000). Language-dependent recall of autobiographical memories. *Journal of Experimental Psychology: General, 129*, 361–368.

Marieb, E. N., & Hoehn, K. (2007). *Human anatomy and physiology* (7th ed.) San Francisco: Pearson.

Marino, L., & Lilienfeld, S. O. (1998). Dolphin-assisted therapy: Flawed data, flawed conclusions. *Anthrozoos, 11*(4), 194–200.

Marino, L., & Lilienfeld, S. O. (2007). Dolphin-assisted therapy: More flawed data and more flawed conclusions. *Anthrozoos, 20,* 239–249.

Marino, L., McShea, D. W., & Uhen, M. D. (2004). Origin and evolution of large brains in toothed whales. *Anatomical Record Part A: Discoveries in Molecular, Cellular, & Evolutionary Biology, 281,* 1247–1255.

Maris, R. W. (1992). The relationship of nonfatal suicide attempts to completed suicides. In R. W. Maris, A. L. Berman, J. T. Maltsberger, & R. I. Yufit (Eds.), *Assessment and prediction of suicide* (pp. 362–380). New York: Guilford Press.

Markman, A. B., & Gentner, D. (1993). Structural alignment during similarity comparisons. *Cognitive Psychology, 25,* 431–467.

Marks, R. P., Swinson, M., Basoglu, K., & Kuch, H. (1993). Alpraxolam and exposure alone and combined in panic disorder with agoraphobia. *British Journal of Psychiatry, 162,* 788–799.

Marlatt, G. A. (1983). The controlled-drinking controversy: A commentary. *American Psychologist, 10,* 1097–1110.

Marshall, G. D., & Zimbardo, P. G. (1979). Affective consequences of inadequately explained arousal. *Journal of Personality and Social Psychology, 37,* 970–988.

Marshall, J. (1969). *Law and psychology in conflict.* New York: Anchor Books.

Martin, D. (2006, November 20). *The truth about happiness may surprise you.* Retrieved from www.cnn.com/2006/HEALTH/conditions/11/10/happiness.overview/index.html

Martin, N. G., Eaves, L. J., Heath, A. C., Jardine, R., Feingold, L. M., & Eysenck, H. J. (1986). Transmission of social attitudes. *Proceedings of the National Academy of Sciences, 83,* 4364–4368.

Martino, S. C., Collins, R. L., Elliott, M. C., Strachman, A., Kanouse, D. E., & Berry, S. H. (2006). Exposure to degrading versus nondegrading music lyrics and sexual behavior among youth. *Pediatrics, 118,* 430–441.

Martinot, M.-L., Bragulat, V., Artiges, E., Dolle, F., Hinnen, F., Jouvent, R., et al. (2001). Decreased presynaptic dopamine function in the left caudate of depressed patients with affective flattening and psychomotor retardation. *American Journal of Psychiatry, 158,* 314–316.

Maruta, T., Colligan, R. C., Malinchoc, M., & Offord, K. P. (2000). Optimists vs pessimists: Survival rate among medical patients over a 30-year period. *Mayo Clinic Proceedings, 75,* 140–143.

Mashour, G. A., Walker, E. E. & Martuza, R. L. (2005). Psychosurgery: Past, present, and future. Brain Research Reviews, *48,* 409–419.

Maslach, C. (1979). Negative and emotional biasing of unexplained arousal. *Journal of Personality and Social Psychology, 37,* 953–969.

Maslow, A. H. (1954). *Motivation and personality.* New York: Harper and Row.

Maslow, A. H. (1971). *The farther reaches of human nature.* New York: Viking Press.

Mastekaasa, A. (1994). The subjective well-being of the previously married: The importance of unmarried cohabitation and time since widowhood or divorce. *Social Forces, 73,* 665–692.

Masters, W. H., & Johnson, V. E. (1966). *Human sexual response.* Boston: Little, Brown.

Matarazzo, J. D. (1980). Behavioral health and behavioral medicine: Frontiers for a new health psychology. *American Psychologist, 35,* 807–817.

Matarazzo, J. D. (1983). The reliability of psychiatric and psychological diagnosis. *Clinical Psychology Review, 3,* 103–145.

Mathews, A., Richards, A., & Eysenck, M. W. (1989). Interpretation of homophones related to threat in anxiety states. *Journal of Abnormal Psychology, 98,* 31–34.

Mathews, V., Wang, Y., Kalnin, A. J., Mosier, K. M., Dunn, D. W., & Kronenberger, W. G. (2006). *Short-term effects of violent video game playing: An fMRI study.* Annual Meeting of the Radiological Society of North America, Chicago, IL.

Matsumoto, D., & Willingham, B. (2006). The thrill of victory and the agony of defeat: Spontaneous expressions of medal winners of the 2004 Athens Olympic Games. *Journal of Personality and Social Psychology, 91,* 568–581.

Matsumoto, D., Yoo, S. H., Hirayama, S., & Petrova, G. (2005). Development and validation of a measure of display rule knowledge: The Display Rule Assessment Inventory. *Emotion, 5,* 23–40.

Mattes, R. D., Hollis, J., Hayes, D., & Stunkard, A. J. (2005). Appetite measurement and manipulation misgivings. *Journal of the American Dietetic Association, 105,* 87–97.

Matthews, A., & MacLeod, C. (2005). Cognitive vulnerability to emotional disorders. In S. Nolen-Hoeksema, T. D. Cannon, & T. Widiger (Eds.), *Annual Review of Clinical Psychology* (Vol. 1, pp. 167–196). Palo Alto, CA: Annual Reviews.

Matthews, D. A., Larson, D. B., & Barry, C. P. (1993). *The faith factor: An annotated bibliography of clinical research on spiritual subjects* (Vol. 1). Rockville, MD: National Institute for Mental Healthcare Research.

Matthews, G., Zeidner, M., & Roberts, R. (2002). *Emotional intelligence: Science and myth.* London: MIT Press.

Matthews, K. A., Gump, B. B., Harris, K. F., Haney, T. L., & Barefoot, J. C. (2004). Hostile behaviors predict cardiovascular mortality among men enrolled in the Multiple Risk Factor Intervention Trial. *Circulation, 109,* 66–70.

Max, D. T. (2007, January 7). Happiness 101. *New York Times.* Retrieved from www.nytimes.com/2007/01/07/magazine/07happiness.t.html?ex=1183608000&en=946a9bb65d8be3b7&ei=5070.

Mayer-Gross, W., Slater, E., & Roth, M. (1969). *Clinical psychiatry* (3rd ed.). Baltimore: Williams & Wilkins. Revised and reprinted 1977, Balliere, Tindall, London.

Mayo, E. (1933). *The human problems of an industrial civilization.* New York: Macmillan.

Mazur, A., & Rosa, E. (1977). An empirical test of McClelland's "achieving society" theory. *Social Forces, 55,* 769–774.

Mazure, C. M. (1998). Life stressors as risk factors in depression. *Clinical Psychology: Science and Practice, 5,* 291–313.

Mazzoni, G. A. L., Loftus, E. F., & Kirsch, I. (2001). Changing beliefs about implausible autobiographical events: A little plausibility goes a long way. *Journal of Experimental Psychology: Applied, 7,* 31–39.

McCabe, D. P., & Castel, A. D. (2008). Seeing is believing: The effect of brain images on judgements of scientific reasoning. *Cognition.*

McClelland, D. C. (1961). *The achieving society.* Princeton, NJ: Van Nostrand.

McClelland, D. C., Atkinson, J. W., Clark, R. A., & Lowell, E. L. (1953). *The achievement motive.* New York: Appleton-Century-Crofts.

McClelland, D. C., Atkinson, J. W., Clark, R. A., & Lowell, E. L. (1958). A scoring manual for the achievement motive. In J. W. Atkinson (Ed.), *Motives in fantasy, action, and society* (pp. 179–204). Princeton, NJ: Van Nostrand.

McClelland, J. L. (1995). A connectionist perspective on knowledge and development. In T. J. Simon & G. S. Halford (Eds.), *Developing cognitive competence: New approaches to process modeling* (pp. 157–204). Hillsdale, NJ: Erlbaum.

McClelland, J. L., & Plaut, D. C. (1993). Computational approaches to cognition: Top-down approaches. *Current Opinion in Neurobiology, 3,* 209–216.

McCloskey, M., Wible, C. G., & Cohen, N. J. (1988). Is there a special flashbulb-memory mechanism? *Journal of Experimental Psychology: General, 117*, 171–181.

McClure, E. B. (2000). A meta-analytic review of sex differences in facial expression processing and their development in infants, children, and adolescents. *Psychological Bulletin, 126*, 424–453.

McConnell, J. V. (1962). Memory transfer through cannibalism in planarians. *Journal of Neuropsychiatry, 3* (Suppl. 1), 542–548.

McCord, J. (2006). Punishments and alternate routes to crime prevention. In A. K. Hess & I. B. Weiner, (Eds.), *The handbook of forensic psychology* (3rd ed., pp. 701–721). Hoboken, NJ: John Wiley & Sons.

McCrae, R. R., & Costa, P. T. (1994). The stability of personality: Observation and evaluations. *Current Directions in Psychological Science, 3*, 173–175.

McCrae, R. R., & Costa, P. T. (1995). Trait explanations in personality psychology. *European Journal of Personality, 9*, 231–252.

McCrae, R. R, & Costa, P. T. (1997). Personality trait structure as a human universal. *American Psychologist, 52*, 509–516.

McDaniel, M. A. (2005) Big-brained people are smarter: A meta-analysis of the relationship between in vivo brain volume and intelligence. *Intelligence, 33*, 337–346.

McDaniel, M. A., Maier, S. F., & Einstein, G. O. (2002). "Brain-specific" nutrients: A memory cure? *Psychological Science in the Public Interest, 3*, 12–38.

McFall, R. M. (2006). Doctoral training in clinical psychology. *Annual Review of Clinical Psychology, 2*, 21–49.

McGilly, K., & Siegler, R. S. (1989). How children choose among serial recall strategies. *Child Development, 60*, 172–182.

McGrath, J. (1991). Ordering thoughts on thought disorder. *British Journal of Psychiatry, 158*, 307–316.

McGrath, M. E. (1984). 1st-person account—Where did I go? *Schizophrenia Bulletin, 10*(4), 638–640.

McGue, M. (1999). The behavioral genetics of alcoholism. *Current Directions in Psychological Science, 8*, 109–115.

McGue, M., & Lykken, D. T. (1992). Genetic influence on risk of divorce. *Psychological Science, 3*, 368–373.

McGuffin, P., Rijsdijk, F., Andrew, M., Sham, P., Katz, R., & Cardino, A. (2003). The heritability of bipolar affective disorder and the genetic relationship to unipolar depression. *Archives of General Psychiatry, 60*(5), 497–502.

McGuire, W. J. (1964). Inducing resistance to persuasion: Some contemporary approaches. In L. Berkowitz (Ed.), *Advances in experimental social psychology* (Vol. 1, pp. 191–229). San Diego, CA: Academic Press.

McGuire, W. J., & Papageorgis, D. (1961). The relative efficacy of various types of prior belief-defense in producing immunity against persuasion. *Journal of Abnormal and Social Psychology, 62*, 327–337.

McGurk, H., & MacDonald, J. (1976). Hearing lips and seeing voices. *Nature, 264*, 746–748.

McHugh, P. R. (1993). Multiple personality disorder. *Harvard Mental Health Newsletter, 10*(3), 4–6.

McKinney, M., & Jacksonville, M. C. (2005). Brain cholinergic vulnerability: Relevance to behavior and disease. *Biochemical Pharmacology, 70*, 1115–1124.

McMonagle, T., & Sultana, A. (2000). Token economy for schizophrenia. *Cochrane Database of Systematic Reviews*, Issue 3. Art. No.: CD001473. DOI: 10.1002/14651858.CD001473.

McNally, R. J. (1987). Preparedness and phobias—A review. *Psychological Bulletin, 101*(2), 283–303.

McNally, R. J. (2003). *Remembering trauma*. Cambridge, MA: Belknap Press.

McNally, R. J., Bryant, R. A., & Ehlers, A. (2003). Does early psychological intervention promote recovery from posttraumatic stress? *Psychological Science in the Public Interest, 4*, 45–79.

McNally, R. M., & Eke, M. (1996). Anxiety sensitivity, suffocation fear, and breath-holding duration as predictors of response to carbon dioxide challenge. *Journal of Abnormal Psychology, 105*, 146–149.

McNamara, H. J., Long, J. B., & Wike, E. L. (1956). Learning without response under two conditions of external cues. *Journal of Comparative and Physiological Psychology, 49*(5), 477–480.

McNeil, D. E., Arkowitz, H., & Pritchard, B. E. (1987). The response of others to face-to-face interaction with depressed patients. *Journal of Abnormal Psychology, 96*, 341–344.

McNiel, D. E., Eisner, J. P., & Binder, R. L. (2000). The relationship between command hallucinations and violence. *Psychiatric Services, 51*, 1288–1292.

McQuiston-Surrett, D., Malpass, R. S., & Tredoux, C. G. (2006). Sequential vs. simultaneous lineups: A review of methods, data, and theory. *Psychology, Public Policy and Law, 12*(2), 137–169.

Meads, C., & Nouwen, A. (2005). Does emotional disclosure have any effects? A systematic review of the literature with meta-analyses. *International Journal of Technology Assessment in Health Care, 21*, 153–164.

Mednick, S. A., Machon, R. A., Huttunen, M. O., & Bonett, D. (1988). Adult schizophrenia following prenatal exposure to an influenza epidemic. *Archives of General Psychiatry, 45*, 189–192.

Meehl, P. E. (1956). Wanted: A good cookbook. *American Psychologist, 11*, 263–272.

Meehl, P. E. (1962). Schizotaxia, schizotypy, and schizophrenia. *American Psychologist, 17*, 827–838.

Meehl, P. E. (1967). Theory-testing in psychology and physics: A methodological paradox. *Philosophy of Science, 34*, 103–115.

Meehl, P. E. (1972). Reactions, reflections, projections. In J. N. Butcher (Ed.), *Objective personality assessment: Changing perspectives* (pp. 131–189). New York: Academic Press.

Meehl, P. E., & Rosen, A. (1955). Antecedent probability and the efficiency of psychometric signs, patterns, or cutting scores. *Psychological Bulletin, 52*, 194–216.

Mehler, P. S. (2003). Bulimia nervosa. *New England Journal of Medicine, 349*, 875–881.

Meichenbaum, D. (1994). A clinical handbook/practical therapist manual for assessing and treating adults with post-traumatic stress disorder (PTSD). Clearwater, FL: Institute Press.

Meissner, C. A., & Brigham, J. C. (2001). Thirty years of investigating the own-race bias in memory for faces: A meta-analytic review. *Psychology, Public Policy, and Law, 7*, 3–35.

Mellinger, D. M., & Lynn, S. J. (2003). *The monster in the cave: How to face your fear and anxiety and live your life*. New York: Berkeley.

Melton, G. J. (1999). *Brainwashing and the cults: The rise and fall of a theory*. Retrieved October 29, 2007, from www.cesnur.org/testi/melton.htm.

Memon, A., Hope, L., & Bull, R. (2003). Exposure duration: Effects on eyewitness accuracy and confidence. *British Journal of Psychology, 94*, 339–354.

Menchola, B. L., Arkowitz, H., & Burke, B. L. (2007). Efficacy of self-administered treatments for depression and anxiety: A meta-analysis. *Professional Psychology: Research and Practice, 38*, 421–429.

Mendel, G. (1866). Versuche über Pflanzen-Hybriden. *Verhandlungen des naturforschenden Vereines in Brünn [Proceedings of the Natural History Society of Brünn], 4*, 1–47.

Mendelowicz, M. V., & Stein, M. B. (2000). Quality of life in individuals with anxiety disorders. *American Journal of Psychiatry, 157*, 669–682.

Menini, A., Picco, C., & Firestein, S. (1995). Quantal-like current fluctuations induced by odorants in olfactory receptor cells. *Nature, 373*, 435–437.

Menninger, K. (1958). *Theory of psychoanalytic technique*. New York: Basic Books.
Merckelbach, H., Devilly, G., & Rassin, E. (2002). Alters in dissociative identity disorder: Metaphors or genuine entities? *Clinical Psychology Review, 22*, 481–497.
Merskey, H. (1992). The manufacture of personalities: The production of multiple personality disorder. *British Journal of Psychiatry, 160*, 327–340.
Mervielde, I., De Clercq, B., De Fruyt, F., & Van Leeuwen, K. (2005). Temperament, personality, and developmental psychopathology as childhood antecedents of personality disorders. *Journal of Personality Disorders, 19*(2), 171–201.
Messick, S. (1992). Multiple intelligence or multilevel intelligence? Selective emphasis on distinctive properties of hierarchy: On Gardner's *Frames of Mind* and Sternberg's *Beyond IQ* in the context of theory and research on the structure of human abilities. *Psychological Inquiry, 3*, 365–384.
Metzler, J., & Shepard, R. N. (1974). Transformational studies of the internal representation of three-dimensional objects. In R. Solso (Ed.), *Theories in cognitive psychology: The Loyola Symposium* (pp. 147–201). Potomac, MD: Erlbaum.
Meyer, A. (Ed.). (1981). The Hamburg Short Psychotherapy Comparison Experiment. *Psychotherapy and Psycho-somatics, 35*, 81–207.
Michaels, J. W., Blommel, J. W., Brocato, R. M., Linkous, R. A., & Rowe, J. S. (1982). Social facilitation and inhibition in a natural setting. *Replications in Social Psychology, 2*, 21–24.
Miklowitz, D. J., & Johnson, S. L. (2006). The psychopathology and treatment of bipolar disorder. *Annual Review of Clinical Psychology, 2*, 199–235.
Milgram, S. (1963). Behavioral study of obedience. *Journal of Abnormal and Social Psychology, 67*, 371–378.
Milgram, S. (1964). Issues in the study of obedience: A reply to Baumrind. *American Psychologist, 19*, 848–852.
Milgram, S. (1974). *Obedience to authority: An experimental view*. New York: Harper & Row.
Miller, G. A. (1956). The magical number seven, plus or minus two: Some limits on our capacity for processing information. *Psychological Review, 63*, 81–97.
Miller, K. F., Smith, C. M., Zhu, J., & Zhang, H. (1995). Preschool origins of cross-national differences in mathematical competence: The role of number-naming systems. *Psychological Science, 6*, 56–60.
Miller, M. A., & Rahe, R. H. (1997). Life changes scaling for the 1990s. *Journal of Psychosomatic Research, 43*, 279–292.
Miller, S. D. (1989). Optical differences in cases of multiple personality disorder. *Journal of Nervous and Mental Disease, 177*, 480–486.
Miller, W. R., & Hester, R. K. (1980). Treating the problem drinker: Modern approaches. In W. R. Miller (Ed.), *The addictive behaviors: Treatment of alcoholism, drug abuse, smoking, and obesity* (pp. 11–141). Oxford, England: Pergamon Press.
Miller, Z. (1999, August 31). Music fertilizes the mind. *Atlanta Journal Constitution*, A17.
Mills, A., & Lynn, S. J. (2000). Past-life experiences. In E. Cardena, S. J. Lynn, & S. Krippner (Eds.), *The varieties of anomalous experience*. New York: Guilford.
Milner, B. (1964) Some effects of frontal lobectomy in man. In J. M. Warren & K. Akert (Eds.), *The frontal granular cortex and behavior*. New York: McGraw-Hill.
Milner, B. (1965) Visually guided maze learning in man: Effects of bilateral hippocampal, bilateral frontal and unilateral cerebral lesions. *Neuropsychologia, 3*, 317–338.
Milner, B. (1972). Disorders of learning and memory after temporal lobe lesions in man. *Clinical Neurosurgery, 19*, 421–446.
Milton, J., & Wiseman, R. (1999). Does psi exist? Lack of replication of an anomalous process of information transfer. *Psychological Bulletin, 125*(4), 387–391.
Mineka, S., & Cook, M. (1993). Mechanisms involved in the observational conditioning of fear. *Journal of Experimental Psychology: General, 122*, 23–38.
Minuchin, S. (1974). *Families and family therapy*. Cambridge, MA: Harvard University Press.
Miranda, F. S. B., Caballero, R. B., Gomez, M. N. G., & Zamorano, M. A. M. (1981). Obediencia a la authoridad [Obedience to authority]. *Psiquis, 2*, 212–221.
Mischel, W. (1968). *Personality and assessment*. New York: Wiley.
Mischel, W. (1973). Toward a cognitive social learning reconceptualization of personality. *Psychological Review, 80*, 252–283.
Mishkin, M., Malamut, B., & Bachevalier, J. (1984). Memories and habits: Two neural systems. In G. Lynch, J. McGaugh, & N. Weinberger (Eds.), *Neurobiology of Learning and Memory* (pp. 65–77). New York: Guilford.
Mitchell, D. B. (2006). Nonconscious priming after 17 years—Invulnerable implicit memory? *Psychological Science, 17*(11), 925–929.
Mitchell, J. E., & Peterson, C. B. (2007). *Assessment of eating disorders*. New York: Guilford Press.
Mitchell, S. A., & Black, M. J. (1995). *Freud and beyond: A history of modern psychoanalytic thought*. New York: Basic Books.
Mix, K. S. (1999). Similarity and numerical equivalence appearances count. *Cognitive Development, 14*, 269–297.
Mix, K. S., Huttenlocher, J., & Levine, S. C. (1996). Do preschool children recognize auditory-visual numerical correspondences? *Child Development, 67*, 1592–1608.
Moffitt, P. F., Kalucy, E. C., Kalucy, R. S., Baum, F. E., & Cooke, R. D. (1991). Sleep difficulties, pain, and other correlates. *Journal of Internal Medicine, 230*, 245–249.
Moffitt, T. E. (1983). The learning theory model of punishment: Implications for delinquency deterrence. *Criminal Justice and Behavior, 10*, 131–158.
Monte, C. F. (1995). *Beneath the mask: An introduction to theories of personality*. Fort Worth, TX: Harcourt Brace.
Monteith, M., & Winters, J. (2002). Why we hate. *Psychology Today, 35*(3), 44–52.
Monti, P. M., Gulliver, S. B., & Myers, M. G. (1994). Social skills training for alcoholics: Assessment and treatment. *Alcohol and Alcoholism, 29*, 627–637.
Montoya, R. M., Horton, R. S., & Kirchner, J. (2008). Is actual similarity necessary for attraction? A meta-analysis of actual and perceived similarity. *Journal of Social and Personal Relationships, 25*, 889–992.
Moody, R. A. (1975). *Life after life*. Covington, GA: Mockingbird Books.
Moody, R. A. (1977). *Reflections on life after life*. St. Simon's Island, GA: Mockingbird Books.
Mook, D. (1983). In defense of external invalidity. *American Psychologist, 38*, 379–387.
Moore, B., & Fine, B. (Eds.). (1995). *Psychoanalysis: The major concepts*. New Haven, CT: Yale University Press.
Moore, D. W. (2005, June 16). Three in four Americans believe in paranormal. *Gallup Poll News Service*. Retrieved February 20, 2007, from www.gallup.com/poll/content/default.aspx?ci=16915.
Moore, T., Rodman, H. R., Repp, A. B., Gross, C. G. (1995). Localization of visual stimuli after striate cortex damage in monkeys: parallels with human blindsight. *Proceedings of the National Academy of Sciences, 92*, 8215–8218.
Moore, T. E. (1992). Subliminal perception: Facts and fallacies. *Skeptical Inquirer, 16*, 273–281.
Moore, T. M., Scarpa, A., & Raine, A. (2002). A meta-analysis of serotonin metabolite 5-HIAA and antisocial behavior. *Aggressive Behavior, 28*, 299–316.
Morgan, C. D., & Murray, H. A. (1935). A method for investigating fantasies. *Archives of Neurology and Psychiatry, 34*, 289–304.
Morin, C. M., Hauri, P. J., Espic, C. A., Spielman, A. J., Buyesse, D. J.,

& Bootzin, R. R. (1999). Nonpharmacologic treatment of chronic insomnia. *Sleep, 22*, 1134–1155.

Morokuma, S., Fukushima, K., Kawai, N., Tomonaga, M., Satoh, S., & Nakano, H. (2004). Fetal habituation correlates with functional brain development. *Behavioural Brain Research, 153*(2), 459–463.

Morris, M. W., & Peng, K. (1994). Culture and cause: American and Chinese attributions for social and physical events. *Journal of Personality and Social Psychology, 67*, 949–971.

Morse, W. H., & Skinner, B. F. (1957). A second type of superstition in the pigeon. *American Journal of Psychology, 70*(2), 308–311.

Moscovitch, M., Rosenbaum, R. S., Gilboa, A., Addis, D. R., Westmacott, R., Grady, C., et al. (2005). Functional neuroanatomy of remote episodic, semantic and spatial memory: A unified account based on multiple trace theory. *Journal of Anatomy, 207*, 35–66.

Motivala, S., & Irwin, M. R. (2007). Sleep and immunity: Cytokine pathways linking sleep and health outcomes. *Psychological Science, 16*, 21–25.

Motta, R. W., Little, S. G., & Tobin, M. I. (1993). The use and abuse of human figure drawings. *School Psychology Quarterly, 8*, 162–169.

Moulton, S. T. , & Kosslyn, S. M. (2008). Using neuroimaging to resolve the Psi debate. *Journal of Cognitive Neuroscience, 20*, 182–192.

Mowrer, O. H. (1947). On the dual nature of learning—A re-interpretation of "conditioning" and "problem-solving." *Harvard Educational Review, 17*, 102–148.

Mrosovsky, N., & Powley, T. L. (1977). Set points for body weight and fat. *Behavioral Biology, 20*, 205–223.

Mrozek, D. K., & Kolarz, C. M. (1998). The effect of age on positive and negative affect: A developmental perspective on happiness. *Journal of Personality and Social Psychology, 75*, 1333–1349.

Mrozek, D. K., & Spiro, A. (2005). Change in life satisfaction during adulthood: Findings from the Veteran Affairs normative aging study. *Journal of Personality and Social Psychology, 88*, 189–192.

Msetfi, R. M., Murphy, R. A., Simpson, J., & Kornbrot, D. E. (2005). Depressive realism and outcome density bias in contingency judgments: The effect of the context and inter-trial interval. *Journal of Experimental Psychology: General, 134*, 10–22.

MTA Cooperative Group. (1999). Moderators and mediators of treatment response for children with attention-deficit/hyperactivity disorder. *Archives of General Psychiatry, 56*, 1088–1096.

Mueser, K. T., & Liberman, R. P. (1995). Behavior therapy in practice. In B. Bongar & L. E. Beutler (Eds.), *Comprehensive textbook of psychotherapy: Theory and practice* (pp. 84–110). New York: Oxford University Press.

Mueser, K. T., & McGurk, S. R. (2004). Schizophrenia. *Lancet, 363*, 2063–2072.

Murphy, F. C., Nimmo-Smith, I., & Lawrence, A. D. (2003). Functional neuroanatomy of emotion: A meta-analysis. *Cognitive, Affective, & Behavioral Neuroscience, 3*, 207–233.

Murphy, J. B. (1976). Psychiatric labeling in cross-cultural perspective: Similar kinds of disturbed behavior appear to be labeled abnormal in diverse cultures. *Science, 191*, 1019–1028.

Murray, H. A. (1938). *Explorations in personality*. New York: Oxford University Press.

Murray, H. A. (1971). *Thematic apperception test: Manual*. Cambridge, MA: Harvard University Press. (Original work published 1943).

Murstein, B. I. (1977). The stimulus-value-role (SVR) theory of dyadic relationship. In S. Duck (Ed.), *Theory and practice in interpersonal attraction* (pp. 105–127). New York: Academic Press.

Muscarella, F., & Cunningham, M. R. (1996). The evolutionary significance and social perception of male pattern baldness and facial hair. *Ethology and Sociobiology, 17*, 99–117.

Musella, D. P. (2005, September/October). Gallup poll shows that Americans' belief in the paranormal persists. *Skeptical Inquirer, 29*, 5.

Myers, D. G. (1993a). *Social psychology*. New York: McGraw Hill.

Myers, D. G. (1993b). *The pursuit of happiness*. London: Aquarian.

Myers, D. G. (2002). *Intuition: Its powers and perils*. New Haven, CT: Yale University Press.

Myers, D. G., & Diener, E. (1996). The pursuit of happiness. *Scientific American*, 70–72.

Myrtek, M. (2001). Meta-analyses of prospective studies on coronary heart disease, type A personality, and hostility. *International Journal of Cardiology, 79*, 245–251.

N

Nachev, P., & Husain, M. (2006). Disorders of visual attention and the posterior parietal cortex. *Cortex, 42*, 766–773.

Nahemow, L., & Lawton, M. P. (1975). Similarity and propinquity in friendship formation. *Journal of Personality and Social Psychology, 32*, 205–213.

Naito, E. (2004). Sensing limb movements in the motor cortex: How humans sense limb movement. *Neuroscientist, 10*, 73–82.

Namy, L. L., & Waxman, S. R. (2000). Naming and exclaiming: Infants' sensitivity to naming contexts. *Journal of Cognition and Development, 1*, 405–428.

Nash, M. R. (1987). What, if anything, is regressed about hypnotic age regression? A review of the empirical literature. *Psychological Bulletin, 102*, 42–52.

Nash, M. R., & Barnier, A. (Eds.). (2008). *The Oxford handbook of hypnosis*. New York: Oxford Press.

National Center for Complementary and Alternative Medicine. (2002). *What is complementary and alternative medicine?* (publication no. D156). Gaithersburg, MD: NCCAM.

National Center for Health Statistics. (2005). *Life expectancy at birth, 65 and 85 years of age, United States, selected years 1900–2004*. Retrieved from http://209.217.72.34/aging/TableViewer/tableView.aspx?ReportId=438.

National Institute of Mental Health. (2004). Suicide facts and statistics, U.S., 2001. U.S. Department of Health and Human Services. Posted April 9, 2004, at www.nimh.nih.gov/tools/helpusing.cfm.

National Institute on Alcohol Abuse and Alcoholism. (1998, July). *Alcohol and sleep*, no. 41. http://pubs.niaaa.nih.gov/publications/aa41.htm.

National Institute on Alcohol Abuse and Alcoholism. (2000, July). *Alcohol alert. From genes to geography: The cutting edge of alcohol research.* No 48. http://pubs.niaaa.nih.gov/publications/aa48.htm

National Opinion Research Center. (2003). *General social surveys, 1972–2002: Cumulative codebook*. Chicago: Author.

National Research Council. (2003). *The polygraph and lie detection.* Committee to review the scientific evidence on the polygraph. Washington, DC: National Academic Press.

National Science Foundation. (2003). Table C-2: Employed U.S. scientists and engineers, by level and field of highest degree attained, sex, and employment sector: 1999. Retrieved, 14 September 14, 2008, from http://www.nsf.gov/statistics/us-workforce/1999/dst1999.htm

Navarro, A. M. (1993). Effectiveness of psychotherapy with Latinos in the United States: A revised meta-analysis. *Interamerican Journal of Psychology, 27*, 131–146.

Neath, I., & Surprenant, A. M. (2003). *Human memory* (2nd ed.). Pacific Grove, CA: Wadsworth.

Needham, A., & Baillargeon, R. (1993). Intuitions about support in 4.5-month-old infants. *Cognition, 47*, 121–148.

Neely, J. (1976) Semantic priming and retrieval from lexical memory: Evidence for facilitory and inhibitory processes. *Memory and Cognition, 4*, 648–654.

Neimeyer, R. (2000). Searching for the meaning of meaning: Grief therapy and the process of reconstruction. *Death Studies, 24*, 541–558.

Neisser, U. (1967). *Cognitive psychology*. New York: Appleton-Century-Crofts.

Neisser, U., Boodoo, G., Bouchard, T. J. Jr., Boykin, A. W., Brody, N.,

Ceci, S. J., et al. (1996). Intelligence: Knowns and unknowns. *American Psychologist, 51,* 77–101.
Neisser, U., & Harsch, N. (1992). Phantom flashbulbs: False recollections of hearing the news about *Challenger*. In E. Winograd & U. Neisser (Eds.), *Affect and accuracy in recall: Studies of flashbulb memories* (pp. 9–31). Cambridge, England: Cambridge University.
Neisser, U., & Hyman, I. (Eds.). (1999). *Memory observed: Remembering in natural contexts*. New York: Worth Publishers.
Nemeroff, C. B., Kalali, A., Keller, M. B., Charney, D. S., Lenderts, S. E., Cascade, E. F., et al. (2007). Impact of publicity concerning pediatric suicidality data on physician practice patterns in the United States. *Archives of General Psychiatry, 64,* 397.
Nettle, D. (2005). *Happiness: The science behind your smile*. Oxford, England: Oxford University Press.
Neville, R. (1978). Psychosurgery. In W. Reich (Ed.), *Encyclopedia of bioethics* (Vol. 3). New York: Free Press.
Newberg, A., Alavi, A., Baime, M., Pourdehnad, M., Santanna, J., & d'Aquili, E. (2001). The measurement of regional cerebral blood flow during the complex cognitive task of meditation: A preliminary psychiatry research study. *Neuroimaging, 106,* 113–122.
Newcomb, T. M. (1961). *The acquaintance process*. New York: Holt, Rinehart and Winston.
Newman, J. P., & Kosson, D. S. (1986). Passive avoidance learning in psychopathic and nonpsychopathic offenders. *Journal of Abnormal Psychology, 95,* 252–256.
Newport, E. L., & Meier, R. (1985). The acquisition of American Sign Language. In D. Slobin (Ed.), *The cross-linguistic study of language acquisition, Vol. 1* (pp. 881–938). Hillsdale, NJ: Erlbaum.
Ngandu, T., von Strauss, E., Helkala, E.-L., Winbland, B., Nissinen, A., Tuomilehto, J., et al. (2007). Education and dementia: What lies behind the association? *Neurology, 69,* 1442–1450.
Nickerson, R. S. (1998). Confirmation bias: A ubiquitous phenomenon in many guises. *Review of General Psychology, 2,* 175–220.
Nickerson, R. S., & Adams, J. J. (1979). Long-term memory for a common object. *Cognitive Psychology, 11,* 287–307.
Nicol, S. E., & Gottesman, I. I. (1983). Clues to the genetics and neurobiology of schizophrenia. *American Scientist, 71,* 398–404.
Niedenthal, P. M. (2007). Embodying emotion. *Science, 316,* 1002–1005.
Nigro, G., & Neisser, N. (1983). Point of view in personal memories. *Cognitive Psychology, 15,* 467–482.
Nisbett, R. E. (1968). Determinants of food intake in human obesity. *Science, 159,* 1254–1255.
Nisbett, R. E. (1972). Hunger, obesity, and the ventromedial hypothalamus. *Psychological Review, 79,* 433–453.
Nisbett, R. E. (1995). Race, IQ and scientism. In S. Fraser (Ed.), *The bell curve wars* (pp. 36–57). New York: HarperCollins.
Nisbett, R. E. (2003). *The geography of thought: How Asians and Westerners think differently…and why*. New York: Free Press.
Nisbett, R. E., & Cohen, D. (1996). *Culture of honor: The psychology of violence in the South*. Boulder, CO: Westview.
Nisbett, R. E., & Wilson, T. D. (1977). Telling more than we can know: Verbal reports on mental processes. *Psychological Review, 84,* 231–259.
Noel, J. G., Wann, D. L., & Branscombe, N. R. (1995). Peripheral ingroup membership status and public negativity toward outgroups. *Journal of Personality and Social Psychology, 68,* 127–137.
Noelle-Neumann, E. (1970). Wanted: Rules for wording structured questionnaires. *Public Opinion Quarterly, 34,* 191–201.
Nolen-Hoeksema, S., & Girgus, J. S. (1994). The emergence of gender differences in depression during adolescence. *Psychological Bulletin, 115,* 424–443.
Norcross, J. C. (2005). A primer on psychotherapy integration. In J. C. Norcross & M. R. Goldfried (Eds.), *Handbook of psychotherapy integration* (2nd ed., pp. 3–23). New York: Oxford University Press.
Norcross, J. C., & Beutler, L. (1997). Determining the relationship of choice in brief therapy. In J. N. Butcher (Ed.), *Personality assessment in managed health care* (pp. 42–60). New York: Oxford University Press.
Norcross, J. C., Garofalo, A., & Koocher, G. (2006). Discredited psychological treatments and tests: A Delphi poll. *Professional Psychology: Research and Practice, 137,* 515–522.
Norcross, J. C., & Goldfried, M. R. (2005). *Handbook of psychotherapy integration* (2nd ed.). New York: Oxford University Press.
Norem, J. K. (2001). *The positive power of negative thinking*. New York: Basic Books.
Norem, J. K., & Cantor, N. (1986). Defensive pessimism: "Harnessing" anxiety as motivation. *Journal of Personality and Social Psychology, 52,* 1208–1217.
Norem, J. K., & Chang, E. C. (2002). The positive psychology of negative thinking. *Journal of Clinical Psychology, 37,* 1204–1238.
North, A. C., Linley, P. A., & Hargreaves, D. J. (2000). Social loafing in a co-operative classroom task. *Educational Psychology, 20,* 389–392.
Noyes, R., & Kletti, R. (1976). Depersonalization in the face of life-threatening danger: An interpretation. *Omega, 7,* 103–114.

O

O'Connor, T. G., Deater-Deckard, K., Fulker, D., Rutter, M., & Plomin, R. (1998). Genotype-environment correlations in late childhood and early adolescence: Antisocial behavioral problems and coercive parenting. *Developmental Psychology, 34,* 970–981.
O'Connor, T. G., & Rutter, M. (2000). Attachment disorder behavior following early severe deprivation: Extension and longitudinal follow-up. *Journal of the American Academy of Child and Adolescent Psychiatry, 39*(6), 703–712.
O'Keefe, D. J., & Figge, M. (1997). A guilt-based explanation of the door-in-the-face influence strategy. *Human Communication Research, 24,* 64–81.
O'Keefe, D. J., & Hale, S. L. (2001). An odds-ratio-based meta-analysis of research on the door-in-the-face influence strategy. *Communication Reports, 14,* 31–38.
Ocampo-Garces, A., Molina, E., Rodriguez, A., & Vivaldi, E. A. (2000). Homeostasis of REM sleep after total and selective sleep deprivation in the rat. *Journal of Neurophysiology, 84*(5), 2699–2702.
OCD-UK (2005). What is obsessive-compulsive disorder? Retrieved March 17, 2007, from www.ocduk.org/1/ocd.htm.
Ogawa, S., Lee, T. M., Kay, A. R., & Tank, D. W. (1990). Brain magnetic resonance imaging with contrast dependent on blood oxygenation. *Proceedings of the National Academy of Sciences, U.S.A., 87,* 9868–9872.
Ogden, C. A., Rich, M. E., Schork, N. J., Paulus, M. P., Geyer, M. A., Lohr, J. B., et al. (2004). Candidate genes, pathways and mechanisms for bipolar (manic–depressive) and related disorders: An expanded convergent functional genomics approach. *Molecular Psychiatry, 9,* 1007–1029.
Ogden, C. L., Carroll, M. D., McDowell, M. A., & Flegal, K. M. (2007). Obesity among adults in the United States—no change since 2003–2004. *NCHS data brief no. 1* Hyattesville, MD: National Center for Health Statistics.
Ogrodniczuk, J. S., & Piper, W. E. (1999). Use of transference interpretations in dynamically oriented individual psychotherapy for patients with personality disorders. *Journal of Personality Disorders, 13,* 297–311.
Ohayon, M. M. (2000). Prevalence of hallucinations and their pathological associations in the general population. *Psychiatry Research, 97*(2–3), 153–164.
Ohman, A., & Mineka, S. (2001). Fears, phobias, and preparedness: Toward an evolved module of fear and fear learning. *Psychological Review, 108*(3), 483–522.
Ohman, A., & Mineka, S. (2003). The malicious serpent: Snakes as a

prototypical stimulus for an evolved module of fear. *Current Directions in Psychological Science, 12*(1), 5–9.

Olds, J. (1958). Satiation effects in self-stimulation of the brain. *Journal of Comparative and Physiological Psychology, 51,* 675–678.

Olfson, M., Marcus, S., Sackheim, H. A., Thompson, J., & Pincus, H. A. (1998). Use of ECT for the inpatient treatment of recurrent major depression. *American Journal of Psychiatry, 155,* 22–29.

Oliver, M. B., & Hyde, J. S. (1993). Gender differences in sexuality: A meta-analysis. *Psychological Bulletin, 114,* 29–51.

Olsson, A., Ebert, J. P., Banaji, M. R., & Phelps, E. A. (2005). The role of social groups in the persistence of learned fear. *Science, 309,* 785–787.

Ondeck, D. M. (2003). Impact of culture on pain. *Home Health Care Management Practice, 15,* 255–257.

Ones, D. S., Viswesvaran, C., & Dilchert, S. (2005). Personality at work: Raising awareness and correcting misconceptions. *Human Performance, 18,* 389–404.

Onishi, K. H., & Baillargeon, R. (2005). Do 15-month-old infants understand false beliefs? *Science, 308,* 255–258.

Oppenheim, R. W. (1991). Cell death during development of the nervous system. *Annual Review of Neuroscience, 14,* 453–501.

Orlanksy, M. D., & Bonvillian, J. D. (1984). The role of iconicity in early sign language acquisition. *Journal of Speech and Hearing Disorders, 49,* 287–292.

Orne, M. T. (1962). On the social psychology of the psychological experiment: With particular reference to demand characteristics and their implications. *American Psychologist, 17,* 776–783.

Ornstein, R. E. (1997). *The right mind: Making sense of the hemispheres.* Orlando, FL: Harcourt Brace.

Ortony, A., Clore, G. L., & Collins, A. (1988). *The cognitive structure of emotions.* New York: Cambridge University Press.

Ortony, A., & Turner, T. J. (1990). What's basic about basic emotions? *Psychological Review, 97,* 315–331.

Osborn, A. F. (1957). Applied imagination: Principles and procedures of creative problem solving (Rev ed.). New York: Charles Scribner's Sons.

Ott, R. (1995). The natural wrongs about animal rights and animal liberation. *Journal of the American Veterinary Medical Association, 207,* 1023–1030.

Otto, M. W., Smits, J. A. J., & Reese, H. E. (2005). Combined psychotherapy and pharmacotherapy for mood and anxiety disorders in adults: Review and analysis. *Clinical Psychology: Science & Practice, 12,* 72–86.

Overmier, J. B., & Seligman, M. E. P. (1967). Effects of inescapable shock upon subsequent escape and avoidance responding. *Journal of Comparative and Physiological Psychology, 63,* 28–33.

Overskeid, G. (2007). Looking for Skinner and finding Freud. *American Psychologist, 65,* 590–595.

Oyserman, D., Coon, H. M., & Kemmelmeier, M. (2002). Rethinking individualism and collectivism: Evaluation of theoretical assumptions and meta-analyses. *Psychological Bulletin, 128,* 3–72.

Ozer, E., Best, S., & Lipsey, T., & Weiss, D. L. (2003). Predictors of posttraumatic stress disorder symptoms in adults: A meta-analysis. *Psychological Bulletin, 129,* 52–73.

P

Pahnke, W. N., Kurland, A. A., Unger, S., Savage, C., & Grof, S. (1970). Experimental use of psychedelic (LSD) psychotherapy. *Journal of the American Medical Association, 212*(11), 1856.

Paivio, A. (1969). Mental imagery in associative learning and memory. *Psychological Review, 76,* 341–363.

Panksepp, J. (2005). Beyond a joke: From animal laughter to human joy? *Science, 208,* 62–63.

Panksepp, J. (2007). Neurologizing the psychology of affects: How appraisal-based constructivism and basic emotion theory can coexist. *Perspectives in Psychological Science, 2,* 281–296.

Panksepp, J., & Panksepp, J. B. (2000). The seven sins of evolutionary psychology. *Evolution and Cognition, 6,* 108–131.

Paris, J. (2000). *Myths of childhood.* New York: Brunner/Mazel.

Park, B., & Rothbart, M. (1982). Perception of out-group homogeneity and levels of social categorization: Memory for the subordinate attributes of in-group and out-group members. *Journal of Personality and Social Psychology, 42,* 1051–1068.

Park, D. C., Smith, A. D., & Cavanaugh, J. C. (1990). Metamemories of memory researchers. *Memory and Cognition, 18,* 321–327.

Park, M. A. (1982). Palmistry: Science or hand jive? *Skeptical Inquirer, 5,* 198–208.

Park, N., Peterson, C., & Seligman, M. E. P. (2004). Strengths of character and well-being. *Journal of Social and Clinical Psychology, 23,* 603–619.

Park, R. (2000). *Voodoo science: The road from foolishness to fraud.* New York: Oxford University Press.

Parker, E. S., Cahill, L., & McGaugh, J. L. (2006). A case of unusual autobiographical remembering. *Neurocase, 12,* 35–49.

Pascalis, O., de Schonen, S., Morton, J., Deruelle, C., & Fabre-Grenet, M. (1995). Mother's face recognition by neonates: A replication and an extension. *Infant Behavior and Development, 18,* 79–85.

Pascual, A., & Guéguen, N. (2005). Foot-in-the-door and door-in-the-face: A comparative meta-analytic study. *Psychological Reports, 96,* 122–128.

Pascual-Leone, J. (1989). An organismic process model of Witkin's field dependence-independence. In T. Globerson and T. Zelniker (Eds.), *Cognitive style and cognitive development* (pp. 36–70). Norwood, NJ: Ablex.

Passini, F. T., & Norman, W. T. (1966). A universal conception of personality structure? *Journal of Personality and Social Psychology, 4,* 44–49.

Patel, G. A., & Sathian, K. (2000). Visual search: Bottom-up or top-down? *Frontiers in Bioscience, 5,* D169–193.

Patrick, C. J. (Ed.). (2006). *Handbook of psychopathy.* New York: Guilford Press.

Patterson, C. J. (1992). Children of lesbian and gay parents. *Child Development, 63,* 1025–1042.

Patterson, C. J., & Chan, R. W. (1996). Gay fathers and their children. In R. P. Cabaj and T. S. Stein (Eds.), *Textbook of homosexuality and mental health* (pp. 371–393). Washington, DC: American Psychiatric Press.

Paul, A. M. (2004). *The cult of personality: How personality tests are leading us to miseducate our children, mismanage our companies, and misunderstand ourselves.* New York: Free Press.

Paul, G., & Lentz, R. J. (1977). *Psychosocial treatment of chronic mental patients: Milieu versus social-learning programs.* Cambridge, MA: Harvard University Press.

Paulus, P. B., Larey, T. S., & Ortega, A. H. (1995). Performance and perceptions of brainstormers in an organizational setting. *Basic and Applied Social Psychology, 17,* 249–265.

Paulus, T. M. (2004). Collaboration or cooperation? Small group interactions in a synchronous educational environment. In T. S. Roberts (Ed.), *Computer-supported collaborative learning in higher education* (pp. 100–124). Hershey, PA: Idea Group.

Pavlov, I. P. (1927). *Conditioned reflexes.* Oxford, England: Oxford University Press.

Paykel, E. S. (2003). Life events and affective disorders. *Acta Psychiatrica Scandinavia Supplement, 108,* 61–66.

Pearce, J. M. (2004). Sir Charles Scott Sherrington (1857–1952) and the synapse. *Journal of Neurology, Neurosurgery, and Psychiatry, 74*(4), 544.

Pearlin, L. I., & Lieberman, M. A. (1979). Social sources of emotional distress. In J. Simmons (Ed.), *Research in community and mental health* (pp. 217–248). Greenwich, CT: JAI Press.

Pearson, B. Z., & Fernàndez, S. C. (1994). Patterns of interaction in the lexical growth in two languages of bilingual infants and toddlers. *Language Learning, 44*, 617–653.

Pearson, B. Z., Fernàndez, S. C., & Oller, D. K. (1993). Lexical development in bilingual infants and toddlers: Comparison to monolingual norms. *Language Learning, 43*, 93–120.

Pearson, H. (2006). Mouse data hint at human pheromones. *Nature, 442*, 495.

Pedersen, N. L., Plomin, R., McClearn, G. E., & Friberg, L. (1988). Neuroticism, extraversion, and related traits in adult twins reared apart and reared together. *Journal of Personality and Social Psychology, 55*, 950–957.

Pederson Mussell, M., Crosby, R. D., Crow, S. J., Knopke, A. J., Peterson, C. B., Wonderlich, S. A., et al. (2000). Utilization of empirically supported psychotherapy treatments for individuals with eating disorders: A survey of psychologists. *International Journal of Eating Disorders, 27*, 230–237.

Pelham, B. W., Carvallo, M., & Jones, J. T. (2005). Implicit egotism. *Current Directions in Psychological Science, 14*, 106–110.

Pelkonen, M., & Marttunen, M. (2003). Child and adolescent suicide: Epidemiology, risk factors, and approaches to prevention. *Psychiatric Drugs, 5*, 243–265.

Penfield, W. (1958). *The excitable cortex in conscious man*. Liverpool, England: Liverpool University Press.

Penner, L. A., Dovidio, J. F., Schroeder, D. A., & Piliavin, J. A. (2005). Prosocial behavior: Multilevel perspectives. *Annual Review of Psychology, 56*, 365–392.

Pepperberg, I. M. (1999). *The Alex studies: Cognitive and communicative abilities of grey parrots*. Cambridge, MA: Harvard University Press.

Perlmutter, M. (1983). Learning and memory through adulthood. In M. W. Riley, B. B. Hess, & K. Bond (Eds.), *Aging in society: Selected reviews of recent research*. Hillsdale, NJ: Erlbaum.

Perry, J. C. (1992). Problems and considerations in the valid assessment of personality disorders. *American Journal of Psychiatry, 149*(12), 1645–1653.

Persinger, M. A. (1994). Near-death experiences: Determining the neuroanatomical pathways by experiential patterns and simulation in experimental settings. In L. Besette (Ed.), *Healing: Beyond suffering or death* (pp. 277–286). Chabanel, Quebec, Canada: MNH.

Peterson, C. (2000). The future of optimism. *American Psychologist, 55*, 44–55.

Peterson, C., & Seligman, M. E. P. (2004). *Character strengths and virtues: A handbook and classification*. New York: Oxford University Press.

Peterson, L. R., & Peterson, M. J. (1959). Short-term retention of individual verbal items. *Journal of Experimental Psychology, 58*, 193–198.

Petitto, L. A., & Marentette, P. F. (1991). Babbling in the manual mode: Evidence for the ontogeny of language. *Science, 251*, 1493–1496.

Petry, N. M., Tennen, H., & Affleck, G. (2000). Stalking the elusive client variable in psychotherapy research. In C. R. Snyder & R. Ingram (Eds.), *Handbook of psychological change* (pp. 88–108). New York: John Wiley & Sons.

Pettigrew, T. F. (1979). The ultimate attribution error: Extending Allport's cognitive analysis of prejudice. *Personality and Social Psychology Bulletin, 5*, 461–476.

Pettigrew, T. F. (1998). Intergroup contact theory. *Annual Review of Psychology, 49*, 65–85.

Pettinati, H. M., Tamburello, T. A., Ruetsch, C. R., & Kaplan, F. N. (1994). Patient attitudes toward electroconvulsive therapy. *Psychopharmacological Bulletin, 30*, 471–475.

Petty, R. E., & Cacioppo, J. T. (1986). *Communication and persuasion: Central and peripheral routes to attitude change*. New York: Springer Verlag.

Pew Research Center. (2006, February 13). Are we happy yet? Retrieved from http://pewresearch.org/pubs/301/are-we-happy-yet.

Pezdek, K., Blandon-Gitlin, I., & Moore, C. (2003). Children's face recognition memory: More evidence for the cross-race effect. *Journal of Applied Psychology, 88*, 760–763.

Phillips, D. P., & Wills, J. S. (1987). A drop in suicides around major national holidays. *Suicide and Life Threatening Behavior, 17*, 1–12.

Phillips, M. L., Young, A. W., Senior, C., Brammer, M., Andrew, A. J., Calder, J., et al. (1997). A specific neural substrate for perceiving facial expressions of disgust. *Nature, 389*, 495–498.

Piaget, J. (1932). *The moral judgment of the child*. London: Kegan Paul.

Piatelli-Palmarini, M. (1994). *Inevitable illusions: How mistakes of reason rule our minds*. New York: John Wiley & Sons.

Piccinelli, M., & Wilkinson, G. (2000). Gender differences in depression—Critical review. *British Journal of Psychiatry, 177*, 486–492.

Pigott, T. A., Myers, K. R., & Williams, D. A. (1996). Obsessive-compulsive disorder: A neuropsychiatric perspective. In R. M. Rapee (Ed.), *Current controversies in the anxiety disorders* (pp. 134–160). New York: Guilford.

Piliavin, I. M., Rodin, J., & Piliavin, J. A. (1969). Good samaritanism: An underground phenomenon? *Journal of Personality and Social Psychology, 13*, 289–299.

Pillemer, D. B. (1984). Flashbulb memories of the assassination attempt on President Reagan. *Cognition, 16*, 63–80.

Pinker, S. (1997). *How the mind works*. New York: Norton.

Pinker, S. (2002). *The blank slate: The modern denial of human nature*. New York: Penguin.

Pinker, S. (2005, February 14). The science of difference: Sex ed. *The New Republic, 232*, 15–17.

Pinto, A. C. (1992). Medidas de categorizacao: Frequencia de producao e de tipicidade. *Jornal de Psicologia, 10*, 10–15.

Piper, A. (1997). *Hoax and reality: The bizarre world of multiple personality disorder*. Northvale, NJ: Jason Aronson.

Platt, J. R. (1964). Strong inference. *Science, 146*, 347–353.

Plomin, R. (2004). Genetics and developmental psychology. *Merrill-Palmer Quarterly Journal of Developmental Psychology, 50*(3), 341–352.

Plomin, R., Corley, R., DeFries, J. C., & Fulker, D. W. (1990). Individual differences in television viewing in early childhood: Nature as well as nurture. *Psychological Science, 1*, 371–377.

Plomin, R., & Daniels, D. (1987). Why are children in the same family so different from one another? *Behavioral and Brain Sciences, 10*, 1–16.

Plomin, R., DeFries, J. C., & Loehlin, J. C. (1977). Genotype-environment interaction and correlation in the analysis of human behavior. *Psychological Bulletin, 84*, 309–322.

Plotkin, H. (2004). *Evolutionary thought in psychology: A brief history*. Oxford, England: Blackwell.

Plunkett, K., Karmiloff-Smith, A., Bates, E., Elman, J. L., & Johnson, M. H. (1997). Connectionism and developmental psychology. *Journal of Child Psychology and Psychiatry, 38*, 53–80.

Plutchik, R. (2003). *Emotions and life: Perspectives from psychology, biology, and evolution*. Washington, DC: American Psychological Association.

Pohorecky, L. (1977). Biphasic action of ethanol. *Biobehavioral Review, 1*, 231–240.

Poizner, H., Klima, E. S., & Bellugi, U. (1987). *What the hands reveal about the brain*. Cambridge, MA: MIT Press.

Pollard, K. S., Salama, S. R., King, B., Kern, A. D., Dreszer, T., Katzman, S., et al. (2006, October 13). Forces shaping the fastest evolving regions in the human genome. *PLoS Genetics, 2*(10), 168.

Polusny, M. A., & Follette, V. M. (1996). Remembering childhood sexual abuse: A national survey of psychologists' clinical practices, beliefs, and personal experiences. *Professional Psychology: Research and Practice, 27*, 41–52.

Poole, D. A., Lindsay, D. S., Memon, A., & Bull, R. (1995). Psychotherapists' opinions, practices, and experiences with recovery of memories of incestuous abuse. *Journal of Consulting and*

Clinical Psychology, 68, 426–437.

Pope, H. G., & Hudson, J. I. (1992). Is childhood sexual abuse a risk factor for bulimia nervosa? *American Journal of Psychiatry, 149*, 455–463.

Pope, H. G. Jr., Poliakoff, M. B., Parker, M. P., Boynes, M., & Hudson, J. I. (2007). Is dissociative amnesia a culture-bound syndrome? Findings from a survey of historical literature. *Psychological Medicine, 37*, 225–233.

Popper, K. R. (1965). *The logic of scientific discovery*. New York: Harper.

Porter, S., Yuille, J. C., & Lehman, D. R. (1999). The nature of real, implanted, and fabricated memories for emotional childhood events: Implications for the recovered memory debate. *Law and Human Behavior, 23*, 517–538.

Posey, T. B., & Losch, M. E. (1983). Auditory hallucinations of hearing voices in 375 normal subjects. *Imagination, Cognition and Personality, 3*(2), 99–113.

Posner, G. P., & Sampson, W. (1999, Fall/Winter). Chinese acupuncture for heart surgery anesthesia. *The Scientific Review of Alternative Medicine, 3*(2), 15–19.

Posner, M. I., & Snyder, C. R. R. (1975). Facilitation and inhibition in the processing of signals. In P. M. A. Rabbitt & S. Dornic (Eds.), *Attention and performance* (pp. 669–682). New York: Academic Press.

Postmes, T., & Spears, R. (1998). Deindividuation and antinormative behavior: A meta-analysis. *Psychological Bulletin, 123*, 238–259.

Potts, R. G. (2004). Spirituality, religion, and the experience of illness. In P. Camic & S. Knight (Eds.), *Clinical handbook of health psychology: A practical guide to effective interventions* (pp. 297–314). Cambridge, MA: Hogrefe & Huber.

Powell, R. W., & Curley, M. (1984). Analysis of instinctive drift. 2. The development and control of species-specific responses in appetitive conditioning. *Psychological Record, 34*(3), 363–379.

Pratkanis, A. R. (1992). The cargo-cult science of subliminal persuasion. *Skeptical Inquirer, 16*, 260–272.

Pratkanis, A. R. (1995, July/August). How to sell a pseudoscience. *Skeptical Inquirer, 19*, 19–25.

Premack, D. (1965). Reinforcement theory. In D. Levine (Ed.), *Nebraska Symposium on Motivation* (pp. 123–180). Lincoln, NE: University of Nebraska Press.

Premack, D., & Woodruff, G. (1978). Does the chimpanzee have a theory of mind? *Behavioral and Brain Sciences, 1*, 515–526.

Price, R. H., & Bouffard, D. L. (1974). Behavioral appropriateness and situational constraint as dimensions of social behavior. *Journal of Personality and Social Psychology, 30*, 579–586.

Priel, B., & de Schonen, S. (1986). Self-recognition: A study of a population without mirrors. *Journal of Experimental Child Psychology, 41*, 237–250.

Prince, M. J., Harwood, R. H., Blizard, R. A., Thomas, A., & Mann, A. H. (1997). Social support deficits, loneliness and life events as risk factors for depression in old age. The Gospel Oak Project VI. *Psychological Medicine, 27*, 323–332.

Prinz, J. J. (2004). *Gut reactions: A perceptual theory of emotion*. New York: Oxford University Press.

Prochaska, J. O., & DiClemente, C. C. (1982). Transtheoretical therapy: Toward a more integrative model of change. *Psychotherapy: Theory, Research, and Practice, 20*, 161–173.

Prochaska, J. O., & DiClemente, C. C. (1984). *The transtheoretical approach: Crossing the traditional boundaries of therapy*. Homewood, IL: Dow Jones-Irwin.

Prochaska, J. O., & Norcross, J. C. (2002). Stages of change. In J. C. Norcross (Ed.), *Psychotherapy relationships that work*. New York: Oxford University Press.

Prochaska, J. O., & Norcross, J. C. (2007). *Systems of psychotherapy: A transtheoretical approach* (6th ed.). Pacific Grove, CA: Brooks/Cole.

Project MATCH Research Group. (1997). Matching alcoholism treatments to client heterogeneity: Project MATCH posttreatment drinking outcomes. *Journal of Studies on Alcohol, 58*, 7–29.

Pronin, E., Gilovich, T., & Ross, L. (2004). Objectivity in the eye of the beholder: Divergent perceptions of bias in self versus others. *Psychological Review, 3*, 781–799.

Pronk, N. P., & Wing, R. R. (1994). Physical activity and long-term maintenance of weight loss. *Obesity Research, 2*, 587–599.

Proske, U. (2006). Kinesthesia: The role of muscle receptors. *Muscle Nerve, 34*, 545–558.

Provine, R. R. (1996). Laughter. *American Scientist, 84*, 38–45.

Provine, R. R. (2000). *Laughter: A scientific investigation*. New York: Viking.

Pyszczynski, T., Greenberg, J., & Solomon, S. (2003). *In the wake of 9/11: The psychology of terror.* Washington, D.C.: American Psychological Association.

Q

Quick, D. C. (1999, March/April). Joint pain and weather. *Skeptical Inquirer, 23*, 49–51.

Quick, J. C., Quick, J. D., Nelson, D. L., & Hurrell, J. J. (1997). *Preventive stress management in organizations*. Washington, DC: American Psychological Association.

Quiroga, R. Q., Reddy, L., Kreiman, G., Koch, C., & Fried, I. (2005). Invariant visual representation by single neurons in the human brain. *Nature, 435*, 1102–1107.

R

Rachid, F., & Bertschy, G. (2006). Safety and efficacy of repetitive transcranial magnetic stimulation in the treatment of depression: A critical appraisal of the last 10 years. *Neurophysiologie Clinique, 36*, 157–183.

Rachlin, H., & Logue, A. W. (1991). Learning. In M. Hersen, A. E. Kazdin, & A. S. Bellack (Eds.), *The clinical psychology handbook* (2nd ed.) (pp. 170–184). Elmsford, NY, US: Pergamon Press.

Rachman, S. (1977). The conditioning theory of fear-acquisition: A critical examination. *Behaviour Research and Therapy, 15*, 375–387.

Rachman, S., & Hodgson, R. J. (1968). Experimentally induced "sexual fetishism": Replication and development. *Psychological Record, 18*, 25–27.

Rader, C. M., & Tellegen, A. (1987). An investigation of synesthesia. *Journal of Personality and Social Psychology, 52*(5) 981–987.

Rainville, P., Bechara, A., Naqvi, N., & Damasio, A. R. (2006). Basic emotions are associated with distinct patterns of cardiorespiratory activity. *International Journal of Psychophysiology, 61*, 5–18.

Ramachandran, V. S., & Hubbard, E. M. (2001). Synaesthesia: A window into perception, thought and language. *Journal of Consciousness Studies, 8*, 33–34.

Rankin, J. L. (2005). *Parenting experts: Their advice, the research, and getting it right*. Westport, CT: Praeger.

Rasmussen, K., Sampson, S. M., & Rummans, T. A. (2002). Electroconvulsive therapy and newer modalities for the treatment of medication-refractory mental illness. *Mayo Clinic Proceedings, 77*, 552–556.

Rassin, E., Merckelbach, H., & Spaan, V. (2001). When dreams become a royal road to confusion: Realistic dreams, dissociation, and fantasy proneness. *Journal of Nervous and Mental Disease, 189*, 478–481.

Rathus, S. A., Nevid, J. S., & Fichner-Rathus, L. (2000). *Human sexuality in a world of diversity*. Boston: Allyn & Bacon.

Raulin, M. L. (2003). *Abnormal psychology*. Boston: Allyn & Bacon.

Raulin, M. L., & Lilienfeld, S. O. (2008). Research paradigms in the study of psychopathology. In P. H. Blaney & T. Milton (Eds.), *Oxford textbook of psychopathology*. (2nd ed.) (pp. 86–115). New York: Oxford University Press.

Rauscher, F. H., Shaw, G. L., & Ky, K. N. (1993). Music and spatial task performance. *Nature, 365*, 611.

Raven, J., Raven, J. C., & Court, J. H. (1998). *Manual for Raven's Advanced Progressive Matrices*. Oxford, England: Oxford Psychologists Press.

Raz, S., & Raz, N. (1990). Structural brain abnormalities in the major psychoses: A quantitative review of the evidence from computerized imaging. *Psychological Bulletin, 108*, 93–108.

Razoumnikova, O. (2000). Functional organization of different brain areas during convergent and divergent thinking: An EEG investigation. *Cognitive Brain Research, 10*, 11–18.

Reasoner, R. (2000). *Self-esteem and youth: What research has to say about it*. Port Ludlow, WA: International Council for Self-Esteem.

Rechtschaffen, A. (1998). Current perspectives on the function of sleep. *Perspectives in Biology and Medicine, 41*(3), 359–390.

Redding, R. E. (1998). How common-sense psychology can inform law and psycholegal research. *University of Chicago Law School Roundtable, 5*, 107–142.

Redding, R. E. (2004). Bias or prejudice? The politics of research on racial prejudice. *Psychological Inquiry, 15*(4), 289–293.

Redfern, M. S., Muller, M. L., Jennings, J. R., & Furman, J. M. (2002). Attentional dynamics in postural control during perturbations in young and older adults. *Journals of Gerontology: Series A: Biological Sciences and Medical Sciences, 57A*, B298–B303.

Regan, P. C., & Berscheid, E. (1999). *Lust: What we know about human sexual desire*. Thousand Oaks, CA: Sage.

Regan, T. (2004). *Empty Cages: Facing the Challenge of Animal Rights*. Lanham, Maryland: Rowman and Littlefield.

Rehberg, R. A., & Rosenthal, E. R. (1978). *Class and merit in the American high school*. New York: Longman.

Reich, W. (1949). *Character analysis*. New York: Orgone Institute Press.

Reicher, S. D., & Haslam, S. A. (2006). Rethinking the social psychology of tyranny: The BBC Prison Study. *British Journal of Social Psychology, 45*, 1–40.

Reilly, S. & Schachtman, T. R. (2009). *Conditioned taste aversion: Behavioral and neural processes*. New York: Oxford University Press.

Reisenzein, R. (1983). The Schachter theory of emotion: Two decades later. *Psychological Bulletin, 94*, 239–264.

Reiss, D., & Marino, L. (2001). Mirror self-recognition in the bottlenose dolphin: A case of cognitive convergence. *Proceedings of the National Academy of Sciences, 98*, 5937–5942.

Reiss, S., & McNally, R. J. (1985). The expectancy model of fear. In S. Reiss & R. R. Bootzin (Eds.), *Theoretical issues in behavior therapy* (pp. 107–121). New York: Academic Press.

Reivich, M., Kuhl, D., Wolf, A., Greenberg, J., Phelps, M., Ido, T., et al. (1979). The [18F]fluorodeoxyglucose method for the measurement of local cerebral glucose utilization in man. *Circulation Research, 44*, 127–137.

Renken, B., Egeland, B., Marvinney, D., Mangelsdorf, S., & Sroufe, L. A. (1989). Early childhood antecedents of aggression and passive-withdrawal in early elementary school. *Journal of Personality, 57*, 257–281.

Repetti, R., Taylor, S., & Seeman, T. (2002). Risky families: Family social environments and the mental and physical health of offspring. *Psychological Bulletin 128*, 330–366.

Resnick, A. G., & Ithman, M. H. (2009). The human sexual response cycle: Psychotropic side effects and treatment strategies. *Psychiatric Annals, 38*, 267–280.

Restak, R. (1984). *The brain*. New York: Bantam Books.

Revonsuo, A. (2000). The reinterpretation of dreams: An evolutionary hypothesis of the function of dreaming. *Behavioral and Brain Sciences, 23*, 877–901.

Reynolds, D. (2003, April 25). Panel recommends counseling for sterilization survivors. *Inclusion Daily Express*. Retrieved from www.inclusiondaily.com/news/institutions/nc/eugenics.htm#04 2503.

Rhine, J. B.. (1934). *Extrasensory perception*. Oxford, England: Society for Psychic Research.

Rhodes, G., Halberstadt, J., & Brajkovich, G. (2001). Generalization of mere exposure effects to averaged composite faces. *Social Cognition, 19*, 57–70.

Rhule, D. M. (2005). Take care to do no harm: Harmful interventions for youth problem behavior. *Professional Psychology: Research and Practice, 36*, 618–625.

Ricciardelli, L. A. (1992). Bilingualism and cognitive development in relation to threshold theory. *Journal of Psycholinguistic Research, 21*, 301–316.

Richardson, R., Riccio, C., & Axiotis, R. (1986). Alleviation of infantile amnesia in rats by internal and external contextual cues. *Developmental Psychobiology, 19*, 453–462.

Rickels, K., Hesbacher, P. T., Weise, C. C., Gray, B., & Feldman, H. S. (1970). Pills and improvement: A study of placebo response in psychoneurotic outpatients. *Psychopharmacologia, 16*(4), 318–328.

Rilling, M. (1996). The mystery of the vanished citations: James McConnell's forgotten 1960s quest for planarian learning, a biochemical engram, and celebrity. *American Psychologist, 51*(1), 1039.

Rimland, B. (2004). Association between thimerosol-containing vaccine and autism. *Journal of the American Medical Association, 291*, 180.

Rimm, D., & Masters, J. C. (1979). *Behavior therapy: Techniques and empirical findings* (2nd ed.). New York: Academic Press.

Rind, B., Tromovitch, P., & Bauserman, R. (1998). A meta-analytic examination of assumed properties of child sexual abuse using college samples. *Psychological Bulletin, 124*, 22–53.

Ring, K. (1984). *Healing toward omega: In search of the meaning of the near-death experience*. New York: Morrow.

Ringwalt, C. L., & Greene, J. M. (1993, March). *Results of school districts' drug prevention coordinators survey*. Paper presented at the Alcohol, Tobacco, and Other Drugs Conference on Evaluating School-Linked Prevention Strategies, San Diego, CA.

Ris, M. D., Dietrich, K. N., Succop, P. A., Berger, O. G., & Bornschein, R. L. (2004). Early exposure to lead and neuropsychological outcome in adolescence. *Journal of the International Neuropsychological Society, 10*, 261–270.

Risen, J., & Gilovich, T. (2007). Informal logical fallacies. In R. J. Sternberg, H. L. Roediger, & D. F. Halpern (Eds.), *Critical thinking in psychology* (pp. 110–130). New York: Cambridge University Press.

Robbins, T. W., & Everitt, B. J. (1999). Interaction of the dopaminergic system with mechanisms of associative learning and cognition: Implications for drug abuse. *Psychological Science, 10*(3), 199–202.

Robbins, T. W., Granon, S., Muir, J. L., Durantou, F., Harrison, A., & Everitt, B. J. (1998). Neural systems underlying arousal and attention. Implications for drug abuse. In J. A. Harvey & B. E. Kosofsky (Eds.), *Cocaine: Effects on the developing brain* (pp. 222–237). New York, NY: New York Academy of Sciences.

Roberts, B. W., & DelVecchio, W. F. (2000). The rank-order consistency of personality traits from childhood to old age: Review of longitudinal studies. *Psychological Bulletin, 126*, 3–25.

Roberts, W. M., Howard, J., & Hudspeth, A. J. (1988). Hair cells: Transduction, tuning, and transmission in the inner ear. *Annual Review of Cell Biology, 4*, 63–92.

Robins, E., & Guze, S. B. (1970). Establishment of diagnostic validity in psychiatric illness: Its application to schizophrenia. *American Journal of Psychiatry, 126*, 983–987.

Robinson, D. G., Woerner, M. G., McMeniman, M., Mendelowitz, A., & Bilder, R. M. (2004). Systematic and functional recovery from a first episode of schizophrenia or schizoaffective disorder. *American Journal of Psychiatry, 161*, 473–479.

Robinson, D. S. (2007). The role of dopamine and norepinephrine in depression. *Primary Psychiatry, 14*, 21–23.

Rochat, P. (2001). *The infant's world*. Cambridge, MA: Harvard University Press.

Rodman, H. R. (2006). Behavioral and neural alterations following V1 damage in immature primates. In S. G. Lomber & J. J. Eggermont (Eds.), *Reprogramming the cerebral cortex: Plasticity following central and peripheral lesions* (pp. 91–113). New York, Oxford University Press.

Roediger, H. L., & McDermott, K. B. (1995). Creating false memories: Remembering words not presented in lists. *Journal of Experimental Psychology: Learning, Memory, and Cognition, 21,* 803–814.

Roediger, H. L., & McDermott, K. B. (1999). False alarms and false memories. *Psychological Review, 106,* 406–410.

Rogers, C. R. (1942). *Counseling and psychotherapy*. New York: Houghton Mifflin.

Rogers, C. R. (1947). Some observations on the organization of personality. *American Psychologist, 2,* 358–368.

Rogers, C. R. (1961). *On becoming a person*. Boston: Houghton Mifflin.

Rogers, M., & Smith, K. H. (1993). Public perceptions of subliminal advertising. *Journal of Advertising Research, 33,* 10–18.

Rogers, R. W., & Prentice-Dunn, S. (1981). Deindividuation and anger-mediated interracial aggression: Unmasking regressive racism. *Journal of Personality and Social Psychology, 41,* 63–73.

Rogoff, B. (1998). Cognition as a collaborative process. In D. Kuhn & R. S. Seigler (Eds.), *Handbook of child psychology, Vol. 2: Cognition, perception, & language* (5th ed., pp. 679–744). New York: Wiley.

Rogoff, B., & Chavajay, P. (1995). What's become of research on the cultural basis of cognitive development? *American Psychologist, 50,* 859–877.

Rolls, E. T. (2004). The functions of the orbitofrontal cortex. *Brain & Cognition, 55,* 11–29.

Romanczyk, R. G., Arnstein, L., Soorya, L. V., & Gillis, J. (2003). The myriad of controversial treatments for autism: A critical evaluation of efficacy. In S. O. Lilienfeld, S. J. Lynn, & J. M. Lohr (Eds.), *Science and pseudoscience in clinical psychology* (pp. 363–395). New York: Guilford.

Rosch, E. (1973). Natural categories. *Cognitive Psychology, 4,* 328–350.

Rosen, G. M. (1993). Self-help or hype? Comments on psychology's failure to advance self-care. *Professional Psychology: Research and Practice, 24,* 340–345.

Rosen, G. M. (2006). DSM's cautionary guideline to rule out malingering can protect the PTSD data base. *Journal of Anxiety Disorders, 20,* 530–535.

Rosen, G. M., Glasgow, R. E., & Moore, T. E. (2003). Self-help therapy: The science and business of giving psychology away. In S. O. Lilienfeld, S. J. Lynn, & J. M. Lohr (Eds.), *Science and pseudoscience in clinical psychology* (pp. 399–424). New York: Guilford.

Rosenberg, S. D., Rosenberg, H. J., & Farrell, M. P. (1999). The midlife crisis revisited. *Journal of Personality and Social Psychology, 77,* 415–427.

Rosenblum, D., & Lewis, M. (1999). The relations among body image, physical attractiveness, and body mass in adolescence. *Child Development, 70,* 50–64.

Rosenfarb, I. S., Bellack, A. S., & Aziz, N. (2006). Family interactions and the course of schizophrenia in African-American and white patients. *Journal of Abnormal Psychology, 115,* 112–120.

Rosenhan, D. L. (1973). On being sane in insane places. *Science, 179,* 250–258.

Rosenhan, D. L., & Seligman, M. E. P. (1989). *Abnormal psychology*. New York: W. W. Norton.

Rosenman, R. H., Brand, R. J., Jenkins, C. D., Friedman, M., Straus, R., & Wurm, M. (1975). Coronary heart disease in the Western Collaborative Group Study: Final follow-up experience of 81/2 years. *Journal of the American Medical Association, 233,* 872–877.

Rosenman, R. H., Friedman, M., Straus, R., Wurm, M., Kositchek, R., Hahn, W., et al. (1964). A predictive study of coronary heart disease: The Western Collaborative Group Study. *Journal of the American Medical Association, 189,* 15–22.

Rosenthal, D. (1963). *The Genain quadruplets*. New York: Basic Books.

Rosenthal, R., & Fode, K. L. (1963). Psychology of the scientist: V. Three experiments in experimenter bias. *Psychological Reports, 12,* 491–511.

Rosenzweig, S. (1936). Some implicit common factors in diverse methods in psychotherapy. *American Journal of Orthopsychiatry, 6,* 412–415.

Rosnow, R. L. (2002). The nature and role of demand characteristics in scientific inquiry. *Prevention and Treatment, 5*(1). Retrieved March 10, 2005, from http://content.apa.org/journals/pre/5/1/37.

Ross, C. A. (1997). *Dissociative identity disorder: Diagnosis, clinical features, and treatment of multiple personality*. New York: John Wiley & Sons.

Ross, H., & Plug, C. (2002). *The mystery of the moon illusion*. Oxford, England: Oxford University Press.

Ross, L. (1977). The intuitive psychologist and his shortcomings: Distortions in the attribution process. In L. Berkowitz (Ed.), *Advances in experimental social psychology* (Vol. 10, pp. 174–221). New York: Academic Press.

Ross, L., Amabile, T. M., & Steinmetz, J. L. (1977). Social roles, social control and biases in social perception. *Journal of Personality and Social Psychology, 35,* 485–494.

Ross, L., & Ward, A. (1996). Naive realism: Implications for social conflict and misunderstanding. In T. Brown, E. Reed, & E. Turiel (Eds.), *Values and knowledge* (pp. 103–135). Hillsdale, NJ: Lawrence Erlbaum Associates.

Ross, M. (1989). Relation of implicit theories to the construction of personal histories. *Psychological Review, 96,* 803–814.

Rotenberg, K. J., & Mann, L. (1986). The development of the norm of the reciprocity of self-disclosure and its function in children's attraction to peers. *Child Development, 57,* 1349–1357.

Rothbaum, R., Weisz, J., Pott, M., Miyake, K., & Morelli, G. (2000). Attachment and culture: Security in Japan and the U.S. *American Psychologist, 55,* 1093–1104.

Rotter, J. B. (1966). Generalized expectancies for internal versus external control of reinforcement. *Psychological Monographs* (1, Whole No. 609).

Rotton, J., & Kelly, I. W. (1985). Much ado about the full moon: A meta-analysis of lunar-lunacy research. *Psychological Bulletin,* 97, 286–306.

Rovee-Collier, C. (1993). The capacity for long-term memory in infancy. *Current Directions in Psychological Science, 2,* 130–135.

Rowan, J. (1998). Maslow amended. *Journal of Humanistic Psychology, 38,* 81–93.

Rowland, I. (2001). *The full facts on cold reading* (2nd ed.). London, England: Author.

Rowling, J. K. (1998). (Illustrations by Mary GrandPré.) *Harry Potter and the sorcerer's stone*. New York: Arthur A. Levine Books.

Roy, M., McNeale, M. C., Pedersen, N. L., Mathe, A. A., & Kendler, K. S. (1995). A twin study of generalized anxiety disorder and major depression. *Psychological Medicine, 25,* 1037–1049.

Roy-Byrne, P. P. (2005). The GABA-benzodiazepine receptor complex: Structure, function, and role in anxiety. *Journal of Clinical Psychiatry, 66* (Suppl. 2), 14–20.

Royce, J., Darlington, R., & Murray, H. (1983). Pooled analyses: Findings across studies. In The Consortium for Longitudinal Studies (Ed.), *As the twig is bent: Lasting effects of preschool programs* (pp. 411–459). Hillsdale, NJ: Erlbaum.

Rozin, P., & Stoess, C. (1993). Is there a general tendency to become addicted? *Addictive Behaviors, 18,* 81–87.

Rubenzer, S. J., Faschingbauer, T. R., & Ones, D. S. (2000, August). *Assessing the U.S. presidents using the Revised NEO Personality Inventory*. Paper presented at the Annual Convention of the American Psychological Association, Washington, DC.

Rudolph, K. D., Hammen, C., Burge, D., Lindberg, N., Herzberg, D., & Daley, S. E. (2000). Toward an interpersonal life-stress model of depression: The developmental context of stress generation. *Development and Psychopathology, 12*, 215–234.

Ruff, R. M., & Parker, S. B. (1993). Gender- and age-specific changes in motor speed and eye-hand coordination in adults: Normative values for the Finger Tapping and Grooved Pegboard tests. *Perceptual and Motor Skills, 76*, 1219–1230.

Rumelhart, D. E., & McClelland, J. L. (1986). *Parallel distributed processing* (Vol. 1). Cambridge, MA: MIT Press.

Ruscio, J. (2003). Diagnoses and the behaviors they denote: A critical evaluation of the labeling theory of mental illness. *Scientific Review of Mental Health Practice, 3*, 5–22.

Ruscio, J. (2005). Exploring controversies in the art and science of polygraph testing. *Skeptical Inquirer, 29*(1), 34–39.

Rush, A. J., Marangell, L. B., Sackeim, H. A., George, M. S., Brannan, S. K., Davis, S. M., et al. (2005). Vagus nerve stimulation for treatment-resistant depression: A randomized, controlled acute phase trial. *Biological Psychiatry, 58*, 347–354.

Rushton, J. P., Brainerd, C. J., & Presley, M. (1983). Behavioral development and construct validity: The principle of aggregation. *Psychological Bulletin, 94*, 18–38.

Rushton, J. P., & Campbell, A. C. (1977). Modelling, vicarious reinforcement, and extraversion on blood donating in adults: Immediate and long term effects. *European Journal of Social Psychology, 7*, 297–306.

Rust, S. (2006, April 3). Autism epidemic doubted. *Milwaukee Sentinel*. Retrieved April 16, 2006, from www.jsonline.com/story/index.aspx?id=412874.

Rutter, M. (2000). Genetic studies of autism: From the 1970s into the millennium. *Journal of Abnormal Child Psychology, 28*, 3–14.

Rutter, M. (2008). Biological implications of gene-environment interaction. *Journal of Abnormal Child Psychology, 36*, 969–975.

Rutter, M. L. (1997). Nature-nurture integration: The example of anti-social behavior. *American Psychologist 52*, 390–398.

Ryan, R. (1976). *Blaming the victim*. New York: Vintage Books.

Ryan, R. M. (1985). Thematic Apperception Test. In D. J. Keyser & R. C. Swetland (Eds.), *Test critiques* (Vol. 2, pp. 799–814). Kansas City, MO: Test Corporation of America.

S

Saba, G., Schurhoff, F., & Leboyer, M. (2006). Therapeutic and neurophysiologic aspects of transcranial magnetic stimulation in schizophrenia. *Neurophysiologie Clinique, 36*, 185–194.

Sabom, M. (1982). *Recollections of death: A medical investigation*. New York: Harper & Row.

Sackeim, H. A. (1986). The efficacy of electroconvulsive therapy. *Annals of the New York Academy of Sciences, 462*, 70–75.

Sackeim, H. A., Prudic, J., Fuller, R., Keilp, J., Lavori, P. W., & Olfson, M. (2007). The cognitive effects of electroconvulsive therapy in community settings. *Neuropsychopharmacology, 32*, 244–254.

Sacks, O. (1985). *The man who mistook his wife for a hat: And other clinical tales*. New York: Touchstone.

Sadler, P., & Woody, E. (2006). Does the more vivid imagery of high hypnotizables depend on greater cognitive effort? A test of dissociation and social-cognitive theories of hypnosis. *International Journal of Clinical and Experimental Hypnosis*.

Safer, D. J. (2000). Are stimulants overprescribed for youths with ADHD? *Annals of Clinical Psychiatry, 12*, 55–62.

Sagan, C. (1995). *The demon-haunted world: Science as a candle in the dark*. New York: Random House.

Saha, S., Chant, D., Welham, J., & McGrath, J. (2005). *PLoS Medicine, 2*, e141doi:10.1371/journal.pmed.0020141.

Saletan, W. (2004, May 12). The Stanford Prison Experiment doesn't explain Abu Ghraib. *Slate*. Retrieved December 2, 2004, from http://slate.msn.com/id/2100419/.

Salgado, J. F., Anderson, N., Mocsoso, S., Bertua, C., deFruyt, F., & Rolland, J. P. (2003). A meta-analytic study of general mental ability validity for different occupations in the European community. *Journal of Applied Psychology, 88*, 1068–1081.

Salovey, P., & Mayer, J. D. (1990). Emotional intelligence. *Imagination, Cognition, and Personality, 9*, 185–211.

Salthouse, T. A. (2004). Localizing age-related individual differences in a hierarchical structure. *Intelligence, 32*, 541–561.

Salzinger, K. (2002). Science directions: Gugelhupf. *APA Monitor on Psychology*. Retrieved May 14, 2008, from http://www.apa.org/monitor/jun02/sd.html

Samuelson, L. K., & Smith, L. B. (1998). Memory and attention make smart word learning: An alternative account of Akhtar, Carpenter, and Tomasello. *Child Development, 69*, 94–104.

Sanchez-Andres, J. V., Olds, J. L., & Alkon, D. L. (1993). Gated informational transfer within the mammalian hippocampus: A new hypothesis. *Behavioral Brain Research, 54*, 111–106.

Sanderson, W. C., & Barlow, D. H. (1990). A description of patients diagnosed with DSM-III-R generalized anxiety disorder. *Journal of Nervous and Mental Disease, 178*, 588–591.

Santa Maria, M. P., Baumeister, A. A., & Gouvier, W. D. (1999). Public knowledge and misconceptions about electroconvulsive therapy: A demographically stratified investigation. *International Journal of Rehabilitation and Health, 4*, 111–116.

Santor, D. A., & Kusumakar, V. (2001). Open trial of interpersonal therapy in adolescents with moderate to severe major depression: Effectiveness of novice IPT therapists. *Journal of the American Academy of Child and Adolescent Psychiatry, 40*, 236–240.

Saper, R. B., Kales, S. N., Paquin, J., Burns, M. J., Eisenberg, D. M., Davis, R. B., et al. (2004). Heavy metal content of Ayurvedic herbal medicine products. *Journal of the American Medical Association, 292*, 2868–2873.

Sapir, E. (1929). The status of linguistics as a science. *Language, 5*, 209.

Sar, V., Koyuncu, A., Ozturk, E, Yargic, L., Kundakci, T., Yazici, A., et al. (2007). Dissociative disorders in the psychiatric emergency ward. *General Hospital Psychiatry, 29*, 45–50.

Sarafino, E. P. (2006). *Health psychology: Biopsychosocial interactions* (5th ed.). Hoboken, NJ: John Wiley & Sons.

Satir, V. (1964). *Conjoint family therapy*. New York: Science and Behavior Books.

Saufley, W. H., Otaka, S. R., & Bavaresco, J. L. (1985). Context effects: Classroom tests and context independence. *Memory & Cognition, 13*, 522–528.

Savage-Rumbaugh, E. S. (1986). *Ape language: From conditioned response to symbol*. New York: Columbia University Press.

Savic, I., Berglund, H., & Lindstrom, P. (2005). Brain response to putative pheromones in homosexual men. *Proceedings of the National Academy of Sciences, U.S.A., 17*, 7356–7361.

Savitz, J., Solms, M., Pietersen, E., Ramesar, R., & Flor-Henry, P. (2004). Dissociative identity disorder associated with mania and change in handedness. *Cognitive and Behavioral Neurology, 17*, 233–237.

Saxe, L., & Ben-Shakhar, G. (1999). Admissibility of polygraph tests: The application of scientific standards post-Daubert. *Psychology, Public Policy and Law, 5*, 203–223.

Scarr, S. (1985). An author's frame of mind (Review of *Frames of mind: The theory of multiple intelligences*). *New Ideas in Psychology, 3*, 95–100.

Scarr, S., Webber, P. L., Weinberg, R. A., & Wittig, M. A. (1981). Personality resemblance among adolescents and their parents in biologically related and adoptive families. *Journal of Personality and Social Psychology, 40*, 885–898.

Scarr, S., & Weinberg, R. A. (1976). IQ test performance of black children adopted by white families. *American Psychologist, 31*, 726–739.

Schachter, S., & Gross, L. (1968). Manipulated time and eating behavior. *Journal of Personality and Social Psychology, 10*, 98–106.

Schachter, S., & Singer, J. E. (1962). Cognitive, social and physiological determinants of emotional state. *Psychological Review, 69*, 379–399.

Schacter, D. L. (1996). *Searching for memory: The brain, the mind, and the past*. New York: Basic Books.

Schacter, D. L. (2001). *The seven sins of memory*. Boston: Houghton-Mifflin.

Schacter, D. L., & Moscovitch, M. (1984). Infants, amnesics, and dissociable memory systems. In M. Moscovitch (Ed.), *Infant memory* (pp. 173–216). New York: Plenum.

Schaefer, C., Coyne, J. C., & Lazarus R. S. (1981). The health-related functions of social support. *Journal of Behavioral Medicine, 4*, 381–406.

Schank, R. C., & Abelson, R. (1977). *Scripts, plans, goals, and understanding*. Hillsdale, NJ: Erlbaum.

Schatzberg, A. F. (1998). Noradrenergic versus serotonergic antidepressants: Predictors of treatment response. *Journal of Clinical Psychiatry, 59* (Suppl. 14), 15–18.

Scheck, B., Neufeld, P., & Dwyer, J. (2000). *Actual innocence*. New York: Random House.

Scheff, S. W., Price, D. A., Schmitt, F. A., DeKosky, S. T., & Mufson, E. J. (2007). Synaptic alterations in CA1 in mild Alzheimer disease and mild cognitive impairment. *Neurology, 68*, 1501–1508.

Scheff, T. J. (1984). *Being mentally ill: A sociological theory*. New York: Aldine.

Scheier, M. F., & Carver, C. S. (1992). Effects of optimism on psychological and physical well-being: Theoretical overview and empirical update. *Cognitive Therapy and Research, 16*, 201–228.

Scheier, M. F., Matthews, K. A., Owens, J. F., Magovern, G. J., Lefebvre, R. C., Abbott, R. A., et al. (1989). Dispositional optimism and recovery from coronary artery bypass surgery: The beneficial effects on physical and psychological well-being. *Journal of Personality and Social Psychology, 57*(6), 1024–1040.

Scher, C. D., Ingram, R. E., & Segal, Z. V. (2005). Cognitive reactivity and vulnerability: Empirical evaluation of construct activation and cognitive diatheses in unipolar depression. *Clinical Psychology Review, 25*, 487–510.

Scherer, K. R. (1988). Criteria for emotion-antecedent appraisal: A review. In V. Hamilton, G. H. Bower, & N. H. Frijda (Eds.), *Cognitive perspectives on emotion and motivation* (pp. 89–126). Dordrecht: Nijhoff.

Schienle, A., Stark, R., Walter, B., Blecker, C., Ott, U., Kirsch, P., et al. (2002). The insula is not specifically involved in disgust processing: An fMRI study. *Neuroreport, 13*, 2023–2026.

Schkade, D. A., & Kahneman, D. (1998). Does living in California make people happy? A focusing illusion in judgments of life satisfaction. *Psychological Science, 9*, 340–346.

Schlegel, A., & Barry, H. III. (1991). *Adolescence: An anthropological inquiry*. New York: Free Press.

Schmahmann, J. D. (2004). Disorders of the cerebellum: Ataxia, dysmetria of thought, and the cerebellar cognitive affective syndrome. *Journal of Neuropsychiatry & Clinical Neurosciences, 16*, 367–378.

Schmidt, P. J., Murphy, J. H., Haq, N., Rubinow, D. R., & Danaceau, M. A. (2004). Stressful life events, personal losses, and perimenopause-related depression. *Archives of Women's Mental Health, 7*, 19–26.

Schmolk, H., Buffalo, E. A., & Squire, L. R. (2000). Memory distortions develop over time. Recollections of the O. J. Simpson trial verdict after 15 and 32 months. *Psychological Science, 11*, 39–45.

Schnall, P. L., Pieper, C., Schwartz, J. E., Karasek, R. A., Schlussel, Y., Devereux, R. B., et al. (1990). The relationship between "job strain," workplace diastolic blood pressure, and left ventricular mass index: Results of a case-control study. *Journal of the American Medical Association, 263*, 1929–1935.

Schneider, W., & Bjorklund, D. F. (1998). Memory. In W. Damon, R. S. Siegler, & D. Kuhn (Eds.), *Handbook of child psychology, Vol. 2*. (pp. 467–521). New York: Wiley.

Schoenewolf, G. (1997). *The dictionary of dream interpretation, including a glossary of dream symbols*. Northvale, NJ: Jason Aronson.

Schofield, W. (1964). *Psychotherapy: The purchase of friendship*. Englewood Cliffs, NJ: Prentice-Hall.

Schonfield, D., & Robertson, B. A. (1966). Memory storage and aging. *Canadian Journal of Psychology, 20*, 228–236.

Schuckit, M. A. (1998). Biological, psychological, and environmental predictors of the alcoholism risk: A longitudinal study. *Journal of Studies on Alcohol, 59*, 485–494.

Schuman, H., Steeh, C., Bobo, L., & Krysan, M. (1997). *Racial attitudes in America: Trends and interpretations* (Rev. ed.). Cambridge, MA: Harvard University Press.

Schwartz, B. L. (1999). Sparkling at the end of the tongue: The etiology of the tip-of-the-tongue phenomenology. *Psychonomic Bulletin & Review, 6*(3), 379–393.

Schwartz, M. B., Vartanian, L. R., Nosek, B. A., & Brownell, K. D. (2006). The influence of one's own body weight on implicit and explicit anti-fat bias. *Obesity, 14*, 440–447.

Schwartz, N. W., Woods, S. C., Porte, D., Seeley, R. J., & Baskin, D. G. (2000). Central nervous system control of food intake. *Nature, 404*, 661–671.

Schwarz, N. (1999). Self-reports: How the questions shape the answers. *American Psychologist, 54*, 93–105.

Schweder, R., Mahapatra, M., & Miller, J. (1990). Culture and moral development. In J. Kagan & S. Lamb (Eds.), *The emergence of morality in young children* (pp. 1–83). Chicago: University of Chicago Press.

Scoboria, A., Mazzoni, G., Kirsch, I., & Milling, L. S. (2002). Immediate and persistent effect of misleading questions and hypnosis on memory reports. *Journal of Experimental Psychology: Applied, 8*, 26–32.

Scovern, A. W., & Kilmann, P. R. (1980). Status of electroconvulsive therapy: Review of the outcome literature. *Psychological Bulletin, 87*, 260–295.

Scoville, W. B., & Milner, B. (1957). Loss of recent memory after bilateral hippocampal lesions. *Journal of Neurology, Neurosurgery, and Psychiatry, 20*, 11–21.

Sears, D. O. (1986). College sophomores in the laboratory: Influences of a narrow data base on social-psychology's view of human nature. *Journal of Personality and Social Psychology, 51*, 515–530.

Segal, M. W. (1974). Alphabet and attraction: An unobtrusive measure of the effect of propinquity in a field setting. *Journal of Personality and Social Psychology, 30*, 654–657.

Segal, Z. V., Williams, S., & Teasdale, J. (2002). *Mindfulness-based cognitive therapy for depression: A new approach to preventing relapse*. New York: Guilford.

Segall, M. H., Campbell, D. T., & Herskovits, M. J. (1966). *The influence of culture on visual perception*. Indianapolis, IN: Bobbs-Merrill.

Segerstrom, S. C. (2005). Optimism and immunity: Do positive thoughts always lead to positive effects? *Brain, Behavior, and Immunity, 19*, 195–200.

Segerstrom, S. C., Taylor, S. E., Kemeny, M. E., & Fahey, J. L. (1998). Optimism is associated with mood, coping, and immune change in response to stress. *Journal of Personality and Social*

Psychology, 74, 1646–1655.

Segrin, C. (2000). Social skill deficits associated with depression. *Clinical Psychology Review, 20*, 379–403.

Seitz, A. R., & Watanabe, T. (2003). Psychophysics: Is subliminal learning really passive? *Nature, 422*, 36.

Selden, S. (1999). *Inheriting shame: The story of eugenics and racism in America*. New York: Teachers College Press.

Seligman, M. E. P. (1971). Phobias and preparedness. *Behavior Therapy, 2*, 307–320.

Seligman, M. E. P. (1975). *Helplessness: On depression, development, and death*. San Francisco: Freeman.

Seligman, M. E. P. (1990). *Learned optimism*. New York: Knopf.

Seligman, M. E. P. (1995). The effectiveness of psychotherapy: The *Consumer Reports* survey. *American Psychologist, 50*, 965–974.

Seligman, M. E. P. (1998). *Learned optimism* (2nd ed.). New York: Pocket Books.

Seligman, M. E. P., & Csikszentmihalyi, M. (2000). Positive psychology: An introduction. *American Psychologist, 55*, 5–14.

Seligman, M. E. P., & Hager, J. L. (1972). Sauce-bearnaise syndrome. *Psychology Today, 6*(3), 59.

Seligman, M. E. P., & Maier, S. F. (1967). Failure to escape traumatic shock. *Journal of Experimental Psychology, 74*, 1–9.

Seligman, M. E. P., & Pawelski, J. O. (2003). Positive psychology: FAQs. *Psychological Inquiry, 14*, 159–163.

Selye, H. (1956). *The stress of life*. New York: McGraw Hill.

Serbin, L. A., & O'Leary, K. D. (1975). How nursery schools teach girls to shut up. *Psychology Today, 9*(7), 56–58.

Serpell, R. (1979). How specific are perceptual skills? *British Journal of Psychology, 70*, 365–380.

Sevdalis, N., & Harvey, N. (2007) Biased forecasting of postdecisional affect. *Psychological Science 18*(8), 678–681.

Shadish, W. R. (1995). The logic of generalization: Five principles common to experiments and ethnographies. *American Journal of Community Psychology, 23*(3), 419–428.

Shadish, W. R., Cook, T. D., & Campbell, D. T. (2002). *Experimental and quasi-experimental designs for generalized causal inference*. Boston, MA: Houghton Mifflin.

Shaffer, H. J. (2000). Addictive personality. In A. E. Kazdin (Ed.), *Encyclopedia of psychology* (Vol. 1, pp. 35–36). Washington, DC: American Psychological Association and Oxford University Press.

Shamsuzzaman, A. S., Gersh, B. J., & Somers, V. K. (2003). Obstructive sleep apnea: Implications for cardiac and vascular disease. *Journal of the American Medical Association, 290*, 1906–1914.

Shanab, M. E., & Yahya, K. A. (1977). A behavioral study of obedience in children. *Journal of Personality and Social Psychology, 35*, 530–536.

Shapiro, F. (1989). Eye movement desensitization: A new treatment for post-traumatic stress disorder. *Journal of Behavior Therapy and Experimental Psychiatry, 20*, 211–217.

Shapiro, F. (1995). *Eye movement desensitization and reprocessing: Basic principles, protocols, and procedures*. New York: Guilford Press.

Shapiro, F., & Forrest, M. S. (1997). *EMDR: The breakthrough therapy for overcoming anxiety, stress, and trauma*. New York: Basic Books.

Shapiro, S. L., & Walsh, R. (2003). An analysis of recent meditation research and suggestions for future directions. *The Humanistic Psychologist, 31*, 86–113.

Shaw, P., Greenstein, D., Lerch, J., Clasen, L., Lenroot, R., Gogtay, N., et al. (2006). Intellectual ability and cortical development in children and adolescents. *Nature, 440*, 676–679.

Shea, S. C. (1998). *Psychiatric interviewing: The art of understanding* (2nd ed). Philadelphia: W. B. Saunders.

Sheldon, K. M., & Lyubomirsky, S. (2006). How to increase and sustain positive emotion: The effects of expressing gratitude and visualizing best possible selves. *The Journal of Positive Psychology, 1*, 73–82.

Shepard, R. N. (1990). *Mind sights: Original visual illusions, ambiguities, and other anomalies*. New York: W. H. Freeman.

Shepperd, J. A., & Koch, E. J. (2005). Pitfalls in teaching judgment heuristics. *Teaching of Psychology, 32*, 43–46.

Sher, K. J., Grekin, E. R., & Williams, N. A. (2005). The development of alcohol use disorders. In S. Nolen-Hoeksema, T. D. Cannon, & T. Widiger (Eds.), *Annual Review of Clinical Psychology, 1*, 493–524.

Sherif, M., Harvey, O. J., White, B. J., Hood, W. R., & Sherif, C. W. (1961). *The Robbers Cave experiment: Intergroup conflict and cooperation*. Middletown, CT: Wesleyan University Press.

Shermer, M. (2002). *Why people believe weird things: Pseudoscience, superstition, and other confusions of our time* (2nd ed.). New York: W. H. Freeman.

Sherrington, C. S. (1906). *The integrative action of the nervous system*. New York: Charles Scribner's Sons.

Shimamura, A. P. (1992). Organic amnesia. In L. Squire (Ed.), *Encyclopedia of learning and memory* (pp. 30–35). New York: Macmillan.

Shimamura, A. P., Berry, J. M., Mangels, J. A., Rusting, C. L., & Jurica, P. J. (1995). Memory and cognitive abilities in university professors: Evidence for successful aging. *Psychological Science, 6*, 271–277.

Shin, S. M., Chow, C., Camacho-Gonsalves, T., Levy, R. J., Allen, E., & Leff, S. H. (2005). A meta-analytic review of racial-ethnic matching for African American and Caucasian American clients and clinicians. *Journal of Counseling Psychology, 52*, 45–56.

Shlien, J., & Levant, R. (1984). Introduction. In R. Levant & J. Shlien, (Eds.), *Client-centered therapy and the person-centered approach: New directions in theory, research and practice* (pp. 1–16). New York: Praeger.

Shomstein, S., & Yantis, S. (2006). Parietal cortex mediates voluntary control of spatial and nonspatial auditory attention. *Journal of Neuroscience, 26*, 435–439.

Shors, T. J., & Matzel, L. D. (1999). Long-term potentiation: What's learning got to do with it? *Behavioral and Brain Sciences, 20*, 597–655.

Showalter, E. (1997). *Hystories: Hysterical epidemics and modern culture*. New York: Columbia University Press.

Shrout, P. E., Link, B. G., Dohrenwend, B. P., Skodol, A. E., Stueve, A., & Mirotznik, J. (1989). Characterizing life events as risk factors for depression: The role of fateful loss events. *Journal of Abnormal Psychology, 98*, 460–467.

Sidgwick, H. (1894). Report on the Census of Hallucinations. *Proc. Soc. for Psych. Res. X, Part XXXVI*, 25–422. [Ps. R. II, 69–75.].

Sieff, E. M., Dawes, R. M., & Loewenstein, G. (1999). Anticipated versus actual reaction to HIV test results. *American Journal of Psychology, 112*, 297–311.

Siegler, R. S. (1992). The other Alfred Binet. *Developmental Psychology, 28*, 179–190.

Siegler, R. S. (1995). Children's thinking: How does change occur? In F. E. Weinert & W. Schneider (Eds.), *Memory performance and competencies: Issues in growth and development* (pp. 405–430). Hillsdale, NJ: Erlbaum.

Sigurdsson, T., Doyere, V., Cain, C. K., & LeDoux, J. E. (2007). Long-term potentiation in the amygdala: A cellular mechanism of fear learning and memory. *Neuropharmacology, 52*, 215–227.

Silventoinen, K., Sammalisto, S., Perola, M., Boomsma, D. I., Cornes, B. K., Davis, C., et al. (2003). Heritability of adult body height: A comparative study of twin cohorts in eight countries. *Twin Research, 6*, 399–408.

Simon, C. W., & Emmons, W. H. (1955). Learning during sleep? *Psychological Bulletin, 52*(4), 328–342.

Simon, G., von Kopff, M., Saunders, K., Miglioretti, D. L., Crane, K., Van Belle, K., et al. (2006). Association between obesity and psychiatric disorders in the U.S. population. *Archives of General Psychiatry, 63*, 824–830.

Simon, M. J., & Salzberg, H. C. (1985). The effect of manipulated expectancies on posthypnotic amnesia. *International Journal of Clinical and Experimental Hypnosis, 33*, 40–51.

Simons, R. C., & Hughes, C. C. (1986). *The culture-bound syndromes: Folk illnesses of psychiatric and anthropological interest*. Boston: D. Reidel.

Simpson, G. M., & Kline, N. S. (1976). Tardive dyskinesias: Manifestations, etiology, and treatment. In M. D. Yahr (Ed.), *The basal ganglia* (pp. 167–183). New York: Raven Press.

Singer, M. (1979, January). Coming out of the cults. *Psychology Today*, 72–82.

Singer, M. T., & Lalich, J. (1996). *Crazy therapies*. Baltimore: Jossey-Bass.

Singer, M. T., & Nievod, A. (2003). New age therapies. In S. O. Lilienfeld, S. J. Lynn, & J. M. Lohr (Eds.), *Science and pseudoscience in clinical psychology* (pp. 176–204). New York: Guilford.

Skinner, B. F. (1938). *The behavior of organisms: An experimental analysis*. New York: Appleton-Century-Crofts.

Skinner, B. F. (1948). Superstition in the pigeon. *Journal of Experimental Psychology, 38*, 168–172.

Skinner, B. F. (1953). *Science and human behavior*. New York: Macmillan.

Skinner, B. F. (1969). *Contingencies of reinforcement*. East Norwalk, CT: Appleton-Century-Crofts.

Skinner, B. F. (1971). *Beyond freedom and dignity*. New York: Knopf.

Skinner, B. F. (1974). *About behaviorism*. New York: Vintage Books.

Skinner, E., Edge, K., Altman, J., & Sherwood, H. (2003). Searching for the structure of coping: A review and critique of category systems for classifying ways of coping. *Psychological Bulletin, 129*, 216–219.

Slater, L. (2004). *Opening Skinner's box: Great psychological experiments of the 20th century*. New York: W. W. Norton.

Slavin, R. E., & Cooper, R. (1999). Improving intergroup relations: Lessons learned from cooperative learning programs. *Journal of Social Issues, 55*, 647–663.

Sloan, R. P., Bagiella, E., & Powell, T. (1999). Religion, spirituality, and medicine. *Lancet, 353*, 644–647.

Sloane, R. B., Staples, F., Cristol, A., Yorkston, N., & Whipple, K. (1975). *Psycho-therapy versus behavior therapy*. Cambridge, MA: Harvard University Press.

Slovic, P., & Peters, E. (2006). Risk perception and affect. *Current Directions in Psychological Science, 15*, 322–325.

Smith, D., & Dumont, F. (1995). A cautionary study: Unwarranted interpretations of the Draw-A-Person Test. *Professional Psychology: Research and Practice, 26*, 298–303.

Smith, D. M., Langa, K. M., Kabeto, M. U., & Ubel, P. A. (2005). Health, wealth, and happiness: Financial resources buffer subjective well-being after the onset of a disability. *Psychological Science, 16*, 663–666.

Smith, E. E., Shoben, E. J., & Rips, L. J. (1974). Structure and process in semantic memory: A featural model for semantic decision. *Psychological Review, 81*, 214–241.

Smith, G. P. (1996). The direct and indirect controls of meal size. *Neuroscience Biobehavioral Review, 20*, 40–46.

Smith, J. D., & Dumont, F. (2002). Confidence in psychodiagnosis: What makes us so sure? *Clinical Psychology and Psychotherapy, 9*, 292–298.

Smith, M., & Hall, C. S. (1964). An investigation of regression in a long dream series. *Journal of Gerontology, 19*, 66–71.

Smith, M. L., & Glass, G. V. (1977). Meta-analysis of psychotherapy outcome studies. *American Psychologist, 32*, 752–760.

Smith, M. L., Glass, G. V., & Miller, T. I. (1980). *The benefits of psychotherapy*. Baltimore: Johns Hopkins University Press.

Smith, M. T., & Haythornthwaite, J. A. (2004). How do sleep disturbance and chronic pain inter-relate? Insights from the longitudinal and cognitive-behavioral clinical trials literature. *Sleep Medicine Review, 8*, 119–132.

Smith, P. K., & Daglish, L. (1977). Sex differences in parent and infant behavior in the home. *Child Development, 48*, 1250–1254.

Smith, R. A. (2001). *Challenging your preconceptions: Thinking critically about psychology*. Pacific Grove, CA: Wadsworth.

Smith, S. L., Gerhardt, K. J., Griffiths, S. K., Huang, X., & Abrams, R. M. (2003). Intelligibility of sentences recorded from the uterus of a pregnant ewe and from the fetal inner ear. *Audiology & Neuro-otology, 8*, 347–353.

Smith, S. M. (1979). Remembering in and out of context. *Journal of Experimental Psychology: Human Learning and Memory, 5*, 460–471.

Smith, S. M., Lindsay, R. C. L., Pryke, S., & Dysart, J. E. (2001). Postdictors of eyewitness errors: Can false identifications be diagnosed in the cross race situation? *Psychology, Public Policy, and Law, 7*, 153–169.

Smith, S. S. (2005). NCHS Dataline. *Public Health Reports, 120*, 353–354.

Smith, T. (2008). Empirically supported and unsupported treatments for autism spectrum disorders. *Scientific Review of Mental Health Practice, 6*(1), 3-20.

Smith, T. W., & Gallo, L. C. (2001). Personality traits as risk factors for physical illness. In A. Baum, T. A. Revenson, & J. Singer (Eds.), *Handbook of health psychology* (pp. 139–173). Mahwah, NJ: Erlbaum.

Smythe, I. H. (2007). The secret behind "The Secret": What is attracting millions to the "Law of Attraction"? *Skeptic, 13*(2), 8–11.

Snider, V. E. (1992). Learning styles and learning to read: A critique. *RASE: Remedial & Special Education, 13*(1), 6–18.

Snook, B., Cullen, R. M., Bennell, C., Taylor, P. J., & Gendreau, P. (2008). The criminal profiling illusion: What's behind the smoke and mirrors? *Criminal Justice and Behavior, 35*(10), 1257–1276.

Snyder, M. (1974). Self monitoring of expressive behavior. *Journal of Personality and Social Psychology, 30*, 526–537.

Snyder, M., & Gangestad, S. (1986). On the nature of self-monitoring: Matters of assessment, matters of validity. *Journal of Personality and Social Psychology, 51*(1), 125–139.

Snyder, S. H. (1975). *Madness and the brain*. New York: McGraw-Hill.

So, K., & Orme-Johnson, D. (2001). Three randomized experiments on the longitudinal effects of the transcendental meditation technique on cognition. *Intelligence, 29*, 419–440.

Soar, K., Parrott, A. C., & Fox, H. C. (2004). Persistent neuropsychological problems after 7 years of abstinence from recreational ecstasy (MDMA): A case study. *Psychological Reports, 95*, 192–196.

Sobell, M. B., & Sobell, L. C. (1973). Alcoholics treated by individualized behavior therapy: One year treatment outcome. *Behaviour Research and Therapy, 11*, 599–618.

Sobell, M. B., & Sobell, L. C. (1976). Second year treatment outcome of alcoholics treated by individualized behavior therapy: Results. *Behaviour Research and Therapy, 14*, 195–215.

Solomon, P. R., Adams, F., Silver, A., Zimmer, J., & DeVeaux, R. (2002). Ginkgo for memory enhancement: A randomized controlled trial. *Journal of the American Medical Association, 288*, 835–840.

Solomon, R. (2002). *That takes ovaries! Bold females and their brazen acts*. New York: Three Rivers Press.

Solomon, S. S., & King, J. G. (1995). Influence of color on fire vehicle accidents. *Journal of Safety Research, 26*, 41–48.

Sommers, C. H., & Satel, S. (2005). *One nation under therapy: How the helping culture is eroding self-reliance*. New York: St. Martin's Press.

Sonke, C. J., van Boxtel, G. J. M., Griesel, R. D., & Poortinga, Y. H. (2008). Brain wave concomitants of cross-cultural differences in scores on simple cognitive tasks. *Journal of Cross-Cultural Psychology, 39*, 37–54.

Soper, B., Milford, G., & Rosenthal, G. (1995). Belief when evidence does not support theory. *Psychology & Marketing, 12*, 415–422.

Sorace, A. (2007). The more, the merrier: Facts and beliefs about the bilingual mind. In S. Della Sala (Ed.), *Tall tales about the mind and the brain: Separating fact from fiction* (pp. 193–203). Oxford, England: Oxford University Press.

Sorkhabi, N. (2005). Applicability of Baumrind's parent typology to collective cultures: Analysis of cultural explanations of parent socialization effects. *International Journal of Behavioral Development, 29*, 552–563.

Spangler, W. D. (1992). Validity of questionnaire and TAT measures of need for achievement: Two meta-analyses. *Psychological Bulletin, 112*, 140–154.

Spanos, N. P. (1986). Hypnotic behavior: A social-psychological interpretation of amnesia, analgesia, and "trance logic." *The Behavioral and Brain Sciences, 9*, 499–502.

Spanos, N. P. (1994). Multiple identity enactments and multiple personality disorder: A sociocognitive perspective. *Psychological Bulletin, 116*, 143–165.

Spanos, N. P. (1996). *Multiple identities and false memories: A sociocognitive perspective*. Washington, DC: American Psychological Association.

Spanos, N. P., Cobb, P. C., & Gorassini, D. (1985). Failing to resist hypnotic test suggestions: A strategy for self-presenting as deeply hypnotized. *Psychiatry, 48*, 282–292.

Spanos, N. P., Menary, E., Gabora, M. J., DuBreuil, S. C., & Dewhirst, B. (1991). Secondary identity enactments during hypnotic past-life regression: A sociocognitive perspective. *Journal of Personality and Social Psychology, 61*, 308–320.

Spearman, C. (1927). *The abilities of man*. New York: Macmillan.

Spelke, E. S. (1994). Initial knowledge: Six suggestions. *Cognition, 50*, 431–445.

Spelke, E. S. (2005). Sex differences in intrinsic aptitude for mathematics and science: A critical review. *American Psychologist, 60*, 950–958.

Sperling, G. (1960). The information available in brief visual presentations. *Psychological Monographs: General and Applied, 74*(11, Whole No. 498), 1–29.

Sperry, R. W. (1974). Lateral specialization in the surgically separated hemispheres. In F. Schmitt & F. Worden (Eds.), *Neurosciences third study program* (pp. 5–19). Cambridge, MA: MIT Press.

Spiegel, D., Bloom, J. R., Kramer, H. C., & Gottheil, E. (1989). Effect of psychosocial treatment on survival of patients with metastatic breast cancer. *Lancet, 2*, 888–891.

Spiegler, M. (1983). *Contemporary behavior therapy*. Palo Alto, CA: Mayfield.

Spiegler, M. D., & Guevremont, D. C. (2003). *Contemporary behavior therapy* (4th ed). Belmont, CA: Wadsworth/Thompson Learning.

Spirito, A., & Esposito-Smythers, C. (2006). Attempted and completed suicide in adolescence. *Annual Review of Clinical Psychology, 2*, 237–266.

Spitzer, R. L. (1975). On pseudoscience, science, logic in remission, and psychiatric diagnosis: A critique of Rosenhan's "On being sane in insane places." *Journal of Abnormal Psychology, 84*, 442–452.

Sprecher, S. (1998). Insider's perspectives on reasons for attraction to a close other. *Social Psychology Quarterly, 61*, 287–300.

Sprecher, S., Barbee, A., & Schwartz, P. (1995). "Was it good for you, too?": Gender differences in first sexual experiences. *Journal of Sex Research, 32*, 3–15.

Squire, L. R. (1987). *Memory and brain*, New York: Oxford University Press.

Srivastava, S., John, O. P., Gosling, S. D., & Potter, J. (2003). Development of personality in early and middle adulthood: Set like plaster or persistent change? *Journal of Personality and Social Psychology, 84*(5), 1041–1053.

Sroufe, L. A. (1983). Infant-caregiver attachment and patterns of adaptations in preschool: The roots of maladaptations and competence. In M. Perlmutter (Ed.), *Minnesota Symposium on Child Psychology* (Vol. 16, pp. 41–81). Hillsdale, NJ: Erlbaum.

Staddon, J. E. R., (2007). Is animal learning optimal? In A. Bejan and G. W. Merkx (Eds.), *Constructal theory of social dynamics* (pp. 161–167). New York: Springer.

Staddon, J. E. R., & Simmelhag, V. L. (1971). Superstition experiment—A reexamination of its implications for principles of adaptive behavior. *Psychological Review, 78*(1), 3.

Stahl, S. (1999). Different strokes for different folks? A critique of learning styles. *American Educator, 23*, 27–31.

Standing, L., Conezio, J., & Haber, R. N. (1970). Perception and memory for pictures: Single-trial learning of 2500 visual stimuli. *Psychonomic Science 19*(2), 73–74.

Stanovich, K. (2006). *How to think straight about psychology* (8th ed.). Boston: Allyn & Bacon.

Stanovich, K. E., & West, R. F. (2000). Advancing the rationality debate. *Behavioral and Brain Sciences, 23*(5), 701–726.

Starr, L. R., & Davila, J. (2008). Excessive reassurance seeking, depression, and interpersonal rejection: A meta-analytic review. *Journal of Abnormal Psychology, 117*, 762–765.

Stathopoulou, G., Powers, M. B., Berry, A. C., Smits, J. A. J., & Otto, M. W. (2006). Exercise interventions for mental health: A quantitative and qualitative review. *Clinical Psychology: Science and Practice 13*, 179–193.

Steblay, N. M., & Bothwell, R. K. (1994). Evidence for hypnotically refreshed testimony: The view from the laboratory. *Law and Human Behavior, 18*(6), 635–651.

Steblay, N. M., Dysart, J., Fulero, S., & Lindsay, R. C. L. (2001). Eyewitness accuracy rates in sequential and simultaneous lineup presentations: A meta-analytic comparison. *Law and Human Behavior, 25*, 459–474.

Steblay, N. M., Dysart, J. E., Fulero, S., & Lindsay, R. C. L. (2003). Eyewitness accuracy rates in police showup and lineup presentations: A meta-analytic comparison. *Law and Human Behavior, 27*, 523–540.

Steele, C. M. (1997). A threat in the air: How stereotypes shape intellectual identity and performance. *American Psychologist, 52*(6), 613–629.

Steele, C. M., & Aronson, J. (1995). Stereotype threat and the intellectual test-performance of African-Americans. *Journal of Personality and Social Psychology, 69*(5), 797–811.

Steele, K. M., Bass, K. E., & Crook, M. D. (1999). The mystery of the Mozart effect: Failure to replicate. *Psychological Science, 10*(4), 366–369.

Stein, M. B., Jang, K. L., & Livesley, W. J. (1999). Heritability of anxiety sensitivity: A twin study. *American Journal of Psychiatry, 156*(2), 246–251.

Steinberg, L. (2001). We know some things: Adolescent-parent relationships in retrospect and prospect. *Journal of Research in Adolescence, 11*, 1–20.

Steinberg, L., & Scott, E. S. (2003). Less guilty by reason of adolescence—Developmental immaturity, diminished responsibility, and the juvenile death penalty. *American Psychologist, 58*(12), 1009–1018.

Steinmetz, J. L., Lewinsohn, P. M., & Antonuccio, D. O. (1983). Prediction of individual outcome in a group intervention for depression. *Journal of Consulting and Clinical Psychology, 51*(3), 331–337.

Stephan, W. G. (1978). School desegregation: An evaluation of predictions made in *Brown v. Board of Education*. *Psychological Bulletin, 85*, 217–238.

Stepp, L. S. (2007, April 24). For Virginia Tech survivors, memories will be powerful. Washingtonpost.com. Retrieved June 18, 2007, from www.washingtonpost.com/wp-dyn/content/2007/article/04/20/AR2007042001790_pf.html.

Stern, S. L., Dhanda, R., & Hazuda, H. P. (2001). Hopelessness predicts mortality in older Mexican and European Americans. *Psychosomatic Medicine, 63*, 344–351.

Stern, W. (1912). *The psychological methods of intelligence testing* (G. Whipple, Trans.). Baltimore: Warwick and York.

Sternberg, R. J. (1983). Components of human intelligence. *Cognition, 15*, 1–48.

Sternberg, R. J. (1986). A triangular theory of love. *Psychological Review, 93,* 119–135.

Sternberg, R. J. (1988a). Triangulating love. In R. J. Sternberg & M. L. Barnes (Eds.), *The psychology of love* (pp. 119–138). London: Yale University Press.

Sternberg, R. J. (1988b). *The triarchic mind: A new theory of human intelligence.* New York: Penguin Books.

Sternberg, R. J. (2002). Smart people are not stupid, but they sure can be foolish: The imbalance theory of foolishness. In R. J. Sternberg (Ed.), *Why smart people can be so stupid.* New Haven, CT: Yale University Press.

Sternberg, R. J. (2003a). A duplex theory of hate: Development and application to terrorism, massacres, and genocide. *Review of General Psychology, 7,* 299–328.

Sternberg, R. J. (2003b). Intelligence. In I. B. Weiner & D. K. Freedheim (Eds.), *Comprehensive handbook of psychology, Vol. 1* (pp. 135–156). New York: Wiley.

Sternberg, R. J. (2004a). *Psychology* (4th ed.). Belmont, CA: Wadsworth.

Sternberg, R. J., & Detterman, D. K. (Eds.). (1986). *What is intelligence? Contemporary viewpoints on its nature and definition.* Norwood, NJ: Ablex.

Sternberg, R. J., & Wagner, R. K. (1993). *Thinking styles inventory.* Unpublished instrument.

Sternberg, R. J., Wagner, R. K., Williams, W. M., & Horvath, J. A. (1995). Testing common sense. *American Psychologist, 50,* 912–927.

Stevenson, I. (1960). The evidence for survival from claimed memories of former incarnations. Part I: Review of the data. *Journal of the American Society for Psychical Research, 54,* 51–71.

Stevenson, I. (1974). *Twenty cases suggestive of reincarnation* (2nd rev. ed.), Charlottesville, VA: University Press of Virginia.

Stewart, N. (2009). The cost of anchoring on credit-card minimum repayments. *Psychological Science, 20,* 39–41.

Stewart, T. L., LaDuke, J. R., Bracht, C., Sweet, B. A. M., & Gamarel, K. E. (2003). Do the "eyes" have it? A program evaluation of Jane Elliott's "Blue-Eyes/Brown-Eyes" diversity training exercise. *Journal of Applied Social Psychology, 33,* 1898–1921.

Stice, E., Presnell, K., Shaw, H., & Rhode, P. (2005). Psychological and behavioral risk factors for obesity onset in adolescent girls: A prospective study. *Journal of Consulting and Clinical Psychology, 73,* 195–202.

Stickgold, R., James, L., & Hobson, J. A. (2002). Visual discrimination learning requires sleep after training. *Nature Neuroscience, 3,* 1235–1236.

Stierlin, H. (1972). *Conflict and reconciliation: A study in human relations and schizophrenia* (2nd ed.). New York: Science House.

Stoerig, P., & Cowey, A. (1997). Blindsight in man and monkey. *Brain, 120,* 535–559.

Stokoe, W. C., Casterline, D. C., & Croneberg, C. G. (1976). *A dictionary of American Sign Language on linguistic principles.* Silver Spring, MD: Linstok.

Stone, A. A. (1982). The insanity defense on trial. *Hospital and Community Psychiatry, 33,* 636–640.

Storch, E., Bagner, D., Geffken, G., & Baumeister, A. (2004). Association between overt and relational aggression and psychosocial adjustment in undergraduate college students. *Violence and Victims, 19,* 689–700.

Strack, F., Martin, L., & Stepper, S. (1988). Inhibiting and facilitating conditions of the human smile: A nonobtrusive test of the facial feedback hypothesis. *Journal of Personality and Social Psychology, 54,* 768–777.

Strauch, I., & Meier, B. (1996). *In search of dreams: Results of experimental dream research.* Albany: SUNY Press.

Straus, M. A., (1996) Corporal punishment in America and its effect on children. *Journal of Child Centered Practice, 3,* 57–77.

Straus, M. A., & McCord, J. (1998). Do physically punished children become violent adults? In S. Nolen-Hoeksema (Ed.), *Clashing views on abnormal psychology: A Taking Sides custom reader* (pp. 130–155). Guilford, CT: Dushkin/McGraw-Hill.

Straus, M. A., Sugarman, D. B., & Giles-Sims, J. (1997). Spanking by parents and subsequent antisocial behavior of children. *Archives of Pediatrics and Adolescent Medicine, 151*(8), 761–767.

Strayer, D. L., Drews, F. A., & Johnston, W. A. (2003). Cell phone-induced failures of visual attention during simulated driving. *Journal of Experimental Psychology: Applied, 9,* 23–32.

Stricker, G., & Gold, J. (2003). Integrative approaches to psychotherapy. In A. S. Gurman & S. B. Messer (Eds.), *Essential psychotherapies: Theory and practic* (2nd ed., pp. 317–349). New York: Guilford.

Strickland, T. L., Stein, R., Lin, K. M., Risby, E., & Fong, R. (1997). The pharmacologic treatment of anxiety and depression in African Americans: Considerations for the general practitioner. *Archives of Family Medicine, 6,* 371–375.

Strik, W., Dierks, T., Hubl, D., & Horn, H. (2008). Hallucinations, thought disorders, and the language domain in schizophrenia. *Clinical EEG Neuroscience, 39*(2), 91–94.

Stroebe, W. (2000). *Social psychology and health* (2nd ed.). Buckingham, England: Open University Press.

Strohl, K. P., & Redline, S. (1996). Recognition of obstructive sleep apnea. *American Journal of Respiratory and Critical Care Medicine, 154,* 279–289.

Stromswold, K. (2005). Genetic specificity of linguistic heritability. In A. Cutler (Ed.), *Twenty-first century psycholinguistics: Four cornerstones* (pp. 121–139). Mahwah, NJ: Lawrence Erlbaum.

Strupp, H. H., Fox, R. E., & Lessler, K. (1969). *Patients view their therapy.* Baltimore: Johns Hopkins University Press.

Strupp, H. H., Hadley, S. W., & Gomez-Schwartz, B. (1978). *Psychotherapy for better or worse: An analysis of the problem of negative effects.* New York: Jason Aronson.

Stuart, E. W., Shimp, T. A., & Engle, R. W. (1987). Classical conditioning of consumer attitudes: Four experiments in an advertising context. *Journal of Consumer Research, 14,* 334–349.

Stuart, R. B., & Heiby, E. M. (2007). To prescribe or not prescribe: Eleven exploratory questions. *The Scientific Review of Mental Health Practice, 5,* 4–32.

Stunkard, A. (1975). Satiety is a conditioned reflex. *Journal of Psychosomatic Medicine, 37,* 383–387.

Stunkard, A. J., Foch, T. T., & Hrubec, Z. (1986). A twin study of human obesity. *Journal of the American Medical Association, 256,* 51–54.

Sue, D. W., Capodilupo, C. M., Torino, G. C., Bucceri, J. M., Holder, A. M. B., Nadal, K. L., et al. (2007). Racial microaggressions in everyday life: Implications for clinical practice. *American Psychologist, 62*(4), 271–286.

Sue, D. W., & Sue, D. (2003). *Counseling the culturally diverse: Theory and practice* (4th ed.). New York: Wiley.

Sue, S. (1993, November). *Measurement, testing, and ethnic bias: Can solutions be found?* Keynote Address at the Ninth Buros-Nebraska Symposium on Measurement and Testing, Lincoln, NE, September.

Sue, S. (1998). In search of cultural competence in psychotherapy and counseling. *American Psychologist, 53,* 440–448.

Sue, S., & Lam, A. G. (2002). Cultural and demographic diversity. In J. C. Norcross (Ed.), *Psychotherapy relationships that work* (pp. 401–421). New York: Oxford University Press.

Sullivan, H. S. (1954). *The psychiatric interview.* New York: W. W. Norton.

Sullivan, P. F. (1995). Mortality of anorexia nervosa. *American Journal of Psychiatry, 152,* 1073–1074.

Sultan, S., Andronikof, A., Reveillere, C., & Lemmel, G. (2006). A Rorschach stability study in a nonpatient adult sample. *Journal of Personality Assessment, 87,* 330–348.

Sundet, J. M., Barlaug, D. G., & Torjussen, T. M. (2004). The end of the Flynn effect? A study of secular trends in mean intelligence test scores of Norwegian conscripts during half a century. *Intelligence, 32*, 349–362.

Susser, E. S., & Lin, S. P. (1992). Schizophrenia after prenatal exposure to the Dutch Hunger Winter of 1944–1945. *Archives of General Psychiatry, 49*, 983–988.

Sutherland, S. (1992). *Irrationality: Why we don't think straight!* New Brunswick, NJ: Rutgers University Press.

Swaiman, K. F., & Ashwal, S. (1999). *Pediatric neurology: Principles and practice* (3rd ed.). St. Louis, MO: Mosby.

Swann, W. B. Jr., & Pelham, B. W. (2002). Who wants out when the going gets good? Psychological investment and preference for self-verifying college roommates. *Journal of Self and Identity, 1*, 219–233.

Swenson, C. (1968). Empirical evaluations of human figure drawings: 1957–1966. *Psychological Bulletin, 70*, 20–44.

Symons, D. (1979). *The evolution of human sexuality*. New York: Oxford University Press.

Szasz, T. S. (1960). The myth of mental illness. *American Psychologist, 15*, 113–118.

Szasz, T. S. (2006). *Mental illness as a brain disease: A brief history lesson*. Cybercenter for Liberty and Responsibility. Retrieved December 22, 2006, from www.szasz.com/freeman13.html.

T

Taiminen, T., & Jääskeläinen, S. K. (2001). Intense and recurrent déjà vu experiences related to amantadine and phenylpropanolamine in a healthy male. *Journal of Clinical Neuroscience, 8*, 460–462.

Talbott, S. (2002). *The cortisol connection diet: The breakthrough program to control stress and lose weight*. Alameda, CA: Hunter House.

Tang, Y., Nyengaard, J. R., De Groot, D. M., & Gundersen, H. J. (2001). Total regional and global number of synapses in the human brain neocortex. *Synapse, 41*, 258–273.

Tanner, J. M. (1990). *Fetus into man: Physical growth from conception to maturity* (Rev. ed.). Cambridge, MA: Harvard University Press.

Tanner, J. M. (1998). Sequence, tempo, and individual variation in growth and development of boys and girls aged twelve to sixteen. In R. E. Muuss & H. D. Porton (Eds.), *Adolescent behavior and society: A book of readings* (5th ed., pp. 34–46). New York: McGraw-Hill.

Tanner, L. (2006, August 6). Sexual lyrics prompt teens to have sex. *Associated Press.* Retrieved August 6, 2006, from www.sfgate.com/cgibin/article.cgi?f=/n/a/2006/08/06/national/a215010D94.DTL.

Tarver, S. G., & Dawson, M. M. (1978). Modality preference and teaching of reading: Review. *Journal of Learning Disabilities, 11*(1), 5–17.

Tavris, C. (1989). *Anger: The misunderstood emotion*. New York: Touchstone.

Tavris, C., & Aronson, E. (2007). *Mistakes were made (but not by me): How we justify foolish beliefs, bad decisions, and hurtful acts*. New York: Harcourt.

Taylor, R. (1975, May/June). Electroconvulsive treatment (ECT): The control of therapeutic power. *Exchange*, 32–37.

Taylor, S. E., Klein, L. C., Lewis, B. P., Gruenewald, T. L., Gurung, R. A. R., & Updegraff, J. A. (2000). Biobehavioral responses to stress in females: Tend-and-befriend, not fight-or-flight. *Psychological Review, 107*, 411–429.

Tedeschi, J. T., Schlenker, B. R., & Bonoma, T. V. (1971). Cognitive dissonance: Private ratiocination or public spectacle? *American Psychologist, 26*, 680–695.

Tellegen, A. (1982). *Brief manual for the Multidimensional Personality Questionnaire*. Unpublished manuscript, University of Minnesota. (Original work created 1978.)

Tellegen, A. (1991). Personality traits: Issues of definition, evidence, and assessment. In D. Cicchetti & W. M. Grove (Eds.), *Thinking clearly about psychology: Essays in honor of Paul Everett Meehl* (pp. 10–35). Minneapolis: University of Minnesota Press.

Tellegen, A., Lykken, D. T., Bouchard, T. J., Wilcox, K. J., Segal, N. L., & Rich, S. (1988). Personality similarity in twins reared apart and together. *Journal of Personality and Social Psychology, 54*, 1031–1039.

Tellegen, A., & Waller, N. G. (in press). Exploring personality through test construction: Development of the multidimensional personality questionnaire. In S. Briggs & J. Cheek (Eds.), *Personality measures: Development and evaluation, vol. 1*. Greenwich, CT: JAI Press.

Terman, L. M., & Oden, M. H. (1959). *Genetic studies of genius: Vol. 5. The gifted group at mid-life*. Stanford, CA: Stanford University Press.

Tett, R. P., Jackson, D. N., & Rothstein, M. (1991). Personality measures as predictors of job performance: A meta-analytic review. Personnel Psychology, 44, 703–742.

Teyber, E., & McClure, E. T. (2000). Therapist variables. In C. R. Snyder & R. E. Ingram (Eds.), *Handbook of psychological change* (pp. 62–87). New York: Wiley & Sons.

Thase, M. E. (2000). Psychopharmacology in conjunction with psychotherapy. In C. R. Snyder & R. E. Ingram (Eds.), *Handbook of psychological change* (pp. 474–498). New York: Wiley & Sons.

Thase, M. E., Jindal, R., & Howland, R. H. (2002). Biological aspects of depression. In I. H. Gotlib & C. L. Hammen (Eds.), *Handbook of depression* (pp. 192–218). New York: Guilford Press.

Thelen, E. (1995). Time-scale dynamics and the development of an embodied cognition. In R. F. Port & T. van Gelder (Eds.), *Mind as motion: Explorations in the dynamics of cognition* (pp. 69–100). Cambridge, MA: MIT Press.

Thelen, E., & Smith, L. B. (1994). *A dynamic systems approach to the development of cognition and action*. Cambridge, MA: MIT Press.

Thomas, A., & Chess, S. (1977). *Temperament and development*. New York: Brunner/Mazel.

Thompson, R., & McConnell, J. (1955). Classical conditioning in the planarian, *Dugesia dorotocephala*. *Journal of Comparative and Physiological Psychology, 48*(1), 65–68.

Thompson, R., Emmorey, K., & Gollan, T. (2005). Tip-of-the-fingers experiences by ASL signers: Insights into the organization of a sign-based lexicon. *Psychological Science, 16*, 856–860.

Thompson, W. F., Schellenberg, E. G., & Husain, G. (2001). Arousal, mood, and the Mozart effect. *Psychological Science, 12*, 248–251.

Thorndike, E. L. (1898). *Animal intelligence: An experimental study of the associative processes in animals.* New York: Macmillan.

Thorpe, K., Greenwood, R., Eivers, A., & Rutter, M. (2001). Prevalence and developmental course of "secret language." *International Journal of Language & Communication Disorders, 36*, 43–62.

Thurstone, L. L. (1938). *Primary mental abilities*. Chicago: University of Chicago Press.

Tice, D. M., & Baumeister, R. F. (1997). Longitudinal study of procrastination, performance, stress, and health: The costs and benefits of dawdling. *Psychological Science, 8*(6), 454–458.

Tien, A. Y. (1991). Distributions of hallucinations in the population. *Social Psychiatry and Psychiatric Epidemiology, 26*(6), 287–292.

Timberlake, W. (2006). Evolution-based learning mechanisms can contribute to both adaptive and problematic behavior. In S. O. Lilienfeld & W. T. O'Donohue (Eds.), *The great ideas of clinical science: 17 principles that every mental health professional should understand* (pp. 187–218). New York: Routledge.

Tloczynski, J., & Tantriella, M. (1998). A comparison of the effects of Zen breath meditation or relaxation on college adjustment. *Psychologia: An International Journal of Psychology in the Orient, 41*, 32–43.

Tolman, E. C. (1932). *Purposive behavior in animals and men*. Oxford, England: Appleton-Century.

Tolman, E. C. (1948). Cognitive maps in rats and men. *Psychological*

Review, 55, 189–208.
Tolman, E. C., & Honzik, C. H. (1930). Introduction and removal of reward, and maze performance in rats. *University of California Publications in Psychology, 4*, 257–275.
Tolnay, S. E., & Beck, E. M. (1995). *A festival of violence: An analysis of Southern lynchings, 1882–1930*. Urbana: University of Illinois Press.
Tomasello, M. (1999). *The cultural origins of human cognition*. Cambridge, MA: Harvard University Press.
Tombs, S., & Silverman, I. (2004). Pupillometry—A sexual selection approach. *Evolution and Human Behavior, 25*(4), 221–228.
Tomkins, S. S. (1962). *Affect, imagery, consciousness: Vol. 1: The positive affects*. New York: Springer.
Tomlinson, N., Hicks, R. A., & Pellegrini R. J. (1978). Attributions of female college students to variations in pupil size. *Bulletin of the Psychonomic Society, 12*(6), 477–478.
Tooby, J., & Cosmides, L. (1989). Evolutionary psychology and the generation of culture: I. Theoretical considerations. *Ethology & Sociobiology, 10*(1–3), 29–49.
Tooth, G. C., & Newton, M. P. (1961). *Leukotomy in England and Wales 1942–1954*. London, England: Her Majesty's Stationary Office.
Torgersen, S., Lygren, S., Oien, P. A., Skre, I., Onstad, S., Edvardsen, J., et al. (2000). A twin study of personality disorders. *Comprehensive Psychiatry, 41*, 416–425.
Torrey, E. F. (1997). *Out of the shadows: Confronting America's mental illness crisis*. New York: John Wiley.
Torrey, E. G., Miller, J., Rawlings, R., & Yolken, R. H. (1997). Seasonality of births in schizophrenia and bipolar disorder: A review of the literature. *Schizophrenia Research, 28*, 1–38.
Tracy, J. L., & Robins, R. W. (2007). Emerging insights into the nature and function of pride. *Current Directions in Psychological Science, 16*, 147–150.
Treisman, A. (1960). Contextual cues in selective listening. *Quarterly Journal of Experimental Psychology, 12*, 242–248.
Triandis, H. C. (1989). The self and social behavior in differing cultural contexts. *Psychological Review, 96*, 506–520.
Triandis, H. C., & Suh, E. M. (2002). Cultural influences on personality. *Annual Review of Psychology, 53*, 133–160.
Triplett, N. (1897). The dynamogenic factors in pacemaking and competition. *American Journal of Psychology, 9*, 507–533.
Troxel, W. M., Matthews, K. A., Bromberger, J. T., & Sutton-Tyrell, K. (2003). Chronic stress burden, discrimination, and subclinical carotid artery disease in African American and Caucasian women. *Health Psychology, 22*, 300–309.
Truzzi, M. (1978). On the extraordinary: An attempt at clarification. *Zetetic Scholar, 1*, 11–22.
Tschirgi, J. E. (1980). Sensible reasoning: A hypothesis about hypotheses. *Child Development, 51*, 1–10.
Tucker, J. A., Vucinich, R., & Sobell, M. (1982). Alcohol's effects on human emotions. *International Journal of the Addictions, 17*, 155–180.
Tulving, E. (1972). Episodic and semantic memory. In E. Tulving & W. Donaldson (Eds.), *Organization of memory* (pp. 378–402). New York: Academic Press.
Tulving, E. (1982). Synergistic ecphory in recall and recognition. *Canadian Journal of Psychology, 36*, 130–147.
Tulving, E., & Thomson, D. M. (1973). Encoding specificity and retrieval processes in episodic memory. *Psychological Review, 80*, 352–373.
Turk, D. C. (1996). Psychological aspects of pain and disability. *Journal of Musculoskeletal Pain, 4*, 145–154.
Turkheimer, E. (2000). Three laws of behavior genetics and what they mean. *Current Directions in Psychological Science, 9*, 160–163.
Turner, S. M., Beidel, D. C., & Wolff, P. L. (1996). Is behavioral inhibition related to the anxiety disorders? *Clinical Psychology Review, 16*, 57–172.
Tversky, A., & Kahneman, D. (1974). Judgment under uncertainty: Heuristics and biases. *Science, 185*, 1124–1131.
Twemlow, S. W., & Bennett, T. (2008). Psychic plasticity, resilience, and reactions to media violence. What is the right question? *American Behavioral Scientist, 21*, 1155–1183.
Twenge, J. M., Catanese, K. R., & Baumeister, R. F. (2002). Social exclusion causes self-defeating behavior. *Journal of Personality and Social Psychology, 83*, 606–615.
Tyson, G. A. (1987). *Introduction to psychology*. Johannesburg, South Africa: Westro Educational Books.

U

U.S. Census Bureau (2000). *Married-couple and unmarried-partner households: 2000*. Retrieved from http://www.census.gov/prod/2003pubs/censr-5.pdf.
Ullman, M., Krippner, S., & Vaughan, A. (1973). *Dream telepathy*. New York: Macmillan.
Ulrich, R. E. (1991). Animal rights, animal wrongs and the question of balance. *Psychological Science, 2*, 197–201.
Underwood, B. J. (1957) Interference and forgetting. *Psychological Review, 64*, 49–60.
Uttal, W. R. (2001). *The new phrenology: The limits of localizing cognitive processes in the brain*. Cambridge, MA: Bradford Books/MIT Press.
Uttal, W. R. (2003). *Psychomythics: Sources of artifacts and misconceptions in scientific psychology*. Mahwah, NJ: Lawrence Erlbaum.

V

Vaillant, G. E., & Milofsky, E. S. (1980). Natural history of male psychological health IX: Empirical evidence for Erikson's model of the life cycle. *American Journal of Psychiatry, 137*, 1348–1359.
Vaillant, G. E., & Milofsky, E. S. (1982). Natural history of male alcoholism IV: Paths to recovery. *Archives of General Psychiatry, 39*, 127–133.
Vaitl, D., & Lipp, O. V. (1997). Latent inhibition and autonomic responses: A psychophysiological approach. *Behavioural Brain Research, 88*(1), 85–93.
Valenstein, E. S. (1973). *Brain control*. New York: John Wiley & Sons.
Valentine, T., Darling, S., & Donnelly, M. (2004). Why are average faces attractive? The effect of view and averageness on the attractiveness of female faces. *Psychonomic Bulletin & Review, 11*, 482–487.
Van de Castle, R. (1994). *Our dreaming mind*. New York: Ballantine Books.
Van de Vijver, F. J. R. (2008). On the meaning of cross-cultural differences in simple cognitive measures. *Educational Research and Evaluation, 14*, 215–234.
van der Kolk, B., Britz, R., Burr, W., Sherry, S., & Hartmann, E. (1984). Nightmares and trauma: A comparison of nightmares after combat with lifelong nightmares in veterans. *American Journal of Psychiatry, 141*, 187–190.
van Hecke, M. L. (2007). *Blind spots: Why smart people do dumb things*. Amherst, NY: Prometheus Books.
van Ijzendoorn, M. H., & De Wolff, M. S. (1997). In search of the absent father: Meta-analyses on infant–father attachment. *Child Development, 68*, 604–609.
van Ijzendoorn, M. H., & Sagi, A. (1999). Cross-cultural patterns of attachment: Universal and cultural dimensions. In J. Cassidy & P. R. Shaver (Eds.), *Handbook of attachment: Theory, research, and clinical applications* (pp. 713–734). New York: Guilford.
van Itallie, T. B. (1990). The glucostatic theory 1953–1988: Roots and branches. *International Journal of Obesity, 14*, 1–10.
Van Lommel, P., van Wees, R., Meyers, V., & Elfferich, I. (2001). Near-death experiences in survivors of cardiac arrest: A prospective study in the Netherlands. *Lancet, 358*, 2039–2045.
Van Rooy, D. L., & Viswesvaran, C. (2004). Emotional intelligence: A meta-analytic investigation of predictive validity and nomological net. *Journal of Vocational Behavior, 65*, 71–95.
Vane, J. R. (1981). The Thematic Apperception Test: A review. *Clinical Psychology Review, 1*, 319–336.

Vanman, E. J., Paul, B.Y., Ito, T. A., & Miller, N. (1997). The modern face of prejudice and structural features that moderate the effect of cooperation on affect. *Journal of Personality and Social Psychology, 73*, 941–959.

Vanman, E. J., Saltz, J. L., Nathan, L. R., & Warren, J. A. (2004). Racial discrimination by low-prejudiced whites: Facial movements as implicit measures of attitudes related to behavior. *Psychological Science, 15*, 711–714.

Veit, R., Flor, H., Erb, M., Hermann, C., Lotze, M., Grodd, W., et al. (2002). Brain circuits involved in emotional learning in antisocial behavior and social phobia in humans. *Neuroscience Letters, 328*(3), 233–236.

Verdoux, H. (2004). Perinatal risk factors for schizophrenia: How specific are they? *Current Psychiatry Reports, 6*, 162–167.

Vernon, P. A. (1987). *Speed of information processing and intelligence*. Norwood, NJ: Ablex.

Vetere, A. (2001). Structural family therapy. *Child Psychology and Psychiatry Review, 6*, 133–139.

Vita, A., Dieci, G., Giobbio, A., Caputo, L., Ghrinighelli, M., & Comazzi, M., et al. (1995). Language and thought disorder in schizophrenia: Brain morphological correlates. *Schizophrenia Research, 15*, 243–251.

Vitale, J. E., & Newman, J. P. (2001). Using the Psychopathy Checklist-Revised with female samples: Reliability, validity, and implications for clinical utility. *Clinical Psychology: Science and Practice, 8*, 117–132.

Vitello, P. (2006, June 12). A ringtone meant to fall on deaf ears. *New York Times*. Retrieved from www.nytimes.com/2006/06/12/technology/12ring.html?_r=1&emc=eta1&oref=slogi.

Voevodsky, J. (1974). Evaluation of a deceleration warning light for reducing rear-end automobile collisions. *Journal of Applied Psychology, 59*, 270–273.

Vohs, K. D., Mead, N. L., & Goode, M. R. (2006). The psychological consequences of money. *Science, 314*(5802), 1154–1156.

von Känel, R., Dimsdale, J. E., Patterson, T. L., & Grant, I. (2003). Association of negative life event stress with coagulation activity in elderly Alzheimer caregivers. *Psychosomatic Medicine, 65*(1), 145–150.

Voncken, M. J., Bogels, S. M., & deVries, K. (2003). Interpretation and judgmental biases in social phobias. *Behavior Research and Therapy, 41*, 1481–1488.

Voyer, D., Voyer, S., & Bryden, M. P. (1995). Magnitude of sex differences in spatial abilities: A meta-analysis and consideration of critical variables. *Psychological Bulletin, 117*, 250–270.

Vyse, S. A. (1997). *Believing in magic: The psychology of superstition*. New York: Oxford University Press.

W

Wachtel, P. L. (1997). *Psychoanalysis, behavior therapy, and the relational world*. Washington, DC: American Psychological Association.

Wadden, T. A., & Stunkard, A. J. (1993). Psychosocial consequence of obesity and dieting: Research and clinical findings. In A. J. Stunkard & T. A. Wadden (Eds.), *Obesity: Theory and therapy* (pp. 163–177). New York: Raven.

Wade, K. A., Garry, M., Read, J. D., & Lindsay, D. S. (2002). A picture is worth a thousand lies: Using false photographs to create false childhood memories. *Psychonomic Bulletin & Review, 9*, 597–603.

Wagner, G. A., & Morris, E. K. (1987). Superstitious behavior in children. *Psychological Record, 37*(4), 471–488.

Wagner, M. W., & Monnet, M. (1979). Attitudes of college professors toward extra-sensory perception. *Zetetic Scholar, 5*, 7–16.

Wagstaff, G. (2008). Hypnosis and the law. *Criminal Justice and Behavior, 35*, 1277–1294.

Wahl, O. (1997). *Consumer experience with stigma: Results of a national survey*. Alexandria, VA: NAMI.

Wakefield, A. J., Murch, S., Anthony, A., Linnell, J., Casson, D. M., Casson, M., et al. (1998). Ileal lymphoid nodular hyperplasia, non-specific colitis, and regressive developmental disorder in children. *Lancet, 351*, 637–641.

Wakefield, J. C. (1992). The concept of mental disorder: On the boundary between biological facts and social values. *American Psychologist, 47*, 373–388.

Walach, H., & Kirsch, I. (2003). Herbal treatments and antidepressant medication: Similar data, divergent conclusions. In S. O. Lilienfeld, S. J. Lynn, & J. M. Lohr (Eds.), *Science and pseudoscience in clinical psychology* (pp. 306–330). New York: Guilford.

Waldman, I. D. (2005). Statistical approaches to complex phenotypes: Evaluating neuropsychological endophenotypes for attention-deficit/hyperactivity disorder. *Biological Psychiatry, 57*, 1347–1356.

Walker, E. F., & DiForio, D. (1997). Schizophrenia: A neural-diathesis stress model. *Psychological Review, 104*, 1–19.

Walker, E., Kestler, L., Bollini, A., & Hochman, K. (2004). Schizophrenia: Etiology and course. *Annual Review of Psychology, 55*, 401–430.

Walker, M. P., Brakefield, A., Morgan, J., Hobson, J. A., & Stickgold, R. (2002). Practice, with sleep, makes perfect. *Neuron, 35*, 205–211.

Wallach, H., & Kirsch, I. (2003). Herbal treatments and antidepressant medication: Similar data, divergent conclusions. In S. O. Lilienfeld, S. J. Lynn, & J. M. Lohr (Eds.), *Science and pseudoscience in clinical psychology* (pp. 306–332). New York: Guilford.

Wallechinsky, D., Wallace, D., & Wallace, H. (1977). *The book of lists*. New York: Bantam Books.

Waller, N. G., Kojetin, B. A., Bouchard, T. J., Lykken, D. T., & Tellegen, A. (1990). Genetic and environmental influences on religious interests, attitudes, and values: A study of twins reared apart and together. *Psychological Science, 1*, 1–5.

Wallerstein, J. S. (1989, January 22). Children after divorce: Wounds that don't heal. *New York Times Magazine, 19*, 42.

Walonick, D. S. (1994). *Do researchers influence survey results with their question wording choices?* Retrieved May 5, 2006, from www.statpac.com/research-papers/researcher-bias.doc.

Walsh, B. T. (1993). Binge eating in bulimia nervosa. In C. G. Fairburn & G. T. Wilson (Eds.), *Binge eating: Nature, assessment, and treatment* (pp. 37–49). New York: Guilford.

Walsh, B. T., Hadigan, C. M., Kissileff, H. R., & LaChaussee, J. L. (1992). Bulimia nervosa: A syndrome of feast and famine. In G. H. Anderson & S. H. Kennedy (Eds.), *The biology of feast and famine*. New York: Academic Press.

Walsh, D. C., Hingson, R. W., Merrigan, D. M., Levenson, S. M., Cupples, L. A., Heeren, T., et al. (1991). A randomized trial of treatment options for alcohol abusing workers. *New England Journal of Medicine, 325*, 775–782.

Walsh, F. (1999). Families in later life: Challenges and opportunities. In B. Carter & M. McGoldrick (Eds.), *The expanded family life cycle: Individual, family and social perspectives* (3rd ed., pp. 307–326). Boston: Allyn & Bacon.

Walster, E., Berscheid, E., & Walster, G. W. (1973). New directions in equity theory and research. *Journal of Personality and Social Psychology, 25*, 151–176.

Walters, G. D., & Greene, R. L. (1988). Differentiating between schizophrenia and manic inpatients by means of the MMPI. *Journal of Personality Assessment, 52*, 91–95.

Walton, D. E. (1978). An exploratory study: Personality factors and theoretical orientations of therapists. *Psychotherapy: Theory, Research, and Practice, 15*, 390–395.

Wampold, B. E. (2001). *The great psychotherapy debate: Models, methods, and findings*. Mahwah, NJ: Lawrence Erlbaum.

Wampold, B. E., Minami, T., Baskin, T. W., & Tierney, S. C. (2002). A meta-(re)analysis of the effects of cognitive therapy versus "other therapies" for depression. *Journal of Affective Disorders, 68*, 159–165.

Wampold, B. E., Monding, W., Moody, M., Stich, I., Benson, K., &

Ahn, H. (1997). A meta-analysis of outcome studies comparing bona fide psychotherapies: Empirically "all must have prizes." *Psychological Bulletin, 122,* 203–215.

Wang, Q. (2006). Culture and the development of self-knowledge. *Current Directions in Psychological Science, 15,* 182–187.

Waschbusch, D. A., & Hill, G. P. (2003). Empirically supported, promising, and unsupported treatments for children with attention-deficit/hyperactivity disorder. In S. O. Lilienfeld, S. J. Lynn, & J. M. Lohr (Eds.), *Science and pseudoscience in clinical psychology* (pp. 333–362). New York: Guilford.

Wason, P. C. (1966). Reasoning. In B. M. Foss (Ed.), *New horizons in psychology* (pp. 135–151). Harmondsworth, England: Penguin.

Watanabe, S., Sakamoto, J., & Wakita, M. (1995). Pigeons' discrimination of paintings by Monet and Picasso. *Journal of the Experimental Analysis of Behavior, 63,* 65–174.

Waters, E., Matas, L., & Sroufe, L. A. (1975). Infants' reactions to an approaching stranger: Description, validation, and functional significance of wariness. *Child Development 46*(2), 348–356.

Watkins, C. E., Campbell, V. L., Nieberding, R., & Hallmark, R. (1995). Contemporary practice of psychological assessment by clinical psychologists. *Professional Psychology: Science and Practice, 26,* 54–60.

Watson, D., & Clark, L. A. (1984). Negative affectivity: The disposition to experience negative emotional states. *Psychological Bulletin, 96,* 465–490.

Watson, J. B. (1913). Psychology as the behaviorist views it. *Psychological Review, 20,* 158–177.

Watson, J. B., & Rayner, R. (1920). Conditioned emotional reactions. *Journal of Experimental Psychology, 3,* 1–14.

Watzlawick, P., Weakland, J. H., & Fisch, R. (1974). *Change: Principles of problem formation and problem resolution.* New York: Norton.

Waugh, N. C., & Norman, D. A. (1965). Primary memory. *Psychological Review, 72,* 89–104.

Wayment, H. A., & Peplau, L. A. (1995). Social support and well-being among lesbian and heterosexual women: A structural modeling approach. *Personality and Social Psychology Bulletin, 21,* 1189–1199.

Wechsler, D. (1939). *The measurement of adult intelligence.* Baltimore: Williams & Wilkins.

Wechsler, D. (1997). *The Wechsler Adult Intelligence Scale—Third edition (WAIS-III).* San Antonio, TX: Harcourt Assessment.

Wegner, D. M. (2002). *The illusion of conscious will.* Cambridge, MA: MIT Press.

Weiek, A. I., Schupp, H. T., & Hamm, A. O. (2007). Fear acquisition requires awareness in trace but not delay conditioning. *Psychophysiology, 44,* 170–180.

Weil, A. (2000). *Spontaneous healing: How to discover and embrace your body's natural ability to maintain and heal itself.* New York: Ballantine Books.

Weinberg, M. S., Williams, C. J., & Calhan, C. (1995). If the shoe fits … Exploring male-homosexual foot fetishism. *Journal of Sex Research, 31*(1), 17–27.

Weinberg, R. A., Scarr, S., & Waldman, I. D. (1992). The Minnesota Transracial Adoption Study: A follow-up of IQ test performance at adolescence. *Intelligence, 16,* 117–135.

Weinberger, D. R. (1987). Implications of normal brain development for the pathogenesis of schizophrenia. *Archives of General Psychiatry, 44,* 660–669.

Weinberger, D. R., Elvevag, B., & Giedd, J. N., (2005). *The adolescent brain: A work in progress, The National Campaign to Prevent Teen Pregnancy.* Retrieved from www.teenpregnancy.org/resources/reading/pdf/BRAIN.pdf.

Weinberger, J., & Hardaway, R. (1990). Separating science from myth in subliminal psychodynamic activation. *Clinical Psychology Review, 10,* 727–756.

Weiner, I. B. (1997). Current status of the Rorschach Inkblot Method. *Journal of Personality Assessment, 68,* 5–19.

Weinert, F. (1989). The impact of schooling on cognitive development: One hypothetical assumption, some empirical results, and many theoretical implications. *EARLI News, 8,* 3–7.

Weisberg, D. S., Keil, F. C., Goodstein, J., Rawson, E., & Gray, J. R. (2008). The seductive allure of neuroscience explanations. *Journal of Cognitive Neuroscience, 20*(3), 470–477.

Weiskrantz, L. (1986). *Blindsight: A case study and its implications.* Oxford, England: Oxford University Press.

Weiss, B. L. (1988). *Many lives, many masters.* New York: Simon & Schuster.

Weiss, L. H., & Schwarz, J. C. (1996). The relationship between parenting types and older adolescents' personality, academic achievement, adjustment, and substance use. *Child Development, 67,* 2101–2114.

Weissman, M. M., Markowitz, J. C., & Klerman, G. L. (2000). *Comprehensive guide to interpersonal psychotherapy.* New York: Basic Books.

Weisz, J. R., Weiss, B., Han, S. S., Granger, D. A., & Morton, T. (1995). Effects of psychotherapy with children and adolescents revisited: A meta-analysis of treatment outcome studies. *Psychological Bulletin, 117,* 450–468.

Welford, A. (1977). Mental workload as a function of demand, capacity, strategy and skill: Synthesis report. *Travail Humain, 40,* 283–304.

Wellman, H. M., Cross, D., & Watson, J. (2001). Meta-analysis of theory-of-mind development: The truth about false belief. *Child Development, 72,* 655–684.

Wellman, H. M., & Gelman, S. A. (1998). Knowledge acquisition in foundational domains. In W. Damon (Ed.), *Handbook of child psychology: Vol. 2: Cognition, perception, and language* (pp. 523–573). Hoboken, NJ: Wiley.

Wells, G. L., & Bradford, A. L. (1998). "Good, you identified the suspect": Feedback to eyewitnesses distorts their reports of the witnessing experience. *Journal of Applied Psychology, 83,* 360–376.

Wells, G. L., & Loftus, E. F. (Eds.). (1984). *Eyewitness testimony: Psychological perspectives.* New York: Cambridge University Press.

Wells, G. L., Memon, A., & Penrod, S. D. (2006). Eyewitness evidence: Improving its probative value. *Psychological Science in the Public Interest, 7*(2), 45–75.

Wells, G. L., & Olson, E. (2003). Eyewitness identification. *Annual Review of Psychology, 54,* 277–295.

Wennberg, P. (2002). The development of alcohol habits in a Swedish male birth cohort. In S. P. Shohov (Ed.), *Advances in psychology research, vol. 15* (pp. 121–155). Hauppauge, NY: Nova Science Publishers.

Werker, J. F., Gilbert, J. H. V., Humphrey, K., & Tees, R. C. (1981). Developmental aspects of cross-language speech perception. *Child Development, 52,* 349–355.

Werker, J. F., & Tees, R. C. (1984). Cross-language speech perception: Evidence for perceptual reorganization during the first year of life. *Infant Behavior and Development, 7,* 49–63.

West, D. J. (1948). A mass observation questionnaire on hallucinations. *Journal of the Society for Psychical Research, 34,* 187–196.

West, T. A., & Bauer, P. J. (1999). Assumptions of infantile amnesia: Are there differences between early and later memories? *Memory, 7*(3), 257–278.

Westen, D. (1998). The scientific legacy of Sigmund Freud: Toward a psychodynamically informed psychological science. *Psychological Bulletin, 124,* 333–371.

Westen, D., Kilts, C., Blagov, P., Harenski, K., & Hamann, S. (2006). The neural basis of motivated reasoning: An fMRI study of emotional constraints on political judgment during the U.S.

presidential election of 2004. *Journal of Cognitive Neuroscience, 18,* 1947–1958.
Westen, D., Novotny, C. M., & Thompson-Brenner, H. (2004). The empirical status of empirically supported psychotherapies: Assumptions, findings, and reporting in controlled clinical trials. *Psychological Bulletin, 130,* 631–663.
Westerman, M. A., Foote, J. P., & Winston, A. (1995). Change in coordination across phases of psychotherapy and outcome: Two mechanisms for the role played by patients' contribution to the alliance. *Journal of Consulting and Clinical Psychology, 63,* 672–675.
Weston, K. (1991). *Families we choose: Lesbians, gays, kinship.* New York: Columbia University Press.
Wetzler, S. E., & Sweeney, J. A. (1986). Childhood amnesia: An empirical demonstration. In D. C. Rubin (Ed.), *Autobiographical memory* (pp. 191–201). New York: Cambridge University Press.
Whaley, A. L., & Davis, K. E. (2007). Cultural competence and evidence-based practice in mental health services: A complementary perspective. *American Psychologist, 62,* 563–574.
Whinnery, J. E. (1997). Psychophysiologic correlates of unconsciousness and near-death experiences. *Journal of Near-Death Studies, 15,* 231–258.
Whorf, B. L. (1956). *Language, thought, and reality: Selected writings of Benjamin Lee Whorf* (J. B. Carroll, Ed.). Cambridge, MA: MIT Press.
Wickelgren, W. A. (1965). Acoustic similarity and retroactive interference in short-term memory. *Journal of Verbal Learning and Verbal Behavior, 4,* 53–61.
Wicker, A. W. (1969). Attitudes versus actions: The relationship of verbal and overt behavioral responses to attitude objects. *Journal of Social Issues, 25,* 41–78.
Wicker, B., Keysers, C., Plailly, J., Royet, J. P., Gallese, V., & Rizzolatti, G. (2003). Both of us disgusted in my insula: The common neural basis of seeing and feeling disgust. *Neuron, 40,* 655–664.
Widiger, T. A. (2001). The best and the worst of us? *Clinical Psychology: Science and Practice, 8,* 374–377.
Widiger, T. A., & Clark, L. A. (2000). Toward DSM-V and the classification of psychopathology. *Psychological Bulletin, 126,* 946–963.
Widmer, E. D., Treas, J., & Newcomb, R. (1998). Attitudes toward nonmarital sex in 24 countries. *Journal of Sex Research, 35,* 349–357.
Widom, C. S. (1977). A methodology for studying noninstitutionalized psychopaths. *Journal of Consulting and Clinical Psychology, 45,* 674–683.
Wigal, T., Greenhill, L. , Chuang, S., McGough, J., Vitiello, B., Skrobala, A., et al. (2006). Safety and tolerability of methylphenidate in preschool children with ADHD. *Journal of the American Academy of Adolescent Psychiatry, 45,* 1294.
Willerman, L. (1979). *The psychology of individual and group differences.* San Francisco: Freedman.
Willerman, R., Schultz, J. N., Rutledge, J. N., & Bigler, D. D. (1991). In vivo brain size and intelligence, *Intelligence, 15,* 223–228.
Williams, K., Harkins, S. G., & Latane, B. (1981). Identifiability as a deterrant to social loafing: Two cheering experiments. *Journal of Personality and Social Psychology, 40*(2), 303–311.
Williams, S. L., Turner, S. M., & Peer, D. F. (1985). Guided mastery and performance desensitization treatments for severe acrophobia. *Journal of Consulting and Clinical Psychology, 53*(2), 234–247.
Williams, T. M. (Ed.). (1986). *The impact of television: A naturalistic study in three communities.* Orlando, FL: Academic Press.
Williamson, D. A., Womble, L. G., Smeets, M. A. M., Netemeyer, R. G., Thaw, J. M., Kutlesic, V., et al. (2002). Latent structure of eating disorder symptoms: A factor analytic and taxometric investigation. *American Journal of Psychiatry, 159,* 412–418.
Willingham, D. T. (2002). *Allocating student study time: "Massed" versus "distributed" practice.* Retrieved May 22, 2006, from www.aft.org/american_educator/summer2002/askcognitivescientist.html.
Willingham, D. T. (2007, Summer). Why is critical thinking so hard to teach? *American Educator, 31*(2), 8–19.
Willner, P. (1995). Animal models of depression—Validity and applications. *Depression and Mania, 49,* 19–41.
Wills, T. A., & Fegan, M. F. (2001). Social networks and social support. In A. S. Baum, T. A. Revenson, J. E. Singer (Eds.), *Handbook of Health Psychology* (pp. 209–234). Mahwah, NJ: Erlbaum.
Wilson, J. Q. (1993). *The moral sense.* New York: Free Press.
Wilson, J. Q., & Herrnstein, R. J. (1985). *Crime and human nature: The definitive study of the causes of crime.* New York: Simon & Schuster.
Wilson, N. (2003). Commercializing mental health issues: Entertainment, advertising, and psychological advice. In S. O. Lilienfeld, S. J. Lynn, & J. M. Lohr (Eds.), *Science and pseudoscience in clinical psychology* (pp. 425–459). New York: Guilford.
Wilson, R. S., Scherr, P. A., Schneider, J. A., Tang, Y. & Bennett, D. A. (2007). Relation of cognitive activity to risk of developing Alzheimer disease. *Neurology, 69,* 1911–1920.
Wilson, T. D. (2002). *Strangers to ourselves: Discovering the adaptive unconscious.* Cambridge, MA: Harvard University Press.
Wimmer, H., & Perner, J. (1983). Beliefs about beliefs: Representation and constraining function of wrong beliefs in young children's understanding of deception. *Cognition, 13,* 103–128.
Winemiller, M. H., Billow, R. G., Laskwoski, E. R., & Harmsen, W. S. (2003). Effect of magnetic vs. sham-magnetic insoles on plantar heel pain. *Journal of the American Medical Association, 290,* 1474–1478.
Wing, L., & Potter, D. (2002). The epidemiology of autistic spectrum disorders: Is the prevalence rising? *Mental Retardation and Developmental Disabilities Research Reviews, 8,* 151–161.
Wing, R. R., & Hill, J. O. (2001). Successful weight loss maintenance. *Annual Review of Nutrition, 21,* 323–341.
Wing, R. R., & Jeffrey, R. W. (1999). Benefit of recruiting participants with friends and increasing social support for weight loss and maintenance. *Journal of Consulting and Clinical Psychology, 67,* 132–138.
Wing, R. R., & Polley, B. A. (2001). Obesity. In A. Baum, T. A. Revenson, & J. E. Singer (Eds.), *Handbook of health psychology* (pp. 263–279). Mahwah, NJ: Erlbaum.
Winograd, E., & Killinger, W. A. Jr. (1983). Relating age at encoding in early childhood to adult recall: Development of flashbulb memories. *Journal of Experimental Psychology: General, 112,* 413–422.
Winton, W. M. (1987). Do introductory textbooks present the Yerkes-Dodson law correctly? *American Psychologist, 42,* 202–203.
Witt, M., & Wozniak, W. (2006). Structure and function of the vomeronasal organ. *Advances in Otorhinolaryngology, 63,* 70–83.
Wittchen, H. U. (2002). Generalized anxiety disorder: Prevalence, burden, and cost to society. *Depression and Anxiety, 16,* 162–171.
Woehrer, C. E. (1982). The influence of ethnic families on intergenerational relationships and later life transitions. In F. M. Berardo (Ed.), *The Annals of the American Academy of Political and Social Science* (pp. 65–78). Beverly Hills, CA: Sage.
Wojciszke, B. (2002). From the first sight to the last breath: A six-stage model of love. *Polish Psychological Bulletin, 33,* 15–25.
Wolfe, V. A., & Pruitt, S. D. (2003). Insomnia and sleep disorders. In L. M. Cohen, D. E. McChargue, & F. L. Collins (Eds.), *The health psychology handbook* (pp. 425–440). Thousand Oaks, CA: Sage.
Wolfsdorf, B. A., Freeman, J., D'Eramo, K., Overholser, J., & Spirito, A. (2003). Mood states: Depression, anger, and anxiety. In A. Spirito & J. Overholser (Eds.), *Evaluating and treating adolescent suicide attempters: From research to practice* (pp. 53–88). New York: Academic Press.
Wolpe, J. (1990). *The practice of behavior therapy* (4th ed.). Elmsford, NY: Pergamon Press.
Wolpert, L. (1993). *The unnatural nature of science.* Cambridge, MA:

Harvard University Press.

Wood, J. M., & Lilienfeld, S. O. (1999). The Rorschach Inkblot Test: A case of overstatement? *Assessment, 6*, 341–351.

Wood, J. M., Lilienfeld, S. O., Garb, H. N., & Nezworski, M. T. (2000). The Rorschach test in clinical diagnosis: A critical review, with a backward look at Garfield (1947). *Journal of Clinical Psychology, 56*, 395–430.

Wood, J. M., Nezworski, M. T., & Stejskal, W. J. (1996). The comprehensive system for the Rorschach: A critical examination. *Psychological Science, 7*, 3–10.

Wood, W. (2000). Attitude change: Persuasion and social influence. *Annual Review of Psychology, 51*, 539–570.

Woods, S. C., Seeley, R. J., Porte, D., & Schwartz, N. W. (1998). Signals that regulate food intake and energy homeostasis. *Science, 280*, 1378–1383.

Woody, E. Z., & Sadler, P. (2008). Dissociation theories of hypnosis. In M. R. Nash & A. Barnier (Eds.), *The Oxford Handbook of Hypnosis* (pp. 81–110). New York: Oxford University Press.

Woodworth, R. S. (1929). *Psychology* (Rev. ed.). Oxford, England: Holt.

Woolf, N. J. (1991). Cholinergic systems in mammalian brain and spinal cord. *Progress in Neurobiology, 37*, 475–524.

World Health Organization (WHO). (2004). *Global status report on alcohol 2004*. Geneva, Switzerland: WHO, Department of Mental Health and Substance Abuse.

Wysocki, C. J., & Preti, G. (2004). Facts, fallacies, fears, and frustrations with human pheromones. *Anatomical Record. A: Discoveries in Molecular, Cellular, & Evolutionary Biology, 281*, 1201–1211.

Y

Yalom, I. (1985). *The theory and practice of group psychotherapy*. New York: Basic Books.

Yamaguchi, S., & Ninomiya, K. (2000). Umami and food palatability. *Journal of Nutrition, 130*(4S Suppl.), 921S–926S.

Yamey, G., & Shaw, P. (2002). Is extreme racism a mental illness? No. *Western Journal of Medicine, 176*, 5.

Yehuda, R., Resnick, H., Kahana, B., & Giller, E. L. (1993). Long-lasting hormonal alterations to extreme stress in humans: Normative or maladaptive? *Psychosomatic Medicine, 55*, 287–297.

Yerkes, R. M., & Dodson, J. D. (1908). The relation of strength of stimulus to rapidity of habit-formation. *Journal of Comparative Neurology and Psychology, 18*, 459–482.

Young, J., & Cooper, L. M. (1972). Hypnotic recall amnesia as a function of manipulated expectancy. *Proceedings of the 80th Annual Convention of the American Psychological Association, 7*, 857–858.

Young, M., Denny, G., Young, T., & Luquis, R. (2000). Sexual satisfaction among married women. *American Journal of Health Studies, 16*, 73–84.

Young, T. (1802). On the theory of light and colours. *Philosophical Transactions of the Royal Society of London, 92*, 12–48.

Youngren, M. A., & Lewinsohn, P. M. (1980). The functional relationship between depressed and problematic interpersonal behavior. *Journal of Abnormal Psychology, 89*, 333–341.

Yurgelun-Todd, D. A., Gruber, S. A., Kanayama, G., Killgore, W. D. S., Baird, A. A., & Young, A. D. (2000). fMRI during affect discrimination in bipolar affective disorder. *Bipolar Disorders, 2*(3), 237–248.

Yusuf, S., Hawken, S., Ounpuu, S., Dans, T., Avezum, A., Lanas, F., et al. (2004). Effect of potentially modifiable risk factors associated with myocardial infarction in 52 countries (the INTERHEART study): Case-control study. *Lancet, 364*, 937–952.

Z

Zabrucky, K., & Ratner, H. H. (1986). Children's comprehension monitoring and recall of inconsistent stories. *Child Development, 57*, 1401–1418.

Zaidel, D. W. (1994). A view of the world from a split brain perspective. In E. M. R. Critchley (Ed.), *The neurological boundaries of reality* (pp. 161–174). London: Farrand Press.

Zajonc, R. B. (1965). Social facilitation. *Science, 149*, 169–274.

Zajonc, R. B. (1968). Attitudinal effects of mere exposure. *Journal of Personality and Social Psychology Monographs, 9*, 1–27.

Zajonc, R. B., Heingartner, A., & Herman, E. M. (1969). Social enhancement and impairment of performance in the cockroach. *Journal of Personality and Social Psychology, 13*, 83–92.

Zajonc, R. B., Murphy, S. T., & Inglehart, M. (1989). Feeling and facial efference: Implications for the vascular theory of emotion. *Psychological Review, 96*, 395–416.

Zautra, A. J. (2003). *Emotions, stress, and health*. New York: Oxford University Press.

Zborowski, M. J., & Garske, J. P. (1993). Interpersonal deviance and consequent social impact in hypothetically schizophrenia-prone men. *Journal of Abnormal Psychology, 102*, 482–489.

Zeinah, M. M., Engel, S. A., Thompson, P. M., & Bookheimer, S. Y. (2003). Dynamics of the hippocampus during encoding and retrieval of face-name pairs. *Science, 299*, 577–580.

Zhang, A. Y., & Snowden, L. R. (1999). Ethnic characteristics of mental disorders in five U.S. communities. *Cultural Diversity and Ethnic Minority Psychology, 5*, 134–136.

Zillmann, D. (1988). Cognition-excitation interdependencies in aggressive behavior. *Aggressive Behavior, 14*, 51–64.

Zimbardo, P. G. (1972). Pathology of imprisonment. *Society, 9*(6), 4–8.

Zimbardo, P. G. (1997, May). What messages are behind today's cults? *American Psychological Association Monitor, 28*(5), 14.

Zimbardo, P. G. (2004a). Does psychology make a significant difference in our lives? *American Psychologist, 59*, 339–351.

Zimbardo, P. G. (2004b, May 9). Power turns good soldiers into "bad apples." *Boston Globe*. Retrieved May 15, 2005, from www.boston.com/news/globe/editorial_opinion/oped/articles/2004/05/09/power_turns_good_soldiers_into_bad_apples/.

Zimbardo, P. G. (2007). *The Lucifer effect: How good people turn evil*. New York: Random House.

Zimbardo, P. G., Weisenberg, M., Firestone, I., & Levy, M. (1965). Communicator effectiveness in producing public conformity and private attitude change. *Journal of Personality, 33*, 233–255.

Zimmerman, M. (1994). Diagnosing personality disorders: A review of issues and research methods. *Archives of General Psychiatry, 51*, 225–245.

Zinbarg, R. E., & Barlow, D. H. (1996). The structure of anxiety and the anxiety disorders: A hierarchical model. *Journal of Abnormal Psychology, 105*, 81–193.

Zion, I. B., Tessler, R., Cohen, L., Lerer, E., Raz, Y., Bachner-Melman, R., et al. (2006). Polymorphisms in the dopamine D4 receptor gene (DRD4) contribute to individual differences in human sexual behavior: Desire, arousal and sexual function. *Journal for Molecular Psychiatry, 11*, 782–786.

Zivotofsky, A. Z., Edelman, S., Green, T., Fostick, L., & Strous, R. D. (2007). Hemisphere asymmetry in schizophrenia as revealed through line bisection, line trisection, and letter cancellation. *Brain Research, 1142*, 70–79.

Zubin, J., & Spring, B. (1977). Vulnerability: A new view of schizophrenia. *Journal of Abnormal Psychology, 86*, 103–126.

Zuckerman, M. (1989). Personality in the third dimension: A psychobiological approach. *Personality and Individual Differences, 10*, 391–418.

Zuroff, D. C., Mongrain, M., & Santor, D. A. (2004). Investing in the personality vulnerability research program: Current dividends and future growth: Rejoinder to Coyne, Thompson, and Whiffen. *Psychological Bulletin, 130*, 518–522.

译后记

本书作者利林菲尔德、林恩、娜米和伍尔夫都长期从事心理学教学和研究工作，并各有研究专长，这是他们通力合作完成的一部优秀著作。这本书告诉我们“心理学是如何改变我们思维的，心理学是如何影响我们生活的”。这部著作的价值和优势，作者已经在前言中做了非常详细的介绍，这里就不再赘述。我们在翻译和审校的过程中，通过反复研读和学习，发现以下两点是本书最大的特色：

首先，内容丰富，体系完整。作者在日常生活中选取了大量的案例，来告诉我们心理学研究中如何进行批判性思考，全书涉及研究方法，生理心理学，感觉与知觉，学习，记忆，语言、思维与智力，人类发展，情绪与动机，压力、健康与睡眠，社会心理学，人格，心理障碍，心理和生物治疗等内容，本书的目标就是将科学思维应用到日常生活心理学的方方面面。每一章都由章前思考、内容提要、学习目标、术语、思维技能训练等内容构成。每一主题后都安排有小测试，每一章后面有全面的复习体系，以训练我们在书中所学到的科学思维方法和批判性思维技能。

其次，训练思维，注重应用。本书的主要目的在于使读者能够将科学思维运用到日常生活的心理学中去，因此在整本书中你都能看到六种科学思维原则的具体应用：排除其他假设的可能性（对于这一研究结论，还有更好的解释吗？）、相关还是因果（我们能确信 A 是 B 的原因吗？）、可证伪性（这种观点能被反驳吗？）、可重复性（其他人的研究也会得出类似的结论吗？）、特别声明（这类证据可信吗？）、奥卡姆剃刀原理（这种简单的解释符合事实吗？）。这些科学思维原则可以帮助读者正确评估在日常生活和科学研究中遇到的各种观点，以识别真假。作者在每一章中都安排了“澄清事实”、“识别假象”、“批判性思考”和“你怎么认为”等栏目，此外，还十分关注心理学研究的文化和种族差异问题，给读者提供大量的应用机会，使人们真正认识到科学思维方式对心理学研究是如此重要。

《心理学改变思维》是一部价值高、实用性强的著作。作者在书中紧密联系生活实际，做到了宏观与微观相结合、理论性与实践性相结合、学术性与实用性相结合。无论你是学生，还是教师、公务员、普通大众，书中的知识都会对你大有裨益。你感觉到日常生活中的困惑了吗？如果感觉到了，那么这本书就是你一直在寻找的，它可以告诉你如何进行科学思维和批判性思考，正如作者在书中一再强调的：科学思维是一种生活方式，我们要用批判的眼光去理解我们周围的心理学世界。

《心理学改变思维》一书的翻译工作由我主持，前后经过初译、初校、复校和审校四个阶段。胡海燕参与了初译、初校工作。王月竹、祝传清、侯宇晨、程馨乐、金鑫、佟宇飞、褚潇潇、李朝晖、胥丽、夏梦涵、杨芸参与了初译工作。开进、潘欣、马午梅、李佳参与了初校工作。最后由我完成了复校和审校工作。由于原著中涉及较多的术语和人名，我们在翻译审校的过程中建立了术语库和人名库，力图保证全书翻译的一致性。在翻译的过程中，我们始终遵循“信（准确）、达（流畅）、雅（优美）”的翻译要求，力图使我们的译文尽善尽美。但由于本书涉及面广、内容丰富、篇幅巨大，难免存在不妥和疏漏之处，真诚地欢迎同行专家和广大读者批评指正，以便重印或再版时修订。特别感谢中国人民大学出版社郦益编辑出色的工作，感谢张宏学老师给予的帮助和鼓励。

愿心理学让生活更美好！

方双虎

2015 年 11 月 18 日

于安徽芜湖文津花园

图书在版编目（CIP）数据

心理学改变思维 /（美）利林菲尔德，（美）林恩，（美）伍尔夫著；方双虎等译. — 北京：中国人民大学出版社，2015.12

书名原文：Psychology: A Framework for Everyday Thinking

ISBN 978-7-300-18162-2

Ⅰ. ①心… Ⅱ. ①利… ②林… ③伍… ④方… Ⅲ. ①心理学-通俗读物 Ⅳ. ①B84-49

中国版本图书馆CIP数据核字（2015）第273502号

心理学改变思维

［美］斯科特·O·利林菲尔德　史蒂文·杰伊·林恩　劳拉·L·娜米　南希·J·伍尔夫　著

方双虎　等 译

Xinlixue Gaibian Siwei

出版发行	中国人民大学出版社		
社　　址	北京中关村大街31号	**邮政编码**	100080
电　　话	010-62511242（总编室）		010-62511770（质管部）
	010-82501766（邮购部）		010-62514148（门市部）
	010-62515195（发行公司）		010-62515275（盗版举报）
网　　址	http:www.crup.com.cn		
	http:www.ttrnet.com（人大教研网）		
经　　销	新华书店		
印　　刷	涿州市星河印刷有限公司		
规　　格	215mm × 275mm　16开本	**版　　次**	2016年1月第1版
印　　张	38　插页3	**印　　次**	2017年11月第3次印刷
字　　数	1 047 000	**定　　价**	118.00元